# CALCUL INTÉGRAL

## 4ᵉ ÉDITION

D1529702

# GILLES CHARRON ■ PIERRE PARENT

# CALCUL INTÉGRAL

## 4e ÉDITION

Beauchemin

CHENELIÈRE ÉDUCATION

**Calcul intégral**
4e édition

Gilles Charron et Pierre Parent

© 2009 **Chenelière Éducation inc.**
© 2004 Groupe Beauchemin, Éditeur Ltée

*Édition :* France Vandal
*Coordination :* Jean-Philippe Michaud
*Révision linguistique et correction d'épreuves :* Marie Le Toullec
*Conception graphique :* Josée Bégin
*Infographie :* Interscript
*Impression :* Imprimeries Transcontinental

| Source iconographique |
| --- |
| **Photo de la couverture :** Dominique Parent |

**Catalogage avant publication
de Bibliothèque et Archives nationales du Québec
et Bibliothèque et Archives Canada**

Charron, Gilles, 1949-

   Calcul intégral

   4e éd.

   Comprend un index.
   Pour les étudiants du niveau collégial.

   ISBN 978-2-7616-5441-8

   I. Parent, Pierre, 1944-   .  II. Titre.

QA308.C534 2009      515'.4      C2009-940628-4

# Beauchemin

CHENELIÈRE ÉDUCATION

7001, boul. Saint-Laurent
Montréal (Québec) Canada H2S 3E3
Téléphone : 514 273-1066
Télécopieur : 450 461-3834 / 1 888 460-3834
info@cheneliere.ca

**ISBN 978-2-7616-5441-8**

Dépôt légal : 2e trimestre 2009
Bibliothèque et Archives nationales du Québec
Bibliothèque et Archives Canada

Imprimé au Canada

1  2  3  4  5  ITIB  13  12  11  10  09

Nous reconnaissons l'aide financière du gouvernement du Canada par l'entremise du Programme d'aide au développement de l'industrie de l'édition (PADIÉ) pour nos activités d'édition.

Gouvernement du Québec – Programme de crédit d'impôt pour l'édition de livres – Gestion SODEC.

Membre du CERC

Membre de
l'Association nationale
des éditeurs de livres

CERC
Canadian Educational
Resources Council

ASSOCIATION
NATIONALE
DES ÉDITEURS
DE LIVRES

## Une quatrième édition renouvelée

Cette quatrième édition de *Calcul intégral* a été préparée en fonction des besoins exprimés par le milieu collégial. Ainsi, lors de l'élaboration du présent ouvrage, qui se veut une suite de *Calcul différentiel*, les auteurs ont tenu compte des commentaires et des suggestions d'un grand nombre d'utilisatrices et d'utilisateurs.

Cet ouvrage se présente dans une toute **nouvelle facture visuelle** qui exploite la couleur de façon pédagogique. Cela favorise entre autres la compréhension des liens qui existent entre les différentes parties d'une équation. Grâce à une utilisation judicieuse de la couleur, l'élève est aussi en mesure de repérer les notions clés et les aspects importants de la matière.

L'**approche programme** se reflète dans toutes les parties du livre. Tout d'abord dans les exemples, où l'on traite de sujets variés, puis dans les exercices, qui touchent plusieurs champs d'études du domaine des sciences naturelles et des sciences humaines. Les auteurs ont utilisé la terminologie ainsi que les notations propres à la physique, à la chimie et à l'économie. Les exercices se rapportant à une matière en particulier sont accompagnés d'un pictogramme représentant cette matière.

Le présent ouvrage comporte toujours les caractéristiques appréciées des enseignants. Chaque chapitre s'ouvre sur un **problème type** qui est repris plus loin dans le chapitre. Ce problème sert de pont entre la matière théorique et l'application pratique du calcul intégral.

Nous retrouvons toujours au début de chaque chapitre une capsule « **perspective historique** » qui met en relation le contenu du chapitre et le contexte des découvertes en mathématiques. De plus, des « **bulles historiques** » présentent divers mathématiciens et quelques rappels sur l'origine ou l'utilisation de certains outils mathématiques.

Des **exercices préliminaires** en début de chaque chapitre permettent à l'étudiant de revoir des notions étudiées au secondaire ainsi que des notions abordées dans les chapitres précédents et qui sont essentielles à l'étude du nouveau chapitre.

Les auteurs proposent la résolution de problèmes à l'aide d'**outils technologiques**. Ils fournissent également des exemples faisant appel au logiciel Maple et à la calculatrice à affichage graphique. Certains exercices et problèmes sont accompagnés d'un pictogramme « outil technologique » suggérant ainsi une résolution à l'aide d'un de ces outil technologiques.

Une nouvelle composante, la **liste de vérification des apprentissages**, est offerte dans cet ouvrage. Située avant les exercices de fin de chapitre, celle-ci permet à l'élève de compléter un résumé des notions étudiées dans ce chapitre, avant de résoudre les exercices récapitulatifs et les problèmes de synthèse. Il prendra ainsi conscience de ses acquis et de ses lacunes avant d'entreprendre la partie pratique.

Un **réseau de concepts** permet de saisir les liens entre les notions étudiées dans chaque chapitre.

Nous espérons que vous pourrez tirer le meilleur de *Calcul intégral, 4<sup>e</sup> édition*, et que cet ouvrage restera ou deviendra votre outil d'apprentissage privilégié.

# PARTICULARITÉS DE L'OUVRAGE

## < Plan du chapitre et introduction

L'introduction trace les grandes lignes du chapitre. Un problème type présente aux élèves une utilisation concrète des concepts qui seront étudiés. L'introduction fait le lien entre les différents chapitres, permettant ainsi un apprentissage graduel et continu. Cette section est accompagnée d'un plan du chapitre, afin de repérer rapidement le contenu de l'enseignement, et d'une photo illustrant de façon concrète les champs d'application de la matière.

## Perspective historique >

Chaque chapitre débute par une perspective historique. Elle donne un visage humain à la matière enseignée en retraçant le contexte historique des découvertes importantes dans le domaine étudié.

## Exercices préliminaires >

Reprenant une formule éprouvée, cette quatrième édition intègre des exercices préliminaires à chacun des chapitres. Les élèves peuvent ainsi évaluer le niveau de leurs connaissances avant de poursuivre leur apprentissage.

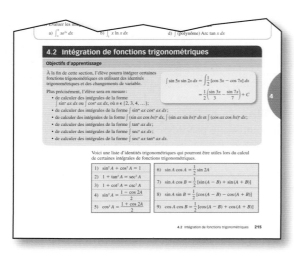

## < Objectifs d'apprentissage

Les objectifs d'apprentissage établissent de façon claire et précise, pour chaque section, les habiletés et les connaissances que les élèves devront acquérir. Ces objectifs sont d'une grande utilité à l'élève pour la planification de son étude.

## Utilisation pédagogique de la couleur >

La couleur est utilisée de façon pédagogique pour mettre en relief les aspects importants de la matière et guider l'élève dans son cheminement. Les théorèmes, définitions et formules clés sont présentés sous forme d'encadrés. Dans le même esprit, certains passages du texte sont en couleur afin de souligner une notion particulière. Les graphiques et les illustrations, qui accompagnent plusieurs exemples, ajoutent à la clarté de la présentation.

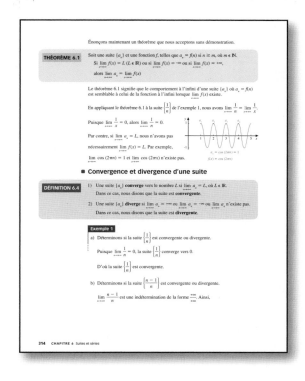

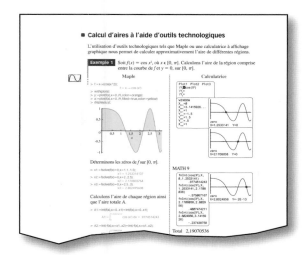

## < Exemples

Tout au long des chapitres, les exemples favorisent l'assimilation et la mise en pratique des concepts appris par l'élève. L'utilisation du logiciel Maple et de la calculatrice à affichage graphique a été intégrée à certains exemples facilement repérables grâce aux pictogrammes « outil technologique ».

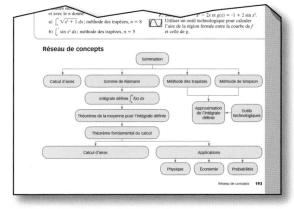

## Réseau de concepts >

À la fin de chaque chapitre, un réseau de concepts illustre les notions essentielles qui ont été étudiées. Présenté sous forme hiérarchique, le réseau de concepts permet de schématiser le contenu des chapitres et d'établir, d'un coup d'œil, les liens qui unissent ces concepts.

## < Bulles historiques

Les bulles historiques permettent aux élèves de faire une incursion dans la vie des personnalités qui ont marqué leur époque dans le domaine des mathématiques. Parfois, ces bulles donnent un complément d'information sur un concept présenté dans une section.

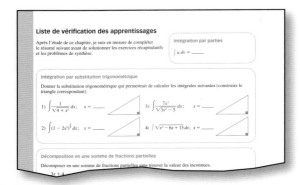

## < Liste de vérification des apprentissages

La liste de vérification des apprentissages permet à l'élève d'évaluer s'il a acquis ou non les notions relatives à la réalisation des exercices récapitulatifs et des problèmes de synthèse. Grâce à cette liste, l'élève est en mesure de vérifier sa compréhension des notions présentées dans le chapitre et de corriger d'éventuelles faiblesses.

## Exercices >

À l'instar de l'édition précédente, cet ouvrage propose de nombreux exercices. Certains sont marqués d'un pictogramme relié à différentes disciplines (chimie, administration ou économie, et physique), en accord avec l'approche du programme qui cherche à intégrer les acquis de plusieurs domaines d'études. L'utilisation d'outils technologiques est aussi conseillée dans plusieurs cas. Chaque section se termine par une série d'exercices. À la fin de chaque chapitre, on retrouve des exercices récapitulatifs et des problèmes de synthèse.

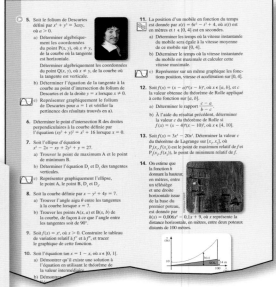

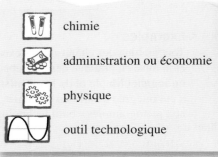

chimie

administration ou économie

physique

outil technologique

## < Corrigé

À la fin du manuel, l'élève trouvera un corrigé des exercices préliminaires et des exercices de fin de section. Il y trouvera également la majorité des réponses aux exercices récapitulatifs et aux problèmes de synthèse. Ce recueil de solutions développe l'esprit d'autonomie de l'élève dans son processus d'apprentissage.

# REMERCIEMENTS

Nous tenons d'abord à remercier les nombreuses personnes-ressources
qui ont collaboré à l'élaboration des éditions précédentes :

Monique Beaudoin-Jacob, Cégep de Sainte-Foy
Gilles Boutin, Cégep de Sainte-Foy
Christian Caouette, Collège d'Alma
Gilles Goulet, Cégep régional de Lanaudière
Marthe Grenier, Cégep de Saint-Laurent
Suzanne Grenier, Cégep de Sainte-Foy
Daniel Lachance, Cégep de Sorel-Tracy
René Maldonado, Collège Édouard-Montpetit
Jean-Yves Morissette, Collège Édouard-Montpetit
Paul Paquet, Cégep de Saint-Jérôme
Robert Paquin, Collège Édouard-Montpetit
Dominique Parent, Université de Sherbrooke
Suzanne Philips, Collège de Maisonneuve
Lise Primeau, Cégep Limoilou
Caroline Samson, Cégep de Sainte-Foy
Victorien Sirois, Cégep de Rimouski
Lyne Soucy, Collège Lionel-Groulx
Jocelyne Tétrault, Collège Ahuntsic
Suzanne Wildi, Collège François-Xavier-Garneau

Nous témoignons également notre gratitude aux enseignants et enseignantes du département
de mathématiques du Cégep André-Laurendeau pour leurs commentaires et leurs suggestions.
Un merci particulier est adressé à Johanne Lafortune (enseignante d'économie au Cégep
André-Laurendeau) et à Alain Therrien (enseignant d'économie à HEC Montréal) pour
leur contribution.

Nous soulignons l'excellent travail des consultants et des consultantes du réseau collégial qui
ont permis, grâce à leurs commentaires éclairés, d'enrichir les versions provisoires de chacun
des chapitres :

Robert Bradley, Collège Ahuntsic
Marie-Paule Dandurand, Collège Gérald-Godin
Ginette Bourgeois, Cégep de Saint-Jérôme
Christiane Lacroix, Collège Lionel-Groulx
Diane Paquin, Collège Édouard-Montpetit
Bibiane Plourde, Cégep de l'Abitibi-Témiscamingue
Benoît Régis, Cégep de Thetford
Fannie Rémillard, Cégep de l'Outaouais
Jean Tellier, Cégep de Saint-Jérôme

Finalement, nous remercions les personnes suivantes :

Dominique Parent, pour les nombreuses photographies, dont celle de la page de couverture ;
Sylvain Baillargeon, pour sa photo de la pyramide de Khéops ;
Louis Charbonneau, pour avoir rédigé les perspectives et les bulles historiques ainsi que
la ligne du temps ;
Marie Le Toullec, pour sa grande rigueur ;
Jean-Philippe Michaud, pour son travail vigilant au cours de la production du volume ;
France Vandal, pour sa gestion efficace du projet.

Gilles Charron
Pierre Parent

# TABLE DES MATIÈRES

CHAPITRE 3

# Intégrale définie ................................................................................................................. 131

Chapitre **1**

# Dérivées et théorèmes d'analyse

Dominique Parent

# Introduction

Nous consacrons le premier chapitre à l'étude de la dérivée, car il est essentiel de bien posséder cette notion avant d'entreprendre l'étude de l'intégrale.

Nous rappellerons d'abord la définition de la dérivée, les notations utilisées et l'interprétation graphique de la dérivée. De plus, nous donnerons des formules de dérivation étudiées dans le cours de calcul différentiel et nous calculerons des dérivées de fonctions algébriques, trigonométriques, exponentielles, logarithmiques, trigonométriques inverses et d'équations implicites.

Nous utiliserons également les logarithmes et leurs propriétés pour évaluer certaines dérivées et certaines limites. Enfin, l'étude de quelques théorèmes d'analyse nous permettra d'approfondir nos connaissances sur les fonctions continues et dérivables. À l'aide de ces théorèmes, nous démontrerons l'existence d'une constante d'intégration ainsi que la règle de L'Hospital, un outil indispensable pour lever des indéterminations de différents types.

En particulier, l'élève pourra résoudre le problème suivant.

On estime que la fonction $h$ donnant la hauteur en mètres, entre un télésiège et une droite horizontale issue de la base du premier poteau, est donnée par $h(x) = 0,006x^2 - 0,1x + 9$, où $x$ représente la distance horizontale en mètres entre deux poteaux distants de 100 mètres.

a) Trouver la distance maximale $D$ entre la corde rectiligne reliant le sommet des deux poteaux et le télésiège.

b) Trouver la distance minimale $d$ entre le télésiège et le sol.

(Problème de synthèse n° 14, page 54.)

# Aux origines du calcul différentiel:
# Canons et navires au cœur des motivations

L e calcul différentiel sert à comprendre des phénomènes qui reposent sur le mouvement et le changement. Deux de ces phénomènes, l'action d'un canon et la détermination de la position d'un navire en pleine mer, sont de puissantes motivations à inventer au XVIIe siècle cette science du changement qu'est le calcul différentiel.

Galilée, physicien et astronome italien

Le canon est dévoilé à la fin du Moyen Âge aux Européens par les Arabes, eux-mêmes ayant appris son usage des Chinois. Mais l'usage du canon est d'autant plus utile que l'on sait prévoir où va tomber le boulet. À la fin du Moyen Âge, seule l'expérience des canonniers permet de savoir approximativement si un boulet atteindra son but. À cette époque, la physique repose sur ce qu'en a dit Aristote 300 ans avant notre ère. Mais les mouvements, et *a fortiori* les mouvements complexes comme celui d'un boulet de canon, échappent complètement au pouvoir descriptif et explicatif de cette physique essentiellement qualitative. C'est que le boulet change à chaque instant de direction. Pour comprendre son déplacement, il faut considérer un nombre infini de modifications infimes de la trajectoire du boulet. En 1638, **Galilée** (1564-1642) discute longuement des difficultés découlant de l'introduction de l'infini dans ce problème. Certes, il réussit à trouver une formule décrivant la chute d'un corps soumis à l'attraction terrestre, mais il lui manque le concept de vitesse instantanée pour pouvoir aborder, de façon générale, les mouvements pour lesquels l'accélération n'est pas uniforme. Le lien entre le taux de variation d'une grandeur, sa vitesse instantanée et la tangente à une trajectoire fait l'objet de nombreuses études dans le deuxième tiers du XVIIe siècle. La synthèse de ces travaux sera le fruit d'une nouvelle approche en astronomie.

À la Renaissance, la conquête et surtout l'exploitation de nouveaux territoires dépendent de la capacité à déterminer la position d'un navire en mer. Les gouvernements poussent désespérément leurs savants à découvrir des techniques à cet effet. Tous savent que la solution passe par une horloge conservant le temps en mer et par la capacité de prédire avec précision le mouvement du Soleil, de la Lune et de certains astres. Cette recherche de précision est l'un des motifs de la révolution astronomique (1543-1700) engagée par Nicolas Copernic (1473-1543). Ce dernier, en plaçant le Soleil au centre de l'Univers, simplifie grandement l'explication du mouvement apparent des planètes. Pourtant, la précision des calculs de Copernic ne dépasse pas vraiment celle des astronomes qui l'ont précédé. Néanmoins, une remise en question des idées reçues se trouve ainsi enclenchée. De nombreux scientifiques, dont les plus connus sont Johannes Kepler (1571-1630) et Galilée, élargissent la brèche. Isaac Newton (1642-1727) vient couronner leur œuvre en montrant que leurs découvertes astronomiques s'expliquent par une théorie mécanique ne reposant que sur quelques principes. Mais ce faisant, Newton développe un véritable calcul du changement instantané, le calcul différentiel. Dès lors, les outils sont en place pour pouvoir prévoir avec précision la trajectoire d'un boulet et la position des astres. Ces mêmes outils nous permettent aujourd'hui d'envoyer une sonde sur Mars.

**Suggestion de lecture:** «Qui a inventé le calcul intégral?», *Les cahiers de Science & Vie,* hors série, n° 38, avril 1997, 96 p.

Pour déterminer la trajectoire d'un boulet de canon, il faut d'abord mesurer l'orientation du canon. C'est en prenant toutes sortes de mesures que les scientifiques des XVIe et XVIIe siècles commencent à mathématiser les phénomènes liés au mouvement, comme en fait foi cette page tirée d'un ouvrage de l'ingénieur et mathématicien italien Niccolò Fontana, dit Tartaglia (1499-1557).

# Exercices préliminaires

**1.** Compléter les égalités suivantes.

a) $\sin^2 x + \cos^2 x = $ _____

b) $1 + \tan^2 x = $ _____

c) $1 + \cot^2 x = $ _____

**2.** Exprimer les fonctions suivantes en fonction de $\sin \theta$, de $\cos \theta$ ou en fonction de $\sin \theta$ et de $\cos \theta$.

a) $\tan \theta$

b) $\cot \theta$

c) $\sec \theta$

d) $\csc \theta$

**3.** Donner, si c'est possible, en degrés, la valeur de l'angle $\theta$, si cet angle est défini par :

a) $\theta = \text{Arc sin } 0{,}5\,;$

b) $\theta = \text{Arc cos } 0\,;$

c) $\theta = \text{Arc tan } 2\,;$

d) $\theta = \text{Arc cot } (-1)\,;$

e) $\theta = \text{Arc sec } \dfrac{1}{2}\,;$

f) $\theta = \text{Arc csc } 4.$

**4.** Donner, si c'est possible, en radians, la valeur de l'angle $\theta$, si cet angle est défini par :

a) $\theta = \text{Arc sin } 4\,;$

b) $\theta = \text{Arc cos } \left(\dfrac{-1}{2}\right)\,;$

c) $\theta = \text{Arc tan } (-10)\,;$

d) $\theta = \text{Arc cot } 0\,;$

e) $\theta = \text{Arc sec } \dfrac{2}{\sqrt{3}}$

f) $\theta = \text{Arc csc } 1.$

**5.** Utiliser les propriétés des logarithmes pour compléter les égalités suivantes, où $M$ et $N \in \mathbb{R}^+$, et $b \in \mathbb{R}^+ \setminus \{1\}$.

a) $\log_b M = T \Leftrightarrow M = $ _____

b) $\log_b 1 = $ _____

c) $\log_b b = $ _____

d) $\log_b (MN) = $ _____

e) $\log_b \left(\dfrac{M}{N}\right) = $ _____

f) $\log_b M^T = $ _____

g) Si $\log_b M = \log_b N$, alors $M = $ _____

h) Transformer en base $e$, $\log_b M = $ _____

i) $e^{\ln M} = $ _____

j) $\ln e = $ _____

k) Si $M = N$, alors $\ln M = $ _____

**6.** Soit $f$, une fonction continue sur $[a, b]$. Déterminer l'équation de la sécante passant par les points $P(a, f(a))$ et $Q(b, f(b))$.

**7.** Déterminer si les fonctions suivantes sont continues ou discontinues sur l'intervalle donné.

a) $f(x) = \dfrac{1}{x - 4}$

   i) sur $[-5, 3]$          ii) sur $[3, 5]$

b) $g(x) = \begin{cases} x^2 + 1 & \text{si } 0 \leq x < 1 \\ 2 & \text{si } x = 1 \\ x + 2 & \text{si } 1 < x \leq 2 \end{cases}$

   i) sur $[0, 2]$     ii) sur $[0, 1]$     iii) sur $[1, 2]$

**8.** Soit $f$, $g$, $r$ et $s$, quatre fonctions représentées par les courbes suivantes.

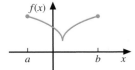

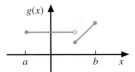

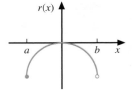

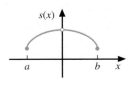

Parmi les fonctions précédentes, déterminer :

a) celles qui sont continues sur $[a, b]$ ;

b) celles qui sont dérivables sur $]a, b[$ ;

c) celles dont la dérivée s'annule en au moins une valeur $c$, où $c \in \;]a, b[$.

**9.** Évaluer les limites suivantes de façon algébrique.

a) $\displaystyle\lim_{x \to 3} \dfrac{x^2 - 9}{4x - 12}$

b) $\displaystyle\lim_{x \to +\infty} \dfrac{5x^2 + 7x - 1}{x^2 - 4}$

c) $\displaystyle\lim_{x \to 1} \dfrac{x^3 - 1}{\dfrac{1}{x} - 1}$

d) $\displaystyle\lim_{x \to 9} \dfrac{3 - \sqrt{x}}{x - 9}$

**10.** Soit la fonction $f$ définie par le graphique suivant.

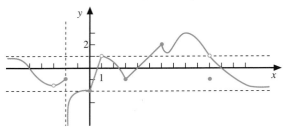

Déterminer :

a) dom $f$ et ima $f$ ;

b) $\lim\limits_{x \to -\infty} f(x)$ et $\lim\limits_{x \to +\infty} f(x)$ ;

c) $\lim\limits_{x \to (-2)^-} f(x)$ et $\lim\limits_{x \to (-2)^+} f(x)$ ;

d) $\lim\limits_{x \to 10} f(x)$ ;

e) les valeurs de $x$, où $f$ n'est pas continue ;

f) les valeurs de $x$, où $f$ n'est pas dérivable ;

g) les équations des asymptotes.

**11.** Soit $f(x) = 3x^2 - 5x + 1$.

a) Déterminer l'équation de la sécante passant par les points $A(-1, f(-1))$ et $B(5, f(5))$.

b) Déterminer l'équation de la tangente à la courbe de $f$ au point $P(2, f(2))$.

**12.** Évaluer les limites suivantes.

a) $\lim\limits_{x \to 0} \sin x$

b) $\lim\limits_{x \to 0} \cos x$

c) $\lim\limits_{x \to (\frac{\pi}{2})^-} \tan x$

d) $\lim\limits_{x \to (\frac{\pi}{2})^+} \tan x$

e) $\lim\limits_{x \to (\frac{\pi}{2})^-} \sec x$

f) $\lim\limits_{x \to 0^-} \csc x$

g) $\lim\limits_{x \to -\infty} \operatorname{Arc} \tan x$

h) $\lim\limits_{x \to +\infty} \operatorname{Arc} \tan x$

**13.** Soit $f(x) = e^x$ et $g(x) = \ln x$. Représenter graphiquement les fonctions $f$ et $g$ puis évaluer les limites suivantes.

a) $\lim\limits_{x \to 0} e^x$

b) $\lim\limits_{x \to +\infty} e^x$

c) $\lim\limits_{x \to -\infty} e^x$

d) $\lim\limits_{x \to +\infty} e^{-x}$

e) $\lim\limits_{x \to -\infty} e^{-x}$

f) $\lim\limits_{x \to 1} \ln x$

g) $\lim\limits_{x \to 0^+} \ln x$

h) $\lim\limits_{x \to +\infty} \ln x$

# 1.1 Dérivée, dérivation implicite et dérivation logarithmique

## Objectifs d'apprentissage

À la fin de cette section, l'élève pourra calculer la dérivée de fonctions algébriques, trigonométriques, exponentielles, logarithmiques et trigonométriques inverses, calculer la dérivée de fonctions implicites et utiliser les logarithmes pour calculer certaines dérivées.

Plus précisément, l'élève sera en mesure :
- de donner la définition de la fonction dérivée ;
- d'interpréter graphiquement la dérivée d'une fonction en un point ;
- d'appliquer les formules de dérivation de base ;
- d'appliquer les formules de dérivation des fonctions trigonométriques ;
- d'appliquer les formules de dérivation des fonctions exponentielles et logarithmiques ;
- d'appliquer les formules de dérivation des fonctions trigonométriques inverses ;
- de calculer la dérivée première de fonctions définies implicitement ;
- de calculer la pente de la tangente à des courbes définies implicitement ;
- de calculer la dérivée seconde de fonctions définies implicitement ;
- de calculer la dérivée de fonctions de la forme $y = f(x)^{g(x)}$, où $f(x) > 0$ ;
- d'utiliser certaines propriétés des logarithmes pour faciliter le calcul de la dérivée de certaines expressions algébriques.

$$y = x^x$$

$$\frac{dy}{dx} = x^x(1 + \ln x)$$

$$y = f(x)^{g(x)}$$

$$\frac{dy}{dx} = f(x)^{g(x)} \left( g'(x) \ln f(x) + g(x) \frac{f'(x)}{f(x)} \right)$$

## Définition et interprétation graphique de la dérivée

**DÉFINITION 1.1**

D'une façon générale, la **fonction dérivée $f'$** d'une fonction $f$ peut être définie d'une des trois façons suivantes :

1) $f'(x) = \lim\limits_{h \to 0} \dfrac{f(x+h) - f(x)}{h}$ lorsque la limite existe ;

2) $f'(x) = \lim\limits_{\Delta x \to 0} \dfrac{f(x + \Delta x) - f(x)}{\Delta x}$ lorsque la limite existe ;

3) $f'(x) = \lim\limits_{t \to x} \dfrac{f(t) - f(x)}{t - x}$ lorsque la limite existe.

Graphiquement, $f'(a)$ correspond à la pente de la tangente à la courbe de $f$ au point $P(a, f(a))$.

Les notations suivantes sont utilisées pour désigner la fonction dérivée d'une fonction $y = f(x)$ :

$$f'(x), \quad y', \quad \frac{dy}{dx}, \quad \frac{d}{dx}(y), \quad \frac{df}{dx}, \quad \frac{d}{dx}(f) \quad \text{ou} \quad D_x f$$

Tangente à la courbe de $f$ au point $P(a, f(a))$ dont la pente est donnée par $f'(a)$

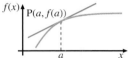

Les notations suivantes sont utilisées pour désigner la dérivée d'une fonction $y = f(x)$ au point $P(a, f(a))$ :

$$f'(a), \quad y'\Big|_{x=a}, \quad \frac{dy}{dx}\Big|_{x=a}, \quad \frac{d}{dx}(y)\Big|_{x=a}, \quad \frac{df}{dx}\Big|_{x=a}, \quad \frac{d}{dx}(f)\Big|_{x=a} \quad \text{ou} \quad D_{x=a} f$$

## Formules de dérivation

Nous trouvons dans les tableaux de cette section les principales formules de dérivation étudiées dans le cours de calcul différentiel.

| Type de fonction | Équation | Dérivée |
|---|---|---|
| Constante | $y = k$, où $k \in \mathbb{R}$ | $y' = 0$ |
| Identité | $y = x$ | $y' = 1$ |
| Exposant réel | $y = x^r$, où $r \in \mathbb{R}$ | $y' = rx^{r-1}$ |
| Produit d'une constante par une fonction | $y = kf(x)$, où $k \in \mathbb{R}$ | $y' = kf'(x)$ |
| Somme ou différence | $y = f_1(x) \pm f_2(x) \pm \ldots \pm f_n(x)$ | $y' = f_1'(x) \pm f_2'(x) \pm \ldots \pm f_n'(x)$ |
| Produit | $y = f(x)\, g(x)$ | $y' = f'(x)\, g(x) + f(x)\, g'(x)$ |
| Quotient | $y = \dfrac{f(x)}{g(x)}$ | $y' = \dfrac{f'(x)\, g(x) - f(x)\, g'(x)}{g^2(x)}$ |
| Dérivation en chaîne | $y = g(f(x))$ | $y' = g'(f(x))\, f'(x)$ |
| | $y = [f(x)]^r$, où $r \in \mathbb{R}$ | $y' = r\,[f(x)]^{r-1} f'(x)$ |

## Il y a environ 300 ans...

**Gottfried Wilhelm Leibniz**

**Mathématicien allemand**

*D*iplomate et conseiller du duc de Hanovre en Allemagne, **Gottfried Wilhelm Leibniz** (1646-1716) est considéré, avec Newton, comme l'un des deux inventeurs du calcul différentiel et intégral. Son souci majeur est de donner à cette théorie, nouvelle pour l'époque, la forme d'un véritable calcul permettant de «calculer» grâce à des automatismes semblables aux opérations élémentaires effectuées sur les nombres écrits en numération indo-arabe. Il fait plusieurs essais, et sa notation $\frac{dy}{dx}$ est universellement adoptée. Elle a l'avantage de suivre des règles de manipulation similaires à celles des fractions et, de la sorte, elle nous semble plus intuitive.

Dans la règle de dérivation en chaîne, en posant $u = g(x)$, nous avons $y = f(u)$ ; ainsi, la règle de dérivation en chaîne peut s'écrire sous la forme

**Notation de Leibniz**

$$\frac{dy}{dx} = \frac{dy}{du} \frac{du}{dx}$$  où  $\dfrac{dy}{dx}$ représente la dérivée de $y$ par rapport à $x$,

$\dfrac{dy}{du}$ représente la dérivée de $y$ par rapport à $u$, et

$\dfrac{du}{dx}$ représente la dérivée de $u$ par rapport à $x$.

**Exemple 1**  Calculons la dérivée des fonctions suivantes.

**Dérivée d'une somme**

a)  Si $y = 5\sqrt{x} - 3x^4 + \dfrac{3}{x^2} + 7$, alors

$$\frac{dy}{dx} = 5\frac{d}{dx}\left(x^{\frac{1}{2}}\right) - 3\frac{d}{dx}(x^4) + 3\frac{d}{dx}(x^{-2}) + \frac{d}{dx}(7)$$

$$= 5\left(\frac{1}{2}x^{\frac{-1}{2}}\right) - 3(4x^3) + 3(-2x^{-3}) + 0$$

$$= \frac{5}{2\sqrt{x}} - 12x^3 - \frac{6}{x^3}$$

**Dérivée d'un produit**

b)  Si $y = (u^3 + 2u)\sqrt[3]{4 - 3u^5}$, alors

$$\frac{dy}{du} = (u^3 + 2u)'\sqrt[3]{4 - 3u^5} + (u^3 + 2u)\left((4 - 3u^5)^{\frac{1}{3}}\right)'$$

$$= (3u^2 + 2)\sqrt[3]{4 - 3u^5} + (u^3 + 2u)\frac{1}{3}(4 - 3u^5)^{\frac{-2}{3}}(-15u^4)$$

$$= (3u^2 + 2)\sqrt[3]{4 - 3u^5} - \frac{5u^4(u^3 + 2u)}{\sqrt[3]{(4 - 3u^5)^2}}$$

$$= \frac{(3u^2 + 2)(4 - 3u^5) - 5u^4(u^3 + 2u)}{\sqrt[3]{(4 - 3u^5)^2}}$$

$$= \frac{-14u^7 - 16u^5 + 12u^2 + 8}{\sqrt[3]{(4 - 3u^5)^2}}$$

**Dérivée d'un quotient**

c) Si $u = \dfrac{x^2 + 1}{4x^7 + 3x}$, alors

$$\frac{du}{dx} = \frac{(x^2 + 1)'(4x^7 + 3x) - (x^2 + 1)(4x^7 + 3x)'}{(4x^7 + 3x)^2}$$

$$= \frac{2x(4x^7 + 3x) - (x^2 + 1)(28x^6 + 3)}{(4x^7 + 3x)^2}$$

$$= \frac{-(20x^8 + 28x^6 + 3x^2 + 3)}{(4x^7 + 3x)^2}$$

**Dérivation en chaîne**

d) Si $H(t) = [(t^4 + 3t)^5 + t^2]^8$, alors

$$H'(t) = 8[(t^4 + 3t)^5 + t^2]^7[(t^4 + 3t)^5 + t^2]'$$

$$= 8[(t^4 + 3t)^5 + t^2]^7[5(t^4 + 3t)^4(4t^3 + 3) + 2t]$$

**Notation de Leibniz**

e) Si $y = (5u^7 + 3u^2 + 6)$, alors

$$\frac{dy}{dx} = \frac{dy}{du}\frac{du}{dx}$$

$$= \frac{d}{du}(5u^7 + 3u^2 + 6)\frac{d}{dx}(3\sqrt{x} + 5)$$

$$= (35u^6 + 6u)\left(\frac{3}{2\sqrt{x}}\right)$$

$$= \frac{3(35(3\sqrt{x} + 5)^6 + 6(3\sqrt{x} + 5))}{2\sqrt{x}} \qquad (\text{car } u = 3\sqrt{x} + 5)$$

**Exemple 2** Soit $f(x) = \dfrac{4x^2 - 5x + 2}{7}$.

**Pente d'une tangente**

a) Calculons la pente de la tangente à la courbe de $f$ au point $P(1, f(1))$.

Puisque $\qquad\qquad f(x) = \dfrac{4x^2 - 5x + 2}{7}$

$$f'(x) = \frac{8x - 5}{7}$$

d'où $m_{\tan(1, f(1))} = f'(1) = \dfrac{3}{7}$

**Équation d'une tangente et d'une droite normale**

b) Déterminons l'équation de la tangente à la courbe de $f$ au point $R(-2, f(-2))$ et de la droite normale à cette tangente au point $R(-2, f(-2))$.

Puisque $f'(x) = \dfrac{8x - 5}{7}$, $f'(-2) = -3$

| **Équation de la tangente** | **Équation de la droite normale** |
|---|---|
| $\dfrac{y - f(-2)}{x - (-2)} = f'(-2)$ | $\dfrac{y - f(-2)}{x - (-2)} = \dfrac{-1}{f'(-2)}$ |
| $\dfrac{y - 4}{x + 2} = -3$ | $\dfrac{y - 4}{x + 2} = \dfrac{1}{3}$ |
| d'où $y = -3x - 2$ | d'où $y = \dfrac{1}{3}x + \dfrac{14}{3}$ |

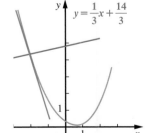

$y = \dfrac{1}{3}x + \dfrac{14}{3}$

$y = -3x - 2$

$f(x) = \dfrac{4x^2 - 5x + 2}{7}$

Dérivation
des fonctions
exponentielles
et logarithmiques

| $y = e^{f(x)}$ | $y' = e^{f(x)} f'(x)$ | $y = \ln f(x)$ | $y' = \dfrac{f'(x)}{f(x)}$ |
|---|---|---|---|
| $y = a^{f(x)},$ où $a \in \mathbb{R}^+ \setminus \{1\}$ | $y' = [a^{f(x)} \ln a]\, f'(x)$ | $y = \log_a f(x)$ | $y' = \dfrac{f'(x)}{f(x) \ln a}$ |

**Exemple 3** Calculons la dérivée des fonctions suivantes.

a) Si $f(x) = e^{3x^2 - 4x}$, alors $f'(x) = e^{3x^2 - 4x}(3x^2 - 4x)' = (6x - 4)e^{3x^2 - 4x}$

b) Si $g(t) = 9^{t^5 - 3t}$, alors $g'(t) = [9^{t^5 - 3t} \ln 9](5t^4 - 3)$

c) Si $g(x) = \ln^4 (3 - 5x^4)$, alors

$$g'(x) = [4 \ln^3 (3 - 5x^4)][\ln (3 - 5x^4)]'$$

$$= [4 \ln^3 (3 - 5x^4)] \frac{-20x^3}{(3 - 5x^4)} = \frac{-80x^3 \ln^3 (3 - 5x^4)}{3 - 5x^4}$$

d) Si $u = \log (t^3 - 2t) + \log_2 \sqrt{7t + 5}$, alors

$$\frac{du}{dt} = \frac{3t^2 - 2}{(t^3 - 2t) \ln 10} + \frac{1}{\sqrt{7t + 5} \ln 2} \left( \frac{7}{2\sqrt{7t + 5}} \right)$$

$$= \frac{3t^2 - 2}{(t^3 - 2t) \ln 10} + \frac{7}{2(7t + 5) \ln 2}$$

Dérivation
des fonctions
trigonométriques

| $y = \sin f(x)$ | $y' = [\cos f(x)]\, f'(x)$ | $y = \cos f(x)$ | $y' = [-\sin f(x)]\, f'(x)$ |
|---|---|---|---|
| $y = \tan f(x)$ | $y' = [\sec^2 f(x)]\, f'(x)$ | $y = \cot f(x)$ | $y' = [-\csc^2 f(x)]\, f'(x)$ |
| $y = \sec f(x)$ | $y' = [\sec f(x) \tan f(x)]\, f'(x)$ | $y = \csc f(x)$ | $y' = [-\csc f(x) \cot f(x)]\, f'(x)$ |

**Exemple 4** Calculons la dérivée des fonctions suivantes.

a) Si $y = \sin (x^6 - \cos^3 x^2)$, alors

$$\frac{dy}{dx} = [\cos (x^6 - \cos^3 x^2)]\, \frac{d}{dx}\, (x^6 - \cos^3 x^2)$$

$$= [\cos (x^6 - \cos^3 x^2)]\, (6x^5 + 6x \cos^2 x^2 \sin x^2)$$

b) Si $f(t) = \dfrac{\tan t}{\sec t^2}$, alors

$$f'(t) = \frac{(\tan t)' \sec t^2 - \tan t\, (\sec t^2)'}{(\sec t^2)^2}$$

$$= \frac{\sec^2 t \sec t^2 - \tan t\, [\sec t^2 \tan t^2]\, 2t}{\sec^2 t^2}$$

$$= \frac{\sec t^2\, [\sec^2 t - 2t \tan t \tan t^2]}{\sec^2 t^2}$$

$$= \frac{\sec^2 t - 2t \tan t \tan t^2}{\sec t^2}$$

c) Si $y = \cot^3 \theta - \csc \theta^3$, alors $\dfrac{dy}{d\theta} = -3 \cot^2 \theta \csc^2 \theta + 3\theta^2 \csc \theta^3 \cot \theta^3$

| | | | |
|---|---|---|---|
| $y = \text{Arc}\sin f(x)$ | $\dfrac{dy}{dx} = \dfrac{f'(x)}{\sqrt{1 - [f(x)]^2}}$ | $y = \text{Arc}\cos f(x)$ | $\dfrac{dy}{dx} = \dfrac{\text{-}f'(x)}{\sqrt{1 - [f(x)]^2}}$ |
| $y = \text{Arc}\tan f(x)$ | $\dfrac{dy}{dx} = \dfrac{f'(x)}{1 + [f(x)]^2}$ | $y = \text{Arc}\cot f(x)$ | $\dfrac{dy}{dx} = \dfrac{\text{-}f'(x)}{1 + [f(x)]^2}$ |
| $y = \text{Arc}\sec f(x)$ | $\dfrac{dy}{dx} = \dfrac{f'(x)}{f(x)\sqrt{[f(x)]^2 - 1}}$ * | $y = \text{Arc}\csc f(x)$ | $\dfrac{dy}{dx} = \dfrac{\text{-}f'(x)}{f(x)\sqrt{[f(x)]^2 - 1}}$ * |

**Exemple 5** Calculons la dérivée des fonctions suivantes.

a) Si $f(t) = (\text{Arc}\sin 2t)(\text{Arc}\cos t^3)$, alors

$$f'(t) = \frac{2}{\sqrt{1 - 4t^2}}\,\text{Arc}\cos t^3 - \frac{3t^2}{\sqrt{1 - t^6}}\,\text{Arc}\sin 2t$$

b) Si $y = \dfrac{\text{Arc}\tan(1 - 3x)}{\text{Arc}\csc(x^4 + 1)}$, alors

$$\frac{dy}{dx} = \frac{\dfrac{\text{-}3\,\text{Arc}\csc(x^4 + 1)}{1 + (1 - 3x)^2} + \dfrac{4x^3\,\text{Arc}\tan(1 - 3x)}{(x^4 + 1)\sqrt{(x^4 + 1)^2 - 1}}}{(\text{Arc}\csc(x^4 + 1))^2}$$

c) Si $g(u) = \text{Arc}\cot(e^u + \text{Arc}\sec 3u)$, alors

$$g'(u) = \frac{\text{-}1}{1 + (e^u + \text{Arc}\sec 3u)^2}\left(e^u + \frac{1}{u\sqrt{9u^2 - 1}}\right)$$

# ● Dérivation implicite

Dans les exemples présentés jusqu'à maintenant, la variable dépendante était exprimée en fonction de la variable indépendante. De telles équations définissent des fonctions explicites.

**Exemple 1** Les équations suivantes définissent des fonctions explicites.

a) $y = \dfrac{3x^4 - 5x}{x^2 + 1}$, où $y$ est la variable dépendante et $x$ la variable indépendante.

b) $u = e^t + \sin 3t$, où $u$ est la variable dépendante et $t$ la variable indépendante.

Par contre, dans certaines expressions, les variables sont liées entre elles par une équation où aucune des variables n'est explicitée en fonction d'une autre variable.

De telles équations peuvent définir une ou plusieurs fonctions explicites.

---

\* Tirées du volume de G. Charron et P. Parent, *Calcul différentiel*, 6ᵉ édition, Montréal, Beauchemin, 2007, p. 406 à 414.

Fonctions définies
implicitement

> with(plots):
> c:=implicitplot(x^4+y^3
  =13*y+4,x=-3..3,y=-5..5):
> p:=plot([[-2,3],[-2,-4],
  [-2,1]],style=point,symbol
  =circle,color=black):
> display(c,p,scaling
  =constrained);

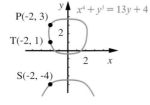

**Exemple 2** Les équations suivantes peuvent définir une ou plusieurs fonctions explicites en isolant une des variables.

a) $x + y = 5$, définit implicitement la fonction $y = 5 - x$.

b) $x^2 + y^2 = 4$, définit implicitement les fonctions $y_1 = \sqrt{4 - x^2}$ et $y_2 = -\sqrt{4 - x^2}$.

c) $x^4 + y^3 = 13y + 4$, définit implicitement trois fonctions (voir le graphique ci-contre).

Dans tous les problèmes suivants, nous supposons que $y$ est dérivable par rapport à $x$, et nous calculons $\dfrac{dy}{dx}$, sans isoler $y$. Ainsi, en calculant la dérivée de chacun des deux membres de l'équation par rapport à la variable $x$, pourvu que chaque membre soit dérivable, nous obtenons une nouvelle équation à partir de laquelle nous pourrons isoler $\dfrac{dy}{dx}$ ou $y\,'$. Cette méthode de dérivation s'appelle dérivation implicite.

Les étapes de la dérivation implicite sont données dans le tableau suivant.

**Dérivation implicite**

Soit une équation de la forme $F(x, y) = G(x, y)$.

La méthode à suivre pour déterminer $\dfrac{dy}{dx}$ ou $y'$ consiste à :

1) Calculer la dérivée, par rapport à $x$, des deux membres de l'équation ;

$$\frac{d}{dx}\,(F(x, y)) = \frac{d}{dx}\,(G(x, y)) \text{ ou } (F(x, y))' = (G(x, y))'$$

2) Isoler $\dfrac{dy}{dx}$ ou $y'$ de l'équation obtenue à l'étape 1.

**Remarque** En général, dans les équations où il s'agit d'évaluer $\dfrac{dy}{dx}$, nous avons, par la règle de dérivation en chaîne :

$$\frac{d}{dx}(y^r) = \frac{d(y^r)}{dy}\,\frac{dy}{dx} = ry^{r-1}\frac{dy}{dx} \ \ (r \in \mathbb{R})$$
$$\text{ou}$$
$$(y^r)' = ry^{r-1}y' \ \ (r \in \mathbb{R})$$

**Exemple 3** Calculons $\dfrac{dy}{dx}$ si $x^3 - 5x^2y = y^4 + 7$.

Dérivation implicite

1) Calculons la dérivée, par rapport à $x$, de chacun des membres de l'équation.

$$\frac{d}{dx}\,(x^3 - 5x^2y) = \frac{d}{dx}\,(y^4 + 7)$$

$$\frac{d}{dx}\,(x^3) - \frac{d}{dx}\,(5x^2y) = \frac{d}{dx}\,(y^4) + \frac{d}{dx}\,(7)$$

$$3x^2 - 5\left(y\,\frac{d}{dx}\,(x^2) + (x^2)\,\frac{d}{dx}\,(y)\right) = \frac{d}{dy}\,(y^4)\,\frac{dy}{dx} + 0$$

$$3x^2 - 5\left(y\,(2x) + x^2\frac{dy}{dx}\right) = 4y^3\,\frac{dy}{dx}$$

$$3x^2 - 10yx - 5x^2\,\frac{dy}{dx} = 4y^3\,\frac{dy}{dx}$$

2) Isolons $\dfrac{dy}{dx}$.

$$4y^3\,\dfrac{dy}{dx} + 5x^2\,\dfrac{dy}{dx} = 3x^2 - 10yx$$

$$(4y^3 + 5x^2)\,\dfrac{dy}{dx} = 3x^2 - 10yx$$

d'où $\dfrac{dy}{dx} = \dfrac{3x^2 - 10yx}{4y^3 + 5x^2}$

**Dérivation implicite**

**Exemple 4**  Soit $\dfrac{x}{y^2} = \dfrac{3x + 2y}{2x}$, où $x \neq 0$ et $y \neq 0$.

a)  Calculons $y'$.

1)  Calculons la dérivée, par rapport à $x$, de chacun des membres de l'équation.

$$\left(\dfrac{x}{y^2}\right)' = \left(\dfrac{3x + 2y}{2x}\right)'$$

$$\dfrac{(x)'y^2 - x(y^2)'}{(y^2)^2} = \dfrac{(3x + 2y)'2x - (3x + 2y)(2x)'}{(2x)^2}$$

$$\dfrac{y^2 - x2yy'}{y^4} = \dfrac{(3 + 2y')2x - (3x + 2y)2}{4x^2}$$

2)  Isolons $y'$ dans l'équation précédente.

$$(y^2 - 2xyy')4x^2 = (6x + 4xy' - 6x - 4y)y^4$$

$$4x^2y^2 - 8x^3yy' = 4xy^4y' - 4y^5$$

$$4x^2y^2 + 4y^5 = 4xy^4y' + 8x^3yy'$$

$$4x^2y^2 + 4y^5 = (4xy^4 + 8x^3y)y'$$

$$y' = \dfrac{4x^2y^2 + 4y^5}{4xy^4 + 8x^3y}$$

$$= \dfrac{4y^2(x^2 + y^3)}{4xy(y^3 + 2x^2)}$$

d'où $y' = \dfrac{y(x^2 + y^3)}{x(y^3 + 2x^2)}$

**Pente d'une tangente**

b)  Calculons la pente de la tangente à la courbe, définie par $\dfrac{x}{y^2} = \dfrac{3x + 2y}{2x}$, au point P(2, 1), c'est-à-dire $y'\big|_{(2,\,1)}$.

Puisque $\qquad y' = \dfrac{y(x^2 + y^3)}{x(y^3 + 2x^2)}$

$$y'\big|_{(2,\,1)} = \dfrac{1(2^2 + 1^3)}{2(1^3 + 2(2)^2)} \qquad \text{(en remplaçant } x \text{ par 2 et } y \text{ par 1)}$$

$$= \dfrac{5}{18}$$

d'où $m_{\tan (2,\,1)} = \dfrac{5}{18}$

**Remarque**  Il est parfois préférable de transformer l'équation initiale de façon à faciliter les calculs de la dérivée. Par contre, il faut s'assurer que les deux équations ont le même domaine de définition.

c) Calculons maintenant $y'$ en transformant l'équation initiale.

De $\dfrac{x}{y^2} = \dfrac{3x + 2y}{2x}$, nous obtenons en transformant

$$2x^2 = y^2(3x + 2y), \text{ où } x \neq 0 \text{ et } y \neq 0$$

$$2x^2 = 3xy^2 + 2y^3$$

En dérivant par rapport à $x$, les deux membres de l'équation

$$(2x^2)' = (3xy^2 + 2y^3)'$$

$$4x = 3y^2 + 3x(2yy') + 6y^2y'$$

$$4x - 3y^2 = (6xy + 6y^2)y'$$

En isolant $y'$

d'où $y' = \dfrac{4x - 3y^2}{6xy + 6y^2}$

d) Calculons $y'\big|_{(2,\,1)}$, en utilisant le résultat obtenu en c).

Puisque $y' = \dfrac{4x - 3y^2}{6xy + 6y^2}$

$$y'\big|_{(2,\,1)} = \dfrac{4(2) - 3(1)^2}{6(2)(1) + 6(1)^2} = \dfrac{5}{18}$$

Nous constatons que le résultat est identique à celui trouvé en b) même si les expressions définissant $y'$ sont différentes.

**Exemple 5**   Soit les courbes définies par $xy_1 = 20$ et $x^2 - y_2^2 = 9$.

a) Déterminons les points d'intersection des deux courbes.

De $xy_1 = 20$, nous obtenons $y_1 = \dfrac{20}{x}$.

En remplaçant $y_2$ par $y_1$, nous obtenons

$$x^2 - \left(\dfrac{20}{x}\right)^2 = 9$$

$$x^2 - \dfrac{400}{x^2} = 9$$

$$x^4 - 400 = 9x^2 \qquad \text{(en multipliant les deux membres de l'équation par } x^2\text{)}$$

$$x^4 - 9x^2 - 400 = 0$$

donc $\quad z^2 - 9z - 400 = 0 \qquad$ (en posant $z = x^2$)

Ainsi, $\quad z = \dfrac{9 \pm \sqrt{81 + 1600}}{2}$

$$z = 25 \quad \text{ou} \quad z = \text{-}16$$

$$x^2 = 25 \qquad x^2 = \text{-}16 \qquad \text{(à rejeter)}$$

$$x = \text{-}5 \text{ ou } x = 5$$

d'où les points d'intersection R(-5, -4) et S(5, 4).

b) Démontrons que les courbes sont orthogonales aux points d'intersection, c'est-à-dire que les tangentes aux courbes sont perpendiculaires en ces points.

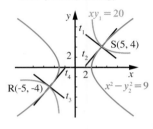

**Courbe 1**

$$xy_1 = 20$$

$$(xy_1)' = (20)'$$

$$1y_1 + xy_1' = 0$$

$$y_1' = \frac{-y_1}{x}$$

donc $y_1'\Big|_{(-5,\,-4)} = \frac{-4}{5}$ et $y_1'\Big|_{(5,\,4)} = \frac{-4}{5}$

**Courbe 2**

$$x^2 - y_2^2 = 9$$

$$(x^2 - y_2^2)' = (9)'$$

$$2x - 2y_2y_2' = 0$$

$$y_2' = \frac{x}{y_2}$$

donc $y_2'\Big|_{(5,\,4)} = \frac{5}{4}$ et $y_2'\Big|_{(5,\,4)} = \frac{5}{4}$

Puisque, dans les deux cas, le produit des pentes est égal à -1 $\left(\left(\frac{-4}{5}\right)\left(\frac{5}{4}\right) = -1\right)$, les tangentes aux courbes sont perpendiculaires aux points d'intersection.

Dans certains problèmes, il peut être utile de calculer la dérivée seconde, notée $\dfrac{d^2y}{dx^2}$ ou $y''$, pour déterminer la concavité d'une courbe.

**Exemple 6** Soit $x^4 + y^3 = 13y + 4$.

a) Calculons $y''$.

Calculons d'abord la dérivée des deux membres de l'équation et trouvons $y'$.

$$(x^4 + y^3)' = (13y + 4)'$$

$$4x^3 + 3y^2y' = 13y' \qquad \text{(équation 1)}$$

$$3y^2y' - 13y' = -4x^3$$

$$y'(3y^2 - 13) = -4x^3$$

$$y' = \frac{-4x^3}{3y^2 - 13} \qquad \text{(équation 2)}$$

Calculons ensuite $y''$ en utilisant deux méthodes différentes.

**Méthode 1**

En dérivant les deux membres de l'équation 1.

$$4x^3 + 3y^2y' = 13y'$$

$$(4x^3 + 3y^2y')' = (13y')'$$

$$12x^2 + (6yy')y' + 3y^2y'' = 13y''$$

$$3y^2y'' - 13y'' = -12x^2 - 6yy'y'$$

$$y''(3y^2 - 13) = -12x^2 - 6y(y')^2$$

d'où $y'' = \dfrac{-12x^2 - 6y(y')^2}{3y^2 - 13}$

**Méthode 2**

En dérivant les deux membres de l'équation 2.

$$y' = \frac{-4x^3}{3y^2 - 13}$$

$$(y')' = \left(\frac{-4x^3}{3y^2 - 13}\right)'$$

$$y'' = \frac{-12x^2(3y^2 - 13) + 4x^3(6yy')}{(3y^2 - 13)^2}$$

d'où $y'' = \dfrac{-36x^2y^2 + 156x^2 + 24x^3yy'}{(3y^2 - 13)^2}$

b) Déterminons la concavité de la courbe, définie par $x^4 + y^3 = 13y + 4$, au point P(-2, 3) en évaluant $y''\big|_{(-2, 3)}$. Pour évaluer $y''$ au point P(-2, 3), il faut d'abord évaluer $y'$ au point P(-2, 3), car nous retrouvons $y'$ dans les deux expressions de $y''$.

De $y' = \dfrac{-4x^3}{3y^2 - 13}$, nous trouvons $y'\big|_{(-2, 3)} = \dfrac{-4(-2)^3}{3(3)^2 - 13} = \dfrac{16}{7}$

Il suffit maintenant de remplacer, dans une des expressions de $y''$, $x$ par -2, $y$ par 3 et $y'$ par $\dfrac{16}{7}$.

**Méthode 1**

$$y'' = \dfrac{-12x^2 - 6y(y')^2}{3y^2 - 13}$$

$$y''\big|_{(-2, 3)} = \dfrac{-12(-2)^2 - 6(3)\left(\dfrac{16}{7}\right)^2}{3(3)^2 - 13}$$

$$y''\big|_{(-2, 3)} = \dfrac{-3480}{343} < 0$$

**Méthode 2**

$$y'' = \dfrac{-36x^2y^2 + 156x^2 + 24x^3yy'}{(3y^2 - 13)^2}$$

$$y''\big|_{(-2, 3)} = \dfrac{-36(-2)^2\,3^2 + 156(-2)^2 + 24(-2)^3\,3\left(\dfrac{16}{7}\right)}{(3(3)^2 - 13)^2}$$

$$y''\big|_{(-2, 3)} = \dfrac{-3480}{343} < 0$$

d'où la courbe est concave vers le bas au point P(-2, 3).

c) Déterminons la concavité de la courbe, définie par $x^4 + y^3 = 13y + 4$, aux points S(-2, -4) et T(-2, 1).

$$y'\big|_{(-2, -4)} = \dfrac{-4(-2)^3}{3(-4)^2 - 13} = \dfrac{32}{35}$$

$$y''\big|_{(-2, -4)} = \dfrac{-12(-2)^2 - 6(-4)\left(\dfrac{32}{35}\right)^2}{3(-4)^2 - 13}$$

$$= \dfrac{-34\,224}{35^3} < 0$$

d'où la courbe est concave vers le bas au point S(-2, -4).

$$y'\big|_{(-2, 1)} = \dfrac{-4(-2)^3}{3(1)^2 - 13} = \dfrac{-16}{5}$$

$$y''\big|_{(-2, 1)} = \dfrac{-12(-2)^2 - 6(1)\left(\dfrac{-16}{5}\right)^2}{3(1)^2 - 13}$$

$$= \dfrac{1368}{125} > 0$$

d'où la courbe est concave vers le haut au point T(-2, 1).

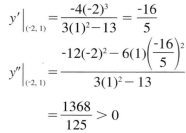

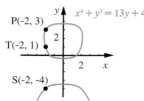

**Représentation graphique**

```
> with(plots):
> c:=implicitplot(x^4+y^3
  =13*y+4,x=-3..3,y=-5..5):
> p:=plot([[-2,3],[-2,-4],
  [-2,1]],style=point,symbol
  =circle,color=black):
> display(c,p,scaling
  =constrained);
```

P(-2, 3)
T(-2, 1)
S(-2, -4)
$x^4 + y^3 = 13y + 4$

## ■ Dérivation logarithmique

Cette méthode est principalement utilisée pour trouver la dérivée de fonctions de la forme $h(x) = f(x)^{g(x)}$.

Nous savons que si $y = x^a$, alors $y' = ax^{a-1}$, $\forall\, a \in \mathbb{R}$.

Nous savons également que si $y = a^x$, alors $y' = a^x \ln a$, $\forall\, a > 0$ et $a \neq 1$.

Par contre, nous n'avons vu aucune méthode nous permettant de calculer la dérivée de fonctions de la forme $y = f(x)^{g(x)}$, où $f(x) > 0$, par exemple :

$y = x^x$ ; $y = (x^3 + 4x)^{e^x}$ ; $y = (\tan x)^x$.

La dérivation logarithmique est une méthode qui consiste à :

1) Prendre le logarithme naturel de chaque membre de l'équation ;

2) Appliquer certaines propriétés des logarithmes pour obtenir des expressions possibles à dériver ; $\log_a (m^n) = n \log_a m$

3) Calculer la dérivée des deux membres de l'équation par rapport à la variable $x$ ;

4) Isoler $y'$. → $y' =$ expression en $x$ seulement

dérivation implicite

---

**Exemple 1** Calculons $y'$ si $y = x^x$.

Dérivation logarithmique

Puisque

$$y = x^x$$

$$\ln y = \ln x^x \qquad \text{(car si } A > 0, B > 0 \text{ et } A = B, \text{ alors } \ln A = \ln B)$$

$$\ln y = x \ln x \qquad \text{(propriété des logarithmes)}$$

$$(\ln y)' = (x \ln x)' \qquad \text{(en calculant la dérivée des deux membres de l'équation)}$$

$$\frac{y'}{y} = 1 \ln x + x \frac{1}{x}$$

$$y' = y[1 + \ln x] \qquad \text{(en isolant } y')$$

d'où $y' = x^x (1 + \ln x)$ ← $\qquad$ (car $y = x^x$)

---

**Exemple 2** Calculons $y'$ si $y = (x^3 + 4x)^{e^{-x}}$.

Dérivation logarithmique

Puisque

$$y = (x^3 + 4x)^{e^{-x}}$$

$$\ln y = \ln (x^3 + 4x)^{e^{-x}}$$

$$\ln y = e^{-x} \ln (x^3 + 4x) \qquad \text{(propriété des logarithmes)}$$

$$(\ln y)' = (e^{-x} \ln (x^3 + 4x))' \qquad \text{(en calculant la dérivée des deux membres de l'équation)}$$

$$\frac{y'}{y} = -e^{-x} \ln (x^3 + 4x) + \frac{e^{-x}(3x^2 + 4)}{(x^3 + 4x)}$$

$$y' = y \left[ -e^{-x} \ln (x^3 + 4x) + \frac{e^{-x}(3x^2 + 4)}{(x^3 + 4x)} \right] \qquad \text{(en isolant } y')$$

d'où $y' = (x^3 + 4x)^{e^{-x}} \left[ -e^{-x} \ln (x^3 + 4x) + \frac{e^{-x}(3x^2 + 4)}{(x^3 + 4x)} \right] \qquad$ (car $y = (x^3 + 4x)^{e^{-x}}$)

---

Lorsque nous avons à calculer la dérivée d'une fonction constituée de nombreux produits, quotients ou exposants, il est possible de calculer la dérivée de cette fonction en utilisant la dérivation logarithmique.

**Exemple 3** Calculons $y'$ si $y = \dfrac{x^3 \ln x}{x^x \sec x}$.

Dérivation
logarithmique

Puisque $\qquad y = \dfrac{x^3 \ln x}{x^x \sec x}$

$$\ln y = \ln \left( \frac{x^3 \ln x}{x^x \sec x} \right)$$

$$\ln y = \ln (x^3 \ln x) - \ln (x^x \sec x) \qquad \text{(propriété des logarithmes)}$$

$$\ln y = \ln x^3 + \ln (\ln x) - (\ln x^x + \ln \sec x) \qquad \text{(propriété des logarithmes)}$$

$$\ln y = \ln x^3 + \ln (\ln x) - \ln x^x - \ln \sec x$$

$$(\ln y)' = (3 \ln x + \ln (\ln x) - x \ln x - \ln \sec x)' \qquad \text{(en calculant la dérivée des}$$
$$\text{deux membres de l'équation)}$$

$$\frac{y'}{y} = \frac{3}{x} + \frac{1}{(\ln x)x} - (\ln x + 1) - \frac{\sec x \tan x}{\sec x}$$

$$y' = y \left[ \frac{3}{x} + \frac{1}{x \ln x} - \ln x - 1 - \tan x \right] \qquad \text{(en isolant } y')$$

$$\text{d'où } y' = \frac{x^3 \ln x}{x^x \sec x} \left[ \frac{3}{x} + \frac{1}{x \ln x} - \ln x - 1 - \tan x \right]$$

# Exercices 1.1

**1.** Calculer la dérivée des fonctions suivantes.

a) $f(x) = 5x^4 - \left( 10\sqrt{x} - \dfrac{3}{x^2} + \dfrac{1}{7} \right)$

b) $f(t) = (1 - 7t)^6$

c) $g(x) = (x - 2)^5 (7x + 3)$

d) $y = \dfrac{x^2 - 3}{4 - x^2}$

e) $v(t) = 5t^3\sqrt{4 - t}$

f) $f(x) = \sqrt{\dfrac{1 + 3x}{1 - 3x}}$

g) $H(u) = [(u^2 - 5)^8 + u^7]^{18}$

h) $f(x) = \dfrac{ax^2}{(a + x^2)^3}$

**2.** Calculer $\dfrac{dy}{dx}$ pour les fonctions suivantes.

a) $y = \dfrac{e^x + e^{-x}}{e^x - e^{-x}}$

b) $y = \log_3 x^3 + 3^{x^4}$

c) $y = e^{\cos x} \ln \sec x$

d) $y = \sin (\ln x) - e^{\ln x}$

e) $y = \ln (\sec x + \tan x)$

f) $y = \log (\ln x)$

**3.** Calculer la dérivée des fonctions suivantes.

a) $x(\theta) = \sin \sqrt{\theta} + \sqrt{\cos \theta}$

b) $g(u) = \tan^4 (2u^2 - 1)$

c) $v(t) = \csc \left( \dfrac{t - 1}{t} \right)$

d) $y = \sin 2x \cos (x^2 - 3x)$

e) $f(x) = \sqrt[3]{\sec (5x - 4)}$

f) $g(x) = \cot (x^3 + \sin x^2)$

**4.** Calculer la dérivée des fonctions suivantes.

a) $f(x) = \text{Arc } \sin (x^3 - 3x)$

b) $g(\varphi) = \text{Arc } \cos \left( \dfrac{2\varphi}{1 - \varphi^2} \right)$

c) $x(\theta) = \text{Arc } \tan (\sin \theta)$

d) $H(x) = \text{Arc } \csc (2x - 1) + \text{Arc } \sec x^4$

e) $f(x) = (\text{Arc } \sec x)^3 \text{ Arc } \cot (x^2 - 1)$

f) $v(t) = (\text{Arc } \sin t)^3 + \text{Arc } \sin t^3$

**5.** Soit $f(x) = -\ln (\csc x + \cot x)$ et
$g(x) = \ln (\csc x - \cot x)$.

Démontrer que $f'(x) = g'(x)$.

**6.** Soit la fonction $f$ définie par $f(x) = x^3 - x^2 - 6x$.

a) Déterminer l'équation de la tangente à la courbe de $f$ et l'équation de la droite normale à cette tangente au point $Q(b, 0)$, où $b < 0$.

b) Déterminer les coordonnées du point P$(a, f(a))$, où $a > 0$, si la pente de la tangente en ce point est égale à 7,75.

**7.** Calculer $y'$ si :

a) $4x^2 + 9y^2 = 36$

b) $3x^2y - 4xy^2 = 9x + 5y$

c) $e^{\tan x} + \sec e^y = 3x$

d) $\sqrt{x^2 + y^2} = 5x + 1$

e) $y \cos x = 7x^2 - 3x \cos y$

f) $\ln(x^2 + y^3) = ye^x$

**8.** Soit $\dfrac{x}{y} = \dfrac{y^2}{x}$.

a) Déterminer $y'$ en calculant la dérivée des deux membres de l'équation donnée.

b) Expliciter $y$ à partir de l'équation initiale et calculer $y'$.

c) Vérifier que les deux réponses sont égales.

**9.** Pour chacune des équations suivantes, déterminer la pente de la tangente à la courbe au point donné de la courbe.

a) $\cos y = \sin x$, au point P$\left(\dfrac{\pi}{6}, \dfrac{\pi}{3}\right)$

b) $e^{2x-y} = x^2 - 3$, au point P$(2, 4)$

c) $y^2 = \dfrac{x-y}{x+y}$, au point P$\left(\dfrac{-10}{3}, 2\right)$

d) $x^2 + y^2 = y - x$, aux points d'abscisse $x = 0$

**10.** Soit l'équation $x^2 + 4 = \dfrac{5x}{y}$.

a) Déterminer l'équation des tangentes à la courbe aux points d'ordonnée $y = 1$.

b) Représenter graphiquement, sur un intervalle approprié, la courbe précédente, la droite $y = 1$ ainsi que les points de la courbe en $y = 1$.

**11.** a) Pour chacune des équations suivantes, évaluer $y''$ au point donné de la courbe.

i) $x^3y + xy^3 = 2$, au point P$(1, 1)$

ii) $x + x \sin y = 3$, au point P$(3, 0)$

b) Soit l'équation $\ln(ye^x) = x^2 + 1$.

i) Déterminer la concavité de la courbe au point P$(1, e)$.

 ii) Représenter graphiquement, sur un intervalle approprié, la courbe précédente, le point P$(1, e)$ et vérifier la cohérence des résultats relativement à la concavité de la courbe.

**12.** Calculer la dérivée des fonctions suivantes.

a) $y = x^{\sin x}$

e) $g(x) = x^{\ln x}$

b) $f(x) = (3x + 1)^{(1-2x)}$

f) $x(t) = (\ln t)^t$

c) $v(\theta) = (\sin \theta)^{\cos \theta}$

g) $y = (x)^{e^x}$

d) $y = (\tan x^2)^{\pi x^3}$

**13.** Soit $y = f(x)^{g(x)}$. Déterminer $\dfrac{dy}{dx}$.

**14.** Après avoir transformé en somme ou en différence la fonction initiale, calculer sa dérivée.

a) $y = \ln((3 - 2x)(5 + 4x^2))$

b) $y = \ln\left(\dfrac{x^2 - 4x}{3x + 1}\right)$

c) $y = \ln\left(\dfrac{(x^2 + 4)(5 - x)^3}{(2x - 1)(x^3 + 1)}\right)$

**15.** Utiliser la dérivation logarithmique pour calculer $\dfrac{dy}{dx}$.

a) $y = \sqrt{x}\sqrt[3]{1 - x}\sqrt[5]{4 + 5x^2}$

b) $y = \sqrt[3]{\dfrac{1 - x^4}{5x^2 + 5}}$

c) $y = \dfrac{(x^3 + 5x)^7 \sin x}{\sqrt{x}}$

**16.** Calculer $y'$ si :

a) $y = x^{3x} + (\cos x)^x$

d) $y = x^{(x^x)}$

b) $y = 4(\sec x)^x$

e) $y = (x^x)^x$

c) $x^y - y^x = 0$

**17.** L'équation suivante de Van der Waals

$$\left(P + \dfrac{an^2}{V^2}\right)(V - nb) = nRT,$$

où $a$, $n$, $b$ et $R$ sont constants, met en relation la pression $P$ (en pascal), le volume $V$ (en cm³) et la température $T$ (en Celsius) d'un gaz.

Si pour un certain gaz donné

$$\left(P + \dfrac{4}{V^2}\right)(V - 0,02) = 7,84$$

déterminer $\dfrac{dV}{dP}$ au point $(4, 1)$.

**18.** Soit les courbes $xy_1 = c$, où $c \in \mathbb{R}^+$ et $x^2 - y_2^2 = k$, où $k \in \mathbb{R}^+$.

a) Trouver les points d'intersection $P_1(a_1, b_1)$ et $P_2(a_2, b_2)$ en fonction de $c$ et de $k$.

b) Démontrer que les courbes précédentes se rencontrent perpendiculairement.

**19.** Une usine emploie $x$ ouvriers à temps complet et $y$ ouvriers à temps partiel pour une production de 141 054 unités par semaine. Des études ont démontré que cette quantité d'unités produites est donnée par $3x^3 + 5xy^2 + 2y^3 = 141\ 054$.

a) Déterminer $\dfrac{dy}{dx}$ et interpréter le résultat.

b) Déterminer $\dfrac{dy}{dx}$ lorsque $x = 32$ et $y = 15$.

c) Représenter graphiquement la courbe.

# 1.2 Théorèmes sur les fonctions continues

## Objectifs d'apprentissage

À la fin de cette section, l'élève pourra appliquer certains théorèmes d'analyse à des fonctions continues.

Plus précisément, l'élève sera en mesure :
- d'énoncer le théorème de la valeur intermédiaire ;
- d'énoncer le théorème des valeurs extrêmes ;
- de savoir qu'à un point maximal (ou minimal), la dérivée, si elle existe, est égale à 0 ;
- d'énoncer le théorème de Rolle ;
- de démontrer le théorème de Rolle ;
- d'appliquer le théorème de Rolle ;
- d'énoncer le théorème de Lagrange ;
- de démontrer le théorème de Lagrange ;
- d'appliquer le théorème de Lagrange ;
- de démontrer la validité d'une inégalité à l'aide du théorème de Lagrange ;
- d'énoncer les corollaires du théorème de Lagrange ;
- de démontrer les corollaires du théorème de Lagrange ;
- d'appliquer les corollaires du théorème de Lagrange ;
- d'énoncer le théorème de Cauchy ;
- de démontrer le théorème de Cauchy ;
- d'appliquer le théorème de Cauchy.

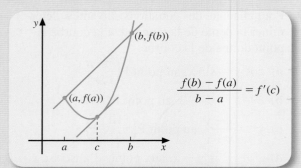

Dans cette section, nous allons énoncer et appliquer certains théorèmes relatifs aux fonctions continues. Nous ne démontrerons pas tous ces théorèmes, car la démonstration de certains d'entre eux nécessite une connaissance approfondie des propriétés des nombres réels. Toutefois, la justification graphique et intuitive de ces théorèmes devrait nous convaincre de leur validité.

Énonçons d'abord le théorème de la valeur intermédiaire ainsi qu'un corollaire étudiés dans le cours de calcul différentiel (G. Charron et P. Parent, *Calcul différentiel*, 6e édition, Montréal, Beauchemin, 2007, p. 68-70).

## ● Théorème de la valeur intermédiaire et théorème des valeurs extrêmes

**THÉORÈME 1.1**

**Théorème de la valeur intermédiaire**

Si $f$ est une fonction telle que

    1) $f$ est continue sur $[a, b]$,

    2) $f(a) < L < f(b)$ (ou $f(a) > L > f(b)$),

alors il existe au moins un nombre $c \in \,]a, b[$ tel que $f(c) = L$.

Les graphiques suivants illustrent le théorème de la valeur intermédiaire.

Interprétation géométrique du théorème de la valeur intermédiaire

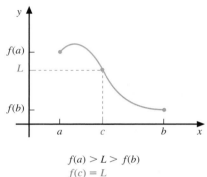 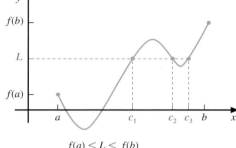

$$f(a) > L > f(b)$$
$$f(c) = L$$

$$f(a) < L < f(b)$$
$$f(c_1) = f(c_2) = f(c_3) = L$$

Dans le cas où $f(a)$ et $f(b)$ sont de signes contraires, nous obtenons le corollaire suivant.

**COROLLAIRE**

**du théorème de la valeur intermédiaire**

Si $f$ est une fonction telle que

    1) $f$ est continue sur $[a, b]$,

    2) $f(a)$ et $f(b)$ sont de signes contraires,

alors il existe au moins un nombre $c \in \,]a, b[$ tel que $f(c) = 0$.

Interprétation géométrique du corollaire de la valeur intermédiaire

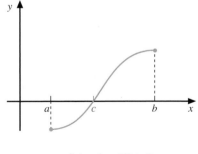 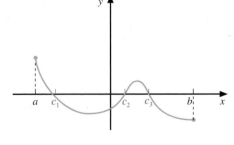

$$f(a) < 0 \text{ et } f(b) > 0$$
$$f(c) = 0$$

$$f(a) > 0 \text{ et } f(b) < 0$$
$$f(c_1) = f(c_2) = f(c_3) = 0$$

**Exemple 1** Soit $f$ la fonction définie par $f(x) = 13 - x^5 - 5x^2 - 4x$ sur $[0, 2]$.

Vérifions, à l'aide du corollaire précédent, que $f$ admet au moins un zéro sur $]0, 2[$.

    1) $f$ est continue sur $[0, 2]$, car $f$ est une fonction polynomiale,

    2) $f(0) = 13$ et $f(2) = -47$, donc $f(0)$ et $f(2)$ sont de signes contraires,

d'où il existe au moins un nombre $c \in \,]0, 2[$ tel que $f(c) = 0$.

Valeur de $c$

```
> f:=x->13-x^5-5*x^2-4*x;
> c:=fsolve(f(x)=0,x=0..2);
           c:=1.140695155
```

**THÉORÈME 1.2**

**Théorème des valeurs extrêmes**

Si $f$ est une fonction continue sur $[a, b]$, alors

et

– il existe au moins un $c \in [a, b]$ tel que $f(c)$ soit égale au maximum absolu de $f$ sur $[a, b]$,

– il existe également au moins un $d \in [a, b]$ tel que $f(d)$ soit égale au minimum absolu de $f$ sur $[a, b]$.

**Exemple 2** Voici deux exemples graphiques qui illustrent le théorème des valeurs extrêmes.

Théorème des valeurs extrêmes

a) Soit la fonction $f$, continue sur $[5, 30]$, définie par le graphique ci-contre.

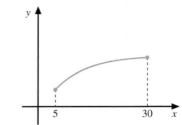

$c = 30$, car $f(30)$ est le maximum absolu de $f$ sur $[5, 30]$,

$d = 5$, car $f(5)$ est le minimum absolu de $f$ sur $[5, 30]$.

b) Soit la fonction $f$, continue sur $[-3, 5]$, définie par le graphique ci-contre.

$c_1 = 0$, $c_2 = 4$, car $f(0)$ et $f(4)$ égalent le maximum absolu de $f$ sur $[-3, 5]$,

$d = 2$, car $f(2)$ est le minimum absolu de $f$ sur $[-3, 5]$.

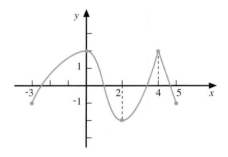

**THÉORÈME 1.3**

Si $f$ est une fonction telle que

1) $f$ est continue sur $[a, b]$,

2) $f$ est dérivable sur $]a, b[$,

3) $c \in ]a, b[$, où $(c, f(c))$ est un point de maximum (ou un point de minimum) absolu ou relatif de $f$,

alors $f'(c) = 0$.

**Exemple 3** Soit la fonction $f$, continue sur $[-4, 4]$ et dérivable sur $]-4, 4[$, définie par le graphique ci-contre.

Puisque $(-2, f(-2))$ est un point de maximum relatif de $f$, alors $f'(-2) = 0$.

Puisque $(1, f(1))$ est un point de minimum relatif de $f$, alors $f'(1) = 0$.

Puisque $(3, f(3))$ est un point de maximum absolu de $f$, alors $f'(3) = 0$.

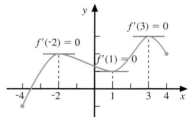

# ● Théorème de Rolle

## Il y a environ 300 ans...

*A*u début du XVIIIe siècle, le mathématicien français **Michel Rolle** (1652-1719) se montre très critique envers le calcul différentiel, qu'il voit comme une collection de recettes reposant sur des principes douteux. La carrière de Rolle débute au moment où ce calcul commence tout juste à être connu de la communauté mathématique. Comme lui, de nombreux mathématiciens émettent des doutes sur les fondements du calcul différentiel, mais certains autres n'apprécient guère ces commentaires négatifs. En 1691, Rolle publie le théorème qui porte aujourd'hui son nom. Il est aussi connu comme l'inventeur du symbole $\sqrt[n]{\ }$.

**THÉORÈME 1.4**

**Théorème de Rolle**

Si $f$ est une fonction telle que

1) $f$ est continue sur $[a, b]$,

2) $f$ est dérivable sur $]a, b[$,

3) $f(a) = f(b)$,

alors il existe au moins un nombre $c \in ]a, b[$ tel que $f'(c) = 0$.

**PREUVE**

**1ᵉʳ cas**     $f(x) = k$, où $k \in \mathbb{R}$

Si $f$ est une fonction constante sur $[a, b]$, alors

$f'(x) = 0$ pour tout $x \in ]a, b[$,

d'où $f'(c) = 0$ quel que soit $c \in ]a, b[$.

**2ᵉ cas**     $f(x) \neq k$

D'après le théorème des valeurs extrêmes, $f$ possède un minimum absolu et un maximum absolu sur $[a, b]$.

Puisque $f$ n'est pas égale à une fonction constante et que $f(a) = f(b)$, $f$ possède donc un maximum absolu ou un minimum absolu sur $]a, b[$.

Soit $c \in ]a, b[$, tel que $(c, f(c))$ est un point de maximum (ou de minimum); ainsi, $f'(c) = 0$ d'après le théorème 1.3.

Représentations graphiques du théorème de Rolle

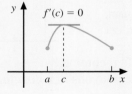 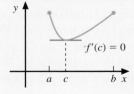 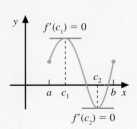

Nous utiliserons en particulier ce théorème dans la preuve du théorème 1.5 (unicité d'un zéro), dans la preuve du théorème 1.6 (théorème de Lagrange) ainsi que dans la preuve du théorème 1.7 (théorème de Cauchy).

**Exemple 1**  Soit $f(x) = x^3 - 3x^2 + 1$ sur $[0, 3]$.

a) Vérifions si les hypothèses du théorème de Rolle sont satisfaites.

   1) $f$ est continue sur $[0, 3]$, car $f$ est une fonction polynomiale.

   2) $f$ est dérivable sur $]0, 3[$, car $f'(x) = 3x^2 - 6x$ est définie sur $]0, 3[$.

   3) $f(0) = 1$ et $f(3) = 1$, d'où $f(0) = f(3)$.

Puisque les trois hypothèses sont vérifiées, nous pouvons conclure qu'il existe au moins un nombre $c \in ]0, 3[$ tel que $f'(c) = 0$.

b) Trouvons cette valeur ou ces valeurs de $c$.

$$f(x) = x^3 - 3x^2 + 1$$
$$f'(x) = 3x^2 - 6x = 3x(x - 2)$$

Ainsi,  $f'(c) = 3c(c - 2)$

donc  $f'(c) = 0$, lorsque $c = 0$ ou $c = 2$

d'où $c = 2$          (car $2 \in ]0, 3[$ et $0$ est à rejeter, car $0 \notin ]0, 3[$)

**Représentation graphique**

```
> with(plots):
> f:=x->x^3-3*x^2+1;
        f := x → x³ − 3x² + 1
> with(student):
> c:=plot(f(x),x=0..3,y=-3..1,
    color=orange):
> t1:=showtangent(f(x),x=2,
    x=1..3,color=blue):
> display(c,t1);
```

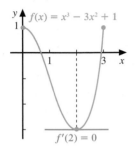

**Exemple 2**  Vérifions si nous pouvons appliquer le théorème de Rolle aux fonctions $f$ et $g$ suivantes.

a) Soit $f(x) = \dfrac{1}{(x - 3)^2}$ sur $[1, 5]$ représentée par le graphique ci-contre.

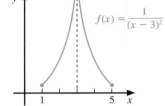

$f$ n'est pas continue sur $[1, 5]$, car $f(3)$ n'est pas définie et $3 \in [1, 5]$.

Puisque la première hypothèse n'est pas vérifiée, le théorème de Rolle ne s'applique pas et nous ne pouvons rien conclure.

De plus, nous observons à l'aide du graphique qu'il n'existe aucune valeur de $c \in ]1, 5[$ où $f'(c) = 0$.

b) Soit $g(x) = \begin{cases} x^2 + 1 & \text{si} \quad 0 \le x \le 2 \\ (4 - x)^2 + 1 & \text{si} \quad 2 < x \le 4 \end{cases}$

représentée par le graphique ci-contre.

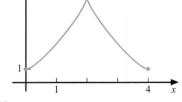

Graphiquement, nous constatons que la première et la troisième hypothèses sont vérifiées ; par contre, cette fonction n'est pas dérivable au point $(2, g(2))$, d'où $g$ n'est pas dérivable sur $]0, 4[$ ; donc, le théorème de Rolle ne s'applique pas et nous ne pouvons rien conclure.

De plus, nous observons à l'aide du graphique qu'il n'existe aucune valeur de $c \in ]0, 4[$ où $g'(c) = 0$.

**Remarque** Même si une ou plusieurs des hypothèses ne sont pas vérifiées, il est possible, dans certains cas, qu'il existe un nombre $c \in \,]a, b[$ tel que $f'(c) = 0$.

**Exemple 3** Soit $f$ définie par le graphique ci-contre.

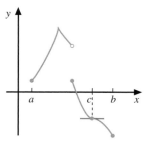

1) $f$ n'est pas continue sur $[a, b]$,

2) $f$ n'est pas dérivable sur $]a, b[$,

3) $f(a) \neq f(b)$.

Le théorème ne s'applique donc pas, mais il existe cependant un nombre $c \in \,]a, b[$ tel que $f'(c) = 0$.

En mathématiques, on peut démontrer un résultat en le déduisant logiquement d'un fait ou d'un résultat connu (une preuve directe), ou encore en montrant que la négation du résultat cherché en entraîne un autre qui se révèle impossible ou *absurde*. Selon la légende, au Vᵉ siècle avant notre ère, le pythagoricien Hyppase de Metapone démontre l'irrationalité de $\sqrt{2}$, constituant ainsi l'exemple le plus célèbre de la preuve par l'absurde. Grâce à elle, on montre que si $\sqrt{2}$ est rationnel, alors il y a un nombre pair qui est égal à un nombre impair… ce qui est absurde.

Nous pouvons utiliser la démonstration par l'absurde et le théorème de Rolle pour démontrer le théorème suivant.

**THÉORÈME 1.5**

**Unicité d'un zéro**

Si $f$ est une fonction telle que

1) $f$ est continue sur $[a, b]$,

2) $f$ est dérivable sur $]a, b[$,

3) $f(a)$ et $f(b)$ sont de signes contraires,

4) $f'(x) \neq 0$, $\forall\, x \in \,]a, b[$,

alors il existe un et un seul nombre $z \in \,]a, b[$ tel que $f(z) = 0$.

**PREUVE**

Le théorème se démontre en deux parties.

a) Démontrons d'abord l'existence d'au moins un zéro.

Puisque

1) $f$ est continue sur $[a, b]$ et

2) $f(a)$ et $f(b)$ sont de signes contraires,

alors il existe au moins un $z \in \,]a, b[$ tel que $f(z) = 0$ (corollaire du théorème de la valeur intermédiaire).

Démonstration par l'absurde

b) Démontrons, par l'absurde, l'unicité de ce zéro.

Supposons qu'il existe dans $]a, b[$ un second zéro différent de $z$.

Soit $z_1 \in \,]a, b[$ tel que $z < z_1$ et $f(z_1) = 0$.

Utilisation du théorème de Rolle

Appliquons le théorème de Rolle à $f$ sur $[z, z_1]$, où $[z, z_1] \subseteq\ ]a, b[$.

1) $f$ est continue sur $[z, z_1]$, car $f$ est continue sur $[a, b]$,

2) $f$ est dérivable sur $]z, z_1[$, car $f$ est dérivable sur $]a, b[$,

3) $f(z) = 0$ et $f(z_1) = 0$, d'où $f(z) = f(z_1)$.

Alors $\exists\ c \in\ ]z, z_1[$ tel que $f'(c) = 0$, ce qui contredit l'hypothèse 4 du théorème, donc $f(z_1) \neq 0$.

D'où il existe un et un seul nombre $z \in\ ]a, b[$ tel que $f(z) = 0$.

---

**Exemple 4**   Soit $f(x) = x^5 + 12x^3 + x - 20$ sur $[-1, 2]$.

Unicité d'un zéro

Démontrons, à l'aide du théorème 1.5, que cette fonction a un et un seul zéro sur $[-1, 2]$.

Il suffit de vérifier les quatre hypothèses de ce théorème.

1) $f$ est continue sur $[-1, 2]$, car $f$ est une fonction polynomiale,

2) $f$ est dérivable sur $]-1, 2[$, car $f'(x) = 5x^4 + 36x^2 + 1$ est définie sur $]-1, 2[$,

3) $f(-1) = -34$ et $f(2) = 110$, donc $f(-1)$ et $f(2)$ sont de signes contraires,

4) $f'(x) = 5x^4 + 36x^2 + 1 > 0$, $\forall\ x \in\ ]-1, 2[$.

Puisque les quatre hypothèses du théorème 1.5 sont vérifiées, alors il existe un et un seul nombre $z \in\ ]-1, 2[$ tel que $f(z) = 0$.

Représentation graphique

**Maple**

```
> with(plots):
> f:=x->x^5+12*x^3+x-20:
> y1:=plot(f(x),x=-1..2,color=orange):
> p:=plot([[-1,f(-1)],[2,f(2)]],style=point,
   symbol=circle,color=orange):
> display(y1,p);
```

$f(x) = x^5 + 12x^3 + x - 20$

**Calculatrice**

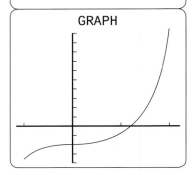

```
Plot1  Plot2  Plot3
\Y₁◼X^5+12X^3+X−20
\Y₂=
```

```
WINDOW
X_min=-1
X_max=2
X_scl=1
Y_min=-35
Y_max=120
Y_scl=10
X_res=1
```

GRAPH

# Théorème de Lagrange et corollaires du théorème de Lagrange

Nous appelons également ce théorème le théorème des accroissements finis ou le théorème de la moyenne.

| **THÉORÈME 1.6** | Si $f$ est une fonction telle que |
|---|---|
| **Théorème de Lagrange** | 1) $f$ est continue sur $[a, b]$, |
| | 2) $f$ est dérivable sur $]a, b[$, |

alors il existe au moins un nombre $c \in \,]a, b[$ tel que $\dfrac{f(b) - f(a)}{b - a} = f'(c)$.

Avant de faire la preuve du théorème de Lagrange, nous allons l'illustrer graphiquement.

$\dfrac{f(b) - f(a)}{b - a}$ correspond à la pente de la sécante à la courbe de $f$ passant par les points $(a, f(a))$ et $(b, f(b))$.

$f'(c)$ correspond à la pente de la tangente à la courbe de $f$ au point $(c, f(c))$.

Le théorème affirme qu'il existe au moins un nombre $c$ tel que la tangente à la courbe de $f$ au point $(c, f(c))$ est parallèle à la sécante passant par $(a, f(a))$ et $(b, f(b))$; en effet, deux droites parallèles ont la même pente.

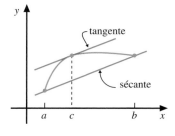

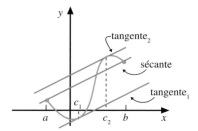

$$\underbrace{\frac{f(b) - f(a)}{b - a}}_{\substack{\text{pente de} \\ \text{la sécante}}} = \underbrace{f'(c)}_{\substack{\text{pente de} \\ \text{la tangente}}}$$

$$\underbrace{\frac{f(b) - f(a)}{b - a}}_{\substack{\text{pente de} \\ \text{la sécante}}} = \underbrace{f'(c_1)}_{\substack{\text{pente de} \\ \text{la tangente}_1}} = \underbrace{f'(c_2)}_{\substack{\text{pente de} \\ \text{la tangente}_2}}$$

**PREUVE**

Définissons une nouvelle fonction $H(x)$ dont la valeur absolue correspond à la distance verticale entre la courbe de $f$ et la sécante passant par $(a, f(a))$ et $(b, f(b))$, dont l'équation est donnée par $g(x) = \dfrac{f(b) - f(a)}{b - a}(x - a) + f(a)$ (exercice préliminaire n° 6, page 3).

Soit
$$H(x) = f(x) - g(x), \text{ pour } x \in [a, b], \text{ ainsi}$$

$$H(x) = f(x) - \left[ \frac{f(b) - f(a)}{b - a}(x - a) + f(a) \right]$$

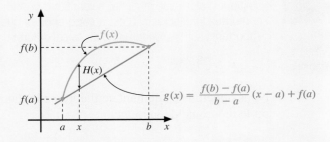

Utilisation du théorème de Rolle

Vérifions si $H$ satisfait les hypothèses du théorème de Rolle.

1) $H$ est continue sur $[a, b]$, car la somme de deux fonctions continues est continue.

2) $H$ est dérivable sur $]a, b[$, car la somme de fonctions dérivables est dérivable.

3) $H(a) = 0$ et $H(b) = 0$, d'où $H(a) = H(b)$.

Puisque les trois hypothèses du théorème de Rolle sont vérifiées, il existe au moins un nombre $c \in\ ]a, b[$ tel que $H'(c) = 0$.

Or,
$$H'(x) = f'(x) - \frac{f(b) - f(a)}{b - a}. \text{ Ainsi,}$$

$$H'(c) = f'(c) - \frac{f(b) - f(a)}{b - a}$$

$$0 = f'(c) - \frac{f(b) - f(a)}{b - a} \qquad (\text{car } H'(c) = 0)$$

d'où $\dfrac{f(b) - f(a)}{b - a} = f'(c)$

---

**Exemple 1** Soit $f(x) = x^2 - 4x + 5$ sur $[1, 4]$.

a) Vérifions si nous pouvons appliquer le théorème de Lagrange à cette fonction.

1) $f$ est continue sur $[1, 4]$, car $f$ est une fonction polynomiale.

2) $f$ est dérivable sur $]1, 4[$, car $f'(x) = 2x - 4$ est définie sur $]1, 4[$.

Puisque les deux hypothèses du théorème de Lagrange sont vérifiées, nous pouvons conclure qu'il existe au moins un nombre $c \in\ ]1, 4[$ tel que $\dfrac{f(4) - f(1)}{4 - 1} = f'(c)$.

b) Déterminons la valeur de $c$.

Puisque $f(4) = 5$ et $f(1) = 2$, nous avons $\dfrac{f(4) - f(1)}{4 - 1} = \dfrac{5 - 2}{4 - 1} = \dfrac{3}{3} = 1$

Puisque $f'(x) = 2x - 4$, nous avons

$$f'(c) = 2c - 4$$

Donc, $\qquad 1 = 2c - 4 \quad \left( \dfrac{f(4) - f(1)}{4 - 1} = f'(c) \right)$

d'où $c = \dfrac{5}{2}$

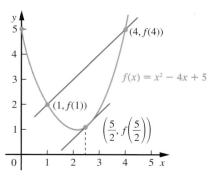

Le théorème de Lagrange peut être utilisé pour démontrer certaines inégalités.

**Exemple 2** Utilisons le théorème de Lagrange pour démontrer que $(1 + \ln x) < x, \ \forall \ x \in \ ]1, +\infty$.

Appliquons le théorème de Lagrange à la fonction $f$ définie par $f(x) = \ln x$ sur $[1, x]$, où $x \in \ ]1, +\infty$, après avoir vérifié si les deux hypothèses du théorème sont satisfaites.

Puisque $f(x) = \ln x$,

1) $f$ est continue sur $[1, x]$, car $f$ est continue sur $]0, +\infty$,

2) $f$ est dérivable sur $]1, x[$, car $f'(x) = \dfrac{1}{x}$ est définie $\forall \ x \in \ ]0, +\infty$,

alors il existe un nombre $c \in \ ]1, x[$ tel que

$$\frac{f(x) - f(1)}{x - 1} = f'(c)$$

Donc, $\qquad \dfrac{\ln x - \ln 1}{x - 1} = \dfrac{1}{c} \qquad \left( \text{car } f(x) = \ln x \text{ et } f'(x) = \dfrac{1}{x} \right)$

$\qquad\qquad \dfrac{\ln x}{x - 1} = \dfrac{1}{c} \qquad (\text{car } \ln 1 = 0)$

$\qquad\qquad \dfrac{\ln x}{x - 1} < 1 \qquad \left( \text{car } \dfrac{1}{c} < 1, \ \forall \ c \in \ ]1, x[ \right)$

$\qquad\qquad \ln x < (x - 1) \quad (\text{car } (x - 1) > 0)$

d'où $(1 + \ln x) < x, \ \forall \ x \in \ ]1, +\infty$

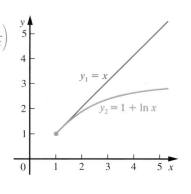

**Exemple 3** Utilisons le théorème de Lagrange pour démontrer que $\sin x \geq x$, où $x$ est en radians et $x \in \ {-\infty}, 0[$.

Dans le cas où $x = 0$,
nous avons $\sin 0 = 0$, ainsi $\sin x = x$.

Dans le cas où $x < 0$,
appliquons le théorème de Lagrange à la fonction $f(x) = \sin x$ sur $[x, 0]$ où $x \in \ {-\infty}, 0[$, après avoir vérifié si les deux hypothèses du théorème sont satisfaites.

Puisque $f(x) = \sin x$,

1) $f$ est continue sur $[x, 0]$, car $f$ est continue sur $\mathbb{R}$,

2) $f$ est dérivable sur $]x, 0[$, car $f'(x) = \cos x$ est définie, $\forall \ x \in \mathbb{R}$,

alors il existe un nombre $c \in \ ]x, 0[$ tel que

$$\frac{f(0) - f(x)}{0 - x} = f'(c)$$

Donc, $$\frac{\sin 0 - \sin x}{-x} = \cos c \qquad \text{(car } f(x) = \sin x \text{ et } f'(x) = \cos x)$$

$$\frac{\sin x}{x} = \cos c \qquad \text{(car } \sin 0 = 0)$$

$$\frac{\sin x}{x} \leq 1 \qquad \text{(car } \cos c \leq 1, \; \forall \, c \in \text{-}\infty, 0[)$$

$$\sin x \geq x \qquad \text{(car } x < 0)$$

d'où $\sin x \geq x, \; \forall \, x \in \text{-}\infty, 0]$

L'élève peut vérifier, à l'aide d'un outil technologique, le résultat précédent en traçant sur un même système d'axes le graphique des fonctions $\sin x$ et $x$.

Dans le cours de calcul différentiel, nous avons démontré que la dérivée d'une fonction constante est égale à 0.

Dans le corollaire suivant, nous allons démontrer que si une fonction a une dérivée égale à 0, $\forall \, x \in \,]a, b[$, alors la fonction est une constante sur $[a, b]$.

**COROLLAIRE 1**

du théorème de Lagrange

Si $f$ est une fonction telle que

1) $f$ est continue sur $[a, b]$,

2) $f'(x) = 0, \; \forall \, x \in \,]a, b[$,

alors $\forall \, x \in [a, b], f(x) = C$, où $C$ est une constante réelle.

**PREUVE**

Soit $x_1 < x_2$, deux nombres quelconques de $[a, b]$. Appliquons le théorème de Lagrange à $f$ sur $[x_1, x_2]$.

Puisque

1) $f$ est continue sur $[x_1, x_2]$, car $f$ est continue sur $[a, b]$ et $[x_1, x_2] \subseteq [a, b]$,

2) $f$ est dérivable sur $]x_1, x_2[$, car $f'(x) = 0, \; \forall \, x \in \,]x_1, x_2[$,

alors il existe un nombre $c \in \,]x_1, x_2[$ tel que

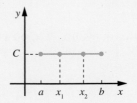

$$\frac{f(x_2) - f(x_1)}{x_2 - x_1} = f'(c)$$

$$\frac{f(x_2) - f(x_1)}{x_2 - x_1} = 0 \qquad \text{(car } f'(x) = 0, \; \forall \, x \in \,]a, b[)$$

$$f(x_2) - f(x_1) = 0$$

$$f(x_2) = f(x_1)$$

d'où $f(x) = C, \; \forall \, x \in [a, b]$ \qquad (car $x_1$ et $x_2$ sont quelquonques)

**Exemple 4** Soit une fonction $f$ continue sur $[1, 5]$ telle que $f(2) = 8$ et $f'(x) = 0$, $\forall\, x \in\, ]1, 5[$. Calculons $f(3)$.

Puisque

1) $f$ est continue sur $[1, 5]$,

2) $f'(x) = 0$, $\forall\, x \in\, ]1, 5[$,

alors $f(x) = C$, $\forall\, x \in [1, 5]$ d'après le corollaire 1.

Or, $f(2) = 8$

donc $f(x) = 8$, $\forall\, x \in [1, 5]$

d'où $f(3) = 8$

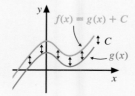

$f(3) = 8$

---

**COROLLAIRE 2**

**du théorème de Lagrange**

Si $f$ et $g$ sont deux fonctions telles que

      1) $f$ et $g$ sont continues sur $[a, b]$,

      2) $f'(x) = g'(x)$, $\forall\, x \in\, ]a, b[$,

alors $\forall\, x \in [a, b]$, $f(x) = g(x) + C$, où $C$ est une constante réelle.

**PREUVE** Soit $H(x) = f(x) - g(x)$.

Puisque

1) $H$ est continue sur $[a, b]$, car $f$ et $g$ sont continues sur $[a, b]$,

2) $H'(x) = 0$, $\forall\, x \in\, ]a, b[$, car $f'(x) = g'(x)$, $\forall\, x \in\, ]a, b[$,

alors, d'après le corollaire 1, $H$ est une fonction constante sur $[a, b]$, c'est-à-dire

$$H(x) = C$$

$$f(x) - g(x) = C \qquad \text{(car } H(x) = f(x) - g(x))$$

d'où $f(x) = g(x) + C$

---

**Exemple 5** Soit $f(x) = \sin^2 x$ et $g(x) = -\cos^2 x$, deux fonctions continues et dérivables $\forall\, x \in \mathbb{R}$.

a) Démontrons que $f(x) = g(x) + C$.

En calculant $f'(x)$ et $g'(x)$, nous obtenons $f'(x) = 2 \sin x \cos x$ et $g'(x) = 2 \cos x \sin x$.

Puisque les hypothèses du corollaire 2 sont vérifiées, nous avons

$$f(x) = g(x) + C$$

c'est-à-dire $\sin^2 x = -\cos^2 x + C$

b) Déterminons la valeur de $C$.

Pour déterminer $C$, il suffit d'évaluer l'expression pour une valeur quelconque de $x$.

Soit $x = 0$, $\sin^2 0 = -\cos^2 0 + C$

$$0 = -1 + C$$

d'où $C = 1$

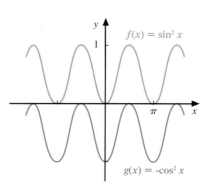

$f(x) = \sin^2 x$

$g(x) = -\cos^2 x$

## ● Théorème de Cauchy

### Il y a environ 200 ans...

**Augustin-Louis Cauchy**

**Mathématicien français**

*É*lève à l'École polytechnique de Paris, **Augustin-Louis Cauchy** (1789-1857) déplore le manque de rigueur des démonstrations des théorèmes à la base du calcul différentiel. Devenu professeur dans cette même école, il publie des notes de cours en 1821 et 1823 : *Cours d'analyse* et *Résumé des leçons données à l'École royale polytechnique sur le calcul infinitésimal*. Cauchy donne au calcul la forme qu'on lui connaît aujourd'hui. Se basant sur les notions de limite et de fonction continue, qu'il définit précisément, il reconstruit le calcul différentiel et intégral avec une rigueur telle que les mathématiciens y virent tout de suite un modèle en la matière.

Nous appelons également ce théorème le théorème des accroissements finis généralisé ou le théorème de la moyenne généralisé.

**THÉORÈME 1.7**

**Théorème de Cauchy**

Si $f$ et $g$ sont deux fonctions telles que

1) $f$ et $g$ sont continues sur $[a, b]$,

2) $f$ et $g$ sont dérivables sur $]a, b[$,

3) $g'(x) \neq 0, \forall x \in ]a, b[$,

alors il existe au moins un nombre $c \in ]a, b[$ tel que $\dfrac{f(b) - f(a)}{g(b) - g(a)} = \dfrac{f'(c)}{g'(c)}$.

**PREUVE**

Soit $H(x) = [f(b) - f(a)]\, g(x) - [g(b) - g(a)]\, f(x)$, pour $x \in [a, b]$.

Vérifions si $H$ satisfait les hypothèses du théorème de Rolle.

1) $H$ est continue sur $[a, b]$, car la somme de deux fonctions continues est continue.

2) $H$ est dérivable sur $]a, b[$, car la somme de fonctions dérivables est dérivable.

3) $H(a) = f(b)\, g(a) - g(b)\, f(a)$

   $H(b) = -g(b)\, f(a) + f(b)\, g(a)$,

donc $H(a) = H(b)$.

Selon le théorème de Rolle, il existe au moins un nombre $c \in ]a, b[$ tel que $H'(c) = 0$.

Or, $\qquad\qquad H'(x) = [f(b) - f(a)]\, g'(x) - [g(b) - g(a)]\, f'(x)$

ainsi $\qquad\qquad H'(c) = [f(b) - f(a)]\, g'(c) - [g(b) - g(a)]\, f'(c)$

$\qquad\qquad\qquad 0 = [f(b) - f(a)]\, g'(c) - [g(b) - g(a)]\, f'(c)$

$\qquad [f(b) - f(a)]\, g'(c) = [g(b) - g(a)]\, f'(c)$

$$f(b) - f(a) = \frac{[g(b) - g(a)]\, f'(c)}{g'(c)} \qquad \text{(car } g'(x) \neq 0, \forall x \in ]a, b[\text{)}$$

d'où $\dfrac{f(b) - f(a)}{g(b) - g(a)} = \dfrac{f'(c)}{g'(c)}$ $\qquad$ (car $g(b) \neq g(a)$ ; autrement, d'après le théorème de Rolle, il existerait $x_0 \in ]a, b[$ tel que $g'(x_0) = 0$)

**Exemple 1**  Soit $f(x) = x^2 - 5$ et $g(x) = x^4 + 3$ sur $[0, 3]$.

a)  Vérifions si nous pouvons appliquer le théorème de Cauchy à ces fonctions.

1)  $f$ et $g$ sont continues sur $[0, 3]$, car $f$ et $g$ sont deux fonctions polynomiales.

2)  $f$ est dérivable sur $]0, 3[$, car $f'(x) = 2x$ est définie sur $]0, 3[$.

   $g$ est dérivable sur $]0, 3[$, car $g'(x) = 4x^3$ est définie sur $]0, 3[$.

3)  Puisque $g'(x) = 4x^3$

   $g'(x) = 0$ si $4x^3 = 0$, c'est-à-dire $x = 0$, or $0 \notin ]0, 3[$

   donc $g'(x) \neq 0, \forall x \in ]0, 3[$

Puisque les hypothèses sont satisfaites, nous pouvons conclure qu'il existe au moins un nombre $c \in ]0, 3[$ tel que $\dfrac{f(3) - f(0)}{g(3) - g(0)} = \dfrac{f'(c)}{g'(c)}$.

b)  Déterminons la valeur de $c$.

De l'équation précédente, nous avons

$$\frac{4 - (-5)}{84 - 3} = \frac{2c}{4c^3}$$

$$\frac{9}{81} = \frac{1}{2c^2}$$

$$c^2 = 4,5$$

Puisque $c \in ]0, 3[$, alors la valeur cherchée est $c = \sqrt{4,5}$ ($c = -\sqrt{4,5}$ est à rejeter car $-\sqrt{4,5} \notin ]0, 3[$).

# Exercices 1.2

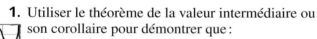

1.  Utiliser le théorème de la valeur intermédiaire ou son corollaire pour démontrer que :

a)  si $f(x) = 1 + \sqrt{x} + x^2\sqrt{x}$,
alors $\exists c \in ]1, 4[$ tel que $f(c) = 10$,
et déterminer $c$, à l'aide d'un outil technologique.

b)  si $f(x) = 4x^3 - 3x^2 + 2x - 1$,
alors $\exists c \in ]0, 1[$ tel que $f(c) = 0$,
et déterminer $c$, à l'aide d'un outil technologique.

2.  Pour chacune des fonctions suivantes, déterminer si les hypothèses du théorème de Rolle sont vérifiées. Si oui, déterminer la valeur de $c$, sinon donner une des hypothèses qui n'est pas vérifiée.

a)  $f(x) = x^2 + 3x - 4$ sur $[-5, 2]$

b)  $f(x) = \dfrac{x(x - 2)}{x^2 - 2x + 2}$ sur $[0, 2]$

c)  $f(x) = \dfrac{x^2 - 3x}{x^2 + 6x - 7}$ sur $[0, 3]$

d)  $g(x) = \sqrt[3]{x^2} + 5$ sur $[-1, 1]$

e)  $v(t) = (t - 3)^8 + (t - 3)^2 - 2$ sur $[2, 4]$

f)  $f(x) = \begin{cases} x & \text{si} & 0 \leq x < 1 \\ 2 - x & \text{si} & 1 \leq x \leq 2 \end{cases}$, sur $[0, 2]$

g)  $h(x) = x^3 - 3x^2 + 2x$ sur $[0, 2]$

h)  $x(t) = t^3 - 12t + 1$ sur $[0, 2\sqrt{3}]$

3.  Démontrer, à l'aide du théorème de l'unicité d'un zéro, que les fonctions suivantes ont un et un seul zéro sur l'intervalle donné et déterminer ce zéro, à l'aide d'un outil technologique.

a)  $f(x) = -x^3 + 3x - 1$ sur $[-2, -1]$

b)  $g(x) = $ Arc tan $(x^5 + x + 3)$ sur $[-2, 2]$

4.  Pour chacune des fonctions suivantes, déterminer la valeur $c$ du théorème de Lagrange après avoir vérifié si les hypothèses de ce théorème sont satisfaites.

a)  $f(x) = 3x^2 + 4x - 3$ sur $[1, 4]$

b)  $g(x) = x^3 - 3x^2 + 3x + 2$ sur $[-3, 3]$

c) $f(t) = 3t + \dfrac{4}{t}$ sur $[1, 4]$

d) $f(t) = 3t + \dfrac{4}{t}$ sur $[-1, 4]$

e) $h(x) = \sqrt{x} - 1$ sur $[0, 4]$

f) $f(x) = \sqrt[3]{x - 1}$ sur $[-2, 2]$

g) $f(x) = \ln x$ sur $[1, e^2]$

h) $g(\theta) = \cos 2\theta$ sur $[0, \pi]$

**5.** Soit $f(x) = x^5 - 5x^4 + 3x^3 + 10x^2 - 14x + 17$, où $x \in [-2, 4]$.

a) Vérifier si les hypothèses du théorème de Lagrange sont satisfaites.

b) Déterminer l'équation de la sécante $S$ passant par $A(-2, f(-2))$ et par $B(4, f(4))$ et représenter sur un même système d'axes la courbe de $f$ et $S$.

c) Déterminer les valeurs $c_i$ du théorème de Lagrange.

d) Représenter sur un même système d'axes la courbe de $f$, la sécante $S$ et les tangentes aux points $(c_i, f(c_i))$.

**6.** Utiliser le théorème de Lagrange pour démontrer que :

a) $\tan x > x$ pour $0 < x < \dfrac{\pi}{2}$ ;

b) $e^x \geq x + 1$, où $x \in [0, +\infty$ ;

c) $\dfrac{x}{x^2 + 1} \leq \text{Arc} \tan x \leq x$, où $x \in [0, +\infty$ ;

d) $\text{Arc} \sin x > x$, où $x \in \,]0, 1[$.

**7.** a) Soit une fonction $f$ continue sur $[-2, 3]$ telle que $f(-1) = 7$. Si $f'(x) = 0$, $\forall\, x \in \,]-2, 3[$, trouver $f(x)$.

b) Soit la fonction $f$, où $f(x) = \text{Arc} \sin x + \text{Arc} \cos x$, continue sur $[-1, 1]$. Représenter graphiquement cette fonction et déterminer $k$ si $f(x) = k$, où $k \in \mathbb{R}$.

**8.** Appliquer le corollaire 2 du théorème de Lagrange aux deux fonctions continues et dérivables sur l'intervalle donné et déterminer la valeur de $C$.

a) $f(\theta) = 2 \cos^2 \theta$ et $g(\theta) = \cos 2\theta$, où $\theta \in \mathbb{R}$

b) $f(x) = \ln (3 \sec x + 3 \tan x)$ et $g(x) = -\ln (5 \sec x - 5 \tan x)$, où $x \in \left[0, \dfrac{\pi}{2}\right[$

**9.** Démontrer que :

a) $|\sin b - \sin a| \leq |b - a|$ ;

b) $|\tan b - \tan a| \geq |b - a|$ sur $\left]\dfrac{-\pi}{2}, \dfrac{\pi}{2}\right[$.

**10.** Pour chacune des fonctions suivantes, déterminer la valeur $c$ du théorème de Cauchy, après en avoir vérifié les hypothèses.

a) $f(x) = x + 1$ et $g(x) = x^2 + 4x + 1$ sur $[0, 3]$

b) $x(\theta) = \sin \theta$ et $y(\theta) = \cos \theta$ sur $\left[0, \dfrac{\pi}{2}\right]$

**11.** Déterminer si les propositions suivantes sont vraies ou fausses. Justifier votre réponse.

a) Si $f(x) = 5$ sur $[1, 10]$, alors $f'(x) = 0$ sur $]1, 10[$.

b) Soit $f$ continue sur $[2, 7]$ et $f(2) = 10$. Si $f'(3) = 0$, alors nécessairement $f(x) = 10$, $\forall\, x \in [2, 7]$.

c) Soit $f$ continue sur $[2, 7]$ et $f(2) = 10$. Si $f'(3) = f'(4) = f'(5) = f'(6) = 0$, alors nécessairement $f(x) = 10$, $\forall\, x \in [2, 7]$.

d) Soit $f$ continue sur $[2, 7]$ et $f(2) = 10$. Si $f'(x) = 0$, $\forall\, x \in \,]2, 7[$, alors nécessairement $f(x) = 10$, $\forall\, x \in [2, 7]$.

e) Soit $f$ continue sur $[2, 7]$. Si $f(2) = 3$ et $f(7) = -5$, alors il existe au moins un nombre $c \in \,]2, 7[$ tel que $f(c) = 0$.

f) Soit $f$ continue sur $[2, 7]$. Si $f(2) = 3$ et $f(7) = 5$, alors il existe au moins un nombre $c \in \,]2, 7[$ tel que $f(c) = 0$.

g) Soit $f$ continue sur $[2, 7]$. Si $f(2) = 3$ et $f(7) = 5$, alors il peut exister un nombre $c \in \,]2, 7[$ tel que $f(c) = 0$.

h) Soit $f(x) = \dfrac{1}{x}$ sur $[-1, 1]$, alors il existe au moins un nombre $c \in \,]-1, 1[$ tel que $\dfrac{f(1) - f(-1)}{1 - (-1)} = f'(c)$.

i) Si une ou plusieurs hypothèses du théorème de Rolle ne sont pas vérifiées sur $[a, b]$, alors il n'existe aucun $c \in \,]a, b[$ tel que $f'(c) = 0$.

**12.** a) Soit une fonction $f$ qui vérifie les hypothèses du théorème de Lagrange sur $[a, b]$ et telle que $f(a) = f(b)$. En appliquant le théorème de Lagrange à cette fonction, quel théorème obtenons-nous ?

b) Si, dans le théorème de Cauchy, $g(x) = x$, quel théorème obtenons-nous ?

## Objectifs d'apprentissage

À la fin de cette section, l'élève pourra lever certaines indéterminations en utilisant la règle de L'Hospital.

Plus précisément, l'élève sera en mesure :
- de lever des indéterminations à l'aide de transformations algébriques ;
- d'énoncer la règle de L'Hospital ;
- de démontrer la règle de L'Hospital dans des cas particuliers ;
- de lever des indéterminations de la forme $\frac{0}{0}$ à l'aide de la règle de L'Hospital ;
- de lever des indéterminations de la forme $\frac{\pm\infty}{\pm\infty}$ à l'aide de la règle de L'Hospital ;
- de lever des indéterminations de la forme $(+\infty - \infty)$ ou $(-\infty + \infty)$ à l'aide de la règle de L'Hospital ;
- de lever des indéterminations de la forme $0 \cdot (\pm\infty)$ à l'aide de la règle de L'Hospital ;
- de lever des indéterminations de la forme $0^0$, $(+\infty)^0$ et $1^{\pm\infty}$ à l'aide de la règle de L'Hospital.

**Règle de L'Hospital**

$$\lim_{x \to a} \frac{f(x)}{g(x)} = \lim_{x \to a} \frac{f'(x)}{g'(x)},$$

si cette dernière limite existe ou est infinie.

Avant d'aborder le calcul de limites indéterminées, rappelons quelques résultats de calculs de limites déjà étudiés dans un premier cours de calcul différentiel.

Dans un quotient, lorsqu'en évaluant la limite, le dénominateur tend vers 0 et le numérateur tend vers une constante $k$ différente de 0, alors le quotient tend vers $+\infty$ ou $-\infty$, selon le signe de la constante $k$ et le signe du dénominateur.

| Exemple (forme du quotient) | Forme générale du quotient | Résultat de la limite |
|---|---|---|
| $\lim\limits_{x \to 0^-} \dfrac{5 - x^2}{x} = -\infty \quad \left(\text{forme } \dfrac{5}{0^-}\right)$ | $\dfrac{k}{0^-}$, où $k > 0$ | $-\infty$ |
| $\lim\limits_{x \to 2} \dfrac{4x - 1}{(x - 2)^2} = +\infty \quad \left(\text{forme } \dfrac{7}{0^+}\right)$ | $\dfrac{k}{0^+}$, où $k > 0$ | $+\infty$ |
| $\lim\limits_{x \to 4^+} \dfrac{x - 7}{(4 - x)} = +\infty \quad \left(\text{forme } \dfrac{-3}{0^-}\right)$ | $\dfrac{k}{0^-}$, où $k < 0$ | $+\infty$ |
| $\lim\limits_{x \to -8^+} \dfrac{-2}{(x + 8)} = -\infty \quad \left(\text{forme } \dfrac{-2}{0^+}\right)$ | $\dfrac{k}{0^+}$, où $k < 0$ | $-\infty$ |

Dans un quotient, lorsqu'en évaluant la limite, le dénominateur tend vers $+\infty$ ou $-\infty$ et le numérateur tend vers une constante $k$, alors le quotient tend vers 0.

| Exemple (forme du quotient) | Forme générale du quotient | Résultat de la limite |
|---|---|---|
| $\lim\limits_{x \to -\infty} \dfrac{3}{(x - 2)^2} = 0 \quad \left(\text{forme } \dfrac{3}{+\infty}\right)$ | $\dfrac{k}{+\infty}$ | 0 |
| $\lim\limits_{x \to +\infty} \dfrac{-2}{(4 - x)^3} = 0 \quad \left(\text{forme } \dfrac{-2}{-\infty}\right)$ | $\dfrac{k}{-\infty}$ | 0 |

Dans certains calculs de limites, il peut arriver que nous ayons à déterminer le résultat d'opérations avec $+\infty$ ou $-\infty$.

Voici un tableau contenant le résultat d'opérations avec $+\infty$ ou $-\infty$.

| Forme de l'expression | Résultat | Forme de l'expression | Résultat |
|---|---|---|---|
| $+\infty + \infty$ | $+\infty$ | si $k > 0$, $k(-\infty)$ | $-\infty$ |
| $-\infty - \infty$ | $-\infty$ | si $k < 0$, $k(+\infty)$ | $-\infty$ |
| $+\infty \pm k$ | $+\infty$ | si $k < 0$, $k(-\infty)$ | $+\infty$ |
| $-\infty \pm k$ | $-\infty$ | si $k > 0$, $(+\infty)^k$ | $+\infty$ |
| si $k > 0$, $k(+\infty)$ | $+\infty$ | si $k < 0$, $(+\infty)^k$ | $0$ |

Nous avons déjà vu dans un premier cours de calcul différentiel que, pour certaines fonctions, nous pouvions lever des indéterminations de la forme $\dfrac{0}{0}$, $\dfrac{\pm\infty}{\pm\infty}$ et $(+\infty - \infty)$ à l'aide de transformations algébriques.

Évaluons quelques limites de forme indéterminée à l'aide de transformations algébriques.

### Exemple 1

a) Évaluons $\displaystyle\lim_{x \to 3} \dfrac{x^2 - 9}{\sqrt{x} - \sqrt{3}}$, qui est une indétermination de la forme $\dfrac{0}{0}$.

Levons cette indétermination.

Conjugué

$$\lim_{x \to 3} \dfrac{x^2 - 9}{\sqrt{x} - \sqrt{3}} = \lim_{x \to 3} \left(\dfrac{x^2 - 9}{\sqrt{x} - \sqrt{3}}\right)\left(\dfrac{\sqrt{x} + \sqrt{3}}{\sqrt{x} + \sqrt{3}}\right)$$

(en multipliant le numérateur et le dénominateur par le conjugué du dénominateur)

$$= \lim_{x \to 3} \dfrac{(x + 3)(x - 3)(\sqrt{x} + \sqrt{3})}{(x - 3)}$$

$$= \lim_{x \to 3} \left((x + 3)(\sqrt{x} + \sqrt{3})\right)$$

(en simplifiant car $(x - 3) \neq 0$)

$$= 12\sqrt{3}$$

(en évaluant la limite)

b) Évaluons $\displaystyle\lim_{x \to 4^+} \dfrac{3x - 12}{(4 - x)^2}$, qui est une indétermination de la forme $\dfrac{0}{0}$.

Levons cette indétermination.

Factorisation

$$\lim_{x \to 4^+} \dfrac{3x - 12}{(4 - x)^2} = \lim_{x \to 4^+} \dfrac{3(x - 4)}{(4 - x)(4 - x)}$$

(en factorisant)

$$= \lim_{x \to 4^+} \dfrac{-3}{4 - x}$$

$\left(\text{en simplifiant car } (x - 4) \neq 0 \text{ et } \dfrac{x-4}{4-x} = -1\right)$

$$= +\infty$$

$\left(\text{forme } \dfrac{-3}{0^-}\right)$

Pour lever certaines indéterminations de la forme $\dfrac{\pm\infty}{\pm\infty}$, nous pouvons

a) mettre en évidence ;

    1) au numérateur la plus grande puissance de $x$ figurant au numérateur,

    2) au dénominateur la plus grande puissance de $x$ figurant au dénominateur,

b) simplifier l'expression, ce qui nous permettra possiblement d'évaluer la limite.

**Exemple 2**   Évaluons $\displaystyle\lim_{x\to-\infty}\dfrac{2x^2-4x+3}{-7-3x^2}$, qui est une indétermination de la forme $\dfrac{+\infty}{-\infty}$.

Levons cette indétermination.

Mise en évidence

$$\lim_{x\to-\infty}\dfrac{2x^2-4x+3}{-7-3x^2}=\lim_{x\to-\infty}\dfrac{x^2\left(2-\dfrac{4}{x}+\dfrac{3}{x^2}\right)}{x^2\left(\dfrac{-7}{x^2}-3\right)}$$
(en mettant $x^2$ en évidence, au numérateur et au dénominateur)

$$=\lim_{x\to-\infty}\dfrac{\left(2-\dfrac{4}{x}+\dfrac{3}{x^2}\right)}{\left(\dfrac{-7}{x^2}-3\right)}$$
(en simplifiant)

$$=\dfrac{\displaystyle\lim_{x\to-\infty}\left(2-\dfrac{4}{x}+\dfrac{3}{x^2}\right)}{\displaystyle\lim_{x\to-\infty}\left(\dfrac{-7}{x^2}-3\right)}$$
$\left(\text{car }\displaystyle\lim_{x\to-\infty}\dfrac{4}{x}=0\left(\text{forme }\dfrac{4}{-\infty}\right),\right.$
$\displaystyle\lim_{x\to-\infty}\dfrac{3}{x^2}=0\left(\text{forme }\dfrac{3}{+\infty}\right)$
$\left.\text{et }\displaystyle\lim_{x\to-\infty}\dfrac{-7}{x^2}=0\left(\text{forme }\dfrac{-7}{+\infty}\right)\right)$

$$=\dfrac{2-0+0}{(0-3)}$$

$$=\dfrac{-2}{3}$$

Pour lever des indéterminations de la forme $(+\infty-\infty)$ ou $(-\infty+\infty)$, nous pouvons mettre en évidence la plus grande puissance de $x$, ce qui permettra, possiblement, d'évaluer la limite.

**Exemple 3**   Évaluons $\displaystyle\lim_{x\to-\infty}(6x^5-7x^3+x+4)$, qui est une indétermination de la forme $(+\infty-\infty)$.

$\displaystyle\lim_{x\to-\infty}\dfrac{-7}{x^2}=0$

$\displaystyle\lim_{x\to-\infty}\dfrac{1}{x^4}=0$

$\displaystyle\lim_{x\to-\infty}\dfrac{4}{x^5}=0$

Levons cette indétermination.

$$\lim_{x\to-\infty}(6x^5-7x^3+x+4)=\lim_{x\to-\infty}x^5\left(6-\dfrac{7}{x^2}+\dfrac{1}{x^4}+\dfrac{4}{x^5}\right)$$
(en mettant $x^5$ en évidence)

$$=-\infty$$
(forme $(-\infty)\,6$)

Nous allons maintenant énoncer et démontrer un théorème, appelé règle de L'Hospital, qui nous permet de lever des indéterminations de la forme $\dfrac{0}{0}$.

## Il y a environ 300 ans...

**Guillaume de l'Hospital**
**Mathématicien français**

$\mathcal{G}$uillaume de L'Hospital (1661-1704), marquis de Sainte-Mesme, publie en 1696 un traité, *Analyse des infiniment petits, pour l'intelligence des lignes courbes,* qui connaît un succès immédiat. Pour la première fois, sous une forme bien organisée, il expose les règles du calcul différentiel conçues une vingtaine d'années auparavant par Leibniz, et jusqu'alors disséminées et peu accessibles. Pour la rédaction de ce livre, Guillaume de L'Hospital puise abondamment dans les notes de cours donnés par le mathématicien suisse Jean Bernoulli. Doit-on parler de plagiat ? La règle de L'Hospital devrait-elle s'appeler la règle de Jean Bernoulli ? La question reste ouverte encore aujourd'hui.

Cette méthode est particulièrement utile lorsque la fonction donnée ne peut pas être transformée algébriquement de façon élémentaire, par exemple pour évaluer $\lim\limits_{x\to 0} \dfrac{e^x - e^{-x}}{\sin x}$, qui est une indétermination de la forme $\dfrac{0}{0}$.

---

**THÉORÈME 1.8**

**Règle de L'Hospital**

Si $f$ et $g$ sont deux fonctions continues sur $[b, d]$ telles que

1) $\lim\limits_{x\to a} f(x) = 0$ et $\lim\limits_{x\to a} g(x) = 0$, où $a \in \,]b, d[$,

2) $f'$ et $g'$ sont continues en $x = a$,

3) $g'(x) \neq 0, \, \forall \, x \in \,]b, d[ \setminus \{a\}$,

alors $\lim\limits_{x\to a} \dfrac{f(x)}{g(x)} = \lim\limits_{x\to a} \dfrac{f'(x)}{g'(x)}$, si cette dernière limite existe ou est infinie.

---

Nous allons démontrer la règle de L'Hospital dans le cas où $g'(a) \neq 0$.

### PREUVE 1

Puisque $f$ est continue en $x = a$, alors $\lim\limits_{x\to a} f(x) = f(a)$, d'où $f(a) = 0$ par 1).

De façon analogue, $g(a) = 0$,

ainsi $\lim\limits_{x\to a} \dfrac{f(x)}{g(x)} = \lim\limits_{x\to a} \dfrac{f(x) - f(a)}{g(x) - g(a)}$   (car $f(a) = 0$ et $g(a) = 0$)

$= \lim\limits_{x\to a} \dfrac{\dfrac{f(x) - f(a)}{x - a}}{\dfrac{g(x) - g(a)}{x - a}}$   (en divisant le numérateur et le dénominateur par $(x - a)$, où $(x - a) \neq 0$)

$= \dfrac{\lim\limits_{x\to a} \dfrac{f(x) - f(a)}{x - a}}{\lim\limits_{x\to a} \dfrac{g(x) - g(a)}{x - a}}$   (car la limite d'un quotient égale le quotient des limites, puisque $g'(a) \neq 0$)

$= \dfrac{f'(a)}{g'(a)}$   (par définition de la dérivée)

$= \dfrac{\lim\limits_{x\to a} f'(x)}{\lim\limits_{x\to a} g'(x)}$   (car $f'$ et $g'$ sont continues en $x = a$)

$= \lim\limits_{x\to a} \dfrac{f'(x)}{g'(x)}$

d'où $\lim\limits_{x\to a} \dfrac{f(x)}{g(x)} = \lim\limits_{x\to a} \dfrac{f'(x)}{g'(x)}$

### PREUVE 2

Puisque les fonctions $f$ et $g$ satisfont les hypothèses du théorème de Cauchy, appliquons ce théorème sur $[a, x]$, où $x \in \,]a, d[$.

Alors il existe un nombre $c \in \,]a, x[$ tel que

$$\dfrac{f(x) - f(a)}{g(x) - g(a)} = \dfrac{f'(c)}{g'(c)}$$

Or, par hypothèse, $f(a) = 0$ et $g(a) = 0$

Donc $\dfrac{f(x)}{g(x)} = \dfrac{f'(c)}{g'(c)}$

Ainsi,   $\lim\limits_{x\to a^+} \dfrac{f(x)}{g(x)} = \lim\limits_{x\to a^+} \dfrac{f'(c)}{g'(c)}$

$\lim\limits_{x\to a^+} \dfrac{f(x)}{g(x)} = \lim\limits_{c\to a^+} \dfrac{f'(c)}{g'(c)}$   (car $a < c < x$)

$\lim\limits_{x\to a^+} \dfrac{f(x)}{g(x)} = \lim\limits_{x\to a^+} \dfrac{f'(x)}{g'(x)}$

Nous avons déjà démontré la règle de L'Hospital sur $[a, x]$, c'est-à-dire $x \to a^+$.

Pour le cas où $x \to a^-$, il s'agit d'appliquer le théorème de Cauchy sur $[x, a]$, où $x \in \,]b, a[$,

d'où $\lim\limits_{x\to a} \dfrac{f(x)}{g(x)} = \lim\limits_{x\to a} \dfrac{f'(x)}{g'(x)}$

**Remarque** De façon générale, après avoir vérifié l'hypothèse 1, c'est-à-dire que nous avons une indétermination de la forme $\frac{0}{0}$, nous appliquons la règle de L'Hospital sans nécessairement vérifier les hypothèses 2 et 3.

> **Règle de L'Hospital**
>
> $$\underbrace{\lim_{x \to a} \frac{f(x)}{g(x)}}_{\text{forme } \frac{0}{0}} = \lim_{x \to a} \frac{f'(x)}{g'(x)} \qquad \text{ou} \qquad \underbrace{\lim_{x \to a} \frac{f(x)}{g(x)}}_{\text{forme } \frac{0}{0}} = \lim_{x \to a} \frac{\frac{d}{dx}(f(x))}{\frac{d}{dx}(g(x))}$$
>
> si cette dernière limite existe ou est infinie.

## ● Indéterminations de la forme $\frac{0}{0}$

**Exemple 1** Réévaluons, à l'aide de la règle de L'Hospital, les limites de l'exemple 1 précédent (page 34).

a) $\lim\limits_{x \to 3} \dfrac{x^2 - 9}{\sqrt{x} - \sqrt{3}}$ est une indétermination de la forme $\frac{0}{0}$.

$$\lim_{x \to 3} \frac{x^2 - 9}{\sqrt{x} - \sqrt{3}} \overset{\text{RH}}{=} \lim_{x \to 3} \frac{(x^2 - 9)'}{(\sqrt{x} - \sqrt{3})'}$$

$$= \lim_{x \to 3} \frac{2x}{\frac{1}{2\sqrt{x}}} \qquad \text{(en dérivant)}$$

$$= 12\sqrt{3} \qquad \text{(en évaluant la limite)}$$

b) $\lim\limits_{x \to 4^+} \dfrac{3x - 12}{(4 - x)^2}$ est une indétermination de la forme $\frac{0}{0}$.

$$\lim_{x \to 4^+} \frac{3x - 12}{(4 - x)^2} \overset{\text{RH}}{=} \lim_{x \to 4^+} \frac{\frac{d}{dx}(3x - 12)}{\frac{d}{dx}((4 - x)^2)}$$

$$= \lim_{x \to 4^+} \frac{3}{-2(4 - x)} \qquad \text{(en dérivant)}$$

$$= +\infty \qquad \left(\text{en évaluant la limite ; forme } \frac{3}{0^+}\right)$$

**Exemple 2**

a) Évaluons $\lim\limits_{\theta \to \left(\frac{\pi}{2}\right)^+} \dfrac{\cos \theta}{\sin \theta - 1}$, qui est une indétermination de la forme $\frac{0}{0}$.

$$\lim_{\theta \to \left(\frac{\pi}{2}\right)^+} \frac{\cos \theta}{\sin \theta - 1} \overset{\text{RH}}{=} \lim_{\theta \to \left(\frac{\pi}{2}\right)^+} \frac{\frac{d}{d\theta}(\cos \theta)}{\frac{d}{d\theta}(\sin \theta - 1)}$$

$$= \lim_{\theta \to \left(\frac{\pi}{2}\right)^+} \frac{-\sin\theta}{\cos\theta} \quad \text{(en dérivant)}$$

$$= +\infty \qquad \left(\text{en évaluant la limite ; forme } \frac{-1}{0^-}\right)$$

b) Évaluons $\lim_{x \to 0} \dfrac{e^x - e^{-x}}{\sin x}$, qui est une indétermination de la forme $\dfrac{0}{0}$.

$$\lim_{x \to 0} \frac{e^x - e^{-x}}{\sin x} \overset{\text{RH}}{=} \lim_{x \to 0} \frac{(e^x + e^{-x})'}{(\sin x)'}$$

$$= \lim_{x \to 0} \frac{e^x + e^{-x}}{\cos x} \qquad \text{(en dérivant)}$$

$$= 2 \qquad \text{(en évaluant la limite)}$$

En représentant sur un même système d'axes les courbes $f(x) = e^x - e^{-x}$, $g(x) = \sin x$, et $h(x) = \dfrac{f(x)}{g(x)}$, c'est-à-dire $h(x) = \dfrac{e^x - e^{-x}}{\sin x}$, nous obtenons le graphique ci-contre.

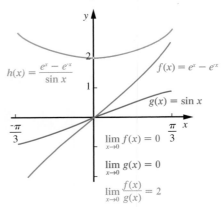

```
> f:=x->exp(x)-exp(-x):
> g:=x->sin(x):
> h:=x->f(x)/g(x):
> plot([f(x),g(x),h(x)],x=-Pi/3..Pi/3,
    color=[blue,green,orange],discont=true);
```

$$\lim_{x \to 0} f(x) = 0$$
$$\lim_{x \to 0} g(x) = 0$$
$$\lim_{x \to 0} \frac{f(x)}{g(x)} = 2$$

Nous constatons sur le graphique que les courbes $f$ et $g$ passent par $O(0, 0)$ et que $h(x)$ s'approche de 2 lorsque $x$ s'approche de 0. Cependant, le point $P(0, 2)$ n'est pas un point de la courbe de $h$.

**Remarque** Dans le cas où $f(a) = 0$, $g(a) = 0$, $f'(a) = 0$ et $g'(a) = 0$, et que les fonctions $f'$ et $g'$ satisfont également les hypothèses de la règle de L'Hospital, nous pouvons de nouveau appliquer la règle de L'Hospital. Ainsi,

$$\underbrace{\lim_{x \to a} \frac{f(x)}{g(x)}}_{\text{forme } \frac{0}{0}} \overset{\text{RH}}{=} \underbrace{\lim_{x \to a} \frac{f'(x)}{g'(x)}}_{\text{forme } \frac{0}{0}} \overset{\text{RH}}{=} \lim_{x \to a} \frac{(f'(x))'}{(g'(x))'}$$

si cette dernière limite existe ou est infinie.

**Exemple 3** Évaluons $\lim_{x \to 0} \dfrac{x + 1 - e^x}{x^2}$, qui est une indétermination de la forme $\dfrac{0}{0}$.

Appliquons la règle de L'Hospital.

$$\lim_{x \to 0} \frac{x + 1 - e^x}{x^2} \overset{\text{RH}}{=} \lim_{x \to 0} \frac{(x + 1 - e^x)'}{(x^2)'} = \lim_{x \to 0} \frac{1 - e^x}{2x} \left(\begin{array}{l}\text{cette dernière limite est également}\\ \text{une indétermination de la forme } \frac{0}{0}\end{array}\right)$$

Appliquons de nouveau la règle de L'Hospital.

$$\lim_{x \to 0} \frac{1 - e^x}{2x} \overset{\text{RH}}{=} \lim_{x \to 0} \frac{(1 - e^x)'}{(2x)'} = \lim_{x \to 0} \frac{-e^x}{2} = \frac{-1}{2} \qquad \text{(en évaluant la limite)}$$

d'où $\lim_{x \to 0} \dfrac{x + 1 - e^x}{x^2} = \dfrac{-1}{2}$

En représentant sur un même système d'axes les courbes $f(x) = x + 1 - e^x$, $g(x) = x^2$ et $h(x) = \dfrac{f(x)}{g(x)}$, c'est-à-dire $\dfrac{x + 1 - e^x}{x^2}$, nous obtenons le graphique ci-contre.

```
> f:=x->x+1-exp(x):
> g:=x->x^2;
> h:=x->f(x)/g(x):
> plot([f(x),g(x),h(x)],x=-2..2,y=-1..1,
    color=[blue,green,orange];
```

$$\lim_{x \to 0} f(x) = 0$$

$$\lim_{x \to 0} g(x) = 0$$

$$\lim_{x \to 0} \frac{f(x)}{g(x)} = \frac{-1}{2}$$

Nous pouvons généraliser l'application de la règle de L'Hospital de la façon suivante lorsque les hypothèses de la règle de L'Hospital sont vérifiées pour chaque nouvelle limite.

$$\underbrace{\lim_{x \to a} \frac{f(x)}{g(x)}}_{\text{forme } \frac{0}{0}} \overset{\text{RH}}{=} \underbrace{\lim_{x \to a} \frac{f'(x)}{g'(x)}}_{\text{forme } \frac{0}{0}} \overset{\text{RH}}{=} \underbrace{\lim_{x \to a} \frac{f''(x)}{g''(x)}}_{\text{forme } \frac{0}{0}} \overset{\text{RH}}{=} \cdots \overset{\text{RH}}{=} \underbrace{\lim_{x \to a} \frac{f^{(n-1)}(x)}{g^{(n-1)}(x)}}_{\text{forme } \frac{0}{0}} \overset{\text{RH}}{=} \lim_{x \to a} \frac{f^{(n)}(x)}{g^{(n)}(x)}$$

si cette dernière limite existe ou est infinie.

### Exemple 4

Évaluons $\displaystyle\lim_{x \to 2} \frac{x^4 - 5x^3 + 6x^2 + 4x - 8}{x^4 - 6x^3 + 12x^2 - 8x}$, qui est une indétermination de la forme $\frac{0}{0}$.

Appliquons la règle de L'Hospital.

$$\lim_{x \to 2} \frac{x^4 - 5x^3 + 6x^2 + 4x - 8}{x^4 - 6x^3 + 12x^2 - 8x} \overset{\text{RH}}{=} \lim_{x \to 2} \frac{4x^3 - 15x^2 + 12x + 4}{4x^3 - 18x^2 + 24x - 8} \quad \left(\text{ind. } \frac{0}{0}\right)$$

$$\overset{\text{RH}}{=} \lim_{x \to 2} \frac{12x^2 - 30x + 12}{12x^2 - 36x + 24} \quad \left(\text{ind. } \frac{0}{0}\right)$$

$$\overset{\text{RH}}{=} \lim_{x \to 2} \frac{24x - 30}{24x - 36} = \frac{18}{12} \quad \text{(en évaluant la limite)}$$

d'où $\displaystyle\lim_{x \to 2} \frac{x^4 - 5x^3 + 6x^2 + 4x - 8}{x^4 - 6x^3 + 12x^2 - 8x} = \frac{3}{2}$

Nous pouvons également appliquer la règle de L'Hospital dans le cas où $\displaystyle\lim_{x \to \pm\infty} f(x) = 0$ et $\displaystyle\lim_{x \to \pm\infty} g(x) = 0$.

En effet, pour $x \to +\infty$, nous avons

$$\lim_{x \to +\infty} \frac{f(x)}{g(x)} = \lim_{y \to 0^+} \frac{f\left(\dfrac{1}{y}\right)}{g\left(\dfrac{1}{y}\right)} \quad \left(\text{en posant } x = \frac{1}{y}\,;\, \text{ind. } \frac{0}{0}\right)$$

$$\overset{\text{RH}}{=} \lim_{y \to 0^+} \frac{f'\left(\dfrac{1}{y}\right)\left(\dfrac{-1}{y^2}\right)}{g'\left(\dfrac{1}{y}\right)\left(\dfrac{-1}{y^2}\right)} \quad \text{(règle de dérivation en chaîne)}$$

$$= \lim_{y \to 0^+} \frac{f'\left(\dfrac{1}{y}\right)}{g'\left(\dfrac{1}{y}\right)} \qquad \text{(en simplifiant)}$$

$$= \lim_{x \to +\infty} \frac{f'(x)}{g'(x)} \qquad \left(\text{puisque } \frac{1}{y} = x\right)$$

**Exemple 5**

a) Évaluons $\displaystyle\lim_{t \to +\infty} \frac{\sin\left(\dfrac{5}{t}\right)}{\dfrac{7}{t}}$, qui est une indétermination de la forme $\dfrac{0}{0}$.

$$\lim_{t \to +\infty} \frac{\sin\left(\dfrac{5}{t}\right)}{\dfrac{7}{t}} \overset{\text{RH}}{=} \lim_{t \to +\infty} \frac{\left(\dfrac{-5}{t^2}\right) \cos\left(\dfrac{5}{t}\right)}{\dfrac{-7}{t^2}}$$

Il est préférable de simplifier l'expression avant d'évaluer la limite.

$$= \lim_{t \to +\infty} \frac{5 \cos\left(\dfrac{5}{t}\right)}{7} \qquad \text{(en simplifiant)}$$

$$= \frac{5}{7} \qquad \text{(en évaluant la limite)}$$

b) Déterminons l'équation de l'asymptote horizontale de cette fonction lorsque $x \to +\infty$ et donnons une esquisse du graphique de $f$ lorsque $x \to +\infty$.

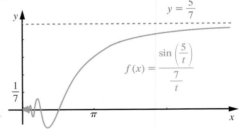

```
> with(plots):
> f:=t->(sin(5/t))/(7/t);
```
$$f := t \to \frac{1}{7} \sin\left(\frac{5}{t}\right) t$$
```
> y:=plot(f(t),t=0..9,color=orange):
> ah:=plot(5/7,t=0..9,color=blue,linestyle=4):
> display(y,ah);
```

**Remarque** Il peut être utile, ou même essentiel, de simplifier l'expression avant d'appliquer la règle de L'Hospital.

**Exemple 6** Évaluons $\displaystyle\lim_{x \to 0} \frac{x - \operatorname{Arc\,tan} x}{x \operatorname{Arc\,tan} x}$, qui est une indétermination de la forme $\dfrac{0}{0}$.

$$\lim_{x \to 0} \frac{x - \operatorname{Arc\,tan} x}{x \operatorname{Arc\,tan} x} \overset{\text{RH}}{=} \lim_{x \to 0} \frac{1 - \dfrac{1}{1 + x^2}}{\operatorname{Arc\,tan} x + \dfrac{x}{1 + x^2}}$$

Or cette dernière limite est également une indétermination de la forme $\dfrac{0}{0}$.

Simplifions d'abord l'expression.

Dénominateur commun
$$\lim_{x \to 0} \frac{1 - \dfrac{1}{1 + x^2}}{\operatorname{Arc\,tan} x + \dfrac{x}{1 + x^2}} = \lim_{x \to 0} \frac{\dfrac{1 + x^2 - 1}{1 + x^2}}{\dfrac{(1 + x^2) \operatorname{Arc\,tan} x + x}{1 + x^2}} \qquad \text{(en transformant)}$$

$$= \lim_{x \to 0} \frac{x^2}{(1 + x^2)\, \text{Arc tan } x + x} \qquad \left(\text{en simplifiant ; ind. } \tfrac{0}{0}\right)$$

$$\overset{\text{RH}}{=} \lim_{x \to 0} \frac{2x}{2x\, \text{Arc tan } x + 1 + 1} = 0 \qquad \text{(en évaluant la limite)}$$

d'où $\displaystyle\lim_{x \to 0} \frac{x - \text{Arc tan } x}{x\, \text{Arc tan } x} = 0$

# ● Indéterminations de la forme $\frac{\pm\infty}{\pm\infty}$

La règle de L'Hospital nous permet également de lever des indéterminations de la forme $\frac{\pm\infty}{\pm\infty}$. Nous ne démontrons pas ce résultat, car la preuve déborde le cadre du cours.

**Exemple 1** Réévaluons, à l'aide de la règle de L'Hospital, la limite de l'exemple 2 (page 35).

$\displaystyle\lim_{x \to -\infty} \frac{2x^2 - 4x + 3}{-7 - 3x^2}$ est une indétermination de la forme $\frac{+\infty}{-\infty}$.

$$\lim_{x \to -\infty} \frac{2x^2 - 4x + 3}{-7 - 3x^2} \overset{\text{RH}}{=} \lim_{x \to -\infty} \frac{4x - 4}{-6x} \qquad \left(\text{ind. } \tfrac{+\infty}{-\infty}\right)$$

$$\overset{\text{RH}}{=} \lim_{x \to -\infty} \frac{4}{-6} = \frac{-2}{3} \qquad \text{(en évaluant la limite)}$$

**Exemple 2**

a) Évaluons $\displaystyle\lim_{x \to 0^+} \frac{\ln x}{\dfrac{1}{x}}$, qui est une indétermination de la forme $\frac{-\infty}{+\infty}$.

$$\lim_{x \to 0^+} \frac{\ln x}{\dfrac{1}{x}} \overset{\text{RH}}{=} \lim_{x \to 0^+} \frac{\dfrac{1}{x}}{\dfrac{-1}{x^2}}$$

$$= \lim_{x \to 0^+} (-x) \qquad \text{(en simplifiant)}$$

$$= 0 \qquad \text{(en évaluant la limite)}$$

b) Évaluons $\displaystyle\lim_{x \to -\infty} \frac{x^2 + 1}{e^{-x}}$, qui est une indétermination de la forme $\frac{+\infty}{+\infty}$.

$$\lim_{x \to -\infty} \frac{x^2 + 1}{e^{-x}} \overset{\text{RH}}{=} \lim_{x \to -\infty} \frac{2x}{-e^{-x}} \qquad \left(\text{ind. } \tfrac{-\infty}{-\infty}\right)$$

$$\overset{\text{RH}}{=} \lim_{x \to -\infty} \frac{2}{e^{-x}} = 0 \qquad \text{(en évaluant la limite)}$$

**Remarque** La règle de L'Hospital ne permet pas de lever certaines indéterminations. Comme dans les exemples suivants, il peut arriver qu'après avoir appliqué la règle de L'Hospital pour lever une indétermination, nous obtenions une limite qui n'existe pas.

**Exemple 3** Évaluons $\lim\limits_{x \to +\infty} \dfrac{3x + \cos x}{x}$, qui est une indétermination de la forme $\frac{+\infty}{+\infty}$.

$$\lim_{x \to +\infty} \frac{3x + \cos x}{x} \overset{\text{RH}}{=} \lim_{x \to +\infty} \frac{3 - \sin x}{1}$$

Or $\lim\limits_{x \to +\infty} (3 - \sin x)$ n'existe pas, car elle oscille entre 2 et 4 (car $-1 \leq \sin x \leq 1$).

Dans ce cas, nous devons lever l'indétermination sans utiliser la règle de L'Hospital.

$$\lim_{x \to +\infty} \frac{3x + \cos x}{x} = \lim_{x \to +\infty} \left( \frac{3x}{x} + \frac{\cos x}{x} \right) = \lim_{x \to +\infty} \left( 3 + \frac{\cos x}{x} \right)$$

Utilisons le théorème « sandwich » (voir G. Charron et P. Parent, *Calcul différentiel*, 6ᵉ édition, Montréal, Beauchemin, 2007, p. 53, théorème 2.7) pour évaluer $\lim\limits_{x \to +\infty} \dfrac{\cos x}{x}$.

Puisque
$$-1 \leq \cos x \leq 1$$

$$\frac{-1}{x} \leq \frac{\cos x}{x} \leq \frac{1}{x} \qquad (\text{car } x > 0)$$

$$\underbrace{\lim_{x \to +\infty} \frac{-1}{x}}_{0} \leq \lim_{x \to +\infty} \frac{\cos x}{x} \leq \underbrace{\lim_{x \to +\infty} \frac{1}{x}}_{0}$$

$$0 \leq \lim_{x \to +\infty} \frac{\cos x}{x} \leq 0$$

donc $\lim\limits_{x \to +\infty} \dfrac{\cos x}{x} = 0$

Ainsi, $\lim\limits_{x \to +\infty} \dfrac{3x + \cos x}{x} = \lim\limits_{x \to +\infty} \left( 3 + \dfrac{\cos x}{x} \right)$

$$= \lim_{x \to +\infty} 3 + \lim_{x \to +\infty} \frac{\cos x}{x} \qquad \text{(la limite d'une somme égale la somme}$$
$$\text{des limites, car les limites existent)}$$

$$= 3 + 0$$

$$= 3$$

Il peut également arriver qu'après avoir appliqué la règle de L'Hospital un certain nombre de fois, nous obtenions une limite analogue à une limite rencontrée précédemment.

**Exemple 4** Évaluons $\lim\limits_{x \to -\infty} \dfrac{\sqrt{16x^2 - 5}}{3x + 7}$, qui est une indétermination de la forme $\frac{+\infty}{-\infty}$.

$$\lim_{x \to -\infty} \frac{\sqrt{16x^2 - 5}}{3x + 7} \overset{\text{RH}}{=} \lim_{x \to -\infty} \frac{\dfrac{16x}{\sqrt{16x^2 - 5}}}{3}$$

$$= \lim_{x \to -\infty} \frac{16x}{3\sqrt{16x^2 - 5}} \qquad \left( \text{en simplifiant ; ind. } \frac{-\infty}{+\infty} \right)$$

$$\overset{\text{RH}}{=} \lim_{x \to -\infty} \frac{16}{\dfrac{3(16x)}{\sqrt{16x^2 - 5}}}$$

$$= \lim_{x \to -\infty} \frac{\sqrt{16x^2 - 5}}{3x} \qquad \text{(en simplifiant)}$$

Cette dernière limite est analogue à la limite initiale, car $\lim\limits_{x \to -\infty} (3x + 7) = \lim\limits_{x \to -\infty} 3x = -\infty$.

L'élève peut vérifier qu'en continuant à appliquer la règle de L'Hospital il obtiendra des limites analogues aux précédentes. Ainsi, la règle de L'Hospital ne permet pas de lever cette indétermination. Dans ce cas, nous devons lever l'indétermination sans utiliser la règle de L'Hospital.

$$\lim_{x \to -\infty} \frac{\sqrt{16x^2 - 5}}{3x + 7} = \lim_{x \to -\infty} \frac{\sqrt{x^2\left(16 - \dfrac{5}{x^2}\right)}}{x\left(3 + \dfrac{7}{x}\right)}$$

$$= \lim_{x \to -\infty} \frac{\sqrt{x^2}\sqrt{16 - \dfrac{5}{x^2}}}{x\left(3 + \dfrac{7}{x}\right)}$$

$$= \lim_{x \to -\infty} \frac{|x|\sqrt{16 - \dfrac{5}{x^2}}}{x\left(3 + \dfrac{7}{x}\right)} \qquad \text{(car } \sqrt{x^2} = |x|)$$

$$= \lim_{x \to -\infty} \frac{-x\sqrt{16 - \dfrac{5}{x^2}}}{x\left(3 + \dfrac{7}{x}\right)} \qquad \text{(puisque } x < 0, |x| = -x)$$

$$= \lim_{x \to -\infty} \frac{-\sqrt{16 - \dfrac{5}{x^2}}}{\left(3 + \dfrac{7}{x}\right)} = \frac{-4}{3} \qquad \text{(en évaluant la limite)}$$

$\lim_{x \to -\infty} \dfrac{5}{x^2} = 0$

$\lim_{x \to -\infty} \dfrac{7}{x} = 0$

## ■ Indéterminations de la forme (+∞ − ∞) ou (-∞ + ∞)

Dans certaines indéterminations de la forme (+∞ − ∞) ou (-∞ + ∞), nous pourrons appliquer la règle de L'Hospital uniquement après avoir transformé la fonction initiale sous la forme d'un quotient pour obtenir une indétermination de la forme $\dfrac{0}{0}$ ou $\dfrac{\pm\infty}{\pm\infty}$.

**Exemple 1** Évaluons $\lim_{\theta \to 0^+} (\csc \theta - \cot \theta)$, qui est une indétermination de la forme (+∞ − ∞).

$\csc \theta = \dfrac{1}{\sin \theta}$

$\cot \theta = \dfrac{\cos \theta}{\sin \theta}$

$$\lim_{\theta \to 0^+} (\csc \theta - \cot \theta) = \lim_{\theta \to 0^+} \left( \frac{1}{\sin \theta} - \frac{\cos \theta}{\sin \theta} \right) \qquad \text{(en transformant ; ind. (+∞ − ∞))}$$

$$= \lim_{\theta \to 0^+} \frac{1 - \cos \theta}{\sin \theta} \qquad \left( \text{dénominateur commun ; ind. } \frac{0}{0} \right)$$

$$\overset{\text{RH}}{=} \lim_{\theta \to 0^+} \frac{\sin \theta}{\cos \theta} = 0 \qquad \text{(en évaluant la limite)}$$

**Exemple 2** Évaluons $\lim_{x \to 1^-} \left[ \dfrac{1}{\ln x} - \dfrac{x}{x - 1} \right]$, qui est une indétermination de la forme (-∞ + ∞).

$$\lim_{x \to 1^-} \left[ \frac{1}{\ln x} - \frac{x}{x - 1} \right] = \lim_{x \to 1^-} \frac{x - 1 - x \ln x}{(\ln x)(x - 1)} \qquad \left( \text{dénominateur commun ; ind. } \frac{0}{0} \right)$$

$$\overset{RH}{=} \lim_{x\to 1^-} \frac{1 - \ln x - 1}{\dfrac{x-1}{x} + \ln x}$$

$$= \lim_{x\to 1^-} \frac{-\ln x}{\dfrac{x - 1 + x\ln x}{x}} \qquad \text{(en transformant)}$$

$$= \lim_{x\to 1^-} \frac{-x\ln x}{x - 1 + x\ln x} \qquad \left(\text{en transformant ; ind. } \frac{0}{0}\right)$$

$$\overset{RH}{=} \lim_{x\to 1^-} \frac{-\ln x - 1}{1 + \ln x + 1} = \frac{-1}{2} \qquad \text{(en évaluant la limite)}$$

## Indéterminations de la forme $0 \cdot (\pm\infty)$

Dans certaines indéterminations de la forme $0 \cdot (\pm\infty)$, nous pourrons appliquer la règle de L'Hospital uniquement après avoir transformé la fonction initiale de façon à obtenir une indétermination de la forme $\frac{0}{0}$ ou $\frac{\pm\infty}{\pm\infty}$.

Cette transformation peut se faire comme suit :

$$f(x)\,g(x) = \frac{f(x)}{\dfrac{1}{g(x)}} \quad \text{ou} \quad f(x)\,g(x) = \frac{g(x)}{\dfrac{1}{f(x)}}$$

**Exemple 1** Évaluons $\lim_{x\to 0^+}[7x^3 \ln (5x)]$, qui est une indétermination de la forme $0 \cdot (-\infty)$.

En transformant $7x^3 \ln (5x)$ sous forme de quotient, nous obtenons

$$7x^3 \ln (5x) = \frac{7x^3}{\dfrac{1}{\ln (5x)}} \quad \text{ou} \quad 7x^3 \ln (5x) = \frac{7 \ln (5x)}{\dfrac{1}{x^3}}$$

L'élève peut vérifier que pour évaluer $\lim_{x\to 0^+} \frac{7x^3}{\frac{1}{\ln (5x)}}$, l'application de la règle de L'Hospital donne une limite complexe à évaluer.

Évaluons plutôt $\lim_{x\to 0^+} \frac{7 \ln (5x)}{\frac{1}{x^3}}$.

$$\lim_{x\to 0^+} [7x^3 \ln (5x)] = \lim_{x\to 0^+} \frac{7 \ln (5x)}{\dfrac{1}{x^3}} \qquad \left(\text{en transformant ; ind. } \frac{-\infty}{+\infty}\right)$$

$$\overset{RH}{=} \lim_{x\to 0^+} \frac{7\left(\dfrac{1}{5x}\right)5}{\dfrac{-3}{x^4}}$$

$$= \lim_{x\to 0^+} \frac{7x^3}{-3} \qquad \text{(en simplifiant)}$$

$$= 0 \qquad \text{(en évaluant la limite)}$$

**Exemple 2**  Évaluons $\lim\limits_{\theta \to \pi^-}\left[\left(1 - \tan\left(\dfrac{\theta}{4}\right)\right) \csc\theta\right]$, qui est une indétermination de la forme $0 \cdot (+\infty)$.

$\csc\theta = \dfrac{1}{\sin\theta}$

$$\lim_{\theta \to \pi^-}\left[\left(1 - \tan\left(\dfrac{\theta}{4}\right)\right) \csc\theta\right] = \lim_{\theta \to \pi^-}\frac{1 - \tan\left(\dfrac{\theta}{4}\right)}{\sin\theta} \qquad \left(\text{en transformant}\,;\ \text{ind. } \dfrac{0}{0}\right)$$

$$\overset{\text{RH}}{=} \lim_{\theta \to \pi^-}\frac{\dfrac{-1}{4}\sec^2\left(\dfrac{\theta}{4}\right)}{\cos\theta}$$

$$= \frac{\dfrac{-1}{4}\cdot 2}{-1} = \frac{1}{2} \qquad \text{(en évaluant la limite)}$$

## ● Indéterminations de la forme $0^0$, $(+\infty)^0$ et $1^{\pm\infty}$

**Exemple 1**  Voici des exemples de types d'indétermination de la forme $0^0$, $(+\infty)^0$ et $1^{\pm\infty}$.

a)  $\lim\limits_{\theta \to 0^+}(\sin\theta)^{\theta}$ est une indétermination de la forme $0^0$.

b)  $\lim\limits_{x \to +\infty} x^{\frac{1}{x}}$ est une indétermination de la forme $(+\infty)^0$.

c)  $\lim\limits_{x \to 0^-}(1 + x)^{\frac{2}{x}}$ est une indétermination de la forme $1^{-\infty}$.

Avant d'appliquer la règle de L'Hospital pour lever ces indéterminations, il faut d'abord utiliser la fonction logarithme naturel, certaines propriétés des logarithmes et des transformations algébriques de façon à obtenir une indétermination de la forme $\dfrac{0}{0}$ ou $\dfrac{\pm\infty}{\pm\infty}$.

> La méthode à suivre pour lever des indéterminations de la forme $0^0$, $(+\infty)^0$ et $1^{\pm\infty}$ consiste à :
>
> 1) Poser $A$ égale à la limite à évaluer ;
>
> 2) Prendre le logarithme naturel de chaque membre de l'équation ;
>
> 3) Utiliser la propriété des logarithmes, $\ln(M^k) = k\ln M$ ;
>
> 4) Effectuer les transformations algébriques nécessaires pour obtenir une indétermination de la forme $\dfrac{0}{0}$ ou $\dfrac{\pm\infty}{\pm\infty}$ ;
>
> 5) Utiliser la règle de L'Hospital pour trouver $\ln A$ ;
>
> 6) Déterminer $A$.

**Exemple 2**  Évaluons $\lim\limits_{\theta \to 0^+}(\sin\theta)^{\theta}$, qui est une indétermination de la forme $0^0$ (exemple 1 a), ci-dessus).

En posant $A = \lim\limits_{\theta \to 0^+}(\sin\theta)^{\theta}$, nous obtenons

$$\ln A = \ln \left( \lim_{\theta \to 0^+} (\sin \theta)^\theta \right) \qquad \text{(car si } A > 0, B > 0 \text{ et } A = B, \text{ alors } \ln A = \ln B\text{)}$$

$$= \lim_{\theta \to 0^+} \left( \ln (\sin \theta)^\theta \right) \qquad \text{(car ln est une fonction continue)}$$

$$= \lim_{\theta \to 0^+} \left( \theta \ln \sin \theta \right) \qquad \text{(propriété des logarithmes)}$$

$$= \lim_{\theta \to 0^+} \frac{\ln \sin \theta}{\dfrac{1}{\theta}} \qquad \left( \text{en transformant ; ind. } \frac{-\infty}{+\infty} \right)$$

$$\overset{\text{RH}}{=} \lim_{\theta \to 0^+} \frac{\dfrac{\cos \theta}{\sin \theta}}{\dfrac{-1}{\theta^2}} \qquad \text{(en dérivant)}$$

$$= \lim_{\theta \to 0^+} \frac{-\theta^2 \cos \theta}{\sin \theta} \qquad \left( \text{en transformant ; ind. } \frac{0}{0} \right)$$

$$\overset{\text{RH}}{=} \lim_{\theta \to 0^+} \frac{-2\theta \cos \theta + \theta^2 \sin \theta}{\cos \theta} = 0 \qquad \text{(en évaluant la limite)}$$

Puisque $\ln A = 0$

$$A = e^0 = 1$$

d'où $\displaystyle\lim_{\theta \to 0^+} (\sin \theta)^\theta = 1$

**Exemple 3** Évaluons $\displaystyle\lim_{x \to 0^-} (1 + x)^{\frac{2}{x}}$, qui est une indétermination de la forme $1^{-\infty}$ (exemple 1 c), page 45).

En posant $A = \displaystyle\lim_{x \to 0^-} (1 + x)^{\frac{2}{x}}$, nous obtenons

$$\ln A = \ln \left( \lim_{x \to 0^-} (1 + x)^{\frac{2}{x}} \right)$$

$$= \lim_{x \to 0^-} \left( \ln (1 + x)^{\frac{2}{x}} \right) \qquad \text{(car ln est une fonction continue)}$$

$$= \lim_{x \to 0^-} \frac{2 \ln (1 + x)}{x} \qquad \left( \text{en transformant ; ind. } \frac{0}{0} \right)$$

$$\overset{\text{RH}}{=} \lim_{x \to 0^-} \frac{\dfrac{2}{1 + x}}{1} = 2 \qquad \text{(en évaluant la limite)}$$

Puisque $\ln A = 2$

$$A = e^2$$

d'où $\displaystyle\lim_{x \to 0^-} (1 + x)^{\frac{2}{x}} = e^2$

Le tableau suivant vous propose un résumé des étapes à suivre pour lever des indéterminations à l'aide de la règle de L'Hospital. Il faut se rappeler que, fréquemment, une simplification de la fonction facilite le calcul de la limite.

| Indéterminations de la forme | Étapes à suivre |
|---|---|
| $\dfrac{0}{0}$ et $\dfrac{\pm\infty}{\pm\infty}$ | Utiliser directement la règle de L'Hospital. |
| $0 \cdot (\pm\infty)$ | 1) Transformer le produit $f(x)\,g(x)$ sous la forme $\dfrac{f(x)}{\dfrac{1}{g(x)}}$ ou sous la forme $\dfrac{g(x)}{\dfrac{1}{f(x)}}$ pour obtenir une indétermination de la forme $\dfrac{0}{0}$ ou $\dfrac{\pm\infty}{\pm\infty}$. <br> 2) Utiliser la règle de L'Hospital. |
| $+\infty - \infty$ | 1) Transformer la fonction initiale sous la forme d'un quotient, à l'aide de transformations algébriques telles que : identités trigonométriques, dénominateur commun, conjugué, etc., pour obtenir une indétermination de la forme $\dfrac{0}{0}$ ou $\dfrac{\pm\infty}{\pm\infty}$. <br> 2) Utiliser la règle de L'Hospital. |
| $0^0$, $(+\infty)^0$ et $1^{\pm\infty}$ | 1) Poser $A$ égale à la limite à évaluer. <br> 2) Prendre le logarithme naturel de chaque membre de l'équation. <br> 3) Utiliser la propriété des logarithmes, $\ln(M^k) = k\ln M$. <br> 4) Transformer la fonction $k\ln M$, pour obtenir une indétermination de la forme $\dfrac{0}{0}$ ou $\dfrac{\pm\infty}{\pm\infty}$. <br> 5) Utiliser la règle de L'Hospital pour trouver $\ln A$. <br> 6) Déterminer $A$. |

# Exercices 1.3

**1.** Parmi les limites suivantes, déterminer lesquelles sont des indéterminations, en précisant la forme d'indétermination dont il s'agit, et évaluer les limites qui ne sont pas des indéterminations.

a) $\lim\limits_{x\to-\infty}(xe^{-x^2})$

b) $\lim\limits_{x\to-\infty}(xe^{-x})$

c) $\lim\limits_{t\to+\infty}\dfrac{\ln t}{t}$

d) $\lim\limits_{t\to 0^+}\dfrac{\ln t}{t}$

e) $\lim\limits_{x\to+\infty}\left(x-\dfrac{1}{x}\right)^{\frac{1}{x}}$

f) $\lim\limits_{x\to 0}(1+\sin x)^{\frac{1}{x^2}}$

g) $\lim\limits_{x\to 1^+}(x-1)^{\frac{1}{x-1}}$

h) $\lim\limits_{y\to 0}\dfrac{\text{Arc sin } y}{y}$

i) $\lim\limits_{x\to 0}(e^{x^2}-1)^x$

j) $\lim\limits_{x\to 0}(\cos 2x)^x$

k) $\lim\limits_{u\to 1^-}\left(\dfrac{u-1}{2}-\dfrac{1}{\ln u}\right)$

l) $\lim\limits_{x\to 3^+}\left(\dfrac{x}{x-3}-\dfrac{1}{\ln(x-2)}\right)$

**2.** Répondre par vrai ou faux en expliquant votre réponse.

a) $\lim\limits_{x\to 4}\dfrac{x^2-16}{\sqrt{x}-4} \overset{\text{RH}}{=} \lim\limits_{x\to 4}\dfrac{2x}{\dfrac{1}{2\sqrt{x}}}$

$\qquad = 32$ (en évaluant la limite)

b) $\lim\limits_{x\to 0}\dfrac{x^2+2x-2\sin x}{e^{2x}-2e^x} \overset{\text{RH}}{=} \lim\limits_{x\to 0}\dfrac{2x+2-2\cos x}{2e^{2x}-2e^x}$

$\qquad \overset{\text{RH}}{=} \lim\limits_{x\to 0}\dfrac{2+2\sin x}{4e^{2x}-2e^x}$

$\qquad = 1$ (en évaluant la limite)

**3.** Évaluer les limites suivantes.

a) $\lim\limits_{x\to 1}\dfrac{x^2+4x-5}{4x-3-x^2}$

b) $\lim\limits_{x\to-2}\dfrac{x^5-3x^3-4x}{x^3+x^2-4x-4}$

c) $\lim\limits_{x\to 4}\dfrac{\sqrt[3]{2x}+\sqrt{x}-4}{16-x^2}$

d) $\lim\limits_{x\to 0}\dfrac{-4x^3}{x+\sin 2x}$

e) $\lim\limits_{x\to\left(\frac{\pi}{2}\right)^+}\dfrac{x-\dfrac{\pi}{2}+\cos x}{\sqrt{2x-\pi}}$

f) $\lim\limits_{x\to 0^+}\dfrac{\tan x}{x^2}$

g) $\displaystyle\lim_{\theta\to 0}\frac{3\sin(\tan\theta)}{\tan(\sin 6\theta)}$

i) $\displaystyle\lim_{x\to 0}\frac{8^x - 5^x}{5x}$

e) $\displaystyle\lim_{\theta\to 0^+}\left[\csc\theta - \frac{\cos\sqrt{\theta}}{\sin\theta}\right]$

h) $\displaystyle\lim_{\theta\to 0}\frac{\ln(\cos\theta)}{\sin 2\theta}$

j) $\displaystyle\lim_{x\to +\infty}\frac{e^{\frac{1}{3x}} - 1}{\frac{4}{x}}$

f) $\displaystyle\lim_{x\to 0^+}\left[\frac{1}{x} - \frac{1}{1 - \cos x}\right]$

**4.** Évaluer les limites suivantes.

a) $\displaystyle\lim_{x\to 2}\frac{x^3 - 4x^2 + 4x}{x^3 - 3x^2 + 4}$

b) $\displaystyle\lim_{x\to 0}\frac{e^x - e^{-x} - 2x}{x - \sin x}$

c) $\displaystyle\lim_{x\to 0}\frac{x^2 + 2x - \sin 2x}{e^{3x} - 3e^x + 2}$

d) $\displaystyle\lim_{x\to 1}\frac{x^5 - 10x^3 + 20x^2 - 15x + 4}{x^4 - 3x^3 + 3x^2 - x}$

e) $\displaystyle\lim_{x\to 0}\frac{2\cos x - 2x^3 + x^2 - 2}{x^2\sin x}$

**5.** Évaluer les limites suivantes.

a) $\displaystyle\lim_{x\to -\infty}\frac{5x^3 - 7}{2 - 8x^3}$

e) $\displaystyle\lim_{x\to -\infty}\frac{4x - e^{-3x}}{x^3 - 7x + 2}$

b) $\displaystyle\lim_{t\to +\infty}\frac{7t + \ln 5t}{9t + \ln 3t}$

f) $\displaystyle\lim_{x\to +\infty}\frac{\ln x^2}{\ln(1 + x)}$

c) $\displaystyle\lim_{x\to 0^+}\frac{\ln x}{x^{-\frac{1}{2}}}$

g) $\displaystyle\lim_{x\to 0^+}\frac{\ln x}{e^{\frac{1}{x}}}$

d) $\displaystyle\lim_{x\to +\infty}\frac{5x^2 + 7x - 1}{7x^3 + 3x + 7}$

h) $\displaystyle\lim_{\theta\to (\frac{\pi}{4})^+}\frac{\tan 2\theta}{1 + \sec 2\theta}$

**6.** Évaluer les limites suivantes.

a) $\displaystyle\lim_{x\to +\infty}(xe^{-x})$

d) $\displaystyle\lim_{x\to 0^-}(e^{3x} - 1)\csc 2x$

b) $\displaystyle\lim_{x\to 0^+}(x\ln x)$

e) $\displaystyle\lim_{x\to 0^+}4x^2\ln(|\ln x|)$

c) $\displaystyle\lim_{x\to +\infty}\left(4x\sin\frac{1}{5x}\right)$

f) $\displaystyle\lim_{x\to +\infty}e^{3x}\ln(e^{-2x} + 1)$

**7.** Évaluer les limites suivantes.

a) $\displaystyle\lim_{s\to 2^+}\left[\frac{1}{s - 2} + \frac{4}{4 - s^2}\right]$

b) $\displaystyle\lim_{x\to 0^-}\left[\frac{e^{2x}}{\sin 5x} - \frac{1}{\tan 5x}\right]$

c) $\displaystyle\lim_{x\to 1^+}\left[\frac{1}{1 - x} - \frac{1}{\ln(2 - x)}\right]$

d) $\displaystyle\lim_{x\to 0^+}\left[\frac{1}{\text{Arc}\tan x} - \frac{1}{x}\right]$

**8.** a) Évaluer algébriquement $\displaystyle\lim_{x\to 0}(1 + x)^{\frac{1}{x}}$ et représenter graphiquement la fonction sur un intervalle approprié.

b) Évaluer algébriquement $\displaystyle\lim_{x\to +\infty}\left(1 + \frac{1}{x}\right)^x$ et représenter graphiquement la fonction sur un intervalle approprié.

c) Évaluer $\displaystyle\lim_{x\to +\infty}\left(1 + \frac{a}{x}\right)^x$, où $a \in \mathbb{R}$.

**9.** Évaluer les limites suivantes.

a) $\displaystyle\lim_{x\to 0^+}x^{\sin x}$

e) $\displaystyle\lim_{x\to 0^+}\left(1 + \frac{5}{x}\right)^{3x}$

b) $\displaystyle\lim_{x\to +\infty}\left(\frac{3}{7e^{2x}}\right)^{\frac{5}{8x}}$

f) $\displaystyle\lim_{x\to 1^-}\left[\ln\left(\frac{1}{1 - x}\right)\right]^{1 - x}$

c) $\displaystyle\lim_{x\to +\infty}\left(1 + \frac{4}{x^2}\right)^{x^2}$

g) $\displaystyle\lim_{x\to 5^+}(x - 5)^{\ln(x - 4)}$

d) $\displaystyle\lim_{x\to +\infty}\left(1 - \frac{5}{x}\right)^{3x}$

**10.** Utiliser, si c'est possible, la règle de L'Hospital pour lever les indéterminations suivantes. Si la règle de L'Hospital ne peut s'appliquer, lever les indéterminations en utilisant une autre méthode.

a) $\displaystyle\lim_{x\to +\infty}\frac{\sqrt{x^2 + 1}}{x}$

c) $\displaystyle\lim_{x\to +\infty}\frac{3e^{2x} - 3e^{-2x}}{2e^{2x} - 2e^{-x}}$

b) $\displaystyle\lim_{x\to 0}\frac{3e^{2x} - 3e^{-2x}}{2e^{2x} - 2e^{-x}}$

d) $\displaystyle\lim_{x\to 0^+}\frac{\sqrt{1 - \cos x}}{\sin x}$

**11.** Évaluer les limites suivantes.

a) $\displaystyle\lim_{x\to 1}\frac{2 - \sqrt{x + 3}}{x - 1}$

b) $\displaystyle\lim_{x\to 0}\frac{1 - e^x}{x^3}$

c) $\displaystyle\lim_{y\to +\infty}\frac{5y^2(y + 1)^2}{4y^4}$

d) $\displaystyle\lim_{x\to +\infty}\frac{5}{3x\sin\left(\frac{1}{2x}\right)}$

e) $\displaystyle\lim_{\theta\to 0}\frac{2\theta}{\sqrt{1 - \tan 7\theta} - 1}$

f) $\displaystyle\lim_{x\to 0}\frac{x^2 + 2x - 2\sin x}{e^{2x} - 2e^x}$

g) $\lim\limits_{x \to +\infty} (\ln \sqrt{9x + 2} - \ln \sqrt{4x + 5})$

h) $\lim\limits_{\theta \to \frac{\pi}{2}} (1 + \cos \theta)^{\tan \theta}$

i) $\lim\limits_{x \to 0} \left( \dfrac{1}{x} - \dfrac{2}{\sin 2x} \right)$

j) $\lim\limits_{t \to 0} \dfrac{e^{3t} + e^{-2t} - t - 2 \cos t}{t \sin t}$

k) $\lim\limits_{x \to -\infty} e^{3x} (4e^{-3x} + 1)$

l) $\lim\limits_{x \to +\infty} (e^{x^2} - 1)^{\frac{2}{x^2}}$

m) $\lim\limits_{x \to 2} \dfrac{\sqrt{16x - x^4} - 2\sqrt[3]{4x}}{2 - \sqrt[4]{2x^3}}$

n) $\lim\limits_{x \to \left(\frac{3}{2}\right)^+} \left[ \dfrac{1}{2x - 3} - \dfrac{5x}{\sqrt{2x - 3}} \right]$

o) $\lim\limits_{x \to 0^+} (1 + 6x)^{\frac{3}{x}}$

p) $\lim\limits_{x \to +\infty} (1 + 6x)^{\frac{3}{x}}$

q) $\lim\limits_{x \to +\infty} \left( \dfrac{8x + 3}{8x - 5} \right)^{-x}$

# Réseau de concepts

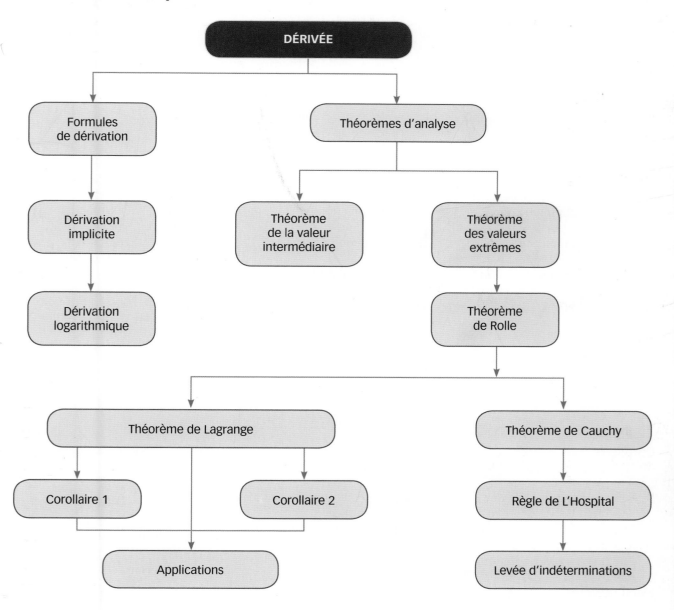

# Liste de vérification des apprentissages

Après l'étude de ce chapitre, je suis en mesure de compléter le résumé suivant avant de solutionner les exercices récapitulatifs et les problèmes de synthèse.

## Formules de dérivation

$(k f(x))' = \underline{K f'(x)}$

$(f(x) \pm g(x))' = \underline{f'(x) \pm G'(x)}$

$(f(x) g(x))' = \underline{f'(x) g(x) + g'(x) f(x)}$

$\left(\dfrac{f(x)}{g(x)}\right)' = \underline{\dfrac{f'(x) g(x) - g'(x) f(x)}{g(x)^2}}$

$(g(f(x)))' = \underline{\hspace{1.5cm}}$

$([f(x)]')' = \underline{\hspace{1.5cm}}$

$(\sin f(x))' = \underline{(\cos f(x)) f'(x)}$

$(\cos f(x))' = \underline{-\sin f(x) f'(x)}$

$(\tan f(x))' = \underline{\sec^2 f(x)\, f'(x)}$

$(\cot f(x))' = \underline{-\csc^2 f(x)\, f'(x)}$

$(\sec f(x))' = \underline{\sec f(x) \tan f(x) f'(x)}$

$(\csc f(x))' = \underline{-\csc f(x) \cot f(x) f'(x)}$

$(\operatorname{Arc\,sin} f(x))' = \underline{\hspace{1.5cm}}$

$(\operatorname{Arc\,tan} f(x))' = \underline{\hspace{1.5cm}}$

$(\operatorname{Arc\,sec} f(x))' = \underline{\hspace{1.5cm}}$

$(a^{f(x)})' = \underline{f(x) a^{f(x)-1}}$

$(e^{f(x)})' = \underline{e^{f(x)} f'(x)}$

$(\ln f(x))' = \underline{\dfrac{f'(x)}{f(x)}}$

$(\log_a f(x))' = \underline{\dfrac{f'(x)}{f(x) \ln a}}$

## Dérivation implicite

Soit $F(x, y) = G(x, y)$.

Pour déterminer $\dfrac{dy}{dx}$, il faut $\underline{\hspace{1.5cm}}$

## Dérivation logarithmique

Soit $h(x) = f(x)^{g(x)}$.

Pour déterminer $y'$, il faut $\underline{\hspace{1.5cm}}$

## Théorème de Rolle

Soit $f$ une fonction telle que

1) $f$ est continue sur $[a, b]$,

2) $f$ est dérivable sur $]a, b[$,

3) $f(a) = f(b)$,

alors $\underline{\hspace{1.5cm}}$

## Théorème de Lagrange

Soit $f$ une fonction telle que

1) $f$ est continue sur $[a, b]$,

2) $f$ est dérivable sur $]a, b[$,

alors $\underline{\hspace{1.5cm}}$

## Théorème de Cauchy

Soit $f$ et $g$ deux fonctions telles que

1) $f$ et $g$ sont continues sur $[a, b]$,

2) $f$ et $g$ sont dérivables sur $]a, b[$,

3) $g'(x) \neq 0, \forall\, x \in\, ]a, b[$,

alors $\underline{\hspace{1.5cm}}$

## Corollaire 1 du théorème de Lagrange

Si $f$ est une fonction telle que

1) $f$ est continue sur $[a, b]$,

2) $f'(x) = 0, \forall\, x \in\, ]a, b[$,

alors $\underline{\hspace{1.5cm}}$

## Corollaire 2 du théorème de Lagrange

Soit $f$ et $g$ deux fonctions telles que

1) $f$ et $g$ sont continues sur $[a, b]$,

2) $f'(x) = g'(x), \forall\, x \in\, ]a, b[$,

alors $\underline{\hspace{1.5cm}}$

## Règle de L'Hospital

$$\lim_{x \to a} \frac{f(x)}{g(x)} = \underline{\hspace{1.5cm}}$$

forme $\dfrac{0}{0}$ ou

forme $\dfrac{\pm\infty}{\pm\infty}$

# Exercices récapitulatifs

Les réponses des exercices suivants, à l'exception des exercices notés en rouge, sont données à la fin du volume.

**1.** Calculer

a) $\dfrac{dy}{dx}$     si $2x^4y^{\frac{7}{2}} - 5x^3y^4 = 5$

b) $\dfrac{d\varphi}{d\theta}$     si $\cos(\theta\varphi^2) = \varphi$

c) $\dfrac{dy}{dx}\bigg|_{(0,\,0)}$     si $\sin(x^2 + y^2) = 2y + 5x$

d) $y''$ et $y''\big|_{(0,\,0)}$     si $e^y - e^{-x} = 3xy^2$

e) $\dfrac{dy}{dx}\bigg|_{(0,\,e)}$     si $e^{2x}\ln y + \sin 3x \cos y = 1$

f) $\dfrac{d^2y}{dx^2}\bigg|_{x=3}$     si $y^2 - 2xy = 6x - 23$

**2.** Soit la courbe définie par $x^2 + y^2 - 6x - 8y = 0$.

a) En utilisant le calcul différentiel, déterminer les points de la courbe où la tangente à celle-ci est horizontale ; verticale.

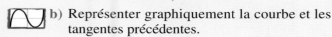 b) Représenter graphiquement la courbe et les tangentes précédentes.

**3.** Soit les courbes définies par $y_1^{\,4} - 2x^2 = 14$ et $\dfrac{1}{y_2^{\,2}} = \dfrac{1}{4} + 2\ln x$.

Démontrer que les courbes sont orthogonales au point $(1, 2)$.

**4.** Utiliser la dérivation logarithmique pour calculer $\dfrac{dy}{dx}$.

a) $y = (\sin x^2)^{\cos 3x}$

b) $y = \dfrac{10^{x^2}\cos 3x}{\sqrt{x}\,\sin^4 x^5}$

c) $1 - x = y^y$

d) $y = (\ln x)^{\ln x}$

e) $y = \sqrt[5]{\dfrac{(1 - x^4)e^x}{(5x^2 - 2x + 1)}}$

f) $y = \left(\dfrac{1 - x}{x}\right)^{x-1}$

**5.** Soit $f(x) = 3(2x)^x$.

a) Déterminer l'équation de la tangente $D_1$ à la courbe de $f$ lorsque $x = 1$.

b) Déterminer l'équation de la droite normale $D_2$ à la tangente à la courbe de $f$ lorsque $x = 1$.

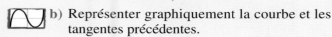 c) Représenter graphiquement la courbe de $f$ ainsi que $D_1$ et $D_2$.

**6.** Soit la fonction $f$ définie par le graphique suivant.

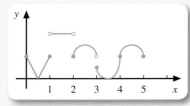

Déterminer, parmi les intervalles $[0, 1]$, $[1, 2]$, $[2, 3]$, $[3, 4]$ et $[4, 5]$ :

a) les intervalles où les hypothèses du théorème de Rolle sont satisfaites ;

b) les intervalles où la dérivée de la fonction s'annule en au moins un point de l'intervalle donné.

**7.** Soit une fonction $f$ définie sur $[a, b]$ telle que $f'(c) = 0$, où $c \in \,]a, b[$.

Donner un exemple graphique d'une telle fonction $f$ sur $[a, b]$ où aucune des hypothèses du théorème de Rolle n'est vérifiée.

**8.** Pour chacune des fonctions suivantes, déterminer la valeur $c$ du théorème de Rolle après avoir vérifié les hypothèses de ce théorème.

a) $f(x) = x^3 - 2x^2 - 5x + 6$ sur $[1, 3]$

b) $g(x) = 5 + |x - 3|$ sur $[1, 5]$

c) $v(t) = t^3 + \dfrac{1}{t^3}$ sur $\left[-3, \dfrac{-1}{3}\right]$

d) $f(x) = \dfrac{x^4 + 1}{x^2}$ sur $[-1, 1]$

e) $f(x) = \dfrac{x^4 + 1}{x^2}$ sur $\left[\dfrac{1}{2}, 2\right]$

f) $h(x) = \sqrt{x}$ sur $[1, 9]$

g) $f(x) = \sqrt[3]{(x + 3)}$ sur $[-4, -2]$

h) $g(\theta) = \tan\theta$ sur $[0, \pi]$

i) $x(t) = t^4 - 3t^2 + 1$ sur $[-3, 3]$

**9.** Pour chacune des fonctions suivantes, déterminer la valeur $c$ du théorème de Lagrange après avoir vérifié les hypothèses de ce théorème.

a) $f(x) = x^3$ sur $[-2, 1]$

b) $f(x) = (x - 1)^{\frac{2}{3}}$ sur $[-2, 2]$

c) $f(x) = \sqrt[3]{x} - 1$ sur $[0, 8]$

d) $f(x) = \operatorname{Arc\,tan} x$ sur $[-1, 1]$

e) $f(x) = x + \dfrac{1}{x}$ sur $[-1, 1]$

f) $f(x) = (4 - \sqrt{x})^{\frac{3}{2}}$ sur $[0, 16]$

g) $f(x) = |\cos x|$ sur $[0, \pi]$

h) $f(x) = 3{,}8x^5 - 38x^3$ sur $[-3, 3]$

**10.** Démontrer les égalités suivantes et déterminer la valeur de $C$, où $C \in \mathbb{R}$.

a) $\ln(\csc x + \cot x) + \ln(\csc x - \cot x) = C$, où $x \in \,]0, \pi[$

b) $(\ln x^2)(\ln 2x) - (\ln x)^2 = (\ln 2x)^2 + C$, où $x \in ]0, +\infty$

c) $\text{Arc tan} \left( \dfrac{1 - x^2}{1 + x^2} \right) = \text{Arc tan} (-x^2) + C$, où $x \in \mathbb{R}$

**11.** Utiliser le théorème de Lagrange pour démontrer que :

a) $\sin^2 x \leq 2x$, où $x \in [0, +\infty$

b) $\sqrt{1 + 2x} \leq x + 1$, où $x \in [0, +\infty$

c) $e^{ax} > ax + 1$, où $x \in ]0, +\infty$ et $a > 0$

d) $(1 + x)^n > (1 + nx)$, où $n > 1$ et $x > 0$

e) $\dfrac{x}{x + 1} \leq \ln (x + 1) \leq x$, où $x \in [0, +\infty$

**12.** a) Soit $f(x) = x^3(x - 1)^2$ et $g(x) = x^4(x - 1)^2$, où $x \in [0, 1]$.

   i) Montrer que $f$ et $g$ vérifient les hypothèses du théorème de Rolle.

   ii) Déterminer les valeurs respectives $c_f$ et $c_g$ du théorème de Rolle pour les fonctions $f$ et $g$.

   iii) Évaluer $\dfrac{c_f}{1 - c_f}$ et $\dfrac{c_g}{1 - c_g}$.

 b) Soit $h(x) = x^m(x - 1)^n$, où $m$ et $n$ sont des entiers positifs.

   i) Après avoir vérifié les hypothèses du théorème de Rolle, déterminer $c_h$.

   ii) Déterminer le rapport de la longueur de 0 à $c_h$ sur la longueur de $c_h$ à 1.

   iii) Soit $k(x) = x^7(x - 1)^5$. Déterminer la valeur de $c_k$ du théorème de Rolle en utilisant le résultat précédent.

**13.** Pour chacune des fonctions suivantes, déterminer la valeur $c$ du théorème de Cauchy après avoir vérifié les hypothèses de ce théorème.

a) $f(x) = \sin 2x$, $g(x) = \cos 2x$ sur $\left[ \dfrac{\pi}{4}, \dfrac{\pi}{2} \right]$

b) $f(x) = e^{3x^2} - 1$, $g(x) = e^{2x^2} + 1$ sur $[0, 1]$

**14.** Soit deux fonctions continues sur $[0, 8]$ et dérivables sur $]0, 8[$, définies par $f(x) = x^2 + 4$ et $g(x) = x^3 + 1$.

a) Déterminer la valeur $c_1$ du théorème de Lagrange pour $f$.

b) Déterminer la valeur $c_2$ du théorème de Lagrange pour $g$.

c) Déterminer la valeur $c$ du théorème de Cauchy pour ces deux fonctions.

**15.** Évaluer les limites suivantes.

a) $\displaystyle\lim_{x \to 0} \dfrac{\sin x - x}{x^2}$

b) $\displaystyle\lim_{x \to 0} \dfrac{x - \tan x}{x \sin x}$

c) $\displaystyle\lim_{x \to +\infty} (e^x \text{ Arc tan } e^{-x})$

d) $\displaystyle\lim_{x \to +\infty} \dfrac{e^{3x} + 4x - 7}{e^{2x} + 3x - 1}$

e) $\displaystyle\lim_{x \to \pi^-} \left( \dfrac{x}{\pi} \right)^{\tan\left( \frac{x}{2} \right)}$

f) $\displaystyle\lim_{x \to 0} \dfrac{x - \text{Arc tan } x}{x - \text{Arc sin } x}$

g) $\displaystyle\lim_{x \to 0} \left( \dfrac{1}{e^{\frac{1}{2x}}} \right)^{3x}$

h) $\displaystyle\lim_{x \to 0} x \ln \left( \ln \left( \dfrac{1}{x^2} \right) \right)$

i) $\displaystyle\lim_{x \to \left( \frac{\pi}{2} \right)^-} (\pi^2 \sec x - 4x^2 \tan x)$

j) $\displaystyle\lim_{x \to +\infty} \left( \dfrac{3x + 1}{3x - 1} \right)^x$

k) $\displaystyle\lim_{x \to 0} \left( \dfrac{1}{e^x - 1} - \dfrac{2}{e^{2x} - 1} \right)$

l) $\displaystyle\lim_{x \to \left( \frac{1}{2} \right)^-} 2(\tan \pi x)^{(1 - 2x)}$

m) $\displaystyle\lim_{x \to 0} \dfrac{x + x \sin 2x}{x - \sin 2x}$

n) $\displaystyle\lim_{x \to 0} \dfrac{\sqrt{1 + x} + \sqrt{1 - x} - 2}{x^2}$

o) $\displaystyle\lim_{x \to +\infty} x^2(4^{\frac{1}{x}} - 1)$

p) $\displaystyle\lim_{x \to 0^+} \dfrac{\sin x}{1 - \cos \sqrt{x}}$

q) $\displaystyle\lim_{x \to 0^+} \left( 1 + \dfrac{e^x - e^{-x}}{2} \right)^{\frac{1}{2x}}$

r) $\displaystyle\lim_{x \to 0} \left( \dfrac{1}{x^2} - \dfrac{1}{\sin^2 x} \right)$

**16.** a) Évaluer les limites suivantes.

   i) $\displaystyle\lim_{x \to 0^+} x^x$  iii) $\displaystyle\lim_{x \to 0^+} (x^x)^x$

   ii) $\displaystyle\lim_{x \to 0^+} x^{(x^x)}$

 b) Représenter graphiquement, sur un même système d'axes, les fonctions

   $f(x) = x^x$, $g(x) = x^{(x^x)}$ et $h(x) = (x^x)^x$,

   i) si $x \in [0, 1]$  ii) si $x \in [1, 2]$

**17.** Utiliser, si possible, la règle de L'Hospital pour lever les indéterminations suivantes. Si la règle de L'Hospital ne peut s'appliquer, lever les indéterminations en utilisant une autre méthode.

a) $\lim\limits_{x \to +\infty} \dfrac{3x^2 + \sin 2x}{x^2 + \cos 3x}$

b) $\lim\limits_{x \to -\infty} (3e^{-x} - e^{-3x})$

c) $\lim\limits_{x \to 0^+} (x + e^{3x})^{\csc x}$

d) $\lim\limits_{x \to +\infty} (\sqrt{x^2 + ax} - x)$

e) $\lim\limits_{x \to 0} \left[ \dfrac{1}{e^{2x} - 1} - \dfrac{1}{2x} \right]$

f) $\lim\limits_{x \to \left(\frac{\pi}{2}\right)^-} \dfrac{\tan 5x}{\tan 3x}$

g) $\lim\limits_{x \to +\infty} \dfrac{(5 + 2\cos x)\ln x}{x}$

h) $\lim\limits_{x \to 0} \dfrac{\sin(\sin x) - x}{x^3}$

i) $\lim\limits_{x \to +\infty} (\ln x - e^x)$

**18.** Sachant qu'une fonction, définie par $f(x) = Px^2 + Qx + S$, où $P$, $Q$ et $S \in \mathbb{R}$ et $P \neq 0$, est continue sur $[a, b]$ et dérivable sur $]a, b[$, démontrer que la valeur $c$ du théorème de Lagrange est la valeur située au milieu de $[a, b]$.

**19.** Le nombre $N$ de maisons vendues dépend du taux d'intérêt $i$.

Soit $3N^2 + i\sqrt{N} + i^3 = 383$ la relation entre $N$ et $i$, où $N$ est le nombre de maisons vendues (en milliers) et $i$ le taux d'intérêt en pourcentage, $i \in [3 \,;\, 6,5]$.

Dominique Parent

a) Calculer le taux de variation de $N$ par rapport à $i$, lorsque $N = 9$ et $i = 5\,\%$, et interpréter le résultat.

b) Si la Banque du Canada estime que le taux $\dfrac{di}{dt}$ diminuera de $0,5\,\%$ durant la prochaine année, calculer $\dfrac{dN}{dt}$ lorsque $N = 9$ et $i = 5\,\%$, et interpréter le résultat.

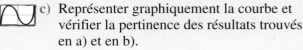 c) Représenter graphiquement la relation entre $N$ et $i$.

---

# Problèmes de synthèse

Les réponses des problèmes suivants, à l'exception des problèmes notés en rouge, sont données à la fin du volume.

**1.** Soit $f(x) = \dfrac{\ln(1 + 3x)}{x}$.

a) Compléter le tableau suivant.

| $x$ | 0,001 | $10^{-5}$ | $10^{-7}$ | $10^{-9}$ | $10^{-13}$ | $10^{-15}$ |
|---|---|---|---|---|---|---|
| $f(x)$ | | | | | | |

b) À l'aide du tableau précédent, peut-on évaluer $\lim\limits_{x \to 0^+} \dfrac{\ln(1 + 3x)}{x}$ ?

c) Évaluer, en utilisant la règle de L'Hospital, $\lim\limits_{x \to 0^+} \dfrac{\ln(1 + 3x)}{x}$.

d) Expliquer pourquoi les résultats obtenus en a) ne coïncident pas avec celui obtenu en c).

**2.** Calculer $\dfrac{dy}{dx}$ si :

a) $x^{\sin y} = \ln(x^2 + 1)$

b) $y^x = \left(\dfrac{x}{y}\right)^3$

c) $y = x^{\sin x}(\cos x)^x$

d) $y = x^{2x} + (3x + 1)^{5x}$

**3.** Soit la courbe définie par Arc sin $y$ + 4 Arc tan $x = 2xy + \pi$.

a) Déterminer l'équation de la tangente et de la droite normale à cette tangente à la courbe au point $P(a, 0)$.

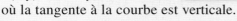 b) Représenter graphiquement la courbe, la tangente et la droite normale.

**4.** Soit la lemniscate de Jacques Bernoulli définie par $(x^2 + y^2)^2 = x^2 - y^2$.

a) Déterminer algébriquement les coordonnées des points de la courbe où la tangente à la courbe est horizontale.

b) Déterminer algébriquement les coordonnées des points $P(x, y)$, où $x \neq y$, de la courbe où la tangente à la courbe est verticale.

c) Représenter graphiquement la courbe et vérifier la pertinence des résultats trouvés en a) et en b).

**5.** Soit le folium de Descartes
défini par $x^3 + y^3 = 3axy$,
où $a > 0$.

a) Déterminer algébrique-
ment les coordonnées
du point $P(x, y)$, où $x \neq y$,
de la courbe où la tangente
est horizontale.

Déterminer algébriquement les coordonnées
du point $Q(x, y)$, où $x \neq y$, de la courbe où
la tangente est verticale.

b) Déterminer l'équation de la tangente à la
courbe au point d'intersection du folium de
Descartes et de la droite $y = x$ lorsque $x \neq 0$.

 c) Représenter graphiquement le folium
de Descartes pour $a = 1$ et vérifier la
pertinence des résultats trouvés en a).

**6.** Déterminer le point d'intersection R des droites
perpendiculaires à la courbe définie par
l'équation $(xy^3 + y)^2 = x^2 + 16$ lorsque $x = 0$.

**7.** Soit l'ellipse d'équation
$x^2 - 2x - xy + 2y^2 + y = 27$.

a) Trouver le point de maximum A et le point
de minimum B.

b) Déterminer l'équation $D_1$ et $D_2$ des tangentes
verticales.

 c) Représenter graphiquement l'ellipse,
le point A, le point B, $D_1$ et $D_2$.

**8.** Soit la courbe définie par $x - y^2 + 4y = 7$.

a) Trouver l'angle aigu $\theta$ entre les tangentes
à la courbe lorsque $x = 7$.

b) Trouver les points $A(x, a)$ et $B(x, b)$ de
la courbe, de façon que l'angle entre
les tangentes soit de $90°$.

**9.** Soit $f(x) = x^x$, où $x > 0$. Construire le tableau
de variation relatif à $f'$ et à $f''$, et tracer
le graphique de cette fonction.

**10.** Soit l'équation $\tan x = 1 - x$, où $x \in\ ]0, 1[$.

a) Démontrer qu'il existe une solution à
l'équation en utilisant le théorème de
la valeur intermédiaire.

b) Démontrer qu'il existe une solution à
l'équation en utilisant le théorème de Rolle
où $f(x) = (x - 1)\sin x$ sur $[0, 1]$.

 c) Représenter graphiquement les fonctions $\tan x$
et $(1 - x)$, puis déterminer approximativement
la valeur de $x$ vérifiant l'équation.

**11.** La position d'un mobile en fonction du temps
est donnée par $x(t) = 6t^2 - t^3 + 4$, où $x(t)$ est
en mètres et $t \in [0, 4]$ est en secondes.

a) Déterminer les temps où la vitesse instantanée
du mobile sera égale à la vitesse moyenne
de ce mobile sur $[0, 4]$.

b) Déterminer le temps où la vitesse instantanée
du mobile est maximale et calculer cette
vitesse maximale.

 c) Représenter sur un même graphique les fonctions position, vitesse et accélération sur $[0, 4]$.

**12.** Soit $f(x) = (x - a)^m(x - b)^n$, où $x \in [a, b]$, et $c$
la valeur obtenue du théorème de Rolle appliqué
à cette fonction sur $[a, b]$.

a) Déterminer le rapport $\dfrac{c - a}{b - c}$.

b) À l'aide du résultat précédent, déterminer
la valeur $c$ du théorème de Rolle si
$f(x) = (x - 4)^6(x - 10)^3$, où $x \in [4, 10]$.

**13.** Soit $f(x) = 3x^5 - 20x^3$. Déterminer la valeur $c$
du théorème de Lagrange sur $[x_1, x_2]$, où
$P_1(x_1, f(x_1))$ est le point de maximum relatif de $f$ et
$P_2(x_2, f(x_2))$, le point de minimum relatif de $f$.

**14.** On estime que
la fonction $h$
donnant la hauteur,
en mètres, entre
un télésiège
et une droite
horizontale issue
de la base du
premier poteau,
est donnée par
$h(x) = 0,006x^2 - 0,1x + 9$, où $x$ représente la
distance horizontale, en mètres, entre deux poteaux
distants de 100 mètres.

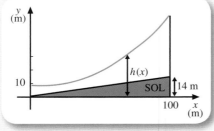

a) Trouver la distance maximale $D$ entre
la corde rectiligne reliant le sommet
des deux poteaux et le télésiège.

b) Trouver la distance minimale $d$ entre
le télésiège et le sol.

**c)** Sachant que la vitesse horizontale du télésiège est de 1,8 m/s, déterminer la vitesse verticale du télésiège si celui-ci se trouve à une distance de

   **i)** 5 m du point de départ;

   **ii)** 5 m du point d'arrivée.

**d)** Représenter graphiquement $D$ et $d$.

**15.** Soit la courbe définie par $\sqrt{x} + \sqrt{y} = C$, où $C \in \mathbb{R}$. La droite $L$ est une tangente quelconque à la courbe.

Démontrer que $r + s = k$, où $k \in \mathbb{R}$, et déterminer la valeur de $k$.

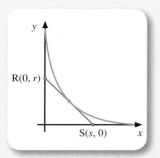

**16.** Soit $f(x) = e^{-x}$, où $x \in [0, +\infty$.

**a)** Déterminer le point P sur la courbe de $f$ où l'aire $A$ du triangle rectangle délimité par les axes et la tangente à la courbe de $f$ est maximale. Déterminer cette aire maximale.

**b)** Déterminer $A$ lorsque la base du triangle tend vers l'infini.

**17. a)** Démontrer l'égalité suivante et déterminer, selon la valeur de $x$, la valeur de $C$, où $C \in \mathbb{R}$.

$$\text{Arc tan}\left(\frac{1+x}{1-x}\right) = \text{Arc tan } x + C$$

 **b)** Représenter graphiquement la courbe de

$$\text{Arc tan}\left(\frac{1+x}{1-x}\right) \text{ et celle de Arc tan } x.$$

**18.** Utiliser les propriétés des limites et la règle de L'Hospital, si nécessaire, pour évaluer les limites suivantes.

**a)** $\displaystyle\lim_{\theta \to 0} \frac{(5\theta^2 + 7)\sin 3\theta}{\theta e^\theta}$

**b)** $\displaystyle\lim_{x \to 0^+} \left[\frac{\tan x}{x} + x \ln x\right]$

**c)** $\displaystyle\lim_{t \to +\infty} \frac{t\left(1 + \dfrac{t}{e^t}\right)}{(2t + \ln t)}$

**d)** $\displaystyle\lim_{s \to +\infty} \left(\frac{s + \sqrt{s}}{s - \sqrt{s}}\right)^{\sqrt{s}}$

**e)** $\displaystyle\lim_{x \to +\infty} \left[\frac{\ln x}{x} + \frac{e^{-x}}{\left(\dfrac{\pi}{2} - \text{Arc tan } x\right)}\right]$

**f)** $\displaystyle\lim_{x \to +\infty} \left[\left(\frac{\cos 2x}{x} + x \sin\left(\frac{3}{x}\right)\right)e^{\frac{-5}{x}}\right]$

**g)** $\displaystyle\lim_{x \to +\infty} \left(\frac{x^{5,831} + 1}{x^{\sqrt{34}}}\right)$

**h)** $\displaystyle\lim_{x \to +\infty} x^2\left(1 - x \sin\left(\frac{1}{x}\right)\right)$

**i)** $\displaystyle\lim_{x \to 0} \left(\frac{5 \sin^4 3x}{2x^4}\right)$

**j)** $\displaystyle\lim_{x \to +\infty} \frac{1}{e^{x - \ln x}}$

**k)** $\displaystyle\lim_{x \to a} \frac{\sqrt{2a^3x - x^4} - a\sqrt[3]{a^2x}}{a - \sqrt[4]{ax^3}}$

**19.** Évaluer, si c'est possible, les limites suivantes en justifiant votre réponse.

**a)**

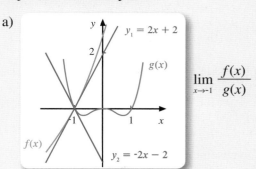

$\displaystyle\lim_{x \to -1} \frac{f(x)}{g(x)}$

**b)**

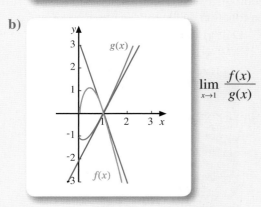

$\displaystyle\lim_{x \to 1} \frac{f(x)}{g(x)}$

**c)**

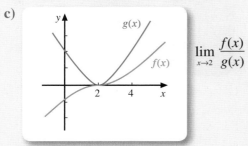

$\displaystyle\lim_{x \to 2} \frac{f(x)}{g(x)}$

**20.** Soit $f(x) = \dfrac{\sin(\tan x) - \tan(\sin x)}{\text{Arc sin}(\text{Arc tan } x) - \text{Arc tan}(\text{Arc sin } x)}$.

**a)** Évaluer $\displaystyle\lim_{x \to 0} f(x)$.

**b)** Représenter graphiquement la courbe de $f$.

**21.** Soit $f(x) = [(x^2 - 4)^2]^{(x^2 - 2x)}$.

a) Trouver les valeurs de $x$ telles que $f(x) = 1$.

b) Si $g(x) = \begin{cases} [(x^2 - 4)^2]^{(x^2 - 2x)} & \text{si } x \neq a \\ k & \text{si } x = a \end{cases}$

Trouver la valeur de $a$ et celle de $k$ pour que la fonction soit continue en $x = a$.

**22.** Déterminer algébriquement, s'il y a lieu, l'équation des asymptotes verticales et horizontales pour chacune des fonctions suivantes. Représenter graphiquement les fonctions et les asymptotes.

a) $f(x) = \dfrac{2x^3 + x - 3}{x(x - 1)^2}$

b) $f(x) = \left(1 + \dfrac{1}{x}\right)^x$ sur $]0, +\infty$

c) $f(x) = \dfrac{x}{2e^x - xe^x - x - 2}$

**23.** On ensemence un lac avec des truites. Des écologistes estiment que le nombre $N$ de truites en fonction du temps $t$, en mois, est donné par

$$N(t) = \frac{3t + 2400e^{0,36t}}{5 + t^2 + e^{0,36t}}.$$

Dominique Parent

a) Déterminer le nombre de truites ensemencées.

b) Selon cette estimation, déterminer théoriquement le nombre de truites présentes dans ce lac après une très longue période de temps.

c) Trouver l'équation de l'asymptote horizontale correspondante et représenter la courbe de $N$ et l'asymptote trouvée.

**24.** Un lanceur de marteau doit idéalement laisser partir le marteau de façon à ce que la trajectoire du marteau soit perpendiculaire à la ligne arrière du terrain.

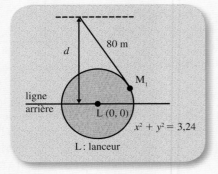

Déterminer la distance officielle du lancer si le marteau franchit 80 mètres à partir des points:

a) $M_1(1,7 ; b)$, où $b > 0$;

b) $M_2(1,75 ; b)$, où $b < 0$.

**25.** Nous appelons $a$ une **valeur fixe** d'une fonction $f$, si $f(a) = a$. Démontrer que si $f$ est dérivable et que $f'(c) \neq 1 \ \forall c \in \mathbb{R}$, alors la fonction $f$ possède au plus une valeur fixe.

**26.** Soit $f$ une fonction continue et dérivable sur $\mathbb{R}$.

a) Démontrer que si $f'$ a $k$ zéros distincts, alors $f$ a au plus $k + 1$ zéros distincts.

b) Si $f''$ est définie et a $k$ zéros distincts, déterminer le nombre maximal de zéros que $f$ possède.

c) Si $f^{(n)}$ est définie et a $k$ zéros distincts, déterminer le nombre maximal de zéros que $f$ possède.

# Chapitre 2 — Intégration

Dominique Parent

## Introduction

Dans le cours précédent, nous avons vu qu'à partir d'une fonction $f$ il était possible de trouver une nouvelle fonction $f'$ appelée dérivée de $f$. Nous verrons maintenant comment procéder de façon inverse, c'est-à-dire comment trouver une fonction dont la dérivée est donnée ; c'est ce qu'on appelle intégrer. Nous donnerons quelques méthodes permettant d'intégrer. Il est à noter que d'autres méthodes d'intégration seront étudiées au chapitre 4. Nous verrons également des applications de l'intégrale indéfinie dans différents domaines, tels que la physique, l'économie, la démographie, etc.

En particulier, l'élève pourra résoudre le problème suivant.

Pour endormir un chat au cours d'une opération, on lui administre un produit ayant une demi-vie de 3 heures. Une quantité minimale de 18 ml/kg de produit est nécessaire pour qu'un chat reste endormi pendant une opération. Déterminer la dose à injecter à un chat de 5,5 kg pour qu'il reste endormi durant 45 minutes, sachant que le taux d'élimination de la quantité de médicament est proportionnel à la quantité présente.

(Problème de synthèse n° 11, page 127.)

# Le calcul différentiel et intégral :
# Un calcul qui associe ce qui semble *a priori* sans lien

La remise en question de la physique aristotélicienne, qui s'amorce à la fin du Moyen Âge (XIVe et XVe siècles) pour se poursuivre jusqu'à la fin de la Renaissance (XVIe siècle), s'est nourrie de l'étude des mouvements et, plus généralement, des changements, chacun infiniment petit, mais au total en nombre infini. Les approches alors développées permettent de jeter un nouveau regard sur des questions de mécanique, dont certaines datent d'Archimède (287-212 av. J.-C.). Ainsi en est-il de la détermination, pour une surface ou un objet, de son aire, de son volume ou de son centre de gravité. En 1584, l'ingénieur et mathématicien flamand Simon Stevin (1548-1620), qui a été l'un des promoteurs de l'usage des fractions décimales, emploie cette méthode pour déterminer le centre de gravité. Johannes Kepler (1571-1630), celui-là même qui a montré que les planètes parcourent des orbites elliptiques, suit cet exemple dans ses travaux astronomiques. En 1613, lors de son second mariage, il constate que le marchand de vin détermine le volume de vin dans un tonneau en utilisant une tige qu'il introduit diagonalement dans ce dernier. Flairant l'escroquerie, il écrit un petit livre consacré à la mesure des tonneaux de vin.

Pendant tout le XVIIe siècle, celui de Descartes et de Galilée, on cherche à calculer l'aire et le volume de surfaces ou de solides courbes. Parallèlement, on tente de déterminer la trajectoire de corps soumis à certaines contraintes. *A priori*, il n'y a aucun lien entre ces deux types de problèmes, si ce n'est qu'ils se fondent tous les deux sur certaines considérations impliquant l'infini. Pourtant, chose surprenante, un tel lien existe. L'établissement formel de ce lien, réalisé indépendamment par l'Anglais Isaac Newton (1642-1727) et par l'Allemand **Gottfried Wilhelm Leibniz** (1646-1716), constitue l'acte de création du calcul différentiel et intégral. Ce résultat porte aujourd'hui le nom de **théorème fondamental du calcul différentiel et intégral**. Il dit essentiellement que la variation en un point de la fonction donnant l'aire de la surface comprise entre l'axe des abscisses et le graphe d'une fonction est égale à la valeur de la fonction en ce point.

L'importance de cette découverte est tout de suite reconnue par la communauté mathématique du temps. C'est pourquoi chacun des deux mathématiciens veut que la création du nouveau calcul lui soit attribuée. L'acide controverse qui s'ensuit envenime pendant une centaine d'années les relations entre les mathématiciens anglais et ceux de l'Europe continentale. Elle se manifeste entre autres dans le choix des notations mathématiques utilisées. Ainsi, bien que Newton ne développe pas de notation vraiment efficace pour effectuer les calculs, les Anglais restent malgré tout longtemps fidèles à la façon d'écrire du grand physicien. Par contre, les Européens du continent adoptent plutôt la notation de Leibniz, notation qui facilite grandement l'acquisition d'automatismes dans les calculs. Dans celle-ci, $\int y$ représente l'aire sous la courbe de la fonction $y$. Le théorème fondamental s'écrit alors $d\int y = y$, où $d$ est la variation. Il en résulte que les symboles $d$ et $\int$ apparaissent comme des opérations inverses l'une de l'autre. Le présent chapitre porte justement sur la mise en œuvre de cette idée. Les notations actuelles découlent de celle de Leibniz.

Timbres commémoratifs à l'effigie de Gottfried Wilhelm Leibniz, Johannes Kepler, Simon Stevin et Isaac Newton

# Exercices préliminaires

1. Déterminer l'aire totale $A$ et le volume $V$
   a) d'un cube d'arête $c$ ;
   b) d'un cylindre de rayon $r$ et de hauteur $h$ ;
   c) d'une sphère de rayon $r$ ;
   d) d'un cône de rayon $r$ et de hauteur $h$.

2. Compléter les égalités.
   a) $\sin(A + B) =$ _____
   b) $\sin(A - B) =$ _____
   c) $\cos(A + B) =$ _____
   d) $\cos(A - B) =$ _____
   e) $\cos^2 \theta + \sin^2 \theta =$ _____
   f) $1 + \tan^2 \theta =$ _____
   g) $1 + \cot^2 \theta =$ _____

3. a) Exprimer $\sin 2\theta$ en fonction de $\sin \theta$ et $\cos \theta$.

b) Exprimer $\cos 2\theta$ en fonction de $\cos \theta$ et $\sin \theta$.

c) Exprimer $\cos 2\theta$ en fonction de $\cos \theta$.

d) Exprimer $\cos 2\theta$ en fonction de $\sin \theta$.

e) Exprimer $\sin^2 \theta$ en fonction de $\cos 2\theta$.

f) Exprimer $\cos^2 \theta$ en fonction de $\cos 2\theta$.

4. Effectuer la multiplication des expressions suivantes par leur conjugué et exprimer le résultat à l'aide d'une seule fonction trigonométrique.

a) $1 - \cos \theta$  b) $1 + \sec t$

5. Exprimer $N$ en fonction de $t$, si :

a) $\ln N = 5t$  c) $\ln \left( \dfrac{N}{100} \right) = -4t$

b) $\ln N = 5t + 3$  d) $\ln N = -4t + \ln 100$

6. Exprimer les expressions suivantes sous la forme $a^b$.

a) $e^{\frac{\ln\left(\frac{25}{12}\right)x}{2}}$  b) $e^{\frac{-\ln\left(\frac{3}{4}\right)x}{5}}$

7. Effectuer les divisions suivantes.

a) $\dfrac{2x^3 - 3x^2 - 7x + 9}{x^2 + 1}$  b) $\dfrac{3x^4 + 7x + 5}{3 + x}$

8. Démontrer que :

a) $\ln |\sec x| = -\ln |\cos x|$

b) $\ln |\csc x - \cot x| = -\ln |\csc x + \cot x|$

9. Compléter.

a) $[f(x) + g(x)]' = $ _____  d) $\left[ \dfrac{f(x)}{g(x)} \right]' = $ _____

b) $[k f(x)]' = $ _____  e) $[g(f(x))]' = $ _____

c) $[f(x) g(x)]' = $ _____

10. Soit les fonctions $x$, $v$ et $a$, où $x$ représente la position d'un mobile en fonction du temps $t$, $v$ représente la vitesse d'un mobile en fonction du temps $t$ et $a$ représente l'accélération d'un mobile en fonction du temps $t$. Compléter.

a) $\dfrac{dx}{dt} = $ _____  b) $\dfrac{dv}{dt} = $ _____

11. Déterminer la valeur de $C$ dans les équations suivantes.

a) $y = \left( \dfrac{2}{3}x^2 + C \right)^{\frac{1}{3}}$, si $y = 4$ lorsque $x = 3$

b) $y = 3x^2 + \dfrac{\ln x}{2} + C$, si $y = -3$ lorsque $x = 1$

c) $y = C(e^{2x} + 5)$, si $y = 10$ lorsque $x = 0$

d) $y = C \sin 2\theta$, si $y = 3$ lorsque $\theta = \dfrac{\pi}{12}$

# 2.1 Différentielles

## Objectifs d'apprentissage

À la fin de cette section, l'élève pourra calculer la différentielle $dy$, la représenter graphiquement et l'utiliser dans certains problèmes.

Plus précisément, l'élève sera en mesure :
- de donner la définition de $dx$ et celle de $dy$, où $y = f(x)$;
- de déterminer la différentielle de certaines fonctions;
- de repérer sur un graphique $dx$, $dy$, $\Delta x$ et $\Delta y$;
- de calculer approximativement certaines quantités en utilisant la différentielle.

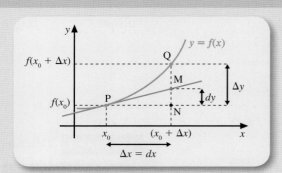

## ◼ Définitions et représentation graphique de la différentielle

Nous avons déjà vu dans le premier cours de calcul différentiel que $\Delta x$, l'accroissement de $x$, est défini par $\Delta x = b - a$, et que pour une fonction continue $y = f(x)$, $\Delta y$, l'accroissement de $y$, est défini par $\Delta y = f(b) - f(a)$ ou par $\Delta y = f(x_0 + \Delta x) - f(x_0)$ lorsque $a = x_0$ et $b = x_0 + \Delta x$.

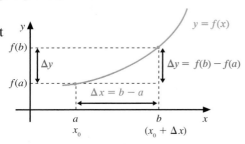

Définissons la différentielle de $x$ et la différentielle de $y$.

**DÉFINITION 2.1**

Soit $y = f(x)$, une fonction dérivable.

1) La **différentielle de $x$**, notée $dx$, est définie par $dx = \Delta x$, où $\Delta x \in \mathbb{R}$.

2) La **différentielle de $y$**, notée $dy$, est définie par $dy = f'(x)\,dx$, où $f'(x)$ est la dérivée de $f(x)$.

Représentons graphiquement $\Delta x$, $dx$, $\Delta y$ et $dy$.

Soit une fonction $f$ continue et dérivable en $x = x_0$.

Soit la tangente à la courbe de $f$ au point $(x_0, f(x_0))$, dont la pente est donnée par $f'(x_0)$, et $\Delta x$ un accroissement donné à $x_0$.

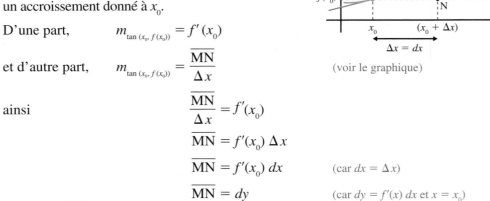

D'une part, $\qquad m_{\tan (x_0, f(x_0))} = f'(x_0)$

et d'autre part, $\qquad m_{\tan (x_0, f(x_0))} = \dfrac{\overline{MN}}{\Delta x}$ $\qquad$ (voir le graphique)

ainsi
$$\dfrac{\overline{MN}}{\Delta x} = f'(x_0)$$
$$\overline{MN} = f'(x_0)\,\Delta x$$
$$\overline{MN} = f'(x_0)\,dx \qquad \text{(car } dx = \Delta x\text{)}$$
$$\overline{MN} = dy \qquad \text{(car } dy = f'(x)\,dx \text{ et } x = x_0\text{)}$$

d'où $dy = \overline{MN}$

Nous constatons graphiquement qu'en général, pour une fonction continue, plus $\Delta x$ est petit, plus $dy$ est une bonne approximation de $\Delta y$.

Ainsi, $\qquad \Delta y \approx dy$ lorsque $\Delta x \approx 0$

Puisque $\qquad f(x_0 + \Delta x) - f(x_0) = \Delta y$
$$f(x_0 + \Delta x) = f(x_0) + \Delta y$$
$$\approx f(x_0) + dy \qquad \text{(lorsque } \Delta x \approx 0\text{)}$$

d'où $\qquad f(x_0 + \Delta x) \approx f(x_0) + f'(x_0)\,dx \qquad \text{(car } dy = f'(x)\,dx\text{)}$

**Exemple 1** Déterminons la différentielle des fonctions suivantes.

| Fonction $y = f(x)$ | Dérivée $y' = f'(x)$ | Différentielle $dy = f'(x)\,dx$ |
|---|---|---|
| $y = 2x^3 + 5x$ | $y' = 6x^2 + 5$ | $dy = (6x^2 + 5)\,dx$ |
| $u = \sin^2 \theta + \cos 3\theta$ | $u' = 2\sin\theta\cos\theta - 3\sin 3\theta$ | $du = (2\sin\theta\cos\theta - 3\sin 3\theta)\,d\theta$ |
| $Q = 2 - \dfrac{30}{2t + 15}$ | $Q' = \dfrac{60}{(2t + 15)^2}$ | $dQ = \left(\dfrac{60}{(2t + 15)^2}\right) dt$ |
| $P = 64\sqrt{q} - q^2 - 75$ | $P' = \dfrac{32}{\sqrt{q}} - 2q$ | $dP = \left(\dfrac{32}{\sqrt{q}} - 2q\right) dq$ |

L'exemple suivant expose des notions utiles à l'intégration par changement de variable (chapitre 2) et à l'intégration par parties (chapitre 4).

**Exemple 2**

a) Démontrons que si $u = 7x + 4$, alors $dx = \dfrac{1}{7}\,du$.

Si $u = 7x + 4$, alors $du = 7\,dx$     (par définition de la différentielle)

d'où $dx = \dfrac{1}{7}\,du$

b) Soit $v = e^{0,5x}$, exprimons $dx$ en fonction de $v$ et de $dv$.

Si $v = e^{0,5x}$, alors $dv = 0,5e^{0,5x}\,dx$     (par définition de la différentielle)

d'où $dx = \dfrac{2}{v}\,dv$     (car $v = e^{0,5x}$)

c) Démontrons que si $u = \ln(\cos 2\theta)$, alors $\tan 2\theta\,d\theta = \dfrac{-1}{2}\,du$.

Si $u = \ln(\cos 2\theta)$, alors $du = \dfrac{-2\sin 2\theta}{\cos 2\theta}\,d\theta$, ainsi $du = -2\tan 2\theta\,d\theta$

d'où $\tan 2\theta\,d\theta = \dfrac{-1}{2}\,du$

d) Calculons la différentielle d'un produit, c'est-à-dire $d(uv)$ où $u$ et $v$ sont des fonctions de $x$.

$$d(uv) = (uv)'\,dx \qquad \text{(par définition de la différentielle)}$$
$$= (u'v + uv')\,dx \qquad \text{(dérivée d'un produit)}$$
$$= vu'\,dx + uv'\,dx$$
$$= v\,du + u\,dv \qquad \text{(car } u'\,dx = du \text{ et } v'\,dx = dv\text{)}$$

d'où $d(uv) = v\,du + u\,dv$

# ● Approximation en utilisant la différentielle

**Exemple 1**   Soit $y = x^2 + 1$.

a) Déterminons $\Delta y$ et $dy$.

$$\Delta y = f(x + \Delta x) - f(x) \qquad\qquad dy = f'(x)\,dx$$
$$= (x + \Delta x)^2 + 1 - ((x)^2 + 1) \qquad \text{d'où } dy = 2x\,dx \quad \text{(car } f'(x) = 2x\text{)}$$
$$= x^2 + 2x\,\Delta x + (\Delta x)^2 + 1 - x^2 - 1$$

d'où $\Delta y = 2x\,\Delta x + (\Delta x)^2$

Représentation graphique lorsque $\Delta x = 2$

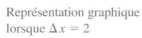

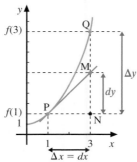

b) Calculons $\Delta y$ et $dy$ en $x = 1$ pour les valeurs données de $\Delta x$.

| $\Delta x = dx$ | $\Delta y = 2x\,\Delta x + (\Delta x)^2$ | $dy = 2x\,dx$ |
|---|---|---|
| 2 | $\Delta y = 2(1)(2) + (2)^2 = 8$ | $dy = 2(1)(2) = 4$ |
| 1 | $\Delta y = 2(1)(1) + (1)^2 = 3$ | $dy = 2(1)(1) = 2$ |
| 0,1 | $\Delta y = 2(1)(0,1) + (0,1)^2 = 0,21$ | $dy = 2(1)(0,1) = 0,2$ |
| 0,01 | $\Delta y = 2(1)(0,01) + (0,01)^2 = 0,0201$ | $dy = 2(1)(0,01) = 0,02$ |

Des calculs précédents, nous constatons que plus $\Delta x$ est petit, plus la valeur de $dy$ est une bonne approximation de $\Delta y$.

a) Calculons approximativement la valeur de $\sqrt{52}$, en utilisant la différentielle.

   1) Déterminons une fonction appropriée.

     Puisqu'il est question d'extraire la racine carrée d'un nombre, choisissons $f(x) = \sqrt{x}$.

   2) Déterminons $x_0$ et $dx$.

     Nous choisissons pour $x_0$ la valeur la plus près de 52 dont nous pouvons facilement calculer la racine carrée. Ainsi,

     $x_0 = 49$ et $(x_0 + dx) = 52$, d'où $dx = (52 - 49)$, c'est-à-dire $dx = 3$.

   3) Calculons la différentielle de la fonction déterminée à l'étape 1 en utilisant les valeurs $x_0$ et $dx$ de l'étape 2.

     Puisque $f(x) = x^{\frac{1}{2}}$, alors $dy = \dfrac{1}{2x^{\frac{1}{2}}}\, dx$

     En remplaçant $x$ par 49 et $dx$ par 3, nous obtenons

$$dy = \frac{1}{2\sqrt{49}}\,(3) = \frac{3}{14} \approx 0{,}214\ 286$$

**Calcul par approximation**

   4) Calculons approximativement la valeur cherchée.

     Puisque      $f(x_0 + \Delta x) = f(x_0) + \Delta y$       (car $f(x_0 + \Delta x) - f(x_0) = \Delta y$)

                   $\sqrt{x_0 + \Delta x} = \sqrt{x_0} + \Delta y$      (car $f(x) = \sqrt{x}$)

     ainsi             $\sqrt{52} = \sqrt{49} + \Delta y$       (car $x_0 = 49$ et $\Delta x = 3$)

                   $\sqrt{52} \approx 7 + dy$           (car $\Delta y \approx dy$)

                   $\sqrt{52} \approx 7 + 0{,}214\ 286$    (car $dy \approx 0{,}214\ 286$)

   d'où $\sqrt{52} \approx 7{,}214\ 286$

b) Vérifions, à l'aide d'une calculatrice, que la valeur obtenue en utilisant la différentielle est une bonne approximation de $\sqrt{52}$ en calculant l'erreur absolue $E_a$ et l'erreur relative $E_r$.

$E_a = \left| \begin{smallmatrix}\text{Valeur}\\\text{réelle}\end{smallmatrix} - \begin{smallmatrix}\text{Valeur}\\\text{app.}\end{smallmatrix} \right|$

$$E_a = \underbrace{|\ \sqrt{52}}_{\text{calculatrice}} \ - \ \underbrace{7{,}214\ 286\ |}_{\text{approximation}}$$

$$\approx |\ 7{,}211\ 103 - 7{,}214\ 286\ | \qquad \text{(en utilisant 6 décimales)}$$

$$\approx 0{,}003\ 183$$

   d'où $E_a \approx 0{,}003\ 183$

$E_r = \left| \dfrac{E_a}{\text{valeur réelle}} \right|$

$$E_r = \left| \frac{E_a}{\sqrt{52}} \right| \approx \left| \frac{0{,}003\ 183}{7{,}211\ 103} \right| \approx 0{,}000\ 441$$

   d'où $E_r \approx 0{,}0441\,\%$

c) Calculons l'erreur absolue $E_a$ et l'erreur relative $E_r$ commises lorsque nous utilisons la différentielle pour approximer $\sqrt{51}$, $\sqrt{50}$, $\sqrt{49{,}5}$ et $\sqrt{49{,}1}$.

   De a), nous avons $\sqrt{49 + \Delta x} \approx \sqrt{49} + dy$

$$\sqrt{49 + \Delta x} \approx \sqrt{49} + \frac{1}{2\sqrt{49}}\, dx$$

$$\sqrt{49 + \Delta x} \approx 7 + \frac{1}{14}\, dx$$

| | Valeur à calculer | Approximation différentielle | Calculatrice | $E_a$ Erreur absolue | $E_r$ Erreur relative |
|---|---|---|---|---|---|
| $\Delta x = dx$ | $\sqrt{49 + \Delta x}$ | $7 + \dfrac{dx}{14}$ | $\sqrt{49 + \Delta x}$ | $|\text{calc.} - \text{app.}|$ | $\left\|\dfrac{\text{calc.} - \text{app.}}{\text{calc.}}\right\|$ |
| 2 | $\sqrt{51}$ | 7,142 857 | 7,141 428 | 0,001 429 | 0,000 200 |
| 1 | $\sqrt{50}$ | 7,071 429 | 7,071 068 | 0,000 361 | 0,000 051 |
| 0,5 | $\sqrt{49,5}$ | 7,035 714 | 7,035 624 | 0,000 090 | 0,000 013 |
| 0,1 | $\sqrt{49,1}$ | 7,007 143 | 7,007 139 | 0,000 004 | 0,000 001 |

Plus $\Delta x$ est petit, meilleure est l'approximation.

Voici un résumé des étapes à suivre pour calculer approximativement une valeur.

1) Déterminer une fonction appropriée.

2) Déterminer $x_0$ et $dx$.

3) Calculer la différentielle en utilisant les données trouvées en 1 et 2.

4) Calculer approximativement la valeur cherchée.

**Exemple 3** Utilisons la différentielle pour calculer approximativement

a) $\sqrt[3]{62}$

1) Soit $f(x) = \sqrt[3]{x}$

2) Choisissons $x_0 = 64$ $\quad$ (car $\sqrt[3]{64} = 4$)

et $\quad (x_0 + dx) = 62$

ainsi $\quad dx = 62 - 64 = \text{-}2$

3) Puisque $f(x) = x^{\frac{1}{3}}$, $dy = \dfrac{1}{3x^{\frac{2}{3}}} \, dx$

En remplaçant $x$ par 64 et $dx$ par -2, nous obtenons

$$dy = \dfrac{1}{3(64)^{\frac{2}{3}}} \, (\text{-}2) = \dfrac{\text{-}1}{24}$$

4) $\sqrt[3]{62} = \sqrt[3]{64} + \Delta y$

$\approx 4 + dy$ $\quad$ (car $\Delta y \approx dy$)

$\approx 4 - \dfrac{1}{24}$ $\quad \left(\text{car } dy = \dfrac{\text{-}1}{24}\right)$

d'où $\sqrt[3]{62} \approx 3,958\overline{3}$

$dy = f'(x) \, dx$

b) $e^{0,1}$

1) Soit $f(x) = e^x$

2) Choisissons $x_0 = 0$ $\quad$ (car $e^0 = 1$)

et $\quad (x_0 + dx) = 0,1$

ainsi $\quad dx = 0,1 - 0 = 0,1$

3) Puisque $f(x) = e^x$, $dy = e^x \, dx$

En remplaçant $x$ par 0 et $dx$ par 0,1, nous obtenons

$$dy = e^0(0,1) = 0,1$$

4) $e^{0,1} = e^0 + \Delta y$

$\approx 1 + dy$ $\quad$ (car $\Delta y \approx dy$)

$\approx 1 + 0,1$ $\quad$ (car $dy = 0,1$)

d'où $e^{0,1} \approx 1,1$

**Exemple 4** En mesurant le côté d'un carré à l'aide d'un instrument dont la précision est de $\pm 0,3$ cm, nous obtenons 18,5 cm.

a) Calculons approximativement, à l'aide de la différentielle, l'erreur absolue $E_a$ de la mesure de l'aire $A$, c'est-à-dire $\Delta A$.

Nous avons $A(x) = x^2$, $x_0 = 18,5$ et $dx = \pm 0,3$.

Erreur absolue

Ainsi          $E_a = |\Delta A|$          (par définition)

$E_a \approx |dA|$          (car $\Delta A \approx dA$)

$E_a \approx |2x\,dx|$          (car $A(x) = x^2$)

En remplaçant $x$ par 18,5 et $dx$ par $\pm 0,3$, nous obtenons

$$E_a \approx |2(18,5)(\pm 0,3)|$$

d'où $E_a \approx 11,1$ cm².

Erreur relative

b) Calculons approximativement, à l'aide de la différentielle, l'erreur relative $E_r$ de la mesure de l'aire $A$, qui correspond à la valeur absolue du quotient de l'erreur absolue par la valeur de l'aire $A$.

Ainsi          $E_r = \left| \dfrac{E_a}{A} \right|$          (par définition)

$E_r \approx \left| \dfrac{11,1}{342,25} \right|$          (car $E_a \approx 11,1$ et $A = 18,5^2 = 342,25$)

d'où $E_r \approx 0,03$, c'est-à-dire environ 3 %.

c) Calculons, à l'aide de la différentielle, la précision nécessaire $dx$ de l'instrument de mesure pour avoir une erreur relative approximative de 1,5 %.

Puisque          $E_r = \left| \dfrac{E_a}{A} \right| \approx 0,015$

$\left| \dfrac{2x\,dx}{x^2} \right| \approx 0,015$          (car $E_a = |2x\,dx|$)

$|dx| \approx \left| \dfrac{0,015x^2}{2x} \right|$

$\approx \left| \dfrac{0,015x}{2} \right|$

$\approx \left| \dfrac{0,015(18,5)}{2} \right|$          (car $x = 18,5$)

$\approx 0,138\ 75$

d'où $dx \approx \pm 0,139$ cm.

**Exemple 5**  La concentration $C$ (en mg/ml) d'un médicament dans le sang d'un patient, $t$ heures après l'injection, est donnée par $C(t) = \dfrac{5t^2}{9 + t^4}$.

a) Utilisons la différentielle pour déterminer la variation de la concentration entre

i)  1 h et 1,5 h après l'injection ;

Soit $\Delta C$ la variation de la concentration du médicament.

$\Delta C \approx dC$

$\approx C'(t)\,dt$          (définition de $dC$)

$\approx \left( \dfrac{5t^2}{9 + t^4} \right)' dt$

$\approx \dfrac{10t(9 + t^4) - 5t^2(4t^3)}{(9 + t^4)^2}\,dt$

$\approx \dfrac{90t - 10t^5}{(9 + t^4)^2}\,dt$

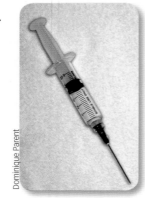

Dominique Parent

En posant $t = 1$ et $dt = 0,5$, nous obtenons

$$\Delta C \approx \frac{90(1) - 10(1)^5}{(9 + 1^4)^2}(0,5)$$

$$\approx 0,4$$

d'où $\Delta C \approx 0,4$ mg/ml.

ii) 2 h et 2,25 h après l'injection.

Puisque
$$\Delta C \approx \frac{90t - 10t^5}{(9 + t^4)^2} dt$$

en posant $t = 2$ et $dt = 0,25$, nous obtenons

$$\Delta C \approx \frac{90(2) - 10(2)^5}{(9 + 2^4)^2}(0,25)$$

$$\approx -0,056$$

d'où $\Delta C \approx -0,056$ mg/ml.

b) Déterminons approximativement le temps nécessaire, 5 heures après l'injection, pour avoir une variation de concentration du médicament de -0,056 mg/ml.

Puisque
$$\Delta C \approx \frac{90t - 10t^5}{(9 + t^4)^2} dt$$

$$-0,056 \approx \frac{90(5) - 10(5)^5}{(9 + 5^4)^2} dt \qquad \text{(car } \Delta C \approx -0,056 \text{ et } t = 5\text{)}$$

$$-0,056 \approx -0,077 \, dt$$

$$dt \approx 0,\overline{72}$$

d'où $dt \approx 0,\overline{72}$ h (environ 44 minutes).

# Exercices 2.1

**1.** Représenter $\Delta x$, $\Delta y$, $dx$ et $dy$ sur le graphique d'une fonction

  a) croissante et concave vers le bas ;

  b) décroissante et concave vers le haut.

**2.** Calculer la différentielle de chaque fonction.

  a) $y = x^4 - 4^x + 4^4$

  b) $y = \dfrac{\sin \theta}{\theta}$

  c) $z = \text{Arc tan } (t^3 - 1)$

  d) $y = e^u \text{ Arc sin } u^2$

  e) $s = 8 \text{ Arc sec } (\ln z)$

  f) $v = \ln^3 t + \log (t^4 + 1)$

**3.** Exprimer les expressions suivantes en fonction de $u$ et de $du$ ou seulement en fonction de $du$.

  a) $x^7 \, dx$, si $u = x^8 + 1$

  b) $(6x^2 - 3x) \, dx$, si $u = 4x^3 - 3x^2$

  c) $\dfrac{21}{x^7} \, dx$, si $u = \dfrac{7}{x^6}$

  d) $\sec^2 \theta \, d\theta$, si $u = e^{\tan \theta}$

  e) $e^{\sin x} \cos x \, dx$, si $u = \sin x$

  f) $e^{\sin x} \cos x \, dx$, si $u = e^{\sin x}$

  g) $(x^4 + 1)^5 x^3 \, dx$, si $u = x^4 + 1$

  h) $\dfrac{e^{2x}}{\sqrt{1 - e^{4x}}} \, dx$, si $u = e^{2x}$

  i) $\sec^2 4\theta \tan 4\theta \, d\theta$, si $u = \tan 4\theta$

  j) $\sec^2 4\theta \tan 4\theta \, d\theta$, si $u = \sec 4\theta$

  k) $\dfrac{4t + 8}{\sqrt{t^2 + 4t + 5}} \, dt$, si $u = t^2 + 4t + 5$

  l) $\dfrac{4t + 8}{\sqrt{t^2 + 4t + 5}} \, dt$, si $u = \sqrt{t^2 + 4t + 5}$

**4.** Calculer $\Delta y$ et $dy$ si $y$ est définie par chacune des fonctions suivantes.

a) $f(x) = \sqrt{x + 1}$, $x_0 = 3$ et $dx = 0{,}41$

b) $g(x) = \dfrac{1}{x}$, $x_0 = \text{-}2$ et $\Delta x = \text{-}0{,}5$

**5.** Calculer, d'une façon approximative, les valeurs suivantes en utilisant la différentielle.

a) $\sqrt[5]{31{,}5}$    b) $\ln 1{,}1$    c) $(1{,}98)^8$

**6.** Sous l'effet de la chaleur, le diamètre d'un poêlon circulaire métallique croît de 28 cm à 28,03 cm. Calculer, en utilisant la différentielle, la valeur approximative de l'augmentation de l'aire $A$.

**7.** En mesurant le diamètre d'une balle de tennis à l'aide d'un calibre à coulisse, dont la précision est de $\pm 0{,}050$ cm, nous obtenons 6,5 cm. À l'aide de la différentielle,

a) déterminer approximativement l'erreur absolue $E_a$ de la mesure du volume $V$ de la balle ;

b) déterminer l'erreur relative $E_r$ correspondante ;

c) déterminer approximativement la précision du calibre à coulisse pour obtenir une erreur relative de 1 %.

**8.** Quelle doit être la précision dans la mesure des arêtes d'un cube pour que le volume obtenu soit de $125 \pm 3$ cm$^3$ ?

## 2.2 Intégrale indéfinie et formules de base

### Objectifs d'apprentissage

À la fin de cette section, l'élève pourra donner la définition de l'intégrale indéfinie, énoncer certaines de ses propriétés et déterminer l'intégrale indéfinie de certaines fonctions.

Plus précisément, l'élève sera en mesure :
- de donner la définition de primitive (ou d'antidérivée) ;
- d'utiliser la terminologie et la notation de l'intégrale indéfinie ;
- d'appliquer les formules d'intégration de base ;
- d'utiliser certaines propriétés de l'intégrale indéfinie ;
- de transformer la fonction à intégrer afin d'utiliser, si c'est possible, les formules de base.

$$\int f(x)\, dx = F(x) + C,$$
$$\text{si } F'(x) = f(x)$$

### ● Intégrale indéfinie

Dans le cours de calcul différentiel, nous avons calculé des dérivées de fonctions. Nous amorçons maintenant l'étude du processus inverse, c'est-à-dire déterminer une fonction dont la dérivée est donnée.

**DÉFINITION 2.2**

Une fonction $F$ est appelée **primitive** (ou **antidérivée**) d'une fonction $f$ si

$$F'(x) = f(x)$$

**Exemple 1**  Donnons quelques exemples de primitives.

| $F(x)$ est une primitive de… | … $f(x)$… | … car $F'(x) = f(x)$ |
|---|---|---|
| a) $F(x) = 2x^4 + e^{5x}$ | $f(x) = 8x^3 + 5e^{5x}$ | $(2x^4 + e^{5x})' = 8x^3 + 5e^{5x}$ |
| b) $F(x) = 7\sqrt{x} + 5$ | $f(x) = \dfrac{7}{2\sqrt{x}}$ | $(7\sqrt{x} + 5)' = \dfrac{7}{2\sqrt{x}}$ |
| c) $F(x) = 6 \sin 3x$ | $f(x) = 18 \cos 3x$ | $(6 \sin 3x)' = 18 \cos 3x$ |

**Exemple 2** Vérifions qu'une fonction $f$ peut avoir une infinité de primitives.

$$x^6 \text{ est une primitive de } 6x^5, \text{ car } (x^6)' = 6x^5 ;$$

$$(x^6 + 3) \text{ est une primitive de } 6x^5, \text{ car } (x^6 + 3)' = 6x^5 ;$$

$$(x^6 - 4) \text{ est une primitive de } 6x^5, \text{ car } (x^6 - 4)' = 6x^5.$$

De façon générale, si $C \in \mathbb{R}$, nous avons $(x^6 + C)$ qui est une primitive de $6x^5$, car $(x^6 + C)' = 6x^5$.

Ainsi, $6x^5$ peut avoir une infinité de primitives.

**Remarque** Soit $F(x)$ et $G(x)$, deux primitives d'une fonction $f(x)$.

Puisque $F'(x) = G'(x)$ $\qquad$ (car $F'(x) = f(x)$ et $G'(x) = f(x)$)

d'après le corollaire 2 du théorème de Lagrange, nous avons $G(x) = F(x) + C$, où $C \in \mathbb{R}$.

**DÉFINITION 2.3** Nous appelons **intégrale indéfinie** de la fonction $f(x)$, notée $\int f(x)\, dx$, toute expression de la forme $F(x) + C$, où $F(x)$ est une primitive de $f(x)$ et $C \in \mathbb{R}$. Ainsi,

$$\int f(x)\, dx = F(x) + C, \text{ si } F'(x) = f(x)$$

Le symbole $\int$ est appelé signe d'intégration.

La constante $C$ s'appelle constante d'intégration.

La fonction $f(x)$ est appelée intégrande et

le $x$ de la différentielle $dx$ nous indique que $x$ est la variable d'intégration.

Ainsi, $\quad \int \qquad f(x) \qquad\quad dx \qquad = \qquad F(x) \qquad + \qquad C$

$\qquad\qquad$ intégrande $\quad$ variable d'intégration $\quad$ primitive $\quad$ constante d'intégration

**Exemple 3** Identifions l'intégrande, la variable d'intégration, la primitive et la constante d'intégration dans les intégrales indéfinies suivantes.

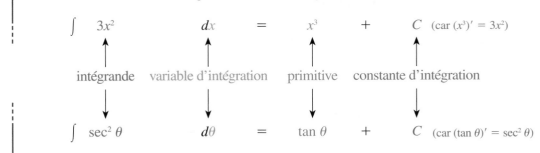

$\int \quad 3x^2 \qquad dx \qquad = \qquad x^3 \qquad + \qquad C \quad$ (car $(x^3)' = 3x^2$)

$\qquad$ intégrande $\quad$ variable d'intégration $\quad$ primitive $\quad$ constante d'intégration

$\int \quad \sec^2 \theta \qquad d\theta \qquad = \qquad \tan \theta \qquad + \qquad C \quad$ (car $(\tan \theta)' = \sec^2 \theta$)

**Remarque** Nous pouvons également écrire :

$$\int f'(x)\, dx = f(x) + C \qquad\qquad\qquad \int \frac{dQ}{dt}\, dt = \int Q'(t)\, dt = Q(t) + C$$

# Formules de base pour l'intégrale indéfinie

Dans cette section, nous donnerons des formules de base essentielles pour calculer des intégrales indéfinies.

Puisque $\left(\dfrac{x^5}{5}\right)' = \dfrac{1}{5}(x^5)' = \dfrac{1}{5}(5x^4) = x^4$, nous avons $\int x^4 \, dx = \dfrac{x^5}{5} + C$

De façon générale, puisque $\left(\dfrac{x^{r+1}}{r+1}\right)' = \dfrac{1}{r+1}(x^{r+1})' = \dfrac{r+1}{r+1}x^r = x^r$

nous avons $\int x^r \, dx = \dfrac{x^{r+1}}{r+1} + C$, si $r \neq -1$

---

**FORMULE 1**
$$\int x^r \, dx = \frac{x^{r+1}}{r+1} + C, \text{ où } r \in \mathbb{R} \text{ et } r \neq -1$$

---

**Exemple 1** Calculons les intégrales suivantes.

a) $\int x^9 \, dx = \dfrac{x^{9+1}}{9+1} + C = \dfrac{x^{10}}{10} + C$ 

b) $\int x^\pi \, dx = \dfrac{x^{\pi+1}}{\pi+1} + C$

Il faut parfois transformer l'intégrande avant de pouvoir utiliser la formule 1.

**Exemple 2** Calculons les intégrales suivantes.

$\int dx = x + C$

a) $\int dx = \int 1 \, dx = \int x^0 \, dx = \dfrac{x^{0+1}}{0+1} + C = x + C$

b) $\int \sqrt{u} \, du = \int u^{\frac{1}{2}} \, du = \dfrac{u^{\frac{1}{2}+1}}{\frac{1}{2}+1} + C = \dfrac{u^{\frac{3}{2}}}{\frac{3}{2}} + C = \dfrac{2}{3}u^{\frac{3}{2}} + C = \dfrac{2\sqrt{u^3}}{3} + C$

c) $\int \dfrac{1}{s^4} \, ds = \int s^{-4} \, ds = \dfrac{s^{-4+1}}{-4+1} + C = \dfrac{s^{-3}}{-3} + C = \dfrac{-1}{3s^3} + C$

d) $\int \dfrac{1}{\sqrt[3]{t^2}} \, dt = \int t^{\frac{-2}{3}} \, dt = \dfrac{t^{\frac{-2}{3}+1}}{\frac{-2}{3}+1} + C = \dfrac{t^{\frac{1}{3}}}{\frac{1}{3}} + C = 3\sqrt[3]{t} + C$

Dans le cas où l'exposant $r = -1$, nous avons à trouver $\int x^{-1} \, dx$, c'est-à-dire $\int \dfrac{1}{x} \, dx$.

En calculant la dérivée de $\ln |x|$ pour $x \neq 0$, nous obtenons

$$\text{si } x > 0, \ln |x| = \ln x, \quad \text{alors } (\ln |x|)' = \frac{1}{x}$$

$$\text{si } x < 0, \ln |x| = \ln (-x), \text{ alors } (\ln |x|)' = \frac{-1}{-x} = \frac{1}{x}$$

Puisque $(\ln |x|)' = \dfrac{1}{x}$, nous obtenons la formule d'intégration suivante.

---

**FORMULE 2**
$$\int \frac{1}{x} \, dx = \ln |x| + C$$

---

Le tableau suivant contient les formules 1 et 2 ainsi que les formules d'intégration de base obtenues à partir des formules de dérivation des fonctions trigonométriques (formules 3 à 8), exponentielles (formules 9 et 10) et trigonométriques inverses (formules 11 à 13).

| Formules de dérivation | Formules d'intégration | |
|---|---|---|
| $\left(\dfrac{x^{r+1}}{r+1}\right)' = x^r$, si $r \neq -1$ | Formule 1 | $\displaystyle\int x^r\, dx = \dfrac{x^{r+1}}{r+1} + C$, si $r \neq -1$ |
| $(\ln |x|)' = \dfrac{1}{x}$ | Formule 2 | $\displaystyle\int \dfrac{1}{x}\, dx = \ln |x| + C$ |
| $(\sin x)' = \cos x$ | Formule 3 | $\displaystyle\int \cos x\, dx = \sin x + C$ |
| $(\cos x)' = -\sin x$ | Formule 4 | $\displaystyle\int \sin x\, dx = -\cos x + C$ |
| $(\tan x)' = \sec^2 x$ | Formule 5 | $\displaystyle\int \sec^2 x\, dx = \tan x + C$ |
| $(\cot x)' = -\csc^2 x$ | Formule 6 | $\displaystyle\int \csc^2 x\, dx = -\cot x + C$ |
| $(\sec x)' = \sec x \tan x$ | Formule 7 | $\displaystyle\int \sec x \tan x\, dx = \sec x + C$ |
| $(\csc x)' = -\csc x \cot x$ | Formule 8 | $\displaystyle\int \csc x \cot x\, dx = -\csc x + C$ |
| $(e^x)' = e^x$ | Formule 9 | $\displaystyle\int e^x\, dx = e^x + C$ |
| $(a^x)' = a^x \ln a$ | Formule 10 | $\displaystyle\int a^x\, dx = \dfrac{a^x}{\ln a} + C$, où $a \in \mathbb{R}^+\backslash\{1\}$ |
| $(\text{Arc } \sin x)' = \dfrac{1}{\sqrt{1-x^2}}$ | Formule 11 | $\displaystyle\int \dfrac{1}{\sqrt{1-x^2}}\, dx = \text{Arc } \sin x + C$ |
| $(\text{Arc } \tan x)' = \dfrac{1}{1+x^2}$ | Formule 12 | $\displaystyle\int \dfrac{1}{1+x^2}\, dx = \text{Arc } \tan x + C$ |
| $(\text{Arc } \sec x)' = \dfrac{1}{x\sqrt{x^2-1}}$ | Formule 13 | $\displaystyle\int \dfrac{1}{x\sqrt{x^2-1}}\, dx = \text{Arc } \sec x + C$ |

## ■ Propriétés de l'intégrale indéfinie

Rappelons d'abord deux théorèmes étudiés dans le cours de calcul différentiel.

$$(k\, f(x))' = k\, f'(x) \qquad \text{et} \qquad (f(x) + g(x))' = f'(x) + g'(x)$$

**THÉORÈME 2.1**

Si $\displaystyle\int f(x)\, dx = F(x) + C_1$ et $\displaystyle\int g(x)\, dx = G(x) + C_2$, alors

a) $\displaystyle\int k\, f(x)\, dx = k \int f(x)\, dx$, où $k \in \mathbb{R}$

b) $\displaystyle\int [f(x) + g(x)]\, dx = \int f(x)\, dx + \int g(x)\, dx$

**PREUVE**

a) $F'(x) = f(x)$  $\qquad$ (car $\int f(x)\, dx = F(x) + C_1$, définition 2.3)

Ainsi $[k\, F(x)]' = k\, F'(x)$  $\qquad$ (propriété de la dérivée)

$\qquad\qquad\quad = k\, f(x)$

Nous avons alors

$\displaystyle\int k\, f(x)\, dx = k\, F(x) + C$  $\qquad$ (car $[k\, F(x)]' = k\, f(x)$)

$\qquad\qquad\quad = k\, F(x) + kC_1$, où $kC_1 = C$

$\qquad\qquad\quad = k\, (F(x) + C_1)$

$\qquad\qquad\quad = k \int f(x)\, dx$  $\qquad$ (car $\int f(x)\, dx = F(x) + C_1$)

b) $F'(x) = f(x)$ et $G'(x) = g(x)$ $\qquad$ (car $\int f(x)\,dx = F(x) + C_1$ et $\int g(x)\,dx = G(x) + C_2$)

$$[F(x) + G(x)]' = F'(x) + G'(x) \qquad \text{(propriété de la dérivée)}$$
$$= f(x) + g(x)$$

Nous avons alors

$$\int [f(x) + g(x)]\,dx = F(x) + G(x) + C \qquad \text{(car } [F(x) + G(x)]' = f(x) + g(x))$$
$$= F(x) + G(x) + C_1 + C_2, \text{ où } C_1 + C_2 = C$$
$$= (F(x) + C_1) + (G(x) + C_2)$$
$$= \int f(x)\,dx + \int g(x)\,dx \qquad \text{(car } \int f(x)\,dx = F(x) + C_1 \text{ et } \int g(x)\,dx = G(x) + C_2)$$

Le théorème 2.1 a) signifie que :

l'intégrale du produit d'une constante par une fonction est égale au produit de la constante par l'intégrale de la fonction.

Le théorème 2.1 b) signifie que :

l'intégrale d'une somme de fonctions est égale à la somme des intégrales des fonctions.

---

**Exemple 1** Calculons les intégrales suivantes.

$\int 3x^7\,dx = 3\int \bigcirc x^7\,dx$

a) $\int 3x^7\,dx = 3\int x^7\,dx \qquad$ (théorème 2.1 a)

$\qquad\qquad = 3\left(\dfrac{x^8}{8} + C_1\right) \qquad$ (formule 1)

$\qquad\qquad = \dfrac{3x^8}{8} + 3C_1$

$\qquad\qquad = \dfrac{3x^8}{8} + C \qquad$ (où $C = 3C_1$)

$\int [f(x) + g(x)]\,dx = \int f(x)\,dx + \int g(x)\,dx$

b) $\displaystyle\int \left(\dfrac{1}{x} + \dfrac{1}{1 + x^2}\right)dx = \int \dfrac{1}{x}\,dx + \int \dfrac{1}{1 + x^2}\,dx \qquad$ (théorème 2.1 b)

$\qquad\qquad = \ln |x| + C_1 + \text{Arc tan } x + C_2 \qquad$ (formules 2 et 12)

$\qquad\qquad = \ln |x| + \text{Arc tan } x + C \qquad$ (où $C = C_1 + C_2$)

c) $\displaystyle\int \left(3e^x + \dfrac{\sec^2 x}{4}\right)dx = \int 3e^x\,dx + \int \dfrac{\sec^2 x}{4}\,dx \qquad$ (théorème 2.1 b)

$\qquad\qquad = 3\int e^x\,dx + \dfrac{1}{4}\int \sec^2 x\,dx \qquad$ (théorème 2.1 a)

$\qquad\qquad = 3(e^x + C_1) + \dfrac{1}{4}(\tan x + C_2) \qquad$ (formules 9 et 5)

$\qquad\qquad = 3e^x + \dfrac{1}{4}\tan x + C \qquad \left(\text{où } C = 3C_1 + \dfrac{C_2}{4}\right)$

**Remarque** Dans les intégrales indéfinies où plusieurs $C_i$ devraient apparaître, nous pouvons effectuer toutes les intégrales et ajouter la constante d'intégration $C$ à la fin seulement.

Le théorème 2.1 peut être généralisé de la façon suivante.

---

**THÉORÈME 2.2**

Si $\int f_i(x)\,dx = F_i(x) + C_i$, pour $i = 1, 2, \ldots, n$, alors

$$\int [k_1 f_1(x) \pm k_2 f_2(x) \pm \ldots \pm k_n f_n(x)]\,dx = k_1 \int f_1(x)\,dx \pm k_2 \int f_2(x)\,dx \pm \ldots \pm k_n \int f_n(x)\,dx$$

La preuve est laissée à l'élève.

**Exemple 2** Calculons les intégrales suivantes.

a) $\int (5\sin\theta - 3\cos\theta)\,d\theta = 5\int \sin\theta\,d\theta - 3\int\cos\theta\,d\theta$ (théorème 2.2)

$$= 5\,(-\cos\theta) - 3\sin\theta + C \qquad \text{(formules 4 et 3)}$$

$$= -5\cos\theta - 3\sin\theta + C$$

b) $\int \left(x^4 - \sqrt[4]{x} + \dfrac{4}{5\sqrt[7]{x^3}} - \dfrac{5}{7x}\right)dx = \int x^4\,dx - \int x^{\frac{1}{4}}\,dx + \dfrac{4}{5}\int x^{\frac{-3}{7}}\,dx - \dfrac{5}{7}\int \dfrac{1}{x}\,dx$

(théorème 2.2)

$$= \dfrac{x^5}{5} - \dfrac{x^{\frac{5}{4}}}{\frac{5}{4}} + \dfrac{4}{5}\left(\dfrac{x^{\frac{4}{7}}}{\frac{4}{7}}\right) - \dfrac{5}{7}\ln|x| + C \quad \text{(formules 1 et 2)}$$

$$= \dfrac{x^5}{5} - \dfrac{4x^{\frac{5}{4}}}{5} + \dfrac{7x^{\frac{4}{7}}}{5} - \dfrac{5}{7}\ln|x| + C$$

$$= \dfrac{x^5}{5} - \dfrac{4\sqrt[4]{x^5}}{5} + \dfrac{7\sqrt[7]{x^4}}{5} - \dfrac{5\ln|x|}{7} + C$$

c) $\int \left(\dfrac{7}{\sqrt{1-u^2}} + \dfrac{1}{3u^3}\right)du = 7\int \dfrac{1}{\sqrt{1-u^2}}\,du + \dfrac{1}{3}\int u^{-3}\,du$ (théorème 2.2)

$$= 7\,\text{Arc}\sin u - \dfrac{1}{6u^2} + C \qquad \text{(formules 11 et 1)}$$

d) $\int \left(x^3 - 3^x + \left(\dfrac{1}{2}\right)^x\right)dx = \int x^3\,dx - \int 3^x\,dx + \int \left(\dfrac{1}{2}\right)^x\,dx$ (théorème 2.2)

$$= \dfrac{x^4}{4} - \dfrac{3^x}{\ln 3} + \dfrac{\left(\dfrac{1}{2}\right)^x}{\ln\left(\dfrac{1}{2}\right)} + C \qquad \text{(formules 1 et 10)}$$

e) $\int \left(\dfrac{e^x}{3} - \dfrac{x^e}{5} + \dfrac{9\csc x \cot x}{7}\right)dx = \dfrac{1}{3}\int e^x\,dx - \dfrac{1}{5}\int x^e\,dx + \dfrac{9}{7}\int \csc x \cot x\,dx$

(théorème 2.2)

$$= \dfrac{1}{3}e^x - \dfrac{1}{5}\dfrac{x^{e+1}}{e+1} - \dfrac{9}{7}\csc x + C \quad \text{(formules 9, 1 et 8)}$$

# ● Transformation de l'intégrande

Parfois, il est essentiel de transformer l'intégrande, c'est-à-dire la fonction à intégrer, afin de nous permettre d'utiliser des formules de base.

**Exemple 1** Calculons $\int (x^2 + 4)^2 \sqrt[3]{x}\, dx$.

En élevant au carré et en distribuant le produit sur la somme, nous obtenons

$$\int (x^2 + 4)^2 \sqrt[3]{x}\, dx = \int (x^4 + 8x^2 + 16)x^{\frac{1}{3}}\, dx \qquad \text{(en élevant au carré)}$$

$$= \int (x^{\frac{13}{3}} + 8x^{\frac{7}{3}} + 16x^{\frac{1}{3}})\, dx \qquad \text{(en distribuant)}$$

$$= \int x^{\frac{13}{3}}\, dx + 8 \int x^{\frac{7}{3}}\, dx + 16 \int x^{\frac{1}{3}}\, dx \qquad \text{(théorème 2.2)}$$

$$= \frac{x^{\frac{16}{3}}}{\frac{16}{3}} + \frac{8x^{\frac{10}{3}}}{\frac{10}{3}} + \frac{16x^{\frac{4}{3}}}{\frac{4}{3}} + C \qquad \text{(formule 1)}$$

$$= \frac{3\sqrt[3]{x^{16}}}{16} + \frac{12\sqrt[3]{x^{10}}}{5} + 12\sqrt[3]{x^4} + C$$

**Exemple 2** Calculons $\int \left( \dfrac{4x^3 - 5x + 1}{x^2} \right) dx$.

$$\frac{A + B + C}{D} = \frac{A}{D} + \frac{B}{D} + \frac{C}{D}$$

En décomposant l'intégrande en une somme de fractions, nous obtenons

$$\int \left( \frac{4x^3 - 5x + 1}{x^2} \right) dx = \int \left( \frac{4x^3}{x^2} - \frac{5x}{x^2} + \frac{1}{x^2} \right) dx \qquad \text{(en décomposant)}$$

$$= \int \left( 4x - \frac{5}{x} + x^{-2} \right) dx \qquad \text{(en simplifiant)}$$

$$= 4 \int x\, dx - 5 \int \frac{1}{x}\, dx + \int x^{-2}\, dx \qquad \text{(théorème 2.2)}$$

$$= \frac{4x^2}{2} - 5 \ln |x| + \frac{x^{-1}}{-1} + C \qquad \text{(formules 1 et 2)}$$

$$= 2x^2 - 5 \ln |x| - \frac{1}{x} + C$$

**Exemple 3** Calculons les intégrales suivantes.

En utilisant une identité trigonométrique adéquate, nous obtenons

$$\tan^2 \theta + 1 = \sec^2 \theta$$

a) $\displaystyle \int \tan^2 \theta\, d\theta = \int (\sec^2 \theta - 1)\, d\theta \qquad (\text{car } \tan^2 \theta = \sec^2 \theta - 1)$

$$= \int \sec^2 \theta\, d\theta - 1 \int d\theta \qquad \text{(théorème 2.2)}$$

$$= \tan \theta - \theta + C \qquad \text{(formules 5 et 1)}$$

$$\cot \theta = \frac{\cos \theta}{\sin \theta}$$

b) $\displaystyle \int \frac{\cot \theta}{3 \cos \theta \sin \theta}\, d\theta = \frac{1}{3} \int \frac{\cos \theta}{\sin \theta \cos \theta \sin \theta}\, d\theta \qquad \left( \text{car } \cot \theta = \frac{\cos \theta}{\sin \theta} \right)$

$$= \frac{1}{3} \int \frac{1}{\sin^2 \theta}\, d\theta \qquad \text{(en simplifiant)}$$

$$\frac{1}{\sin \theta} = \csc \theta$$

$$= \frac{1}{3} \int \csc^2 \theta\, d\theta \qquad \left( \text{car } \frac{1}{\sin^2 \theta} = \csc^2 \theta \right)$$

$$= \frac{-\cot \theta}{3} + C \qquad \text{(formule 6)}$$

**Exemple 4** Calculons $\displaystyle\int \frac{1}{1 + \cos \theta}\, d\theta$.

En multipliant le numérateur et le dénominateur par le conjugué d'une expression que l'on retrouve dans l'intégrande, nous obtenons

Conjugué

$$\int \frac{1}{1 + \cos \theta}\, d\theta = \int \left(\frac{1}{1 + \cos \theta}\right)\left(\frac{1 - \cos \theta}{1 - \cos \theta}\right) d\theta$$

$$= \int \frac{1 - \cos \theta}{1 - \cos^2 \theta}\, d\theta$$

$\sin^2 \theta + \cos^2 \theta = 1$

$$= \int \frac{1 - \cos \theta}{\sin^2 \theta}\, d\theta \qquad (\text{car } 1 - \cos^2 \theta = \sin^2 \theta)$$

$\dfrac{A - B}{C} = \dfrac{A}{C} - \dfrac{B}{C}$

$$= \int \left(\frac{1}{\sin^2 \theta} - \frac{\cos \theta}{\sin^2 \theta}\right) d\theta \qquad (\text{en décomposant en une somme de fractions})$$

$\dfrac{1}{\sin \theta} = \csc \theta \, ; \, \dfrac{\cos \theta}{\sin \theta} = \cot \theta$

$$= \int \left(\csc^2 \theta - \frac{1}{\sin \theta}\frac{\cos \theta}{\sin \theta}\right) d\theta$$

$$= \int \csc^2 \theta\, d\theta - \int \csc \theta \cot \theta\, d\theta$$

$$= \text{-}\cot \theta + \csc \theta + C \qquad (\text{formules 6 et 8})$$

---

# Exercices 2.2

**1.** Déterminer si $F$ est une primitive de $f$ lorsque :

a) $F(x) = e^x + e^{-x}$ et $f(x) = e^x + e^{-x}$

b) $F(\theta) = \sec^2 5\theta$ et $f(\theta) = 10 \sec^2 5\theta \tan 5\theta$

c) $F(t) = \text{Arc sin } 2t$ et $f(t) = \dfrac{2}{\sqrt{4t^2 - 1}}$

d) $F(x) = \tan^2 x$ et $f(x) = 2 \sec^2 x \tan x$

**2.** Pour les fonctions $F$ suivantes, trouver une expression de la forme $\int f(x)\, dx = F(x) + C$.

a) $F(x) = x^3$      c) $F(x) = e^{\sqrt{x}}$

b) $F(x) = \text{Arc tan } x$      d) $F(x) = \ln (x^2 + 1)$

**3.** Calculer les intégrales suivantes.

a) $\int x^7\, dx$       d) $\int \dfrac{1}{\sqrt[5]{u}}\, du$

b) $\int \dfrac{1}{x^7}\, dx$       e) $\int \left(\dfrac{1}{\sqrt{x^3}} - \sqrt[3]{x}\right) dx$

c) $\int \sqrt[5]{v}\, dv$       f) $\int d\theta$

g) $\int \left(y - \dfrac{1}{y} - 1\right) dy$      h) $\int (x^4 + 4^x + 4^4)\, dx$

**4.** Calculer les intégrales suivantes.

a) $\int \left(5x^5 - \dfrac{5^x}{5} + \dfrac{5}{x} - \dfrac{x}{5}\right) dx$

b) $\int \left(3 \sin \theta - \dfrac{\sec^2 \theta}{3} + \dfrac{1}{3}\right) d\theta$

c) $\int \left(\dfrac{x^e}{e} - 2e^x - \dfrac{5}{\sqrt{1 - x^2}}\right) dx$

d) $\int \left(4 \sec u \tan u - \dfrac{8}{1 + u^2} - 6 \csc^2 u\right) du$

e) $\int \left[\dfrac{5 \cos u}{3} + \dfrac{4}{7u\sqrt{u^2 - 1}}\right] du$

f) $\int \left(\dfrac{7}{5\sqrt{t}} - 2 \csc t \cot t + \dfrac{1}{3t^2}\right) dt$

**5.** Calculer les intégrales suivantes.

a) $\int [(x - 2)(3 - 4x)]\, dx$

b) $\int \dfrac{4x^3 - 5x^2 - 1}{x^3}\, dx$

c) $\int \left( u + \dfrac{1}{u} \right)^2 du$

d) $\int \sqrt{x} \left( 2\sqrt{x} - \dfrac{4}{\sqrt{x}} + \dfrac{5}{\sqrt[3]{x}} \right) dx$

e) $\int \left( \dfrac{\dfrac{\sqrt{x}}{2} - \dfrac{2}{\sqrt{x}}}{\sqrt{x}} \right) dx$

f) $\int \dfrac{1}{x} \left( 4 - \dfrac{7}{\sqrt{x^2 - 1}} \right) dx$

g) $\int \left( \dfrac{3}{4 + 4x^2} + \dfrac{5}{\sqrt{7 - 7x^2}} \right) dx$

h) $\int \dfrac{v^2 - 4}{v - 2} \, dv$

i) $\int \dfrac{(x - 4)(x + 1)}{\sqrt{x}} \, dx$

j) $\int \sqrt{t^4 + 2t^2 + 1} \, dt$

k) $\int (x^2 - 1)^3 x \, dx$

**6.** Calculer les intégrales suivantes.

a) $\int (\cos^2 \theta + \sin^2 \theta) \, d\theta$

b) $\int \dfrac{\tan \varphi}{\sec \varphi} \, d\varphi$

c) $\int \dfrac{3}{1 - \sin^2 x} \, dx$

d) $\int \dfrac{\sin t}{\cos^2 t} \, dt$

e) $\int \csc x \, (\sin x + \cot x) \, dx$

f) $\int \cot^2 u \, du$

g) $\int \dfrac{\sin 2\theta}{\sin \theta} \, d\theta$

h) $\int \dfrac{\cos 2\theta}{\cos^2 \theta} \, d\theta$

i) $\int (\cos 2x - 2 \cos^2 x) \, dx$

j) $\int \dfrac{5}{1 + \sin \varphi} \, d\varphi$

# 2.3 Intégration à l'aide d'un changement de variable

## Objectifs d'apprentissage

À la fin de cette section, l'élève pourra résoudre certaines intégrales en utilisant la méthode du changement de variable.

$$\int g(f(x)) \, f'(x) \, dx = G(f(x)) + C$$

Plus précisément, l'élève sera en mesure :
- de résoudre une intégrale à l'aide d'un changement de variable ;
- de déterminer des formules d'intégration pour les fonctions tan $x$ et cot $x$, et de les appliquer ;
- de déterminer des formules d'intégration pour les fonctions sec $x$ et csc $x$, et de les appliquer ;
- de calculer des intégrales après avoir utilisé certains artifices de calcul ou certaines identités.

## ▪ Changement de variable

Dans la section précédente, nous avons utilisé des transformations algébriques pour effectuer certaines intégrales.

**Exemple 1** Calculons d'abord $\int (x^2 - 1)^3 x \, dx$ (exercices 2.2, n° 5k) à l'aide de transformations algébriques.

$$\int (x^2 - 1)^3 x \, dx = \int (x^6 - 3x^4 + 3x^2 - 1)x \, dx \quad \text{(en élevant à la puissance 3)}$$

$$= \int (x^7 - 3x^5 + 3x^3 - x) \, dx \quad \text{(en effectuant)}$$

$$= \dfrac{x^8}{8} - \dfrac{x^6}{2} + \dfrac{3x^4}{4} - \dfrac{x^2}{2} + C \quad \text{(en intégrant)}$$

Cette façon de procéder peut s'avérer longue pour de grandes puissances, par exemple pour $\int (x^2 - 1)^{29} x \, dx$, et impossible pour certaines puissances fractionnaires, par exemple pour $\int 5x^2 \sqrt{2x^3 + 1} \, dx$. Il serait à propos, dans de tels cas, de rechercher une nouvelle façon d'intégrer. Cette méthode s'appelle changement de variable ou intégration par substitution.

| **THÉORÈME 2.3** | Si $G$ est une primitive de $g$, alors $\int g(f(x)) f'(x)\, dx = G(f(x)) + C$. |

| **PREUVE** | En posant $u = f(x)$, nous obtenons $du = f'(x)\, dx$ |

d'où $\int g(f(x)) f'(x)\, dx = \int g(u)\, du$

$$= G(u) + C \quad \text{(car } G \text{ est une primitive de } g\text{)}$$

$$= G(f(x)) + C \quad \text{(car } u = f(x)\text{)}$$

Calculons maintenant l'intégrale de l'exemple 1 précédent en suivant les étapes données pour le calcul d'une intégrale indéfinie à l'aide d'un changement de variable.

**Exemple 2** Calculons $\int (x^2 - 1)^3 x\, dx$ à l'aide d'un changement de variable.

| **Étapes à suivre** | |
|---|---|
| 1) Choisir dans l'intégrande une fonction $f$ et poser $u = f(x)$. | $u = x^2 - 1$ |
| 2) Calculer la différentielle de $u$. | $du = 2x\, dx$ |
| 3) Exprimer l'intégrale initiale en fonction de la variable $u$ et de la différentielle $du$. $\int g(f(x)) f'(x)\, dx = \int g(u)\, du$ | Puisque $du = 2x\, dx$ $$x\, dx = \frac{1}{2}\, du$$ $$\int (x^2 - 1)^3 x\, dx = \int \overbrace{(x^2 - 1)^3}^{u^3} \overbrace{x\, dx}^{\frac{1}{2}\, du}$$ $$= \int u^3 \frac{1}{2}\, du \quad \text{(par substitution)}$$ $$= \frac{1}{2} \int u^3\, du \quad \text{(théorème 2.1 a)}$$ |
| 4) Intégrer en fonction de la variable $u$. $\int g(u)\, du = G(u) + C$ | $$= \frac{1}{2} \frac{u^4}{4} + C \quad \text{(en intégrant)}$$ $$= \frac{u^4}{8} + C$$ |
| 5) Exprimer l'intégrale indéfinie précédente en fonction de la variable initiale. $\int g(f(x)) f'(x)\, dx = G(f(x)) + C$ | $$= \frac{(x^2 - 1)^4}{8} + C$$ $$\text{(car } u = x^2 - 1\text{)}$$ |

D'où $\int (x^2 - 1)^3 x\, dx = \dfrac{(x^2 - 1)^4}{8} + C$

L'élève peut vérifier que $\left(\dfrac{x^8}{8} - \dfrac{x^6}{2} + \dfrac{3x^4}{4} - \dfrac{x^2}{2}\right)$ et $\dfrac{(x^2 - 1)^4}{8}$ sont égales, à une constante

près (corollaire 2 du théorème de Lagrange).

Le choix de $u$ dépend en fait du type d'intégrale indéfinie que nous avons à effectuer. Nous choisissons généralement de poser $u = f(x)$ dans une intégrale donnée lorsque nous retrouvons dans cette même intégrale la dérivée $f'(x)$ possiblement multipliée par une constante non nulle.

L'élève constatera dans les prochains exemples que la méthode du changement de variable facilite beaucoup les calculs nécessaires à la résolution de certaines intégrales et permet même d'effectuer certaines intégrales impossibles à effectuer directement avec les formules de base.

**Exemple 3** Calculons $\int 5x^2 \sqrt{2x^3 + 1}\ dx$.

$$\int 5x^2 \sqrt{2x^3 + 1}\ dx = \int 5\overbrace{(2x^3 + 1)^{\frac{1}{2}}}^{u^{\frac{1}{2}}} \overbrace{x^2\ dx}^{\frac{1}{6}\,du}$$

$u = 2x^3 + 1$

$du = 6x^2\ dx$

$x^2\ dx = \dfrac{1}{6}\ du$

$$= \int 5u^{\frac{1}{2}} \frac{1}{6}\ du \qquad \text{(par substitution)}$$

$$= \frac{5}{6} \int u^{\frac{1}{2}}\ du \qquad \text{(théorème 2.1 a)}$$

$$= \frac{5}{6} \frac{u^{\frac{3}{2}}}{\frac{3}{2}} + C \qquad \text{(en intégrant)}$$

$$= \frac{5}{9} (2x^3 + 1)^{\frac{3}{2}} + C \quad \text{(car } u = 2x^3 + 1\text{)}$$

$$= \frac{5}{9} \sqrt{(2x^3 + 1)^3} + C$$

**Exemple 4**

a) Calculons $\int \sin (4x + 3)\ dx$.

$u = 4x + 3$

$du = 4\ dx$

$dx = \dfrac{1}{4}\ du$

$$\int \sin (4x + 3)\ dx = \int \sin \overbrace{(4x + 3)}^{u} \overbrace{dx}^{\frac{1}{4}\,du}$$

$$= \int \sin u \frac{1}{4}\ du \qquad \text{(par substitution)}$$

$$= \frac{1}{4} \int \sin u\ du \qquad \text{(théorème 2.1 a)}$$

$$= \frac{1}{4} (\text{-}\cos u) + C \qquad \text{(en intégrant)}$$

$$= \frac{\text{-}\cos (4x + 3)}{4} + C \qquad \text{(car } u = 4x + 3\text{)}$$

b) Calculons $\int \dfrac{\sec \sqrt{3x}\ \tan \sqrt{3x}}{\sqrt{x}}\ dx$.

$u = \sqrt{3x}$

$du = \dfrac{3}{2\sqrt{3x}}\ dx$

$\dfrac{1}{\sqrt{x}}\ dx = \dfrac{2\sqrt{3}}{3}\ du$

$$\int \frac{\sec \sqrt{3x}\ \tan \sqrt{3x}}{\sqrt{x}}\ dx = \int \sec \overbrace{\sqrt{3x}}^{u}\ \tan \overbrace{\sqrt{3x}}^{u}\ \overbrace{\frac{1}{\sqrt{x}}\ dx}^{\frac{2\sqrt{3}}{3}\,du}$$

$$= \int \sec u \tan u \frac{2\sqrt{3}}{3}\ du \qquad \text{(par substitution)}$$

$$= \frac{2\sqrt{3}}{3} \int \sec u \tan u\ du \qquad \text{(théorème 2.1 a)}$$

$$= \frac{2\sqrt{3}}{3} \sec u + C \qquad \text{(en intégrant)}$$

$$= \frac{2\sqrt{3}}{3} \sec \sqrt{3x} + C \qquad \text{(car } u = \sqrt{3x}\text{)}$$

$u = \sin 3\theta$

$du = 3 \cos 3\theta \, d\theta$

$\cos 3\theta \, d\theta = \dfrac{1}{3} \, du$

a) Calculons $\int \sin^5 3\theta \cos 3\theta \, d\theta$.

$$\int \sin^5 3\theta \cos 3\theta \, d\theta = \int \overbrace{(\sin 3\theta)^5}^{u^5} \overbrace{\cos 3\theta \, d\theta}^{\frac{1}{3} \, du}$$

$$= \int u^5 \, \frac{1}{3} \, du \qquad \text{(par substitution)}$$

$$= \frac{1}{3} \int u^5 \, du \qquad \text{(théorème 2.1 a)}$$

$$= \frac{1}{3} \frac{u^6}{6} + C \qquad \text{(en intégrant)}$$

$$= \frac{\sin^6 3\theta}{18} + C \qquad \text{(car } u = \sin 3\theta)$$

$u = \tan\left(\dfrac{\varphi}{3}\right)$

$du = \dfrac{\sec^2\left(\dfrac{\varphi}{3}\right)}{3} \, d\varphi$

$\sec^2\left(\dfrac{\varphi}{3}\right) d\varphi = 3 \, du$

b) Calculons $\int \sec^2\left(\dfrac{\varphi}{3}\right) e^{\tan\left(\frac{\varphi}{3}\right)} d\varphi$.

$$\int \sec^2\left(\frac{\varphi}{3}\right) e^{\tan\left(\frac{\varphi}{3}\right)} d\varphi = \int \overbrace{e^{\tan\left(\frac{\varphi}{3}\right)}}^{u} \overbrace{\sec^2\left(\frac{\varphi}{3}\right) d\varphi}^{3 \, du}$$

$$= \int e^u \, 3 \, du \qquad \text{(par substitution)}$$

$$= 3 \int e^u \, du \qquad \text{(théorème 2.1 a)}$$

$$= 3 \, e^u + C \qquad \text{(en intégrant)}$$

$$= 3 \, e^{\tan\left(\frac{\varphi}{3}\right)} + C \qquad \left(\text{car } u = \tan\left(\frac{\varphi}{3}\right)\right)$$

**Exemple 6** Calculons les intégrales suivantes.

a) $v = \ln u$

  $dv = \dfrac{1}{u} \, du$

b) $u = \text{Arc tan } x$

  $du = \dfrac{1}{1 + x^2} \, dx$

a) 
$$\int \frac{1}{u \ln^2 u} \, du = \int \underbrace{\frac{1}{(\ln u)^2}}_{v^2} \overbrace{\frac{1}{u} \, du}^{dv}$$

$$= \int \frac{1}{v^2} \, dv \qquad \text{(par substitution)}$$

$$= \int v^{-2} \, dv$$

$$= \frac{-1}{v} + C \qquad \text{(en intégrant)}$$

$$= \frac{-1}{\ln u} + C \qquad \text{(car } v = \ln u)$$

b) 
$$\int \frac{10^{\text{Arc tan } x}}{x^2 + 1} \, dx = \int 10^{\text{Arc tan } x} \overbrace{\frac{1}{x^2 + 1} \, dx}^{du}$$

where $u$ is $10^{\text{Arc tan } x}$ marked.

$$= \int 10^u \, du$$

$$\text{(par substitution)}$$

$$= \frac{10^u}{\ln 10} + C$$

$$\text{(en intégrant)}$$

$$= \frac{10^{\text{Arc tan } x}}{\ln 10} + C$$

$$\text{(car } u = \text{Arc tan } x)$$

Dans certains cas, il y a plus d'une façon de choisir $u$.

**Exemple 7** Calculons chacune des intégrales suivantes à l'aide de deux changements de variable différents.

a) $\int e^{\sin x} \cos x \, dx$

| **Changement de variable 1** | **Changement de variable 2** |
|---|---|
| $u = \sin x$ <br> $du = \cos x \, dx$ | $v = e^{\sin x}$ <br> $dv = e^{\sin x} \cos x \, dx$ |

$$\int e^{\sin x} \cos x \, dx = \int \overbrace{e^{\sin x}}^{e^u} \overbrace{\cos x \, dx}^{du}$$

$$= \int e^u \, du$$

$$= e^u + C_1$$

$$= e^{\sin x} + C_1$$

$$\int e^{\sin x} \cos x \, dx = \int \overbrace{e^{\sin x} \cos x \, dx}^{dv}$$

$$= \int dv$$

$$= v + C_2$$

$$= e^{\sin x} + C_2$$

b) $\int \tan \theta \sec^2 \theta \, d\theta$

| **Changement de variable 1** | **Changement de variable 2** |
|---|---|
| $u = \tan \theta$ <br> $du = \sec^2 \theta \, d\theta$ | $v = \sec \theta$ <br> $dv = \sec \theta \tan \theta \, d\theta$ |

$$\int \tan \theta \sec^2 \theta \, d\theta = \int \overbrace{\tan \theta}^{u} \overbrace{\sec^2 \theta \, d\theta}^{du}$$

$$= \int u \, du$$

$$= \frac{u^2}{2} + C_1$$

$$= \frac{\tan^2 \theta}{2} + C_1$$

$$\int \tan \theta \sec^2 \theta \, d\theta = \int \overbrace{\sec \theta}^{v} \overbrace{\sec \theta \tan \theta \, d\theta}^{dv}$$

$$= \int v \, dv$$

$$= \frac{v^2}{2} + C_2$$

$$= \frac{\sec^2 \theta}{2} + C_2$$

Nous aurons occasionnellement à transformer la fonction à intégrer avant d'effectuer un changement de variable.

**Exemple 8** Calculons $\int \dfrac{3x^4}{1 + x^{10}} \, dx$.

En transformant $\int \dfrac{3x^4}{1 + x^{10}} \, dx$, nous obtenons $\int \dfrac{3x^4}{1 + (x^5)^2} \, dx$.

$u = x^5$

$du = 5x^4 \, dx$

$x^4 \, dx = \dfrac{1}{5} \, du$

$$\int \frac{3}{1 + x^{10}} \, x^4 \, dx = 3 \int \frac{1}{1 + \underbrace{(x^5)^2}_{u^2}} \overbrace{x^4 \, dx}^{\frac{1}{5} \, du}$$

$$= 3 \int \frac{1}{1 + u^2} \frac{1}{5} \, du \qquad \text{(par substitution)}$$

$$= \frac{3}{5} \int \frac{1}{1 + u^2} \, du \qquad \text{(théorème 2.1 a)}$$

$$= \frac{3}{5} \text{Arc} \tan u + C \qquad \text{(en intégrant)}$$

$$= \frac{3}{5} \text{Arc} \tan x^5 + C \qquad \text{(car } u = x^5\text{)}$$

Nous aurons parfois à utiliser plus d'un changement de variable pour calculer certaines intégrales.

**Exemple 9** Calculons $\int \left( \cos \frac{\theta}{3} - \sin (1 - 2\theta) \right) d\theta$.

$u = \dfrac{\theta}{3}$

$du = \dfrac{1}{3} d\theta$

$d\theta = 3 du$

$$\int \left( \cos \frac{\theta}{3} - \sin (1 - 2\theta) \right) d\theta = \int \overset{u}{\cos \frac{\theta}{3}} \overset{3\,du}{d\theta} - \int \overset{v}{\sin (1 - 2\theta)} \overset{\frac{-1}{2}\,dv}{d\theta} \qquad \text{(théorème 2.1 b)}$$

$$= \int \cos u \, (3 \, du) - \int \sin v \left( \frac{-1}{2} dv \right) \quad \text{(par substitution)}$$

$v = 1 - 2\theta$

$dv = -2 \, d\theta$

$d\theta = \dfrac{-1}{2} dv$

$$= 3 \int \cos u \, du + \frac{1}{2} \int \sin v \, dv \qquad \text{(théorème 2.1 a)}$$

$$= 3 \sin u - \frac{1}{2} \cos v + C \qquad \text{(en intégrant)}$$

$$= 3 \sin \frac{\theta}{3} - \frac{1}{2} \cos (1 - 2\theta) + C \quad \left( \text{car } u = \frac{\theta}{3} \text{ et } v = 1 - 2\theta \right)$$

## ■ Intégration des fonctions tangente, cotangente, sécante et cosécante

Dans cette section, nous allons démontrer des formules d'intégration qu'il sera utile de mémoriser.

Formule 14

Déterminons $\int \tan x \, dx$ à l'aide de deux changements de variable différents.

| **Changement de variable 1** | **Changement de variable 2** |
|---|---|

$\tan x = \dfrac{\sin x}{\cos x}$

$\tan x = \dfrac{\tan x \sec x}{\sec x}$

$$\int \tan x \, dx = \int \frac{\sin x}{\cos x} \, dx \qquad\qquad \int \tan x \, dx = \int \frac{\tan x \sec x}{\sec x} \, dx$$

$u = \cos x$ $\qquad\qquad\qquad\qquad\qquad\qquad\qquad v = \sec x$

$du = -\sin x \, dx$ $\qquad\qquad\qquad\qquad\qquad\quad dv = \sec x \tan x \, dx$

$\sin x \, dx = -du$

$$\int \tan x \, dx = \int \frac{1}{\underset{u}{\cos x}} \overset{-du}{(\sin x \, dx)} \qquad\qquad \int \tan x \, dx = \int \frac{1}{\underset{v}{\sec x}} \overset{dv}{(\sec x \tan x \, dx)}$$

$$= \int \frac{1}{u} (-du) \qquad\qquad\qquad\qquad\qquad = \int \frac{1}{v} dv$$

$$= -\int \frac{1}{u} du \qquad\qquad\qquad\qquad\qquad = \ln |v| + C$$

$$= -\ln |u| + C \qquad\qquad\qquad\qquad\quad = \ln |\sec x| + C$$

$$= -\ln |\cos x| + C$$

L'élève peut vérifier que ln |sec $x$| = -ln |cos $x$| (exercices préliminaires, n° 8a).
Nous avons donc la formule d'intégration suivante.

**FORMULE 14** $\qquad \int \tan x \, dx = -\ln |\cos x| + C \quad$ (ou $\int \tan x \, dx = \ln |\sec x| + C$)

**Exemple 1** Calculons $\int \tan 6\theta \, d\theta$.

$u = 6\theta$

$du = 6 \, d\theta$

$d\theta = \dfrac{1}{6} du$

$$\int \tan 6\theta \, d\theta = \int \tan \overbrace{6\theta}^{u} \ \overbrace{d\theta}^{\frac{1}{6} du}$$

$$= \int (\tan u) \frac{1}{6} du$$

$$= \frac{1}{6} \int \tan u \, du$$

$$= \frac{1}{6} (-\ln |\cos u|) + C \qquad \text{(formule 14)}$$

$$= \frac{-1}{6} \ln |\cos 6\theta| + C$$

Nous laissons en exercice (exercices récapitulatifs, n° 5) la démonstration de la
formule d'intégration suivante.

**FORMULE 15** $\qquad \int \cot x \, dx = \ln |\sin x| + C \quad$ (ou $\int \cot x \, dx = -\ln |\csc x| + C$)

**Exemple 2** Calculons $\displaystyle\int \frac{e^{\sqrt{x}} \cot (e^{\sqrt{x}} + 1)}{\sqrt{x}} \, dx$.

$u = e^{\sqrt{x}} + 1$

$du = \dfrac{e^{\sqrt{x}}}{2\sqrt{x}} dx$

$\dfrac{e^{\sqrt{x}}}{\sqrt{x}} dx = 2 \, du$

$$\int \frac{e^{\sqrt{x}} \cot (e^{\sqrt{x}} + 1)}{\sqrt{x}} \, dx = \int \cot \overbrace{(e^{\sqrt{x}} + 1)}^{u} \ \overbrace{\frac{e^{\sqrt{x}}}{\sqrt{x}} dx}^{2 \, du}$$

$$= \int (\cot u) \, 2 \, du$$

$$= 2 \int \cot u \, du$$

$$= 2 \ln |\sin u| + C \qquad \text{(formule 15)}$$

$$= 2 \ln |\sin (e^{\sqrt{x}} + 1)| + C$$

Formule 16 $\qquad$ Déterminons une formule pour $\int \sec x \, dx$.

$u = \sec x + \tan x$

$du = (\sec x \tan x + \sec^2 x) \, dx$

$\sec x (\sec x + \tan x) \, dx = du$

$$\int \sec x \, dx = \int \frac{\sec x (\sec x + \tan x)}{(\sec x + \tan x)} \, dx \qquad \left( \text{car} \sec x = \frac{\sec x (\sec x + \tan x)}{(\sec x + \tan x)} \right)$$

$$\int \sec x \, dx = \int \underbrace{\frac{1}{(\sec x + \tan x)}}_{u} \overbrace{\sec x (\sec x + \tan x) \, dx}^{du}$$

$$= \int \frac{1}{u}\, du$$

$$= \ln |u| + C$$

$$= \ln |\sec x + \tan x| + C$$

Nous avons donc la formule d'intégration suivante.

**FORMULE 16**     $\int \sec x\, dx = \ln |\sec x + \tan x| + C$

**Exemple 3**  Calculons $\int \sec (1 - 3\theta)\, d\theta$.

$u = 1 - 3\theta$

$du = \text{-}3\, d\theta$

$d\theta = \dfrac{\text{-}1}{3}\, du$

$$\int \sec (1 - 3\theta)\, d\theta = \int \sec \overbrace{(1 - 3\theta)}^{u} \overbrace{d\theta}^{\frac{\text{-}1}{3}\, du}$$

$$= \int (\sec u)\, \frac{\text{-}1}{3}\, du$$

$$= \frac{\text{-}1}{3} \int \sec u\, du$$

$$= \frac{\text{-}1}{3} \ln |\sec u + \tan u| + C \qquad \text{(formule 16)}$$

$$= \frac{\text{-}1}{3} \ln |\sec (1 - 3\theta) + \tan (1 - 3\theta)| + C$$

Nous laissons en exercice (exercices récapitulatifs, n° 5b) la démonstration de la formule d'intégration suivante.

**FORMULE 17**     $\int \csc x\, dx = \text{-}\ln |\csc x + \cot x| + C$     $\left( \begin{array}{c} \int \csc x\, dx = \ln |\csc x - \cot x| + C \\ \text{ou} \\ \int \csc x\, dx = \ln |\cot x - \csc x| + C \end{array} \right)$

Exercices préliminaires, n° 8b, page 59

L'élève peut vérifier que $\text{-}\ln |\csc x + \cot x| = \ln |\csc x - \cot x| = \ln |\cot x - \csc x|$.

**Exemple 4**  Calculons $\int \dfrac{3e^{2x}}{\sin e^{2x}}\, dx$.

$u = e^{2x}$

$du = 2e^{2x}\, dx$

$e^{2x}\, dx = \dfrac{1}{2}\, du$

$$\int \frac{3e^{2x}}{\sin e^{2x}}\, dx = 3 \int \csc \overbrace{e^{2x}}^{u} \overbrace{e^{2x}\, dx}^{\frac{1}{2}\, du} \qquad \left( \text{car } \frac{1}{\sin e^{2x}} = \csc e^{2x} \right)$$

$$= 3 \int \csc u \left( \frac{1}{2}\, du \right) \qquad \text{(par substitution)}$$

$$= \frac{3}{2} \int \csc u\, du \qquad \text{(théorème 2.1 a)}$$

$$= \frac{3}{2} (\text{-}\ln |\csc u + \cot u|) + C \qquad \text{(formule 17)}$$

$$= \frac{\text{-}3}{2} \ln |\csc e^{2x} + \cot e^{2x}| + C$$

# ● Utilisation d'artifices de calcul pour intégrer

Division de polynômes

Lorsque la fonction à intégrer est de la forme $\dfrac{f(x)}{g(x)}$, où $f(x)$ et $g(x)$ sont des polynômes tels que le degré du numérateur est supérieur ou égal au degré du dénominateur, nous pouvons d'abord effectuer la division avant d'intégrer.

**Exemple 1** Calculons $\displaystyle\int \dfrac{4x^3 + 7x + 5}{x^2 + 1}\, dx$.

En effectuant la division $\dfrac{4x^3 + 7x + 5}{x^2 + 1}$, nous obtenons $4x + \dfrac{3x + 5}{x^2 + 1}$

$$\dfrac{A + B}{C} = \dfrac{A}{C} + \dfrac{B}{C}$$

d'où $\displaystyle\int \dfrac{4x^3 + 7x + 5}{x^2 + 1}\, dx = \int \left[ 4x + \dfrac{3x + 5}{x^2 + 1} \right] dx$

$$= \int \left[ 4x + \dfrac{3x}{x^2 + 1} + \dfrac{5}{x^2 + 1} \right] dx$$

$$= 4\int x\, dx + 3\int \dfrac{x}{x^2 + 1}\, dx + 5\int \dfrac{1}{x^2 + 1}\, dx \quad \text{(théorème 2.2)}$$

en ↓ intégrant     en ↓ intégrant

$$u = x^2 + 1$$
$$du = 2x\, dx$$
$$x\, dx = \dfrac{1}{2}\, du$$

$$= \left( 4\,\dfrac{x^2}{2} + C_1 \right) + 3\int \dfrac{1}{u}\,\dfrac{1}{2}\, du + (5\,\text{Arc tan } x + C_2)$$

en ↓ intégrant

$$= (2x^2 + C_1) + \left( \dfrac{3}{2}\ln|u| + C_3 \right) + (5\,\text{Arc tan } x + C_2)$$

$$= 2x^2 + \dfrac{3}{2}\ln(x^2 + 1) + 5\,\text{Arc tan } x + C$$

$$\text{(car } u = x^2 + 1 \text{ et } C = C_1 + C_3 + C_2)$$

Identité trigonométrique

Pour calculer l'intégrale de certaines fonctions, il peut être utile d'avoir recours à des identités trigonométriques.

**Exemple 2** Calculons $\displaystyle\int \dfrac{1}{1 - \cos 2x}\, dx$ de deux façons différentes.

**1re façon** À l'aide d'une identité trigonométrique

$\cos(A + B) =$
$\cos A \cos B - \sin A \sin B$

$$\int \dfrac{1}{1 - \cos 2x}\, dx = \int \dfrac{1}{1 - (\cos^2 x - \sin^2 x)}\, dx \quad \text{(car } \cos 2x = \cos^2 x - \sin^2 x)$$

$$= \int \dfrac{1}{(1 - \cos^2 x) + \sin^2 x}\, dx$$

$\sin^2 x + \cos^2 x = 1$

$$= \int \dfrac{1}{2\sin^2 x}\, dx \quad \text{(car } 1 - \cos^2 x = \sin^2 x)$$

$\dfrac{1}{\sin x} = \csc x$

$$= \dfrac{1}{2}\int \csc^2 x\, dx$$

$$= \dfrac{-\cot x}{2} + C$$

**2e façon** À l'aide du conjugué

Conjugué

$$\int \dfrac{1}{1 - \cos 2x}\, dx = \int \left( \dfrac{1}{1 - \cos 2x} \right)\left( \dfrac{1 + \cos 2x}{1 + \cos 2x} \right) dx$$

$$= \int \frac{1 + \cos 2x}{1 - \cos^2 2x}\, dx$$

$$= \int \frac{1 + \cos 2x}{\sin^2 2x}\, dx \qquad (\text{car } 1 - \cos^2 2x = \sin^2 2x)$$

$$= \int \left( \frac{1}{\sin^2 2x} + \frac{\cos 2x}{\sin^2 2x} \right) dx$$

$$= \int \csc^2 2x\, dx + \int \frac{\cos 2x}{\sin^2 2x}\, dx$$

$$= \int \csc^2 u\, \frac{1}{2}\, du + \int \frac{1}{v^2}\, \frac{1}{2}\, dv$$

$$= \frac{1}{2} \int \csc^2 u\, du + \frac{1}{2} \int v^{-2}\, dv$$

$$= \frac{1}{2}\, (\text{-}\cot u) + \frac{1}{2} \left( \frac{v^{-1}}{\text{-}1} \right) + C$$

$$= \frac{\text{-}1}{2} \cot 2x - \frac{1}{2 \sin 2x} + C \qquad (\text{car } u = 2x \text{ et } v = \sin 2x)$$

$u = 2x$
$du = 2\, dx$
$dx = \dfrac{1}{2}\, du$

$v = \sin 2x$
$dv = 2 \cos 2x\, dx$
$\cos 2x\, dx = \dfrac{1}{2}\, dv$

**Exemple 3** Calculons $\int \cos^2 3x\, dx$, en utilisant $\cos^2 \theta = \dfrac{1 + \cos 2\theta}{2}$.

$\cos^2 \theta = \dfrac{1 + \cos 2\theta}{2}$

$$\int \cos^2 3x\, dx = \int \frac{1 + \cos 6x}{2}\, dx \qquad \left( \text{car } \cos^2 3x = \frac{1 + \cos 6x}{2} \right)$$

$$= \frac{1}{2} \int (1 + \cos 6x)\, dx$$

$$= \frac{1}{2} \left[ \int 1\, dx + \int \cos 6x\, dx \right]$$

$$= \frac{1}{2} \left[ x + \frac{1}{6} \int \cos u\, du \right]$$

$$= \frac{1}{2} \left[ x + \frac{1}{6} \sin u \right] + C$$

$$= \frac{1}{2} \left[ x + \frac{1}{6} \sin 6x \right] + C \qquad (\text{car } u = 6x)$$

$u = 6x$
$du = 6\, dx$
$dx = \dfrac{1}{6}\, du$

Expression de $x$
en fonction de $u$

Pour calculer l'intégrale de certaines fonctions, où nous avons posé $u = f(x)$, il peut être nécessaire d'exprimer $x$ en fonction de $u$ pour résoudre l'intégrale.

**Exemple 4** Calculons $\int x^2 \sqrt{8x + 1}\, dx$.

$u = 8x + 1$
$du = 8\, dx$
$dx = \dfrac{1}{8}\, du$

$$\int x^2 \sqrt{8x + 1}\, dx = \int x^2 \overbrace{(8x + 1)^{\frac{1}{2}}}^{u^{\frac{1}{2}}} \overbrace{dx}^{\frac{1}{8}\, du}$$

$$= \int x^2\, u^{\frac{1}{2}}\, \frac{1}{8}\, du$$

Avant d'intégrer, il faut exprimer $x$ en fonction de $u$, car on ne peut pas intégrer avec plus d'une variable dans l'intégrale.

Puisque $u = 8x + 1$,
$$x = \frac{u-1}{8}$$

$$\int x^2 \sqrt{8x+1}\, dx = \int \overbrace{x^2}^{\left(\frac{u-1}{8}\right)^2} u^{\frac{1}{2}} \frac{1}{8}\, du$$

$$= \int \frac{(u-1)^2}{64} u^{\frac{1}{2}} \frac{1}{8}\, du$$

$$= \frac{1}{512} \int (u^2 - 2u + 1)\, u^{\frac{1}{2}}\, du$$

$$= \frac{1}{512} \int \left(u^{\frac{5}{2}} - 2u^{\frac{3}{2}} + u^{\frac{1}{2}}\right) du$$

$$= \frac{1}{512} \left(\frac{2}{7}u^{\frac{7}{2}} - 2\left(\frac{2}{5}\right)u^{\frac{5}{2}} + \frac{2}{3}u^{\frac{3}{2}}\right) + C$$

$$= \frac{1}{512} \left(\frac{2}{7}(8x+1)^{\frac{7}{2}} - \frac{4}{5}(8x+1)^{\frac{5}{2}} + \frac{2}{3}(8x+1)^{\frac{3}{2}}\right) + C$$

$$(\text{car } u = 8x + 1)$$

$$= \frac{1}{512} \left(\frac{2\sqrt{(8x+1)^7}}{7} - \frac{4\sqrt{(8x+1)^5}}{5} + \frac{2\sqrt{(8x+1)^3}}{3}\right) + C$$

**Exemple 5** Calculons $\displaystyle\int \frac{1}{x\sqrt{9x^2 - 5}}\, dx$.

Nous remarquons que cette intégrale semble être de la même forme que $\displaystyle\int \frac{1}{u\sqrt{u^2 - 1}}\, du$.

En transformant $\displaystyle\int \frac{1}{x\sqrt{9x^2 - 5}}\, dx$, nous obtenons $\displaystyle\int \frac{1}{x\sqrt{5\left(\frac{9x^2}{5} - 1\right)}}\, dx$.

$$u = \frac{3x}{\sqrt{5}}$$
$$du = \frac{3}{\sqrt{5}}\, dx$$
$$dx = \frac{\sqrt{5}}{3}\, du$$

$$\int \frac{1}{x\sqrt{5\left(\frac{9x^2}{5} - 1\right)}}\, dx = \frac{1}{\sqrt{5}} \int \frac{1}{x\sqrt{\underbrace{\left(\frac{3x}{\sqrt{5}}\right)^2}_{u^2} - 1}}\, \overbrace{dx}^{\frac{\sqrt{5}}{3}\, du}$$

Puisque $u = \dfrac{3x}{\sqrt{5}}$,
$$x = \frac{\sqrt{5}}{3}u$$

$$= \frac{1}{\sqrt{5}} \int \frac{1}{\underbrace{x}_{\frac{\sqrt{5}}{3}u}\sqrt{u^2 - 1}}\, \frac{\sqrt{5}}{3}\, du$$

$$= \frac{1}{\sqrt{5}} \int \frac{1}{\frac{\sqrt{5}}{3}u\sqrt{u^2 - 1}}\, \frac{\sqrt{5}}{3}\, du$$

$$= \frac{1}{\sqrt{5}} \int \frac{1}{u\sqrt{u^2 - 1}} \, du$$

$$= \frac{1}{\sqrt{5}} \operatorname{Arc sec} u + C$$

$$= \frac{1}{\sqrt{5}} \operatorname{Arc sec} \left( \frac{3x}{\sqrt{5}} \right) + C$$

$$= \frac{\sqrt{5}}{5} \operatorname{Arc sec} \left( \frac{3\sqrt{5}x}{5} \right) + C$$

Dans les exercices 2.3, l'élève doit transformer l'intégrale donnée de façon à obtenir une des formules du tableau de la page 69 ou une des formules suivantes.

| Formules d'intégration | | | |
|---|---|---|---|
| Formule 14 | $\int \tan u \, du = -\ln |\cos u| + C$ | Formule 16 | $\int \sec u \, du = \ln |\sec u + \tan u| + C$ |
| Formule 15 | $\int \cot u \, du = \ln |\sin u| + C$ | Formule 17 | $\int \csc u \, du = -\ln |\csc u + \cot u| + C$ |

# Exercices 2.3

**1.** Calculer les intégrales suivantes.

a) $\int \sqrt{3 + 2x} \, dx$

b) $\int \sqrt[3]{5 - 8t} \, dt$

c) $\int 4x(5 - 3x^2)^5 \, dx$

d) $\int (x^3 - 4)x \, dx$

e) $\int \frac{3r}{\sqrt{1 - r^2}} \, dr$

f) $\int \frac{6t^3 + 12t}{(3t^4 + 12t^2)^6} \, dt$

g) $\int \frac{1}{4x - 3} \, dx$

h) $\int \frac{1}{(4x - 3)^2} \, dx$

i) $\int \frac{12h^2}{(h^3 + 8)} \, dh$

j) $\int \frac{h^3 + 8}{12h^2} \, dh$

k) $\int \frac{(4 - \sqrt{u})^7}{\sqrt{u}} \, du$

l) $\int \frac{1}{\sqrt{x} \, (\sqrt{x} + 5)} \, dx$

m) $\int \frac{3y + 5}{y^2 + 1} \, dy$

n) $\int \left( \frac{-5}{3x - 1} + \frac{7}{(4 - 5x)^2} \right) dx$

**2.** Calculer les intégrales suivantes.

a) $\int 5 \cos 3\theta \, d\theta$

b) $\int 4 \sin (-\varphi) \, d\varphi$

c) $\int 8 \sec^2 \left( \frac{t}{8} \right) dt$

d) $\int x \sin (1 - 3x^2) \, dx$

e) $\int \sin x \cos x \, dx$

f) $\int \frac{3 \sec^2 4\theta}{\tan^3 4\theta} \, d\theta$

g) $\int \tan t \sec^3 t \, dt$

h) $\int 4 \csc^2 (1 - 40x) \, dx$

i) $\int \frac{\csc^2 \varphi}{3 + 5 \cot \varphi} \, d\varphi$

j) $\int \frac{\sec^2 (3 - \sqrt{x})}{\sqrt{x}} \, dx$

k) $\int \frac{1}{t^2} \sec \left( \frac{1}{t} \right) \tan \left( \frac{1}{t} \right) dt$

l) $\int \cot \left( \frac{x}{2} \right) \csc \left( \frac{x}{2} \right) dx$

m) $\int \sin 2x \cos^4 2x \, dx$

n) $\int 5 \sin^6 \left( \frac{\theta}{5} \right) \cos \left( \frac{\theta}{5} \right) d\theta$

o) $\int \left( \sin \left( \frac{t}{2} \right) + \frac{1}{\sin^2 2t} \right) dt$

p) $\int \frac{\cos x}{\sqrt{5 - 4 \sin x}} \, dx$

**3.** Calculer les intégrales suivantes.

a) $\int \cos \theta \, e^{\sin \theta} \, d\theta$

b) $\int e^x \sin e^x \, dx$

c) $\int e^{-x} \, dx$

d) $\int (5e^x + 1)^3 \, e^x \, dx$

e) $\int \frac{e^{-4x}}{1 - e^{-4x}} \, dx$

f) $\int \frac{\sqrt{\ln t}}{3t} \, dt$

g) $\int \frac{\ln \sqrt{t}}{3t} \, dt$

h) $\int \frac{e^x + \cos x}{e^x + \sin x} \, dx$

i) $\int 10^{\tan 3\theta} \sec^2 3\theta \, d\theta$

j) $\int \frac{e^{\operatorname{Arc sin} x}}{\sqrt{1 - x^2}} \, dx$

k) $\int \frac{3^{\cos 8\varphi}}{\csc 8\varphi} \, d\varphi$

l) $\int \frac{e^x}{1 + e^x} \, dx$

m) $\int \frac{e^u}{1 + e^{2u}} \, du$

n) $\int \frac{1 + e^{2x}}{e^x} \, dx$

o) $\int \frac{5^x}{\sqrt{1 - 5^{2x}}} \, dx$

p) $\int \left( \frac{1}{e^{-3x}} + \frac{1}{5^{2x}} \right) dx$

**4.** Calculer les intégrales suivantes.

a) $\displaystyle\int \tan(5\theta + 1)\, d\theta$

d) $\displaystyle\int \frac{\cot(\ln x)}{x}\, dx$

b) $\displaystyle\int \csc\left(\frac{1-t}{3}\right) dt$

e) $\displaystyle\int \frac{\sec^2\theta}{\tan(\tan\theta)}\, d\theta$

c) $\displaystyle\int 4e^x \sec(3e^x)\, dx$

f) $\displaystyle\int \frac{\cos\theta \sec^2(\sin\theta)}{\tan(\sin\theta)}\, d\theta$

e) $\displaystyle\int \frac{e^{2x}}{\sqrt{1-e^{2x}}}\, dx$

g) $\displaystyle\int \frac{4}{\sqrt{e^{2x}-1}}\, dx$

f) $\displaystyle\int \frac{e^x}{\sqrt{1-e^{2x}}}\, dx$

h) $\displaystyle\int \frac{e^{2x}}{(1+e^x)^2}\, dx$

**5.** Calculer les intégrales suivantes.

a) $\displaystyle\int \frac{6x^2 - 11x + 5}{3x - 4}\, dx$

d) $\displaystyle\int \frac{x^2 + 2x - 1}{x + 1}\, dx$

b) $\displaystyle\int \frac{2x^3 - 3x^2 + x + 1}{x^2 + 1}\, dx$

e) $\displaystyle\int \frac{x+1}{x^2 - x - 2}\, dx$

c) $\displaystyle\int \frac{x+1}{x^2 + 2x - 1}\, dx$

f) $\displaystyle\int \frac{2x - 5}{3 - 4x}\, dx$

**6.** Calculer les intégrales suivantes.

a) $\displaystyle\int x\sqrt{2x - 1}\, dx$

d) $\displaystyle\int \frac{1}{\sqrt{x}\,(1 + x)}\, dx$

b) $\displaystyle\int x^9(x^5 + 1)^{20}\, dx$

e) $\displaystyle\int \frac{x}{1 + \sqrt{x}}\, dx$

c) $\displaystyle\int \frac{1}{\sqrt{x}\,(1 + \sqrt{x})}\, dx$

f) $\displaystyle\int \frac{\sin 2\theta \cos 2\theta}{1 - \cos 2\theta}\, d\theta$

**7.** Calculer les intégrales suivantes.

a) $\displaystyle\int \sin^2\left(\frac{\theta}{3}\right) d\theta$

c) $\displaystyle\int \frac{\cos^3 t}{1 - \sin t}\, dt$

b) $\displaystyle\int \frac{1}{1 + \cos 3\theta}\, d\theta$

d) $\displaystyle\int \frac{1}{25t^2 + 100}\, dt$

**8.** Démontrer les formules d'intégration suivantes en utilisant un changement de variable approprié.

a) $\displaystyle\int \frac{1}{\sqrt{a^2 - u^2}}\, du = \text{Arc}\sin\left(\frac{u}{a}\right) + C$

b) $\displaystyle\int \frac{u}{\sqrt{a^2 - u^2}}\, du = -\sqrt{a^2 - u^2} + C$

c) $\displaystyle\int \frac{1}{a^2 + u^2}\, du = \frac{1}{a}\text{Arc}\tan\left(\frac{u}{a}\right) + C$

d) $\displaystyle\int \frac{u}{a^2 + u^2}\, du = \frac{1}{2}\ln(a^2 + u^2) + C$

e) $\displaystyle\int \frac{1}{u\sqrt{u^2 - a^2}}\, du = \frac{1}{a}\text{Arc}\sec\left(\frac{u}{a}\right) + C$

**9.** Utiliser les formules de l'exercice 8 pour calculer les intégrales suivantes.

a) $\displaystyle\int \frac{1}{\sqrt{9 - x^2}}\, dx$

d) $\displaystyle\int \frac{3x}{5 + x^2}\, dx$

b) $\displaystyle\int \frac{7}{4x\sqrt{x^2 - 7}}\, dx$

e) $\displaystyle\int \frac{-5x}{7\sqrt{8 - 3x^2}}\, dx$

c) $\displaystyle\int \frac{1}{4 + 9x^2}\, dx$

# 2.4 Résolution d'équations différentielles

## Objectifs d'apprentissage

À la fin de cette section, l'élève pourra utiliser la notion d'intégrale indéfinie pour résoudre des équations différentielles.

Plus précisément, l'élève sera en mesure :
- de donner la définition d'une équation différentielle ;
- de donner la définition de solution d'une équation différentielle ;
- de résoudre des équations différentielles ;
- d'identifier des familles de courbes ;
- de déterminer, parmi une famille de courbes, la courbe qui satisfait certaines conditions.

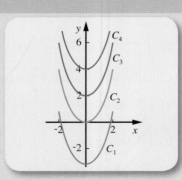

# ● Équations différentielles

**DÉFINITION 2.4** Une **équation différentielle, dite ordinaire**, est une équation dans laquelle l'inconnue est une fonction, par exemple $y = f(x)$, où $x$ est la variable indépendante et dans laquelle nous trouvons une ou plusieurs dérivées successives (première, seconde, troisième…) de cette fonction.

Symboliquement, une équation différentielle peut s'écrire comme suit :

$$F(x, y, y', y'', y''', \ldots, y^{(n)}) = 0 \quad \text{ou} \quad F\left(x, y, \frac{dy}{dx}, \frac{d^2y}{dx^2}, \frac{d^3y}{dx^3}, \ldots, \frac{d^ny}{dx^n}\right) = 0$$

**DÉFINITION 2.5** L'**ordre** d'une équation différentielle est égal à l'ordre de la dérivée la plus élevée.

**Exemple 1** Donnons l'ordre des équations différentielles suivantes.

a) $xy''' - \dfrac{7x^5}{y^4} + 7y^6 + 5 = 0$, est d'ordre 3

b) $\dfrac{d^2y}{dx^2} - 3\dfrac{dy}{dx} + 2y = 0$, est d'ordre 2

c) $\dfrac{dQ}{dt} = K(Q - M)$, est d'ordre 1

d) $\dfrac{dv}{dt} = a$, est d'ordre 1

**DÉFINITION 2.6** Une **solution** d'une équation différentielle est une fonction vérifiant cette équation.

**Exemple 2**

a) Vérifions que la fonction définie par $y = e^{2x}$ est une solution de l'équation différentielle $\dfrac{d^2y}{dx^2} - 3\dfrac{dy}{dx} + 2y = 0$.

Puisque $y = e^{2x}$, $\quad \dfrac{dy}{dx} = 2e^{2x} \quad$ et $\quad \dfrac{dy^2}{d^2x} = 4e^{2x}$

En remplaçant ces valeurs dans l'équation différentielle, nous obtenons

$$\frac{d^2y}{dx^2} - 3\frac{dy}{dx} + 2y = 4e^{2x} - 3(2e^{2x}) + 2e^{2x}$$

$$= 4e^{2x} - 6e^{2x} + 2e^{2x}$$

$$= 0$$

d'où $y = e^{2x}$ est une solution de l'équation différentielle donnée.

b) Vérifions que la fonction définie par $y = 2 \sin 3\theta$ est une solution de l'équation différentielle $y'' + 9y = 0$.

Puisque $y = 2 \sin 3\theta$, $\quad y' = 6 \cos 3\theta \quad$ et $\quad y'' = \text{-}18 \sin 3\theta$

En remplaçant ces valeurs dans l'équation différentielle, nous obtenons

$$y'' + 9y = \text{-}18 \sin 3\theta + 9(2 \sin 3\theta) = \text{-}18 \sin 3\theta + 18 \sin 3\theta = 0$$

d'où $y = 2 \sin 3\theta$ est une solution de l'équation différentielle donnée.

De façon générale, résoudre une équation différentielle consiste à trouver une fonction, ou des fonctions, vérifiant cette équation.

**Exemple 3** Soit l'équation $y' = 3x^2 + e^x + 5$.

a) Trouvons une solution de cette équation différentielle.

En transformant cette équation à l'aide de la notation différentielle, nous obtenons

$$dy = (3x^2 + e^x + 5)\, dx$$

$\dfrac{dy}{dx} = 3x^2 + e^x + 5$

Pour résoudre cette équation, il suffit d'intégrer les deux membres de l'équation.

$$\int dy = \int (3x^2 + e^x + 5)\, dx$$

$$y + C_1 = x^3 + e^x + 5x + C_2 \qquad \text{(en intégrant)}$$

$$y = x^3 + e^x + 5x + C \qquad (C = C_2 - C_1)$$

d'où $y = x^3 + e^x + 5x + C$ est une solution.

**Solution générale**

Cette solution est appelée solution générale de l'équation différentielle.

b) Cherchons la valeur de $C$ telle que $y = 3$ lorsque $x = 0$, et déterminons la solution en remplaçant $C$ par la valeur trouvée.

En remplaçant $x$ par 0 et $y$ par 3 dans l'équation $y = x^3 + e^x + 5x + C$, nous trouvons

$$3 = 0^3 + e^0 + 5(0) + C$$

$$3 = 1 + C, \text{ ainsi } C = 2$$

d'où $y = x^3 + e^x + 5x + 2$

**Solution particulière**

Cette solution est appelée solution particulière de l'équation différentielle.

**DÉFINITION 2.7**

1) La solution $y = f(x) + C$ (ou $F(x, y) = C$), où $C \in \mathbb{R}$, est appelée **solution générale** de l'équation différentielle.

2) La condition imposée $y = y_0$ lorsque $x = x_0$ est appelée **condition initiale**.

3) La solution $y = f(x) + (y_0 - f(x_0))$ (ou $F(x, y) = F(x_0, y_0)$) satisfaisant la condition initiale précédente est appelée **solution particulière**.

**DÉFINITION 2.8**

Toute équation différentielle que nous pouvons écrire sous la forme

$$g(y)\, dy = f(x)\, dx$$

est appelée **équation différentielle à variables séparables**.

**Exemple 4** Vérifions que les équations différentielles suivantes sont des équations différentielles à variables séparables, en regroupant les termes de l'équation différentielle de façon à obtenir une équation de la forme $g(y)\, dy = f(x)\, dx$.

a) $$\dfrac{dy}{dx} = e^x \cos y$$

$$\dfrac{1}{\cos y}\, dy = e^x\, dx \quad \text{(en regroupant)}$$

b) $$\dfrac{3x}{y}\, y' - \dfrac{5 \sin x}{y^2} = 0$$

$$\dfrac{3x}{y}\, \dfrac{dy}{dx} = \dfrac{5 \sin x}{y^2} \quad \left(\text{car } y' = \dfrac{dy}{dx}\right)$$

$$3y\, dy = \dfrac{5 \sin x}{x}\, dx \quad \text{(en regroupant)}$$

D'où les équations différentielles initiales sont des équations différentielles à variables séparables.

Dans ce cours, nous nous limiterons à la résolution d'équations différentielles à variables séparables.

| THÉORÈME 2.4 | Si nous avons l'équation différentielle à variables séparables $\dfrac{dy}{dx} = \dfrac{f(x)}{g(y)}$, alors $\int g(y)\,dy = \int f(x)\,dx + C$ |
|---|---|

**PREUVE**

$$\frac{dy}{dx} = \frac{f(x)}{g(y)}$$

$$g(y)\frac{dy}{dx} = f(x)$$

$$g(y)\frac{dy}{dx} - f(x) = 0 \qquad \text{(équation 1)}$$

Soit $G$ une primitive de $g$ et $F$ une primitive de $f$, c'est-à-dire $G'(y) = g(y)$ et $F'(x) = f(x)$. Nous avons alors

$$\frac{d}{dx}\Big[G(y) - F(x)\Big] = \frac{d}{dx}G(y) - \frac{d}{dx}F(x)$$

$$= \frac{dG(y)}{dy}\frac{dy}{dx} - F'(x) \qquad \text{(règle de dérivation en chaîne)}$$

$$= G'(y)\frac{dy}{dx} - F'(x)$$

$$= g(y)\frac{dy}{dx} - f(x)$$

$$= 0 \qquad \text{(équation 1)}$$

Puisque $\dfrac{d}{dx}\Big[G(y) - F(x)\Big] = 0$

$$G(y) - F(x) = C \qquad \text{(corollaire 2 du théorème de Lagrange)}$$

$$G(y) = F(x) + C$$

d'où $\int g(y)\,dy = \int f(x)\,dx + C$

Voici un résumé des étapes à suivre pour résoudre une équation différentielle à variables séparables.

*Solution particulière*
*Solution générale*

1) Regrouper chaque variable avec sa différentielle dans un des membres de l'équation ; les différentielles doivent être au numérateur ;

2) Intégrer chacun des membres de l'équation (solution implicite) ;

3) Exprimer, s'il y a lieu, une variable en fonction de l'autre (solution explicite) ;

4) Déterminer la constante d'intégration à l'aide de la condition initiale et remplacer cette constante dans la solution générale.

**Exemple 5** Résolvons l'équation différentielle $\dfrac{dy}{dx} = \dfrac{x^3}{y^2}$, où $y = -2$ lorsque $x = -1$, et exprimons, si c'est possible, $y$ en fonction de $x$.

1) Regroupons chaque variable avec sa différentielle.

$$y^2\,dy = x^3\,dx$$

2) Intégrons chacun des membres de l'équation, pour trouver la solution implicite.

$$\int y^2\, dy = \int x^3\, dx$$

$$\frac{y^3}{3} + C_1 = \frac{x^4}{4} + C_2 \quad \text{(en intégrant)}$$

d'où $\dfrac{y^3}{3} = \dfrac{x^4}{4} + C$  où $C = C_2 - C_1$

3) Exprimons $y$ en fonction de $x$, pour trouver une solution explicite.

De l'équation précédente, nous avons

$$y^3 = 3\left(\frac{x^4}{4} + C\right)$$

$$y^3 = \frac{3x^4}{4} + C_3 \qquad (C_3 = 3C)$$

d'où $y = \left(\dfrac{3x^4}{4} + C_3\right)^{\frac{1}{3}}$

4) Déterminons la solution particulière.

Il suffit de remplacer $y$ par -2 et $x$ par -1 dans la solution implicite ou dans la solution explicite.

| **Solution implicite** | **Solution explicite** |
|---|---|
| $\dfrac{y^3}{3} = \dfrac{x^4}{4} + C$ | $y = \left(\dfrac{3x^4}{4} + C_3\right)^{\frac{1}{3}}$ |
| $\dfrac{(\text{-}2)^3}{3} = \dfrac{(\text{-}1)^4}{4} + C$ | $(\text{-}2) = \left(\dfrac{3(\text{-}1)^4}{4} + C_3\right)^{\frac{1}{3}}$ |
| $C = \dfrac{\text{-}35}{12}$ | $(\text{-}2)^3 = \dfrac{3}{4} + C_3$ |
| | $C_3 = \dfrac{\text{-}35}{4}$ |
| d'où $\dfrac{y^3}{3} = \dfrac{x^4}{4} - \dfrac{35}{12}$ | d'où $y = \left(\dfrac{3x^4}{4} - \dfrac{35}{4}\right)^{\frac{1}{3}}$ |

**Exemple 6**  Résolvons l'équation différentielle $(4y^2 - 3)x\, dy - (2 - x)y\, dx = 0$, où $y = e^3$ lorsque $x = \text{-}4$, et exprimons, si c'est possible, $y$ en fonction de $x$.

$$(4y^2 - 3)x\, dy = (2 - x)y\, dx$$

$$\frac{4y^2 - 3}{y}\, dy = \left(\frac{2 - x}{x}\right) dx \qquad \text{(en regroupant)}$$

$$\left(4y - \frac{3}{y}\right) dy = \left(\frac{2}{x} - 1\right) dx$$

$$\int \left(4y - \frac{3}{y}\right) dy = \int \left(\frac{2}{x} - 1\right) dx$$

$$2y^2 - 3 \ln |y| + C_1 = 2 \ln |x| - x + C_2 \qquad \text{(en intégrant)}$$

$$2y^2 - 3 \ln |y| = 2 \ln |x| - x + C \qquad (C = C_2 - C_1)$$

**Exemple 6** Soit la famille $F$ de courbes définie par $f(x) = \sqrt{x} + C$.

a) Déterminons la famille $G$ de courbes orthogonales à $F$.

En un point quelconque P$(x, y)$ de chaque courbe définie par $f(x) = \sqrt{x} + C$, la pente $m_1$ de la tangente à la courbe est donnée par

$$m_1 = \frac{df}{dx} = \frac{1}{2\sqrt{x}} \qquad \left( \text{car } \frac{d}{dx}(\sqrt{x} + C) = \frac{1}{2\sqrt{x}} \right)$$

La pente $m$ de la tangente à chaque courbe orthogonale $g$ passant au même point P$(x, y)$ est

$$m = \frac{-1}{m_1} \qquad (\text{car } m_1 \bullet m = -1)$$

$$\frac{dg}{dx} = \frac{-1}{\dfrac{1}{2\sqrt{x}}} \qquad \left( \text{car } m = \frac{dg}{dx} \text{ et } m_1 = \frac{1}{2\sqrt{x}} \right)$$

$$dg = -2\sqrt{x}\, dx \qquad (\text{en regroupant})$$

$$\int dg = \int (-2x^{\frac{1}{2}})\, dx$$

$$g(x) = \frac{-4x^{\frac{3}{2}}}{3} + C_1 \qquad (\text{en intégrant})$$

d'où $g(x) = \dfrac{-4\sqrt{x^3}}{3} + C_1$ est la famille $G$ de courbes orthogonales cherchée.

b) Déterminons les courbes $f_1$ et $g_1$ de chaque famille qui passent par le point Q$(1, 3)$.

En remplaçant $x$ par 1 et $y$ par 3 dans $f(x)$ et $g(x)$, nous obtenons

$f(x) = \sqrt{x} + C$

$g(x) = \dfrac{-4\sqrt{x^3}}{3} + C_1$

$$f(1) = \sqrt{1} + C$$

$$3 = 1 + C, \text{ ainsi } C = 2$$

d'où $f_1(x) = \sqrt{x} + 2$

$$g(1) = \frac{-4\sqrt{1^3}}{3} + C_1$$

$$3 = \frac{-4}{3} + C_1, \text{ ainsi } C_1 = \frac{13}{3}$$

d'où $g_1(x) = \dfrac{-4\sqrt{x^3} + 13}{3}$

c) Déterminons les courbes $f_2$ et $g_2$ de chaque famille qui passent par le point R$(4, 2)$.

En remplaçant $x$ par 4 et $y$ par 2 dans $f(x)$ et $g(x)$, nous obtenons

$$f(4) = \sqrt{4} + C$$

$$2 = 2 + C, \text{ ainsi } C = 0$$

d'où $f_2(x) = \sqrt{x}$

$$g(4) = \frac{-4\sqrt{4^3}}{3} + C_1$$

$$2 = \frac{-32}{3} + C_1, \text{ ainsi } C_1 = \frac{38}{3}$$

d'où $g_2(x) = \dfrac{-4\sqrt{x^3} + 38}{3}$

d) Représentons graphiquement, sur un même système d'axes, $f_1$, $f_2$, $g_1$ et $g_2$.

```
> with(plots):
> f1:=x->x^(1/2)+2;f2:=x->x^(1/2);
        f1 := x → √x + 2
        f2 := x → √x
> g1:=x->(-4*x^(3/2)+13)/3;g2:=x->(-4*x^(3/2)+38)/3;
        g1 := x → -4/3 x^(3/2) + 13/3
        g2 := x → -4/3 x^(3/2) + 38/3
> y1:=plot(f1(x),x=0..6,y=-2..13,color=orange):
> y2:=plot(f2(x),x=0..6,y=-2..13,color=orange):
> y3:=plot(g1(x),x=0..6,y=-2..13,color=blue):
> y4:=plot(g2(x),x=0..6,y=-2..13,color=blue):
> p:=plot([[1,3],[4,2]],symbol=circle,style=point,
   color=black):
> display(y1,y2,y3,y4,p,scaling=constrained);
```

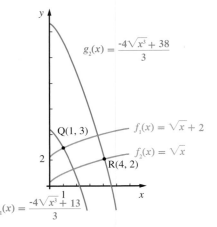

---

**Exemple 7** Soit la famille $F_1$ de courbes définie par $y = k\sqrt{x}$, où $k \in \mathbb{R}$.

a) Déterminons la famille $F_2$ de courbes orthogonales à $F_1$.

En un point quelconque P$(x, y)$ de chaque courbe définie par $y = k\sqrt{x}$, la pente $m_1$ de la tangente à la courbe est donnée par

$$m_1 = \frac{dy}{dx} = \frac{k}{2\sqrt{x}} \qquad \left( \text{car } \frac{d}{dx} k\sqrt{x} = \frac{k}{2\sqrt{x}} \right)$$

$$= \frac{\frac{y}{\sqrt{x}}}{2\sqrt{x}} \qquad \left( y = k\sqrt{x}, \text{ donc } k = \frac{y}{\sqrt{x}} \right)$$

$$= \frac{y}{2x}$$

La pente $m_2$ de la tangente à chaque courbe orthogonale $y$ passant au même point P$(x, y)$ est

$$m_2 = \frac{-1}{m_1} \qquad (\text{car } m_1 \bullet m_2 = -1)$$

$$\frac{dy}{dx} = \frac{-1}{\frac{y}{2x}} \qquad \left( \text{car } m_2 = \frac{dy}{dx} \text{ et } m_1 = \frac{y}{2x} \right)$$

$$y\, dy = -2x\, dx \qquad (\text{en regroupant})$$

$$\int y\, dy = \int (-2x)\, dx$$

$$\frac{y^2}{2} = -x^2 + C \qquad (\text{en intégrant})$$

d'où $x^2 + \dfrac{y^2}{2} = C$ est la famille de courbes cherchée.

b) Représentons graphiquement sur un même système d'axes les courbes de la famille $F_1$ obtenues en remplaçant successivement $k$ par 1, 2, 3 et 4 ainsi que les courbes de la famille $F_2$ obtenues en remplaçant successivement $C$ par 5, 10, 15 et 20.

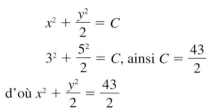

c) Déterminons la courbe de chaque famille qui passe par le point Q(3, 5).

En remplaçant $x$ par 3 et $y$ par 5 dans les équations suivantes, nous obtenons

$$y = k\sqrt{x}$$

$$5 = k\sqrt{3}, \text{ ainsi } k = \frac{5}{\sqrt{3}}$$

d'où $y = \dfrac{5\sqrt{3}}{3}\sqrt{x}$

$$x^2 + \frac{y^2}{2} = C$$

$$3^2 + \frac{5^2}{2} = C, \text{ ainsi } C = \frac{43}{2}$$

d'où $x^2 + \dfrac{y^2}{2} = \dfrac{43}{2}$

$$\frac{y-5}{x-3} = \frac{5}{2(3)} \quad \left(\text{car } m_1 = \frac{y}{2x}\right)$$

$$t_1 : y = \frac{5}{6}x + \frac{5}{2}$$

$$\frac{y-5}{x-3} = \frac{-2(3)}{5} \quad \left(\text{car } m_2 = \frac{-2x}{y}\right)$$

$$t_2 : y = \frac{-6}{5}x + \frac{43}{5}$$

Représentation graphique

```
> with(plots):
> c:=plot(5*(x/3)^(1/2),x=-7..7,y=-7..7,color=orange):
> d:=implicitplot(x^2+y^2/2=43/2,x=-7..7,y=-7..7,
    color=blue):
> p:=plot([[3,5]],symbol=circle,style=point,color=black):
> t1:=plot(5*(x/6)+5/2,x=0..7,color=black,linestyle=4):
> t2:=plot(-6*(x/5)+43/5,x=0..6,color=black,linestyle=4):
> display(c,d,p,t1,t2,scaling=constrained);
```

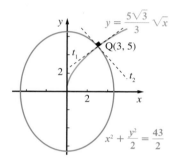

# Exercices 2.4

1. Vérifier que $y$ est une solution de l'équation différentielle donnée.

   a) $y = e^x + \sin x$ si $y'' + y = 2e^x$

   b) $y = \sqrt{C + x^2}$ si $\dfrac{dy}{dx} = \dfrac{x}{y}$

   c) $y = xe^{-x}$ si $xy' = y(1 - x)$

   d) $y = 3e^{2x}\cos 4x - 2e^{2x}\sin 4x$ si $y'' - 4y' + 20y = 0$

2. Résoudre les équations différentielles suivantes.

   a) $\dfrac{y}{x}\,dy = \sqrt{5y^2 + 4}\,dx$

   b) $\dfrac{dy}{dx} = \dfrac{e^y + 1}{3x^2\,e^y}$

   c) $(y - 8)\,dx + 5x^3\,dy = 0$

   d) $7x\left(3y - 2\sec^2\left(\dfrac{y}{5}\right)\right)dy - (x^2 - 5)\,dx = 0$

   e) $x\,dy = (yx - 4y)\,dx$

3. Déterminer la solution particulière explicite des équations différentielles suivantes.

   a) $\dfrac{dy}{dx} = x^3 - 2x + 4$ et $f(1) = 4$

   b) $\dfrac{dx}{dt} = -9{,}8t + 12$ et $x = 10$ lorsque $t = 0$

   c) $\dfrac{dy}{dx} = \dfrac{x^2}{y^2}$ et la courbe passe par P(2, -1)

   d) $x^2 y' = y$, où $y > 0$ et $y = 4$ lorsque $x = -1$

   e) $y' = 2xy^2$ et la courbe passe par P(-3, 4)

   f) $\dfrac{dv}{dt} = \sqrt{vt}$, où $v > 0$, $t > 0$ et la courbe passe par P(4, 9)

   g) $\dfrac{dQ}{dt} = -5Q$, où $Q > 0$ et $Q = 22$ lorsque $t = 0$

   h) $y^2\,dx = x^2\,dy$, la courbe passe par P(1, -1) et $x > 0$

   i) $\sec\theta\,\dfrac{dy}{d\theta} = y^4$ et la courbe passe par le point $P\left(\dfrac{\pi}{6}, \dfrac{1}{2}\right)$

4. Pour chacune des équations différentielles suivantes :

   a) $\dfrac{dy}{dx} = -2$ et $y = 6$ lorsque $x = -2$

   b) $2x\,dx + 8y\,dy = 0$ et $y = -1$ lorsque $x = \sqrt{8}$

c) $\dfrac{dy}{dx} = \dfrac{y}{3}$ où $y > 0$ et la courbe passe par P(0, 2)

d) $dy = 4\sqrt{y}\, dx$ et $y = 4$ lorsque $x = 3$

   i) déterminer la solution générale ;

   ii) déterminer la solution particulière ;

   iii) représenter graphiquement certaines courbes de la famille de courbes ainsi que la courbe représentant la solution particulière.

**5.** Trouver l'équation de la courbe définie par $y = f(x)$ :

a) si $f''(x) = 3$, $f'(2) = 5$ et la courbe passe par le point P(-2, 3) ;

b) passant par le point Q(3, -2) et dont la pente de la tangente en tout point P(x, y) est donnée par $2x^2 + 3$ ;

c) passant par le point P(1, 6) et dont la tangente à la courbe en ce point est parallèle à la droite définie par $g(x) = 3x + 1$ et telle que $y'' = \dfrac{-1}{x^2}$ ;

d) passant par le point P(0, -7) et dont la pente de la tangente en tout point P(x, y) est égale à l'ordonnée augmentée de 5 unités.

**6.** a) Trouver l'équation de la famille de courbes dont la pente de la tangente en tout point P(x, y) est égale au carré de la fonction.

b) Déterminer l'équation de la courbe appartenant à la famille de courbes précédente et passant par le point

   i) $P_1\left(0, \dfrac{1}{2}\right)$,  ii) $P_2\left(\dfrac{1}{2}, 2\right)$,  iii) $P_3\left(2, \dfrac{-1}{3}\right)$.

 c) Représenter graphiquement sur un même système d'axes les trois courbes trouvées en b).

**7.** a) Trouver l'équation de la famille de courbes orthogonales à la famille de courbes définies par $f(x) = x^2 + k$, où $x > 0$ et $k \in \mathbb{R}$.

b) Des familles précédentes, trouver l'équation des courbes passant par le point

   i) P(1, 5),            ii) Q(2, 3).

 c) Représenter graphiquement sur un même système d'axes les quatre courbes trouvées en b).

**8.** Soit $F_1$ la famille de courbes définie par $y = kx^2$, où $k \in \mathbb{R}$.

a) Déterminer la famille de courbes $F_2$ orthogonales à $F_1$.

b) Déterminer la courbe de chaque famille qui passe par le point

   i) P(3, -5),            ii) Q(-2, 7).

c) Représenter graphiquement sur un même système d'axes les quatre courbes trouvées en b).

# 2.5  Applications de l'intégrale indéfinie

## Objectifs d'apprentissage

À la fin de cette section, l'élève pourra résoudre des problèmes à l'aide de l'intégrale indéfinie.

Plus précisément, l'élève sera en mesure :
- de résoudre des problèmes de physique ;
- de résoudre des problèmes de croissance et de décroissance ;
- de résoudre des problèmes d'économie.

> **Loi de refroidissement de Newton**
> $$\dfrac{dT}{dt} = K(T - A)$$

## ◼ Problèmes de physique

Rappelons d'abord quelques notions de physique étudiées dans le cours de calcul différentiel, afin de résoudre certains problèmes de physique, en particulier des problèmes de mouvement rectiligne uniforme et de mouvement rectiligne uniformément accéléré.

Soit les fonctions $x$, $v$ et $a$, où

   $x$ représente la position d'un mobile en fonction du temps,
   $v$ représente la vitesse d'un mobile en fonction du temps et
   $a$ représente l'accélération d'un mobile en fonction du temps.

Ces fonctions sont reliées par les équations différentielles suivantes.

$$\frac{dx}{dt} = v \quad \text{et} \quad \frac{dv}{dt} = a$$

**Mouvement rectiligne uniforme**

Dans ce type de mouvement, l'accélération $a$ de la particule est nulle à tout instant $t$, ainsi la vitesse est constante et est notée $v_c$.

$$\frac{dx}{dt} = v_c$$
$$dx = v_c \, dt$$
$$\int dx = \int v_c \, dt$$

**Exemple 1** Un automobiliste maintient une vitesse constante de 87 km/h pendant 5 secondes.

Calculons la distance, en mètres, parcourue par l'automobiliste.

Puisque

$$\frac{dx}{dt} = 87 \qquad \text{(car } v_c = 87 \text{ km/h)}$$

$$\int dx = \int 87 \, dt \qquad \text{(car } dx = 87 \, dt\text{)}$$

$$x = 87t + C \qquad \text{(en intégrant)}$$

En supposant que sa position au temps $t = 0$ est donnée par $x_0$, nous avons

$$x_0 = 87(0) + C, \text{ ainsi } C = x_0$$

donc $x = 87t + x_0$

Puisque $t$ est en heures, en remplaçant $t$ par $\dfrac{5}{3600}$, nous obtenons

$$x_1 = 87\left(\frac{5}{3600}\right) + x_0 = 0{,}120\,8\overline{3} + x_0$$

La distance $d$ parcourue est donnée par

$$d = x_1 - x_0 = (0{,}120\,8\overline{3} + x_0) - x_0 = 0{,}120\,8\overline{3}$$

d'où la distance parcourue est de $120{,}8\overline{3}$ mètres.

Dans d'autres situations, le mouvement est déterminé par une accélération constante non nulle. Par exemple, un corps en chute libre subit une accélération constante dirigée vers le bas de 9,8 m/s².

**Mouvement rectiligne uniformément accéléré**

Dans ce type de mouvement, l'accélération $a$, où $a \neq 0$, de la particule est constante à tout instant $t$.

**Exemple 2** De la terrasse d'observation, située à 342 mètres du sol, de la Tour CN, nous lançons une balle verticalement vers le haut avec une vitesse initiale de 25 m/s. Nous savons que l'accélération $a$ de la balle est constante et égale à 9,8 m/s² vers le bas.

a) Déterminons la fonction $v$ donnant la vitesse de la balle, et calculons sa vitesse après 1 seconde et après 4 secondes.

$$\frac{dv}{dt} = a$$

$$dv = a\, dt$$

$$\int dv = \int a\, dt$$

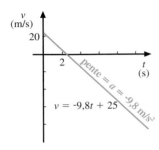

$v$
(m/s)

20

2

$t$
(s)

pente = $a$ = -9,8 m/s²

$v = -9,8t + 25$

Puisque

$$\frac{dv}{dt} = -9,8 \qquad \text{(car } a = -9,8\text{)}$$

$$dv = -9,8\, dt \qquad \text{(en regroupant)}$$

$$\int dv = -\int 9,8\, dt$$

$$v = -9,8t + C \qquad \text{(en intégrant)}$$

En remplaçant $t$ par 0 et $v$ par 25, dans l'équation précédente, nous obtenons

$$25 = -9,8(0) + C, \text{ ainsi } C = 25$$

d'où $v = -9,8t + 25$, exprimée en m/s ;

$$v(1) = 15,2 \text{ m/s} \quad \text{et} \quad v(4) = -14,2 \text{ m/s}.$$

b) Déterminons la fonction $h$ donnant la position de la balle par rapport au sol et calculons sa hauteur après 2 secondes et après 7 secondes.

$$\frac{dh}{dt} = v$$

Puisque

$$\frac{dh}{dt} = -9,8t + 25 \qquad \text{(car } v = -9,8t + 25\text{)}$$

$$dh = (-9,8t + 25)\, dt \qquad \text{(en regroupant)}$$

$$\int dh = \int (-9,8t + 25)\, dt$$

$$h = -4,9t^2 + 25t + C \qquad \text{(en intégrant)}$$

$t = 0$
$h = 342$

En remplaçant $t$ par 0 et $h$ par 342, dans l'équation précédente, nous obtenons

$$342 = -4,9(0)^2 + 25(0) + C, \text{ ainsi } C = 342$$

d'où $h = -4,9t^2 + 25t + 342$, exprimée en mètres ;

$$h(2) = 372,4 \text{ m} \quad \text{et} \quad h(7) = 276,9 \text{ m}.$$

c) Déterminons le temps $t$ nécessaire pour que la balle atteigne sa hauteur maximale ; déterminons cette hauteur ainsi que la distance totale parcourue par la balle lorsqu'elle aura touché le sol.

À la hauteur maximale de la balle, $v = 0$, ainsi $-9,8t + 25 = 0$

d'où $t = 2,55\ldots$ secondes,

donc $\quad h(2,55\ldots) = -4,9(2,55\ldots)^2 + 25(2,55\ldots) + 342 = 373,887\ldots$

d'où sa hauteur maximale est d'environ 373,9 mètres.

$$\text{Distance totale} = 373,887\ldots + (373,887\ldots - 342)$$

d'où environ 405,8 mètres.

d) Calculons la vitesse de la balle lorsqu'elle heurte le sol.

Lorsque la balle heurte le sol, $h = 0$, ainsi $-4,9t^2 + 25t + 342 = 0$

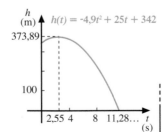

$h$
(m)

$h(t) = -4,9t^2 + 25t + 342$

373,89

100

2,55  4        8    11,28…   $t$
(s)

$$t = \frac{-25 + \sqrt{25^2 - 4(-4,9)\,342}}{2(-4,9)} \qquad \text{ou} \qquad t = \frac{-25 - \sqrt{25^2 - 4(-4,9)\,342}}{2(-4,9)}$$

$$t = 11,286\ldots \text{ s} \qquad\qquad \text{ou} \qquad t = -6,184\ldots \text{ s} \quad \text{(à rejeter car } t \geq 0\text{)}$$

donc $v(11,286\ldots) = -9,8(11,286\ldots) + 25 = -85,604\ldots$

d'où environ 85,6 m/s.

$\dfrac{dv}{dt} = a$

**Exemple 3** Supposons qu'au moment où un automobiliste filant à 108 km/h freine, l'accélération de son automobile en fonction du temps est donnée par $a(t) = {}^-6$, où $t$ est en secondes et $a(t)$ en m/s$^2$.

a) Déterminons la fonction $v$ donnant la vitesse en fonction du temps $t$ et calculons sa vitesse après 2 secondes et après 3 secondes.

Puisque $\qquad\qquad \dfrac{dv}{dt} = {}^-6$  (car $a = {}^-6$)

$\qquad\qquad\qquad dv = {}^-6\,dt$  (en regroupant)

$\qquad\qquad\qquad \int dv = {}^-\!\int 6\,dt$

$\qquad\qquad\qquad v = {}^-6t + C$  (en intégrant)

$\dfrac{108 \times 1000}{3600} = 30$

Nous savons qu'à l'instant où l'automobiliste freine, c'est-à-dire au temps $t = 0$, la vitesse de l'automobile est $v = 108$ km/h, c'est-à-dire 30 m/s.

En remplaçant $t$ par 0 et $v$ par 30, nous obtenons

$\qquad\qquad 30 = {}^-6(0) + C$, ainsi $C = 30$

d'où $v(t) = {}^-6t + 30$, exprimée en m/s;

$\dfrac{18 \times 3600}{1000} = 64{,}8$

$\dfrac{12 \times 3600}{1000} = 43{,}2$

$\qquad v(2) = 18$, donc 18 m/s, c'est-à-dire 64,8 km/h,

$\qquad v(3) = 12$, donc 12 m/s, c'est-à-dire 43,2 km/h.

b) Déterminons le temps nécessaire pour que l'automobile s'immobilise.

$v(t) = 0$, c'est-à-dire ${}^-6t + 30 = 0$, ainsi $t = 5$, d'où l'automobile s'immobilise en 5 s.

c) Déterminons la distance $d$ parcourue entre le moment où l'automobiliste freine et l'instant précis où l'automobile s'immobilise.

Soit $x$ la position à chaque instant $t$.

$\dfrac{dx}{dt} = v$

Puisque $\qquad\qquad \dfrac{dx}{dt} = {}^-6t + 30$  (car $v = {}^-6t + 30$)

$\qquad\qquad\qquad dx = ({}^-6t + 30)\,dt$  (en regroupant)

$\qquad\qquad\qquad \int dx = \int ({}^-6t + 30)\,dt$

$\qquad\qquad\qquad x = {}^-3t^2 + 30t + C$  (en intégrant)

ainsi $\qquad d = x(5) - x(0) = (75 + C) - (0 + C) = 75$

d'où $d = 75$ mètres.

d) Représentons sur un même système d'axes la courbe des fonctions $a$, $v$ et $x$ sur $[0\,\text{s}, 5\,\text{s}]$.

En faisant l'hypothèse qu'à $t = 0$, nous avons $x = 0$, nous trouvons $x = {}^-3t^2 + 30t$.

De façon générale, l'accélération d'une particule peut être une fonction d'au moins une des variables $x$, $v$ ou $t$.

**Exemple 4** Soit une particule dont l'accélération $a$ est donnée par $a = \dfrac{k}{(x + 3)^2}$, où $a$ est en m/s$^2$, $x$ est en mètres et $k$ est une constante.

Cette particule part de l'origine avec une vitesse nulle et sa vitesse est de 10 m/s lorsque $x = 5$ m.

a) Déterminons la vitesse $v$ de la particule en fonction de la position $x$ et trouvons cette vitesse lorsque $x = 2$ mètres.

$$\frac{dv}{dt} = a$$

$$\frac{dv}{dt} = f(x)$$

$$\frac{dv}{dx}\frac{dx}{dt} = f(x)$$

$$\frac{dv}{dt} = \frac{k}{(x+3)^2} \qquad \left(\text{car } a = \frac{k}{(x+3)^2}\right)$$

$$\frac{dv}{dx}\frac{dx}{dt} = \frac{k}{(x+3)^2} \qquad \text{(règle de dérivation en chaîne)}$$

$$\frac{dv}{dx}\,v = \frac{k}{(x+3)^2} \qquad \left(\text{car } \frac{dx}{dt} = v\right)$$

$$v\,dv = \frac{k}{(x+3)^2}\,dx \qquad \text{(en regroupant)}$$

$$\int v\,dv = \int \frac{k}{(x+3)^2}\,dx$$

$$\frac{v^2}{2} = \frac{-k}{x+3} + C \qquad \text{(en intégrant)}$$

$v(0) = 0$
$v(5) = 10$

En remplaçant d'abord $x$ par 0 et $v$ par 0, puis $x$ par 5 et $v$ par 10 dans l'équation précédente, nous trouvons les deux équations suivantes.

$$0 = \frac{-k}{3} + C, \qquad \text{c'est-à-dire} \quad 3C - k = 0 \qquad ①$$

$$\frac{(10)^2}{2} = \frac{-k}{5+3} + C, \qquad \text{c'est-à-dire} \quad 8C - k = 400 \qquad ②$$

En résolvant le système d'équations, nous trouvons $C = 80$ et $k = 240$

ainsi
$$\frac{v^2}{2} = \frac{-240}{(x+3)} + 80 = \frac{80x}{x+3}$$

d'où $v = \sqrt{\dfrac{160x}{x+3}}$, exprimée en m/s.

Puisque l'accélération $a$ est positive et que $v(0) = 0$, alors $v$ est non négative,

$$a = \frac{240}{(x+3)^2} > 0$$

ainsi $v(2) = \sqrt{\dfrac{320}{5}} = 8$

d'où 8 m/s.

b) Trouvons la position de la particule lorsque $v = 9$ m/s.

$$9 = \sqrt{\frac{160x}{x+3}}$$

$$81 = \frac{160x}{x+3} \qquad \text{(en élevant au carré)}$$

$$81x + 243 = 160x$$

$$x = 3{,}075\ldots$$

d'où la particule est à environ 3,1 mètres de l'origine.

Représentation graphique

$y$ (m/s)

$y = \sqrt{160}$

$v(x) = \sqrt{\dfrac{160x}{x+3}}$

4

10

$x$ (m)

c) Déterminons théoriquement la vitesse maximale $v_{max}$ de la particule.

De $v(x) = \sqrt{\dfrac{160x}{x+3}}$, nous obtenons $v'(x) = \dfrac{3}{2(x+3)^2}\sqrt{\dfrac{x+3}{160x}}$

Puisque $v'(x) > 0$ sur $]0, +\infty$, $v$ est croissante sur $[0, +\infty$,

d'où la vitesse maximale théorique est obtenue lorsque $x \to +\infty$.

$$v_{\max} = \lim_{x \to +\infty} v(x)$$

$$v_{\max} = \lim_{x \to +\infty} \sqrt{\frac{160x}{x+3}} \qquad \left(\text{car } v(x) = \sqrt{\frac{160x}{x+3}}\right)$$

$$= \lim_{x \to +\infty} \sqrt{\frac{160x}{x\left(1 + \dfrac{3}{x}\right)}}$$

$$= \lim_{x \to +\infty} \sqrt{\frac{160}{1 + \dfrac{3}{x}}}$$

$$= \sqrt{160}$$

d'où la vitesse maximale est d'environ 12,65 m/s.

## ■ Problèmes de croissance et de décroissance exponentielles

Il arrive fréquemment que le taux de croissance ou de décroissance d'une quantité soit proportionnel à la quantité présente ; par exemple, la population d'un pays, le nombre de bactéries, la radioactivité, certains types de placements, etc.

**DÉFINITION 2.12**

Soit les expressions $A$, $B$ et $C$, et soit $K \in \mathbb{R}\backslash\{0\}$.

1) $A$ est **proportionnelle** à $B$, si et seulement si $A = KB$

2) $A$ est **inversement proportionnelle** à $B$, si et seulement si $A = \dfrac{K}{B}$

3) $A$ est **proportionnelle** à $B$ et à $C$, si et seulement si $A = KBC$

Dans les trois cas, $K$ est appelée la **constante de proportionnalité**.

Lorsque le taux de croissance ou de décroissance d'une quantité $Q$ est proportionnel en tout temps à la quantité présente, l'équation différentielle correspondante est de la forme

$$\frac{dQ}{dt} = KQ, \text{ où } K \text{ est la } \textit{constante de proportionnalité.}$$

**Exemple 1** Si la population $P$ d'une ville augmente proportionnellement en tout temps à la population présente à un taux continu de 5 % par année et qu'en 2000 elle était de 80 000 habitants,

a) déterminons la fonction $P$ donnant la population en fonction du temps $t$, le nombre d'années écoulées depuis 2000.

L'équation différentielle correspondante est

$$\frac{dP}{dt} = 0{,}05P \qquad \text{(car } K = 0{,}05\text{)}$$

$$\frac{dP}{P} = 0{,}05 \, dt \qquad \text{(en regroupant)}$$

$$\int \frac{1}{P}\,dP = \int 0{,}05\,dt$$

$$\ln |P| = 0{,}05t + C \qquad \text{(en intégrant)}$$

$$\ln P = 0{,}05t + C \qquad \text{(car } P > 0\text{)}$$

$t = 0$

$P = 80\,000$

En remplaçant $t$ par 0 (en 2000) et $P$ par 80 000, nous obtenons

$$\ln 80\,000 = 0{,}05(0) + C, \text{ ainsi } C = \ln 80\,000$$

Forme logarithmique

d'où $\ln P = 0{,}05t + \ln 80\,000 \qquad$ (équation 1)

Cette équation est la forme logarithmique de la solution.

Cette forme est utile lorsque nous cherchons $t$, la population $P$ étant donnée.

De l'équation précédente, nous avons

$$P = e^{0{,}05t + \ln 80\,000} \qquad \text{(car si } \ln P = A, \text{ alors } P = e^{A}\text{)}$$

$$= e^{0{,}05t}\, e^{\ln 80\,000}$$

$$= 80\,000e^{0{,}05t} \qquad \text{(car } e^{\ln A} = A\text{)}$$

Forme exponentielle

d'où $P = 80\,000e^{0{,}05t} \qquad$ (équation 2)

Cette équation est la forme exponentielle de la solution.

Cette forme est utile lorsque nous cherchons $P$, le temps $t$ étant donné.

b) Déterminons la population de cette ville en l'an 2020.

$t = 20$

$P = ?$

Pour déterminer la population en 2020, il suffit de remplacer $t$ par 20 dans l'équation 2, en considérant que l'année 2000 correspond à $t = 0$.

$$P = 80\,000e^{0{,}05 \times 20} \approx 217\,462$$

d'où environ 217 462 habitants.

c) Déterminons en quelle année la population de cette ville sera de 150 000 habitants.

$P = 150\,000$

$t = ?$

Pour déterminer cette année, remplaçons $P$ par 150 000 dans l'équation 1 et trouvons $t$.

$$\ln 150\,000 = 0{,}05t + \ln 80\,000$$

$$0{,}05t = \ln 150\,000 - \ln 80\,000$$

$$t = \frac{\ln\left(\dfrac{15}{8}\right)}{0{,}05}$$

d'où $t \approx 12{,}6$ ans, donc environ au milieu de l'an 2012.

**Remarque** Dans certains problèmes, nous devons évaluer la valeur de la constante de proportionnalité $K$ à l'aide des données du problème.

**Exemple 2** Dans une culture, le nombre de bactéries s'accroît à un taux proportionnel en tout temps au nombre de bactéries présentes. Si au début de l'expérience nous comptons 3000 bactéries et, 2 jours après, 7000 bactéries,

a) déterminons après combien de jours le nombre de bactéries sera de 14 000.

L'équation différentielle correspondante est $\dfrac{dN}{dt} = KN$, où $N$ est le nombre de bactéries et $K$, la constante de proportionnalité. Donc,

$$\frac{dN}{N} = K\,dt \qquad \text{(en regroupant)}$$

$$\int \frac{1}{N}\,dN = \int K\,dt$$

$$\ln|N| = Kt + C \qquad \text{(en intégrant)}$$

$$\ln N = Kt + C \qquad \text{(car } N > 0\text{)}$$

Déterminons les valeurs de $C$ et de $K$ à l'aide des données.

Nous savons que $N = 3000$, lorsque $t = 0$

$$\ln 3000 = K(0) + C, \text{ ainsi } C = \ln 3000$$

L'équation devient alors $\ln N = Kt + \ln 3000$

De plus, nous savons que $N = 7000$, lorsque $t = 2$

$$\ln 7000 = K(2) + \ln 3000$$

$$\ln 7000 - \ln 3000 = K(2)$$

$$\ln\left(\frac{7}{3}\right) = K(2), \text{ ainsi } K = \frac{\ln\left(\frac{7}{3}\right)}{2}$$

d'où $\ln N = \dfrac{\ln\left(\frac{7}{3}\right)}{2}\, t + \ln 3000$  (équation 1)

ainsi $\quad N = 3000e^{\frac{\ln\left(\frac{7}{3}\right)t}{2}}$  (équation 2)

Cette dernière équation peut être transformée de la façon suivante :

$$N = 3000\left(e^{\ln\left(\frac{7}{3}\right)}\right)^{\frac{t}{2}}$$

$$N = 3000\left(\frac{7}{3}\right)^{\frac{t}{2}} \qquad \text{(équation 3)}$$

En remplaçant $N$ par 14 000 dans l'équation 1, nous obtenons

$$\ln 14\,000 = \frac{\ln\left(\frac{7}{3}\right)}{2}\, t + \ln 3000, \text{ ainsi } t = \frac{2}{\ln\left(\frac{7}{3}\right)}\ln\left(\frac{14}{3}\right)$$

d'où $t \approx 3{,}64$ jours.

b) Déterminons la quantité de bactéries après 5 jours.

En remplaçant $t$ par 5 dans l'équation 2 ou 3, nous obtenons $N \approx 24\,949$ bactéries.

Notes de marge (gauche) :

$t = 0$
$N = 3000$

$t = 2$
$N = 7000$

$e^{\ln a} = a$

$N = 14\,000$
$t = ?$

$t = 5$
$N = ?$

---

| **DÉFINITION 2.13** | La **demi-vie** ou la **période** est le temps nécessaire pour qu'une quantité donnée (masse, concentration, etc.) diminue de moitié. |

De façon générale, pour une quantité initiale $Q_0$, nous avons

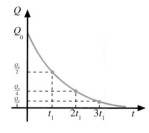

| $t$ | $t_0$ | 1 période $(t_1)$ | 2 périodes $(2t_1)$ | 3 périodes $(3t_1)$ | ... | $n$ périodes $(nt_1)$ |
|---|---|---|---|---|---|---|
| $Q$ | $Q_0$ | $\frac{1}{2}Q_0 = \frac{Q_0}{2}$ | $\frac{1}{2}\left(\frac{Q_0}{2}\right) = \frac{Q_0}{2^2}$ | $\frac{1}{2}\left(\frac{Q_0}{2^2}\right) = \frac{Q_0}{2^3}$ | ... | $\frac{Q_0}{2^n}$ |

**Exemple 3** Considérons une substance radioactive de masse initiale $Q_0$, dont la masse, après 10 ans, est de 99,5 % de $Q_0$.

a) Déterminons la fonction $Q$ donnant la quantité en fonction du temps, sachant que le taux de désintégration de la masse est proportionnel à celle-ci.

L'équation différentielle correspondante est $\dfrac{dQ}{dt} = KQ$, où $Q$ est la masse de la substance radioactive et $K$, la constante de proportionnalité. Donc,

$$\frac{dQ}{Q} = K\,dt \qquad \text{(en regroupant)}$$

$$\int \frac{1}{Q}\,dQ = \int K\,dt$$

$$\ln|Q| = Kt + C \qquad \text{(en intégrant)}$$

$$\ln Q = Kt + C \qquad \text{(car } Q > 0\text{)}$$

Déterminons les valeurs de $C$ et de $K$ à l'aide des données.

$Q = Q_0$
$t = 0$

Nous savons que $Q = Q_0$ lorsque $t = 0$

$$\ln Q_0 = K(0) + C, \text{ ainsi } C = \ln Q_0$$

L'équation devient alors $\ln Q = Kt + \ln Q_0$

De plus, nous savons que $Q = 0{,}995Q_0$ lorsque $t = 10$

$t = 10$
$Q = 0{,}995\,Q_0$

$$\ln(0{,}995Q_0) = K(10) + \ln Q_0$$

$$K(10) = \ln(0{,}995Q_0) - \ln Q_0 = \ln\left(\frac{0{,}995Q_0}{Q_0}\right)$$

ainsi

$$K = \frac{\ln(0{,}995)}{10}$$

d'où $\ln Q = \dfrac{\ln 0{,}995}{10}\,t + \ln Q_0$ \hspace{2cm} (équation 1)

$$Q = Q_0\,e^{\frac{\ln 0{,}995}{10}\,t} \qquad \text{(équation 2)}$$

$$Q = Q_0(0{,}995)^{\frac{t}{10}} \qquad \text{(équation 3)}$$

b) Calculons la demi-vie de cette substance.

$Q = \dfrac{Q_0}{2}$
$t = ?$

Il suffit de remplacer $Q$ par $\dfrac{Q_0}{2}$ dans l'équation 1 pour déterminer la demi-vie de cette substance.

$$\ln\left(\frac{Q_0}{2}\right) = \frac{\ln(0{,}995)}{10}\,t + \ln Q_0$$

$$\ln\left(\frac{Q_0}{2}\right) - \ln Q_0 = \frac{\ln(0{,}995)}{10}\,t$$

$$t = \frac{10\ln(0{,}5)}{\ln(0{,}995)} \qquad \left(\text{car } \ln\left(\frac{Q_0}{2}\right) - \ln Q_0 = \ln\left(\frac{Q_0}{2Q_0}\right) = \ln(0{,}5)\right)$$

$$t \approx 1383$$

d'où la demi-vie est d'environ 1383 ans.

c) Déterminons la masse de la substance radioactive qu'il reste après 2766 ans.

En remplaçant $t$ par 2766 dans l'équation 3, nous obtenons

$$Q = Q_0(0,995)^{\frac{2766}{10}}$$

d'où $Q \approx 0,25Q_0$

Ce résultat était prévisible, car $2766 = 2(1383)$ ; donc la masse initiale a été réduite de moitié deux fois.

d) Déterminons le nombre d'années pour que 90 % de la masse initiale soit désintégrée.

En remplaçant $Q$ par $0,1Q_0$ dans l'équation 1, nous obtenons

$$\ln (0,1Q_0) = \frac{\ln 0,995}{10} t + \ln Q_0$$

$$\ln (0,1Q_0) - \ln Q_0 = \frac{\ln 0,995}{10} t$$

$$\left(\frac{10}{\ln 0,995}\right) \ln \left(\frac{0,1Q_0}{Q_0}\right) = t$$

$$t = \frac{10 \ln (0,1)}{\ln 0,995}$$

d'où $t \approx 4594$ ans.

$t = 2766$
$Q = ?$

$Q = 0,1Q_0$
$t = ?$

Représentation graphique lorsque $Q_0 = 1$

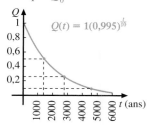

Certaines équations différentielles sont de la forme $\dfrac{dP}{dt} = K_1P + K_2$, où $P$ est une fonction de $t$, $K_1$ est la constante de proportionnalité et $K_2$ est une constante.

**Exemple 4**  Soit une ville de population $P$ où le taux continu de natalité est de 2 % par année et le taux continu de mortalité est de 1,5 % par année.

Si, en 2005, la population de cette ville était de 75 000 habitants et qu'annuellement 1000 personnes quittent la ville,

a) déterminons approximativement la population de cette ville en l'an 2015.

Soit $t$, le nombre d'années écoulées depuis 2005.

L'équation différentielle correspondante est

$$\frac{dP}{dt} = (0,02 - 0,015)P - 1000$$

$$\frac{dP}{dt} = 0,005P - 1000$$

$$\frac{dP}{0,005P - 1000} = dt \qquad \text{(en regroupant)}$$

$$\int \frac{1}{0,005P - 1000} \, dP = \int dt$$

$u = 0,005P - 1000$
$du = 0,005 \, dP$

$$200 \ln |0,005P - 1000| = t + C \qquad \text{(en intégrant par changement de variable)}$$

$t = 0$
$P = 75\,000$

En remplaçant $t$ par 0 (en 2005) et $P$ par 75 000, nous obtenons

$$200 \ln |\text{-}625| = 0 + C, \text{ ainsi } C = 200 \ln 625$$

donc $\quad 200 \ln |0{,}005P - 1000| = t + 200 \ln 625$

$$\ln |0{,}005P - 1000| = 0{,}005t + \ln 625$$

puisque $1000 > 0{,}005P$, $|0{,}005P - 1000| = 1000 - 0{,}005P$

$$\ln (1000 - 0{,}005P) = 0{,}005t + \ln 625 \qquad \text{(équation 1)}$$

$$1000 - 0{,}005P = e^{0{,}005t + \ln 625}$$

$$0{,}005P = 1000 - e^{\ln 625}\, e^{0{,}005t}$$

$$P = \frac{1000 - 625e^{0{,}005t}}{0{,}005}$$

$$P = 200\,000 - 125\,000e^{0{,}005t} \qquad \text{(équation 2)}$$

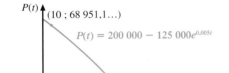

$P(t)$
$(10 ; 68\,951{,}1\ldots)$
$P(t) = 200\,000 - 125\,000e^{0{,}005t}$
$10\,000$
$20 \quad t \text{ (ans)}$

$t = 10$
$P = ?$

$P = 50\,000$
$t = ?$

En remplaçant $t$ par 10 dans l'équation 2, nous obtenons $P \approx 68\,591$ habitants.

b) Déterminons en quelle année la population de cette ville sera de 50 000 habitants.

En remplaçant $P$ par 50 000 dans l'équation 1, nous avons

$$\ln (1000 - 0{,}005(50\,000)) = 0{,}005t + \ln 625$$

$$t = \frac{\ln\left(\dfrac{750}{625}\right)}{0{,}005} \approx 36{,}46$$

d'où environ au milieu de l'année 2041.

Nous savons qu'une tasse de café, dont la température est au-dessus de la température ambiante, se refroidira. De même, un jus retiré d'un réfrigérateur se réchauffera s'il est laissé à une température supérieure. Ces variations de température satisfont la loi de refroidissement de Newton.

## Il y a environ 300 ans...

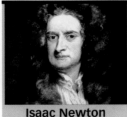

**Isaac Newton**
**Mathématicien britannique**

*I*saac **Newton** (1642-1727) est né dans une famille de fermiers, l'année où mourait Galilée. En 1661, il entre au Trinity College de Cambridge. Au moment où Newton obtient son diplôme, la peste éclate à Londres. Fuyant le fléau, il quitte Cambridge pour la ferme familiale. Deux années d'isolement, 1665 et 1666, qui seront les plus productives de sa vie et qui changeront le cours de l'histoire des sciences. Le jeune Isaac, alors âgé de 23 ans, met au point le calcul différentiel et intégral, après avoir découvert le théorème fondamental du calcul.

**LOI DE REFROIDISSEMENT DE NEWTON**

Soit $T$, la température d'un objet, et $A$, la température ambiante. Le taux de variation de la température $T$, par rapport au temps $t$, est proportionnel à la différence entre la température de l'objet et la température ambiante, c'est-à-dire

$$\frac{dT}{dt} = K(T - A)$$

où $K$ est la constante de proportionnalité.

Dominique Parent

**Exemple 5** Le thermomètre dans une pièce indique une température de 22 °C.

Un jus, dont la température est de 4 °C, est sorti du réfrigérateur et, au bout de 20 minutes, il a atteint la température de 7 °C.

Un café, dont la température est de 83 °C, est apporté dans la pièce et, au bout de 15 minutes, il a atteint la température de 60 °C.

a) Déterminons la température $T$ du jus en fonction du temps $t$.

D'après la loi de refroidissement de Newton, nous avons

$$\frac{dT}{dt} = K_1(T - 22)$$

$$\frac{dT}{T - 22} = K_1\, dt \quad \text{(en regroupant)}$$

$$\int \frac{1}{T - 22}\, dT = \int K_1\, dt$$

$$\ln |T - 22| = K_1 t + C_1 \quad \text{(en intégrant)}$$

a) Déterminons la température $Z$ du café en fonction du temps $t$.

D'après la loi de refroidissement de Newton, nous avons

$$\frac{dZ}{dt} = K_2(Z - 22)$$

$$\frac{dZ}{Z - 22} = K_2\, dt \quad \text{(en regroupant)}$$

$$\int \frac{1}{Z - 22}\, dZ = \int K_2\, dt$$

$$\ln |Z - 22| = K_2 t + C_2 \quad \text{(en intégrant)}$$

Déterminons la valeur des constantes $C_1$ et $C_2$ à l'aide des données pertinentes.

$t = 0$
$T = 4$

Nous savons que $T = 4$ lorsque $t = 0$

donc $\ln |4 - 22| = K_1(0) + C_1$

ainsi $C_1 = \ln 18$

L'équation devient alors

$$\ln |T - 22| = K_1 t + \ln 18$$

$t = 0$
$Z = 83$

Nous savons que $Z = 83$ lorsque $t = 0$

donc $\ln |83 - 22| = K_2(0) + C_2$

ainsi $C_2 = \ln 61$

L'équation devient alors

$$\ln |Z - 22| = K_2 t + \ln 61$$

Déterminons la valeur des constantes $K_1$ et $K_2$ à l'aide des données pertinentes.

$t = 20$
$T = 7$

Nous savons que $T = 7$ lorsque $t = 20$

donc $\ln |7 - 22| = K_1(20) + \ln 18$

ainsi $K_1 = \dfrac{\ln\left(\dfrac{5}{6}\right)}{20}$

L'équation devient alors

$$\ln |T - 22| = \frac{\ln\left(\dfrac{5}{6}\right)}{20} t + \ln 18$$

$t = 15$
$Z = 60$

Nous savons que $Z = 60$ lorsque $t = 15$

donc $\ln |60 - 22| = K_2(15) + \ln 61$

ainsi $K_2 = \dfrac{\ln\left(\dfrac{38}{61}\right)}{15}$

L'équation devient alors

$$\ln |Z - 22| = \frac{\ln\left(\dfrac{38}{61}\right)}{15} t + \ln 61$$

Déterminons la température du jus et du café en fonction du temps $t$.

Puisque $T < 22$, $|T - 22| = (22 - T)$

d'où $\ln(22 - T) = \dfrac{\ln\left(\dfrac{5}{6}\right)}{20} t + \ln 18$

(équation 1)

$$T = 22 - 18e^{\frac{\ln\left(\frac{5}{6}\right)}{20}t}$$

(équation 2)

$$T = 22 - 18\left(\frac{5}{6}\right)^{\frac{t}{20}}$$

(équation 3)

Puisque $Z > 22$, $|Z - 22| = (Z - 22)$

d'où $\ln(Z - 22) = \dfrac{\ln\left(\dfrac{38}{61}\right)}{15} t + \ln 61$

(équation 1)

$$Z = 22 + 61e^{\frac{\ln\left(\frac{38}{61}\right)}{15}t}$$

(équation 2)

$$Z = 22 + 61\left(\frac{38}{61}\right)^{\frac{t}{15}}$$

(équation 3)

| | |
|---|---|
| $t = 35$ | $t = 35$ |
| $T = ?$ | $Z = ?$ |

b) Calculons la température du jus et du café après 35 minutes.

En remplaçant $t$ par 35 dans l'équation 3, nous obtenons

$$T \approx 8{,}92 \text{ °C}.$$

En remplaçant $t$ par 35 dans l'équation 3, nous obtenons

$$Z \approx 42{,}22 \text{ °C}.$$

| | |
|---|---|
| $T = 12$ | $Z = 35$ |
| $t = ?$ | $t = ?$ |

c) Déterminons le temps nécessaire pour que…

… le jus atteigne une température de 12 °C.

En remplaçant $T$ par 12 dans l'équation 1, nous obtenons

$$t \approx 64 \text{ minutes}.$$

… le café atteigne une température de 35 °C.

En remplaçant $Z$ par 35 dans l'équation 1, nous obtenons

$$t \approx 49 \text{ minutes}.$$

d) Déterminons théoriquement la température…

… maximale $T_{\max}$ du jus.

$$T_{\max} = \lim_{t \to +\infty} \left( 22 - 18e^{\frac{\ln\left(\frac{5}{6}\right)}{20}t} \right)$$

$$= 22 - 0$$

d'où $T_{\max} = 22 \text{ °C}$.

… minimale $Z_{\min}$ du café.

$$Z_{\min} = \lim_{t \to +\infty} \left( 22 + 61e^{\frac{\ln\left(\frac{38}{61}\right)}{15}t} \right)$$

$$= 22 + 0$$

d'où $Z_{\min} = 22 \text{ °C}$.

e) Représentons graphiquement, sur un même système d'axes, les courbes de $T$ et de $Z$ en fonction de $t$.

```
> with(plots):
> T:=t->22-18*(5/6)^(t/20);
```
$$T := t \to 22 - 18\left(\frac{5}{6}\right)^{(1/20)t}$$
```
> Z:=t->22+61*(38/61)^(t/15);
```
$$Z := t \to 22 + 61\left(\frac{38}{61}\right)^{(1/15)t}$$
```
> TT:=plot(T(t),t=0..150,y=0..85,color=orange):
> ZZ:=plot(Z(t),t=0..150,y=0..85,color=blue):
> y1:=plot(22,t=0..150,linestyle=4,color=black):
> display(TT,ZZ,y1);
```

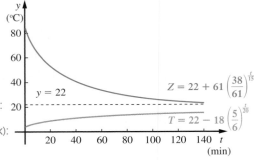

**Exemple 6** Un réservoir de 40 litres est rempli d'un mélange des substances $A$ et $B$. Le pourcentage de la substance $A$ dans ce mélange est de 20 %. Nous introduisons dans ce réservoir, au rythme de 3 litres par minute, un nouveau mélange des substances $A$ et $B$, où la substance $A$ est dans une proportion de 60 %. Le réservoir se vide au même rythme qu'il se remplit. On suppose que le mélange est toujours homogène.

a) Déterminons l'équation différentielle correspondant à cette situation.

Soit $Q$ la quantité de substance $A$ présente à chaque instant dans le réservoir.

Calculons d'abord la quantité de la substance $A$ ajoutée chaque minute.

$$\frac{3 \text{ litres}}{\text{minute}} \times 0{,}60 = 1{,}8 \text{ L/min}$$

Calculons à présent la quantité de la substance $A$ retranchée chaque minute.

$$\frac{3 \text{ litres}}{\text{minute}} \times \frac{Q}{40} = \frac{3Q}{40} \text{ L/min}$$

Le taux de variation d'un capital $A$, investi à un taux d'intérêt nominal $j$ capitalisé continuellement, est donné par l'équation différentielle suivante :

$$\frac{dA}{dt} = jA$$

**Exemple 2** Soit un capital de 1000 $ investi pour 14 ans à un taux d'intérêt nominal de 6 % capitalisé continuellement.

a) Déterminons la fonction $A$ donnant le capital en fonction du nombre $t$ d'années écoulées.

Puisque $\qquad\qquad \dfrac{dA}{dt} = 0,06A \qquad$ (car $j = 0,06$)

nous obtenons $\qquad \dfrac{dA}{A} = 0,06\, dt \qquad$ (en regroupant)

ainsi $\qquad\qquad\quad \displaystyle\int \frac{1}{A}\, dA = \int 0,06\, dt$

$$\ln |A| = 0,06t + C \qquad \text{(en intégrant)}$$

$$\ln A = 0,06t + C \qquad \text{(car } A > 0)$$

$t = 0$
$A = 1000$

En remplaçant $t$ par 0 et $A$ par 1000, nous obtenons

$$\ln 1000 = 0,06(0) + C, \text{ ainsi } C = \ln 1000$$

d'où $\ln A = 0,06t + \ln 1000 \qquad$ (équation 1)

De l'équation précédente, nous avons $A = e^{0,06t + \ln 1000} = e^{0,06t}\, e^{\ln 1000}$

d'où $A = 1000e^{0,06t} \qquad$ (équation 2)

$t = 5$
$A = ?$

b) Déterminons le capital $A$ après 5 ans.

Pour déterminer ce capital, remplaçons $t$ par 5 dans l'équation 2.

$$A = 1000e^{0,06 \times 5}$$

d'où $A \approx 1349,86$, donc environ 1349,86 $.

$A = 2000$
$t = ?$

c) Déterminons le temps nécessaire pour que le capital initial double.

Pour déterminer ce temps, remplaçons $A$ par 2000 dans l'équation 1.

$$\ln 2000 = 0,06t + \ln 1000$$

$$0,06t = \ln 2000 - \ln 1000 = \ln 2$$

$$t = \frac{\ln 2}{0,06} = \frac{0,693...}{0,06}$$

d'où $t \approx 11,55$, donc environ 11,55 ans.

d) Déterminons le taux d'intérêt effectif $i$ correspondant à cette situation.

En remplaçant $t$ par 1 dans l'équation 2, nous obtenons

$$A = 1000e^{0,06 \times 1} \approx 1061,84, \text{ ainsi } i = \frac{1061,84 - 1000}{1000}$$

d'où $i \approx 0,0618$, donc environ 6,18 %.

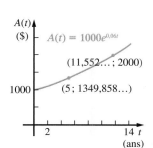

$A(t)$ ($) $A(t) = 1000e^{0,06t}$
$(11,552... ; 2000)$
$1000$ $(5 ; 1349,858...)$
$2 \qquad 14\ t$ (ans)

**Remarque** De façon générale (voir c) de l'exemple précédent), le temps nécessaire $t_d$ pour qu'une quantité double est donné par

$$t_d = \frac{\ln 2}{k} = \frac{0{,}693...}{k}, \text{ où } k \text{ est le taux de croissance.}$$

En particulier pour un placement investi à un taux d'intérêt constant $j$, exprimé en %, on peut utiliser l'approximation suivante pour déterminer $t_d$

$$t_d \approx \frac{70}{j\%}$$

Rappelons d'abord quelques notions d'économie étudiées dans un premier cours de calcul différentiel afin de résoudre certains problèmes relatifs aux revenus et aux coûts.

Soit les fonctions $C$, $C_m$, $R$, $R_m$ et $P$, où

$\quad C$ représente les coûts totaux en fonction de la quantité,

$\quad C_m$ représente le coût marginal instantané en fonction de la quantité,

$\quad R$ représente les revenus totaux en fonction de la quantité,

$\quad R_m$ représente le revenu marginal en fonction de la quantité et

$\quad P$ représente le profit en fonction de la quantité.

Ces fonctions sont reliées par les équations différentielles suivantes :

$$C_m = \frac{dC}{dq} \text{ et } R_m = \frac{dR}{dq}$$

De plus, $P = R - C$

---

**Exemple 3** Les analystes d'une compagnie d'articles de plein air estiment que, pour la fabrication de leurs bouteilles d'eau, le coût marginal $C_m$ et le revenu marginal $R_m$ sont donnés par les fonctions suivantes :

$C_m(q) = \dfrac{q}{4} + \dfrac{1}{q+1}$, exprimé en milliers de dollars, et $R_m(q) = \dfrac{6}{\sqrt{q}}$, exprimé

en milliers de dollars, où $q \in [0, 20]$ est le nombre d'unités produites en milliers. Si les coûts fixes sont de 15 millions de dollars,

a) déterminer les fonctions revenu $R$ et coût $C$.

$$\frac{dR}{dq} = R_m \quad \bigg| \quad \frac{dC}{dq} = C_m$$

$$\frac{dR}{dq} = \frac{6}{\sqrt{q}} \qquad \left(\text{car } R_m = \frac{6}{\sqrt{q}}\right) \quad \bigg| \quad \frac{dC}{dq} = \frac{q}{4} + \frac{1}{q+1} \qquad \left(\text{car } C_m = \frac{q}{4} + \frac{1}{q+1}\right)$$

$$dR = \frac{6}{\sqrt{q}}\, dq \qquad \text{(en regroupant)} \quad \bigg| \quad dC = \left(\frac{q}{4} + \frac{1}{q+1}\right) dq \qquad \text{(en regroupant)}$$

$$\int dR = \int \frac{6}{\sqrt{q}}\, dq \quad \bigg| \quad \int dC = \int \left(\frac{q}{4} + \frac{1}{q+1}\right) dq$$

$$R = 12\sqrt{q} + K_1 \quad \text{(en intégrant)} \quad \bigg| \quad C = \frac{q^2}{8} + \ln|q+1| + K_2 \quad \text{(en intégrant)}$$

En remplaçant $q$ par 0 et $C$ par 15, nous obtenons

$$q = 0 \quad \bigg| \quad q = 0$$
$$R = 0 \quad \bigg| \quad C = 15$$

En remplaçant $q$ par 0 et $R$ par 0, nous trouvons $K_1 = 0$

$$15 = \frac{0^2}{8} + \ln 1 + K_2, \text{ ainsi } K_2 = 15$$

d'où $R = 12\sqrt{q}$

d'où $C = \dfrac{q^2}{8} + \ln(q+1) + 15 \qquad (\text{car } q \geq 0)$

b) Déterminons la fonction $P$ donnant le profit, et évaluons celui-ci lorsque $q = 1$; $q = 6$; $q = 16$.

$$P(q) = 12\sqrt{q} - \left(\frac{q^2}{8} + \ln(q+1) + 15\right) \qquad (\text{car } P(q) = R(q) - C(q))$$

$$P(1) = 12\sqrt{1} - \frac{1^2}{8} - \ln 2 - 15 = \text{-}3{,}818\,147\ldots$$

donc une perte d'environ 3818 \$ pour une production de 1000 bouteilles.

$$P(6) = 12\sqrt{6} - \frac{6^2}{8} - \ln 7 - 15 = 7{,}947\,96\ldots$$

donc un profit d'environ 7948 \$ pour une production de 6000 bouteilles.

$$P(16) = 12\sqrt{16} - \frac{(16)^2}{8} - \ln 17 - 15 = \text{-}1{,}833\,21\ldots$$

donc une perte d'environ 1833 \$ pour une production de 16 000 bouteilles.

```
> with(plots):
> R:=q->12*q^(1/2);C:=q->q^2/8+ln(q+1)+15;
  P:=q->R(q)-C(q);
        R:= q → 12√q
   C:= q → 1/8 q² + ln (q+1) + 15
        P:= q → R(q) − C(q)
> R1:=plot(R(q),q=0..20,color=orange):
> C1:=plot(C(q),q=0..20,color=blue):
> P1:=plot(P(q),q=0..20,color=green):
> display(R1,C1,P1);
```

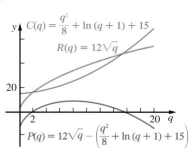

# Exercices 2.5

1. Nous laissons tomber un objet d'une montgolfière, située à 1225 mètres du sol.

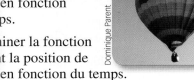

   a) Déterminer la fonction donnant la vitesse de l'objet en fonction du temps.

   b) Déterminer la fonction donnant la position de l'objet en fonction du temps.

   c) Calculer le temps que prendra l'objet pour toucher le sol.

   d) Calculer la vitesse de l'objet à l'instant où ce dernier touche le sol.

2. Un automobiliste roulant à 54 km/h freine. Si sa décélération est de 2 m/s²,

   a) déterminer la fonction $v$ donnant la vitesse de l'automobile en fonction du temps;

   b) déterminer la fonction $x$ donnant la distance parcourue par l'automobile en fonction du temps;

   c) calculer la distance $d$ parcourue entre le moment où l'automobiliste freine et l'instant précis où l'automobile s'immobilise.

3. Le conducteur d'un train roulant à une vitesse de 90 km/h freine. La décélération du train en fonction du temps est donnée par

   $$a = \frac{\text{-}1296}{(0{,}1t + 12)^3} \ \text{m/s}^2$$

   a) Déterminer le temps qu'il prendra pour s'immobiliser.

   b) Quelle distance aura-t-il franchie?

   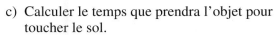 c) Représenter graphiquement les fonctions $a$, $v$ et $x$ sur l'intervalle approprié.

4. L'accélération d'une particule est définie par $a = k - 9t^2$, où $k$ est une constante. À $t = 0$, la particule située à 7 mètres d'un point d'observation démarre, avec une vitesse nulle, et, après 2 secondes, sa vitesse est de 30 m/s.

   a) Déterminer le temps où la vitesse sera de nouveau nulle.

   b) Calculer la distance totale $d$ parcourue après 5 secondes.

5. En 2000, la population d'une ville était approximativement de 60 000 habitants. Un

démographe estime que la population $P$ de cette ville augmentera proportionnellement à la population présente à un taux continu de 1,2 % par année, pour les 25 prochaines années.

a) Déterminer l'équation différentielle correspondant à cette situation.

b) Exprimer la solution particulière de cette équation différentielle sous deux formes.

c) Déterminer la population de cette ville en l'an 2015 selon cette projection.

d) Déterminer en quelle année la population sera de 80 000 habitants selon cette projection.

**6.** Dans une culture de bactéries, le nombre $N$ de bactéries s'accroît à un taux proportionnel en tout temps au nombre de bactéries présentes. Si au temps $t = 0$ nous comptons 10 000 bactéries et, 2 heures après, 14 000 bactéries, et si $t \in [0\,\text{h}, 8\,\text{h}]$,

a) déterminer l'équation différentielle correspondant à cette situation ;

b) exprimer la solution particulière de cette équation différentielle sous trois formes ;

c) déterminer le nombre de bactéries présentes après 5 heures ;

d) déterminer le temps nécessaire pour que la population initiale double.

**7.** Soit une population $P$ dont le taux continu de natalité est de 4,2 % par année et le taux continu de mortalité, de 3,5 % par année de la population présente.

a) Déterminer l'équation différentielle correspondant à cette situation.

b) Exprimer la solution particulière de cette équation différentielle sous deux formes.

c) Déterminer en combien de temps cette population doublera.

d) Si le taux de mortalité était plutôt de 2,4 %, déterminer alors le temps nécessaire pour que la population double.

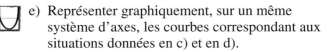 e) Représenter graphiquement, sur un même système d'axes, les courbes correspondant aux situations données en c) et en d).

**8.** En 2008, la population $P$ d'une ville du Québec était de 25 000 habitants. Des études sur cette population nous donnent un taux continu de natalité de 2,8 % par année et un taux continu de mortalité de 1,5 % par année. Répondre aux questions suivantes, selon les éventualités suivantes :

1) 1000 personnes par année quittent cette ville ;

2) 1000 personnes par année s'installent dans cette ville.

a) Déterminer l'équation différentielle correspondant à ces situations.

b) Exprimer la solution particulière de ces équations différentielles sous deux formes.

c) Sous les mêmes conditions, quelle sera la population de cette ville en 2015 ?

d) En quelle année la population de cette ville deviendra-t-elle

i) inférieure à 10 000 habitants selon l'éventualité 1) ?

ii) supérieure à 45 000 habitants selon l'éventualité 2) ?

e) Déterminer théoriquement l'année où la population de cette ville sera

i) nulle selon l'éventualité 1) ;

ii) de 50 000 habitants selon l'éventualité 2).

 f) Représenter graphiquement les fonctions donnant la population en fonction du temps sur un intervalle approprié.

**9.** Le carbone-14, utilisé pour déterminer l'âge des fossiles, est un élément radioactif dont la demi-vie est approximativement  de 5600 ans. Sachant que le taux de désintégration de la masse $Q$ est proportionnel à celle-ci,

a) déterminer l'équation différentielle correspondant à cette situation ;

b) exprimer la solution particulière de cette équation différentielle sous trois formes ;

c) déterminer la quantité restante de carbone-14 au bout de 10 000 ans.

d) Au bout de combien d'années 90 % de la quantité initiale sera-t-elle désintégrée ?

 e) En supposant que $Q_0 = 1$, représenter graphiquement $Q$ en fonction de $t$, le point $P_1$ de la courbe où $Q = \dfrac{Q_0}{2}$ et le point $P_2$ de la courbe où $Q = \dfrac{Q_0}{4}$.

**10.** D'après la loi de refroidissement de Newton, nous savons que $\dfrac{dT}{dt} = K(T - A)$, où $A$ est la température ambiante et $T$, la température d'un objet à un temps $t$ déterminé. En 10 minutes, un corps dans l'air à 20 °C passe de 65 °C à 30 °C.

a) Exprimer la solution particulière de cette situation sous trois formes.

b) Déterminer le temps nécessaire pour que l'objet atteigne une température de 45 °C.

c) Déterminer en combien de temps l'objet passe de 50 °C à 35 °C.

d) Déterminer la température du corps après 40 minutes.

e) Déterminer théoriquement la température minimale $T_{min}$ du corps.

 f) Représenter graphiquement $T$ en fonction de $t$, ainsi que l'asymptote correspondante.

11. Une compagnie pharmaceutique estime qu'une personne adulte élimine un médicament à un taux de $\dfrac{50}{1+t}$ millilitres par heure. Nous administrons 100 millilitres de ce médicament à une personne. Si $Q$ est la quantité de ce médicament présente à chaque instant,

a) déterminer l'équation différentielle correspondant à cette situation ;

b) résoudre cette équation différentielle ;

c) trouver la quantité de médicament présente après 2 heures ;

d) trouver la quantité de médicament éliminée après 4 heures ;

e) déterminer après combien d'heures le médicament ne sera plus présent dans l'organisme.

 f) Représenter graphiquement $Q$ en fonction de $t$ sur un intervalle approprié.

12. À la suite de l'ingestion d'une quantité $Q_0$ d'un médicament, l'équation différentielle donnant le taux de variation de la quantité $Q$ restante de médicament dans le système est donnée par $\dfrac{dQ}{dt} = k \sqrt[4]{Q_0(Q_0 - Q)^3}$, où $t$ est en heures. Sachant qu'après 5 heures, le tiers du médicament est éliminé,

a) déterminer $Q$ en fonction de $t$ ;

b) après combien de temps la quantité de médicament dans le système sera-t-elle nulle ?

13. Dans un bassin contenant 4000 litres d'eau, on dissout 160 kilogrammes d'une substance $A$. On introduit, au rythme de 200 litres par minute, de l'eau contenant 0,015 kilogramme par litre de la substance $A$. Si le mélange du bassin est homogène et que le bassin se vide au même rythme qu'il se remplit,

a) déterminer l'équation différentielle correspondant à cette situation, où $Q$ est la quantité de la substance $A$ présente à chaque instant.

b) Exprimer la solution particulière de cette équation différentielle sous deux formes.

c) Après combien de temps ne restera-t-il que 100 kilogrammes de substance $A$ dans le mélange ?

d) Combien restera-t-il de substance $A$ après 1 heure ?

e) Trouver théoriquement la quantité minimale $Q_{min}$ de la substance $A$.

 f) Représenter graphiquement $Q$ en fonction de $t$, ainsi que l'asymptote correspondante.

14. Un réservoir d'une capacité de 5000 litres contient 1000 litres d'eau dans laquelle sont dissous 50 kilogrammes de sel. Pour remplir ce réservoir, nous introduisons de l'eau pure au rythme de 2 litres par minute. Si le réservoir se vide du mélange uniforme au rythme de 1 litre par minute,

a) déterminer l'équation différentielle correspondant à cette situation ;

b) exprimer la quantité de sel dissous dans l'eau en fonction du temps ;

c) déterminer le temps nécessaire pour qu'il reste 20 kilogrammes de sel dans le mélange ;

d) donner la concentration de sel présent dans le mélange à ce moment ;

e) lorsque le réservoir est rempli, déterminer la quantité de sel présent dans le mélange.

15. Un cylindre droit, dont le rayon est de 5 mètres, a une hauteur de 12 mètres. Si ce réservoir, dont la base circulaire est horizontale, est rempli d'une substance qui se vide à un rythme proportionnel à la hauteur de la substance présente et qu'après 5 heures il reste 80 % de la quantité initiale,

a) déterminer l'équation différentielle donnant la variation de volume de la substance par rapport au temps ;

b) exprimer le volume de cette substance en fonction du temps ;

c) déterminer le volume de la substance après 8 heures ;

d) trouver le temps nécessaire pour que 60 % de la substance initiale se soit vidée ;

e) déterminer la hauteur de la substance présente dans le cylindre après 1 journée.

**16.** Un bateau de 31 250 $ se déprécie à un taux de $100t - 2500$ $/an, où $0 \le t \le 12$.

a) Trouver la valeur $V$ de ce bateau après 3 ans.

b) Après combien d'années la valeur du bateau sera-t-elle de 22 050 $ ?

**17.** Un certain capital $A_0$ est placé à un taux d'intérêt nominal de 4,25 % capitalisé continuellement. Après 5 ans, le capital accumulé est de 8243 $.

a) Déterminer l'équation différentielle correspondant à cette situation.

b) Exprimer la solution particulière de cette équation différentielle sous deux formes.

c) Trouver le capital initial.

d) Déterminer le temps qu'il faudra placer ce capital pour obtenir un capital de 13 000 $.

**18.** Une somme d'argent $A_0$ est investie à un taux d'intérêt nominal $j$, capitalisé continuellement.

a) Déterminer l'équation différentielle correspondant à cette situation.

b) Exprimer la solution particulière de cette équation différentielle sous deux formes.

c) En combien d'années le montant initial doublera-t-il si $j = 4$ % ? si $j = 8$ % ?

d) Calculer le capital final si $j = 5$ % et $t = 7$ ans ; si $j = 7$% et $t = 5$ ans.

**19.** Un administrateur estime que son coût marginal $C_m$ et son revenu marginal $R_m$ sont donnés par les fonctions suivantes : $C_m = 16e^{0,08q}$, exprimé en centaines de dollars ; $R_m = 200e^{-0,2q}$, exprimé en centaines de dollars, où $q \in [0, 22]$ est le nombre d'unités produites en centaines. Les coûts fixes sont 75 centaines de dollars.

a) Déterminer les fonctions revenu $R$, coût $C$ et profit $P$, exprimées en fonction de $q$.

b) Déterminer le profit si on produit 110 unités ; 1500 unités ; 2150 unités.

 c) Représenter graphiquement les courbes $R$, $C$ et $P$ sur un même système d'axes.

 d) Déterminer le plus grand intervalle $[a, b]$ tel que $P \ge 0$.

## Réseau de concepts

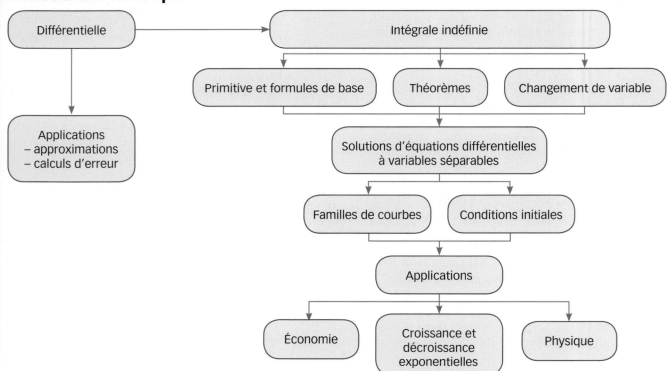

# Liste de vérification des apprentissages

Après l'étude de ce chapitre, je suis en mesure de compléter le résumé suivant avant de solutionner les exercices récapitulatifs et les problèmes de synthèse.

## Différentielle

Représenter $\Delta y$ et $dy$ sur le graphique suivant,

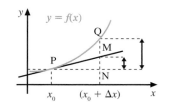

où $dy =$ _____

## Intégrale indéfinie

$\int f(x)\, dx =$ _____ , si _____

## Formules d'intégration de base

$\int x^r\, dx =$ _____

$\int \dfrac{1}{x}\, dx =$ _____

$\int \cos x\, dx =$ _____

$\int \sin x\, dx =$ _____

$\int \sec^2 x\, dx =$ _____

$\int \csc^2 x\, dx =$ _____

$\int \sec x \tan x\, dx =$ _____

$\int \csc x \cot x\, dx =$ _____

$\int e^x\, dx =$ _____

$\int a^x\, dx =$ _____

$\int \dfrac{1}{\sqrt{1 - x^2}}\, dx =$ _____

$\int \dfrac{1}{1 + x^2}\, dx =$ _____

$\int \dfrac{1}{x\sqrt{x^2 - 1}}\, dx =$ _____

## Propriétés de l'intégrale indéfinie

$\int k\, f(x)\, dx =$ _____      $\int (f(x) \pm g(x))\, dx =$ _____

## Changement de variable

Si $u = f(x)$, $du =$ _____ alors $\int g(f(x))\, f'(x)\, dx =$ _____

## Formules d'intégration

$\int \tan x\, dx =$ _____      $\int \sec x\, dx =$ _____

$\int \cot x\, dx =$ _____      $\int \csc x\, dx =$ _____

## Équation différentielle

Une équation différentielle est appelée équation différentielle à variables séparables si _____.

## Physique

$\int a\, dt =$ _____      $\int v\, dt =$ _____

## Économie

$\int C_m(q)\, dq =$ _____      $\int R_m(q)\, dq =$ _____

## Croissance et décroissance exponentielles

Si le taux de croissance ou de décroissance d'une quantité $Q$ est proportionnel en tout temps à la quantité présente, alors _____.

# Exercices récapitulatifs

Les réponses des exercices suivants, à l'exception des exercices notés en rouge, sont données à la fin du volume.

**1.** Calculer d'une façon approximative les valeurs suivantes en utilisant la différentielle.

a) $\dfrac{1}{\sqrt{99}}$   b) $\sqrt{26} + \sqrt[3]{26}$

**2.** Nous accroissons l'arête d'un cube de 8 centimètres à 8,01 centimètres.

a) Calculer $dV$, l'augmentation approximative du volume, et $\Delta V$, l'augmentation réelle du volume de ce cube.

b) Calculer $dA$, l'augmentation approximative de l'aire des faces du cube, et $\Delta A$, l'augmentation réelle de l'aire des faces.

**3.** La fabrication d'un cylindre droit fermé aux extrémités nécessite moins de matériau lorsque la hauteur du cylindre est égale à son diamètre. En mesurant la hauteur d'un tel cylindre à l'aide d'un instrument de mesure dont la précision est de ±0,02 cm, nous obtenons 14,3 cm. Calculer approximativement, à l'aide de la différentielle :

a) l'erreur absolue $E_a$ de la mesure de l'aire $A$ ;

b) l'erreur relative $E_r$ ;

c) l'erreur relative $E_r$, en fonction de $h$ et de $dh$, si la mesure de la hauteur et de la précision sont quelconques lorsque le cylindre satisfait les conditions énoncées.

**4.** Calculer les intégrales suivantes.

a) $\displaystyle\int \left( \dfrac{5}{x^2} + \dfrac{x^2}{5} - 3x^5 \right) dx$

b) $\displaystyle\int \left( \sqrt[5]{x^3} + \dfrac{4}{\sqrt{x}} - \dfrac{7}{\sqrt[3]{x^5}} \right) dx$

c) $\displaystyle\int \left( 3\cos x - \dfrac{\sin x}{5} \right) dx$

d) $\displaystyle\int \left( 7x + \dfrac{x^7}{7} - 7^x + \dfrac{7}{x} - 7^7 \right) dx$

e) $\displaystyle\int \left( \dfrac{8}{\sqrt{1-t^2}} - \dfrac{4}{1+t^2} + \dfrac{7}{3t\sqrt{t^2-1}} \right) dt$

f) $\displaystyle\int \sec\theta \left( 2\sec\theta - \dfrac{\tan\theta}{2} \right) d\theta$

g) $\displaystyle\int (x-1)^3 x^2 \, dx$

h) $\displaystyle\int \dfrac{x^2 - x - 6}{x^2 + 2x} \, dx$

i) $\displaystyle\int \left( \dfrac{7}{3u} - \dfrac{4}{5u^2} - \dfrac{2}{7\sqrt{1-u^2}} \right) du$

j) $\displaystyle\int \left( \dfrac{3}{5t^2 + 5} - 10^t \right) dt$

k) $\displaystyle\int (3x - 5)\left( \dfrac{2}{x} + \sqrt{x} \right) dx$

l) $\displaystyle\int \left( 1 - \dfrac{1}{\sqrt{u}} \right)^2 du$

m) $\displaystyle\int \dfrac{\left( \dfrac{\sqrt[3]{x}}{3} - \dfrac{3}{\sqrt[3]{x}} + 3 \right)}{\sqrt{x}} \, dx$

n) $\displaystyle\int \dfrac{x^2 - 4}{x^2 + 1} \, dx$

o) $\displaystyle\int (\tan\theta + \cot\theta)^2 \, d\theta$

p) $\displaystyle\int \sin t \left( 3t \csc t - \dfrac{\cot t}{3} + 5 \right) dt$

**5.** Démontrer les formules d'intégration suivantes en utilisant un changement de variable approprié.

a) $\displaystyle\int \cot x \, dx = \ln |\sin x| + C$   (formule 15)

b) $\displaystyle\int \csc x \, dx = -\ln |\csc x + \cot x| + C$ (formule 17)

**6.** Calculer les intégrales suivantes.

a) $\displaystyle\int 2x^2(5 - x^3)^8 \, dx$

b) $\displaystyle\int \sin^3 2\theta \cos 2\theta \, d\theta$

c) $\displaystyle\int 3x \sin x^2 \, dx$

d) $\displaystyle\int \dfrac{4u}{u^2 + 1} \, du$

e) $\displaystyle\int (3t^4 + 3) \sec^2 (t^5 + 5t - 3) \, dt$

f) $\displaystyle\int \dfrac{e^{\frac{1}{x}}}{3x^2} \, dx$

g) $\displaystyle\int \dfrac{1}{(1 + x^2) \, \text{Arc} \tan x} \, dx$

h) $\int \dfrac{\ln(5x)}{2x}\,dx$

i) $\int \sec 4\theta \tan 4\theta\,d\theta$

j) $\int \sec^4\left(\dfrac{t}{3}\right)\tan\left(\dfrac{t}{3}\right)dt$

k) $\int \dfrac{e^{\sin 3x}}{\sec 3x}\,dx$

l) $\int \dfrac{8}{\left(1+\dfrac{1}{v^2}\right)^3 v^3}\,dv$

m) $\int \csc^2 4\theta \cot^2 4\theta\,d\theta$

n) $\int \dfrac{e^x + \sin x}{\sqrt{e^x - \cos x}}\,dx$

o) $\int \dfrac{2^{\text{Arc}\sec t}}{t\sqrt{t^2 - 1}}\,dt$

p) $\int (ax + b)^r\,dx$

**7.** Calculer les intégrales suivantes à l'aide de changements de variable.

a) $\int \left(e^{\left(\frac{x}{3}\right)} + 3^{6x}\right)dx$

b) $\int \left(\sin\left(\dfrac{\theta}{5}\right) - \cos 4\theta\right)d\theta$

c) $\int \left(\sqrt{8 - t} + \dfrac{3t}{\sqrt{9 + t^2}} - \dfrac{9}{\sqrt{t}\,(1 + \sqrt{t})^5}\right)dt$

d) $\int \left(\dfrac{\sec^2 \sqrt{x}}{\sqrt{x}} - x^3 \csc^2 x^4\right)dx$

e) $\int \left(\dfrac{1}{(3h + 1)^2} - \dfrac{6}{5h + 6}\right)dh$

f) $\int \left(\dfrac{4 \log x}{x} - \dfrac{5}{e^x} + \dfrac{1}{3x \ln x}\right)dx$

g) $\int \left(\dfrac{e^{2x}}{1 + e^{2x}} - \dfrac{e^x}{1 + e^{2x}}\right)dx$

h) $\int \left(\dfrac{\ln \sqrt{x}}{x} - \dfrac{\sqrt{\ln x}}{x}\right)dx$

i) $\int \left(\dfrac{e^{\sin t}}{\sec t} - \dfrac{\sin t}{e^{\cos t}}\right)dt$

j) $\int \left(\dfrac{\sin(\ln x)}{x} + \dfrac{\ln(\sin x)}{\tan x}\right)dx$

k) $\int \left(\dfrac{\tan(\ln h)}{h} - \dfrac{e^h}{\tan(e^h)}\right)dh$

l) $\int \left(\dfrac{\sec(x^{-1})}{x^2} + \dfrac{\csc \sqrt{x}}{\sqrt{x}}\right)dx$

**8.** Calculer les intégrales suivantes en utilisant, si nécessaire, des identités trigonométriques et un changement de variable.

a) $\int \dfrac{x}{\cos(3x^2 + 4)}\,dx$

b) $\int \dfrac{\csc^2 \theta}{\sin^2(\cot \theta)}\,d\theta$

c) $\int \dfrac{3x}{\cot(3x^2)}\,dx$

d) $\int \tan^2(5t + 1)\,dt$

e) $\int (\sec 5\theta + 3 \tan 5\theta)^2\,d\theta$

f) $\int \left(\dfrac{\sin x}{\cos^2 x} - \dfrac{\sin^2 x}{\cos x}\right)dx$

g) $\int \cot^3 \varphi \sec^2 \varphi\,d\varphi$

h) $\int \sin^2\left(\dfrac{x}{2}\right)dx$

i) $\int (\sin t + \cos t)^2\,dt$

j) $\int \dfrac{8}{\sin(1 - 4x)}\,dx$

k) $\int \dfrac{1}{\tan t \sqrt{\csc t}}\,dt$

l) $\int \dfrac{\tan \theta}{1 + \sec \theta}\,d\theta$

m) $\int \sin \varphi \cos \varphi \cos(2\varphi)\,d\varphi$

n) $\int \dfrac{\sin 2x}{\cos x}\,dx$

**9.** Calculer les intégrales suivantes.

a) $\int \dfrac{4}{1 + \sqrt{x}}\,dx$

b) $\int (t^2 + 1)^9\,t\,dt$

c) $\int (x^2 + 1)^9\,x^3\,dx$

d) $\int \dfrac{x^5}{\sqrt{x^3 - 16}}\,dx$

e) $\int (6x + 5)\sqrt{3x + 2}\,dx$

f) $\int \dfrac{e^{2x}}{1 + e^x}\,dx$

g) $\int \dfrac{4x + \sqrt{x}}{x(x + 1)}\,dx$

h) $\int \dfrac{x^2}{(4 + 3x)^4}\,dx$

**10.** Calculer les intégrales suivantes.

a) $\displaystyle\int \frac{1}{\sqrt{x}}\left(2x + 7 - \frac{5}{\sqrt{x}} + e^{\sqrt{x}}\right) dx$

b) $\displaystyle\int \frac{1}{t^2 + 2t + 1}\, dt$

c) $\displaystyle\int e^x \sin^4(e^x) \cos(e^x)\, dx$

d) $\displaystyle\int \left(\frac{e^{2x}}{2 + e^{2x}} + \frac{2 + e^{2x}}{e^{2x}}\right) dx$

e) $\displaystyle\int \left(\sqrt[3]{x} - \frac{2}{\sqrt{x}}\right)^2 dx$

f) $\displaystyle\int \frac{6u + 5}{3u + 1}\, du$

g) $\displaystyle\int \frac{x^3}{1 - x}\, dx$

h) $\displaystyle\int \sqrt{a^2 + b^2}\, dt$

i) $\displaystyle\int \csc^{\frac{3}{2}}(1 - x) \cot(1 - x)\, dx$

j) $\displaystyle\int \sec^2 \theta \tan \theta \, (\tan^2 \theta + \sec \theta)\, d\theta$

k) $\displaystyle\int \frac{6}{1 + \cos 2x}\, dx$

l) $\displaystyle\int \frac{1}{\sqrt{7 - y^2}}\, dy$

m) $\displaystyle\int \frac{1}{t \ln t \sqrt{\ln^2 t - 1}}\, dt$

n) $\displaystyle\int \left(\frac{8x}{\sqrt{1 - x^2}} + \frac{8x}{\sqrt{1 - x^4}}\right) dx$

o) $\displaystyle\int 3x^2\,(x^2 + (x^3 + 1)^{12})\, dx$

p) $\displaystyle\int \frac{e^x}{4e^{2x} + 9}\, dx$

q) $\displaystyle\int x^3 \sqrt{1 - x^2}\, dx$

r) $\displaystyle\int \frac{e^t}{\sqrt{e^{4t} - e^{2t}}}\, dt$

s) $\displaystyle\int \frac{x + 2}{\sqrt{1 - x^2}}\, dx$

t) $\displaystyle\int \frac{1}{e^u + e^{-u}}\, du$

u) $\displaystyle\int \frac{\sec^2 \theta \tan \theta}{1 - \tan \theta}\, d\theta$

v) $\displaystyle\int \frac{3 \ln(7x^{-5})}{2x}\, dx$

w) $\displaystyle\int \frac{(x + 2)^2}{x^2 + 1}\, dx$

x) $\displaystyle\int \frac{y}{\sqrt{y^4 - y^4 \ln^2 y}}\, dy$

y) $\displaystyle\int \frac{(9x^2 - 6x)\, e^{x^3}}{e^{x^2}}\, dx$

z) $\displaystyle\int e^{\sin 2\theta \cos 2\theta}(\sin^2 2\theta - \cos^2 2\theta)\, d\theta$

**11.** Donner une solution implicite et, si c'est possible, une solution explicite des équations différentielles suivantes.

a) $\dfrac{dy}{dx} = \sqrt{xy}$, où $x > 0$ et $y > 0$

b) $\dfrac{dy}{dx} = xe^{x^2 + y}$

c) $(4 + y \cos y)\, dy = (\sec^2 x - 3x^3)y\, dx$

d) $\dfrac{dy}{dx} - yx = \dfrac{y}{x^2}$, où $y > 0$

e) $(1 + x^2)y' + xy - 2x = 0$, où $y > 2$

f) $x \cos y\, dy = \left(\dfrac{1 + \sqrt{x}}{1 + \tan y}\right) dx$

**12.** Résoudre les équations différentielles suivantes.

a) $\dfrac{dy}{dx} = \dfrac{x}{y}$, $y < 0$ ; $y = -3$ lorsque $x = 4$

b) $\dfrac{ds}{dt} = \dfrac{s}{t}$, $s > 0$, $t > 0$ ; $s = 20$ lorsque $t = 5$

c) $y(x + 3)\, dx = (x - 5)(1 + y^2 e^{y^2 - 1})\, dy$ ; $y = 1$ lorsque $x = 6$

d) $\dfrac{dy}{dx} = e^{2x - y}$ ; $y = 8$ lorsque $x = 4$

e) $\dfrac{dy}{dx} = (3 - 5y)x$, $y < \dfrac{3}{5}$ ; $y = 0$ lorsque $x = 0$

f) $\dfrac{dx}{dt} = \sin t \cos^2 x$ ; $x = \dfrac{\pi}{4}$ lorsque $t = \pi$

g) $\dfrac{dv}{dt} = v^2 t \sqrt{2t + 3}$ ; $v = 5$ lorsque $t = 3$

h) $(1 + y^2)(\sin \theta + \cos \theta)\, d\theta = \sin \theta\,(y + 1)\, dy$ ; $y = 0$ lorsque $\theta = \dfrac{\pi}{2}$

**13.** Trouver l'équation de la courbe qui satisfait les conditions suivantes.

a) $f''(x) = e^x + e^{-x} + \cos x$, $f'(0) = 1$ et $f(0) = 2$.

b) $g''(x) = 12x - 8$, la pente de la tangente à cette courbe au point $P(2, g(2))$ est 11 et la courbe passe par le point $R(0, 1)$.

c) $k''(x) = \dfrac{6}{x^2}$, la pente de la droite normale à cette courbe au point $(3, k(3))$ est $0,25$ et la courbe passe par le point T$(1, -5)$.

d) $h''(x) = 6x$ et la courbe passe par les points R$(0, 5)$ et S$(-3, -4)$.

**14.** a) Trouver l'équation de la famille de courbes dont la pente de la tangente, en tout point $(x, y)$ où $x \neq 0$ et $y \neq 0$, est égale au produit des coordonnées.

b) Déterminer l'équation de la courbe passant par le point:

   i) $(2, e)$              ii) $(-1, -e)$

**15.** a) Déterminer la famille de courbes satisfaisant l'équation différentielle suivante:
$(x - 4)\, dx + y\, dy = 0$

b) Trouver l'équation d'une deuxième famille de courbes orthogonales à celle de a).

c) Représenter graphiquement, sur un même système d'axes, les deux familles de courbes.

d) Déterminer l'équation des courbes des familles précédentes qui passent par le point P$(6, \sqrt{3})$.

**16.** Soit la famille $F_1$ de courbes définie par $y = \dfrac{k}{\sqrt{x}}$, où $x > 0$ et $k \in \mathbb{R}$.

a) Déterminer la famille $F_2$ de courbes orthogonales à $F_1$.

b) Déterminer la courbe de chaque famille qui passe par le point:
   i) P$(4, 2)$          ii) Q$(1,44\,; -5)$

 c) Représenter graphiquement sur un même système d'axes les quatre courbes trouvées en b).

**17.** Soit les familles de courbes définies par
$F_1 = \{y \mid y = e^x + k,\ \text{où } k \in \mathbb{R}\}$ et
$F_2 = \{z \mid z = ke^x,\ \text{où } k \in \mathbb{R}\}$.

a) Déterminer les familles de courbes $F_3$ et $F_4$ respectivement orthogonales à $F_1$ et à $F_2$.

b) Déterminer la courbe de chacune des familles $F_1$, $F_2$, $F_3$ et $F_4$ qui passe par le point P$(0, 3)$.

 c) Soit $y_1 = e^x + 5$ et $y_2 = e^x - 3$, deux courbes de $F_1$. Trouver les courbes $y_3$ et $y_4$ de $F_3$, respectivement orthogonales à $y_1$ et à $y_2$ qui se rencontrent en $x = 2$. Représenter graphiquement sur un même système d'axes les courbes $y_1$, $y_2$, $y_3$ et $y_4$.

d) Soit $z_1 = 5e^x$ et $z_2 = -3e^x$, deux courbes de $F_2$. Trouver les courbes $C_3$ et $C_4$ de $F_4$, respectivement orthogonales à $z_1$ et à $z_2$, qui se rencontrent en $x = 2$.

**18.** Du haut d'un édifice de 245 mètres, nous lançons un objet verticalement vers le haut avec une vitesse initiale de 24,5 m/s.

Dominique Parent

a) Déterminer la fonction $v$ donnant la vitesse de l'objet.

b) Déterminer la fonction $h$ donnant la position de l'objet par rapport au sol.

c) À quel moment l'objet atteindra-t-il sa hauteur maximale?

d) Quelle est la hauteur maximale que pourra atteindre l'objet?

e) Calculer la vitesse de l'objet lorsqu'il heurte le sol.

**19.** L'accélération d'un mobile en fonction du temps est donnée par $a = \dfrac{100}{(25 - 2t)^2}$, où $t$ est en secondes, $0 \leq t \leq 12$ et $a$ est en m/s². Sachant que sa vitesse initiale est de 4 m/s, calculer la distance parcourue par le mobile entre la 3e et la 7e seconde.

**20.** L'accélération d'une particule est directement proportionnelle au temps $t$. À $t = 0$ s, la vitesse de la particule est de 27 m/s. Sachant qu'à $t = 2$ s, sa vitesse est de 24 m/s et sa position est de 55 m,

a) calculer la vitesse et la position de la particule après
   i) 4 s;          ii) 7 s;

b) calculer la distance totale parcourue après
   i) 4 s;          ii) 7 s.

2

**21.** Une particule partant d'un point O avec une vitesse nulle reçoit une accélération $a$, définie par $a = \sqrt{2v + 9}$, où $a$ est en m/s² et $v$ en m/s. Déterminer

   a)  la position de la particule, lorsque $v = 20$ m/s ;

   b)  la vitesse de la particule, lorsque $x = 100$ m.

**22.** Les dernières études démographiques américaines indiquent qu'en l'an 2000 la population des États-Unis était de 281 millions ; de plus, les démographes estiment que la population $P$ des États-Unis augmentera proportionnellement à la population présente à un taux continu de 0,9 % par année.

   a)  Exprimer $P$ en fonction du temps $t$, en année.

   b)  Exprimer $t$ en fonction de $P$.

   c)  Déterminer la population des États-Unis en l'an 2012 selon cette projection.

   d)  Déterminer en quelle année la population sera de 350 millions.

**23.** En 1980, nous comptions 2000 bélougas dans le fleuve Saint-Laurent et 600 en 1990. Si le nombre de bélougas diminue à un taux proportionnel au nombre de bélougas présents,

   a)  trouver le nombre de bélougas en l'an 2012.

   b)  En quelle année la population sera-t-elle de 30 bélougas ?

   c)  Dans ces conditions, vers quelle année la population de bélougas disparaîtra-t-elle ?

   d)  Représenter graphiquement la population de bélougas en fonction du temps $t$.

**24.** Pour les abeilles travailleuses d'une ruche, le taux continu de décès de la population $P$ est de 4 % par jour. Déterminer le nombre de jours nécessaires pour que la population soit réduite de moitié.

**25.** Le potassium-42 a un taux continu de désintégration de 5,5 % par heure.

   a)  Déterminer la quantité restante après 3 heures.

   b)  Déterminer la quantité désintégrée après 1 journée.

   c)  Trouver la demi-vie de cette substance.

   d)  Déterminer le temps nécessaire pour que 99 % de la substance initiale soit désintégrée.

**26.** Lors de l'explosion, en 1986, des réacteurs de la centrale nucléaire de Tchernobyl, en Ukraine, une substance radioactive de césium-137 fut trouvée près du lieu de l'explosion. Le taux continu de désintégration de cette substance est de 1,87 % par année. S'il faut 7 demi-vies avant que le césium-137 ne soit plus considéré comme dangereux,

   a)  trouver le nombre d'années nécessaires pour que nous puissions considérer l'endroit comme sécuritaire ;

   b)  déterminer le pourcentage de la quantité initiale de césium-137 qui restera à ce moment.

**27.** En supposant que la température est constante quelle que soit l'altitude, nous pouvons affirmer que la variation de la pression atmosphérique $P$ en fonction de l'altitude $h$ est proportionnelle à $P$. Sachant qu'au niveau de la mer (altitude 0) la pression est de 1 atm, et qu'elle est de 0,56 atm à 5 km d'altitude,

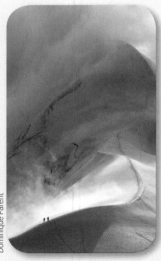

Dominique Parent

   a)  déterminer la pression au sommet du mont Everest (8850 m).

   b)  Si un adulte devient incommodé quand la pression est de 0,5 atm, déterminer alors l'altitude correspondante.

**28.** Soit une ville dont la population en 1995 était de 46 000 habitants. Les démographes observent à l'aide d'études statistiques que le taux continu de natalité est de 4 % par année, le taux continu de mortalité, de 1 % par année, et qu'en moyenne 240 personnes quittent annuellement cette ville.

   a)  Trouver la population de cette ville en 2015.

   b)  En combien d'années la population de cette ville doublera-t-elle ?

**29.** Dans un milieu donné, le nombre maximal de bactéries est de 500 000 ; de plus, le taux de croissance de cette population est proportionnel à la différence entre le nombre maximal de bactéries et le nombre présent de bactéries. Si au début de notre expérience nous comptions 50 000 bactéries et, 2 heures après, 80 000 bactéries,

a) trouver le nombre de bactéries présentes après 1 jour.

b) Après combien de temps la population de cette culture sera-t-elle de 450 000 ?

 c) Représenter graphiquement la courbe de $N$ et son asymptote, s'il y a lieu.

**30.** Une baignoire d'une capacité de 225 litres contient 150 litres d'eau à 55 °C. La température de la salle de bain étant de 22 °C, la température de l'eau diminuera de 10 °C en 15 minutes.

a) Si France ne veut pas entrer dans l'eau avant que celle-ci ne soit à 40 °C, combien de temps devra-t-elle attendre ?

b) Si France parle au téléphone pendant 30 minutes avant d'entrer dans l'eau,

  i) déterminer la température de l'eau au moment où elle y entrera ;

  ii) déterminer le nombre de litres d'eau, à 55 °C, qu'elle devra ajouter si elle veut prendre son bain à 40 °C.

**31.** En arrivant à 17 h sur les lieux d'un meurtre, les inspecteurs Pierre et Gilles notent que la température du corps de la victime est de 35 °C et que celle de la pièce est de 21 °C. Une heure plus tard, la température de la pièce est encore de 21 °C et celle du corps est de 33,5 °C. D'après la loi de refroidissement de Newton, nous savons que la température du corps varie proportionnellement à la différence entre la température du corps et la température ambiante. Sachant que la température normale du corps est de 37 °C, déterminer approximativement l'heure du décès.

**32.** Deux objets, situés dans une même pièce à une température ambiante constante de 20 °C, passent respectivement de 90 °C à 60 °C et de 80 °C à 70 °C en 10 minutes.

a) Après combien de temps les objets seront-ils à la même température ?

b) Trouver cette température.

 c) Représenter graphiquement, sur un même système d'axes, les courbes représentant la température des objets en fonction du temps sur [0 min, 10 min].

**33.** On raconte qu'en 1626 un individu aurait déboursé 24 $ pour l'île de Manhattan. Nous estimons qu'en 1990 sa valeur était de $6 \times 10^{11}$ $.

Dominique Parent

a) Calculer le taux d'intérêt nominal $j$, capitalisé continuellement, correspondant à cet accroissement.

b) Quelle sera la valeur de l'île en 2026 selon cette projection ?

**34.** Le propriétaire d'une galerie d'art estime qu'une toile, dont la valeur initiale est de 2000 $, s'appréciera au cours des 10 prochaines années à un taux de $\dfrac{45(1,5)^{\sqrt{t}}}{\sqrt{t}}$ $/an.

a) Déterminer la valeur de cette toile après 10 ans.

b) Après combien d'années le prix de la toile sera-t-il de 2377 $ ?

**35.** Nicole investit un capital de 10 000 $ à un taux d'intérêt nominal de 5,75 % capitalisé continuellement.

a) Déterminer la valeur $V$ du capital accumulé après 8 ans.

b) Déterminer en combien d'années son capital doublera.

c) À quel taux d'intérêt nominal capitalisé continuellement faudrait-il placer ce capital pour obtenir la valeur $V$ en 7 ans ?

d) À un taux d'intérêt nominal de 6,25 % capitalisé continuellement, déterminer la valeur du capital initial nécessaire pour obtenir la même valeur $V$ en 8 ans.

e) Quelle somme Nicole devra-t-elle investir si elle veut une somme de 30 000 $ 25 ans plus tard, sachant que le taux d'intérêt nominal est de 5 % capitalisé continuellement ?

**36.** Un réservoir cylindrique droit de 20 cm de rayon et de 64 cm de hauteur est rempli d'un liquide. Ce réservoir, dont la base circulaire est horizontale, se vide par un orifice à un rythme proportionnel à la racine carrée de la hauteur du liquide présent. Si après 5 minutes il reste le quart du liquide initial,

a) exprimer la hauteur du liquide présent en fonction du temps.

b) En combien de temps le réservoir se videra-t-il du reste ?

**37.** Dans un réservoir, nous trouvons 900 litres d'eau dans laquelle 100 kilogrammes de sel sont dissous. Nous introduisons dans le réservoir de l'eau pure au rythme de 30 litres par minute ; il en sort un mélange uniforme, au même rythme.

a) Exprimer la quantité $Q$ de sel en fonction du temps.

b) Quelle quantité de sel restera-t-il après 1 heure ?

c) Après combien de temps la quantité de sel sera-t-elle de 50 grammes ?

**38.** Dans un réservoir, nous trouvons 700 litres d'eau pure. Nous introduisons, au rythme de 20 litres par minute, de l'eau contenant 200 grammes de sel par litre. Si le mélange du bassin est homogène et que le bassin se vide au même rythme qu'il se remplit,

a) déterminer l'équation différentielle correspondant à cette situation ;

b) exprimer la quantité de sel présente en fonction du temps ;

c) déterminer la quantité de sel présente dans le réservoir après 24 minutes.

d) Après combien de temps trouverons-nous la moitié de la quantité maximale possible de sel dans ce réservoir ?

e) Représenter graphiquement la courbe de $Q$ en fonction du temps $t$ et l'asymptote correspondante, s'il y a lieu.

## Problèmes de synthèse

Les réponses des problèmes suivants, à l'exception des problèmes notés en rouge, sont données à la fin du volume.

**1.** Calculer les intégrales suivantes.

a) $\displaystyle\int \frac{4}{7 + 5e^{3x}}\, dx$

b) $\displaystyle\int \frac{1}{e^x + e^{-x} + 2}\, dx$

c) $\displaystyle\int \frac{1}{\sqrt{e^{4t} - 1}}\, dt$

d) $\displaystyle\int \frac{t^2}{\sqrt{t - 1}}\, dt$

e) $\displaystyle\int \frac{x}{1 + x \tan x}\, dx$

f) $\displaystyle\int \frac{\sqrt{u}}{u^3 + 1}\, du$

g) $\displaystyle\int \frac{1}{v + \sqrt{v}}\, dv$

h) $\displaystyle\int \frac{x}{1 + \sqrt{x}}\, dx$

i) $\displaystyle\int \sqrt[3]{x^5 - 2x^3}\, dx$

j) $\displaystyle\int \sqrt[3]{x^{11} - 2x^9}\, dx$

k) $\displaystyle\int \sqrt{1 - \sin t}\, dt$

l) $\displaystyle\int \frac{1}{\sin^2 \varphi \cos^2 \varphi}\, d\varphi$

m) $\displaystyle\int \frac{1}{\sin x - \cos x}\, dx$

n) $\displaystyle\int \frac{\sin (\sec x) \sin x}{\cos^2 (\sec x) \cos^2 x}\, dx$

o) $\displaystyle\int \frac{\ln (4x^{-3})}{x}\, dx$

p) $\displaystyle\int \frac{\sin \theta \cos \theta}{4 - \sin \theta}\, d\theta$

q) $\displaystyle\int \left[(x^2 - 4)(x + 2)\right]^{\frac{-2}{3}}\, dx$

**2.** Soit un demi-cercle surmonté d'un triangle équilatéral. En mesurant le diamètre du demi-cercle, nous obtenons 40 cm.

a) Si la précision de la mesure est de 3 %, déterminer approximativement à l'aide de la différentielle l'erreur absolue $E_a$ de l'aire de la région.

b) Déterminer approximativement la précision, en centimètres, de la mesure du diamètre pour obtenir une erreur maximale de 2 % pour la mesure de l'aire de la région.

**3.** a) Soit l'équation différentielle

$(x^2 + 1)\dfrac{dy}{dx} = 4xy + y$. Sachant que la courbe

passe par $P\left(\dfrac{-\pi}{4}, 1\right)$, exprimer $y$ en fonction de $x$.

b) Soit l'équation différentielle $\dfrac{dy}{dx} = \dfrac{x}{y^3}$.

Déterminer l'ensemble des valeurs de $x$ et l'ensemble des valeurs de $y$ qui satisfont la solution particulière lorsque la courbe passe par le point :

i) P(-1, 2)  ii) Q(2, -1)

Représenter graphiquement.

**4.** a) Trouver l'équation de la famille de courbes dont la pente de la tangente, en tout point $(x, y)$ où $x \neq 0$ et $y \neq 0$, est égale à l'abscisse élevée à la puissance 2, divisée par l'ordonnée élevée à la puissance 4.

b) Trouver l'équation de la famille de courbes orthogonales à celle définie en a).

c) Déterminer l'équation des courbes des deux familles précédentes, qui passent par le point P(3, 2).

**d)** Représenter graphiquement, sur un même système d'axes, les deux courbes trouvées en c) ainsi qu'une autre courbe des familles trouvées en a) et en b).

**5.** Soit la famille de courbes définie par $y = (x - k)^3$, où $k \in \mathbb{R}$.

a) Déterminer la famille de courbes orthogonales à la famille de courbes donnée.

b) Déterminer, si c'est possible, la courbe de chaque famille qui passe par le point:
i) P(1, -1)   ii) Q(0, 1)   iii) R(1, 0)

c) Représenter graphiquement sur un même système d'axes les courbes trouvées en b).

**6.** Un mobile se déplace à une vitesse $v = \cos^2\left(\dfrac{\pi x}{100}\right)$

où $v$ est exprimée en mètres par seconde et $x$, la distance parcourue, en mètres.

a) Trouver le temps nécessaire au mobile pour parcourir 25 mètres.

b) Déterminer la distance parcourue par le mobile après
i) 1 heure;   ii) 1 journée.

c) Déterminer théoriquement le temps que prendrait le mobile pour parcourir 50 mètres.

d) Déterminer la fonction donnant la vitesse et celle donnant l'accélération du mobile en fonction du temps.

**7.** Déterminer à quelle vitesse maximale en km/h un automobiliste peut rouler s'il veut arrêter son automobile en moins de 32 mètres, étant donné que sa décélération constante est de 8 m/s².

**8.** Un automobiliste passe de 0 km/h à 240 km/h sur une piste d'accélération longue de 0,4 km. En supposant que son accélération est constante, déterminer la durée de sa course ainsi que son accélération.

**9.** Une automobiliste roulant à 90 km/h freine et s'arrête 50 mètres plus loin. Considérant sa décélération constante, calculer le temps requis pour s'arrêter, ainsi que sa décélération.

**10.** Par une nuit claire et calme, au sommet d'une montagne désertique, sans végétation, le refroidissement de la terre suit approximativement la **loi de Stefan** (physicien autrichien, 1835-1893), c'est-à-dire que le taux de décroissance de la température est proportionnel à la

puissance quatrième de la température exprimée en kelvins. La température observée à 22 heures est de 293 K et à minuit, elle est de 282 K.

a) Exprimer la température $T$ en fonction du temps.

b) Déterminer la température à 4 heures.

**11.** Pour endormir un chat au cours d'une opération, on lui administre un produit ayant une demi-vie de 3 heures. Une quantité minimale de 18 ml/kg du produit est nécessaire pour qu'un chat reste endormi pendant une opération. Déterminer la dose à injecter à un chat de 5,5 kg pour qu'il reste endormi durant 45 minutes, sachant que le taux d'élimination de la quantité de médicament est proportionnel à la quantité présente.

**12.** La valeur finale $A$ d'un capital initial $A_0$ est donnée par $A = A_0 \left(1 + \dfrac{j}{x}\right)^{xt}$, où $j$ est le taux d'intérêt nominal, $x$ le nombre de capitalisations annuelles et $t$, le nombre d'années. Si nous plaçons 1000\$ à un taux nominal de 6 % pour 5 ans,

a) calculer $A$, si la somme d'argent est capitalisée annuellement;

b) calculer $A$, si $A$ est capitalisé semestriellement;

c) calculer $A$, si $A$ est capitalisé mensuellement;

d) calculer $A$, si $A$ est capitalisé quotidiennement;

e) calculer $A$, si $x \rightarrow +\infty$;

f) calculer $A$, si $\dfrac{dA}{dt} = 0{,}06A$ pour $A_0 = 1000$ et $t = 5$ ans.

g) Comparer les résultats obtenus en e) et f).

**13.** a) Si un montant d'argent $A$ est capitalisé continuellement à un taux nominal $j$, exprimer le taux effectif $i$ en fonction de $j$.

b) Déterminer le taux effectif $i$ lorsque $j = 7{,}25$ % et que la capitalisation est continue.

**14.** Un cube de glace de 7 cm³ fond à un rythme proportionnel à la surface extérieure du cube. Après 5 minutes, le volume du cube est de 8 cm³.

a) Trouver le volume du cube de glace après 7 minutes.

b) Trouver le temps que prend le cube de glace pour fondre entièrement.

**15.** D'après la loi de refroidissement de Newton, nous savons que $\dfrac{dT}{dt} = K(T - A)$, où $T$ est la température de l'objet et $A$, la température ambiante, qui est constante. Pour un objet dont la température initiale est $T_0$, exprimer, de façon générale, $T$ en fonction de $t$.

**16.** Dans un restaurant où la température est de 22 °C, Lyne et Johanne commandent toutes les deux un café qu'elles reçoivent en même temps. Lyne y ajoute 10 ml de lait et le laisse refroidir. Six minutes plus tard, Johanne ajoute la même quantité de lait à son café et toutes les deux commencent à boire. Si les deux tasses contenaient initialement 250 ml de café à 85 °C et que la température du lait est de 4 °C dans les deux cas, déterminer laquelle boira son café le plus chaud au moment où elles commencent à boire en donnant la température du café de chacune et en utilisant la loi de refroidissement de Newton,

$$\frac{dT}{dt} = K(T - A), \text{ où } K = \text{-}0,02.$$

**17.** Soit $L$ la longueur d'un pendule et $T$ sa période pour de petits déplacements angulaires, lorsque la seule force agissant sur le pendule est l'attraction terrestre ; alors nous avons $\dfrac{dT}{dL} = \dfrac{T}{2L}$.

Exprimer $T$ en fonction de $L$, sachant que si $L$ est égale à 1 mètre, $T$ égale $\dfrac{2\pi}{\sqrt{g}}$.

**18.** L'équation des gaz de **Van der Waals** (physicien hollandais, 1837-1923) est :

$$\left(P + \frac{an^2}{V^2}\right)(V - nb) = nRT,$$

où $a$, $b$, $R$ et $n$ sont des constantes et $P$, $V$ et $T$ désignent respectivement la pression, le volume et la température.

a) Si la température $T$ est maintenue constante, trouver une approximation pour la variation de pression produite par une petite variation du volume du gaz.

b) Si le volume $V$ est maintenu constant, trouver une approximation pour la variation de pression produite par une petite variation de la température du gaz.

c) Si la pression $P$ est maintenue constante, trouver une approximation pour la variation de la température produite par une petite variation du volume du gaz.

**19.** Supposons une fusée se déplaçant dans l'espace où aucune force gravitationnelle n'est exercée. Soit $v_0$ la vitesse initiale de cette fusée et $m_0$, sa masse initiale. Si nous éjectons du gaz de cette fusée à une vitesse $u_0$, la loi de conservation du moment en physique définit que le taux de variation de la vitesse de cette fusée par rapport à la masse de celle-ci est donné par $\dfrac{dv}{dm} = \dfrac{\text{-}u_0}{m}$.

a) Exprimer $v$ en fonction de $m$.

b) Étudier le comportement de $m$ lorsque $v \to +\infty$.

**20.** Soit une cuisine de 120 m³, adjacente à un garage. Une automobile située dans le garage démarre. La concentration de monoxyde de carbone produite par l'automobile se maintient à 5 %. Si 0,8 m³/min d'air, contenant le monoxyde de carbone et provenant du garage, s'infiltre dans la cuisine et que la même quantité d'air s'échappe de la pièce vers l'extérieur de la maison,

a) déterminer la fonction donnant le volume $V$ de monoxyde de carbone en fonction du temps $t$ ;

b) si on considère qu'une concentration de monoxyde de carbone peut être dangereuse à 1,4 %, déterminer le nombre de minutes pour atteindre cette concentration ;

c) représenter graphiquement la courbe de $V$.

**21.** On administre, de façon intraveineuse, un nouveau médicament à un patient à un rythme constant $m$, exprimé en mg/h. Ce médicament est éliminé à un taux proportionnel à la quantité $Q$ du médicament, exprimée en milligrammes, présente en tout temps $t$, exprimé en heures.

a) Exprimer $Q$ en fonction de $t$.

b) Déterminer le niveau d'équilibre $M$ du médicament, défini par $M = \lim_{t \to +\infty} Q(t)$.

 c) Afin de déterminer la constante de proportionnalité $K$, qui dépend du métabolisme du patient, on lui administre une dose de 3 mg/h de médicament. Un test révèle qu'après 1 h, on retrouve 2,45 mg de ce médicament dans son sang.
   i) Déterminer $K$;
   ii) évaluer $Q(2)$;
   iii) évaluer $Q(4)$.

d) Pour ce patient, utiliser la valeur de $K$ trouvée en c) pour déterminer le rythme $m$, qui assurera un niveau d'équilibre de médicament égal à 5 mg.

**22.** L'accélération $a$, exprimée en cm/s², d'une particule qui oscille entre $x = 20$ cm et $x = 100$ cm, est donnée par $a = k(60 - x)$, où $k \in \mathbb{R}$. La vitesse de la particule est de 10 cm/s, lorsque $x = 40$ cm.

a) Déterminer la vitesse de la particule lorsque
   i) $x = 50$ cm;   ii) $x = 90$ cm.

b) Déterminer la vitesse maximale de la particule.

**23.** On estime que la vitesse $v$ d'un coureur est donnée par $v = 9(1 - 0,03x)^{0,2}$, où $v$ est en km/h et $x$ en kilomètres.

a) Calculer la distance $x_1$ parcourue par le coureur après 1 heure ainsi que la distance $x_2$ parcourue après 2 heures.

b) Déterminer son accélération après 3 heures.

c) Sachant que la distance à parcourir pour un marathon est de 42,195 km, déterminer le temps nécessaire au coureur pour parcourir un demi-marathon.

**24.** Les administrateurs d'une compagnie de fabrication de bateaux estiment que le coût marginal $C_m$ et le revenu marginal $R_m$ sont donnés par les fonctions suivantes:

$C_m(q) = \dfrac{q^2 + q}{67}$, exprimé en milliers de dollars,

et $R_m(q) = \dfrac{31 - q}{\sqrt{36 - q}}$, exprimé en milliers de

dollars, où $q \in [0, 30]$ est le nombre d'unités produites.

Si les coûts fixes sont de 10 milliers de dollars,

a) déterminer les fonctions revenu $R$, coût $C$ et profit $P$, exprimées en fonction de $q$;

b) déterminer $P(1)$; $P(10)$ et $P(28)$;

 c) représenter graphiquement les courbes $C$, $R$ et $P$ sur un même système d'axes;

 d) déterminer le nombre de bateaux à produire pour que $P(q) \geq 0$;

e) déterminer $q$ qui maximise le profit et calculer le profit maximal.

**25.** Le directeur d'une usine de fabrication de valises estime que le taux de variation du prix $p$, en dollars, en fonction de la quantité $q$ de valises vendues, est donné par $\dfrac{dp}{dq} = \dfrac{-400q}{\sqrt{(q^2 + 16)^3}}$, où

$q$ est en centaines et $q \in [0, 10]$. De plus, il estime en livrer 300 à un magasin si le prix demandé est de 95 $.

a) Déterminer le prix $p$ en fonction de la quantité $q$.

b) Si un magasin fait une commande de 400 valises, déterminer le prix par valise que devra payer ce magasin.

c) Si un magasin ne veut pas payer plus de 70 $ par valise, déterminer la quantité à commander.

 d) Représenter graphiquement la fonction $p(q)$, et donner l'interprétation du point R(0, 115) de la courbe.

**26.** Par une journée d'hiver, il commence à neiger très tôt le matin, la neige tombant à un taux constant de 7 cm/h. Le service de déneigement d'une ville commence à nettoyer les rues à 7 h. À 9 h, le service

a nettoyé 14 km de route et à 11 h, il a nettoyé 7 km supplémentaires. Sachant que la vitesse à laquelle le service de déneigement nettoie les rues est inversement proportionnelle à la hauteur de neige accumulée, déterminer à quelle heure il a commencé à neiger.

27. La **loi d'Ohm** pour un circuit contenant une inductance est donnée par

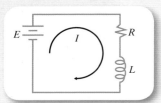

$$E = L\frac{dI}{dt} + RI,$$ où $R$, $L$ et $E$ sont des constantes. Exprimer $I$ en fonction du temps, sachant que lorsque $t = 0$, $I = 0$.

28. Le problème suivant correspond à l'évolution simultanée de deux populations, dans un habitat fermé, dont l'une sert d'aliment à l'autre. Par exemple, une zone québécoise constitue un habitat fermé pour les chevreuils et les loups, ces derniers se nourrissant à peu près exclusivement des premiers.

Soit $C$ et $L$, le nombre, en tout temps, de chevreuils et de loups.

D'une part, le taux continu de natalité des chevreuils est proportionnel au nombre de chevreuils présents et le taux continu de mortalité de ces derniers, non dévorés par les loups, est également proportionnel à leur nombre.

Soit $n_1$ et $m_1$, les constantes de proportionnalité respectives telles que $n_1 > m_1$. De plus, le taux continu de mortalité des chevreuils dévorés par les loups est à la fois proportionnel au nombre de chevreuils et au nombre de loups présents. Soit $p$ la constante de proportionnalité.

D'autre part, le taux continu de natalité des loups est à la fois proportionnel au nombre de chevreuils et au nombre de loups présents, et le taux continu de mortalité de ces derniers est proportionnel au nombre de loups présents. Soit $h$ et $m_2$, les constantes de proportionnalité respectives.

a) Déterminer $\dfrac{dC}{dt}$ et $\dfrac{dL}{dt}$.

b) Établir la relation entre $C$ et $L$, et l'exprimer sous la forme $K = f(C)\,g(L)$, où $K$ désigne une constante.

c) Pour quelles valeurs de $C$ la tangente à la courbe est-elle parallèle à l'axe horizontal, et pour quelles valeurs de $L$ la tangente à la courbe est-elle parallèle à l'axe vertical ?

d) Si le cycle est dans le sens indiqué par la flèche représentée sur le graphique, interpréter l'évolution des populations. Le graphique résultant de l'évolution des deux populations est le suivant.

# Chapitre 3 — Intégrale définie

## Introduction

Archimède fut l'un des premiers à calculer l'aire d'une figure géométrique bornée, en découpant la surface intérieure de la figure en minces bandes parallèles, pour ensuite additionner les aires de ces bandes.

Dans un premier temps, nous calculerons l'aire de certaines régions fermées en utilisant le même principe et en appliquant la notion de limite pour évaluer l'aire exacte de la région.

Nous définirons ensuite, à l'aide de sommes de Riemann, l'intégrale définie sur un intervalle donné. Nous énoncerons le théorème fondamental du calcul intégral, dont la démonstration nous permettra ultérieurement de constater les liens existant entre la différentiation, l'intégration et l'intégrale définie. Isaac Newton (1642-1727) et Gottfried Leibniz (1646-1716) furent les premiers, alors qu'ils travaillaient séparément, à établir les liens entre ces notions. L'utilisation du théorème fondamental nous permettra de résoudre des problèmes concrets dans différents domaines d'application : physique, économie, etc.

En particulier, l'élève pourra résoudre le problème suivant.

La concentration d'un anti-inflammatoire administré est donnée approximativement par $C(t) = 38e^{-0,02t}$, exprimée en mg/ml, où $t \in [0\,h, 168\,h]$ est le nombre d'heures après l'injection.

a) Déterminer la concentration initiale ; après 3 jours ; après 7 jours.

b) Déterminer le nombre d'heures où la concentration réelle est supérieure à la concentration moyenne.

(Exercice récapitulatif n° 15, page 196.)

# Calcul d'aire… ou comment une notion en apparence simple transforme le paysage mathématique aux XVIII<sup>e</sup> et XIX<sup>e</sup> siècles

La découverte, par Newton et Leibniz, du théorème fondamental du calcul différentiel et intégral, établissant un lien entre les problèmes de mouvement (dérivation) et ceux du calcul d'aire (intégration), fournit aux physiciens et aux mathématiciens un nouvel outil extrêmement puissant. À l'aide de techniques purement symboliques qui correspondent à ce qui a été expliqué au chapitre 2, le symbolisme de Leibniz permet de résoudre des problèmes d'aire qui ont résisté à la sagacité des mathématiciens depuis la Grèce antique.

Au XVIII<sup>e</sup> siècle, une certaine frénésie porte les mathématiciens à chercher à tout mathématiser symboliquement. C'est ainsi que le grand mathématicien suisse **Leonhard Euler** (1707-1783) réussit à mathématiser un grand nombre de domaines de la physique : la mécanique, l'astronomie, l'acoustique, la théorie ondulatoire de la lumière, l'hydraulique, la construction navale, etc. Rien ne semble résister à ce nouveau type de calcul par lequel tout se ramène à des dérivations ou à des recherches de fonctions dont la fonction dérivée est connue. Se mettent alors en place les mathématiques qui servent aujourd'hui de base au travail des ingénieurs.

Cependant, l'efficacité de ce calcul camoufle une grave faiblesse. À vouloir l'appliquer sans discernement, on en arrive à calculer sans savoir si les calculs faits peuvent se justifier ou si on dépasse son domaine d'application. Ce sont les étudiants ingénieurs de l'École polytechnique de Paris, fondée en 1794, qui remettent en cause ce manque de rigueur. Leur programme d'étude repose sur le calcul différentiel et intégral. Or, ils veulent comprendre pourquoi ce calcul fonctionne vraiment. L'un de leurs professeurs, Augustin-Louis Cauchy (1789-1857), lui-même un ancien de l'École polytechnique, s'attèle à cette tâche. Il s'intéresse, au début des années 1820, à la notion d'aire sous la courbe d'une fonction n'ayant aucune discontinuité. Il démontre que l'on peut voir l'aire de cette surface comme la limite d'une somme des aires de rectangles dont les largeurs sont arbitrairement petites et que cette limite, qu'il nomme intégrale

définie, satisfait le théorème fondamental du calcul. En 1854, l'Allemand Bernhard Riemann (1826-1866) va plus loin en cherchant à savoir ce qui se passe s'il y a une infinité de discontinuités. Par exemple, est-ce possible de calculer la surface sous la courbe de la fonction caractéristique des nombres irrationnels sur l'intervalle allant de 0 à 1, fonction dont la valeur est 1 pour un nombre irrationnel et 0 pour un nombre rationnel ? Les sommes de Riemann, abordées dans le présent chapitre, forment la base de son travail.

Ces travaux et beaucoup d'autres effectués par les mathématiciens de la seconde moitié du XIX<sup>e</sup> siècle changent en profondeur le paysage mathématique. Par exemple, Georg Cantor (1845-1918), après avoir étudié des fonctions dont le graphe fait continuellement des sauts, aborde de front la notion d'infini pour arriver à montrer, dans les années 1870, qu'il y a plusieurs niveaux d'infini. Par exemple, le nombre infini de nombres naturels est strictement plus grand que le nombre infini des nombres réels. C'est de là aussi que prend sa source la théorie des ensembles qui constitue aujourd'hui l'une des bases des mathématiques.

Ces trois étudiants de l'École polytechnique de Paris discutent-ils de calcul intégral ?

# Exercices préliminaires

1. Soit $A$ une fonction dérivable.

   Compléter $\lim_{h \to 0} \dfrac{A(x + h) - A(x)}{h} = $ _____

2. Évaluer les limites suivantes.

   a) $\lim_{x \to +\infty} \left(6 - \dfrac{3}{x} + \dfrac{4}{x^2}\right)$    b) $\lim_{x \to +\infty} \dfrac{3x^2 - 4x + 1}{8x^2 + 5}$

3. a) Compléter le théorème de la valeur intermédiaire.

   Si $f$ est une fonction telle que :

   1) $f$ est continue sur $[a, b]$ ;

   2) $f(a) < K < f(b)$ ou $f(a) > K > f(b)$, où $K \in \mathbb{R}$, alors _____

b) Compléter le théorème de Lagrange.

Si $f$ est une fonction telle que :

1) $f$ est continue sur $[a, b]$ ;

2) $f$ est dérivable sur $]a, b[$, alors _____

c) Compléter le corollaire 2 du théorème de Lagrange.

Si $f$ et $g$ sont deux fonctions telles que :

1) $f$ et $g$ sont continues sur $[a, b]$ ;

2) $f'(x) = g'(x)$, $\forall\ x \in\ ]a, b[$, alors _____

4. Déterminer l'équation de la parabole qui passe par les points P(0, 7), Q(1, 6) et R(-2, 21).

5. Calculer les intégrales suivantes.

a) $\int \left( 5x^2 - \dfrac{7}{\sqrt{x}} + \dfrac{1}{2x} - \dfrac{1}{x^2} \right) dx$

b) $\int \left( \dfrac{3}{1 + t^2} - \dfrac{5t}{1 + t^2} \right) dt$

c) $\int \sin^3 2\theta \cos 2\theta\ d\theta$

# 3.1 Notions de sommations

## Objectifs d'apprentissage

À la fin de cette section, l'élève pourra utiliser le symbole de sommation $\Sigma$, appelé sigma.

Plus précisément, l'élève sera en mesure :
- d'expliciter une somme définie à l'aide du symbole $\Sigma$ ;
- d'utiliser le symbole $\Sigma$ pour représenter une somme ;
- d'utiliser certaines propriétés des sommations ;
- de démontrer et d'utiliser certaines formules de sommation.

$$\sum_{i=1}^{k} i = \frac{k(k + 1)}{2}$$

3

## ● Utilisation du symbole de sommation $\Sigma$, appelé sigma

### Il y a environ 250 ans...

**Leonhard Euler**
**Mathématicien suisse**

*D*ans son *Institutiones calculi differentialis* publié à Saint-Pétersbourg en 1755, le mathématicien suisse **Leonhard Euler** (1707-1783) utilise pour la première fois la lettre majuscule grecque sigma : $\Sigma$. Elle correspond à l'initiale de *summa*, qui signifie « somme » en latin. Euler propose plusieurs autres notations, par exemple $f(x)$ pour une fonction $f$ de la variable $x$ (1734), $e$ pour la base des logarithmes népériens (1727), $i$ pour la racine carrée de -1 (1777). Il popularise le symbole $\pi$, en l'utilisant pour le rapport de la circonférence au diamètre d'un cercle. C'est seulement au début du xixe siècle que l'usage du $\Sigma$ se répand.

Dans la section suivante, nous aurons à faire des sommes de termes de forme semblable, et il sera alors utile d'utiliser le symbole de sommation $\Sigma$ pour représenter ces sommes.

**DÉFINITION 3.1** — Dans la sommation $\displaystyle\sum_{i=r}^{s} a_i$, où $\displaystyle\sum_{i=r}^{s} a_i = a_r + a_{r+1} + a_{r+2} + \ldots + a_{s-2} + a_{s-1} + a_s$,

1) $a_i$ est le **terme général** ;

2) l'**indice** $i$ prend toutes les valeurs entières à partir de la **borne inférieure** $r$ jusqu'à la **borne supérieure** $s$ inclusivement ;

3) $a_r, a_{r+1}, a_{r+2}, \ldots, a_{s-2}, a_{s-1}$ et $a_s$ sont les termes de la sommation.

**Exemple 1**

a)  Explicitons les termes de la sommation $\displaystyle\sum_{i=1}^{5} i^2$.

Cette expression représente la somme de termes de la forme $i^2$, où $i$ prend successivement toutes les valeurs entières à partir de 1 jusqu'à 5 inclusivement ; nous avons donc

$$\sum_{i=1}^{5} i^2 = 1^2 + 2^2 + 3^2 + 4^2 + 5^2$$

b)  Explicitons les termes de la sommation $\displaystyle\sum_{k=3}^{6} (2k-1)^3$.

$$\sum_{k=3}^{6} (2k-1)^3 = (2(3)-1)^3 + (2(4)-1)^3 + (2(5)-1)^3 + (2(6)-1)^3$$

*(k prend les valeurs entières de 3 à 6)*

$$= 5^3 + 7^3 + 9^3 + 11^3$$

c)  Explicitons $\displaystyle\sum_{j=4}^{29} \frac{(-1)^j(j+1)}{2^j}$.

$$\sum_{j=4}^{29} \frac{(-1)^j(j+1)}{2^j} = \frac{(-1)^4(4+1)}{2^4} + \frac{(-1)^5(5+1)}{2^5} + \frac{(-1)^6(6+1)}{2^6} + \ldots + \frac{(-1)^{28}(28+1)}{2^{28}} + \frac{(-1)^{29}(29+1)}{2^{29}}$$

$$= \frac{5}{2^4} - \frac{6}{2^5} + \frac{7}{2^6} - \ldots + \frac{29}{2^{28}} - \frac{30}{2^{29}}$$

**Remarque** Dans une sommation, le facteur $(-1)^j$ (ou $(-1)^{j+1}$) a pour effet de faire alterner les signes des termes de la sommation.

d)  Explicitons et calculons $\displaystyle\sum_{i=1}^{15} 3$.

$$\sum_{i=1}^{15} 3 = \underbrace{3 + 3 + 3 + \ldots + 3 + 3}_{15 \text{ termes}} = 15(3) = 45$$

Utilisons le symbole $\Sigma$ pour représenter une somme de termes donnée explicitement.

**Exemple 2**

a)  Représentons $\dfrac{1}{4}\left(\dfrac{1}{2}\right) + \dfrac{1}{4}\left(\dfrac{1}{2}\right)^2 + \dfrac{1}{4}\left(\dfrac{1}{2}\right)^3 + \ldots + \dfrac{1}{4}\left(\dfrac{1}{2}\right)^n$ à l'aide du symbole $\Sigma$.

$$\frac{1}{4}\left(\frac{1}{2}\right) + \frac{1}{4}\left(\frac{1}{2}\right)^2 + \ldots + \frac{1}{4}\left(\frac{1}{2}\right)^n = \sum_{k=1}^{n} \frac{1}{4}\left(\frac{1}{2}\right)^k$$

b)  Représentons $\dfrac{1}{6^2} - \dfrac{1}{7^2} + \dfrac{1}{8^2} - \dfrac{1}{9^2} + \ldots - \dfrac{1}{99^2} + \dfrac{1}{100^2}$ à l'aide du symbole $\Sigma$.

$$\frac{1}{6^2} - \frac{1}{7^2} + \frac{1}{8^2} - \frac{1}{9^2} + \ldots - \frac{1}{99^2} + \frac{1}{100^2} = \frac{1}{6^2} + \frac{(-1)}{7^2} + \frac{1}{8^2} + \frac{(-1)}{9^2} + \ldots + \frac{(-1)}{99^2} + \frac{1}{100^2}$$

$$= \sum_{j=6}^{100} \frac{(-1)^j}{j^2}$$

Nous pouvons également représenter cette somme par $\displaystyle\sum_{j=1}^{95} \frac{(-1)^{j+1}}{(j+5)^2}$.

## ● Théorèmes sur les sommations

**THÉORÈME 3.1**

$$\sum_{i=1}^{k} (a_i \pm b_i) = \sum_{i=1}^{k} a_i \pm \sum_{i=1}^{k} b_i$$

**PREUVE**

$$\sum_{i=1}^{k} (a_i \pm b_i) = (a_1 \pm b_1) + (a_2 \pm b_2) + \ldots + (a_k \pm b_k) \quad \text{(en explicitant la somme)}$$

$$= (a_1 + a_2 + \ldots + a_k) \pm (b_1 + b_2 + \ldots + b_k) \quad \text{(en regroupant les termes)}$$

$$= \sum_{i=1}^{k} a_i \pm \sum_{i=1}^{k} b_i \quad \text{(en utilisant le symbole } \Sigma)$$

**THÉORÈME 3.2**

$$\sum_{i=1}^{k} ca_i = c \sum_{i=1}^{k} a_i, \text{ où } c \in \mathbb{R}$$

**PREUVE**

$$\sum_{i=1}^{k} ca_i = ca_1 + ca_2 + \ldots + ca_k \quad \text{(en explicitant la somme)}$$

$$= c(a_1 + a_2 + \ldots + a_k) \quad \text{(mise en évidence de } c)$$

$$= c \sum_{i=1}^{k} a_i \quad \text{(en utilisant le symbole } \Sigma)$$

**THÉORÈME 3.3**

$$\sum_{i=1}^{n} a_i = \sum_{i=1}^{k} a_i + \sum_{i=k+1}^{n} a_i, \text{ où } 1 < k < n$$

**PREUVE**

$$\sum_{i=1}^{n} a_i = \underbrace{(a_1 + a_2 + \ldots + a_k)} + \underbrace{(a_{k+1} + a_{k+2} + \ldots + a_n)}$$

$$= \sum_{i=1}^{k} a_i + \sum_{i=k+1}^{n} a_i$$

**THÉORÈME 3.4**

$$\sum_{i=1}^{k} c = kc, \text{ où } c \in \mathbb{R}$$

**PREUVE**

$$\sum_{i=1}^{k} c = \underbrace{c + c + c + \ldots + c}_{k \text{ termes}} = kc$$

---

**Exemple 1**   Calculons $\sum_{j=1}^{20} (4 - 3j^2)$, sachant que $\sum_{j=1}^{20} j^2 = 2870$.

$$\sum_{j=1}^{20} (4 - 3j^2) = \sum_{j=1}^{20} 4 - \sum_{j=1}^{20} 3j^2 \quad \text{(théorème 3.1)}$$

$$= 4(20) - 3 \sum_{j=1}^{20} j^2 \quad \text{(théorèmes 3.2 et 3.4)}$$

$$= 80 - 3(2870) = \text{-}8530$$

## ▪ Formules de sommation

### Il y a environ 200 ans...

**Carl Friedrich Gauss**
**Mathématicien allemand**

*L*a légende raconte qu'un instituteur demanda à ses élèves de calculer la somme des nombres de 1 à 100. **Carl Friedrich Gauss** (1777-1855), alors âgé de 10 ans, se met à la tâche comme les autres. Quelques secondes plus tard, il a terminé, et le résultat obtenu est juste. Gauss avait remarqué que (1 + 100 = 101), (2 + 99 = 101), (3 + 98 = 101), donc la somme devait être 50 × 101, soit 5050. Gauss est probablement le plus grand mathématicien de tous les temps.

Démontrons d'abord la formule nous permettant de déterminer la somme des $k$ premiers entiers.

**FORMULE 1**

$$\sum_{i=1}^{k} i = 1 + 2 + 3 + \ldots + k = \frac{k(k+1)}{2}$$

**PREUVE**

(en utilisant le raisonnement de Gauss)

$$\sum_{i=1}^{k} i = 1 + 2 + 3 + \ldots + (k-1) + k \text{, et}$$

$$\sum_{i=1}^{k} i = k + (k-1) + (k-2) + \ldots + 2 + 1 \quad \text{(en inversant l'ordre des termes)}$$

En additionnant respectivement les membres de gauche et les membres de droite des deux équations précédentes, et en regroupant adéquatement les termes du membre de droite, nous obtenons

$$\sum_{i=1}^{k} i + \sum_{i=1}^{k} i = [1+k] + [2+(k-1)] + [3+(k-2)] + \ldots + [(k-1)+2] + [k+1]$$

$$2\left(\sum_{i=1}^{k} i\right) = \underbrace{(k+1) + (k+1) + (k+1) + \ldots + (k+1) + (k+1)}_{k \text{ termes}}$$

$$2\left(\sum_{i=1}^{k} i\right) = k(k+1)$$

d'où $\displaystyle\sum_{i=1}^{k} i = \frac{k(k+1)}{2}$

**Exemple 1** Calculons les sommations suivantes.

a) $\displaystyle\sum_{i=1}^{60} i = 1 + 2 + 3 + \ldots + 59 + 60$    (en explicitant les termes)

$$= \frac{60(60+1)}{2} \quad \text{(formule 1, où } k = 60\text{)}$$

$$= 1830$$

b) $\displaystyle\sum_{i=1}^{40} \frac{i}{50} = \frac{1}{50} \sum_{i=1}^{40} i$    (théorème 3.2)

$$= \frac{1}{50} \frac{(40)(41)}{2} \quad \text{(formule 1, où } k = 40\text{)}$$

$$= 16,4$$

c) $\displaystyle\sum_{i=20}^{153} i = \sum_{i=1}^{153} i - \sum_{i=1}^{19} i$ $\qquad \left(\text{car } \displaystyle\sum_{i=1}^{153} i = \sum_{i=1}^{19} i + \sum_{i=20}^{153} i, \text{ théorème 3.3}\right)$

$\qquad = \dfrac{153(154)}{2} - \dfrac{19(20)}{2}$ $\qquad$ (formule 1, où $k = 153$ et $k = 19$)

$\qquad = 11\ 591$

Démontrons maintenant la formule nous permettant de déterminer la somme des carrés des $k$ premiers entiers.

| FORMULE 2 | $\displaystyle\sum_{i=1}^{k} i^2 = 1^2 + 2^2 + 3^2 + \ldots + (k-1)^2 + k^2 = \dfrac{k(k+1)(2k+1)}{6}$ |
| --- | --- |

**PREUVE**

$\displaystyle\sum_{i=1}^{k} i^3 = 1^3 + 2^3 + 3^3 + \ldots + (k-1)^3 + k^3$

$\displaystyle\sum_{i=1}^{k} i^3 = \underbrace{0^3 + 1^3 + 2^3 + 3^3 + \ldots + (k-1)^3} + k^3 \qquad (\text{car } 0^3 = 0)$

$\displaystyle\sum_{i=1}^{k} i^3 = \overbrace{\sum_{i=1}^{k} (i-1)^3} + k^3$

$\displaystyle\sum_{i=1}^{k} i^3 = \sum_{i=1}^{k} (i^3 - 3i^2 + 3i - 1) + k^3$

$\displaystyle\sum_{i=1}^{k} i^3 = \sum_{i=1}^{k} i^3 - 3\sum_{i=1}^{k} i^2 + 3\sum_{i=1}^{k} i - \sum_{i=1}^{k} 1 + k^3 \qquad (\text{théorèmes 3.1 et 3.2})$

$3\displaystyle\sum_{i=1}^{k} i^2 = 3\sum_{i=1}^{k} i - \sum_{i=1}^{k} 1 + k^3$

$\displaystyle\sum_{i=1}^{k} i^2 = \dfrac{1}{3}\left[3\left[\dfrac{k(k+1)}{2}\right] - k + k^3\right] \qquad (\text{formule 1, théorème 3.4})$

$\qquad = \dfrac{k}{3}\left[\dfrac{3k+3}{2} - 1 + k^2\right]$

$\qquad = \dfrac{k}{3}\left[\dfrac{2k^2 + 3k + 1}{2}\right]$

d'où $\displaystyle\sum_{i=1}^{k} i^2 = \dfrac{k(k+1)(2k+1)}{6}$

**Remarque** Cette méthode de preuve peut également être utilisée pour déterminer la formule correspondant à $\displaystyle\sum_{i=1}^{k} i$, $\displaystyle\sum_{i=1}^{k} i^3$, etc.

**Exemple 2** Calculons les sommations suivantes.

a) $\displaystyle\sum_{i=1}^{60} i^2 = 1^2 + 2^2 + 3^2 + \ldots + 59^2 + 60^2 = \frac{60(60+1)(2(60)+1)}{6}$

(formule 2, où $k = 60$)

$\qquad\qquad = 73\,810$

b) $\displaystyle\sum_{i=1}^{50} i(i+3) = \sum_{i=1}^{50} (i^2 + 3i)$

$\qquad\qquad = \displaystyle\sum_{i=1}^{50} i^2 + 3\sum_{i=1}^{50} i$ (théorèmes 3.1 et 3.2)

$\qquad\qquad = \dfrac{50(50+1)(2(50)+1)}{6} + 3\,\dfrac{50(50+1)}{2}$ (formules 1 et 2, où $k = 50$)

$\qquad\qquad = 42\,925 + 3825 = 46\,750$

**Exemple 3** Exprimons les sommations $\displaystyle\sum_{k=1}^{n-1}\left(\frac{k}{n}\right)^2$ et $\displaystyle\sum_{k=1}^{n}\left(\frac{k}{n}\right)^2$ en fonction de $n$.

$\displaystyle\sum_{k=1}^{n-1}\left(\frac{k}{n}\right)^2 = \sum_{k=1}^{n-1}\frac{k^2}{n^2}$

$\quad = \dfrac{1}{n^2}\displaystyle\sum_{k=1}^{n-1} k^2$ (théorème 3.2)

$\quad = \dfrac{1}{n^2}\left(\dfrac{(n-1)(n-1+1)(2(n-1)+1)}{6}\right)$
(formule 2, où $k = n-1$)

$\quad = \dfrac{1}{n^2}\left(\dfrac{(n-1)\,n(2n-1)}{6}\right)$

$\quad = \dfrac{(n-1)(2n-1)}{6n}$ (en simplifiant)

$\displaystyle\sum_{k=1}^{n}\left(\frac{k}{n}\right)^2 = \sum_{k=1}^{n}\frac{k^2}{n^2}$

$\quad = \dfrac{1}{n^2}\displaystyle\sum_{k=1}^{n} k^2$ (théorème 3.2)

$\quad = \dfrac{1}{n^2}\left(\dfrac{n(n+1)(2n+1)}{6}\right)$
(formule 2, où $k = n$)

$\quad = \dfrac{(n+1)(2n+1)}{6n}$ (en simplifiant)

La formule suivante donne la somme des cubes des $k$ premiers entiers.

**FORMULE 3** $\qquad \displaystyle\sum_{i=1}^{k} i^3 = 1^3 + 2^3 + 3^3 + \ldots + (k-1)^3 + k^3 = \dfrac{k^2(k+1)^2}{4}$

La démonstration est laissée à l'élève (exercices récapitulatifs, n° 2, page 195).

**Exemple 4** Évaluons $\displaystyle\sum_{i=1}^{25} (2i^3 - i^2 + 4i + 5)$.

$\displaystyle\sum_{i=1}^{25} (2i^3 - i^2 + 4i + 5) = 2\underbrace{\sum_{i=1}^{25} i^3}_{\text{formule 3}} - \underbrace{\sum_{i=1}^{25} i^2}_{\text{formule 2}} + 4\underbrace{\sum_{i=1}^{25} i}_{\text{formule 1}} + \underbrace{\sum_{i=1}^{25} 5}_{\text{théorème 3.3}}$ (théorèmes 3.1 et 3.2)

$\qquad = 2\left(\dfrac{(25)^2(26)^2}{4}\right) - \left(\dfrac{25(26)(51)}{6}\right) + 4\left(\dfrac{25(26)}{2}\right) + 25(5)$

$\qquad = 207\,150$

# Exercices 3.1

**1.** Expliciter les termes des sommations suivantes.

a) $\displaystyle\sum_{k=3}^{9} \frac{k}{k^2+1}$

e) $\displaystyle\sum_{j=3}^{7} (-1)^{(j+1)}(5+j)$

b) $\displaystyle\sum_{j=2}^{5} (4j^3-1)$

f) $\displaystyle\sum_{k=1}^{4} [(-2)^k - 2^{-k}]$

c) $\displaystyle\sum_{i=4}^{58} 2^{(i-1)}$

g) $\displaystyle\sum_{i=2}^{7} (-3)^{i-4}$

d) $\displaystyle\sum_{k=0}^{30} \frac{2k-1}{2k+1}$

h) $\displaystyle\sum_{i=0}^{4} \frac{1}{5}f\left(1+\frac{i}{5}\right)$

**2.** Utiliser le symbole $\Sigma$ pour représenter les sommes suivantes.

a) $1 + 4 + 9 + 16 + 25 + 36 + 49$

b) $1 + 2 + 4 + 8 + 16 + 32$

c) $5 + 5 + 5 + 5$

d) $8 + 27 + 64 + \ldots + 13\,824 + 15\,625$

e) $\dfrac{-1}{2} + \dfrac{4}{3} - \dfrac{9}{4} + \ldots - \dfrac{81}{10} + \dfrac{100}{11}$

f) $1 - 3 + 5 - 7 + 9 - 11 + 13 - 15$

g) $2 - \dfrac{2}{3} + \dfrac{2}{9} - \dfrac{2}{27} + \dfrac{2}{81}$

h) $\dfrac{-1}{3} + \dfrac{1}{6} - \dfrac{1}{12} + \dfrac{1}{24} - \dfrac{1}{48}$

i) $f\left(\dfrac{1}{10}\right)\dfrac{1}{10} + f\left(\dfrac{2}{10}\right)\dfrac{1}{10} + f\left(\dfrac{3}{10}\right)\dfrac{1}{10} + \ldots + f(1)\dfrac{1}{10}$

**3.** Évaluer les sommes suivantes à l'aide des formules et des théorèmes.

a) i) $1 + 2 + 3 + \ldots + 99 + 100$

ii) $1 + 2^3 + 3^3 + \ldots + 29^3 + 30^3$

iii) $\left(\dfrac{1}{45}\right)^2 \dfrac{1}{45} + \left(\dfrac{2}{45}\right)^2 \dfrac{1}{45} + \ldots + \left(\dfrac{44}{45}\right)^2 \dfrac{1}{45}$

iv) $\left(3 + \dfrac{1}{10}\right) + \left(3 + \dfrac{2}{10}\right) + \ldots + \left(3 + \dfrac{99}{10}\right)$

v) $3 + 9 + 15 + 21 + \ldots + 291 + 297$

b) i) $\displaystyle\sum_{i=1}^{100} i^2$

ii) $\displaystyle\sum_{i=1}^{42} 6$

iii) $\displaystyle\sum_{i=10}^{90} i$

iv) $\displaystyle\sum_{i=1}^{20} \frac{3i-5}{2}$

v) $\displaystyle\sum_{i=1}^{25} (2i-3)^2$

vi) $\displaystyle\sum_{i=1}^{15} (i^3 - 120i)$

**4.** Utiliser les formules de sommation pour exprimer les sommes suivantes en fonction de $n$.

a) $\displaystyle\sum_{i=1}^{n-1} i$

b) $\displaystyle\sum_{i=1}^{n-1} \frac{3i^2}{5n}$

c) $\displaystyle\sum_{i=1}^{n} (5i^3 + 6)$

d) $\displaystyle\sum_{i=1}^{n-1} (6i^2 - 2i)$

e) $\displaystyle\sum_{i=1}^{n} f\left(\frac{i}{n}\right)$,

où $f(x) = x + 2$

**5.** Nous superposons des cubes de 4 cm d'arêtes comme dans la figure suivante.

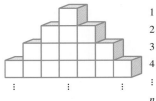 

a) Déterminer, en fonction de $n$, le nombre $N$ de cubes sur la $n$-ième rangée.

b) Exprimer à l'aide du symbole $\Sigma$ le nombre total $T$ de cubes si le montage est d'une hauteur de 2 mètres.

c) Déterminer ce nombre total $T$.

**6.** Démontrer que $\displaystyle\sum_{i=1}^{k} i = \frac{k(k+1)}{2}$,

à partir de $\displaystyle\sum_{i=1}^{k} i^2 = \sum_{i=1}^{k} (i-1)^2 + k^2$.

## 3.2 Calcul d'aires à l'aide de limites

### Objectifs d'apprentissage

À la fin de cette section, l'élève pourra calculer l'aire d'une région à l'aide de limites.

Plus précisément, l'élève sera en mesure :
- d'évaluer la somme des aires de rectangles inscrits et circonscrits à une courbe donnée $f$ sur $[a, b]$ ;
- d'évaluer l'aire réelle d'une région à l'aide de limites ;
- de donner la définition d'une partition d'un intervalle.

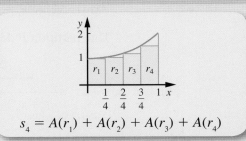

$$s_4 = A(r_1) + A(r_2) + A(r_3) + A(r_4)$$

Dans cette section, nous donnerons une première méthode utilisée par Archimède pour calculer l'aire d'une région fermée quelconque. Cette méthode consiste essentiellement à estimer l'aire réelle d'une région fermée à l'aide de sommes d'aires de rectangles inscrits et circonscrits, et à prendre la limite de ces sommes.

## Il y a environ 2200 ans...

**Archimède**

**Mathématicien grec**

*L*e mathématicien et physicien grec **Archimède** (287-212 av. J.-C.) ne faisait pas que prendre des bains! Il calcula aussi l'aire de plusieurs surfaces courbes. Ainsi, il fait l'approximation de l'aire d'un cercle en le découpant selon un polygone régulier de 96 côtés. Pour l'aire d'un secteur de parabole, il imagine qu'il pèse cette surface à l'aide d'une balance et qu'il l'équilibre par un triangle dont il sait calculer facilement l'aire. Le livre décrivant cette dernière méthode est resté inconnu pendant deux millénaires et n'a été découvert qu'au début du XXᵉ siècle.

**DÉFINITION 3.2**

Soit $f$ une fonction telle que $f(x) \geq 0$ sur $[a, b]$.

1) Un **rectangle inscrit** est un rectangle de base $(b - a)$ et de hauteur $f(c)$, où $f(c)$ est le minimum de $f$ sur $[a, b]$.

2) Un **rectangle circonscrit** est un rectangle de base $(b - a)$ et de hauteur $f(d)$, où $f(d)$ est le maximum de $f$ sur $[a, b]$.

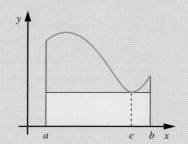

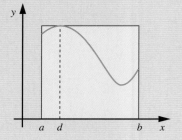

## ● Aires de rectangles inscrits et circonscrits sur [*a, b*]

Définissons d'abord la notion de partition d'un intervalle.

**DÉFINITION 3.3**

1) Une **partition** $P$ de $[a, b]$ est une suite de nombres réels $x_0, x_1, x_2, ..., x_n$ tels que

$$a = x_0 < x_1 < x_2 < ... < x_{n-1} < x_n = b$$

Nous la notons $P = \{x_0, x_1, x_2, ..., x_{n-1}, x_n\}$.

2) La **longueur** $\Delta x_i$ de chaque sous-intervalle de la partition $P$ est définie par :
$$\Delta x_i = x_i - x_{i-1}, \text{ où } i \in \{1, 2, 3, ..., n\}$$

Ainsi, $\Delta x_1 = x_1 - x_0, \Delta x_2 = x_2 - x_1, ..., \Delta x_n = x_n - x_{n-1}$

Une partition $P$ de $[a, b]$ peut être représentée de la façon suivante :

$$
\begin{array}{ccccccc}
\overset{\Delta x_1}{\longleftrightarrow} & \overset{\Delta x_2}{\longleftrightarrow} & \Delta x_3 & & \overset{\Delta x_{n-1}}{\longleftrightarrow} & \overset{\Delta x_n}{\longleftrightarrow} & \\
a = x_0 & x_1 \ \ x_2 & x_3 & ... & x_{n-2} & x_{n-1} & x_n = b
\end{array}
$$

| THÉORÈME 3.5 | Pour toute partition $P$ d'un intervalle $[a, b]$, où $P = \{x_0, x_1, x_2, \ldots, x_{n-1}, x_n\}$, nous avons $\displaystyle\sum_{i=1}^{n} \Delta x_i = b - a$ |
|---|---|

| PREUVE | $\displaystyle\sum_{i=1}^{n} \Delta x_i = \Delta x_1 + \Delta x_2 + \ldots + \Delta x_{n-1} + \Delta x_n$ |
|---|---|
| | $= (x_1 - x_0) + (x_2 - x_1) + \ldots + (x_{n-1} - x_{n-2}) + (x_n - x_{n-1})$ (par définition de $\Delta x_i$) |
| | $= x_n - x_0$ (en simplifiant) |
| | $= b - a$ (car $x_n = b$ et $x_0 = a$) |

| DÉFINITION 3.4 | Une partition est dite **régulière** lorsque $\Delta x_1 = \Delta x_2 = \ldots = \Delta x_i = \ldots = \Delta x_n$. |
|---|---|

Dans le cas d'une partition régulière d'un intervalle $[a, b]$, chaque sous-intervalle est de même longueur et celle-ci est notée $\Delta x$.

Ainsi, $\Delta x = \dfrac{b - a}{n}$, où $n$ représente le nombre d'intervalles de même longueur.

**Exemple 1** En séparant $[0, 1]$ en $n$ parties égales, nous obtenons $\Delta x = \dfrac{1 - 0}{n} = \dfrac{1}{n}$.

Cette partition peut être représentée par

**Exemple 2** Soit la fonction $f$ définie par $f(x) = x^2 + 1$ sur $[0, 1]$.

Évaluons l'aire réelle, notée $A_0^1$, de la région ci-contre, en faisant des sommes d'aires de rectangles inscrits et circonscrits, et en prenant la limite de ces sommes.

1) Calculons premièrement $s_4$ et $S_4$, où $s_4$ représente la somme des aires des quatre *rectangles inscrits* suivants et $S_4$, la somme des aires des quatre *rectangles circonscrits* suivants à la courbe de $f$.

En séparant $[0, 1]$ en quatre parties égales, nous obtenons la partition $P = \left\{0, \dfrac{1}{4}, \dfrac{2}{4}, \dfrac{3}{4}, 1\right\}$, où $\Delta x = \dfrac{1 - 0}{4} = \dfrac{1}{4}$

$s_4$: somme des aires des quatre rectangles inscrits

$S_4$: somme des aires des quatre rectangles circonscrits

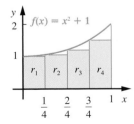

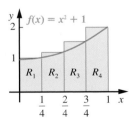

Calcul de $s_4$ et de $S_4$

$s_4 = A(r_1) + A(r_2) + A(r_3) + A(r_4)$

$S_4 = A(R_1) + A(R_2) + A(R_3) + A(R_4)$

$$= f(0)\frac{1}{4} + f\left(\frac{1}{4}\right)\frac{1}{4} + f\left(\frac{2}{4}\right)\frac{1}{4} + f\left(\frac{3}{4}\right)\frac{1}{4}$$

$$= \frac{1}{4}\left[f(0) + f\left(\frac{1}{4}\right) + f\left(\frac{2}{4}\right) + f\left(\frac{3}{4}\right)\right]$$

$$= \frac{1}{4}\left[1 + \frac{17}{16} + \frac{20}{16} + \frac{25}{16}\right]$$

$$= \frac{78}{64}$$

$$= 1{,}218\ 75 \text{ unité}^2$$

$$= f\left(\frac{1}{4}\right)\frac{1}{4} + f\left(\frac{2}{4}\right)\frac{1}{4} + f\left(\frac{3}{4}\right)\frac{1}{4} + f(1)\frac{1}{4}$$

$$= \frac{1}{4}\left[f\left(\frac{1}{4}\right) + f\left(\frac{2}{4}\right) + f\left(\frac{3}{4}\right) + f(1)\right]$$

$$= \frac{1}{4}\left[\frac{17}{16} + \frac{20}{16} + \frac{25}{16} + 2\right]$$

$$= \frac{94}{64}$$

$$= 1{,}468\ 75 \text{ unité}^2$$

Nous constatons que $\quad \underbrace{s_4}_{1{,}218\ 75} \leq A_0^1 \leq \underbrace{S_4}_{1{,}468\ 75}$

Représentation
graphique de $(S_4 - s_4)$

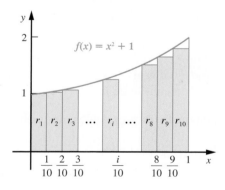

Puisque $A_0^1 \in [s_4, S_4]$, l'erreur maximale $e_4$ commise en utilisant $s_4$ ou $S_4$ pour évaluer approximativement $A_0^1$ satisfait

$$e_4 \leq S_4 - s_4$$

$$\leq \frac{94}{64} - \frac{78}{64}$$

$$\leq \frac{16}{64}$$

d'où $e_4 \leq \dfrac{1}{4}$

2) Calculons maintenant $s_{10}$ et $S_{10}$ pour obtenir une meilleure approximation de l'aire réelle $A_0^1$ sous la courbe en séparant $[0, 1]$ en 10 parties égales.

Calcul de $s_{10}$ et de $S_{10}$

$s_{10}$ : somme des aires des 10 rectangles inscrits

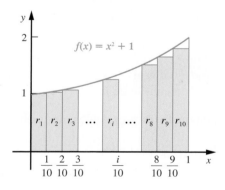

$S_{10}$ : somme des aires des 10 rectangles circonscrits

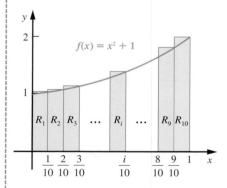

Utilisons le symbole $\Sigma$ pour ce calcul.

$$s_{10} = A(r_1) + A(r_2) + A(r_3) + \ldots + A(r_{10})$$

$$= f(0)\tfrac{1}{10} + f\left(\tfrac{1}{10}\right)\tfrac{1}{10} + f\left(\tfrac{2}{10}\right)\tfrac{1}{10} + \ldots + f\left(\tfrac{9}{10}\right)\tfrac{1}{10}$$

$$= \tfrac{1}{10}\left[f(0) + f\left(\tfrac{1}{10}\right) + f\left(\tfrac{2}{10}\right) + \ldots + f\left(\tfrac{9}{10}\right)\right]$$

$$= \tfrac{1}{10}\left[1 + \left[\left(\tfrac{1}{10}\right)^2 + 1\right] + \left[\left(\tfrac{2}{10}\right)^2 + 1\right] + \ldots + \left[\left(\tfrac{9}{10}\right)^2 + 1\right]\right]$$

$$S_{10} = \sum_{i=1}^{10} A(R_i)$$

$$= \sum_{i=1}^{10} f\left(\frac{i}{10}\right)\frac{1}{10}$$

$$= \frac{1}{10}\sum_{i=1}^{10}\left(\left(\frac{i}{10}\right)^2 + 1\right)$$

$$= \frac{1}{10}\left(\sum_{i=1}^{10}\frac{i^2}{100} + \sum_{i=1}^{10} 1\right)$$

$$= \frac{1}{10}\left[10 + \frac{1}{10^2}\left(1^2 + 2^2 + \dots + 9^2\right)\right] \qquad\qquad = \frac{1}{10}\left(\frac{1}{100}\sum_{i=1}^{10} i^2 + 10\right)$$

(théorème 3.4)

$$= 1 + \frac{1}{10^3}\left(\frac{(9)(10)(19)}{6}\right) \quad \text{(formule 2)} \qquad\qquad = \frac{1}{10}\left(\frac{1}{100}\frac{(10)(11)(21)}{6} + 10\right)$$

(formule 2, où $k = 10$)

$$= \frac{257}{200} \qquad\qquad\qquad\qquad\qquad\qquad\qquad = \frac{277}{200}$$

$$= 1{,}285 \text{ unité}^2 \qquad\qquad\qquad\qquad\qquad = 1{,}385 \text{ unité}^2$$

Nous constatons que
$$\underbrace{s_4}_{1{,}218\,75} \le \underbrace{s_{10}}_{1{,}285} \le A_0^1 \le \underbrace{S_{10}}_{1{,}385} \le \underbrace{S_4}_{1{,}468\,75}$$

Puisque $A_0^1 \in [s_{10}, S_{10}]$, l'erreur maximale $e_{10}$ commise en utilisant $s_{10}$ ou $S_{10}$ pour évaluer approximativement $A_0^1$ satisfait

$$e_{10} \le S_{10} - s_{10}$$
$$\le \frac{277}{200} - \frac{257}{200}$$
$$\le \frac{20}{200}$$

d'où $e_{10} \le \dfrac{1}{10}$

3) Représentons, à l'aide de Maple, 50 rectangles inscrits et 50 rectangles circonscrits et déterminons $s_{50}$ et $S_{50}$.

Calcul de $s_{50}$ et de $S_{50}$

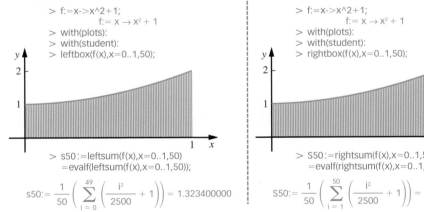

$s_{50}$ : somme des aires des 50 rectangles inscrits

```
> f:=x->x^2+1;
        f:= x → x² + 1
> with(plots):
> with(student):
> leftbox(f(x),x=0..1,50);
```

```
> s50:=leftsum(f(x),x=0..1,50)
  =evalf(leftsum(f(x),x=0..1,50));
```

$$s50:= \frac{1}{50}\left(\sum_{i=0}^{49}\left(\frac{i^2}{2500} + 1\right)\right) = 1.323400000$$

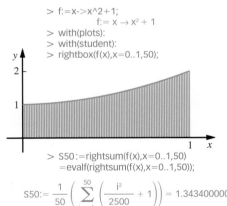

$S_{50}$ : somme des aires des 50 rectangles circonscrits

```
> f:=x->x^2+1;
        f:= x → x² + 1
> with(plots):
> with(student):
> rightbox(f(x),x=0..1,50);
```

```
> S50:=rightsum(f(x),x=0..1,50)
  =evalf(rightsum(f(x),x=0..1,50));
```

$$S50:= \frac{1}{50}\left(\sum_{i=1}^{50}\left(\frac{i^2}{2500} + 1\right)\right) = 1.343400000$$

Les résultats obtenus jusqu'à maintenant nous révèlent que
$$s_4 \le s_{10} \le s_{50} \le A_0^1 \le S_{50} \le S_{10} \le S_4$$

De plus, $e_{50} \le S_{50} - s_{50}$
$$\le 1{,}3434 - 1{,}3234$$

d'où $e_{50} \le \dfrac{1}{50}$

Il semble que les sommes des aires des rectangles inscrits et circonscrits s'approchent de plus en plus de l'aire réelle $A_0^1$ à mesure que l'on augmente le nombre de rectangles (inscrits, circonscrits).

4) Trouvons maintenant une formule générale pour $s_n$, la somme des aires des $n$ rectangles inscrits, appelée somme inférieure, et pour $S_n$, la somme des aires des $n$ rectangles circonscrits, appelée somme supérieure, en séparant $[0, 1]$ en $n$ parties égales.

Calcul de $s_n$
(sous-estimation de $A_0^1$)

Calcul de $S_n$
(surestimation de $A_0^1$)

Aire $s_n$ des $n$ rectangles inscrits ci-dessous :

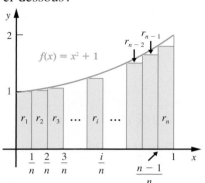

Aire $S_n$ des $n$ rectangles circonscrits ci-dessous :

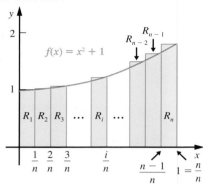

Utilisons le symbole $\Sigma$ pour ce calcul.

$$s_n = \sum_{i=1}^{n} A(r_i)$$

$$= \sum_{i=1}^{n} f\left(\frac{i-1}{n}\right)\frac{1}{n}$$

$$= \frac{1}{n}\sum_{i=1}^{n}\left(\left(\frac{i-1}{n}\right)^2 + 1\right)$$

$$= \frac{1}{n}\left(\sum_{i=1}^{n}\frac{(i-1)^2}{n^2} + \sum_{i=1}^{n} 1\right)$$

$$= \frac{1}{n}\left(\frac{1}{n^2}\sum_{i=1}^{n}(i-1)^2 + n\right)$$

$$= \frac{1}{n}\left(\frac{1}{n^2}\,\frac{(n-1)\,n(2n-1)}{6} + n\right)$$
(formule 2, où $k = n - 1$)

$$= \frac{2n^2 - 3n + 1}{6n^2} + 1$$

d'où $s_n = \dfrac{4}{3} - \dfrac{1}{2n} + \dfrac{1}{6n^2}$

$$S_n = A(R_1) + A(R_2) + A(R_3) + \ldots + A(R_n)$$

$$= f\left(\tfrac{1}{n}\right)\tfrac{1}{n} + f\left(\tfrac{2}{n}\right)\tfrac{1}{n} + f\left(\tfrac{3}{n}\right)\tfrac{1}{n} + \ldots + f\left(\tfrac{n}{n}\right)\tfrac{1}{n}$$

$$= \tfrac{1}{n}\left[f\left(\tfrac{1}{n}\right) + f\left(\tfrac{2}{n}\right) + f\left(\tfrac{3}{n}\right) + \ldots + f\left(\tfrac{n}{n}\right)\right]$$

$$= \tfrac{1}{n}\left[\left[\left(\tfrac{1}{n}\right)^2 + 1\right] + \left[\left(\tfrac{2}{n}\right)^2 + 1\right] + \ldots + \left[\left(\tfrac{n}{n}\right)^2 + 1\right]\right]$$

$$= \frac{1}{n}\left[n + \frac{1}{n^2}\underbrace{(1^2 + 2^2 + 3^2 + \ldots + n^2)}_{\text{(formule 2, où } k = n)}\right]$$

$$= 1 + \frac{1}{n^3}\left(\frac{n(n+1)(2n+1)}{6}\right)$$

$$= 1 + \frac{2n^2 + 3n + 1}{6n^2}$$

d'où $S_n = \dfrac{4}{3} + \dfrac{1}{2n} + \dfrac{1}{6n^2}$

Puisque $A_0^1 \in [s_n, S_n]$, l'erreur maximale $E_n$ commise en utilisant $s_n$ ou $S_n$ pour évaluer approximativement $A_0^1$ satisfait

$$e_n \le S_n - s_n$$

$$\le \left(\frac{4}{3} + \frac{1}{2n} + \frac{1}{6n^2}\right) - \left(\frac{4}{3} - \frac{1}{2n} + \frac{1}{6n^2}\right)$$

d'où $e_n \le \dfrac{1}{n}$

> De façon générale, l'erreur maximale possible en utilisant la méthode précédente pour calculer approximativement $A_a^b$, pour une fonction $f$ croissante ou décroissante et dérivable, satisfait
>
> $$|E_n| \le \frac{(b-a)^2\,M}{2n}$$
>
> où $n$ est le nombre de rectangles et $M$ est la valeur maximale de $|f'(x)|$ sur $[a, b]$.

La démonstration de cette inégalité dépasse le niveau de ce cours.

Calculons l'erreur maximale commise donnée par $|E_n| \leq \dfrac{(b-a)^2 M}{2n}$.

Déterminons $M$ la valeur maximale de $|f'(x)|$ sur $[0, 1]$.

De $f(x) = x^2 + 1$, nous obtenons $f'(x) = 2x$.

Puisque $f'(x)$ est croissante sur $[0, 1]$, $M = |f'(1)| = 2$.

Ainsi, $|E_n| \leq \dfrac{(1-0)2}{2n}$

d'où $|E_n| \leq \dfrac{1}{n}$

5) Utilisons les formules $s_n$ et $S_n$ obtenues en 4) pour calculer $s_n$ et $S_n$ pour différentes valeurs de $n$ et pour $n \to +\infty$.

| | $s_n = \dfrac{4}{3} - \dfrac{1}{2n} + \dfrac{1}{6n^2}$ | $S_n = \dfrac{4}{3} + \dfrac{1}{2n} + \dfrac{1}{6n^2}$ |
|---|---|---|
| $n = 4$ (voir 1) | $s_4 = \dfrac{4}{3} - \dfrac{1}{8} + \dfrac{1}{96} = 1{,}218\,75$ | $S_4 = \dfrac{4}{3} + \dfrac{1}{8} + \dfrac{1}{96} = 1{,}468\,75$ |
| $n = 10$ (voir 2) | $s_{10} = \dfrac{4}{3} - \dfrac{1}{20} + \dfrac{1}{600} = 1{,}285$ | $S_{10} = \dfrac{4}{3} + \dfrac{1}{20} + \dfrac{1}{600} = 1{,}385$ |
| $n = 50$ (voir 3) | $s_{100} = \dfrac{4}{3} - \dfrac{1}{100} + \dfrac{1}{15\,000} = 1{,}3234$ | $S_{50} = \dfrac{4}{3} + \dfrac{1}{100} + \dfrac{1}{15\,000} = 1{,}3434$ |
| $n = 200$ | $s_{200} = \dfrac{4}{3} - \dfrac{1}{400} + \dfrac{1}{6(200)^2} = 1{,}330\,83\ldots$ | $S_{200} = \dfrac{4}{3} + \dfrac{1}{400} + \dfrac{1}{6(200)^2} = 1{,}335\,83\ldots$ |
| $n = 2000$ | $s_{2000} = 1{,}333\,08\ldots$ | $S_{2000} = 1{,}333\,58\ldots$ |
| $\vdots$ | $\vdots$ | $\vdots$ |
| $n \to +\infty$ | $\displaystyle\lim_{n\to+\infty} s_n = \lim_{n\to+\infty}\left(\dfrac{4}{3} - \dfrac{1}{2n} + \dfrac{1}{6n^2}\right)$ $= \dfrac{4}{3}$ (en évaluant la limite) | $\displaystyle\lim_{n\to+\infty} S_n = \lim_{n\to+\infty}\left(\dfrac{4}{3} + \dfrac{1}{2n} + \dfrac{1}{6n^2}\right)$ $= \dfrac{4}{3}$ (en évaluant la limite) |

Puisque, pour $n > 50$ :

$$s_4 \leq \ldots \leq s_{10} \leq \ldots \leq s_{50} \leq \ldots \leq s_n \leq \ldots \leq A_0^1 \leq \ldots \leq S_n \leq \ldots \leq S_{50} \leq \ldots \leq S_{10} \leq \ldots \leq S_4$$

et que $\displaystyle\lim_{n\to+\infty} s_n = \dfrac{4}{3}$ et que $\displaystyle\lim_{n\to+\infty} S_n = \dfrac{4}{3}$

nous pouvons conclure que l'aire réelle de la région est égale à $\dfrac{4}{3}$ unité$^2$,

d'où $A_0^1 = \dfrac{4}{3}$ unité$^2$.

En général, pour une fonction $f$ telle que $f(x) \geq 0$ sur $[a, b]$,

si $\displaystyle\lim_{n\to+\infty} s_n = s$ et si $\displaystyle\lim_{n\to+\infty} S_n = S$,

où $s \in \mathbb{R}$ et $S \in \mathbb{R}$, nous avons

$$s \leq A_a^b \leq S$$

De plus, si $s = S$, alors $A_a^b = s = S$

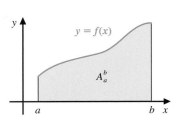

**Exemple 3** Soit $f(x) = -x^2 + 2x + 5$ sur $[1, 3]$.

Déterminons l'aire réelle $A_1^3$ entre l'axe des $x$ et la courbe d'équation $f(x) = -x^2 + 2x + 5$, $x = 1$ et $x = 3$, en calculant $s$ et $S$.

En séparant $[1, 3]$ et $n$ parties égales,

nous obtenons $\Delta x = \dfrac{3 - 1}{n} = \dfrac{2}{n}$

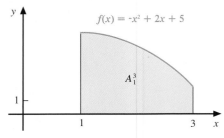

Aire $s_n$ des $n$ rectangles inscrits :

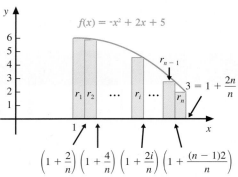

$$\left(1 + \frac{2}{n}\right) \left(1 + \frac{4}{n}\right) \quad \left(1 + \frac{2i}{n}\right) \quad \left(1 + \frac{(n-1)2}{n}\right)$$

Aire $S_n$ des $n$ rectangles circonscrits :

$$\left(1 + \frac{2}{n}\right) \left(1 + \frac{4}{n}\right) \quad \left(1 + \frac{2i}{n}\right)$$

Calcul de $s_n$ et de $S_n$

$$s_n = \sum_{i=1}^{n} A(r_i)$$

$$= \sum_{i=1}^{n} f\left(1 + \frac{2i}{n}\right) \frac{2}{n}$$

$$= \frac{2}{n} \sum_{i=1}^{n} \left( -\left(1 + \frac{2i}{n}\right)^2 + 2\left(1 + \frac{2i}{n}\right) + 5 \right)$$

$$= \frac{2}{n} \sum_{i=1}^{n} \left( -1 - \frac{4i}{n} - \frac{4i^2}{n^2} + 2 + \frac{4i}{n} + 5 \right)$$

$$= \frac{2}{n} \sum_{i=1}^{n} \left( 6 - \frac{4i^2}{n^2} \right)$$

$$= \frac{2}{n} \left[ \sum_{i=1}^{n} 6 - \frac{4}{n^2} \sum_{i=1}^{n} i^2 \right]$$

$$= \frac{2}{n} \left\{ 6n - \frac{4}{n^2} \frac{n(n+1)(2n+1)}{6} \right\}$$

$$= \frac{28n^2 - 12n - 4}{3n^2}$$

d'où $s_n = \dfrac{28}{3} - \dfrac{4}{n} - \dfrac{4}{3n^2}$

$$S_n = \sum_{j=1}^{n} A(R_j)$$

$$= \sum_{i=0}^{n-1} f\left(1 + \frac{2i}{n}\right) \frac{2}{n}$$

$$= \frac{2}{n} \sum_{i=0}^{n-1} \left( -\left(1 + \frac{2i}{n}\right)^2 + 2\left(1 + \frac{2i}{n}\right) + 5 \right)$$

$$= \frac{2}{n} \sum_{i=0}^{n-1} \left( -1 - \frac{4i}{n} - \frac{4i^2}{n^2} + 2 + \frac{4i}{n} + 5 \right)$$

$$= \frac{2}{n} \sum_{i=0}^{n-1} \left( 6 - \frac{4i^2}{n^2} \right)$$

$$= \frac{2}{n} \left[ \sum_{i=0}^{n-1} 6 - \frac{4}{n^2} \sum_{i=0}^{n-1} i^2 \right]$$

$$= \frac{2}{n} \left\{ 6n - \frac{4}{n^2} \frac{(n-1)n(2n-1)}{6} \right\}$$

$$= \frac{28n^2 + 12n - 4}{3n^2}$$

d'où $S_n = \dfrac{28}{3} + \dfrac{4}{n} - \dfrac{4}{3n^2}$

En remplaçant $n$ par des valeurs particulières dans les résultats précédents, nous obtenons les sommes suivantes :

| $n$ | $s_n = \dfrac{28}{3} - \dfrac{4}{n} - \dfrac{4}{3n^2}$ | $S_n = \dfrac{28}{3} + \dfrac{4}{n} - \dfrac{4}{3n^2}$ |
|---|---|---|
| 10 | $s_{10} = 8{,}92$ | $S_{10} = 9{,}72$ |
| 100 | $s_{100} = 9{,}2932$ | $S_{100} = 9{,}3732$ |
| 1000 | $s_{1000} = 9{,}329\,3\ldots$ | $S_{1000} = 9{,}337\,3\ldots$ |

En évaluant $s$ et $S$, nous obtenons

$$s = \lim_{n \to +\infty} s_n$$

$$= \lim_{n \to +\infty} \left[ \frac{28}{3} - \frac{4}{n} - \frac{4}{3n^2} \right]$$

$$= \frac{28}{3} \quad \text{(en évaluant la limite)}$$

$$S = \lim_{n \to +\infty} S_n$$

$$= \lim_{n \to +\infty} \left[ \frac{28}{3} + \frac{4}{n} - \frac{4}{3n^2} \right]$$

$$= \frac{28}{3} \quad \text{(en évaluant la limite)}$$

Puisque $s = S = \dfrac{28}{3}$, alors l'aire réelle est égale à $\dfrac{28}{3}$

d'où $A_1^3 = \dfrac{28}{3}$ unités$^2$.

# Exercices 3.2

**1.** Pour chacun des intervalles suivants, évaluer la longueur $\Delta x$ de chaque sous-intervalle si nous séparons l'intervalle en un nombre donné $n$ de parties égales, et représenter cette partition pour a), b) et c).

a) $[0, 1]$, $n = 5$      c) $\left[ -2, \dfrac{3}{2} \right]$, $n = 10$

b) $[2, 7]$, $n = 51$     d) $[a, b]$, $n = 35$

**2.** Représenter graphiquement et évaluer.

a) $s_4$ si $f(x) = 9 - x^2$ sur $[0, 2]$

b) $S_4$ si $f(x) = 9 - x^2$ sur $[0, 2]$

c) $s_4$ si $f(x) = \sqrt{x}$ sur $[0, 4]$

d) $s_4$ si $f(x) = \dfrac{1}{x}$ sur $[1, 3]$

e) $s_5$ si $f(x) = x^2 - 4x + 5$ sur $[0, 5]$

f) $S_5$ si $f(x) = x^2 - 4x + 5$ sur $[0, 5]$

**3.** Soit $f(x) = x^2 + 3x + 1$ sur $[0, 1]$.

a) Représenter graphiquement et évaluer $s_n$.

b) Évaluer $S_n$, en utilisant le symbole $\Sigma$.

c) Déterminer la valeur maximale de $e_n$ et de $|E_n|$.

d) Évaluer $s$ et $S$.

e) Évaluer $A_0^1$.

**4.** Soit $f(x) = x^2$ sur $[1, 2]$.

a) Démontrer que $s_n = \dfrac{7}{3} - \dfrac{3}{2n} + \dfrac{1}{6n^2}$.

b) Démontrer que $S_n = \dfrac{7}{3} + \dfrac{3}{2n} + \dfrac{1}{6n^2}$.

c) Déterminer $A_1^2$.

**5.** Soit $f(x) = \sin x$, où $x \in \left[ 0, \dfrac{\pi}{2} \right]$.

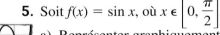

a) Représenter graphiquement et évaluer $s_3$ et $s_{10}$.

b) Évaluer $s_{100}$.

c) Représenter graphiquement et évaluer $S_3$ et $S_{10}$.

d) Évaluer $S_{100}$.

e) Évaluer $s$ et $S$.

f) Déterminer $A_0^{\frac{\pi}{2}}$.

# 3.3 Somme de Riemann et intégrale définie

## Objectifs d'apprentissage

À la fin de cette section, l'élève pourra calculer des sommes de Riemann.

Plus précisément, l'élève sera en mesure :
- de donner la définition d'une somme de Riemann ;
- de donner la définition de l'intégrale définie ;
- d'utiliser certaines propriétés de l'intégrale définie.

$$\int_a^b f(x)\, dx = \lim_{(\max \Delta x_i)\to 0} \sum_{i=1}^{n} f(c_i)\, \Delta x_i$$

Dans cette section, nous généraliserons la notion de calcul d'aire à l'aide de sommes d'aires de rectangles. Par la suite, nous donnerons la définition de l'intégrale définie et certaines de ses propriétés.

## ■ Somme de Riemann

### Il y a environ 200 ans...

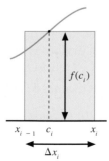

**Georg Friedrich Bernhard Riemann**
Mathématicien allemand

*F*ils d'un pasteur protestant, **Georg Friedrich Bernhard Riemann** (1826-1866) veut devenir professeur d'université. À l'époque, pour enseigner dans une université allemande, il faut d'abord devenir *Privadozent*, c'est-à-dire professeur non rémunéré, en présentant un texte démontrant ses capacités et en faisant un exposé. Dans son mémoire, il introduit les «sommes de Riemann». Son exposé porte sur les fondements de la géométrie, dont il révolutionne l'approche. Gauss, professeur à Göttingen et l'un des plus grands mathématiciens de tous les temps, fait grand cas de cette présentation. Les travaux d'Einstein sur la relativité reposent sur ceux de Riemann en géométrie.

**DÉFINITION 3.5**

Soit une fonction $f$ continue sur $[a, b]$ et $P$ une partition quelconque de $[a, b]$. Nous appelons **somme de Riemann** toute somme de la forme

$$\sum_{i=1}^{n} f(c_i)\, \Delta x_i, \text{ où } c_i \in [x_{i-1}, x_i]$$

**Exemple 1** Illustrons la somme de Riemann pour la fonction $f$, continue sur $[a, b]$ et la partition $P$ de $[a, b]$ suivante : $P = \{x_0, x_1, x_2, ..., x_{n-1}, x_n\}$, en choisissant dans chaque sous-intervalle $[x_{i-1}, x_i]$ une valeur quelconque $c_i$, c'est-à-dire $c_1 \in [x_0, x_1], c_2 \in [x_1, x_2], ..., c_i \in [x_{i-1}, x_i], ...$

Ainsi la somme de Riemann $SR_n$ correspondante est

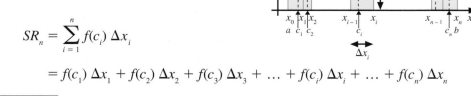

$$SR_n = \sum_{i=1}^{n} f(c_i)\, \Delta x_i$$

$$= f(c_1)\, \Delta x_1 + f(c_2)\, \Delta x_2 + f(c_3)\, \Delta x_3 + ... + f(c_i)\, \Delta x_i + ... + f(c_n)\, \Delta x_n$$

**Remarque** Dans la section précédente, $s_n$ et $S_n$ étaient des sommes de Riemann. Dans le cas de $s_n$, chaque $c_i$ était choisi tel que $f(c_i)$ donnait le minimum de la fonction sur le sous-intervalle. Dans le cas de $S_n$, chaque $c_i$ était choisi tel que $f(c_i)$ donnait le maximum de la fonction sur le sous-intervalle. De plus, tous les $\Delta x_i$ étaient égaux.

De façon générale, il n'est pas nécessaire de partitionner l'intervalle $[a, b]$ en des segments de même longueur, et on peut évaluer la fonction $f$ en n'importe quel point de ces sous-intervalles.

Ainsi, lorsque $f$ est continue et non négative sur $[a, b]$, les sommes de Riemann donnent une approximation de l'aire sous la courbe de $f$. Il suffit d'augmenter indéfiniment le nombre de rectangles ($n \to +\infty$), tout en s'assurant que la longueur de la base de chaque rectangle tend vers zéro (($\max \Delta x_i) \to 0$), pour obtenir l'aire réelle entre la courbe, l'axe des $x$, $x = a$ et $x = b$.

## ● Intégrale définie

**DÉFINITION 3.6**

Soit $f$ une fonction définie sur $[a, b]$ et $P$ une partition $\{x_0, x_1, x_2, \ldots, x_n\}$ quelconque de $[a, b]$.

Nous définissons l'**intégrale définie** de $f$ sur $[a, b]$, notée $\int_a^b f(x)\, dx$, comme suit :

$$\int_a^b f(x)\, dx = \lim_{(\max \Delta x_i) \to 0} \sum_{i=1}^{n} f(c_i)\, \Delta x_i, \text{ où } c_i \in [x_{i-1}, x_i], \text{ si la limite existe.}$$

Nous disons alors que $f$ est intégrable, au sens de Riemann, sur $[a, b]$ et nous appelons $a$ la borne inférieure de l'intégrale définie et $b$ la borne supérieure de l'intégrale définie.

**Remarque** L'intégrale définie $\int_a^b f(x)\, dx$ est un nombre réel, c'est-à-dire :

$$\int_a^b f(x)\, dx = L, \text{ où } L \in \mathbb{R}$$

alors que l'intégrale indéfinie $\int f(x)\, dx$ est une famille de fonctions, c'est-à-dire :

$$\int f(x)\, dx = F(x) + C, \text{ où } F'(x) = f(x)$$

Nous énonçons maintenant un théorème que nous acceptons sans démonstration.

**THÉORÈME 3.6**

Si $f$ est une fonction continue sur $[a, b]$, alors $f$ est une fonction **intégrable** sur $[a, b]$.

De plus, si $f$ est continue et non négative sur $[a, b]$, nous pouvons exprimer l'aire réelle, notée $A_a^b$, à l'aide de l'intégrale définie de la façon suivante :

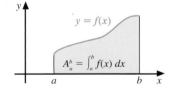

**Exemple 1** Soit la région ci-contre dont l'aire égale 20 unités². La fonction étant continue et non négative sur $[2, 7]$, vérifions que $\int_2^7 4\, dx = 20$ à partir de la définition de l'intégrale définie.

Soit $P = \{x_0, x_1, x_2, \ldots, x_{n-1}, x_n\}$, une partition quelconque de $[2, 7]$, où $x_0 = 2$ et $x_n = 7$.

Dans chaque sous-intervalle $[x_{i-1}, x_i]$, choisissons un $c_i$ quelconque.

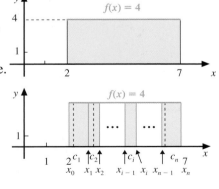

$$\int_2^7 4\, dx = \lim_{(\max \Delta x_i) \to 0} \sum_{i=1}^{n} f(c_i)\, \Delta x_i \qquad \text{(définition 3.5)}$$

$$= \lim_{(\max \Delta x_i) \to 0} \sum_{i=1}^{n} 4\, \Delta x_i \qquad \text{(car } f(x) = 4,\ \forall x \in [2,\ 7])$$

$$= \lim_{(\max \Delta x_i) \to 0} 4 \sum_{i=1}^{n} \Delta x_i \qquad \text{(théorème 3.2)}$$

$$= \lim_{(\max \Delta x_i) \to 0} (4(7-2)) \qquad \text{(théorème 3.5)}$$

$$= 20 \qquad \text{(en évaluant)}$$

**Exemple 2** Évaluons $\int_1^4 (x^2 - 4x - 2)\, dx$ à partir de la définition de l'intégrale définie.

En séparant $[1,\ 4]$ en $n$ parties égales $\Delta x = \dfrac{4-1}{n} = \dfrac{3}{n}$ et en choisissant

$c_i = a + \dfrac{i(b-a)}{n} = 1 + \dfrac{3i}{n}$, nous obtenons

$f(x) = x^2 - 4x - 2$

$$\int_1^4 (x^2 - 4x - 2)\, dx = \lim_{(\max \Delta x_i) \to 0} \sum_{i=1}^{n} f(c_i)\, \Delta x_i$$

$$= \lim_{n \to +\infty} \sum_{i=1}^{n} f\left(1 + \frac{3i}{n}\right) \Delta x_i \qquad \left(\text{car } \Delta x_i \to 0 \text{ et } \Delta x_i = \frac{3}{n}\right)$$

$$= \lim_{n \to +\infty} \sum_{i=1}^{n} \left(\left(1 + \frac{3i}{n}\right)^2 - 4\left(1 + \frac{3i}{n}\right) - 2\right) \frac{3}{n} \quad (\text{car } f(x) = x^2 - 4x - 2)$$

$$= \lim_{n \to +\infty} \sum_{i=1}^{n} \left(1 + \frac{6i}{n} + \frac{9i^2}{n^2} - 4 - \frac{12i}{n} - 2\right) \frac{3}{n}$$

$$= \lim_{n \to +\infty} \sum_{i=1}^{n} \left(\frac{27i^2}{n^3} - \frac{18i}{n^2} - \frac{15}{n}\right)$$

$$= \lim_{n \to +\infty} \left(\frac{27}{n^3} \sum_{i=1}^{n} i^2 - \frac{18}{n^2} \sum_{i=1}^{n} i - \frac{15}{n} \sum_{i=1}^{n} 1\right)$$

$$= \lim_{n \to +\infty} \left(\frac{27}{n^3} \frac{n(n+1)(2n+1)}{6} - \frac{18}{n^2} \frac{n(n+1)}{2} - \frac{15}{n} n\right)$$

$$= \lim_{n \to +\infty} \left(\left(9 + \frac{27}{2n} + \frac{27}{6n^2}\right) - \left(9 + \frac{9}{n}\right) - 15\right)$$

$$= -15$$

**Exemple 3** Évaluons $\int_0^1 \sqrt[3]{x}\, dx$ à partir de la définition de l'intégrale définie en utilisant la partition $P$ suivante :

$$P = \left\{0,\ \left(\frac{1}{n}\right)^3,\ \left(\frac{2}{n}\right)^3,\ ...,\ \left(\frac{i}{n}\right)^3,\ ...,\ \left(\frac{n-1}{n}\right)^3,\ 1\right\}.$$

En calculant $\Delta x_i$, nous avons

$$\Delta x_i = \left(\frac{i}{n}\right)^3 - \left(\frac{i-1}{n}\right)^3$$

$$= \frac{1}{n^3}\left(i^3 - (i-1)^3\right)$$

$$= \frac{1}{n^3}\left(3i^2 - 3i + 1\right)$$

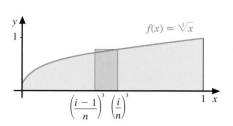

En choisissant $c_i = \left(\frac{i}{n}\right)^3$, nous obtenons

$$\int_0^1 \sqrt[3]{x}\, dx = \lim_{(\max \Delta x_i) \to 0} \sum_{i=1}^{n} f(c_i)\, \Delta x_i$$

$$= \lim_{n \to +\infty} \sum_{i=1}^{n} \sqrt[3]{\left(\frac{i}{n}\right)^3}\left(\frac{1}{n^3}(3i^2 - 3i + 1)\right) \quad \left(\text{car } \Delta x_i \to 0 \text{ et } \Delta x_i = \frac{1}{n^3}(3i^2 - 3i + 1)\right)$$

$$= \lim_{n \to +\infty} \sum_{i=1}^{n} \frac{i}{n}\left(\frac{1}{n^3}(3i^2 - 3i + 1)\right)$$

$$= \lim_{n \to +\infty} \frac{1}{n^4}\left(3\sum_{i=1}^{n} i^3 - 3\sum_{i=1}^{n} i^2 + \sum_{i=1}^{n} i\right)$$

$$= \lim_{n \to +\infty} \frac{1}{n^4}\left(\frac{3n^2(n+1)^2}{4} - \frac{3n(n+1)(2n+1)}{6} + \frac{n(n+1)}{2}\right)$$

$$= \lim_{n \to +\infty} \left(\frac{3(n+1)^2}{4n^2} - \frac{(n+1)(2n+1)}{2n^3} + \frac{n+1}{2n^3}\right)$$

$$= \lim_{n \to +\infty} \left(\left(\frac{3}{4} + \frac{3}{2n} + \frac{3}{4n^2}\right) - \left(\frac{1}{n} + \frac{3}{2n^2} + \frac{1}{2n^3}\right) + \left(\frac{1}{2n^2} + \frac{1}{2n^3}\right)\right)$$

$$= \frac{3}{4}$$

**Remarque** Puisque $f$ est continue et non négative sur $[0, 1]$, $\frac{3}{4}$ correspond à $A_0^1$, ainsi $A_0^1 = \frac{3}{4}$ unité².

## ● Propriétés de l'intégrale définie

**DÉFINITION 3.7**

1) Pour toute fonction $f$ intégrable, $\int_a^a f(x)\, dx = 0$, pour tout $a \in \text{dom } f$.

2) Pour toute fonction $f$ intégrable sur $[a, b]$, $\int_b^a f(x)\, dx = -\int_a^b f(x)\, dx$.

**Exemple 1**

a) $\int_2^2 (x+4)\, dx = 0$

b) Si $\int_7^9 f(x)\, dx = 10$, alors $\int_9^7 f(x)\, dx = -10$.

**THÉORÈME 3.7**

Si $f$ est une fonction continue sur $[a, b]$ et $c \in \,]a, b[$, alors

$$\int_a^b f(x)\, dx = \int_a^c f(x)\, dx + \int_c^b f(x)\, dx$$

Nous admettons ce théorème sans démonstration; cependant, l'exemple suivant illustre le théorème dans le cas où $f$ est continue et $f(x) \geq 0$ sur $[a, b]$.

**Exemple 2** Soit une fonction $f$ continue telle que $f(x) \geq 0$ sur $[a, b]$.

Ainsi,

$$\int_a^b f(x)\, dx = A_a^b$$

$$= A_a^c + A_c^b$$

$$= \int_a^c f(x)\, dx + \int_c^b f(x)\, dx$$

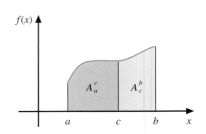

---

**THÉORÈME 3.8** Si $f$ et $g$ sont deux fonctions continues sur $[a, b]$, alors

$$\int_a^b [f(x) \pm g(x)]\, dx = \int_a^b f(x)\, dx \pm \int_a^b g(x)\, dx$$

**PREUVE** Soit $P = \{x_0, x_1, x_2, \dots, x_{n-1}, x_n\}$ une partition de $[a, b]$.

$$\int_a^b [f(x) \pm g(x)]\, dx = \lim_{(\max \Delta x_i) \to 0} \sum_{i=1}^n [f(c_i) \pm g(c_i)]\, \Delta x_i \qquad \text{(définition 3.6)}$$

$$= \lim_{(\max \Delta x_i) \to 0} \sum_{i=1}^n [f(c_i)\, \Delta x_i \pm g(c_i)\, \Delta x_i]$$

$$= \lim_{(\max \Delta x_i) \to 0} \left( \sum_{i=1}^n f(c_i)\, \Delta x_i \pm \sum_{i=1}^n g(c_i)\, \Delta x_i \right) \qquad \text{(théorème 3.1)}$$

$$= \lim_{(\max \Delta x_i) \to 0} \sum_{i=1}^n f(c_i)\, \Delta x_i \pm \lim_{(\max \Delta x_i) \to 0} \sum_{i=1}^n g(c_i)\, \Delta x_i \qquad \text{(propriété des limites)}$$

$$= \int_a^b f(x)\, dx \pm \int_a^b g(x)\, dx \qquad \text{(définition 3.6)}$$

---

**THÉORÈME 3.9** Si $f$ est une fonction continue sur $[a, b]$ et $k \in \mathbb{R}$, alors

$$\int_a^b k\, f(x)\, dx = k \int_a^b f(x)\, dx$$

**PREUVE** Soit $P = \{x_0, x_1, x_2, \dots, x_{n-1}, x_n\}$, une partition de $[a, b]$.

$$\int_a^b k\, f(x)\, dx = \lim_{(\max \Delta x_i) \to 0} \sum_{i=1}^n k\, f(c_i)\, \Delta x_i \qquad \text{(définition 3.6)}$$

$$= \lim_{(\max \Delta x_i) \to 0} k \sum_{i=1}^n f(c_i)\, \Delta x_i \qquad \text{(théorème 3.2)}$$

$$= k \left( \lim_{(\max \Delta x_i) \to 0} \sum_{i=1}^n f(c_i)\, \Delta x_i \right) \qquad \text{(propriété des limites)}$$

$$= k \int_a^b f(x)\, dx \qquad \text{(définition 3.6)}$$

---

**Exemple 3** Calculons $\int_{-1}^4 [3\, f(x) - 4\, g(x)]\, dx$, si $\int_{-1}^4 f(x)\, dx = \text{-}7$ et $\int_4^{-1} g(x)\, dx = 2$.

$$\int_{-1}^4 [3\, f(x) - 4\, g(x)]\, dx = \int_{-1}^4 3\, f(x)\, dx - \int_{-1}^4 4\, g(x)\, dx \qquad \text{(théorème 3.8)}$$

$$= 3 \int_{-1}^4 f(x)\, dx - 4 \int_{-1}^4 g(x)\, dx \qquad \text{(théorème 3.9)}$$

$$= 3\int_{-1}^{4} f(x)\, dx - 4\left(-\int_{4}^{-1} g(x)\, dx\right) \qquad \text{(définition 3.7)}$$

$$= 3(-7) + 4(2) \qquad \text{(en remplaçant)}$$

$$= -13$$

# Exercices 3.3

**1.** Pour chacune des fonctions suivantes, calculer les sommes de Riemann correspondantes.

a)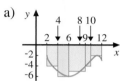

b)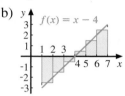

**2.** Soit $f(x) = x^2 + 2x - 3$ sur $[0, 2]$ et la partition $P = \{0\,;\, 0,6\,;\, 0,8\,;\, 1,2\,;\, 1,7\,;\, 2\}$ de $[0, 2]$. Calculer la somme de Riemann correspondante pour $c_i \in [x_{i-1}, x_i]$ tel que :

a) $c_i = x_{i-1}$    b) $c_i = x_i$    c) $c_i$ est le point milieu de $[x_{i-1}, x_i]$

**3.** a) Si $f(x) = c$ sur $[a, b]$, où $c \in \mathbb{R}$, évaluer $\int_a^b c\, dx$ à partir de la définition de l'intégrale définie.

b) Évaluer, à l'aide du résultat de a)

   i) $\displaystyle\int_{-1}^{4} \frac{1}{2}\, dx$      ii) $\displaystyle\int_{-10}^{-1} (-3)\, dx$

**4.** Soit $f(x) = x$ sur $[a, b]$ et la partition $P = \{x_0, x_1, x_2, \ldots, x_{n-1}, x_n\}$ où $x_0 = a$ et $x_n = b$.

a) Déterminer $SR_n$ en utilisant sur chaque sous-intervalle le point milieu.

b) Évaluer $\int_a^b x\, dx$.

c) Évaluer, à l'aide du résultat de b) :

   i) $\displaystyle\int_{2}^{9} x\, dx$     ii) $\displaystyle\int_{-4}^{1} x\, dx$     iii) $\displaystyle\int_{-3}^{3} x\, dx$

d) Lorsque $0 < a < b$, représenter et interpréter $\displaystyle\int_a^b x\, dx$.

**5.** À partir de la définition de l'intégrale définie, évaluer :

a) $\displaystyle\int_0^2 (x + 2x^3)\, dx$

b) $\displaystyle\int_0^1 (x^4 - 1)\, dx$, sachant que $\displaystyle\sum_{i=1}^{n} i^4 = \frac{n^5}{5} + \frac{n^4}{2} + \frac{n^3}{3} - \frac{n}{30}$

**6.** Sachant que $\displaystyle\int_0^3 f(x)\, dx = 5$, $\displaystyle\int_3^5 f(x)\, dx = -6$ et $\displaystyle\int_5^9 f(x)\, dx = 8$, utiliser les propriétés de l'intégrale définie pour évaluer :

a) $\displaystyle\int_3^9 f(x)\, dx$    b) $\displaystyle\int_9^3 f(x)\, dx$    c) $\displaystyle\int_0^9 f(x)\, dx$

**7.** Sachant que $\displaystyle\int_2^5 f(x)\, dx = 4$ et $\displaystyle\int_2^5 g(x)\, dx = 3$, utiliser les propriétés de l'intégrale définie pour évaluer :

a) $\displaystyle\int_2^2 8\, f(x)\, dx$      c) $\displaystyle\int_2^5 [f(x) + g(x)]\, dx$

b) $\displaystyle\int_5^2 4\, g(x)\, dx$      d) $\displaystyle\int_2^5 [5\, g(x) - 2\, f(x)]\, dx$

## 3.4 Le théorème fondamental du calcul

### Objectifs d'apprentissage

À la fin de cette section, l'élève pourra calculer certaines intégrales définies en utilisant le théorème fondamental du calcul.

$$\int_a^b f(x)\, dx = F(x)\Big|_a^b = F(b) - F(a)$$

Plus précisément, l'élève sera en mesure :
- d'appliquer le théorème de la moyenne pour l'intégrale définie ;
- de démontrer le théorème fondamental du calcul ;
- d'évaluer des intégrales définies en utilisant le théorème fondamental du calcul ;
- d'évaluer des intégrales définies par changement de variable sans changer les bornes d'intégration ;
- d'évaluer des intégrales définies par changement de variable et en changeant les bornes d'intégration.

Dans les sections précédentes, nous avons calculé l'aire de différentes régions en faisant la somme des aires des rectangles inscrits et circonscrits. Cela nous a permis d'obtenir la valeur de l'aire réelle en évaluant $\lim\limits_{n \to +\infty} s_n$ et $\lim\limits_{n \to +\infty} S_n$.

Nous avons également évalué des intégrales définies à partir de la définition, c'est-à-dire :

$$\int_a^b f(x)\, dx = \lim_{(\max \Delta x_i) \to 0} \sum_{i=1}^n f(c_i)\, \Delta x_i, \text{ où } c_i \in [x_{i-1}, x_i]$$

Notons cependant que, dans nos exemples, nous avons limité l'utilisation de cette méthode de calcul d'aires et d'intégrales définies à des fonctions polynomiales de degré inférieur à 5 et à la fonction $\sqrt[3]{x}$.

Cependant, lorsqu'il s'agit d'évaluer des intégrales définies de fonctions telles que $\sin x$, $e^x$, $\ln x$, etc., cette méthode devient impraticable.

Nous allons maintenant démontrer le théorème fondamental du calcul qui relie les notions de dérivée, d'intégrale indéfinie et d'intégrale définie. Nous pourrons alors évaluer des intégrales définies en utilisant ce théorème.

## ■ Théorème fondamental du calcul

Énonçons maintenant un théorème essentiel à la démonstration du théorème fondamental du calcul.

| **THÉORÈME 3.10** | Si $f$ est une fonction continue sur $[a, b]$, alors il existe au moins un nombre $c \in [a, b]$ tel que |
|---|---|
| **Théorème de la moyenne pour l'intégrale définie** | $$\int_a^b f(x)\, dx = f(c)(b - a)$$ |

**PREUVE** Nous allons démontrer ce théorème dans le cas particulier où $f$ est une fonction non négative sur $[a, b]$.

Soit $m$ le minimum et $M$ le maximum de $f$ sur $[a, b]$ (ces valeurs existent par le théorème des valeurs extrêmes).

Nous constatons graphiquement que $m(b - a) \leq \int_a^b f(x)\, dx \leq M(b - a)$.

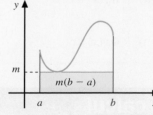 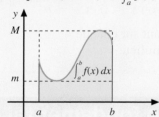 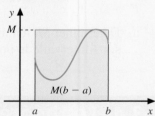

Ainsi, en divisant chaque membre par $(b - a)$, où $(b - a) > 0$, nous obtenons

$$m \leq \frac{1}{(b - a)} \int_a^b f(x)\, dx \leq M$$

Puisque $\dfrac{1}{(b - a)} \displaystyle\int_a^b f(x)\, dx$ est un nombre réel compris entre $m$ et $M$, alors, par le théorème de la valeur intermédiaire, il existe un $c \in [a, b]$ tel que

$$\frac{1}{(b - a)} \int_a^b f(x)\, dx = f(c)$$

d'où $\displaystyle\int_a^b f(x)\, dx = f(c)(b - a)$

Le théorème de la moyenne nous indique qu'il existe une droite parallèle à l'axe des $x$, formant le côté supérieur d'un rectangle dont les autres côtés sont $x = a$, $x = b$ et l'axe des $x$, et telle que l'aire de ce rectangle est égale à $A_a^b$; cette droite parallèle à l'axe des $x$ rencontre au moins une fois la courbe de $f$ sur $[a, b]$. L'abscisse d'un de ces points d'intersection est le nombre $c$ du théorème de la moyenne.

Interprétation géométrique du théorème de la moyenne pour l'intégrale définie

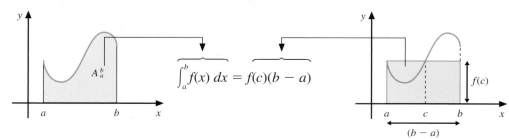

$$\int_a^b f(x)\, dx = f(c)(b - a)$$

**Exemple 1** Soit $f(x) = -x^2 + 2x + 5$ sur $[1, 3]$.

Nous avons déjà évalué que l'aire réelle $A_1^3$, entre la courbe de $f$, l'axe des $x$, $x = 1$ et $x = 3$ est égale à $\dfrac{28}{3}$ unités$^2$ (voir exemple 3, section 3.2, page 146).

Déterminons la valeur $c$ du théorème de la moyenne pour l'intégrale définie.

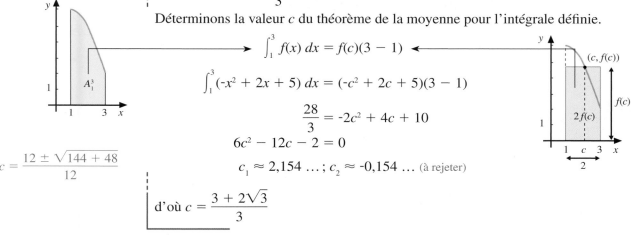

$$\int_1^3 f(x)\, dx = f(c)(3 - 1)$$

$$\int_1^3 (-x^2 + 2x + 5)\, dx = (-c^2 + 2c + 5)(3 - 1)$$

$$\frac{28}{3} = -2c^2 + 4c + 10$$

$$6c^2 - 12c - 2 = 0$$

$$c_1 \approx 2{,}154\ \ldots\ ;\ c_2 \approx -0{,}154\ \ldots\ \text{(à rejeter)}$$

$$c = \frac{12 \pm \sqrt{144 + 48}}{12}$$

d'où $c = \dfrac{3 + 2\sqrt{3}}{3}$

**THÉORÈME 3.11**

**Théorème fondamental du calcul**

Soit $f$ une fonction continue sur un intervalle ouvert $I$, et $a \in I$.

*$1^{re}$ partie*     Si $A(x) = \displaystyle\int_a^x f(t)\, dt$, où $x \in I$, alors $A(x)$ est une primitive de $f(x)$,

c'est-à-dire     $A'(x) = \dfrac{d}{dx}\left[\displaystyle\int_a^x f(t)\, dt\right] = f(x)$

*$2^e$ partie*     Si $F(x)$ est une primitive quelconque de $f(x)$, alors

$$\int_a^b f(t)\, dt = F(b) - F(a), \text{ où } a \text{ et } b \in I$$

**PREUVE**     Nous allons démontrer ce théorème dans le cas particulier où $f$ est une fonction non négative sur $I$.

**$1^{re}$ partie**

Soit $a \in I$ et $x \in I$, tel que $a < x$. Ainsi,

$A(x) = \displaystyle\int_a^x f(t)\, dt$ représente l'aire de la région ci-contre.

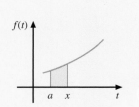

Soit $h > 0$, tel que $(x + h) \in I$. Ainsi,

$$A(x + h) = \int_a^{x+h} f(t)\, dt$$

représente l'aire de la région ci-contre.

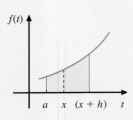

Nous avons donc

$$\left.\begin{aligned} A(x + h) - A(x) &= \int_a^{x+h} f(t)\, dt - \int_a^{x} f(t)\, dt \\ &= \int_x^{x+h} f(t)\, dt \quad \text{(théorème 3.7)} \\ &= f(c)\, h, \text{ où } c \in [x, x + h] \quad \text{(théorème 3.10)} \end{aligned}\right\}$$ représente l'aire de la région ci-contre.

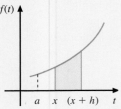

Ainsi,  $A(x + h) - A(x) = f(c)\, h$

$$\frac{A(x + h) - A(x)}{h} = f(c) \qquad \text{(en divisant par } h\text{)}$$

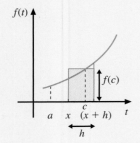

Dans le cas où $h < 0$, nous procédons de façon analogue. Alors,

$$\lim_{h \to 0} \frac{A(x + h) - A(x)}{h} = \lim_{h \to 0} f(c) \qquad \text{(en prenant la limite de chaque membre de l'équation)}$$

$$A'(x) = \lim_{h \to 0} f(c) \qquad \text{(par définition de } A'(x)\text{)}$$

$$A'(x) = \lim_{c \to x} f(c) \qquad \text{(car si } h \to 0, \text{ alors } c \to x\text{)}$$

$$A'(x) = f(x) \qquad \text{(car } f \text{ est continue)}$$

d'où $A(x)$ est une primitive de $f(x)$.

**2e partie**

Soit $a \in I$ et $b \in I$, tel que $a \leq b$.

Puisque $F(x)$ est également une primitive de $f(x)$, alors

$$A(x) = F(x) + C \qquad \text{(corollaire 2, chapitre 1)}$$

En remplaçant $x$ par $a$, nous obtenons

$$A(a) = F(a) + C$$

$$0 = F(a) + C \qquad \left(\text{car } A(a) = \int_a^a f(t)\, dt = 0\right)$$

$$C = -F(a)$$

Puisque $C = -F(a)$, nous obtenons  $A(x) = F(x) - F(a)$

En remplaçant $x$ par $b$, nous obtenons  $A(b) = F(b) - F(a)$

d'où $\int_a^b f(t)\, dt = F(b) - F(a)$ $\qquad \left(\text{car } A(b) = \int_a^b f(t)\, dt\right)$

**Exemple 2**

a) Déterminons $A'(x)$ si $A(x) = \int_2^x (t^3 - 5t)\, dt$.

$$A'(x) = \frac{d}{dx}\left[\int_2^x (t^3 - 5t)\, dt\right] = x^3 - 5x \qquad \text{(théorème 3.11, 1}^{\text{re}}\text{ partie)}$$

b) Déterminons $\dfrac{d}{du}\left[\int_u^5 \text{Arc tan } x\, dx\right]$.

$$\frac{d}{du}\left[\int_u^5 \text{Arc tan } x\, dx\right] = \frac{d}{du}\left[-\int_5^u \text{Arc tan } x\, dx\right] \qquad \text{(par définition)}$$

$$= \frac{-d}{du}\left[\int_5^u \text{Arc tan } x\, dx\right]$$

$$= -\text{Arc tan } u \qquad \text{(théorème 3.11, 1}^{\text{re}}\text{ partie)}$$

**Exemple 3**   Évaluons, à l'aide du théorème fondamental du calcul,

a) $\int_2^5 (3x^2 + 4x)\, dx$

Soit $F(x) = x^3 + 2x^2 + C$, une primitive de $(3x^2 + 4x)$,
car $(x^3 + 2x^2 + C)' = 3x^2 + 4x$.

Ainsi $\quad \int_2^5 (3x^2 + 4x)\, dx = F(5) - F(2) \qquad \text{(théorème 3.11, 2}^{\text{e}}\text{ partie)}$

$F(x) = x^3 + 2x^2 + C$

$$= ((5)^3 + 2(5)^2 + C) - ((2)^3 + 2(2)^2 + C)$$

$$= (175 + C) - (16 + C)$$

$$= 159$$

b) $\int_0^\pi (\sin\theta + \cos\theta)\, d\theta$

Soit $F(\theta) = -\cos\theta + \sin\theta + C$, une primitive de $(\sin\theta + \cos\theta)$.

Ainsi $\int_0^\pi (\sin\theta + \cos\theta)\, d\theta = F(\pi) - F(0) \qquad \text{(théorème 3.11, 2}^{\text{e}}\text{ partie)}$

$$= (-\cos\pi + \sin\pi + C) - (-\cos 0 + \sin 0 + C)$$

$$= 2$$

---

**THÉORÈME 3.12**    Si $F(x)$ et $G(x)$ sont deux primitives de $f(x)$, alors $F(b) - F(a) = G(b) - G(a)$.

**PREUVE**    Puisque $\quad G(x) = F(x) + C \qquad$ (corollaire 2 du théorème de Lagrange)

$$G(b) - G(a) = (F(b) + C) - (F(a) + C) \qquad \text{(théorème 3.11, 2}^{\text{e}}\text{ partie)}$$

$$= F(b) + C - F(a) - C$$

$$= F(b) - F(a)$$

Dorénavant, nous n'écrirons plus la constante d'intégration dans le calcul des intégrales définies.

Voici un résumé des étapes à suivre pour évaluer une intégrale définie de la forme $\int_a^b f(x)\,dx$.

1) Déterminer une primitive $F(x)$ de $f(x)$.

2) Évaluer $F$ à la borne supérieure $b$ pour obtenir $F(b)$, évaluer $F$ à la borne inférieure $a$ pour obtenir $F(a)$ et calculer $F(b) - F(a)$ pour obtenir $\int_a^b f(x)\,dx$.

Nous utilisons la notation suivante pour calculer des intégrales définies.

$$\int_a^b f(x)\,dx = F(x)\Big|_a^b = F(b) - F(a)$$

**Exemple 4** Évaluons les intégrales définies suivantes.

a) $\displaystyle\int_1^4 \left(\sqrt{x} - \frac{4}{\sqrt{x}}\right) dx = \int_1^4 \left(x^{\frac{1}{2}} - 4x^{\frac{-1}{2}}\right) dx$

$$= \left(\frac{2x^{\frac{3}{2}}}{3} - 8x^{\frac{1}{2}}\right)\Bigg|_1^4$$

$$= \left(\frac{2}{3}(4)^{\frac{3}{2}} - 8(4)^{\frac{1}{2}}\right) - \left(\frac{2}{3}(1)^{\frac{3}{2}} - 8(1)^{\frac{1}{2}}\right) = \frac{-10}{3}$$

b) $\displaystyle\int_0^{0,5} \frac{1}{\sqrt{1-x^2}}\,dx = \text{Arc sin } x\Big|_0^{0,5}$

$$= (\text{Arc sin } 0{,}5) - (\text{Arc sin } 0)$$

$$= \frac{\pi}{6} - 0 = \frac{\pi}{6}$$

c) $\displaystyle\int_0^{2\pi} \sin\theta\,d\theta = -\cos\theta\Big|_0^{2\pi}$

$$= (-\cos 2\pi) - (-\cos 0)$$

$$= -1 + 1 = 0$$

**Exemple 5** Évaluons $\displaystyle\int_0^{\frac{\pi}{2}} \sin^3 4\theta \cos 4\theta\,d\theta$.

1) Déterminons d'abord $\int \sin^3 4\theta \cos 4\theta\,d\theta$, à l'aide d'un changement de variable.

$u = \sin 4\theta$

$du = 4\cos 4\theta\,d\theta$

$\cos 4\theta\,d\theta = \dfrac{1}{4}\,du$

$$\int \sin^3 4\theta \cos 4\theta\,d\theta = \int u^3 \frac{1}{4}\,du = \frac{u^4}{16} + C = \frac{\sin^4 4\theta}{16} + C \qquad (\text{car } u = \sin 4\theta)$$

2) Évaluons l'intégrale définie à l'aide du théorème fondamental du calcul.

$$\int_0^{\frac{\pi}{2}} \sin^3 4\theta \cos 4\theta\,d\theta = \frac{\sin^4 4\theta}{16}\Bigg|_0^{\frac{\pi}{2}} = \frac{\sin^4 2\pi}{16} - \frac{\sin^4 0}{16} = 0$$

# Changement de variable et de bornes dans l'intégrale définie

Une deuxième méthode pour évaluer une intégrale définie, où un changement de variable est nécessaire, consiste à changer les bornes d'intégration en fonction de la nouvelle variable, afin d'éviter de revenir à la variable initiale.

**THÉORÈME 3.13** | Si $g'$ est une fonction continue sur $[a, b]$ telle que $g'(x) \neq 0$ sur $]a, b[$ et si $f$ est une fonction continue sur un intervalle $I$ contenant toutes les valeurs $u$, où $u = g(x)$ et $x \in [a, b]$, alors

$$\int_a^b f(g(x))\, g'(x)\, dx = \int_{g(a)}^{g(b)} f(u)\, du$$

**PREUVE** | Pour $F(x)$ une primitive de $f(x)$, nous avons

$$\int_a^b f(g(x))\, g'(x)\, dx = F(g(x)) \Big|_a^b \qquad \text{(théorème fondamental du calcul)}$$

$$= F(g(b)) - F(g(a))$$

$$= F(u) \Big|_{g(a)}^{g(b)} \qquad \text{(car } u = g(x)\text{)}$$

$$= \int_{g(a)}^{g(b)} f(u)\, du \qquad \text{(théorème fondamental du calcul)}$$

**Exemple 1** Évaluons $\displaystyle\int_0^4 x\sqrt{x^2 + 9}\, dx$ à l'aide d'un changement de variable et d'un changement de bornes.

| **Changement de variable** | **Changement de bornes** |
|---|---|

**Changement de variable**

Puisque $u'(x) = 2x$

$$u'(x) \neq 0 \text{ sur } ]0, 4[$$

Nous pouvons changer les bornes d'intégration.

$$u = x^2 + 9$$
$$du = 2x\, dx$$
$$x\, dx = \frac{1}{2}\, du$$

**Changement de bornes**

Si $x = 0$, alors $u = 0^2 + 9 = 9$, et

si $x = 4$, alors $u = 4^2 + 9 = 25$

| Tableau correspondant | | |
|---|---|---|
| $x$ | 0 | 4 |
| $u = x^2 + 9$ | 9 | 25 |

Ainsi

$$\int_0^4 x\sqrt{x^2 + 9}\, dx = \int_9^{25} u^{\frac{1}{2}} \frac{1}{2}\, du \qquad \text{(théorème 3.13)}$$

$$= \frac{u^{\frac{3}{2}}}{3} \Big|_9^{25}$$

$$= \frac{(25)^{\frac{3}{2}}}{3} - \frac{9^{\frac{3}{2}}}{3} = \frac{98}{3}$$

**Exemple 2** Évaluons $\int_3^4 \dfrac{4x}{\sqrt{25 - x^2}}\, dx$ de deux façons différentes.

**Méthode 1**

En ne changeant pas les bornes d'intégration

1) Évaluons d'abord $\int \dfrac{4x}{\sqrt{25 - x^2}}\, dx$.

$u = 25 - x^2$

$du = -2x\, dx$

$x\, dx = \dfrac{-1}{2}\, du$

$$\int \dfrac{4x}{\sqrt{25 - x^2}}\, dx = 4\int u^{\frac{-1}{2}} \left(\dfrac{-1}{2}\right) du$$

$$= -4u^{\frac{1}{2}} + C$$

$$= -4\sqrt{25 - x^2} + C$$

2) Évaluons l'intégrale définie.

$$\int_3^4 \dfrac{4x}{\sqrt{25 - x^2}}\, dx = -4\sqrt{25 - x^2}\ \Big|_3^4$$

$$= -4\sqrt{9} + 4\sqrt{16}$$

$$= 4$$

**Méthode 2**

En changeant les bornes d'intégration

Puisque $u'(x) = -2x$

$u'(x) \neq 0$ sur $]3, 4[$

| $x$ | 3 | 4 |
|---|---|---|
| $u = 25 - x^2$ | 16 | 9 |

En utilisant le théorème 3.13, nous avons

$$\int_3^4 \dfrac{4x}{\sqrt{25 - x^2}}\, dx = 4\int_{16}^9 u^{\frac{-1}{2}} \left(\dfrac{-1}{2}\right) du$$

$$= -4u^{\frac{1}{2}}\ \Big|_{16}^9$$

$$= -4\sqrt{9} + 4\sqrt{16}$$

$$= 4$$

---

# Exercices 3.4

**1.** Utiliser le théorème fondamental du calcul pour évaluer chacune des intégrales suivantes.

a) $\int_1^4 (1 - \sqrt{x})\, dx$

b) $\int_{-\frac{\pi}{2}}^{\frac{\pi}{2}} 2 \sin \theta\, d\theta$

c) $\int_1^e \dfrac{3}{t}\, dt$

d) $\int_{-1}^1 \dfrac{1}{1 + x^2}\, dx$

e) $\int_{-\frac{\pi}{3}}^0 \sec u \tan u\, du$

f) $\int_{-1}^2 \dfrac{4e^x + 1}{2}\, dx$

g) $\int_0^2 (x^3 + 3^x)\, dx$

h) $\int_{-\frac{\pi}{5}}^{\frac{\pi}{5}} \sec^2 \theta\, d\theta$

i) $\int_0^{0,5} \dfrac{-2}{\sqrt{1 - x^2}}\, dx$

j) $\int_1^8 \left(\dfrac{2}{x^3} - \dfrac{4}{\sqrt[3]{x}}\right) dx$

c) $\int_{\frac{\pi}{2}}^{\pi} \cos 2t\, dt$

d) $\int_2^6 \dfrac{(x + 1)^2}{x}\, dx$

e) $\int_{-\frac{\pi}{3}}^{-\frac{\pi}{4}} \dfrac{\sec^2 \theta}{\tan^2 \theta}\, d\theta$

f) $\int_0^{\frac{\pi}{4}} \sec \theta\, d\theta$

g) $\int_{\sqrt{e}}^{e^2} \dfrac{1}{x \ln x}\, dx$

h) $\int_{-\frac{\pi}{2}}^{\frac{\pi}{2}} \dfrac{\cos \varphi}{1 + \sin^2 \varphi}\, d\varphi$

i) $\int_{\pi}^{2\pi} \dfrac{\cos \theta}{2 + \sin \theta}\, d\theta$

j) $\int_4^9 \dfrac{1}{\sqrt{x}\,(1 + \sqrt{x})^3}\, dx$

k) $\int_{\frac{1}{2}}^1 \dfrac{\text{Arc sin } x}{\sqrt{1 - x^2}}\, dx$

l) $\int_0^{\frac{\pi}{12}} \sec^2 3\theta\, e^{\tan 3\theta}\, d\theta$

m) $\int_0^{\frac{\pi}{4}} \tan \theta\, d\theta$

n) $\int_0^1 \dfrac{3x^2 + 2x + 4}{x^2 + 1}\, dx$

**2.** Évaluer chacune des intégrales définies suivantes de deux façons différentes, c'est-à-dire en utilisant un changement de variable sans changer les bornes d'intégration, et en utilisant un changement de variable en changeant les bornes d'intégration.

a) $\int_2^4 \dfrac{1}{3 + 5x}\, dx$

b) $\int_0^{\frac{\pi}{12}} \tan^2 3\theta \sec^2 3\theta\, d\theta$

**3.** Évaluer les intégrales définies suivantes.

a) $\int_1^2 x^2(3 - x^4)\, dx$

b) $\int_{-1}^1 x^2(x^3 - 1)^4\, dx$

**4.** Déterminer la valeur $c$ du théorème de la moyenne pour l'intégrale définie, pour les fonctions continues suivantes.

a) $f(x) = x^3$, où $x \in [2, 8]$

b) $f(x) = \dfrac{1}{x}$, où $x \in [2, 6]$

c) $f(x) = \sqrt[3]{x}$, où $x \in [-8, 1]$

**5.** Utiliser le théorème fondamental pour déterminer:

a) $F'(x)$, si $F(x) = \int_1^x \sec^3 t\, dt$

b) $F'(x)$, si $F(x) = \int_x^2 \ln u \, du$

c) $\dfrac{d}{dx}\left[\int_1^x \dfrac{d}{dt}(te^t)\,dt\right]$

**6.** Déterminer $F(x)$, puis trouver $F'(x)$ si :

a) $F(x) = \int_{\frac{\pi}{2}}^x \cos t \, dt$

b) $F(x) = \int_1^x e^{2t} \, dt$

c) $F(x) = \int_1^x \dfrac{1}{t} \, dt$

d) $F(x) = \int_x^4 (3t^2 - 4t + 5)\,dt$

**7.** Évaluer :

a) $\int_{-1}^5 |x - 3|\,dx$

b) $\int_{-2}^3 |1 - x^2|\,dx$

**8.** Soit $f$ une fonction intégrable sur $[a, b]$, où $a < c < b$. Vérifier à l'aide du théorème fondamental du calcul que :

a) $\int_a^a f(x)\,dx = 0$

b) $\int_a^b f(x)\,dx = -\int_b^a f(x)\,dx$

c) $\int_a^c f(x)\,dx + \int_c^b f(x)\,dx = \int_a^b f(x)\,dx$

d) $\int_a^b k\,f(x)\,dx = k\int_a^b f(x)\,dx$

## 3.5 Calcul d'aires à l'aide de l'intégrale définie

### Objectifs d'apprentissage

À la fin de cette section, l'élève pourra calculer l'aire de régions fermées.

Plus précisément, l'élève sera en mesure :
- de calculer l'aire d'une région comprise entre une courbe et un axe ;
- de calculer l'aire d'une région située entre deux courbes.

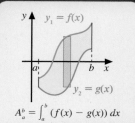

Nous avons d'abord défini à la section 3.3 l'intégrale définie comme étant

$$\int_a^b f(x)\,dx = \lim_{(\max \Delta x_i)\to 0}\sum_{i=1}^n f(c_i)\,\Delta x_i$$

Puis, à la section 3.4, le théorème fondamental du calcul nous a permis d'évaluer cette intégrale définie comme suit :

$$\int_a^b f(x)\,dx = F(x)\Big|_a^b = F(b) - F(a)$$

Dans cette section, nous relierons ces deux notions pour calculer l'aire de régions fermées.

En effet, dans le cas où $f$ est continue et non négative sur $[a, b]$,

$\int_a^b f(x)\,dx$ correspond à l'aire entre la courbe

de $f$, l'axe des $x$ et les droites d'équation $x = a$ et $x = b$.

Aire de la surface comprise entre la courbe représentative de $f$, l'axe des $x$ et les droites d'équation $x = a$ et $x = b$.

### ◼ Aire de régions délimitées par une courbe et un axe

#### 1$^{er}$ cas  Sur un intervalle $[a, b]$ donné

**Exemple 1**  Soit $f(x) = -x^2 + 2x + 5$ sur $[1, 3]$. Évaluons l'aire de la région comprise entre la courbe de $f$ et l'axe des $x$, $x = 1$ et $x = 3$, à l'aide de l'intégrale définie.

**Remarque**  Nous avons déjà évalué $A_1^3$ de cette fonction, à l'aide de $\lim_{n\to+\infty} s_n$ et de $\lim_{n\to+\infty} S_n$,

à l'exemple 3 de la section 3.2, page 146. Nous avions trouvé que $A_1^3 = \dfrac{28}{3}$ unités$^2$.

Représentons graphiquement la région.

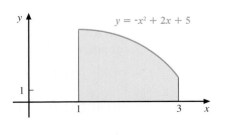

Représentons graphiquement un élément (rectangle) de l'aire totale et calculons l'aire de cet élément.

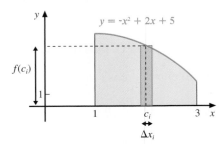

Aire du rectangle $= f(c_i)\,\Delta x_i$

Déterminons l'aire réelle $A_1^3$ de la région en faisant la somme des aires des rectangles et en utilisant la limite lorsque (max $\Delta x_i$) tend vers zéro de cette somme pour obtenir l'intégrale définie que l'on évalue à l'aide du théorème fondamental du calcul.

$$A_1^3 = \lim_{(\max \Delta x_i) \to 0} \underbrace{\sum_{i=1}^{n} \overbrace{f(c_i)\,\Delta x_i}^{\text{(aire de 1 rectangle)}}}_{\text{(aire de } n \text{ rectangles)}}$$

$$= \int_1^3 f(x)\,dx \qquad \text{(définition 3.6)}$$

$$= \int_1^3 (-x^2 + 2x + 5)\,dx \qquad \text{(car } f(x) = -x^2 + 2x + 5\text{)}$$

$$= \left( \frac{-x^3}{3} + x^2 + 5x \right) \Bigg|_1^3 \qquad \text{(théorème fondamental du calcul)}$$

$$= 15 - \frac{17}{3} = \frac{28}{3}$$

d'où $A_1^3 = \dfrac{28}{3}\,u^2$.

**Exemple 2** Déterminons, à l'aide de l'intégrale définie, l'aire de la région fermée comprise entre la courbe définie par $x = y^2 + 1$ et l'axe des $y$, $y = -2$ et $y = 3$.

Représentons graphiquement la région.

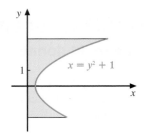

Représentons graphiquement un élément (rectangle) de l'aire totale et calculons l'aire de cet élément.

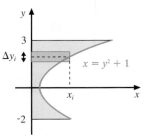

Aire du rectangle $= x_i\,\Delta y_i$

Calculons $A_{-2}^3$.

$$A_{-2}^3 = \lim_{(\max \Delta y_i) \to 0} \underbrace{\sum_{i=1}^{n} x_i \, \Delta y_i}$$

(aire de 1 rectangle)

(aire de $n$ rectangles)

$$= \int_{-2}^{3} x \, dy \qquad \text{(définition 3.6)}$$

$$= \int_{-2}^{3} (y^2 + 1) \, dy \qquad \text{(car } x = y^2 + 1\text{)}$$

$$= \left( \frac{y^3}{3} + y \right) \Bigg|_{-2}^{3} \qquad \text{(théorème fondamental du calcul)}$$

$$= (9 + 3) - \left( \frac{-8}{3} - 2 \right) = \frac{50}{3}$$

d'où l'aire cherchée $A_{-2}^3 = \dfrac{50}{3}$ u².

**Remarque** Pour simplifier l'écriture, nous écrirons sur les graphiques $y$ (au lieu de $f(c_i)$), $\Delta x$ (au lieu de $\Delta x_i$), $x$ (au lieu de $x_i$) et $\Delta y$ (au lieu de $\Delta y_i$). Ensuite, nous passerons directement à l'intégrale définie, c'est-à-dire $\int y \, dx$ (ou $\int x \, dy$), pour évaluer l'aire.

**Exemple 3** Calculons l'aire $A_{\frac{\pi}{2}}^{2\pi}$ de la région délimitée par $y = 2 + \sin x$, $y = 0$, $x = \dfrac{\pi}{2}$ et $x = 2\pi$.

Représentons sur le même graphique la région et un élément de l'aire totale.

$$A_{\frac{\pi}{2}}^{2\pi} = \int_{\frac{\pi}{2}}^{2\pi} y \, dx$$

$$= \int_{\frac{\pi}{2}}^{2\pi} (2 + \sin x) \, dx$$

$$= (2x - \cos x) \Bigg|_{\frac{\pi}{2}}^{2\pi}$$

$$= (4\pi - \cos 2\pi) - \left( 2\left(\frac{\pi}{2}\right) - \cos\left(\frac{\pi}{2}\right) \right)$$

$$= 3\pi - 1$$

d'où $A_{\frac{\pi}{2}}^{2\pi} = (3\pi - 1)$ u² .

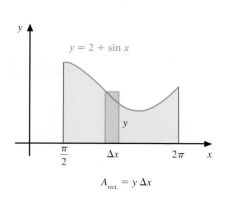

$A_{\text{rect.}} = y \, \Delta x$

**Exemple 4** Calculons l'aire $A_1^3$ de la région délimitée par $y = \ln x$, $x = 0$, $y = 1$ et $y = 3$.

Représentons sur le même graphique la région et un élément de l'aire totale.

$$A_1^3 = \int_1^3 x \, dy$$

$$= \int_1^3 e^y \, dy \quad \text{(puisque } y = \ln x, x = e^y\text{)}$$

$$= e^y \Big|_1^3$$

$$= e^3 - e^1 \approx 17{,}37 \text{ u}^2$$

d'où $A_1^3 \approx 17{,}37$ u².

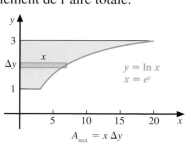

$A_{\text{rect.}} = x \, \Delta y$

## 2ᵉ cas   Sur un intervalle [a, b] à déterminer

Si nous devons calculer l'aire d'une région et que la valeur de $a$ et celle de $b$ ne sont pas données, il faut déterminer la région fermée qui nous permettra de connaître $[a, b]$.

**Exemple 5**  Soit la fonction définie par $y = -x^2 - 2x + 8$. Calculons l'aire de la région fermée limitée par cette courbe et l'axe des $x$.

Déterminons d'abord les points de rencontre de la courbe et de l'axe des $x$ en résolvant

$$y = 0$$

$$-x^2 - 2x + 8 = 0$$

$$(-x - 4)(x - 2) = 0, \text{ donc } x = -4 \text{ et } x = 2$$

Représentons sur le même graphique la région et un élément de l'aire totale.

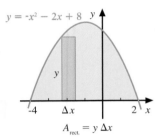

Calculons $A_{-4}^{2}$.

$$A_{-4}^{2} = \int_{-4}^{2} y \, dx$$

$$= \int_{-4}^{2} (-x^2 - 2x + 8) \, dx \qquad (\text{car } y = -x^2 - 2x + 8)$$

$$= \left( -\frac{x^3}{3} - x^2 + 8x \right) \Big|_{-4}^{2}$$

$$= \left( -\frac{2^3}{3} - 2^2 + 8(2) \right) - \left( -\frac{(-4)^3}{3} - (-4)^2 + 8(-4) \right) = 36$$

d'où $A_{-4}^{2} = 36 \text{ u}^2$.

**Exemple 6**  Soit la fonction définie par $\dfrac{x}{3} = 1 - y^4$. Calculons l'aire de la région fermée limitée par cette courbe et l'axe des $y$.

Déterminons d'abord les points de rencontre de la courbe et de l'axe des $y$ en résolvant

$$x = 0$$

$$3(1 - y^4) = 0$$

$$3(1 + y^2)(1 + y)(1 - y) = 0, \text{ donc } y = -1 \text{ et } y = 1$$

Représentons sur le même graphique la région et un élément de l'aire totale.

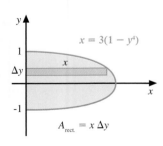

Calculons $A_{-1}^{1}$.   $A_{-1}^{1} = \int_{-1}^{1} x \, dy$

$$= \int_{-1}^{1} (3 - 3y^4) \, dy \qquad (\text{car } x = 3 - 3y^4)$$

$$= \left( 3y - \frac{3y^5}{5} \right) \Big|_{-1}^{1}$$

$$= \left( 3 - \frac{3}{5} \right) - \left( -3 + \frac{3}{5} \right) = \frac{24}{5}$$

donc $A_{-1}^{1} = \dfrac{24}{5} \text{ u}^2$.

## ● Aire de régions fermées comprises entre deux courbes

Si $f(x) \geq g(x)$ sur $[a, b]$, alors la position des fonctions $f$ et $g$ relativement à l'axe des $x$ n'est pas importante pour calculer l'aire de la région comprise entre ces courbes sur $[a, b]$. Par exemple, pour les trois cas suivants,

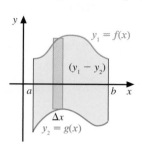 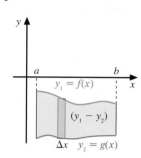 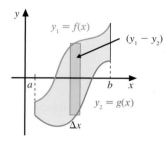

nous obtenons toujours que l'aire du rectangle est donnée par : $(y_1 - y_2) \, \Delta x$

d'où $A_a^b = \displaystyle\int_a^b (y_1 - y_2) \, dx = \int_a^b (f(x) - g(x)) \, dx$

---

**Exemple 1**   Déterminons l'aire de la région fermée délimitée par $y_1 = x^2 - 6x + 8$ et $y_2 = x - 5$ sur $[1, 6]$.

Déterminons d'abord les points d'intersection de $y_1$, et de $y_2$, en résolvant

$$y_1 = y_2$$

$$x^2 - 6x + 8 = x - 5$$

$$x^2 - 7x + 13 = 0$$

$$\dfrac{7 \pm \sqrt{49 - 52}}{2}$$

$$x_1 = \frac{7 + \sqrt{-3}}{2} \text{ ou } x_2 = \frac{7 - \sqrt{-3}}{2} \quad \text{(à rejeter)}$$

Donc les courbes n'ont aucun point d'intersection.

Représentons sur le même graphique la région ainsi qu'un élément de l'aire totale.

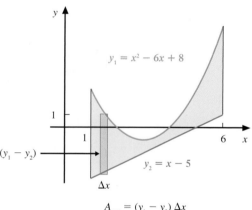

$$A_{\text{rect.}} = (y_1 - y_2) \, \Delta x$$

Calculons $A_1^6$.

$$A_1^6 = \int_1^6 (y_1 - y_2) \, dx$$

$$= \int_1^6 [(x^2 - 6x + 8) - (x - 5)] \, dx \qquad (\text{car } y_1 = x^2 - 6x + 8 \text{ et } y_2 = x - 5)$$

$$= \int_1^6 (x^2 - 7x + 13) \, dx$$

$$= \left( \frac{x^3}{3} - \frac{7x^2}{2} + 13x \right) \Bigg|_1^6 = \frac{85}{6}$$

d'où $A_1^6 = \dfrac{85}{6} \text{ u}^2$.

**Exemple 2** Déterminons l'aire de la région fermée délimitée par $x_1 = -y$ et $x_2 = 6y - y^2$ lorsque $y \in [1, 7]$.

Déterminons d'abord les points d'intersection de $x_1$ et de $x_2$ en résolvant

$$x_1 = x_2$$
$$-y = 6y - y^2$$
$$y^2 - 7y = 0$$
$$y(y - 7) = 0$$

donc $y = 0$ ou $y = 7$

Puisque $0 \notin [1, 7]$, 0 est à rejeter.

Le point d'intersection est (-7, 7).

Calculons $A_1^7$.

Représentons sur le même graphique la région ainsi qu'un élément de l'aire totale.

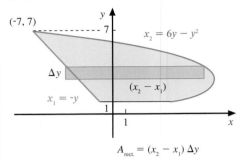

$$A_{\text{rect.}} = (x_2 - x_1)\, \Delta y$$

$$A_1^7 = \int_1^7 (x_2 - x_1)\, dy$$

$$= \int_1^7 [(6y - y^2) - (-y)]\, dy \qquad (\text{car } x_2 = 6y - y^2 \text{ et } x_1 = -y)$$

$$= \int_1^7 (-y^2 + 7y)\, dy$$

$$= \left( \frac{-y^3}{3} + \frac{7y^2}{2} \right) \Bigg|_1^7 = \frac{324}{6}$$

d'où $A_1^7 = 54$ u².

**Exemple 3** Évaluons l'aire $A$ de la région fermée délimitée par $y_1 = x^2 - 4$ et $y_2 = 14 - x^2$.

Déterminons d'abord les points d'intersection des deux courbes en résolvant

$$y_1 = y_2$$
$$x^2 - 4 = 14 - x^2$$
$$2x^2 - 18 = 0$$
$$2(x + 3)(x - 3) = 0$$

donc $x = -3$ et $x = 3$

Les points d'intersection sont (-3, 5) et (3, 5).

Calculons $A$.

Représentons sur le même graphique la région ainsi qu'un élément de l'aire totale.

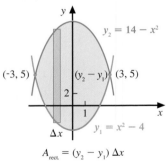

$$A_{\text{rect.}} = (y_2 - y_1)\, \Delta x$$

$$A = \int_{-3}^{3} (y_2 - y_1)\, dx$$

$$= \int_{-3}^{3} [(14 - x^2) - (x^2 - 4)]\, dx$$

$$= \int_{-3}^{3} (-2x^2 + 18)\, dx$$

$$= \left( \frac{-2x^3}{3} + 18x \right) \Bigg|_{-3}^{3} = 72$$

d'où $A = 72$ u².

Voici les étapes à suivre pour déterminer l'aire entre les courbes $y_1$ et $y_2$ sur un intervalle donné ou à déterminer.

> 1) Déterminer les points d'intersection des deux courbes en résolvant l'équation $y_1 = y_2$.
>
> 2) Représenter les régions ainsi qu'un élément de l'aire sur chacune des régions. Cette représentation nous permet de déterminer si la hauteur du rectangle est $(y_1 - y_2)$ ou bien $(y_2 - y_1)$.
>
> 3) Évaluer l'aire de chacune des régions à l'aide de l'intégrale définie et en faire la somme pour trouver l'aire totale.

**Exemple 4** Évaluons l'aire $A$ de la région fermée comprise entre la courbe de $f$ et l'axe des $x$ si $f(x) = x^3 - x^2 - 6x$.

Soit $y_1 = x^3 - x^2 - 6x$ et $y_2 = 0$.

Déterminons d'abord les points d'intersection de $f$ et l'axe des $x$ en résolvant

$$y_1 = y_2$$

$$x^3 - x^2 - 6x = 0$$

$$x(x^2 - x - 6) = 0$$

$$x(x - 3)(x + 2) = 0$$

donc -2, 0 et 3 sont les zéros de $f$.

Les points d'intersection sont (-2, 0), (0, 0) et (3, 0).

Représentons sur le même graphique les régions $R_1$ et $R_2$ ainsi qu'un élément de l'aire sur chacune des régions.

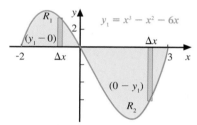

Sur [-2, 0],  $\quad$ Sur [0, 3],
$A_{\text{rect.}} = (y_1 - 0)\,\Delta x$ $\quad$ $A_{\text{rect.}} = (0 - y_1)\,\Delta x$

Ainsi

$$A = A_{-2}^{0} + A_{0}^{3}$$

$$= \int_{-2}^{0} (y_1 - 0)\, dx + \int_{0}^{3} (0 - y_1)\, dx$$

$$= \int_{-2}^{0} (x^3 - x^2 - 6x)\, dx + \int_{0}^{3} (-x^3 + x^2 + 6x)\, dx$$

$$= \left( \frac{x^4}{4} - \frac{x^3}{3} - 3x^2 \right) \Bigg|_{-2}^{0} + \left( \frac{-x^4}{4} + \frac{x^3}{3} + 3x^2 \right) \Bigg|_{0}^{3}$$

$$= \frac{16}{3} + \frac{63}{4} = \frac{253}{12}$$

d'où $A = \dfrac{253}{12}$ u².

**Exemple 5** Évaluons l'aire $A$ des régions fermées délimitées par la courbe d'équation $y_1 = x^3$ et la courbe d'équation $y_2 = 6x - x^2$.

Déterminons d'abord les points d'inter-section de ces deux courbes en résolvant

$$y_1 = y_2$$

$$x^3 = 6x - x^2$$

$$x^3 + x^2 - 6x = 0$$

$$x(x^2 + x - 6) = 0$$

$$x(x + 3)(x - 2) = 0$$

donc $x = 0$, $x = -3$ ou $x = 2$

Les points d'intersection sont $(0, 0)$, $(-3, -27)$ et $(2, 8)$.

Représentons sur le même graphique les régions $R_1$ et $R_2$ ainsi qu'un élément de l'aire sur chacune des régions.

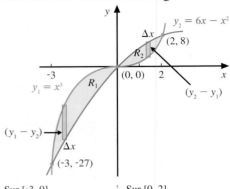

Sur $[-3, 0]$,
$A_{rect.} = (y_1 - y_2)\,\Delta x$

Sur $[0, 2]$,
$A_{rect.} = (y_2 - y_1)\,\Delta x$

$$A = A_{-3}^{0} + A_{0}^{2}$$

$$= \int_{-3}^{0} (y_1 - y_2)\, dx + \int_{0}^{2} (y_2 - y_1)\, dx$$

$$= \int_{-3}^{0} [x^3 - (6x - x^2)]\, dx + \int_{0}^{2} (6x - x^2 - x^3)\, dx$$

$$= \left( \frac{x^4}{4} - 3x^2 + \frac{x^3}{3} \right) \Bigg|_{-3}^{0} + \left( 3x^2 - \frac{x^3}{3} - \frac{x^4}{4} \right) \Bigg|_{0}^{2}$$

$$= \frac{63}{4} + \frac{16}{3} = \frac{253}{12}$$

d'où $A = \dfrac{253}{12}$ u².

**Exemple 6** Évaluons l'aire $A$ des régions fermées comprises entre les courbes définies par $x_1 = \dfrac{y^2}{2}$ et $x_2 - y = 4$ lorsque $y \in [-3, 5]$.

Déterminons d'abord les points d'intersection de ces deux courbes en résolvant

$$x_1 = x_2$$

$$\frac{y^2}{2} = y + 4$$

$$y^2 = 2y + 8$$

$$y^2 - 2y - 8 = 0$$

$$(y - 4)(y + 2) = 0$$

donc $y = 4$ ou $y = -2$

Les points d'intersection sont $(8, 4)$ et $(2, -2)$.

Représentons sur le même graphique les régions $R_1$, $R_2$ et $R_3$ ainsi qu'un élément de l'aire sur chacune des régions.

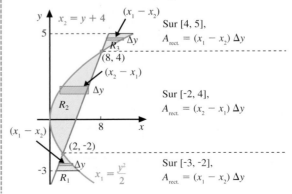

Sur $[4, 5]$,
$A_{rect.} = (x_1 - x_2)\,\Delta y$

Sur $[-2, 4]$,
$A_{rect.} = (x_2 - x_1)\,\Delta y$

Sur $[-3, -2]$,
$A_{rect.} = (x_1 - x_2)\,\Delta y$

$$A_{-3}^5 = A_{-3}^{-2} + A_{-2}^4 + A_4^5$$

$$= \int_{-3}^{-2} \left[ \frac{y^2}{2} - (y+4) \right] dy + \int_{-2}^4 \left( y + 4 - \frac{y^2}{2} \right) dy + \int_4^5 \left[ \frac{y^2}{2} - (y+4) \right] dy$$

$$= \left( \frac{y^3}{6} - \frac{y^2}{2} - 4y \right) \Bigg|_{-3}^2 + \left( \frac{y^2}{2} + 4y - \frac{y^3}{6} \right) \Bigg|_{-2}^4 + \left( \frac{y^3}{6} - \frac{y^2}{2} - 4y \right) \Bigg|_4^5$$

$$= \frac{5}{3} + 18 + \frac{5}{3} = \frac{64}{3}$$

d'où $A = \dfrac{64}{3}\,\text{u}^2$.

# Exercices 3.5

**1.** Représenter graphiquement chacune des régions fermées suivantes ainsi qu'un élément de l'aire totale, et calculer l'aire des régions.

a) $y = x^2 + 1$, $y = 0$, $x = -1$ et $x = 2$

b) $y = e^x$, $y = 0$, $x = 0$ et $x = 1$

c) $y = \sqrt{x}$, $y = 0$ et $x \in [0, 9]$

d) $y = \sqrt{x}$, $x = 0$ et $y \in [0, 3]$

e) $x = 9 - y^2$, $x = 0$, $y = -1$ et $y = 2$

f) $y = \dfrac{1}{1 + x^2}$, $y = 0$ et $x \in [-1, 1]$

**2.** Calculer l'aire de chacune des régions fermées suivantes situées sous la courbe de $f$ et au-dessus de l'axe des $x$. Représenter graphiquement pour chaque région un élément de l'aire totale.

a) $f(x) = 6x - x^2$

b) $f(x) = x^3 - 6x^2 + 8x$

c) $f(x) = \cos x$ sur $[-\pi, \pi]$

**3.** Calculer l'aire de chacune des régions délimitées par la courbe et l'axe des $y$. Représenter pour chaque région un élément de l'aire totale.

a) $x = y^2 - 2y - 3$

b) $x = \sin \dfrac{y}{2}$, où $y \in [0, 2\pi]$

c) $y = \text{Arc tan } x$, où $x \in [0, 1]$

**4.** Sur le graphique ci-contre, les courbes $f$ et $g$ se rencontrent en $x = c$, $x = d$ et $x = e$. Exprimer l'aire totale des régions ombrées en fonction d'intégrales définies.

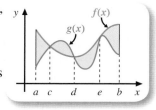

**5.** Calculer l'aire de chacune des régions fermées situées entre les courbes données. Représenter pour chaque région un élément de l'aire totale.

a) $f(x) = x + 1$ et $g(x) = x^2 - 2x - 3$

b) $x_1 = \dfrac{y^2}{2}$ et $x_2 = y + 4$

c) $y_1 = x^2$ et $y_2 = 18 - x^2$

d) $x_1 = 4y^2 - 2$ et $x_2 = y^2 + 1$

e) $y_1 = x^3 - 6x^2 + 8x$ et $y_2 = 0$

f) $x_1 = \dfrac{y^3}{4}$ et $x_2 = y$

**6.** Calculer l'aire de chacune des régions suivantes situées entre les courbes sur l'intervalle $[a, b]$ donné. Représenter pour chaque région un élément de l'aire totale.

a) $x_1 = 2y$ et $x_2 = y^2 + y - 2$ et $y \in [-3, 3]$

b) $f(x) = 1 + 2x$ et $g(x) = e^{-x}$ sur $[-1, 1]$

c) $y_1 = x^2$ et $y_2 = \dfrac{2}{x^2 + 1}$ sur $[0, 2]$

d) $y_1 = \cos x$, $y_2 = \sin x$, $x = 0$ et $x = \pi$

e) $y_1 = x^2$, $y_2 = 2^x$ sur $[1, 3]$

**7.** Calculer l'aire des régions ombrées suivantes.

a)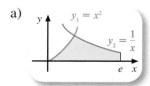

b)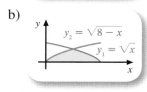

c)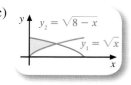

d)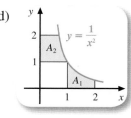

**8.** Soit $f(x) = x^3$ et $g(x) = \sqrt[3]{x}$ sur $[0, 1]$. Déterminer la valeur des aires $A_1$, $A_2$, $A_3$ et $A_4$ ci-contre.

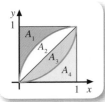

**9.** Soit $A_1$ et $A_2$, l'aire des régions ombrées ci-contre, où $a > 0$. Exprimer $A_1$ en fonction de $A_2$.

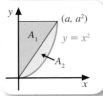

**10.** Soit $A_1$ et $A_2$, l'aire des régions ombrées ci-contre.

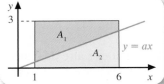

Déterminer la valeur de $a$, telle que $A_1 = A_2$,

a) de façon algébrique;

b) en utilisant le théorème fondamental du calcul.

**11.** Soit $A_1$ et $A_2$ l'aire des régions ombrées ci-contre.

Déterminer la valeur de $a$ si $A_1 = A_2$.

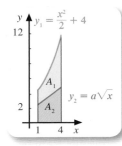

**12.** Soit $A_1$, $A_2$ et $A_3$ l'aire des régions ombrées suivantes.

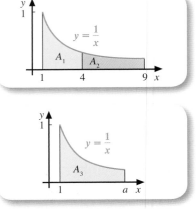

Déterminer la valeur de $a$ si

a) $2A_1 + A_2 = A_3$    b) $A_3 = A_2$    c) $4A_3 = 2A_1 + A_2$

**13.** a) Évaluer $\displaystyle\int_1^4 \frac{1}{t}\, dt$; représenter graphiquement et interpréter le résultat.

b) Définir $\ln 8$ à l'aide d'une intégrale définie; représenter graphiquement et interpréter le résultat.

c) Définir $\ln \frac{1}{2}$ à l'aide d'une intégrale définie et interpréter le résultat.

d) Définir la fonction $\ln x$, où $x \in {]0, +\infty}$, à l'aide d'une intégrale définie.

---

## 3.6 Applications de l'intégrale définie

### Objectifs d'apprentissage

À la fin de cette section, l'élève pourra résoudre certains problèmes à l'aide de l'intégrale définie.

Plus précisément, l'élève sera en mesure:
- d'utiliser l'intégrale définie pour résoudre certains problèmes, entre autres, dans les domaines de la physique, du calcul des probabilités et de l'économie.

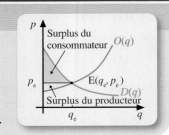

Donnons quelques exemples d'application de l'intégrale définie dans divers domaines.

## ■ Applications de l'intégrale définie en physique

### Accélération, vitesse et déplacement

**Exemple 1**  Soit un mobile dont la vitesse en fonction du temps est donnée par $v(t) = t^2 + 5$, où $t \in [0\,\text{s}, 6\,\text{s}]$ et $v(t)$ est en m/s.

a) Déterminons la distance $D$ parcourue par ce mobile entre 3 s et 6 s.

b) Relions la distance $D$ parcourue à la notion d'intégrale définie et à un calcul d'aire.

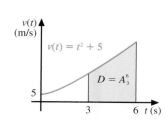

Puisque $\dfrac{dx}{dt} = v$ (où $x$ est la position du mobile)

$dx = v\,dt$ (en regroupant)

$dx = (t^2 + 5)\,dt$

$\displaystyle\int dx = \int (t^2 + 5)\,dt$

$x = \dfrac{t^3}{3} + 5t + C$

Puisque $v(t) \geq 0$ sur $[3\,\text{s}, 6\,\text{s}]$

$D = x(6) - x(3) = (102 + C) - (24 + C) = 78$

d'où $D = 78$ mètres.

$\displaystyle\int_3^6 v(t)\,dt = x(t)\Big|_3^6 \quad \left(\text{car } \dfrac{dx}{dt} = v\right)$

$= x(6) - x(3)$

$= D \quad (\text{car } v(t) \geq 0 \text{ sur } [3\,\text{s}, 6\,\text{s}])$

Puisque $v \geq 0$ sur $[3\,\text{s}, 6\,\text{s}]$, nous avons

$D = \displaystyle\int_3^6 v(t)\,dt$ et

$D$ est égale à l'aire entre la courbe de $v$ et l'axe des $t$, $t = 3$ et $t = 6$.

**Exemple 2** La vitesse d'un objet se déplaçant sur une droite est définie par $v(t) = -t^2 + t + 6$ où $t \in [0\,\text{s}, 4\,\text{s}]$ et $v(t)$ est en m/s.

Déterminons la distance $D$ parcourue par cet objet entre 0 s et 4 s.

Puisque $v(t) \geq 0$ sur $[0\,\text{s}, 3\,\text{s}]$ et que $v(t) \leq 0$ sur $[3\,\text{s}, 4\,\text{s}]$

$D = A_1 + A_2$

$= \displaystyle\int_0^3 (-t^2 + t + 6)\,dt + \int_3^4 (0 - (-t^2 + t + 6)\,dt$

$= \left(\dfrac{-t^3}{3} + \dfrac{t^2}{2} + 6t\right)\Big|_0^3 + \left(\dfrac{t^3}{3} - \dfrac{t^2}{2} - 6t\right)\Big|_3^4$

$= \dfrac{27}{2} + \dfrac{17}{6} = \dfrac{98}{6}$

d'où $D = 16,\overline{3}$ mètres.

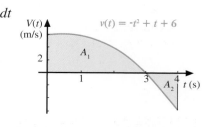

**Exemple 3** Partant d'un arrêt, un automobiliste se déplace avec une accélération $a = \dfrac{t}{2}$, où $a$ est en m/s² et $t$ est en secondes.

Si l'automobiliste accélère jusqu'au moment où il atteint une vitesse de 90 km/h et s'il maintient cette vitesse par la suite pendant une minute, déterminons la distance totale qu'il a parcourue pendant ce temps.

De $\dfrac{dv}{dt} = a$

$dv = \dfrac{t}{2}\,dt \quad \left(\text{car } a = \dfrac{t}{2}\right)$

$\displaystyle\int dv = \dfrac{1}{2}\int t\,dt$

$v = \dfrac{t^2}{4} + C$

Au départ, la vitesse est nulle. En remplaçant $t$ par 0 et $v$ par 0, nous trouvons $C = 0$.

Donc $v(t) = \dfrac{t^2}{4}$, si $t \in [0\,\text{s}, t_1\,\text{s}]$

$$\frac{90 \times 1000}{3600} = 25$$

Puisque $t_1$ est le temps nécessaire pour atteindre la vitesse de 90 km/h, c'est-à-dire 25 m/s,

$$\frac{t_1^2}{4} = 25, \text{ donc } t_1 = 10 \text{ s, ainsi } v(t) = \begin{cases} \dfrac{t^2}{4} & \text{si} \quad 0 < t \leq 10 \\ 25 & \text{si} \quad 10 < t < 70 \end{cases}$$

et

$$\begin{aligned} D &= A_1 + A_2 \\ &= \int_0^{10} \frac{t^2}{4} \, dt + \int_{10}^{70} 25 \, dt \\ &= \frac{t^3}{12} \Big|_0^{10} + 25t \Big|_{10}^{70} \\ &= \frac{10^3}{12} + (1750 - 250) \approx 1583 \end{aligned}$$

d'où $D \approx 1583$ m, c'est-à-dire 1,583 km.

**Débit**

Dominique Parent

**Exemple 4** Un réservoir de 18 litres contient déjà 2 litres d'eau et on y ajoute de l'eau à un rythme de $\dfrac{2}{\sqrt{t + 25}}$ L/s.

a) Déterminons la quantité $Q_1$ d'eau ajoutée dans le réservoir au bout de 30 secondes.

Soit $Q$, la quantité d'eau ajoutée dans le réservoir au bout de $t$ secondes.

Puisque
$$\frac{dQ}{dt} = \frac{2}{\sqrt{t + 25}}$$

$$dQ = \frac{2}{\sqrt{t + 25}} \, dt$$

ainsi
$$Q(t) = \int \frac{2}{\sqrt{t + 25}} \, dt$$

La quantité ajoutée est donnée par

$$Q(30) - Q(0) = \int_0^{30} \frac{2}{\sqrt{t + 25}} \, dt$$

$$= 4\sqrt{t + 25} \Big|_0^{30} = 4\sqrt{55} - 20 \approx 9{,}66$$

d'où $Q_1 \approx 9{,}66$ litres.

b) Déterminons la quantité d'eau dans le réservoir au bout de 50 secondes.
La quantité ajoutée est donnée par

$$Q(50) - Q(0) = 4\sqrt{t + 25} \Big|_0^{50} = 4\sqrt{75} - 20 \approx 14{,}64$$

$2 + 14{,}64 = 16{,}64$

d'où la quantité totale d'eau dans le réservoir est d'environ 16,64 litres.

c) Déterminons le temps $b$ nécessaire pour remplir le réservoir.
Soit $b$ le temps cherché. Puisqu'il faut ajouter 16 litres d'eau pour remplir le réservoir,

$$Q(b) - Q(0) = 16$$

$$\int_0^b \frac{2}{\sqrt{t + 25}} \, dt = 16$$

$$4\sqrt{t + 25}\ \Big|_0^b = 16$$

$$4\sqrt{b + 25} - 20 = 16$$

$$\sqrt{b + 25} = 9$$

$$b = 56$$

d'où 56 secondes.

## Travail effectué par une force variable

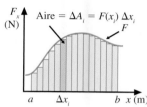

Considérons un objet qui se déplace de $a$ à $b$ sur l'axe des $x$ sous l'action d'une force variable. Si on imagine que l'objet effectue un très petit déplacement $\Delta x_i$, alors la composante en $x$ de la force $F_{x_i}$ peut être considérée comme presque constante sur cet intervalle et le travail effectué par la force sur le petit déplacement est donné par $W_i \approx F_{x_i} \Delta x_i$, où $\Delta x_i$ est en mètres, $F_{x_i}$ en newtons et $W_i$ en joules.

Ainsi, le travail total $W$ effectué sur $[a, b]$ est donné approximativement par

$$W \approx \sum_{i=0}^{n-1} F_{x_i}\, \Delta x_i$$

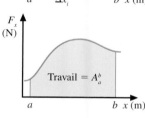

Si $(\max \Delta x_i) \to 0$, alors

$$W = \lim_{(\max \Delta x_i) \to 0} \sum_{i=0}^{n-1} F_{x_i}\, \Delta x_i$$

d'où $W = \displaystyle\int_a^b F(x)\, dx$

(définition 3.6)

**Exemple 5** Une force agissant sur un objet varie en fonction de $x$, selon l'équation $F(x) = \dfrac{20 - x^2}{4}$, où $F$ est exprimée en N. Calculons le travail $W$ effectué par la force lorsque l'objet se déplace de 0 mètre à 4 mètres.

$$W = \int_0^4 F(x)\, dx$$

$$= \int_0^4 \frac{20 - x^2}{4}\, dx$$

$$= \left(5x - \frac{x^3}{12}\right)\Big|_0^4 = \left(20 - \frac{4^3}{12}\right) = 14,\overline{6}$$

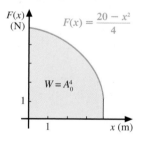

d'où $W = 14,\overline{6}$ J

## Loi de Hooke

Soit une masse, placée sur une surface lisse horizontale, reliée à un ressort. Si on allonge ou si on comprime le ressort sur une petite distance à partir de sa position d'équilibre, le ressort exerce sur la masse une force $F_r$ donnée par la loi de Hooke :

$$F_r = -kx$$

où $x$ est le déplacement de la masse à partir de la position d'équilibre ($x = 0$) et $k$ est une constante positive appelée **constante de rappel** du ressort et est exprimée en N/m. La valeur de $k$ constitue une mesure de la rigidité du ressort. Elle est grande pour les ressorts rigides et faible pour les ressorts souples.

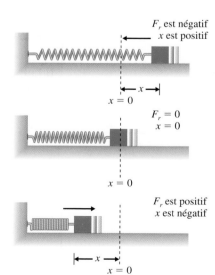

**Exemple 6**  Soit un ressort à l'horizontale obéissant à la loi de Hooke, où $k = 30$ N/m. Une de ses extrémités est fixée et l'autre est soumise à l'action d'une force extérieure qui allonge le ressort.

a) Déterminons le travail effectué par le ressort s'il est allongé de 0 cm à 5 cm.

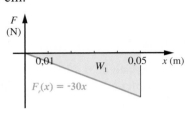

$$W_1 = \int_0^{0,05} (-30x)\, dx \quad \text{(car } F_r = -30x\text{)}$$

$$= -15x^2 \Big|_0^{0,05} = -0,0375$$

d'où $W_1 = -0,0375$ J  (rappel du ressort)

b) Déterminons le travail effectué par une force extérieure pour allonger le ressort de 5 cm à 8 cm.

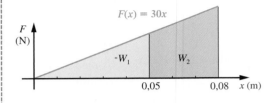

$$W_2 = \int_{0,05}^{0,08} (30x)\, dx$$

$$= 15x^2 \Big|_{0,05}^{0,08} = 0,0585$$

d'où $W_2 = 0,0585$ J

## Centre de gravité

Nous allons restreindre le calcul de centre de gravité à des surfaces planes de densité uniforme.

**DÉFINITION 3.8**

1) Le **moment** $M_x$ d'une surface plane, par rapport à l'axe des $x$, est égal au produit de la distance $\overline{y}$ du centre de gravité $C(\overline{x}, \overline{y})$ de la surface plane à l'axe des $x$, par l'aire $A$ de la surface plane, c'est-à-dire

$$M_x = \overline{y}A$$

2) Le **moment** $M_y$ d'une surface plane, par rapport à l'axe des $y$, est égal au produit de la distance $\overline{x}$ du centre de gravité $C(\overline{x}, \overline{y})$ de la surface plane à l'axe des $y$, par l'aire $A$ de la surface plane, c'est-à-dire

$$M_y = \overline{x}A$$

**Exemple 7**  Soit un rectangle de densité uniforme, dont les sommets sont P(2, 1), Q(2, 3), R(8, 3) et S(8, 1). Calculons les moments $M_x$ et $M_y$.

Il faut d'abord calculer l'aire $A$ du rectangle et déterminer le centre de gravité $C(\overline{x}, \overline{y})$.

$$A = (8 - 2)(3 - 1) = 12 \text{ u}^2$$

$$\overline{x} = \frac{8 + 2}{2} = 5 \text{ et } \overline{y} = \frac{3 + 1}{2} = 2$$

Ainsi

$M_x = \overline{y}A$  (définition 3.8)

$= 2(12)$

$= 24$

$M_y = \overline{x}A$  (définition 3.8)

$= 5(12)$

$= 60$

**DÉFINITION 3.9**

Le **moment** $M$ d'une surface plane quelconque, par rapport à une droite $D$, est égal à la somme des moments $M_i$ de chaque élément de surface, c'est-à-dire

$$M = \sum_{i=1}^{n} M_i$$

De façon générale, pour une surface plane quelconque dont nous voulons déterminer le centre de gravité $C(\overline{x}, \overline{y})$, nous découpons cette surface en petits rectangles.

Soit la surface plane délimitée par $y = f(x)$, l'axe des $x$, où $x \in [a, b]$.

Découpons cette région en petits rectangles de base $\Delta x$, où $\Delta x = \dfrac{b - a}{n}$, et de hauteur $y_i$, où $y_i = f(x_i)$, $x_i$ étant le point milieu de chaque sous-intervalle.

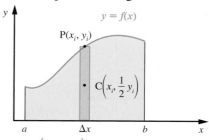

Pour chaque élément de surface, le centre de gravité est $C\left(x_i, \dfrac{1}{2} y_i\right)$, nous avons

Définition 3.8

$$M_{x_i} = \overline{y}_i A_i$$
$$= \left(\frac{1}{2} y_i\right)(y_i \Delta x)$$
$$M_x \approx \sum_{i=1}^{n} \left(\frac{1}{2} y_i\right)(y_i \Delta x)$$
$$M_x = \lim_{\Delta x \to 0} \sum_{i=1}^{n} \left(\frac{1}{2} y_i\right)(y_i \Delta x)$$

Théorème fondamental du calcul

$$M_x = \frac{1}{2} \int_a^b y^2 \, dx$$

Définition 3.8

Puisque $\overline{x} = \dfrac{1}{A} M_y$

$$\boxed{\overline{x} = \frac{1}{A} \int_a^b xy \, dx}$$

$$M_{y_i} = \overline{x}_i A_i$$
$$= x_i (y_i \Delta x)$$
$$M_y \approx \sum_{i=1}^{n} x_i (y_i \Delta x)$$
$$M_y = \lim_{\Delta x \to 0} \sum_{i=1}^{n} x_i (y_i \Delta x) \quad (\text{car } n \to +\infty)$$
$$M_y = \int_a^b xy \, dx$$

Puisque $\overline{y} = \dfrac{1}{A} M_x$

$$\boxed{\overline{y} = \frac{1}{2A} \int_a^b y^2 \, dx}$$

où $A$ est l'aire de la surface plane, donnée par $A = \displaystyle\int_a^b y \, dx$

**Exemple 8** Soit $f(x) = 9 - x^2$, où $x \in [0, 3]$. Déterminons le centre de gravité $C(\overline{x}, \overline{y})$ de la surface plane délimitée par la courbe de $f$, $y = 0$ et $x \in [0, 3]$.

Calculons d'abord l'aire $A$ de la surface plane

$$A = \int_0^3 y \, dx = \int_0^3 (9 - x^2) \, dx = \left(9x - \frac{x^3}{3}\right)\Bigg|_0^3 = 18 \text{ u}^2$$

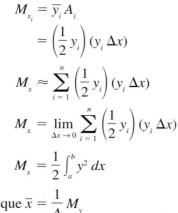

Calcul de $\overline{x}$

$$\overline{x} = \frac{1}{A} \int_0^3 xy \, dx$$
$$= \frac{1}{18} \int_0^3 x(9 - x^2) \, dx$$
$$= \frac{1}{18} \int_0^3 (9x - x^3) \, dx$$

Calcul de $\overline{y}$

$$\overline{y} = \frac{1}{2A} \int_0^3 y^2 \, dx$$
$$= \frac{1}{2(18)} \int_0^3 (9 - x^2)^2 \, dx$$
$$= \frac{1}{36} \int_0^3 (81 - 18x^2 + x^4) \, dx$$

$$= \frac{1}{18}\left(\frac{9}{2}x^2 - \frac{x^4}{4}\right)\Bigg|_0^3 \qquad\qquad = \frac{1}{36}\left(81x - 6x^3 + \frac{x^5}{5}\right)\Bigg|_0^3$$

$$= \frac{1}{18}\left(\frac{81}{4}\right) = 1{,}125 \qquad\qquad = \frac{1}{36}\left(\frac{648}{5}\right) = 3{,}6$$

d'où C(1,125 ; 3,6)

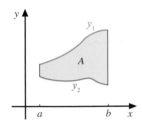

De façon générale, le centre de gravité $C(\overline{x}, \overline{y})$, d'une surface plane fermée et délimitée par deux courbes, est donné par

$$\overline{x} = \frac{1}{A}\int_a^b x(y_1 - y_2)\,dx \quad \text{et} \quad \overline{y} = \frac{1}{2A}\int_a^b (y_1^2 - y_2^2)\,dx$$

où $A$ est l'aire de la surface plane donnée par $A = \displaystyle\int_a^b (y_1 - y_2)\,dx$

## ● Applications de l'intégrale définie en calcul des probabilités

Dominique Parent

Supposons qu'un golfeur frappe régulièrement ses balles de golf sur des distances variant de 80 à 200 mètres. Soit $X$, la distance parcourue par une balle de golf frappée par ce golfeur, $X$ pouvant prendre une infinité de valeurs sur [80, 200].

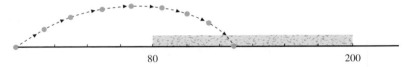

Nous disons que $X$ est une variable aléatoire continue qui peut prendre toutes les valeurs entre 80 mètres et 200 mètres.

Quelle est la probabilité qu'une balle frappée par ce golfeur parcoure exactement la distance de 123,45 mètres ? Il est très peu probable que cette distance exacte soit atteinte. De fait, la probabilité d'atteindre n'importe quelle distance exacte est égale à 0.

Dans le cas des variables aléatoires continues sur $[a, b]$, nous devons utiliser une fonction $f(x)$, appelée **densité de probabilité**, qui possède les propriétés suivantes :

> 1) $f(x) \geq 0,\ \forall\, x \in [a, b]$
>
> 2) $\displaystyle\int_a^b f(x)\,dx = 1$

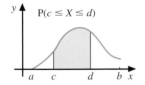

Lorsque nous connaissons la densité de probabilité $f(x)$ d'une variable aléatoire $X$ continue, la probabilité que cette variable prenne une valeur comprise entre $c$ et $d$, est donnée par

$$P(c \leq X \leq d) = \int_c^d f(x)\,dx, \text{ où } [c, d] \subseteq [a, b]$$

**DÉFINITION 3.10**    L'**espérance mathématique** (ou **moyenne**), notée $\mu$ ou $E(X)$, d'une variable aléatoire continue $X$ sur $[a, b]$ dont la fonction de densité est $f(x)$ est donnée par

$$\mu = E(X) = \int_a^b x\,f(x)\,dx$$

**Exemple 1** Soit $f(x) = \dfrac{5}{444} - \dfrac{(x-130)^2}{444\,000}$, où $x \in [80\text{ m}, 200\text{ m}]$, la fonction de densité pour la variable aléatoire $X$ représentant la distance parcourue par la balle d'un golfeur.

a) Vérifions d'abord que $f$ est une fonction de densité de probabilité sur $[80, 200]$.

1) Puisque la courbe de $f$ est une parabole concave vers le bas (le coefficient de $x^2$ est négatif) et que

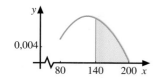

$$f(80) = 0{,}005\ldots > 0 \text{ et } f(200) = 0{,}000\,2\ldots > 0, \text{ alors}$$

$$f(x) \geq 0, \ \forall \ x \in [80, 200]$$

2) $\displaystyle\int_{80}^{200}\left(\dfrac{5}{444} - \dfrac{(x-130)^2}{444\,000}\right)dx = \left(\dfrac{5x}{444} - \dfrac{(x-130)^3}{1\,332\,000}\right)\Bigg|_{80}^{200} = 1$

d'où $f$ est une fonction de densité.

b) Trouvons la probabilité que la distance parcourue par la balle de ce golfeur soit

i) entre 110 m et 130 m;

$$P(110 \leq X \leq 130) = \int_{110}^{130}\left(\dfrac{5}{444} - \dfrac{(x-130)^2}{444\,000}\right)dx$$

$$= \left(\dfrac{5x}{444} - \dfrac{(x-130)^3}{1\,332\,000}\right)\Bigg|_{110}^{130}$$

$$= 1{,}4639\ldots - 1{,}2447\ldots = 0{,}2192\ldots$$

d'où $P(110 \leq X \leq 130) \approx 0{,}219$

ii) plus loin que 140 m.

$$P(140 \leq X \leq 200) = \int_{140}^{200}\left(\dfrac{5}{444} - \dfrac{(x-130)^2}{444\,000}\right)dx$$

$$= \left(\dfrac{5x}{444} - \dfrac{(x-130)^3}{1\,332\,000}\right)\Bigg|_{140}^{200}$$

$$= 1{,}9947\ldots - 1{,}5758\ldots = 0{,}4189\ldots$$

d'où $P(140 \leq X \leq 200) \approx 0{,}419$

La valeur $\mu$ correspond à la distance moyenne parcourue par les balles frappées par ce golfeur si celui-ci en frappe une très grande quantité dans les mêmes conditions.

c) Trouvons l'espérance mathématique $\mu$.

$$\mu = \int_{80}^{200} x\left[\dfrac{5}{444} - \dfrac{(x-130)^2}{444\,000}\right]dx$$

$$= \int_{80}^{200}\left(\dfrac{5x}{444} - \dfrac{x^3 - 260x^2 + 16\,900x}{444\,000}\right)dx$$

$$= \left(\dfrac{5x^2}{2(444)} - \dfrac{x^4}{4(444\,000)} + \dfrac{260x^3}{3(444\,000)} - \dfrac{8450x^2}{444\,000}\right)\Bigg|_{80}^{200} = 133{,}513\ldots$$

d'où $\mu \approx 133{,}5$ m

# ● Applications de l'intégrale définie en économie

En tant que groupe, les acheteurs conditionnent la demande d'un produit, tandis que les producteurs en conditionnent l'offre. Parmi l'ensemble des facteurs qui influent sur la consommation, les économistes mettent l'accent sur la relation entre le prix et la quantité demandée (ou offerte).

## Demande

Pour les consommateurs, si le prix d'un bien diminue, la quantité demandée augmentera, parce que la baisse de prix correspond dans les faits à une augmentation du pouvoir d'achat du consommateur. Le consommateur qui était prêt à acheter une certaine quantité d'un bien à un prix donné voudra sans doute en acheter une plus grande quantité à un prix un peu plus bas. En économie, la demande établit une relation entre les quantités demandées d'un bien et le prix de ce bien. À différents prix correspondent différentes quantités demandées : plus le prix diminue, plus la quantité demandée augmente et vice versa.

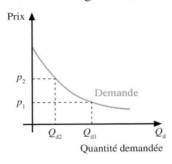

Une courbe de demande illustre l'évolution de la quantité de biens demandés lorsque les prix varient, tous les autres déterminants (revenu et goûts des consommateurs, prix des biens substituts, etc.) de la demande demeurant constants.

Lorsque les consommateurs achètent $Q_{d1}$ unités à un prix $p_1$, le montant total des achats sera donné par $(Q_{d1})(p_1)$. Graphiquement, ce montant correspond à l'aire du rectangle de sommets $(0, 0)$, $(0, p_1)$, $(Q_{d1}, 0)$ et $(Q_{d1}, p_1)$.

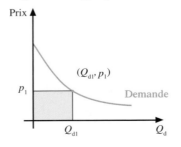

## Offre

Plaçons-nous maintenant du côté des producteurs. La quantité offerte représente la quantité de biens que les producteurs désirent mettre en marché. Quels sont les principaux facteurs qui expliquent le comportement du producteur ? Un facteur important est le prix : plus celui-ci sera élevé, plus la quantité offerte sera grande. C'est une relation positive entre le prix et la quantité offerte. Un prix élevé signifie pour un producteur une possibilité de profits plus élevés et, par conséquent, un intérêt plus grand à produire.

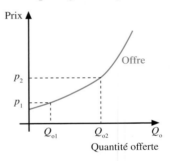

Une courbe d'offre illustre l'évolution de la quantité de biens offerts lorsque les prix varient, tous les autres déterminants (coûts de production, technologie, nombre de producteurs, etc.) de l'offre demeurant constants.

Lorsque les producteurs vendent $Q_{o2}$ unités à un prix $p_2$, le montant total des ventes sera donné par $(Q_{o2})(p_2)$. Graphiquement, ce montant correspond à l'aire du rectangle de sommets $(0, 0)$, $(0, p_2)$, $(Q_{o2}, 0)$ et $(Q_{o2}, p_2)$.

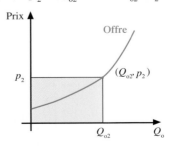

## Surplus du consommateur et surplus du producteur

<table>
<tr>
<td>

**DÉFINITION 3.11**

Le **surplus du consommateur**, noté SC, représente l'économie que l'ensemble des consommateurs ont pu réaliser en achetant l'article au prix courant $p_c$ plutôt qu'à un prix plus élevé qu'ils étaient prêts à payer.

</td>
<td>

**DÉFINITION 3.12**

Le **surplus du producteur**, noté SP, est le montant supplémentaire que l'ensemble des producteurs ont pu amasser en vendant le produit au prix courant $p_p$ plutôt qu'à un prix moindre qu'ils étaient prêts à accepter.

</td>
</tr>
</table>

Dorénavant, nous utilisons la variable $q$ pour désigner la quantité $Q_d$ ainsi que la quantité $Q_o$.

| | |
|---|---|
| Supposons maintenant que tous les consommateurs qui ont acheté l'article au prix $p_c$ auraient plutôt acheté l'article à un prix entre $D(0)$ et $p_c$ qu'ils étaient prêts à payer. | Supposons maintenant que tous les producteurs qui ont vendu l'article au prix $p_p$ l'auraient plutôt vendu à un prix entre $O(0)$ et $p_q$ auquel ils étaient prêts à consentir. |
| Le montant total des ventes pourrait être obtenu en évaluant l'aire entre la courbe de $D(q)$ et l'axe horizontal sur $[0, q_c]$, c'est-à-dire l'intégrale définie suivante : $\int_0^{q_c} D(q)\, dq$. | Le montant total des ventes pourrait être obtenu en évaluant l'aire entre la courbe de $O(q)$ et l'axe horizontal sur $[0, q_c]$, c'est-à-dire l'intégrale définie suivante : $\int_0^{q_c} O(q)\, dq$. |

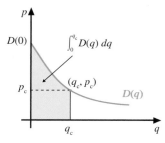 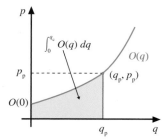

| | |
|---|---|
| Le surplus du consommateur (SC) peut être représenté par l'aire de la région suivante. | Le surplus du producteur (SP) peut être représenté par l'aire de la région suivante. |

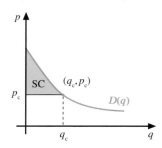 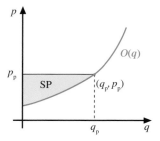

$$\text{SC} = \int_0^{q_c} D(q)\, dq - (q_c)(p_c)$$

$$= \int_0^{q_c} D(q)\, dq - \int_0^{q_c} p_c\, dq$$

d'où $\quad \boxed{\text{SC} = \int_0^{q_c} (D(q) - p_c)\, dq}$

$$\text{SP} = (q_p)(p_p) = \int_0^{q_p} O(q)\, dq$$

$$= \int_0^{q_p} p_p\, dq - \int_0^{q_p} O(q)\, dq$$

d'où $\quad \boxed{\text{SP} = \int_0^{q_p} (p_p - O(q))\, dq}$

Lorsque la courbe de la demande et celle de l'offre sont tracées sur un même système d'axes, nous constatons qu'il y a un point d'intersection noté $E(q_e, p_e)$.

**DÉFINITION 3.13**

1) Le point d'intersection $E(q_e, p_e)$ des courbes de demande et d'offre est appelé le **point d'équilibre**.

2) Le prix $p_e$ pour lequel la demande est égale à l'offre est appelé le **prix d'équilibre**.

3) La quantité $q_e$ pour laquelle la demande est égale à l'offre est appelée **quantité d'équilibre**.

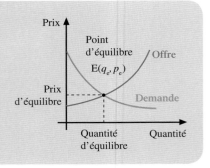

**DÉFINITION 3.14**

Soit $E(q_e, p_e)$ le point d'équilibre entre la courbe de la demande et la courbe de l'offre.

Le **surplus total**, noté ST, est défini comme étant l'aire entre la courbe de la demande et la courbe de l'offre où $q \in [0, q_e]$.

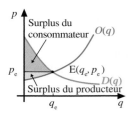

D'où $\boxed{\text{ST} = \text{SC} + \text{SP} \quad \text{ou} \quad \text{ST} = \int_0^{q_e} (D(q) - O(q))\, dq}$

**Exemple 1** La fonction « demande » pour un produit est donnée par $D(q) = 0,01q^2 - 1,8q + 120$, exprimée en dollars, et la fonction « offre » pour le même produit est donnée par $O(q) = 0,01q^2 + 0,7q + 45$, exprimée en dollars.

a) Déterminons le surplus du consommateur SC si $q = 40$ et représentons la région correspondante.

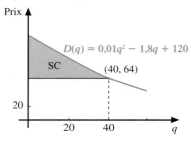

b) Déterminons le surplus du producteur SP si $q = 45$ et représentons la région correspondante.

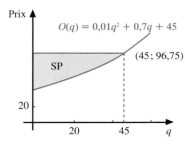

$D(40) = 64$

$O(45) = 96,75$

$SC = \int_0^{q_c} (D(q) - p_c)\, dq$
où $q_c = 40$ et $p_c = 64$

$SP = \int_0^{q_p} (p_p - O(q))\, dq$
où $q_p = 45$ et $p_p = 96,75$

$SC_{q=40} = \int_0^{40} ((0,01q^2 - 1,8q + 120) - 64)\, dq$

$= \left( \dfrac{0,01q^3}{3} - 0,9q^2 + 56q \right)\Bigg|_0^{40}$

$= 1013,\overline{3}$

d'où $SC_{q=40} \approx 1013,33\, \$$

$SP_{q=45} = \int_0^{45} (96,75 - (0,01q^2 + 0,7q + 45))\, dq$

$= \left( 51,75q - \dfrac{0,01q^3}{3} - \dfrac{0,7q^2}{2} \right)\Bigg|_0^{45}$

$= 1316,25$

d'où $SP_{q=70} = 1316,25\, \$$

c) Déterminons le point d'équilibre $E(q_e, p_e)$.

En posant $D(q) = O(q)$, nous obtenons

$$0,01q^2 - 1,8q + 120 = 0,01q^2 + 0,7q + 45$$
$$75 = 2,5q$$

ainsi $q = 30$

En calculant $D(30)$, nous obtenons

$$D(30) = 0{,}01(30)^2 - 1{,}8(30) + 120 = 75$$

d'où le point d'équilibre est E(30, 75).

d) Déterminons le surplus total ST et représentons la région correspondante.

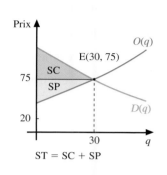

ST = SC + SP

**1re façon**

$$SC_{q=30} = \int_0^{30} (0{,}01q^2 - 1{,}8q + 120 - 75)\, dq$$

$$= \left(\frac{0{,}01q^3}{3} - 0{,}9q^2 + 45q\right)\Big|_0^{30}$$

$$= 630$$

$$SP_{q=30} = \int_0^{30} (75 - (0{,}01q^2 + 0{,}7q + 45))\, dq$$

$$= \left(30q - \frac{0{,}01q^3}{3} + \frac{0{,}7q^2}{2}\right)\Big|_0^{30}$$

$$= 495$$

$$ST = SC_{q=30} + SP_{q=30}$$

$$= 630 + 495$$

d'où ST = 1125 $

**2e façon**

$$ST = \int_0^{30} (D(q) - O(q))\, dq$$

$$= \int_0^{30} ((0{,}01q^2 - 1{,}8q + 120) - (0{,}01q^2 + 0{,}7q + 45))\, dq$$

$$= \left(\frac{2{,}5q^2}{2} + 75q\right)\Big|_0^{30}$$

$$= 1125$$

d'où ST = 1125 $

# ■ Courbe de Lorenz et coefficient de Gini

Au $V^e$ siècle av. J.-C., le philosophe Platon prévenait les Athéniens :

> « Il ne faut pas que certains citoyens souffrent de la pauvreté, tandis que d'autres sont riches, parce que ces deux états sont causes de dissensions. »

Plusieurs décisions politiques ou économiques sont prises en se basant sur la distribution des revenus parmi les membres de la population d'une région, d'une province, d'un pays.
Cette distribution des revenus est-elle équitable ?
Cette distribution est-elle moins ou plus équitable qu'elle ne l'était il y a huit ans ?
Cette distribution est-elle moins ou plus équitable que celle d'un pays voisin ?

Pour pouvoir répondre à ce genre de questions, il nous faut une mesure de l'inégalité de la distribution des revenus permettant de faire des comparaisons.

Le mathématicien et économiste américain **Max Otto Lorenz** (1880-1962) a introduit vers 1905 une approche graphique permettant de mesurer l'inégalité dans la distribution des revenus d'une population.
Cette approche peut aussi servir à mesurer l'inégalité d'un actif ou d'autres distributions.

Elle est connue sous le nom de **courbe de Lorenz**.

Sur l'axe horizontal de cette courbe, nous retrouvons les pourcentages cumulés des individus classés par revenu croissant. Ces individus se partagent un certain pourcentage de l'ensemble de tous les revenus qui se retrouvent sur l'axe vertical.

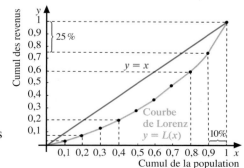

**Remarque** Les pourcentages sont donnés sous la forme décimale. Par exemple : 20 % est noté 0,2 et 100 % est noté 1.

Sur la courbe de Lorenz précédente, nous pouvons voir que :

Il s'agit d'une situation courante pour un pays industrialisé.

- 10 % de la population se partage environ 2,5 % de l'ensemble des revenus ;
- 20 % de la population se partage environ 8 % de l'ensemble des revenus ;
- 40 % de la population se partage environ 20 % de l'ensemble des revenus ;
- 80 % de la population se partage environ 60 % de l'ensemble des revenus ;
- Parmi les revenus les plus élevés, 10 % de la population se partage environ 100 % − 75 %, c'est-à-dire 25 % de l'ensemble des revenus.

Une courbe $L$ de Lorenz possède les propriétés suivantes :

1) dom $L = [0, 1]$ et ima $L = [0, 1]$ ;

2) a) $L(0) = 0$, car 0 % de la population se partage 0 % des revenus ;
   b) $L(1) = 1$, car 100 % de la population se partage 100 % des revenus ;

3) $L$ est une fonction croissante et concave vers le haut sur $[0, 1]$ ;

4) $L(x) \leq x$, où $x \in [0, 1]$.

Dans une société, nous disons que la distribution des revenus est parfaitement égalitaire si tous les individus reçoivent le même revenu. Ainsi, 10 % de la population se partage 10 % des revenus, 20 % de la population se partage 20 % des revenus, etc. Une répartition égalitaire est donc représentée par l'équation $y = x$ ; cette droite est appelée la **ligne de parfaite égalité**.

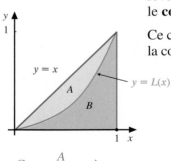

Plus la courbe de Lorenz (courbe en orange) est éloignée de la courbe $y = x$, plus la distribution des revenus parmi les membres de la population est inégale.

À l'inverse, on parlera de distribution parfaitement inégalitaire si, dans la société considérée, un individu s'accapare le revenu total. Dans ce cas, la fonction associée prend la valeur $y = 0$ pour tout $x \in [0, 1[$ et $y = 1$ quand $x = 1$. La courbe de Lorenz correspondant à cette situation est constituée de segments de droite joignant les points $(0, 0)$ à $(1, 0)$ et $(1, 0)$ à $(1, 1)$ et est appelée la **ligne de parfaite inégalité**.

L'aire $A$ entre la droite $y = x$ et la courbe de Lorenz est telle que $0 \leq A \leq 0{,}5$. Plus $A$ est élevée, plus il y a inégalité dans la distribution des revenus.

Un autre outil fréquemment utilisé pour mesurer des inégalités, par exemple de revenu, entre personnes d'une même population ou entre populations distinctes est le **coefficient de Gini**, noté $G$.

Ce coefficient se calcule en évaluant le rapport de l'aire $A$ comprise entre la droite $y = x$ et la courbe de Lorenz et l'aire du triangle rectangle de sommets O$(0, 0)$, B$(1, 0)$ et C$(1, 1)$.

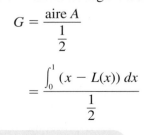

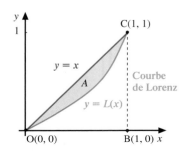

$$G = \frac{\text{aire } A}{\frac{1}{2}}$$

$$= \frac{\int_0^1 (x - L(x))\, dx}{\frac{1}{2}}$$

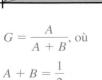

$G = \dfrac{A}{A + B}$, où

$A + B = \dfrac{1}{2}$

d'où
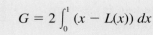
$$G = 2 \int_0^1 (x - L(x))\, dx$$

Ainsi $0 \leq G \leq 1$, et

— plus $G$ est près de zéro, c'est-à-dire que $A$ est près de zéro, plus la répartition est égalitaire;

— plus $G$ est près de 1, c'est-à-dire que $A$ est près de 0,5, plus la répartition est inégalitaire.

**Remarque** Il y a, actuellement, 8 pays européens parmi les 10 premiers pays ayant le meilleur coefficient de Gini.

**Exemple 1** Soit la courbe de Lorenz définie par $L(x) = 0,4x^2 + 0,6x$.

a) Déterminons le coefficient de Gini $G$.

$$G = 2 \int_0^1 (x - L(x))\, dx$$

$$= 2 \int_0^1 (x - (0,4x^2 + 0,6x))\, dx$$

$$= 2 \int_0^1 (0,4x - 0,4x^2)\, dx$$

$$= 2 \left( 0,2x^2 - \frac{0,4x^3}{3} \right) \Big|_0^1 = 2(0,0\overline{6})$$

d'où $G = 0,1\overline{3}$

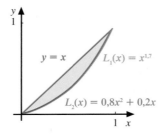

b) Interprétons le résultat précédent.

Puisque le coefficient de Gini est petit, nous pouvons affirmer que les inégalités dans la population sont faibles.

**Exemple 2** L'agence statistique d'une province a déterminé, à la suite de l'étude des revenus d'une année donnée, que la distribution des revenus représentée par les courbes de Lorenz $L_1(x)$ pour les dentistes et $L_2(x)$ pour les médecins est donnée par:

$$L_1(x) = x^{1,7} \quad \text{et} \quad L_2(x) = 0,8x^2 + 0,2x$$

Déterminer laquelle des professions a une meilleure distribution de revenu

a) à l'aide, si c'est possible, de la représentation graphique des courbes $L_1$ et $L_2$.

```
> with(plots):
> l1:=plot(x^1.7,x=0..1,color=orange):
> l2:=plot(0.8*x^2+0.2*x,x=0..1,color=blue):
> d1:=plot(x,x=0..1,color=green):
> display(l1,l2,d1,scaling=constrained);
```

Il est impossible de déterminer graphiquement laquelle des professions a une meilleure distribution des revenus.

b) en calculant respectivement le coefficient de Gini pour $L_1$ et pour $L_2$.

Soit $G_1$, le coefficient de Gini pour les dentistes.

$$G_1 = 2 \int_0^1 (x - x^{1,7})\, dx$$

$$= 2 \left( \frac{x^2}{2} - \frac{x^{2,7}}{2,7} \right) \Big|_0^1 = 0,259\ldots$$

d'où $G_1 \approx 0,26$

Soit $G_2$, le coefficient de Gini pour les médecins.

$$G_2 = 2 \int_0^1 (x - (0,8x^2 + 0,2x))\, dx$$

$$= 2 \left( \frac{-0,8x^3}{3} + \frac{0,8x^2}{2} \right) \Big|_0^1 = 0,266$$

d'où $G_2 \approx 0,27$

Puisque le coefficient de Gini des dentistes est plus petit que celui des médecins dans cette province, les revenus des dentistes sont distribués plus uniformément que ceux des médecins.

# Exercices 3.6

**1. a)** Le graphique suivant représente la vitesse relevée durant des essais d'accélération.

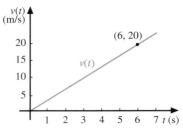

Déterminer la distance $d$ parcourue par l'auto si $t \in [2\,\text{s}, 6\,\text{s}]$.

**b)** Le graphique suivant représente l'accélération durant des essais de vitesse d'une voiture de course. Sachant que la voiture est immobile avant qu'elle démarre, déterminer approximativement la vitesse de la voiture à $t = 10$ s.

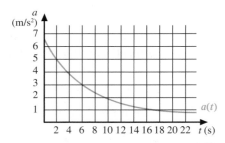

**2.** D'une montgolfière située à 125 m du sol, nous laissons tomber une balle. Sachant que l'accélération due à la gravité est de 9,8 m/s², déterminer à l'aide de l'intégrale définie :

**a)** son changement de vitesse durant les 3 premières secondes ; les 2 secondes suivantes ;

**b)** la distance parcourue durant les 2 premières secondes ; les 3 secondes suivantes.

**3.** Partant d'un arrêt, un automobiliste se déplace avec une accélération

$a_1 = \dfrac{5t}{8}$ m/s² jusqu'au

moment où sa vitesse

sera de 72 km/h. Il conserve cette vitesse pendant 28 secondes pour ensuite ralentir avec une accélération $a_2 = \dfrac{-10}{3\sqrt{45 - t}}$ et finalement s'immobiliser.

Déterminer la distance $D$ parcourue durant ce trajet.

**4.** L'accélération $a$, exprimée en m/s², d'un pendule oscillant en mouvement harmonique simple est donnée par $a(t) = \dfrac{-\pi^2}{3} \cos\left(\pi t + \dfrac{\pi}{6}\right)$, où $t$ est en secondes. Sachant que sa vitesse initiale est de $\dfrac{-\pi}{6}$ m/s, déterminer la distance $D$ parcourue par ce pendule si $t \in [0\,\text{s}, 1\,\text{s}]$.

**5.**  Un traîneau de 10 kg dont l'accélération est donnée par $a(x) = 0{,}3x + 1$, où $a$ est exprimée en m/s², se déplace sur une distance de 6 mètres de son point de départ. Calculer le travail $W$ effectué sachant que $F = ma$.

**6.** Un réservoir d'une capacité de 5000 litres contient déjà 500 litres d'eau. On y ajoute de l'eau au rythme de $\left(35 + \dfrac{1}{\sqrt{t}}\right)$ L/min.

**a)** Déterminer la quantité d'eau dans le réservoir après 1 heure.

**b)** Après combien de temps le réservoir sera-t-il rempli ?

**7.** Soit $f(x) = \dfrac{1}{x^2}$, où $x \in [1, 3]$. Déterminer le centre de gravité $C(\bar{x}, \bar{y})$ de la surface plane délimitée par la courbe de $f$, $y = 0$ et $x \in [1, 3]$.

**8.** Soit $y_1 = \sqrt[3]{x}$ et $y_2 = x^2$. Déterminer le centre de gravité $C(\bar{x}, \bar{y})$ de la région fermée délimitée par ces deux courbes.

**9.** Le feu de signalisation à une intersection reste rouge pendant 50 secondes. Un automobiliste arrive à cette intersection et le feu est déjà rouge. Soit $f(x) = k$, où $x \in [0\,\text{s}, 50\,\text{s}]$ et $k \geq 0$.

**a)** Déterminer $k$ pour que $f$ soit une fonction de densité de probabilité, et trouver cette fonction de densité.

**b)** Calculer la probabilité que l'automobiliste arrive à l'intersection entre la 12ᵉ et la 34ᵉ seconde de la durée du feu rouge.

**c)** Calculer la probabilité qu'il reste moins de 15 secondes avant que le feu passe au vert.

**d)** Calculer la probabilité qu'il reste plus de 30 secondes avant que le feu passe au vert.

**e)** Calculer la probabilité qu'il reste exactement 20 secondes avant que le feu passe au vert.

**f)** Calculer le temps moyen d'arrêt pour l'ensemble des automobilistes.

**10.** a) La fonction « demande » pour un produit est donnée par $D(q) = 300 - 10\sqrt{3q + 4}$, exprimée en dollars. Déterminer le surplus du consommateur si $q = 84$ et représenter la région correspondante.

b) La fonction « offre » pour un produit est donnée par $O(q) = (0,01q + 4,6)^3$, exprimée en dollars. Déterminer le surplus du producteur si $q = 140$ et représenter la région correspondante.

**11.** La fonction « demande » pour un produit est donnée par $D(q) = -0,01q^2 + 81$, exprimée en dollars, et la fonction « offre » pour le même produit est donnée par $O(q) = 0,01q^2 + 0,02q + 30$, exprimée en dollars. Déterminer le surplus total ST et représenter la région correspondante.

**12.** La fonction « demande » pour un produit est donnée par $D(q) = \dfrac{5400}{q + 16}$, exprimée en dollars, et la fonction « offre » pour le même produit est donnée par $O(q) = 35 + 20\sqrt{q + 1}$, exprimée en dollars.

a) Déterminer le point d'équilibre $E(q_e, p_e)$.

b) Déterminer le surplus du consommateur SC si $q = q_e$.

c) Déterminer le surplus du producteur SP si $q = q_e$.

d) Déterminer le surplus total ST.

e) Représenter sur le même graphique SC, SP et ST.

**13.** Soit les courbes de Lorenz $L_1$ et $L_2$ associées aux salaires des employés de deux entreprises. Déterminer dans quelle entreprise la répartition des salaires est la moins inégalitaire.

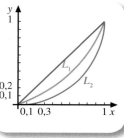

**14.** Soit la courbe de Lorenz suivante.

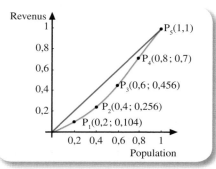

a) Interpréter le point $P_1(0,2\,;\,0,104)$.

b) Quel pourcentage des revenus de la population se partagent les 40 % des ménages les plus
  i) pauvres ?    ii) riches ?

c) Quelle part des revenus les 20 % des ménages les plus riches se partagent-ils ?

**15.** Soit les courbes de Lorenz suivantes.
$L_1(x) = 0,61x^2 + 0,39x$ et
$L_2(x) = 0,59x^2 + 0,41x$

a) Peut-on déterminer graphiquement laquelle des courbes est la plus égalitaire ?

b) Calculer le coefficient de Gini pour $L_1$ et $L_2$ et déterminer celle qui est la plus égalitaire.

# 3.7  Intégration numérique

## Objectifs d'apprentissage

À la fin de cette section, l'élève pourra calculer approximativement des intégrales définies.

Plus précisément, l'élève sera en mesure :
- de calculer approximativement des intégrales définies à l'aide de la méthode des trapèzes ;
- de calculer approximativement des intégrales définies à l'aide de la méthode de Simpson ;
- de calculer approximativement des intégrales définies à l'aide d'outils technologiques.

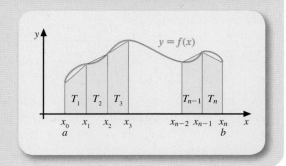

Nous avons d'abord calculé des intégrales définies à l'aide de sommes de Riemann. Par la suite, nous avons calculé des intégrales définies en utilisant le théorème fondamental du calcul.

Cependant, pour certaines fonctions, il est difficile ou même impossible de trouver une primitive, par exemple : $\sqrt{1 + x^2}$, $e^{x^2}$ et $\cos x^2$.

Ainsi, dans cette section, nous étudierons deux méthodes, la méthode des trapèzes et la méthode de Simpson, permettant de calculer approximativement des intégrales définies.

Finalement, l'utilisation d'outils technologiques nous permettra également de calculer approximativement des intégrales définies.

# ◼ Méthode des trapèzes

Cette méthode diffère de celle des sommes de Riemann par le choix de la figure géométrique utilisée pour calculer l'aire. Avec la somme de Riemann, on utilise des rectangles, tandis qu'avec cette méthode on utilise des trapèzes.

**Remarque** L'utilisation de trapèzes, pour le calcul approximatif de l'aire d'une région fermée, nous donne généralement une meilleure approximation que l'utilisation de rectangles inscrits ou circonscrits.

Soit $y = f(x)$ sur $[x_{i-1}, x_i]$, où $\Delta x_i = x_i - x_{i-1}$

$(x_i - x_{i-1}) = \Delta x_i$

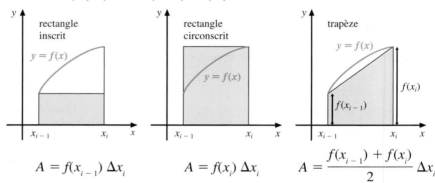

$$A = f(x_{i-1})\, \Delta x_i \qquad\qquad A = f(x_i)\, \Delta x_i \qquad\qquad A = \frac{f(x_{i-1}) + f(x_i)}{2}\, \Delta x_i$$

---

**THÉORÈME 3.14**

**Méthode des trapèzes**

Si $f$ est une fonction continue et non négative sur $[a, b]$ et $P = \{x_0, x_1, x_2, \ldots, x_{n-1}, x_n\}$ une partition régulière de $[a, b]$, alors

$$\int_a^b f(x)\, dx \approx \frac{b-a}{2n}\Big[f(x_0) + 2f(x_1) + 2f(x_2) + \ldots + 2f(x_{n-1}) + f(x_n)\Big]$$

**PREUVE**

$$A_a^b \approx A(T_1) + A(T_2) + A(T_3) + \ldots + A(T_{n-1}) + A(T_n)$$

$$\approx \frac{f(x_0) + f(x_1)}{2}\Delta x + \frac{f(x_1) + f(x_2)}{2}\Delta x + \ldots$$

$$\qquad + \frac{f(x_{n-2}) + f(x_{n-1})}{2}\Delta x + \frac{f(x_{n-1}) + f(x_n)}{2}\Delta x$$

$$\approx \frac{\Delta x}{2}\Big[f(x_0) + f(x_1) + f(x_1) + f(x_2) + \ldots + f(x_{n-2}) + f(x_{n-1}) + f(x_{n-1}) + f(x_n)\Big]$$

$$\approx \frac{\Delta x}{2}\Big[f(x_0) + 2f(x_1) + 2f(x_2) + \ldots + 2f(x_{n-1}) + f(x_n)\Big]$$

$$\approx \frac{b-a}{2n}\Big[f(x_0) + 2f(x_1) + 2f(x_2) + \ldots + 2f(x_{n-1}) + f(x_n)\Big] \qquad \left(\text{car } \Delta x \approx \frac{b-a}{n}\right)$$

d'où $\displaystyle\int_a^b f(x)\, dx \approx \frac{b-a}{2n}\Big[f(x_0) + 2f(x_1) + 2f(x_2) + \ldots + 2f(x_{n-1}) + f(x_n)\Big]$

Il suffit d'augmenter le nombre $n$ de trapèzes pour obtenir une meilleure approximation de $\int_a^b f(x)\, dx$.

Lors du calcul approximatif de $\int_a^b f(x)\, dx$, par la méthode des trapèzes, c'est-à-dire

**Méthode des trapèzes**

$$\int_a^b f(x)\, dx \approx \frac{b-a}{2n}\left[ f(x_0) + 2f(x_1) + 2f(x_2) + \ldots + 2f(x_{n-1}) + f(x_n) \right]$$

une certaine erreur peut être commise.

**Lorsque $n$ augmente, $E_n$ diminue.**

L'erreur maximale possible $E_n$ en utilisant la méthode des trapèzes pour calculer approximativement $\int_a^b f(x)\, dx$ est telle que

$$|E_n| \leq \frac{(b-a)^3\, M}{12n^2}$$

où $n$ est le nombre de trapèzes et $M$ est la valeur maximale de $|f''(x)|$ sur $[a, b]$.

La démonstration de cette inégalité dépasse le niveau de ce cours.

**Exemple 1**

a) Calculons approximativement $\int_1^4 x^2\, dx$ à l'aide de la méthode des trapèzes avec $n = 6$.

Puisque $\dfrac{b-a}{n} = \dfrac{4-1}{6} = \dfrac{1}{2}$, nous avons

$$P = \left\{ 1, \frac{3}{2}, 2, \frac{5}{2}, 3, \frac{7}{2}, 4 \right\} \quad \text{et} \quad \frac{b-a}{2n} = \frac{1}{2}\left(\frac{1}{2}\right) = \frac{1}{4}$$

Ainsi
$$\int_1^4 x^2\, dx \approx \frac{1}{4}\left[ f(1) + 2f\left(\frac{3}{2}\right) + 2f(2) + 2f\left(\frac{5}{2}\right) + 2f(3) + 2f\left(\frac{7}{2}\right) + f(4) \right]$$

$$\approx \frac{1}{4}\left[ 1 + 2\left(\frac{9}{4}\right) + 2(4) + 2\left(\frac{25}{4}\right) + 2(9) + 2\left(\frac{49}{4}\right) + 16 \right]$$

(car $f(x) = x^2$)

$$\approx 21{,}125$$

b) Calculons l'erreur maximale commise donnée par $|E_n| \leq \dfrac{(b-a)^3\, M}{12n^2}$.

Déterminons $M$ la valeur maximale de $|f''(x)|$ sur $[1, 4]$.

Puisque $f(x) = x^2$, $f'(x) = 2x$ et $f''(x) = 2$, donc $M = 2$.

Ainsi $|E_6| \leq \dfrac{(4-1)^3\, (2)}{12(6)^2}$     (car $n = 6$)

d'où $|E_6| \leq 0{,}125$

c) Évaluons $\int_1^4 x^2\, dx$ à l'aide du théorème fondamental du calcul et calculons l'erreur réelle.

$$\int_1^4 x^2\, dx = \frac{x^3}{3}\Big|_1^4 = 21$$

erreur réelle $= |21 - 21{,}125| = 0{,}125$

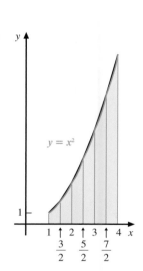

**Exemple 2**

a) Calculons approximativement $\int_0^2 \sqrt{1 + x^2}\, dx$ à l'aide de la méthode des trapèzes avec $n = 5$.

Puisque $\dfrac{b - a}{n} = \dfrac{2 - 0}{5} = \dfrac{2}{5}$, nous avons $P = \left\{0, \dfrac{2}{5}, \dfrac{4}{5}, \dfrac{6}{5}, \dfrac{8}{5}, 2\right\}$ et $\dfrac{b - a}{2n} = \dfrac{1}{2}\left(\dfrac{2}{5}\right) = \dfrac{1}{5}$

Ainsi $\int_0^2 \sqrt{1 + x^2}\, dx \approx \dfrac{1}{5}\left[f(0) + 2f\left(\dfrac{2}{5}\right) + 2f\left(\dfrac{4}{5}\right) + 2f\left(\dfrac{6}{5}\right) + 2f\left(\dfrac{8}{5}\right) + f(2)\right]$

$$\approx \dfrac{1}{5}\left[\sqrt{1} + 2\sqrt{\dfrac{29}{25}} + 2\sqrt{\dfrac{41}{25}} + 2\sqrt{\dfrac{61}{25}} + 2\sqrt{\dfrac{89}{25}} + \sqrt{5}\right]$$

$$\approx 2{,}97$$

b) Calculons l'erreur maximale commise par cette approximation.

Déterminons $M$ la valeur maximale de $|f''(x)|$ sur $[0, 2]$.

De $f(x) = (1 + x^2)^{\frac{1}{2}}$, nous obtenons $f'(x) = x(1 + x^2)^{\frac{-1}{2}}$ et $f''(x) = \dfrac{1}{(1 + x^2)^{\frac{3}{2}}}$

Puisque $\left(f''(x)\right)' = \dfrac{-3x}{(1 + x^2)^{\frac{5}{2}}} < 0,\ \forall\ x \in\ ]0, 2[$

alors $f''$ est décroissante sur $[0, 2]$ donc $M = |f''(0)| = \left|\dfrac{1}{(1 + 0^2)^{\frac{3}{2}}}\right| = 1$

$|E| \leq \dfrac{(b - a)^3\, M}{12n^2}$

Ainsi $|E_5| \leq \dfrac{(2 - 0)^3\, 1}{12(5)^2}$ $\qquad$ (car $n = 5$)

d'où $|E_5| \leq 0{,}02\overline{6}$

## ● Méthode de Simpson

Dans cette méthode d'approximation, nous utilisons des portions de parabole au lieu de segments de droite pour calculer approximativement l'aire d'une région fermée.

Élaborons cette méthode d'approximation sur $[x_{i-1}, x_{i+1}]$, où $[x_{i-1}, x_{i+1}] \subseteq [a, b]$.

Soit $f$ une fonction continue et non négative passant par les trois points non colinéaires suivants : $(x_{i-1}, y_{i-1})$, $(x_i, y_i)$ et $(x_{i+1}, y_{i+1})$, où $\Delta x = (x_i - x_{i-1}) = (x_{i+1} - x_i)$.

Soit $p(x) = ax^2 + bx + c$, l'équation de l'unique parabole passant par les trois points précédents.

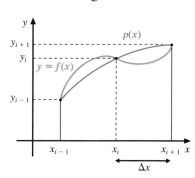

Pour déterminer les valeurs de $a$, $b$ et $c$, effectuons la translation horizontale qui fait correspondre le point $(x_{i-1}, y_{i-1})$ au point $(-h, y_{i-1})$, le point $(x_i, y_i)$ au point $(0, y_i)$ et le point $(x_{i+1}, y_{i+1})$ au point $(h, y_{i+1})$, où $h = \Delta x$.

Donc
$$y_{i-1} = a(-h)^2 + b(-h) + c \qquad ①$$
$$y_i = a(0)^2 + b(0) + c \qquad ②$$
$$y_{i+1} = a(h)^2 + b(h) + c \qquad ③$$

De ②, nous obtenons $c = y_i$

En additionnant ① + ③, nous avons
$$y_{i-1} + y_{i+1} = 2ah^2 + 2c$$
$$y_{i-1} + y_{i+1} = 2ah^2 + 2y_i \qquad \text{(car } c = y_i)$$

donc $a = \dfrac{y_{i-1} + y_{i+1} - 2y_i}{2h^2}$

En substituant les valeurs trouvées pour $c$ et $a$ dans ③, nous obtenons
$$y_{i+1} = \left(\frac{y_{i-1} + y_{i+1} - 2y_i}{2h^2}\right)h^2 + bh + y_i, \text{ donc } b = \frac{y_{i+1} - y_{i-1}}{2h}$$

Calculons maintenant $\int_{-h}^{h} p(x)\,dx$, correspondant à l'aire de la région ombrée suivante qui est une approximation de l'aire réelle $A_{x_{i-1}}^{x_{i+1}}$.

$$\int_{-h}^{h} p(x)\,dx = \int_{-h}^{h}(ax^2 + bx + c)\,dx$$
$$= \left(\frac{ax^3}{3} + \frac{bx^2}{2} + cx\right)\Bigg|_{-h}^{h}$$
$$= \frac{2ah^3}{3} + 2ch$$
$$= \frac{h}{3}[2ah^2 + 6c]$$
$$= \frac{h}{3}\left[2\left(\frac{y_{i-1} + y_{i+1} - 2y_i}{2h^2}\right)h^2 + 6y_i\right]$$
$$= \frac{h}{3}\left[y_{i-1} + 4y_i + y_{i+1}\right]$$

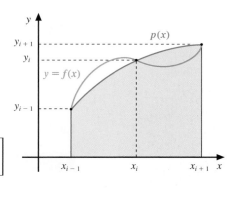

Nous avons donc démontré que
$$\int_{x_{i-1}}^{x_{i+1}} p(x)\,dx = \frac{\Delta x}{3}\left[y_{i-1} + 4y_i + y_{i+1}\right] \qquad \text{(car } h = \Delta x)$$

| **THÉORÈME 3.15**<br><br>**Méthode<br>de Simpson** | Si $f$ est une fonction continue et non négative sur $[a, b]$ et $P$ une partition régulière telle que $P = \{x_0, x_1, x_2, \ldots, x_{n-1}, x_n\}$, où $n$ est un nombre pair, alors<br><br>$\displaystyle\int_a^b f(x)\,dx \approx \frac{b-a}{3n}\Big[f(x_0) + 4f(x_1) + 2f(x_2) + 4f(x_3) + 2f(x_4) + \ldots + 2f(x_{n-2}) + 4f(x_{n-1}) + f(x_n)\Big]$ |
|---|---|

**PREUVE** Appliquons le résultat démontré précédemment aux polynômes $p_1(x)$ sur $[x_0, x_2]$, $p_2(x)$ sur $[x_2, x_4]$, $p_3(x)$ sur $[x_4, x_6]$, ..., et $p_{\frac{n}{2}}(x)$ sur $[x_{n-2}, x_n]$.

$$A_a^b \approx A(P_1) + A(P_2) + A(P_3) + \ldots + A(P_{\frac{n}{2}})$$

$$\approx \int_{x_0}^{x_2} p_1(x)\, dx + \int_{x_2}^{x_4} p_2(x)\, dx + \ldots + \int_{x_{n-2}}^{x_n} p_{\frac{n}{2}}(x)\, dx$$

$$\approx \frac{\Delta x}{3}\left[f(x_0) + 4f(x_1) + f(x_2)\right] + \frac{\Delta x}{3}\left[f(x_2) + 4f(x_3) + f(x_4)\right] + \ldots + \frac{\Delta x}{3}\left[f(x_{n-2}) + 4f(x_{n-1}) + f(x_n)\right]$$

$$\approx \frac{\Delta x}{3}\left[f(x_0) + 4f(x_1) + 2f(x_2) + 4f(x_3) + \ldots + 2f(x_{n-2}) + 4f(x_{n-1}) + f(x_n)\right]$$

$$\approx \frac{b-a}{3n}\left[f(x_0) + 4f(x_1) + 2f(x_2) + 4f(x_3) + \ldots + 2f(x_{n-2}) + 4f(x_{n-1}) + f(x_n)\right] \quad \left(\text{car } \Delta x = \frac{b-a}{n}\right)$$

d'où $\int_a^b f(x)\, dx \approx \dfrac{b-a}{3n}\left[f(x_0) + 4f(x_1) + 2f(x_2) + 4f(x_3) + 2f(x_4) + \ldots + 2f(x_{n-2}) + 4f(x_{n-1}) + f(x_n)\right]$

Lors du calcul approximatif de $\int_a^b f(x)\, dx$ par la méthode de Simpson, c'est-à-dire

$$\int_a^b f(x)\, dx \approx \frac{b-a}{3n}\left[f(x_0) + 4f(x_1) + 2f(x_2) + 4f(x_3) + 2f(x_4) + \ldots + 2f(x_{n-2}) + 4f(x_{n-1}) + f(x_n)\right]$$

une certaine erreur peut être commise.

L'erreur maximale possible $E_n$ en utilisant la méthode de Simpson pour calculer approximativement $\int_a^b f(x)\, dx$ est telle que

$$|E_n| \leq \frac{(b-a)^5\, M}{180 n^4}$$

où $n$ est le nombre de sous-intervalles et $M$ est la valeur maximale de $|f^{(4)}(x)|$ sur $[a, b]$.

*Lorsque $n$ augmente, $E_n$ diminue.*

La démonstration de cette inégalité dépasse le niveau de ce cours.

**Exemple 1**

a) Calculons approximativement $\int_1^3 \dfrac{1}{x}\, dx$ à l'aide de la méthode de Simpson avec $n = 6$.

Puisque $\dfrac{b-a}{n} = \dfrac{3-1}{6} = \dfrac{1}{3}$, nous avons $P = \left\{1, \dfrac{4}{3}, \dfrac{5}{3}, 2, \dfrac{7}{3}, \dfrac{8}{3}, 3\right\}$ et $\dfrac{b-a}{3n} = \dfrac{1}{9}$

Ainsi $\displaystyle\int_1^3 \frac{1}{x}\, dx \approx \frac{1}{9}\left[f(1) + 4f\left(\frac{4}{3}\right) + 2f\left(\frac{5}{3}\right) + 4f(2) + 2f\left(\frac{7}{3}\right) + 4f\left(\frac{8}{3}\right) + f(3)\right]$

$$\approx \frac{1}{9}\left[1 + 4\left(\frac{3}{4}\right) + 2\left(\frac{3}{5}\right) + 4\left(\frac{1}{2}\right) + 2\left(\frac{3}{7}\right) + 4\left(\frac{3}{8}\right) + \frac{1}{3}\right] \quad \left(\text{car } f(x) = \frac{1}{x}\right)$$

$$\approx 1{,}098\,942$$

b) Calculons l'erreur maximale commise donnée par $|E_n| \leq \dfrac{(b-a)^5 M}{180 n^4}$.

Déterminons $M$ la valeur maximale de $|f^{(4)}(x)|$ sur $[1, 3]$.

$$f(x) = x^{-1}, f'(x) = -x^{-2}, f''(x) = 2x^{-3}, f^{(3)}(x) = -6x^{-4} \text{ et } f^{(4)}(x) = 24x^{-5} = \dfrac{24}{x^5}$$

Puisque $\left(f^{(4)}(x)\right)' = \dfrac{-120}{x^6} < 0, \forall\, x \in\, ]1, 3[$

alors $f^{(4)}$ est décroissante sur $[1, 3]$, donc $M = |f^{(4)}(1)| = \left|\dfrac{24}{1^5}\right| = 24$

Ainsi $|E_6| \leq \dfrac{(3-1)^5\, 24}{180(6)^4}$ $\qquad$ (car $n = 6$)

d'où $|E_6| \leq 0{,}003\ 292$

c) Évaluons $\displaystyle\int_1^3 \dfrac{1}{x}\, dx$ à l'aide du théorème fondamental du calcul et calculons l'erreur réelle.

$$\int_1^3 \dfrac{1}{x}\, dx = \ln x \Big|_1^3 = \ln 3 = 1{,}098\ 612\ldots$$

erreur réelle $= |1{,}098\ 612\ldots - 1{,}098\ 942| = 0{,}000\ 329\ldots$

d) Déterminons la valeur de $n$, où $n \in \mathbb{N}$ et $n$ est pair, suffisante telle que $|E_n| \leq 0{,}0001$ lorsque nous voulons évaluer approximativement $\displaystyle\int_1^3 \dfrac{1}{x}\, dx$ à l'aide de la méthode de Simpson.

Il suffit de trouver la valeur de $n$ telle que

$$\dfrac{(b-a)^5 M}{180 n^4} \leq 0{,}0001 \qquad \left(\text{car } |E_n| \leq \dfrac{(b-a)^5 M}{180 n^4}\right)$$

$$\dfrac{(3-1)^5\, 24}{180 n^4} \leq 0{,}0001 \qquad (\text{car } a = 1,\, b = 3 \text{ et } M = 24)$$

$$n^4 \geq \dfrac{2^5\, (24)}{180\,(0{,}0001)}$$

$$n \geq 14{,}372\ldots$$

*n* doit être pair.

d'où $n = 16$ suffit pour que $|E_n| \leq 0{,}0001$

**Exemple 2** Calculons approximativement $\displaystyle\int_{-1}^3 e^{\frac{-x^2}{2}}\, dx$ à l'aide de la méthode de Simpson avec $n = 4$.

Soit $P = \{-1, 0, 1, 2, 3\}$.

Ainsi $\displaystyle\int_{-1}^3 e^{\frac{-x^2}{2}}\, dx \approx \dfrac{3-(-1)}{3(4)}\Big[f(-1) + 4f(0) + 2f(1) + 4f(2) + f(3)\Big]$

$$\approx \dfrac{1}{3}\left[e^{\frac{-1}{2}} + 4 + 2e^{\frac{-1}{2}} + 4e^{-2} + e^{\frac{-9}{2}}\right]$$

$$\approx 2{,}124$$

# ● Calcul d'aires à l'aide d'outils technologiques

L'utilisation d'outils technologiques tels que Maple ou une calculatrice à affichage graphique nous permet de calculer approximativement l'aire de différentes régions.

**Exemple 1** Soit $f(x) = \cos x^2$, où $x \in [0, \pi]$. Calculons l'aire de la région comprise entre la courbe de $f$ et $y = 0$, sur $[0, \pi]$.

### Maple

```
> f:=x->(cos(x^2));
```
$$f := x \to \cos(x^2)$$
```
> with(plots):
> y:=plot(f(x),x=0..Pi,color=orange):
> a:=plot(f(x),x=0..Pi,filled=true,color=yellow):
> display(a,y);
```

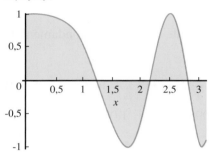

Déterminons les zéros de $f$ sur $[0, \pi]$.

```
> x1:=fsolve(f(x)=0,x=1.1..1.5);
                    x1:= 1.253314137
> x2:=fsolve(f(x)=0,x=2..2.5);
                    x2:= 2.170803764
> x3:=fsolve(f(x)=0,x=2.5..3);
                    x3:= 2.802495608
```

Calculons l'aire de chaque région ainsi que l'aire totale $A$.

```
> A1:=Int(f(x),x=0..x1)=int(f(x),x=0..x1);
```
$$A1 := \int_0^{1.253314137} \cos(x^2)\,dx = .9774514243$$

```
> A2:=Int(-f(x),x=x1..x2)=int(-f(x),x=x1..x2);
```
$$A2 := \int_{1.253314137}^{2.170803764} -\cos(x^2)\,dx = .5750671670$$

```
> A3:=Int(f(x),x=x2..x3)=int(f(x),x=x2..x3);
```
$$A3 := \int_{2.170803764}^{2.802495608} \cos(x^2)\,dx = .4007480151$$

```
> A4:=Int(-f(x),x=x3..Pi)=int(-f(x),x=x3..Pi);
```
$$A4 := \int_{2.802495608}^{\pi} -\cos(x^2)\,dx = .2374387588$$

```
> A:=evalf(A1+A2+A3+A4);
                    A:= 2.190705365
```

### Calculatrice

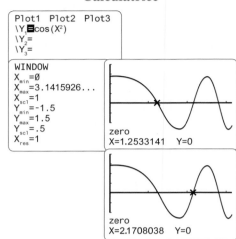

MATH 9

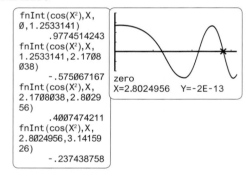

Total  2,19070536

Il aurait été possible de calculer l'aire de la région en procédant comme suit :

```
\Y₁■ abs(cos(X²))
2nd  TRACE  7
X=Ø  ENTER  X=π  ENTER
```

# Exercices 3.7

**1.** Soit $f(x) = 2x^3 + x$, où $x \in [1, 4]$.

a) Calculer approximativement $\int_1^4 f(x)\, dx$ à l'aide de la méthode des trapèzes, avec $n = 6$ et déterminer l'erreur maximale possible.

b) Calculer approximativement $\int_1^4 f(x)\, dx$ à l'aide de la méthode de Simpson, avec $n = 6$ et déterminer l'erreur maximale possible.

c) Calculer $\int_1^4 f(x)\, dx$ à l'aide du théorème fondamental du calcul et déterminer l'erreur réelle en utilisant
 i) la méthode des trapèzes ;
 ii) la méthode de Simpson.

**2.** Soit $f(x) = \sin x$, sur $[0, \pi]$.

Déterminer entre la méthode des trapèzes et la méthode de Simpson celle qui donne la meilleure approximation lorsque $n = 4$ en comparant avec l'aire exacte.

**3.** Calculer approximativement les intégrales définies suivantes à l'aide de la méthode suggérée et avec le $n$ donné.

a) $\int_0^4 \sqrt{x^3 + 1}\, dx$ ; méthode des trapèzes, $n = 8$

b) $\int_0^1 \sin x^2\, dx$ ; méthode des trapèzes, $n = 5$

c) $\int_{-1}^5 \sqrt{x^4 + 1}\, dx$ ; méthode de Simpson, $n = 6$

d) $\int_{-2}^0 \dfrac{1}{e^{x^2}}\, dx$ ; méthode de Simpson, $n = 4$

**4.** a) Calculer approximativement $\int_1^3 \ln x^2\, dx$ à l'aide de la méthode des trapèzes, avec $n = 4$.

b) Déterminer l'erreur maximale possible en utilisant la méthode précédente.

c) Déterminer la valeur de $n$ telle que
 i) $|E_n| \leq 0{,}01$     ii) $|E_n| \leq 10^{-3}$

**5.** a) Calculer approximativement $\int_1^6 \ln x\, dx$ à l'aide de la méthode de Simpson, avec $n = 4$.

b) Déterminer l'erreur maximale possible en utilisant la méthode précédente.

c) Déterminer la valeur de $n$ telle que
 i) $|E_n| \leq 0{,}1$     ii) $|E_n| \leq 10^{-2}$

**6.** Soit $f(x) = \sin(3x - \sin x)$ sur $[0, \pi]$. Utiliser un outil technologique pour calculer l'aire entre la courbe de $f$ donnée et l'axe des $x$ sur l'intervalle donné.

**7.** Soit $f(x) = x^3 - x^2 - 2x$ et $g(x) = -1 + 2\sin x^2$. Utiliser un outil technologique pour calculer l'aire de la région fermée entre la courbe de $f$ et celle de $g$.

# Réseau de concepts

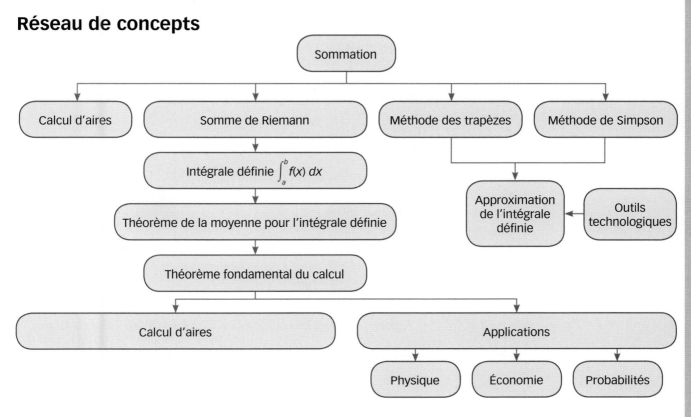

# Liste de vérification des apprentissages

Après l'étude de ce chapitre, je suis en mesure de compléter le résumé suivant avant de solutionner les exercices récapitulatifs et les problèmes de synthèse.

## Sommation

$$\sum_{i=1}^{k} (c a_i + d b_i) = \underline{\hspace{2cm}}$$

$$\sum_{i=1}^{k} c = \underline{\hspace{2cm}}$$

## Somme d'aire de rectangles inscrits et circonscrits

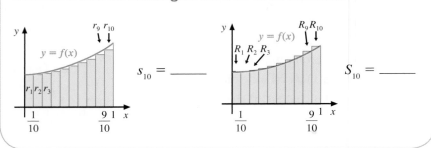

$$s_{10} = \underline{\hspace{2cm}}$$

$$S_{10} = \underline{\hspace{2cm}}$$

## Propriétés de l'intégrale définie

$$\int_{a}^{a} f(x)\, dx = \underline{\hspace{2cm}}$$

$$\int_{a}^{c} f(x)\, dx + \int_{c}^{b} f(x)\, dx = \underline{\hspace{2cm}}$$

$$\int_{b}^{a} f(x)\, dx = \underline{\hspace{2cm}}$$

$$\int_{a}^{b} (c f(x) + k\, g(x))\, dx = \underline{\hspace{2cm}}$$

## Théorèmes

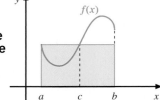

**Théorème de la moyenne pour l'intégrale définie**

$$\int_{a}^{b} f(x)\, dx = \underline{\hspace{2cm}}$$

**Théorème fondamental du calcul**

Si $F(x)$ est une primitive quelconque de $f(x)$, alors $\int_{a}^{b} f(x)\, dx = \underline{\hspace{2cm}}$

## Calcul d'aires

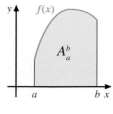

$$A_{a}^{b} = \underline{\hspace{2cm}}$$

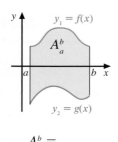

$$A_{a}^{b} = \underline{\hspace{2cm}}$$

## Applications de l'intégrale définie

Soit $v$ la fonction vitesse d'un mobile, où $v(t) \geq 0$ sur $[a, b]$. La distance $D$ parcourue par ce mobile sur $[a, b]$ est donnée par $D = \underline{\hspace{2cm}}$

Si $f$ est une fonction densité de probabilité d'une variable aléatoire $X$, sur $[a, b]$, alors $\int_{a}^{b} f(x)\, dx = \underline{\hspace{2cm}}$
De plus si $[c, d] \subseteq [a, b]$, alors $P(c \leq X \leq d) = \underline{\hspace{2cm}}$

Soit le graphique ci-contre.
Exprimer les expressions suivantes à l'aide d'une intégrale définie.

Surplus du consommateur : SC = \underline{\hspace{2cm}}

Surplus du producteur : SP = \underline{\hspace{2cm}}

Surplus total : ST = \underline{\hspace{2cm}}

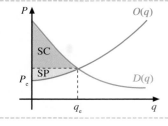

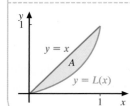

Soit $L(x)$ une courbe de Lorenz.

Sachant que $G$, le coefficient de Gini, est donné par l'aire $A$ divisée par $\frac{1}{2}$, exprimer le coefficient de Gini à l'aide d'une intégrale définie.

$$G = \underline{\hspace{2cm}}$$

# Exercices récapitulatifs

Les réponses des exercices suivants, à l'exception des exercices notés en rouge, sont données à la fin du volume.

**1.** Évaluer les sommes suivantes.

a) $\displaystyle\sum_{i=1}^{100} i^3$

c) $\displaystyle\sum_{i=1}^{20} (2i^3 - 3i^2 - 5i)$

b) $\displaystyle\sum_{i=1}^{100} (i + 50)$

d) $\displaystyle\sum_{i=11}^{20} (2i^3 - 3i^2 - 5i)$

**2.** a) Démontrer que $\displaystyle\sum_{i=1}^{k} i^3 = \frac{k^2(k+1)^2}{4}$

b) Trouver une formule pour la somme des carrés des entiers positifs impairs et évaluer $1^2 + 3^2 + 5^2 + \dots + 99^2$.

**3.** a) Déterminer le nombre total de carrés visibles sur un échiquier.

Dominique Parent

b) Soit la pyramide de nombres suivante :

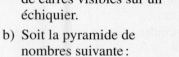

```
        1
     3     5
   7    9    11
 13   15   ...   ...
```

Déterminer la somme des termes de la 26$^e$ ligne et la somme des termes des 26 premières lignes.

**c)** Déterminer le nombre de rectangles dans la représentation ci-contre.

$n$

**4.** Pour chacune des fonctions suivantes, déterminer $s_n$ et $S_n$, calculer $s$ et $S$, et évaluer l'aire sous la courbe sur l'intervalle donné.

a) $f(x) = 5x^2 + 3$ sur $[0, 1]$

b) $f(x) = 2x^3 + 4$ sur $[0, 1]$

c) $f(x) = x^2 + 4x + 3$ sur $[1, 4]$

**5.** Soit $f$ une fonction continue sur $\mathbb{R}$. Utiliser les propriétés de l'intégrale définie pour déterminer la valeur de $a$ et de $b$ dans les équations suivantes.

a) $\displaystyle\int_0^3 f(x)\,dx + \int_3^7 f(x)\,dx = \int_a^b f(x)\,dx$

b) $\displaystyle\int_4^7 f(x)\,dx = -\int_a^b f(x)\,dx$

c) $\displaystyle\int_{-2}^5 f(x)\,dx - \int_7^5 f(x)\,dx = \int_a^b f(x)\,dx$

**d)** $\displaystyle\int_3^5 f(x)\,dx + \int_a^b f(x)\,dx = \int_3^4 f(x)\,dx$

e) $\displaystyle\int_\pi^{2\pi} f(x)\,dx - \int_a^b f(x)\,dx = \int_{4\pi}^{2\pi} f(x)\,dx$

f) $\displaystyle\int_{-1}^2 f(x)\,dx - \int_4^a f(x)\,dx = \int_{-1}^b f(x)\,dx$

**6.** Évaluer les intégrales définies suivantes.

a) $\displaystyle\int_1^4 \left(\frac{1}{\sqrt{x}} - \sqrt{x}\right) dx$

f) $\displaystyle\int_0^3 \frac{6x + x^2 + 5}{1 + x}\,dx$

b) $\displaystyle\int_2^4 \frac{(t+1)^2}{t}\,dt$

g) $\displaystyle\int_0^1 \frac{3u^4 + 4u^2 + 4}{u^2 + 1}\,du$

c) $\displaystyle\int_{-1}^1 [(x^3 + 1)(x + 4)]\,dx$

h) $\displaystyle\int_{-2}^{-1} \frac{-10}{9x^2 + 6x + 1}\,dx$

d) $\displaystyle\int_{-r}^r \pi r^2 (y - y^3)\,dy$

i) $\displaystyle\int_0^1 \left(\frac{e^x}{2} + 2x^e + e\right) dx$

e) $\displaystyle\int_{-8}^{-5} \frac{x+2}{x^2 + 5x + 6}\,dx$

j) $\displaystyle\int_{-1}^1 (4^{-2x} - e^{-x})\,dx$

**7.** Évaluer les intégrales définies suivantes.

a) $\displaystyle\int_1^2 \frac{e^{\frac{1}{x}}}{x^2}\,dx$

b) $\displaystyle\int_1^9 \frac{1}{\sqrt{v}(1 + \sqrt{v})}\,dv$

c) $\displaystyle\int_{\frac{\pi}{6}}^{\frac{\pi}{4}} (\sin\theta + \cos\theta)^2\,d\theta$

d) $\displaystyle\int_{-1}^0 (x^3 + 2x + 1)^3 (6x^2 + 4)\,dx$

e) $\displaystyle\int_{-\pi}^\pi 3v^2(v + \sin v^3)\,dv$

f) $\displaystyle\int_1^4 \left(1 - \frac{1}{x^2}\right)\left(x + \frac{1}{x}\right)^{-2} dx$

g) $\displaystyle\int_{-\frac{\pi}{6}}^{\frac{\pi}{6}} \frac{\cos x}{1 + \sin x}\,dx$

h) $\displaystyle\int_0^{\frac{\pi}{4}} \sin^2\theta\,d\theta$

i) $\displaystyle\int_{-\pi}^0 (x\sin^2 x^2 + x\cos^2 x^2)\,dx$

j) $\displaystyle\int_0^\pi (\cos^5 x + 2\cos^3 x \sin^2 x + \cos x \sin^4 x)\,dx$

**8.** Calculer l'aire des régions fermées délimitées par les courbes suivantes.

a) $y = x^3$, $y = 0$, $x = -2$ et $x = 3$

b) $y = x^3 - x$ et $y = 0$

c) $y = x$, $y = x^2$, $x = 0$ et $x = 3$

d) $y = 6x - x^2$ et $y = x^2 - 2x$

e) $y = x^3 - x^2$ et $y = 3x^2$

f) $y = x^3 + x$ et $y = 3x^2 - x$

g) $y = 4 - x$ et $y = \dfrac{3}{x}$

h) $y = \dfrac{1}{x}$, $y = \dfrac{1}{x^2}$, $x = 0{,}5$ et $x = 2$

i) $x = y^2 + 1$ et $x = 5$

j) $y = \sin x$, $y = 0$, $x = \dfrac{-\pi}{3}$ et $x = \dfrac{\pi}{4}$

k) $y = \cos x$, $y = 1$, $x = 0$ et $x = \dfrac{\pi}{2}$

l) $y = x^2 + 1$, $y = \cos x$, $x = \dfrac{-\pi}{2}$ et $x = \dfrac{\pi}{2}$

**9.** Calculer l'aire des régions fermées délimitées par les courbes suivantes.

a) $y = \dfrac{x}{(x^2 + 1)^2}$, $y = 0$ et $x \in [1, 2]$

b) $y = \cos \pi x$, $y = 0$ et $x \in [0, 1]$

c) $y = xe^{x^2}$, $y = -1$ et $x \in [0, 1]$

d) $y = -x^2$, $y = 2^{-x}$ et $x \in [-3, 3]$

e) $y = x^2(x^3 - 8)^4$ et $y = 0$

f) $y = x^{\frac{1}{3}}(1 - x^{\frac{4}{3}})^{\frac{1}{3}}$ et $y = 0$

g) $y = \dfrac{x - 2}{\sqrt{x^2 - 4x + 9}}$, $y = 0$ et $x = 0$

h) $y = \dfrac{1}{x + 1}$, $y = \dfrac{x}{x^2 + 1}$ et $x = 0$

i) $y = 2 + \cos\left(\dfrac{x}{2}\right)$, $y = \sin 2x$ et $x \in [0, \pi]$

j) $y^2 = 4x$ et $x^2 = 4y$

k) $y = |x^2 - 4|$, $y = 0$ et $x \in [-3, 0]$

**10.** Déterminer la valeur de $k$ si

a) $\displaystyle\int_{-2}^{3} kx^2\, dx = -1$

b) $\displaystyle\int_{1}^{4} \sqrt{kx}\, dx = 2$

c) $\displaystyle\int_{1}^{k} \dfrac{1}{x}\, dx = 1$, où $k > 1$

d) $\displaystyle\int_{3}^{k} \dfrac{1}{x}\, dx = \ln 3 + \ln 2$

e) $A = 1$, où $A$ est l'aire entre la courbe de $y = kx^3$, où $k > 0$, et l'axe des $x$ si $x \in [-1, 2]$

**11.** Calculer l'aire des régions ombrées suivantes.

a)
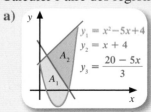

b)
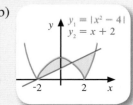

c)
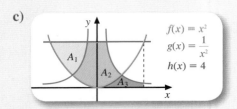

**12.** Déterminer la valeur $c$ du théorème de la moyenne pour l'intégrale définie pour la fonction $f$ et représenter graphiquement.

a) $f(x) = x^2 - 14x + 58$ sur $[2, 6]$

b) $f(x) = e^x$ sur $[0, 2]$

c) $f(x) = \dfrac{e^x}{1 + e^x}$ sur $[0, \ln 2]$

**13.** Soit $f(x) = 4x + 6 - x^2$ sur $[0, 5]$. Déterminer les valeurs de $c_1$ et de $c_2$ du graphique ci-contre telles que $A_2 = A_1 + A_3$.

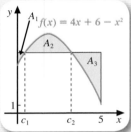

**14.** Soit $T(t) = -6 \sin\left(\dfrac{\pi}{12}(t - 98)\right) + 14 + \dfrac{t}{12}$, la fonction représentant la température, en degrés Celsius, d'une journée donnée à partir de 0 h, où $t \in [0\,\text{h}, 24\,\text{h}]$.

a) Déterminer la température moyenne de cette journée.

b) Déterminer la température moyenne sur $[12\,\text{h}, 20\,\text{h}]$.

**15.** La concentration d'un anti-inflammatoire administré est donnée approximativement par $C(t) = 38e^{-0{,}02t}$, exprimée en mg/ml, où $t \in [0\,\text{h}, 168\,\text{h}]$ est le nombre d'heures après l'injection.

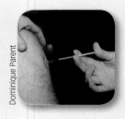

a) Déterminer la concentration initiale ; après 3 jours ; après 7 jours.

b) Déterminer le nombre d'heures où la concentration réelle est supérieure à la concentration moyenne.

**16.** Soit $a(t) = 2t$, l'équation de l'accélération en m/s² d'un mobile où $t \in [0\,\text{s}, 6\,\text{s}]$. La vitesse initiale du mobile est de 5 m/s.

a) Déterminer $v(t)$, la fonction donnant la vitesse du mobile en fonction du temps.

b) Calculer $S_6$, la somme de 6 rectangles circonscrits pour la fonction vitesse et interpréter le résultat.

c) Calculer $A_0^6$ pour la fonction vitesse et interpréter le résultat.

**17.** Une particule se déplace de 6 mètres sur une droite à partir de $x = 2$. L'équation de la force $F$ agissant sur cette particule est donnée par $F(x) = \sqrt{3x + 2}$, où $F$ est exprimée en newtons et $x$ en mètres. Calculer le travail effectué par cette force sur cette particule.

**18.** Une voiture de métro quitte la station A. Son accélération durant les 6 premières secondes est donnée par $\dfrac{2}{3}\,t$, exprimée en m/s², et ensuite par $(10 - t)$, exprimée en m/s², jusqu'à ce que la voiture atteigne la vitesse de 20 m/s. Elle conserve cette vitesse pendant 76 secondes et décélère ensuite à l'approche de la station B. Sa décélération est donnée par $\dfrac{15}{64}\,(t - 86)^2 - \dfrac{15}{8}\,t + \dfrac{645}{4}$, exprimée en m/s².

a) Tracer les courbes $a(t)$ et $v(t)$.

b) Déterminer la distance entre les stations A et B.

**19.** En estimant que le taux de dépré-ciation d'une automobile de 28 500 $ est donné, après

$t$ années, par $D(t) = \dfrac{-9500(6)^3}{(t + 6)^3}$, où $D$ est exprimé en $/an, et $0 \le t \le 6$,

a) quel sera le montant approximatif de la dépréciation de cette automobile durant la troisième année ?

b) quel sera le montant approximatif de la dépréciation de cette automobile durant les 3 premières années ?

c) quelle sera la valeur de l'automobile après 5 ans ?

**20.** Déterminer le centre de gravité $C(\overline{x}, \overline{y})$ des surfaces planes délimitées par les courbes suivantes. Représenter graphiquement la région et $C(\overline{x}, \overline{y})$.

a) $f(x) = \sqrt{x}$, $y = 0$, $x = 1$ et $x = 9$

b) $f(x) = \dfrac{6}{x}$, $y = 0$, $x = 1$ et $x = 6$

c) $f(x) = \dfrac{-8}{\sqrt[3]{x}}$, $y = 0$, $x = 1$ et $x = 8$

d) la courbe de $f$ et $y = 0$, où $f(x) = \sqrt{9 - x^2}$

e) la courbe de $f$ et $y = 0$ et $x > 0$, où $f(x) = \sqrt{9 - x^2}$

f) la courbe de $g$ et celle de $h$, où $g(x) = 4x - x^2$ et $h(x) = x^2 - 6x + 8$

**21.** Des études statistiques ont déterminé que la distribution des revenus représentée par les courbes de Lorenz $L_1$ pour les pharmaciens du Québec et $L_2$ pour les pharmaciens de l'Ontario est donnée par $L_1(x) = 0,85x^{1,75} + 0,15x^{0,85}$ et $L_2(x) = 0,78x^2 + 0,22x$. Déterminer si ce sont les pharmaciens du Québec ou ceux de l'Ontario qui ont une meilleure distribution de revenus.

**22.** Un concessionnaire d'automobiles estime que le nombre d'automobiles vendues mensuel-lement varie aléatoirement de 200 à 700. Soit $X$ la variable aléatoire donnant le nombre, en centaines, d'automobiles vendues mensuel-lement, où $X \in [2, 7]$.

a) Déterminer la valeur de $k$ telle que $f(x) = k(8x - x^2)$, soit une fonction de densité pour la variable aléatoire sur $[2, 7]$.

b) Pour un certain mois, calculer la probabilité de vendre

i) entre 300 et 525 automobiles ;

ii) au moins 350 automobiles ;

iii) au plus 325 automobiles.

c) Calculer l'espérance mathématique de la variable aléatoire $X$ et interpréter le résultat.

**23.** Le nombre de litres d'essence vendus chaque jour varie aléatoirement entre 4000 et 10 000 litres. Soit $X$ la variable aléatoire donnant le nombre, en milliers, de litres vendus quotidiennement, où $X \in [4, 10]$.

a) Déterminer la valeur de $k$ telle que $f(x) = k(2x + 3)^{-2}$, soit une fonction de densité pour la variable aléatoire sur $[4, 10]$.

b) Si le garagiste a une provision de 6500 litres pour une journée, calculer la probabilité qu'il manque d'essence pendant cette journée.

c) Calculer l'espérance mathématique de la variable aléatoire $X$ et interpréter le résultat.

**24.** Soit $f(x) = \sqrt{16 - x^2}$, où $x \in [0, 4]$ et $P$ est une partition régulière de $[0, 4]$ avec $n = 4$. Calculer approximativement $\int_0^4 f(x)\, dx$

a) à l'aide d'une somme de Riemann en utilisant sur chaque sous-intervalle le point milieu ;

b) à l'aide de la méthode des trapèzes avec $n = 4$ ;

c) à l'aide de la méthode de Simpson avec $n = 4$ ;

d) en calculant l'aire réelle $A_0^4$.

**25.** La fonction représentant la température moyenne, en degrés Celsius, d'une ville à partir du mois de janvier est

$$T(m) = \frac{1}{9}(0{,}169m^4 - 4{,}98m^3 + 42{,}85m^2 - 92m + 57{,}5)$$

où $m \in [0, 12]$ est le nombre de mois écoulés depuis le $1^{er}$ janvier. Déterminer la température moyenne dans cette ville

a) pendant une année complète ;

b) de la fin du mois d'avril à la fin de septembre ;

c) pendant les mois de janvier, février, novembre et décembre.

**26.** La fonction « demande » pour un produit est donnée par $D(q) = \dfrac{300}{0{,}1q + 1} + 20$, exprimée

en dollars, et la fonction « offre » pour le même produit est donnée par $O(q) = 0{,}05q^2 + 50$, exprimée en dollars.

a) Déterminer le surplus du consommateur SC si $q = 20$, représenter la région correspondante et interpréter le résultat.

b) Déterminer le surplus du producteur SP si $q = 38$, représenter la région correspondante et interpréter le résultat.

c) Déterminer le surplus total ST et représenter la région correspondante.

**27.** Calculer le coefficient de Gini pour les courbes de Lorenz suivantes.

a) $L(x) = 0{,}6x^2 + 0{,}4x$

b) $L(x) = \dfrac{4}{7}x^{1{,}8} + \dfrac{3}{7}x$

c) $L(x) = 1{,}14x^3 - 0{,}3x^2 + 0{,}16x$

d) $L(x) = \dfrac{e^x - 1}{e - 1}$

e) $L(x) = \dfrac{3^x - 1}{2}$

**28.** a) Calculer approximativement $\int_1^3 \dfrac{1}{x + 1}\, dx$ à l'aide de la méthode des trapèzes, avec $n = 4$.

b) Déterminer l'erreur maximale possible en utilisant la méthode précédente.

c) Déterminer la valeur de $n$ telle que $|E_n| \leq 10^{-3}$.

d) Calculer $\int_1^3 \dfrac{1}{x + 1}\, dx$ à l'aide du théorème fondamental du calcul.

**29.** a) Calculer approximativement $\int_0^\pi \sin x\, dx$ à l'aide de la méthode de Simpson, avec $n = 4$.

b) Déterminer l'erreur maximale possible en utilisant la méthode précédente.

c) Déterminer la valeur de $n$ telle que $|E_n| \leq 10^{-3}$.

d) Calculer $\int_0^\pi \sin x\, dx$ à l'aide du théorème fondamental du calcul.

**30.** Calculer approximativement les intégrales définies suivantes.

a) $\int_0^4 \dfrac{1}{\sqrt{x^2 + 1}}\, dx$ ; méthode des trapèzes, $n = 4$

b) $\int_0^\pi \sin \sqrt{x}\, dx$ ; méthode des trapèzes, $n = 3$

**c)** $\int_0^2 \sqrt{9 + 4x^2}\, dx$ ; méthode de Simpson, $n = 4$

**d)** $\int_1^3 e^{x^2}\, dx$ ; méthode de Simpson, $n = 6$

**31.** Une agence environnementale estime que le taux de variation de la quantité de pollution (en tonnes métriques par an) qu'une manufacture déverse dans une rivière est donné par $P(t) = 0{,}1t^3 + 15$, où $t$ représente le temps en années ; $t = 0$ correspond à l'année 2008. Calculer la quantité

totale de pollution qui sera déversée dans la rivière de 2008 à 2018,

**a)** de façon approximative en calculant $s_{10}$ et $S_{10}$ ;

**b)** de façon approximative en utilisant respectivement la méthode des trapèzes et la méthode de Simpson avec $n = 10$ ;

**c)** à l'aide de l'intégrale définie.

**32.** Calculer approximativement l'aire entre la courbe de $f$ donnée et l'axe des $x$ sur l'intervalle donné.

**a)** $f(x) = \cos(1 - \sin \pi x)$, sur $[0, 3]$

**b)** $f(x) = \dfrac{1}{\sqrt{2\pi}}\, e^{\frac{x^2}{2}}$, sur $[-1, 1]$ ; sur $[-3, 3]$

**33.** Soit $f(x) = (x - 1)^2$ et $g(x) = 2\sin x^2$. Calculer approximativement l'aire de la région fermée entre la courbe de $f$ et celle de $g$.

## Problèmes de synthèse

Les réponses des problèmes suivants, à l'exception des problèmes notés en rouge, sont données à la fin du volume.

**1. a)** Déterminer les valeurs de $a$, $b$ et $c$ telles que
$$1^5 + 2^5 + 3^5 + 4^5 + \ldots + n^5 = \frac{n^2(2n^4 + 6n^3 + 5n^2 + an + b)}{c}.$$

**b)** Au moyen du résultat précédent, compléter
$$\sum_{i=1}^{n} i^5 = \underline{\hspace{2cm}}$$

**c)** Évaluer $\displaystyle\sum_{i=1}^{10} i^5$ à l'aide de la formule précédente.

**2.** Soit $f(x) = \sqrt{x}$, où $x \in [0, 1]$ et
$$P = \left\{ 0, \left(\frac{1}{n}\right)^2, \left(\frac{2}{n}\right)^2, \ldots, \left(\frac{k-1}{n}\right)^2, \left(\frac{k}{n}\right)^2, \ldots, \left(\frac{n-1}{n}\right)^2, 1 \right\}$$
une partition de $[0, 1]$.

**a)** Calculer $\Delta x_k$ et $f(x_k)$.

**b)** Exprimer en fonction de $n$ la somme de Riemann suivante : $\displaystyle\sum_{k=1}^{n} f(x_k)\, \Delta x_k$.

**c)** Calculer $\displaystyle\int_0^1 \sqrt{x}\, dx$ à l'aide de
$$\lim_{n \to +\infty} \sum_{k=1}^{n} f(x_k)\, \Delta x_k.$$

**d)** Vérifier le résultat à l'aide du théorème fondamental du calcul.

**3.** Évaluer les intégrales définies suivantes.

**a)** $\displaystyle\int_e^{e^e} \frac{-1}{x \ln \sqrt{x}}\, dx$

**b)** $\displaystyle\int_{\frac{1}{3}}^{3} \sqrt{(2x - x^{-1})^2 + 8}\, dx$

**c)** $\displaystyle\int_0^2 \sqrt{|x^3 - 1|}\; x^2\, dx$

**d)** $\displaystyle\int_0^{\frac{\pi}{4}} \frac{\sin x}{1 + \sin x}\, dx$

**e)** $\displaystyle\int_2^7 x\sqrt{x + 2}\, dx$

**4.** Calculer l'aire des régions fermées délimitées par les courbes suivantes.

**a)** $y = (x - 2)^2 + 2$, $y = 0$, $y = -6x + 30$ et $x = 0$

**b)** $\sqrt{x} + \sqrt{y} = 3$, $x = 1$ et $y = 1$

**c)** $xy^2 = 1$ et $y = 3 - 2\sqrt{x}$

**d)** $y = \ln x$, $x = 0$, $y = 0$ et $y = 3$

**e)** $y = \text{Arc} \sin x$, $y = 0$ et $x \in [0, 1]$

**f)** $y = \sin\left(\dfrac{\pi x}{2}\right)$ et $y = x^2$

**g)** $y = \cos x$ et $y = \dfrac{4x^2}{\pi^2} - \dfrac{4x}{\pi} + 1$

**h)** $y = \cos x$, $y = \dfrac{2x^2}{\pi^2} - \dfrac{4x}{\pi} + 1$, où $x \in [0, 2\pi]$

**5.** Calculer l'aire des régions ombrées suivantes.

**a)**

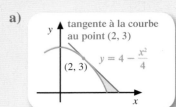

tangente à la courbe au point (2, 3)

$y = 4 - \dfrac{x^2}{4}$

(2, 3)

**b)**

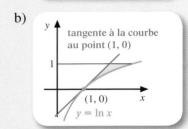

tangente à la courbe au point (1, 0)

1

(1, 0)

$y = \ln x$

**c)**

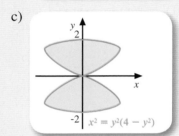

$y$
2

$x^2 = y^2(4 - y^2)$
-2

**d)**

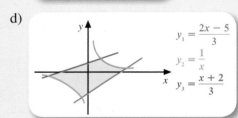

$y_1 = \dfrac{2x - 5}{3}$

$y_2 = \dfrac{1}{x}$

$y_3 = \dfrac{x + 2}{3}$

**e)**

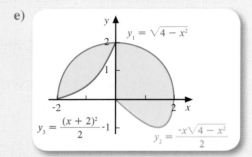

$y_1 = \sqrt{4 - x^2}$

2

1

-2        2   $x$

$y_3 = \dfrac{(x + 2)^2}{2}$  -1

$y_2 = \dfrac{-x\sqrt{4 - x^2}}{2}$

**6.** Soit les fonctions $f(x) = x^2$ et $g(x) = ax$, où $a > 0$. Déterminer la valeur de $a$ telle que l'aire, comprise entre les courbes de $f$ et de $g$, soit égale à 12,348 u².

**7.** Soit les fonctions $f(x) = 2x^3 - 15x^2 + 36x$ et $g(x) = mx$. Déterminer l'aire de la région comprise entre la courbe de $f$ et celle de $g$

a) si $g$ passe par le maximum relatif de $f$;

b) si $g$ passe par le minimum relatif de $f$.

**8.** Soit $f(x) = \cos x + \sin x \cos x$, où $x \in [0, 2\pi]$. Calculer l'aire de la région entre la courbe de $f$, l'axe des $x$, $x = a$ et $x = b$ tels que $A(a, f(a))$ est le point de maximum et $B(b, f(b))$ est le point de minimum de $f$. Représenter la courbe de $f$.

**9.** Soit $f(x) = x^3$, où $x \in [0, 1]$. Déterminer le point $(c, f(c))$ de la courbe tel que :

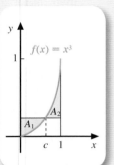

$f(x) = x^3$
1

$A_2$
$A_1$
$c$  1   $x$

a) l'aire de la région $A_1$ égale l'aire de la région $A_2$;

b) la somme des aires $A_1$ et $A_2$ soit minimale;

c) la somme des aires $A_1$ et $A_2$ soit maximale.

**10.** Déterminer le point $(c, f(c))$ tel que la somme des aires des régions $A_1$ et $A_2$ soit minimale si :

**a)**

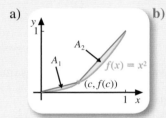

1
$A_2$
$A_1$
$f(x) = x^2$
$(c, f(c))$
1   $x$

**b)**

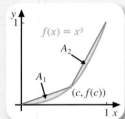

1
$f(x) = x^3$
$A_2$
$A_1$
$(c, f(c))$
1   $x$

**11.** Soit $f(x) = x^2$, où $x \in [0, b]$, et $c \in [0, b]$ tel que la tangente à la courbe de $f$ au point $(c, f(c))$ soit parallèle à la sécante passant par les points $(0, f(0))$ et $(b, f(b))$.

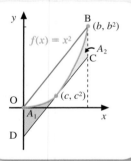

$y$        B $(b, b^2)$
$f(x) = x^2$        $A_2$
C
O        $(c, c^2)$
$A_1$        $x$
D

a) Déterminer le rapport entre $A_1$ et $A_2$.

b) Calculer l'aire du parallélogramme OBCD.

c) Calculer la distance entre la tangente et la sécante.

**12.** Soit $f(x) = x^2$ et $g(x) = \dfrac{x^2}{3}$.
Déterminer une fonction $h(x)$ telle que $A_1 = A_2$, pour tout $t > 0$.

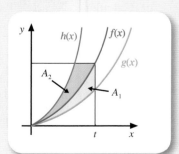

$y$    $h(x)$     $f(x)$
$g(x)$
$A_2$
$A_1$
$t$     $x$

**13. a)** Soit $f(t)$ une fonction représentée par la courbe suivante.

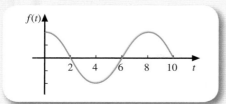

Tracer la courbe $F(x)$, où $x \in [0, 10]$, telle que $F(x) = \int_0^x f(t)\,dt$, en indiquant les points de maximum, de minimum et d'inflexion de la courbe de $F$.

**b)** Soit $g(t)$ une fonction représentée par la courbe suivante.

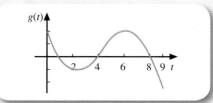

Tracer la courbe $G(x)$, où $x \in [0, 9]$, telle que $G(x) = \int_0^x g(t)\,dt$, en indiquant les points de maximum, de minimum et d'inflexion de la courbe de $G$.

**14.** Un objet est lâché du haut d'un édifice de 44,1 mètres. Déterminer la vitesse moyenne de cet objet entre le moment où il est lâché et le moment où il touche le sol.

**15.** Soit un objet de masse $m_1$, situé en une valeur $a$ sur l'axe des $x$, et un second objet de masse $m_2$ situé à la gauche du premier objet sur l'axe des $x$. Selon la **loi de l'attraction universelle de Newton**, toutes les particules de l'univers s'attirent avec une force directement proportionnelle au produit de leurs masses et inversement proportionnelle au carré de la distance $d$ qui les sépare.

Ainsi, $F = \dfrac{G\,m_1\,m_2}{d^2}$, où $G$ est une constante.

Exprimer en fonction de $c_1$ et de $c_2$ le travail $W$ requis pour déplacer le second objet de $c_2 < a$ à $c_1 < a$, sachant que le premier objet de masse $m_1$ est fixe.

**16.** Le temps de réaction d'un camionneur, lorsqu'un feu de circulation passe du rouge au vert, est une variable aléatoire $X$ qui varie entre 1 seconde et 4 secondes.

**a)** Déterminer la valeur de $k$ telle que
$f(x) = k\left(\dfrac{x}{x^2 + 1}\right)$, soit une fonction de
densité pour la variable aléatoire sur $[1, 4]$.

**b)** Calculer la probabilité qu'un camionneur ait un temps de réaction
i) supérieur à 3 secondes ;
ii) inférieur à 2 secondes ;
iii) compris entre 2 et 3 secondes.

**c)** Calculer l'espérance mathématique de la variable aléatoire $X$ et interpréter le résultat.

**17. a)** Le coût marginal pour la fabrication de coffrets d'une manufacture est donné par
$C_m(q) = 5 + e^{\frac{-q}{100}}$, où $q$ représente le nombre d'unités et $C_m$ est exprimé en dollars. Déterminer le coût supplémentaire de fabrication lorsque le nombre d'unités fabriquées passe de 50 à 100.

**b)** Le revenu marginal pour la vente de lampes d'une manufacture est donné par
$R_m = 3 - 0{,}04q + 0{,}003q^2$, où $q$ représente le nombre d'unités et $R_m$ est exprimé en dollars. Déterminer le revenu supplémentaire du manufacturier si le nombre d'unités vendues passe de 100 à 200.

**18.** Une compagnie achète un nouvel appareil au coût de 2500 $. Elle estime que le taux de variation de son revenu $R$ est donné par
$\dfrac{dR}{dt} = 100(18 - 3\sqrt{t})$ et que le taux de variation
de son coût $C$ est donné par $\dfrac{dC}{dt} = 100(2 + \sqrt{t})$,
où $t$ est en mois, et $R$ et $C$ sont exprimés en dollars. Déterminer le profit maximal réalisé grâce à l'achat de ce nouvel appareil.

**19.** Soit $f(x) = 4 - (x - 2)^2$ et $g(x) = x^3 - 4$.

a) Représenter graphiquement les courbes de $f$ et de $g$.

b) Déterminer le centre de gravité de chacune des régions planes fermées délimitées par les courbes de $f$ et de $g$.

**20.** a) Trouver le centre de gravité $C(\bar{x}, \bar{y})$ du triangle ci-contre.

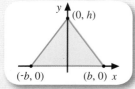

b) Trois triangles équilatéraux de hauteur $h$ sont placés de façon à former un trapèze isocèle. Trouver le centre de gravité de ce trapèze.

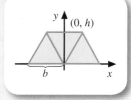

**21.** La profondeur $h$, en mètres, de l'eau à l'entrée d'un port de mer, $t$ heures après minuit est donnée approximativement par

$$h(t) = 8 + 4 \sin\left(\frac{\pi}{6} t\right), \text{ où } t \in [0, 24].$$

a) À quel moment de la journée la profondeur est-elle

i) maximale ?    ii) minimale ?

b) Déterminer les intervalles de temps où un bateau ayant besoin de 6 mètres d'eau de profondeur pourra accoster.

c) Déterminer la profondeur moyenne durant les intervalles où le bateau précédent peut accoster.

**22.** Déterminer le coefficient de Gini pour les courbes de Lorenz $L$ suivantes.

a) $L$ est formée des segments de droites joignant successivement les points $O(0, 0)$, $A(0,3 ; 0,1)$, $B(0,9 ; 0,6)$ et $C(1, 1)$.

b) $L(x) = \dfrac{xe^{x^2}}{e}$

**23.** Soit une fonction $f$ continue, positive et croissante sur $[a, b]$, et $P$ une partition régulière de $[a, b]$.

a) Démontrer que $S_n - s_n = (f(b) - f(a))\left(\dfrac{b - a}{n}\right)$.

b) Sachant que $S = \lim_{n \to +\infty} S_n$ et que $s = \lim_{n \to +\infty} s_n$, démontrer que $S = s$.

**24.** a) Utiliser le théorème de la moyenne pour l'intégrale définie pour démontrer que

$$\frac{b - a}{b} < \int_a^b \frac{1}{t}\, dt < \frac{b - a}{a}, \text{ où } 0 < a < b.$$

b) À l'aide des inégalités précédentes, démontrer que $\dfrac{1}{n + 1} < \ln\left(\dfrac{n + 1}{n}\right) < \dfrac{1}{n}$, où $n$ est un entier positif.

**25.** Soit $f$ une fonction continue sur $[0, 1]$ et dérivable sur $]0, 1[$ telle que $f(0) = 0$ et $\int_0^1 f(x)\, dx = 1$. Démontrer qu'il existe au moins une valeur $c \in\; ]0, 1[$ telle que $f'(c) = 2$.

# Chapitre **4** — Techniques d'intégration

## Introduction

Le but de ce chapitre est de développer des techniques d'intégration permettant de déterminer des primitives et d'effectuer des intégrales définies. À la méthode de changement de variable étudiée au chapitre 3, nous ajouterons la technique d'intégration par parties, l'intégration de fonctions trigonométriques, l'intégration par substitution trigonométrique et l'intégration de fonctions par décomposition en une somme de fractions partielles.

En particulier, l'élève pourra résoudre le problème suivant.

> Le taux de croissance d'une plante de 10 cm de hauteur est à la fois proportionnel à la hauteur $h$ de cette plante et à $(60 - h)$. Si, après trois jours d'observation, la plante mesure 12 cm de hauteur,
>
> a) exprimer $h$ en fonction de $t$.
>
> b) Déterminer la hauteur de la plante après deux semaines.
>
> c) Trouver après combien de jours la plante atteindra la moitié de sa hauteur maximale.
>
> d) Donner l'esquisse du graphique de la fonction $h$ et indiquer les coordonnées du point d'inflexion.
>
> e) Déterminer la taille de la plante à l'instant où son taux de croissance est le plus rapide.
>
> (Problème de synthèse n° 16, page 259.)

# La trigonométrie fait une entrée tardive dans les manuels de calcul différentiel et intégral

**D**ériver, intégrer nécessitent une bonne dose de manipulations symboliques. Sans l'algèbre, on peut penser que les règles pour résoudre les problèmes de calcul différentiel et intégral n'auraient jamais pu faire l'objet d'une telle systématisation. Mais l'algèbre du XVIIᵉ siècle s'habille d'un symbolisme très différent de celui d'aujourd'hui. Ainsi, un mathématicien aguerri qui tente de lire le *Tractatus de methodis serierum et fluxionum* (*La méthode des fluxions, et des suites infinies*) (1671) d'**Isaac Newton** (1642-1727), qui est l'un des livres fondateurs du calcul, ne s'y retrouve qu'avec peine. Mais il y a plus que la différence dans les notations. L'on n'y voit pas trace de fonctions trigonométriques comme le sinus, le cosinus. Pourquoi donc cette absence des fonctions trigonométriques ?

Cette question est d'autant plus pertinente que Newton, en bon astronome et physicien, a nécessairement beaucoup utilisé la trigonométrie dans ses travaux. Toutefois, celle qu'il emploie est la trigonométrie du triangle rectangle. Le sinus y est vu comme un rapport et non comme une fonction. Cela prendra près d'un siècle avant que le sinus, le cosinus, etc. soient conçus comme des fonctions.

Le siècle de Newton, qui est aussi celui de René Descartes (1596-1650), est le siècle des débuts de l'algèbre symbolique. On croit, à l'époque, que seul ce qui s'exprime en termes algébriques, c'est-à-dire par des polynômes, peut vraiment être traité mathématiquement avec précision. C'est pourquoi toute l'attention des mathématiciens se concentre sur de telles expressions. En conséquence, dans les premiers traités du calcul différentiel et intégral, les autres entités fonctionnelles, comme le sinus ou le cosinus, ne sont généralement abordées que dans le cadre de problèmes précis.

Il faut attendre le deuxième tiers du XVIIIᵉ siècle pour que l'on s'intéresse théoriquement à la différentiation et à l'intégration d'expressions trigonométriques. Par exemple, c'est dans le *Treatise of Fluxions* (1737) de l'Anglais Thomas Simpson (1710-1761) puis dans un livre portant le même titre publié en 1742 de l'Écossais Colin Maclaurin (1698-1746) que, pour la première fois, des formules sont données explicitement pour la dérivée du sinus et des autres fonctions trigonométriques. Maclaurin remarque alors qu'il semble y avoir une relation entre les fonctions trigonométriques et les fonctions logarithmiques et exponentielles. L'année suivante, le grand Leonhard Euler (1707-1783) va au bout de cette relation en montrant que ce lien passe par les nombres imaginaires et qu'il s'exprime par une formule pour le moins surprenante, soit $e^{inz} = (\cos z + i \sin z)^n = \cos nz + i \sin nz$, où $n$ est un entier, $i$ est $\sqrt{-1}$ et $z = a + ib$, $a$ et $b$ étant des nombres réels.

C'est grâce à ce lien extraordinaire que les fonctions trigonométriques prennent en mathématiques une place aussi importante que celle des fonctions algébriques. Aussi, lorsque l'enseignement du calcul devient, en France puis dans toute l'Europe au début du XIXᵉ siècle, la pierre angulaire de l'enseignement des sciences et en particulier de l'ingénierie, les nouveaux manuels de calcul différentiel et intégral donnent une très large place aux fonctions trigonométriques, place qu'elles ont conservée jusqu'à nos jours.

La couverture et une page de la traduction française par Georges-Louis Leclerc de Buffon de *Tractatus de methodis serierum et fluxionum* de Newton

# Exercices préliminaires

**1.** Soit le triangle rectangle ci-contre. Exprimer les fonctions trigonométriques suivantes en se servant de la mesure des côtés $a$, $b$ et $c$.

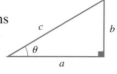

a) $\sin \theta =$ _____

b) $\cos \theta =$ _____

c) $\tan \theta =$ _____

d) $\sec \theta =$ _____

e) $\csc \theta =$ _____

f) $\cot \theta =$ _____

**2.** Exprimer $\theta$ en fonction de $x$ si :

a) $x = \sin \theta$

b) $x = 2 \tan \theta$

c) $4x = 5 \sec \theta$

d) $(5x - 2) = 3 \tan \theta$

**3.** Compléter les égalités.

a) $\sin (A - B) =$ _____

b) $\sin (A + B) =$ _____

c) $\cos (A - B) =$ _____

d) $\cos (A + B) =$ _____

e) $\cos 2A =$ _____

f) $1 - \sin^2 \theta =$ _____

g) $1 + \tan^2 \theta =$ _____

h) $\sec^2 \theta - 1 =$ _____

**4.** Exprimer en fonction de cos $2\theta$.

    a) $\cos^2 \theta$                    b) $\sin^2 \theta$

**5.** Exprimer $\sin 2\theta$ en fonction de $\sin \theta$ et $\cos \theta$.

**6.** Déterminer la valeur de $k$ telle que :

    a) $x^2 + 4x + 7 = (x + 2)^2 + k$
    b) $12 - 4x^2 - 4x = k - (2x + 1)^2$
    c) $9x^2 + 24x + 11 = (3x + 4)^2 + k$

**7.** Écrire les expressions suivantes sous la forme $a(x - h)^2 + k$.

    a) $x^2 - 8x + 19$        b) $3x^2 + 12x - 30$

**8.** Décomposer en facteurs les expressions suivantes.

    a) $x^3 + x^2 - 20x$        c) $x^3 - 8$
    b) $x^4 - 9x^2$            d) $x^5 - 3x^3 - 4x$

**9.** Effectuer les divisions suivantes.

    a) $\dfrac{2x^3 + 6x^2 + 6x - 1}{x^2 + x + 1}$

    b) $\dfrac{x^5 - 2x^4 + 2x^2 - 5x + 2}{(x - 1)^2}$

**10.** Effectuer les sommes suivantes.

    a) $\dfrac{A}{x} + \dfrac{B}{x - 1} + \dfrac{C}{x + 1}$

    b) $\dfrac{A}{x} + \dfrac{B}{x^2} + \dfrac{Cx + D}{3x^2 + 4}$

    c) $\dfrac{Ax + B}{x^2 + 3} + \dfrac{Cx + D}{x^2 + 1}$

**11.** Résoudre les systèmes d'équations suivants.

    a) $-3A + D = 21$     c) $3A - B + 2C = 7$
       $4A - 3B = -8$           $A + 2B - C = 0$
       $4B - 3C = -63$        $2A - 4B + 3C = 8$
           $4C = 84$

    b) $A + 2B - 3C = 3$
         $3B - 4A = -8$
        $6C - 2A = -6$

**12.** Calculer les intégrales suivantes.

    a) $\int e^{\frac{x}{2}} \, dx$              d) $\int \sec \theta \, d\theta$

    b) $\int \cos 2\theta \, d\theta$        e) $\int \tan u \, du$

    c) $\int \sin \left(\dfrac{x}{3}\right) dx$      f) $\int \csc 5x \, dx$

---

# 4.1 Intégration par parties

## Objectifs d'apprentissage

À la fin de cette section, l'élève pourra intégrer certaines fonctions à l'aide de la technique d'intégration par parties.

$$\int u \, dv = uv - \int v \, du$$

Plus précisément, l'élève sera en mesure :
- d'utiliser la formule d'intégration par parties pour résoudre certaines intégrales où $\int v \, du$ est directement intégrable à l'aide d'une formule de base ;
- d'utiliser la formule d'intégration par parties pour résoudre certaines intégrales où $\int v \, du$ se calcule par changement de variable ou par artifices de calcul ;
- d'utiliser plusieurs fois la formule d'intégration par parties dans un même problème ;
- d'utiliser la formule d'intégration par parties pour résoudre certaines intégrales où nous obtenons une intégrale identique à l'intégrale initiale ;
- d'utiliser la formule d'intégration par parties pour obtenir des formules de réduction ;
- d'utiliser une formule de réduction appropriée pour effectuer certaines intégrales ;
- d'utiliser la formule d'intégration par parties pour calculer des intégrales définies.

## ◼ Formule d'intégration par parties

Soit $u$ et $v$, deux fonctions différentiables exprimées en fonction d'une même variable.

Nous avons déjà vu au chapitre 2, section 2.1 exemple 2 d), page 61,

$$d(uv) = v \, du + u \, dv$$

$$u \, dv = d(uv) - v \, du$$

$$\int u \, dv = \int d(uv) - \int v \, du \qquad \text{(en intégrant les deux membres)}$$

Dans cette dernière équation, $\int d(uv) = uv + C$, nous omettons cependant la constante, puisqu'une constante d'intégration apparaîtra lorsque nous évaluerons $\int v\,du$. D'où

$$\int u\,dv = uv - \int v\,du$$

Ainsi, nous avons la formule d'intégration suivante.

**FORMULE D'INTÉGRATION PAR PARTIES** $\quad\displaystyle\int u\,dv = uv - \int v\,du$

Par cette formule, nous voyons que le calcul de $\int u\,dv$ est ramené au calcul de $\int v\,du$ qui, si on fait le bon choix de $u$ et de $dv$, devrait être plus simple à calculer que $\int u\,dv$.

**Exemple 1** Calculons $\int xe^x\,dx$.

Les méthodes d'intégration étudiées jusqu'à maintenant (formules de base, changement de variable) ne permettent pas de résoudre cette intégrale.

Utilisons la formule d'intégration par parties pour la résoudre.

Il faut alors associer $\int xe^x\,dx$ à $\int u\,dv$.

Ici, plusieurs choix sont possibles, par exemple :

$$\underbrace{\int \underbrace{x}_{u}\,\underbrace{e^x\,dx}_{dv}} \quad\text{ou}\quad \underbrace{\int \underbrace{e^x}_{u}\,\underbrace{x\,dx}_{dv}} \quad\text{ou bien}\quad \underbrace{\int \underbrace{xe^x\,dx}_{u}}_{dv}$$

Résolvons, si c'est possible, l'intégrale précédente en utilisant successivement les trois choix précédents.

Choix 1

En posant $\qquad\qquad u = x \qquad\qquad$ et $\qquad dv = e^x\,dx$

$\qquad\qquad\qquad\qquad$ en $\Big\downarrow$ différentiant $\qquad\qquad$ en $\Big\downarrow$ intégrant

nous obtenons $\qquad\qquad du = dx \qquad\qquad\qquad v = e^x + C_1$

De la formule d'intégration par parties,

$$\int u\,dv = uv - \int v\,du$$

nous obtenons $\qquad\displaystyle\int x\,e^x\,dx = x\,(e^x + C_1) - \int (e^x + C_1)\,dx$

$$= xe^x + C_1 x - [e^x + C_1 x + C_2] \qquad \text{(en intégrant)}$$
$$= xe^x + C_1 x - e^x - C_1 x - C_2$$
$$= xe^x - e^x + C \qquad\qquad\qquad \text{(en simplifiant)}$$

d'où $\displaystyle\int xe^x\,dx = xe^x - e^x + C$

**Remarque** À l'avenir, nous omettrons d'écrire la constante $C_1$ provenant de l'intégration de $dv$, car celle-ci se simplifie toujours. Nous ajouterons la constante d'intégration $C$, une fois l'intégration terminée.

Tentons maintenant d'effectuer $\int xe^x\,dx$ en utilisant les deux autres choix.

| **Choix 2** | | **Choix 3** | |
|---|---|---|---|
| $u = e^x$ | $dv = x\,dx$ | $u = xe^x$ | $dv = dx$ |
| $du = e^x\,dx$ $\quad$ et $\quad$ | $v = \dfrac{x^2}{2}$ | $du = (e^x + xe^x)\,dx$ $\quad$ et $\quad$ | $v = x$ |

$$\int \underbrace{x}_{\substack{u}} \underbrace{e^x \, dx}_{\substack{dv}} = e^x \left(\frac{x^2}{2}\right) - \int \underbrace{\frac{x^2}{2}}_{\substack{v}} \underbrace{e^x \, dx}_{\substack{du}}$$

$$= \frac{x^2 e^x}{2} - \frac{1}{2} \int x^2 e^x \, dx$$

$$\int \underbrace{x}_{\substack{u}} \underbrace{e^x \, dx}_{\substack{dv}} = \underbrace{(xe^x)}_{\substack{u}} \underbrace{x}_{\substack{v}} - \int \underbrace{x}_{\substack{v}} \underbrace{(e^x + xe^x) \, dx}_{\substack{du}}$$

$$= x^2 e^x - \int (xe^x + x^2 e^x) \, dx$$

Dans les deux cas, nous obtenons une intégrale plus difficile à effectuer que l'intégrale initiale $\int xe^x \, dx$.

Nous constatons que ces derniers choix n'étaient pas appropriés.

**Exemple 2** Calculons, si c'est possible, $\int x^3 \ln x \, dx$ en utilisant les deux choix suivants.

**Choix 1**

$$u = \ln x \qquad dv = x^3 \, dx$$
$$du = \frac{1}{x} \, dx \quad \text{et} \quad v = \frac{x^4}{4}$$

$$\int \underbrace{x^3}_{\substack{u}} \underbrace{\ln x \, dx}_{\substack{dv}} = \underbrace{(\ln x)}_{\substack{u}} \underbrace{\left(\frac{x^4}{4}\right)}_{\substack{v}} - \int \underbrace{\frac{x^4}{4}}_{\substack{v}} \underbrace{\frac{1}{x} \, dx}_{\substack{du}}$$

$$= \frac{x^4 \ln x}{4} - \frac{1}{4} \int x^3 \, dx$$

$$= \frac{x^4 \ln x}{4} - \frac{x^4}{16} + C$$

d'où $\int x^3 \ln x \, dx = \dfrac{x^4 \ln x}{4} - \dfrac{x^4}{16} + C$

**Choix 2**

$$u = x^3 \qquad dv = \ln x \, dx$$
$$du = 3x^2 \, dx \quad \text{et} \quad v = ?$$

Ce choix n'est pas approprié car on ne sait pas calculer $\int \ln x \, dx$ avec les techniques étudiées jusqu'à maintenant.

Dans certains cas, pour résoudre $\int v \, du$, provenant de la formule d'intégration par parties, nous devons effectuer un changement de variable ou un artifice de calcul.

**Exemple 3** Calculons $\int \text{Arc tan } x \, dx$.

$$u = \text{Arc tan } x \qquad dv = dx$$
$$du = \frac{1}{1 + x^2} \, dx \quad \text{et} \quad v = x$$

$$\int \underbrace{\text{Arc tan } x}_{\substack{u}} \underbrace{dx}_{\substack{dv}} = \underbrace{(\text{Arc tan } x)}_{\substack{u}} \underbrace{(x)}_{\substack{v}} - \int \underbrace{x}_{\substack{v}} \underbrace{\frac{1}{1 + x^2} \, dx}_{\substack{du}}$$

$$= x \text{ Arc tan } x - \int \frac{x}{1 + x^2} \, dx$$

$$h = 1 + x^2$$
$$dh = 2x \, dx$$
$$x \, dx = \frac{1}{2} \, dh$$

$$= x \text{ Arc tan } x - \frac{1}{2} \int \frac{1}{h} \, dh \quad \text{(changement de variable)}$$

$$= x \text{ Arc tan } x - \frac{1}{2} \ln |h| + C$$

d'où $\int \text{Arc tan } x \, dx = x \text{ Arc tan } x - \dfrac{1}{2} \ln (1 + x^2) + C$ $\quad$ (car $h = 1 + x^2$, et $(1 + x^2) > 0$)

**Exemple 4** Calculons $\int x \operatorname{Arc} \tan x \, dx$.

$$u = \operatorname{Arc} \tan x \qquad dv = x \, dx$$
$$du = \frac{1}{1 + x^2} dx \qquad \text{et} \qquad v = \frac{x^2}{2}$$

$$\int \underbrace{x}_{dv} \underbrace{\operatorname{Arc} \tan x}_{u} \, dx = \underbrace{(\operatorname{Arc} \tan x)}_{u} \underbrace{\frac{x^2}{2}}_{v} - \int \underbrace{\frac{x^2}{2}}_{v} \underbrace{\frac{1}{1 + x^2} dx}_{du}$$

$$= \frac{x^2 \operatorname{Arc} \tan x}{2} - \frac{1}{2} \int \frac{x^2}{1 + x^2} \, dx$$

Division de polynôme

$$= \frac{x^2 \operatorname{Arc} \tan x}{2} - \frac{1}{2} \int \left[ 1 - \frac{1}{x^2 + 1} \right] dx \quad \text{(en divisant } x^2 \text{ par } (x^2 + 1))$$

d'où $\int x \operatorname{Arc} \tan x \, dx = \dfrac{x^2 \operatorname{Arc} \tan x}{2} - \dfrac{x}{2} + \dfrac{\operatorname{Arc} \tan x}{2} + C$

## ● Utilisations successives de la formule d'intégration par parties

Il peut arriver que nous ayons à réitérer l'utilisation de la formule d'intégration par parties pour calculer une intégrale donnée.

**Exemple 1** Calculons $\int x^3 \sin 4x \, dx$, que nous notons $I$.

$$u = x^3 \qquad dv = \sin 4x \, dx$$
$$du = 3x^2 \, dx \qquad \text{et} \qquad v = \frac{-\cos 4x}{4}$$

$$I = \frac{-x^3 \cos 4x}{4} - \int \frac{-\cos 4x}{4} 3x^2 \, dx$$

$$= \frac{-x^3 \cos 4x}{4} + \frac{3}{4} \left[ \int x^2 \cos 4x \, dx \right]$$

$$u = x^2 \qquad dv = \cos 4x \, dx$$
$$du = 2x \, dx \qquad \text{et} \qquad v = \frac{\sin 4x}{4}$$

$$= \frac{-x^3 \cos 4x}{4} + \frac{3}{4} \left[ \frac{x^2 \sin 4x}{4} - \frac{1}{2} \int x \sin 4x \, dx \right]$$

$$= \frac{-x^3 \cos 4x}{4} + \frac{3x^2 \sin 4x}{16} - \frac{3}{8} \left[ \int x \sin 4x \, dx \right]$$

$$u = x \qquad dv = \sin 4x \, dx$$
$$du = dx \qquad \text{et} \qquad v = \frac{-\cos 4x}{4}$$

$$= \frac{-x^3 \cos 4x}{4} + \frac{3x^2 \sin 4x}{16} - \frac{3}{8} \left[ \frac{-x \cos 4x}{4} + \frac{1}{4} \int \cos 4x \, dx \right]$$

$$= \frac{-x^3 \cos 4x}{4} + \frac{3x^2 \sin 4x}{16} + \frac{3x \cos 4x}{32} - \frac{3}{32} \left[ \int \cos 4x \, dx \right]$$

$$= \frac{-x^3 \cos 4x}{4} + \frac{3x^2 \sin 4x}{16} + \frac{3x \cos 4x}{32} - \frac{3}{32} \left[ \frac{\sin 4x}{4} \right] + C$$

d'où $\int x^3 \sin 4x \, dx = \dfrac{-x^3 \cos 4x}{4} + \dfrac{3x^2 \sin 4x}{16} + \dfrac{3x \cos 4x}{32} - \dfrac{3 \sin 4x}{128} + C$

**Remarque** Dans ce type d'intégration, nous pouvons obtenir l'intégrale indéfinie en plaçant convenablement dans un tableau

- $u$ et ses dérivées successives jusqu'à possiblement obtenir 0 en alternant les signes $\oplus$ et $\ominus$ de la façon suivante : $\oplus u$, $\ominus u'$, $\oplus u''$, $\ominus u'''$, etc. ;
- $dv$ et ses intégrales successives.

Dérivées successives

Intégrales successives

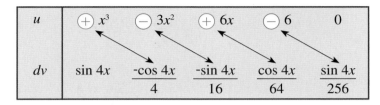

Le résultat est obtenu en additionnant le produit des éléments situés aux extrémités des flèches. Ainsi,

$$\int x^3 \sin 4x \, dx = x^3 \left(\frac{-\cos 4x}{4}\right) + (-3x^2)\left(\frac{-\sin 4x}{16}\right) + 6x\left(\frac{\cos 4x}{64}\right) + (-6)\left(\frac{\sin 4x}{256}\right) + C$$

d'où $\displaystyle\int x^3 \sin 4x \, dx = \frac{-x^3 \cos 4x}{4} + \frac{3x^2 \sin 4x}{16} + \frac{3x \cos 4x}{32} - \frac{3 \sin 4x}{128} + C$

**Exemple 2** Calculons $\displaystyle\int \frac{x^4}{e^{2x}} \, dx$, c'est-à-dire $\displaystyle\int x^4 e^{-2x} \, dx$ à l'aide du tableau suivant.

Dérivées successives

Intégrales successives

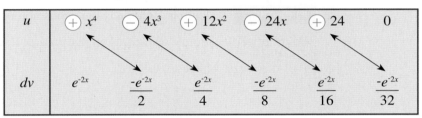

$$\int \frac{x^4}{e^{2x}} \, dx = x^4 \left(\frac{-e^{-2x}}{2}\right) + (-4x^3)\left(\frac{e^{-2x}}{4}\right) + 12x^2\left(\frac{-e^{-2x}}{8}\right) + (-24x)\left(\frac{-e^{-2x}}{16}\right) + 24\left(\frac{e^{-2x}}{32}\right) + C$$

d'où $\displaystyle\int \frac{x^4}{e^{2x}} \, dx = \frac{-x^4}{2e^{2x}} - \frac{x^3}{e^{2x}} - \frac{3x^2}{2e^{2x}} - \frac{3x}{2e^{2x}} - \frac{3}{4e^{2x}} + C$

## ■ Cas où nous obtenons une intégrale identique à l'intégrale initiale

**Exemple 1** Calculons $\displaystyle\int e^{2x} \cos 3x \, dx$, que nous notons $I$.

$$u = e^{2x} \qquad dv = \cos 3x \, dx$$
$$du = 2e^{2x} \, dx \quad \text{et} \quad v = \frac{\sin 3x}{3}$$

$$I = \frac{e^{2x} \sin 3x}{3} - \frac{2}{3}\left[\int e^{2x} \sin 3x \, dx\right] \qquad u = e^{2x} \qquad dv = \sin 3x \, dx$$
$$du = 2e^{2x} \, dx \quad \text{et} \quad v = \frac{-\cos 3x}{3}$$

$$= \frac{e^{2x} \sin 3x}{3} - \frac{2}{3}\left[\frac{-e^{2x} \cos 3x}{3} - \int \frac{-\cos 3x}{3} 2e^{2x} \, dx\right]$$

$I = \int e^{2x} \cos 3x \, dx$

Ainsi $\int e^{2x} \cos 3x \, dx = \dfrac{e^{2x} \sin 3x}{3} + \dfrac{2e^{2x} \cos 3x}{9} - \dfrac{4}{9} \int e^{2x} \cos 3x \, dx$

Nous pouvons observer que cette dernière intégrale est identique à l'intégrale initiale.

Ainsi,
$$I = \frac{e^{2x} \sin 3x}{3} + \frac{2e^{2x} \cos 3x}{9} - \frac{4}{9} I$$

$$I + \frac{4}{9} I = \frac{e^{2x} \sin 3x}{3} + \frac{2e^{2x} \cos 3x}{9} + C_1$$

(le membre de gauche étant une famille de fonctions, on ajoute $C_1$ au membre de droite pour obtenir également une famille de fonctions)

$$\frac{13}{9} I = \frac{e^{2x} \sin 3x}{3} + \frac{2e^{2x} \cos 3x}{9} + C_1$$

$$I = \frac{9}{13} \left[ \frac{e^{2x} \sin 3x}{3} + \frac{2e^{2x} \cos 3x}{9} \right] + C \quad \left( C = \frac{9}{13} C_1 \right)$$

d'où $\int e^{2x} \cos 3x \, dx = \dfrac{e^{2x} (3 \sin 3x + 2 \cos 3x)}{13} + C$

**Remarque** Nous aurions pu résoudre l'intégrale précédente en posant, à la première étape, $u = \cos 3x \, dx$ et $dv = e^{2x} \, dx$ et, à la deuxième étape, $u = \sin 3x$ et $dv = e^{2x} \, dx$.

**Exemple 2** Calculons $\int \sec^3 x \, dx$, que nous notons $I$.

Pour utiliser la formule d'intégration par parties, il faut d'abord transformer $I$:

$I = \int \sec^3 x \, dx = \int \sec x \sec^2 x \, dx$

$$\begin{array}{ll} u = \sec x & dv = \sec^2 x \, dx \\ du = \sec x \tan x \, dx & v = \tan x \end{array}$$
et

$\tan^2 x + 1 = \sec^2 x$

$$I = \sec x \tan x - \int \tan x \sec x \tan x \, dx$$

$$= \sec x \tan x - \int \sec x \tan^2 x \, dx$$

$$= \sec x \tan x - \int \sec x (\sec^2 x - 1) \, dx \quad (\text{car } \tan^2 x = \sec^2 x - 1)$$

$$= \sec x \tan x - \int (\sec^3 x - \sec x) \, dx$$

$$= \sec x \tan x - \int \sec^3 x \, dx + \int \sec x \, dx$$

$$= \sec x \tan x - I + \ln |\sec x + \tan x| \quad (\text{car } \int \sec^3 x \, dx = I)$$

$$2I = \sec x \tan x + \ln |\sec x + \tan x| + C_1$$

$$I = \frac{\sec x \tan x + \ln |\sec x + \tan x|}{2} + C \quad \left( C = \frac{C_1}{2} \right)$$

d'où $\int \sec^3 x \, dx = \dfrac{1}{2} [\sec x \tan x + \ln |\sec x + \tan x|] + C$

# ● Utilisation de la formule d'intégration par parties pour calculer des intégrales définies

L'utilisation de l'intégration par parties et du théorème fondamental du calcul permet de calculer des intégrales définies.

**Exemple 1** Calculons $\int_{-2}^{2} xe^{-2x}\,dx$.

### Étape 1

Calculons d'abord $\int xe^{-2x}\,dx$.

$$u = x \qquad dv = e^{-2x}\,dx$$
$$\text{et}$$
$$du = dx \qquad v = \frac{-e^{-2x}}{2}$$

$$\int xe^{-2x}\,dx = \frac{-xe^{-2x}}{2} + \frac{1}{2}\int e^{-2x}\,dx$$

$$= \frac{-xe^{-2x}}{2} - \frac{e^{-2x}}{4} + C$$

### Étape 2

Calculons ensuite l'intégrale définie.

$$\int_{-2}^{2} xe^{-2x}\,dx = \left(\frac{-xe^{-2x}}{2} - \frac{e^{-2x}}{4}\right)\Bigg|_{-2}^{2}$$

(théorème fondamental du calcul)

$$= \left(-e^{-4} - \frac{e^{-4}}{4}\right) - \left(e^4 - \frac{e^4}{4}\right)$$

$$= \frac{5}{4e^4} - \frac{3e^4}{4}$$

**Exemple 2** Soit $f(x) = \ln x$, où $x \in [e^{-1}, e]$.

a) Calculons $\int \ln x\,dx$.

$$u = \ln x \qquad dv = dx$$
$$\text{et}$$
$$du = \frac{1}{x}\,dx \qquad v = x$$

$$\int \ln x\,dx = x\ln x - \int dx$$

d'où $\int \ln x\,dx = x\ln x - x + C$

b) Calculons $\int_{e^{-1}}^{e} \ln x\,dx$.

$$\int_{e^{-1}}^{e} \ln x\,dx = (x\ln x - x)\Big|_{e^{-1}}^{e}$$

$$= (e\ln e - e) - \left(e^{-1}\ln e^{-1} - e^{-1}\right)$$

$$= (e - e) - \left(-e^{-1} - e^{-1}\right)$$

$$= \frac{2}{e}$$

c) Calculons l'aire $A$ de la région délimitée par la courbe d'équation $y = \ln x$ et l'axe des $x$ lorsque $x \in [e^{-1}, e]$.

Déterminons $x$, tel que $f(x) = 0$.

Ainsi $\qquad\qquad\qquad \ln x = 0$, donc $x = 1$

Ainsi $\qquad A = A_1 + A_2$

sur $[e^{-1}, 1]$, $A_{\text{rect.}} = (0 - y)\,\Delta x$
sur $[1, e]$, $A_{\text{rect.}} = (y - 0)\,\Delta x$

$$= \int_{e^{-1}}^{1} (0 - \ln x)\,dx + \int_{1}^{e} \ln x\,dx$$

$$= (-x\ln x + x)\Big|_{e^{-1}}^{1} + (x\ln x - x)\Big|_{1}^{e}$$

$$= (-1\ln 1 + 1) - (-e^{-1}\ln e^{-1} + e^{-1}) + (e\ln e - e) - (1\ln 1 - 1)$$

$$= 2 - 2e^{-1}$$

d'où $A = \dfrac{2e - 2}{e}\,\text{u}^2$.

**Exemple 3** Soit $f(x) = \sin^2 x$, où $x \in [0, \pi]$.

Calculons l'aire de la région délimitée par la courbe de $f$ et l'axe des $x$ sur l'intervalle donné. Notons que $f$ étant non négative sur $[0, \pi]$, l'aire cherchée est $A_0^{\pi} = \int_0^{\pi} \sin^2 x \, dx$.

**Étape 1**

Calculons d'abord $\int \sin^2 x \, dx$, que nous notons $I$, à l'aide de la formule d'intégration par parties.

Il faut d'abord transformer $I$.

$$I = \int \sin^2 x \, dx = \int \sin x \sin x \, dx$$

| $u = \sin x$ | et | $dv = \sin x \, dx$ |
|---|---|---|
| $du = \cos x \, dx$ | | $v = -\cos x$ |

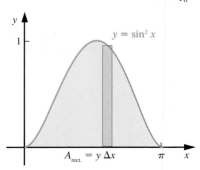

$$I = -\sin x \cos x - \int (-\cos x) \cos x \, dx$$

$$= -\sin x \cos x + \int \cos^2 x \, dx$$

$\cos^2 x + \sin^2 x = 1$ $\qquad = -\sin x \cos x + \int (1 - \sin^2 x) \, dx$

$$= -\sin x \cos x + \int 1 \, dx - \int \sin^2 x \, dx$$

$I = \int \sin^2 x \, dx$ $\qquad = -\sin x \cos x + x - I$

$$2I = -\sin x \cos x + x + C_1$$

$$I = \frac{-\sin x \cos x + x}{2} + C \qquad \left( C = \frac{C_1}{2} \right)$$

donc $\qquad \int \sin^2 x \, dx = \dfrac{-\sin x \cos x + x}{2} + C$

**Étape 2**

Calculons l'aire.

$$A_0^{\pi} = \int_0^{\pi} \sin^2 x \, dx$$

$$= \left. \frac{-\sin x \cos x + x}{2} \right|_0^{\pi}$$

$$= \left( \frac{-\sin \pi \cos \pi + \pi}{2} \right) - \left( \frac{-\sin 0 \cos 0 + 0}{2} \right)$$

$$= \frac{\pi}{2} \, u^2$$

d'où $A_0^{\pi} = \dfrac{\pi}{2} \, u^2$.

## ■ Formules de réduction

Dans certains cas où nous devons utiliser plusieurs fois la formule d'intégration par parties pour trouver une primitive, il est possible d'utiliser une formule de réduction nous permettant de trouver plus rapidement cette primitive.

**Exemple 1**

a) Déterminons une formule de réduction pour $\int x^n \, e^{ax} \, dx$, où $a \in \mathbb{R}\backslash\{0\}$ et $n \in \{1, 2, 3, \ldots\}$.

| $u = x^n$ | et | $dv = e^{ax} \, dx$ |
|---|---|---|
| $du = nx^{n-1} \, dx$ | | $v = \dfrac{e^{ax}}{a}$ |

$$\int x^n \, e^{ax} \, dx = \frac{x^n \, e^{ax}}{a} - \frac{n}{a} \int x^{n-1} \, e^{ax} \, dx$$

Nous remarquons que la dernière intégrale a une forme semblable à l'intégrale initiale, sauf pour l'exposant de $x$ qui a diminué de 1.

$$\int x^n\, e^{ax}\, dx = \frac{x^n\, e^{ax}}{a} - \frac{n}{a} \int x^{n-1}\, e^{ax}\, dx$$

l'exposant a diminué de 1

identique

Une telle formule est appelée formule de réduction

D'où nous obtenons la formule de réduction suivante.

$$\int x^n\, e^{ax}\, dx = \frac{x^n\, e^{ax}}{a} - \frac{n}{a} \int x^{n-1}\, e^{ax}\, dx, \text{ où } a \in \mathbb{R}\setminus\{0\} \text{ et } n \in \{1, 2, 3, \dots\}$$

b) Calculons $\int x^2\, e^{3x}\, dx$ en utilisant la formule de réduction précédente.

$$\int x^2\, e^{3x}\, dx = \frac{x^2\, e^{3x}}{3} - \frac{2}{3} \int x\, e^{3x}\, dx \qquad \text{(formule de réduction, où } n = 2 \text{ et } a = 3)$$

$$= \frac{x^2\, e^{3x}}{3} - \frac{2}{3} \left[ \frac{x\, e^{3x}}{3} - \frac{1}{3} \int e^{3x}\, dx \right] \qquad \text{(formule de réduction, où } n = 1 \text{ et } a = 3)$$

$$= \frac{x^2\, e^{3x}}{3} - \frac{2}{9} x\, e^{3x} + \frac{2}{9} \int e^{3x}\, dx$$

d'où $\int x^2\, e^{3x}\, dx = \dfrac{x^2\, e^{3x}}{3} - \dfrac{2}{9} x\, e^{3x} + \dfrac{2}{27} e^{3x} + C$

### Exemple 2

a) Déterminons une formule de réduction pour $\int \sin^n x\, dx$, où $n \in \{2, 3, 4, \dots\}$.

Pour utiliser la formule d'intégration par parties, il faut d'abord transformer $\int \sin^n x\, dx$.

Soit $I = \int \sin^n x\, dx = \int \sin^{n-1} x \sin x\, dx$.

$$u = \sin^{n-1} x$$
$$du = (n-1) \sin^{n-2} x \cos x\, dx$$

et

$$dv = \sin x\, dx$$
$$v = -\cos x$$

$$I = -\sin^{n-1} x \cos x + (n-1) \int \cos x \sin^{n-2} x \cos x\, dx$$

$$= -\sin^{n-1} x \cos x + (n-1) \int \cos^2 x \sin^{n-2} x\, dx$$

$\cos^2 x = 1 - \sin^2 x$

$$= -\sin^{n-1} x \cos x + (n-1) \int (1 - \sin^2 x) \sin^{n-2} x\, dx$$

$$= -\sin^{n-1} x \cos x + (n-1) \int [\sin^{n-2} x - \sin^n x]\, dx$$

$$= -\sin^{n-1} x \cos x + (n-1) \int \sin^{n-2} x\, dx - (n-1) \int \sin^n x\, dx$$

$I = \int \sin^n x\, dx$

$$= -\sin^{n-1} x \cos x + (n-1) \int \sin^{n-2} x\, dx - (n-1) I$$

$$I + (n-1) I = -\sin^{n-1} x \cos x + (n-1) \int \sin^{n-2} x\, dx$$

$$nI = -\sin^{n-1} x \cos x + (n-1) \int \sin^{n-2} x\, dx$$

$$I = \frac{-\sin^{n-1} x \cos x}{n} + \frac{n-1}{n} \int \sin^{n-2} x\, dx$$

l'exposant a diminué de 2

$$\int \sin^n x\, dx = \frac{-\sin^{n-1} x \cos x}{n} + \frac{n-1}{n} \int \sin^{n-2} x\, dx$$

Nous remarquons que la dernière intégrale a la même forme que l'intégrale initiale, sauf pour l'exposant $n$, qui a diminué de 2.

D'où nous obtenons la formule de réduction suivante.

$$\int \sin^n x \, dx = \frac{-\sin^{n-1} x \cos x}{n} + \frac{n-1}{n} \int \sin^{n-2} x \, dx, \text{ où } n \in \{2, 3, 4, \dots\}$$

Lorsque nous utilisons de façon successive la formule précédente, si $n$ est impair, la dernière intégrale à effectuer sera $\int \sin x \, dx$ et, si $n$ est pair, la dernière intégrale à effectuer sera $\int dx$.

b) Calculons $\int \sin^2 x \, dx$ et $\int \sin^3 5x \, dx$, en utilisant la formule de réduction précédente.

$$\int \sin^2 x \, dx = \frac{-\sin^{2-1} x \cos x}{2} + \frac{2-1}{2} \int \sin^{2-2} x \, dx$$

$$= \frac{-\sin x \cos x}{2} + \frac{1}{2} \int 1 \, dx$$

$$= \frac{-\sin x \cos x}{2} + \frac{x}{2} + C$$

$$u = 5x, \, du = 5 \, dx \text{ et } dx = \frac{1}{5} \, du$$

$$\int \sin^3 5x \, dx = \frac{1}{5} \int \sin^3 u \, du$$

$$= \frac{1}{5}\left[\frac{-\sin^{3-1} u \cos u}{3} + \frac{3-1}{3} \int \sin^{3-2} u \, du\right]$$

$$= \frac{1}{5}\left[\frac{-\sin^2 u \cos u}{3} + \frac{2}{3} \int \sin u \, du\right]$$

$$= \frac{1}{5}\left[\frac{-\sin^2 u \cos u}{3} - \frac{2}{3} \cos u + C_1\right]$$

$$= \frac{-\sin^2 5x \cos 5x}{15} - \frac{2 \cos 5x}{15} + C \quad \left(C = \frac{1}{5}C_1\right)$$

# Exercices 4.1

**1.** Calculer les intégrales suivantes.

a) $\int x e^{3x} \, dx$

b) $\int \dfrac{t \sin 2t}{3} \, dt$

c) $\int \ln 8x \, dx$

d) $\int 3\theta \cos\left(\dfrac{\theta}{5}\right) d\theta$

e) $\int \sqrt{x} \ln x \, dx$

f) $\int x \sqrt{1 + 4x} \, dx$

**2.** Calculer les intégrales suivantes.

a) $\int x \sec^2 6x \, dx$

b) $\int \operatorname{Arc} \sin 5x \, dx$

c) $\int t \sec t \tan t \, dt$

d) $\int x^2 \operatorname{Arc} \cos x^3 \, dx$

e) $\int x^3 e^{x^2} \, dx$

f) $\int y^2 \operatorname{Arc} \tan y \, dy$

**3.** Calculer les intégrales suivantes.

a) $\int x^2 \sin x \, dx$

b) $\int x^2 e^{4x} \, dx$

c) $\int x^2 \ln^2 x \, dx$

d) $\int \dfrac{x^2 - 5x}{e^{3x}} \, dx$

**4.** Calculer les intégrales suivantes en utilisant un tableau contenant les valeurs successives de $u$ et de $dv$.

a) $\int (2x^2 - 3x + 4) \, e^{7x} \, dx$

b) $\int \theta^3 \cos\left(\dfrac{2\theta}{5}\right) d\theta$

**5.** Calculer les intégrales suivantes.

a) $\int e^x \sin x \, dx$

b) $\int e^{-x} \cos 2x \, dx$

c) $\int \cos^2 \theta \, d\theta$

d) $\int \cos (\ln x) \, dx$

e) $\int \sin 3t \cos 4t \, dt$

f) $\int \csc^3 x \, dx$

**6.** Calculer les intégrales suivantes.

a) $\int \log x \, dx$

b) $\int x \ln^2 x \, dx$

c) $\int x^2 \ln x \, dx$

d) $\int x^3 \sin 2x \, dx$

e) $\int \sin \theta \sin 4\theta \, d\theta$

f) $\int \dfrac{y}{\sqrt{1 + y}} \, dy$

**7.** Démontrer la formule de réduction donnée et utiliser cette formule pour trouver les intégrales demandées.

a) $\int \ln^n x \, dx = x \ln^n x - n \int \ln^{n-1} x \, dx$,

où $n \in \{1, 2, 3, \ldots\}$ ; $\int \ln^3 x \, dx$

b) $\int \cos^n x \, dx = \dfrac{\cos^{n-1} x \sin x}{n} + \dfrac{n-1}{n} \int \cos^{n-2} x \, dx$,

où $n \in \{2, 3, 4, \ldots\}$ ; $\int \cos^4 x \, dx$ et $\int \cos^5 3x \, dx$

c) $\int \sec^n x \, dx = \dfrac{\sec^{n-2} x \tan x}{n-1} + \dfrac{n-2}{n-1} \int \sec^{n-2} x \, dx$,

où $n \in \{2, 3, 4, \ldots\}$ ; $\int \sec^4 x \, dx$ et $\int \sec^5 x \, dx$

d) $\int \tan^n x \, dx = \dfrac{\tan^{n-1} x}{n-1} + \int \tan^{n-2} x \, dx$,

où $n \in \{2, 3, 4, \ldots\}$ ; $\int \tan^4 x \, dx$ et $\int \tan^7 2x \, dx$

**8.** Évaluer les intégrales définies suivantes.

a) $\int_{-1}^{0} x e^{3x} \, dx$

b) $\int_{1}^{e} x \ln x \, dx$

c) $\int_{0}^{\pi} \cos^5 x \, dx$

d) $\int_{0}^{0,5} \text{Arc} \sin x \, dx$

**9.**  Calculer, à l'aide de l'intégrale définie, l'aire des régions fermées délimitées par les courbes suivantes (représenter graphiquement les régions à l'aide d'un outil technologique).

a) $y = x e^x$, $y = 0$, $x = -2$ et $x = 1$

b) $y = \text{Arc} \tan x$, $y = 0$, $x = -1$ et $x = 1$

c) $y = x^2 \sin x$, $y = 0$, $x = 0$ et $x = 2\pi$

d) $y = \dfrac{\ln x}{\sqrt{x}}$, $y = 0$, $x = 0,5$ et $x = 2$

**10.** Dans les intégrales suivantes, déterminer $u$ et $dv$ qui nous permettraient d'intégrer par parties.

a) $\int (\text{polynôme}) \sin ax \, dx$

b) $\int (\text{polynôme}) \ln x \, dx$

c) $\int (\text{polynôme}) e^{ax} \, dx$

d) $\int (\text{polynôme}) \text{Arc} \tan x \, dx$

# 4.2 Intégration de fonctions trigonométriques

## Objectifs d'apprentissage

À la fin de cette section, l'élève pourra intégrer certaines fonctions trigonométriques en utilisant des identités trigonométriques et des changements de variable.

Plus précisément, l'élève sera en mesure :
- de calculer des intégrales de la forme $\int \sin^n ax \, dx$ ou $\int \cos^n ax \, dx$, où $n \in \{2, 3, 4, \ldots\}$ ;
- de calculer des intégrales de la forme $\int \sin^m ax \cos^n ax \, dx$ ;
- de calculer des intégrales de la forme $\int (\sin ax \cos bx)^n \, dx$, $\int (\sin ax \sin bx)^n \, dx$ et $\int (\cos ax \cos bx)^n \, dx$ ;
- de calculer des intégrales de la forme $\int \tan^n ax \, dx$ ;
- de calculer des intégrales de la forme $\int \sec^n ax \, dx$ ;
- de calculer des intégrales de la forme $\int \sec^n ax \tan^m ax \, dx$.

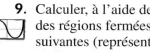

$$\int \sin 5x \sin 2x \, dx = \int \frac{1}{2} [\cos 3x - \cos 7x] \, dx$$

$$= \frac{1}{2} \left( \frac{\sin 3x}{3} - \frac{\sin 7x}{7} \right) + C$$

**4**

Voici une liste d'identités trigonométriques qui pourront être utiles lors du calcul de certaines intégrales de fonctions trigonométriques.

| | | | |
|---|---|---|---|
| 1) $\sin^2 A + \cos^2 A = 1$ | 6) $\sin A \cos A = \dfrac{1}{2} \sin 2A$ |
| 2) $1 + \tan^2 A = \sec^2 A$ | 7) $\sin A \cos B = \dfrac{1}{2} [\sin (A - B) + \sin (A + B)]$ |
| 3) $1 + \cot^2 A = \csc^2 A$ | 8) $\sin A \sin B = \dfrac{1}{2} [\cos (A - B) - \cos (A + B)]$ |
| 4) $\sin^2 A = \dfrac{1 - \cos 2A}{2}$ | 9) $\cos A \cos B = \dfrac{1}{2} [\cos (A - B) + \cos (A + B)]$ |
| 5) $\cos^2 A = \dfrac{1 + \cos 2A}{2}$ | |

Le calcul d'intégrale de fonctions trigonométriques nécessite de la réflexion et de l'intuition lorsqu'il faut choisir les identités trigonométriques à utiliser et la méthode d'intégration à employer.

## ■ Intégrales de la forme $\int \sin^n ax\,dx$ ou $\int \cos^n ax\,dx$, où $n \in \{2, 3, 4, \ldots\}$

Pour résoudre des intégrales de ces formes, il est toujours possible d'utiliser les formules de réduction suivantes.

$$\int \sin^n u\,du = \frac{-\sin^{n-1} u \cos u}{n} + \frac{n-1}{n} \int \sin^{n-2} u\,du,\ \text{où } n \in \{2, 3, 4, \ldots\}$$

$$\int \cos^n u\,du = \frac{\cos^{n-1} u \sin u}{n} + \frac{n-1}{n} \int \cos^{n-2} u\,du,\ \text{où } n \in \{2, 3, 4, \ldots\}$$

Nous pouvons également utiliser différentes identités trigonométriques pour calculer ces intégrales.

Cas où $n$ est impair, c'est-à-dire $n \in \{3, 5, 7, \ldots\}$

Pour résoudre des intégrales de la forme $\int \sin^{2k+1} ax\,dx$ ou de la forme $\int \cos^{2k+1} ax\,dx$, où $k \in \{1, 2, 3, \ldots\}$, nous pouvons procéder de la façon suivante.

$\sin^2 A + \cos^2 B = 1$

$$\int [\sin ax]^{2k+1}\,dx = \int [\sin ax]^{2k} \sin ax\,dx$$

$$= \int [\sin^2 ax]^k \sin ax\,dx$$

$$= \int [1 - \cos^2 ax]^k \sin ax\,dx$$

$$\int [\cos ax]^{2k+1}\,dx = \int [\cos ax]^{2k} \cos ax\,dx$$

$$= \int [\cos^2 ax]^k \cos ax\,dx$$

$$= \int [1 - \sin^2 ax]^k \cos ax\,dx$$

Nous pouvons poser $u = \cos ax$ et nous obtenons $du = {-a} \sin ax\,dx$.

Nous pouvons poser $u = \sin ax$ et nous obtenons $du = a \cos ax\,dx$.

Par la suite, nous élevons à la puissance $k$ et nous intégrons le polynôme obtenu.

Cas où $n$ est pair, c'est-à-dire $n \in \{2, 4, 6, \ldots\}$

Pour résoudre des intégrales de la forme $\int \sin^{2k} ax\,dx$ ou de la forme $\int \cos^{2k} ax\,dx$, où $k \in \{1, 2, 3, \ldots\}$, nous pouvons procéder de la façon suivante.

$\sin^2 A = \dfrac{1 - \cos 2A}{2}$

$\cos^2 A = \dfrac{1 + \cos 2A}{2}$

$$\int [\sin ax]^{2k}\,dx = \int [\sin^2 ax]^k\,dx$$

$$= \int \left[ \frac{1 - \cos 2ax}{2} \right]^k dx$$

$$\int [\cos ax]^{2k}\,dx = \int [\cos^2 ax]^k\,dx$$

$$= \int \left[ \frac{1 + \cos 2ax}{2} \right]^k dx$$

Par la suite, nous élevons à la puissance $k$ et nous intégrons chaque terme en utilisant une des méthodes précédentes.

**Exemple 1** Calculons les intégrales suivantes.

a) $I = \int \sin^7 x \, dx$

$I = \int \sin^6 x \sin x \, dx$

$= \int (\sin^2 x)^3 \sin x \, dx$

$= \int (1 - \cos^2 x)^3 \sin x \, dx$

$\boxed{\begin{array}{l} u = \cos x \\ du = -\sin x \, dx \end{array}}$

$= \int (1 - u^2)^3 (-du)$

$= -\int (1 - 3u^2 + 3u^4 - u^6) \, du$

$= -\left( u - u^3 + \dfrac{3u^5}{5} - \dfrac{u^7}{7} \right) + C$

d'où $\int \sin^7 x \, dx = -\cos x + \cos^3 x - \dfrac{3\cos^5 x}{5} + \dfrac{\cos^7 x}{7} + C$

b) $J = \int \sin^4 5x \, dx$

$J = \int (\sin^2 5x)^2 \, dx$

$= \int \left( \dfrac{1 - \cos 10x}{2} \right)^2 dx \quad \left( \sin^2 A = \dfrac{1 - \cos 2A}{2} \right)$

$= \dfrac{1}{4} \int (1 - 2\cos 10x + \cos^2 10x) \, dx$

$= \dfrac{1}{4} \left[ \int 1 \, dx - 2 \int \cos 10x \, dx + \int \cos^2 10x \, dx \right]$

$= \dfrac{1}{4} \left[ x - \dfrac{\sin 10x}{5} + \int \left( \dfrac{1 + \cos 20x}{2} \right) dx \right]$

$\left( \cos^2 A = \dfrac{1 + \cos 2A}{2} \right)$

$= \dfrac{1}{4} \left[ x - \dfrac{\sin 10x}{5} + \dfrac{1}{2} \left( x + \dfrac{\sin 20x}{20} \right) \right] + C$

d'où $\int \sin^4 5x \, dx = \dfrac{3x}{8} - \dfrac{\sin 10x}{20} + \dfrac{\sin 20x}{160} + C$

## ■ Intégrales de la forme $\int \sin^m ax \cos^n ax \, dx$

*Cas où $m$ ou $n$ est un entier impair plus grand ou égal à 3*

Pour résoudre des intégrales de cette forme, nous conservons une copie de la fonction trigonométrique affectée d'un exposant impair pour obtenir $\sin ax \, dx$ ou $\cos ax \, dx$. Ensuite, nous transformons le nombre pair de copies restantes en utilisant l'identité $\sin^2 A + \cos^2 A = 1$. Finalement, nous effectuons le changement de variable en assignant à $u$ l'autre fonction trigonométrique obtenue.

**Exemple 1** Calculons les intégrales suivantes.

a) $I = \int \sin^4 x \cos^5 x \, dx$

$I = \int \sin^4 x \cos^4 x \cos x \, dx$

$= \int \sin^4 x (\cos^2 x)^2 \cos x \, dx$

$= \int \sin^4 x (1 - \sin^2 x)^2 \cos x \, dx$

$= \int u^4 (1 - u^2)^2 \, du$

$\boxed{\begin{array}{l} u = \sin x \\ du = \cos x \, dx \end{array}}$

$= \int u^4 (1 - 2u^2 + u^4) \, du$

$= \int (u^4 - 2u^6 + u^8) \, du$

$= \dfrac{u^5}{5} - \dfrac{2u^7}{7} + \dfrac{u^9}{9} + C$

d'où $I = \dfrac{\sin^5 x}{5} - \dfrac{2\sin^7 x}{7} + \dfrac{\sin^9 x}{9} + C$

b) $J = \int \dfrac{\sin^3 2x}{\sqrt[5]{\cos 2x}} \, dx$

$J = \int (\cos 2x)^{\frac{-1}{5}} \sin^2 2x \sin 2x \, dx$

$= \int (\cos 2x)^{\frac{-1}{5}} (1 - \cos^2 2x) \sin 2x \, dx$

$= \dfrac{-1}{2} \int u^{\frac{-1}{5}} (1 - u^2) \, du$

$\boxed{\begin{array}{l} u = \cos 2x \\ du = -2\sin 2x \, dx \end{array}}$

$= \dfrac{-1}{2} \int (u^{\frac{-1}{5}} - u^{\frac{9}{5}}) \, du$

$= \dfrac{-1}{2} \left( \dfrac{5u^{\frac{4}{5}}}{4} - \dfrac{5u^{\frac{14}{5}}}{14} \right) + C$

d'où $J = \dfrac{-1}{2} \left( \dfrac{5\sqrt[5]{\cos^4 2x}}{4} - \dfrac{5\sqrt[5]{\cos^{14} 2x}}{14} \right) + C$

Dans le cas où $m$ et $n$ sont tous les deux des entiers impairs, nous pouvons choisir de transformer l'une ou l'autre des fonctions pour obtenir $\sin ax\ dx$ ou $\cos ax\ dx$.

**Exemple 2** Calculons $\int \sin^3 x \cos^5 x\ dx$, notée $I$, de deux façons différentes.

**1<sup>re</sup> façon**

$$I = \int \sin^3 x \cos^5 x\ dx$$

$$= \int \sin x \sin^2 x \cos^5 x\ dx$$

$$= \int \sin^2 x \cos^5 x \sin x\ dx$$

$$= \int (1 - \cos^2 x) \cos^5 x \sin x\ dx$$

$$= -\int (1 - u^2) u^5\ du \qquad \begin{array}{l} u = \cos x \\ du = -\sin x\ dx \end{array}$$

$$= -\int (u^5 - u^7)\ du$$

$$= \frac{-u^6}{6} + \frac{u^8}{8} + C$$

d'où $I = \dfrac{-\cos^6 x}{6} + \dfrac{\cos^8 x}{8} + C$

**2<sup>e</sup> façon**

$$I = \int \sin^3 x \cos^5 x\ dx$$

$$= \int \sin^3 x \cos^4 x \cos x\ dx$$

$$= \int \sin^3 x (\cos^2 x)^2 \cos x\ dx$$

$$= \int \sin^3 x (1 - \sin^2 x)^2 \cos x\ dx$$

$$= \int u^3 (1 - u^2)^2\ du \qquad \begin{array}{l} u = \sin x \\ du = \cos x\ dx \end{array}$$

$$= \int u^3 (1 - 2u^2 + u^4)\ du$$

$$= \int (u^3 - 2u^5 + u^7)\ du$$

$$= \frac{u^4}{4} - \frac{2u^6}{6} + \frac{u^8}{8} + C_1$$

d'où $I = \dfrac{\sin^4 x}{4} - \dfrac{\sin^6 x}{3} + \dfrac{\sin^8 x}{8} + C_1$

Nous pouvons constater que les calculs sont plus simples en choisissant de transformer le facteur dont l'exposant est le moins élevé, c'est-à-dire $\sin^3 x$ au lieu de $\cos^5 x$.

L'élève peut vérifier que les deux primitives obtenues sont égales à une constante près (corollaire 2, chapitre 1).

Cas où $m$ et $n$ sont des entiers pairs et non négatifs

Pour résoudre des intégrales de cette forme, nous pouvons utiliser les identités trigonométriques :

$$\sin^2 A = \frac{1 - \cos 2A}{2}, \qquad \cos^2 A = \frac{1 + \cos 2A}{2} \quad \text{et} \quad \sin A \cos A = \frac{1}{2} \sin 2A$$

**Exemple 3** Calculons $\int \sin^2 x \cos^4 x\ dx$.

$$\int \sin^2 x \cos^4 x\ dx = \int (\sin x \cos x)^2 \cos^2 x\ dx$$

$$= \int \left(\frac{\sin 2x}{2}\right)^2 \left(\frac{1 + \cos 2x}{2}\right) dx \quad \left(\sin x \cos x = \frac{1}{2} \sin 2x \text{ et } \cos^2 x = \frac{1 + \cos 2x}{2}\right)$$

$$= \frac{1}{8} \left[\int \sin^2 2x\ dx + \int \sin^2 2x \cos 2x\ dx\right]$$

$$= \frac{1}{8} \left[\int \frac{1 - \cos 4x}{2}\ dx + \int \sin^2 2x \cos 2x\ dx\right] \qquad \left(\sin^2 2x = \frac{1 - \cos 4x}{2}\right)$$

$$\begin{array}{l} u = \sin 2x \\ du = 2 \cos 2x\ dx \end{array}$$

$$= \frac{1}{8} \left[\frac{1}{2} \left(\int 1\ dx - \int \cos 4x\ dx\right) + \int \sin^2 2x \cos 2x\ dx\right]$$

$$= \frac{1}{8} \left[\frac{1}{2} \left(x - \frac{\sin 4x}{4}\right) + \frac{\sin^3 2x}{6}\right] + C$$

d'où $\int \sin^2 x \cos^4 x\ dx = \dfrac{x}{16} - \dfrac{\sin 4x}{64} + \dfrac{\sin^3 2x}{48} + C$

## Intégrales de la forme $\int (\sin ax \cos bx)^n\, dx$, $\int (\sin ax \sin bx)^n\, dx$ et $\int (\cos ax \cos bx)^n\, dx$, où $n \in \{1, 2, 3, \ldots\}$

Dans le cas particulier où $n = 1$, il est possible de résoudre cette intégrale en utilisant la méthode d'intégration par parties (voir section 4.1, exercices n$^{os}$ 5 e) et 6 e), page 214).

Nous pouvons également utiliser les identités trigonométriques :

$$\sin A \cos B = \frac{1}{2}[\sin(A - B) + \sin(A + B)]$$

$$\sin A \sin B = \frac{1}{2}[\cos(A - B) - \cos(A + B)]$$

$$\cos A \cos B = \frac{1}{2}[\cos(A - B) + \cos(A + B)]$$

pour résoudre des intégrales de ces formes, où $n \in \{1, 2, 3, \ldots\}$.

**Exemple 1** Calculons les intégrales suivantes.

a) $\displaystyle \int \sin 5x \sin 2x\, dx = \int \frac{1}{2}[\cos 3x - \cos 7x]\, dx$

$$\left(\sin 5x \sin 2x = \frac{1}{2}[\cos(5x - 2x) - \cos(5x + 2x)]\right)$$

$$= \frac{1}{2}\left(\frac{\sin 3x}{3} - \frac{\sin 7x}{7}\right) + C$$

b) $\displaystyle \int \cos\left(\frac{x}{3}\right) \cos\left(\frac{x}{2}\right) dx = \int \frac{1}{2}\left[\cos\left(\frac{-x}{6}\right) + \cos\left(\frac{5x}{6}\right)\right] dx$

$$\left(\cos\left(\frac{x}{3}\right) \cos\left(\frac{x}{2}\right) = \frac{1}{2}\left[\cos\left(\frac{x}{3} - \frac{x}{2}\right) + \cos\left(\frac{x}{3} + \frac{x}{2}\right)\right]\right)$$

$$= \frac{1}{2}\left(-6\sin\left(\frac{-x}{6}\right) + \frac{6}{5}\sin\left(\frac{5x}{6}\right)\right) + C$$

Certaines intégrales peuvent nécessiter l'utilisation de plusieurs identités.

**Exemple 2** Calculons $\int \sin^2 3x \cos^2 2x\, dx$, notée $I$.

$$I = \int (\sin 3x \cos 2x)^2\, dx$$

$$= \int \left[\frac{1}{2}(\sin x + \sin 5x)\right]^2 dx \qquad \left(\sin 3x \cos 2x = \frac{1}{2}[\sin(3x - 2x) + \sin(3x + 2x)]\right)$$

$$= \frac{1}{4} \int (\sin^2 x + 2\sin 5x \sin x + \sin^2 5x)\, dx$$

$$= \frac{1}{4} \int \left[\frac{1 - \cos 2x}{2} + (\cos 4x - \cos 6x) + \frac{1 - \cos 10x}{2}\right] dx$$

$$\left(\sin^2 A = \frac{1 - \cos 2A}{2} \text{ et } \sin 5x \sin x = \frac{1}{2}[\cos(5x - x) - \cos(5x + x)]\right)$$

$$= \frac{1}{4}\left[\frac{x}{2} - \frac{\sin 2x}{4} + \frac{\sin 4x}{4} - \frac{\sin 6x}{6} + \frac{x}{2} - \frac{\sin 10x}{20}\right] + C$$

$$= \frac{x}{4} - \frac{\sin 2x}{16} + \frac{\sin 4x}{16} - \frac{\sin 6x}{24} - \frac{\sin 10x}{80} + C$$

# ■ Intégrales de la forme $\int \tan^n ax\ dx$, où $n \in \{2, 3, 4, \ldots\}$

Pour résoudre des intégrales de cette forme, il est toujours possible d'utiliser la formule de réduction suivante.

$$\int \tan^n u\ du = \frac{\tan^{n-1} u}{n-1} - \int \tan^{n-2} u\ du, \text{ où } n \in \{2, 3, 4, \ldots\}$$

Nous pouvons également utiliser l'identité trigonométrique $1 + \tan^2 A = \sec^2 A$ pour remplacer, dans l'intégrande, $\tan^2 ax$ par $(\sec^2 ax - 1)$.

**Exemple 1**  Calculons $\int \tan^5 x\ dx$.

$$\int \tan^5 x\ dx = \int \tan^3 x \tan^2 x\ dx$$

$$= \int \tan^3 x\ (\sec^2 x - 1)\ dx \qquad (\tan^2 x = \sec^2 x - 1)$$

$$= \int \tan^3 x \sec^2 x\ dx - \int \tan^3 x\ dx$$

$$= \int \tan^3 x \sec^2 x\ dx - \int \tan x \tan^2 x\ dx$$

$$= \int \tan^3 x \sec^2 x\ dx - \int \tan x\ (\sec^2 x - 1)\ dx \qquad (\tan^2 x = \sec^2 x - 1)$$

$$= \int \tan^3 x \sec^2 x\ dx - \int \tan x \sec^2 x\ dx + \int \tan x\ dx$$

$u = \tan x$

$du = \sec^2 x\ dx$

$$= \int u^3\ du - \int u\ du + \int \tan x\ dx$$

$$= \frac{u^4}{4} - \frac{u^2}{2} - \ln|\cos x| + C$$

d'où $\int \tan^5 x\ dx = \dfrac{\tan^4 x}{4} - \dfrac{\tan^2 x}{2} + \ln|\sec x| + C$

**Exemple 2**  Calculons $\int \tan^6 7\theta\ d\theta$.

$$\int \tan^6 7\theta\ d\theta = \int \tan^4 7\theta \tan^2 7\theta\ d\theta$$

$$= \int \tan^4 7\theta\ (\sec^2 7\theta - 1)\ d\theta \qquad (\tan^2 7\theta = \sec^2 7\theta - 1)$$

$$= \int \tan^4 7\theta \sec^2 7\theta\ d\theta - \int \tan^4 7\theta\ d\theta$$

$$= \int \tan^4 7\theta \sec^2 7\theta\ d\theta - \int \tan^2 7\theta \tan^2 7\theta\ d\theta$$

$$= \int \tan^4 7\theta \sec^2 7\theta\ d\theta - \int \tan^2 7\theta\ (\sec^2 7\theta - 1)\ d\theta$$

$$= \int \tan^4 7\theta \sec^2 7\theta\ d\theta - \int \tan^2 7\theta \sec^2 7\theta\ d\theta + \int \tan^2 7\theta\ d\theta$$

$u = \tan 7\theta$

$du = 7 \sec^2 7\theta\ d\theta$

$$= \int \tan^4 7\theta \sec^2 7\theta\ d\theta - \int \tan^2 7\theta \sec^2 7\theta\ d\theta + \int (\sec^2 7\theta - 1)\ d\theta$$

$$= \frac{1}{7} \int u^4\ du - \frac{1}{7} \int u^2\ du + \int \sec^2 7\theta\ d\theta - \int 1\ d\theta$$

$$= \frac{1}{7}\frac{u^5}{5} - \frac{1}{7}\frac{u^3}{3} + \frac{1}{7} \tan 7\theta - \theta + C$$

d'où $\int \tan^6 7\theta\ d\theta = \dfrac{\tan^5 7\theta}{35} - \dfrac{\tan^3 7\theta}{21} + \dfrac{\tan 7\theta}{7} - \theta + C$

**220   CHAPITRE 4** Techniques d'intégration

## ● Intégrales de la forme $\int \sec^n ax \, dx$, où $n \in \{3, 4, 5, ...\}$

Pour résoudre des intégrales de cette forme, il est toujours possible d'utiliser la formule de réduction suivante.

$$\int \sec^n u \, du = \frac{\sec^{n-2} u \tan u}{n-1} + \frac{n-2}{n-1} \int \sec^{n-2} u \, du, \text{ où } n \in \{3, 4, 5, ...\}$$

Dans le cas où $n$ est un nombre pair, nous conservons une copie de la fonction trigonométrique $\sec^2 ax$ et nous transformons le nombre pair de copies restantes en utilisant l'identité $1 + \tan^2 A = \sec^2 A$.

**Exemple 1** Calculons $\int \sec^6 x \, dx$.

$u = \tan x$

$du = \sec^2 x \, dx$

$$\int \sec^6 x \, dx = \int (\sec^2 x)^2 \sec^2 x \, dx$$
$$= \int (\tan^2 x + 1)^2 \sec^2 x \, dx \qquad (1 + \tan^2 A = \sec^2 A)$$
$$= \int (u^2 + 1)^2 \, du$$
$$= \int (u^4 + 2u^2 + 1) \, du$$
$$= \frac{u^5}{5} + \frac{2u^3}{3} + u + C$$

d'où $\int \sec^6 x \, dx = \dfrac{\tan^5 x}{5} + \dfrac{2 \tan^3 x}{3} + \tan x + C$

Dans le cas où $n$ est un nombre impair et $n \geq 3$, nous pouvons utiliser la formule d'intégration par parties ou la formule de réduction précédente.

## ● Intégrales de la forme $\int \sec^n ax \tan^m ax \, dx$

Cas où $n$ est un nombre pair

Pour intégrer des fonctions de cette forme, nous pouvons transformer, si c'est nécessaire, la fonction initiale de façon à obtenir dans l'intégrande $\sec^2 ax$ et utiliser l'identité $1 + \tan^2 A = \sec^2 A$ par la suite.

**Exemple 1** Calculons $\int \tan^{\frac{1}{3}} x \sec^6 x \, dx$.

$u = \tan x$

$du = \sec^2 x \, dx$

$$\int \tan^{\frac{1}{3}} x \sec^6 x \, dx = \int \tan^{\frac{1}{3}} x \sec^4 x \sec^2 x \, dx$$
$$= \int \tan^{\frac{1}{3}} x \, (1 + \tan^2 x)^2 \sec^2 x \, dx \qquad (\sec^4 x = (\sec^2 x)^2 = (1 + \tan^2 x)^2)$$
$$= \int u^{\frac{1}{3}} (1 + u^2)^2 \, du$$
$$= \int \left( u^{\frac{1}{3}} + 2u^{\frac{7}{3}} + u^{\frac{13}{3}} \right) du$$
$$= \frac{3u^{\frac{4}{3}}}{4} + \frac{3u^{\frac{10}{3}}}{5} + \frac{3u^{\frac{16}{3}}}{16} + C$$

d'où $\int \tan^{\frac{1}{3}} x \sec^6 x \, dx = \dfrac{3 \tan^{\frac{4}{3}} x}{4} + \dfrac{3 \tan^{\frac{10}{3}} x}{5} + \dfrac{3 \tan^{\frac{16}{3}} x}{16} + C$

Cas où $n$ et $m$ sont des nombres impairs

Pour intégrer des fonctions de cette forme, nous pouvons transformer, si c'est nécessaire, la fonction initiale de façon à obtenir dans l'intégrande $\sec ax \tan ax$ et utiliser l'identité $1 + \tan^2 A = \sec^2 A$ par la suite.

**Exemple 2**  Calculons $\int \sec^5 2x \tan^3 2x \, dx$.

$$\int \sec^5 2x \tan^3 2x \, dx = \int \sec^4 2x \tan^2 2x \sec 2x \tan 2x \, dx$$

$$= \int \sec^4 2x \, (\sec^2 2x - 1) \sec 2x \tan 2x \, dx \qquad (\tan^2 A = \sec^2 A - 1)$$

$$= \int u^4 (u^2 - 1) \frac{1}{2} \, du$$

$$= \frac{1}{2} \int (u^6 - u^4) \, du$$

$$= \frac{1}{2} \left( \frac{u^7}{7} - \frac{u^5}{5} \right) + C$$

d'où $\int \sec^5 2x \tan^3 2x \, dx = \dfrac{\sec^7 2x}{14} - \dfrac{\sec^5 2x}{10} + C$

$u = \sec 2x \, dx$

$du = 2 \sec 2x \tan 2x \, dx$

Cas où $n$ est un nombre impair et $m$ est un nombre pair

Pour intégrer des fonctions de cette forme, nous pouvons utiliser l'identité $1 + \tan^2 A = \sec^2 A$ pour retrouver seulement des termes de la forme $\sec^k x$ et utiliser ensuite la formule de réduction appropriée.

**Exemple 3**  Calculons $\int \sec x \tan^2 x \, dx$.

$$\int \sec x \tan^2 x \, dx = \int \sec x \, (\sec^2 x - 1) \, dx \qquad (\tan^2 x = \sec^2 x - 1)$$

$$= \int (\sec^3 x - \sec x) \, dx$$

$$= \int \sec^3 x \, dx - \int \sec x \, dx$$

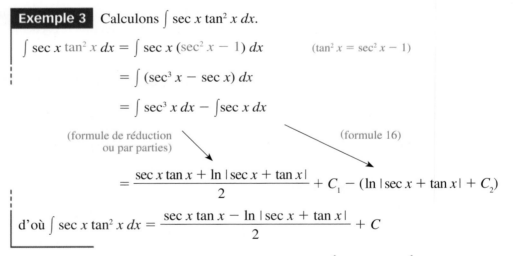

(formule de réduction ou par parties)    (formule 16)

$$= \frac{\sec x \tan x + \ln |\sec x + \tan x|}{2} + C_1 - (\ln |\sec x + \tan x| + C_2)$$

d'où $\int \sec x \tan^2 x \, dx = \dfrac{\sec x \tan x - \ln |\sec x + \tan x|}{2} + C$

**Remarque**  Pour calculer des intégrales de la forme $\int \cot^n ax \, dx$, $\int \csc^n ax \, dx$ ou $\int \csc^n ax \cot^m ax \, dx$, nous utilisons l'identité $1 + \cot^2 A = \csc^2 A$ et un processus analogue à celui utilisé pour calculer $\int \tan^n ax \, dx$, $\int \sec^n ax \, dx$ ou $\int \sec^n ax \tan^m ax \, dx$.

## ▪ Autres formes d'intégrales de fonctions trigonométriques

Lorsque les intégrales à effectuer ont une forme différente de celles étudiées précédemment, nous pouvons transformer l'intégrande en fonction d'autres fonctions trigonométriques afin d'appliquer les méthodes d'intégration précédentes.

**Exemple 1** Calculons $\int \sin^3 x \tan^2 x \, dx$.

$$\int \sin^3 x \tan^2 x \, dx = \int \frac{\sin^3 x \sin^2 x \, dx}{\cos^2 x} \qquad \left(\tan x = \frac{\sin x}{\cos x}\right)$$

$$= \int \frac{\sin^5 x}{\cos^2 x} \, dx$$

$$= \int \frac{(\sin^2 x)^2 \sin x}{\cos^2 x} \, dx$$

$$= \int \frac{(1 - \cos^2 x)^2 \sin x}{\cos^2 x} \, dx \qquad (\sin^2 x = 1 - \cos^2 x)$$

$u = \cos x$

$du = -\sin x \, dx$

$$= -\int \frac{(1 - u^2)^2}{u^2} \, du$$

$$= -\int (u^{-2} - 2 + u^2) \, du$$

$$= -\left(-u^{-1} - 2u + \frac{u^3}{3}\right) + C$$

d'où $\int \sin^3 x \tan^2 x \, dx = \dfrac{1}{\cos x} + 2\cos x - \dfrac{\cos^3 x}{3} + C$

# Exercices 4.2

**1.** Calculer les intégrales suivantes.

a) $\int \sin^2 x \cos^3 x \, dx$

b) $\int \sin^3 5x \cos^2 5x \, dx$

c) $\int \sin^2 t \cos^2 t \, dt$

d) $\int \sin 5\theta \cos 2\theta \, d\theta$

e) $\int \cos^4 3x \, dx$

f) $\int \sqrt{\sin x} \cos^3 x \, dx$

g) $\int \cos\left(\frac{u}{2}\right) \cos\left(\frac{u}{4}\right) du$

h) $\int \sin^4 x \cos^2 x \, dx$

i) $\int \sin^5 2\theta \cos^3 2\theta \, d\theta$

**2.** Calculer les intégrales suivantes.

a) $\int \tan^3 2\theta \, d\theta$       d) $\int \tan^3 v \sec v \, dv$

b) $\int \tan^4 x \, dx$       e) $\int \sec^3 x \tan^2 x \, dx$

c) $\int \sec^4 x \tan^2 x \, dx$       f) $\int \sec^3 5x \tan^3 5x \, dx$

**3.** Calculer les intégrales suivantes.

a) $\int \cot^3 x \, dx$       d) $\int \csc^3 x \cot^3 x \, dx$

b) $\int \cot^4 5x \, dx$       e) $\int \csc^4 x \cot^3 x \, dx$

c) $\int \csc^4 t \, dt$       f) $\int \cot^2 x \csc x \, dx$

**4.** Calculer les intégrales suivantes.

a) $\int \tan 3t \sec^5 3t \, dt$

b) $\int \sec^4 2x \tan^5 2x \, dx$

c) $\int \sin\left(\frac{x}{2}\right) \cos\left(\frac{2x}{3}\right) dx$

d) $\int \frac{\cos^4 \theta}{\sin^6 \theta} \, d\theta$

e) $\int \frac{\cos^3 x}{\sqrt{\sin x}} \, dx$

f) $\int \cot^3 2x \csc^4 2x \, dx$

g) $\int \sec^7 x \, dx$

h) $\int (1 + \sin^2 x)(1 + \cos^2 x) \, dx$

i) $\int \sin^2 \theta \tan^3 \theta \, d\theta$

**5.** Calculer les intégrales définies suivantes.

a) $\int_0^{\frac{\pi}{4}} \cos^2 \theta \, d\theta$       d) $\int_\pi^{2\pi} \cos^2 x \sin^3 x \, dx$

b) $\int_{-\frac{\pi}{2}}^{\frac{\pi}{2}} \cos^3 x \sin^2 x \, dx$       e) $\int_0^{2\pi} \sin 4x \cos 3x \, dx$

c) $\int_0^{\frac{\pi}{4}} \sec^4 u \, du$       f) $\int_{\frac{\pi}{4}}^{\frac{\pi}{2}} \cot^4 x \csc^4 x \, dx$

**6.** Calculer l'aire, à l'aide de l'intégrale définie, de la région fermée délimitée par les courbes définies par $f(x) = \sin^2 x$, $g(x) = \cos^3 x$, $x = \dfrac{\pi}{2}$ et $x = \pi$, après avoir représenté la région à l'aide d'un outil technologique.

**Objectifs d'apprentissage**

À la fin de cette section, l'élève pourra intégrer certaines fonctions à l'aide de substitutions trigonométriques.

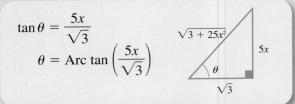

$$\tan \theta = \frac{5x}{\sqrt{3}}$$

$$\theta = \text{Arc tan}\left(\frac{5x}{\sqrt{3}}\right)$$

Plus précisément, l'élève sera en mesure :

- de construire un triangle rectangle correspondant à une équation trigonométrique ;
- d'intégrer des fonctions contenant une expression de la forme $\sqrt{a^2 - x^2}$ ;
- d'intégrer des fonctions contenant une expression de la forme $\sqrt{a^2 + x^2}$ ;
- d'intégrer des fonctions contenant une expression de la forme $\sqrt{x^2 - a^2}$ ;
- d'intégrer des fonctions contenant des expressions de la forme $a^2 - b^2x^2$, $a^2 + b^2x^2$ ou $b^2x^2 - a^2$ ;
- d'intégrer des fonctions contenant une expression de la forme $ax^2 + bx + c$, $a \neq 0$ ;
- d'intégrer des fonctions en utilisant des substitutions diverses.

Certaines intégrales contenant des expressions de la forme $\sqrt{a^2 - x^2}$, $\sqrt{a^2 + x^2}$ ou $\sqrt{x^2 - a^2}$ peuvent être effectuées à l'aide de substitutions telles que $x = a \sin \theta$, $x = a \tan \theta$ ou $x = a \sec \theta$.

Le but de cette substitution est de transformer une somme ou une différence de deux termes en un seul terme de manière à pouvoir possiblement extraire une racine.

Ce type de substitution est appelé substitution trigonométrique.

## ■ Construction de triangles rectangles correspondant à une équation trigonométrique

Les réponses obtenues, en effectuant une substitution trigonométrique, doivent être transformées en fonction de la variable d'intégration initiale.

La construction d'un triangle rectangle approprié et l'utilisation du théorème de Pythagore permettent d'effectuer ces transformations.

Dans toutes les constructions de triangles rectangles

$$\theta \in \left] 0, \frac{\pi}{2} \right[$$

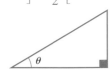

**Exemple 1** Construisons un triangle rectangle satisfaisant l'équation $\sin \theta = \frac{3}{5}$.

Nous savons que $\sin \theta = \dfrac{\text{côté opposé}}{\text{hypoténuse}}$.

Nous pouvons donc construire un triangle rectangle dont le côté opposé à l'angle $\theta$, où $\theta \in \left] 0, \frac{\pi}{2} \right[$, serait 3 et l'hypoténuse, 5.

Il est maintenant possible, à l'aide du théorème de Pythagore, de déterminer la longueur $L$ du côté adjacent à l'angle $\theta$.

En effet, $L = \sqrt{5^2 - 3^2} = 4$.

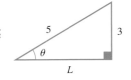

À partir du triangle rectangle obtenu, nous pouvons déterminer l'expression correspondant aux autres fonctions trigonométriques.

Ainsi $\tan \theta = \dfrac{3}{4}$, $\cos \theta = \dfrac{4}{5}$, $\sec \theta = \dfrac{5}{4}$, $\csc \theta = \dfrac{5}{3}$ et $\cot \theta = \dfrac{4}{3}$

**Exemple 2** Exprimons $(\theta + \csc \theta)$ en fonction de $x$ si $\sec \theta = \dfrac{3x}{2}$, où $x > \dfrac{2}{3}$.

Construisons d'abord un triangle rectangle satisfaisant l'équation $\sec \theta = \dfrac{3x}{2}$.

Sachant que $\sec \theta = \dfrac{\text{hypoténuse}}{\text{côté adjacent}}$, nous pouvons construire le triangle

ci-contre où $L = \sqrt{(3x)^2 - 2^2} = \sqrt{9x^2 - 4}$.

D'où $(\theta + \csc \theta) = \operatorname{Arc\,sec}\left(\dfrac{3x}{2}\right) + \dfrac{3x}{\sqrt{9x^2 - 4}}$

## ● Intégration de fonctions contenant une expression de la forme $\sqrt{a^2 - x^2}$

Pour résoudre des intégrales de fonctions contenant une expression de la forme $\sqrt{a^2 - x^2}$, nous pouvons substituer à $x^2$ l'expression $a^2 \sin^2 \theta$. Pour ce faire, nous posons $x = a \sin \theta$, où $a > 0$ et $\theta \in \left[\dfrac{-\pi}{2}, \dfrac{\pi}{2}\right]$. Ainsi $a \cos \theta \ge 0$, ce qui nous permet de simplifier l'expression $\sqrt{a^2 - x^2}$ de la façon suivante :

$\cos^2 \theta + \sin^2 \theta = 1$

$1 - \sin^2 \theta = \cos^2 \theta$

$$\sqrt{a^2 - x^2} = \sqrt{a^2 - a^2 \sin^2 \theta} = \sqrt{a^2(1 - \sin^2 \theta)} = \sqrt{a^2 \cos^2 \theta} = a \cos \theta$$

Le tableau suivant contient les éléments nécessaires pour résoudre des intégrales contenant une expression de la forme $\sqrt{a^2 - x^2}$.

| Forme | Substitution | Différentielle | Triangle correspondant |
|---|---|---|---|
| $\sqrt{a^2 - x^2}$ | $x^2 = a^2 \sin^2 \theta$ <br> $x = a \sin \theta$ <br> $\sin \theta = \dfrac{x}{a}$ <br> $\theta = \operatorname{Arc\,sin}\left(\dfrac{x}{a}\right)$ | $dx = a \cos \theta \, d\theta$ | |

**Exemple 1** Calculons $\displaystyle\int \dfrac{x}{\sqrt{9 - x^2}} \, dx$ de deux façons différentes.

Nous devons poser $x^2 = 9 \sin^2 \theta$, pour obtenir

$$\sqrt{9 - x^2} = \sqrt{9 - 9 \sin^2 \theta} = \sqrt{9(1 - \sin^2 \theta)} = \sqrt{9 \cos^2 \theta} = 3 \cos \theta$$

de façon à utiliser la méthode de substitution trigonométrique.

## 1re façon
## Substitution trigonométrique

$x^2 = 9 \sin^2 \theta$

$x = 3 \sin \theta \Rightarrow \sin \theta = \dfrac{x}{3}$

$dx = 3 \cos \theta \, d\theta$

Triangle correspondant

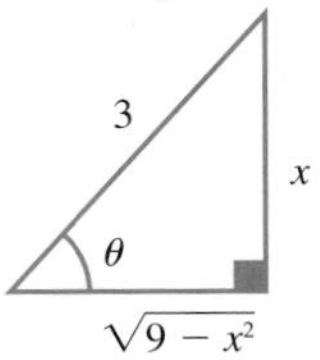


Ainsi

$$\int \frac{x}{\sqrt{9 - x^2}}\, dx = \int \frac{3 \sin \theta \, 3 \cos \theta}{\sqrt{9 - 9 \sin^2 \theta}}\, d\theta$$

$$= \int \frac{9 \sin \theta \cos \theta}{3 \cos \theta}\, d\theta$$

$$= 3 \int \sin \theta \, d\theta$$

$$= -3 \cos \theta + C$$

$$= \frac{-3\sqrt{9 - x^2}}{3} + C$$

$$= -\sqrt{9 - x^2} + C$$

## 2e façon
## Changement de variable

$u = 9 - x^2$

$du = -2x \, dx$

$x \, dx = \dfrac{-1}{2}\, du$

Ainsi

$$\int \frac{x}{\sqrt{9 - x^2}}\, dx = \frac{-1}{2} \int \frac{1}{\sqrt{u}}\, du$$

$$= \frac{-1}{2} \int u^{\frac{-1}{2}}\, du$$

$$= \frac{-1}{2} \frac{u^{\frac{1}{2}}}{\frac{1}{2}} + C$$

$$= -\sqrt{u} + C$$

$$= -\sqrt{9 - x^2} + C$$

**Exemple 2** Calculons $\displaystyle\int \frac{x^2}{\sqrt{16 - x^2}}\, dx$.

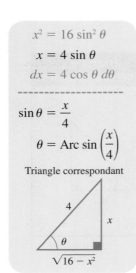

$x^2 = 16 \sin^2 \theta$

$x = 4 \sin \theta$

$dx = 4 \cos \theta \, d\theta$

$\sin \theta = \dfrac{x}{4}$

$\theta = \text{Arc sin}\left(\dfrac{x}{4}\right)$

Triangle correspondant

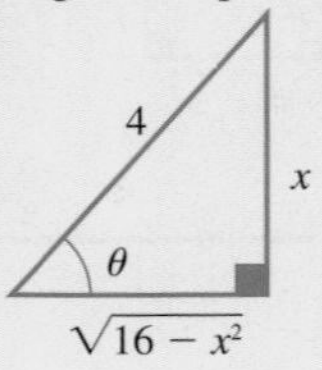


$$\int \frac{x^2}{\sqrt{16 - x^2}}\, dx = \int \frac{16 \sin^2 \theta \, 4 \cos \theta}{\sqrt{16 - 16 \sin^2 \theta}}\, d\theta \qquad \text{(en substituant)}$$

$$= 64 \int \frac{\sin^2 \theta \cos \theta}{\sqrt{16(1 - \sin^2 \theta)}}\, d\theta$$

$$= \frac{64}{4} \int \frac{\sin^2 \theta \cos \theta}{\cos \theta}\, d\theta$$

$$= 16 \int \sin^2 \theta \, d\theta$$

$$= 16 \int \frac{1 - \cos 2\theta}{2}\, d\theta \qquad \left(\sin^2 \theta = \frac{1 - \cos 2\theta}{2}\right)$$

$$= \frac{16}{2}\left(\theta - \frac{\sin 2\theta}{2}\right) + C \qquad \text{(en intégrant)}$$

$$= 8\theta - \frac{8}{2}(2 \sin \theta \cos \theta) + C \qquad (\sin 2\theta = 2 \sin \theta \cos \theta)$$

$$= 8 \text{ Arc sin}\left(\frac{x}{4}\right) - 8\left(\frac{x}{4}\right)\left(\frac{\sqrt{16 - x^2}}{4}\right) + C$$

$$= 8 \text{ Arc sin}\left(\frac{x}{4}\right) - \frac{x\sqrt{16 - x^2}}{2} + C$$

**Exemple 3** Calculons $\displaystyle\int \frac{x^2}{(7-x^2)^{\frac{3}{2}}}\, dx$.

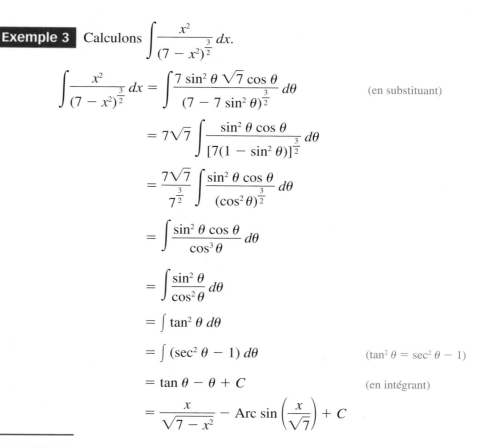

$x^2 = 7\sin^2\theta$

$x = \sqrt{7}\sin\theta$

$dx = \sqrt{7}\cos\theta\, d\theta$

$\sin\theta = \dfrac{x}{\sqrt{7}}$

$\theta = \operatorname{Arc\,sin}\left(\dfrac{x}{\sqrt{7}}\right)$

Triangle correspondant

$$\int \frac{x^2}{(7-x^2)^{\frac{3}{2}}}\, dx = \int \frac{7\sin^2\theta\,\sqrt{7}\cos\theta}{(7-7\sin^2\theta)^{\frac{3}{2}}}\, d\theta \qquad \text{(en substituant)}$$

$$= 7\sqrt{7}\int \frac{\sin^2\theta\,\cos\theta}{[7(1-\sin^2\theta)]^{\frac{3}{2}}}\, d\theta$$

$$= \frac{7\sqrt{7}}{7^{\frac{3}{2}}}\int \frac{\sin^2\theta\,\cos\theta}{(\cos^2\theta)^{\frac{3}{2}}}\, d\theta$$

$$= \int \frac{\sin^2\theta\,\cos\theta}{\cos^3\theta}\, d\theta$$

$$= \int \frac{\sin^2\theta}{\cos^2\theta}\, d\theta$$

$$= \int \tan^2\theta\, d\theta$$

$$= \int (\sec^2\theta - 1)\, d\theta \qquad (\tan^2\theta = \sec^2\theta - 1)$$

$$= \tan\theta - \theta + C \qquad \text{(en intégrant)}$$

$$= \frac{x}{\sqrt{7-x^2}} - \operatorname{Arc\,sin}\left(\frac{x}{\sqrt{7}}\right) + C$$

**Exemple 4** Démontrons que l'aire $A$ d'un cercle de rayon $r$, défini par $x^2 + y^2 = r^2$, est égale à $\pi r^2$ u².

Nous savons que l'aire totale $A$ est égale à quatre fois l'aire de la partie ombrée.

$$\frac{A}{4} = \int_0^r y\, dx$$

$$= \int_0^r \sqrt{r^2 - x^2}\, dx \qquad (\text{car } y = \sqrt{r^2 - x^2})$$

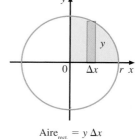

$\text{Aire}_{\text{rect.}} = y\,\Delta x$

$x^2 = r^2\sin^2\theta$

$x = r\sin\theta$

$dx = r\cos\theta\, d\theta$

$\sin\theta = \dfrac{x}{r}$

$\theta = \operatorname{Arc\,sin}\left(\dfrac{x}{r}\right)$

Triangle correspondant

**Étape 1** Calculons d'abord $\displaystyle\int \sqrt{r^2 - x^2}\, dx$.

$$\int \sqrt{r^2 - x^2}\, dx = \int \sqrt{r^2 - r^2\sin^2\theta}\; r\cos\theta\, d\theta$$

$$= r\int \sqrt{r^2(1 - \sin^2\theta)}\,\cos\theta\, d\theta$$

$$= r^2\int \cos\theta\,\cos\theta\, d\theta$$

$$= r^2\int \cos^2\theta\, d\theta$$

$$= r^2\int \frac{1 + \cos 2\theta}{2}\, d\theta \qquad \left(\cos^2\theta = \frac{1 + \cos 2\theta}{2}\right)$$

$$= \frac{r^2}{2} \left[ \theta + \frac{\sin 2\theta}{2} \right] + C \qquad \text{(en intégrant)}$$

$$= \frac{r^2}{2} \left[ \theta + \frac{2 \sin \theta \cos \theta}{2} \right] + C$$

$$= \frac{r^2}{2} \left[ \operatorname{Arc\,sin} \left( \frac{x}{r} \right) + \left( \frac{x}{r} \right) \frac{\sqrt{r^2 - x^2}}{r} \right] + C$$

**Étape 2** Calculons ensuite l'intégrale définie.

$$\int_0^r \sqrt{r^2 - x^2}\, dx = \frac{r^2}{2} \left[ \operatorname{Arc\,sin} \left( \frac{x}{r} \right) + \frac{x\sqrt{r^2 - x^2}}{r^2} \right] \Bigg|_0^r$$

$$= \frac{r^2}{2} [\operatorname{Arc\,sin} 1 + 0] - \frac{r^2}{2} [\operatorname{Arc\,sin} 0 + 0] = \frac{\pi r^2}{4}$$

d'où $A = 4 \left( \dfrac{\pi r^2}{4} \right) = \pi r^2$, c'est-à-dire $\pi r^2$ u².

## ■ Intégration de fonctions contenant une expression de la forme $\sqrt{a^2 + x^2}$

Pour résoudre des intégrales de fonctions contenant une expression de la forme $\sqrt{a^2 + x^2}$, nous pouvons substituer à $x^2$ l'expression $a^2 \tan^2 \theta$. Pour ce faire, nous posons $x = a \tan \theta$, où $a > 0$ et $\theta \in \left] \dfrac{\text{-}\pi}{2}, \dfrac{\pi}{2} \right[$. Ainsi $a \sec \theta > 0$, ce qui nous permet de simplifier l'expression $\sqrt{a^2 + x^2}$ de la façon suivante :

$1 + \tan^2 \theta = \sec^2 \theta$

$$\sqrt{a^2 + x^2} = \sqrt{a^2 + a^2 \tan^2 \theta} = \sqrt{a^2(1 + \tan^2 \theta)} = \sqrt{a^2 \sec^2 \theta} = a \sec \theta$$

Le tableau suivant contient les éléments nécessaires pour résoudre des intégrales contenant une expression de la forme $\sqrt{a^2 + x^2}$.

| Forme | Substitution | Différentielle | Triangle correspondant |
|---|---|---|---|
| $\sqrt{a^2 + x^2}$ | $x^2 = a^2 \tan^2 \theta$ <br><br> $x = a \tan \theta$ <br><br> $\tan \theta = \dfrac{x}{a}$ <br><br> $\theta = \operatorname{Arc\,tan} \left( \dfrac{x}{a} \right)$ | $dx = a \sec^2 \theta\, d\theta$ | |

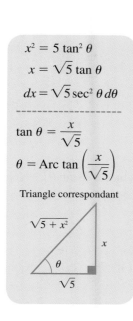

$x^2 = \tan^2 \theta$

$x = \tan \theta$

$dx = \sec^2 \theta \, d\theta$

- - - - - - - - - - - - - - - - - -

$\tan \theta = \dfrac{x}{1}$

$\theta = \text{Arc} \tan x$

Triangle correspondant

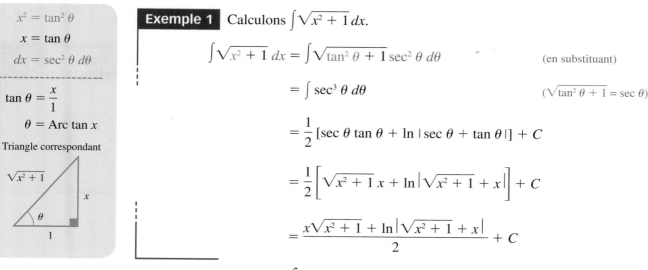

**Exemple 1** Calculons $\displaystyle\int \sqrt{x^2 + 1} \, dx$.

$$\int \sqrt{x^2 + 1} \, dx = \int \sqrt{\tan^2 \theta + 1} \, \sec^2 \theta \, d\theta \qquad \text{(en substituant)}$$

$$= \int \sec^3 \theta \, d\theta \qquad (\sqrt{\tan^2 \theta + 1} = \sec \theta)$$

$$= \frac{1}{2} \left[ \sec \theta \tan \theta + \ln |\sec \theta + \tan \theta| \right] + C$$

$$= \frac{1}{2} \left[ \sqrt{x^2 + 1} \, x + \ln \left| \sqrt{x^2 + 1} + x \right| \right] + C$$

$$= \frac{x\sqrt{x^2 + 1} + \ln \left| \sqrt{x^2 + 1} + x \right|}{2} + C$$

**Exemple 2** Calculons $\displaystyle\int \dfrac{4}{x\sqrt{5 + x^2}} \, dx$.

$x^2 = 5 \tan^2 \theta$

$x = \sqrt{5} \tan \theta$

$dx = \sqrt{5} \sec^2 \theta \, d\theta$

- - - - - - - - - - - - - - - - - -

$\tan \theta = \dfrac{x}{\sqrt{5}}$

$\theta = \text{Arc} \tan \left( \dfrac{x}{\sqrt{5}} \right)$

Triangle correspondant

$$\int \frac{4}{x\sqrt{5 + x^2}} \, dx = 4 \int \frac{\sqrt{5} \sec^2 \theta}{\sqrt{5} \tan \theta \sqrt{5 + 5\tan^2 \theta}} \, d\theta \qquad \text{(en substituant)}$$

$$= 4 \int \frac{\sec^2 \theta}{\tan \theta \sqrt{5(1 + \tan^2 \theta)}} \, d\theta$$

$$= \frac{4}{\sqrt{5}} \int \frac{\sec^2 \theta}{\tan \theta \sec \theta} \, d\theta$$

$$= \frac{4}{\sqrt{5}} \int \csc \theta \, d\theta$$

$$= \frac{-4}{\sqrt{5}} \ln |\csc \theta + \cot \theta| + C \qquad \text{(en intégrant)}$$

$$= \frac{-4}{\sqrt{5}} \ln \left| \frac{\sqrt{5 + x^2}}{x} + \frac{\sqrt{5}}{x} \right| + C$$

$$= \frac{-4}{\sqrt{5}} \ln \left| \frac{\sqrt{5 + x^2} + \sqrt{5}}{x} \right| + C$$

## Intégration de fonctions contenant une expression de la forme $\sqrt{x^2 - a^2}$

Pour résoudre des intégrales de fonctions contenant une expression de la forme $\sqrt{x^2 - a^2}$, nous pouvons substituer à $x^2$ l'expression $a^2 \sec^2 \theta$. Pour ce faire, nous posons $x = a \sec \theta$, où $a > 0$ et $\theta \in \left[0, \dfrac{\pi}{2}\right[ \cup \left[\pi, \dfrac{3\pi}{2}\right[$. Ainsi $a \tan \theta \geq 0$, ce qui nous permet de simplifier l'expression $\sqrt{x^2 - a^2}$ de la façon suivante :

$\sec^2 \theta - 1 = \tan^2 \theta$

$$\sqrt{x^2 - a^2} = \sqrt{a^2 \sec^2 \theta - a^2} = \sqrt{a^2(\sec^2 \theta - 1)} = \sqrt{a^2 \tan^2 \theta} = a \tan \theta$$

Le tableau suivant contient les éléments nécessaires pour résoudre des intégrales contenant une expression de la forme $\sqrt{x^2 - a^2}$.

| Forme | Substitution | Différentielle | Triangle correspondant |
|---|---|---|---|
| $\sqrt{x^2 - a^2}$ | $x^2 = a^2 \sec^2 \theta$ <br> $x = a \sec \theta$ <br><br> $\sec \theta = \dfrac{x}{a}$ <br><br> $\theta = \text{Arc sec} \left(\dfrac{x}{a}\right)$ | $dx = a \sec \theta \tan \theta \, d\theta$ | 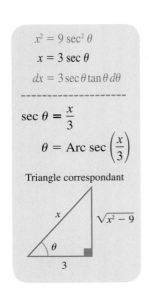 |

**Exemple 1**   Calculons $\displaystyle\int \dfrac{3x^2 - 4}{\sqrt{x^2 - 9}} \, dx$.

$x^2 = 9 \sec^2 \theta$

$x = 3 \sec \theta$

$dx = 3 \sec \theta \tan \theta \, d\theta$

————————

$\sec \theta = \dfrac{x}{3}$

$\theta = \text{Arc sec} \left(\dfrac{x}{3}\right)$

Triangle correspondant

$$\int \dfrac{3x^2 - 4}{\sqrt{x^2 - 9}} \, dx = \int \dfrac{3(9 \sec^2 \theta) - 4}{\sqrt{9 \sec^2 \theta - 9}} \, 3 \sec \theta \tan \theta \, d\theta \qquad \text{(en substituant)}$$

$$= 3 \int \dfrac{(27 \sec^2 \theta - 4) \sec \theta \tan \theta}{\sqrt{9(\sec^2 \theta - 1)}} \, d\theta$$

$$= \dfrac{3}{3} \int \dfrac{(27 \sec^2 \theta - 4) \sec \theta \tan \theta}{\tan \theta} \, d\theta$$

$$= \int (27 \sec^3 \theta - 4 \sec \theta) \, d\theta$$

$$= 27 \int \sec^3 \theta \, d\theta - 4 \int \sec \theta \, d\theta$$

$$= 27 \left( \dfrac{\sec \theta \tan \theta + \ln |\sec \theta + \tan \theta|}{2} \right) - 4 \ln |\sec \theta + \tan \theta| + C$$

$$= \dfrac{27}{2} \sec \theta \tan \theta + \dfrac{19}{2} \ln |\sec \theta + \tan \theta| + C$$

$$= \dfrac{3}{2} x\sqrt{x^2 - 9} + \dfrac{19}{2} \ln \left| \dfrac{x}{3} + \dfrac{\sqrt{x^2 - 9}}{3} \right| + C$$

$\ln \left| \dfrac{f(x)}{3} \right| = \ln |f(x)| - \ln 3$

$$= \dfrac{3}{2} x\sqrt{x^2 - 9} + \dfrac{19}{2} \ln \left| x + \sqrt{x^2 - 9} \right| + C_1 \qquad \left( C_1 = C - \dfrac{19}{2} \ln 3 \right)$$

## ● Intégration de fonctions contenant une expression de la forme $a^2 - b^2x^2$, $a^2 + b^2x^2$ ou $b^2x^2 - a^2$

Le tableau suivant contient les éléments nécessaires pour résoudre des intégrales contenant une expression de la forme $a^2 - b^2x^2$, $a^2 + b^2x^2$ ou $b^2x^2 - a^2$.

$1 - \sin^2 \theta = \cos^2 \theta$

| Forme | Substitution | Différentielle | Triangle correspondant |
|---|---|---|---|
| $a^2 - b^2x^2$ | $b^2x^2 = a^2 \sin^2 \theta$ <br> $x = \dfrac{a}{b} \sin \theta$ <br><br> $\sin \theta = \dfrac{bx}{a}$ <br><br> $\theta = \text{Arc sin} \left(\dfrac{bx}{a}\right)$ | $dx = \dfrac{a}{b} \cos \theta \, d\theta$ | |

$$1 + \tan^2 \theta = \sec^2 \theta$$

| | $a^2 + b^2x^2$ | $b^2x^2 = a^2 \tan^2 \theta$ <br> $x = \dfrac{a}{b} \tan \theta$ <br> $\tan \theta = \dfrac{bx}{a}$ <br> $\theta = \operatorname{Arc\,tan}\left(\dfrac{bx}{a}\right)$ | $dx = \dfrac{a}{b} \sec^2 \theta \, d\theta$ | |
| --- | --- | --- | --- | --- |
| $\sec^2 \theta - 1 = \tan^2 \theta$ | $b^2x^2 - a^2$ | $b^2x^2 = a^2 \sec^2 \theta$ <br> $x = \dfrac{a}{b} \sec \theta$ <br> $\sec \theta = \dfrac{bx}{a}$ <br> $\theta = \operatorname{Arc\,sec}\left(\dfrac{bx}{a}\right)$ | $dx = \dfrac{a}{b} \sec \theta \tan \theta \, d\theta$ | |

$25x^2 = 3 \tan^2 \theta$

$5x = \sqrt{3} \tan \theta$

$x = \dfrac{\sqrt{3} \tan \theta}{5}$

$dx = \dfrac{\sqrt{3} \sec^2 \theta}{5} \, d\theta$

- - - - - - - - - - - -

$\tan \theta = \dfrac{5x}{\sqrt{3}}$

$\theta = \operatorname{Arc\,tan}\left(\dfrac{5x}{\sqrt{3}}\right)$

Triangle correspondant

**Exemple 1**  Calculons $\displaystyle\int \frac{1}{3 + 25x^2} \, dx$.

$$\int \frac{1}{3 + 25x^2} \, dx = \frac{\sqrt{3}}{5} \int \frac{\sec^2 \theta}{3 + 3 \tan^2 \theta} \, d\theta \qquad \text{(en substituant)}$$

$$= \frac{\sqrt{3}}{5(3)} \int \frac{\sec^2 \theta}{1 + \tan^2 \theta} \, d\theta$$

$$= \frac{\sqrt{3}}{15} \int 1 \, d\theta \qquad (\sec^2 \theta = 1 + \tan^2 \theta)$$

$$= \frac{\sqrt{3}}{15} \theta + C$$

$$= \frac{\sqrt{3}}{15} \operatorname{Arc\,tan}\left(\frac{5x}{\sqrt{3}}\right) + C$$

$4x^2 = 9 \sec^2 \theta$

$2x = 3 \sec \theta$

$x = \dfrac{3}{2} \sec \theta$

$dx = \dfrac{3}{2} \sec \theta \tan \theta \, d\theta$

- - - - - - - - - - - -

$\sec \theta = \dfrac{2x}{3}$

$\theta = \operatorname{Arc\,sec}\left(\dfrac{2x}{3}\right)$

Triangle correspondant

**Exemple 2**  Calculons $\displaystyle\int \frac{\sqrt{4x^2 - 9}}{x} \, dx$.

$$\int \frac{\sqrt{4x^2 - 9}}{x} \, dx = \frac{3}{2} \int \frac{\sqrt{9 \sec^2 \theta - 9} \, \sec \theta \tan \theta}{\frac{3}{2} \sec \theta} \, d\theta \qquad \text{(en substituant)}$$

$$= \int \sqrt{9(\sec^2 \theta - 1)} \, \tan \theta \, d\theta$$

$$= 3 \int \tan \theta \tan \theta \, d\theta \qquad (\sec^2 \theta - 1 = \tan^2 \theta)$$

$$= 3 \int \tan^2 \theta \, d\theta$$

$$= 3 \int (\sec^2 \theta - 1) \, d\theta \qquad (\tan^2 \theta = \sec^2 \theta - 1)$$

$$= 3(\tan \theta - \theta) + C$$

$$= 3 \left( \frac{\sqrt{4x^2 - 9}}{3} - \operatorname{Arc\,sec}\left(\frac{2x}{3}\right) \right) + C$$

$$= \sqrt{4x^2 - 9} - 3 \operatorname{Arc\,sec}\left(\frac{2x}{3}\right) + C$$

**Remarque** Certaines intégrales contenant des expressions de la forme $a^2 - x^2$ ou $x^2 - a^2$ peuvent également être calculées à l'aide de substitutions trigonométriques en tenant compte du domaine de définition de l'intégrande.

**Exemple 3** Calculons $\displaystyle\int \frac{1}{9 - x^2}\, dx$, que nous notons $I$, où $\text{dom}\left(\dfrac{1}{9 - x^2}\right) = \mathbb{R}\backslash\{-3, 3\}$.

Lorsque $x \in\ ]{-3}, 3[$

$x^2 = 9 \sin^2 \theta$

$x = 3 \sin \theta$

$dx = 3 \cos \theta\, d\theta$

Triangle correspondant

Ainsi,

$I = \displaystyle\int \frac{3 \cos \theta}{9 - 9 \sin^2 \theta}\, d\theta$

$= 3 \displaystyle\int \frac{\cos \theta}{9(1 - \sin^2 \theta)}\, d\theta$

$= \dfrac{1}{3} \displaystyle\int \sec \theta\, d\theta \qquad \left(\dfrac{\cos \theta}{\cos^2 \theta} = \sec\ \theta\right)$

$= \dfrac{1}{3} \ln |\sec\ \theta + \tan\ \theta| + C$

$= \dfrac{1}{3} \ln \left| \dfrac{3}{\sqrt{9 - x^2}} + \dfrac{x}{\sqrt{9 - x^2}} \right| + C$

$= \dfrac{1}{3} \ln \left| \dfrac{3 + x}{(9 - x^2)^{\frac{1}{2}}} \right| + C$

$= \dfrac{1}{3} \ln \left| \dfrac{3 + x}{(3 - x)^{\frac{1}{2}} (3 + x)^{\frac{1}{2}}} \right| + C$

$= \dfrac{1}{3} \ln \left| \dfrac{(3 + x)^{\frac{1}{2}}}{(3 - x)^{\frac{1}{2}}} \right| + C$

$= \dfrac{1}{6} \ln \left| \dfrac{3 + x}{3 - x} \right| + C$

Lorsque $x \in\ {-\infty}, -3[\ \cup\ ]3, +\infty$

$x^2 = 9 \sec^2 \theta$

$x = 3 \sec \theta$

$dx = 3 \sec \theta \tan \theta\, d\theta$

Triangle correspondant

Ainsi,

$I = \displaystyle\int \frac{3 \sec \theta \tan \theta}{9 - 9 \sec^2 \theta}\, d\theta$

$= 3 \displaystyle\int \frac{\sec \theta \tan \theta}{9(1 - \sec^2 \theta)}\, d\theta$

$= \dfrac{-1}{3} \displaystyle\int \csc \theta\, d\theta \qquad \left(\dfrac{\sec \theta \tan \theta}{\tan^2 \theta} = \csc \theta\right)$

$= \dfrac{1}{3} \ln |\csc\ \theta + \cot\ \theta| + C$

$= \dfrac{1}{3} \ln \left| \dfrac{x}{\sqrt{x^2 - 9}} + \dfrac{3}{\sqrt{x^2 - 9}} \right| + C$

$= \dfrac{1}{3} \ln \left| \dfrac{x + 3}{(x^2 - 9)^{\frac{1}{2}}} \right| + C$

$= \dfrac{1}{3} \ln \left| \dfrac{x + 3}{(x - 3)^{\frac{1}{2}} (x + 3)^{\frac{1}{2}}} \right| + C$

$= \dfrac{1}{3} \ln \left| \dfrac{(x + 3)^{\frac{1}{2}}}{(x - 3)^{\frac{1}{2}}} \right| + C$

$= \dfrac{1}{6} \ln \left| \dfrac{3 + x}{x - 3} \right| + C$

Si $A > 0$ et $B > 0$ alors

$\sqrt{AB} = \sqrt{A}\sqrt{B}$ et $\sqrt{\dfrac{A}{B}} = \dfrac{\sqrt{A}}{\sqrt{B}}$

Nous constatons que les deux réponses sont égales.

D'où $\displaystyle\int \frac{1}{9 - x^2}\, dx = \dfrac{1}{6} \ln \left| \dfrac{3 + x}{3 - x} \right| + C$

De façon générale, il suffira à l'avenir, pour trouver une primitive, d'utiliser une seule substitution trigonométrique et d'exprimer la réponse sans radicaux afin de respecter le domaine de définition de l'intégrande.

## ■ Intégration de fonctions contenant une expression de la forme $ax^2 + bx + c$, où $a \neq 0$

Pour résoudre des intégrales de fonctions contenant une expression de la forme $ax^2 + bx + c$, où $a \neq 0$, nous pouvons compléter le carré de $ax^2 + bx + c$ pour ensuite utiliser une substitution trigonométrique.

$$\begin{cases} ax^2 + bx + c = a\left(x^2 + \dfrac{b}{a}x\right) + c \\[2ex] \qquad\qquad = a\left(x^2 + \dfrac{b}{a}x + \left(\dfrac{b}{2a}\right)^2 - \left(\dfrac{b}{2a}\right)^2\right) + c \\[2ex] \qquad\qquad = a\left(x^2 + \dfrac{b}{a}x + \dfrac{b^2}{4a^2}\right) + c - \dfrac{b^2}{4a} \\[2ex] \qquad\qquad = a\left(x + \dfrac{b}{2a}\right)^2 + \left(c - \dfrac{b^2}{4a}\right) \end{cases}$$

**Complétion de carré**

Compléter le carré de $ax^2 + bx + c$ consiste à transformer cette expression sous la forme $a(x - h)^2 + k$.

**Exemple 1**

a) Calculons $\displaystyle\int \frac{1}{\sqrt{x^2 - 4x + 13}}\, dx$.

Complétons d'abord le carré de $x^2 - 4x + 13$.

$$x^2 - 4x + 13 = 1(x^2 - 4x) + 13$$
$$= \left(x^2 - 4x + \left(\frac{-4}{2}\right)^2 - \left(\frac{-4}{2}\right)^2\right) + 13$$
$$= (x^2 - 4x + 4) + 13 - 4$$
$$= (x^2 - 4x + 4) + 9$$
$$= (x - 2)^2 + 9$$

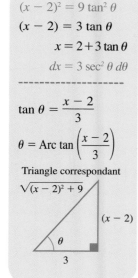

$(x - 2)^2 = 9\tan^2\theta$
$(x - 2) = 3\tan\theta$
$x = 2 + 3\tan\theta$
$dx = 3\sec^2\theta\, d\theta$

-------------------

$\tan\theta = \dfrac{x - 2}{3}$

$\theta = \text{Arc tan}\left(\dfrac{x - 2}{3}\right)$

Triangle correspondant

$\sqrt{(x - 2)^2 + 9}$ ... $(x - 2)$ ... $\theta$ ... $3$

Calculons maintenant $\displaystyle\int \frac{1}{\sqrt{x^2 - 4x + 13}}\, dx$.

$$\int \frac{1}{\sqrt{x^2 - 4x + 13}}\, dx = \int \frac{1}{\sqrt{(x - 2)^2 + 9}}\, dx$$
$$= \int \frac{3\sec^2\theta}{\sqrt{9\tan^2\theta + 9}}\, d\theta \qquad \text{(en substituant)}$$
$$= 3\int \frac{\sec^2\theta}{\sqrt{9(\tan^2\theta + 1)}}\, d\theta$$
$$= \int \frac{\sec^2\theta}{\sec\theta}\, d\theta$$
$$= \int \sec\theta\, d\theta$$
$$= \ln|\sec\theta + \tan\theta| + C$$
$$= \ln\left|\frac{\sqrt{(x - 2)^2 + 9}}{3} + \frac{x - 2}{3}\right| + C$$
$$= \ln\left|\sqrt{x^2 - 4x + 13} + x - 2\right| + C_1 \qquad (C_1 = C - \ln 3)$$

b) Calculons l'aire $A$ de la région ombrée ci-contre.

$$A = \int_{-5}^{15} \frac{1}{\sqrt{x^2 - 4x + 13}}\, dx$$
$$= \left(\ln\left|\sqrt{x^2 - 4x + 13} + x - 2\right|\right)\Big|_{-5}^{15}$$
$$= \ln\left|\sqrt{178} + 13\right| - \ln\left|\sqrt{58} - 7\right|$$
$$\approx 3{,}756 \text{ u}^2$$

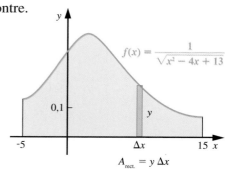

$f(x) = \dfrac{1}{\sqrt{x^2 - 4x + 13}}$

$0{,}1$

$y$

$-5$ ... $\Delta x$ ... $15\ x$

$A_{\text{rect.}} = y\,\Delta x$

**Exemple 2** Calculons $\displaystyle\int_3^{4,5} \frac{x+5}{\sqrt{6x-x^2}}\, dx$, que nous notons $I$.

Complétons d'abord le carré de $6x - x^2$.

$$6x - x^2 = -1(x^2 - 6x)$$

$$= -1\left(x^2 - 6x + \left(\frac{-6}{2}\right)^2 - \left(\frac{-6}{2}\right)^2\right)$$

$$= -(x^2 - 6x + 9) + 9$$

$$= 9 - (x-3)^2$$

Calculons maintenant $I$.

$(x-3)^2 = 9\sin^2\theta$

$(x-3) = 3\sin\theta$

$x = 3 + 3\sin\theta$

$dx = 3\cos\theta\, d\theta$

--------------------------------

$\sin\theta = \dfrac{x-3}{3}$

$\theta = \operatorname{Arc\,sin}\left(\dfrac{x-3}{3}\right)$

$$I = \int_3^{4,5} \frac{x+5}{\sqrt{9-(x-3)^2}}\, dx$$

$\text{(car } 6x - x^2 = 9 - (x-3)^2)$

| $x$ | 3 | 4,5 |
|---|---|---|
| $\theta = \operatorname{Arc\,sin}\left(\dfrac{x-3}{3}\right)$ | 0 | $\dfrac{\pi}{6}$ |

$$= \int_0^{\frac{\pi}{6}} \frac{[(3 + 3\sin\theta) + 5]\, 3\cos\theta}{\sqrt{9 - (3\sin\theta)^2}}\, d\theta$$

$$= \int_0^{\frac{\pi}{6}} \frac{(8 + 3\sin\theta)\, 3\cos\theta}{\sqrt{9(1 - \sin^2\theta)}}\, d\theta$$

$$= \int_0^{\frac{\pi}{6}} (8 + 3\sin\theta)\, d\theta$$

$$= (8\theta - 3\cos\theta)\Big|_0^{\frac{\pi}{6}}$$

$$= \left(8\left(\frac{\pi}{6}\right) - 3\cos\frac{\pi}{6}\right) - \left(0 - 3\cos 0\right)$$

d'où $I = \dfrac{4\pi}{3} + 3 - \dfrac{3\sqrt{3}}{2}$

**Exemple 3** Calculons $\displaystyle\int \frac{5}{\sqrt{3x^2 + 7x - 1}}\, dx$.

Complétons d'abord le carré de $3x^2 + 7x - 1$.

$$3x^2 + 7x - 1 = 3\left(x^2 + \frac{7}{3}x\right) - 1$$

$$= 3\left(x^2 + \frac{7}{3}x + \left(\frac{7}{6}\right)^2 - \left(\frac{7}{6}\right)^2\right) - 1$$

$$= 3\left(x^2 + \frac{7}{3}x + \left(\frac{7}{6}\right)^2 - \frac{49}{36}\right) - 1$$

$$= 3\left(x^2 + \frac{7}{3}x + \left(\frac{7}{6}\right)^2\right) - \frac{49}{12} - 1$$

$$= 3\left(x + \frac{7}{6}\right)^2 - \frac{61}{12}$$

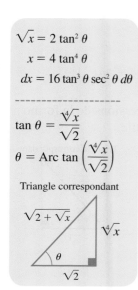

$$3\left(x + \frac{7}{6}\right)^2 = \frac{61}{12}\sec^2\theta$$

$$\left(x + \frac{7}{6}\right) = \sqrt{\frac{61}{36}}\sec\theta$$

$$x = \frac{\sqrt{61}}{6}\sec\theta - \frac{7}{6}$$

$$dx = \frac{\sqrt{61}}{6}\sec\theta\tan\theta\,d\theta$$

---

$$\sec\theta = \sqrt{\frac{36}{61}}\left(x + \frac{7}{6}\right)$$

$$= \frac{6x + 7}{\sqrt{61}}$$

$$\theta = \text{Arc sec}\left(\frac{6x + 7}{\sqrt{61}}\right)$$

Triangle correspondant

$$\int \frac{5}{\sqrt{3x^2 + 7x - 1}}\,dx = 5\int \frac{1}{\sqrt{3\left(x + \frac{7}{6}\right)^2 - \frac{61}{12}}}\,dx$$

$$= \frac{5\sqrt{61}}{6}\int \frac{\sec\theta\tan\theta}{\sqrt{\frac{61}{12}\sec^2\theta - \frac{61}{12}}}\,d\theta$$

$$= \frac{5\sqrt{61}}{6}\frac{\sqrt{12}}{\sqrt{61}}\int \frac{\sec\theta\tan\theta}{\sqrt{\sec^2\theta - 1}}\,d\theta$$

$$= \frac{5\sqrt{12}}{6}\int \frac{\sec\theta\tan\theta}{\tan\theta}\,d\theta \qquad (\sec^2\theta - 1 = \tan^2\theta)$$

$$= \frac{5\sqrt{12}}{6}\int \sec\theta\,d\theta$$

$$= \frac{5\sqrt{12}}{6}\ln|\sec\theta + \tan\theta| + C$$

$$= \frac{5\sqrt{12}}{6}\ln\left|\frac{6x + 7}{\sqrt{61}} + \frac{\sqrt{12}\sqrt{3x^2 + 7x - 1}}{\sqrt{61}}\right| + C$$

$$= \frac{5\sqrt{12}}{6}\ln\left|6x + 7 + \sqrt{12}\sqrt{3x^2 + 7x - 1}\right| + C_1$$

$$\left(C_1 = C - \frac{5\sqrt{12}}{6}\ln\sqrt{61}\right)$$

# Intégration de fonctions en utilisant des substitutions diverses

**Exemple 1** Calculons $\int \frac{1}{\sqrt{2 + \sqrt{x}}}\,dx$.

Nous pouvons considérer l'expression sous radical comme une expression semblable à $a^2 + u^2$, où $a^2 = 2$ et $u^2 = \sqrt{x}$.

$$\sqrt{x} = 2\tan^2\theta$$

$$x = 4\tan^4\theta$$

$$dx = 16\tan^3\theta\sec^2\theta\,d\theta$$

---

$$\tan\theta = \frac{\sqrt[4]{x}}{\sqrt{2}}$$

$$\theta = \text{Arc tan}\left(\frac{\sqrt[4]{x}}{\sqrt{2}}\right)$$

Triangle correspondant

$$\int \frac{1}{\sqrt{2 + \sqrt{x}}}\,dx = 16\int \frac{\tan^3\theta\sec^2\theta}{\sqrt{2 + 2\tan^2\theta}}\,d\theta \qquad \text{(en substituant)}$$

$$= \frac{16}{\sqrt{2}}\int \tan^3\theta\sec\theta\,d\theta$$

$$= 8\sqrt{2}\int \tan^2\theta\tan\theta\sec\theta\,d\theta$$

$$= 8\sqrt{2}\int (\sec^2\theta - 1)\tan\theta\sec\theta\,d\theta \qquad (\tan^2\theta = \sec^2\theta - 1)$$

$$= 8\sqrt{2}\int (\sec^2\theta\tan\theta\sec\theta\,d\theta - \tan\theta\sec\theta)\,d\theta$$

$$= 8\sqrt{2}\left[\frac{\sec^3\theta}{3} - \sec\theta\right] + C \qquad \begin{aligned} u &= \sec\theta \\ du &= \sec\theta\tan\theta\,d\theta \end{aligned}$$

$$= 8\sqrt{2}\left[\frac{1}{3}\left(\frac{\sqrt{2 + \sqrt{x}}}{\sqrt{2}}\right)^3 - \frac{\sqrt{2 + \sqrt{x}}}{\sqrt{2}}\right] + C$$

**Exemple 2** Calculons $\displaystyle\int \frac{1}{5 + \cos x}\,dx$.

$\cos 2A = \cos^2 A - \sin^2 A$

$$\int \frac{1}{5 + \cos x}\,dx = \int \frac{1}{5 + \cos^2\left(\dfrac{x}{2}\right) - \sin^2\left(\dfrac{x}{2}\right)}\,dx \qquad \left(\cos x = \cos^2\left(\dfrac{x}{2}\right) - \sin^2\left(\dfrac{x}{2}\right)\right)$$

$$= \int \frac{1}{\cos^2\left(\dfrac{x}{2}\right)\left[\dfrac{5}{\cos^2\left(\dfrac{x}{2}\right)} + 1 - \dfrac{\sin^2\left(\dfrac{x}{2}\right)}{\cos^2\left(\dfrac{x}{2}\right)}\right]}\,dx$$

$$= \int \frac{\sec^2\left(\dfrac{x}{2}\right)}{5\sec^2\left(\dfrac{x}{2}\right) + 1 - \tan^2\left(\dfrac{x}{2}\right)}\,dx$$

$$= \int \frac{\sec^2\left(\dfrac{x}{2}\right)}{5\left(\tan^2\left(\dfrac{x}{2}\right) + 1\right) + 1 - \tan^2\left(\dfrac{x}{2}\right)}\,dx \qquad \left(\tan^2\left(\dfrac{x}{2}\right) + 1 = \sec^2\left(\dfrac{x}{2}\right)\right)$$

$$= \int \frac{\sec^2\left(\dfrac{x}{2}\right)}{4\tan^2\left(\dfrac{x}{2}\right) + 6}\,dx$$

$$= \frac{1}{6}\int \frac{\sec^2\left(\dfrac{x}{2}\right)}{\dfrac{2}{3}\tan^2\left(\dfrac{x}{2}\right) + 1}\,dx$$

$u = \sqrt{\dfrac{2}{3}}\tan\left(\dfrac{x}{2}\right)$

$du = \dfrac{1}{2}\sqrt{\dfrac{2}{3}}\sec^2\left(\dfrac{x}{2}\right)\,dx$

$\sec^2\left(\dfrac{x}{2}\right)\,dx = 2\sqrt{\dfrac{3}{2}}\,du$

$$= \frac{1}{6}\, 2\sqrt{\frac{3}{2}}\int \frac{1}{u^2 + 1}\,du$$

$$= \frac{1}{3}\sqrt{\frac{3}{2}}\,\text{Arc tan } u + C$$

$$= \frac{1}{3}\sqrt{\frac{3}{2}}\,\text{Arc tan}\left(\sqrt{\frac{2}{3}}\tan\left(\frac{x}{2}\right)\right) + C \qquad \left(\text{car } u = \tan\left(\frac{x}{2}\right)\right)$$

De façon générale, pour intégrer des fonctions contenant des expressions de la forme $(a + b\cos x)$ ou $(a + b\sin x)$, la substitution suivante peut être utile.

Soit $\qquad\qquad\qquad\qquad\qquad u = \tan\left(\dfrac{x}{2}\right)$

alors $\qquad\qquad\qquad\qquad\qquad x = 2\,\text{Arc tan } u$

donc $\qquad\qquad\qquad\qquad\qquad dx = \dfrac{2}{1 + u^2}\,du$

Triangle correspondant

De ce triangle, nous obtenons

$$\sin\left(\frac{x}{2}\right) = \frac{u}{\sqrt{1+u^2}} \text{ et } \cos\left(\frac{x}{2}\right) = \frac{1}{\sqrt{1+u^2}} \text{ et, à l'aide des identités trigonométriques,}$$

$\sin 2A = 2 \sin A \cos A$ et $\cos 2A = \cos^2 A - \sin^2 A$, nous avons

$$\sin x = 2 \sin\left(\frac{x}{2}\right) \cos\left(\frac{x}{2}\right) \qquad\qquad \cos x = \cos^2\left(\frac{x}{2}\right) - \sin^2\left(\frac{x}{2}\right)$$

$$= 2 \frac{u}{\sqrt{1+u^2}} \frac{1}{\sqrt{1+u^2}} \qquad\qquad = \left(\frac{1}{\sqrt{1+u^2}}\right)^2 - \left(\frac{u}{\sqrt{1+u^2}}\right)^2$$

$$= \frac{2u}{1+u^2} \qquad\qquad\qquad\qquad = \frac{1-u^2}{1+u^2}$$

Le tableau suivant contient les éléments nécessaires pour résoudre des intégrales de fonctions contenant $\sin x$ ou $\cos x$.

Tableau de substitution de Karl Weierstrass, mathématicien allemand (1815-1897)

| $u = \tan\left(\frac{x}{2}\right)$ | $x = 2 \text{ Arc tan } u$ | $dx = \frac{2}{1+u^2}\, du$ |
|---|---|---|
| $\sin x = \frac{2u}{1+u^2}$ | | $\cos x = \frac{1-u^2}{1+u^2}$ |

**Exemple 3**  Recalculons $\displaystyle\int \frac{1}{5 + \cos x}\, dx$, à l'aide d'éléments du tableau précédent.

Soit $u = \tan\left(\frac{x}{2}\right)$, $\cos x = \frac{1-u^2}{1+u^2}$ et $dx = \frac{2}{1+u^2}\, du$

$$\int \frac{1}{5 + \cos x}\, dx = \int \frac{1}{5 + \left(\frac{1-u^2}{1+u^2}\right)} \frac{2}{1+u^2}\, du \qquad \text{(en substituant)}$$

$$= \int \frac{2}{5(1+u^2) + (1-u^2)}\, du$$

$$= \int \frac{1}{2u^2 + 3}\, du \qquad\qquad \left(\frac{2}{4u^2+6} = \frac{1}{2u^2+3}\right)$$

$$= \frac{1}{3} \int \frac{1}{\frac{2u^2}{3} + 1}\, du$$

$$= \frac{1}{3} \int \frac{1}{\left(\sqrt{\frac{2}{3}}u\right)^2 + 1}\, du$$

$$= \frac{1}{3} \sqrt{\frac{3}{2}} \int \frac{1}{h^2 + 1}\, dh$$

$$= \frac{1}{3} \sqrt{\frac{3}{2}} \text{ Arc tan } h + C$$

$$= \frac{1}{3} \sqrt{\frac{3}{2}} \text{ Arc tan }\left(\sqrt{\frac{2}{3}}\, u\right) + C \qquad \left(\text{car } h = \sqrt{\frac{2}{3}}\, u\right)$$

$$= \frac{1}{3} \sqrt{\frac{3}{2}} \text{ Arc tan }\left(\sqrt{\frac{2}{3}} \tan\left(\frac{x}{2}\right)\right) + C \quad \left(\text{car } u = \tan\left(\frac{x}{2}\right)\right)$$

$$h = \sqrt{\frac{2}{3}}\, u$$

$$dh = \sqrt{\frac{2}{3}}\, du$$

$$du = \sqrt{\frac{3}{2}}\, dh$$

# Exercices 4.3

**1.** a) Sachant que $\sin \theta = \dfrac{x}{5}$, où $\theta \in \left]0, \dfrac{\pi}{2}\right[$,

représenter le triangle correspondant et exprimer $\cos \theta$, $\tan \theta$, $\csc \theta$ et $\theta$ en fonction de $x$.

b) Sachant que $\sec \theta = \dfrac{3u}{\sqrt{7}}$, où $\theta \in \left]0, \dfrac{\pi}{2}\right[$,

représenter le triangle correspondant et exprimer $\sin 2\theta$, $\cot \theta$ et $\theta$ en fonction de $u$.

**2.** Calculer les intégrales suivantes.

a) $\displaystyle\int \dfrac{1}{\sqrt{25 - x^2}}\, dx$

b) $\displaystyle\int \dfrac{1}{1 - x^2}\, dx$

c) $\displaystyle\int \dfrac{x^3}{\sqrt{9 - x^2}}\, dx$

d) $\displaystyle\int \dfrac{7}{(16 - x^2)^{\frac{3}{2}}}\, dx$

e) $\displaystyle\int \dfrac{\sqrt{9 - \dfrac{x^2}{4}}}{x}\, dx$

f) $\displaystyle\int_0^2 \sqrt{4 - x^2}\, dx$

**3.** Calculer les intégrales suivantes.

a) $\displaystyle\int \dfrac{1}{x\sqrt{x^2 + 1}}\, dx$

b) $\displaystyle\int \dfrac{1}{(x^2 + 36)^{\frac{3}{2}}}\, dx$

c) $\displaystyle\int \sqrt{4x^2 + 9}\, dx$

d) $\displaystyle\int \dfrac{1}{x(9 + x^2)^2}\, dx$

e) $\displaystyle\int \dfrac{\sqrt{9x^2 + 1}}{x^4}\, dx$

f) $\displaystyle\int_1^5 \dfrac{1}{x^2\sqrt{3 + x^2}}\, dx$

**4.** Calculer les intégrales suivantes.

a) $\displaystyle\int \dfrac{\sqrt{x^2 - 1}}{x}\, dx$

b) $\displaystyle\int \dfrac{x^2}{\sqrt{9x^2 - 1}}\, dx$

c) $\displaystyle\int \dfrac{\sqrt{9x^2 - 1}}{x^2}\, dx$

d) $\displaystyle\int \dfrac{1}{x^2\sqrt{5x^2 - 3}}\, dx$

e) $\displaystyle\int \sqrt{x^2 - \dfrac{1}{4}}\, dx$

f) $\displaystyle\int_{-6}^{-5} \dfrac{1}{(x^2 - 16)^{\frac{3}{2}}}\, dx$

**5.** Écrire les expressions suivantes sous la forme $a(x - h)^2 + k$.

a) $x^2 + 4x + 1$

b) $x^2 - 5x + 7$

c) $x^2 - 8x$

d) $4x^2 + 12x + 11$

e) $2 - x^2 - 7x$

f) $10x - 3x^2$

**6.** Calculer les intégrales suivantes.

a) $\displaystyle\int \dfrac{1}{(3 - x^2 - 2x)^{\frac{3}{2}}}\, dx$

b) $\displaystyle\int \dfrac{1}{\sqrt{4x^2 + 12x + 25}}\, dx$

c) $\displaystyle\int \dfrac{x}{\sqrt{x^2 - 6x}}\, dx$

d) $\displaystyle\int_{-2}^2 \dfrac{1}{\sqrt{x^2 + 4x + 13}}\, dx$

**7.** Calculer les intégrales suivantes.

a) $\displaystyle\int \dfrac{1}{\sqrt{1 - \sqrt{x}}}\, dx$

b) $\displaystyle\int \dfrac{x}{x(\sqrt{x} - 4)}\, dx$

c) $\displaystyle\int \dfrac{1}{x\sqrt{x + 1}}\, dx$

d) $\displaystyle\int \dfrac{1}{1 - 2\sin x}\, dx$

e) $\displaystyle\int \dfrac{1}{\tan x + \sin x}\, dx$

f) $\displaystyle\int_0^{\frac{\pi}{2}} \dfrac{1}{1 + \sin x + \cos x}\, dx$

**8.** Calculer les intégrales suivantes.

a) $\displaystyle\int \dfrac{1}{x^2\sqrt{4 - 9x^2}}\, dx$

b) $\displaystyle\int \dfrac{\sqrt{9 + x^2}}{x^3}\, dx$

c) $\displaystyle\int \dfrac{x^2}{\sqrt{36 - x^2}}\, dx$

d) $\displaystyle\int \sqrt{18 + 4x^2 - 12x}\, dx$

e) $\displaystyle\int \dfrac{1}{2 + \cos x}\, dx$

f) $\displaystyle\int_{\frac{1}{2}}^1 \dfrac{4}{\sqrt{2x - x^2}}\, dx$

g) $\displaystyle\int_{-1}^1 \dfrac{x}{\sqrt{x^4 + 1}}\, dx$

h) $\displaystyle\int_2^4 \dfrac{6}{x^4\sqrt{x^2 - 1}}\, dx$

**9.** Calculer l'aire des régions fermées suivantes et représenter graphiquement les régions.

a) $f(x) = \dfrac{1}{\sqrt{2x^2 - 1}}$, $x \in [1, \sqrt{2}]$

b) $f(x) = 5$ et $g(x) = \sqrt{x^2 + 16}$

c) $\dfrac{x^2}{4} + \dfrac{y^2}{9} = 1$

d) $f(x) = \sqrt{1 - \sqrt{x}}$, $x = 0$ et $y = 0$

**10.** a) Soit le cercle $x^2 + y^2 = r^2$ et la droite $x = a$, où $0 < a < r$.

i) Calculer l'aire de la région ombrée.

ii) Calculer cette aire si $a = \dfrac{r}{2}$.

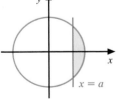

b) Calculer l'aire de la région ombrée ci-contre, où $C_1$ et $C_2$ sont deux cercles de rayon 6 et $\overline{PR} = 6$.

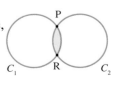

# 4.4 Intégration de fonctions rationnelles par décomposition en une somme de fractions partielles

## Objectifs d'apprentissage

À la fin de cette section, l'élève pourra intégrer certaines fonctions rationnelles de la forme $\dfrac{f(x)}{g(x)}$, après les avoir décomposées en une somme de fractions partielles.

$$\frac{5 - x^2}{x^3 + 4x} = \frac{A}{x} + \frac{Bx + C}{x^2 + 4}$$

Plus précisément, l'élève sera en mesure :
- d'effectuer la division de fonctions rationnelles lorsque le degré du numérateur est égal ou supérieur au degré du dénominateur ;
- de décomposer en une somme de fractions partielles des fonctions rationnelles dont le degré du numérateur est plus petit que le degré du dénominateur ;
- de transformer, à l'aide d'un changement de variable, certaines fonctions de façon à obtenir une fonction rationnelle ;
- de résoudre des équations logistiques.

Nous avons déjà vu que, lorsque le degré du numérateur d'une fonction rationnelle est plus grand ou égal au degré du dénominateur, nous pouvons effectuer la division avant d'intégrer.

Soit $\dfrac{f(x)}{g(x)}$, une fonction rationnelle, où degré de $f(x) \geq$ degré de $g(x)$.

En effectuant la division, nous obtenons

$$\frac{f(x)}{g(x)} = \underbrace{Q(x)}_{\text{quotient}} + \overbrace{\frac{r(x)}{g(x)}}^{\text{reste}}, \text{ où degré de } r(x) < \text{degré de } g(x)$$

**Exemple 1** Calculons $\displaystyle\int \frac{3x^2 - 4x + 5}{x^2 + 1}\, dx$.

Puisque le degré du numérateur est égal au degré du dénominateur, effectuons d'abord la division :

$$\frac{3x^2 - 4x + 5}{x^2 + 1} = 3 + \frac{-4x + 2}{x^2 + 1}$$

Ainsi $\displaystyle\int \frac{3x^2 - 4x + 5}{x^2 + 1}\, dx = \int \left[ 3 + \frac{-4x + 2}{x^2 + 1} \right] dx$

$u = x^2 + 1$

$du = 2x\, dx$

$x\, dx = \dfrac{1}{2}\, du$

$$= \int 3\, dx - 4\int \frac{x}{x^2 + 1}\, dx + 2\int \frac{dx}{x^2 + 1}$$

$$= 3x - 2\ln(x^2 + 1) + 2\,\text{Arc tan } x + C$$

Nous verrons maintenant une méthode permettant d'intégrer des fonctions rationnelles où le degré du numérateur est plus petit que le degré du dénominateur.

Cette méthode consiste à décomposer la fonction rationnelle en une somme de fractions partielles, puis à intégrer chaque terme obtenu à l'aide de méthodes déjà vues.

# Décomposition en une somme de fractions partielles et intégration de fonctions rationnelles

En calculant $\dfrac{4}{x+1} + \dfrac{5}{x}$, après avoir trouvé un dénominateur commun, nous obtenons

$$\frac{4}{(x+1)} + \frac{5}{x} = \frac{4x + 5(x+1)}{x(x+1)} = \frac{9x+5}{x(x+1)} = \frac{9x+5}{x^2 + x}$$

La décomposition en une somme de fractions partielles est le cheminement inverse, c'est-à-dire que l'on part de $\dfrac{9x+5}{x^2+x}$ pour obtenir $\dfrac{4}{x+1} + \dfrac{5}{x}$.

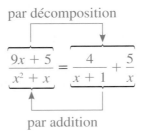

**Exemple 1** Calculons $\displaystyle\int \dfrac{9x+5}{x^2+x}\,dx$.

Ainsi, pour calculer $\displaystyle\int \dfrac{9x+5}{x^2+x}\,dx$, il suffit de calculer $\displaystyle\int \left(\dfrac{4}{x+1} + \dfrac{5}{x}\right)dx$.

$$\int \frac{9x+5}{x^2+x}\,dx = \int \left(\frac{5}{x} + \frac{4}{x+1}\right)dx$$

$$= 5\int \frac{1}{x}\,dx + 4\int \frac{1}{x+1}\,dx$$

$$u = x + 1$$
$$du = dx$$

$$= 5\ln|x| + 4\ln|x+1| + C$$

Avant d'intégrer une fonction rationnelle dont le degré du numérateur est inférieur au degré du dénominateur, nous pouvons décomposer la fonction rationnelle en une somme de fractions partielles.

Pour décomposer en une somme de fractions partielles, nous devons :

1) factoriser le dénominateur en facteurs irréductibles ;

2) réécrire le dénominateur en regroupant les facteurs identiques affectés de l'exposant approprié ;

3) effectuer la décomposition en une somme de fractions partielles en respectant les principes suivants.

**1ᵉʳ cas** Chaque facteur irréductible de degré 1, de la forme $(ax+b)^k$, au dénominateur, engendre $k$ fractions partielles de la forme

$$\frac{A_1}{ax+b} + \frac{A_2}{(ax+b)^2} + \cdots + \frac{A_i}{(ax+b)^i} + \cdots + \frac{A_k}{(ax+b)^k}, \text{ où } A_i \in \mathbb{R}, \, i = 1, 2, \ldots, k$$

**2ᵉ cas** Chaque facteur irréductible de degré 2, de la forme $(ax^2+bx+c)^k$, au dénominateur, engendre $k$ fractions partielles de la forme

$$\frac{A_1 x + B_1}{ax^2+bx+c} + \frac{A_2 x + B_2}{(ax^2+bx+c)^2} + \cdots + \frac{A_i x + B_i}{(ax^2+bx+c)^i} + \cdots + \frac{A_k x + B_k}{(ax^2+bx+c)^k},$$

$$\text{où } A_i \text{ et } B_i \in \mathbb{R}, \, i = 1, 2, \ldots, k$$

**Exemple 2** Décomposons les fonctions rationnelles suivantes en une somme de fractions partielles.

1er cas
a) $\dfrac{5x - 2}{3x^3 - 11x^2 - 4x} = \dfrac{5x - 2}{x(3x^2 - 11x - 4)}$

$= \dfrac{5x - 2}{x(3x + 1)(x - 4)}$ (ici, les facteurs irréductibles sont $x$, $(3x + 1)$ et $(x - 4)$)

$= \dfrac{A}{x} + \dfrac{B}{3x + 1} + \dfrac{C}{x - 4}$

1er cas
b) $\dfrac{x}{(2x + 3)^4} = \dfrac{A}{2x + 3} + \dfrac{B}{(2x + 3)^2} + \dfrac{C}{(2x + 3)^3} + \dfrac{D}{(2x + 3)^4}$

1er cas
c) $\dfrac{9x^2}{(3x + 1)^2 (1 - x)^3} = \dfrac{A}{(3x + 1)} + \dfrac{B}{(3x + 1)^2} + \dfrac{C}{(1 - x)} + \dfrac{D}{(1 - x)^2} + \dfrac{E}{(1 - x)^3}$

1er cas
d) $\dfrac{x^6 - 5x + 2}{(4x^2 + 4x^3 + x^4)(5x^2 - 2x^3)} = \dfrac{x^6 - 5x + 2}{x^2(4 + 4x + x^2)\, x^2(5 - 2x)}$

$= \dfrac{x^6 - 5x + 2}{x^2(2 + x)^2\, x^2(5 - 2x)}$

$= \dfrac{x^6 - 5x + 2}{x^4(2 + x)^2\, (5 - 2x)}$

$= \dfrac{A}{x} + \dfrac{B}{x^2} + \dfrac{C}{x^3} + \dfrac{D}{x^4} + \dfrac{E}{(2 + x)} + \dfrac{F}{(2 + x)^2} + \dfrac{G}{(5 - 2x)}$

2e cas
e) $\dfrac{3x}{(x^2 + 1)(x^2 + x + 1)} = \dfrac{Ax + B}{x^2 + 1} + \dfrac{Cx + D}{x^2 + x + 1}$ (ici, les facteurs irréductibles sont $(x^2 + 1)$ et $(x^2 + x + 1)$)

2e cas
f) $\dfrac{3x^4 + 2x}{(x^2 + 1)^3} = \dfrac{Ax + B}{x^2 + 1} + \dfrac{Cx + D}{(x^2 + 1)^2} + \dfrac{Ex + F}{(x^2 + 1)^3}$

1er cas et 2e cas
g) $\dfrac{5 - x^2}{x^3 + 4x} = \dfrac{5 - x^2}{x(x^2 + 4)} = \dfrac{A}{x} + \dfrac{Bx + C}{x^2 + 4}$

1er cas et 2e cas
h) $\dfrac{3}{(x^2 + x - 2)(x^2 + x + 2)} = \dfrac{3}{(x + 2)(x - 1)(x^2 + x + 2)}$

$= \dfrac{A}{x + 2} + \dfrac{B}{x - 1} + \dfrac{Cx + D}{x^2 + x + 2}$

1er cas et 2e cas
i) $\dfrac{3 - 2x}{(x^2 - 1)^2 (x^2 - x + 1)^2} = \dfrac{3 - 2x}{(x - 1)^2 (x + 1)^2 (x^2 - x + 1)^2}$

$= \dfrac{A}{(x - 1)} + \dfrac{B}{(x - 1)^2} + \dfrac{C}{(x + 1)} + \dfrac{D}{(x + 1)^2} + \dfrac{Ex + F}{(x^2 - x + 1)} + \dfrac{Gx + H}{(x^2 - x + 1)^2}$

4

**Exemple 3** Calculons $\displaystyle\int \frac{3 - 4x}{x^3 - 5x^2 + 6x}\, dx$.

Décomposons d'abord l'intégrande en une somme de fractions partielles.

$$\frac{3 - 4x}{x^3 - 5x^2 + 6x} = \frac{3 - 4x}{x(x - 3)(x - 2)} \qquad \text{(en factorisant le dénominateur)}$$

$$\frac{3 - 4x}{x(x - 3)(x - 2)} = \frac{A}{x} + \frac{B}{x - 3} + \frac{C}{x - 2}$$

Déterminons ensuite la valeur des inconnues $A$, $B$ et $C$ en multipliant par le dénominateur commun $x(x - 3)(x - 2)$ chaque terme des deux membres de l'équation.

$$\frac{3 - 4x}{x(x-3)(x-2)}\,[x(x-3)(x-2)] = \frac{A}{x}\,[x(x-3)(x-2)] + \frac{B}{(x-3)}\,[x(x-3)(x-2)] + \frac{C}{(x-2)}\,[x(x-3)(x-2)]$$

$$3 - 4x = A(x - 3)(x - 2) + Bx(x - 2) + Cx(x - 3) \qquad \text{(en simplifiant)}$$

Déterminons ensuite la valeur des inconnues $A$, $B$ et $C$.

### Méthode 1

En effectuant les opérations du membre de droite, nous obtenons

$$3 - 4x = A(x^2 - 5x + 6) + B(x^2 - 2x) + C(x^2 - 3x)$$

$$= Ax^2 - 5Ax + 6A + Bx^2 - 2Bx + Cx^2 - 3Cx$$

En regroupant les termes de même degré, nous avons

$$0x^2 + (\text{-}4)x + 3 = (A + B + C)x^2 + (\text{-}5A - 2B - 3C)x + 6A$$

Les coefficients des mêmes puissances de $x$ devant être égaux, nous obtenons le système d'équations suivant :

① $\qquad A + B + C = 0 \qquad$ (coefficients de $x^2$)

② $\quad \text{-}5A - 2B - 3C = \text{-}4 \qquad$ (coefficients de $x$)

③ $\qquad\qquad\qquad 6A = 3 \qquad$ (termes constants)

En résolvant ce système, nous trouvons

$$A = \frac{1}{2}, \; B = \text{-}3 \text{ et } C = \frac{5}{2}$$

### Méthode 2

Remplaçons successivement $x$, dans chacun des membres de l'équation précédente, par les valeurs qui annulent les facteurs du dénominateur. Ainsi,

si $x = 0$, nous obtenons

$$3 - 4(0) = A(0 - 3)(0 - 2) + B(0)(0 - 2) + C(0)(0 - 3)$$

$$3 = 6A$$

$$A = \frac{1}{2}$$

si $x = 2$, nous obtenons

$$3 - 4(2) = A(2 - 3)(2 - 2) + B(2)(2 - 2) + C(2)(2 - 3)$$

$$\text{-}5 = \text{-}2C$$

$$C = \frac{5}{2}$$

si $x = 3$, nous obtenons

$$3 - 4(3) = A(3 - 3)(3 - 2) + B(3)(3 - 2) + C(3)(3 - 3)$$

$$\text{-}9 = 3B$$

$$B = \text{-}3$$

**Remarque** Cette dernière méthode, pour évaluer la valeur des inconnues, peut être utilisée avantageusement lorsque chaque facteur au dénominateur est affecté de l'exposant 1.

Donc $\displaystyle \frac{3 - 4x}{x^3 - 5x^2 + 6x} = \frac{\frac{1}{2}}{x} + \frac{\text{-}3}{x - 3} + \frac{\frac{5}{2}}{x - 2}$

Ainsi

$$\int \frac{3 - 4x}{x^3 - 5x^2 + 6x}\, dx = \int \left( \frac{1}{2x} - \frac{3}{x - 3} + \frac{5}{2(x - 2)} \right) dx$$

$$= \frac{1}{2}\int \frac{1}{x}\, dx - 3\int \frac{1}{x - 3}\, dx + \frac{5}{2}\int \frac{1}{x - 2}\, dx$$

$$= \frac{1}{2}\ln |x| - 3\ln |x - 3| + \frac{5}{2}\ln |x - 2| + C$$

**Exemple 4** Calculons $\displaystyle\int \frac{33x^4 - 109x^3 - 86x^2 + 483x - 420}{(2x^2 - 5x)(4x^2 - 3x^3)}\,dx$.

Décomposons d'abord l'intégrande en une somme de fractions partielles et déterminons la valeur des inconnues.

$$\frac{33x^4 - 109x^3 - 86x^2 + 483x - 420}{x(2x - 5)\,x^2(4 - 3x)} = \frac{33x^4 - 109x^3 - 86x^2 + 483x - 420}{x^3(2x - 5)(4 - 3x)}$$

$$= \frac{A}{x} + \frac{B}{x^2} + \frac{C}{x^3} + \frac{D}{(2x - 5)} + \frac{E}{(4 - 3x)}$$

En multipliant chaque membre de l'équation par le plus petit dénominateur commun, $x^3(2x - 5)(4 - 3x)$, nous obtenons $\forall\, x \in \mathbb{R}$

$33x^4 - 109x^3 - 86x^2 + 483x - 420 = Ax^2(2x - 5)(4 - 3x) + Bx(2x - 5)(4 - 3x) + C(2x - 5)(4 - 3x) + Dx^3(4 - 3x) + Ex^3(2x - 5)$

$33x^4 - 109x^3 - 86x^2 + 483x - 420 = (\text{-}6A - 3D + 2E)x^4 + (23A - 6B + 4D - 5E)x^3 + (\text{-}20A + 23B - 6C)x^2 + (\text{-}20B + 23C)x - 20C$

En égalant les coefficients des mêmes puissances de $x$, nous obtenons le système d'équations suivant :

① $\qquad\quad \text{-}6A - 3D + 2E = 33 \qquad$ (coefficients de $x^4$)

② $\quad 23A - 6B + 4D - 5E = \text{-}109 \qquad$ (coefficients de $x^3$)

③ $\qquad \text{-}20A + 23B - 6C = \text{-}86 \qquad$ (coefficients de $x^2$)

④ $\qquad\qquad \text{-}20B + 23C = 483 \qquad$ (coefficients de $x$)

⑤ $\qquad\qquad\qquad\quad \text{-}20C = \text{-}420 \qquad$ (termes constants)

En résolvant ce système, nous trouvons $A = \text{-}2$, $B = 0$, $C = 21$, $D = 3$ et $E = 15$

Donc $\qquad \displaystyle\frac{33x^4 - 109x^3 - 86x^2 + 483x - 420}{(2x^2 - 5x)(4x^2 - 3x^3)} = \frac{\text{-}2}{x} + \frac{0}{x^2} + \frac{21}{x^3} + \frac{3}{2x - 5} + \frac{15}{4 - 3x}$

Ainsi $\displaystyle\int \frac{33x^4 - 109x^3 - 86x^2 + 483x - 420}{(2x^2 - 5x)(4x^2 - 3x^3)}\,dx = \int\left(\frac{\text{-}2}{x} + \frac{21}{x^3} + \frac{3}{2x - 5} + \frac{15}{4 - 3x}\right)dx$

$\displaystyle = \text{-}2\int\frac{1}{x}\,dx + 21\int\frac{1}{x^3}\,dx + 3\int\frac{1}{2x - 5}\,dx + 15\int\frac{1}{4 - 3x}\,dx$

$\displaystyle = \text{-}2\ln|x| - \frac{21}{2x^2} + \frac{3}{2}\ln|2x - 5| - 5\ln|4 - 3x| + C$

Voici un résumé des étapes à suivre pour intégrer une fonction rationnelle $\dfrac{f(x)}{g(x)}$ telle que $f(x)$ et $g(x)$ n'ont aucun facteur commun et dont le degré du numérateur est inférieur au degré du dénominateur. Il ne faut pas oublier que si le degré du numérateur est supérieur ou égal au degré du dénominateur, il faut d'abord effectuer la division.

**A.** Pour décomposer en une somme de fractions partielles,

1) factoriser le dénominateur en facteurs irréductibles ;

2) réécrire le dénominateur en regroupant les facteurs identiques affectés de l'exposant approprié ;

3) effectuer la décomposition en une somme de fractions partielles en respectant les principes déterminés au 1$^{\text{er}}$ cas et au 2$^{\text{e}}$ cas.

**B.** Pour déterminer la valeur des inconnues $A$, $B$, $C$, $D$, …

   1) multiplier chaque terme des deux membres de l'équation par le plus petit dénominateur commun ;

   | **Méthode 1** | **Méthode 2** |
   |---|---|
   | 2) regrouper les termes de même degré ; | 2) remplacer successivement $x$, dans chacun des membres de l'équation précédente, par les valeurs qui annulent les facteurs du dénominateur. |
   | 3) égaler les numérateurs des deux membres de l'équation ; | |
   | 4) égaler les coefficients des mêmes puissances de $x$ ; | |
   | 5) résoudre le système d'équations pour trouver $A$, $B$, $C$, $D$, … | |

**C.** Pour intégrer la fonction rationnelle,

   1) remplacer $A$, $B$, $C$, $D$, … par leurs valeurs respectives ;

   2) intégrer chaque terme de la somme en utilisant des méthodes d'intégration vues précédemment : changement de variable, intégration par parties, substitutions trigonométriques, etc.

**Exemple 5** Calculons $\displaystyle\int \frac{3x^4 - x^3 + 2x^2 - x + 2}{x(x^2 + 1)^2}\, dx$.

Décomposons d'abord l'intégrande en une somme de fractions partielles et déterminons la valeur de chaque inconnue.

$$\frac{3x^4 - x^3 + 2x^2 - x + 2}{x(x^2 + 1)^2} = \frac{A}{x} + \frac{Bx + C}{x^2 + 1} + \frac{Dx + E}{(x^2 + 1)^2}$$

$$3x^4 - x^3 + 2x^2 - x + 2 = A(x^2 + 1)^2 + (Bx + C)\,x(x^2 + 1) + (Dx + E)x$$

$$3x^4 - x^3 + 2x^2 - x + 2 = (A + B)x^4 + Cx^3 + (2A + B + D)x^2 + (C + E)x + A$$

Nous obtenons le système d'équations suivant :

①      $A + B = 3$    (coefficients de $x^4$)

②      $C = \text{-}1$    (coefficients de $x^3$)

③      $2A + B + D = 2$    (coefficients de $x^2$)

④      $C + E = \text{-}1$    (coefficients de $x$)

⑤      $A = 2$    (termes constants)

En résolvant ce système, nous trouvons $A = 2$, $B = 1$, $C = \text{-}1$, $D = \text{-}3$ et $E = 0$

Donc $\dfrac{3x^4 - x^3 + 2x^2 - x + 2}{x(x^2 + 1)^2} = \dfrac{2}{x} + \dfrac{x - 1}{x^2 + 1} + \dfrac{\text{-}3x}{(x^2 + 1)^2}$. Ainsi,

$$\int \frac{3x^4 - x^3 + 2x^2 - x + 2}{x(x^2 + 1)^2}\, dx = \int \left[\frac{2}{x} + \frac{x - 1}{x^2 + 1} - \frac{3x}{(x^2 + 1)^2}\right] dx$$

$u = x^2 + 1$

$du = 2x\, dx$

$$= \int \frac{2}{x}\, dx + \int \frac{x}{x^2 + 1}\, dx - \int \frac{1}{x^2 + 1}\, dx - \int \frac{3x}{(x^2 + 1)^2}\, dx$$

$$= 2 \ln |x| + \frac{\ln |x^2 + 1|}{2} - \text{Arc tan } x + \frac{3}{2(x^2 + 1)} + C$$

$$= \ln (x^2 \sqrt{x^2 + 1}) - \text{Arc tan } x + \frac{3}{2(x^2 + 1)} + C$$

(propriétés des logarithmes)

**Exemple 6** Calculons $\displaystyle\int \frac{3x^5 + 8x^3 + 8x - 1}{(x^2 + 1)^2}\, dx$.

Puisque le degré du numérateur est 5 et que le degré du dénominateur est 4, effectuons d'abord la division.

$$\frac{3x^5 + 8x^3 + 8x - 1}{x^4 + 2x^2 + 1} = 3x + \frac{2x^3 + 5x - 1}{(x^2 + 1)^2}$$

En décomposant $\dfrac{2x^3 + 5x - 1}{(x^2 + 1)^2}$, où le degré du numérateur est plus petit que le degré du dénominateur, nous obtenons

$$\frac{2x^3 + 5x - 1}{(x^2 + 1)^2} = \frac{Ax + B}{x^2 + 1} + \frac{Cx + D}{(x^2 + 1)^2}$$

$$2x^3 + 5x - 1 = (Ax + B)(x^2 + 1) + (Cx + D)$$

donc $\qquad 2x^3 + 5x - 1 = Ax^3 + Bx^2 + (A + C)x + B + D$

Nous obtenons le système d'équations suivant :

| | | |
|---|---|---|
| ① | $A = 2$ | (coefficients de $x^3$) |
| ② | $B = 0$ | (coefficients de $x^2$) |
| ③ | $A + C = 5$ | (coefficients de $x$) |
| ④ | $B + D = \text{-}1$ | (termes constants) |

En résolvant ce système, nous trouvons $A = 2$, $B = 0$, $C = 3$ et $D = \text{-}1$

Donc $\qquad \dfrac{2x^3 + 5x - 1}{(x^2 + 1)^2} = \dfrac{2x}{x^2 + 1} + \dfrac{3x - 1}{(x^2 + 1)^2}$

d'où $\qquad \dfrac{3x^5 + 8x^3 + 8x - 1}{(x^2 + 1)^2} = 3x + \dfrac{2x}{x^2 + 1} + \dfrac{3x - 1}{(x^2 + 1)^2}$

Ainsi $\displaystyle\int \frac{3x^5 + 8x^3 + 8x - 1}{(x^2 + 1)^2}\, dx = \int \left[ 3x + \frac{2x}{x^2 + 1} + \frac{3x - 1}{(x^2 + 1)^2} \right] dx$

$$= \int 3x\, dx + \int \frac{2x}{x^2 + 1}\, dx + \int \frac{3x}{(x^2 + 1)^2}\, dx - \int \frac{1}{(x^2 + 1)^2}\, dx$$

$$\begin{array}{ccc} & u = x^2 + 1 & \quad u = x^2 + 1 & \quad x = \tan\theta \\ & du = 2x\, dx & \quad du = 2x\, dx & \quad dx = \sec^2\theta\, d\theta \end{array}$$

$$= \frac{3x^2}{2} + \ln|x^2 + 1| - \frac{3}{2(x^2 + 1)} - \left( \frac{1}{2}\,\text{Arc}\tan x + \frac{x}{2(x^2 + 1)} \right) + C$$

Calcul d'aire

**Exemple 7** Soit $f(x) = \dfrac{3x^2 - 2x + 3}{x^3 + x}$. Calculons l'aire de la région ombrée suivante.

Puisque $f$ est positive sur $[1, 3]$, nous avons

$$\text{Aire} = \int_1^3 \frac{3x^2 - 2x + 3}{x^3 + x}\, dx$$

Décomposons d'abord $\dfrac{3x^2 - 2x + 3}{x(x^2 + 1)}$

en une somme de fractions partielles.

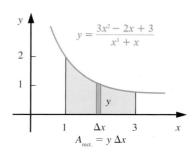

$$\frac{3x^2 - 2x + 3}{x(x^2 + 1)} = \frac{A}{x} + \frac{Bx + C}{x^2 + 1}$$

$$3x^2 - 2x + 3 = A(x^2 + 1) + (Bx + C)x$$

$$3x^2 - 2x + 3 = (A + B)x^2 + Cx + A$$

En égalant les coefficients des mêmes puissances de $x$, nous obtenons le système d'équations suivant:

① $\quad A + B = 3 \qquad$ (coefficients de $x^2$)

② $\qquad C = -2 \qquad$ (coefficients de $x$)

③ $\qquad A = 3 \qquad$ (termes constants)

En résolvant ce système, nous trouvons $A = 3$, $B = 0$ et $C = -2$.

Donc $\dfrac{3x^2 - 2x + 3}{x^3 + x} = \dfrac{3}{x} + \dfrac{-2}{x^2 + 1}$. Ainsi,

$$\text{Aire} = \int_1^3 \frac{3x^2 - 2x + 3}{x^3 + x} \, dx$$

$$= \int_1^3 \left( \frac{3}{x} - \frac{2}{x^2 + 1} \right) dx$$

$$= \left. (3 \ln |x| - 2 \text{ Arc tan } x) \right|_1^3$$

$$= (3 \ln |3| - 2 \text{ Arc tan } 3) - (3 \ln |1| - 2 \text{ Arc tan } 1)$$

d'où l'aire égale $\left( 3 \ln 3 - 2 \text{ Arc tan } 3 + \dfrac{\pi}{2} \right)$ u², c'est-à-dire environ 2,37 u².

## ● Intégration de fonctions non rationnelles

Dans certains cas, il est possible d'utiliser un changement de variable de façon à obtenir une fonction rationnelle.

**Exemple 1** Calculons les intégrales suivantes.

$u = \sqrt{x}$
$u^2 = x$
$2u \, du = dx$

a) $\displaystyle\int \frac{4}{1 + \sqrt{x}} \, dx = 4 \int \frac{2u}{1 + u} \, du$

$$= 8 \int \frac{u}{u + 1} \, du$$

$$= 8 \int \left[ 1 - \frac{1}{u + 1} \right] du \qquad \text{(en divisant)}$$

$$= 8 \left[ u - \ln |u + 1| \right] + C$$

$$= 8 \left[ \sqrt{x} - \ln |\sqrt{x} + 1| \right] + C \qquad \text{(car } u = \sqrt{x})$$

$u = \sin x$
$du = \cos x \, dx$

b) $\displaystyle\int \frac{8 \cos x}{\sin^2 x + 2 \sin x - 3} \, dx = \int \frac{8}{u^2 + 2u - 3} \, du$

$$= \int \frac{8}{(u + 3)(u - 1)} \, du$$

$\dfrac{8}{(u + 3)(u - 1)} = \dfrac{-2}{u + 3} + \dfrac{2}{u - 1}$

$$= \int \left[ \frac{-2}{u + 3} + \frac{2}{u - 1} \right] du$$

$$= -2 \ln |u + 3| + 2 \ln |u - 1| + C$$

$$= 2 \ln \left| \frac{u - 1}{u + 3} \right| + C$$

d'où $\displaystyle\int \frac{8 \cos x}{\sin^2 x + 2 \sin x - 3} dx = 2 \ln \left| \frac{\sin x - 1}{\sin x + 3} \right| + C$ \qquad (car $u = \sin x$)

**Exemple 2** Calculons $\displaystyle\int \sqrt{4 + e^{3x}} \, dx$.

$u = \sqrt{4 + e^{3x}}$

$u^2 = 4 + e^{3x}$

$2u \, du = 3e^{3x} dx$

$dx = \dfrac{2u}{3e^{3x}} du$

$dx = \dfrac{2u}{3(u^2 - 4)} du$

(car $e^{3x} = u^2 - 4$)

$$\int \sqrt{4 + e^{3x}} \, dx = \int \frac{u \, 2u}{3(u^2 - 4)} \, du$$

$$= \frac{2}{3} \int \frac{u^2}{u^2 - 4} \, du$$

$$= \frac{2}{3} \int \left[ 1 + \frac{4}{u^2 - 4} \right] du \qquad \text{(en divisant)}$$

$$= \frac{2}{3} \int \left[ 1 + \frac{1}{u - 2} - \frac{1}{u + 2} \right] du$$

$$= \frac{2}{3} [u + \ln |u - 2| - \ln |u + 2| ] + C$$

$$= \frac{2}{3} \left[ u + \ln \left| \frac{u - 2}{u + 2} \right| \right] + C$$

d'où $\displaystyle\int \sqrt{4 + e^{3x}} \, dx = \frac{2}{3} \left[ \sqrt{4 + e^{3x}} + \ln \left| \frac{\sqrt{4 + e^{3x}} - 2}{\sqrt{4 + e^{3x}} + 2} \right| \right] + C$

## ● Équation logistique et applications

**Il y a environ 175 ans...**

*L'*appellation de courbe *logistique* est introduite par le mathématicien belge **Pierre François Verhulst** (1804-1849) dans un article intitulé «La loi d'accroissement de la population». Dans l'équation différentielle *logistique*, ce dernier terme, dont le choix est impropre, est supposé se référer à une solution de type logarithmique. Autrefois, le mot *logistique* avait le sens de «calcul». Ainsi, l'algébriste français François Viète (1540-1603) appelle «logistique spécieuse» le calcul sur les lettres (espèces), autrement dit l'algèbre symbolique. *Le Larousse* définit la logistique contemporaine comme «l'ensemble des méthodes et des moyens relatifs à l'organisation d'un service, d'une entreprise, etc.».

**Pierre François Verhulst**
**Mathématicien belge**

**DÉFINITION 4.1** Une équation différentielle de la forme $\dfrac{dx}{dt} = kx(b - x)$, où $k$ et $b$ sont des constantes réelles, est appelée **équation logistique**.

La résolution d'une équation logistique nous amène à intégrer une fonction rationnelle.

**Exemple 1** Dans un village de 5000 habitants, le taux de croissance du nombre de personnes propageant une rumeur par rapport au temps $t$, où $t$ est en semaines, est à la fois proportionnel au nombre $P$ de personnes connaissant la rumeur et au nombre de personnes ignorant la rumeur.

a) Déterminons l'équation différentielle correspondant à cette situation.

$$\frac{dP}{dt} = kP(5000 - P)$$

*Équation logistique*

b) Si la constante de proportionnalité $k$ est égale à 0,002 et qu'au départ 50 personnes propagent la rumeur, exprimons $P$ en fonction de $t$ en résolvant l'équation logistique suivante.

$$\frac{dP}{dt} = 0{,}002P(5000 - P)$$

$$\frac{1}{P(5000 - P)}\, dP = 0{,}002\, dt \qquad \text{(en regroupant)}$$

$$\int \frac{1}{P(5000 - P)}\, dP = \int 0{,}002\, dt$$

$$\int \left[\frac{1}{5000P} + \frac{1}{5000(5000 - P)}\right] dP = \int 0{,}002\, dt \qquad \left(\text{car } \frac{1}{P(5000 - P)} = \frac{\frac{1}{5000}}{P} + \frac{\frac{1}{5000}}{5000 - P}\right)$$

$$\frac{1}{5000} \ln |P| - \frac{1}{5000} \ln |5000 - P| = 0{,}002t + C$$

$$\frac{1}{5000} \left[\ln P - \ln (5000 - P)\right] = 0{,}002t + C \qquad \text{(car } P \in \,]0,\, 5000[\,)$$

$$\frac{1}{5000} \ln \left(\frac{P}{5000 - P}\right) = 0{,}002t + C$$

Conditions initiales
$t = 0$
$P = 50$

En remplaçant $t$ par 0 et $P$ par 50, nous obtenons $\dfrac{1}{5000} \ln \left(\dfrac{50}{4950}\right) = C$

Ainsi $\qquad \dfrac{1}{5000} \ln \left(\dfrac{P}{5000 - P}\right) = 0{,}002t + \dfrac{1}{5000} \ln \left(\dfrac{1}{99}\right) \quad \left(\text{car } C = \dfrac{1}{5000} \ln \left(\dfrac{1}{99}\right)\right)$

$$\ln \left(\frac{P}{5000 - P}\right) = 10t + \ln \left(\frac{1}{99}\right) \qquad \text{(en multipliant les deux membres de l'équation par 5000)}$$

$$\ln \left(\frac{P}{5000 - P}\right) - \ln \left(\frac{1}{99}\right) = 10t$$

De l'équation 1
$t = \dfrac{1}{10} \ln \left(\dfrac{99P}{5000 - P}\right)$

$$\ln \left(\frac{99P}{5000 - P}\right) = 10t \qquad \text{(équation 1)}$$

$$\frac{99P}{5000 - P} = e^{10t}$$

$$99P = 5000e^{10t} - Pe^{10t}$$

$$99P + Pe^{10t} = 5000e^{10t}$$

$$P(99 + e^{10t}) = 5000e^{10t}$$

Ainsi, à chaque instant $t$, le nombre de personnes qui propagent la rumeur est donné par

$$P = \frac{5000e^{10t}}{99 + e^{10t}}$$

En multipliant le numérateur et le dénominateur par $e^{-10t}$, nous obtenons

$$P = \frac{5000}{1 + 99e^{-10t}} \qquad \text{(équation 2)}$$

Cette dernière forme est celle que l'on utilise habituellement.

c) Déterminons théoriquement le nombre de personnes qui, à long terme, connaîtront la rumeur.

$$\lim_{t \to +\infty} P(t) = \lim_{t \to +\infty} \frac{5000}{1 + 99e^{-10t}} = \frac{5000}{1 + 0} = 5000$$

ce qui signifie que, théoriquement, il faut un temps infini pour que tous les habitants prennent connaissance de la rumeur.

La droite d'équation $P = 5000$ est une asymptote horizontale.

d) Représentons graphiquement la fonction $P$ ainsi que l'asymptote horizontale correspondante $P = 5000$.

```
> P:=t->5000/(1+99*exp(-10*t)):
> with(plots):
> c:=plot(P(t),t=0..1,y=0..5000,color=orange):
> A:=plot(5000,t=0..1,linestyle=4,color=blue):
> p:=plot([[ ln 99 / 10 ,2500]],style=point,
    symbol=circle,color=orange):
> display(c,p,A);
```

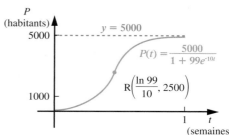

Le minimum est au point P(0, 50) et le point d'inflexion est $R\left(\dfrac{\ln 99}{10}, 2500\right)$.
Ce graphique a une forme sigmoïde.

$t = \dfrac{3}{7}$

$P = ?$

e) Déterminons le nombre de personnes qui sont au courant de la rumeur après 3 jours.
En remplaçant $t$ par $\dfrac{3}{7}$ dans l'équation 2, nous obtenons

$$P\left(\frac{3}{7}\right) = \frac{5000}{1 + 99e^{-10\left(\frac{3}{7}\right)}} = 2116,299\ldots$$

d'où environ 2116 personnes.

$P = 1250$

$t = ?$

f) Déterminons le temps nécessaire pour que 1250 personnes connaissent la rumeur.
En remplaçant $P$ par 1250 dans l'équation 1, nous obtenons

$$t = \frac{1}{10} \ln\left(\frac{99(1250)}{(5000 - 1250)}\right) = 0,3496\ldots \text{ semaine}$$

d'où environ 2,45 jours.

De façon plus générale, nous pouvons résoudre, à l'aide de la décomposition en une somme de fractions partielles, des équations de la forme

$\dfrac{dx}{dt} = k(a - x)(b - x)$, où $k$, $a$ et $b$ sont des constantes réelles.

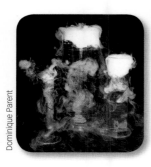

**Exemple 2** Deux substances chimiques, $A$ et $B$, réagissent pour former une nouvelle substance $S$. Chaque gramme de cette nouvelle substance est composé de $\dfrac{3}{7}$ g de $A$ et de $\dfrac{4}{7}$ g de $B$. Si, au départ, nous avons 9 g de $A$ et 16 g de $B$ et si le taux de croissance de la quantité $Q$ de la substance $S$ est proportionnel au produit des quantités $A$ et $B$ non transformées,

a) déterminons $Q$ en fonction de $t$ si, après 10 minutes, la quantité $Q$ est de 14 g.

$$\left(9 - \frac{3}{7}Q\right) > 0 \Rightarrow Q < 21$$

et

$$\left(16 - \frac{4}{7}Q\right) > 0 \Rightarrow Q < 28$$

$$\frac{dQ}{dt} = k_1\left(9 - \frac{3}{7}Q\right)\left(16 - \frac{4}{7}Q\right) = k_1\left(\frac{63 - 3Q}{7}\right)\left(\frac{112 - 4Q}{7}\right)$$

$$= \frac{12k_1}{49}(21 - Q)(28 - Q)$$

Ainsi
$$\frac{dQ}{dt} = k(21 - Q)(28 - Q) \qquad \left(\text{où } k = \frac{12k_1}{49}\right)$$

$$\frac{dQ}{(21 - Q)(28 - Q)} = k\,dt$$

$$\int \frac{1}{(21 - Q)(28 - Q)}\,dQ = \int k\,dt$$

$$\int \left(\frac{1}{7(21 - Q)} - \frac{1}{7(28 - Q)}\right)dQ = \int k\,dt \qquad \text{(en décomposant)}$$

$$\frac{-1}{7}\ln|21 - Q| + \frac{1}{7}\ln|28 - Q| = kt + C$$

$$\frac{1}{7}\Big[\ln(28 - Q) - \ln(21 - Q)\Big] = kt + C \qquad \text{(car } Q < 21\text{)}$$

$$\frac{1}{7}\ln\left(\frac{28 - Q}{21 - Q}\right) = kt + C$$

Conditions initiales
$t = 0$
$Q = 0$

En remplaçant $t$ par 0 et $Q$ par 0, nous obtenons $\dfrac{1}{7}\ln\left(\dfrac{28}{21}\right) = C$

Ainsi
$$\frac{1}{7}\ln\left(\frac{28 - Q}{21 - Q}\right) = kt + \frac{1}{7}\ln\left(\frac{4}{3}\right) \qquad \left(\text{car } C = \frac{1}{7}\ln\left(\frac{4}{3}\right)\right)$$

$t = 10$
$Q = 14$

En remplaçant $t$ par 10 et $Q$ par 14, nous obtenons $\dfrac{1}{7}\ln\left(\dfrac{28 - 14}{21 - 14}\right) = k(10) + \dfrac{1}{7}\ln\left(\dfrac{4}{3}\right)$

donc
$$\frac{1}{7}\ln\left(\frac{28 - Q}{21 - Q}\right) = \frac{\ln(1,5)}{70}t + \frac{1}{7}\ln\left(\frac{4}{3}\right) \qquad \left(\text{car } k = \frac{\ln(1,5)}{70}\right)$$

Isolons $Q$.

$$\ln\left(\frac{28 - Q}{21 - Q}\right) - \ln\left(\frac{4}{3}\right) = \frac{t}{10}\ln(1,5) \qquad \text{(équation 1)}$$

$$\ln\left(\frac{3}{4}\frac{(28 - Q)}{(21 - Q)}\right) = \ln(1,5)^{\frac{t}{10}}$$

$$\frac{84 - 3Q}{84 - 4Q} = (1,5)^{\frac{t}{10}}$$

$$84 - 3Q = 84(1,5)^{\frac{t}{10}} - 4Q(1,5)^{\frac{t}{10}}$$

$$4Q(1,5)^{\frac{t}{10}} - 3Q = 84(1,5)^{\frac{t}{10}} - 84$$

$$Q(4(1,5)^{\frac{t}{10}} - 3) = 84((1,5)^{\frac{t}{10}} - 1)$$

$$Q = \frac{84((1,5)^{\frac{t}{10}} - 1)}{4((1,5)^{\frac{t}{10}} - 0,75)}$$

d'où $Q = 21\,\dfrac{((1,5)^{\frac{t}{10}} - 1)}{((1,5)^{\frac{t}{10}} - 0,75)}$ \qquad (équation 2)

b) Déterminons théoriquement la quantité maximale $Q_{\max}$ de la substance $S$.

$$Q_{\max} = \lim_{t \to +\infty} 21 \left( \frac{(1,5)^{\frac{t}{10}} - 1}{(1,5)^{\frac{t}{10}} - 0,75} \right) \qquad \left( \text{ind. } \frac{+\infty}{+\infty} \right)$$

$$\overset{\text{RH}}{=} 21 \lim_{t \to +\infty} \frac{(1,5)^{\frac{t}{10}} \ln (1,5) \dfrac{1}{10}}{(1,5)^{\frac{t}{10}} \ln (1,5) \dfrac{1}{10}} = 21$$

d'où $Q_{\max} = 21$ g.

 c) Représentons graphiquement la fonction $Q$ ainsi que l'asymptote horizontale correspondante $Q = 21$.

```
> Q:=t->21*((3/2)^(t/10)-1)/((3/2)^(t/10)-0.75);
> with(plots):
> c:=plot(Q(t),t=0..80,y=0..25,color=orange):
> A:=plot(21,t=0..80,linestyle=4,color=blue):
> display(c,A);
```

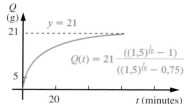

---

# Exercices 4.4

**1.** Décomposer en une somme de fractions partielles.

a) $\dfrac{1}{x^2 + 2x - 3}$

b) $\dfrac{5x^2}{x^2 - 3x - 4}$

c) $\dfrac{5}{x^3 - x}$

d) $\dfrac{6}{x^3 + x}$

**2.** Décomposer en une somme de fractions partielles, sans trouver la valeur des inconnues.

a) $\dfrac{3x^2 + 7x - 1}{3x^4 + 4x^3}$

b) $\dfrac{x^2 + 1}{x + 1}$

c) $\dfrac{4}{x^4 + x}$

d) $\dfrac{1}{(x^4 - 1)^2}$

e) $\dfrac{3x - 4}{(x + 1)^3 \, (x^2 + x + 1)^2}$

f) $\dfrac{8}{(x^3 - x)(x^2 - x)(x^3 + x)}$

**3.** Calculer les intégrales suivantes.

a) $\displaystyle\int \dfrac{8x + 9}{(x - 2)(x + 3)} \, dx$

b) $\displaystyle\int \dfrac{x}{(x - 1)^2} \, dx$

c) $\displaystyle\int \dfrac{3(x + 2)(x - 1)}{x^2 - x - 2} \, dx$

d) $\displaystyle\int \dfrac{x^2 + 4x - 1}{x^3 - x} \, dx$

e) $\displaystyle\int \dfrac{8x^3 + 36x^2 + 42x + 27}{x(2x + 3)^3} \, dx$

f) $\displaystyle\int \dfrac{8x^3 - 5x^2 - 11x + 14}{(x^2 - 1)(x^2 - 4)} \, dx$

g) $\displaystyle\int \dfrac{x^5 + 4}{x^3 + x^2} \, dx$

h) $\displaystyle\int_1^2 \dfrac{5x^2 + 3x + 2}{x(x + 1)^2} \, dx$

i) $\displaystyle\int_2^4 \dfrac{4x^3 + x^2 + 2x + 1}{x^3(x + 1)^2} \, dx$

**4.** Calculer les intégrales suivantes.

a) $\displaystyle\int \dfrac{7x^2 - 5x + 3}{x^3 + x} \, dx$

b) $\displaystyle\int \dfrac{-2x^3 + 5x^2 - 4x + 20}{x^2(x^2 - x + 5)} \, dx$

c) $\displaystyle\int \dfrac{8x^5 + 20x^3 + 7x}{(2x^2 + 5)} \, dx$

d) $\displaystyle\int \dfrac{x^6 + x^2 + 8}{x(x^2 + 2)^3} \, dx$

e) $\displaystyle\int \dfrac{x^4 + 10x^2 + 30x + 25}{x^2(x^2 + 3x + 5)^2} \, dx$

f) $\displaystyle\int \dfrac{6x^2 + 7x + 19}{(x - 1)(x^2 + 2x + 5)} \, dx$

g) $\displaystyle\int \dfrac{3x^4 - x^3 + 2x^2 - x + 2}{x(x^2 + 1)^2} \, dx$

h) $\displaystyle\int_0^1 \frac{7x^3 - x^2 + 17x - 3}{(x^2 + 3)(x^2 + 1)}\,dx$

i) $\displaystyle\int_{-1}^1 \frac{2x^5 + 4x^3 + x^2 + 1}{(x^2 + 1)^2}\,dx$

**5.** Calculer les intégrales suivantes en utilisant la substitution donnée.

a) $\displaystyle\int \frac{2 + \sqrt{x}}{x + 1}\,dx\,;\ u = \sqrt{x}$

b) $\displaystyle\int \frac{1}{x\sqrt{x + 1}}\,dx\,;\ u = \sqrt{x + 1}$

**6.** Calculer les intégrales suivantes.

a) $\displaystyle\int \frac{\sec^2 \theta}{\tan^2 \theta - 4}\,d\theta$

b) $\displaystyle\int \frac{\cos x}{\sin^3 x - \sin^2 x}\,dx$

c) $\displaystyle\int \frac{(7\ln^2 x - 5\ln x + 3)}{(x\ln^3 x + x\ln x)}\,dx$

d) $\displaystyle\int \frac{5\cos \theta}{\sin^2 \theta\,(1 + \sin^2 \theta)}\,d\theta$

**7.** Calculer algébriquement l'aire des régions fermées suivantes (représenter graphiquement les régions à l'aide d'un outil technologique).

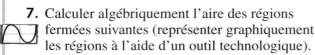

a) $g(x) = \dfrac{x^2}{1 + x^2},\ y = 0,\ x = -1$ et $x = 1$

b) $f(t) = \dfrac{t}{t^2 + t - 12},\ y = 0,\ t = -3$ et $t = 2$

c) $y = \dfrac{4 - x}{x^2 - 4},\ y = 0,\ x = 3$ et $x = 4$

d) $f(x) = 1 + \dfrac{10x^4}{(x + 1)^3},\ y = 0,\ x = 0$ et $x = 1$

**8.** Un écologiste estime qu'un lac artificiel peut contenir un maximum de 2400 truites. Nous ensemençons ce lac avec 400 truites. Supposons qu'un modèle logistique de croissance s'applique à cette population avec une constante de proportionnalité égale à 0,000 15, où la variable $t$ est en mois.

a) Écrire l'équation logistique correspondante.

b) Résoudre cette équation afin d'exprimer le nombre de truites en fonction du temps.

c) Déterminer le nombre de truites après 3 mois.

d) Après combien de mois la population sera-t-elle à 75 % de la capacité maximale ?

 e) Tracer le graphique de l'équation trouvée en b).

**9.** Dans une réaction chimique, une substance $R$  se transforme en une nouvelle substance $S$. Nous savons que le taux de variation de la nouvelle substance $S$ est donné par l'équation différentielle suivante,

$$\frac{dQ}{dt} = k(1500 - Q)(500 + Q),$$

où $Q$ est la quantité en grammes de la substance $S$, et $t$ est en minutes. Si, après 10 minutes, nous trouvons 1000 grammes de la substance $S$, alors qu'il y en avait 500 grammes au début,

a) exprimer $Q$ en fonction de $t$ ;

b) déterminer la quantité de la substance $S$ après 20 minutes.

c) Après combien de temps trouverons-nous 1400 grammes de la substance $S$ ?

d) Déterminer théoriquement la quantité maximale de la substance $S$.

 e) Représenter graphiquement $Q(t)$.

**10.** Dans une culture de bactéries, où le maximum peut être de 32 000 bactéries, le taux de croissance est à la fois proportionnel à la quantité $P$ de bactéries présentes et à $(32\,000 - P)$. Si, au départ, il y avait 2000 bactéries et qu'après 6 heures leur nombre est de 8000,

a) donner l'équation logistique correspondant à cette situation ;

b) exprimer $P$ en fonction de $t$.

c) Trouver le nombre de bactéries présentes après 10 heures.

d) Après combien de temps compterons-nous 80 % de la population maximale ?

e) Vérifier théoriquement que la population maximale est de 32 000.

 f) Représenter graphiquement $P(t)$.

# Réseau de concepts

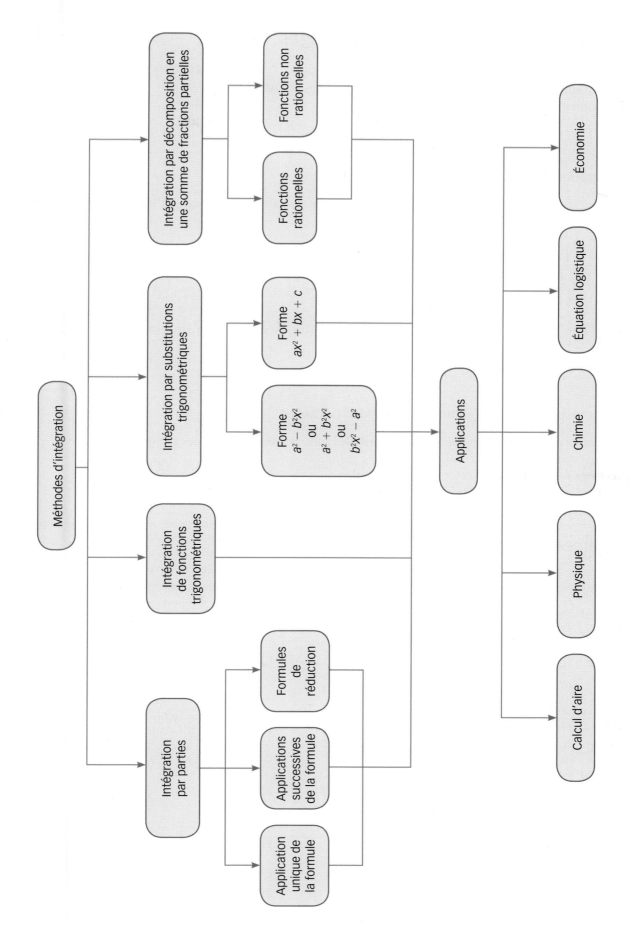

# Liste de vérification des apprentissages

Après l'étude de ce chapitre, je suis en mesure de compléter le résumé suivant avant de solutionner les exercices récapitulatifs et les problèmes de synthèse.

> **Intégration par parties**
>
> $$\int u \, dv = \underline{\hspace{2cm}}$$

---

## Intégration par substitution trigonométrique

Donner la substitution trigonométrique qui permettrait de calculer les intégrales suivantes (construire le triangle correspondant).

1) $\displaystyle\int \frac{1}{\sqrt{4 + x^2}} \, dx$;  $x = \underline{\hspace{1.5cm}}$

3) $\displaystyle\int \frac{7x^2}{\sqrt{3x^2 - 5}} \, dx$;  $x = \underline{\hspace{1.5cm}}$

2) $\displaystyle\int (1 - 2x^2)^{\frac{3}{2}} \, dx$;  $x = \underline{\hspace{1.5cm}}$

4) $\displaystyle\int \sqrt{x^2 - 6x + 13} \, dx$;  $x = \underline{\hspace{1.5cm}}$

---

## Décomposition en une somme de fractions partielles

Décomposer en une somme de fractions partielles sans trouver la valeur des inconnues.

1) $\displaystyle\frac{3x + 4}{x(x^2 - 1)} = \underline{\hspace{1.5cm}}$

2) $\displaystyle\frac{5 - 7x}{x^2(x^2 + 1)^2} = \underline{\hspace{1.5cm}}$

3) $\displaystyle\frac{x^2}{x^2 - x - 6} = \underline{\hspace{1.5cm}}$

---

# Exercices récapitulatifs

> Les réponses des exercices suivants, à l'exception des exercices notés en rouge, sont données à la fin du volume.

**1.** Calculer les intégrales suivantes.

a) $\displaystyle\int 5t \cos t \, dt$

b) $\displaystyle\int x^2 \, e^{\frac{-x}{3}} \, dx$

c) $\displaystyle\int x \operatorname{Arc\,sec} x \, dx$

d) $\displaystyle\int \frac{\cos x}{e^x} \, dx$

e) $\displaystyle\int \frac{\ln^2 y}{y^2} \, dy$

f) $\displaystyle\int x e^x \cos x \, dx$

g) $\displaystyle\int_{\frac{-\pi}{2}}^{\frac{\pi}{2}} x \sin x \, dx$

**2.** Calculer les intégrales suivantes.

a) $\displaystyle\int (4 + \cos x)^2 \, dx$

b) $\displaystyle\int \left( \frac{\sec^2 \theta}{\tan \theta} + \frac{\sec \theta}{\tan^2 \theta} \right) d\theta$

c) $\displaystyle\int (1 - \sec^2 x)^2 \, dx$

d) $\displaystyle\int \sin^6 2t \, dt$

e) $\displaystyle\int \sec^3 x \tan^4 x \, dx$

f) $\displaystyle\int (\cos 3x \cos 2x)^2 \, dx$

g) $\displaystyle\int_0^{\frac{\pi}{4}} \tan^2 x \sec^4 x \, dx$

**3.** Calculer les intégrales suivantes.

a) $\displaystyle\int \frac{\sqrt{u^2 - 16}}{3u} \, du$

b) $\displaystyle\int \frac{1}{(1 - 2x^2)^{\frac{5}{2}}} \, dx$

c) $\displaystyle\int \frac{4}{(1 + 4x^2)^2} \, dx$

d) $\displaystyle\int \sqrt{(x + 1)(x + 5)} \, dx$

e) $\displaystyle\int \frac{2}{y\sqrt{4 - y}} \, dy$

f) $\displaystyle\int \frac{2 \sin \theta - 3 \cos \theta}{1 + \cos \theta} \, d\theta$

g) $\displaystyle\int \frac{1}{x\sqrt{\sqrt{x} - 4}} \, dx$

**4.** Calculer les intégrales suivantes.

a) $\displaystyle\int \frac{7t + 26}{(t - 2)(3t + 4)}\,dt$

b) $\displaystyle\int \frac{2x^4 + 2x^3 - 2x^2 - 3x - 2}{x^3 + x^2 - 2x}\,dx$

c) $\displaystyle\int \frac{6y^3 + y^2 - 63}{y^4 - 81}\,dy$

d) $\displaystyle\int \frac{10 + 2x^2 - 7x^3 + 9x}{x^3(2x + 5)}\,dx$

e) $\displaystyle\int \frac{3x^3 + 12x + 1}{(x^2 + 4)^2}\,dx$

f) $\displaystyle\int \frac{\sin \theta}{\cos^2 \theta - 7 \cos \theta + 12}\,d\theta$

g) $\displaystyle\int_0^1 \frac{3x^2 + 3x + 2}{(x + 1)(x^2 + 1)}\,dx$

h) $\displaystyle\int \frac{\sec^3 \sqrt{u} \tan^3 \sqrt{u}}{\sqrt{u}}\,du$

i) $\displaystyle\int \frac{x^3 + x}{(1 - x^2)^2}\,dx$

j) $\displaystyle\int \frac{x^4 + x^2 + 1}{x^5 + 4x^3}\,dx$

k) $\displaystyle\int \frac{x + 1}{\sqrt{2x^2 - 6x + 4}}\,dx$

l) $\displaystyle\int \frac{2 - \sin \theta}{2 + \sin \theta}\,d\theta$

m) $\displaystyle\int e^{ax} \cos bx\,dx$, où $a \neq 0$ et $b \neq 0$

n) $\displaystyle\int ax \sin bx\,dx$, où $a \neq 0$ et $b \neq 0$

o) $\displaystyle\int \frac{(2e^x + 1)}{(e^x - 2)^2}\,dx$

**5.** Calculer les intégrales suivantes.

a) $\displaystyle\int \frac{x}{\sqrt{x + 1}}\,dx$

   i)  par parties en posant $u = x$;

   ii) par changement de variable en posant $t = x + 1$.

   iii) Comparer vos réponses.

b) $\displaystyle\int \sin 3x \cos 2x\,dx$, de deux façons différentes.

c) $\displaystyle\int \frac{x}{16 - x^2}\,dx$, de trois façons différentes.

d) $\displaystyle\int \sin^5 3\theta \cos^5 3\theta\,d\theta$, de trois façons différentes.

e) $\displaystyle\int \frac{5}{1 - \cos x}\,dx$, de deux façons différentes.

**6.** Calculer les intégrales suivantes.

a) $\displaystyle\int (5x^2 + 8) \ln x\,dx$

b) $\displaystyle\int \sin^3 (5\theta) \cos^4 (5\theta)\,d\theta$

c) $\displaystyle\int x^2 \sqrt{4 + x^2}\,dx$

d) $\displaystyle\int \frac{v \operatorname{Arc\,sec} v}{\sqrt{v^2 - 1}}\,dv$

e) $\displaystyle\int \frac{5x^3 + 4x^2 + 11x + 4}{(x^2 + 1)^2}\,dx$

f) $\displaystyle\int \frac{x}{(x^2 + 2x + 10)^{\frac{3}{2}}}\,dx$

g) $\displaystyle\int e^t (\sin t + \cos t)\,dt$

**7.** Calculer les intégrales suivantes.

a) $\displaystyle\int_2^3 \frac{x}{x^2 - 1}\,dx$

b) $\displaystyle\int_0^1 \frac{1}{x^3 + 3x^2 + 3x + 1}\,dx$

c) $\displaystyle\int (\operatorname{Arc\,sin} x)^2\,dx$

d) $\displaystyle\int \frac{\cos \theta}{\sin \theta \sqrt{1 + \sin^2 \theta}}\,d\theta$

e) $\displaystyle\int_1^4 \frac{\ln t}{\sqrt{t}}\,dt$

f) $\displaystyle\int \frac{x^2 + 2x + 1}{(x^2 + 2x + 4)^{\frac{3}{2}}}\,dx$

g) $\displaystyle\int \frac{\sin x}{(1 + \sin x)^2}\,dx$

h) $\displaystyle\int_1^4 \frac{1}{2 + \sqrt{y}}\,dy$

i) $\displaystyle\int_0^1 \frac{2x^3 - 8x^2 + 9x + 1}{(x - 2)^2}\,dx$

j) $\displaystyle\int \frac{16x^4}{\sqrt{1 - x^2}}\,dx$

k) $\displaystyle\int \cos \sqrt{x}\,dx$

l) $\displaystyle\int_0^3 \frac{t}{\sqrt{t + 1}}\,dt$

4

m) $\int \dfrac{x}{\sqrt{ax + b}}\, dx$, où $a \neq 0$ et $b \neq 0$

n) $\int \sin ax \cos bx\, dx$, où $a \neq 0$, $b \neq 0$ et $a \neq \pm b$

o) $\int \dfrac{7}{4 \sin x - 3 \cos x}\, dx$

**8.** a) Trouver une formule de réduction pour

   i) $\int x^n \cos x\, dx$, où $n \in \{1, 2, 3, \dots\}$ ;

   ii) $\int x^n \sin x\, dx$, où $n \in \{1, 2, 3, \dots\}$ ;

   iii) $\int \tan^n (ax)\, dx$, où $n \in \{2, 3, 4, \dots\}$ ;

   iv) $\int x^k (\ln x)^n\, dx$, où $k \neq -1$ et $n \in \{1, 2, 3, \dots\}$.

b) Calculer les intégrales suivantes à l'aide des formules de réduction précédentes.

   i) $\int x^3 \sin x\, dx$    iii) $\int \tan^4 (5x)\, dx$

   ii) $\int x^9 (\ln x)^4\, dx$    iv) $\int \tan^5 (4x)\, dx$

**9.** a) Calculer les intégrales suivantes, où $a \in \mathbb{R} \backslash \{0\}$.

   i) $\int x^2 \sqrt{a^2 - x^2}\, dx$   iv) $\int \dfrac{\sqrt{a^2 - x^2}}{x^2}\, dx$

   ii) $\int x^2 \sqrt{x^2 - a^2}\, dx$   v) $\int (x^2 - a^2)^{\frac{3}{2}}\, dx$

   iii) $\int \dfrac{\sqrt{x^2 + a^2}}{x^2}\, dx$   vi) $\int \dfrac{\sqrt{x^2 + a^2}}{x}\, dx$

b) Calculer les intégrales suivantes à l'aide de l'intégrale appropriée trouvée en a).

   i) $\int \dfrac{\sqrt{5 - x^2}}{7x^2}\, dx$    iii) $\int_3^5 x^2 \sqrt{x^2 - 9}\, dx$

   ii) $\int \dfrac{\sqrt{x^2 + 4}}{x}\, dx$    iv) $\int_2^3 \sqrt{(x^2 - 2)^3}\, dx$

**10.** Calculer algébriquement l'aire exacte des régions fermées suivantes (représenter graphiquement ces régions).

a) $y = (4 - x^2)e^x$ et $y = 0$

b) $y = 3 \sin^3 x$, $y = 0$, $x = 0$ et $x = 2\pi$

c) $y = \dfrac{2x}{\sqrt{x^4 + 1}}$, $y = 0$, $x = -1$ et $x = 2$

d) $y = \dfrac{x^3}{(x^2 + 4)^2}$, $y = 0$, $x = -2$ et $x = 2$

e) $y = e^x \sin x$, $y = 0$, $x = -\pi$ et $x = \pi$

f) $y = \dfrac{1 - x^2}{\sqrt{x^2 + 1}}$ et $y = 0$

g) $y = \dfrac{x^4(1 - x)^4}{1 + x^2}$, $y = 0$, $x = 0$ et $x = 1$

h) $y = x \sin 2x$, $y = 0$, $x = 0$ et $x = \dfrac{\pi}{6}$

**11.** Soit une population $P$ dont le taux d'accroissement est donné par $\dfrac{dP}{dt} = te^{\frac{t}{15}}$, où $t$ est exprimé en mois. Si la population initiale est de 20 000 habitants,

a) exprimer la population $P$ en fonction du temps ;

b) déterminer la population dans 1 an ; dans 2 ans.

**12.** Une maladie contagieuse se propage dans une ville de 75 000 habitants, à un rythme qui est à la fois proportionnel au nombre $P$ de personnes atteintes et au nombre de personnes non atteintes. Supposons que 150 cas de maladie soient signalés au début de l'épidémie et qu'après 15 jours nous comptions 1500 cas.

a) Donner l'équation logistique correspondant à cette situation.

b) Exprimer $P$ en fonction de $t$.

c) Trouver le nombre de cas de maladie après 30 jours.

d) Déterminer le temps qu'il faudra à la maladie pour que la moitié de la population soit contaminée.

**13.** D'après un politicologue, le taux de variation du pourcentage $P$ de popularité d'une candidate à une élection est donné par $\dfrac{dP}{dt} = kP(1 - P)$. Si, au départ, 20 % des électeurs sont en faveur de cette candidate et qu'un mois après ce nombre correspond à 30 %,

a) après combien de mois son pourcentage de popularité sera-t-il de 40 % ?

b) Si les élections ont lieu trois mois après le début de la campagne électorale, cette candidate peut-elle espérer remporter cette élection ?

**14.** Parmi les méthodes suivantes :
- – changement de variable, C.V.
- – intégration par parties, I.P.
- – intégration par substitution trigonométrique, S.T.
- – décomposition en une somme de fractions partielles, F.P.

déterminer celles qui permettraient de résoudre les intégrales suivantes (cochez les cases appropriées).

|  | C.V. | I.P. | S.T. | F.P. |
|---|---|---|---|---|
| a) $\displaystyle\int \frac{4x^2}{\sqrt{1-x^2}}\,dx$ | ☐ | ☐ | ☐ | ☐ |
| b) $\displaystyle\int \frac{4x}{\sqrt{1-x^2}}\,dx$ | ☐ | ☐ | ☐ | ☐ |
| c) $\displaystyle\int \frac{4}{\sqrt{1-x^2}}\,dx$ | ☐ | ☐ | ☐ | ☐ |
| d) $\displaystyle\int \frac{1}{\sqrt{x^2-6x+8}}\,dx$ | ☐ | ☐ | ☐ | ☐ |
| e) $\displaystyle\int \frac{x}{x^2-6x+9}\,dx$ | ☐ | ☐ | ☐ | ☐ |
| f) $\displaystyle\int \frac{1}{x^2-6x+10}\,dx$ | ☐ | ☐ | ☐ | ☐ |
| g) $\displaystyle\int \frac{x}{1-x^2}\,dx$ | ☐ | ☐ | ☐ | ☐ |
| h) $\displaystyle\int \frac{x^2}{1-x^2}\,dx$ | ☐ | ☐ | ☐ | ☐ |
| i) $\displaystyle\int \frac{x^2}{(1-4x)^3}\,dx$ | ☐ | ☐ | ☐ | ☐ |

| | | | | |
|---|---|---|---|---|
| j) $\displaystyle\int \frac{1}{(1-4x)^3}\,dx$ | ☐ | ☐ | ☐ | ☐ |
| k) $\displaystyle\int \frac{x^3}{(1-4x^2)^3}\,dx$ | ☐ | ☐ | ☐ | ☐ |
| l) $\displaystyle\int \frac{1}{x\ln^2 x}\,dx$ | ☐ | ☐ | ☐ | ☐ |
| m) $\displaystyle\int x\ln^2 x\,dx$ | ☐ | ☐ | ☐ | ☐ |
| n) $\displaystyle\int x^3 e^{x^2}\,dx$ | ☐ | ☐ | ☐ | ☐ |
| o) $\displaystyle\int x e^{x^2}\,dx$ | ☐ | ☐ | ☐ | ☐ |
| p) $\displaystyle\int \sin^2 3x\,dx$ | ☐ | ☐ | ☐ | ☐ |
| q) $\displaystyle\int x^2 \sin x^3\,dx$ | ☐ | ☐ | ☐ | ☐ |
| r) $\displaystyle\int x^2 \sin 3x\,dx$ | ☐ | ☐ | ☐ | ☐ |
| s) $\displaystyle\int e^x \sin x\,dx$ | ☐ | ☐ | ☐ | ☐ |
| t) $\displaystyle\int \cos^4 x \sin x\,dx$ | ☐ | ☐ | ☐ | ☐ |
| u) $\displaystyle\int \cos 4x \sin x\,dx$ | ☐ | ☐ | ☐ | ☐ |
| v) $\displaystyle\int \frac{\cos x}{\sin^2 x}\,dx$ | ☐ | ☐ | ☐ | ☐ |
| w) $\displaystyle\int \tan 4x\,dx$ | ☐ | ☐ | ☐ | ☐ |
| x) $\displaystyle\int \sec^2\left(\frac{x}{2}\right)dx$ | ☐ | ☐ | ☐ | ☐ |
| y) $\displaystyle\int \sec^3\left(\frac{x}{2}\right)dx$ | ☐ | ☐ | ☐ | ☐ |

---

## Problèmes de synthèse

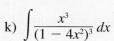 Les réponses des problèmes suivants, à l'exception des problèmes notés en rouge, sont données à la fin du volume.

**1.** Calculer les intégrales suivantes.

a) $\displaystyle\int x^5 e^{x^3}\,dx$

b) $\displaystyle\int \frac{\operatorname{Arc\,tan}\sqrt{x}}{\sqrt{x}}\,dx$

c) $\displaystyle\int \tan^3\theta \sqrt{\sec\theta}\,d\theta$

d) $\displaystyle\int e^x \sqrt{1+e^{2x}}\,dx$

e) $\displaystyle\int \frac{2+\sin t}{1+\cos t}\,dt$

f) $\displaystyle\int \frac{1+\sin\theta}{2+\cos\theta}\,d\theta$

g) $\displaystyle\int \frac{1}{e^y + e^{-y}}\,dy$

h) $\displaystyle\int \frac{e^x}{1-e^{3x}}\,dx$

i) $\displaystyle\int \frac{\sin^4\theta}{\cos^2\theta}\,d\theta$

j) $\displaystyle\int \frac{8}{u^2\sqrt{u-4}}\,du$

k) $\displaystyle\int \sqrt{e^x - 1}\,dx$

l) $\displaystyle\int \frac{2x\ln x}{(1+x^2)^2}\,dx$

m) $\displaystyle\int \sqrt{4+2\sqrt{x}}\,dx$

n) $\displaystyle\int (\tan^2 x - \tan x)e^{-x}\,dx$

**2.** Calculer chacune des intégrales suivantes de deux façons différentes.

a) $\displaystyle\int \frac{1}{\sqrt{x}\,(1-\sqrt[3]{x})}\,dx$

b) $\displaystyle\int \frac{\cos x}{\sin x \sqrt{1+\sin x}}\,dx$

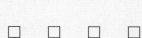

**3.** Résoudre les équations différentielles suivantes.

a) $(x^2 - x)y' = y^2 + y$;

   i) $y = 2$ lorsque $x = 3$,  ii) $y = 2$ lorsque $x = \dfrac{3}{5}$;

b) $y\,dy = e^{2x+y}\sin(5\pi e^{2x})\,dx$; $y = 0$ lorsque $x = 0$;

c) $x\sqrt{y^2 + 16}\,dx = \sqrt{25 - x^2}\,dy$;
$y = 3$ lorsque $x = -4$.

**4. a)** Trouver une formule de réduction pour
$$\int_0^{\frac{\pi}{2}} \sin^n x\,dx,\text{ où } n \in \{2, 3, 4, \ldots\}.$$

b) Évaluer $\displaystyle\int_0^{\frac{\pi}{2}} \sin^7 x\,dx$.

c) Évaluer $\displaystyle\int_0^{\frac{\pi}{2}} \sin^{20} x\,dx$.

**5.** Calculer algébriquement l'aire $A$ de la région fermée délimitée par :

a) $y_1 = \dfrac{37x^2}{(x-6)(x^2+1)}$ et $y_2 = \dfrac{37}{x-7}$

b) $y = \ln x$, la tangente à cette courbe au point $(1, f(1))$ et $x = 2$

c) $f(x) = \dfrac{\sqrt{x^2-1}}{x}$ et $g(x) = \dfrac{x}{\sqrt{x^2-1}}$,

   où $x \in \left[\dfrac{2}{\sqrt{3}}, 2\right]$

d) $f(x) = (\tan^2 x - \tan x)e^{-x}$ et $g(x) = 2e^{-x}$,

   où $x \in \left[\dfrac{5\pi}{8}, \pi\right]$

**6.** Calculer l'aire des régions ombrées suivantes.

a)

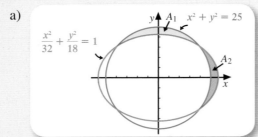

b) Soit le cercle C et le triangle équilatéral PRS.

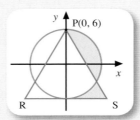

c)

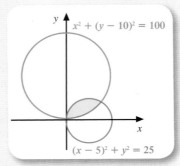

**7. a)** Calculer l'aire de la région fermée délimitée par $\dfrac{x^2}{a^2} + \dfrac{y^2}{b^2} = 1$.

b) La coupe transversale d'un tunnel est délimitée par les deux ellipses suivantes.

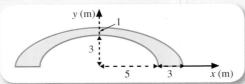

Déterminer la quantité de ciment, en m³, nécessaire à la fabrication de ce tunnel, si la longueur du tunnel est de 25 mètres.

**8.** Soit la fonction $f$, définie par $f(x) = \dfrac{x(x+4)}{(x+2)^2}$.

a) Calculer l'aire de la région fermée délimitée par la courbe de $f$ et l'axe des $x$ sur $[0, 2]$.

b) Déterminer la valeur $c$ du théorème de la moyenne pour l'intégrale définie sur cet intervalle.

**9.** Déterminer le centre de gravité $C(\overline{x}, \overline{y})$ des surfaces planes délimitées par les courbes suivantes (représenter graphiquement la région et $C(\overline{x}, \overline{y})$ à l'aide d'un outil technologique).

a) $f(x) = 2\sin 3x$, $y = 0$, $x = 0$, $x = \dfrac{\pi}{3}$

b) $f(x) = e^x$, $y = 0$, $x = 0$ et $x = 1$

c) $f(x) = e^x$, $x = 0$, $y = 1$ et $y = e$

d) $f(x) = \dfrac{x}{9 - x^2}$, $y = 0$, $x = 0$ et $x = 2$

e) $f(x) = 1 + \cos x$, $y = 0$, $x = 0$ et $x = 2\pi$

f) $f(x) = \sqrt{4 - x^2}$, $g(x) = \dfrac{-x\sqrt{4 - x^2}}{2}$

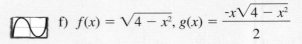

**10.**  Une particule se déplaçant en ligne droite a une accélération de $a(t) = t \cos t$, où $t$ est en secondes et $a(t)$ est en m/s².

a) Déterminer la fonction donnant la vitesse de cette particule, sachant que $v(0) = 0$.

b) Quelle distance $d_1$ cette particule a-t-elle parcourue sur $\left[0\,\text{s}, \dfrac{\pi}{2}\text{s}\right]$ ?

 c) Quelle distance $d_2$ cette particule a-t-elle parcourue sur $\left[\dfrac{\pi}{2}\text{s}, \pi\,\text{s}\right]$ ?

**11.** Soit un train dont la vitesse en fonction du temps est donnée par $v(t) = \dfrac{(3 - t)(t + 2)^2}{(t + 1)(t + 4)}$, où $t$ est en secondes et $v(t)$, en m/s.

Dominique Parent

a) Déterminer la distance parcourue par ce train sur $[0\,\text{s}, 3\,\text{s}]$ ; sur $[3\,\text{s}, 5\,\text{s}]$.

b) Déterminer l'accélération de ce train après 2 s.

**12.**  Une compagnie estime que son revenu marginal est donné par $R_m(q) = 10^3(2q - qe^{-0,5q})$, où $q$ est exprimé en milliers d'unités et $R_m(q)$, en dollars par milliers d'unités. Déterminer le revenu de cette compagnie si elle vend 6000 unités.

**13.** Les économistes définissent la valeur future $F$, après $T$ années, de dépôts annuels $a(t)$, où $0 \le t \le T$, investis à un taux d'intérêt nominal $i$ capitalisé continuellement, par

$$F(T) = e^{iT} \int_0^T a(t)\, e^{-it}\, dt.$$

Calculer la valeur future

a) après 5 ans, si l'on dépose 4000 $ par an lorsque $i = 4,5\,\%$ ;

b) après 10 ans, si une personne investit 2500 $ la première année, 2700 $ la deuxième année, 2900 $ la troisième année, et ainsi de suite, lorsque $i = 4\,\%$.

**14.** Soit la distribution de la courbe de Lorenz donnée par $L(x) = 1 - \sqrt{1 - x^2}$.

a) Représenter graphiquement la courbe de $L$.

b) Calculer le coefficient de Gini $G$.

**15.** Soit $y$ la population d'un micro-organisme dans un milieu donné. Le taux de variation de $y$ par rapport au temps $t$, où $t$ est en heures, est donnée par $\dfrac{dy}{dt} = ky(N - y)$.

a) Démontrer que $y = \dfrac{N}{1 + Ce^{-Nkt}}$.

b) Déterminer les coordonnées du point d'inflexion, donner l'équation de l'asymptote horizontale et tracer le graphique de cette fonction.

c) On place 300 bactéries dans une boîte de Pétri contenant des nutriments suffisants pour 1500 bactéries. Après une heure, on compte 500 bactéries.

   i) Calculer le nombre de bactéries après 2,5 heures.

   ii) Déterminer le temps nécessaire pour avoir 90 % de la population maximale.

    iii) Tracer la courbe et l'asymptote horizontale correspondant à cette situation et identifier le point d'inflexion.

**16.** Le taux de croissance d'une plante de 10 cm de hauteur est à la fois proportionnel à la hauteur $h$ de cette plante et à $(60 - h)$. Si, après trois jours d'observation, la plante mesure 12 cm de hauteur,

Dominique Parent

a) exprimer $h$ en fonction de $t$.

b) Déterminer la hauteur de la plante après deux semaines.

c) Trouver après combien de jours la plante atteindra la moitié de sa hauteur maximale.

d) Donner l'esquisse du graphique de la fonction $h$ et indiquer les coordonnées du point d'inflexion.

e) Déterminer la taille de la plante à l'instant où son taux de croissance est le plus rapide.

4

**17.** La concentration d'un médicament dans le sang d'un patient est donnée par $Q(t) = 2te^{-0,3t}$, exprimée en mg/cm³, où $t \in [0\,h, 24\,h]$.

 a) Représenter graphiquement la courbe de $C$.

b) Déterminer la concentration moyenne du médicament durant
   i) les 6 premières heures;
   ii) les 6 dernières heures;
   iii) les 24 heures.

**18.** Soit $f(x) = k(x + 2)e^{-x}$, où $x \in [0\,min, 4\,min]$, la fonction de densité pour la variable aléatoire $X$ représentant le temps d'attente d'un visiteur à un kiosque d'information touristique.

a) Déterminer la valeur de $k$ pour que $f$ soit une fonction de densité de probabilité sur $[0, 4]$.

b) Trouver la probabilité que le visiteur attende
   i) au plus 2 minutes;
   ii) au moins 2 minutes;
   iii) plus de 3 minutes.

c) Trouver l'espérance mathématique $\mu$ et interpréter le résultat.

**19.** Deux éléments chimiques réagissent pour former un nouveau produit. Le taux de variation de la concentration $Q$ du nouveau produit est donné par $\dfrac{dQ}{dt} = \dfrac{(7 - Q)(1 - Q)}{1200}$, où $Q$ représente la concentration au temps $t$ et $t$ est en minutes.

a) Exprimer $Q$ en fonction de $t$.

b) Déterminer la concentration après 10 minutes; après 1 heure.

c) En combien de temps la concentration passe-t-elle de 40 % à 60 % ?

**20.** Dans une région donnée de la province, le taux continu annuel de natalité d'une population $P$ de lièvres est proportionnel au nombre de mâles fois le nombre de femelles, et le taux continu de mortalité est de 20 % par année. On estime que la population était de 5000 lièvres en 2008 et que $(5 \ln 2)$ années plus tard elle était de 4000 lièvres. En supposant que le nombre de mâles est identique au nombre de femelles,

Dominique Parent

a) déterminer l'équation différentielle correspondant à cette situation.

b) Résoudre cette équation différentielle en exprimant $P$ en fonction du temps $t$.

 c) Représenter graphiquement la courbe de $P$.

d) Déterminer en quelle année la population sera la moitié de la population initiale.

# Chapitre 5

# Applications de l'intégrale définie et intégrales impropres

Dominique Parent

## Introduction

Nous avons déjà utilisé l'intégrale définie pour calculer l'aire de régions fermées. Dans ce chapitre, nous utiliserons le même outil pour calculer des volumes de solides de révolution, des volumes de solides de section connue, des longueurs de courbes planes et des aires de surfaces de révolution. Nous démontrerons en outre des formules de longueur, d'aire et de volume déjà connues.

Finalement, nous étendrons le concept d'intégrale définie à des fonctions continues sur des intervalles infinis et à des fonctions qui tendent vers $\pm\infty$ pour une ou plusieurs valeurs de l'intervalle d'intégration. Ce dernier type d'intégrales, appelées intégrales impropres, servira au chapitre suivant à déterminer la convergence ou la divergence de certaines séries.

En particulier, l'élève pourra résoudre le problème suivant.

La hauteur $H$ d'un fil électrique reliant deux pylônes est donnée par l'équation

$$H(x) = 500 \left( e^{\frac{x}{1000}} + e^{\frac{-x}{1000}} \right) - 980, \text{ où } x \in [\text{-}100 \text{ m}, 100 \text{ m}]$$

a) Déterminer la hauteur minimale $H_1$ entre le fil et le sol, et la hauteur $H_2$ des pylônes.

b) Déterminer la longueur $L$ de ce fil.

(Exercice récapitulatif n° 8, page 302.)

# Des ravages de la peste au vin de Kepler, il est question de volume

e problème classique de la duplication du cube a hanté les mathématiciens de la Grèce antique. On fait habituellement remonter ce problème à une demande de l'oracle de Délos de doubler le volume de l'autel d'Apollon pour mettre fin à une épidémie de peste. Dans l'esprit de l'époque, doubler le cube que forme l'autel original implique de le faire en n'utilisant que la règle et le compas. Plusieurs mathématiciens s'y cassent les dents. Aussi, en désespoir de cause, tentent-ils de le résoudre sans cette restriction. (Aujourd'hui, nous savons que ce problème ne peut être résolu avec cette restriction.) La solution la plus remarquable est proposée par Archytas de Tarente (428-350 av. J.-C.). Elle consiste à déterminer un point qui se trouve à l'intersection de trois surfaces de révolution, un tore, un cylindre et un cône. La plus populaire de ces surfaces est sans contredit le cône, qui correspond à la rotation d'une droite autour d'un axe qui coupe cette droite. Ménechme (380-320 av. J.-C.) découvre les coniques alors qu'il s'attaque, lui aussi, au problème de la duplication du cube. Quant au grand Archimède (287-212 av. J.-C.), il étudie le volume et la surface du cône et de certains paraboloïdes et hyperboloïdes.

Près de 1500 ans plus tard, comme nous l'avons déjà vu, **Johannes Kepler** (1571-1630), intrigué lors de son mariage par la façon dont les marchands mesurent la quantité de vin contenu dans des tonneaux, rédige un traité sur la question. Un tonneau étant essentiellement un solide de révolution, il ne peut dès lors éviter de déterminer le volume de tels solides. Par ailleurs, en 1643, Evangelista Torricelli (1608-1647) parvient à un résultat tout à fait surprenant, en l'occurrence que le volume d'une trompette hyperbolique droite à l'embouchure infiniment longue est fini et, plus précisément, est égal à la différence des volumes de deux cylindres déterminés.

Bien que difficile, la détermination du volume de solides aux surfaces latérales courbes a toujours semblé possible. Il en va tout autrement de la détermination de la longueur d'une ligne courbe, qu'on appelle alors la rectification d'une courbe. En 1637,

dans son *Géométrie,* où il pose les bases de la géométrie analytique, René Descartes (1596-1650) affirme sans hésitation que l'on ne saurait trouver une méthode rigoureuse et exacte pour déterminer le rapport entre la longueur d'une ligne courbe et celle d'un segment de droite. Une vingtaine d'années plus tard, l'Anglais William Neile (1637-1670) réussit pourtant une première rectification, celle de la parabole semi-cubique $y^2 = x^3$. À l'intérieur de quelques années, plusieurs courbes sont ainsi rectifiées. Une méthode relativement générale est trouvée par le Flamand Hendrick van Heuraet (1633-1660(?)) en 1659. Elle peut facilement être transposée dans la formule que nous utilisons aujourd'hui. Toutefois, cette formule implique que, pour trouver la longueur d'une courbe, il faut déterminer l'aire sous une certaine autre courbe. C'est là la difficulté majeure de la méthode de van Heuraet. Il faudra attendre la découverte du théorème fondamental du calcul différentiel et intégral, une vingtaine d'années plus tard, pour rendre ce procédé vraiment efficace.

Timbres commémoratifs à l'effigie d'Archimède, d'Evangelista Torricelli et de René Descartes émis par l'Italie et la France

## Exercices préliminaires

**1. a)** Soit le triangle isocèle ci-contre. Exprimer $h$ en fonction de $b$ et de $c$.

**b)** Soit le triangle équilatéral ci-contre. Exprimer l'aire $A$ du triangle en fonction de $c$.

**2.** Compléter.

a) $\dfrac{a}{b} = $ _____

b) $\dfrac{b}{c} = $ _____

**3.** Donner la formule déterminant la distance $d$ entre les points $A(x_1, y_1)$ et $B(x_2, y_2)$.

**4.** Compléter.

a)

circonférence $C = $ _____

aire $A = $ _____

b)

volume $V = $ _____

aire totale $A = $ _____

c)

volume $V =$ \_\_\_\_\_

aire $A =$ \_\_\_\_\_

d)

volume $V =$ \_\_\_\_\_

aire totale $A =$ \_\_\_\_\_

e)

aire latérale = \_\_\_\_\_

aire totale = \_\_\_\_\_

**5.** Évaluer les limites suivantes.

a) $\lim\limits_{x \to -\infty} e^x$

b) $\lim\limits_{x \to +\infty} e^x$

c) $\lim\limits_{x \to 0^+} \ln x$

e) $\lim\limits_{x \to -\infty} \text{Arc}\tan x$

d) $\lim\limits_{x \to +\infty} \ln x$

f) $\lim\limits_{x \to +\infty} \text{Arc}\tan x$

**6.** Évaluer les limites suivantes à l'aide de la règle de L'Hospital.

a) $\lim\limits_{x \to 0} \dfrac{\sin x}{x}$

c) $\lim\limits_{x \to -\infty} xe^x$

b) $\lim\limits_{x \to +\infty} \dfrac{x}{e^x}$

d) $\lim\limits_{x \to 0^+} x \ln x$

**7.** Exprimer l'aire entre une courbe $f$, où $f$ est non négative, l'axe des $x$, $x = a$ et $x = b$, à l'aide

a) de la limite d'une somme de Riemann ;

b) de l'intégrale définie.

**8.** Calculer les intégrales suivantes.

a) $\displaystyle\int \sec^3 \theta \, d\theta$

b) $\displaystyle\int \cos^2 \theta \, d\theta$

---

## 5.1 Volume de solides de révolution

### Objectifs d'apprentissage

À la fin de cette section, l'élève pourra calculer des volumes de solides de révolution.

Plus précisément, l'élève sera en mesure :
- de représenter graphiquement une région donnée ainsi que le solide de révolution engendré par la rotation de cette région autour d'un axe donné ;
- de calculer le volume d'un solide de révolution en utilisant la méthode du disque ;
- de calculer le volume d'un solide de révolution en utilisant la méthode du tube, également appelée méthode de la coquille cylindrique.

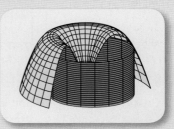

Dans cette section, nous verrons comment l'intégrale définie nous permet d'évaluer le volume d'un solide de révolution engendré par la rotation d'une région plane autour d'une droite appelée *axe de rotation*.

### ■ Représentation graphique de solides de révolution

**Exemple 1** En faisant tourner les régions ci-dessous autour de l'axe indiqué, nous obtenons les solides de révolution correspondants.

Régions                          Solides de révolution correspondants

a)

Autour de l'axe des $x$

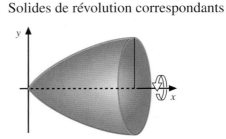

5

| Régions | | Solides de révolution correspondants |
|---|---|---|

b) 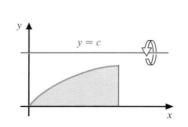 Autour de $y = c$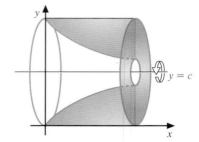

c) 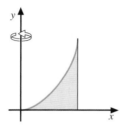 Autour de l'axe des $y$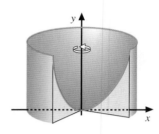

d) 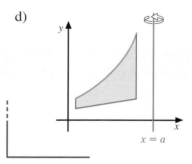 Autour de $x = a$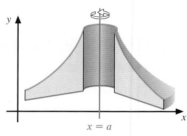

## ■ Méthode du disque

Soit le disque (cylindre) ci-contre de rayon $R$ et d'épaisseur $E$.
Le volume du disque, noté $V_D$, est donné par

$$V_D = \pi R^2 E$$

**Exemple 1** Soit la région délimitée par la courbe $y = \sqrt{x}$, l'axe des $x$, $x = 1$ et $x = 9$.

Calculons le volume du solide de révolution engendré par la rotation de cette région autour de l'axe des $x$.

**Étape 1** Représentons graphiquement la région délimitée par les équations et un élément de surface de la région.

**Étape 2** Représentons graphiquement le solide de révolution obtenu en faisant tourner cette région autour de l'axe des $x$, ainsi que le disque obtenu par la rotation de l'élément de surface.

Calculons le volume $V_D$ de l'élément de volume (disque).

$$V_D = \pi R_i^2 \, \Delta x_i \quad (\text{car } E = \Delta x_i)$$
$$= \pi [y_i]^2 \, \Delta x_i \quad (\text{car } R_i = y_i)$$

**Étape 3**  Déterminons le volume réel $V$ du solide en faisant la somme des volumes des disques et calculons la limite de cette somme lorsque $(\max \Delta x_i)$ tend vers zéro, ce qui donne une intégrale définie (voir définition 3.6, page 149).

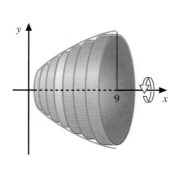

$$V = \lim_{(\max \Delta x_i) \to 0} \sum_{i=1}^{n} \pi [y_i]^2 \, \Delta x_i \quad (x \in [1, 9])$$

$$= \int_1^9 \pi y^2 \, dx \qquad \text{(définition de l'intégrale définie)}$$

$$= \pi \int_1^9 y^2 \, dx$$

$$= \pi \int_1^9 (\sqrt{x})^2 \, dx \qquad \text{(car } y = \sqrt{x})$$

$$= \pi \int_1^9 x \, dx$$

$$= \pi \left. \frac{x^2}{2} \right|_1^9 = 40\pi$$

d'où $V = 40\pi$ u³.

---

**Exemple 2**  Calculons le volume du solide de révolution engendré par la rotation de la région délimitée par $y = \sqrt{x}$, l'axe des $y$, $y = 1$ et $y = 3$, autour de l'axe des $y$.

Représentons graphiquement la région délimitée par les équations et un élément de surface de la région.

Représentons le solide de révolution engendré ainsi qu'un disque.

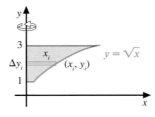

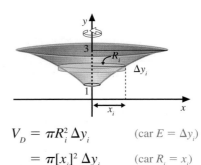

$$V_D = \pi R_i^2 \, \Delta y_i \qquad \text{(car } E = \Delta y_i)$$

$$= \pi [x_i]^2 \, \Delta y_i \qquad \text{(car } R_i = x_i)$$

Déterminons le volume réel $V$ du solide en faisant la somme des volumes des disques et en calculant la limite de cette somme lorsque $(\max \Delta x_i)$ tend vers zéro à l'aide de l'intégrale définie.

$$V = \lim_{(\max \Delta y_i) \to 0} \sum_{i=1}^{n} \pi [x_i]^2 \, \Delta y_i \qquad (y \in [1, 3])$$

$$= \int_1^3 \pi x^2 \, dy \qquad \text{(définition de l'intégrale définie)}$$

$$= \pi \int_1^3 y^4 \, dy \qquad (y = \sqrt{x}, \text{ d'où } x^2 = y^4)$$

$$= \pi \left. \frac{y^5}{5} \right|_1^3 = \frac{242\pi}{5}$$

d'où $V = \frac{242\pi}{5}$ u³.

**Exemple 3** Calculons le volume du solide de révolution engendré par la rotation de la région délimitée par $y = \cos x$, $y = 2$, $x = 0$ et $x = \pi$, autour de $y = 2$.

Représentons graphiquement la région délimitée par les équations et un élément de surface de la région, ainsi que le solide de révolution correspondant et un disque.

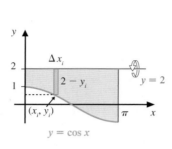

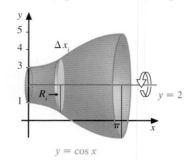

$$V_D = \pi R_i^2 \, \Delta x_i$$

$$= \pi[2 - y_i]^2 \, \Delta x_i \quad (\text{car } R_i = 2 - y_i)$$

$$V = \lim_{(\max \Delta x_i) \to 0} \sum_{i=1}^{n} \pi[2 - y_i]^2 \, \Delta x_i \qquad (x \in [0, \pi])$$

$$= \int_0^\pi \pi[2 - y]^2 \, dx \qquad \text{(définition de l'intégrale définie)}$$

$$= \pi \int_0^\pi [2 - \cos x]^2 \, dx \qquad (\text{car } y = \cos x)$$

$$= \pi \int_0^\pi (4 - 4\cos x + \cos^2 x) \, dx$$

$$= \pi \int_0^\pi \left(4 - 4\cos x + \frac{1 + \cos 2x}{2}\right) dx \qquad \left(\text{car } \cos^2 x = \frac{1 + \cos 2x}{2}\right)$$

$$= \pi \left(4x - 4\sin x + \frac{x}{2} + \frac{\sin 2x}{4}\right) \Bigg|_0^\pi = \frac{9\pi^2}{2}$$

d'où $V = \dfrac{9\pi^2}{2} \, u^3$.

Il peut arriver que, pour calculer le volume d'un solide, il soit avantageux de calculer divers volumes et de faire la somme ou la différence des résultats obtenus.

**Exemple 4** Calculons le volume obtenu en faisant tourner autour de l'axe des $x$ la région fermée délimitée par les courbes définies par $y_1 = x^2$ et $y_2 = \sqrt{8x}$.

Représentons graphiquement la région délimitée par les équations ainsi que le solide de révolution correspondant. Notons que, pour trouver les points d'intersection de ces deux courbes, il suffit de poser

$$y_1 = y_2$$
$$x^2 = \sqrt{8x}$$
$$x^4 = 8x \qquad \text{(en élevant au carré)}$$
$$x^4 - 8x = 0$$
$$x(x^3 - 8) = 0 \qquad \text{(en factorisant)}$$

d'où $x = 0$ ou $x = 2$, et les points d'intersection sont $(0, 0)$ et $(2, 4)$.

| Région délimitée par les équations | Solide de révolution |
|---|---|

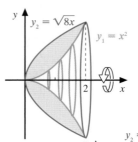

Le volume $V$ cherché est obtenu en calculant la différence entre les volumes $V_2$ et $V_1$, où $V_2$ est le volume du solide engendré par la rotation autour de l'axe des $x$ de la région délimitée par la courbe $y_2$, l'axe des $x$ et $x = 2$, et $V_1$ est le volume du solide engendré par la rotation autour de l'axe des $x$ de la région délimitée par la courbe $y_1$, l'axe des $x$ et $x = 2$.

$$V = V_2 - V_1$$

$$= \int_0^2 \pi(y_2)^2\, dx - \int_0^2 \pi(y_1)^2\, dx$$

$$= \int_0^2 \pi(\sqrt{8x})^2\, dx - \int_0^2 \pi(x^2)^2\, dx \quad \text{(car } y_2 = \sqrt{8x} \text{ et } y_1 = x^2)$$

$$= \pi \int_0^2 8x\, dx - \pi \int_0^2 x^4\, dx$$

$$= \pi\, 4x^2 \Big|_0^2 - \pi \frac{x^5}{5} \Big|_0^2 = 16\pi - \frac{32}{5}\pi$$

d'où $V = \dfrac{48\pi}{5}$ u³.

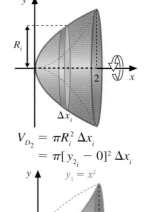

$$V_{D_2} = \pi R_i^2\, \Delta x_i$$
$$= \pi[y_{2_i} - 0]^2\, \Delta x_i$$

$$V_{D_1} = \pi r_i^2\, \Delta x_i$$
$$= \pi[y_{1_i} - 0]^2\, \Delta x_i$$

**Exemple 5** Calculons le volume du solide de révolution engendré par la rotation de la région délimitée par $y_1 = x^2 + 2$, $y_2 = 1$, $x = 1$ et $x = 3$, autour de $x = -1$.

En représentant la région délimitée et le solide de révolution, nous obtenons

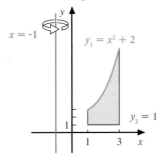

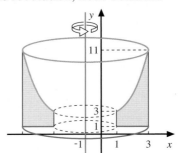

Nous pouvons constater que le volume $V$ cherché peut être obtenu en calculant

$$V = V_1 - V_2 - V_3$$

où $V_1$ est le volume du solide $S_1$ obtenu en faisant tourner la région délimitée par $x = -1$, $x = 3$, $y = 1$ et $y = 11$ autour de $x = -1$.

Dans ce cas, $S_1$ est un cylindre circulaire droit de rayon 4 et de hauteur 10, ainsi

$$V_1 = \pi 4^2 \times 10 = 160\pi$$

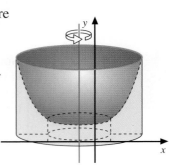

5

$V_2$ est le volume du solide $S_2$ obtenu en faisant tourner la région délimitée par $x = 1$, $y = 1$, $y = 3$ et $x = -1$ autour de $x = -1$.

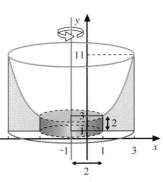

Dans ce cas, $S_2$ est un cylindre circulaire droit de rayon 2 et de hauteur 2, ainsi

$$V_2 = \pi 2^2 \times 2 = 8\pi$$

$V_3$ est le volume du solide $S_3$ obtenu en faisant tourner la région délimitée par $y = x^2 + 2$, $y = 3$, $y = 11$ et $x = -1$, autour de $x = -1$.

$$V_3 = \int_3^{11} \pi[x - (-1)]^2\, dy$$

$$= \pi \int_3^{11} [\sqrt{y - 2} + 1]^2\, dy$$

(car $y = x^2 + 2$, donc $x = \sqrt{y - 2}$)

$$= \frac{248\pi}{3}$$

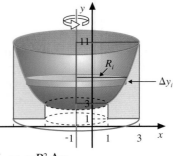

$$V_D = \pi R_i^2 \Delta y_i$$
$$= \pi(x_i - (-1))^2\, \Delta y_i$$

Puisque $V = V_1 - V_2 - V_3$, nous avons $V = 160\pi - 8\pi - \dfrac{248\pi}{3} = \dfrac{208\pi}{3}$

d'où $V = \dfrac{208\pi}{3}$ u³.

Élaborons maintenant une méthode qui nous permettra de résoudre plus facilement le problème de l'exemple précédent.

## ■ Méthode du tube

Soit le tube ci-contre de rayon intérieur $R_I$, de rayon extérieur $R_E$ et de hauteur $H$, le volume de ce tube, noté $V_T$, est donné par

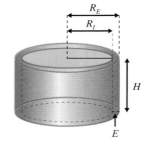

$$V_T = \pi R_E^2 H - \pi R_I^2 H$$

$$= \pi H(R_E^2 - R_I^2)$$

$$= \pi H(R_E + R_I)(R_E - R_I)$$

$$= \pi H 2\left(\frac{R_E + R_I}{2}\right)(R_E - R_I)$$

$$= \pi H 2(R)E \qquad (R \text{ est la valeur moyenne du rayon et } E \text{ est l'épaisseur du tube})$$

d'où $\qquad \boxed{V_T = 2\pi RHE}$

Nous pouvons également calculer le volume du tube de la façon suivante. En coupant verticalement le tube précédent et en le déroulant, nous obtenons approximativement le parallélépipède (prisme rectangulaire) ci-contre, dont le volume $V$ est donné par $2\pi RHE$.

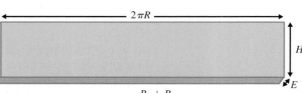

$$R = \frac{R_E + R_I}{2}$$

**Exemple 1** Calculons le volume obtenu en faisant tourner autour de l'axe des $y$ la région délimitée par $y = \sin x$, où $x \in [0, \pi]$.

Représentations graphiques

| Région initiale | Région initiale, solide de révolution et un tube | Solide de révolution |
|---|---|---|
| 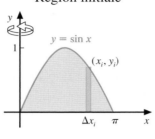 | 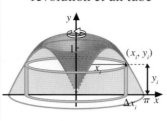 | 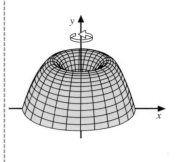 |

$$V_T = 2\pi R_i H_i E_i$$
$$= 2\pi(x_i - 0)(y_i - 0)\,\Delta x_i$$
$$= 2\pi x_i y_i\,\Delta x_i$$

Avant de calculer le volume de ce solide de révolution, illustrons, à l'aide de Maple, une partie du solide de révolution ainsi qu'une partie du solide de révolution avec un tube.

| Partie du solide de révolution | Partie du solide de révolution avec un tube |
|---|---|

```
> f:=x->sin(x):
> a:=0:b:=Pi:c:=0:
> axe:=plot3d([0,s,c],s=a-.5..b+.5,t=0..0.2):
> C1:=plot3d([x*cos(t),x*sin(t),f(x)],
    x=a..b,t=0..2.6*Pi/2,color=yellow,
    orientation=[-85,57]):
> display(axe,C1);
```

```
> with(plots):
> f:=x->sin(x):
> a:=0:b:=Pi:c:=0:
> axe:=plot3d([0,s,c],s=a-.5..b+.5,t=0..0.2):
> C1:=plot3d([x*cos(t),x*sin(t),f(x)],x=a..b,t=0..2.6*Pi/2,
    color=yellow,orientation=[-85,57]):
> C2:=plot3d([2.2*cos(t),2.2*sin(t),y],y=0..f(2.2),
    t=0..2*Pi,color=blue):
> display(axe,C3,C4);
```

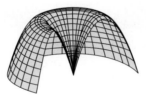

Pour déterminer le volume réel $V$ du solide, il faut faire la somme des volumes des tubes et calculer la limite de cette somme lorsque $(\max \Delta x_i)$ tend vers zéro, à l'aide de l'intégrale définie.

$$V = \lim_{(\max \Delta x_i) \to 0} \sum_{i=1}^{n} 2\pi x_i y_i\,\Delta x_i \qquad (x \in [0, \pi])$$

$$= \int_0^\pi 2\pi xy\,dx \qquad \text{(définition de l'intégrale définie)}$$

$$= 2\pi \int_0^\pi x \sin x\,dx \qquad \text{(car } y = \sin x\text{)}$$

$$= 2\pi(-x \cos x + \sin x)\Big|_0^\pi \qquad \text{(intégration par parties)}$$

$$= 2\pi^2$$

| $u = x$ | $dv = \sin x\,dx$ |
|---|---|
| $du = dx$ | $v = -\cos x$ |

d'où $V = 2\pi^2$ u³.

**5**

**Exemple 2** Calculons le volume obtenu en faisant tourner autour de $y = 6$ la région délimitée par $y_1 = x^2$, $y_2 = 4$ et $x \geq 1$.

Représentons graphiquement la région, un tube et le solide de révolution.

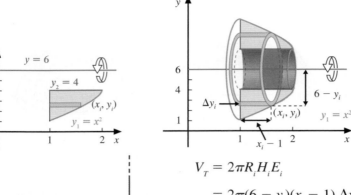

$$V_T = 2\pi R_i H_i E_i$$
$$= 2\pi(6 - y_i)(x_i - 1)\,\Delta y_i$$

$$V = \int_1^4 2\pi(6 - y)(x - 1)\,dy$$

$$= 2\pi \int_1^4 (6 - y)(\sqrt{y} - 1)\,dy$$
(car $y = x^2$, donc $x = \sqrt{y}$)

$$= 2\pi \int_1^4 \left(6y^{\frac{1}{2}} - y^{\frac{3}{2}} - 6 + y\right)\,dy$$

$$= 2\pi \left(4y^{\frac{3}{2}} - \frac{2}{5}y^{\frac{5}{2}} - 6y + \frac{y^2}{2}\right)\Bigg|_1^4$$

$$= \frac{51\pi}{5}$$

d'où $V = \dfrac{51\pi}{5}$ u³.

Nous avons vu deux méthodes nous permettant de calculer le volume d'un solide de révolution : la méthode du disque et la méthode du tube.

Même si la majorité des problèmes peuvent être résolus en utilisant l'une ou l'autre des méthodes, l'élève aura avantage à choisir celle qui facilite le calcul du volume.

Il est conseillé de bien représenter graphiquement le solide de révolution afin de pouvoir déterminer la valeur des éléments $R$, $E$ et $H$ nécessaires selon le cas.

| Méthode | Volume | À déterminer |
|---------|--------|--------------|
| Disque | $\pi R^2 E$ | $R$, $E$ |
| Tube | $2\pi R H E$ | $R$, $H$, $E$ |

**Exemple 3** Recalculons, à l'aide de la méthode du tube, le volume $V$ du solide de révolution engendré par la rotation de la région délimitée par $y = x^2 + 2$, $y = 1$, $x = 1$ et $x = 3$, autour de $x = \text{-}1$ (voir l'exemple 5 précédent, page 267).

Représentons graphiquement la région, un tube et le solide de révolution.

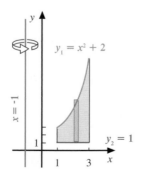

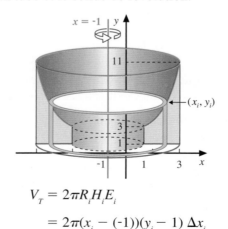

$$V_T = 2\pi R_i H_i E_i$$
$$= 2\pi(x_i - (\text{-}1))(y_i - 1)\,\Delta x_i$$

$$V = \int_1^3 2\pi(x + 1)(y - 1)\,dx$$

$$= 2\pi \int_1^3 (x + 1)(x^2 + 1)\,dx$$
(car $y = x^2 + 2$)

$$= 2\pi \int_1^3 (x^3 + x^2 + x + 1)\,dx$$

$$= 2\pi \left(\frac{x^4}{4} + \frac{x^3}{3} + \frac{x^2}{2} + x\right)\Bigg|_1^3$$

$$= \frac{208\pi}{3}$$

d'où $V = \dfrac{208\pi}{3}$ u³.

**Exemple 4** Démontrons que le volume $V$ d'une sphère de rayon $r$ est donné par $V = \dfrac{4\pi r^3}{3}$.

Une sphère de rayon $r$ peut être obtenue en faisant tourner autour de l'axe des $x$ le demi-cercle d'équation $y = \sqrt{r^2 - x^2}$.

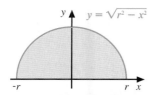

**Représentation graphique**

Sphère (rayon 2)

```
> f:=x->(4-x^2)^(1/2);
    f:= x → √(4 − x²)
> with(plots):
> a:=-2:b:=2:c:=0:
> axe:=plot3d([0,s,c],
  s=a-0.5..b+0.5,t=0..0.2):
> C:=plot3d([(f(x))*cos(t),
  x,(f(x))*sin(t)],
  x=-3..3,t=0..4*Pi/2,
  color=yellow):
> display(axe,C,
  scaling=constrained,
  orientation=[45,45]);
```

### Méthode du disque

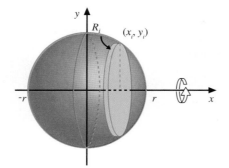

$$V_D = \pi R_i^2 \, \Delta x_i$$
$$= \pi y_i^2 \, \Delta x_i$$

**Calcul de $V$**

$$V = \int_{-r}^{r} \pi y^2 \, dx$$

$$= \int_{-r}^{r} \pi \left( \sqrt{r^2 - x^2} \right)^2 dx$$

$$\text{(car } y = \sqrt{r^2 - x^2})$$

$$= \pi \int_{-r}^{r} (r^2 - x^2) \, dx$$

$$= \pi \left( r^2 x - \frac{x^3}{3} \right) \Big|_{-r}^{r}$$

$$= \pi \left[ \left( r^3 - \frac{r^3}{3} \right) - \left( -r^3 + \frac{r^3}{3} \right) \right]$$

$$= \frac{4\pi r^3}{3}$$

d'où $V = \dfrac{4\pi r^3}{3} \ \text{u}^3$.

### Méthode du tube

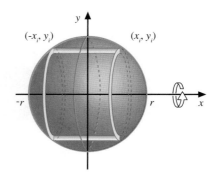

$$V_T = 2\pi R_i H_i E_i$$
$$= 2\pi y_i (x_i - (-x_i)) \, \Delta y_i$$

**Calcul de $V$**

$$V = \int_{0}^{r} 2\pi (2x) y \, dy$$

$$= 4\pi \int_{0}^{r} \sqrt{r^2 - y^2} \, y \, dy$$

$$\text{(changement de variable } u = r^2 - y^2)$$

$$= 4\pi \left( \frac{-1}{3} \right) (r^2 - y^2)^{\frac{3}{2}} \Big|_{0}^{r}$$

$$= \frac{-4\pi}{3} \left[ (r^2 - r^2)^{\frac{3}{2}} - (r^2 - 0)^{\frac{3}{2}} \right]$$

$$= \frac{4\pi r^3}{3}$$

**Exemple 5** Calculons le volume d'un tore (beigne), dont le diamètre extérieur est de 6 cm et le diamètre du trou est de 2 cm.

Soit $(x - 2)^2 + y^2 = 1$ la région que l'on doit faire tourner autour de l'axe des $y$ pour engendrer le tore.

Avant de calculer le volume du tore, illustrons à l'aide de Maple une partie du solide de révolution ainsi qu'une partie du solide de révolution avec un tube.

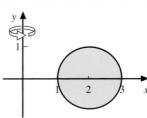

### Solide de révolution

```
> f:=x->(1-(x-2)^2)^(1/2);
                f:= x → √1 − (x − 2)²
> with(plots):
> a:=0:b:=3:c:=0:
> axe:=plot3d([0,s,c],s=a-.5..b+.5,t=0..0.2):
> C1:=plot3d([x*cos(t),x*sin(t),f(x)],x=a..b,t=0..4*Pi/2,
   color=yellow):
> C2:=plot3d([x*cos(t),x*sin(t),-f(x)],x=a..b,t=0..4*Pi/2,
   color=yellow):
> display(C1,C2,orientation=[-110,40]);
```

### Solide de révolution avec un tube

```
> f:=x->(1-(x-2)^2)^(1/2);
                f:= x → √1 − (x − 2)²
> with(plots):
> a:=0:b:=3:c:=0:
> axe:=plot3d([0,s,c],s=a-.5..b+.5,t=0..0.2):
> C11:=plot3d([x*cos(t),x*sin(t),f(x)],x=a..b,t=0..2.6*
   Pi/2,color=yellow):
> C22:=plot3d([x*cos(t),x*sin(t),-f(x)],x=a..b,t=0..2.6*
   Pi/2,color=yellow):
> T:=plot3d([2.3*cos(t),2.3*sin(t),y],y=-f(2.3)..f(2.3),
   t=0..2*Pi,color=blue):
> display(axe,C11,C22,T,orientation=[-110,40]);
```

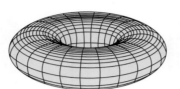

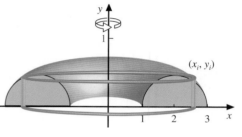

**Méthode du tube**

Pour faciliter les calculs, nous trouvons le volume $V_{\frac{1}{2}}$ engendré par la région délimitée par $y = \sqrt{1 − (x − 2)^2}$, et nous multiplions ensuite le résultat par 2 pour obtenir le volume total $V$.

Ainsi, nous obtenons

$$V_{\frac{1}{2}} = \int_1^3 2\pi xy\, dx$$
$$= 2\pi \int_1^3 x\sqrt{1 − (x − 2)^2}\, dx$$

Calculons $\int x\sqrt{1 − (x − 2)^2}\, dx$, que nous notons $I$, en utilisant une substitution trigonométrique.

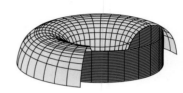

$$V_T = 2\pi R_i H_i E_i = 2\pi x_i y_i \, \Delta x_i$$

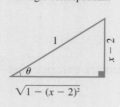

$$(x − 2)^2 = \sin^2 \theta$$
$$x − 2 = \sin \theta$$
$$x = 2 + \sin \theta$$
$$dx = \cos \theta \, d\theta$$

- - - - - - - - - - - - - - - - - -

$$\sin \theta = x − 2$$
$$\theta = \text{Arc} \sin (x − 2)$$

Triangle correspondant

$$I = \int (2 + \sin \theta)\, \sqrt{1 − \sin^2 \theta} \cos \theta \, d\theta$$

$$= \int (2 + \sin \theta) \cos^2 \theta \, d\theta$$

$$= \int (2\cos^2 \theta + \sin \theta \cos^2 \theta)\, d\theta$$

$$= \int (1 + \cos 2\theta + \sin \theta \cos^2 \theta)\, d\theta \qquad \left(\text{car} \cos^2 \theta = \frac{1 + \cos 2\theta}{2}\right)$$

$$= \theta + \frac{\sin (2\theta)}{2} − \frac{\cos^3 \theta}{3} + C$$

$$= \theta + \sin \theta \cos \theta − \frac{\cos^3 \theta}{3} + C \qquad (\text{car} \sin 2\theta = 2 \sin \theta \cos \theta)$$

$$= \text{Arc} \sin (x − 2) + (x − 2)\, \sqrt{1 − (x − 2)^2} − \frac{(\sqrt{1 − (x − 2)^2})^3}{3} + C$$

donc $\quad V_{\frac{1}{2}} = 2\pi \int_1^3 x\sqrt{1 − (x − 2)^2}\, dx$

$$= 2\pi \left[ \text{Arc} \sin (x − 2) + (x − 2)\, \sqrt{1 − (x − 2)^2} − \frac{(\sqrt{1 − (x − 2)^2})^3}{3} \right]\Bigg|_1^3$$

$$= 2\pi[\pi] = 2\pi^2$$

Or $\qquad V = 2V_{\frac{1}{2}} = 2(2\pi^2)$

d'où $V = 4\pi^2$ u³.

# Exercices 5.1

1. Déterminer, en utilisant la méthode du disque, le volume du solide de révolution engendré par la rotation de la région délimitée par les équations suivantes autour de l'axe de rotation donné. Représenter graphiquement les solides.

   a) $y = x^2$, $y = 0$, $x = 0$ et $x = 3$ ; axe des $x$

   b) $y = x^2$, $y = 9$ et $x \geq 0$ ; axe des $y$

   c) $y = \sqrt{3 - x^2}$, $x \geq 0$ et $y = 0$ ; axe des $x$

   d) $y = x^3$, $y = 0$, $x = 0$ et $x = 2$ ; $x = 2$

   e) $y = 1 - x^2$ et $y = -3$ ; $y = -3$

   f) $x = y^2 - 10$ et $x = -1$ ; $x = -1$

2. Déterminer, en utilisant la méthode du tube, le volume du solide de révolution engendré par la rotation de la région délimitée par les équations suivantes autour de l'axe de rotation donné. Représenter graphiquement les solides.

   a) $y = x^2$, $y = 0$, $x = 0$ et $x = 3$ ; axe des $x$

   b) $y = x^2$, $y = 9$ et $x \geq 0$ ; axe des $y$

   c) $y = (x - 1)^2$, $y = 0$, $x = 0$ et $x = 2$ ; axe des $y$

   d) $y = e^{x^2}$, $y = -2$, $x = 0$ et $x = 1$ ; axe des $y$

   e) $y = \dfrac{1}{1 + x^2}$, $y = 0$, $x = 0$ et $x = 1$ ; axe des $y$

   f) $y = \dfrac{1}{1 + x^2}$, $y = 0$, $x = 0$ et $x = 1$ ; $x = 1$

3. Déterminer le volume du solide de révolution engendré par la rotation de la région délimitée par les équations suivantes autour de l'axe de rotation donné. Représenter graphiquement les solides.

   a) $y_1 = x^2$ et $y_2 = -x^2 + 6x$ ; axe des $x$

   b) $y_1 = x^2$ et $y_2 = -x^2 + 6x$ ; axe des $y$

   c) $y_1 = x$, $y_2 = 4x^2 + 3$, $x = 1$ et $x = 4$ ; $x = 5$

   d) $y_1 = x$ et $y_2 = x^2$ ; $y = -1$

   e) $y_1 = \dfrac{1}{1 + x^2}$ et $y_2 = x^2 + 1$, $x = 0$ et $x = 1$ ; $x = 2$

   f) $y_1 = \tan x$ et $y_2 = \sec x$, $x = 0$ et $x = \dfrac{\pi}{4}$ ; axe des $x$

4. Soit la région délimitée par $y = x^2$, $y = 4$ et $x \geq 0$. Utiliser la méthode du disque et la méthode du tube pour évaluer le volume du solide

de révolution engendré par la rotation de la région autour de :

   a) l'axe des $x$          f) $x = -2$

   b) l'axe des $y$          g) $y = -2$

   c) $y = 4$                h) $x = 6$

   d) $y = 5$                i) $y = 1$

   e) $x = 2$                j) $x = 1$

5. Soit la région délimitée par $y = \dfrac{3x}{5}$, $y = 0$, $x = 0$ et $x = 10$, qu'on fait tourner autour de l'axe des $x$.

   a) Identifier le solide de révolution obtenu.

   b) Calculer, en utilisant la méthode du disque, le volume de ce solide.

6. Soit l'ellipse définie par l'équation $\dfrac{x^2}{9} + \dfrac{y^2}{4} = 1$.
   Déterminer le volume du solide obtenu en faisant tourner

   a) la partie de l'ellipse située en haut de l'axe des $x$ autour de l'axe des $x$ ;

   b) la partie de l'ellipse située à la droite de l'axe des $y$ autour de l'axe des $y$.

7. Déterminer et représenter graphiquement le volume du solide obtenu en faisant tourner autour de l'axe des $y$ la région délimitée par $x^2 + y^2 = 4$ et $x \geq 1$.

8. Un *tee* de golf a approximativement les dimensions du solide de révolution obtenu en faisant tourner, autour de l'axe des $x$, la région fermée comprise entre $f(x)$, $g(x)$ et l'axe des $x$, où

Dominique Parent

$$f(x) = \begin{cases} 0{,}4x & \text{si } 0 \leq x < 0{,}5 \\ 0{,}2 & \text{si } 0{,}5 \leq x < 4 \\ 0{,}2(x^2 - 7x + 13) & \text{si } 4 \leq x < 5 \\ 0{,}6 & \text{si } 5 \leq x \leq 5{,}3 \end{cases}$$

et $g(x) = 2(x - 5)$ si $5 \leq x \leq 5{,}3$.

Si $x$, $f(x)$ et $g(x)$ sont mesurées en centimètres, déterminer le volume du *tee*.

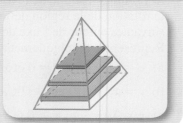

**Objectifs d'apprentissage**

À la fin de cette section, l'élève pourra calculer le volume de solides de section connue.

Plus précisément, l'élève sera en mesure :

- de calculer le volume d'un solide en utilisant la méthode du découpage en tranches.

Nous verrons dans cette section une méthode permettant de calculer le volume $V$ d'un solide qui n'est pas obtenu par la révolution d'une région autour d'un axe.

Cette méthode consiste à

- découper le solide en tranches minces, appelées sections, d'épaisseur $E$, à l'aide de plans perpendiculaires à un axe, où toutes les sections du volume ont la même forme ;

- évaluer approximativement le volume $\Delta V_i$ de chaque section ;

- faire la somme des volumes $\Delta V_i$ et calculer la limite de cette somme lorsque $(\max \Delta x_i)$ ou $(\max \Delta y_i)$ tend vers zéro, ce qui donne une intégrale définie.

De façon générale, nous avons

$$\Delta V_i \approx (\text{aire d'une section}) \cdot (\text{épaisseur de la section})$$

En particulier,

pour des sections perpendiculaires à l'axe des $x$

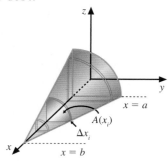

$$\Delta V_i \approx A(x_i)\, \Delta x_i$$

ainsi $V = \displaystyle\lim_{(\max \Delta x_i) \to 0} \sum_{i=1}^{n} A(x_i)\, \Delta x_i \quad (x \in [a, b])$

d'où, par définition de l'intégrale définie, nous avons

$$V = \int_a^b A(x)\, dx$$

pour des sections perpendiculaires à l'axe des $y$

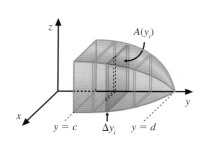

$$\Delta V_i \approx A(y_i)\, \Delta y_i$$

ainsi $V = \displaystyle\lim_{(\max \Delta y_i) \to 0} \sum_{i=1}^{n} A(y_i)\, \Delta y_i \quad (y \in [c, d])$

d'où, par définition de l'intégrale définie, nous avons

$$V = \int_c^d A(y)\, dy$$

**Exemple 1** Calculons le volume du solide dont la base est la région délimitée par $y = (x - 2)^2$, $y = 0$, $x = 0$ et $x = 2$, où chaque section plane perpendiculaire à l'axe des $x$ est un demi-cercle dont le diamètre appartient à la base du solide.

Représentons graphiquement, dans $\mathbb{R}^2$, la base du solide, et dans $\mathbb{R}^3$, une section du solide ainsi que le solide.

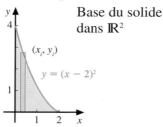

Base du solide dans $\mathbb{R}^2$

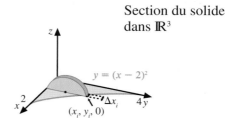

Section du solide dans $\mathbb{R}^3$

$$V = \lim_{(\max \Delta x_i) \to 0} \sum_{i=1}^{n} \frac{\pi y_i^2}{8} \Delta x_i \, (x \in [0, 2])$$

$$= \int_0^2 \frac{\pi y^2}{8} \, dx$$

$$= \frac{\pi}{8} \int_0^2 ((x - 2)^2)^2 \, dx$$
(car $y = (x - 2)^2$)

$$= \frac{\pi}{8} \frac{(x - 2)^5}{5} \Big|_0^2 = \frac{4\pi}{5}$$

d'où $V = \dfrac{4\pi}{5}$ u$^3$.

$\Delta V_i \approx$ (aire du demi-cercle) · (épaisseur de la section)

$$\Delta V_i \approx \frac{1}{2} \pi \left(\frac{y_i}{2}\right)^2 \Delta x_i \quad \left(\text{car le rayon du demi-cercle est } \frac{y_i}{2}\right)$$

$$\approx \frac{\pi y_i^2}{8} \Delta x_i$$

Solide

**Exemple 2** Calculons le volume du solide dont la base est un cercle de rayon 3 et dont toute section plane perpendiculaire à l'axe des $y$ est un triangle équilatéral.

Représentons graphiquement, dans $\mathbb{R}^2$, la base du solide, et dans $\mathbb{R}^3$, une section du solide ainsi que le solide.

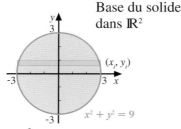

Base du solide dans $\mathbb{R}^2$

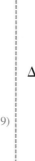

Section du solide dans $\mathbb{R}^3$

$$V = \int_{-3}^{3} \sqrt{3}\, x^2 \, dy$$

$$= \sqrt{3} \int_{-3}^{3} (9 - y^2) \, dy \quad (\text{car } x^2 + y^2 = 9)$$

$$= \sqrt{3} \left(9y - \frac{y^3}{3}\right) \Big|_{-3}^{3} = 36\sqrt{3}$$

d'où $V = 36\sqrt{3}$ u$^3$.

$\Delta V \approx$ (aire du triangle) · (épaisseur de la section)

$$\approx \frac{2xh}{2} \Delta y$$

$$\approx x\sqrt{3}\, x \, \Delta y \quad (\text{car } h = \sqrt{3}\, x, \text{ par Pythagore})$$

Solide

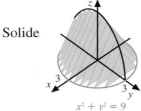

**Exemple 3** Une entaille est pratiquée à l'aide de deux plans dans un cylindre circulaire droit dont le rayon est de 9 cm. Le premier plan est parallèle à la base du cylindre et le second fait un angle de 30° avec la base. Les deux plans se coupent suivant une droite passant par le centre du cylindre. Calculons le volume de l'entaille.

Représentons d'abord le cylindre circulaire et l'entaille, puis une section de l'entaille et enfin l'entaille.

Cylindre circulaire et l'entaille

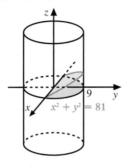

Section de l'entaille

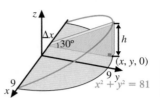

$\Delta V \approx$ (aire d'un triangle) · (épaisseur de la section)

$$\approx \frac{yh}{2}\,\Delta x$$

$$\approx \frac{y\, y\tan 30°}{2}\,\Delta x \qquad \left(\text{car } \tan 30° = \frac{h}{y}\right)$$

$$V = \int_{-9}^{9} \frac{y^2 \tan 30°}{2}\, dx$$

$$= \frac{\tan 30°}{2} \int_{-9}^{9} (81 - x^2)\, dx \qquad (\text{car } x^2 + y^2 = 81)$$

**Entaille**

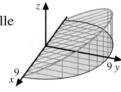

$$= 486 \tan 30°$$

d'où $V = 486\left(\dfrac{1}{\sqrt{3}}\right)$ cm³, c'est-à-dire environ 280,6 cm³.

Nous procédons de façon analogue lorsque les sections sont perpendiculaires à l'axe des $z$.

**Exemple 4** Calculons le volume d'une pyramide de hauteur 8 et de base carrée de côté 6.

Représentons la pyramide ainsi qu'une section.

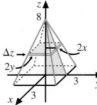

$\Delta V \approx$ (aire d'une section) · (épaisseur de la section)

$$\approx (2x)(2y)\,\Delta z$$

$$\approx 4y^2\,\Delta z \qquad (\text{car } y = x)$$

Trouvons la relation entre la variable $y$ et la variable $z$, à l'aide des triangles semblables ci-dessous.

Nous avons $\dfrac{y}{3} = \dfrac{8 - z}{8}$

$$y = \frac{3(8 - z)}{8}$$

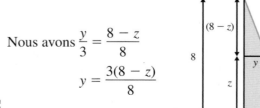

$$V = \int_{0}^{8} 4y^2\, dz$$

$$= \int_{0}^{8} 4\left[\frac{3(8 - z)}{8}\right]^2 dz$$

$$= \frac{-3(8 - z)^3}{16}\Bigg|_{0}^{8}$$

$$= 96$$

d'où 96 u³.

# Exercices 5.2

**1.** La base d'un solide est la région fermée du plan $XY$ délimitée par la courbe $y = x^2$, $y = 0$ et $x = 4$. Chaque section du solide, dans un plan perpendiculaire à l'axe des $x$, est un demi-cercle dont le diamètre appartient à la base du solide. Représenter graphiquement la base et une section du solide, et calculer son volume.

**2.** La base d'un solide est la région fermée du plan $XY$ délimitée par la courbe $y = 2x$, l'axe des $y$ et la droite $y = 6$. Chaque section du solide, dans un plan perpendiculaire à l'axe des $y$, est un carré dont l'un des côtés appartient à la base du solide. Représenter graphiquement la base, le solide et une section du solide, et calculer son volume.

**3.** La base d'un solide est la région fermée du plan $XY$ délimitée par la courbe $y = x^2$, l'axe des $x$ et la droite $x = 2$. Chaque section du solide est un carré dont un des côtés appartient à la base du solide. Calculer le volume du solide lorsque chaque section du solide est dans un plan perpendiculaire

a) à l'axe des $x$ ;  b) à l'axe des $y$.

**4.** La base d'un solide est située dans le premier quadrant et est limitée par les axes et la droite d'équation $2x + 6y = 12$. Calculer le volume du solide si toute section plane, perpendiculaire à l'axe des $x$, est

a) un demi-cercle ;

b) un carré ;

c) un triangle dont la hauteur égale 3 fois la base.

**5.** La base d'un solide, située dans le premier quadrant, est limitée par les axes et par le cercle $x^2 + y^2 = 9$. Calculer le volume du solide si toute section plane, perpendiculaire à l'axe des $y$, est

a) un demi-cercle ;  b) un carré.

**6.** Un solide possède une base circulaire de rayon 4. Chaque section plane perpendiculaire à un diamètre fixe est un triangle rectangle isocèle. Calculer le volume du solide lorsque

a) un des côtés égaux est situé dans la base du solide ;

b) l'hypoténuse est située dans la base du solide.

**7.** La base d'un solide est la région fermée délimitée par $y_1 = x^2$ et $y_2 = 2x$. Chaque section plane perpendiculaire est un rectangle dont la hauteur est le double de la base qui est située dans la base du solide. Représenter graphiquement la base et une section du solide, et calculer son volume lorsque toute section plane est perpendiculaire

a) à l'axe des $x$ ;  b) à l'axe des $y$.

**8.** a) Exprimer à l'aide d'une intégrale définie le volume d'une pyramide à base carrée dont le côté mesure $a$ et dont la hauteur mesure $h$. Calculer ce volume.

b) La construction de la pyramide de Khéops a duré une vingtaine d'années.

Sylvain Baillargeon

Les égyptologues estiment que 10 000 hommes se sont succédé dans les carrières pour tailler, transporter et disposer les blocs de pierre. Si l'on ajoute à ce nombre les géomètres, les charpentiers, les forgerons, les cuisiniers, les porteurs d'eau et les autres ouvriers, on arrive au total surprenant de 25 000 personnes ayant travaillé à l'édification du plus grand tombeau royal du monde. Déterminer le volume de la pyramide de Khéops si sa hauteur est approximativement de 147 mètres et sa base, de 230 mètres.

**9.** La base d'un solide est la région fermée délimitée par le demi-cercle défini par l'équation $x^2 + y^2 = 9$, où $y \geq 0$, et l'axe des $x$. Chaque section du solide est un demi-cercle dont le diamètre appartient à la base du solide. Calculer le volume du solide lorsque chaque section du solide est dans un plan perpendiculaire

a) à l'axe des $x$ ;

b) à l'axe des $y$ et identifier ce solide.

**10.** Soit un solide tel que toute section plane perpendiculaire à l'axe des $y$ est un cercle. Calculer le volume de ce solide et identifier ce dernier, si c'est possible, lorsque le diamètre de chaque cercle a ses extrémités situées

a) sur les droites $y = 3x - 3$ et $y = -3x + 21$ lorsque $y \in [0, 9]$;

b) sur le cercle $(x - 3)^2 + (y - 3)^2 = 9$.

**11.** Une entaille est pratiquée dans un cylindre de rayon $R$, à l'aide de deux plans qui se coupent suivant une droite passant par le centre du cylindre.

a) Calculer le volume de l'entaille si le premier plan est parallèle à la base du cylindre et le second plan fait un angle de $\alpha°$ avec la base.

b) Déterminer l'angle $\alpha$ nécessaire pour obtenir une entaille de volume égal à 2000 cm³ si le rayon du cylindre est de 15 cm.

# 5.3 Longueur de courbes planes

## Objectifs d'apprentissage

À la fin de cette section, l'élève pourra calculer la longueur d'une courbe plane.

Plus précisément, l'élève sera en mesure :
- de démontrer des formules permettant de calculer la longueur de courbes planes ;
- de calculer la longueur de courbes définies par $y = f(x)$ ou $x = g(y)$ ;
- de calculer la longueur de courbes définies à l'aide d'équations paramétriques.

$$L = \int_a^b \sqrt{1 + \left(\frac{dy}{dx}\right)^2}\, dx$$

$$L = \int_c^d \sqrt{1 + \left(\frac{dx}{dy}\right)^2}\, dy$$

Une méthode utilisée par les Grecs pour estimer la longueur de la circonférence d'un cercle consistait à inscrire, dans le cercle, un polygone de $n$ côtés et à calculer son périmètre. On peut établir que plus $n$ est grand, plus le périmètre du polygone s'approche de la longueur de la circonférence du cercle.

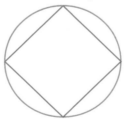

Nous utilisons un processus analogue pour démontrer des formules permettant de calculer la longueur de courbes planes.

## ■ Longueur de courbes planes

**THÉORÈME 5.1** Soit une fonction $f$, telle que $f'$ est continue sur $[a, b]$. La longueur $L$ de la courbe joignant les points $R(a, f(a))$ et $S(b, f(b))$ est donnée par

$$L = \int_a^b \sqrt{1 + (f'(x))^2}\, dx \quad \text{ou par} \quad L = \int_a^b \sqrt{1 + \left(\frac{dy}{dx}\right)^2}\, dx \quad \text{(notation de Leibniz)}$$

**PREUVE**

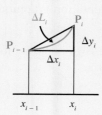

Soit $P = \{x_0, x_1, x_2, \ldots, x_n\}$, une partition de $[a, b]$ et $P_i(x_i, y_i)$, les points correspondants sur la courbe de $f$. Sur chaque sous-intervalle $[x_{i-1}, x_i]$, la longueur $\Delta L_i$ de l'arc $P_{i-1}P_i$ est approximativement égale à la longueur du segment de droite joignant $P_{i-1}$ à $P_i$. Ainsi,

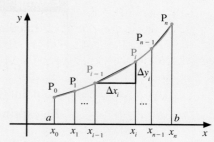

$$\Delta L_i \approx \overline{P_{i-1}P_i}$$

$$\approx \sqrt{(\Delta x_i)^2 + (\Delta y_i)^2} \qquad \text{(Pythagore)}$$

$$\approx \sqrt{(\Delta x_i)^2 + (f(x_i) - f(x_{i-1}))^2} \qquad \text{(car } \Delta y_i = f(x_i) - f(x_{i-1}))$$

$$\approx \sqrt{(\Delta x_i)^2 + (f'(c_i)\,\Delta x_i)^2} \qquad \begin{array}{l}\text{(par le théorème de Lagrange, il existe un}\\ \text{nombre } c_i \in \,]x_{i-1}, x_i[ \text{ tel que}\\ f(x_i) - f(x_{i-1}) = f'(c_i)\,(x_i - x_{i-1}) = f'(c_i)\,\Delta x_i)\end{array}$$

$$\approx \sqrt{[1 + (f'(c_i))^2]\,(\Delta x_i)^2}$$

$$\approx \sqrt{1 + (f'(c_i))^2}\,\Delta x_i$$

Ainsi $\quad L = \lim\limits_{(\max \Delta x_i) \to 0} \sum\limits_{i=1}^{n} \sqrt{1 + (f'(c_i))^2}\,\Delta x_i \qquad (x \in [a, b])$

d'où $L = \int_a^b \sqrt{1 + (f'(x))^2}\,dx \qquad$ (par définition de l'intégrale définie)

ou $\quad L = \int_a^b \sqrt{1 + \left(\dfrac{dy}{dx}\right)^2}\,dx \qquad$ (notation de Leibniz)

---

**Exemple 1** Calculons la longueur $L$ de la courbe d'équation $y = 1 + \sqrt{x^3}$ où $x \in [0, 4]$.

En calculant $\dfrac{dy}{dx}$, nous obtenons $\dfrac{dy}{dx} = \dfrac{3x^{\frac{1}{2}}}{2}$. Cette fonction est continue sur $[0, 4]$.

Représentons graphiquement la courbe et calculons $L$.

$$L = \int_0^4 \sqrt{1 + \left(\dfrac{dy}{dx}\right)^2}\,dx \qquad \text{(théorème 5.1)}$$

$$= \int_0^4 \sqrt{1 + \left(\dfrac{3}{2}x^{\frac{1}{2}}\right)^2}\,dx$$

$$= \int_0^4 \sqrt{1 + \dfrac{9}{4}x}\,dx$$

$$= \dfrac{8}{27}\left(1 + \dfrac{9}{4}x\right)^{\frac{3}{2}}\Bigg|_0^4 = \dfrac{8}{27}\left[10\sqrt{10} - 1\right]$$

d'où $L \approx 9{,}07$ unités.

Lorsque nous voulons calculer la longueur $L$ de la courbe reliant les points $R(a, c)$ à $S(b, d)$, il peut être avantageux, ou même essentiel, d'exprimer $x$ en fonction de $y$, en particulier lorsque $\dfrac{dy}{dx}$ n'est pas définie pour certaines valeurs $x_i$, où $x_i \in [a, b]$.

La longueur $L$ de la courbe reliant les points $R(a, c)$ à $S(b, d)$ est alors donnée par

$$L = \int_c^d \sqrt{1 + \left(\dfrac{dx}{dy}\right)^2}\,dy, \text{ si } \dfrac{dx}{dy} \text{ est continue sur } [c, d]$$

5

**Exemple 2** Calculons la longueur $L$ de la courbe d'équation $y = 4x^{\frac{2}{3}}$ si $x \in [-1, 8]$.

En calculant $\dfrac{dy}{dx}$, nous obtenons $\dfrac{dy}{dx} = \dfrac{8}{3x^{\frac{1}{3}}}$.

Or $\dfrac{dy}{dx}$ n'est pas définie en $x = 0$, où $0 \in [-1, 8]$.

Représentation graphique

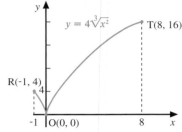

Le point O(0, 0) est un point de rebroussement.

En exprimant $x$ en fonction de $y$, nous obtenons

$$x_1 = \frac{-y^{\frac{3}{2}}}{8} \text{ ou } x_2 = \frac{y^{\frac{3}{2}}}{8}$$

Sur RO, $0 \leq y \leq 4$ et $x_1 = \dfrac{-y^{\frac{3}{2}}}{8}$, ainsi $\dfrac{dx_1}{dy} = \dfrac{-3y^{\frac{1}{2}}}{16}$,

qui est continue sur $[0, 4]$.

Sur OT, $0 \leq y \leq 16$ et $x_2 = \dfrac{y^{\frac{3}{2}}}{8}$, ainsi $\dfrac{dx_2}{dy} = \dfrac{3y^{\frac{1}{2}}}{16}$,

qui est continue sur $[0, 16]$.

Représentation graphique

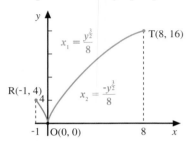

Soit $L_1$, la longueur de la courbe de R à O, et $L_2$, la longueur de la courbe de O à T.

Ainsi la longueur $L$ de la courbe est donnée par

$$L = L_1 + L_2$$

$$= \int_0^4 \sqrt{1 + \left(\frac{dx_1}{dy}\right)^2}\, dy + \int_0^{16} \sqrt{1 + \left(\frac{dx_2}{dy}\right)^2}\, dy$$

$$= \int_0^4 \sqrt{1 + \frac{9y}{256}}\, dy + \int_0^{16} \sqrt{1 + \frac{9y}{256}}\, dy \quad \left(\text{car } \frac{dx_1}{dy} = \frac{-3y^{\frac{1}{2}}}{16} \text{ et } \frac{dx_2}{dy} = \frac{3y^{\frac{1}{2}}}{16}\right)$$

$$= \frac{512}{27}\left(1 + \frac{9y}{256}\right)^{\frac{3}{2}} \Big|_0^4 + \frac{512}{27}\left(1 + \frac{9y}{256}\right)^{\frac{3}{2}} \Big|_0^{16}$$

$$= 4{,}137\ldots + 18{,}074\ldots$$

d'où $L \approx 22{,}212$ unités.

Quand on saisit les deux extrémités d'une chaîne simple et qu'on la laisse pendre librement, elle décrit une courbe connue sous le nom de chaînette (ou caténaire).

Son équation en coordonnées cartésiennes est de la forme

$$y = \frac{a\left(e^{\frac{x}{a}} + e^{\frac{-x}{a}}\right)}{2}$$ et l'arc de courbe correspondant est appelé chaînette.

On observe cette courbe dans la nature sous différentes formes : toile d'araignée tissée à la verticale, fils téléphoniques ou électriques entre deux poteaux, etc.

Dominique Parent

**Exemple 3** Calculons la longueur $L$ de la chaînette définie par $y = \dfrac{5\left(e^{\frac{x}{5}} + e^{\frac{-x}{5}}\right)}{2}$, où $x \in [-5, 5]$.

$$L = \int_{-5}^{5} \sqrt{1 + \left(\frac{dy}{dx}\right)^2}\, dx \quad \text{(théorème 5.1)}$$

$$= \int_{-5}^{5} \sqrt{1 + \left[\frac{5}{2}\left(\frac{1}{5}e^{\frac{x}{5}} - \frac{1}{5}e^{\frac{-x}{5}}\right)\right]^2}\, dx$$

$$= \int_{-5}^{5} \sqrt{1 + \frac{1}{4}\left(e^{\frac{x}{5}} - e^{\frac{-x}{5}}\right)^2}\, dx$$

$$= \int_{-5}^{5} \sqrt{1 + \frac{1}{4}\left(e^{\frac{2x}{5}} - 2 + e^{\frac{-2x}{5}}\right)}\, dx$$

$$= \int_{-5}^{5} \sqrt{\frac{e^{\frac{2x}{5}}}{4} + \frac{2}{4} + \frac{e^{\frac{-2x}{5}}}{4}}\, dx$$

$$= \int_{-5}^{5} \sqrt{\frac{1}{4}\left(e^{\frac{2x}{5}} + 2 + e^{\frac{-2x}{5}}\right)}\, dx$$

$$= \int_{-5}^{5} \frac{1}{2}\sqrt{\left(e^{\frac{x}{5}} + e^{\frac{-x}{5}}\right)^2}\, dx$$

$$= \frac{1}{2}\int_{-5}^{5}\left(e^{\frac{x}{5}} + e^{\frac{-x}{5}}\right)\, dx$$

$$= \frac{5}{2}\left(e^{\frac{x}{5}} - e^{\frac{-x}{5}}\right)\bigg|_{-5}^{5}$$

$$= 5\left(e - \frac{1}{e}\right)$$

d'où $L \approx 11{,}75$ unités.

**Représentation graphique**

```
> f:=x->(5/2)*(exp(x/5)+
  exp(-x/5));
```
$$f := x \rightarrow \frac{5}{2}\,e^{(1/5)x} + \frac{5}{2}\,e^{(-1/5)x}$$
```
> plot(f(x),x=-5..5,y=0..10,
  scaling=constrained);
```

# Équations paramétriques

**DÉFINITION 5.1**    Lorsque les coordonnées $(x, y)$ d'un point $P(x, y)$ appartenant à une courbe sont exprimées en fonction d'une troisième variable, à l'aide d'équations de la forme $x = f(t)$ et $y = g(t)$, où $t \in [a, b]$, nous appelons ces équations les **équations paramétriques** de la courbe, et $t$ est le **paramètre**.

**Exemple 1** Représentons graphiquement la courbe définie par les équations paramétriques $x = 3t + 1$ et $y = 6t + 5$, où $t \in [-1, 2]$.

Complétons le tableau suivant en donnant à $t$ des valeurs et en calculant la valeur correspondante pour $x$ et $y$.

| $t$ | $x = 3t + 1$ | $y = 6t + 5$ |
|-----|--------------|--------------|
| -1 | -2 | -1 |
| 0 | 1 | 5 |
| $\dfrac{1}{3}$ | 2 | 7 |
| 1 | 4 | 11 |
| 2 | 7 | 17 |

Représentation graphique

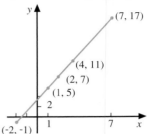

Dans cet exemple, il est possible de trouver une relation entre $y$ et $x$.

En effet, en isolant $t$ de l'équation $x = 3t + 1$, nous trouvons $t = \dfrac{x - 1}{3}$ ; en remplaçant $t$ par cette valeur dans l'équation $y = 6t + 5$, nous trouvons $y = 6\left(\dfrac{x - 1}{3}\right) + 5$, ainsi $y = 2x + 3$, où $x \in [-2, 7]$.

Démontrons maintenant le théorème suivant permettant de calculer la longueur $L$ d'une courbe définie à l'aide des équations paramétriques $x = f(t)$ et $y = g(t)$, où $t \in [a, b]$.

**THÉORÈME 5.2**

Soit une courbe définie par $x = f(t)$ et $y = g(t)$, où $f'$ et $g'$ sont continues sur $[a, b]$. La longueur $L$ de la courbe joignant les points $(f(a), g(a))$ et $(f(b), g(b))$ est donnée par

$$L = \int_a^b \sqrt{(f'(t))^2 + (g'(t))^2}\, dt \qquad \text{ou par}$$

$$L = \int_a^b \sqrt{\left(\frac{dx}{dt}\right)^2 + \left(\frac{dy}{dt}\right)^2}\, dt \qquad \text{(notation de Leibniz)}$$

**PREUVE**

Soit $P = \{t_0, t_1, t_2, \ldots, t_n\}$ une partition de $[a, b]$.

De façon analogue à la démonstration précédente, nous avons $\Delta L_i \approx \sqrt{(\Delta x_i)^2 + (\Delta y_i)^2}$ et, en appliquant le théorème de Lagrange aux fonctions $f$ et $g$ sur $[t_{i-1}, t_i]$, nous obtenons

$$\Delta x_i = f'(c_i)\, \Delta t_i, \text{ où } c_i \in\, ]t_{i-1}, t_i[ \quad \text{et} \quad \Delta y_i = g'(d_i)\, \Delta t_i \text{ où } d_i \in\, ]t_{i-1}, t_i[$$

Donc $\Delta L_i \approx \sqrt{(f'(c_i)\, \Delta t_i)^2 + (g'(d_i)\, \Delta t_i)^2}$

$$\approx \sqrt{(f'(c_i))^2 + (g'(d_i))^2}\, \Delta t_i$$

Ainsi $L = \displaystyle\lim_{(\max \Delta t_i) \to 0} \sum_{i=1}^{n} \sqrt{(f'(c_i))^2 + (g'(d_i))^2}\, \Delta t_i$

d'où $L = \displaystyle\int_a^b \sqrt{(f'(t))^2 + (g'(t))^2}\, dt$ \qquad (par définition de l'intégrale définie)

ou $L = \displaystyle\int_a^b \sqrt{\left(\frac{dx}{dt}\right)^2 + \left(\frac{dy}{dt}\right)^2}\, dt$ \qquad (notation de Leibniz)

**Exemple 2** Calculons, à l'aide de la formule précédente, la longueur $L$ de la circonférence d'un cercle de rayon $r$ d'équation $x^2 + y^2 = r^2$.

Sachant que $\cos\theta = \dfrac{x}{r}$ et que $\sin\theta = \dfrac{y}{r}$, nous obtenons les équations paramétriques suivantes :

$x = r\cos\theta$ et $y = r\sin\theta$, où $\theta \in [0, 2\pi]$ est le paramètre.

Par le théorème 5.2,

$$L = \int_0^{2\pi} \sqrt{\left(\frac{dx}{d\theta}\right)^2 + \left(\frac{dy}{d\theta}\right)^2}\, d\theta$$

$$= \int_0^{2\pi} \sqrt{(-r\sin\theta)^2 + (r\cos\theta)^2}\, d\theta \qquad \left(\text{car } \frac{dx}{d\theta} = -r\sin\theta \text{ et } \frac{dy}{d\theta} = r\cos\theta\right)$$

$$= \int_0^{2\pi} \sqrt{r^2(\sin^2\theta + \cos^2\theta)}\, d\theta$$

$$= \int_0^{2\pi} r\, d\theta$$

$$= r\theta \Big|_0^{2\pi} = r\,2\pi$$

d'où $L = 2\pi r$ unité(s).

**Exemple 3** Soit un point $M(x, y)$ sur la circonférence d'un cercle de rayon $r$ qui roule sans glisser sur l'axe des $x$.

a) Représentons la trajectoire du point M, appelée cycloïde.

« La roulette (la cycloïde)… ce n'est autre chose que le chemin que fait en l'air le clou d'une roue, quand elle roule de son mouvement ordinaire, depuis que ce clou commence à s'élever de terre, jusqu'à ce que le mouvement continu de la roue l'ait rapporté à terre, après un tour entier achevé : supposant que la roue soit un cercle parfait, le clou un point de sa circonférence et la terre parfaitement plane. »

Blaise Pascal

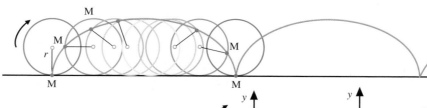

b) En supposant qu'au départ le point M est situé à l'origine, déterminons les équations paramétriques de la position du point M lorsque la circonférence a pivoté d'un angle $t$.

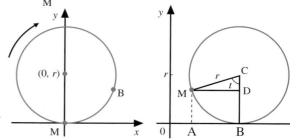

5

Pour $0 \le t \le 2\pi$, les longueurs $\overline{OB}$ et arc MB sont égales. Ainsi,

$$x = \overline{OA}$$
$$= \overline{OB} - \overline{AB}$$
$$= \text{arc MB} - \overline{AB}$$
$$= rt - r \sin t$$
$$= r(t - \sin t)$$

$$y = \overline{AM}$$
$$= \overline{BC} - \overline{CD}$$
$$= r - r \cos t$$
$$= r(1 - \cos t)$$

D'où $x = r(t - \sin t)$ et
$y = r(1 - \cos t)$

sont les équations paramétriques de la cycloïde et $t$ est le paramètre.

Cycloïde, tracée avec $r = 2$

```
> with(plots):
> c1:=plot([2*(t-sin(t)),2*(1-cos(t)),t=0..2*Pi],
    color=orange):
> c2:=plot([2*cos(t),2+2*sin(t),t=0..2*Pi],color=blue):
> c3:=plot([9+2*cos(t),2+2*sin(t),t=0..2*Pi],color=blue):
> display(c1,c2,c3,scaling=constrained);
```

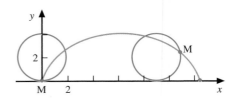

c) Calculons la longueur $L$ d'une arche cycloïde, c'est-à-dire pour $t \in [0, 2\pi]$.

$$L = \int_0^{2\pi} \sqrt{\left(\frac{dx}{dt}\right)^2 + \left(\frac{dy}{dt}\right)^2} \, dt \qquad \text{(théorème 5.2)}$$

$$= \int_0^{2\pi} \sqrt{(r(1 - \cos t))^2 + (r \sin t)^2} \, dt \qquad \left(\text{car } \frac{dx}{dt} = r(1 - \cos t) \text{ et } \frac{dy}{dt} = r \sin t\right)$$

$$= \int_0^{2\pi} \sqrt{r^2(1 - 2 \cos t + \cos^2 t) + r^2 \sin^2 t} \, dt$$

$$= \int_0^{2\pi} r \sqrt{2 - 2 \cos t} \, dt$$

$$= \int_0^{2\pi} r \sqrt{2} \sqrt{1 - \cos t} \, dt$$

$$= r \sqrt{2} \int_0^{2\pi} \sqrt{2 \sin^2 \left(\frac{t}{2}\right)} \, dt \qquad \left(\text{car } (1 - \cos t) = 2 \sin^2 \left(\frac{t}{2}\right)\right)$$

$$= 2r \int_0^{2\pi} \sin \left(\frac{t}{2}\right) dt \qquad \left(\text{car } \sin \left(\frac{t}{2}\right) \ge 0, \forall \, t \in [0, 2\pi]\right)$$

$$= -4r \cos \left(\frac{t}{2}\right) \Big|_0^{2\pi}$$

$$= 8r$$

d'où $L = 8r$ unité(s).

# Exercices 5.3

**1.** Soit $y = x^3 + 1$, où $x \in [1, 2]$, et les équations paramétriques correspondantes $x = t^2 + 1$ et $y = t^6 + 3t^4 + 3t^2 + 2$, où $t \geq 0$. Déterminer l'intégrale définie (sans l'évaluer) donnant la longueur de l'arc de courbe en fonction

  a) de la variable $x$;    c) de la variable $t$.

  b) de la variable $y$;

**2.** Déterminer la longueur des courbes suivantes sur l'intervalle donné.

  a) $y = \ln \cos x$, où $x \in \left[0, \dfrac{\pi}{4}\right]$

  b) $9x^2 = 16y^3$, où $x \in [0, 4\sqrt{3}]$

  c) $y = \dfrac{(x^2 + 2)^{\frac{3}{2}}}{3}$, où $x \in [-2, 4]$

  d) $y = \ln x$, où $x \in [\sqrt{3}, \sqrt{15}]$

  e) $x = \dfrac{y^4}{4} + \dfrac{1}{8y^2}$, où $y \in [1, 3]$

**3.** Soit la courbe définie par l'équation $y^2 = x^3$. Tracer le graphique de cette courbe lorsque $-1 \leq y \leq 8$ et déterminer la longueur de cette courbe.

**4.** Représenter graphiquement la courbe définie par les équations paramétriques suivantes.

  a) $x = t - 2$, $y = 5 - 2t$; $t \in [-1, 5[$

  b) $x = t - 1$, $y = t^2 - 2t$; $t \in [-2, 3]$

  c) $x = 3 \cos t$, $y = 3 \sin t$; $t \in [0, 2\pi]$

  d) $x = 5 \cos \theta$, $y = 3 \sin \theta$; $\theta \in [0, 2\pi]$

**5.** Représenter graphiquement les courbes suivantes sur l'intervalle donné et calculer algébriquement leur longueur.

  a) $x = 3t + 1$, $y = 1 - 4t$; $t \in [-2, 3]$

  b) $x = \sin^2 t$, $y = \cos^2 t$; $t \in \left[0, \dfrac{\pi}{2}\right]$

  c) $x = 3t$, $y = \dfrac{4t^{\frac{3}{2}}}{3}$; $t \in [0, 4]$

  d) $x = \sin t - \cos t$, $y = \sin t + \cos t$; $t \in \left[0, \dfrac{\pi}{2}\right]$

**6.** Calculer la longueur de la courbe ci-contre, appelée astroïde, définie par $x = a \cos^3 t$ et $y = a \sin^3 t$.

**7.** D'un tertre de départ, plus haut de 11 mètres que le vert, un golfeur frappe une balle qui suit une trajectoire d'équation

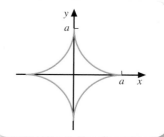

Francine Parent

$y = 25 - 0{,}01x^2$ et dont la représentation est donnée dans le graphique ci-dessous. Calculer la longueur de la trajectoire de la balle.

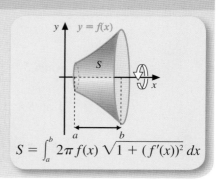

# 5.4  Aire de surfaces de révolution

## Objectifs d'apprentissage

À la fin de cette section, l'élève pourra calculer l'aire d'une surface de révolution engendrée par la rotation d'une courbe autour d'un axe. Plus précisément, l'élève sera en mesure :

• de démontrer une formule permettant de calculer l'aire d'une surface de révolution ;

• d'utiliser la formule précédente ;

• de calculer l'aire d'une surface de révolution engendrée par la rotation d'une courbe définie à l'aide d'équations paramétriques.

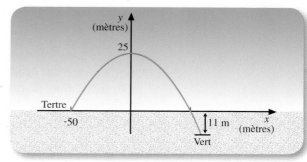

$$S = \int_a^b 2\pi f(x) \sqrt{1 + (f'(x))^2}\, dx$$

Aire d'un tronc de cône

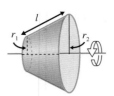

Rappelons d'abord que, pour un tronc de cône de rayons $r_1$ et $r_2$ et d'apothème $l$, l'aire $S$ de la surface latérale est donnée par

$$S = \pi(r_1 + r_2)l$$

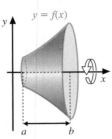

## ● Aire d'une surface de révolution

Nous voulons calculer l'aire $S$ de la surface engendrée par la rotation de la courbe, définie par $y = f(x)$, où $x \in [a, b]$, autour de l'axe des $x$.

| THÉORÈME 5.3 | Soit une fonction $f$, telle que $f(x) \geq 0$ sur $[a, b]$ et telle que $f'$ est continue sur $[a, b]$. L'aire $S$ de la surface engendrée par la rotation de la courbe autour de l'axe des $x$ est donnée par |

$$S = \int_a^b 2\pi f(x) \sqrt{1 + (f'(x))^2} \, dx \qquad \text{ou par}$$

$$S = \int_a^b 2\pi y \sqrt{1 + \left(\frac{dy}{dx}\right)^2} \, dx \qquad \text{(notation de Leibniz)}$$

**PREUVE**

Soit $P = \{x_0, x_1, \ldots, x_{i-1}, x_i, \ldots, x_n\}$, une partition de $[a, b]$ et $\Delta S_i$, l'aire de la portion de surface de révolution engendrée par la rotation de la courbe comprise entre $x = x_{i-1}$ et $x = x_i$.

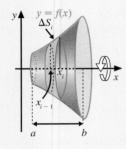

Sur chaque sous-intervalle $[x_{i-1}, x_i]$, l'aire $\Delta S_i$ est approximativement égale à l'aire de la surface latérale d'un tronc de cône de rayons $r_1 = f(x_{i-1})$, $r_2 = f(x_i)$ et d'apothème

$\Delta l_i = \sqrt{(\Delta x_i)^2 + (\Delta y_i)^2}$, où $\Delta x_i = x_i - x_{i-1}$ et $\Delta y_i = f(x_i) - f(x_{i-1})$, ainsi

$$\Delta S_i \approx \pi[f(x_{i-1}) + f(x_i)] \sqrt{(\Delta x_i)^2 + (\Delta y_i)^2}$$

$$\approx \pi[f(x_{i-1}) + f(x_i)] \sqrt{(\Delta x_i)^2 + (f(x_i) - f(x_{i-1}))^2}$$
$$\text{(car } \Delta y_i = f(x_i) - f(x_{i-1}))$$

Théorème de Lagrange
$$\frac{f(x_i) - f(x_{i-1})}{x_i - x_{i-1}} = f'(c_i)$$

$$\approx \pi[f(x_{i-1}) + f(x_i)] \sqrt{(\Delta x_i)^2 + (f'(c_i) \, \Delta x_i)^2}$$
$$\text{(où } c_i \in \,]x_{i-1}, x_i[\,)$$

$$\approx \pi[f(x_{i-1}) + f(x_i)] \sqrt{1 + (f'(c_i))^2} \, \Delta x_i$$

Ainsi $S = \displaystyle\lim_{(\max \Delta x) \to 0} \sum_{i=1}^{n} \pi[f(x_{i-1}) + f(x_i)] \sqrt{1 + (f'(c_i))^2} \, \Delta x_i \qquad (x \in [a, b])$

d'où $S = \displaystyle\int_a^b 2\pi f(x) \sqrt{1 + (f'(x))^2} \, dx \qquad$ (par définition de l'intégrale définie)

ou $\quad S = \displaystyle\int_a^b 2\pi y \sqrt{1 + \left(\frac{dy}{dx}\right)^2} \, dx \qquad$ (notation de Leibniz)

De façon générale,

$$S = \int_m^n 2\pi R \, dl, \text{ où } dl = \sqrt{1 + \left(\frac{dy}{dx}\right)^2} \, dx \quad \text{ou} \quad dl = \sqrt{1 + \left(\frac{dx}{dy}\right)^2} \, dy,$$

$R$ étant la distance moyenne entre l'axe de rotation et l'élément d'arc de longueur approximativement égale à $dl$.

Nous devons exprimer $R$ et $dl$ en fonction d'une seule variable et déterminer, s'il y a lieu, les bornes d'intégration $m$ et $n$.

**Exemple 1**  Soit $y = x^3$, où $x \in [1, 2]$. Calculons l'aire de la surface de révolution engendrée par la rotation de cette courbe autour de l'axe des $x$.

Représentation graphique

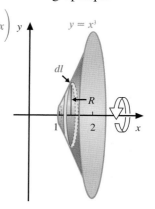

$$S = \int_1^2 2\pi y \sqrt{1 + \left(\frac{dy}{dx}\right)^2} \, dx \quad \left(\text{car } R = y \text{ et } dl = \sqrt{1 + \left(\frac{dy}{dx}\right)^2} \, dx\right)$$

$u = 1 + 9x^4$
$du = 36x^3 \, dx$

$$= 2\pi \int_1^2 x^3 \sqrt{1 + (3x^2)^2} \, dx \quad \left(\text{car } y = x^3 \text{ et } \frac{dy}{dx} = 3x^2\right)$$

$$= \frac{\pi}{27} (1 + 9x^4)^{\frac{3}{2}} \Big|_1^2$$

$$= \frac{\pi}{27} \left[145^{\frac{3}{2}} - 10^{\frac{3}{2}}\right]$$

d'où $S \approx 199,48 \ u^2$.

**Exemple 2**  Calculons l'aire de la surface engendrée par la rotation de $y = x^2$ autour de l'axe des $y$, où $1 \leq x \leq 3$.

$$S = \int_1^3 2\pi x \sqrt{1 + \left(\frac{dy}{dx}\right)^2} \, dx \quad \left(\text{car } R = x \text{ et } dl = \sqrt{1 + \left(\frac{dy}{dx}\right)^2} \, dx\right)$$

$$= 2\pi \int_1^3 x \sqrt{1 + 4x^2} \, dx \quad \left(\text{car } \frac{dy}{dx} = 2x\right)$$

Représentation graphique

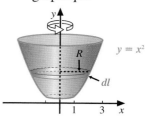

$$= \frac{\pi}{6} (1 + 4x^2)^{\frac{3}{2}} \Big|_1^3$$

$$= \frac{\pi}{6} \left[37^{\frac{3}{2}} - 5^{\frac{3}{2}}\right]$$

d'où $S \approx 111,99 \ u^2$.

**Exemple 3**  Calculons l'aire de la surface engendrée par la rotation de $y = \sqrt{2x}$ autour de la droite $y = 5$ lorsque $1 \leq x \leq 8$.

Représentation graphique

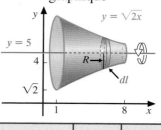

$$S = \int_{\sqrt{2}}^4 2\pi(5 - y) \sqrt{1 + \left(\frac{dx}{dy}\right)^2} \, dy$$

$$\left(\text{car } R = 5 - y \text{ et } dl = \sqrt{1 + \left(\frac{dx}{dy}\right)^2} \, dy\right)$$

$$= 2\pi \int_{\sqrt{2}}^4 (5 - y) \sqrt{1 + (y)^2} \, dy$$

$$\left(\text{car } x = \frac{y^2}{2}, \text{ donc } \frac{dx}{dy} = y\right)$$

| $x$ | 1 | 8 |
|---|---|---|
| $y = \sqrt{2x}$ | $\sqrt{2}$ | 4 |

$$= 2\pi \int_{\sqrt{2}}^{4} \left[ \underbrace{(5\sqrt{1 + y^2}} - \underbrace{y\sqrt{1 + y^2})} \right] dy$$

Substitution trigonométrique $y = \tan \theta$

Changement de variable $u = 1 + y^2$

$$= 2\pi \left[ \overbrace{\dfrac{5y\sqrt{1 + y^2} + 5 \ln |y + \sqrt{1 + y^2}|}{2}} - \overbrace{\dfrac{(1 + y^2)^{\frac{3}{2}}}{3}} \right]\Bigg|_{\sqrt{2}}^{4}$$

d'où $S \approx 99,6$ u².

**Remarque** Il est parfois préférable d'exprimer les variables $x$ et $y$ à l'aide d'équations paramétriques lorsque nous voulons calculer l'aire d'une surface de révolution. Dans ce cas, lorsque $t$ est le paramètre, l'équation

$$dl = \sqrt{(dx)^2 + (dy)^2} \text{ devient}$$

$$dl = \sqrt{\left(\dfrac{dx}{dt}\right)^2 + \left(\dfrac{dy}{dt}\right)^2} \, dt$$

Dominique Parent

**Exemple 4** Calculons l'aire de la sphère de rayon $r$ engendrée par la rotation autour de l'axe des $x$ de la partie supérieure du cercle d'équation $x^2 + y^2 = r^2$.

En exprimant $x$ et $y$ à l'aide d'équations paramétriques, nous obtenons $x = r \cos t$ et $y = r \sin t$, où $0 \le t \le \pi$.

Ainsi

$$S = \int_{0}^{\pi} 2\pi y \sqrt{\left(\dfrac{dx}{dt}\right)^2 + \left(\dfrac{dy}{dt}\right)^2} \, dt \qquad \left( \text{car } R = y \text{ et } dl = \sqrt{\left(\dfrac{dx}{dt}\right)^2 + \left(\dfrac{dy}{dt}\right)^2} \, dt \right)$$

$$= 2\pi \int_{0}^{\pi} r \sin t \sqrt{(-r \sin t)^2 + (r \cos t)^2} \, dt$$

Représentation graphique

$$= 2\pi r \int_{0}^{\pi} \sin t \sqrt{r^2 (\sin^2 t + \cos^2 t)} \, dt$$

$$= 2\pi r^2 \int_{0}^{\pi} \sin t \, dt$$

$$= 2\pi r^2 (-\cos t) \Big|_{0}^{\pi} = 4\pi r^2$$

d'où $S = 4\pi r^2$ u².

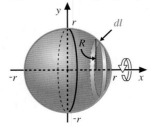

# Exercices 5.4

1. Donner la formule permettant de calculer l'aire de la surface engendrée par la rotation de la courbe strictement croissante, définie par $y = f(x)$ ou par $x = g(y)$, joignant les points $(a, c)$ et $(b, d)$, autour de l'axe de rotation donné en fonction de la variable demandée, si $f'$ et $g'$ sont continues.

   a) Autour de l'axe des $x$ en fonction de $x$

   b) Autour de l'axe des $x$ en fonction de $y$

   c) Autour de l'axe des $y$ en fonction de $x$

   d) Autour de l'axe des $y$ en fonction de $y$

   e) Autour de $y = k_1$, $k_1 < c$ en fonction de $x$

   f) Autour de $x = k_2$, $k_2 > b$ en fonction de $x$

2. Calculer l'aire de la surface engendrée par la rotation de la courbe autour de l'axe donné sur l'intervalle indiqué.

   a) $y = 3x$ autour de l'axe des $x$, si $x \in [2, 5]$

   b) $y = 3x$ autour de l'axe des $y$, si $x \in [2, 5]$

c) $y = 3x$ autour de $y = 21$, si $x \in [2, 5]$

d) $y = x^{\frac{1}{3}}$ autour de l'axe des $y$, si $8 \le x \le 27$

e) $y = \dfrac{2x^{\frac{3}{2}}}{3} - \dfrac{x^{\frac{1}{2}}}{2}$ autour de l'axe des $x$, si $x \in [1, 3]$

f) $x = \sqrt{y}$ autour de l'axe des $y$, si $0 \le y \le 9$

**3.** Calculer l'aire de la surface engendrée par la rotation de la courbe autour de l'axe donné sur l'intervalle indiqué.

a) $x = 5 + \sin t$, $y = 3 + \cos t$, où $t \in [0, 2\pi]$

    i)   autour de l'axe des $x$

    ii)  autour de l'axe des $y$

    iii) autour de $x = 7$

b) $x = 3t$, $y = 2t^2 + 4$ autour de l'axe des $y$, si $t \in [0, 1]$

**4.** a) Soit $y = 4x$, où $x \in [0, 3]$.
Représenter graphiquement la surface engendrée par la rotation de cette courbe autour de l'axe donné, identifier cette surface de révolution et calculer son aire.

    i)   axe des $y$

    ii)  axe des $x$

b) Calculer l'aire $S$ de la surface latérale d'un cône de rayon $r$ et de hauteur $h$.

**5.** Calculer l'aire de la *calotte*, c'est-à-dire la surface engendrée par la rotation, autour de l'axe des $x$, de la portion supérieure du cercle d'équation $x^2 + y^2 = 4$ lorsque $x \in [1, 2]$. Représenter graphiquement.

**6.** Calculer l'aire de la surface engendrée par la partie supérieure de l'astroïde définie par $x = a \cos^3 t$ et $y = a \sin^3 t$ tournant autour de l'axe des $x$. Représenter graphiquement.

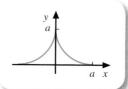

# 5.5 Intégrales impropres

## Objectifs d'apprentissage

À la fin de cette section, l'élève pourra calculer des intégrales impropres. Plus précisément, l'élève sera en mesure :

- de déterminer si une intégrale donnée est une intégrale impropre ;
- de calculer des intégrales impropres lorsque $f$ tend vers l'infini pour une ou plusieurs valeurs $x_i$, où $x_i \in [a, b]$;
- de calculer des intégrales impropres lorsque au moins une des bornes d'intégration est infinie ;
- d'utiliser le théorème du test de comparaison pour les intégrales impropres.

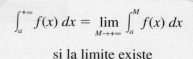

$$\int_a^{+\infty} f(x)\, dx = \lim_{M \to +\infty} \int_a^M f(x)\, dx$$

si la limite existe

Jusqu'à maintenant, nous avons calculé des intégrales définies de la forme $\displaystyle\int_a^b f(x)\, dx$, pour des fonctions continues sur $[a, b]$.

Dans cette section, nous étendrons le concept d'intégrale définie

– à des fonctions qui tendent vers $\pm\infty$ pour une ou plusieurs valeurs $x_i$ appartenant à l'intervalle d'intégration ;

– à des fonctions continues ou discontinues intégrées sur des intervalles infinis.

**DÉFINITION 5.2**

Une intégrale est une **intégrale impropre**

1) si l'intégrande tend vers $\pm\infty$ en une ou plusieurs valeurs $x_i$ appartenant à l'intervalle d'intégration ;

ou

2) si au moins une des bornes d'intégration est infinie.

$$\lim_{x \to 0^+} \frac{1}{x} = +\infty$$

a) $\int_0^1 \frac{1}{x}\, dx$ est une intégrale impropre, car $\frac{1}{x}$ tend vers $+\infty$ lorsque $x \to 0^+$ et $0 \in [0, 1]$.

$$\lim_{x \to 2} \frac{-1}{(x-2)^2} = -\infty$$

b) $\int_1^5 \frac{-1}{(x-2)^2}\, dx$ est une intégrale impropre, car $\frac{-1}{(x-2)^2}$ tend vers $-\infty$ lorsque $x \to 2$ et $2 \in [1, 5]$.

c) $\int_3^{+\infty} (5 + x)^2\, dx$ est une intégrale impropre, car une des bornes d'intégration est infinie.

d) $\int_{-\infty}^{+\infty} \frac{1}{x^2 + 1}\, dx$ est une intégrale impropre, car les deux bornes d'intégration sont infinies.

## ■ Intégrales de fonctions tendant vers ±∞ sur l'intervalle d'intégration [*a, b*]

### 1<sup>er</sup> cas  L'intégrande tend vers ±∞ lorsque *x* → *b*⁻

**DÉFINITION 5.3**

Lorsque $f$ est continue sur $[a, b[$ et $\lim_{x \to b^-} f(x) = \pm\infty$, nous avons

$$\int_a^b f(x)\, dx = \lim_{t \to b^-} \int_a^t f(x)\, dx, \text{ si la limite existe.}$$

**Exemple 1**  Calculons $\int_0^4 \frac{-1}{(4-x)^2}\, dx$.

Puisque $\lim_{x \to 4^-} \frac{-1}{(4-x)^2} = -\infty$  $\left(\text{forme } \frac{-1}{0^+}\right)$

$$\int_0^4 \frac{-1}{(4-x)^2}\, dx = \lim_{t \to 4^-} \int_0^t \frac{-1}{(4-x)^2}\, dx \quad \text{(définition 5.3)}$$

$$= \lim_{t \to 4^-} \left[ \frac{-1}{4-x} \Big|_0^t \right] \quad \text{(en intégrant)}$$

$$= \lim_{t \to 4^-} \left[ \frac{-1}{(4-t)} + \frac{1}{4} \right]$$

$$\lim_{t \to 4^-} \frac{-1}{4-t} = -\infty \left(\text{forme } \frac{-1}{0^+}\right)$$

$$= -\infty \quad \text{(forme } -\infty + k)$$

**DÉFINITION 5.4**

1) L'intégrale impropre est **convergente** si la limite définissant cette intégrale existe et est finie.

2) L'intégrale impropre est **divergente** si la limite définissant cette intégrale n'existe pas ou est infinie.

Dans l'exemple précédent, l'intégrale impropre est divergente.

**Exemple 2** Calculons $\displaystyle\int_0^1 \frac{1}{\sqrt{1-x^2}}\, dx$, qui correspond à l'aire de la région délimitée par la courbe de l'intégrande, l'axe des $x$, $x = 0$ et $x = 1$.

Puisque $\displaystyle\lim_{x \to 1^-} \frac{1}{\sqrt{1-x^2}} = +\infty$ $\qquad \left(\text{forme } \dfrac{1}{0^+}\right)$

$$\int_0^1 \frac{1}{\sqrt{1-x^2}}\, dx = \lim_{t \to 1^-} \int_0^t \frac{1}{\sqrt{1-x^2}}\, dx \quad \text{(définition 5.3)}$$

$$= \lim_{t \to 1^-} \left[ \text{Arc sin } x \,\Big|_0^t \right] \quad \text{(en intégrant)}$$

$$= \lim_{t \to 1^-} [\text{Arc sin } t - \text{Arc sin } 0]$$

$$= \text{Arc sin } 1 \qquad \text{(en évaluant la limite)}$$

$$= \frac{\pi}{2}$$

d'où $\displaystyle\int_0^1 \frac{1}{\sqrt{1-x^2}}\, dx = \frac{\pi}{2}$

De plus, cette intégrale impropre est convergente (définition 5.4).

Représentation graphique

$f(x) = \dfrac{1}{\sqrt{1-x^2}}$

Ainsi, l'aire de la région ci-dessus est égale à $\dfrac{\pi}{2}$ u², même si la région n'est pas fermée.

## 2ᵉ cas   L'intégrande tend vers ±∞ lorsque x → a⁺

**DÉFINITION 5.5**

Lorsque $f$ est continue sur $]a, b]$ et $\displaystyle\lim_{x \to a^+} f(x) = \pm\infty$, alors

$$\int_a^b f(x)\, dx = \lim_{s \to a^+} \int_s^b f(x)\, dx, \text{ si la limite existe.}$$

**Exemple 3** Calculons $\displaystyle\int_0^1 \frac{1}{x}\, dx$, qui correspond à l'aire de la région délimitée par la courbe de l'intégrande, l'axe des $x$, $x = 0$ et $x = 1$.

Puisque $\displaystyle\lim_{x \to 0^+} \frac{1}{x} = +\infty$ $\qquad \left(\text{forme } \dfrac{1}{0^+}\right)$

$$\int_0^1 \frac{1}{x}\, dx = \lim_{s \to 0^+} \int_s^1 \frac{1}{x}\, dx \quad \text{(définition 5.5)}$$

$$= \lim_{s \to 0^+} \left[ \ln |x| \,\Big|_s^1 \right] \quad \text{(en intégrant)}$$

$$= \lim_{s \to 0^+} [\ln 1 - \ln s]$$

$$= +\infty \qquad \left(\text{car } \lim_{s \to 0^+} \ln s = -\infty\right)$$

De plus, $\displaystyle\int_0^1 \frac{1}{x}\, dx$ est une intégrale divergente.

Représentation graphique

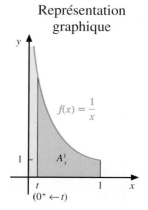

$f(x) = \dfrac{1}{x}$

Ainsi, l'aire de la région ci-dessus est infinie.

### 3ᵉ cas  L'intégrande tend vers ±∞ lorsque $x \to b^-$ et lorsque $x \to a^+$

**DÉFINITION 5.6**

Lorsque $f$ est continue sur $]a, b[$, $\lim\limits_{x \to a^+} f(x) = \pm\infty$ et $\lim\limits_{x \to b^-} f(x) = \pm\infty$, alors

$$\int_a^b f(x)\,dx = \lim_{s \to a^+} \int_s^c f(x)\,dx + \lim_{t \to b^-} \int_c^t f(x)\,dx, \text{ où } c \in \ ]a, b[, \text{ si les limites existent.}$$

**Remarque** $\displaystyle\int_a^b f(x)\,dx$ est convergente si toutes les limites utilisées pour calculer cette intégrale existent et sont finies.

Si l'une des limites utilisées pour calculer cette intégrale n'existe pas ou est infinie, alors $\displaystyle\int_a^b f(x)\,dx$ est divergente.

**Exemple 4** Calculons $\displaystyle\int_0^2 \frac{5x-6}{x(x-2)}\,dx$ et déterminons si elle est convergente ou divergente.

Puisque $\lim\limits_{x \to 0^+} \dfrac{5x-6}{x(x-2)} = +\infty$  $\left(\text{forme } \dfrac{-6}{0^-}\right)$

et $\qquad \lim\limits_{x \to 2^-} \dfrac{5x-6}{x(x-2)} = -\infty$  $\left(\text{forme } \dfrac{4}{0^-}\right)$

en choisissant $c = 1$, où $1 \in \ ]0, 2[$, nous avons

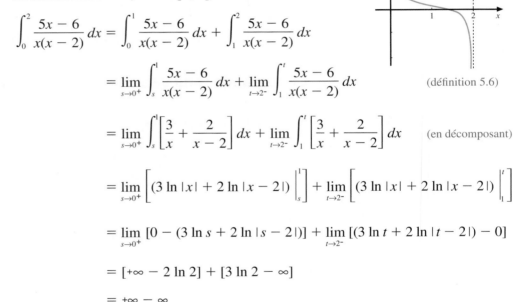

Représentation graphique

$$\int_0^2 \frac{5x-6}{x(x-2)}\,dx = \int_0^1 \frac{5x-6}{x(x-2)}\,dx + \int_1^2 \frac{5x-6}{x(x-2)}\,dx$$

$$= \lim_{s \to 0^+} \int_s^1 \frac{5x-6}{x(x-2)}\,dx + \lim_{t \to 2^-} \int_1^t \frac{5x-6}{x(x-2)}\,dx \qquad \text{(définition 5.6)}$$

$$= \lim_{s \to 0^+} \int_s^1 \left[\frac{3}{x} + \frac{2}{x-2}\right] dx + \lim_{t \to 2^-} \int_1^t \left[\frac{3}{x} + \frac{2}{x-2}\right] dx \qquad \text{(en décomposant)}$$

$$= \lim_{s \to 0^+} \left[(3\ln|x| + 2\ln|x-2|)\,\Big|_s^1\right] + \lim_{t \to 2^-} \left[(3\ln|x| + 2\ln|x-2|)\,\Big|_1^t\right]$$

$$= \lim_{s \to 0^+} [0 - (3\ln s + 2\ln|s-2|)] + \lim_{t \to 2^-} [(3\ln t + 2\ln|t-2|) - 0]$$

$$= [+\infty - 2\ln 2] + [3\ln 2 - \infty]$$

$$= +\infty - \infty$$

Puisque au moins une des limites utilisées pour calculer l'intégrale est infinie, alors l'intégrale est divergente.

### 4ᵉ cas  L'intégrande tend vers ±∞, lorsque $x \to c$, où $c \in \ ]a, b[$

**DÉFINITION 5.7**

Lorsque $f$ est non continue en au moins une valeur $c \in \ ]a, b[$ et $\lim\limits_{x \to c^-} f(x) = \pm\infty$ ou $\lim\limits_{x \to c^+} f(x) = \pm\infty$, alors

$$\int_a^b f(x)\,dx = \lim_{t \to c^-} \int_a^t f(x)\,dx + \lim_{s \to c^+} \int_s^b f(x)\,dx, \text{ si les limites existent.}$$

**Exemple 5**

a) Calculons $\displaystyle\int_{-1}^{8} \frac{1}{\sqrt[3]{x}}\, dx$ et déterminons si elle est convergente ou divergente.

Puisque $\displaystyle\lim_{x\to 0^-} \frac{1}{\sqrt[3]{x}} = -\infty$ $\left(\text{forme } \frac{1}{0^-}\right)$ et $\displaystyle\lim_{x\to 0^+} \frac{1}{\sqrt[3]{x}} = +\infty$ $\left(\text{forme } \frac{1}{0^+}\right)$, nous avons

$$\int_{-1}^{8} \frac{1}{\sqrt[3]{x}}\, dx = \int_{-1}^{0} \frac{1}{\sqrt[3]{x}}\, dx + \int_{0}^{8} \frac{1}{\sqrt[3]{x}}\, dx$$

$$= \lim_{t\to 0^-} \int_{-1}^{t} x^{\frac{-1}{3}}\, dx + \lim_{s\to 0^+} \int_{s}^{8} x^{\frac{-1}{3}}\, dx \qquad \text{(définition 5.7)}$$

$$= \lim_{t\to 0^-} \left[\frac{3x^{\frac{2}{3}}}{2}\Big|_{-1}^{t}\right] + \lim_{s\to 0^+} \left[\frac{3x^{\frac{2}{3}}}{2}\Big|_{s}^{8}\right]$$

$$= \lim_{t\to 0^-} \left[\frac{3t^{\frac{2}{3}}}{2} - \frac{3(-1)^{\frac{2}{3}}}{2}\right] + \lim_{s\to 0^+} \left[\frac{3(8)^{\frac{2}{3}}}{2} - \frac{3s^{\frac{2}{3}}}{2}\right]$$

$$= \left[0 - \frac{3}{2}\right] + [6 - 0] = \frac{9}{2}$$

d'où $\displaystyle\int_{-1}^{8} \frac{1}{\sqrt[3]{x}}\, dx = \frac{9}{2}$ et elle est convergente.

b) Calculons l'aire $A$ de la région délimitée par la courbe de $y = \dfrac{1}{\sqrt[3]{x}}$, l'axe des $x$, $x = -1$ et $x = 8$.

$$A = A_{-1}^{0} + A_{0}^{8}$$

$$= \int_{-1}^{0} \left(0 - \frac{1}{x^{\frac{1}{3}}}\right) dx + \int_{0}^{8} \frac{1}{x^{\frac{1}{3}}}\, dx$$

$$= \lim_{t\to 0^-} \int_{-1}^{t} \left(-x^{\frac{-1}{3}}\right) dx + \lim_{s\to 0^+} \int_{s}^{8} x^{\frac{-1}{3}}\, dx \qquad \text{(définition 5.7)}$$

$$= -\left(\frac{-3}{2}\right) + 6 \qquad\qquad \text{(voir a))}$$

d'où $A = \dfrac{15}{2}\ \text{u}^2$.

$y = \dfrac{1}{\sqrt[3]{x}}$

# ● Intégrales de fonctions où au moins une des bornes d'intégration est infinie

## 1er cas   La borne d'intégration supérieure est $+\infty$

**DÉFINITION 5.8**   $\displaystyle\int_{a}^{+\infty} f(x)\, dx = \lim_{M\to +\infty} \int_{a}^{M} f(x)\, dx$, si la limite existe.

**Exemple 1** Soit $f(x) = \dfrac{1}{x}$ et $g(x) = \dfrac{1}{x^2}$.

a) Calculons $\displaystyle\int_1^{+\infty} \dfrac{1}{x}\,dx$, qui correspond à l'aire de la région délimitée par la courbe de l'intégrande, l'axe des $x$ et $x \geq 1$.

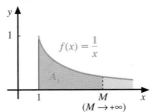

$$\int_1^{+\infty} \dfrac{1}{x}\,dx = \lim_{M \to +\infty} \int_1^M \dfrac{1}{x}\,dx$$
(définition 5.8)

$$= \lim_{M \to +\infty} \left[ \ln|x| \,\Big|_1^M \right]$$

$$= \lim_{M \to +\infty} [\ln M - \ln 1] = +\infty$$

d'où $\displaystyle\int_1^{+\infty} \dfrac{1}{x}\,dx = +\infty$

Ainsi, l'aire de la région ci-dessus est infinie.

De plus, cette intégrale impropre est divergente (définition 5.4).

b) Calculons $\displaystyle\int_1^{+\infty} \dfrac{1}{x^2}\,dx$, qui correspond à l'aire de la région délimitée par la courbe de l'intégrande, l'axe des $x$ et $x \geq 1$.

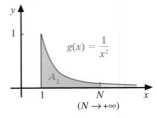

$$\int_1^{+\infty} \dfrac{1}{x^2}\,dx = \lim_{N \to +\infty} \int_1^N x^{-2}\,dx$$
(définition 5.8)

$$= \lim_{N \to +\infty} \left[ \dfrac{-1}{x} \,\Big|_1^N \right]$$

$$= \lim_{N \to +\infty} \left[ \dfrac{-1}{N} - \dfrac{(-1)}{1} \right]$$

$$= 1$$

d'où $\displaystyle\int_1^{+\infty} \dfrac{1}{x^2}\,dx = 1$

Ainsi, l'aire de la région ci-dessus est 1 u². De plus, cette intégrale impropre est convergente (définition 5.4).

c) Comparons graphiquement
   - l'aire $A_1$ (infinie), comprise entre la courbe $f(x) = \dfrac{1}{x}$ et l'axe des $x$, sur $[1, +\infty$
   - l'aire $A_2$ (finie), comprise entre la courbe $g(x) = \dfrac{1}{x^2}$ et l'axe des $x$, sur $[1, +\infty$

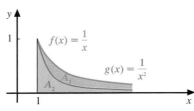

**Exemple 2** Calculons le volume $V$ du solide de révolution engendré par la rotation de la région délimitée par $f(x) = \dfrac{1}{x}$, l'axe des $x$ et $x \geq 1$ autour de l'axe des $x$.

$$V = \pi \int_1^{+\infty} y^2\,dx \qquad \text{(méthode du disque)}$$

$$= \pi \int_1^{+\infty} \dfrac{1}{x^2}\,dx \qquad \left(\text{car } y = \dfrac{1}{x}\right)$$

$$= \pi \lim_{M \to +\infty} \int_1^M \dfrac{1}{x^2}\,dx \qquad \text{(définition 5.8)}$$

$$= \pi \lim_{M \to +\infty} \left[ \dfrac{-1}{x} \,\Big|_1^M \right]$$

Flûte de Gabriel

Représentation graphique

$V_D = \pi R^2 \Delta x$

$= \pi y^2 \Delta x$

$$= \pi \lim_{M \to +\infty} \left[ \frac{-1}{M} + 1 \right]$$

$$= \pi[0 + 1] \qquad \left( \text{forme } \frac{-1}{+\infty} \right)$$

d'où $V = \pi \, \mathrm{u}^3$.

## 2ᵉ cas   La borne d'intégration inférieure est -∞

**DÉFINITION 5.9**    $\int_{-\infty}^{b} f(x) \, dx = \lim_{N \to -\infty} \int_{N}^{b} f(x) \, dx$, si la limite existe.

**Exemple 3**   Calculons $\int_{-\infty}^{0} x e^x \, dx$ et déterminons si elle est convergente ou divergente.

$$\int_{-\infty}^{0} x e^x \, dx = \lim_{N \to -\infty} \int_{N}^{0} x e^x \, dx \qquad \text{(définition 5.9)}$$

$u = x$     $dv = e^x \, dx$
$du = dx$     $v = e^x$

$$= \lim_{N \to -\infty} \left[ (x e^x - e^x) \Big|_{N}^{0} \right] \qquad \text{(en intégrant par parties)}$$

$$= \lim_{N \to -\infty} [(0 - 1) - (N e^N - e^N)]$$

$$= -1 - \lim_{N \to -\infty} (N e^N - e^N)$$

$$= -1 - \lim_{N \to -\infty} N e^N + \lim_{N \to -\infty} e^N \qquad \left( \lim_{N \to -\infty} N e^N, \text{ ind. } (-\infty) \cdot 0 \right)$$

$$= -1 - \lim_{N \to -\infty} \frac{N}{e^{-N}} + 0 \qquad \left( \lim_{N \to +\infty} \frac{N}{e^{-N}}, \text{ ind. } \frac{-\infty}{+\infty} \right)$$

$$\overset{\text{RH}}{=} -1 - \lim_{N \to -\infty} \frac{1}{-e^{-N}}$$

$$= -1 \qquad \left( \text{car } \lim_{N \to -\infty} \frac{1}{-e^{-N}} = 0, \text{ forme } \frac{1}{-\infty} \right)$$

d'où l'intégrale est convergente.

**Exemple 4**   Calculons $\int_{-\infty}^{\frac{\pi}{2}} \cos x \, dx$ et déterminons si elle est convergente ou divergente.

$$\int_{-\infty}^{\frac{\pi}{2}} \cos x \, dx = \lim_{N \to -\infty} \int_{N}^{\frac{\pi}{2}} \cos x \, dx \qquad \text{(définition 5.9)}$$

$$= \lim_{N \to -\infty} \left[ \sin x \Big|_{N}^{\frac{\pi}{2}} \right]$$

$$= \lim_{N \to -\infty} \left[ \sin \frac{\pi}{2} - \sin N \right]$$

$$= 1 - \lim_{N \to -\infty} \sin N$$

Puisque $\lim_{N \to -\infty} \sin N$ n'existe pas, l'intégrale impropre $\int_{-\infty}^{\frac{\pi}{2}} \cos x \, dx$ est divergente.

## 3e cas   La borne d'intégration inférieure est -∞, et la borne d'intégration supérieure est +∞

$$\int_{-\infty}^{+\infty} f(x)\, dx = \lim_{N \to -\infty} \int_{N}^{c} f(x)\, dx + \lim_{M \to +\infty} \int_{c}^{M} f(x)\, dx, \text{ où } c \in \mathbb{R}, \text{ si les limites existent.}$$

**Exemple 5**   Calculons $\int_{-\infty}^{+\infty} e^x\, dx$ et déterminons si elle est convergente ou divergente.

$$\int_{-\infty}^{+\infty} e^x\, dx = \int_{-\infty}^{0} e^x\, dx + \int_{0}^{+\infty} e^x\, dx$$

$$= \lim_{N \to -\infty} \int_{N}^{0} e^x\, dx + \lim_{M \to +\infty} \int_{0}^{M} e^x\, dx \qquad \text{(définition 5.10)}$$

$$= \lim_{N \to -\infty} \left[ e^x \Big|_{N}^{0} \right] + \lim_{M \to +\infty} \left[ e^x \Big|_{0}^{M} \right]$$

$$= \lim_{N \to -\infty} [e^0 - e^N] + \lim_{M \to +\infty} [e^M - e^0]$$

$$= [1 - 0] + [+\infty - 1]$$

$$= +\infty \qquad \text{(forme } k + \infty)$$

d'où $\int_{-\infty}^{+\infty} e^x\, dx = +\infty$ et elle est divergente.

Dans certaines intégrales impropres, nous retrouvons simultanément plusieurs des cas étudiés précédemment.

**Exemple 6**   Calculons $\displaystyle\int_{0}^{+\infty} \frac{1}{(x-1)^{\frac{1}{3}}}\, dx$.

Puisque $\displaystyle\lim_{x \to 1^-} \frac{1}{(x-1)^{\frac{1}{3}}} = -\infty$ et $\displaystyle\lim_{x \to 1^+} \frac{1}{(x-1)^{\frac{1}{3}}} = +\infty$, alors

$$\int_{0}^{+\infty} \frac{1}{(x-1)^{\frac{1}{3}}}\, dx = \int_{0}^{1} \frac{1}{(x-1)^{\frac{1}{3}}}\, dx + \int_{1}^{2} \frac{1}{(x-1)^{\frac{1}{3}}}\, dx + \int_{2}^{+\infty} \frac{1}{(x-1)^{\frac{1}{3}}}\, dx$$

$$= \lim_{s \to 1^-} \int_{0}^{s} \frac{1}{(x-1)^{\frac{1}{3}}}\, dx + \lim_{t \to 1^+} \int_{t}^{2} \frac{1}{(x-1)^{\frac{1}{3}}}\, dx + \lim_{M \to +\infty} \int_{2}^{M} \frac{1}{(x-1)^{\frac{1}{3}}}\, dx$$

$$= \lim_{s \to 1^-} \left[ \frac{3}{2}(x-1)^{\frac{2}{3}} \Big|_{0}^{s} \right] + \lim_{t \to 1^+} \left[ \frac{3}{2}(x-1)^{\frac{2}{3}} \Big|_{t}^{2} \right] + \lim_{M \to +\infty} \left[ \frac{3}{2}(x-1)^{\frac{2}{3}} \Big|_{2}^{M} \right]$$

$$= \lim_{s \to 1^-} \left[ \frac{3}{2}(s-1)^{\frac{2}{3}} - \frac{3}{2} \right] + \lim_{t \to 1^+} \left[ \frac{3}{2} - \frac{3}{2}(t-1)^{\frac{2}{3}} \right] + \lim_{M \to +\infty} \left[ \frac{3}{2}(M-1)^{\frac{2}{3}} - \frac{3}{2} \right]$$

$$= \frac{-3}{2} + \frac{3}{2} + \infty$$

$$= +\infty$$

# Test de comparaison pour les intégrales impropres

Énonçons maintenant un théorème que nous acceptons sans démonstration, mais que nous justifions graphiquement. Ce théorème permet de déterminer la convergence ou la divergence d'intégrales impropres lorsqu'il est difficile, voire impossible, de trouver une primitive.

| THÉORÈME 5.4 | Soit $f$ et $g$, deux fonctions continues sur $[a, +\infty$ telles que $0 \leq f(x) \leq g(x)$, $\forall\, x \in [a, +\infty$. Alors, |
|---|---|
| **Test de comparaison** | 1) si $\displaystyle\int_a^{+\infty} g(x)\, dx$ est convergente, alors $\displaystyle\int_a^{+\infty} f(x)\, dx$ est convergente ; |
| | 2) si $\displaystyle\int_a^{+\infty} f(x)\, dx$ est divergente, alors $\displaystyle\int_a^{+\infty} g(x)\, dx$ est divergente. |

Soit l'aire $A_1$ définie par $A_1 = \displaystyle\int_a^{+\infty} g(x)\, dx$ 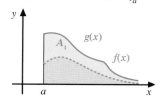 et l'aire $A_2$ définie par $A_2 = \displaystyle\int_a^{+\infty} f(x)\, dx$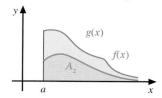

En comparant graphiquement $A_1$ et $A_2$, nous constatons que $0 \leq A_2 \leq A_1$. Donc

1) si $A_1$ est finie, alors $A_2$ est finie, ainsi

$$\text{si } \int_a^{+\infty} g(x)\, dx \text{ est convergente, alors } \int_a^{+\infty} f(x)\, dx \text{ est convergente ;}$$

2) si $A_2$ est infinie, alors $A_1$ est infinie, ainsi

$$\text{si } \int_a^{+\infty} f(x)\, dx \text{ est divergente, alors } \int_a^{+\infty} g(x)\, dx \text{ est divergente.}$$

**Exemple 1**  Déterminons si $\displaystyle\int_1^{+\infty} e^{-x^2}\, dx$ est convergente ou divergente à l'aide du théorème du test de comparaison, puisqu'il est impossible de trouver une primitive de $e^{-x^2}$.

Puisque $\quad x \leq x^2,\ \forall\, x \in [1, +\infty$

$$e^x \leq e^{x^2} \qquad \text{(car } e > 1\text{)}$$

$$\frac{1}{e^{x^2}} \leq \frac{1}{e^x}$$

$$e^{-x^2} \leq e^{-x}$$

**Représentation graphique**

$0 \leq e^{-x^2} \leq e^{-x},\ \forall\, x \in [1, +\infty$

Calculons $\quad \displaystyle\int_1^{+\infty} e^{-x}\, dx = \lim_{M \to +\infty} \int_1^M e^{-x}\, dx$

$$= \lim_{M \to +\infty} \left[ -e^{-x} \Big|_1^M \right]$$

$$= \lim_{M \to +\infty} [-e^{-M} + e^{-1}]$$

$$= 0 + \frac{1}{e} = \frac{1}{e}$$

Ainsi, $\displaystyle\int_1^{+\infty} e^{-x}\, dx$ est convergente.

D'où $\displaystyle\int_1^{+\infty} e^{-x^2}\, dx$ est convergente. $\qquad$ (théorème 5.4)

5

**Exemple 2** Déterminons si $\displaystyle\int_{2}^{+\infty} \frac{1}{\sqrt[7]{x^7 - 1}}\, dx$ est convergente ou divergente à l'aide du théorème du test de comparaison.

Puisque

$$(x^7 - 1) < x^7,\ \forall\, x \in [2, +\infty$$

$$\sqrt[7]{x^7 - 1} < x \qquad \text{(car } \sqrt[7]{x^7} = x \text{ et } f(x) = \sqrt[7]{x} \text{ est une fonction}$$
$$\text{croissante sur } [2, +\infty)$$

$$\frac{1}{\sqrt[7]{x^7 - 1}} > \frac{1}{x},\ \forall\, x \in [2, +\infty$$

Calculons

$$\int_{2}^{+\infty} \frac{1}{x}\, dx = \lim_{M \to +\infty} \int_{2}^{M} \frac{1}{x}\, dx$$

$$= \lim_{M \to +\infty} \left[ \ln |x| \Big|_{2}^{M} \right]$$

$$= \lim_{M \to +\infty} [\ln M - \ln 2]$$

$$= +\infty$$

Ainsi, $\displaystyle\int_{2}^{+\infty} \frac{1}{x}\, dx$ est divergente.

D'où $\displaystyle\int_{2}^{+\infty} \frac{1}{\sqrt[7]{x^7 - 1}}\, dx$ est divergente. $\qquad$ (théorème 5.4)

# Exercices 5.5

**1.** Parmi les intégrales suivantes, trouver les intégrales impropres et exprimer celles-ci à l'aide de limites.

a) $\displaystyle\int_{3}^{5} \frac{1}{x - 3}\, dx$ 

e) $\displaystyle\int_{-\infty}^{2} \frac{1}{\sqrt{x^2 + 1}}\, dx$

b) $\displaystyle\int_{4}^{5} \frac{1}{y - 3}\, dy$ 

f) $\displaystyle\int_{-1}^{1} \frac{e^x}{e^x - 1}\, dx$

c) $\displaystyle\int_{0}^{5} \frac{1}{v - 3}\, dv$ 

g) $\displaystyle\int_{0}^{1} \text{Arc tan } u\, du$

d) $\displaystyle\int_{-\frac{\pi}{2}}^{0} \tan \theta\, d\theta$ 

h) $\displaystyle\int_{-\infty}^{+\infty} \frac{1}{x}\, dx$

**2.** Calculer, si c'est possible, les intégrales suivantes.

a) $\displaystyle\int_{0}^{1} \frac{1}{x}\, dx$ 

d) $\displaystyle\int_{0}^{1} \frac{1}{(u - 1)^5}\, du$

b) $\displaystyle\int_{-\frac{1}{5}}^{0} \frac{1}{x^2}\, dx$ 

e) $\displaystyle\int_{0}^{8} \frac{1}{\sqrt[3]{x - 8}}\, dx$

c) $\displaystyle\int_{0}^{4} \frac{1}{\sqrt{x}}\, dx$ 

f) $\displaystyle\int_{0}^{\frac{\pi}{2}} \tan \theta\, d\theta$

**3.** Calculer, si c'est possible, les intégrales suivantes et déterminer si elles sont convergentes (C) ou divergentes (D).

a) $\displaystyle\int_{-1}^{2} \frac{7}{y^2}\, dy$ 

c) $\displaystyle\int_{0}^{4} \frac{2x - 4}{(x^2 - 4x)}\, dx$

b) $\displaystyle\int_{-1}^{1} \frac{x}{\sqrt{1 - x^2}}\, dx$ 

d) $\displaystyle\int_{2}^{6} \frac{1}{\sqrt[5]{2u - 7}}\, du$

**4.** Calculer, si c'est possible, les intégrales suivantes et déterminer si elles sont convergentes (C) ou divergentes (D).

a) $\displaystyle\int_{1}^{+\infty} \frac{1}{\sqrt{x}}\, dx$ 

d) $\displaystyle\int_{0}^{+\infty} \sin \theta\, d\theta$

b) $\displaystyle\int_{1}^{+\infty} \frac{4}{x^3}\, dx$ 

e) $\displaystyle\int_{1}^{+\infty} \frac{1}{1 + u^2}\, du$

c) $\displaystyle\int_{-\infty}^{0} e^{-x}\, dx$ 

f) $\displaystyle\int_{0}^{+\infty} 3^x\, dx$

**5.** Calculer, si c'est possible, les intégrales suivantes et déterminer si elles sont convergentes (C) ou divergentes (D).

a) $\displaystyle\int_{-\infty}^{+\infty} 2e^{-x}\, dx$ 

c) $\displaystyle\int_{-\infty}^{+\infty} x\, dx$

b) $\displaystyle\int_{-\infty}^{+\infty} xe^{-x^2}\, dx$ 

d) $\displaystyle\int_{-\infty}^{+\infty} \frac{1}{1 + u^2}\, du$

**6.** Calculer, si c'est possible, les intégrales suivantes.

a) $\displaystyle\int_0^{+\infty} \frac{1}{x}\,dx$

b) $\displaystyle\int_{-\infty}^0 \frac{1}{x^2}\,dx$

c) $\displaystyle\int_1^{+\infty} \frac{1}{x\sqrt{x^2-1}}\,dx$

d) $\displaystyle\int_2^{+\infty} \frac{y^2}{\sqrt[4]{y^3-8}}\,dy$

**7.** Calculer, si c'est possible, les intégrales impropres suivantes et déterminer si elles sont convergentes (C) ou divergentes (D).

a) $\displaystyle\int_0^{16} \frac{1}{(x-8)^{\frac{2}{3}}}\,dx$

b) $\displaystyle\int_{-\infty}^1 \frac{1}{\sqrt{5-v}}\,dv$

c) $\displaystyle\int_3^{+\infty} \frac{1}{x\ln x}\,dx$

d) $\displaystyle\int_3^{+\infty} \frac{1}{x\ln^2 x}\,dx$

e) $\displaystyle\int_{-\infty}^{+\infty} \frac{e^{\text{Arc tan } u}}{1+u^2}\,du$

f) $\displaystyle\int_0^1 \frac{e^{\sqrt{x}}}{\sqrt{x}}\,dx$

g) $\displaystyle\int_0^2 \left(\frac{1}{x^2}+\frac{1}{x-2}\right)dx$

h) $\displaystyle\int_0^{+\infty} 8xe^{-2x}\,dx$

**8.** Déterminer les valeurs de $p > 0$ pour lesquelles les intégrales suivantes sont convergentes et pour lesquelles elles sont divergentes.

a) $\displaystyle\int_0^1 \frac{1}{x^p}\,dx$

b) $\displaystyle\int_1^{+\infty} \frac{1}{x^p}\,dx$

c) $\displaystyle\int_0^{+\infty} \frac{1}{x^p}\,dx$

**9.** Représenter graphiquement les régions suivantes et calculer l'aire de ces régions.

a) $y = \dfrac{1}{\sqrt{x}}$, $y = 0$ et $x \geq 1$

b) $y = \dfrac{1}{x^2}$, $y = 0$ et $x \geq 1$

c) $y = \dfrac{1}{1+x^2}$, $y = 0$ et $x \in \mathbb{R}$

d) $y = \dfrac{1}{\sqrt[3]{x-1}}$, $y = 0$, $x = 0$ et $x = 9$

**10.** Déterminer si les intégrales suivantes sont convergentes ou divergentes en utilisant le test de comparaison et les résultats appropriés de l'exercice précédent.

a) $\displaystyle\int_1^{+\infty} \frac{1}{x^4+1}\,dx$

b) $\displaystyle\int_1^{+\infty} \frac{1}{\sqrt{\sqrt{x}-0,5}}\,dx$

**11.** Soit la région délimitée par la courbe de $f$ définie par $f(x) = \dfrac{1}{x^2}$, où $x \geq 1$, et l'axe des $x$.

Déterminer le volume engendré par la rotation de la région précédente autour de

a) l'axe des $x$ ;

b) l'axe des $y$.

**12.** Soit la région délimitée par la courbe de $f$ définie par $f(x) = \dfrac{1}{x^3}$, où $x \geq 1$, et l'axe des $x$.

a) Calculer l'aire de la région donnée.

b) Calculer le volume engendré par la rotation de la région donnée autour de l'axe des $y$.

**13.** À la suite de l'explosion d'un réacteur nucléaire, un gaz se dégage dans l'air à un rythme défini par $\dfrac{dQ}{dt} = 0,15 \times 2^{\frac{-t}{37}}$, où $t$ est en années et $\dfrac{dQ}{dt}$ est en m³/an. Déterminer la quantité totale de gaz accumulée durant la vie infinie de ce réacteur.

# Réseau de concepts

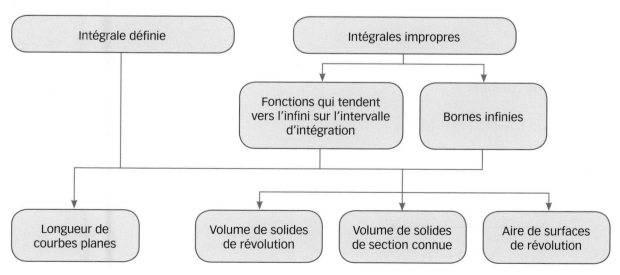

# Liste de vérification des apprentissages

Après l'étude de ce chapitre, je suis en mesure de compléter le résumé suivant avant de solutionner les exercices récapitulatifs et les problèmes de synthèse.

## Volume de solides de révolution

### Méthode du disque

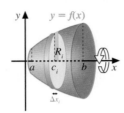

$$V_{disque} = \underline{\hspace{2cm}}$$

$$V_{total} = \underline{\hspace{2cm}}$$

### Méthode du tube

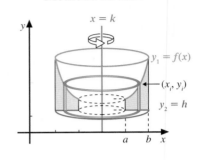

$$V_{tube} = \underline{\hspace{2cm}}$$

$$V_{total} = \underline{\hspace{2cm}}$$

## Volume de solides de section connue

### Perpendiculaire à l'axe des $x$

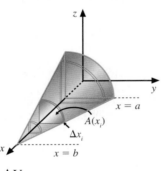

$$\Delta V_i \approx \underline{\hspace{2cm}}$$

$$V_{total} = \underline{\hspace{2cm}}$$

### Perpendiculaire à l'axe des $y$

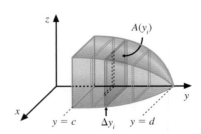

$$\Delta V_i \approx \underline{\hspace{2cm}}$$

$$V_{total} = \underline{\hspace{2cm}}$$

## Longueur de courbes planes

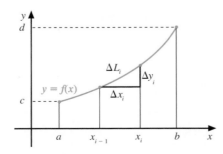

$$\Delta L_i \approx \underline{\hspace{2cm}}$$

$$L = \int_a^b \underline{\hspace{1.5cm}} \, dx$$

$$L = \int_c^d \underline{\hspace{1.5cm}} \, dy$$

## Aire de surfaces de révolution

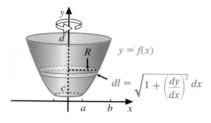

$$S = \underline{\qquad}$$

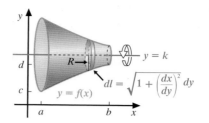

$$S = \underline{\qquad}$$

## Intégrales impropres

Lorsque $f$ est continue sur $[a, b[$ et $\lim\limits_{x \to b^-} f(x) = \pm\infty$, alors $\int_a^b f(x)\, dx = \underline{\qquad}$

Lorsque $f$ est continue sur $]a, b]$ et $\lim\limits_{x \to a^+} f(x) = \pm\infty$, alors $\int_a^b f(x)\, dx = \underline{\qquad}$

Lorsque $f$ est discontinue en $c \in\, ]a, b[$ et $\lim\limits_{x \to c^-} f(x) = \pm\infty$, ou $\lim\limits_{x \to c^+} f(x) = \pm\infty$, alors $\int_a^b f(x)\, dx = \underline{\qquad}$

Lorsque au moins une des bornes d'intégration est infinie, alors

$$\int_a^{+\infty} f(x)\, dx = \underline{\qquad} ; \qquad \int_{-\infty}^b f(x)\, dx = \underline{\qquad} ; \qquad \int_{-\infty}^{+\infty} f(x)\, dx = \underline{\qquad}$$

# Exercices récapitulatifs

Les réponses des exercices suivants, à l'exception des exercices notés en rouge, sont données à la fin du volume.

**1.** Soit la région fermée délimitée par $y = x^2$, $y = 0$ et $x = 2$. Utiliser la méthode du disque et la méthode du tube pour évaluer le volume du solide de révolution engendré par la rotation de la région précédente autour de :

a) l'axe des $x$      e) $x = 2$

b) l'axe des $y$      f) $x = -2$

c) $y = 4$      g) $y = -2$

d) $y = 5$      h) $x = 6$

**2.** Calculer le volume du solide de révolution engendré par la rotation de la région délimitée par les équations autour de l'axe de rotation donné. Représenter graphiquement b), c), d) et e).

a) $y = e^x$, $y = e^{-x}$, $x = 0$ et $x = 2$; axe des $x$

b) $y = \dfrac{1}{x^2 + 2}$, $y = \dfrac{1}{(x^2 + 2)^2}$, $x = 0$ et $x = 2$; axe des $y$

c) $y = \cos x$, $y = 0$ et $x \in [0, \pi]$; axe des $x$

d) $y = \cos x$, $y = 0$ et $x \in [0, \pi]$; axe des $y$

e) $y = \sqrt{5} \cos x \sqrt{\sin x}$, $y = 0$ et $x \in \left[0, \dfrac{\pi}{2}\right]$; axe des $x$

**3.** Soit l'ellipse définie par l'équation $\dfrac{x^2}{a^2} + \dfrac{y^2}{b^2} = 1$. Déterminer le volume obtenu en faisant tourner

a) la région de l'ellipse située à la droite de l'axe des $y$ autour de l'axe des $y$;

b) la région de l'ellipse située en haut de l'axe des $x$ autour de l'axe des $x$.

**4.** a) Si un trou de rayon $r$ est percé verticalement dans le centre d'une sphère de rayon $R$, déterminer le volume restant.

b) Si $r = \dfrac{R}{2}$, calculer le volume du solide enlevé de la sphère initiale.

c) Si $R = 2$ cm, déterminer $r$ tel que le volume du trou soit égal au volume restant.

**5.** a) Nous coupons une sphère de rayon $R$ par un plan qui passe à une distance $a$ du centre de la sphère. Calculer le volume des deux parties.

b) Soit un réservoir d'eau de forme sphérique dont le rayon est de 10 mètres. Calculer le volume d'eau dans le réservoir s'il contient 2 mètres d'eau de hauteur; s'il contient 13 mètres d'eau de hauteur.

c) Dans les deux cas, calculer la masse d'eau si la densité de l'eau est d'approximativement 1000 kg/m³.

d) Soit un réservoir d'eau formé de la partie inférieure d'une demi-sphère dont le rayon est de $R$ mètres. Calculer le pourcentage d'espace occupé par l'eau lorsque nous trouvons $\dfrac{R}{2}$ mètres d'eau dans cette demi-sphère.

e)  Une sphère de 8 cm de rayon se trouve à l'intérieur d'une seconde sphère de 13 cm de rayon, qui contient une certaine quantité d'eau. La coupe transversale ci-contre indique le niveau d'eau. Déterminer la hauteur de l'eau dans la grande sphère lorsque l'on retire la petite sphère.

13 cm

8 cm

6. Calculer le volume des solides suivants.

a) Le solide possède une base circulaire de rayon 4. Chaque section plane, perpendiculaire à un diamètre fixe, est un triangle isocèle de hauteur 3.

b) La base du solide est la région délimitée par $y = e^x$, $y = x$, $x = 0$ et $x = 3$. Chaque section du solide, dans un plan perpendiculaire à l'axe des $x$, est un carré dont un des côtés appartient à la base.

7. Déterminer la longueur des courbes suivantes sur l'intervalle donné et, pour a), déterminer la longueur du segment de droite reliant les extrémités de la courbe.

a) $y = x^2$; $x \in [0, 1]$

b) $(x + 1)^2 = 16y^3$; $y \in \left[0, \dfrac{2}{3}\right]$, où $x \geq -1$

c) $\sin x = e^y$; $x \in \left[\dfrac{\pi}{4}, \dfrac{\pi}{2}\right]$

d) $x = e^t \sin t$, $y = e^t \cos t$; $t \in \left[0, \dfrac{\pi}{2}\right]$

e) $x = 1 - 2t^2$, $y = 1 + t^3$; $t \in [0, 1]$

8. La hauteur $H$ d'un fil électrique reliant deux pylônes est donnée par l'équation

$$H(x) = 500 \left(e^{\frac{x}{1000}} + e^{\frac{-x}{1000}}\right) - 980,$$

où $x \in [-100\,\text{m}, 100\,\text{m}]$.

a) Déterminer la hauteur minimale $H_1$ entre le fil et le sol, et la hauteur $H_2$ des pylônes.

b) Déterminer la longueur $L$ de ce fil.

Dominique Parent

9. Nous voulons joindre les villes A et B. Deux chemins sont possibles: le premier, $C_1$, défini par l'arc de courbe d'équation $y_1 = 4x^2$, et le second, $C_2$, défini par l'arc de courbe d'équation $y_2 = 4x^{\frac{2}{3}}$. Déterminer l'économie réalisée en choisissant le chemin le plus court, si le coût de construction est de 1 000 000 $/km.

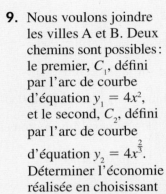

10. Calculer l'aire de la surface engendrée par la rotation de la courbe autour de l'axe donné sur l'intervalle indiqué.

a) $y = x^2$, où $x \in [0, 3]$, autour de
   i) l'axe des $x$;  ii) l'axe des $y$.

b) $y = e^x + \dfrac{e^{-x}}{4}$, $x \in [0, 1]$ autour de
   i) l'axe des $x$;  ii) l'axe des $y$.

c) $x = \sin^2 t$, $y = \cos^2 t$, $t \in \left[0, \dfrac{\pi}{4}\right]$ autour de
   i) l'axe des $x$;  ii) l'axe des $y$.

11. Si un litre de peinture bleue, au coût moyen de 16 $ le litre, couvre une superficie d'environ 10 m², déterminer le coût d'achat de la peinture nécessaire pour recouvrir la partie intérieure de la calotte ci-dessus provenant d'une sphère de rayon $r = 25$ m.

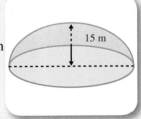

15 m

**12.** Calculer, si c'est possible, les intégrales impropres suivantes et déterminer si elles sont convergentes (C) ou divergentes (D).

a) $\int_0^1 \frac{(1 + \sqrt{x})^5}{\sqrt{x}}\, dx$

e) $\int_{-1}^1 \frac{1}{\sqrt{1 - x^2}}\, dx$

b) $\int_{-\infty}^0 \frac{x^2}{x^2 + 1}\, dx$

f) $\int_{-\infty}^{+\infty} \frac{x^2}{e^{x^3}}\, dx$

c) $\int_1^{+\infty} \frac{\sin\left(\frac{\pi}{x}\right)}{x^2}\, dx$

g) $\int_{-1}^1 \frac{|x|}{x}\, dx$

d) $\int_{-1}^8 \frac{1}{\sqrt[3]{x^5}}\, dx$

h) $\int_0^{+\infty} x \sin x\, dx$

**13.** Calculer l'aire des régions délimitées par :

**a)** $y = \frac{1}{\sqrt{x}}$, $y = 0$, $x = 0$ et $x = 1$

**b)** $y = \frac{1}{x^2}$, $y = 0$, $x = 0$ et $x = 1$

**c)** $y = x e^{\frac{-x^2}{2}}$, $y = 0$ et $x \in \mathbb{R}$

**d)** $y = \frac{x}{\sqrt{4 - x^2}}$, $y = 0$, $x = -2$ et $x = 2$

**14.** Soit la fonction $f$ définie par $y = e^{-x}$ où $x \geq 0$.

**a)** Calculer l'aire de la région délimitée par cette courbe et l'axe des $x$.

**b)** Calculer le volume engendré par la rotation de la région précédente autour de

i) l'axe des $x$ ;

ii) l'axe des $y$ ;

iii) $y = 1$.

**15.** La base d'un solide est la région du plan $XY$ délimitée par la courbe $y = x^{\frac{-2}{3}}$, l'axe des $x$ et $x \geq 1$. Calculer le volume du solide si toute section plane perpendiculaire à l'axe des $x$ est

a) un carré ;

b) un rectangle dont la hauteur est égale à la racine carrée de la base.

**16.** Un puits de pétrole produit à un rythme défini par $\frac{dQ}{dt} = \frac{100t}{(t^2 + 2)^2}$, où $t$ est en années et $\frac{dQ}{dt}$ est en millions de barils par an. Si nous émettons l'hypothèse que ce rythme puisse être conservé, déterminer la production totale de ce puits.

Pierre Parent

---

## Problèmes de synthèse

Les réponses des problèmes suivants, à l'exception des problèmes notés en rouge, sont données à la fin du volume.

**1.** Calculer les intégrales suivantes et déterminer, dans le cas des intégrales impropres, si elles sont convergentes (C) ou divergentes (D).

a) $\int_0^1 x^2 \ln x\, dx$

**b)** $\int_0^{+\infty} e^x \sin x\, dx$

**c)** $\int_{-\infty}^0 e^x \cos x\, dx$

d) $\int_0^{+\infty} \frac{1}{1 + e^x}\, dx$

e) $\int_0^{\frac{\pi}{2}} \frac{1}{1 - \sin x}\, dx$

f) $\int_0^1 \frac{x^{\frac{2}{5}} + 1}{x^{\frac{2}{5}} - 4}\, dx$

g) $\int_1^2 \frac{x - 2}{\sqrt{x - 1}}\, dx$

h) $\int_{\frac{\pi}{4}}^{\frac{\pi}{2}} \frac{1}{\sin\theta \cos\theta \sqrt{\tan^2\theta - 1}}\, d\theta$

**2.** Soit la région délimitée par $y_1 = \sin x$, $y_2 = \cos x$ et $x \in \left[0, \frac{\pi}{4}\right]$.

a) Calculer la valeur exacte de l'aire entre ces deux courbes.

b) Calculer la valeur exacte du volume du solide de révolution engendré par la rotation de la région autour de

i) l'axe des $x$ ;      ii) l'axe des $y$.

c) La région précédente est la base d'un solide où chaque section est un carré dont un des côtés appartient à la base du solide. Calculer la valeur exacte du volume du solide lorsque chaque section est dans un plan perpendiculaire à

i) l'axe des $x$ ;      ii) l'axe des $y$.

**5**

**3.** Soit $f(x) = a - \dfrac{6x}{x^2 - b^2}$, où $a$ et $b \in \mathbb{R}^+$, dont la représentation graphique est donnée par

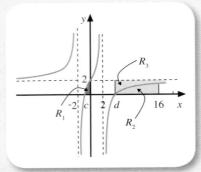

a) Déterminer la valeur de $a$ et celle de $b$.

b) Trouver les intersections $c$ et $d$ de la courbe de $f$ avec l'axe des $x$.

c) Évaluer le volume du solide de révolution engendré par la rotation de la région $R_1$ autour de

 i) l'axe des $x$ ;  ii) l'axe des $y$.

d) Évaluer l'aire de la région

 i) $R_2$, où $x \in [d, 16]$  ii) $R_3$, où $x \in [d, +\infty$

**4. a)** Quelle région pouvons-nous faire tourner autour de l'axe des $x$ pour engendrer un cône de rayon $r$ et de hauteur $h$ ?

b) Exprimer le volume du cône à l'aide d'une intégrale définie et calculer ce volume.

c) Calculer le volume d'un tronc de cône de hauteur $h$, de petit rayon $r$ et de grand rayon $R$ obtenu par la rotation de la région ci-dessus autour de l'axe des $x$.

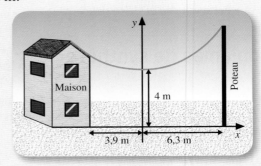

**5. a)** Déterminer le volume $V$ et l'aire $A$ d'un tore, qui est un solide de révolution engendré par la rotation du cercle d'équation $(x - a)^2 + y^2 = r^2$, également défini par les équations paramétriques $x = a + r \cos t$ et $y = r \sin t$, autour de l'axe des $y$, où $a > r$. Représenter graphiquement.

b) Comparer le volume $V_1$ d'un tore engendré par un cercle de rayon 2 avec $a = 3$ et le volume $V_2$ d'un tore engendré par un cercle de rayon 1 avec $a = 10$.

c) Déterminer la valeur de $a$ dans l'équation d'un tore engendré par un cercle de rayon 1 qui aurait le même volume que le tore précédent de volume $V_1$.

**6.** L'un des réservoirs d'un camion de lait a la forme d'un cylindre d'une longueur de 12 m et d'un diamètre de 2 m. Déterminer le nombre de litres contenus dans le réservoir s'il est rempli de 1,5 m de lait, sachant que 1000 L de lait occupent un volume de 1 m³.

**7.** Trouver le volume commun de deux cylindres de rayon 4, dont les axes se coupent à angle droit.

**8.** La hauteur d'un fil téléphonique reliant un poteau à une maison est donnée par l'équation

$$y = \frac{a\left(e^{\frac{x}{a}} + e^{\frac{-x}{a}}\right)}{2}.$$

À l'aide de la représentation ci-dessous, déterminer la valeur de $a$ et calculer la longueur $L$ du fil.

**9.** Une route doit traverser une rivière par un pont perpendiculaire à cette dernière. Pour accéder au pont, nous utilisons la courbe définie sur le graphique ci-dessous, où l'arc AB a l'allure de la courbe $y = x^3$ sur $[-1, 0]$ et l'arc CD a l'allure de la courbe $y = x^3$ sur $[0, 1]$.

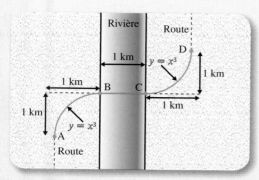

a) Calculer la longueur approximative $L_1$ de l'arc de courbe reliant C à D, à l'aide de la méthode de Simpson, avec $n = 4$, ainsi que la longueur approximative $L$ de l'arc de courbe reliant A à D.

b) Quelle longueur aurait la route si nous pouvions joindre A et D en ligne droite ?

**10.** On fait tourner un cercle de rayon 1 à l'extérieur de la circonférence d'un cercle de rayon 4. La position du point P du petit cercle est donnée par

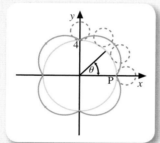

$x = 5 \cos \theta - \cos 5\theta$
$y = 5 \sin \theta - \sin 5\theta$

Déterminer la longueur $L$ totale parcourue par le point P si le petit cercle fait un tour complet autour du grand cercle.

**11.** Soit la région fermée délimitée par $y = \sin x$ et $y = 0$, où $x \in [0, 2\pi]$.

a) Calculer l'aire de cette région.

b) Calculer le volume du solide de révolution engendré par la rotation de cette région autour de l'axe des x.

c) Calculer l'aire de la surface engendrée par la rotation de l'arc de la courbe autour de l'axe des x.

d) Calculer la longueur totale approximative $L$ de la courbe, à l'aide de la méthode des trapèzes, avec $n = 4$ sur $[0, \pi]$.

**12.** Soit la région délimitée par $y = \dfrac{1}{x^2 + 1}$, $y = 0$ et $x \in [0, +\infty$. Calculer le volume du solide de révolution engendré par la rotation de cette région autour de

a) l'axe des x ;

b) l'axe des y.

**13.** Soit la région délimitée par la courbe de $f$ définie par $f(x) = \dfrac{1}{x^p}$, où $x \geq 1$, et l'axe des x. Déterminer la valeur de $p$ pour que le volume du solide de révolution engendré par la rotation de cette région autour de

a) l'axe des x soit fini ; calculer ce volume ;

b) l'axe des y soit fini ; calculer ce volume.

**14.** Représenter les courbes suivantes, déterminer l'intégrale définie donnant la longueur de l'arc de courbe et évaluer la longueur de l'arc si :

a) $y = x^3$, où $x \in [0, 1]$

b) $y = x^3 + x$, où $x \in [0, 2]$

c) $y = xe^x$, où $x \in [-1, 1]$

d) $y = \sin x$, où $x \in [0, \pi]$

e) $x = 4 \cos 2\theta$, $y = 3 \sin 4\theta$, où $\theta \in \left[0, \dfrac{\pi}{4}\right]$

**15.** Soit la région $R$ délimitée par $y = x^{\frac{3}{2}}$, $y = 0$, $x = 1$ et $x = 4$.

a) Calculer l'aire et le périmètre de cette région.

b) Calculer le volume du solide de révolution obtenu en faisant tourner cette région autour de
i) l'axe des x ;     ii) l'axe des y.

c) Calculer le volume du solide dont la base est la région $R$, où chaque section plane du solide est un carré perpendiculaire à
i) l'axe des x ;     ii) l'axe des y.

**16.** Soit le triangle dont les sommets sont les points A(2, 1), B(8, 1) et C(5, 7). Déterminer le volume du solide obtenu en faisant tourner cette région autour de

a) i) l'axe des x ;     ii) l'axe des y.

b) i) $x = 5$ ;     ii) $y = 1$.

**17.** Les économistes estiment que le capital $P$ qu'il faut investir aujourd'hui pour s'assurer perpétuellement d'une somme annuelle $f(t)$ est donné par $P = \displaystyle\int_0^{+\infty} f(t)\, e^{-it}\, dt$, où $i$ est le taux d'intérêt composé continuellement. Déterminer la somme à investir aujourd'hui, à un taux d'intérêt $i = 10\,\%$, pour s'assurer

a) d'une somme constante de 1000 \$/an ;

b) d'une somme variable de $1000(1,06)^t$ \$/an, en tenant compte de l'inflation.

**18.** Les dimensions d'une piscine de forme elliptique sont les suivantes.

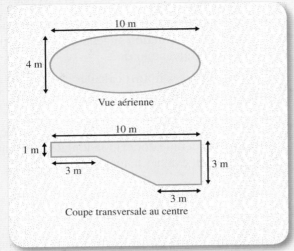

Vue aérienne

10 m

Coupe transversale au centre

Déterminer la capacité maximale, en litres, de cette piscine.

**19.** Soit un mobile dont l'accélération est donnée  par $a(t) = \dfrac{-20}{t^3}$ pour $t \geq 1$, où $a(t)$ est en m/s². Sachant que la vitesse du mobile après 1 s est de 10 m/s, calculer la distance maximale que le mobile peut parcourir.

**20.** **a)** Un réservoir sphérique, de rayon $R$ mètres, contient du liquide dont la profondeur est de $h$ mètres, où $h \leq R$. Exprimer le volume du liquide en fonction de $R$ et de $h$.

**b)** Nous remplissons d'eau un réservoir de cette forme, dont le rayon est de 10 mètres, au rythme constant de 0,05 m³/s. Après combien de temps le réservoir contiendra-t-il

  i) 5 m d'eau de hauteur ?

  ii) $\dfrac{2000\pi}{3}$ m³ d'eau ?

**c)** Déterminer à quelle vitesse le niveau d'eau monte lorsque la profondeur de l'eau est de

  i) 1 m ;          ii) 9 m.

**21.** Un verre d'eau a approximativement les dimensions du solide de révolution engendré par la rotation de la courbe d'équation

$y = \dfrac{4x^2}{3}$, où $x \in [0, 3]$ et $x$ est en cm, autour de l'axe des $y$. Nous vidons, à l'aide d'une paille, le verre à un rythme de 3 cm³/s.

**a)** Déterminer le volume maximal d'eau que peut contenir ce verre.

**b)** Exprimer le volume d'eau contenu dans le verre en fonction du temps ; en fonction de la hauteur de l'eau contenue dans le verre.

**c)** Exprimer, en fonction de la hauteur, la vitesse de décroissance de la hauteur de l'eau contenue dans le verre.

**d)** Calculer cette vitesse

  i)  lorsque la hauteur de l'eau dans le verre est de 6 cm ;

  ii)  lorsque le verre contient la moitié du volume maximal ;

  iii)  après 50 s.

**e)** Après combien de temps le verre sera-t-il vide ?

**22.** Soit la fonction $f$ définie par

$$f(x) = \begin{cases} cxe^{-3x} & \text{si} & x \geq 0 \\ 0 & \text{si} & x < 0 \end{cases}$$

**a)** Déterminer la valeur de $c$ pour que $f$ soit une fonction de densité de probabilité.

**b)** En utilisant le résultat trouvé en a), calculer et interpréter le résultat en relation avec la théorie des probabilités.

  i) $\displaystyle\int_0^2 f(x)\,dx$          ii) $\displaystyle\int_2^{+\infty} f(x)\,dx$

**c)** Calculer $\displaystyle\int_{-\infty}^{+\infty} x\,f(x)\,dx$.

**23.** Démontrer que $\displaystyle\int_0^{+\infty} x^n\,e^{-x}\,dx = n!$, où $n \in \{1, 2, 3, \dots\}$.

# Chapitre 6 Suites et séries

Dominique Parent

## Introduction

Dans ce chapitre, nous étudierons d'abord des fonctions, appelées suites, dont le domaine de définition est un sous-ensemble des entiers. Nous déterminerons la convergence ou la divergence de suites en évaluant la limite appropriée.

Ensuite, nous effectuerons la somme infinie des termes de ces suites, ce que nous appelons séries. Nous déterminerons, à l'aide de différents critères, la convergence ou la divergence de séries.

Finalement, nous développerons certaines fonctions en série de Taylor et en série de Maclaurin. Ces développements nous permettent en particulier de calculer des intégrales définies de fonctions dont la primitive n'est pas connue.

En particulier, l'élève pourra résoudre le problème suivant.

Certaines personnes atteintes d'une maladie doivent prendre une dose quotidienne de 20 mg d'un certain médicament. Si, chaque jour, l'organisme élimine 25 % du médicament présent,

a) déterminer la quantité de médicament présente dans l'organisme après 10 jours ;

b) déterminer la quantité maximale de médicament présente dans l'organisme d'une personne qui doit prendre ce médicament le reste de ses jours.

(Exercices 6.2 n° 15, page 338.)

# Intuition et infini ne font pas bon ménage

De tout temps, les philosophes et les mathématiciens ont été fascinés par l'infini. Dès la Grèce antique, les paradoxes de Zénon d'Élée (vers 495-vers 430 av. J.-C.) mettent en évidence les difficultés inhérentes à la manipulation de l'infini. Par exemple, le paradoxe de la dichotomie consiste à remarquer que, pour atteindre un mur, un marcheur devra d'abord parcourir la moitié de la distance qui le sépare du mur. Puis, à nouveau, il doit parcourir la moitié de la distance qui lui reste alors à franchir, soit le quart de la distance qui le séparait originellement du mur. Puis, encore, la moitié de la distance qui reste alors, soit le huitième de la distance au départ, et ainsi de suite. Le marcheur atteindra-t-il le mur ? Intuitivement, il semble que non. Pourtant, nous savons tous par expérience qu'il l'atteindra. Cette opposition entre l'intuition et l'expérience amène les philosophes et les mathématiciens grecs à s'astreindre à ne pas utiliser l'infini dans leurs raisonnements.

En Europe, au Moyen Âge, peu après la fondation des universités aux XIIe et XIIIe siècles, les questions relatives à l'infini refont surface dans la foulée de la redécouverte de la philosophie d'Aristote. Certains abordent ces questions d'un point de vue philosophique, d'autres avec un biais mathématique. Nicole Oresme (vers 1323-1382), de l'Université de Paris, montre, par un procédé essentiellement similaire à celui utilisé dans le présent chapitre, que la série $1 + \frac{1}{2} + \frac{1}{3} + \frac{1}{4} + \ldots$ n'a pas une somme finie. À la Renaissance, la proposition de Copernic de placer le Soleil, et non la Terre, au centre de l'Univers implique que les étoiles sont situées très loin de celle-ci, éventuellement à une distance presque infiniment grande. L'infini devient à nouveau l'objet de préoccupations philosophiques. Giordano Bruno (1548-1600) le paiera de sa vie, sur le bûcher – l'idée d'un univers infini va alors à l'encontre de la philosophie d'Aristote devenue partie intégrante de la vision chrétienne depuis Thomas d'Aquin (1225-1275).

Chercher à savoir si une somme infinie de termes à valeurs numériques a une valeur finie déterminée peut amener même les meilleurs mathématiciens à errer. Le grand Leibniz (1646-1716), l'un des fondateurs du calcul différentiel et intégral, s'y fait prendre lorsqu'il dit que $1 - 1 + 1 - 1 + 1 - \ldots = \frac{1}{2}$, car, selon lui, $\frac{1}{2}$ est la moyenne entre la somme 0 d'un nombre pair de termes, et la somme 1 d'un nombre impair de termes. À la même époque, Newton (1642-1727) développe toute une théorie pour représenter les fonctions trigonométriques par des séries infinies de monômes.

On les utilise aujourd'hui chaque fois que l'on a recours à une calculatrice pour évaluer une telle fonction. Les séries infinies restent à bien des égards mystérieuses. Le Français Augustin-Louis Cauchy (1789-1857), malgré toute la rigueur qu'il tente d'appliquer à son travail de fondement du calcul différentiel et intégral, commet lui aussi une erreur relative aux séries infinies lorsqu'il affirme qu'une série infinie convergente dont chacun des termes est une fonction continue en $x$ est aussi une fonction continue en $x$. Intuitivement, ce résultat semble évident. Mais le jeune Norvégien Niels Henrik Abel (1802-1829), alors âgé de seulement 24 ans, montre clairement, en exhibant un exemple, que dans ce cas l'intuition est prise en défaut.

Dans les années 1870, l'Allemand **Georg Cantor** (1845-1918), après s'être intéressé justement aux séries infinies, découvre que, en réalité, il y a plusieurs infinis. En effet, le nombre infini de nombres naturels est strictement inférieur au nombre infini de points d'une droite. Mais, chose surprenante, ce dernier nombre est le même que le nombre infini de points d'un plan. L'infini ne cessera jamais de nous étonner.

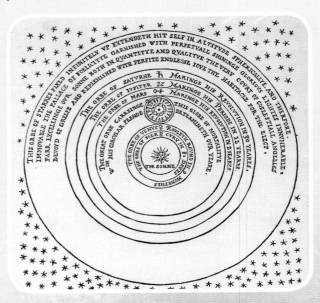

Les étoiles occupent l'espace infini et non plus une sphère finie (Thomas Digges, *A Perfit Description of the Caelestiall Orbes*, 1576).

## Exercices préliminaires

**1.** Donner la définition.

a) $n!$

b) $0!$

**2.** Évaluer.

a) $3!$

c) $\dfrac{150!}{148!}$

b) $50!$

d) $\dfrac{(4!)!}{4!}$

e) $\dfrac{(3!4!)!}{(4! + 5!)!}$

f) $\dfrac{999!}{1000! - 998!}$

**3.** a) Déterminer les deux derniers chiffres de la somme suivante.

$$1! + 2! + 3! + 4! + \ldots + 203!$$

b) Déterminer les valeurs de $x$ et de $y$ tel que $x! = 30y!$

**4.** Simplifier.

a) $\dfrac{n!}{n}$

b) $\dfrac{(n+1)!}{n!}$

c) $\dfrac{3^{n+1}(n-1)!}{3^n(n+1)!}$

d) $\dfrac{(2k)!}{(2k+2)!}$

**5.** Déterminer, sous forme d'intervalle, les valeurs qui satisfont les inégalités suivantes.

a) $|x| < 2$

b) $|x-4| \leq 7$

c) $|3x-2| < 14$

d) $\left|\dfrac{1}{x}\right| \leq 5$

**6.** Déterminer la valeur minimale qu'il faut donner à $n$ pour que :

a) $\left(\dfrac{1}{3}\right)^n < 0,01$

b) $(0,6)^n < 0,001$

c) $\dfrac{1}{3^n(n-1)!} < 0,0001$

d) $\dfrac{(0,01)^n}{(2n)!} < 10^{-6}$

**7.** Compléter.

a) Si $f'(x) > 0$ sur $]a, b[$, alors $f$ _____

b) Si $f'(x) < 0$ sur $]a, b[$, alors $f$ _____

**8.** Évaluer en utilisant la règle de L'Hospital.

a) $\lim\limits_{x\to 0} \dfrac{\sin x}{x}$

b) $\lim\limits_{x\to +\infty} \dfrac{\ln x}{\sqrt{x}}$

c) $\lim\limits_{x\to +\infty} \left(1 + \dfrac{1}{x}\right)^x$

d) $\lim\limits_{x\to +\infty} \sqrt[x]{x}$

**9.** Déterminer la formule de sommation correspondant à chacune des sommes suivantes.

a) $1 + 2 + 3 + \ldots + n$

b) $\displaystyle\sum_{i=1}^{n} i^2$

# 6.1 Suites

## Objectifs d'apprentissage

À la fin de cette section, l'élève pourra résoudre certains problèmes mettant en jeu des suites.

Plus précisément, l'élève sera en mesure :
- de donner la définition d'une suite ;
- de déterminer le terme général d'une suite ;
- de représenter graphiquement une suite ;
- de déterminer la convergence ou la divergence d'une suite ;
- de déterminer si une suite est bornée ;
- de déterminer la croissance ou la décroissance d'une suite.

> Suite de Fibonacci
> $\{1, 1, 2, 3, 5, 8, 13, 21, \ldots\}$

Jusqu'à maintenant, nous avons surtout étudié des fonctions de $\mathbb{R}$ dans $\mathbb{R}$.

Dans cette section, notre étude portera sur les fonctions de $E$ dans $\mathbb{R}$, où $E$ est un ensemble d'entiers non négatifs.

## ■ Définitions et notations

**DÉFINITION 6.1**

Une **suite** est une fonction dont le domaine de définition est un ensemble contenant tous les entiers plus grands ou égaux à un entier non négatif $m$ donné et dont l'image est un sous-ensemble de $\mathbb{R}$.

**Exemple 1** Déterminons le domaine et l'image des suites suivantes.

a) $f(n) = \dfrac{2}{3^n}$, où $n \geq 4$

dom $f = \{4, 5, 6, \ldots, n, \ldots\}$ et ima $f = \left\{\dfrac{2}{3^4}, \dfrac{2}{3^5}, \dfrac{2}{3^6}, \ldots, \dfrac{2}{3^n}, \ldots\right\}$

Notation

Nous pouvons définir la suite précédente en utilisant la notation $\left\{\dfrac{2}{3^n}\right\}_{n \geq 4}$.

6

b) $\{(-1)^n(2n + 1)\}_{n \geq 0}$

Dans ce cas, $f(n) = (-1)^n(2n + 1)$, où $n \geq 0$. Ainsi,

dom $f = \{0, 1, 2, 3, ..., n, ...\}$ et ima $f = \{1, -3, 5, -7, ..., (-1)^n(2n + 1), ...\}$

**Remarque** Par convention, lorsque la valeur initiale du domaine de la suite n'est pas donnée, cette valeur initiale est 1. Il est à noter que les définitions et théorèmes sur les suites sont énoncés avec la convention précédente. Toutefois, ces définitions et théorèmes demeurent valables pour tout domaine de la forme $\{m, m + 1, m + 2, ...\}$, où $m \in \mathbb{N}$.

**Exemple 2** Déterminons le domaine et l'image de la suite $\left\{\dfrac{3}{n}\right\}$.

Le domaine est $\{1, 2, 3, 4, ..., n, ...\}$ et l'image est $\left\{3, \dfrac{3}{2}, 1, \dfrac{3}{4}, \dfrac{3}{5}, \dfrac{1}{2}, ..., \dfrac{3}{n}, ...\right\}$.

**DÉFINITION 6.2**

De façon générale, nous notons $\{a_n\}$ la suite dont les termes sont $a_1, a_2, a_3, ..., a_n, ...$, où $a_1$ correspond au premier terme de la suite,

$a_2$ correspond au deuxième terme de la suite,

$\vdots$

$a_n$ correspond au $n^e$ terme de la suite

et $a_n$ est appelé **terme général** de la suite ; nous écrivons

$$\{a_n\} = \{a_1, a_2, ..., a_n, ...\}$$

**Exemple 3** Soit la suite $\{n!\}$. Déterminons les cinq premiers termes de cette suite.

En posant $n = 1$, nous trouvons $a_1 = 1! = 1$

en posant $n = 2$, nous trouvons $a_2 = 2! = 2$

en posant $n = 3$, nous trouvons $a_3 = 3! = 6$

en posant $n = 4$, nous trouvons $a_4 = 4! = 24$

en posant $n = 5$, nous trouvons $a_5 = 5! = 120$

d'où $\{n!\} = \{1, 2, 6, 24, 120, ..., n!, ...\}$

Il peut être utile de connaître les premiers termes de certaines suites afin de nous faciliter la tâche lorsque nous aurons à trouver le terme général d'une suite. Par exemple :

$\{n\} = \{1, 2, 3, 4, 5, ...\}$          $\{2^n\} = \{2, 4, 8, 16, 32, ...\}$

$\{2n\} = \{2, 4, 6, 8, 10, ...\}$          $\{3^n\} = \{3, 9, 27, 81, 243, ...\}$

$\{2n + 1\} = \{3, 5, 7, 9, 11, ...\}$          $\{(-1)^n\} = \{-1, 1, -1, 1, -1, ...\}$

$\{n^2\} = \{1, 4, 9, 16, 25, ...\}$          $\{(-1)^{n+1}\} = \{1, -1, 1, -1, 1, ...\}$

$\{n^3\} = \{1, 8, 27, 64, 125, ...\}$          $\{n!\} = \{1, 2, 6, 24, 120, ...\}$

De façon générale, pour déterminer le terme général d'une suite,

— on peut traiter indépendamment le numérateur et le dénominateur ;

— l'alternance des signes est obtenue par $(-1)^n$ ou $(-1)^{n+1}$ ;

— il faut transformer certains termes de la suite qui ont été simplifiés.

a) Déterminons le terme général de la suite $\left\{\dfrac{1}{2}, \dfrac{2}{5}, \dfrac{3}{10}, \dfrac{4}{17}, \ldots\right\}$.

– Le numérateur de chaque terme correspond aux termes de la suite $\{n\}$ ;

– le dénominateur correspond aux termes de la suite $\{n^2\}$ auxquels 1 est ajouté.

D'où $a_n = \dfrac{n}{n^2 + 1}$ vérifie les termes de la suite pour $n = 1, 2, 3, 4, \ldots$

b) Déterminons le terme général de la suite $\left\{\dfrac{1}{2}, \dfrac{-1}{4}, \dfrac{1}{8}, \dfrac{-1}{16}, \dfrac{1}{32}, \ldots\right\}$.

– Le numérateur prend successivement les valeurs 1 et -1 ;

– le dénominateur est une puissance de 2.

D'où $a_n = \dfrac{(-1)^{n+1}}{2^n}$ vérifie les termes de la suite pour $n = 1, 2, 3, 4, 5, \ldots$

c) Déterminons le terme général de la suite $\left\{\dfrac{3}{4}, \dfrac{8}{11}, \dfrac{13}{30}, \dfrac{18}{67}, \ldots\right\}$.

– Le numérateur augmente de 5 à chaque terme, ainsi la forme générale du numérateur est $5n + C$. Puisque, pour $n = 1$, nous avons $5(1) + C = 3$, donc $C = -2$, ainsi le numérateur est de la forme $5n - 2$ ;

– le dénominateur correspond aux termes de la suite $\{n^3\}$ auxquels 3 est ajouté.

D'où $a_n = \dfrac{5n - 2}{n^3 + 3}$ vérifie les termes de la suite pour $n = 1, 2, 3, 4, \ldots$

d) Déterminons le terme général de la suite $\left\{\dfrac{1}{3}, \dfrac{1}{3}, \dfrac{5}{27}, \dfrac{7}{81}, \dfrac{1}{27}, \ldots\right\}$.

$$\left\{\dfrac{1}{3}, \dfrac{1}{3}, \dfrac{5}{27}, \dfrac{7}{81}, \dfrac{1}{27}, \ldots\right\} = \left\{\dfrac{1}{3}, \dfrac{3}{9}, \dfrac{5}{27}, \dfrac{7}{81}, \dfrac{9}{243}, \ldots\right\}$$

– Le numérateur de chaque terme correspond aux termes de la suite $\{2n - 1\}$ ;

– le dénominateur de chaque terme correspond aux termes de la suite $\{3^n\}$.

D'où $a_n = \dfrac{2n - 1}{3^n}$ vérifie les termes de la suite pour $n = 1, 2, 3, 4, \ldots$

**DÉFINITION 6.3**

Une suite est définie par **récurrence** lorsque la valeur du premier terme ou des premiers termes est donnée et que le terme général est défini en fonction du terme précédent ou des termes précédents.

**Exemple 5** Déterminons les cinq premiers termes de la suite $\{a_n\}$ définie par

$$a_1 = 5 \text{ et } a_n = 1 + \dfrac{1}{a_{n-1}}, \text{ si } n \geq 2.$$

Pour trouver $a_2, a_3, a_4, a_5$, il faut utiliser l'égalité $a_n = 1 + \dfrac{1}{a_{n-1}}$, où

$n = 2, 3, 4$ et 5. L'égalité précédente se traduit de la façon suivante :

$$\text{chaque terme} = 1 + \dfrac{1}{\text{terme précédent}}, \text{ pour } n \geq 2. \text{ Ainsi,}$$

6

$$a_2 = 1 + \frac{1}{a_1} = 1 + \frac{1}{5} = \frac{6}{5} \qquad\qquad a_4 = 1 + \frac{1}{a_3} = 1 + \frac{1}{\left(\frac{11}{6}\right)} = \frac{17}{11}$$

$$a_3 = 1 + \frac{1}{a_2} = 1 + \frac{1}{\left(\frac{6}{5}\right)} = \frac{11}{6} \qquad\qquad a_5 = 1 + \frac{1}{a_4} = 1 + \frac{1}{\left(\frac{17}{11}\right)} = \frac{28}{17}$$

d'où les cinq premiers termes de la suite sont : $5, \dfrac{6}{5}, \dfrac{11}{6}, \dfrac{17}{11}, \dfrac{28}{17}$

## Il y a environ 800 ans...

**Leonardo Fibonacci**
**Mathématicien italien**

*L*eonardo **Fibonacci** (vers 1175-vers 1240) introduit la suite qui porte son nom dans son *Liber abaci*, écrit vers 1202. Voici l'énoncé : « Un homme place une paire de lapins dans un enclos fermé. Combien de paires de lapins y aura-t-il au bout d'une année, si l'on suppose que chaque mois, chaque paire de lapins engendre un nouvelle paire de lapins qui, elle-même, pourra se reproduire à partir du second mois ? » Aujourd'hui, les mathématiques traitant la suite de Fibonacci font l'objet de tellement de recherches qu'une revue, *Fibonacci Quarterly*, leur est spécifiquement consacrée.

On apprend dans un article écrit par le Suisse Francis Perret, de Cortaillod, que c'est parce que le père (Bonacio Pisano) était consul en Algérie que le fils (Fibonacci) découvre les richesses des mathématiques arabes, et que c'est surtout dans la conversion des poids et des mesures ainsi que dans les calculs de taux d'intérêts (mal vus pourtant de l'Église à cette époque) que Fibonacci s'est taillé à l'époque sa réputation.

Représentons l'évolution démographique d'une paire de lapins.

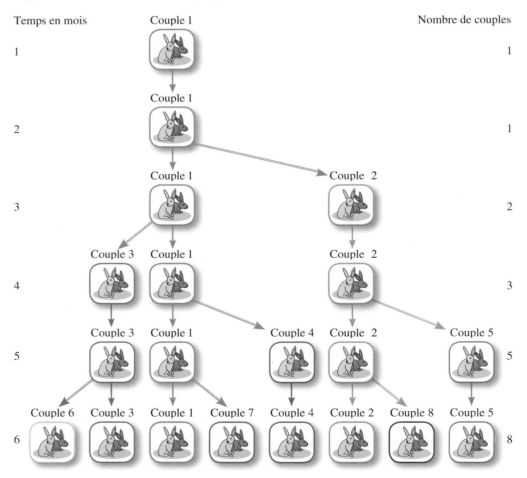

**Exemple 6** Déterminons les premiers termes de la suite de Fibonacci, définie par $a_1 = 1$, $a_2 = 1$ et $a_n = a_{n-2} + a_{n-1}$, si $n \geq 3$.

Puisque, pour $n \geq 3$, chaque terme est la somme des deux termes précédents, nous avons

$a_3 = a_1 + a_2 = 1 + 1 = 2$     (car $a_1 = 1$ et $a_2 = 1$)

$a_4 = a_2 + a_3 = 1 + 2 = 3$     (car $a_2 = 1$ et $a_3 = 2$)

$a_5 = a_3 + a_4 = 2 + 3 = 5$     (car $a_3 = 2$ et $a_4 = 3$)

$\vdots$

$a_n = a_{n-2} + a_{n-1}$

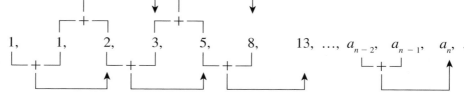

la suite de Fibonacci est $\{1, 1, 2, 3, 5, 8, 13, 21, \ldots\}$.

## ● Représentations graphiques d'une suite

Nous pouvons représenter graphiquement une suite de deux façons différentes :

— 1$^{re}$ façon : dans le plan cartésien, en situant les points $(n, a_n)$, où $n$ appartient au domaine de définition de la suite ;

— 2$^e$ façon : sur la droite réelle, en situant les valeurs $a_1$, $a_2$, $a_3$, ... des termes de la suite $\{a_n\}$.

**Exemple 1** Soit la suite $\left\{\dfrac{1}{n}\right\}$.

a) Représentons graphiquement dans le plan cartésien la suite $\left\{\dfrac{1}{n}\right\}$ ainsi que

la fonction $f(x) = \dfrac{1}{x}$, où $x \geq 1$.

En donnant successivement à $n$ les valeurs 1, 2, 3, ..., nous obtenons les points $(n, a_n)$, c'est-à-dire

$$(1, 1), \left(2, \frac{1}{2}\right), \left(3, \frac{1}{3}\right), \ldots$$

Graphique correspondant

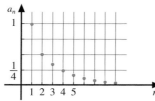

Nous pouvons constater que le graphique de la suite $\left\{\dfrac{1}{n}\right\}$ est un sous-ensemble du graphique de la fonction $f$ définie par $f(x) = \dfrac{1}{x}$

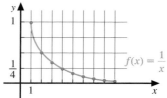

b) Représentons graphiquement sur la droite réelle la suite $\left\{\dfrac{1}{n}\right\}$.

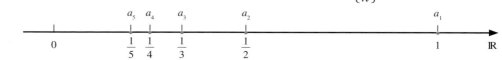

Énonçons maintenant un théorème que nous acceptons sans démonstration.

**THÉORÈME 6.1**

Soit une suite $\{a_n\}$ et une fonction $f$, telles que $a_n = f(n)$ si $n \geq m$, où $m \in \mathbb{N}$.

Si $\lim\limits_{x \to +\infty} f(x) = L$ ($L \in \mathbb{R}$) ou si $\lim\limits_{x \to +\infty} f(x) = -\infty$ ou si $\lim\limits_{x \to +\infty} f(x) = +\infty$,

alors $\lim\limits_{n \to +\infty} a_n = \lim\limits_{x \to +\infty} f(x)$

Le théorème 6.1 signifie que le comportement à l'infini d'une suite $\{a_n\}$ où $a_n = f(n)$ est semblable à celui de la fonction à l'infini lorsque $\lim\limits_{x \to +\infty} f(x)$ existe.

En appliquant le théorème 6.1 à la suite $\left\{\dfrac{1}{n}\right\}$ de l'exemple 1, nous avons $\lim\limits_{n \to +\infty} \dfrac{1}{n} = \lim\limits_{x \to +\infty} \dfrac{1}{x}$.

Puisque $\lim\limits_{x \to +\infty} \dfrac{1}{x} = 0$, alors $\lim\limits_{n \to +\infty} \dfrac{1}{n} = 0$.

Par contre, si $\lim\limits_{n \to +\infty} a_n = L$, nous n'avons pas

nécessairement $\lim\limits_{x \to +\infty} f(x) = L$. Par exemple,

$\lim\limits_{n \to +\infty} \cos(2\pi n) = 1$ et $\lim\limits_{x \to +\infty} \cos(2\pi x)$ n'existe pas.

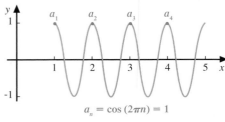

$a_n = \cos(2\pi n) = 1$

$f(x) = \cos(2\pi x)$

## ■ Convergence et divergence d'une suite

**DÉFINITION 6.4**

1) Une suite $\{a_n\}$ **converge** vers le nombre $L$ si $\lim\limits_{n \to +\infty} a_n = L$, où $L \in \mathbb{R}$.
   Dans ce cas, nous disons que la suite est **convergente**.

2) Une suite $\{a_n\}$ **diverge** si $\lim\limits_{n \to +\infty} a_n = +\infty$ ou $\lim\limits_{n \to +\infty} a_n = -\infty$ ou $\lim\limits_{n \to +\infty} a_n$ n'existe pas.
   Dans ce cas, nous disons que la suite est **divergente**.

**Exemple 1**

a) Déterminons si la suite $\left\{\dfrac{1}{n}\right\}$ est convergente ou divergente.

Puisque $\lim\limits_{n \to +\infty} \dfrac{1}{n} = 0$, la suite $\left\{\dfrac{1}{n}\right\}$ converge vers 0.

D'où la suite $\left\{\dfrac{1}{n}\right\}$ est convergente.

b) Déterminons si la suite $\left\{\dfrac{n-1}{n}\right\}$ est convergente ou divergente.

$\lim\limits_{n \to +\infty} \dfrac{n-1}{n}$ est une indétermination de la forme $\dfrac{+\infty}{+\infty}$. Ainsi,

$$\lim_{n \to +\infty} \frac{n-1}{n} = \lim_{n \to +\infty} \frac{n\left(1 - \dfrac{1}{n}\right)}{n}$$

$$= \lim_{n \to +\infty} \left(1 - \frac{1}{n}\right)$$

$$= 1$$

D'où la suite $\left\{\dfrac{n-1}{n}\right\}$ converge vers 1

Nous pouvons également lever l'indétermination précédente comme suit :

$$\lim_{n \to +\infty} a_n = \lim_{x \to +\infty} f(x)$$

$$\lim_{n \to +\infty} \frac{n-1}{n} = \lim_{x \to +\infty} \frac{x-1}{x} \quad \left(\text{théorème 6.1, en posant } f(x) = \frac{x-1}{x}, \text{ ind. } \frac{+\infty}{+\infty}\right)$$

$$\overset{\text{RH}}{=} \lim_{x \to +\infty} \frac{1}{1}$$

$$= 1$$

c) Représentons graphiquement la suite $\left\{\dfrac{n-1}{n}\right\}$.

| Représentation graphique dans le plan cartésien | Représentation graphique sur la droite réelle |
|---|---|

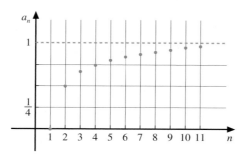

Dans le plan cartésien, on remarque que la droite d'équation $y = 1$ est une asymptote horizontale à la courbe $f(x) = \dfrac{x-1}{x}$ qui passe par l'ensemble des points de la suite $\left\{\dfrac{n-1}{n}\right\}$.

Sur la droite réelle, on remarque que la distance entre le point $x = 1$ et les points de la suite $\left\{\dfrac{n-1}{n}\right\}$ tend vers 0 lorsque $n \to +\infty$.

**Exemple 2** Soit la suite $\left\{\dfrac{2^n}{4n}\right\}$.

a) Trouvons les premiers termes de la suite.

$$\left\{\frac{1}{2}, \frac{1}{2}, \frac{2}{3}, 1, \frac{8}{5}, \frac{8}{3}, \frac{32}{7}, \ldots\right\}$$

b) Déterminons si la suite converge ou si elle diverge.

$\lim\limits_{n \to +\infty} \dfrac{2^n}{4n}$ est une indétermination de la forme $\dfrac{+\infty}{+\infty}$. Ainsi,

6

$$\lim_{n \to +\infty} \frac{2^n}{4n} = \lim_{x \to +\infty} \frac{2^x}{4x} \qquad \left( \text{théorème 6.1, en posant } f(x) = \frac{2^x}{4x}, \text{ ind. } \frac{+\infty}{+\infty} \right)$$

$$\overset{RH}{=} \lim_{x \to +\infty} \frac{2^x \ln 2}{4}$$

$$= +\infty$$

d'où la suite $\left\{ \dfrac{2^n}{4n} \right\}$ diverge.

| Représentation graphique dans le plan cartésien | Représentation graphique sur la droite réelle |
|---|---|

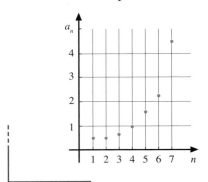

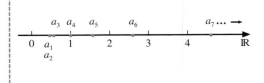

**Exemple 3**  Déterminons si la suite $\{(-1)^n\}$ est convergente ou divergente.

Puisque $\displaystyle\lim_{n \to +\infty} (-1)^n = \begin{cases} 1 & \text{si} & n \text{ est pair} \\ -1 & \text{si} & n \text{ est impair} \end{cases}$

alors $\displaystyle\lim_{n \to +\infty} (-1)^n$ n'existe pas.

Puisque la limite n'existe pas, alors la suite est divergente.

| Représentation graphique dans le plan cartésien | Représentation graphique sur la droite réelle |
|---|---|

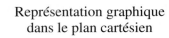

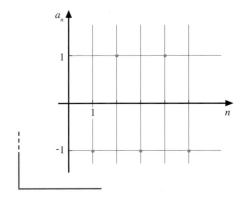

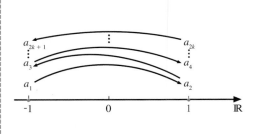

Énonçons maintenant un théorème sur les limites de suites. Ce théorème est analogue au théorème sur les limites de fonctions (théorème 2.3, G. Charron et P. Parent, *Calcul différentiel*, 6ᵉ édition, Montréal, Beauchemin, 2007, p. 49).

**THÉORÈME 6.2**

Soit $\{a_n\}$ et $\{b_n\}$ deux suites.

Si $\lim\limits_{n\to+\infty} a_n = L$ et $\lim\limits_{n\to+\infty} b_n = M$, où $L \in \mathbb{R}$ et $M \in \mathbb{R}$, alors

a) **Limite d'une somme (différence) de suites**

$$\lim_{n\to+\infty} (a_n \pm b_n) = \lim_{n\to+\infty} a_n \pm \lim_{n\to+\infty} b_n = L \pm M$$

b) **Limite du produit d'une suite par une constante**

$$\lim_{n\to+\infty} (k b_n) = k \lim_{n\to+\infty} b_n = kM, \text{ où } k \in \mathbb{R}$$

c) **Limite d'un produit de suites**

$$\lim_{n\to+\infty} (a_n b_n) = \left(\lim_{n\to+\infty} a_n\right)\left(\lim_{n\to+\infty} b_n\right) = LM$$

d) **Limite d'un quotient de suites**

$$\lim_{n\to+\infty} \frac{a_n}{b_n} = \frac{\lim\limits_{n\to+\infty} a_n}{\lim\limits_{n\to+\infty} b_n} = \frac{L}{M}, \text{ si } b_n \neq 0 \text{ pour tout } n \text{ et } M \neq 0$$

**Exemple 4** Soit les suites $\{a_n\}$, $\{b_n\}$ et $\{c_n\}$ telles que $\lim\limits_{n\to+\infty} a_n = 5$, $\lim\limits_{n\to+\infty} b_n = \frac{-4}{7}$ et $\lim\limits_{n\to+\infty} c_n = 0$. Déterminons si les suites suivantes convergent ou si elles divergent.

a) $\{a_n b_n\}$

$$\lim_{n\to+\infty} (a_n b_n) = \left(\lim_{n\to+\infty} a_n\right)\left(\lim_{n\to+\infty} b_n\right) \qquad \text{(théorème 6.2 c))}$$

$$= 5\left(\frac{-4}{7}\right) = \frac{-20}{7}$$

d'où $\{a_n b_n\}$ converge vers $\frac{-20}{7}$

b) $\left\{\dfrac{2a_n + 3c_n}{b_n}\right\}$

$$\lim_{n\to+\infty} \left(\frac{2a_n + 3c_n}{b_n}\right) = 2\frac{\lim\limits_{n\to+\infty} a_n}{\lim\limits_{n\to+\infty} b_n} + 3\frac{\lim\limits_{n\to+\infty} c_n}{\lim\limits_{n\to+\infty} b_n} \qquad \text{(théorème 6.2 a), b) et d))}$$

$$= 2\left(\frac{5}{\frac{-4}{7}}\right) + 3\left(\frac{0}{\frac{-4}{7}}\right) = \frac{-35}{2}$$

d'où $\left\{\dfrac{2a_n + 3c_n}{b_n}\right\}$ converge vers $\frac{-35}{2}$

**THÉORÈME 6.3**

**Théorème sandwich pour les suites**

Soit $\{a_n\}$, $\{b_n\}$ et $\{c_n\}$, des suites telles que $a_n \leq c_n \leq b_n$, pour tout $n \geq m$, où $m \in \mathbb{N}$.

Si $\lim\limits_{n\to+\infty} a_n = L$ et $\lim\limits_{n\to+\infty} b_n = L$, alors $\lim\limits_{n\to+\infty} c_n = L$

6

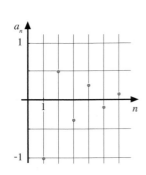

**Exemple 5** Déterminons si la suite $\left\{\dfrac{(-1)^n}{n}\right\}$ converge ou si elle diverge.

Soit les suites $\{a_n\} = \left\{\dfrac{-1}{n}\right\}$ et $\{b_n\} = \left\{\dfrac{1}{n}\right\}$.

Puisque $\qquad \underbrace{\dfrac{-1}{n}}_{a_n} \leq \underbrace{\dfrac{(-1)^n}{n}}_{c_n} \leq \underbrace{\dfrac{1}{n}}_{b_n} \qquad$ et que $\qquad \lim\limits_{n \to +\infty} \dfrac{-1}{n} = 0 \quad$ et $\quad \lim\limits_{n \to +\infty} \dfrac{1}{n} = 0$

alors $\lim\limits_{n \to +\infty} \dfrac{(-1)^n}{n} = 0 \qquad$ (théorème 6.3)

d'où la suite $\left\{\dfrac{(-1)^n}{n}\right\}$ converge vers 0

**Exemple 6** Déterminons si la suite $\left\{\dfrac{3^n}{n!}\right\}$ converge ou si elle diverge.

En développant $\dfrac{3^n}{n!}$, nous obtenons

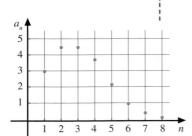

$$\dfrac{3^n}{n!} = \dfrac{3}{n}\left(\dfrac{3}{n-1}\right)\left(\dfrac{3}{n-2}\right)\cdots\left(\dfrac{3}{4}\right)\left(\dfrac{3}{3}\right)\left(\dfrac{3}{2}\right)3$$

$$\leq \dfrac{3}{n}(1)(1)\cdots(1)(1)\left(\dfrac{3}{2}\right)3 \qquad \text{(pour } n \geq 4)$$

$$\leq \dfrac{27}{2n}$$

Puisque, pour $n \geq 4$, $\quad 0 \leq \underbrace{\dfrac{3^n}{n!}}_{\substack{c_n \\ a_n}} \leq \underbrace{\dfrac{27}{2n}}_{b_n} \qquad$ et que $\qquad \lim\limits_{n \to +\infty} 0 = 0 \quad$ et $\quad \lim\limits_{n \to +\infty} \dfrac{27}{2n} = 0$

alors $\lim\limits_{n \to +\infty} \dfrac{3^n}{n!} = 0 \qquad$ (théorème 6.3)

D'où la suite $\left\{\dfrac{3^n}{n!}\right\}$ converge vers 0

## ● Suites bornées et suites monotones

**DÉFINITION 6.5**

La suite $\{a_n\}$, où $n \in \mathbb{N}$, est :

1) **Bornée supérieurement** s'il existe un nombre $M \in \mathbb{R}$, tel que $a_n \leq M$, $\forall\, n \in \mathbb{N}$ ; nous dirons que $M$ est un **majorant**. De plus, nous appelons **borne supérieure**, notée $B$, le plus petit des majorants.

2) **Bornée inférieurement** s'il existe un nombre $m \in \mathbb{R}$, tel que $m \leq a_n$, $\forall\, n \in \mathbb{N}$ ; nous dirons que $m$ est un **minorant**. De plus, nous appelons **borne inférieure**, notée $b$, le plus grand des minorants.

3) **Bornée** si elle est bornée supérieurement et inférieurement.

**Exemple 1**  Soit la suite $\left\{\dfrac{2n+1}{n}\right\}$.

a) Déterminons si la suite est bornée.

En énumérant les termes de cette suite, nous obtenons:

$$\left\{3, \frac{5}{2}, \frac{7}{3}, \frac{9}{4}, \frac{11}{5}, \ldots, \frac{2n+1}{n}, \ldots\right\}$$

Nous avons $2 \leq \dfrac{2n+1}{n} \leq 3$, $\forall\, n \geq 1$, car $\dfrac{2n+1}{n} = 2 + \dfrac{1}{n}$.

Donc, la suite est bornée supérieurement par 3 et par tout nombre supérieur à 3.

**Majorants**

Ainsi, par exemple, $M_1 = 3$, $M_2 = 3{,}5$, $M_3 = 7$ sont des majorants de la suite.

De plus, la suite est bornée inférieurement par 2 et par tout nombre inférieur à 2.

**Minorants**

Ainsi, par exemple, $m_1 = 2$, $m_2 = 1{,}25$, $m_3 = \text{-}10$ sont des minorants de la suite.

D'où la suite est bornée, car elle est bornée supérieurement et inférieurement.

b) Déterminons la borne supérieure $B$ et la borne inférieure $b$.

$a_n > a_{n+1}$

La suite $\left\{\dfrac{2n+1}{n}\right\}$ est décroissante $\forall\, n \in \mathbb{N}$, car $\left(2 + \dfrac{1}{n}\right) > \left(2 + \dfrac{1}{n+1}\right)$

Puisque $a_1 = 3$, $B = 3$, et puisque $\displaystyle\lim_{n \to +\infty}\left(2 + \dfrac{1}{n}\right) = 2$, $b = 2$.

D'où la borne supérieure est 3 et la borne inférieure est 2.

c) Représentons graphiquement la suite, quelques majorants et quelques minorants ainsi que la borne supérieure $B$ et la borne inférieure $b$.

Représentation graphique
dans le plan cartésien

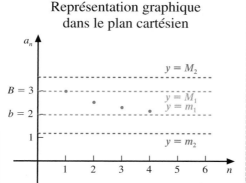

Représentation graphique
sur la droite réelle

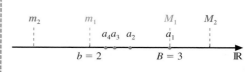

**Exemple 2**

a) Déterminons si la suite $\{n + 1\}$ est bornée.

En énumérant les termes de cette suite, nous obtenons:

$$\{2, 3, 4, 5, \ldots, n + 1, \ldots\}$$

Nous constatons que

$$2 \leq (n + 1), \forall\, n \geq 1$$

Donc, la suite est bornée inférieurement (la borne inférieure $b = 2$), mais elle n'est pas bornée supérieurement, car $\displaystyle\lim_{n \to +\infty}(n + 1) = +\infty$.

D'où la suite est non bornée.

b) Déterminons si la suite $\{(-1)^{n+1}\,n\}$ est bornée.

En énumérant les termes de cette suite, nous obtenons:

$$\{1, -2, 3, -4, 5, \ldots, (-1)^{n+1}\,n, \ldots\}$$

Représentation graphique dans le plan cartésien

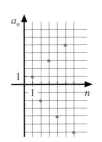

Représentation graphique sur la droite réelle

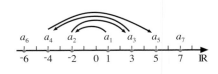

Puisque, pour $n$ pair, $\displaystyle\lim_{n \to +\infty} (-1)^{n+1}\,n = -\infty$ et que,

pour $n$ impair, $\displaystyle\lim_{n \to +\infty} (-1)^{n+1}\,n = +\infty$,

cette suite n'est bornée ni supérieurement ni inférieurement, d'où la suite est non bornée.

Nous acceptons les théorèmes qui suivent sans démonstration.

**THÉORÈME 6.4**

Soit une suite $\{a_n\}$.

1) Si la suite $\{a_n\}$ converge, alors la suite est bornée.

2) Si la suite $\{a_n\}$ est non bornée, alors la suite diverge.

**Remarque** Les parties 1) et 2) du théorème 6.4 sont équivalentes.

**DÉFINITION 6.6**

Une suite $\{a_n\}$, où $n \in \mathbb{N}$, est

1) croissante si $a_n \leq a_{n+1}$, $\forall\, n \in \mathbb{N}$;

2) décroissante si $a_n \geq a_{n+1}$, $\forall\, n \in \mathbb{N}$;

3) monotone si elle est croissante ou décroissante.

**Exemple 3** Déterminons si la suite $\left\{\dfrac{1}{n^2}\right\}$ est croissante ou décroissante.

Puisque $\qquad a_n = \dfrac{1}{n^2}$, nous avons $a_{n+1} = \dfrac{1}{(n+1)^2}$

Ainsi $\qquad \dfrac{1}{n^2} > \dfrac{1}{(n+1)^2}$ $\qquad$ (car $n^2 < (n+1)^2$, $\forall\, n \in \mathbb{N}$)

d'où la suite $\left\{\dfrac{1}{n^2}\right\}$ est décroissante.

Dans certains cas, il est possible d'utiliser la dérivée de la fonction $f(x)$, où $x \in [1, +\infty$, pour déterminer la croissance ou la décroissance de la suite $\{a_n\}$, où $a_n = f(n)$.

Ainsi, dans l'exemple précédent, $f(x) = \dfrac{1}{x^2}$ et $f'(x) = \dfrac{-2}{x^3} < 0$, $\forall\, x \in [1, +\infty$.

La fonction étant décroissante, nous déduisons que la suite est décroissante.

Si la suite $\{a_n\}$ est monotone et bornée, alors la suite $\{a_n\}$ converge.

En particulier :

  1) si la suite $\{a_n\}$ est croissante et bornée supérieurement, alors la suite converge vers la borne supérieure $B$ ;

  2) si la suite $\{a_n\}$ est décroissante et bornée inférieurement, alors la suite converge vers la borne inférieure $b$.

**Exemple 4**

a) Déterminons, sans évaluer la limite, si la suite $\left\{\dfrac{3n}{4n+1}\right\}$ est convergente ou divergente.

Cette suite est croissante, car en considérant la fonction

$$f(x) = \frac{3x}{4x+1}, \text{ nous trouvons } f'(x) = \frac{3}{(4x+1)^2} > 0, \forall\, x \in [1, +\infty$$

Cette suite est bornée supérieurement, car $\dfrac{3n}{4n+1} \le \dfrac{4n}{4n+1} \le \dfrac{4n}{4n} = 1$

Donc, cette suite est convergente.

**Remarque** La valeur 1 trouvée est un majorant et non nécessairement la borne supérieure.

b) Déterminons la borne supérieure $B$.

$$B = \lim_{n \to +\infty}\left(\frac{3n}{4n+1}\right) = \lim_{n \to +\infty} \frac{n(3)}{n\left(4 + \dfrac{1}{n}\right)} = \lim_{n \to +\infty} \frac{3}{4 + \dfrac{1}{n}} = \frac{3}{4}$$

# Exercices 6.1

**1.** Énumérer les cinq premiers termes des suites suivantes.

a) $\{2n - 1\}_{n \ge 5}$

b) $\{2^n - 1\}$

c) $\left\{\dfrac{(-1)^n}{n}\right\}$

d) $\left\{\dfrac{n+1}{3^n}\right\}_{n \ge 3}$

e) $\{5\}$

f) $\left\{\dfrac{(-1)^{n+1}}{n!}\right\}$

g) $\{\sin n\pi\}$

h) $\left\{\dfrac{(-2)^n + 8}{5 - n^2}\right\}$

**2.** Énumérer les cinq premiers termes des suites suivantes.

a) $a_1 = 5$ et $a_{n+1} = \dfrac{1}{a_n}$ pour $n \ge 1$

b) $a_1 = 1$ et $a_n = 2a_{n-1} + 5$ pour $n \ge 2$

c) $a_1 = 2, a_2 = 3$ et $a_{n+2} = 2a_n + a_{n+1}$ pour $n \ge 1$

d) $a_1 = 1, a_2 = 3$ et $a_{n+2} = a_n \cdot a_{n+1}$ pour $n \ge 1$

**3.** Déterminer le terme général $a_n$ de la suite $\{a_n\}$ dont les cinq premiers termes sont les suivants.

a) $\{1, 4, 9, 16, 25, \ldots\}$

b) $\{0, 7, 26, 63, 124, \ldots\}$

c) $\{4, 4, 4, 4, 4, \ldots\}$

d) $\{4, -4, 4, -4, 4, \ldots\}$

e) $\{1, 3, 5, 7, 9, \ldots\}$

f) $\left\{\dfrac{1}{4}, \dfrac{1}{6}, \dfrac{1}{8}, \dfrac{1}{10}, \dfrac{1}{12}, \ldots\right\}$

g) $\left\{1, \dfrac{-1}{3}, \dfrac{1}{9}, \dfrac{-1}{27}, \dfrac{1}{81}, \ldots\right\}$

h) $\left\{2, \dfrac{5}{2}, \dfrac{8}{3}, \dfrac{11}{4}, \dfrac{14}{5}, \ldots\right\}$

i) $\{1, 2, 6, 24, 120, \ldots\}$

j) $\left\{\dfrac{1}{2}, \dfrac{1}{3}, \dfrac{1}{7}, \dfrac{1}{25}, \dfrac{1}{121}, \ldots\right\}$

k) $\left\{-2, \dfrac{3}{4}, \dfrac{8}{9}, \dfrac{13}{16}, \dfrac{18}{25}, \ldots\right\}$

l) $\left\{\dfrac{-2}{3}, \dfrac{4}{5}, \dfrac{-6}{7}, \dfrac{8}{9}, \dfrac{-10}{11}, \ldots\right\}$

**6**

**4.** Représenter graphiquement les suites suivantes.

a) $\left\{\dfrac{1}{\sqrt{n}}\right\}$

b) $\left\{2 + \dfrac{(-1)^n}{n}\right\}$

c) $\{(-1)^{n+1}\, 2^n\}$

d) $a_1 = 1,\ a_2 = 1$ et $a_{n+2} = a_n + a_{n+1}$ pour $n \geq 1$

**5.** Calculer $\lim\limits_{n \to +\infty} a_n$ des suites suivantes et déterminer si elles divergent (D) ou convergent (C).

a) $\left\{\dfrac{1}{\sqrt{n}}\right\}$

b) $\left\{5 - \dfrac{(-1)^n}{\sqrt{n}}\right\}$

c) $\left\{\dfrac{3n^2 - 2n + 1}{4 - 5n^2}\right\}$

d) $\left\{\dfrac{(-1)^n\, n^2}{n^2 + 1}\right\}$

e) $\left\{\dfrac{5n^3}{n^2 + 1}\right\}$

f) $\{\sin n\}$

g) $\left\{\sin \dfrac{1}{n}\right\}$

h) $\{n e^{-n}\}$

i) $\left\{e^{\frac{1}{n}}\right\}$

j) $\{n \ln n\}$

k) $\left\{\dfrac{n-1}{n!}\right\}$

l) $\left\{\dfrac{n! - 1}{n!}\right\}$

m) $\{\cos n\pi\}$

n) $\left\{\cos \dfrac{\pi}{n}\right\}$

o) $\{1,\ 2,\ 3,\ 1,\ 2,\ 3,\ \ldots\}$

p) $\left\{\sqrt{n^2 + 7n} - n\right\}$

**6.** a) Évaluer, si c'est possible

i) $\lim\limits_{n \to +\infty} \sin(n\pi)$, où $n \in \mathbb{N}$;

ii) $\lim\limits_{x \to +\infty} \sin(\pi x)$.

b) Répondre par vrai ou par faux en justifiant votre réponse.
Le comportement à l'infini de la suite $\{a_n\}$, où $a_n = f(n)$, est toujours semblable au comportement à l'infini de la fonction $f(x)$.

**7.** a) Évaluer $\lim\limits_{n \to +\infty} r^n$ selon les différentes valeurs de $r$.

b) Évaluer les limites suivantes:

$$\lim\limits_{n \to +\infty} \left(\dfrac{9}{10}\right)^n;\quad \lim\limits_{n \to +\infty} \dfrac{5^n}{4^n};\quad \lim\limits_{n \to +\infty} \left(5 - \left(\dfrac{-4}{3}\right)^n\right)$$

**8.** Trouver le terme général $a_n$ des suites suivantes et déterminer, en évaluant la limite, si ces suites convergent ou divergent.

a) $\left\{\dfrac{1}{3},\ \dfrac{8}{9},\ 1,\ \dfrac{64}{81},\ \dfrac{125}{243},\ \ldots\right\}$

b) $\left\{\dfrac{3}{2},\ \dfrac{5}{4},\ \dfrac{9}{8},\ \dfrac{17}{16},\ \dfrac{33}{32},\ \ldots\right\}$

c) $\left\{1,\ \dfrac{3}{2},\ \dfrac{7}{3},\ \dfrac{15}{4},\ \dfrac{31}{5},\ \ldots\right\}$

d) $\left\{\dfrac{1}{3},\ \dfrac{-1}{2},\ \dfrac{3}{5},\ \dfrac{-2}{3},\ \dfrac{5}{7},\ \ldots\right\}$

e) $a_1 = 1$ et $a_n = \left(\dfrac{-1}{3}\right) a_{n-1}$ pour $n \geq 2$

f) $a_1 = 1$ et $a_{n+1} = n a_n$ pour $n \geq 1$

**9.** Évaluer $\lim\limits_{n \to +\infty} \dfrac{\sin n}{n}$ en utilisant le théorème sandwich.

**10.** Déterminer si les suites suivantes sont bornées, bornées supérieurement ou bornées inférieurement; dans chaque cas, trouver la borne inférieure $b$ et (ou) la borne supérieure $B$.

a) $\left\{1 + \dfrac{3}{n}\right\}$

b) $\left\{\dfrac{n^2 + 1}{n}\right\}_{n \geq 3}$

c) $\{(-1)^n\, n^2\}$

d) $\{3 - n\}_{n \geq 5}$

e) $\left\{e^{\frac{1}{n}}\right\}$

f) $\{\cos n\pi\}$

**11.** Déterminer si les suites suivantes sont croissantes; décroissantes; ni croissantes ni décroissantes; monotones.

a) $\left\{\dfrac{-1}{n+1}\right\}$

b) $\left\{\dfrac{(-1)^n}{n}\right\}$

c) $\left\{\dfrac{n+1}{n}\right\}$

d) $\{(2n - 9)^2\}_{n \geq 4}$

e) $\{\sin n\pi\}$

f) $\left\{\dfrac{2^n}{n!}\right\}$

**12.** Répondre par vrai (V) ou par faux (F) et donner un contre-exemple lorsque c'est faux.

a) Toute suite bornée converge.

b) Toute suite convergente est bornée.

c) Toute suite croissante est bornée.

d) Toute suite croissante est bornée inférieurement.

e) Toute suite décroissante bornée converge.

f) Toute suite non bornée est divergente.

**13.** Déterminer $a_1$ pour que la suite $\{a_n\}$, définie par la relation de récurrence $5a_{n+1} = 3a_n + 7$, où $n \geq 1$, soit constante.

**14.** Soit une culture de bactéries contenant initialement 500 bactéries. Chaque bactérie produit deux bactéries à l'heure. Si aucune bactérie ne meurt et que toutes produisent pendant 12 heures,

a) déterminer la fonction donnant le nombre de bactéries présentes en fonction du temps.

b) Après combien de temps le nombre de bactéries sera-t-il égal à 29 524 500?

**15.** Pour chacune des suites suivantes, déterminer $a_{n+1}$ et calculer $\dfrac{a_{n+1}}{a_n}$.

a) $\{3n - 2\}$

b) $\left\{\dfrac{3}{n!}\right\}$

c) $\left\{\dfrac{n-1}{4^n}\right\}$

d) $\left\{\dfrac{(-3)^{n+2}}{(2n)!}\right\}$

## Objectifs d'apprentissage

À la fin de cette section, l'élève pourra donner la définition d'une série et déterminer la convergence de certaines séries. Plus précisément, l'élève sera en mesure :

- de donner les définitions de somme partielle, de série convergente et de série divergente ;
- de déterminer la convergence ou la divergence d'une série en utilisant les sommes partielles ;
- de démontrer et d'appliquer quelques théorèmes sur les séries ;
- de reconnaître la série harmonique et de démontrer qu'elle diverge ;
- de reconnaître une série arithmétique et de calculer des sommes partielles ;
- de reconnaître une série géométrique, de déterminer si elle converge ou diverge et de calculer sa somme dans certains cas.

> **Série harmonique**
>
> $$1 + \frac{1}{2} + \frac{1}{3} + \frac{1}{4} + \ldots + \frac{1}{n} + \ldots$$
>
> **Série géométrique**
>
> $$a + ar + ar^2 + \ldots + ar^{n-1} + \ldots$$

Certains problèmes mathématiques exigent de faire la somme d'un nombre infini de termes.

Par exemple, au chapitre 2, nous avons évalué l'aire de régions fermées en calculant une somme infinie d'aires de rectangles, à l'aide de la limite.

Dans cette section, nous allons étudier des séries, une série étant une somme infinie des termes d'une suite. Une série est notée

$$\sum_{i=1}^{+\infty} a_i = a_1 + a_2 + a_3 + \ldots + a_n + \ldots$$

Cette somme d'un nombre infini de termes peut être soit finie, soit infinie, ou peut ne pas être définie.

Il ne faut pas confondre suite et série.

Une suite est une énumération de termes, par exemple

$$\text{la suite } \{2^n\} = \{2, 2^2, 2^3, 2^4, \ldots, 2^n, \ldots\}$$

tandis qu'une série est une somme de ces termes, par exemple

$$\text{la série } \sum_{n=1}^{+\infty} 2^n = 2 + 2^2 + 2^3 + 2^4 + \ldots + 2^n + \ldots$$

## ■ Convergence et divergence d'une série

**DÉFINITION 6.7**

Soit une suite $\{a_n\}$. La somme infinie $\sum_{i=1}^{+\infty} a_i = a_1 + a_2 + a_3 + \ldots + a_n + \ldots$

est appelée **série infinie** (ou **série**).

Dans la définition précédente, chaque $a_i$ est appelé terme de la série.

Avant de donner une définition théorique de la convergence et de la divergence d'une série, nous présenterons trois séries où, d'une façon intuitive, nous pouvons déterminer le résultat de la somme d'un nombre infini de termes. Nous déterminerons par la suite de façon formelle la convergence ou la divergence de ces mêmes séries.

**6**

Voir exemple 4

**Exemple 1** Évaluons $\displaystyle\sum_{i=1}^{+\infty} i$.

En énumérant les termes de cette somme, nous trouvons

$$\sum_{i=1}^{+\infty} i = 1 + 2 + 3 + 4 + 5 + \ldots + n + \ldots$$

Nous pouvons constater qu'en additionnant les termes du membre de droite nous obtenons $+\infty$, ainsi $\displaystyle\sum_{i=1}^{\infty} i = +\infty$.

*Puisque la somme des termes est infinie, nous dirons que la série est divergente.*

Voir exemple 5

**Exemple 2** Évaluons $\displaystyle\sum_{i=1}^{+\infty} \dfrac{1}{2^i}$.

En énumérant les termes de cette somme, nous trouvons

$$\sum_{i=1}^{+\infty} \dfrac{1}{2^i} = \dfrac{1}{2} + \dfrac{1}{4} + \dfrac{1}{8} + \dfrac{1}{16} + \ldots + \dfrac{1}{2^n} + \ldots$$

Nous pouvons considérer la somme des termes du membre de droite comme équivalente à l'aire d'un carré de côté de longueur 1, subdivisé comme dans la représentation ci-contre.

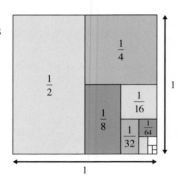

Puisque l'aire du carré est égale à 1 u², alors $\displaystyle\sum_{i=1}^{+\infty} \dfrac{1}{2^i} = 1$.

*Puisque la somme des termes est finie, nous dirons que la série est convergente.*

Voir exemple 6

**Exemple 3** Évaluons $\displaystyle\sum_{i=1}^{+\infty} (\text{-}1)^i$.

En énumérant les termes de cette somme, nous trouvons

$$\sum_{i=1}^{+\infty} (\text{-}1)^i = \text{-}1 + 1 - 1 + 1 - 1 + \ldots$$

Nous pouvons constater qu'en additionnant les termes du membre de droite nous obtenons -1 lorsque le nombre de termes additionnés est impair, et 0 lorsque ce nombre de termes est pair. Dans ce cas, la somme n'est pas définie.

Ainsi, $\displaystyle\sum_{i=1}^{+\infty} (\text{-}1)^i$ n'est pas définie.

*Puisque la somme des termes n'est pas définie, nous dirons que la série est divergente.*

De façon générale, nous aurons à faire une étude plus approfondie afin de déterminer la convergence ou la divergence d'une série infinie.

---

**DÉFINITION 6.8** Soit la série $\displaystyle\sum_{i=1}^{+\infty} a_i = a_1 + a_2 + a_3 + \ldots + a_n + \ldots$

1) La somme $S_n$ des $n$ premiers termes d'une série est appelée **somme partielle** et est définie comme suit :

$$S_n = a_1 + a_2 + a_3 + \ldots + a_{n-1} + a_n, \text{ c'est-à-dire } S_n = \sum_{i=1}^{n} a_i$$

2) La somme $S$, si elle existe, de la série est définie comme suit :

$$S = \lim_{n \to +\infty} S_n, \text{ c'est-à dire } \sum_{i=1}^{+\infty} a_i = \lim_{n \to +\infty} \sum_{i=1}^{n} a_i$$

De la définition précédente, nous avons

$$S_1 = a_1$$
$$S_2 = a_1 + a_2 \qquad (S_2 = S_1 + a_2)$$
$$S_3 = a_1 + a_2 + a_3 \qquad (S_3 = S_2 + a_2)$$
$$\vdots$$
$$S_{n-1} = a_1 + a_2 + a_3 + \ldots + a_{n-2} + a_{n-1}$$
$$S_n = \underbrace{a_1 + a_2 + a_3 + \ldots + a_{n-2} + a_{n-1}}_{S_{n-1}} + a_n$$

Puisque
$$S_n = S_{n-1} + a_n$$

nous avons
$$a_n = S_n - S_{n-1}$$

Cette dernière égalité peut être utilisée pour déterminer les termes $a_i$ d'une série dont nous connaissons $S_n$.

---

**DÉFINITION 6.9**

1) La série $\displaystyle\sum_{i=1}^{+\infty} a_i$ **converge** si $\displaystyle\lim_{n \to +\infty} \sum_{i=1}^{n} a_i = S$, où $S \in \mathbb{R}$,

c'est-à-dire si $\displaystyle\lim_{n \to +\infty} S_n = S$.

Dans ce cas, nous disons que la série est **convergente**.

2) La série $\displaystyle\sum_{i=1}^{+\infty} a_i$ **diverge** si $\displaystyle\lim_{n \to +\infty} \sum_{i=1}^{n} a_i = \pm\infty$ ou si cette limite n'existe pas,

c'est-à-dire si $\displaystyle\lim_{n \to +\infty} S_n = \pm\infty$ ou si cette limite n'existe pas.

Dans ce cas, nous disons que la série est **divergente**.

---

Dans la définition précédente, le nombre réel $S$ est appelé somme de la série.

Ainsi, si $\displaystyle\lim_{n \to +\infty} S_n = S$, alors $\displaystyle\sum_{i=1}^{+\infty} a_i = S$ } série convergente

si $\displaystyle\lim_{n \to +\infty} S_n = +\infty$, alors $\displaystyle\sum_{i=1}^{+\infty} a_i = +\infty$,

si $\displaystyle\lim_{n \to +\infty} S_n = -\infty$, alors $\displaystyle\sum_{i=1}^{+\infty} a_i = -\infty$ et } série divergente

si $\displaystyle\lim_{n \to +\infty} S_n$ n'existe pas, alors $\displaystyle\sum_{i=1}^{+\infty} a_i$ n'est pas définie.

Déterminons maintenant de façon formelle, à l'aide des définitions précédentes, la convergence ou la divergence des séries des exemples 1, 2 et 3 précédents.

**Exemple 4** Démontrons, en utilisant la définition 6.9, que $\displaystyle\sum_{i=1}^{+\infty} i$ diverge.

Puisque $\displaystyle\sum_{i=1}^{+\infty} i = 1 + 2 + 3 + \ldots + n + \ldots$, alors

6.2 Séries infinies 325

$$S_1 = 1$$

$$S_2 = 1 + 2 = 3$$

$$S_3 = 1 + 2 + 3 = 6$$

$$\vdots$$

Formule 1, chapitre 3

$$S_n = 1 + 2 + 3 + \ldots + n = \frac{n(n+1)}{2}$$

$$\sum_{i=1}^{+\infty} i = \lim_{n \to +\infty} \sum_{i=1}^{n} i \qquad \text{(définition 6.9)}$$

$$= \lim_{n \to +\infty} S_n$$

$$= \lim_{n \to +\infty} \frac{n(n+1)}{2} \qquad \left(S_n = \frac{n(n+1)}{2}\right)$$

$$= +\infty$$

d'où $\displaystyle\sum_{i=1}^{+\infty} i$ diverge, car $\displaystyle\sum_{i=1}^{+\infty} i = +\infty$

Voir exemple 2

**Exemple 5**  Démontrons, en utilisant la définition 6.9, que $\displaystyle\sum_{i=1}^{+\infty} \frac{1}{2^i}$ converge.

Puisque $\displaystyle\sum_{i=1}^{+\infty} \frac{1}{2^i} = \frac{1}{2} + \frac{1}{4} + \frac{1}{8} + \ldots + \frac{1}{2^n} + \ldots$, alors

$$S_1 = \frac{1}{2}$$

$$S_2 = \frac{1}{2} + \frac{1}{4} = \frac{3}{4}$$

$$S_3 = \frac{1}{2} + \frac{1}{4} + \frac{1}{8} = \frac{7}{8}$$

$$S_4 = \frac{1}{2} + \frac{1}{4} + \frac{1}{8} + \frac{1}{16} = \frac{15}{16}$$

$$\vdots$$

$$S_n = \frac{1}{2} + \frac{1}{4} + \frac{1}{8} + \frac{1}{16} + \ldots + \frac{1}{2^n} = \frac{2^n - 1}{2^n}$$

$$\sum_{i=1}^{+\infty} \frac{1}{2^i} = \lim_{n \to +\infty} \sum_{i=1}^{n} \frac{1}{2^i}$$

$$= \lim_{n \to +\infty} S_n$$

$$= \lim_{n \to +\infty} \frac{2^n - 1}{2^n} \qquad \left(S_n = \frac{2^n - 1}{2^n}\right)$$

$$= \lim_{x \to +\infty} \frac{2^x - 1}{2^x} \qquad \left(\text{théorème 6.1, ind. } \frac{+\infty}{+\infty}\right)$$

$$\overset{\text{RH}}{=} \lim_{n \to +\infty} \frac{2^x \ln 2}{2^x \ln 2}$$

$$= 1$$

Donc $\displaystyle\sum_{i=1}^{+\infty} \frac{1}{2^i} = 1$, d'où la série converge.

Voir exemple 3

**Exemple 6**  Démontrons, en utilisant la définition 6.9, que $\displaystyle\sum_{i=1}^{+\infty} (-1)^i$ est divergente.

Puisque $\displaystyle\sum_{i=1}^{+\infty} (-1)^i = -1 + 1 - 1 + \ldots + (-1)^n + \ldots$, alors

$$S_1 = -1$$

$$S_2 = -1 + 1 = 0$$

$$S_3 = -1 + 1 - 1 = -1$$

$$S_4 = -1 + 1 - 1 + 1 = 0$$

$$\vdots$$

$$S_n = \begin{cases} -1 & \text{si } n \text{ est impair,} \\ 0 & \text{si } n \text{ est pair.} \end{cases}$$

$$\sum_{i=1}^{+\infty} (-1)^i = \lim_{n \to +\infty} \sum_{i=1}^{n} (-1)^i$$

$$= \lim_{n \to +\infty} S_n$$

Or cette limite n'existe pas,

car $S_n = \begin{cases} -1 & \text{si } n \text{ est impair,} \\ 0 & \text{si } n \text{ est pair.} \end{cases}$

Donc $\displaystyle\sum_{i=1}^{+\infty} (-1)^i$ n'est pas définie, d'où la série diverge.

Énonçons maintenant quelques théorèmes sur la convergence de séries.

**THÉORÈME 6.6**  Si $\sum_{i=1}^{+\infty} a_i$ et $\sum_{i=1}^{+\infty} b_i$ convergent, alors $\sum_{i=1}^{+\infty} (a_i \pm b_i)$ converge également et

$$\sum_{i=1}^{+\infty} (a_i \pm b_i) = \sum_{i=1}^{+\infty} a_i \pm \sum_{i=1}^{+\infty} b_i$$

**PREUVE**  Soit $\sum_{i=1}^{+\infty} a_i = S$ et $\sum_{i=1}^{+\infty} b_i = T$.

$$\sum_{i=1}^{+\infty} (a_i \pm b_i) = \lim_{n \to +\infty} \sum_{i=1}^{n} (a_i \pm b_i)$$

$$= \lim_{n \to +\infty} \left( \sum_{i=1}^{n} a_i \pm \sum_{i=1}^{n} b_i \right) \qquad \text{(théorème 3.1)}$$

$$= \lim_{n \to +\infty} (S_n \pm T_n) \qquad \left( \text{car } S_n = \sum_{i=1}^{n} a_i \text{ et } T_n = \sum_{i=1}^{n} b_i \right)$$

$$= \lim_{n \to +\infty} S_n \pm \lim_{n \to +\infty} T_n$$

$$= S \pm T$$

$$= \sum_{i=1}^{+\infty} a_i \pm \sum_{i=1}^{+\infty} b_i$$

**THÉORÈME 6.7**  Si $\sum_{i=1}^{+\infty} a_i$ converge, alors $\sum_{i=1}^{+\infty} ca_i$ converge également, $\forall\, c \in \mathbb{R}$ et

$$\sum_{i=1}^{+\infty} ca_i = c \sum_{i=1}^{+\infty} a_i$$

La démonstration est laissée à l'élève.

**THÉORÈME 6.8**  Si $\sum_{i=1}^{+\infty} a_i$ diverge, alors $\sum_{i=1}^{+\infty} ca_i$ diverge également, $\forall\, c \in \mathbb{R}$ et $c \neq 0$. De plus,

si $\sum_{i=1}^{+\infty} a_i = \pm\infty$, alors $\sum_{i=1}^{+\infty} ca_i = \pm\infty$ (si $c > 0$) et $\sum_{i=1}^{+\infty} ca_i = \mp\infty$ si (si $c < 0$).

La démonstration est laissée à l'élève.

**THÉORÈME 6.9**  Si nous ajoutons ou retranchons un nombre fini de termes à une série $\sum_{i=1}^{+\infty} a_i$,

alors la série obtenue converge si $\sum_{i=1}^{+\infty} a_i$ converge et elle diverge si $\sum_{i=1}^{+\infty} a_i$ diverge.

La démonstration est laissée à l'élève.

## ■ Série harmonique

**DÉFINITION 6.10**    La série $\displaystyle\sum_{i=1}^{+\infty} \frac{1}{i} = 1 + \frac{1}{2} + \frac{1}{3} + \frac{1}{4} + \ldots + \frac{1}{n} + \ldots$ est appelée **série harmonique**.

**THÉORÈME 6.10**    La série harmonique $\displaystyle\sum_{i=1}^{+\infty} \frac{1}{i}$ est divergente et $\displaystyle\sum_{i=1}^{+\infty} \frac{1}{i} = +\infty$

**PREUVE**    Démontrons que la suite des sommes partielles est divergente à l'aide de la somme des $2^n$ premiers termes de la série harmonique.

Dès le XIV$^e$ siècle, Nicole Oresme montre la divergence de la série harmonique en utilisant des groupements de termes.

$$S_{2^n} = 1 + \frac{1}{2} + \frac{1}{3} + \frac{1}{4} + \frac{1}{5} + \frac{1}{6} + \ldots + \frac{1}{2^n}$$

$$S_{2^n} = 1 + \frac{1}{2} + \left(\frac{1}{3} + \frac{1}{4}\right) + \left(\frac{1}{5} + \frac{1}{6} + \frac{1}{7} + \frac{1}{8}\right) + \left(\frac{1}{9} + \ldots + \frac{1}{16}\right) + \ldots + \left(\frac{1}{2^{n-1}+1} + \ldots + \frac{1}{2^n}\right)$$

$$S_{2^n} \geq 1 + \frac{1}{2} + \underbrace{\left(\frac{1}{4} + \frac{1}{4}\right)}_{} + \underbrace{\left(\frac{1}{8} + \frac{1}{8} + \frac{1}{8} + \frac{1}{8}\right)}_{} + \underbrace{\left(\frac{1}{16} + \ldots + \frac{1}{16}\right)}_{} + \ldots + \underbrace{\left(\frac{1}{2^n} + \ldots + \frac{1}{2^n}\right)}_{}$$

$$S_{2^n} \geq 1 + \underbrace{\frac{1}{2} + \quad \frac{1}{2} \quad + \quad\quad \frac{1}{2} \quad\quad + \quad\quad \frac{1}{2} \quad\quad + \ldots + \quad\quad \frac{1}{2}}_{n \text{ termes}}$$

$$S_{2^n} \geq 1 + n\left(\frac{1}{2}\right)$$

Ainsi $\displaystyle\sum_{i=1}^{+\infty} \frac{1}{i} = \lim_{n \to +\infty} \sum_{i=1}^{2^n} \frac{1}{i}$    (définition 6.8)

$$= \lim_{n \to +\infty} S_{2^n}$$

$$\geq \lim_{n \to +\infty} \left(1 + n\left(\frac{1}{2}\right)\right) \quad \left(\text{car } S_{2^n} \geq 1 + n\left(\frac{1}{2}\right)\right)$$

$$= +\infty$$

d'où $\displaystyle\sum_{i=1}^{+\infty} \frac{1}{i} = +\infty$ et la série harmonique $\displaystyle\sum_{i=1}^{+\infty} \frac{1}{i}$ est divergente.

**Exemple 1**    Démontrons que

a) $\displaystyle\sum_{i=1}^{+\infty} \frac{2}{i}$ diverge.

$$\sum_{i=1}^{+\infty} \frac{2}{i} = \sum_{i=1}^{+\infty} 2\left(\frac{1}{i}\right)$$

$$= 2 \sum_{i=1}^{+\infty} \frac{1}{i} \quad \text{(théorème 6.8)}$$

$$= +\infty \quad \text{(théorème 6.10)}$$

d'où $\displaystyle\sum_{i=1}^{+\infty} \frac{2}{i}$ diverge.

b) $\displaystyle\sum_{n=100}^{+\infty} \frac{-1}{5n}$ diverge.

$$\sum_{n=100}^{+\infty} \frac{-1}{5n} = \sum_{n=100}^{+\infty} \left(\frac{-1}{5}\right)\frac{1}{n}$$

$$= \frac{-1}{5} \sum_{n=100}^{+\infty} \frac{1}{n} \quad \text{(théorème 6.8)}$$

$$= -\infty \quad \text{(théorèmes 6.9 et 6.10)}$$

d'où $\displaystyle\sum_{n=100}^{+\infty} \frac{-1}{5n}$ diverge.

## ■ Série arithmétique

Une série de la forme

$$\sum_{i=1}^{+\infty} (a + (i-1)d) = a + (a+d) + (a+2d) + \ldots + (a + (n-1)d) + \ldots$$

est appelée **série arithmétique** de premier terme $a$ et de **raison** $d$, où $a \in \mathbb{R}$ et $d \in \mathbb{R}$.

Dans une série arithmétique de premier terme $a$, chacun des autres termes de la série est obtenu en additionnant au terme précédent la raison $d$. Ainsi, une série arithmétique est entièrement définie par son premier terme et sa raison.

**Exemple 1** La série $-5 - 3 - 1 + 1 + 3 + 5 + \ldots$ est une série arithmétique de premier terme $a = -5$ et de raison $d = 2$, car

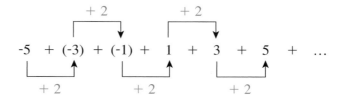

Cette série peut s'écrire sous la forme $\sum_{i=1}^{+\infty} (-5 + (i-1)2)$.

**Exemple 2** Soit la série arithmétique de premier terme $a = 197$ et de raison $d = -3$.

a) Déterminons les premiers termes et le terme général $a_n$ de cette série.

$$a_1 = 197$$

$$a_2 = 197 + (-3) = 194$$

$$a_3 = 197 + 2(-3) = 191$$

$$\vdots$$

$$a_n = 197 + (n-1)(-3)$$

Cette série arithmétique peut s'écrire sous la forme

$$\sum_{i=1}^{+\infty} (197 + (i-1)(-3)) = 197 + 194 + 191 + 188 + \ldots + (197 + (n-1)(-3)) + \ldots$$

b) Déterminons le 51$^e$ terme $a_{51}$ et le 127$^e$ terme $a_{127}$ de la série.

$a_n = 197 + (n-1)(-3)$

$$a_{51} = 197 + (51-1)(-3) \qquad \text{d'où } a_{51} = 47$$

$$a_{127} = 197 + (127-1)(-3) \qquad \text{d'où } a_{127} = -181$$

| THÉORÈME 6.11 | Soit la série arithmétique $\sum\limits_{i=1}^{+\infty} (a + (i - 1)d)$. |
|---|---|
| **Série arithmétique** | 1) La somme partielle $S_n$ des $n$ premiers termes de la série est donnée par : $$S_n = \frac{n}{2}(2a + (n - 1)d)$$ 2) La série diverge pour tout $d \in \mathbb{R}$ (sauf si $a = 0$ et $d = 0$). |

**PREUVE**

1) $S_n = a + (a + d) + (a + 2d) + \ldots + a + (n - 1)d$     (définition 6.8)

$$= \underbrace{(a + a + \ldots + a)}_{n \text{ termes}} + d + 2d + \ldots + (n - 1)d$$

$$= na + d(1 + 2 + 3 \ldots + (n - 1))$$

$$= na + d\left(\frac{n(n - 1)}{2}\right) \quad \text{(formule 1, chapitre 3)}$$

d'où $S_n = \dfrac{n}{2}(2a + (n - 1)d)$

2) La démonstration est laissée à l'élève.

**Exemple 3**   Soit la série arithmétique $329 + (329 + d) + (329 + 2d) + \ldots$

a) Évaluons la somme partielle $S_n$, où $S_n = 329 + 316 + 303 + \ldots + (\text{-}113)$.
Déterminons d'abord la raison $d$.

$$d = 316 - 329 = \text{-}13$$

Déterminons ensuite le nombre $n$ de termes de la somme à calculer.

Puisque           $a + (n - 1)d = \text{-}113$

nous avons       $329 + (n - 1)(\text{-}13) = \text{-}113$     (car $d = \text{-}13$)

$$n = 35$$

Ainsi $S_n = S_{35} = \dfrac{35}{2}(2(329) + (35 - 1)(\text{-}13)) = 3780$

b) Calculons $S_{70}$.

$$S_{70} = \frac{70}{2}(2(329) + (70 - 1)(\text{-}13)) = \text{-}8365$$

## ● Série géométrique

| DÉFINITION 6.12 | Une série de la forme $$\sum_{i=1}^{+\infty} ar^{i-1} = a + ar + ar^2 + ar^3 + \ldots + ar^{n-1} + \ldots, \text{ où } a \in \mathbb{R}\backslash\{0\} \text{ et } r \in \mathbb{R},$$ est appelée **série géométrique** de premier terme $a$ et de **raison** $r$. |
|---|---|

Dans une série géométrique de premier terme $a$, chacun des autres termes de la série est obtenu en multipliant le terme précédent par la raison $r$. Ainsi, une série géométrique est entièrement définie par son premier terme et sa raison.

La série géométrique, autrefois appelée progression géométrique, est la première série qui se soit imposée dans l'histoire des sciences. Les Babyloniens savaient déjà calculer des sommes partielles et le philosophe grec Zénon d'Élée a mis en évidence, sous forme de paradoxe, la question de sa convergence. En effet, ce philosophe grec du $v^e$ siècle av. J.-C., élève de Parménide, est devenu célèbre pour avoir formulé certains paradoxes qui portent son nom. Les plus connus sont la « flèche de Zénon » et celui d'«Achille et la tortue ».

**Flèche de Zénon**

Pour qu'une flèche parcoure une distance $D$ jusqu'à une cible, elle doit d'abord parcourir $\frac{D}{2}$ la moitié de la distance $D$, puis la moitié $\frac{D}{4}$ de la distance restante, puis encore la moitié $\frac{D}{8}$ de ce qui reste et ainsi de suite. La flèche va-t-elle atteindre la cible ?

**Achille et la tortue**

De même, pour qu'Achille rattrape une tortue qui se déplace à une vitesse constante, il doit d'abord arriver au point d'où elle est partie. Pendant ce temps, la tortue a atteint un autre point. Une fois qu'Achille y sera, la tortue sera à un autre point devant et ainsi de suite. Achille rattrapera-t-il la tortue ?

**Exemple 1** La série $2 + \frac{2}{3} + \frac{2}{9} + \frac{2}{27} + \frac{2}{81} + \dots$ est une série géométrique de premier terme $a = 2$ et de raison $r = \frac{1}{3}$, car

$$\times \frac{1}{3} \qquad \times \frac{1}{3}$$

$$2 + \frac{2}{3} + \frac{2}{9} + \frac{2}{27} + \frac{2}{81} + \dots$$

$$\times \frac{1}{3} \qquad \times \frac{1}{3}$$

Cette série peut s'écrire sous la forme $\displaystyle\sum_{i=1}^{+\infty} 2\left(\frac{1}{3}\right)^{i-1}$.

**Exemple 2** Déterminons les premiers termes et le terme général $a_n$ de la série géométrique dont le premier terme est 4 et la raison est $\frac{-3}{5}$.

$$a_1 = 4$$

$$a_2 = a_1\left(\frac{-3}{5}\right) = 4\left(\frac{-3}{5}\right)$$

$$a_3 = a_2\left(\frac{-3}{5}\right) = 4\left(\frac{-3}{5}\right)\left(\frac{-3}{5}\right) = 4\left(\frac{-3}{5}\right)^2$$

$$a_4 = a_3\left(\frac{-3}{5}\right) = 4\left(\frac{-3}{5}\right)^2\left(\frac{-3}{5}\right) = 4\left(\frac{-3}{5}\right)^3$$

$$\vdots$$

**Terme général**

$$a_n = 4\left(\frac{-3}{5}\right)^{n-1}$$

Cette série géométrique peut s'écrire sous la forme

$$\sum_{i=1}^{+\infty} 4\left(\frac{-3}{5}\right)^{i-1} = 4 - \frac{12}{5} + \frac{36}{25} - \frac{108}{125} + \dots + 4\left(\frac{-3}{5}\right)^{n-1} + \dots$$

Dominique Parent

**Remarque** Pour déterminer si une série $\sum\limits_{i=1}^{+\infty} a_i$ est une série géométrique, il suffit de vérifier si le rapport $\dfrac{a_{n+1}}{a_n}$ de deux termes consécutifs quelconques est constant pour tout $n$. Lorsque le rapport est constant, nous avons $\dfrac{a_{n+1}}{a_n} = r$, où $r$ est la raison de la série géométrique.

**Exemple 3** Vérifions si les séries suivantes sont des séries géométriques et, le cas échéant, trouvons la raison $r$ et le premier terme $a$.

Il suffit de vérifier si $\dfrac{a_{n+1}}{a_n}$ est constant pour tout $n$.

a) $\sum\limits_{i=1}^{+\infty} \dfrac{3^i}{5^{i+1}}$

$$\frac{a_{n+1}}{a_n} = \frac{\dfrac{3^{n+1}}{5^{n+2}}}{\dfrac{3^n}{5^{n+1}}} = \frac{3^{n+1}}{5^{n+2}} \cdot \frac{5^{n+1}}{3^n} = \frac{3}{5}, \text{ pour tout } n.$$

Puisque le rapport $\dfrac{a_{n+1}}{a_n}$ est constant et est égal à $\dfrac{3}{5}$, cette série est géométrique de raison $r = \dfrac{3}{5}$ et de premier terme $a = \dfrac{3}{25}$.

b) $\sum\limits_{k=1}^{+\infty} \dfrac{k}{3^k}$

$$\frac{a_{n+1}}{a_n} = \frac{\dfrac{n+1}{3^{n+1}}}{\dfrac{n}{3^n}} = \frac{n+1}{3^{n+1}} \cdot \frac{3^n}{n} = \frac{n+1}{3n}$$

Puisque le rapport $\dfrac{a_{n+1}}{a_n}$ dépend de $n$, il n'est pas constant ; cette série n'est pas une série géométrique.

---

**THÉORÈME 6.12** Soit la série géométrique $\sum\limits_{i=1}^{+\infty} ar^{i-1}$, où $r \neq 1$.

La somme partielle $S_n$ des $n$ premiers termes de la série est donnée par :
$$S_n = \frac{a(1-r^n)}{(1-r)}$$

**PREUVE** Puisque $\qquad S_n = a + ar + ar^2 + \ldots + ar^{n-2} + ar^{n-1}$ (définition 6.8)

nous avons $rS_n = ar + ar^2 + ar^3 + \ldots + ar^{n-1} + ar^n$.

(en multipliant les deux membres de l'équation par $r$)

En soustrayant les deux membres des égalités précédentes, nous obtenons

$$S_n - rS_n = a - ar^n$$
$$S_n(1-r) = a(1-r^n)$$
$$S_n = \frac{a(1-r^n)}{(1-r)} \qquad \text{(car } r \neq 1)$$

d'où $S_n = \dfrac{a(1-r^n)}{(1-r)}$

**Exemple 4** Soit la série géométrique $2 + 6 + 18 + 54 + \ldots + 2(3)^{n-1} + \ldots$

a) Évaluons $S_{15}$.

$$S_n = \frac{a(1-r^n)}{1-r}$$

$$S_{15} = 2 + 6 + 18 + \ldots + 2(3)^{14}$$

$$= \frac{2(1-3^{15})}{1-3} \qquad \text{(théorème 6.12, où } a = 2, r = 3 \text{ et } n = 15\text{)}$$

$$= 14\ 348\ 906$$

**Remarque** La somme de termes consécutifs d'une série géométrique de raison $r$, où $r \neq 1$, est égale au rapport $\dfrac{b - br^n}{1-r}$, où

– $b$ est le premier terme de cette somme ;

– $br^n$ est le terme qui suit le dernier terme de cette somme.

b) Évaluons la somme $S_p$ du $10^e$ terme au $16^e$ terme inclusivement de la série géométrique précédente.

$$2 + 6 + 2(3)^2 + \ldots + \underbrace{2(3)^9 + 2(3)^{10} + \ldots + 2(3)^{15}}_{S_p} + 2(3)^{16} + \ldots$$

$$S_p = \frac{2(3)^9 - 2(3)^{16}}{1-3} = 43\ 027\ 038$$

---

| **THÉORÈME 6.13** | La série géométrique $\displaystyle\sum_{i=1}^{+\infty} ar^{i-1}$ |
|---|---|
| **Série géométrique** | 1) converge si $|r| < 1$ et dans ce cas $\displaystyle\sum_{i=1}^{+\infty} ar^{i-1} = \frac{a}{1-r}$ |
| | 2) diverge si $|r| \geq 1$ |

**PREUVE** Pour déterminer la convergence ou la divergence de cette série, nous devons évaluer $\displaystyle\lim_{n \to +\infty} S_n$.

Cas où $r = 1$

Dans ce cas $S_n = a + a + a + \ldots + a = na$, donc $\displaystyle\lim_{n \to +\infty} S_n = \begin{cases} +\infty & \text{si } a > 0 \\ -\infty & \text{si } a < 0 \end{cases}$

d'où la série $\displaystyle\sum_{i=1}^{+\infty} ar^{i-1}$ diverge pour $r = 1$.

Cas où $r \neq 1$

$$\lim_{n \to +\infty} S_n = \lim_{n \to +\infty} \frac{a(1-r^n)}{(1-r)} \qquad \left(\text{car } S_n = \frac{a(1-r^n)}{(1-r)}\right)$$

$$\lim_{n \to +\infty} S_n = \frac{a}{1-r} \lim_{n \to +\infty} (1-r^n)$$

donc

$$\lim_{n \to +\infty} S_n = \frac{a}{1-r} \left(1 - \lim_{n \to +\infty} r^n\right)$$

1) Si $-1 < r < 1$, c'est-à-dire $|r| < 1$, alors

$$\lim_{n \to +\infty} r^n = 0, \text{ donc } \lim_{n \to +\infty} S_n = \frac{a}{1-r}$$

d'où la série $\displaystyle\sum_{i=1}^{+\infty} ar^{i-1}$ converge et $\displaystyle\sum_{i=1}^{+\infty} ar^{i-1} = \frac{a}{1-r}$ pour $-1 < r < 1$.

2) a) Si $r \leq -1$, alors $\displaystyle\lim_{n \to +\infty} r^n$ n'existe pas, donc $\displaystyle\lim_{n \to +\infty} S_n$ n'existe pas.

b) Si $r > 1$, alors $\displaystyle\lim_{n \to +\infty} r^n = +\infty$, donc $\displaystyle\lim_{n \to +\infty} S_n = \begin{cases} +\infty & \text{si } a > 0 \\ -\infty & \text{si } a < 0 \end{cases}$

d'où la série $\displaystyle\sum_{i=1}^{+\infty} ar^{i-1}$ diverge pour $r \leq -1$ ou $r > 1$.

**6**

Ainsi, pour une série géométrique de premier terme $a$ et de raison $r$, nous avons le tableau suivant selon les différentes valeurs de $r$.

| $\lvert r \rvert < 1$ | $-1 < r < 1$ | Série convergente | $S = \dfrac{a}{1 - r}$ |
|---|---|---|---|
| $\lvert r \rvert \geq 1$ | $r \geq 1$ | Série divergente | $S = +\infty$ si $a > 0$<br>$S = -\infty$ si $a < 0$ |
| | $r \leq -1$ | Série divergente | $S$ est non définie. |

**Exemple 5** Déterminons si la série géométrique $\displaystyle\sum_{i=1}^{+\infty} \frac{1}{2^i}$ est convergente ou divergente et déterminons, si c'est possible, la somme de cette série.

Nous avons $a = \dfrac{1}{2}$ et $r = \dfrac{a_{n+1}}{a_n} = \dfrac{\dfrac{1}{2^{i+1}}}{\dfrac{1}{2^i}} = \dfrac{1}{2^{i+1}} \cdot \dfrac{2^i}{1} = \dfrac{1}{2}$.

Puisque $\lvert r \rvert < 1$, cette série converge et la somme est donnée par $\dfrac{a}{1 - r}$.  (théorème 6.13)

D'où $\displaystyle\sum_{i=1}^{+\infty} \frac{1}{2^i} = \dfrac{\dfrac{1}{2}}{1 - \dfrac{1}{2}} = 1$  (voir l'exemple 2, page 324, et l'exemple 5, page 326)

**Exemple 6** Calculons la somme $S$ de la série géométrique suivante :

$$5 - \frac{10}{3} + \frac{20}{9} - \frac{40}{27} + \frac{80}{81} - \frac{160}{243} + \dots$$

Nous avons $a = 5$ et $r = \dfrac{\dfrac{-10}{3}}{5} = \dfrac{-10}{3}\left(\dfrac{1}{5}\right) = \dfrac{-2}{3}$.

Puisque $\lvert r \rvert < 1$, cette série converge, et par le théorème 6.13,

$$S = 5 - \frac{10}{3} + \frac{20}{9} - \frac{40}{27} + \dots = \frac{5}{1 - \left(\dfrac{-2}{3}\right)} = \frac{5}{\dfrac{5}{3}} = 3$$

d'où $S = 3$

$-1 < \dfrac{-2}{3} < 1$

$S = \dfrac{a}{1 - r}$

**Exemple 7** Soit la série $\displaystyle\sum_{k=1}^{+\infty} \frac{3^k}{2}$.

a) Déterminons si cette série est géométrique.

En calculant $\dfrac{a_{n+1}}{a_n}$, nous obtenons

$$\frac{a_{n+1}}{a_n} = \frac{\dfrac{3^{n+1}}{2}}{\dfrac{3^n}{2}} = \frac{3^{n+1}}{2} \cdot \frac{2}{3^n} = 3, \text{ pour tout } n$$

d'où $\displaystyle\sum_{k=1}^{+\infty} \frac{3^k}{2}$ est une série géométrique de raison $r = 3$ et dont le premier terme est $\dfrac{3^1}{2}$, c'est-à-dire $\dfrac{3}{2}$

b) Déterminons si cette série converge ou diverge.

Puisque $r = 3$, donc $r \geq 1$, la série diverge et nous avons

$$\sum_{k=1}^{+\infty} \frac{3^k}{2} = +\infty \qquad \text{(car } a > 0,\ r > 1\text{)}$$

Par contre, même si elle diverge, il est possible d'évaluer la somme d'un nombre fini de termes de cette série en utilisant la formule trouvée pour $S_n$.

c) Calculons les sommes partielles suivantes.

i) $S_8$, la somme des 8 premiers termes de la série

$$S_8 = \frac{\frac{3}{2}(1 - 3^8)}{1 - 3}$$

$$= 4920$$

ii) $S_{16}$, la somme des 16 premiers termes de la série

$$S_{16} = \frac{\frac{3}{2}(1 - 3^{16})}{1 - 3}$$

$$= 32\ 285\ 040$$

$$S_n = \frac{a(1 - r^n)}{1 - r}$$
(théorème 6.12)

**Exemple 8** Transformons le nombre périodique $0,\overline{37}$ sous la forme rationnelle.

$$0,\overline{37} = 0,373\ 737\ldots$$

$$= 0,37 + 0,0037 + 0,000\ 037 + \ldots$$

$$= \frac{37}{100} + \frac{37}{10\ 000} + \frac{37}{1\ 000\ 000} + \ldots$$

$$= \frac{37}{10^2} + \frac{37}{10^4} + \frac{37}{10^6} + \ldots + \frac{37}{10^{2n}} + \ldots$$

Ainsi $0,\overline{37}$ correspond à une série géométrique où $a = \frac{37}{100}$ et $r = \frac{\dfrac{37}{10^{2(n+1)}}}{\dfrac{37}{10^{2n}}} = \frac{1}{100}$

$$S = \frac{a}{1 - r}$$

donc

$$0,\overline{37} = \frac{\dfrac{37}{100}}{1 - \dfrac{1}{100}} = \frac{\dfrac{37}{100}}{\dfrac{99}{100}} = \frac{37}{99} \qquad \text{(car } |r| < 1\text{)}$$

d'où $0,\overline{37} = \dfrac{37}{99}$

**Exemple 9** Nous laissons tomber une balle, sans vitesse initiale, d'une hauteur de 3 mètres au-dessus d'un sol horizontal. À chaque rebond, elle atteint les $\frac{4}{7}$ de la hauteur précédente.

a) Exprimons théoriquement, à l'aide d'une série, la distance totale $D$ parcourue par cette balle et calculons cette distance théorique.

$$D = 3 + \underbrace{\left[\frac{4}{7}(3) + \frac{4}{7}(3)\right]}_{1^{er}\ \text{rebond}} + \underbrace{\left[\frac{4}{7}\left(\frac{4}{7}(3)\right) + \frac{4}{7}\left(\frac{4}{7}(3)\right)\right]}_{2^e\ \text{rebond}} + \ldots$$

$$= 3 + 2\left(\frac{4}{7}\right)(3) + 2\left(\frac{4}{7}\right)^2(3) + 2\left(\frac{4}{7}\right)^3(3) + \ldots$$

$$= 3 + 6 \sum_{k=1}^{+\infty} \left(\frac{4}{7}\right)^k \qquad \left(\sum_{k=1}^{+\infty} \left(\frac{4}{7}\right)^k \text{ est une série géométrique où } a = \frac{4}{7} \text{ et } r = \frac{4}{7}\right)$$

$$S = \frac{a}{1-r}$$

$$= 3 + 6 \left( \frac{\frac{4}{7}}{1 - \frac{4}{7}} \right) \qquad (\text{car } |r| < 1)$$

$$= 3 + 6 \left(\frac{4}{3}\right) = 11$$

d'où $D = 11$ mètres.

b) Déterminons le nombre minimum de rebonds nécessaires pour que la balle parcoure au moins 10,9 mètres.

Déterminons la plus petite valeur entière de $n$ telle que

$$3 + 6 \sum_{k=1}^{n} \left(\frac{4}{7}\right)^k \geq 10,9$$

$$6 \sum_{k=1}^{n} \left(\frac{4}{7}\right)^k \geq 7,9$$

$$\frac{4}{7} + \left(\frac{4}{7}\right)^2 + \ldots + \left(\frac{4}{7}\right)^n \geq \frac{7,9}{6}$$

$$\frac{4}{7} \left(1 + \frac{4}{7} + \ldots + \left(\frac{4}{7}\right)^{n-1}\right) \geq \frac{7,9}{6}$$

$$\left(1 + \frac{4}{7} + \ldots + \left(\frac{4}{7}\right)^{n-1}\right) \geq \left(\frac{7,9}{6}\right)\left(\frac{7}{4}\right)$$

$$S_n = \frac{a(1 - r^n)}{1 - r}$$

$$\frac{1\left(1 - \left(\frac{4}{7}\right)^n\right)}{1 - \frac{4}{7}} \geq \left(\frac{7,9}{6}\right)\left(\frac{7}{4}\right) \qquad (\text{théorème 6.12})$$

$$1 - \left(\frac{4}{7}\right)^n \geq \left(\frac{7,9}{6}\right)\left(\frac{7}{4}\right)\left(\frac{3}{7}\right)$$

$$\left(\frac{4}{7}\right)^n \leq 1 - \frac{7,9}{8}$$

$$n \ln\left(\frac{4}{7}\right) \leq \ln\left(\frac{0,1}{8}\right) \qquad (\text{car } \ln x \text{ est une fonction croissante})$$

$$n \geq \frac{\ln\left(\frac{0,1}{8}\right)}{\ln\left(\frac{4}{7}\right)} \qquad \left(\text{car } \ln\left(\frac{4}{7}\right) < 0\right)$$

$$n \geq 7,83\ldots$$

d'où le nombre minimum de rebonds est 8.

# Exercices 6.2

**1.** Pour chacune des séries suivantes, trouver une expression pour $S_n$ et évaluer $\lim\limits_{n \to +\infty} S_n$; déterminer si la suite $\{S_n\}$ converge ou diverge et donner, si c'est possible, la somme de la série.

a) $\displaystyle\sum_{i=1}^{+\infty} \frac{1}{10}$

b) $\displaystyle\sum_{i=1}^{+\infty} \frac{1}{i(i+1)}$

c) $\displaystyle\sum_{k=1}^{+\infty} k^2$

d) $\displaystyle\sum_{j=1}^{+\infty} (-1)^j$

e) $0{,}3 + 0{,}03 + 0{,}003 + \ldots$

f) $\displaystyle\sum_{k=1}^{+\infty} \left( \frac{1}{k+1} - \frac{1}{k+2} \right)$

**2.** En utilisant les résultats suivants :

$$\sum_{n=1}^{+\infty} \frac{1}{n^2} = \frac{\pi^2}{6}, \quad \sum_{n=1}^{+\infty} \frac{1}{n} = +\infty,$$

$$\sum_{n=1}^{+\infty} \frac{(-1)^{n+1}}{n} = \ln 2 \ \text{ et } \ \sum_{n=0}^{+\infty} \frac{1}{n!} = e,$$

déterminer si les séries suivantes convergent (C) ou divergent (D) et donner, si c'est possible, leur somme.

a) $\displaystyle\sum_{n=1}^{+\infty} \left( \frac{1}{n^2} + \frac{(-1)^{n+1}}{n} \right)$

b) $\displaystyle\sum_{n=0}^{+\infty} \frac{1}{5n!}$

c) $\displaystyle\sum_{n=4}^{+\infty} \frac{1}{n^2}$

d) $\displaystyle\sum_{n=1}^{+\infty} \frac{1-n}{n^2}$

e) $\displaystyle\sum_{n=3}^{+\infty} \frac{5}{n!}$

f) $\displaystyle\sum_{n=2}^{+\infty} \frac{2(-1)^{n+1}}{n}$

**3.** Donner un exemple dans lequel $\displaystyle\sum_{n=1}^{+\infty} a_n$ et $\displaystyle\sum_{n=1}^{+\infty} b_n$ divergent mais où $\displaystyle\sum_{n=1}^{+\infty} (a_n + b_n)$ converge.

**4.** Démontrer que les séries suivantes divergent en les exprimant en fonction de la série harmonique.

a) $\displaystyle\sum_{n=1}^{+\infty} \frac{5}{n}$

b) $\dfrac{1}{100} + \dfrac{1}{200} + \dfrac{1}{300} + \dfrac{1}{400} + \ldots$

c) $\dfrac{1}{100} + \dfrac{1}{101} + \dfrac{1}{102} + \dfrac{1}{103} + \ldots$

d) $\displaystyle\sum_{n=1000}^{+\infty} \frac{-1}{4n}$

**5.** Soit la série arithmétique de premier terme $a = -29$ et de raison $d = 4$.

a) Expliciter les cinq premiers termes de la série.

b) Déterminer $a_{51}$.

c) Calculer $S_{51}$.

d) Déterminer $n$ tel que $S_n = 51$.

**6.** Soit la série arithmétique telle que $a_7 = 7$ et $S_{20} = -70$. Déterminer le premier terme $a$ et la raison $d$ de la série.

**7.** Déterminer les quatre premiers termes des séries géométriques suivantes et exprimer ces séries en utilisant le symbole de sommation.

a) $a = 2$ et $r = \dfrac{1}{3}$

b) $a = 2$ et $r = \dfrac{-2}{3}$

c) $a = 1$ et $r = -1$

d) Le troisième terme est $\dfrac{36}{25}$ et $r = \dfrac{3}{5}$

e) $a = -1$ et $r = -x$

**8.** Déterminer si les séries suivantes sont des séries géométriques ; si oui, donner la valeur de $a$ et la valeur de $r$.

a) $1 + \dfrac{1}{2} + \dfrac{1}{4} + \dfrac{1}{8} + \dfrac{1}{16} + \dfrac{1}{32} + \ldots$

b) $1 + \dfrac{1}{3} + \dfrac{1}{9} + \dfrac{1}{27} + \dfrac{1}{80} + \dfrac{1}{240} + \ldots$

c) $1 - 4 + 16 - 64 + 256 - 1024 + \ldots$

d) $5 + 10 + 5 + 10 + 5 + \ldots$

e) $\dfrac{1}{3} - \dfrac{1}{3\sqrt{3}} + \dfrac{1}{9} - \dfrac{1}{9\sqrt{3}} + \dfrac{1}{27} - \ldots$

f) $x - x^3 + x^5 - x^7 + x^9 - \ldots$

g) $\displaystyle\sum_{i=4}^{+\infty} \frac{i}{10^i}$

h) $\displaystyle\sum_{n=0}^{+\infty} \frac{9}{10^n}$

i) $\displaystyle\sum_{k=2}^{+\infty} \frac{2^{k+3}}{(-5)^k}$

j) $\displaystyle\sum_{n=1}^{+\infty} \frac{2^n}{n!}$

**9.** Pour chacune des séries géométriques suivantes, déterminer la valeur de $a$ et la valeur de $r$, déterminer si elle converge ou diverge et donner, si c'est possible, la somme de la série.

a) $\displaystyle\sum_{n=0}^{+\infty} \frac{3}{2^n}$

b) $\displaystyle\sum_{j=1}^{+\infty} \frac{3^j}{5^{j-1}}$

c) $\displaystyle\sum_{n=0}^{+\infty} \left( \frac{\pi}{3} \right)^n$

d) $\displaystyle\sum_{n=0}^{+\infty} (-2)^n$

e) $\displaystyle\sum_{j=1}^{+\infty} \left( \frac{5}{7} \right)^j$

f) $\displaystyle\sum_{j=1}^{+\infty} \left( \frac{7}{5} \right)^j$

g) $\displaystyle\sum_{k=3}^{+\infty} -2\left(\frac{5}{4}\right)^k$

h) $\displaystyle\sum_{n=0}^{+\infty} \frac{1}{2(3^n)}$

i) $\displaystyle\sum_{j=3}^{+\infty} \left(\frac{-2}{3}\right)^j$

j) $\displaystyle\sum_{n=4}^{+\infty} \frac{3}{(-2)^n}$

k) $\displaystyle\sum_{n=1}^{+\infty} \frac{3^{n+2}}{4^{n-1}}$

l) $\displaystyle\sum_{k=0}^{+\infty} \frac{(-5)^k}{2^{k+3}}$

c) i) $\dfrac{16}{9} + \dfrac{32}{27} + \dfrac{64}{81} + \dfrac{128}{243} + \ldots + \dfrac{16\,384}{531\,441}$

   ii) $\dfrac{16}{9} + \dfrac{32}{27} + \dfrac{64}{81} + \ldots$

**10.** Transformer les nombres périodiques suivants sous la forme rationnelle.

a) $0,\overline{183}$

b) $0,\overline{9}$

c) $5,4\overline{27}$

d) $0,0\overline{60}$

**11.** Calculer la somme des séries suivantes.

a) $\displaystyle\sum_{k=1}^{+\infty} \left[\left(\frac{1}{3}\right)^k + \left(\frac{2}{3}\right)^k\right]$

b) $\displaystyle\sum_{n=2}^{+\infty} \left(\frac{1}{2^n} + \frac{1}{n}\right)$

c) $\displaystyle\sum_{k=1}^{+\infty} \left(\frac{1+2^k}{5^k}\right)$

**12.** Déterminer pour quelles valeurs de $x$ les séries géométriques suivantes convergent et déterminer pour ces valeurs de $x$ la somme $S$ de ces séries en fonction de $x$.

a) $\displaystyle\sum_{n=0}^{+\infty} x^n$

b) $\displaystyle\sum_{n=0}^{+\infty} (-x)^n$

c) $\displaystyle\sum_{n=1}^{+\infty} \left(\frac{1}{x}\right)^n$

d) $1 - x^2 + x^4 - x^6 + x^8 - x^{10} + \ldots$

**13.** Calculer les sommes partielles et les sommes des séries suivantes.

a) i) $\displaystyle\sum_{k=1}^{25} 2^k$      ii) $\displaystyle\sum_{k=1}^{+\infty} 2^k$

b) i) $\displaystyle\sum_{n=0}^{999} \left(\frac{1001}{1000}\right)^n$      ii) $\displaystyle\sum_{n=0}^{+\infty} \left(\frac{1001}{1000}\right)^n$

**14.** Une balle de plastique est lâchée, sans vitesse initiale, d'une hauteur de 4 mètres. À chaque rebond, elle atteint les $\dfrac{2}{3}$ de la hauteur précédente.

a) Exprimer $h_n$, la hauteur (en mètres) atteinte par la balle après son $n^e$ rebond, en fonction de $n$ et de sa hauteur initiale.

b) Quelle est la hauteur atteinte par la balle au $5^e$ rebond ?

c) À partir de quel rebond la balle remonte-t-elle à une hauteur inférieure à 3 centimètres ?

d) Calculer théoriquement la distance totale parcourue par cette balle.

**15.** a) Certaines personnes atteintes d'une maladie doivent prendre une dose quotidienne de 20 mg d'un certain médicament. Si, chaque jour, l'organisme élimine 25 % du médicament présent,

   i) déterminer la quantité de médicament présente dans l'organisme après 10 jours ;

Dominique Parent

   ii) déterminer la quantité maximale de médicament présente dans l'organisme d'une personne qui doit prendre ce médicament le reste de ses jours.

b) Si, par contre, une personne prend une dose de 10 mg aux 12 heures et que l'organisme élimine 25 % du médicament présent entre chaque dose, répondre aux questions i) et ii).

# 6.3  Séries à termes positifs

## Objectifs d'apprentissage

À la fin de cette section, l'élève pourra déterminer, à l'aide d'un critère approprié, si une série à termes positifs converge ou diverge.
Plus précisément, l'élève sera en mesure :

- d'utiliser le critère du terme général pour déterminer si une série diverge ;

Critère du terme général

Si $\displaystyle\lim_{n\to+\infty} a_n \neq 0$, alors

$$\sum_{i=1}^{+\infty} a_i \text{ diverge.}$$

- d'utiliser le critère de l'intégrale pour déterminer si une série à termes positifs converge ou diverge ;
- d'utiliser le critère de la série de Riemann pour déterminer si une série de Riemann (série-$p$) converge ou diverge ;
- d'utiliser le critère des polynômes pour déterminer si une série à termes positifs converge ou diverge ;
- d'utiliser le critère de d'Alembert (critère du rapport) pour déterminer si une série à termes positifs converge ou diverge ;
- d'utiliser le critère de Cauchy (critère de la racine $n^e$) pour déterminer si une série à termes positifs converge ou diverge ;
- d'utiliser le critère de comparaison pour déterminer si une série à termes positifs converge ou diverge ;
- d'utiliser le critère de comparaison à l'aide d'une limite pour déterminer si une série à termes positifs converge ou diverge.

Nous étudierons dans cette section des séries autres que des séries harmoniques, arithmétiques et géométriques. Même s'il n'est pas toujours possible d'évaluer la somme d'une série, nous établirons des critères de convergence permettant de déterminer si des séries à termes positifs convergent ou divergent.

Dans un premier temps, nous donnerons une condition nécessaire, mais non suffisante, à la convergence d'une série quelconque.

## ■ Critère du terme général

| **THÉORÈME 6.14** **Critère du terme général** | Soit une série $\displaystyle\sum_{i=1}^{+\infty} a_i$, où $a_i \in \mathbb{R}$. <br><br> Si $\displaystyle\lim_{n\to+\infty} a_n \neq 0$, alors $\displaystyle\sum_{i=1}^{+\infty} a_i$ diverge. |
|---|---|

Nous démontrons la proposition équivalente, c'est-à-dire si $\displaystyle\sum_{i=1}^{+\infty} a_i$ converge, alors $\displaystyle\lim_{n\to+\infty} a_n = 0$

**PREUVE**

$\displaystyle\sum_{i=1}^{+\infty} a_i$ converge, alors $\displaystyle\lim_{n\to+\infty} S_n = S$      (par définition de la convergence d'une série)

Or $\qquad a_n = (a_1 + a_2 + a_3 + \ldots + a_n) - (a_1 + a_2 + a_3 + \ldots + a_{n-1})$

$\qquad\qquad = S_n - S_{n-1}$      (par définition de $S_n$ et de $S_{n-1}$)

Ainsi $\quad \displaystyle\lim_{n\to+\infty} a_n = \lim_{n\to+\infty} (S_n - S_{n-1})$

$\qquad\qquad = \displaystyle\lim_{n\to+\infty} S_n - \lim_{n\to+\infty} S_{n-1}$

$\qquad\qquad = S - S$      $\left(\text{car } \displaystyle\lim_{n\to+\infty} S_{n-1} = S\right)$

$\qquad\qquad = 0$

Nous venons de démontrer que si $\displaystyle\sum_{i=1}^{+\infty} a_i$ converge, alors $\displaystyle\lim_{n\to+\infty} a_n = 0$

d'où si $\displaystyle\lim_{n\to+\infty} a_n \neq 0$, alors $\displaystyle\sum_{i=1}^{+\infty} a_i$ diverge.

**Remarque** La condition $\left( \lim_{n \to +\infty} a_n = 0 \right)$ est nécessaire, mais non suffisante, pour qu'une série converge, ce qui signifie que

i) si $\lim_{n \to +\infty} a_n \neq 0$, alors la série diverge ;

ii) si $\lim_{n \to +\infty} a_n = 0$, alors nous ne pouvons rien conclure sur la convergence ou la divergence de la série.

**Exemple 1**

$\lim_{n \to +\infty} a_n = 0$ et

$\sum_{i=1}^{+\infty} a_i$ diverge

$\lim_{n \to +\infty} b_n = 0$ et

$\sum_{i=1}^{+\infty} b_n$ converge

a) Soit la série harmonique $\displaystyle\sum_{i=1}^{+\infty} \frac{1}{i} = 1 + \frac{1}{2} + \frac{1}{3} + \ldots + \frac{1}{n} + \ldots$

Nous avons $\lim_{n \to +\infty} \dfrac{1}{n} = 0$ et nous savons que cette série est divergente. (théorème 6.10)

b) Soit la série géométrique $\displaystyle\sum_{i=1}^{+\infty} \frac{1}{2^i} = \frac{1}{2} + \frac{1}{4} + \frac{1}{8} + \frac{1}{16} + \ldots + \frac{1}{2^n} + \ldots$

Nous avons $\lim_{n \to +\infty} \dfrac{1}{2^n} = 0$ et nous savons que cette série est convergente, car $r = \dfrac{1}{2}$

(théorème 6.13)

Critère du terme général

**Exemple 2** Déterminons, à l'aide du critère du terme général, si les séries suivantes divergent ou si nous ne pouvons rien conclure sur la convergence ou la divergence des séries.

a) $\displaystyle\sum_{i=1}^{+\infty} \frac{2i}{3i+4}$

Calculons $\lim_{n \to +\infty} \dfrac{2n}{3n+4}$.

$$\lim_{n \to +\infty} \frac{2n}{3n+4} = \lim_{n \to +\infty} \frac{2n}{n\left(3 + \dfrac{4}{n}\right)} = \lim_{n \to +\infty} \frac{2}{3 + \dfrac{4}{n}} = \frac{2}{3}$$

Puisque $\lim_{n \to +\infty} \dfrac{2n}{3n+4} \neq 0$, la série $\displaystyle\sum_{i=1}^{+\infty} \frac{2i}{3i+4}$ diverge. (théorème 6.14)

b) $\displaystyle\sum_{k=1}^{+\infty} \frac{1}{k^2}$

Calculons $\lim_{n \to +\infty} \dfrac{1}{n^2}$.

$$\lim_{n \to +\infty} \frac{1}{n^2} = 0$$

Puisque $\lim_{n \to +\infty} \dfrac{1}{n^2} = 0$, nous ne pouvons rien conclure sur la convergence ou la divergence de la série.

$\sum_{k=1}^{+\infty} a_k$, où $a_k > 0$

Étudions maintenant quelques critères permettant de déterminer si des séries à termes positifs convergent ou divergent.

# ■ Critère de l'intégrale

| **THÉORÈME 6.15**<br><br>Critère de<br>l'intégrale | Soit $\sum\limits_{k=1}^{+\infty} a_k$, où $a_k > 0$, et $f$, une fonction positive, continue et décroissante sur $[1, +\infty$, telle que $f(k) = a_k$ pour tout $k \geq 1$.<br><br>1) Si $\displaystyle\int_1^{+\infty} f(x)\, dx$ converge, alors $\sum\limits_{k=1}^{+\infty} a_k$ converge.<br><br>2) Si $\displaystyle\int_1^{+\infty} f(x)\, dx$ diverge, alors $\sum\limits_{k=1}^{+\infty} a_k$ diverge. |
|---|---|

**PREUVE**

1) Si $\displaystyle\int_1^{+\infty} f(x)\, dx$ converge, alors $\displaystyle\int_1^{+\infty} f(x)\, dx = A$.

Nous avons

$$S_n = a_1 + a_2 + a_3 + \ldots + a_n$$

$$= a_1 + f(2) + f(3) + \ldots + f(n) \qquad \text{(car } f(k) = a_k)$$

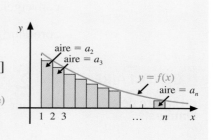

$$= a_1 + [f(2) \cdot 1 + f(3) \cdot 1 + \ldots + f(n) \cdot 1]$$

$$\leq a_1 + \int_1^n f(x)\, dx \qquad \text{(voir le graphique ci-contre)}$$

$$\leq a_1 + \int_1^{+\infty} f(x)\, dx = a_1 + A$$

Ainsi, la suite $\{S_n\}$ est bornée supérieurement.

De plus, puisque $S_{n+1} = S_n + a_{n+1}$ (où $a_{n+1} > 0$), alors $S_{n+1} > S_n$, ainsi la suite $\{S_n\}$ est croissante.

Donc, par le théorème 6.5, la suite $\{S_n\}$ est convergente,

d'où $\sum\limits_{k=1}^{+\infty} a_k$ converge. \hfill (définition 6.9)

2) Si $\displaystyle\int_1^{+\infty} f(x)\, dx$ diverge, alors $\displaystyle\int_1^{+\infty} f(x)\, dx = +\infty$.

Nous avons

$$S_n = a_1 + a_2 + a_3 + \ldots + a_n$$

$$= f(1) + f(2) + f(3) + \ldots + f(n)$$

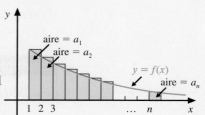

$$= f(1) \cdot 1 + f(2) \cdot 1 + f(3) \cdot 1 + \ldots + f(n) \cdot 1$$

$$\geq \int_1^n f(x)\, dx \qquad \text{(voir le graphique ci-contre)}$$

Alors $\lim\limits_{n \to +\infty} S_n \geq \lim\limits_{n \to +\infty} \int_1^n f(x)\, dx = +\infty$,

ainsi $\{S_n\}$ est une suite divergente,

d'où $\sum\limits_{k=1}^{+\infty} a_k$ diverge. \hfill (définition 6.9)

Démontrons que la série harmonique $\sum\limits_{k=1}^{+\infty} \dfrac{1}{k}$ diverge à l'aide du critère de l'intégrale.

Soit $f(x) = \dfrac{1}{x}$ sur $[1, +\infty$. Cette fonction est positive et continue sur $[1, +\infty$, et puisque $f'(x) = \dfrac{-1}{x^2} < 0$, $\forall\, x \in\, ]1, +\infty$, alors elle est décroissante sur $[1, +\infty$.

Calculons l'intégrale impropre $\displaystyle\int_1^{+\infty} f(x)\, dx$.

$$\int_1^{+\infty} \frac{1}{x}\, dx = \lim_{M\to+\infty} \int_1^{M} \frac{1}{x}\, dx = \lim_{M\to+\infty} \ln|x|\, \Big|_1^{M} = \lim_{M\to+\infty} (\ln M - \ln 1) = +\infty$$

Donc $\displaystyle\int_1^{+\infty} \frac{1}{x}\, dx$ diverge, d'où $\sum\limits_{k=1}^{+\infty} \dfrac{1}{k}$ diverge.  (théorème 6.15)

**Remarque**  Lorsque le critère de l'intégrale nous permet de conclure qu'une série est convergente, nous ne connaissons pas la valeur exacte de la somme. Cependant, le corollaire suivant nous permet de déterminer un intervalle $I$ tel que $\sum\limits_{k=1}^{+\infty} a_k \in I$.

**COROLLAIRE**
**du critère de l'intégrale**

Soit $\sum\limits_{k=1}^{+\infty} a_k$, où $a_k > 0$, et $f$, une fonction positive, continue et décroissante sur $[1, +\infty$, telle que $f(k) = a_k$ pour tout $k \geq 1$.

Si $\displaystyle\int_1^{+\infty} f(x)\, dx$ converge, alors $a_1 \leq \sum\limits_{k=1}^{+\infty} a_k \leq \left(a_1 + \displaystyle\int_1^{+\infty} f(x)\, dx\right)$

**PREUVE**  Dans la preuve du critère de l'intégrale, nous avions l'inégalité suivante :

$$S_n \leq \left(a_1 + \int_1^{n} f(x)\, dx\right)$$

De plus,  $\qquad a_1 \leq S_n$  (car $S_n = a_1 + a_2 + \ldots + a_n$)

Ainsi  $\qquad a_1 \leq S_n \leq \left(a_1 + \displaystyle\int_1^{n} f(x)\, dx\right)$

donc  $\qquad \lim\limits_{n\to+\infty} a_1 \leq \lim\limits_{n\to+\infty} \sum\limits_{k=1}^{n} a_k \leq \lim\limits_{n\to+\infty} \left(a_1 + \displaystyle\int_1^{n} f(x)\, dx\right)$

d'où $a_1 \leq \sum\limits_{k=1}^{+\infty} a_k \leq \left(a_1 + \displaystyle\int_1^{+\infty} f(x)\, dx\right)$

**Exemple 2**

Critère de l'intégrale

a)  Déterminons si $\sum\limits_{k=1}^{+\infty} \dfrac{1}{k^2}$ converge ou diverge à l'aide du critère de l'intégrale.

Soit $f(x) = \dfrac{1}{x^2}$ sur $[1, +\infty$. Cette fonction est positive et continue sur $[1, +\infty$, et puisque $f'(x) = \dfrac{-2}{x^3} < 0$, $\forall\, x \in\, ]1, +\infty$, alors elle est décroissante sur $[1, +\infty$.

Calculons l'intégrale impropre $\displaystyle\int_1^{+\infty} f(x)\, dx$.

$y$

$1$

$f(x) = \dfrac{1}{x^2}$

$A$

$1$   $M$   $x$

$(M \to +\infty)$

$A = 1$

$$\int_1^{+\infty} \frac{1}{x^2}\, dx = \lim_{M\to+\infty} \int_1^{M} \frac{1}{x^2}\, dx = \lim_{M\to+\infty} \frac{-1}{x}\, \Big|_1^{M} = \lim_{M\to+\infty} \left[\frac{-1}{M} + 1\right] = 1$$

Donc, $\displaystyle\int_1^{+\infty} \frac{1}{x^2}\, dx$ converge, d'où $\sum\limits_{k=1}^{+\infty} \dfrac{1}{k^2}$ converge.

b) Déterminons à l'aide du corollaire les valeurs de $b$ et de $c$ telles que $b \le \sum_{k=1}^{+\infty} \frac{1}{k^2} \le c$.

$$a_1 \le \sum_{k=1}^{+\infty} a_k \le \left(a_1 + \int_1^{+\infty} f(x)\,dx\right), \text{ où } f(k) = a_k \qquad \text{(corollaire)}$$

$$1 \le \sum_{k=1}^{+\infty} \frac{1}{k^2} \le \left(1 + \int_1^{+\infty} \frac{1}{x^2}\,dx\right) \qquad \text{(car } a_1 = 1)$$

$$1 \le \sum_{k=1}^{+\infty} \frac{1}{k^2} \le (1 + 1) \qquad \left(\text{car } \int_1^{+\infty} \frac{1}{x^2}\,dx = 1 \text{ (voir a)}\right)$$

$$1 \le \sum_{k=1}^{+\infty} \frac{1}{k^2} \le 2$$

d'où $b = 1$ et $c = 2$

c) Évaluons $\sum_{k=1}^{+\infty} \frac{1}{k^2}$ à l'aide de Maple.

> Sum(1/k^2,k=1..infinity)=sum(1/k^2,k=1..infinity);

$$\sum_{k=1}^{+\infty} \frac{1}{k^2} = \frac{1}{6}\pi^2$$

Cette valeur est comprise entre 1 et 2 ; en effet, $\frac{1}{6}\pi^2 = 1{,}6449\ldots$

Nous pouvons également utiliser le critère de l'intégrale pour déterminer la convergence ou la divergence d'une série de la forme $\sum_{k=n}^{+\infty} a_k$, en évaluant $\int_n^{+\infty} f(x)\,dx$, où $f(k) = a_k$ pour tout $k \ge n$.

Critère de l'intégrale

**Exemple 3** Déterminons si $\sum_{k=4}^{+\infty} \frac{k}{3k^2 - 2}$ converge ou diverge, à l'aide du critère de l'intégrale.

Soit $f(x) = \dfrac{x}{3x^2 - 2}$ sur $[4, +\infty$.

Cette fonction est positive et continue sur $[4, +\infty$, et puisque $f'(x) = \dfrac{-(3x^2 + 2)}{(3x^2 - 2)^2} < 0$, alors elle est décroissante sur $[4, +\infty$

En calculant $\int_4^{+\infty} f(x)\,dx$, nous obtenons

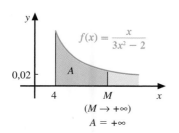

$$\int_4^{+\infty} \frac{x}{3x^2 - 2}\,dx = \lim_{M \to +\infty} \int_4^M \frac{x}{3x^2 - 2}\,dx$$

$$= \lim_{M \to +\infty} \frac{\ln|3x^2 - 2|}{6}\bigg|_4^M$$

$$= \lim_{M \to +\infty} \left[\frac{\ln|3M^2 - 2|}{6} - \frac{\ln 46}{6}\right] = +\infty$$

Donc $\int_4^{+\infty} \dfrac{x}{3x^2 - 2}\,dx$ diverge, d'où $\sum_{k=4}^{+\infty} \dfrac{k}{3k^2 - 2}$ diverge.

## ● Séries de Riemann

---

**DÉFINITION 6.13**

Une série de la forme $\displaystyle\sum_{k=1}^{+\infty} \frac{1}{k^p} = 1 + \frac{1}{2^p} + \frac{1}{3^p} + \frac{1}{4^p} + \ldots + \frac{1}{n^p} + \ldots$, où $p \in \mathbb{R}$, est appelée **série de Riemann** ou **série-$p$**.

---

**Exemple 1**

a) La série $1 + \dfrac{1}{2^3} + \dfrac{1}{3^3} + \dfrac{1}{4^3} + \ldots + \dfrac{1}{n^3} + \ldots$ est une série de Riemann, où $p = 3$.

b) La série harmonique $\displaystyle\sum_{i=1}^{+\infty} \frac{1}{i}$ est une série de Riemann, où $p = 1$.

En utilisant le critère de l'intégrale, nous pouvons démontrer le théorème suivant.

---

**THÉORÈME 6.16**

**Série de Riemann**

Soit une série de Riemann, $\displaystyle\sum_{k=1}^{+\infty} \frac{1}{k^p}$, où $p \in \mathbb{R}$.

1) Si $p \leq 1$, alors $\displaystyle\sum_{n=1}^{+\infty} \frac{1}{k^p}$ diverge.

2) Si $p > 1$, alors $\displaystyle\sum_{n=1}^{+\infty} \frac{1}{k^p}$ converge.

---

**PREUVE**

Cas où $p = 1$

Lorsque $p = 1$, la série de Riemann s'écrit $\displaystyle\sum_{k=1}^{+\infty} \frac{1}{k^1} = 1 + \frac{1}{2} + \frac{1}{3} + \frac{1}{4} + \ldots + \frac{1}{n} + \ldots$

Ainsi, nous obtenons la série harmonique qui diverge.    (théorème 6.10)

Cas où $p = 0$

Lorsque $p = 0$, la série de Riemann s'écrit $\displaystyle\sum_{k=1}^{+\infty} \frac{1}{k^0} = 1 + 1 + 1 + \ldots + 1 + \ldots$

$$\lim_{n \to +\infty} a_n = \lim_{n \to +\infty} \frac{1}{n^0} = \lim_{n \to +\infty} 1 = 1$$

Puisque $\displaystyle\lim_{n \to +\infty} \frac{1}{n^0} \neq 0$, la série $\displaystyle\sum_{k=1}^{+\infty} \frac{1}{k^0}$ diverge.    (critère du terme général, théorème 6.14)

Cas où $p < 0$

$$\lim_{n \to +\infty} a_n = \lim_{n \to +\infty} \frac{1}{n^p} = \lim_{n \to +\infty} n^{-p} = +\infty \qquad \text{(car } (-p) > 0)$$

Puisque $\lim\limits_{n\to+\infty}\dfrac{1}{n^p}\neq 0$, la série $\sum\limits_{k=1}^{+\infty}\dfrac{1}{k^p}$ diverge. (théorème 6.14)

Cas où $p > 0$ et $p \neq 1$

Utilisons le critère de l'intégrale avec $f(x) = \dfrac{1}{x^p}$ sur $[1, +\infty$.

Cette fonction est positive et continue sur $[1, +\infty$, et

puisque $f'(x) = \dfrac{-p}{x^{p+1}} < 0$, $\forall\, x \in\, ]1, +\infty$, alors elle est décroissante sur $[1, +\infty$.

En calculant $\displaystyle\int_1^{+\infty} f(x)\,dx$, nous obtenons

$$\int_1^{+\infty}\frac{1}{x^p}\,dx = \lim_{M\to+\infty}\int_1^M\frac{1}{x^p}\,dx = \lim_{M\to+\infty}\frac{x^{-p+1}}{-p+1}\bigg|_1^M = \lim_{M\to+\infty}\left[\frac{M^{-p+1}}{-p+1} - \frac{1}{-p+1}\right]$$

$$\text{où } \lim_{M\to+\infty}\left[\frac{M^{-p+1}}{-p+1} - \frac{1}{-p+1}\right] = \begin{cases} +\infty & \text{si} & 0 < p < 1 \\[2mm] \dfrac{1}{p-1} & \text{si} & p > 1 \end{cases}$$

Ainsi $$\int_1^{+\infty}\frac{1}{x^p}\,dx = \begin{cases} +\infty & \text{si} & 0 < p < 1 \\[2mm] \dfrac{1}{p-1} & \text{si} & p > 1 \end{cases}$$

Donc $\displaystyle\int_1^{+\infty}\frac{1}{x^p}\,dx$ diverge si $0 < p < 1$ et $\displaystyle\int_1^{+\infty}\frac{1}{x^p}\,dx$ converge si $p > 1$

d'où $\displaystyle\sum_{k=1}^{+\infty}\frac{1}{k^p}$ diverge si $0 < p < 1$ et $\displaystyle\sum_{k=1}^{+\infty}\frac{1}{k^p}$ converge si $p > 1$

D'où nous pouvons conclure que

1) si $p \leq 1$, alors $\displaystyle\sum_{n=1}^{+\infty}\frac{1}{n^p}$ diverge;

2) si $p > 1$, alors $\displaystyle\sum_{n=1}^{+\infty}\frac{1}{n^p}$ converge.

**Exemple 2**  Déterminons la convergence ou la divergence des séries de Riemann suivantes.

a) $\displaystyle\sum_{k=1}^{+\infty}\frac{1}{k^2} = 1 + \frac{1}{2^2} + \frac{1}{3^2} + \frac{1}{4^2} + \ldots + \frac{1}{n^2} + \ldots$

$p = 2$, $(p > 1)$ donc convergente

b) $\displaystyle\sum_{k=1}^{+\infty}\frac{1}{\sqrt[3]{k^4}} = 1 + \frac{1}{2^{\frac{4}{3}}} + \frac{1}{3^{\frac{4}{3}}} + \frac{1}{4^{\frac{4}{3}}} + \ldots + \frac{1}{n^{\frac{4}{3}}} + \ldots$

$p = \dfrac{4}{3}$, $(p > 1)$ donc convergente

c) $\displaystyle\sum_{k=4}^{+\infty}\frac{5}{\sqrt{k^3}}$, c'est-à-dire $5\left(\displaystyle\sum_{k=4}^{+\infty}\frac{1}{k^{\frac{3}{2}}}\right)$

Série de Riemann dont les trois premiers termes ont été retranchés, $p = \dfrac{3}{2}$, $(p > 1)$ donc convergente

d) $\displaystyle\sum_{k=1}^{+\infty}\frac{1}{\sqrt[5]{k^4}} = 1 + \frac{1}{2^{\frac{4}{5}}} + \frac{1}{3^{\frac{4}{5}}} + \frac{1}{4^{\frac{4}{5}}} + \ldots + \frac{1}{n^{\frac{4}{5}}} + \ldots$

$p = \dfrac{4}{5}$, $(p < 1)$ donc divergente

e) $\displaystyle\sum_{i=1}^{+\infty}\frac{-4}{\sqrt[3]{i}}$, c'est-à-dire $-4\left(\displaystyle\sum_{i=1}^{+\infty}\frac{1}{i^{\frac{1}{3}}}\right)$

$p = \dfrac{1}{3}$, $(p < 1)$ donc divergente

f) $\displaystyle\sum_{j=5}^{+\infty}\frac{1}{\sqrt{j}} = \frac{1}{\sqrt{5}} + \frac{1}{\sqrt{6}} + \frac{1}{\sqrt{7}} + \ldots + \frac{1}{\sqrt{n}} + \ldots$

Série de Riemann dont les quatre premiers termes ont été retranchés, $p = \dfrac{1}{2}$, $(p < 1)$ donc divergente

Représentations graphiques

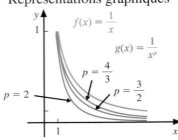

Représentations graphiques

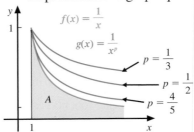

L'aire $A$ est infinie.

Les séries de Riemann peuvent être utilisées pour déterminer la convergence ou la divergence d'autres séries à termes positifs à l'aide du critère de comparaison.

## ● Critère des polynômes

Nous acceptons le théorème suivant sans démonstration.

| **THÉORÈME 6.17**<br>**Critère des polynômes** | Soit la série $\displaystyle\sum_{k=1}^{+\infty} a_k$, où $a_k > 0$ et $a_k = \dfrac{P(k)}{Q(k)}$, $P(k)$ et $Q(k)$ étant deux polynômes de degrés respectifs $p$ et $q$, et soit $d = (q - p)$.<br><br>1) Si $d \leq 1$, alors $\displaystyle\sum_{k=1}^{+\infty} a_k$ diverge.<br><br>2) Si $d > 1$, alors $\displaystyle\sum_{k=1}^{+\infty} a_k$ converge. |
|---|---|

Critère des polynômes

**Exemple 1** Déterminons, à l'aide du critère des polynômes, si les séries suivantes convergent ou divergent.

a) $\displaystyle\sum_{n=4}^{+\infty} \dfrac{n-3}{n^2+7}$

En calculant $d$, nous obtenons $d = 2 - 1 = 1$.

Puisque $d \leq 1$, ainsi $\displaystyle\sum_{n=4}^{+\infty} \dfrac{n-3}{n^2+7}$ diverge.

b) $\displaystyle\sum_{n=1}^{+\infty} \dfrac{n}{n^3+1}$

En calculant $d$, nous obtenons $d = (3 - 1) = 2$.

Puisque $d > 1$, ainsi $\displaystyle\sum_{n=1}^{+\infty} \dfrac{n}{n^3+1}$ converge.

## ● Critère de d'Alembert (critère du rapport)

### Il y a environ 250 ans...

**Jean Le Rond d'Alembert**

**Mathématicien français**

*D*ès 1750, **Jean Le Rond d'Alembert** (1717-1783) est étroitement associé à l'*Encyclopédie* ou *Dictionnaire raisonné des sciences, des arts et des métiers*, l'une des entreprises intellectuelles les plus importantes du XVIIIᵉ siècle, le Siècle des lumières. Vers les années 1760, dans ses *Opuscules mathématiques*, il énonce le critère de convergence connu aujourd'hui sous le nom de critère de d'Alembert. Il est aussi le précurseur de Cauchy, car, contrairement à Euler et aux mathématiciens de son époque, il conçoit la dérivée d'une fonction comme étant la limite du quotient de la variation de la fonction et de la variation de la variable.

Nous acceptons le théorème suivant sans démonstration.

**THÉORÈME 6.18**

**Critère de d'Alembert**

Soit la série $\sum\limits_{k=1}^{+\infty} a_k$, où $a_k > 0$, et soit $R = \lim\limits_{n \to +\infty} \dfrac{a_{n+1}}{a_n}$.

1) Si $R < 1$, alors $\sum\limits_{k=1}^{+\infty} a_k$ converge.

2) Si $R > 1$, alors $\sum\limits_{k=1}^{+\infty} a_k$ diverge.

3) Si $R = 1$, alors nous ne pouvons rien conclure.

Critère de d'Alembert

**Exemple 1** Déterminons, à l'aide du critère de d'Alembert, si les séries suivantes convergent ou divergent.

a) $\sum\limits_{k=1}^{+\infty} \dfrac{1}{k!}$

Calculons $R$, où $R = \lim\limits_{n \to +\infty} \dfrac{a_{n+1}}{a_n} = \lim\limits_{n \to +\infty} \dfrac{\dfrac{1}{(n+1)!}}{\dfrac{1}{n!}}$

$$= \lim\limits_{n \to +\infty} \dfrac{n!}{(n+1)!}$$

$(n+1)! = (n+1)n \ldots (2)(1)$

$(n+1)! = (n+1)n!$

$$= \lim\limits_{n \to +\infty} \dfrac{1}{n+1} \quad \text{(en simplifiant)}$$

$$= 0$$

Puisque $R < 1$, alors $\sum\limits_{k=1}^{+\infty} \dfrac{1}{k!}$ converge.

b) $\sum\limits_{i=1}^{+\infty} \dfrac{3^{i+2}}{2i+1}$

Calculons $R$, où $R = \lim\limits_{n \to +\infty} \dfrac{a_{n+1}}{a_n} = \lim\limits_{n \to +\infty} \dfrac{\dfrac{3^{(n+1)+2}}{2(n+1)+1}}{\dfrac{3^{n+2}}{2n+1}}$

$$= \lim\limits_{n \to +\infty} \dfrac{3^{n+3}}{2n+3} \cdot \dfrac{2n+1}{3^{n+2}}$$

$\lim\limits_{x \to +\infty} \dfrac{3(2x+1)}{2x+3} \overset{\text{RH}}{=} \lim\limits_{x \to +\infty} \dfrac{6}{2}$

$$= \lim\limits_{n \to +\infty} \dfrac{3(2n+1)}{(2n+3)} \quad \text{(en simplifiant)}$$

$= 3$

$$= 3$$

Puisque $R > 1$, alors $\sum\limits_{i=1}^{+\infty} \dfrac{3^{i+2}}{2i+1}$ diverge.

c) $\sum\limits_{n=1}^{+\infty} \dfrac{n}{n^2 - 4}$

Calculons $R$, où $R = \lim\limits_{n \to +\infty} \dfrac{a_{n+1}}{a_n} = \lim\limits_{n \to +\infty} \dfrac{\dfrac{(n+1)}{(n+1)^2 - 4}}{\dfrac{n}{n^2 - 4}}$

$$= \lim\limits_{n \to +\infty} \dfrac{(n+1)(n^2 - 4)}{[(n+1)^2 - 4]n}$$

$$= \lim\limits_{n \to +\infty} \dfrac{n^3 + n^2 - 4n - 4}{n^3 + 2n^2 - 3n}$$

$$= \lim_{n \to +\infty} \frac{n^3 \left( 1 + \dfrac{1}{n} - \dfrac{4}{n^2} - \dfrac{4}{n^3} \right)}{n^3 \left( 1 + \dfrac{2}{n} - \dfrac{3}{n^2} \right)}$$

$$= \lim_{n \to +\infty} \frac{\left( 1 + \dfrac{1}{n} - \dfrac{4}{n^2} - \dfrac{4}{n^3} \right)}{\left( 1 + \dfrac{2}{n} - \dfrac{3}{n^2} \right)}$$

$$= 1$$

Puisque $R = 1$, nous ne pouvons rien conclure sur la convergence ou la divergence de cette série en utilisant le critère de d'Alembert.

Par contre, en utilisant le critère des polynômes, nous avons $p = 1$ et $q = 2$, donc $d = 2 - 1 = 1$. Puisque $d \le 1$, alors $\displaystyle\sum_{n=1}^{+\infty} \frac{n}{n^2 - 4}$ diverge.

Le critère de d'Alembert nous permet souvent de déterminer la convergence ou la divergence d'une série lorsque nous retrouvons dans le terme général de la série une expression de la forme $n!$ ou $a^n$.

## ■ Critère de Cauchy (critère de la racine $n^e$)

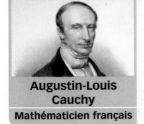
Nous acceptons le théorème suivant sans démonstration.

**THÉORÈME 6.19**

**Critère de Cauchy**

Soit la série $\displaystyle\sum_{k=1}^{+\infty} a_k$, où $a_k > 0$, et soit $R = \displaystyle\lim_{n \to +\infty} \sqrt[n]{a_n}$.

1) Si $R < 1$, alors $\displaystyle\sum_{k=1}^{+\infty} a_k$ converge.

2) Si $R > 1$, alors $\displaystyle\sum_{k=1}^{+\infty} a_k$ diverge.

3) Si $R = 1$, alors nous ne pouvons rien conclure.

Critère de Cauchy

**Exemple 1** Déterminons, à l'aide du critère de Cauchy, si les séries suivantes convergent ou divergent.

a) $\displaystyle\sum_{n=2}^{+\infty} \frac{1}{(\ln n)^n}$

Calculons $R$, où $R = \displaystyle\lim_{n \to +\infty} \sqrt[n]{a_n} = \lim_{n \to +\infty} \left( \frac{1}{(\ln n)^n} \right)^{\frac{1}{n}} = \lim_{n \to +\infty} \frac{1}{\ln n} = 0$

Puisque $R < 1$, alors $\displaystyle\sum_{n=2}^{+\infty} \frac{1}{(\ln n)^n}$ converge.

b) $\displaystyle\sum_{n=1}^{+\infty} \frac{(3n+2)^5 \, 5^n}{n^5}$

Calculons $R$, où $R = \displaystyle\lim_{n \to +\infty} \sqrt[n]{a_n} = \lim_{n \to +\infty} \sqrt[n]{\frac{(3n+2)^5 \, 5^n}{n^5}}$

$$= \lim_{n \to +\infty} 5 \sqrt[n]{\left(\frac{3n+2}{n}\right)^5}$$

$$= 5 \lim_{n \to +\infty} \sqrt[n]{\left(3 + \frac{2}{n}\right)^5}$$

$\displaystyle\lim_{n \to +\infty} \left(3 + \frac{2}{n}\right)^{\frac{5}{n}} = 3^0 = 1$

$$= 5 \lim_{n \to +\infty} \left(3 + \frac{2}{n}\right)^{\frac{5}{n}} = 5$$

Puisque $R > 1$, alors $\displaystyle\sum_{n=1}^{+\infty} \frac{5^n}{n}$ diverge.

Le critère de Cauchy nous permet souvent de déterminer la convergence ou la divergence d'une série lorsque nous retrouvons dans le terme général de la série une expression de la forme $(f(n))^n$.

## ■ Critère de comparaison

| | |
|---|---|
| **THÉORÈME 6.20**<br><br>**Critère de comparaison** | Soit les séries $\displaystyle\sum_{k=1}^{+\infty} a_k$ et $\displaystyle\sum_{k=1}^{+\infty} b_k$ telles que $0 < a_k \le b_k$ pour tout $k \ge 1$.<br><br>1) Si $\displaystyle\sum_{k=1}^{+\infty} b_k$ converge, alors $\displaystyle\sum_{k=1}^{+\infty} a_k$ converge.<br><br>2) Si $\displaystyle\sum_{k=1}^{+\infty} a_k$ diverge, alors $\displaystyle\sum_{k=1}^{+\infty} b_k$ diverge. |

**PREUVE**  Soit $S_n = a_1 + a_2 + \ldots + a_n$ et $T_n = b_1 + b_2 + \ldots + b_n$.

Puisque $a_k \le b_k$ pour tout $k \ge 1$, nous avons $S_n \le T_n$

1) Si $\displaystyle\sum_{k=1}^{+\infty} b_k$ converge, alors $\displaystyle\lim_{n \to +\infty} T_n = T$

ainsi $S_n \le T_n \le T$

De plus, $\{S_n\}$ est une suite croissante (car $a_k \ge 0$) bornée supérieurement,

donc elle converge, c'est-à-dire $\displaystyle\lim_{n \to +\infty} S_n = S$, d'où $\displaystyle\sum_{k=1}^{+\infty} a_k$ converge.  (théorème 6.5)

2) Si $\displaystyle\sum_{k=1}^{+\infty} a_k$ diverge, alors $\displaystyle\lim_{n \to +\infty} S_n = +\infty$

ainsi $\displaystyle\lim_{n \to +\infty} T_n \ge \lim_{n \to +\infty} S_n = +\infty$

Puisque $\{T_n\}$ est une suite divergente, alors $\displaystyle\sum_{k=1}^{+\infty} b_k$ diverge.  (définition 6.9)

**Remarque**  Si $\displaystyle\sum_{k=1}^{+\infty} b_k$ diverge, alors on ne peut rien conclure sur $\displaystyle\sum_{k=1}^{+\infty} a_k$, et

si $\displaystyle\sum_{k=1}^{+\infty} a_k$ converge, alors on ne peut rien conclure sur $\displaystyle\sum_{k=1}^{+\infty} b_k$.

Pour utiliser efficacement le critère de comparaison, il faut comparer la série donnée à une autre série dont on connaît la convergence ou la divergence.

Critère de comparaison

**Exemple 1** Déterminons, à l'aide du critère de comparaison, si les séries suivantes convergent ou divergent.

a) $\displaystyle\sum_{n=1}^{+\infty} \frac{1}{n^2 \ln(n+2)}$

ln (n + 2) ≥ 1, pour n ≥ 1

Puisque $n^2 \ln(n+2) \geq n^2$ pour $n \geq 1$, $\dfrac{1}{n^2 \ln(n+2)} \leq \dfrac{1}{n^2}$

et que $\displaystyle\sum_{n=1}^{+\infty} \frac{1}{n^2}$ converge (série de Riemann où $p = 2$),

alors $\displaystyle\sum_{n=1}^{+\infty} \frac{1}{n^2 \ln(n+2)}$ converge.

b) $\displaystyle\sum_{n=2}^{+\infty} \frac{1}{\sqrt{n}-1}$

Puisque $n \geq (\sqrt{n}-1)$, pour $n \geq 2$, $\dfrac{1}{\sqrt{n}-1} \geq \dfrac{1}{n}$

et que $\displaystyle\sum_{n=2}^{+\infty} \frac{1}{n}$ diverge (série harmonique dont le premier terme a été retranché),

alors $\displaystyle\sum_{n=2}^{+\infty} \frac{1}{\sqrt{n}-1}$ diverge.

Critère de comparaison

**Exemple 2** Déterminons, si c'est possible, à l'aide du critère de comparaison,

si $\displaystyle\sum_{n=1}^{+\infty} \frac{\text{Arc tan } n}{n}$ converge ou diverge.

Puisque Arc tan $n \leq \dfrac{\pi}{2}$ pour $n \geq 1$, $\dfrac{\text{Arc tan } n}{n} \leq \dfrac{\pi}{2n}$

et que $\displaystyle\sum_{n=1}^{+\infty} \frac{\pi}{2n} = \frac{\pi}{2} \sum_{n=1}^{+\infty} \frac{1}{n}$ diverge (série harmonique),

alors on ne peut rien conclure sur la convergence ou la divergence de $\displaystyle\sum_{n=1}^{+\infty} \frac{\text{Arc tan } n}{n}$

Dans l'exemple précédent, nous constatons qu'il est parfois difficile de trouver une série pour laquelle le critère de comparaison s'applique.

Dans de telles situations, le critère suivant, que nous acceptons sans démonstration, peut s'avérer utile.

## ▪ Critère de comparaison à l'aide d'une limite

**THÉORÈME 6.21**

Critère de comparaison à l'aide d'une limite

Soit les séries $\displaystyle\sum_{k=1}^{+\infty} a_k$ et $\displaystyle\sum_{k=1}^{+\infty} b_k$ telles que $a_k > 0$ et $b_k > 0$ pour tout $k \geq 1$ et

soit $L = \displaystyle\lim_{n \to +\infty} \frac{a_n}{b_n}$, où $L \in \mathbb{R}$.

1) Si $L > 0$ et $\displaystyle\sum_{k=1}^{+\infty} b_k$ converge, alors $\displaystyle\sum_{k=1}^{+\infty} a_k$ converge.

2) Si $L > 0$ et $\displaystyle\sum_{k=1}^{+\infty} b_k$ diverge, alors $\displaystyle\sum_{k=1}^{+\infty} a_k$ diverge.

Pour utiliser efficacement le critère de comparaison à l'aide d'une limite, il faut trouver une autre série dont le terme général est comparable et dont on connaît la convergence ou la divergence.

Critère de comparaison à l'aide d'une limite

**Exemple 1** Utilisons le critère de comparaison à l'aide d'une limite pour déterminer si la série $\sum_{n=1}^{+\infty} \dfrac{\text{Arc tan } n}{n}$ de l'exemple 2 précédent converge ou diverge.

Soit $b_n = \dfrac{1}{n}$.

Calculons $L$, où $L = \lim\limits_{n\to+\infty} \dfrac{\dfrac{\text{Arc tan } n}{n}}{\dfrac{1}{n}}$

$$= \lim\limits_{n\to+\infty} \text{Arc tan } n = \dfrac{\pi}{2}$$

Puisque $L \in \mathbb{R}$ et $L > 0$ et que $\sum_{n=1}^{+\infty} \dfrac{1}{n}$ diverge, alors $\sum_{n=1}^{+\infty} \dfrac{\text{Arc tan } n}{n}$ diverge.

Critère de comparaison à l'aide d'une limite

**Exemple 2** Déterminons, en utilisant le critère de comparaison à l'aide d'une limite, si les séries suivantes convergent ou divergent.

a) $\sum_{k=1}^{+\infty} \dfrac{2\sqrt{k} + 7}{(k+1)^2}$

Soit $b_k = \dfrac{k^{\frac{1}{2}}}{k^2} = \dfrac{1}{k^{\frac{3}{2}}}$.

Calculons $L$, où $L = \lim\limits_{k\to+\infty} \dfrac{\dfrac{2\sqrt{k}+7}{(k+1)^2}}{\dfrac{1}{k^{\frac{3}{2}}}}$

$$= \lim\limits_{k\to+\infty} \dfrac{2k^2 + 7k^{\frac{3}{2}}}{k^2 + 2k + 1}$$

$$= \lim\limits_{k\to+\infty} \dfrac{k^2\left(2 + \dfrac{7}{k^{\frac{1}{2}}}\right)}{k^2\left(1 + \dfrac{2}{k} + \dfrac{1}{k^2}\right)}$$

$$= \lim\limits_{k\to+\infty} \dfrac{\left(2 + \dfrac{7}{k^{\frac{1}{2}}}\right)}{\left(1 + \dfrac{2}{k} + \dfrac{1}{k^2}\right)} = 2$$

Puisque $L \in \mathbb{R}$ et $L > 0$ et que $\sum_{k=1}^{+\infty} \dfrac{1}{k^{\frac{3}{2}}}$ converge (série-$p$, où $p > 1$),

alors $\sum_{k=1}^{+\infty} \dfrac{2\sqrt{k}+7}{(k+1)^2}$ converge.

b) $\displaystyle\sum_{k=1}^{+\infty} \sin\left(\frac{4}{\sqrt{k}}\right)$

Soit $b_k = \dfrac{1}{\sqrt{k}}$.

Calculons $L$, où $L = \displaystyle\lim_{k\to+\infty} \dfrac{\sin\left(\dfrac{4}{\sqrt{k}}\right)}{\dfrac{1}{\sqrt{k}}}$ $\qquad\left(\text{ind. } \dfrac{0}{0}\right)$

$\displaystyle = \lim_{x\to+\infty} \dfrac{\sin\left(\dfrac{4}{\sqrt{x}}\right)}{\dfrac{1}{\sqrt{x}}}$ $\qquad\left(\text{théorème 6.1, ind. } \dfrac{0}{0}\right)$

$\displaystyle \overset{RH}{=} \lim_{x\to+\infty} \dfrac{\cos\left(\dfrac{4}{\sqrt{x}}\right)\left(-2x^{\frac{-3}{2}}\right)}{\dfrac{-1}{2}x^{\frac{-3}{2}}}$

$\displaystyle = 4 \lim_{x\to+\infty} \cos\left(\dfrac{4}{\sqrt{x}}\right) = 4$ $\qquad\left(\text{car } \lim_{x\to+\infty} \cos\left(\dfrac{4}{\sqrt{x}}\right) = 1\right)$

Puisque $L \in \mathbb{R}$ et $L > 0$ et que $\displaystyle\sum_{k=1}^{+\infty} \dfrac{1}{\sqrt{x}}$ diverge (série-$p$, où $p < 1$),

alors $\displaystyle\sum_{k=1}^{+\infty} \sin\left(\dfrac{4}{\sqrt{k}}\right)$ diverge.

Il est parfois difficile de choisir un test adéquat pour déterminer la convergence ou la divergence d'une série. Le tableau suivant présente une démarche possible pour déterminer la convergence ou la divergence d'une série à termes positifs.

1) Utiliser le critère du terme général.

2) Vérifier si c'est une série
   a) de Riemann ; si c'est le cas, utiliser le critère de la série de Riemann ;
   b) dont le terme général est un quotient de polynômes ; si c'est le cas, utiliser le critère des polynômes ;
   c) géométrique ; si c'est le cas, utiliser le critère de la série géométrique.

Choix de critère

3) Dans le cas où aucun des critères précédents ne s'applique,
   a) si le terme général est facile à intégrer, utiliser le critère de l'intégrale ;
   b) si le terme général contient des expressions de la forme $n!$ ou $a^n$, utiliser le critère de d'Alembert ;
   c) si le terme général contient des expressions de la forme $(f(n))^n$, utiliser le critère de Cauchy.

4) Dans le cas où le terme général est comparable au terme général d'une série dont on connaît la convergence ou la divergence,
   a) utiliser le critère de comparaison ;
   b) utiliser le critère de comparaison à l'aide d'une limite.

# Exercices 6.3

**1.** Compléter le tableau suivant.

| | Calculs à effectuer | Conclusion |
|---|---|---|
| Critère du terme général | | |
| Série géométrique | | |
| Critère de l'intégrale | | |
| Série de Riemann | | |
| Critère de comparaison | | |
| Critère de comparaison à l'aide d'une limite | | |
| Critère des polynômes | | |
| Critère de d'Alembert | | |
| Critère de Cauchy | | |

**2.** Déterminer, à l'aide du critère du terme général, si les séries suivantes divergent ou si nous ne pouvons rien conclure sur la convergence ou la divergence de la série.

a) $\displaystyle\sum_{n=1}^{+\infty} \frac{3n+4}{n}$

b) $\displaystyle\sum_{n=10}^{+\infty} \left(1+\frac{1}{n^2}\right)$

c) $\displaystyle\sum_{n=1}^{+\infty} \frac{n+1}{n^2}$

d) $1 + 1 + \dfrac{1}{2} + \dfrac{1}{6} + \dfrac{1}{24} + \dfrac{1}{120} + \ldots$

e) $\dfrac{1}{105} + \dfrac{2}{205} + \dfrac{3}{305} + \dfrac{4}{405} + \ldots$

f) $\dfrac{5}{\ln 2} + \dfrac{7}{\ln 3} + \dfrac{9}{\ln 4} + \dfrac{11}{\ln 5} + \ldots$

**3.** Déterminer, à l'aide du critère de l'intégrale, si les séries suivantes convergent ou divergent. Pour les séries convergentes, déterminer les valeurs de $b$ et de $c$, du corollaire du critère de l'intégrale, telles que $b \leq \displaystyle\sum_{k=i}^{+\infty} a_k \leq c$.

a) $\displaystyle\sum_{n=1}^{+\infty} \frac{1}{\sqrt{n}}$

b) $\displaystyle\sum_{k=4}^{+\infty} \frac{7}{k-3}$

c) $\displaystyle\sum_{n=3}^{+\infty} \frac{1}{(5n+1)^{\frac{3}{2}}}$

d) $\dfrac{1}{e} + \dfrac{2}{e^4} + \dfrac{3}{e^9} + \dfrac{4}{e^{16}} + \ldots$

e) $\dfrac{2}{3} + \dfrac{3}{8} + \dfrac{4}{15} + \dfrac{5}{24} + \ldots$

f) $\dfrac{1}{2} + \dfrac{1}{5} + \dfrac{1}{10} + \dfrac{1}{17} + \ldots$

**4.** Déterminer si les séries de Riemann suivantes convergent ou divergent.

a) $1 + \dfrac{1}{\sqrt[3]{2}} + \dfrac{1}{\sqrt[3]{3}} + \dfrac{1}{\sqrt[3]{4}} + \ldots$

b) $1 + \dfrac{1}{8} + \dfrac{1}{27} + \dfrac{1}{64} + \ldots$

**5.** Soit les séries $\displaystyle\sum_{k=1}^{+\infty} a_k$ et $\displaystyle\sum_{k=1}^{+\infty} b_k$ telles que $0 < a_k \leq b_k$ pour tout $k \geq 1$. Compléter les énoncés par une des expressions suivantes : converge ; diverge ; peut converger ou peut diverger, ainsi nous ne pouvons rien conclure.

a) Si $\displaystyle\sum_{k=1}^{+\infty} b_k = S$, alors $\displaystyle\sum_{k=1}^{+\infty} a_k \ldots$

b) Si $\displaystyle\sum_{k=1}^{+\infty} b_k = +\infty$, alors $\displaystyle\sum_{k=1}^{+\infty} a_k \ldots$

c) Si $\displaystyle\sum_{k=1}^{+\infty} a_k = S$, alors $\displaystyle\sum_{k=1}^{+\infty} b_k \ldots$

d) Si $\displaystyle\sum_{k=1}^{+\infty} a_k = +\infty$, alors $\displaystyle\sum_{k=1}^{+\infty} b_k \ldots$

**6.** Déterminer, à l'aide du critère des polynômes, si les séries suivantes convergent ou divergent.

a) $\displaystyle\sum_{n=1}^{+\infty} \frac{1}{n^2 + 5}$

b) $\displaystyle\sum_{n=1}^{+\infty} \frac{3n^5 + 1}{(n^2 + 1)^3}$

c) $\displaystyle\sum_{n=3}^{+\infty} \frac{5n^4 + 3n^3}{(n^2 - 1)(n^2 + 1)}$

d) $2 + \dfrac{5}{8} + \dfrac{8}{27} + \dfrac{11}{64} + \ldots$

**7.** Déterminer, à l'aide du critère de d'Alembert, si les séries suivantes convergent ou divergent. Dans le cas où le critère de d'Alembert ne nous permettrait pas de tirer une conclusion, utiliser un autre critère.

a) $\displaystyle\sum_{n=1}^{+\infty} \frac{3^n}{n!}$

b) $\displaystyle\sum_{n=0}^{+\infty} \frac{1}{n^2 + 1}$

c) $\displaystyle\sum_{n=1}^{+\infty} \frac{4^n}{2n + 3}$

d) $\displaystyle\sum_{n=4}^{+\infty} \frac{n}{e^n}$

e) $\displaystyle\sum_{n=1}^{+\infty} \frac{n!}{e^n}$

f) $\displaystyle\sum_{n=1}^{+\infty} \frac{n^n}{n!}$

**8.** Déterminer, à l'aide du critère de Cauchy, si les séries suivantes convergent ou divergent. Dans le cas où le critère de Cauchy ne nous permettrait pas de tirer une conclusion, utiliser un autre critère.

a) $\displaystyle\sum_{k=1}^{+\infty} \frac{2^k}{k^k}$

b) $\displaystyle\sum_{k=5}^{+\infty} \frac{e^k}{k^3}$

c) $\displaystyle\sum_{n=1}^{+\infty} \frac{1}{n^2}$

d) $\displaystyle\sum_{n=1}^{+\infty} \left(\frac{2n^2 + 5}{3n^2}\right)^n$

**9.** Déterminer, à l'aide du critère de comparaison, si les séries suivantes convergent ou divergent.

a) $\displaystyle\sum_{n=1}^{+\infty} \frac{1}{n^2+5}$

c) $\displaystyle\sum_{n=1}^{+\infty} \frac{1}{3^n+n}$

b) $\displaystyle\sum_{k=1}^{+\infty} \frac{5k+4}{5k^2-1}$

d) $2 + \dfrac{2}{3} + \dfrac{2}{7} + \dfrac{2}{15} + \dfrac{2}{31} + \ldots$

**10.** Déterminer, à l'aide du critère de comparaison à l'aide d'une limite, si les séries suivantes convergent ou divergent.

a) $\displaystyle\sum_{k=1}^{+\infty} \frac{1}{4^k-3}$

c) $\displaystyle\sum_{k=8}^{+\infty} \frac{1}{k\sqrt{k^3+1}}$

b) $\displaystyle\sum_{n=1}^{+\infty} \sin\left(\frac{1}{3n}\right)$

d) $\displaystyle\sum_{n=1}^{+\infty} \frac{\sqrt{n}}{n^2+\cos n}$

**11.** Déterminer, en indiquant le critère utilisé, si les séries suivantes convergent (C) ou divergent (D).

a) $\displaystyle\sum_{n=1}^{+\infty} \frac{1}{(n+1)^2}$

g) $\displaystyle\sum_{n=2}^{+\infty} \frac{n}{\ln n}$

b) $\displaystyle\sum_{n=3}^{+\infty} \frac{(n+7)}{n!}$

h) $\displaystyle\sum_{n=3}^{+\infty} \frac{\sqrt{n}}{\sqrt{n^2+5}}$

c) $\displaystyle\sum_{n=1}^{+\infty} \left(\frac{n}{2n+7}\right)^n$

i) $\displaystyle\sum_{n=3}^{+\infty} \frac{\sqrt{n}}{n^2+5}$

d) $\displaystyle\sum_{k=1}^{+\infty} \frac{2^k}{7k}$

j) $\displaystyle\sum_{n=4}^{+\infty} \frac{e^{-\sqrt{n}}}{\sqrt{n}}$

e) $\displaystyle\sum_{n=1}^{+\infty} \frac{\text{Arc}\tan n}{n^2+1}$

k) $\displaystyle\sum_{n=4}^{+\infty} \frac{e^{\sqrt{n}}}{\sqrt{n}}$

f) $\displaystyle\sum_{n=1}^{+\infty} \frac{1}{7\sqrt{n}-1}$

l) $\displaystyle\sum_{k=1}^{+\infty} \frac{1}{\left(\frac{1}{3}\right)^k+5^k}$

**12.** Déterminer si les séries suivantes convergent (C) ou divergent (D).

a) $\displaystyle\sum_{k=1}^{+\infty} ke^{-k}$

f) $\displaystyle\sum_{k=2}^{+\infty} \frac{1}{k\sqrt{\ln k}}$

b) $\displaystyle\sum_{n=1}^{+\infty} \frac{1}{n^n}$

g) $\displaystyle\sum_{k=2}^{+\infty} \frac{1}{k\ln^3 k}$

c) $\displaystyle\sum_{k=1}^{+\infty} \sin^2\left(\frac{k\pi}{2}\right)$

h) $\displaystyle\sum_{n=0}^{+\infty} \frac{e^n}{n!}$

d) $\displaystyle\sum_{n=8}^{+\infty} \frac{1}{2\sqrt[3]{n}-1}$

i) $\displaystyle\sum_{n=1}^{+\infty} \sin\left(\frac{1}{n^2}\right)$

e) $\displaystyle\sum_{n=1}^{+\infty} \frac{2n+1}{n(1+n^2)}$

j) $\displaystyle\sum_{n=1}^{+\infty} \left(\frac{3n}{1+n^2}\right)^n$

**13.** Déterminer si les séries suivantes convergent (C) ou divergent (D).

a) $\dfrac{1}{3^2} + \dfrac{1}{6^2} + \dfrac{1}{9^2} + \dfrac{1}{12^2} + \dfrac{1}{15^2} + \ldots$

b) $\dfrac{1}{e} + \dfrac{4}{e^8} + \dfrac{9}{e^{27}} + \dfrac{16}{e^{64}} + \dfrac{25}{e^{125}} + \ldots$

c) $\dfrac{1}{3} + \dfrac{2}{5} + \dfrac{3}{7} + \dfrac{4}{9} + \dfrac{5}{11} + \ldots$

d) $\dfrac{1}{2} + \dfrac{2}{5} + \dfrac{3}{10} + \dfrac{4}{17} + \dfrac{5}{26} + \ldots$

e) $\dfrac{3}{4} + \dfrac{9}{8} + \dfrac{27}{12} + \dfrac{81}{16} + \dfrac{243}{20} + \ldots$

f) $\dfrac{1}{9} + \dfrac{8}{27} + \dfrac{1}{3} + \dfrac{64}{243} + \dfrac{125}{729} + \ldots$

# 6.4 Séries alternées, convergence absolue et convergence conditionnelle

## Objectifs d'apprentissage

À la fin de cette section, l'élève pourra déterminer si une série alternée converge et également déterminer si elle converge absolument.

Plus précisément, l'élève sera en mesure :

- de déterminer si une série alternée converge ou diverge ;
- d'évaluer approximativement la somme d'une série alternée convergente ;
- de déterminer si une série est absolument convergente ou conditionnellement convergente.

$$S = 1 - \frac{1}{2} + \frac{1}{3} - \frac{1}{4} + \frac{1}{5} - \frac{1}{6} + \ldots + \frac{(-1)^{n+1}}{n} + \ldots$$

$$S \approx \left(1 - \frac{1}{2} + \frac{1}{3} - \frac{1}{4}\right) \text{ où l'erreur maximale } E \leq \frac{1}{5}$$

Dans cette section, nous étudierons des séries alternées, c'est-à-dire des séries où les termes sont alternativement positifs et négatifs.

Nous énoncerons d'abord un critère permettant de déterminer si une série alternée converge ou diverge, et nous déterminerons ensuite si une série alternée converge absolument ou conditionnellement.

## ■ Séries alternées

<table>
<tr><td>**DÉFINITION 6.14**</td><td>Une **série alternée** est une série de la forme

$$a_1 - a_2 + a_3 - a_4 + \ldots + (-1)^{n+1} a_n + \ldots, \text{ c'est-à-dire } \sum_{k=1}^{+\infty} (-1)^{k+1} a_k, \text{ où } a_k > 0$$

ou de la forme

$$-a_1 + a_2 - a_3 + a_4 - \ldots + (-1)^n a_n + \ldots, \quad \text{c'est-à-dire } \sum_{k=1}^{+\infty} (-1)^k a_k, \text{ où } a_k > 0$$
</td></tr>
</table>

### Exemple 1

a) La série $\sum_{i=1}^{+\infty} (-1)^i \dfrac{1}{i} = -1 + \dfrac{1}{2} - \dfrac{1}{3} + \ldots + \dfrac{(-1)^n}{n} + \ldots$ est une série alternée.

Cette série est appelée série harmonique alternée.

b) La série $\sum_{i=11}^{+\infty} \dfrac{(-1)^{i+1}}{i^2} = \dfrac{1}{11^2} - \dfrac{1}{12^2} + \dfrac{1}{13^2} - \dfrac{1}{14^2} + \ldots + \dfrac{(-1)^{n+1}}{n^2} + \ldots$ est une série alternée.

Cette série est une série de Riemann alternée où $p = 2$, à laquelle nous avons retranché les dix premiers termes.

### Il y a environ 300 ans...

**Gottfried Wilhelm Leibniz**
**Mathématicien allemand**

*E*n 1703, dans une correspondance avec le mathématicien italien Guido Grandi (1671-1742), **Gottfried Wilhelm Leibniz** présente son critère de convergence pour les séries alternées. Il propose aussi $\dfrac{1}{2}$ pour la valeur de la somme de la série infinie $1 - 1 + 1 - 1 + \ldots$ Il est sûr de lui, car on a symboliquement $1 = (1 + x)(1 - x + x^2 - x^3 + \ldots)$ et donc $\dfrac{1}{1 + x} = 1 - x + x^2 - x^3 + \ldots$ Dès lors, en posant $x = 1$, on semble bien avoir $\dfrac{1}{2} = 1 - 1 + 1 - 1 + \ldots$ Pourtant, cette dernière série ne satisfait pas le critère de convergence de Leibniz. Comme quoi le symbolisme entraîne parfois le meilleur mathématicien vers des sables mouvants. Grandi en a tiré pour sa part que $0 = \dfrac{1}{2} = 1$, d'où il peut conclure que l'Univers a été créé à partir du néant.

<table>
<tr><td>**THÉORÈME 6.22**

**Critère de la série alternée**
**ou**
**Critère de Leibniz**</td><td>Soit les séries alternées $\sum_{k=1}^{+\infty} (-1)^k a_k$ et $\sum_{k=1}^{+\infty} (-1)^{k+1} a_k$, où $a_k > 0$.

  1) Si $\lim_{k \to +\infty} a_k = 0$ et

  2) si la suite $\{a_k\}$ est décroissante à partir d'un certain indice,

alors les séries $\sum_{k=1}^{+\infty} (-1)^k a_k$ et $\sum_{k=1}^{+\infty} (-1)^{k+1} a_k$ convergent.
</td></tr>
</table>

6

▶

**PREUVE**  Nous allons démontrer le théorème dans le cas particulier d'une série alternée

de la forme $\displaystyle\sum_{k=1}^{+\infty} (-1)^{k+1} a_k$.

Considérons la suite des sommes partielles $\{S_{2n}\}$ d'un nombre pair de termes.

$$S_2 = a_1 - a_2$$
$$S_4 = a_1 - a_2 + a_3 - a_4$$
$$S_6 = a_1 - a_2 + a_3 - a_4 + a_5 - a_6$$
$$\vdots$$
$$S_{2n} = a_1 - a_2 + a_3 - a_4 + \ldots + a_{2n-1} - a_{2n}$$

En regroupant les termes de la façon suivante :

$$S_2 = (a_1 - a_2)$$
$$S_4 = (a_1 - a_2) + (a_3 - a_4)$$
$$S_6 = (a_1 - a_2) + (a_3 - a_4) + (a_5 - a_6)$$
$$\vdots$$
$$S_{2n} = (a_1 - a_2) + (a_3 - a_4) + \ldots + (a_{2n-1} - a_{2n})$$
$$S_{2n+2} = (a_1 - a_2) + (a_3 - a_4) + \ldots + (a_{2n-1} - a_{2n}) + (a_{2n+1} - a_{2n+2})$$

Puisque $a_1 > a_2 > a_3 > a_4 > \ldots > a_{2n-1} > a_{2n} > a_{2n+1} > a_{2n+2} > \ldots > 0$,

nous avons $(a_1 - a_2) > 0$, $(a_3 - a_4) > 0$, ..., $(a_{2n-1} - a_{2n}) > 0$ et $(a_{2n+1} - a_{2n+2}) > 0$

Ainsi $S_2 < S_4 < S_6 < \ldots < S_{2n} < S_{2n+2} < \ldots$

donc $\{S_{2n}\}$ est croissante.

De plus,    $S_2 = [a_1 - a_2] < a_1$    (car $a_2 > 0$)

$S_4 = [a_1 - (a_2 - a_3) - a_4] < a_1$    (car $(a_2 - a_3) > 0$ et $a_4 > 0$)

$S_6 = [a_1 - (a_2 - a_3) - (a_4 - a_5) - a_6] < a_1$

$$\vdots$$

$S_{2n} = [a_1 - (a_2 - a_3) - (a_4 - a_5) - \ldots - (a_{2n-2} - a_{2n-1}) - a_{2n}] < a_1$

Donc $\{S_{2n}\}$ est bornée supérieurement.

Puisque la suite $\{S_{2n}\}$ est croissante et bornée supérieurement, alors la suite $\{S_{2n}\}$ converge (théorème 6.5), ainsi $\displaystyle\lim_{n \to +\infty} S_{2n} = S$.

De plus, puisque    $S_{2n+1} = S_{2n} + a_{2n+1}$

$$\lim_{n \to +\infty} S_{2n+1} = \lim_{n \to +\infty} (S_{2n} + a_{2n+1})$$
$$= \lim_{n \to +\infty} S_{2n} + \lim_{n \to +\infty} a_{2n+1} \qquad \text{(théorème 6.2 a))}$$
$$= S + 0 \qquad \left( \text{car } \lim_{k \to +\infty} a_k = 0 \right)$$
$$= S$$

Comme les suites des sommes partielles paires $\{S_{2n}\}$ et impaires $\{S_{2n+1}\}$ convergent vers $S$, nous avons $\displaystyle\lim_{n \to +\infty} S_n = S$

d'où la série alternée $\displaystyle\sum_{k=1}^{+\infty} (-1)^{k+1} a_k$ converge vers $S$.

La preuve pour une série alternée de la forme $\displaystyle\sum_{k=1}^{+\infty} (-1)^k a_k$ est analogue.

**Remarque** Si $\lim\limits_{k\to+\infty} a_k \neq 0$, alors la série alternée diverge (théorème 6.13). Par contre, si $\lim\limits_{k\to+\infty} a_k = 0$ et si la suite $\{a_k\}$ n'est pas décroissante à partir d'un certain indice, alors nous ne pouvons rien conclure sur la convergence ou la divergence de la série alternée.

Critère de la série alternée

**Exemple 2** Déterminons, si c'est possible, à l'aide du critère de la série alternée, si les séries suivantes convergent ou divergent.

a) La série harmonique alternée $\displaystyle\sum_{k=1}^{+\infty} \frac{(-1)^{k+1}}{k}$

   1) $\lim\limits_{k\to+\infty} \dfrac{1}{k} = 0$

   2) La suite $\left\{\dfrac{1}{k}\right\}$ est décroissante, car en posant $f(x) = \dfrac{1}{x}$, où $x \in [1, +\infty$, nous obtenons

   $f'(x) = \dfrac{-1}{x^2} < 0$ pour $x \in ]1, +\infty$

La série harmonique alternée est convergente.

D'où $\displaystyle\sum_{k=1}^{+\infty} \frac{(-1)^{k+1}}{k}$ converge. *(théorème 6.22)*

b) $\displaystyle\sum_{n=1}^{+\infty} \frac{(-1)^n (n+4)}{n}$

$\lim\limits_{x\to+\infty} \dfrac{x+4}{x} \overset{\text{RH}}{=} \lim\limits_{x\to+\infty} \dfrac{1}{1} = 1$

   1) $\lim\limits_{n\to+\infty} \dfrac{n+4}{n} = 1 \neq 0$

   D'où $\displaystyle\sum_{n=1}^{+\infty} \frac{(-1)^n (n+4)}{n}$ diverge. *(théorème 6.13)*

c) $\displaystyle\sum_{n=10}^{+\infty} \frac{(-1)^{n+1}(2+\sin n)}{n^2}$

   1) Calculons $\lim\limits_{n\to+\infty} \dfrac{2+\sin n}{n^2}$

$-1 \leq \sin n \leq 1$

$1 \leq 2+\sin n \leq 3$

   Puisque $\dfrac{1}{n^2} \leq \dfrac{2+\sin n}{n^2} \leq \dfrac{3}{n^2}$ et que $\lim\limits_{n\to+\infty} \dfrac{1}{n^2} = 0$ et $\lim\limits_{n\to+\infty} \dfrac{3}{n^2} = 0$

   $\lim\limits_{n\to+\infty} \dfrac{2+\sin n}{n^2} = 0$ *(théorème 6.3, théorème sandwich)*

   2) Vérifions si la suite $\dfrac{2+\sin n}{n^2}$ est décroissante à partir d'un certain indice.

   En posant $f(x) = \dfrac{2+\sin x}{x^2}$, où $x \in [10, +\infty$, nous obtenons

   $f'(x) = \dfrac{(\cos x)\, x^2 - 2x(2+\sin x)}{x^4} = \dfrac{x\cos x - (4+2\sin x)}{x^3}$

   $f$ est décroissante si $f'(x) < 0$, pour $x \in ]10, +\infty$

   Or, si $x = 4\pi,\, 6\pi,\, 8\pi,\, \ldots,\, 2k\pi,\, \ldots$, où $k \in 2, 3, 4, \ldots$, nous avons

**6**

$$f'(4\pi) = \frac{4\pi \cos 4\pi - (4 + 2\sin 4\pi)}{(4\pi)^3} = \frac{4\pi - 4}{(4\pi)^3} > 0$$

$$f'(6\pi) = \frac{6\pi - 4}{(6\pi)^3} > 0, \text{ et de façon générale,}$$

$$f'(2k\pi) = \frac{2k\pi - 4}{(2k\pi)^3} > 0$$

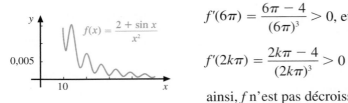

ainsi, $f$ n'est pas décroissante sur $[10, +\infty$

Donc, on ne peut conclure que la suite $\left\{\dfrac{2 + \sin n}{n^2}\right\}$ est décroissante à partir d'un certain indice.

D'où on ne peut rien conclure sur la convergence ou la divergence de la série
$$\sum_{n=10}^{+\infty} \frac{(-1)^{n+1}(2 + \sin n)}{n^2}$$

Nous énonçons maintenant un théorème qui nous permet de calculer approximativement la somme $S$ d'une série alternée convergente.

**THÉORÈME 6.23** Soit $S = \sum_{k=1}^{+\infty} (-1)^{k+1} a_k \left(\text{ou } S = \sum_{k=1}^{+\infty} (-1)^k a_k\right)$, la somme des termes d'une série alternée convergente, où $a_k > 0$.

Si $a_1 \geq a_2 \geq a_3 \geq \ldots \geq a_n \geq \ldots$ et $\lim_{n\to+\infty} a_n = 0$, alors $|S - S_n| \leq a_{n+1}$

Illustrons sur la droite réelle les sommes partielles $S_1$, $S_2$, $S_3$, ..., d'une série alternée de la forme $\sum_{k=1}^{+\infty} (-1)^{k+1} a_k$, où $\{a_k\}$ est strictement décroissante pour tout $k$ et

$\lim_{k\to+\infty} a_k = 0$, où $S = \sum_{k=1}^{+\infty} (-1)^{k+1} a_k$.

Dans ce cas, nous avons

$$|S - S_1| < a_2$$
$$|S - S_2| < a_3$$
$$\vdots$$
$$|S - S_n| < a_{n+1}$$

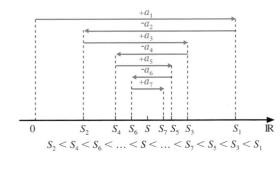

Ce théorème signifie qu'en calculant approximativement $S$ à l'aide de $S_n$, où $S_n = \sum_{k=1}^{n} (-1)^{k+1} a_k$,

l'erreur $E$ maximale commise est inférieure ou égale au premier terme non utilisé dans la somme partielle, c'est-à-dire $E \leq a_{n+1}$, ainsi

$$S = S_n \pm a_{n+1}$$

**Exemple 3** Soit la série convergente $\displaystyle\sum_{k=1}^{+\infty} \frac{(-1)^{k+1}}{k}$ (voir l'exemple 2 a) précédent, page 357).

a) Évaluons approximativement $S$, la somme de cette série, à l'aide de $S_4$, et déterminons l'erreur maximale $E$ commise.

Soit $S = \underbrace{1 - \dfrac{1}{2} + \dfrac{1}{3} - \dfrac{1}{4}}_{S_4} + \underbrace{\dfrac{1}{5}}_{a_5} - \dfrac{1}{6} + \dfrac{1}{7} - \dfrac{1}{8} + \ldots$

donc $S_4 = 0,58\overline{3}$

Ainsi $\qquad |S - S_4| \leq a_5 \qquad$ (théorème 6.23)

$$|S - 0,58\overline{3}| \leq \frac{1}{5}$$

$$0,58\overline{3} - 0,2 \leq S \leq 0,58\overline{3} + 0,2$$

donc $S = 0,58\overline{3} \pm 0,2$

d'où $S \approx 0,58\overline{3}$ et $E \leq 0,2$, c'est-à-dire $0,38\overline{3} \leq S \leq 0,78\overline{3}$

b) Évaluons approximativement $S$, la somme de cette série, à l'aide de $S_7$, et déterminons l'erreur maximale $E$ commise.

Soit $S = \underbrace{1 - \dfrac{1}{2} + \dfrac{1}{3} - \dfrac{1}{4} + \dfrac{1}{5} - \dfrac{1}{6} + \dfrac{1}{7}}_{S_7} - \underbrace{\dfrac{1}{8}}_{a_8} + \dfrac{1}{9} - \dfrac{1}{10} + \ldots$

donc $S \approx \left(1 - \dfrac{1}{2} + \dfrac{1}{3} - \dfrac{1}{4} + \dfrac{1}{5} - \dfrac{1}{6} + \dfrac{1}{7}\right)$ et $E \leq \dfrac{1}{8}$

d'où $S \approx 0,7595$ et $E \leq 0,125$, c'est-à-dire $0,634\ldots \leq S \leq 0,884\ldots$

**Remarque** Nous constatons que l'approximation est meilleure lorsque le nombre de termes utilisés augmente.

c) Déterminons, pour la série précédente, la valeur de $n$ permettant d'évaluer approximativement $S$ avec $E < 0,05$, et évaluons approximativement $S$.

$n + 1 > \dfrac{1}{0,05}$

$n > 20 - 1$

$n > 19$

Puisque $E \leq a_{n+1} = \dfrac{1}{n+1}$, il suffit de déterminer $n$ tel que $\dfrac{1}{n+1} < 0,05$.

En résolvant l'inéquation précédente, nous obtenons $n > 19$, donc $n = 20$ est suffisant.

Ainsi $S \approx 1 - \dfrac{1}{2} + \dfrac{1}{3} - \dfrac{1}{4} + \ldots + \dfrac{1}{19} - \dfrac{1}{20}$ et $E \leq \dfrac{1}{21} < 0,05$

d'où $S \approx 0,6688$, c'est-à-dire $0,618\ldots < S < 0,718\ldots$

## ● Convergence absolue et convergence conditionnelle

**DÉFINITION 6.15** Une série $\displaystyle\sum_{k=1}^{+\infty} a_k$, où $a_k \in \mathbb{R}$, est **absolument convergente** si $\displaystyle\sum_{k=1}^{+\infty} |a_k|$ converge.

**Exemple 1** Déterminons si la série $\displaystyle\sum_{k=1}^{+\infty} \frac{(-1)^{k+1}}{k^2} = 1 - \frac{1}{4} + \frac{1}{9} - \frac{1}{16} + \frac{1}{25} - \frac{1}{36} + \ldots$ est absolument convergente.

Il faut vérifier si $\displaystyle\sum_{k=1}^{+\infty} \left| \frac{(-1)^{k+1}}{k^2} \right|$ converge. Puisque $\displaystyle\sum_{k=1}^{+\infty} \left| \frac{(-1)^{k+1}}{k^2} \right| = \sum_{k=1}^{+\infty} \frac{1}{k^2}$,

qui est une série-$p$, où $p = 2$, cette série est convergente, car $p > 1$

d'où $\displaystyle\sum_{k=1}^{+\infty} \frac{(-1)^{k+1}}{k^2}$ est absolument convergente.

**Remarque** Pour déterminer si une série est absolument convergente, il suffit d'utiliser un des critères étudiés auparavant pour les séries à termes positifs. Par exemple,

pour le critère de d'Alembert, nous devons évaluer $\displaystyle\lim_{n\to+\infty} \left| \frac{a_{n+1}}{a_n} \right|$ et, à partir du résultat

obtenu, déterminer si la série $\displaystyle\sum_{k=1}^{+\infty} |a_k|$ converge ou diverge.

**Exemple 2** Déterminons si la série $\displaystyle\sum_{k=1}^{+\infty} \frac{(-1)^k \, 2^k}{k!}$ est absolument convergente.

Soit
$$R = \lim_{n\to+\infty} \left| \frac{a_{n+1}}{a_n} \right| = \lim_{n\to+\infty} \left| \frac{\dfrac{(-1)^{n+1} \, 2^{n+1}}{(n+1)!}}{\dfrac{(-1)^n \, 2^n}{n!}} \right|$$
$$= \lim_{n\to+\infty} \frac{2^{n+1} \, n!}{(n+1)! \, 2n}$$
$$= \lim_{n\to+\infty} \frac{2}{n+1} = 0$$

Puisque $R < 1$, alors $\displaystyle\sum_{k=1}^{+\infty} \frac{(-1)^k \, 2^k}{k!}$ est absolument convergente.

**THÉORÈME 6.24** Si $\displaystyle\sum_{k=1}^{+\infty} |a_k|$ converge, alors $\displaystyle\sum_{k=1}^{+\infty} a_k$ converge.

Ce théorème signifie que toute série absolument convergente est convergente.

**Exemple 3**

La série $\displaystyle\sum_{k=1}^{+\infty} \frac{(-1)^k \, 2^k}{k!}$, qui est absolument convergente (voir l'exemple 2 précédent), est également convergente (théorème 6.24).

**Exemple 4** Démontrons que $\displaystyle\sum_{n=10}^{+\infty} \frac{(-1)^{n+1}(2+\sin n)}{n^2}$ est convergente.

Puisque $\left| \dfrac{(-1)^{n+1}(2+\sin n)}{n^2} \right| \le \dfrac{3}{n^2}$  (car $(2+\sin n) \le 3$)

et que $\displaystyle\sum_{n=10}^{+\infty} \frac{3}{n^2}$ converge  (critère des polynômes, où $d = 2 - 0 = 2 > 1$)

alors $\displaystyle\sum_{n=10}^{+\infty} \left| \frac{(-1)^{n+1}(2+\sin n)}{n^2} \right|$ est convergente  (critère de comparaison)

d'où $\displaystyle\sum_{n=10}^{+\infty} \frac{(-1)^{n+1}(2+\sin n)}{n^2}$ converge.  (théorème 6.24)

Le théorème 6.24 s'applique également aux séries dont les termes ne sont pas tous positifs.

**Exemple 5** Soit $\displaystyle\sum_{n=1}^{+\infty} \frac{\sin n}{n^5}$.

a) Explicitons les premiers termes de $\displaystyle\sum_{n=1}^{+\infty} \frac{\sin n}{n^5}$.

$$\sum_{n=1}^{+\infty} \frac{\sin n}{n^5} = 0{,}841\ldots + \frac{0{,}909\ldots}{2^5} + \frac{0{,}141\ldots}{3^5} - \frac{0{,}756\ldots}{4^5} - \frac{0{,}958\ldots}{5^5} - \cdots$$

b) Démontrons que $\displaystyle\sum_{n=1}^{+\infty} \frac{\sin n}{n^5}$ converge.

Puisque $\left| \dfrac{\sin n}{n^5} \right| \le \dfrac{1}{n^5}$  (car $|\sin n| \le 1$)

et que $\displaystyle\sum_{n=1}^{+\infty} \frac{1}{n^5}$ converge  (série de Riemann, où $p = 5$)

alors $\displaystyle\sum_{n=1}^{+\infty} \left| \frac{\sin n}{n^5} \right|$ converge  (critère de comparaison)

d'où $\displaystyle\sum_{n=1}^{+\infty} \frac{\sin n}{n^5}$ converge.  (théorème 6.24)

**Remarque** Une série convergente n'est pas nécessairement absolument convergente. Si une série converge sans être absolument convergente, alors la série est dite conditionnellement convergente.

**DÉFINITION 6.16** Une série $\displaystyle\sum_{k=1}^{+\infty} a_k$ est **conditionnellement convergente** si

1) $\displaystyle\sum_{k=1}^{+\infty} a_k$ converge et

2) $\displaystyle\sum_{k=1}^{+\infty} |a_k|$ diverge.

6

**Exemple 6** Déterminons si la série $\displaystyle\sum_{n=1}^{+\infty} \frac{(-1)^{n+1}}{n}$ est conditionnellement convergente.

1) $\displaystyle\sum_{n=1}^{+\infty} \frac{(-1)^{n+1}}{n}$ converge (exemple 2 a), page 357)

2) $\displaystyle\sum_{n=1}^{+\infty} \left| \frac{(-1)^{n+1}}{n} \right|$ diverge (série harmonique)

d'où $\displaystyle\sum_{n=1}^{+\infty} \frac{(-1)^{n+1}}{n}$ est conditionnellement convergente.

Le tableau suivant présente une démarche possible pour déterminer la convergence ou la divergence d'une série alternée.

1) Utiliser le critère du terme général.

2) Vérifier si c'est une série géométrique;
   – si oui, utiliser le critère de la série géométrique;
   – sinon, utiliser le critère de la série alternée.

3) Si le critère de la série alternée ne nous permet pas de conclure, déterminer si la série converge absolument.

# Exercices 6.4

**1.** Parmi les séries suivantes, déterminer celles qui sont
   i)   absolument convergentes;
   ii)  convergentes;
   iii) conditionnellement convergentes.

a) $\displaystyle\sum_{k=1}^{+\infty} \frac{(-1)^k}{k^2}$

b) $\displaystyle\sum_{n=1}^{+\infty} \frac{(-1)^{n+1}(3n^2 + 4)}{n^2}$

c) $\displaystyle\sum_{k=1}^{+\infty} \frac{(-1)^k (3 + k^2)}{k^3}$

d) $\displaystyle\sum_{n=1}^{+\infty} \frac{\cos n\pi}{3n + 1}$

e) $1 - \dfrac{1}{\sqrt{2}} + \dfrac{1}{\sqrt{3}} - \dfrac{1}{\sqrt{4}} + \dfrac{1}{\sqrt{5}} - \dfrac{1}{\sqrt{6}} + \ldots$

f) $\dfrac{-1}{5} + \dfrac{2}{25} - \dfrac{6}{125} + \dfrac{24}{625} - \dfrac{120}{3125} + \ldots$

g) $\displaystyle\sum_{k=1}^{+\infty} 2^{-k} \sin\left(\frac{k\pi}{4}\right)$

**2.** Évaluer approximativement la somme $S$ des séries convergentes suivantes pour le $n$ donné et calculer l'erreur $E$ maximale commise.

a) $\displaystyle\sum_{k=1}^{+\infty} \frac{(-1)^{k+1}}{\sqrt{k}}$, où $n = 5$

c) $\displaystyle\sum_{k=1}^{+\infty} \frac{(-1)^{k-1}}{(k - 1)!}$, où $n = 6$

b) $\displaystyle\sum_{k=1}^{+\infty} \frac{(-1)^k}{k^3}$, où $n = 4$

**3.** Déterminer, pour les séries convergentes suivantes, la valeur de $n$ permettant d'évaluer approximativement $S$ avec le $E$ donné et évaluer approximativement $S$.

a) $\displaystyle\sum_{k=1}^{+\infty} \frac{(-1)^{k+1}}{k!}$, avec $E < 0{,}001$

b) $\displaystyle\sum_{k=1}^{+\infty} \frac{(-1)^k}{k^k}$, avec $E < 0{,}0001$

c) $0{,}1 - \dfrac{(0{,}1)^3}{3!} + \dfrac{(0{,}1)^5}{5!} - \dfrac{(0{,}1)^7}{7!} + \dfrac{(0{,}1)^9}{9!} - \ldots$, avec $E < 10^{-6}$

**4.** Sachant que $\displaystyle\sum_{k=1}^{+\infty} \frac{(-1)^{k+1}}{k^2} = \frac{\pi^2}{12}$

a) Évaluer approximativement la somme $S$ pour la série précédente lorsque $n = 9$; calculer l'erreur $E$ maximale commise et vérifier que $\left| \dfrac{\pi^2}{12} - S \right| \leq E.$

b) Déterminer la valeur de $n$ permettant d'évaluer approximativement $S$ avec $E < 0{,}000\ 15$.

# 6.5 Séries de puissances

## Objectifs d'apprentissage

À la fin de cette section, l'élève pourra déterminer les valeurs pour lesquelles une série de puissances converge ou diverge. Plus précisément, l'élève sera en mesure :

- de reconnaître une série de puissances ;
- de déterminer l'intervalle de convergence d'une série de puissances ;
- de déterminer le rayon de convergence d'une série de puissances ;
- de calculer la dérivée d'une série de puissances convergente ;
- de calculer la primitive d'une série de puissances convergente.

$$\sum_{k=5}^{+\infty} \frac{(x-1)^{2k}}{9^k} \text{ converge si } x \in {]{-2}, 4[}$$

$$I = {]{-2}, 4[} \text{ et } r = 3$$

Un polynôme est une somme finie de termes de la forme $\sum_{k=0}^{n} c_k(x-a)^k$.

Lorsque le nombre de termes est infini, nous avons une série de puissances.

Dans les sections précédentes, nous avons étudié des séries de nombres réels. Dans cette section, nous étudierons des séries de puissances.

## ▪ Convergence et divergence de séries de puissances

**DÉFINITION 6.17**

Une série de la forme

$$\sum_{k=0}^{+\infty} c_k(x-a)^k = c_0 + c_1(x-a) + c_2(x-a)^2 + c_3(x-a)^3 + \ldots + c_n(x-a)^n + \ldots$$

où $c_k \in \mathbb{R}$, $a \in \mathbb{R}$ et $x$ est une variable réelle, est appelée

**série de puissances en $(x-a)$.**

Dans le cas particulier où $a = 0$, nous avons la définition suivante.

**DÉFINITION 6.18**

Une série de la forme

$$\sum_{k=0}^{+\infty} c_k x^k = c_0 + c_1 x + c_2 x^2 + c_3 x^3 + \ldots + c_n x^n + \ldots$$

où $c_k \in \mathbb{R}$ et $x$ est une variable réelle, est appelée

**série de puissances en $x$** ou **série entière.**

**Remarque** Une série de puissances est une somme infinie de puissances de $(x-a)$ ou de $x$ multipliées par des coefficients réels.

**Exemple 1** La série

a) $\displaystyle\sum_{k=0}^{+\infty} (k+1)(x-2)^k = 1 + 2(x-2) + 3(x-2)^2 + \ldots + (n+1)(x-2)^n + \ldots$

est une série de puissances en $(x-2)$.

b) $\displaystyle\sum_{k=0}^{+\infty} x^k = 1 + x + x^2 + x^3 + \ldots + x^n + \ldots$

est une série de puissances en $x$, ou série entière.

Une série de puissances peut converger ou diverger, selon la valeur donnée à la variable.

**Exemple 2**

a) Soit la série de puissances $\displaystyle\sum_{k=0}^{+\infty} x^k$.

   i) En donnant à $x$ la valeur $\dfrac{1}{2}$, nous obtenons la série

   $$\sum_{k=0}^{+\infty} \left(\frac{1}{2}\right)^k = 1 + \frac{1}{2} + \frac{1}{2^2} + \frac{1}{2^3} + \frac{1}{2^4} + \ldots + \frac{1}{2^n} + \ldots, \text{ qui est convergente,}$$

   car c'est une série géométrique où $|r| = \dfrac{1}{2} < 1$

   ii) En donnant à $x$ la valeur 3, nous obtenons la série

   $$\sum_{k=0}^{+\infty} 3^k = 1 + 3 + 3^2 + 3^3 + 3^4 + \ldots + 3^n + \ldots, \text{ qui est divergente,}$$

   car c'est une série géométrique où $|r| = 3 > 1$

b) Soit la série $\displaystyle\sum_{k=1}^{+\infty} \frac{(x-1)^k}{k}$.

   i) En donnant à $x$ la valeur 2, nous obtenons la série

   $$\sum_{k=1}^{+\infty} \frac{1^k}{k} = 1 + \frac{1}{2} + \frac{1}{3} + \frac{1}{4} + \ldots + \frac{1}{n} + \ldots, \text{ qui est divergente.}$$
   (série harmonique)

   ii) En donnant à $x$ la valeur 0, nous obtenons la série

   $$\sum_{k=1}^{+\infty} \frac{(-1)^k}{k} = -1 + \frac{1}{2} - \frac{1}{3} + \frac{1}{4} - \ldots + \frac{(-1)^n}{n} + \ldots, \text{ qui est convergente.}$$
   (série harmonique alternée)

Nous constatons qu'en donnant à $x$ une valeur réelle dans une série de puissances, nous obtenons une série numérique, que nous pouvons analyser à l'aide des critères déjà étudiés dans les sections précédentes.

**DÉFINITION 6.19**

Soit $b \in \mathbb{R}$. La série de puissances $\displaystyle\sum_{k=0}^{+\infty} c_k(x-a)^k$

1) **converge pour $x = b$** si la série de nombres réels $\displaystyle\sum_{k=0}^{+\infty} c_k(b-a)^k$ converge ;

2) **diverge pour $x = b$** si la série de nombres réels $\displaystyle\sum_{k=0}^{+\infty} c_k(b-a)^k$ diverge.

De façon générale, nous voulons déterminer les valeurs de $x \in \mathbb{R}$ telles que la série converge.

**DÉFINITION 6.20**

L'ensemble de toutes les valeurs de $x$ pour lesquelles la série de puissances

$\displaystyle\sum_{k=0}^{+\infty} c_k(x-a)^k$ converge s'appelle l'**intervalle de convergence** de cette série.

**Remarque** Une série de puissances

– de la forme $\sum\limits_{k=0}^{+\infty} c_k(x-a)^k$ converge pour au moins la valeur $x = a$,

– de la forme $\sum\limits_{k=0}^{+\infty} c_k x^k$ converge pour au moins la valeur $x = 0$.

En effet, dans les deux cas, tous les termes étant nuls, la somme $S = c_0$.

Nous acceptons les théorèmes suivants sans démonstration.

| **THÉORÈME 6.25** <br> **Critère généralisé de d'Alembert** | Soit la série $\sum\limits_{k=1}^{+\infty} u_k$, où $u_k \neq 0$, et soit $R = \lim\limits_{n\to+\infty} \left\| \dfrac{u_{n+1}}{u_n} \right\|$.<br><br>1) Si $R < 1$, alors $\sum\limits_{k=1}^{+\infty} u_k$ converge absolument, d'où $\sum\limits_{k=1}^{+\infty} u_k$ converge.<br>2) Si $R > 1$, alors $\sum\limits_{k=1}^{+\infty} u_k$ diverge.<br>3) Si $R = 1$, alors nous ne pouvons rien conclure. |
|---|---|

| **THÉORÈME 6.26** <br> **Critère généralisé de Cauchy** | Soit la série $\sum\limits_{k=1}^{+\infty} u_k$ et soit $R = \lim\limits_{n\to+\infty} \sqrt[n]{|u_n|}$.<br><br>1) Si $R < 1$, alors $\sum\limits_{k=1}^{+\infty} u_k$ converge absolument, d'où $\sum\limits_{k=1}^{+\infty} u_k$ converge.<br>2) Si $R > 1$, alors $\sum\limits_{k=1}^{+\infty} u_k$ diverge.<br>3) Si $R = 1$, alors nous ne pouvons rien conclure. |
|---|---|

Pour déterminer l'intervalle de convergence d'une série de puissances, nous pouvons utiliser le critère généralisé de d'Alembert ou le critère généralisé de Cauchy.

**Exemple 3** Déterminons l'intervalle de convergence de la série de puissances

$$\sum_{k=1}^{+\infty} \frac{x^k}{(k+1)}.$$

Si $x = 0$, alors $\sum\limits_{k=1}^{+\infty} \dfrac{x^k}{(k+1)} = \sum\limits_{k=1}^{+\infty} \dfrac{0^k}{k+1} = 0 + 0 + 0 + \ldots = 0$, d'où la série converge.

Si $x \neq 0$, appliquons le critère généralisé de d'Alembert.

$$R = \lim_{n\to+\infty} \left|\frac{u_{n+1}}{u_n}\right| = \lim_{n\to+\infty} \left| \frac{\dfrac{x^{n+1}}{n+2}}{\dfrac{x^n}{n+1}} \right|$$

$$\lim_{n\to+\infty} \frac{n+1}{n+2} = \lim_{n\to+\infty} \frac{n\left(1+\dfrac{1}{n}\right)}{n\left(1+\dfrac{2}{n}\right)}$$

$$= \lim_{n\to+\infty} \frac{\left(1+\dfrac{1}{n}\right)}{\left(1+\dfrac{2}{n}\right)}$$

$$= 1$$

$$= \lim_{n\to+\infty} \left|\frac{x(n+1)}{(n+2)}\right|$$

$$= |x| \lim_{n\to+\infty} \left(\frac{n+1}{n+2}\right)$$

$$= |x|\,(1) \qquad \left(\text{car } \lim_{n\to+\infty}\left(\frac{n+1}{n+2}\right) = 1\right)$$

$$= |x|$$

Lorsque $R < 1$, c'est-à-dire $|x| < 1$, la série converge.

Lorsque $R > 1$, c'est-à-dire $|x| > 1$, la série diverge.

Lorsque $R = 1$, c'est-à-dire $|x| = 1$, nous ne pouvons rien conclure.

Nous devons alors étudier le cas où $|x| = 1$, c'est-à-dire $x = 1$ ou $x = -1$.

Si $x = 1$, alors $\displaystyle\sum_{k=1}^{+\infty} \frac{x^k}{(k+1)} = \sum_{k=1}^{+\infty} \frac{1}{k+1} = \frac{1}{2} + \frac{1}{3} + \frac{1}{4} + \ldots$ est une série divergente.

(série harmonique et théorème 6.9)

Si $x = -1$, alors $\displaystyle\sum_{k=1}^{+\infty} \frac{x^k}{(k+1)} = \sum_{k=1}^{+\infty} \frac{(-1)^k}{k+1} = \frac{-1}{2} + \frac{1}{3} - \frac{1}{4} + \ldots$ est une série convergente.

(série harmonique alternée et théorème 6.9)

Donc la série converge pour $|x| < 1$ et pour $x = -1$, c'est-à-dire pour $x \in [-1, 1[$, d'où $[-1, 1[$ est l'intervalle de convergence de la série de puissances.

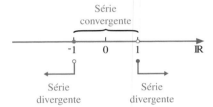

---

**DÉFINITION 6.21**

Soit une série de puissances de la forme $\displaystyle\sum_{k=0}^{+\infty} c_k(x-a)^k$. Le **rayon de convergence** $r$ est défini comme suit :

1) Si la série converge seulement pour $x = a$, alors $r = 0$.

2) Si la série converge absolument pour tout $x$ tel que $|x - a| < r$, et si la série diverge pour tout $x$ tel que $|x - a| > r$, alors le nombre $r$ est le rayon de convergence.

3) Si la série converge absolument pour tout $x \in \mathbb{R}$, alors $r = +\infty$.

---

Pour toute série de puissances, nous avons un des cas suivants.

1) Elle converge seulement pour $x = a$, alors $r = 0$.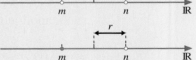

2) i) Elle converge pour $x \in ]m, n[$
et diverge pour $x \notin ]m, n[$

ii) Elle converge pour $x \in [m, n[$
et diverge pour $x \notin [m, n[$

iii) Elle converge pour $x \in ]m, n]$
et diverge pour $x \notin ]m, n]$

iv) Elle converge pour $x \in [m, n]$
et diverge pour $x \notin [m, n]$

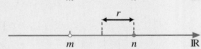

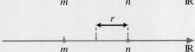

Alors $r = \dfrac{n - m}{2}$.

3) Elle converge pour toutes les valeurs de $x$, alors $r = +\infty$.

**Exemple 4** Déterminons le rayon de convergence de la série de puissances

$$\sum_{k=1}^{+\infty} \frac{x^k}{(k+1)} \text{ (exemple 3 précédent).}$$

**Méthode 1**

Rayon de convergence

Puisque la série converge pour $|x| < 1$, c'est-à-dire $|x - 0| < 1$, et qu'elle diverge pour $|x| > 1$, c'est-à-dire $|x - 0| > 1$, le rayon de convergence $r$ de cette série est 1, ainsi $r = 1$

**Méthode 2**

Puisque l'intervalle de convergence est $[-1, 1[$,

ainsi $r = \dfrac{1 - (-1)}{2} = 1$

**Exemple 5** Déterminons l'intervalle de convergence et le rayon de convergence des séries de puissances suivantes.

Intervalle et rayon de convergence

a) $\displaystyle\sum_{k=1}^{+\infty} k!(x - 2)^k$

Si $x = 2$, alors $\displaystyle\sum_{k=1}^{+\infty} k!(x - 2)^k = \sum_{k=1}^{+\infty} k!(0)^k = 0 + 0 + 0 + \ldots = 0$

donc la série converge.

Si $x \neq 2$, appliquons le critère généralisé de d'Alembert.

$$R = \lim_{n \to +\infty} \left| \frac{u_{n+1}}{u_n} \right| = \lim_{n \to +\infty} \left| \frac{(n+1)!(x-2)^{n+1}}{n!(x-2)^n} \right|$$

$$= \lim_{n \to +\infty} |(n+1)(x-2)|$$

$$= |x - 2| \lim_{n \to +\infty} (n+1)$$

$$= +\infty \qquad \left( \text{car } (x - 2) \neq 0 \text{ et } \lim_{n \to +\infty} (n+1) = +\infty \right)$$

Puisque $R > 1$, la série $\displaystyle\sum_{k=1}^{+\infty} k!(x - 2)^k$ diverge pour toutes les valeurs de $x$ différentes de 2.

D'où la série converge seulement pour $x = 2$

et le rayon de convergence est $r = 0$

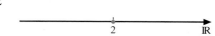

b) $\displaystyle\sum_{k=3}^{+\infty} \frac{x^k}{(\ln k)^k}$

Si $x = 0$, alors $\displaystyle\sum_{k=3}^{+\infty} \frac{x^k}{(\ln k)^k} = 0 + 0 + 0 + \ldots = 0$

donc la série converge.

Si $x \neq 0$, appliquons le critère généralisé de Cauchy.

$$R = \lim_{n \to +\infty} \sqrt[n]{|u_n|} = \lim_{n \to +\infty} \left| \frac{x^n}{(\ln n)^n} \right|^{\frac{1}{n}}$$

$$= \lim_{n \to +\infty} \frac{|x|}{\ln n}$$

$$= |x| \lim_{n \to +\infty} \left( \frac{1}{\ln n} \right)$$

$$= |x| \, 0 \qquad \left( \text{car } \lim_{n \to +\infty} \left( \frac{1}{\ln n} \right) = 0 \right)$$

$$= 0, \forall \, x \in \mathbb{R}$$

Puisque $R < 1$, la série $\sum_{k=3}^{+\infty} \dfrac{x^k}{(\ln k)^k}$ converge pour toutes les valeurs de $x$.

D'où l'intervalle de convergence de cette série est $-\infty, +\infty$ et le rayon de convergence est $r = +\infty$

c) $\sum_{k=5}^{+\infty} \dfrac{(x-1)^{2k}}{9^k}$

Si $x = 1$, alors $\sum_{k=5}^{+\infty} \dfrac{(x-1)^{2k}}{9^k} = 0 + 0 + 0 + \ldots = 0$

donc la série converge.

Si $x \neq 1$, appliquons le critère généralisé de Cauchy.

$$R = \lim_{n \to +\infty} \sqrt[n]{|u_n|} = \lim_{n \to +\infty} \left| \dfrac{(x-1)^{2n}}{9^n} \right|^{\frac{1}{n}}$$

$$= \lim_{n \to +\infty} \dfrac{|(x-1)^2|}{9}$$

$$= \dfrac{(x-1)^2}{9}$$

$(x-1)^2 < 9$

Lorsque $R < 1$, c'est-à-dire $\dfrac{(x-1)^2}{9} < 1$, on a $-2 < x < 4$, et la série converge.

$|x - 1| < 3$

Lorsque $R > 1$, c'est-à-dire $\dfrac{(x-1)^2}{9} > 1$, on a $x < -2$ ou $x > 4$, et la série diverge.

$-3 < x - 1 < 3$

$-2 < x < 4$

Lorsque $R = 1$, c'est-à-dire $\dfrac{(x-1)^2}{9} = 1$, nous ne pouvons rien conclure.

Nous devons alors étudier le cas où $\dfrac{(x-1)^2}{9} = 1$, c'est-à-dire $x = -2$ ou $x = 4$.

$\lim_{n \to +\infty} a_n \neq 0$

Si $x = -2$, $\sum_{k=5}^{+\infty} \dfrac{(x-1)^{2k}}{9^k} = \sum_{k=5}^{+\infty} \dfrac{(-3)^{2k}}{9^k} = 1 + 1 + 1 + 1 + \ldots$ est une série divergente.

Si $x = 4$, $\sum_{k=5}^{+\infty} \dfrac{(x-1)^{2k}}{9^k} = \sum_{k=5}^{+\infty} \dfrac{3^{2k}}{9^k} = 1 + 1 + 1 + 1 + \ldots$ est une série divergente.

D'où l'intervalle de convergence de la série de puissances est $]-2, 4[$

et le rayon de convergence est $r = \dfrac{4 - (-2)}{2} = 3$

d) $\sum_{k=1}^{+\infty} \dfrac{(3x+4)^k}{k\,7^k}$

Si $x = \dfrac{-4}{3}$, alors $\sum_{k=1}^{+\infty} \dfrac{(3x+4)^k}{k\,7^k} = \sum_{k=1}^{+\infty} \dfrac{0^k}{k\,7^k} = 0 + 0 + 0 + \ldots = 0$

donc la série converge.

Si $x \neq \dfrac{-4}{3}$, appliquons le critère généralisé de d'Alembert.

$$R = \lim_{n \to +\infty} \left| \dfrac{u_{n+1}}{u_n} \right| = \lim_{n \to +\infty} \left| \dfrac{\dfrac{(3x+4)^{n+1}}{(n+1)\,7^{n+1}}}{\dfrac{(3x+4)^n}{n\,7^n}} \right|$$

$$= \lim_{n \to +\infty} \left| \dfrac{(3x+4)n}{7(n+1)} \right|$$

$$= \dfrac{|3x+4|}{7} \lim_{n \to +\infty} \left( \dfrac{n}{n+1} \right)$$

$$= \dfrac{|3x+4|}{7} \qquad \left( \text{car } \lim_{n \to +\infty} \left( \dfrac{n}{n+1} \right) = 1 \right)$$

$-7 < 3x + 4 < 7$

$-11 < 3x < 3$

$\dfrac{-11}{3} < x < 1$

$|3x + 4| = 7$

$3x + 4 = 7$

$x = 1$

$3x + 4 = -7$

$x = \dfrac{-11}{3}$

Lorsque $R < 1$, c'est-à-dire $\dfrac{|3x + 4|}{7} < 1$, on a $\dfrac{-11}{3} < x < 1$, et la série converge.

Lorsque $R > 1$, c'est-à-dire $\dfrac{|3x + 4|}{7} > 1$, on a $x < \dfrac{-11}{3}$ ou $x > 1$, et la série diverge.

Lorsque $R = 1$, c'est-à-dire $\dfrac{|3x + 4|}{7} = 1$, nous ne pouvons rien conclure.

Nous devons alors étudier le cas où $\dfrac{|3x + 4|}{7} = 1$, c'est-à-dire $x = \dfrac{-11}{3}$ ou $x = 1$.

Si $x = \dfrac{-11}{3}$, $\displaystyle\sum_{k=1}^{+\infty} \dfrac{(3x + 4)^k}{k\, 7^k} = \sum_{k=1}^{+\infty} \dfrac{(-7)^k}{k\, 7^k} = \sum_{k=1}^{+\infty} \dfrac{(-1)^k}{k} = -1 + \dfrac{1}{2} - \dfrac{1}{3} + \dfrac{1}{4} - \ldots$

est une série convergente.   (série harmonique alternée)

Si $x = 1$, $\displaystyle\sum_{k=1}^{+\infty} \dfrac{(3x + 4)^k}{k\, 7^k} = \sum_{k=1}^{+\infty} \dfrac{7^k}{k\, 7^k} = \sum_{k=1}^{+\infty} \dfrac{1}{k} = 1 + \dfrac{1}{2} + \dfrac{1}{3} + \dfrac{1}{4} + \ldots$

est une série divergente.   (série harmonique)

D'où l'intervalle de convergence de la série de puissances est $\left[\dfrac{-11}{3}, 1\right[$

et le rayon de convergence est $r = \dfrac{1 - \left(\dfrac{-11}{3}\right)}{2} = \dfrac{7}{3}$

## ● Dérivation et intégration de séries de puissances

Énonçons d'abord un théorème, que nous acceptons sans démonstration, qui nous permet d'obtenir la dérivée d'une série de puissances.

**THÉORÈME 6.27**

**Dérivation de séries de puissances**

Soit la série de puissances $\displaystyle\sum_{k=0}^{+\infty} c_k(x - a)^k$ dont le rayon de convergence est $r$, où $r \neq 0$.

Si pour $|x - a| < r$, nous définissons

$$f(x) = \sum_{k=0}^{+\infty} c_k(x - a)^k = c_0 + c_1(x - a) + c_2(x - a)^2 + \ldots + c_n(x - a)^n + \ldots, \text{ alors}$$

1) $f$ est dérivable pour $x$ tel que $|x - a| < r$ et

2) $f'(x) = c_1 + 2c_2(x - a) + 3c_3(x - a)^2 + \ldots + nc_n(x - a)^{n-1} + \ldots$

c'est-à-dire $f'(x) = \displaystyle\sum_{k=1}^{+\infty} kc_k(x - a)^{k-1}$

**Remarque** La série obtenue, en dérivant une série de puissances, a le même rayon de convergence que la série initiale.

**Exemple 1** Soit la série de puissances $\displaystyle\sum_{k=0}^{+\infty} \dfrac{x^k}{k!}$.

a) Déterminons le rayon $r$ de convergence de cette série de puissances.

*Rayon de convergence*

Si $x = 0$, alors $\displaystyle\sum_{k=0}^{+\infty} \dfrac{x^k}{k!} = \sum_{k=0}^{+\infty} \dfrac{0}{k!} = 0 + 0 + 0 + \ldots = 0$

donc la série converge.

Si $x \neq 0$, appliquons le critère généralisé de d'Alembert.

$$R = \lim_{n \to +\infty} \left| \frac{u_{n+1}}{u_n} \right| = \lim_{n \to +\infty} \left| \frac{\dfrac{x^{n+1}}{(n+1)!}}{\dfrac{x^n}{n!}} \right| = |x| \lim_{n \to +\infty} \left( \frac{1}{n+1} \right) = 0$$

Puisque $R < 1$, la série converge pour toutes les valeurs de $x$, alors $r = +\infty$

b) Calculons la dérivée de cette série de puissances, afin d'obtenir une nouvelle série.

Soit $f(x) = 1 + x + \dfrac{x^2}{2!} + \dfrac{x^3}{3!} + \dfrac{x^4}{4!} + \ldots + \dfrac{x^n}{n!} + \ldots$, pour $x \in \mathbb{R}$

$$f'(x) = 0 + 1 + \frac{2x}{2!} + \frac{3x^2}{3!} + \frac{4x^3}{4!} + \ldots + \frac{nx^{n-1}}{n!} + \ldots \qquad \text{(théorème 6.27)}$$

d'où $f'(x) = 1 + x + \dfrac{x^2}{2!} + \dfrac{x^3}{3!} + \ldots + \dfrac{x^{n-1}}{(n-1)!} + \dfrac{x^n}{n!} + \ldots$, pour $x \in \mathbb{R}$

c) De b), nous remarquons que $f'(x) = f(x)$, $\forall\, x \in \mathbb{R}$.

Déterminons la fonction $f$ qui satisfait l'équation différentielle précédente.

Puisque
$$\frac{dy}{dx} = y \qquad (\text{où } y = f(x))$$

$$\frac{1}{y}\, dy = dx$$

$$\ln|y| = x + C_1 \qquad (\text{en intégrant})$$

$$y = Ce^x, \text{ où } C > 0 \qquad (\text{car } C = e^{C_1})$$

Puisque $f(0) = 1$, alors $C = 1$, d'où $f(x) = e^x$

Nous pouvons donc exprimer la fonction $e^x$ comme une série de puissances de la façon suivante :

$$e^x = 1 + x + \frac{x^2}{2!} + \frac{x^3}{3!} + \ldots + \frac{x^n}{n!} + \ldots, \forall\, x \in \mathbb{R} \text{ ou}$$

$$e^x = \sum_{k=0}^{+\infty} \frac{x^k}{k!}, \forall\, x \in \mathbb{R}$$

Énonçons maintenant un théorème, que nous acceptons sans démonstration, qui nous permet d'obtenir l'intégrale d'une série de puissances.

**THÉORÈME 6.28**

**Intégration de séries de puissances**

Soit la série de puissances $\displaystyle\sum_{k=0}^{+\infty} c_k(x-a)^k$ dont le rayon de convergence est $r$, où $r \neq 0$.

Si pour $|x - a| < r$, nous définissons

$$f(x) = \sum_{k=0}^{+\infty} c_k(x-a)^k = c_0 + c_1(x-a) + c_2(x-a)^2 + \ldots + c_n(x-a)^n + \ldots, \text{ alors}$$

1) $f$ est intégrable pour $x$ tel que $|x - a| < r$ et

2) une primitive $F(x)$ est donnée par

$$F(x) = c_0(x-a) + \frac{c_1(x-a)^2}{2} + \frac{c_2(x-a)^3}{3} + \ldots + \frac{c_n(x-a)^{n+1}}{n+1} + \ldots$$

c'est-à-dire $\displaystyle\int f(x)\, dx = \sum_{k=0}^{+\infty} \frac{c_k(x-a)^{k+1}}{k+1} + C$

**Remarque** La série obtenue, en intégrant une série de puissances, a le même rayon de convergence que la série initiale.

**Exemple 2** Soit la série de puissances $\displaystyle\sum_{k=0}^{+\infty} (-x)^k$.

a) Déterminons le rayon $r$ de convergence de cette série.

$\quad$ Si $x = 0$, alors $\displaystyle\sum_{k=0}^{+\infty} (-x)^k = \sum_{k=0}^{+\infty} (0)^k = 0 + 0 + 0 + \ldots = 0$

$\quad$ donc la série converge.

$\quad$ Si $x \neq 0$, $\displaystyle\sum_{k=0}^{+\infty} (-x)^k = 1 - x + x^2 - x^3 + \ldots + (-x)^n + \ldots$

$|x| < 1$

$-1 < x < 1$

$\quad$ Cette série de puissances est une série géométrique de raison $-x$ qui converge pour $|-x| < 1$, c'est-à-dire $|x| < 1$,

$\quad$ d'où le rayon de convergence est 1

b) Déterminons la somme de cette série pour $|x| < 1$.

$\quad$ Puisque cette série est géométrique de raison $-x$, nous avons par le théorème 6.13

$S = \dfrac{a}{1 - r}$

$$1 - x + x^2 - x^3 + \ldots + (-x)^n + \ldots = \frac{1}{1 - (-x)} \qquad \text{(pour } |x| < 1)$$

$$= \frac{1}{1 + x}$$

c) Intégrons cette série de puissances afin d'obtenir une nouvelle série.

$\quad$ Soit $\quad \dfrac{1}{1 + x} = 1 - x + x^2 - x^3 + \ldots + (-x)^n + \ldots$ pour $|x| < 1$ $\quad$ (voir b))

$\displaystyle\int \frac{1}{1 + x}\, dx = \ln |1 + x| + C$

$\qquad\qquad = \ln (1 + x) + C$

car $|x| < 1$

$\quad$ En intégrant, nous obtenons, pour $|x| < 1$

$$\ln (1 + x) = x - \frac{x^2}{2} + \frac{x^3}{3} - \frac{x^4}{4} + \ldots + \frac{(-1)^n x^{n+1}}{n+1} + \ldots + C \qquad \text{(théorème 6.28)}$$

$\quad$ En posant $x = 0$, nous obtenons $\ln 1 = 0 + C$, d'où $C = 0$

$\quad$ Cette série converge pour $|x| < 1$, c'est-à-dire pour $x \in\ ]-1, 1[$

$$\ln (1 + x) = x - \frac{x^2}{2} + \frac{x^3}{3} - \frac{x^4}{4} + \ldots + \frac{(-1)^n x^{n+1}}{n+1} + \ldots \text{ pour } x \in\ ]-1, 1[ \text{ ou}$$

$$\ln (1 + x) = \sum_{k=0}^{+\infty} \frac{(-1)^k x^{k+1}}{k+1} \text{ pour } x \in\ ]-1, 1[$$

# Exercices 6.5

1. Déterminer, en utilisant le critère généralisé de d'Alembert, l'intervalle $I$ de convergence et le rayon $r$ de convergence des séries de puissances suivantes. (Représenter graphiquement $I$ et $r$.)

a) $\displaystyle\sum_{k=1}^{+\infty} \frac{x^k}{2^k}$

b) $\displaystyle\sum_{k=1}^{+\infty} \frac{(-x)^k}{k^2}$

c) $\displaystyle\sum_{k=0}^{+\infty} k!(x + 5)^k$

d) $\displaystyle\sum_{k=0}^{+\infty} \frac{(3x + 4)^k}{k!}$

2. Déterminer, en utilisant le critère généralisé de Cauchy, l'intervalle $I$ de convergence et le rayon $r$ de convergence des séries de puissances suivantes. (Représenter graphiquement $I$ et $r$.)

a) $\displaystyle\sum_{k=0}^{+\infty} \frac{(x - 4)^k}{3^k}$

b) $\displaystyle\sum_{k=1}^{+\infty} 3^k(x - 5)^k$

c) $\displaystyle\sum_{k=3}^{+\infty} \frac{(2x)^k}{k^k}$

d) $\displaystyle\sum_{k=1}^{+\infty} \frac{(2x - 3)^k}{k^3}$

3. Déterminer l'intervalle $I$ de convergence des séries entières suivantes.

a) $\displaystyle\sum_{k=0}^{+\infty} (kx)^k$

b) $\displaystyle\sum_{k=0}^{+\infty} kx^k$

c) $\displaystyle\sum_{k=1}^{+\infty} \frac{x^k}{k}$

d) $\displaystyle\sum_{k=5}^{+\infty} \left(\frac{x}{k}\right)^k$

**4.** Soit $f(x) = \sum\limits_{k=0}^{+\infty} \dfrac{(-1)^k x^{2k}}{(2k)!}$.

a) Écrire les quatre premiers termes non nuls de cette série.

b) Déterminer le rayon de convergence de cette série.

c) Calculer $f'(x)$ et déterminer son rayon de convergence.

d) Si $F(0) = 0$, calculer $F(x)$, la primitive de $f(x)$, et déterminer son rayon de convergence.

e) Évaluer $f'(x) + F(x)$.

**5.** Pour une série entière de la forme $\sum\limits_{k=0}^{+\infty} c_k x^k$,

déterminer, selon la valeur donnée $r$ du rayon de convergence, les intervalles de convergence possibles de la série.

a) $r = 0$

b) $r = 1$

c) $r = r_0$, où $r_0 \neq 0$

d) $r = +\infty$

**6.** Soit la série de puissances $f(x) = \sum\limits_{k=0}^{+\infty} x^k$.

a) Déterminer l'intervalle $I$ de convergence et le rayon $r$ de convergence de cette série.

b) Exprimer la somme $f(x)$ de cette série à l'aide d'une fonction rationnelle.

c) À partir de b), trouver la série correspondant à la fonction $\ln(1 - x)$ ainsi que l'intervalle de convergence de cette série.

d) Donner l'équation obtenue en remplaçant $x$ par -0,5 dans les deux membres de l'équation trouvée en c).

e) Évaluer approximativement ln 1,5 en utilisant les quatre premiers termes de la série et déterminer l'erreur maximale commise.

f) Trouver la série correspondant à la fonction $\dfrac{1}{(1 - x)^2}$ ainsi que l'intervalle de convergence de cette série.

**7.** Soit $g(x) = x - \dfrac{x^3}{3!} + \dfrac{x^5}{5!} - \dfrac{x^7}{7!} + \dfrac{x^9}{9!} - \dots$ et

$$f(x) = 1 - \dfrac{x^2}{2!} + \dfrac{x^4}{4!} - \dfrac{x^6}{6!} + \dfrac{x^8}{8!} - \dots$$

a) Évaluer $g(0)$ et $f(0)$.

b) Déterminer $g'(x)$ et $f'(x)$ en fonction de $f(x)$ et $g(x)$.

c) Déterminer $g''(x)$ et $f''(x)$ en fonction de $f(x)$ et $g(x)$.

d) Trouver deux fonctions trigonométriques qui satisfont a), b) et c).

**8.** Déterminer l'intervalle de convergence et le rayon de convergence des séries de puissances suivantes.

a) $\sum\limits_{k=0}^{+\infty} \dfrac{(x + 5)^k}{2^k}$

b) $\sum\limits_{k=0}^{+\infty} \dfrac{(x - 1)^k}{3^k}$

c) $\sum\limits_{k=0}^{+\infty} \dfrac{(-x)^k}{k!}$

d) $\sum\limits_{k=1}^{+\infty} \dfrac{x^k}{\sqrt{k}}$

e) $\sum\limits_{k=4}^{+\infty} (3x)^k$

f) $\sum\limits_{k=5}^{+\infty} \dfrac{(3x)^{k-5}}{k}$

g) $\sum\limits_{k=0}^{+\infty} \dfrac{(x - 1)^k}{k^3 + 2}$

h) $\sum\limits_{k=0}^{+\infty} \dfrac{kx^k}{k^2 + 1}$

# 6.6 Séries de Taylor et de Maclaurin

## Objectifs d'apprentissage

À la fin de cette section, l'élève pourra développer certaines fonctions en série de puissances.

Plus précisément, l'élève sera en mesure :
- de développer un polynôme en puissances de $(x - a)$ ;
- de déterminer les coefficients des termes d'une série de puissances représentant une fonction $f$ ;
- de donner la définition d'un polynôme de Taylor et la définition d'un polynôme de Maclaurin ;
- de donner la définition du reste du polynôme de Taylor ;
- de donner la définition de la formule de Taylor et la définition de la formule de Maclaurin ;

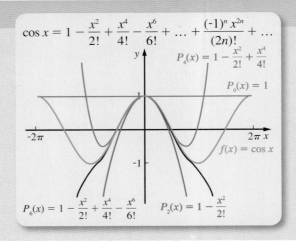

$$\cos x = 1 - \dfrac{x^2}{2!} + \dfrac{x^4}{4!} - \dfrac{x^6}{6!} + \dots + \dfrac{(-1)^n x^{2n}}{(2n)!} + \dots$$

$$P_4(x) = 1 - \dfrac{x^2}{2!} + \dfrac{x^4}{4!}$$

$$P_0(x) = 1$$

$$f(x) = \cos x$$

$$P_6(x) = 1 - \dfrac{x^2}{2!} + \dfrac{x^4}{4!} - \dfrac{x^6}{6!}$$

$$P_2(x) = 1 - \dfrac{x^2}{2!}$$

- de calculer des approximations à l'aide de la formule de Taylor ;
- de donner la définition d'une série de Taylor et la définition d'une série de Maclaurin ;
- de développer certaines fonctions en série de Taylor et en série de Maclaurin à l'aide des définitions précédentes ;
- de calculer des approximations à l'aide des séries de Taylor ou de Maclaurin ;
- de développer certaines fonctions en série de Taylor ou de Maclaurin à l'aide de substitutions ou de calculs mathématiques ;
- d'évaluer approximativement des intégrales définies à l'aide des séries de Taylor ou de Maclaurin.

Dans la section précédente, nous avons exprimé $e^x$ et $\ln(1 + x)$ comme une série de puissances et nous avons obtenu les résultats suivants.

$$e^x = 1 + x + \frac{x^2}{2!} + \frac{x^3}{3!} + \ldots + \frac{x^n}{n!} + \ldots = \sum_{k=0}^{+\infty} \frac{x^k}{k!}, \forall\, x \in \mathbb{R}$$

$$\ln(1 + x) = x - \frac{x^2}{2} + \frac{x^3}{3} - \frac{x^4}{4} + \ldots + \frac{(-1)^n x^{n+1}}{n+1} + \ldots = \sum_{k=0}^{+\infty} \frac{(-1)^k x^{k+1}}{k+1}, \text{ pour } x \in {]\text{-}1,\, 1[}$$

Nous verrons dans cette section des méthodes permettant de développer des fonctions indéfiniment dérivables en série de puissances, ainsi que quelques applications d'un tel développement.

## Polynômes de Taylor et de Maclaurin

En effectuant les opérations appropriées sur les expressions du membre de gauche suivantes, nous trouvons

$$2(x - 3)^2 + 5(x - 3) + 4 = 2x^2 - 7x + 7$$

$$2(x - 5)^2 + 13(x - 5) + 22 = 2x^2 - 7x + 7$$

$$2(x + 4)^2 - 23(x + 4) + 67 = 2x^2 - 7x + 7$$

Nous constatons que le polynôme $2x^2 - 7x + 7$, de degré 2, est égal à des polynômes de degré 2 développés en puissances de $(x - 3)$, de $(x - 5)$ et de $(x + 4)$.

De façon générale, tout polynôme de degré $n$ est égal à un polynôme de degré $n$ exprimé en puissances de $(x - a)$.

**Exemple 1**  Soit $f(x) = 2x^2 - 7x + 7$ et $g(x) = x^3 - 3x^2 + 5$.

a) Exprimons $f(x)$ à l'aide d'un polynôme de degré 2 développé en puissances de $(x + 3)$.

Soit $P_2(x) = c_0 + c_1(x + 3) + c_2(x + 3)^2$ le polynôme cherché.

$f(-3) = 2(-3)^2 - 7(-3) + 7$
$= 46$

Puisque $f(-3) = P_2(-3)$, nous avons

$46 = c_0$, donc $c_0 = 46$    (car $P_2(-3) = c_0 + c_1(0) + c_2(0) = c_0$)

Puisque les polynômes sont égaux, leurs dérivées successives le sont également. Ainsi,

$f'(x) = P'_2(x)$,           ainsi     $4x - 7 = c_1 + 2c_2(x + 3)$   (1)

$f''(x) = P''_2(x)$,          ainsi     $4 = 2c_2$                        (2)

$f'(-3) = 4(-3) - 7 = \text{-}19$

de (1)  $f'(-3) = P'_2(-3)$,    ainsi     $\text{-}19 = c_1$, donc $c_1 = \text{-}19$

de (2)  $f''(-3) = P''_2(-3)$,   ainsi     $4 = 2c_2$, donc $c_2 = 2$

d'où $2x^2 - 7x + 7 = 46 - 19(x + 3) + 2(x + 3)^2$

b) Exprimons $g(x)$ à l'aide d'un polynôme de degré 3 développé en puissances de $(x - 2)$.

Soit $P_3(x) = c_0 + c_1(x - 2) + c_2(x - 2)^2 + c_3(x - 2)^3$ le polynôme cherché.

Calculons les dérivées successives de $g(x)$ et de $P_3(x)$.

$$g(x) = x^3 - 3x^2 + 5 \qquad\qquad P_3(x) = c_0 + c_1(x-2) + c_2(x-2)^2 + c_3(x-2)^3 \quad (1)$$

$$g'(x) = 3x^2 - 6x \qquad\qquad P_3'(x) = c_1 + 2c_2(x-2) + 3c_3(x-2)^2 \qquad\qquad (2)$$

$$g''(x) = 6x - 6 \qquad\qquad P_3''(x) = 2c_2 + 3 \cdot 2c_3(x-2) \qquad\qquad (3)$$

$$g'''(x) = 6 \qquad\qquad P_3'''(x) = 6c_3 \qquad\qquad (4)$$

En remplaçant $x$ par 2 dans les équations précédentes, nous obtenons

de (1) $\quad g(2) = P_3(2) \qquad 1 = c_0, \qquad$ donc $c_0 = 1$

de (2) $\quad g'(2) = P_3'(2) \qquad 0 = c_1, \qquad$ donc $c_1 = 0$

de (3) $\quad g''(2) = P_3''(2) \qquad 6 = 2c_2, \qquad$ donc $c_2 = 3$

de (4) $\quad g'''(2) = P_3'''(2) \qquad 6 = 6c_3, \qquad$ donc $c_3 = 1$

d'où $x^3 - 3x^2 + 5 = 1 + 3(x-2)^2 + (x-2)^3$

---

**THÉORÈME 6.29**

Soit $f$ une fonction polynomiale de degré $n$ et soit le polynôme

$$P_n(x) = \sum_{k=0}^{n} c_k(x-a)^k \text{ tels que } f(x) = P_n(x).$$

Les coefficients $c_k$ du polynôme $P_n$ sont donnés par

$$c_k = \frac{f^{(k)}(a)}{k!} \text{ pour } k = 0, 1, 2, \ldots, n$$

**PREUVE**

Écrivons $P_n(x)$ et calculons ses dérivées successives

$$P_n(x) = c_0 + c_1(x-a) + c_2(x-a)^2 + c_3(x-a)^3 + c_4(x-a)^4 + \ldots + c_n(x-a)^n \qquad (1)$$

$$P_n'(x) = c_1 + 2c_2(x-a) + 3c_3(x-a)^2 + 4c_4(x-a)^3 + \ldots + nc_n(x-a)^{n-1} \qquad (2)$$

$$P_n''(x) = 2c_2 + 3 \cdot 2c_3(x-a) + 4 \cdot 3c_4(x-a)^2 + 5 \cdot 4c_5(x-a)^3 + \ldots + n(n-1)c_n(x-a)^{n-2} \qquad (3)$$

$$P_n'''(x) = 3 \cdot 2c_3 + 4 \cdot 3 \cdot 2c_4(x-a) + 5 \cdot 4 \cdot 3c_5(x-a)^2 + \ldots + n(n-1)(n-2)c_n(x-a)^{n-3} \qquad (4)$$

$$P_n^{(4)}(x) = 4!c_4 + 5 \cdot 4 \cdot 3 \cdot 2c_5(x-a) + 6 \cdot 5 \cdot 4 \cdot 3c_6(x-a)^2 + \ldots + n(n-1)(n-2)(n-3)c_n(x-a)^{n-4} \qquad (5)$$

$$\vdots \qquad\qquad\qquad \vdots$$

$$P_n^{(n)}(x) = n!c_n \qquad\qquad (n+1)$$

En remplaçant $x$ par $a$ dans $f(x)$ et dans $P_n(x)$ ainsi que dans leurs dérivées successives, nous trouvons

de (1) $\qquad f(a) = P_n(a) = c_0 \qquad$ donc $\qquad c_0 = f(a) = \dfrac{f^{(0)}(a)}{0!}$

de (2) $\qquad f'(a) = P_n'(a) = c_1 \qquad$ donc $\qquad c_1 = f'(a) = \dfrac{f^{(1)}(a)}{1!}$

de (3) $\qquad f''(a) = P_n''(a) = 2c_2 \qquad$ donc $\qquad c_2 = \dfrac{f''(a)}{2} = \dfrac{f^{(2)}(a)}{2!}$

de (4) $\qquad f'''(a) = P_n'''(a) = 3 \cdot 2c_3 \qquad$ donc $\qquad c_3 = \dfrac{f'''(a)}{6} = \dfrac{f^{(3)}(a)}{3!}$

de (5) $\qquad f^{(4)}(a) = P_n^{(4)}(a) = 4!c_4 \qquad$ donc $\qquad c_4 = \dfrac{f^{(4)}(a)}{4!}$

$$\vdots \qquad\qquad \vdots \qquad\qquad\qquad \vdots$$

de $(n+1) \; f^{(n)}(a) = P_n^{(n)}(a) = n!c_n \qquad$ donc $\qquad c_n = \dfrac{f^{(n)}(a)}{n!}$

d'où $c_k = \dfrac{f^{(k)}(a)}{k!}$

Du théorème précédent, nous obtenons

$$P_n(x) = c_0 + c_1(x - a) + c_2(x - a)^2 + c_3(x - a)^3 + \ldots + c_n(x - a)^n$$

$$P_n(x) = f(a) + f'(a)(x - a) + \frac{f^{(2)}(a)}{2!}(x - a)^2 + \frac{f^{(3)}(a)}{3!}(x - a)^3 + \ldots + \frac{f^{(n)}(a)}{n!}(x - a)^n$$

que nous pouvons également écrire

$$P_n(x) = \sum_{k=0}^{n} \frac{f^{(k)}(a)}{k!}(x - a)^k$$

**DÉFINITION 6.22**

Soit $f$ une fonction quelconque, dérivable $n$ fois en $x = a$. Le **polynôme de Taylor** de degré $n$, noté $P_n(x)$, développé autour de $a$ est défini par

$$P_n(x) = \sum_{k=0}^{n} \frac{f^{(k)}(a)}{k!}(x - a)^k, \text{ c'est-à-dire}$$

$$P_n(x) = f(a) + f'(a)(x - a) + \frac{f''(a)}{2!}(x - a)^2 + \frac{f'''(a)}{3!}(x - a)^3 + \ldots + \frac{f^{(n)}(a)}{n!}(x - a)^n$$

Dans le cas particulier où $a = 0$, nous obtenons le polynôme de Maclaurin.

**DÉFINITION 6.23**

Soit $f$ une fonction quelconque, dérivable $n$ fois en $x = 0$. Le **polynôme de Maclaurin** de degré $n$, noté $P_n(x)$ développé autour de 0 est défini par

$$P_n(x) = \sum_{k=1}^{n} \frac{f^{(k)}(0)}{k!} x^k, \text{ c'est-à-dire}$$

$$P_n(x) = f(0) + f'(0)x + \frac{f''(0)}{2!} x^2 + \frac{f'''(0)}{3!} x^3 + \ldots + \frac{f^{(n)}(0)}{n!} x^n$$

**Exemple 2**   Soit $f(x) = e^x$.

a) Développons $f$ en un polynôme $P_n(x)$ de Maclaurin.

Puisque, par définition (6.23),

$$P_n(x) = f(0) + f'(0)x + \frac{f''(0)}{2!} x^2 + \frac{f'''(0)}{3!} x^3 + \ldots + \frac{f^{(n)}(0)}{n!} x^n$$

nous devons évaluer $f(0), f'(0), f''(0), f^{(3)}(0), \ldots, f^{(n)}(0)$

$$f(x) = e^x \qquad \text{d'où} \qquad f(0) = 1$$

$$f'(x) = e^x \qquad \text{d'où} \qquad f'(0) = 1$$

$$f''(x) = e^x \qquad \text{d'où} \qquad f''(0) = 1$$

$$\vdots \qquad\qquad\qquad \vdots$$

$$f^{(n)}(x) = e^x \qquad \text{d'où} \qquad f^{(n)}(0) = 1$$

en substituant les valeurs obtenues dans l'équation suivante

$$P_n(x) = f(0) + f'(0)x + \frac{f''(0)}{2!} x^2 + \frac{f'''(0)}{3!} x^3 + \ldots + \frac{f^{(n)}(0)}{n!} x^n, \text{ nous obtenons}$$

$$P_n(x) = 1 + 1x + \frac{1}{2!} x^2 + \frac{1}{3!} x^3 + \ldots + \frac{1}{n!} x^n$$

6

b) Déterminons, à partir du résultat précédent, $P_0(x)$, $P_1(x)$, $P_2(x)$ et $P_3(x)$.

$$P_0(x) = 1 \qquad \text{(polynôme de degré 0)}$$

$$P_1(x) = 1 + x \qquad \text{(polynôme de degré 1)}$$

$$P_2(x) = 1 + x + \frac{x^2}{2!} \qquad \text{(polynôme de degré 2)}$$

$$P_3(x) = 1 + x + \frac{x^2}{2!} + \frac{x^3}{3!} \qquad \text{(polynôme de degré 3)}$$

c) Représentons graphiquement $f(x) = e^x$ ainsi que les quatre polynômes précédents.

```
> f:=x->exp(x):
> P0:=x->1:
> plot([f(x),P0(x)],x=-2..2,color=[orange,blue]);
```

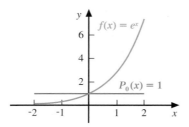

```
> P1:=x->1+x:
> plot([f(x),P1(x)],x=-2..2,color=[orange,blue]);
```

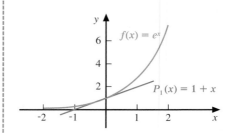

```
> P2:=x->1+x+x^2/2!:
> plot([f(x),P2(x)],x=-2..2,color=[orange,blue]);
```

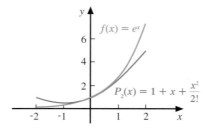

```
> P3:=x->1+x+x^2/2!+x^3/3!:
> plot([f(x),P3(x)],x=-2..2,color=[orange,blue]);
```

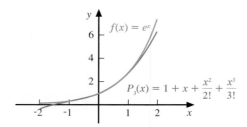

Nous constatons que plus le degré du polynôme $P_n(x)$ est élevé, plus le graphique de ce polynôme se rapproche de celui de $f(x)$.

d) Calculons $P_0(x)$, $P_1(x)$, $P_2(x)$, $P_3(x)$, $P_8(x)$ et $f(x)$, où $f(x) = e^x$, pour les valeurs de $x$ suivantes.

| $P_n(x)$ \qquad\qquad $x$ | -2 | -1 | 0 | 1 | 2 |
|---|---|---|---|---|---|
| $P_0(x) = 1$ | 1 | 1 | 1 | 1 | 1 |
| $P_1(x) = 1 + x$ | -1 | 0 | 1 | 2 | 3 |
| $P_2(x) = 1 + x + \dfrac{x^2}{2!}$ | 1 | 0,5 | 1 | 2,5 | 5 |
| $P_3(x) = 1 + x + \dfrac{x^2}{2!} + \dfrac{x^3}{3!}$ | $-0,\overline{3}$ | $0,\overline{3}$ | 1 | $2,\overline{6}$ | $6,\overline{3}$ |
| $\vdots$ | $\vdots$ | $\vdots$ | $\vdots$ | $\vdots$ | $\vdots$ |
| $P_8(x) = 1 + x + \dfrac{x^2}{2!} + \ldots + \dfrac{x^8}{8!}$ | 0,136 5… | 0,367 8… | 1 | 2,718 2… | 7,387 3… |
| $\vdots$ | $\downarrow$ | $\downarrow$ | $\downarrow$ | $\downarrow$ | $\downarrow$ |
| $f(x) = e^x$ | 0,135 3… | 0,367 8… | 1 | 2,718 2… | 7,389 0… |

À l'aide du tableau précédent, nous constatons que

$$f(x) = P_n(x), \text{ si } x = 0 \text{ et}$$

$$f(x) \neq P_n(x), \text{ si } x \neq 0$$

De plus, lorsque $n$ augmente, les valeurs de $P_n(x_i)$ semblent être une bonne approximation de $f(x_i)$, où $x_i \in \{-2, -1, 1, 2\}$.

## ■ Formule de Taylor et formule de Maclaurin

De façon générale, $f(x) \neq P_n(x)$, ainsi nous avons la définition suivante.

**DÉFINITION 6.24**

Soit $f$ une fonction indéfiniment dérivable.

Le **reste**, noté $R_n(x)$, du **polynôme de Taylor** est défini par

$$R_n(x) = f(x) - P_n(x)$$

Représentation graphique de $R_n(x)$

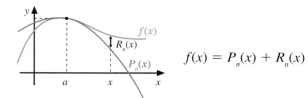

$$f(x) = P_n(x) + R_n(x)$$

Nous acceptons le théorème suivant sans démonstration.

**THÉORÈME 6.30**

Soit $f$ une fonction indéfiniment dérivable sur un intervalle $[x_0, x_1]$.

Si $a \in {]}x_0, x_1[$ et $x \in [x_0, x_1]$,

alors il existe un nombre $c \in {]}a, x[$ ou $c \in {]}x, a[$ tel que

$$R_n(x) = \frac{f^{(n+1)}(c)}{(n+1)!}(x-a)^{n+1}$$

De la définition 6.24, nous avons

$$\underbrace{f(x)}_{\text{fonction}} = \underbrace{P_n(x)}_{\text{polynôme de Taylor}} + \underbrace{R_n(x)}_{\text{reste de Taylor}}$$

**DÉFINITION 6.25**

1) La **formule de Taylor** est donnée par

$$f(x) = f(a) + f'(a)(x-a) + \frac{f''(a)}{2!}(x-a)^2 + \ldots + \frac{f^{(n)}(a)}{n!}(x-a)^n + \frac{f^{(n+1)}(c)}{(n+1)!}(x-a)^{n+1}$$

où $c \in {]}a, x[$ ou $c \in {]}x, a[$

2) La **formule de Maclaurin** est donnée par

$$f(x) = f(0) + f'(0)x + \frac{f''(0)}{2!}x^2 + \ldots + \frac{f^{(n)}(0)}{n!}x^n + \frac{f^{(n+1)}(c)}{(n+1)!}x^{n+1}$$

où $c \in {]}0, x[$ ou $c \in {]}x, 0[$

6

**Exemple 1** Soit $f(x) = e^x$.

a) Développons $f$ à l'aide de la formule de Maclaurin.

$$f(x) = P_n(x) + R_n(x) \qquad \text{(définition 6.24)}$$

$$f(x) = f(0) + f'(0)x + \frac{f''(0)}{2!}x^2 + \frac{f'''(0)}{3!}x^3 + \ldots + \frac{f^{(n)}(0)}{n!}x^n + \frac{f^{(n+1)}(c)}{(n+1)!}x^{n+1}$$

où $c \in\ ]0, x[$ ou $c \in\ ]x, 0[$

$f^{(n+1)}(x) = e^x$

$f^{(n+1)}(c) = e^c$

$$e^x = 1 + x + \frac{1}{2!}x^2 + \frac{1}{3!}x^3 + \ldots + \frac{1}{n!}x^n + \frac{e^c}{(n+1)!}x^{n+1}$$

b) Évaluons approximativement $e$, c'est-à-dire $e^1$, à l'aide de la formule précédente ainsi que l'erreur maximale $E_n$ commise en utilisant $R_n(x)$, pour les valeurs de $n$ suivantes.

i) Si $n = 2$

$$e = \underbrace{1 + 1 + \frac{1}{2!}}_{\text{approximation}} + \underbrace{\frac{e^c}{3!}}_{\text{erreur } E_2}, \text{ où } c \in\ ]0, 1[$$

$$e = 2{,}5 + \frac{e^c}{6}$$

Puisque $e^x$ est une fonction croissante et que $e < 3$, nous avons

$$e^c < e^1 < 3 \qquad \text{(car } c \in\ ]0, 1[)$$

$$\frac{e^c}{6} < \frac{3}{6}$$

d'où $e \approx 2{,}5$ avec $E_2 < 0{,}5$

ii) Si $n = 6$

$$e = \underbrace{1 + 1 + \frac{1}{2!} + \frac{1}{3!} + \frac{1}{4!} + \frac{1}{5!} + \frac{1}{6!}}_{\text{approximation}} + \underbrace{\frac{e^c}{7!}}_{\text{erreur } E_6}, \text{ où } c \in\ ]0, 1[$$

$$e = \frac{1957}{720} + \frac{e^c}{7!}$$

d'où $e \approx 2{,}7180$ avec $E_6 < 0{,}0006$ $\qquad \left(\text{car } \dfrac{e^c}{7!} < \dfrac{3}{7!} \text{ et } \dfrac{3}{7!} = 0{,}000\,59\ldots\right)$

## ■ Développement en séries de Taylor et de Maclaurin

### Il y a environ 300 ans...

**Brook Taylor**
**Mathématicien anglais**

*B*rook Taylor (1685-1731) publie en 1715 son *Methodus incrementorum directa et inversa* dans lequel il montre comment développer une fonction en une série infinie. Dans ce livre, Taylor expose pour la première fois la méthode d'intégration par parties. Le terme «série de Taylor» n'est toutefois utilisé qu'en 1786 par le mathématicien suisse Simon Lhuilier.

### Il y a environ 250 ans...

**Colin Maclaurin**
**Mathématicien anglais**

*E*n 1742, Colin Maclaurin (1698-1746) publie *Treatise of Fluxions* qui présente la série portant son nom. Pour la première fois, est énoncé le critère de l'intégrale de la convergence d'une série à termes positifs, en réponse aux critiques virulentes du révérend Berkeley, à l'adresse de Newton.

# Exercices récapitulatifs

Les réponses des exercices suivants, à l'exception des exercices notés en rouge, sont données à la fin du volume.

**1.** Compléter le tableau suivant en choisissant les termes appropriés : croissante (Cr) ; décroissante (Déc) ; ni croissante ni décroissante (n Cr et n Déc) ; bornée supérieurement (BS) ; bornée inférieurement (BI) ; bornée (B) ; non bornée (n B) ; convergente (C) ; divergente (D).

| | $\{a_n\}$ | $\{a_1, a_2, a_3, a_4, a_5, \dots\}$ | Cr ; Déc ; n Cr et n Déc | BS ; BI ; B ; n B | $\lim\limits_{n \to +\infty} a_n$ | C ; D |
|---|---|---|---|---|---|---|
| a) | $\left\{\dfrac{n^2}{n+1}\right\}$ | | | | | |
| b) | | $\{-1, 1, -1, 1, -1, \dots\}$ | | | | |
| c) | $\left\{\dfrac{(-1)^n}{n}\right\}$ | | | | | |
| d) | | $\{1, -2, 3, -4, 5, \dots\}$ | | | | |
| e) | $\{2\}$ | | | | | |
| f) | | $\left\{\dfrac{-3}{4}, \dfrac{-6}{5}, \dfrac{-3}{2}, \dfrac{-12}{7}, \dfrac{-15}{8}, \dots\right\}$ | | | | |
| g) | $\left\{n + \dfrac{(-1)^n}{n}\right\}$ | | | | | |
| h) | | $\left\{-5, \dfrac{-25}{2}, \dfrac{-125}{3}, \dfrac{-625}{4}, -625, \dots\right\}$ | | | | |
| i) | $\left\{2 - \dfrac{n}{(-2)^n}\right\}$ | | | | | |
| j) | | $\left\{1, \dfrac{-1}{2}, \dfrac{1}{4}, \dfrac{-1}{8}, \dfrac{1}{16}, \dots\right\}$ | | | | |
| k) | $\{\sin n\}$ | | | | | |
| l) | | $\left\{\dfrac{8}{5}, \dfrac{16}{9}, \dfrac{24}{13}, \dfrac{32}{17}, \dfrac{40}{21}, \dots\right\}$ | | | | |
| m) | $\left\{\dfrac{3}{n} + \dfrac{(-1)^n\, n}{3}\right\}$ | | | | | |
| n) | | $\left\{7, 7, \dfrac{7}{2}, \dfrac{7}{6}, \dfrac{7}{24}, \dots\right\}$ | | | | |

**2.** Énumérer les cinq premiers termes des suites suivantes.

a) $a_1 = 1$ et $a_n = \dfrac{n}{1 + a_{n-1}}$ pour $n \geq 2$

b) $a_1 = -2$ et $a_{n+1} = a_n + n! \, (-1)^{n+1}$ pour $n \geq 1$

**3.** Soit la suite $\{a_n\}$ définie par

a) $a_1 = 3$ et $a_{n+1} = \dfrac{1}{2} a_n + 5$ pour $n \geq 1$, et la suite $\{b_n\}$ définie par $b_n = a_n - 10$ pour $n \geq 1$.

i) Exprimer $b_{n+1}$ en fonction de $b_n$.

ii) Exprimer $b_n$ et $a_n$ en fonction de $n$.

b) $a_1 = 2$ et $a_{n+1} = a_n + 2n$ pour $n \geq 1$.

i) Trouver $a_{100}$.    ii) Trouver $a_n$.

c) $a_3 = 5$, $a_5 = 8$ et $a_{n+2} = 7 - a_{n+1} - a_n$ pour $n \geq 1$. Déterminer $a_{2011}$.

d) $a_1 = 203$ et $a_{n+1} = \dfrac{a_n}{1 + a_n}$ pour $n \geq 1$.

i) Trouver $a_{203}$.    ii) Trouver $a_n$.

**6**

**4.** Déterminer le terme général $a_n$ de la suite $\{a_n\}$ et évaluer $\lim\limits_{n \to +\infty} a_n$.

a) $\left\{2, 1, \dfrac{8}{9}, 1, \dfrac{32}{25}, \ldots\right\}$

b) $\left\{\dfrac{1}{2}, \dfrac{4}{7}, \dfrac{3}{5}, \dfrac{8}{13}, \dfrac{5}{8}, \ldots\right\}$

c) $\left\{1, 4, -3, \dfrac{16}{5}, \dfrac{-25}{7}, \ldots\right\}$

d) $\{1 \,;\, 0{,}25 \,;\, 0{,}\overline{1} \,;\, 0{,}0625 \,;\, 0{,}04 \,;\, \ldots\}$

e) $\{1, -1, -1, 1, 1, -1, -1, 1, \ldots\}$

f) $\{3, 3, 1, -3, -9, -17, \ldots\}$

**5.** Pour chacune des séries suivantes, trouver une expression pour $S_n$, déterminer si la série converge (C) ou diverge (D) et donner, si c'est possible, la somme de la série.

a) $\displaystyle\sum_{i=1}^{+\infty} 2$

b) $\displaystyle\sum_{k=1}^{+\infty} \dfrac{2}{(2k-1)(2k+1)}$

c) $\displaystyle\sum_{i=1}^{+\infty} (i^3 - (i+1)^3)$

d) $\displaystyle\sum_{k=1}^{+\infty} \left(\dfrac{1}{k} - \dfrac{1}{k+2}\right)$

e) $\displaystyle\sum_{i=1}^{+\infty} (-1)^i \, 2i$

**6.** a) Déterminer le $50^e$ terme $a_{50}$ d'une série arithmétique où $a = 45$ et $d = 3$, et calculer $S_{50}$.

b) Déterminer $a$ et $d$ si $a_{41} = 80$ et $a_{51} = 2a_{41}$.

c) Évaluer $S$ si
$S = 258 + 251 + 244 + \ldots - 288 - 295$.

d) Si l'on insère $m$ nombres entre -27 et 63 de façon à obtenir une série arithmétique, déterminer la raison $d$ en fonction de $m$.

e) Une série arithmétique de 1525 termes a une raison de 0,01. Si la somme des termes de la série est 945,5, déterminer le premier terme $a$ de cette série.

**7.** Déterminer si les séries suivantes sont des séries géométriques ; si oui, donner la valeur de $a$ et de $r$. Calculer, si c'est possible, la somme $S$ de chacune des séries.

a) $1 + \dfrac{2}{7} + \dfrac{4}{49} + \dfrac{8}{343} + \dfrac{16}{2401} + \ldots$

b) $e - e^3 + e^5 - e^7 + e^9 - e^{11} + \ldots$

c) $\dfrac{1}{2} + \dfrac{1}{4} + \dfrac{1}{6} + \dfrac{1}{8} + \dfrac{1}{10} + \ldots$

d) $\pi + \dfrac{\pi}{2} + \dfrac{\pi}{4} + \dfrac{\pi}{8} + \dfrac{\pi}{16} + \ldots$

e) $\displaystyle\sum_{n=1}^{+\infty} \sin n\pi$

f) $\displaystyle\sum_{n=1}^{+\infty} \cos n\pi$

g) $\displaystyle\sum_{n=1}^{+\infty} \left(\dfrac{-e}{\pi}\right)^n$

h) $\displaystyle\sum_{n=100}^{+\infty} \dfrac{-1}{53n}$

**8.** La somme des $n$ premiers termes d'une suite arithmétique $\{a_n\}$ est donnée par la formule $S_n = 3{,}5n^2 - 2{,}5n$. Les termes $a_2$, $a_k$ et $a_{74}$ de cette suite sont les termes consécutifs d'une série géométrique. Trouver la valeur de $k$ ainsi que la valeur des termes $a_2$, $a_k$ et $a_{74}$.

**9.** Calculer, si c'est possible, les sommes suivantes.

a) $1 - \dfrac{1}{\sqrt{2}} + \dfrac{1}{2} - \dfrac{1}{2\sqrt{2}} + \dfrac{1}{4} - \ldots$

b) $\displaystyle\sum_{k=0}^{+\infty} \left[\dfrac{2}{5^k} - \dfrac{3}{(-2)^{k+1}}\right]$

c) $\displaystyle\sum_{n=1}^{20} \left(\dfrac{5}{6}\right)^n \,;\, \displaystyle\sum_{n=1}^{40} \left(\dfrac{5}{6}\right)^n \,;\, \displaystyle\sum_{n=1}^{+\infty} \left(\dfrac{5}{6}\right)^n$

d) $\displaystyle\sum_{k=1}^{25} (-2)^k \,;\, \displaystyle\sum_{k=1}^{26} (-2)^k \,;\, \displaystyle\sum_{k=1}^{+\infty} (-2)^k$

e) $\displaystyle\sum_{n=0}^{10} \left(\dfrac{-2}{3}\right)^{n+1} \,;\, \displaystyle\sum_{n=0}^{11} \left(\dfrac{-2}{3}\right)^{n+1} \,;\, \displaystyle\sum_{n=0}^{+\infty} \left(\dfrac{-2}{3}\right)^{n+1}$

f) $\displaystyle\sum_{n=1}^{10} \left[\dfrac{1}{2^{n-1}} - \dfrac{2}{n(n+1)}\right] \,;\, \displaystyle\sum_{n=1}^{+\infty} \left[\dfrac{1}{2^{n-1}} - \dfrac{2}{n(n+1)}\right]$

g) $\displaystyle\sum_{k=1}^{15} (60 - 3k) \,;\, \displaystyle\sum_{k=15}^{25} (60 - 3k) \,;\, \displaystyle\sum_{k=50}^{2010} (60 - 3k)$

h) $\displaystyle\sum_{k=1}^{n} k(k!) \,;\, \displaystyle\sum_{k=1}^{10} k(k!)$

**10.** Gilles et Pierre héritent d'un litre d'un liquide très rare de leur père. Les directives paternelles sont les suivantes.

« Gilles, tu prends un tiers du liquide et tu le places dans ton pot. Pierre, tu prends un tiers du reste du liquide et tu le places dans ton pot. Gilles, tu reprends un tiers du reste et tu l'ajoutes au liquide déjà présent dans ton pot. » Le partage se continue ainsi.

Déterminer la quantité totale de liquide dont chacun hérite.

**11.** Vous tapez des mains, vous attendez 1 seconde ; vous retapez des mains, vous attendez 2 secondes ; vous retapez de nouveau des mains, vous attendez 4 secondes. Vous continuez ainsi en prenant toujours 2 fois plus de temps entre chaque tapement. Si vous répétez cette opération pendant un an (365 jours), déterminer le nombre de tapements que vous effectuerez.

**12.** Calculer la somme des séries suivantes.

a) $\dfrac{1}{2} - \dfrac{1}{3} + \dfrac{1}{4} - \dfrac{1}{9} + \dfrac{1}{8} - \dfrac{1}{27} + \ldots$

b) $\dfrac{1}{2} + \dfrac{1}{4} - \dfrac{1}{8} - \dfrac{1}{16} + \dfrac{1}{32} + \dfrac{1}{64} - \dfrac{1}{128} - \ldots$

c) $5 - 3 - \dfrac{5}{3} + \dfrac{3}{5} + \dfrac{5}{9} - \dfrac{3}{25} - \dfrac{5}{27} - \dfrac{3}{125} + \dfrac{5}{81} - \ldots$

d) Une série telle que $a_1 = 1$, et pour $n \geq 1$, $a_{2n} = 2a_{2n-1}$ et $a_{2n+1} = \dfrac{a_{2n}}{3}$.

**13.** Soit un carré dont la longueur des côtés est égale à 6 cm. Nous formons un nouveau carré en joignant successivement les points milieux de chaque côté, et nous répétons ce processus pour chaque carré obtenu. Calculer la somme

a) des aires de tous les carrés ;

b) des périmètres de tous les carrés.

**14.** Soit un mobile partant du point R(1, 2) et se déplaçant indéfiniment selon le trajet suivant.

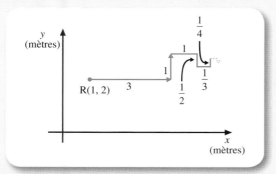

a) Déterminer le point P($a$, $b$) d'arrivée.

b) Déterminer théoriquement la distance $D$ parcourue par ce mobile.

**15.** Déterminer si les séries suivantes convergent (C) ou divergent (D).

a) $\displaystyle\sum_{n=1}^{+\infty} \dfrac{5}{n+3}$

b) $\displaystyle\sum_{n=0}^{+\infty} \dfrac{1}{2^n + 1}$

c) $\displaystyle\sum_{k=2}^{+\infty} \dfrac{1}{k \ln k}$

d) $\displaystyle\sum_{k=2}^{+\infty} \dfrac{1}{(\ln k)^k}$

e) $\displaystyle\sum_{n=1}^{+\infty} \dfrac{n (\ln n)^n}{n^2 + 1}$

f) $\displaystyle\sum_{k=2}^{+\infty} \dfrac{(-1)^k}{k \ln k}$

g) $\displaystyle\sum_{n=1}^{+\infty} \dfrac{3}{n \sqrt{n}}$

h) $\displaystyle\sum_{n=4}^{+\infty} \dfrac{3}{n + \sqrt{n}}$

i) $\displaystyle\sum_{k=1}^{+\infty} \left( \dfrac{4k^2}{4 + k^2} \right)^k$

j) $\displaystyle\sum_{n=1}^{+\infty} \dfrac{(-1)^n \cos n\pi}{n}$

k) $\displaystyle\sum_{n=1}^{+\infty} \dfrac{n!(n+1)!}{(2n)!}$

l) $\displaystyle\sum_{k=1}^{+\infty} \dfrac{(3k)^k}{(2k+1)^k}$

**16.** Déterminer si les séries suivantes convergent (C) ou divergent (D). Dans le cas des séries géométriques, calculer, si c'est possible, la somme $S$.

a) $\displaystyle\sum_{n=1}^{+\infty} \dfrac{3n}{4n^2 + 1}$

b) $\displaystyle\sum_{n=1}^{+\infty} \dfrac{(-1)^n 3n}{4n^2 + 1}$

c) $\displaystyle\sum_{n=2}^{+\infty} \dfrac{5^{n+4}}{4^n}$

d) $\displaystyle\sum_{n=0}^{+\infty} \dfrac{n! \, 2^n}{5^n}$

e) $\displaystyle\sum_{n=1}^{+\infty} \dfrac{n \, 2^n}{5^n}$

f) $\displaystyle\sum_{n=1}^{+\infty} \dfrac{(-5)^n}{8^{n-1}}$

g) $\displaystyle\sum_{n=1}^{+\infty} \left( 1 + \dfrac{1}{n} \right)^n$

h) $\displaystyle\sum_{n=1}^{+\infty} \dfrac{e^{-\sqrt{n}}}{\sqrt{n}}$

i) $\displaystyle\sum_{n=7}^{+\infty} \dfrac{8}{n^2 (4 + \ln n)}$

j) $\displaystyle\sum_{n=1}^{+\infty} \dfrac{4^n + 5^n}{9^n}$

k) $\displaystyle\sum_{n=1}^{+\infty} n^2 \left( \dfrac{99}{100} \right)^n$

l) $\displaystyle\sum_{k=1}^{+\infty} \dfrac{(-\pi)^{2k}}{(\sqrt{98})^k}$

**17.** Déterminer si les séries suivantes sont convergentes (C), absolument convergentes (A C), conditionnellement convergentes (C C) ou divergentes (D).

a) $\displaystyle\sum_{n=1}^{+\infty} \dfrac{(-1)^n}{5n}$

b) $\displaystyle\sum_{n=1}^{+\infty} \dfrac{(-1)^{n+1}}{(2n)^2}$

c) $\displaystyle\sum_{n=1}^{+\infty} \dfrac{(-1)^n n}{n + 1}$

d) $\displaystyle\sum_{n=3}^{+\infty} \dfrac{n(-4)^{n+2}}{5^n}$

e) $\displaystyle\sum_{n=1}^{+\infty} \dfrac{n!}{(-3)^n}$

f) $\displaystyle\sum_{k=2}^{+\infty} \dfrac{(-1)^k \ln k}{k}$

6

**18.** a) Évaluer approximativement la somme $S$ des séries suivantes pour le $n$ donné et calculer l'erreur $E$ maximale commise.

  i) $\displaystyle\sum_{k=1}^{+\infty} \frac{(-1)^k \sqrt{k}}{k+2}$, où $n = 5$

  ii) $\displaystyle\sum_{k=1}^{+\infty} \frac{\cos k\pi}{k^3}$, où $n = 4$

  b) Déterminer, pour la série $\displaystyle\sum_{k=1}^{+\infty} \frac{\cos k\pi}{k^3}$, la valeur de $n$ permettant d'évaluer approximativement $S$ avec $E < 10^{-6}$.

**19.** Déterminer l'intervalle de convergence et le rayon de convergence des séries de puissances suivantes.

  a) $\displaystyle\sum_{k=1}^{+\infty} \frac{(-4)^k (x+2)^k}{k}$

  b) $\displaystyle\sum_{k=1}^{+\infty} \frac{(2x-7)^k}{k(k+1)}$

  c) $\displaystyle\sum_{k=2}^{+\infty} (\ln k)\, x^k$

  d) $\displaystyle\sum_{k=2}^{+\infty} \frac{(\ln k)\, x^k}{k^3}$

  e) $\displaystyle\sum_{k=0}^{+\infty} \frac{k!(x-3)^k}{(2k!)}$

  f) $\displaystyle\sum_{k=0}^{+\infty} \frac{(3x-4)^k}{5^k}$

  g) $\displaystyle\sum_{k=1}^{+\infty} \left(\frac{k}{7}\right)^k (x-5)^k$

  h) $\displaystyle\sum_{k=1}^{+\infty} \frac{(k-1)\, x^k}{k^{2k}}$

**20.** Pour chacune des fonctions suivantes :

  a) $f(x) = \dfrac{1}{1+x}$ ; $P_0, P_1, P_2, P_3$ et $P_4$

  b) $g(x) = e^{-x}$ ; $P_0, P_1, P_2, P_3$ et $P_4$ sur $[-1, 1]$

  c) $h(x) = \sin(-3x)$ ; $P_1, P_3, P_5$ et $P_7$ sur $[0, \pi]$

  i) donner la formule de Maclaurin ;

  ii) développer la fonction en série de Maclaurin à partir de la définition, déterminer l'intervalle de convergence, le rayon de convergence ;

  iii) représenter sur un même système d'axes la fonction ainsi que les polynômes indiqués.

**21.** Soit $f(x) = \ln(1-2x)$.

  a) Donner la formule de Maclaurin.

  b) Donner la formule de Maclaurin avec $n = 4$ et utiliser le développement précédent pour évaluer approximativement $\ln(0,5)$ ; déterminer l'erreur maximale $E$ commise.

  c) Développer $f$ en série de Maclaurin à partir de la définition, déterminer l'intervalle de convergence et le rayon de convergence.

 d) Représenter sur un même système d'axes $f$ ainsi que les polynômes $P_1, P_2, P_3$ et $P_4$.

**22.** Donner le développement en série de Taylor autour de la valeur $a$ donnée des fonctions suivantes et déterminer l'intervalle de convergence.

  a) $f(x) = \sin x$, $a = \dfrac{\pi}{6}$

  b) $f(x) = e^x$, $a = 1$

  c) $f(x) = \dfrac{x-2}{x+2}$, $a = 2$

  d) $f(x) = \sin 2x$, $a = \pi$

**23.** Soit $f(x) = \cos x$.

  a) Donner le développement en série de Taylor de $f$ autour de $a = \dfrac{\pi}{2}$.

 b) Représenter sur un même système d'axes $f$ et $P_3$ sur $[0, \pi]$.

  c) Évaluer approximativement $\cos\left(\dfrac{\pi-1}{2}\right)$ et $\cos 0$ en utilisant les deux premiers termes non nuls du développement précédent et déterminer l'erreur maximale commise dans chacun des cas.

**24.** Écrire les premiers termes du développement en série de Maclaurin des fonctions suivantes en utilisant un développement connu.

  a) $f(x) = \tan x$

  b) $f(x) = \sin x \cos x$

  c) $f(x) = e^x \sin x$

  d) $f(x) = \dfrac{\ln(1+x)}{x}$

**25.** Soit $f(x) = \displaystyle\int_0^x \frac{1-\cos t}{t^2}\, dt$.

  a) Développer $f(x)$ en série de Maclaurin et déterminer l'intervalle de convergence.

  b) Calculer approximativement $f(0,5)$ avec une erreur maximale $E = 10^{-8}$.

**26.** Calculer approximativement les intégrales suivantes avec une erreur maximale $E$ donnée.

  a) $\displaystyle\int_0^{\frac{1}{2}} \frac{dx}{1+x^4}$, $E = 10^{-5}$

  b) $\displaystyle\int_0^{0,1} \cos \sqrt{x}\, dx$, $E = 10^{-6}$

**27.** En supposant que chaque consommateur ou chaque société d'un pays remet en circulation 80 % de chaque dollar entrant en sa possession, déterminer combien de dollars supplémentaires seront dépensés si le gouvernement injecte 6 000 000 $ dans la population afin de stimuler l'économie.

**28.** Achille pourchasse une tortue se trouvant à une distance de 1 kilomètre ; il court 100 fois plus vite que la tortue.

Pendant qu'Achille parcourt les 1000 mètres le séparant de la tortue, celle-ci franchit donc 10 mètres ; pendant qu'il parcourt ces 10 mètres, la tortue franchit 0,1 mètre, et ainsi de suite. Achille ne rejoindra jamais la tortue puisque, au moment où il atteint l'endroit où était la tortue, celle-ci s'est de nouveau déplacée (paradoxe de Zénon).

a) Résoudre ce paradoxe en évaluant, à l'aide de séries, les distances $d_A$ et $d_t$ parcourues par chacun.

b) Déterminer le nombre de mètres parcourus par la tortue avant qu'Achille ne la rejoigne.

c) Si Achille court à une vitesse de 15 kilomètres à l'heure, déterminer le temps qu'il prendra pour rejoindre la tortue.

**29.** a) Sachant que $\sum\limits_{k=1}^{+\infty} a_k$ est convergente, avec $a_k \geq 0$, démontrer que $\sum\limits_{k=1}^{+\infty} a_k^2$ est aussi convergente.

b) La réciproque du résultat précédent est-elle vraie ou fausse ?

# Problèmes de synthèse

Les réponses des problèmes suivants, à l'exception des problèmes notés en rouge, sont données à la fin du volume.

**1.** Déterminer, en évaluant la limite, si les suites suivantes convergent ou divergent.

a) $\left\{ n \sin \dfrac{\pi}{n} \right\}$

b) $\{ \sqrt[n]{2n} \}$

c) $\{ \sqrt{n+1} - \sqrt{n} \}$

d) $\left\{ \dfrac{1 + 2 + 3 + \ldots + n}{n} \right\}$

e) $\left\{ \left( \dfrac{n+3}{n} \right)^n \right\}$

**2.** a) Soit la suite $\{ |a_n| \}$ décroissante telle que $a_1 a_2 = \dfrac{9}{2}$, $a_1 + a_2 = \dfrac{9}{2}$ et $a_n = \dfrac{a_{n-1}}{-2}$ pour $n \geq 3$. Déterminer les cinq premiers termes de cette suite.

b) Soit la suite $\{ a_n \}$ telle que $a_1 = 1$, $a_2 = 1$ et $a_n = \dfrac{1}{4} a_{n-2} + \dfrac{1}{3} a_{n-1}$ pour $n > 2$. Déterminer $\sum\limits_{i=1}^{+\infty} a_i$.

**3.** Soit la suite $\{ a_n \}$ telle que

$$a_n = \frac{1}{\sqrt{5}} \left( \frac{1 + \sqrt{5}}{2} \right)^n - \frac{1}{\sqrt{5}} \left( \frac{1 - \sqrt{5}}{2} \right)^n \text{ où}$$

$a_n$ correspond au nombre de paires de lapins après $n$ mois (voir Fibonacci, page 312).

a) Déterminer $a_1$, $a_2$, $a_3$, $a_8$ et $a_{12}$.

b) Démontrer que $a_n$ est le terme général de la suite de Fibonacci.

6

**4. a)** Soit la suite $\{a_n\}$ telle que $a_1 = 2$, $a_2 = 3$ et $a_n = a_{n-2} \, a_{n-1}$ pour $n > 2$. Exprimer $a_n$ en fonction des termes de la suite de Finonacci $\{1, 1, 2, 3, 5, 8, \ldots, f_n, \ldots\}$ où $f_n = f_{n-2} + f_{n-1}$.

**b)** Si $a$, $b$, $c$ et $d$ sont quatre termes consécutifs de la suite de Fibonacci, déterminer $k$ telle que $(cd - ab)^2 = (ad)^2 + (kbc)^2$.

**c)** Donner les dimensions du triangle rectangle obtenu en utilisant les quatre termes consécutifs suivants de la suite de Fibonacci :

i) $\{\ldots, 2, 3, 5, 8, \ldots\}$

ii) $\{\ldots, 13, 21, 34, 55, \ldots\}$

**5.** La somme des termes d'une série géométrique infinie, de raison $r$, où $|r| < 1$, est 3. La somme des cubes de ces termes est 81. Déterminer la somme $S$ des carrés de ces termes.

**6.** Pour chacune des séries suivantes, trouver une expression pour $S_n$, déterminer si la série converge (C) ou diverge (D) et donner, si c'est possible, la somme $S$ de la série.

**a)** $\displaystyle\sum_{j=1}^{+\infty} (-j)^3$

**b)** $\displaystyle\sum_{j=1}^{+\infty} (-1)^j \, 2j$

**c)** $3 + 4 + 1 + \dfrac{1}{2} + \dfrac{1}{4} + \dfrac{1}{8} + \ldots$

**d)** $\displaystyle\sum_{i=1}^{+\infty} \left( \dfrac{2}{i^2 + 4i + 3} \right)$

**7. a)** Le deuxième terme d'une série arithmétique est 192 et la somme des cinq premiers termes est 920. Trouver le nombre $n$ de termes tel que $S_n = 2072$.

**b)** Le $9^e$ terme d'une série arithmétique est 7. De plus, nous avons $S_7 = 7S_{11}$. Déterminer le premier terme et la raison de cette série.

**8.** Démontrer que les séries suivantes convergent et donner la valeur de $S$.

**a)** $\displaystyle\sum_{i=1}^{+\infty} \dfrac{i}{10^i}$

**b)** $\displaystyle\sum_{i=1}^{+\infty} \dfrac{i}{k^i}$, où $k \in \{2, 3, 4, \ldots\}$

**9.** Déterminer si les séries suivantes convergent (C) ou divergent (D).

**a)** $\displaystyle\sum_{n=1}^{+\infty} \dfrac{n!}{n^n}$

**b)** $\displaystyle\sum_{n=1}^{+\infty} \dfrac{8}{4 + \ln n}$

**c)** $\displaystyle\sum_{n=0}^{+\infty} \dfrac{(2n)!}{(n!)^2}$

**d)** $\displaystyle\sum_{n=0}^{+\infty} \dfrac{(2n)!}{(n^2)!}$

**e)** $\displaystyle\sum_{k=2}^{+\infty} \dfrac{\ln k}{k^2}$

**f)** $\displaystyle\sum_{n=1}^{+\infty} \left( \dfrac{n}{n+1} \right)^{n^2}$

**g)** $\displaystyle\sum_{k=1}^{+\infty} \dfrac{\text{Arc tan } \sqrt{k}}{\sqrt{k}\,(k+1)}$

**h)** $\displaystyle\sum_{k=1}^{+\infty} \dfrac{k + \dfrac{3}{k}}{\sqrt{k^5 + \ln k}}$

**i)** $\displaystyle\sum_{n=1}^{+\infty} \dfrac{n^{2n}}{(2n)!}$

**j)** $\displaystyle\sum_{n=1}^{+\infty} \dfrac{n^n}{(n!)^2}$

**k)** $\displaystyle\sum_{k=4}^{+\infty} \dfrac{1}{k \sqrt[k]{k}}$

**l)** $\displaystyle\sum_{k=1}^{+\infty} \dfrac{1}{1 + (-1)^k 2k}$

**10.** Déterminer l'intervalle de convergence et le rayon de convergence des séries de puissances suivantes.

**a)** $\displaystyle\sum_{k=1}^{+\infty} \dfrac{[1 + (-1)^{k+1}] \, x^k}{k^2}$

**b)** $\displaystyle\sum_{k=0}^{+\infty} \dfrac{(ax - b)^k}{c^k}$, où $a > 0$ et $c > 0$

**11.** Déterminer le rayon de convergence des séries de puissances suivantes.

**a)** $\displaystyle\sum_{k=1}^{+\infty} \dfrac{k^k x^k}{k!}$

**b)** $\displaystyle\sum_{k=1}^{+\infty} \dfrac{k! \, x^k}{k^k}$

**12.** Déterminer pour quelles valeurs de $x$ les séries de fonctions suivantes convergent.

**a)** $\displaystyle\sum_{k=1}^{+\infty} \dfrac{1}{kx^k}$

**b)** $\displaystyle\sum_{k=1}^{+\infty} \dfrac{1}{k^2(3x + 7)^k}$

**c)** $\displaystyle\sum_{k=0}^{+\infty} \dfrac{1}{k! \, x^k}$

**d)** $\displaystyle\sum_{k=1}^{+\infty} \dfrac{k^k}{x^k}$

**13.** Soit les séries $\displaystyle\sum_{k=1}^{+\infty} \dfrac{2}{k^5}$ et $\displaystyle\sum_{k=1}^{+\infty} ke^{-k^2}$.

**a)** Vérifier à l'aide du critère de l'intégrale que les séries convergent.

**b)** Déterminer les valeurs $b$ et $c$ du corollaire du critère de l'intégrale, telles que

$$b \leq \sum_{k=1}^{+\infty} a_k \leq c.$$

**c)** Évaluer les sommes précédentes à l'aide de Maple.

**14.** Déterminer pour quelles valeurs de $p$ la série $\displaystyle\sum_{k=2}^{+\infty} \dfrac{1}{k(\ln k)^p}$ converge.

**15. a)** À partir de quelle valeur $c$ pouvons-nous appliquer le critère de l'intégrale pour la série $\displaystyle\sum_{k=c}^{+\infty} \frac{k^2}{e^{\frac{k}{10}}}$ ?

**b)** Évaluer $\displaystyle\int_c^{+\infty} \frac{x^2}{e^{\frac{x}{10}}}\, dx$ pour la valeur de $c$ trouvée en a).

**c)** Déterminer si la série donnée en a) converge ou diverge.

**16.** Soit $r$, le rayon de convergence de la série de puissances $\displaystyle\sum_{k=0}^{+\infty} c_k x^k$. Déterminer le rayon de convergence $R$ de la série de puissances

$$\sum_{k=0}^{+\infty} c_k x^{mk}, \text{ où } m > 0.$$

**17.** Soit $f(x) = \sqrt{x}$.

**a)** Évaluer approximativement $\sqrt{4{,}3}$ à l'aide de la différentielle.

**b)** Écrire les cinq premiers termes du développement en série de Taylor de la fonction $f$ autour de 4.

**c)** Évaluer approximativement $\sqrt{4{,}3}$ en utilisant les quatre premiers termes du développement précédent et déterminer l'erreur maximale commise.

**18.** Soit $f(x) = e^{-x^4}$, où $x \in \left[0, \dfrac{1}{2}\right]$. Calculer approximativement, à l'aide des trois premiers termes du développement approprié, le volume du solide de révolution engendré par la rotation de la région précédente autour de l'axe donné et déterminer l'erreur maximale commise.

**a)** Autour de l'axe des $x$.

**b)** Autour de l'axe des $y$.

**19.** Une rente perpétuelle est une suite de versements, échelonnés de façon régulière, commençant à une date déterminée et continuant sans fin. La valeur actuelle $A$ d'une rente perpétuelle est donnée par $A = \displaystyle\sum_{k=0}^{+\infty} V(1+i)^{-k}$, où $V$ est le montant du versement périodique et $i$, le taux d'intérêt par période de capitalisation.

Déterminer la valeur actuelle d'une rente perpétuelle de 100 \$ versée mensuellement si le taux d'intérêt est de 1 %, capitalisé mensuellement.

**20.** Soit une suite $f$ telle que

$f(0) = 100$ et $\dfrac{f(n+1) - f(n)}{f(n)} = k$, où $n = 0, 1, 2, 3, \ldots$

Nous appelons la valeur réelle $k$ le taux de croissance de $f$, et la valeur $f(n)$ l'indice de $f$ pour la valeur $n$.

**a)** Exprimer $f(n+1)$ en fonction de $f(n)$ et de $k$. Déterminer $f(1)$, $f(2)$ et $f(3)$.

**b)** Exprimer $f(n)$ en fonction de $k$ et de $n$.

**c)** Dans deux pays, $A$ et $B$, nous considérons la suite $S$ des salaires et la suite $P$ des prix. Ces deux suites obéissent à une loi de la même forme que la suite $f$ précédente, mais avec des taux de croissance différents. $S(n)$ et $P(n)$ sont respectivement l'indice des salaires et l'indice des prix au 31 décembre d'une année où $n = 0, 1, 2, 3, \ldots$ avec $S(0) = P(0) = 100$. À l'aide du tableau suivant,

|  | Pays $A$ | Pays $B$ |
|---|---|---|
| Taux de croissance des salaires | 0,05 | 0,08 |
| Taux de croissance des prix | 0,04 | 0,09 |

calculer, pour chacun des deux pays, l'indice des salaires au 31 décembre de la 6e année.

**d)** En combien d'années les salaires auront-ils doublé ?

**e)** Le rapport $\dfrac{S(n)}{P(n)}$ détermine le pouvoir d'achat d'un travailleur au 31 décembre de l'année $n$. Calculer le pouvoir d'achat d'un travailleur au 31 décembre dans les deux pays, lorsque $n = 0$ ; $n = 3$ ; $n = 6$.

**21.** Les 5e, 7e et 12e termes d'une série arithmétique sont des termes consécutifs d'une série géométrique. Déterminer la raison de cette série géométrique.

**22.** Soit une série géométrique, telle que $a_1 + a_2 = 60$ et $a_1 + a_2 + a_3 + a_4 + \ldots + a_n + \ldots = 64$. Déterminer $a_1$ et $r$.

6

**23.** Soit $a_1$, $a_2$, $a_3$, $a_4$, $a_5$, les cinq premiers termes d'une série géométrique de raison $r$, où $S = a_1 + a_5$ et $s = a_2 + a_4$. Si nous posons $a_3 = k$, où $k > 0$,

a) démontrer que $s^2 = kS + 2k^2$.

b) Déterminer $r$ et $a_1$ si $s = \dfrac{26}{3}$ et $S = \dfrac{97}{9}$.

**24.** Gilles et Pierre lancent à tour de rôle un dé régulier à six faces. Le jeu se termine lorsqu'un joueur obtient un 6. Déterminer la probabilité que Pierre gagne si

a) Pierre commence à jouer;

b) Gilles commence à jouer.

**25.** Soit un carré dont la longueur des côtés est égale à 1 mètre. Sur chaque côté, nous construisons un carré dont le nouveau côté mesure le tiers du côté initial. Sur chaque nouveau côté, nous construisons un nouveau carré dont la longueur est le tiers du côté précédent, et ainsi de suite.

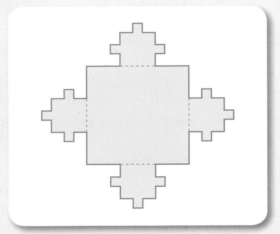

a) Déterminer l'aire totale $A$ de la région obtenue.

b) Déterminer la longueur totale $L$ de la courbe qui entoure cette région.

c) Déterminer l'aire $A_{10}$ de la région et la longueur $L_{10}$ de la courbe après 10 étapes.

**26.** Soit $f(x) = x \cos x$.

 a) Représenter graphiquement la courbe de $f$.

b) Calculer les aires $A_1$, $A_2$, $A_3$ et $A_4$ si

$$A_1 = A_{\frac{\pi}{2}}^{\frac{3\pi}{2}} \ ; \ A_2 = A_{\frac{3\pi}{2}}^{\frac{5\pi}{2}} \ ;$$

$$A_3 = A_{\frac{5\pi}{2}}^{\frac{7\pi}{2}} \ ; \ A_4 = A_{\frac{7\pi}{2}}^{\frac{9\pi}{2}}$$

c) Trouver l'aire $A$ entre la courbe de $f$ et l'axe des $x$, si $x \in \left[ \dfrac{\pi}{2}, \dfrac{51\pi}{2} \right]$.

d) Déterminer une expression de l'aire totale $A_t$ entre la courbe de $f$ et l'axe des $x$ si $x \in \left[ \dfrac{\pi}{2}, \dfrac{(2n+1)\pi}{2} \right]$, où $n \in \{1, 2, 3, \dots\}$.

**27.** Soit le nombre complexe $i$ défini par $i^2 = -1$ et les fonctions *sinus hyperbolique* et *cosinus hyperbolique* respectivement définies comme suit:

$$\sinh x = \dfrac{e^x - e^{-x}}{2} \text{ et } \cosh x = \dfrac{e^x + e^{-x}}{2}$$

a) Développer en série de Maclaurin les fonctions $\sinh x$ et $\cosh x$ et déterminer l'intervalle de convergence de chacune.

b) Démontrer que $\sin (ix) = i \sinh x$.

c) Démontrer que $\cos (ix) = \cosh x$.

**28.** Soit le nombre complexe $i$ défini par $i^2 = -1$.

a) Utiliser les développements en série de $e^{ix}$, $\sin x$ et $\cos x$ pour exprimer $e^{ix}$ en fonction de $\sin x$, de $\cos x$ et de $i$.

b) Déterminer la valeur de $e^{i\pi}$.

**29.** Démontrer que le développement en série entière, où $r > 0$, d'une fonction $f$ est unique sur son intervalle de convergence, si la fonction est indéfiniment dérivable.

**30.** a) Démontrer que la suite

$$a_n = 1 + \dfrac{1}{2} + \dfrac{1}{3} + \dots + \dfrac{1}{n} - \ln n$$

est convergente.

 b) La suite $\{a_n\}$ précédente converge vers une constante appelée constante d'Euler. Déterminer approximativement cette constante.

## CHAPITRE 1

### Exercices préliminaires (page 3)

**1.** a) 1　　b) $\sec^2 x$　　c) $\csc^2 x$

**2.** a) $\dfrac{\sin \theta}{\cos \theta}$　　b) $\dfrac{\cos \theta}{\sin \theta}$　　c) $\dfrac{1}{\cos \theta}$　　d) $\dfrac{1}{\sin \theta}$

**3.** a) 30°　　c) 63,4...°　　e) Non définie
　　b) 90°　　d) 135°　　f) 14,4...°

**4.** a) Non définie　　　　d) $\dfrac{\pi}{2}$ rad

　　b) $\dfrac{2\pi}{3}$ rad　　　　e) $\dfrac{\pi}{6}$ rad

　　c) -1,47... rad　　　　f) $\dfrac{\pi}{2}$ rad

**5.** a) $M = b^T$　　　　g) $M = N$

　　b) 0　　　　h) $\log_b M = \dfrac{\ln M}{\ln b}$

　　c) 1　　　　i) $M$

　　d) $\log_b M + \log_b N$　　j) 1

　　e) $\log_b M - \log_b N$　　k) $\ln M = \ln N$

　　f) $T \log_b M$

**6.** Sachant que l'équation d'une droite passant par $P(a, f(a))$ et $Q(b, f(b))$ est donnée par

$$\dfrac{y - f(a)}{x - a} = \dfrac{f(b) - f(a)}{b - a}, \text{ nous avons}$$

$$y = \dfrac{f(b) - f(a)}{b - a}(x - a) + f(a)$$

**7.** a) i) $f$ est continue sur [-5, 3]
　　　ii) $f$ est discontinue sur [3, 5]

　　b) i) $g$ est discontinue sur [0, 2]
　　　ii) $g$ est continue sur [0, 1]
　　　iii) $g$ est discontinue sur [1, 2]

**8.** a) $f$　　b) $r$　　c) $g$ et $r$

**9.** a) $\displaystyle\lim_{x \to 3} \dfrac{x^2 - 9}{4x - 12}$ est une indétermination de la forme $\dfrac{0}{0}$.

$$\lim_{x \to 3} \dfrac{x^2 - 9}{4x - 12} = \lim_{x \to 3} \dfrac{(x - 3)(x + 3)}{4(x - 3)} \quad \text{(en factorisant)}$$

$$= \lim_{x \to 3} \dfrac{(x + 3)}{4} \quad \begin{array}{l}\text{(en simplifiant,}\\ \text{car } (x - 3) \neq 0)\end{array}$$

$$= \dfrac{3}{2} \quad \text{(en évaluant la limite)}$$

　　b) $\displaystyle\lim_{x \to +\infty} \dfrac{5x^2 + 7x - 1}{x^2 - 4}$ est une indétermination de la forme $\dfrac{+\infty}{+\infty}$.

$$\lim_{x \to +\infty} \dfrac{5x^2 + 7x - 1}{x^2 - 4} = \lim_{x \to +\infty} \dfrac{x^2\left(5 + \dfrac{7}{x} - \dfrac{1}{x^2}\right)}{x^2\left(1 - \dfrac{4}{x^2}\right)} \quad \text{(en factorisant)}$$

$$= \lim_{x \to +\infty} \dfrac{\left(5 + \dfrac{7}{x} - \dfrac{1}{x^2}\right)}{\left(1 - \dfrac{4}{x^2}\right)} \quad \begin{array}{l}\text{(en}\\ \text{simplifiant,}\\ \text{car } x \neq 0)\end{array}$$

$$= 5 \quad \text{(en évaluant la limite)}$$

　　c) $\displaystyle\lim_{x \to 1} \dfrac{x^3 - 1}{\dfrac{1}{x} - 1}$ est une indétermination de la forme $\dfrac{0}{0}$.

$$\lim_{x \to 1} \dfrac{x^3 - 1}{\dfrac{1}{x} - 1} = \lim_{x \to 1} \dfrac{(x - 1)(x^2 + x + 1)}{\dfrac{1 - x}{x}} \quad \text{(en effectuant)}$$

$$= \lim_{x \to 1} \dfrac{x(x - 1)(x^2 + x + 1)}{1 - x}$$

$$= \lim_{x \to 1} \dfrac{x(x - 1)(x^2 + x + 1)}{1 - x}$$

$$= \lim_{x \to 1} -x(x^2 + x + 1) \quad \begin{array}{l}\text{(en simplifiant,}\\ \text{car } (x - 1) \neq 0)\end{array}$$

$$= -3 \quad \text{(en évaluant la limite)}$$

　　d) $\displaystyle\lim_{x \to 9} \dfrac{3 - \sqrt{x}}{x - 9}$ est une indétermination de la forme $\dfrac{0}{0}$.

$$\lim_{x \to 9} \dfrac{3 - \sqrt{x}}{x - 9} = \lim_{x \to 9} \left[\dfrac{3 - \sqrt{x}}{x - 9} \times \dfrac{3 + \sqrt{x}}{3 + \sqrt{x}}\right] \quad \text{(conjugué)}$$

$$= \lim_{x \to 9} \dfrac{9 - x}{(x - 9)(3 + \sqrt{x})} \quad \text{(en effectuant)}$$

$$= \lim_{x \to 9} \dfrac{-(x - 9)}{(x - 9)(3 + \sqrt{x})}$$

$$= \lim_{x \to 9} \dfrac{-1}{3 + \sqrt{x}} \quad \text{(en simplifiant)}$$

$$= \dfrac{-1}{6} \quad \text{(en évaluant la limite)}$$

**10.** a) $\text{dom} f = \mathbb{R} \setminus \{-3, 1\}$ ; $\text{ima} f = ]-\infty, 3]$

　　b) $\displaystyle\lim_{x \to -\infty} f(x) = 1$ et $\displaystyle\lim_{x \to +\infty} f(x) = -2$

　　c) $\displaystyle\lim_{x \to (-2)^-} f(x) = -1$ et $\displaystyle\lim_{x \to (-2)^+} f(x) = -\infty$

　　d) $\displaystyle\lim_{x \to 10} f(x) = 1$

　　e) -3, -2, 1 et 10

　　f) -3, -2, 0, 1, 3, 6 et 10

　　g) A.V. : $x = -2$ ; A.H. : $y = -2$ et $y = 1$

**11.** a) $m_{\text{sec}} = \dfrac{f(5) - f(-1)}{5 - (-1)} = \dfrac{51 - 9}{6} = 7$

$$\dfrac{y - f(5)}{x - 5} = 7$$

$$y - 51 = 7(x - 5)$$

$$y = 7x - 35 + 51$$

　　d'où $y = 7x + 16$

　　b) $m_{\text{tan} (2, f(2))} = f'(2) = 7 \quad (f'(x) = 6x - 5)$

$$\dfrac{y - f(2)}{x - 2} = 7$$

$$y - 3 = 7(x - 2)$$
$$y = 7x - 14 + 3$$
d'où $y = 7x - 11$

**12.** a) 0    c) $+\infty$    e) $+\infty$    g) $\dfrac{-\pi}{2}$

b) 1    d) $-\infty$    f) $-\infty$    h) $\dfrac{\pi}{2}$

**13.**

$f(x) = e^x$    a) 1    e) $+\infty$

$g(x) = \ln x$    b) $+\infty$    f) 0

c) 0    g) $-\infty$

d) 0    h) $+\infty$

---

## Exercices 1.1 (page 16)

**1.** a) $f'(x) = 20x^3 - \dfrac{5}{\sqrt{x}} - \dfrac{6}{x^3}$

b) $f'(t) = -42(1 - 7t)^5$

c) $g'(x) = 5(x - 2)^4(7x + 3) + (x - 2)^5\,7$
$= (x - 2)^4(42x + 1)$

d) $y' = \dfrac{2x(4 - x^2) - (x^2 - 3)(-2x)}{(4 - x^2)^2} = \dfrac{2x}{(4 - x^2)^2}$

e) $v'(t) = 15t^2\sqrt{4 - t} + 5t^3\dfrac{(-1)}{2\sqrt{4 - t}} = \dfrac{5t^2(24 - 7t)}{2\sqrt{4 - t}}$

f) $f'(x) = \dfrac{1}{2\sqrt{\dfrac{1 + 3x}{1 - 3x}}}\left[\dfrac{3(1 - 3x) - (-3)(1 + 3x)}{(1 - 3x)^2}\right]$

$= \sqrt{\dfrac{1 - 3x}{1 + 3x}}\dfrac{3}{(1 - 3x)^2} = \dfrac{3}{\sqrt{(1 + 3x)(1 - 3x)^3}}$

g) $H'(u) = 18[(u^2 - 5)^8 + u^7]^{17}\,[8(u^2 - 5)^7\,2u + 7u^6]$

h) $f'(x) = \dfrac{2ax(a + x^2)^3 - ax^2\,3(a + x^2)^2\,2x}{(a + x^2)^6}$

$= \dfrac{2ax(a - 2x^2)}{(a + x^2)^4}$

**2.** a) $\dfrac{dy}{dx} = \dfrac{-4}{(e^x - e^{-x})^2}$

b) $\dfrac{dy}{dx} = \dfrac{3}{x\ln 3} + 4x^3\,3^{x^4}\ln 3$

c) $\dfrac{dy}{dx} = -\sin x\,e^{\cos x}\ln\sec x + e^{\cos x}\tan x$

d) $\dfrac{dy}{dx} = \dfrac{\cos(\ln x)}{x} - 1$

e) $\dfrac{dy}{dx} = \dfrac{\sec x\tan x + \sec^2 x}{\sec x + \tan x} = \sec x$

f) $\dfrac{dy}{dx} = \dfrac{1}{x\ln 10\ln x}$

**3.** a) $x'(\theta) = \dfrac{\cos\sqrt{\theta}}{2\sqrt{\theta}} - \dfrac{\sin\theta}{2\sqrt{\cos\theta}}$

b) $g'(u) = 16u\tan^3(2u^2 - 1)\sec^2(2u^2 - 1)$

c) $v'(t) = \dfrac{-1}{t^2}\csc\left(\dfrac{t - 1}{t}\right)\cot\left(\dfrac{t - 1}{t}\right)$

d) $y' = 2\cos 2x\cos(x^2 - 3x) - (2x - 3)\sin 2x\sin(x^2 - 3x)$

e) $f'(x) = \dfrac{5\sec(5x - 4)\tan(5x - 4)}{3\sqrt[3]{\sec^2(5x - 4)}}$
$= \dfrac{5}{3}\sqrt[3]{\sec(5x - 4)}\tan(5x - 4)$

f) $g'(x) = -\csc^2(x^3 + \sin x^2)[3x^2 + 2x\cos x^2]$

**4.** a) $f'(x) = \dfrac{3x^2 - 3}{\sqrt{1 - (x^3 - 3x)^2}}$

b) $g'(\varphi) = \dfrac{-2(1 + \varphi^2)}{(1 - \varphi^2)^2\sqrt{1 - \left(\dfrac{2\varphi}{1 - \varphi^2}\right)^2}}$

c) $x'(\theta) = \dfrac{\cos\theta}{1 + (\sin\theta)^2}$

d) $H'(x) = \dfrac{-2}{(2x - 1)\sqrt{(2x - 1)^2 - 1}} + \dfrac{4}{x\sqrt{x^8 - 1}}$

e) $f'(x) = \dfrac{3(\text{Arc sec } x)^2\,\text{Arc cot}(x^2 - 1)}{x\sqrt{x^2 - 1}} - \dfrac{2x(\text{Arc sec } x)^3}{1 + (x^2 - 1)^2}$

f) $v'(t) = \dfrac{3(\text{Arc sin } t)^2}{\sqrt{1 - t^2}} + \dfrac{3t^2}{\sqrt{1 - t^6}}$

**5.** $f'(x) = \dfrac{-(-\csc x\cot x - \csc^2 x)}{\csc x + \cot x}$

$= \dfrac{\csc x(\cot x + \csc x)}{\csc x + \cot x} = \csc x$

$g'(x) = \dfrac{-\csc x\cot x + \csc^2 x}{\csc x - \cot x}$

$= \dfrac{\csc x(-\cot x + \csc x)}{\csc x - \cot x} = \csc x$

d'où $f'(x) = g'(x)$

**6.** a) Il faut d'abord trouver où la courbe $f$ coupe l'axe des $x$, c'est-à-dire résoudre :
$$f(x) = 0$$
$$x^3 - x^2 - 6x = 0$$
$x(x + 2)(x - 3) = 0$, d'où $x = -2$, $x = 0$ ou $x = 3$
Ainsi $b = -2$, car $b < 0$

Équation de la tangente :
Sachant que $f'(x) = 3x^2 - 2x - 6$, nous avons
$m_{\tan} = f'(-2) = 10$
Soit $(x, y)$ un point de la tangente,

alors $\dfrac{y - f(-2)}{x - (-2)} = f'(-2)$

$\dfrac{y - 0}{x + 2} = 10$

d'où $y = 10x + 20$

Équation de la droite normale :

$\dfrac{y - f(-2)}{x - (-2)} = \dfrac{-1}{f'(-2)}$

$\dfrac{y - 0}{x + 2} = \dfrac{-1}{10}$

d'où $y = \dfrac{-1}{10}x - \dfrac{1}{5}$

**b)** Sachant que $\quad m_{\tan} = f'(a) = 7{,}75$

il faut résoudre $3a^2 - 2a - 6 = 7{,}75$

$$3a^2 - 2a - 13{,}75 = 0$$

donc $a = 2{,}5 \quad \left(a = \dfrac{-11}{6} \text{ à rejeter}\right)$

d'où le point cherché est $P(2{,}5\,; f\,(2{,}5))$
c'est-à-dire $P(2{,}5\,;\, -5{,}625)$.

**7. a)** $(4x^2 + 9y^2)' = (36)'$

$8x + 18yy' = 0$, d'où $y' = \dfrac{-4x}{9y}$

**b)**
$$(3x^2y - 4xy^2)' = (9x + 5y)'$$
$$6xy + 3x^2y' - 4y^2 - 8xyy' = 9 + 5y'$$
$$3x^2y' - 8xyy' - 5y' = 9 - 6xy + 4y^2$$
$$y'(3x^2 - 8xy - 5) = 9 - 6xy + 4y^2$$

d'où $y' = \dfrac{9 - 6xy + 4y^2}{3x^2 - 8xy - 5}$

**c)**
$$(e^{\tan x} + \sec e^y)' = (3x)'$$
$$e^{\tan x} \sec^2 x + \sec e^y \tan e^y\, e^y y' = 3$$

d'où $y' = \dfrac{3 - e^{\tan x} \sec^2 x}{e^y \sec e^y \tan e^y}$

**d)** $(\sqrt{x^2 + y^2})' = (5x + 1)'$

$\dfrac{2x + 2yy'}{2\sqrt{x^2 + y^2}} = 5$, d'où $y' = \dfrac{5\sqrt{x^2 + y^2} - x}{y}$

**e)**
$$(y \cos x)' = (7x^2 - 3x \cos y)'$$
$$y' \cos x - y \sin x = 14x - 3\cos y + 3 \sin y\, y'$$
$$y' \cos x - 3x \sin y\, y' = 14x - 3 \cos y + y \sin x$$
$$y'(\cos x - 3x \sin y) = 14x - 3\cos y + y \sin x$$

d'où $y' = \dfrac{14x - 3\cos y + y \sin x}{\cos x - 3x \sin y}$

**f)** $(\ln (x^2 + y^3))' = (ye^x)'$

$$\dfrac{2x + 3y^2y'}{x^2 + y^3} = y'e^x + ye^x$$

$$2x + 3y^2y' = y'e^x(x^2 + y^3) + ye^x(x^2 + y^3)$$
$$3y^2y' - y'e^x(x^2 + y^3) = ye^x(x^2 + y^3) - 2x$$
$$y'(3y^2 - x^2e^x - y^3e^x) = x^2ye^x + y^4e^x - 2x$$

d'où $y' = \dfrac{x^2ye^x + y^4e^x - 2x}{3y^2 - x^2e^x - y^3e^x}$

**8. a)** $\left(\dfrac{x}{y}\right)' = \left(\dfrac{y^2}{x}\right)'$

$$\dfrac{y - y'x}{y^2} = \dfrac{2yy'x - y^2}{x^2}$$
$$x^2y - x^3y' = 2xy^3y' - y^4$$
$$x^2y + y^4 = (2xy^3 + x^3)y', \text{ d'où } y' = \dfrac{x^2y + y^4}{2xy^3 + x^3}$$

**b)** Nous obtenons, en transformant,
$$x^2 = y^3 \quad (\text{pour } x \neq 0 \text{ et } y \neq 0)$$

Ainsi, $y = x^{\frac{2}{3}}$

d'où $y' = \dfrac{2}{3x^{\frac{1}{3}}}$

**c)** $\dfrac{x^2y + y^4}{2xy^3 + x^3} = \dfrac{x^2x^{\frac{2}{3}} + \left(x^{\frac{2}{3}}\right)^4}{2x\left(x^{\frac{2}{3}}\right)^3 + x^3} \quad \left(\text{car } y = x^{\frac{2}{3}}\right)$

$$= \dfrac{2x^{\frac{8}{3}}}{3x^3} = \dfrac{2}{3x^{\frac{1}{3}}}$$

**9. a)** $y' = \dfrac{-\cos x}{\sin y}; \left. y'\right|_{\left(\frac{\pi}{6}, \frac{\pi}{3}\right)} = -1$

**b)** $y' = \dfrac{2e^{2x - y} - 2x}{e^{2x - y}}; \left. y'\right|_{(2, 4)} = -2$

**c)** $y' = \dfrac{y}{x + y(x + y)^2}$ ou $y' = \dfrac{1 - y^2}{2xy + 3y^2 + 1}$;

$\left. y'\right|_{\left(\frac{-10}{3}, 2\right)} = 9$

**d)** $y' = \dfrac{2x + 1}{1 - 2y}$. Si $x = 0$, alors $y = 1$ ou $y = 0$

d'où $\left. y'\right|_{(0, 1)} = -1$ et $\left. y'\right|_{(0, 0)} = 1$

**10. a)** $y' = \dfrac{5y - 2xy^2}{5x}$ ou $y' = \dfrac{5 - 2xy}{4 + x^2}$ ou $y' = \dfrac{5(4 - x^2)}{(x^2 + 4)^2}$

Si $y = 1$, alors $x = 1$ ou $x = 4$

d'où $\left. y'\right|_{(1, 1)} = \dfrac{3}{5}$ et $\left. y'\right|_{(4, 1)} = \dfrac{-3}{20}$

Équation de la tangente au point $(1, 1)$: $y_1 = \dfrac{3}{5}x + \dfrac{2}{5}$

Équation de la tangente au point $(4, 1)$: $y_2 = \dfrac{-3}{20}x + \dfrac{8}{5}$

**b)** 
```
>with(plots):
> c:=implicitplot(x^2+4=5*x/y,x=0..5,y=0..2):
> c1:=implicitplot(y=1,x=0..5,y=0..2,
  color=blue):
> p:=plot([[1,1],[4,1]],style=point,
  symbol=circle,color=black):
> display(c,p,c1);
```

**11. a) i)** $y'' = \dfrac{-(6xy + 6x^2y' + 6y^2y' + 6xy(y')^2)}{x^3 + 3xy^2}$ et $\left. y''\right|_{(1, 1)} = 0$

**ii)** $y'' = \dfrac{x(y')^2 \sin y - 2y' \cos y}{x \cos y}$ et $\left. y''\right|_{(3, 0)} = \dfrac{2}{9}$

**b) i)** $y'' = 2y + (2x - 1)y'$ et $\left. y''\right|_{(1, e)} = 3e$

Puisque $\left. y''\right|_{(1, e)} > 0$, la courbe est concave vers le haut au point $(1, e)$.

**ii)** 
```
> with(plots):
> c:=implicitplot(ln(y*exp(x))
  =x^2+1,x=0..2,y=0..5):
> p:=plot([[1,exp(1)]],style=point,
  symbol=circle,color=orange):
> display(c,p);
```

**12. a)** $\ln y = \ln x^{\sin x}$

$\ln y = \sin x \ln x$

$\dfrac{y'}{y} = \cos x \ln x + \dfrac{\sin x}{x}$

d'où $y' = x^{\sin x}\left(\cos x \ln x + \dfrac{\sin x}{x}\right)$

**b)** $f'(x) = (3x + 1)^{(1 - 2x)}\left(-2 \ln (3x + 1) + \dfrac{3(1 - 2x)}{3x + 1}\right)$

**c)** $v'(\theta) = (\sin \theta)^{\cos \theta}\left(-\sin \theta \ln (\sin \theta) + \dfrac{\cos^2 \theta}{\sin \theta}\right)$

**d)** $\dfrac{dy}{dx} = (\tan x^2)^{\pi x^3}\left(3\pi x^2 \ln (\tan x^2) + \pi x^3\dfrac{\sec^2 x^2}{\tan x^2}(2x)\right)$

$= \pi x^2 (\tan x^2)^{\pi x^3}\left(3 \ln (\tan x^2) + \dfrac{2x^2 \sec^2 x^2}{\tan x^2}\right)$

**e)** $g'(x) = \dfrac{2x^{\ln x} \ln x}{x} = 2x^{(\ln x - 1)} \ln x$

f) $x'(t) = (\ln t)^t \left( \ln (\ln t) + \dfrac{1}{\ln t} \right)$

g) $y' = (x)^{e^x} \left( e^x \ln x + \dfrac{e^x}{x} \right) = e^x (x)^{e^x} \left( \dfrac{1}{x} + \ln x \right)$

**13.** $\dfrac{dy}{dx} = f(x)^{g(x)} \left( g'(x) \ln f(x) + g(x) \dfrac{f'(x)}{f(x)} \right)$

**14.** a) $y = \ln (3 - 2x) + \ln (5 + 4x^2)$

$y' = \dfrac{-2}{3 - 2x} + \dfrac{8x}{5 + 4x^2}$

b) $y = \ln (x^2 - 4x) - \ln (3x + 1)$

$y' = \dfrac{2x - 4}{x^2 - 4x} - \dfrac{3}{3x + 1}$

c) $y = \ln (x^2 + 4) + 3 \ln (5 - x) - \ln (2x - 1) - \ln (x^3 + 1)$

$y' = \dfrac{2x}{x^2 + 4} - \dfrac{3}{5 - x} - \dfrac{2}{2x - 1} - \dfrac{3x^2}{x^3 + 1}$

**15.** a) $y = \sqrt{x} \sqrt[3]{1 - x} \sqrt[5]{4 + 5x^2}$

$\ln y = \ln (\sqrt{x} \sqrt[3]{1 - x} \sqrt[5]{4 + 5x^2})$

$\ln y = \dfrac{1}{2} \ln x + \dfrac{1}{3} \ln (1 - x) + \dfrac{1}{5} \ln (4 + 5x^2)$

$\dfrac{y'}{y} = \dfrac{1}{2x} + \dfrac{(-1)}{3(1 - x)} + \dfrac{10x}{5(4 + 5x^2)}$

$y' = y \left[ \dfrac{1}{2x} - \dfrac{1}{3(1 - x)} + \dfrac{2x}{(4 + 5x^2)} \right]$

d'où $\dfrac{dy}{dx} = \sqrt{x} \sqrt[3]{1-x} \sqrt[5]{4+5x^2} \left( \dfrac{1}{2x} - \dfrac{1}{3(1-x)} + \dfrac{2x}{(4 + 5x^2)} \right)$

b) $\dfrac{dy}{dx} = \dfrac{-1}{3} \sqrt[3]{\dfrac{1 - x^4}{5x^2 + 5}} \left( \dfrac{4x^3}{1 - x^4} + \dfrac{2x}{x^2 + 1} \right)$

c) $\dfrac{dy}{dx} = \dfrac{(x^3 + 5x)^7 \sin x}{\sqrt{x}} \left( \dfrac{7(3x^2 + 5)}{(x^3 + 5x)} + \cot x - \dfrac{1}{2x} \right)$

**16.** a) Puisque $y' = (x^{3x})' + ((\cos x)^x)'$

posons $u = x^{3x}$, ainsi $\ln u = 3x \ln x$

donc $u' = x^{3x}(3 \ln x + 3)$

et $v = (\cos x)^x$, ainsi $\ln v = x \ln \cos x$

donc $v' = (\cos x)^x (\ln \cos x - x \tan x)$

d'où $y' = x^{3x}(3 \ln x + 3) + (\cos x)^x (\ln \cos x - x \tan x)$

b) Puisque $y' = 4((\sec x)^x)'$

posons $u = (\sec x)^x$, ainsi $\ln u = x \ln \sec x$

donc $u' = (\sec x)^x (\ln \sec x + x \tan x)$

d'où $y' = 4(\sec x)^x (\ln \sec x + x \tan x)$

c) Puisque $x^y = y^x$

$y \ln x = x \ln y$

$y' \ln x + \dfrac{y}{x} = \ln y + \dfrac{xy'}{y}$

d'où $y' = \dfrac{xy \ln y - y^2}{xy \ln x - x^2}$

d) Puisque $y = x^{(x^x)}$, alors $\ln y = x^x \ln x$

ainsi $\dfrac{y'}{y} = (x^x)' \ln x + x^x (\ln x)'$

---

$= x^x (1 + \ln x) \ln x + \dfrac{x^x}{x}$ $\quad$ $\begin{array}{l}(\text{car } (x^x)' = \\ x^x (1 + \ln x))\end{array}$

d'où $y' = x^{(x^x)}(x^x(1 + \ln x) \ln x + x^{(x-1)})$

e) Puisque $y = (x^x)^x = x^{x^2}$, alors $\ln y = \ln x^{x^2}$

$\ln y = x^2 \ln x$

ainsi $\dfrac{y'}{y} = 2x \ln x + \dfrac{x^2}{x}$

d'où $y' = (x^x)^x (2x \ln x + x)$

**17.** $\dfrac{d}{dP} \left[ \left( P + \dfrac{4}{V^2} \right) (V - 0,02) \right] = \dfrac{d}{dP}(7,84)$

$\left( 1 - \dfrac{8}{V^3} \dfrac{dV}{dP} \right) (V - 0,02) + \left( P + \dfrac{4}{V^2} \right) \dfrac{dV}{dP} = 0$

$\dfrac{dV}{dP} = \dfrac{0,02 - V}{\left( P + \dfrac{0,16}{V^3} - \dfrac{4}{V^2} \right)}$

$\dfrac{dV}{dP} \bigg|_{(4,\,1)} = \dfrac{0,02 - 1}{(4 + 0,16 - 4)} = -6,125$

d'où $\dfrac{dV}{dP} \bigg|_{(4,\,1)} = -6,125 \; \dfrac{\text{cm}^3}{\text{pascal}}$

**18.** a) De $xy_1 = c$, nous trouvons $y_1 = \dfrac{c}{x}$

De $x^2 - y_2^2 = k$, nous trouvons $y_2^2 = x^2 - k$

En posant $y_2^2 = y_1^2$

$x^2 - k = \left( \dfrac{c}{x} \right)^2$

$x^4 - kx^2 - c^2 = 0$

ainsi $x^2 = \dfrac{k - \sqrt{k^2 + 4c^2}}{2}$ $\quad$ (à rejeter)

ou $x^2 = \dfrac{k + \sqrt{k^2 + 4c^2}}{2}$

Ainsi $a_1 = \sqrt{\dfrac{k + \sqrt{k^2 + 4c^2}}{2}}$ et $a_2 = -\sqrt{\dfrac{k + \sqrt{k^2 + 4c^2}}{2}}$

$b_1 = \sqrt{\dfrac{\sqrt{k^2 + 4c^2} - k}{2}}$ et $b_2 = -\sqrt{\dfrac{\sqrt{k^2 + 4c^2} - k}{2}}$

d'où $P_1 \left( \sqrt{\dfrac{k + \sqrt{k^2 + 4c^2}}{2}} ; \sqrt{\dfrac{\sqrt{k^2 + 4c^2} - k}{2}} \right)$ et

$P_2 \left( -\sqrt{\dfrac{k + \sqrt{k^2 + 4c^2}}{2}} ; -\sqrt{\dfrac{\sqrt{k^2 + 4c^2} - k}{2}} \right)$

b) $\dfrac{dy_1}{dx} = \dfrac{-y_1}{x}$ et $\dfrac{dy_2}{dx} = \dfrac{x}{y_2}$

$\dfrac{dy_1}{dx} \bigg|_{(a_1,\,b_1)} = \dfrac{-b_1}{a_1}$ et $\dfrac{dy_2}{dx} \bigg|_{(a_1,\,b_1)} = \dfrac{a_1}{b_1}$

d'où les courbes sont orthogonales au point $P_1(a_1, b_1)$.

On procède de façon analogue au point $P_2(a_2, b_2)$.

**19.** a) $\dfrac{d}{dx} (3x^3 + 5xy^2 + 2y^3) = \dfrac{d}{dx} (141\,054)$

$9x^2 + 5y^2 + 10xy \dfrac{dy}{dx} + 6y^2 \dfrac{dy}{dx} = 0$

$\dfrac{dy}{dx} (10xy + 6y^2) = -9x^2 - 5y^2$

$\dfrac{dy}{dx} = \dfrac{-(9x^2 + 5y^2)}{10xy + 6y^2}$, exprimée en

$$\dfrac{\text{nombre d'ouvriers à temps partiel}}{\text{nombre d'ouvriers à temps plein}}$$

La dérivée étant négative, cela indique que lorsque $x$ augmente, $y$ diminue.

b) $\left.\dfrac{dy}{dx}\right|_{(32,\,15)} = \dfrac{-9(32)^2 - 5(15)^2}{10(32)(15) + 6(15)^2} = \dfrac{-10\,341}{6150}$

d'où $\left.\dfrac{dy}{dx}\right|_{(32,\,15)} = -1{,}681\ldots \dfrac{\text{nombre d'ouvriers à temps partiel}}{\text{nombre d'ouvriers à temps plein}}$

c)
```
> with(plots):
> c:=implicitplot(3*x^3
  +5*x*y^2+2*y^3=
  141054,x=0..40,y=0..50):
> display(c,scaling=
  constrained);
```
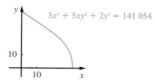

## Exercices 1.2 (page 31)

**1.** a) $f$ est continue sur $[1, 4]$; $f(1) = 3$ et $f(4) = 35$

Puisque $f(1) < 10 < f(4)$, alors $\exists\, c \in\, ]1, 4[$ tel que $f(c) = 10$

```
> fsolve((1+x^(1/2)+x^2*x^(1/2)=10));
            2.239274794
```

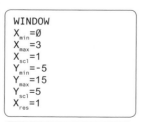

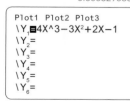

d'où $c \approx 2{,}239$

b) $f$ est continue sur $[0, 1]$; $f(0) = -1$ et $f(1) = 2$

Puisque $f(0) < 0 < f(1)$, alors $\exists\, c \in\, ]0, 1[$ tel que $f(c) = 0$

```
> fsolve(4*x^3-3*x^2+2*x-1=0);
            0.6058295862
```

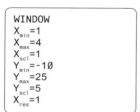

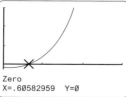

d'où $c \approx 0{,}605\ldots$

**2.** a) Vérifions d'abord les hypothèses du théorème de Rolle :

1) $f$ est continue sur $[-5, 2]$, car $f$ est une fonction polynomiale ;

2) $f$ est dérivable sur $]-5, 2[$, car $f'(x) = 2x + 3$ est définie sur $]-5, 2[$ ;

3) $f(-5) = 6$ et $f(2) = 6$, d'où $f(-5) = f(2)$

Alors $\exists\, c \in\, ]-5, 2[$ tel que $f'(c) = 0$

Déterminons la valeur de $c$.

$\qquad f'(x) = 2x + 3$

Ainsi $f'(c) = 2c + 3$

$\qquad 2c + 3 = 0 \qquad\qquad$ (car $f'(c) = 0$)

d'où $c = -1{,}5$

b) Vérifions d'abord les hypothèses du théorème de Rolle :

1) $f$ est continue sur $[0, 2]$, car $(x^2 - 2x + 2)$ ne s'annule jamais ;

2) $f$ est dérivable sur $]0, 2[$, car $f'(x) = \dfrac{4(x - 1)}{(x^2 - 2x + 2)^2}$ est définie sur $]0, 2[$ ;

3) $f(0) = 0$ et $f(2) = 0$, d'où $f(0) = f(2)$

Alors $\exists\, c \in\, ]0, 2[$ tel que $f'(c) = 0$

Déterminons la valeur de $c$.

$$f'(x) = \dfrac{4(x - 1)}{(x^2 - 2x + 2)^2}$$

$$f'(c) = \dfrac{4(c - 1)}{(c^2 - 2c + 2)^2}$$

$$\dfrac{4(c - 1)}{(c^2 - 2c + 2)^2} = 0 \qquad \text{(car } f'(c) = 0)$$

d'où $c = 1$

c) Puisque $f(x) = \dfrac{x(x - 3)}{(x + 7)(x - 1)}$

$f$ est discontinue en $x = 1$, où $1 \in [0, 3]$

d) $g$ n'est pas dérivable sur $]-1, 1[$

car $g'(x) = \dfrac{2}{3\sqrt[3]{x}}$ n'est pas définie en $x = 0 \in\, ]-1, 1[$

e) Après avoir vérifié les hypothèses, nous trouvons $c = 3$

f) $f$ est non dérivable en $x = 1$, où $1 \in\, ]0, 2[$

g) Après avoir vérifié les hypothèses,

$$c_1 = 1 - \dfrac{\sqrt{3}}{3} \text{ et } c_2 = 1 + \dfrac{\sqrt{3}}{3}$$

h) Après avoir vérifié les hypothèses, $c = 2$, car $2 \in\, ]0, 2\sqrt{3}[$

**3.** a) Vérifions d'abord les hypothèses du théorème sur l'unicité d'un zéro.

1) $f$ est continue sur $[-2, -1]$

2) $f$ est dérivable sur $]-2, -1[$, car $f'(x) = 3 - 3x^2$ est définie sur $]-2, -1[$

3) $f(-2) > 0$ et $f(-1) < 0$

4) $f'(x) = 3 - 3x^2 \neq 0$ si $x \in\, ]-2, -1[$

Alors il existe un et un seul $c \in\, ]-2, -1[$ tel que $f(c) = 0$

Nous obtenons $c \approx -1{,}879\,385$

b) Vérifions d'abord les hypothèses du théorème sur l'unicité d'un zéro.

1) $g$ est continue sur $[-2, 2]$

2) $g$ est dérivable sur $]-2, 2[$

car $g'(x) = \dfrac{5x^4 + 1}{1 + (x^5 + x + 3)^2}$ est définie sur $]-2, 2[$

3) $g(-2) < 0$ et $g(2) > 0$

4) $g'(x) = \dfrac{5x^4 + 1}{1 + (x^5 + x + 3)^2} \neq 0, \forall\, x \in\, ]\text{-}2, 2[$

Alors il existe un et un seul $c \in\, ]\text{-}2, 2[$ tel que $g(c) = 0$
Nous obtenons $c \approx \text{-}1,132\,998$

**4.** a) Vérifions d'abord les hypothèses du théorème de Lagrange :

1) $f$ est continue sur $[1, 4]$, car $f$ est une fonction polynomiale ;

2) $f$ est dérivable sur $]1, 4[$, car $f'(x) = 6x + 4$ est définie sur $]1, 4[$

Alors $\exists\, c \in\, ]1, 4[$ tel que $\dfrac{f(4) - f(1)}{4 - 1} = f'(c)$

Déterminons cette valeur de $c$.

$\dfrac{61 - 4}{3} = 6c + 4$, d'où $c = 2,5$

b) Après avoir vérifié les hypothèses, $c = \text{-}1$

c) Après avoir vérifié les hypothèses, $c = 2$

d) $f$ est discontinue en $t = 0 \in [\text{-}1, 4]$

e) Après avoir vérifié les hypothèses, $c = 1$

f) $f$ est non dérivable en $x = 1 \in\, ]\text{-}2, 2[$

g) Après avoir vérifié les hypothèses, $c = \dfrac{e^2 - 1}{2}$

h) Après avoir vérifié les hypothèses, $c = \dfrac{\pi}{2}$

**5.** a) 1) $f$ est continue sur $[\text{-}2, 4]$, car $f$ est une fonction polynomiale.

2) $f$ est dérivable sur $]\text{-}2, 4[$, car
$f'(x) = 5x^4 - 20x^3 + 9x^2 + 20x - 14$ est définie sur $]\text{-}2, 4[$

alors $\exists\, c \in\, ]\text{-}2, 4[$ tel que $\dfrac{f(4) - f(\text{-}2)}{4 - (\text{-}2)} = f'(c)$

b) $\dfrac{y - f(4)}{x - 4} = \dfrac{f(4) - f(\text{-}2)}{4 - (\text{-}2)}$

$\dfrac{y - 57}{x - 4} = 18$, d'où $y = 18x - 15$

```
> f:=x->x^5-5*x^4+3*x^3+10*x^2-14*x+17;
              f:=x → x⁵ - 5x⁴ + 3x³ + 10x² - 14x + 17
> s:=x->18*x-15;
              s:=x → 18x - 15
> plot([f(x),s(x)],x=-3..5,y=-70..70,color=[green,blue]);
```

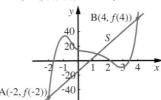

c)
```
> f1:=diff(f(x),x);
              f1:=5x⁴ - 20x³ + 9x² + 20x - 14
> c1:=fsolve(f1(x)=18,x,x=-2..0);
              c1:=-1.184348424
> c2:=fsolve(f1(x)=18,x,x=2..4);
              c2:=3.255061288
```
d'où $c_1 \approx \text{-}1,18$ et $c_2 \approx 3,26$

d)
```
> with(plots):
> with(student):
> t1:=showtangent(f(x),x=c1,x=-3..5,y=-70..70):
> t2:=showtangent(f(x),x=c2,x=-3..5,y=-70..70):
> s:=plot(s(x),x=-3..5,color=blue):
> display(t1,t2,s);
```

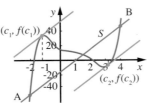

**6.** a) Soit $f(x) = \tan x$ sur $[0, x]$ où $x \in\, \left]0, \dfrac{\pi}{2}\right[$

Vérifions les hypothèses du théorème de Lagrange :

1) $f$ est continue sur $[0, x]$, car $f$ est continue sur $\left[0, \dfrac{\pi}{2}\right[$ ;

2) $f$ est dérivable sur $]0, x[$, car $f'(x) = \sec^2 x$ est définie sur $\left]0, \dfrac{\pi}{2}\right[$

Alors $\exists\, c \in\, ]0, x[$ tel que $\dfrac{f(x) - f(0)}{x - 0} = f'(c)$

donc $\dfrac{\tan x - \tan 0}{x - 0} = \sec^2 c$

$\dfrac{\tan x}{x} > 1 \quad \left(\text{car } \sec^2 c > 1 \text{ sur } \left]0, \dfrac{\pi}{2}\right[\right)$

d'où $\tan x > x, \forall\, x \in\, \left]0, \dfrac{\pi}{2}\right[$

b) Dans le cas où $x = 0$, nous avons $e^0 = 1$ et $1 + 0 = 1$ ainsi $e^x = 1 + x$

Dans le cas où $x > 0$, appliquons le théorème de Lagrange à $f(x) = e^x$ sur $[0, x]$ où $x \in\, ]0, +\infty$

Les hypothèses du théorème de Lagrange étant vérifiées,

$\exists\, c \in\, ]0, x[$ tel que $\dfrac{e^x - 1}{x - 0} = e^c$

$\dfrac{e^x - 1}{x} > 1 \quad (\text{car } e^c > 1 \text{ sur } ]0, +\infty)$

d'où $e^x \geq (1 + x), \forall\, x \in\, [0, +\infty$

c) Dans le cas où $x = 0$, nous avons Arc tan $0 = 0$, ainsi Arc tan $x = x$

Dans le cas où $x > 0$, appliquons le théorème de Lagrange à $f(x) = $ Arc tan $x$ sur $[0, x]$ où $x \in\, ]0, +\infty$

Les hypothèses du théorème de Lagrange étant vérifiées, $\exists\, c \in\, ]0, x[$ tel que

$\dfrac{\text{Arc tan } x - \text{Arc tan } 0}{x - 0} = \dfrac{1}{1 + c^2}$

$\dfrac{\text{Arc tan } x}{x} < 1 \quad \left(\text{car } \dfrac{1}{1 + c^2} < 1 \text{ sur } ]0, +\infty\right)$

d'où Arc tan $x \leq x, \forall\, x \in\, [0, +\infty$

La démonstration de $\dfrac{x}{1 + x^2} \leq$ Arc tan $x$ est laissée à l'élève.

d) La démonstration est laissée à l'élève.

**7.** a) 1) $f$ est continue sur $[\text{-}2, 3]$

2) $f'(x) = 0, \forall\, x \in\, ]\text{-}2, 3[$

alors $f(x) = C, \forall\, x \in\, [\text{-}2, 3]$ (corollaire 1 du théorème de Lagrange)

Or $f(\text{-}1) = 7$

d'où $f(x) = 7, \forall\, x \in\, [\text{-}2, 3]$

b) 1) $f$ est continue sur $[\text{-}1, 1]$

2) $f'(x) = \dfrac{1}{\sqrt{1 - x^2}} + \dfrac{\text{-}1}{\sqrt{1 - x^2}}$

$= 0, \forall\, x \in\, ]\text{-}1, 1[$

alors $f(x) = C, \forall\, x \in\, [\text{-}1, 1]$ (corollaire 1 du théorème de Lagrange)

Or $f(1) = \text{Arc sin } (1) + \text{Arc cos } (1) = \dfrac{\pi}{2} + 0 = \dfrac{\pi}{2}$

d'où $f(x) = \dfrac{\pi}{2}$, $\forall\, x \in [-1, 1]$

$y$ \qquad $f(x) = \text{Arc sin } x + \text{Arc cos } x$

**8.** a) $f'(\theta) = -4\cos\theta\sin\theta$ et

$g'(\theta) = -2\sin(2\theta)$

$\qquad = -2(2\sin\theta\cos\theta)$ (identité trigonométrique)

$\qquad = -4\sin\theta\cos\theta$

Ainsi $f'(\theta) = g'(\theta)$, $\forall\, \theta \in \mathbb{R}$

D'après le corollaire 2, $f(\theta) = g(\theta) + C$

$2\cos^2\theta = \cos(2\theta) + C$

En remplaçant $\theta$ par 0, nous obtenons

$2\cos^2 0 = \cos 0 + C$

$2 = 1 + C$

d'où $C = 1$

b) $f'(x) = \dfrac{3\sec x \tan x + 3\sec^2 x}{3\sec x + 3\tan x} = \sec x$ et

$g'(x) = -\left(\dfrac{5\sec x \tan x - 5\sec^2 x}{5\sec x - 5\tan x}\right) = \sec x$

Ainsi $f'(x) = g'(x)$, $\forall\, x \in \left]0, \dfrac{\pi}{2}\right[$

D'après le corollaire 2, $f(x) = g(x) + C$

$\ln(3\sec x + 3\tan x) = -\ln(5\sec x - 5\tan x) + C$

En remplaçant $x$ par 0, nous obtenons

$\ln(3\sec 0 + 3\tan 0) = -\ln(5\sec 0 - 5\tan 0) + C$

$\ln 3 = -\ln 5 + C$

Donc $C = \ln 3 + \ln 5$

d'où $C = \ln 15$

**9.** a) Appliquons le théorème de Lagrange à

$f(x) = \sin x$ sur $[a, b]$.

Puisque la fonction satisfait les hypothèses,

alors $\exists\, c \in\, ]a, b[$ tel que

$\dfrac{\sin b - \sin a}{b - a} = \cos c$

donc $\dfrac{|\sin b - \sin a|}{|b - a|} = |\cos c|$

$\dfrac{|\sin b - \sin a|}{|b - a|} \leq 1$ (car $|\cos c| \leq 1$)

d'où $|\sin b - \sin a| \leq |b - a|$

b) Même procédé qu'en a) en posant

$f(x) = \tan x$ sur $[a, b]$, où $a$ et $b \in \left]\dfrac{-\pi}{2}, \dfrac{\pi}{2}\right[$.

**10.** a) Vérifions d'abord les hypothèses du théorème de Cauchy :

1) $f$ et $g$ sont continues sur $[0, 3]$, car $f$ et $g$ sont des fonctions polynomiales ;

2) $f$ et $g$ sont dérivables sur $]0, 3[$, car $f'(x) = 1$ et $g'(x) = 2x + 4$ sont définies sur $]0, 3[$ ;

3) $g'(x) \neq 0$ sur $]0, 3[$ (car $g'(x) = 0$ si $x = -2 \notin\, ]0, 3[$)

Alors $\exists\, c \in\, ]0, 3[$ tel que $\dfrac{f(3) - f(0)}{g(3) - g(0)} = \dfrac{f'(c)}{g'(c)}$

$\dfrac{4 - 1}{22 - 1} = \dfrac{1}{2c + 4}$, d'où $c = 1{,}5$

b) Après avoir vérifié les hypothèses, $c = \dfrac{\pi}{4}$

**11.** La justification est laissée à l'élève.

a) Vrai \qquad d) Vrai \qquad g) Vrai

b) Faux \qquad e) Vrai \qquad h) Faux

c) Faux \qquad f) Faux \qquad i) Faux

**12.** a) Laissée à l'élève. \qquad b) Laissée à l'élève.

# Exercices 1.3 (page 47)

**1.** a) Ind. forme $0 \cdot (-\infty)$ \qquad g) 0

b) $-\infty$ \qquad h) Ind. forme $\dfrac{0}{0}$

c) Ind. forme $\dfrac{+\infty}{+\infty}$ \qquad i) Ind. forme $0^0$

d) $-\infty$ \qquad j) 1

e) Ind. forme $(+\infty)^0$ \qquad k) $+\infty$

f) Ind. forme $1^{+\infty}$ \qquad l) Ind. forme $(+\infty - \infty)$

**2.** a) Faux, car $\lim\limits_{x\to 4} \dfrac{x^2 - 16}{\sqrt{x} - 4} = 0$

Cette limite n'étant pas indéterminée, nous ne pouvons pas utiliser la règle de L'Hospital.

b) Faux, car $\lim\limits_{x\to 0} \dfrac{x^2 + 2x - 2\sin x}{e^{2x} - 2e^x} = 0$

Cette limite n'étant pas indéterminée, nous ne pouvons pas utiliser la règle de L'Hospital.

**3.** a) $\lim\limits_{x\to 1} \dfrac{x^2 + 4x - 5}{4x - 3 - x^2}$ $\left(\text{ind. } \dfrac{0}{0}\right)$

$\lim\limits_{x\to 1} \dfrac{x^2 + 4x - 5}{4x - 3 - x^2} \overset{\text{RH}}{=} \lim\limits_{x\to 1} \dfrac{2x + 4}{4 - 2x} = 3$

b) $\lim\limits_{x\to -2} \dfrac{x^5 - 3x^3 - 4x}{x^3 + x^2 - 4x - 4}$ $\left(\text{ind. } \dfrac{0}{0}\right)$

$\lim\limits_{x\to -2} \dfrac{x^5 - 3x^3 - 4x}{x^3 + x^2 - 4x - 4} \overset{\text{RH}}{=} \lim\limits_{x\to -2} \dfrac{5x^4 - 9x^2 - 4}{3x^2 + 2x - 4} = 10$

c) $\lim\limits_{x\to 4} \dfrac{\sqrt[3]{2x} + \sqrt{x} - 4}{16 - x^2}$ $\left(\text{ind. } \dfrac{0}{0}\right)$

$\lim\limits_{x\to 4} \dfrac{\sqrt[3]{2x} + \sqrt{x} - 4}{16 - x^2} \overset{\text{RH}}{=} \lim\limits_{x\to 4} \dfrac{\dfrac{2}{3\sqrt[3]{(2x)^2}} + \dfrac{1}{2\sqrt{x}}}{-2x}$

$= \dfrac{-5}{96}$

d) $\lim\limits_{x\to 0} \dfrac{-4x^3}{x + \sin 2x}$ $\left(\text{ind. } \dfrac{0}{0}\right)$

$\lim\limits_{x\to 0} \dfrac{-4x^3}{x + \sin 2x} \overset{\text{RH}}{=} \lim\limits_{x\to 0} \dfrac{-12x^2}{1 + 2\cos 2x} = 0$

e) $\lim\limits_{x\to\left(\frac{\pi}{2}\right)^+} \dfrac{x - \dfrac{\pi}{2} + \cos x}{\sqrt{2x - \pi}}$ $\left(\text{ind. } \dfrac{0}{0}\right)$

$\lim\limits_{x\to\left(\frac{\pi}{2}\right)^+} \dfrac{x - \dfrac{\pi}{2} + \cos x}{\sqrt{2x - \pi}} \overset{\text{RH}}{=} \lim\limits_{x\to\left(\frac{\pi}{2}\right)^+} \dfrac{1 - \sin x}{\dfrac{1}{\sqrt{2x - \pi}}}$

$= \lim\limits_{x\to\left(\frac{\pi}{2}\right)^+} (1 - \sin x)\sqrt{2x - \pi}$

$= 0$

f) $\lim\limits_{x\to 0^+} \dfrac{\tan x}{x^2}$ $\left(\text{ind. } \dfrac{0}{0}\right)$

$\lim\limits_{x\to 0^+} \dfrac{\tan x}{x^2} \overset{\text{RH}}{=} \lim\limits_{x\to 0^+} \dfrac{\sec^2 x}{2x} = +\infty$

g) $\lim\limits_{\theta \to 0} \dfrac{3 \sin (\tan \theta)}{\tan (\sin 6\theta)}$ $\left(\text{ind.} \dfrac{0}{0}\right)$

$\lim\limits_{\theta \to 0} \dfrac{3 \sin (\tan \theta)}{\tan (\sin 6\theta)} \overset{\text{RH}}{=} \lim\limits_{\theta \to 0} \dfrac{3 \cos (\tan \theta) \sec^2 \theta}{6 \sec^2 (\sin 6\theta) \cos 6\theta}$

$\qquad\qquad = \dfrac{1}{2}$

h) $\lim\limits_{\theta \to 0} \dfrac{\ln (\cos \theta)}{\sin 2\theta}$ $\left(\text{ind.} \dfrac{0}{0}\right)$

$\lim\limits_{\theta \to 0} \dfrac{\ln (\cos \theta)}{\sin 2\theta} \overset{\text{RH}}{=} \lim\limits_{\theta \to 0} \dfrac{-\sin \theta}{2 \cos \theta \cos 2\theta} = 0$

i) $\lim\limits_{x \to 0} \dfrac{8^x - 5^x}{5x}$ $\left(\text{ind.} \dfrac{0}{0}\right)$

$\lim\limits_{x \to 0} \dfrac{8^x - 5^x}{5x} \overset{\text{RH}}{=} \lim\limits_{x \to 0} \dfrac{8^x \ln 8 - 5^x \ln 5}{5} = \dfrac{\ln\left(\dfrac{8}{5}\right)}{5}$

j) $\lim\limits_{x \to +\infty} \dfrac{e^{\frac{1}{3x}} - 1}{\dfrac{4}{x}}$ $\left(\text{ind.} \dfrac{0}{0}\right)$

$\lim\limits_{x \to +\infty} \dfrac{e^{\frac{1}{3x}} - 1}{\dfrac{4}{x}} \overset{\text{RH}}{=} \lim\limits_{x \to +\infty} \dfrac{e^{\frac{1}{3x}}\left(\dfrac{-1}{3x^2}\right)}{\left(\dfrac{-4}{x^2}\right)}$

$\qquad\qquad = \dfrac{1}{12} \lim\limits_{x \to +\infty} e^{\frac{1}{3x}} = \dfrac{1}{12}$

**4.** a) $\lim\limits_{x \to 2} \dfrac{x^3 - 4x^2 + 4x}{x^3 - 3x^2 + 4}$ $\left(\text{ind.} \dfrac{0}{0}\right)$

$\lim\limits_{x \to 2} \dfrac{x^3 - 4x^2 + 4x}{x^3 - 3x^2 + 4} \overset{\text{RH}}{=} \lim\limits_{x \to 2} \dfrac{3x^2 - 8x + 4}{3x^2 - 6x}$ $\left(\text{ind.} \dfrac{0}{0}\right)$

$\qquad\qquad \overset{\text{RH}}{=} \lim\limits_{x \to 2} \dfrac{6x - 8}{6x - 6} = \dfrac{2}{3}$

b) $\lim\limits_{x \to 0} \dfrac{e^x - e^{-x} - 2x}{x - \sin x}$ $\left(\text{ind.} \dfrac{0}{0}\right)$

$\lim\limits_{x \to 0} \dfrac{e^x - e^{-x} - 2x}{x - \sin x} \overset{\text{RH}}{=} \lim\limits_{x \to 0} \dfrac{e^x + e^{-x} - 2}{1 - \cos x}$ $\left(\text{ind.} \dfrac{0}{0}\right)$

$\qquad\qquad \overset{\text{RH}}{=} \lim\limits_{x \to 0} \dfrac{e^x - e^{-x}}{\sin x}$ $\left(\text{ind.} \dfrac{0}{0}\right)$

$\qquad\qquad \overset{\text{RH}}{=} \lim\limits_{x \to 0} \dfrac{e^x + e^{-x}}{\cos x} = 2$

c) $\lim\limits_{x \to 0} \dfrac{x^2 + 2x - \sin 2x}{e^{3x} - 3e^x + 2}$ $\left(\text{ind.} \dfrac{0}{0}\right)$

$\lim\limits_{x \to 0} \dfrac{x^2 + 2x - \sin 2x}{e^{3x} - 3e^x + 2} \overset{\text{RH}}{=} \lim\limits_{x \to 0} \dfrac{2x + 2 - 2 \cos 2x}{3e^{3x} - 3e^x}$ $\left(\text{ind.} \dfrac{0}{0}\right)$

$\qquad\qquad \overset{\text{RH}}{=} \lim\limits_{x \to 0} \dfrac{2 + 4 \sin 2x}{9e^{3x} - 3e^x} = \dfrac{1}{3}$

d) Indétermination de la forme $\dfrac{0}{0}$;

nous appliquons la règle de L'Hospital trois fois et nous obtenons

$\lim\limits_{x \to 1} \dfrac{x^5 - 10x^3 + 20x^2 - 15x + 4}{x^4 - 3x^3 - 3x^2 - x} = 0$

e) Indétermination de la forme $\dfrac{0}{0}$;

nous appliquons la règle de L'Hospital trois fois et nous obtenons

$\lim\limits_{x \to 0} \dfrac{2 \cos x - 2x^3 + x^2 - 2}{x^2 \sin x} = -2$

**5.** a) $\lim\limits_{x \to -\infty} \dfrac{5x^3 - 7}{2 - 8x^3}$ $\left(\text{ind.} \dfrac{-\infty}{+\infty}\right)$

$\lim\limits_{x \to -\infty} \dfrac{5x^3 - 7}{2 - 8x^3} \overset{\text{RH}}{=} \lim\limits_{x \to -\infty} \dfrac{15x^2}{-24x^2}$

$\qquad\qquad = \lim\limits_{x \to -\infty} \dfrac{15}{-24} = \dfrac{-5}{8}$

b) $\lim\limits_{t \to +\infty} \dfrac{7t + \ln 5t}{9t + \ln 3t}$ $\left(\text{ind.} \dfrac{+\infty}{+\infty}\right)$

$\lim\limits_{t \to +\infty} \dfrac{7t + \ln 5t}{9t + \ln 3t} \overset{\text{RH}}{=} \lim\limits_{t \to +\infty} \dfrac{7 + \dfrac{1}{t}}{9 + \dfrac{1}{t}} = \dfrac{7}{9}$

c) $\lim\limits_{x \to 0^+} \dfrac{\ln x}{x^{\frac{-1}{2}}}$ $\left(\text{ind.} \dfrac{-\infty}{+\infty}\right)$

$\lim\limits_{x \to 0^+} \dfrac{\ln x}{x^{\frac{-1}{2}}} \overset{\text{RH}}{=} \lim\limits_{x \to 0^+} \dfrac{\dfrac{1}{x}}{\dfrac{-1}{2} x^{\frac{-3}{2}}}$

$\qquad\qquad = \lim\limits_{x \to 0^+} -2\sqrt{x} = 0$

d) $\lim\limits_{x \to +\infty} \dfrac{5x^2 + 7x - 1}{7x^3 + 3x + 7}$ $\left(\text{ind.} \dfrac{+\infty}{+\infty}\right)$

$\lim\limits_{x \to +\infty} \dfrac{5x^2 + 7x - 1}{7x^3 + 3x + 7} \overset{\text{RH}}{=} \lim\limits_{x \to +\infty} \dfrac{10x + 7}{21x^2 + 3}$ $\left(\text{ind.} \dfrac{+\infty}{+\infty}\right)$

$\qquad\qquad \overset{\text{RH}}{=} \lim\limits_{x \to +\infty} \dfrac{10}{42x} = 0$

e) $\lim\limits_{x \to -\infty} \dfrac{4x - e^{-3x}}{x^3 - 7x + 2}$ $\left(\text{ind.} \dfrac{-\infty}{-\infty}\right)$

$\lim\limits_{x \to -\infty} \dfrac{4x - e^{-3x}}{x^3 - 7x + 2} \overset{\text{RH}}{=} \lim\limits_{x \to -\infty} \dfrac{4 + 3e^{-3x}}{3x^2 - 7}$ $\left(\text{ind.} \dfrac{+\infty}{+\infty}\right)$

$\qquad\qquad \overset{\text{RH}}{=} \lim\limits_{x \to -\infty} \dfrac{-9e^{-3x}}{6x}$ $\left(\text{ind.} \dfrac{-\infty}{-\infty}\right)$

$\qquad\qquad \overset{\text{RH}}{=} \lim\limits_{x \to -\infty} \dfrac{27e^{-3x}}{6} = +\infty$

f) $\lim\limits_{x \to +\infty} \dfrac{\ln x^2}{\ln (1 + x)}$ $\left(\text{ind.} \dfrac{+\infty}{+\infty}\right)$

$\lim\limits_{x \to +\infty} \dfrac{\ln x^2}{\ln (1 + x)} \overset{\text{RH}}{=} \lim\limits_{x \to +\infty} \dfrac{\dfrac{2}{x}}{\dfrac{1}{1 + x}}$

$\qquad\qquad = \lim\limits_{x \to +\infty} \dfrac{2(1 + x)}{x}$ $\left(\begin{array}{l}\text{en transformant;}\\ \text{ind.} \dfrac{+\infty}{+\infty}\end{array}\right)$

$\qquad\qquad \overset{\text{RH}}{=} \lim\limits_{x \to +\infty} \dfrac{2}{1} = 2$

g) $\lim\limits_{x \to 0^+} \dfrac{\ln x}{e^{\frac{1}{x}}}$ $\left(\text{ind.} \dfrac{-\infty}{+\infty}\right)$

$\lim\limits_{x \to 0^+} \dfrac{\ln x}{e^{\frac{1}{x}}} \overset{\text{RH}}{=} \lim\limits_{x \to 0^+} \dfrac{\dfrac{1}{x}}{e^{\frac{1}{x}}\left(\dfrac{-1}{x^2}\right)}$

$\qquad\qquad = \lim\limits_{x \to 0^+} \dfrac{-x}{e^{\frac{1}{x}}} = 0$

h) $\lim\limits_{\theta \to \left(\frac{\pi}{4}\right)^+} \dfrac{\tan 2\theta}{1 + \sec 2\theta}$ $\left(\text{ind.} \dfrac{-\infty}{-\infty}\right)$

$$\lim_{\theta\to(\frac{\pi}{4})^+}\frac{\tan 2\theta}{1+\sec 2\theta}\overset{RH}{=}\lim_{\theta\to(\frac{\pi}{4})^+}\frac{2\sec^2 2\theta}{2\sec 2\theta\tan 2\theta}$$

$$=\lim_{\theta\to(\frac{\pi}{4})^+}\frac{\sec 2\theta}{\tan 2\theta}$$

$$=\lim_{\theta\to(\frac{\pi}{4})^+}\frac{1}{\sin 2\theta}=1$$

**6.** a) $\lim_{x\to+\infty}(xe^{-x})$  (ind. $0\cdot(+\infty)$)

$$\lim_{x\to+\infty}(xe^{-x})=\lim_{x\to+\infty}\frac{x}{e^x}\quad\left(\text{ind. }\frac{+\infty}{+\infty}\right)$$

$$\overset{RH}{=}\lim_{x\to+\infty}\frac{1}{e^x}=0$$

b) $\lim_{x\to0^+}(x\ln x)$  (ind. $0\cdot(-\infty)$)

$$\lim_{x\to0^+}(x\ln x)=\lim_{x\to0^+}\frac{\ln x}{\frac{1}{x}}\quad\left(\text{ind. }\frac{-\infty}{+\infty}\right)$$

$$\overset{RH}{=}\lim_{x\to0^+}\frac{\frac{1}{x}}{\frac{-1}{x^2}}$$

$$=\lim_{x\to0^+}(-x)=0$$

c) $\lim_{x\to+\infty}\left(4x\sin\frac{1}{5x}\right)$  (ind. $0\cdot(+\infty)$)

$$\lim_{x\to+\infty}\left(4x\sin\frac{1}{5x}\right)=\lim_{x\to+\infty}\frac{4\sin\frac{1}{5x}}{\frac{1}{x}}\quad\left(\text{ind. }\frac{0}{0}\right)$$

$$\overset{RH}{=}\lim_{x\to+\infty}\frac{4\cos\frac{1}{5x}\left(\frac{-1}{5x^2}\right)}{\frac{-1}{x^2}}$$

$$=\lim_{x\to+\infty}\frac{4}{5}\cos\frac{1}{5x}=\frac{4}{5}$$

d) $\lim_{x\to0^-}(e^{3x}-1)\csc 2x$  (ind. $0\cdot(-\infty)$)

$$\lim_{x\to0^-}(e^{3x}-1)\csc 2x=\lim_{x\to0^-}\frac{e^{3x}-1}{\sin 2x}\quad\left(\text{ind. }\frac{0}{0}\right)$$

$$\overset{RH}{=}\lim_{x\to0^-}\frac{3e^{3x}}{2\cos 2x}=\frac{3}{2}$$

e) $\lim_{x\to0^+}4x^2\ln(|\ln x|)$  (ind. $0\cdot(+\infty)$)

$$\lim_{x\to0^+}4x^2\ln(|\ln x|)=\lim_{x\to0^+}\frac{4\ln(|\ln x|)}{\frac{1}{x^2}}\quad\left(\text{ind. }\frac{+\infty}{+\infty}\right)$$

$$\overset{RH}{=}\lim_{x\to0^+}\frac{\frac{4}{|\ln x|}\frac{1}{x}}{\frac{-2}{x^3}}$$

$$=\lim_{x\to0^+}\frac{-2x^2}{|\ln x|}=0$$

f) $\lim_{x\to+\infty}e^{3x}\ln(e^{-2x}+1)$  (ind. $+\infty\cdot(0)$)

$$\lim_{x\to+\infty}e^{3x}\ln(e^{-2x}+1)=\lim_{x\to+\infty}\frac{\ln(e^{-2x}+1)}{e^{-3x}}\quad\left(\text{ind. }\frac{0}{0}\right)$$

$$\overset{RH}{=}\lim_{x\to+\infty}\frac{\frac{-2e^{-2x}}{e^{-2x}+1}}{-3e^{-3x}}$$

$$=\lim_{x\to+\infty}\frac{2e^x}{3(e^{-2x}+1)}=+\infty$$

**7.** a) $\lim_{s\to2^+}\left[\frac{1}{s-2}+\frac{4}{4-s^2}\right]$  (ind. $(+\infty-\infty)$)

$$\lim_{s\to2^+}\left[\frac{1}{s-2}+\frac{4}{4-s^2}\right]=\lim_{s\to2^+}\frac{-2-s+4}{4-s^2}\quad\left(\text{ind. }\frac{0}{0}\right)$$

$$\overset{RH}{=}\lim_{s\to2^+}\frac{-1}{-2s}=\frac{1}{4}$$

b) $\lim_{x\to0^-}\left[\frac{e^{2x}}{\sin 5x}-\frac{1}{\tan 5x}\right]$  (ind. $(-\infty+\infty)$)

$$\lim_{x\to0^-}\left[\frac{e^{2x}}{\sin 5x}-\frac{1}{\tan 5x}\right]=\lim_{x\to0^-}\frac{e^{2x}-\cos 5x}{\sin 5x}\quad\left(\text{ind. }\frac{0}{0}\right)$$

$$\overset{RH}{=}\lim_{x\to0^-}\frac{2e^{2x}+5\sin 5x}{5\cos 5x}=\frac{2}{5}$$

c) $\lim_{x\to1^+}\left[\frac{1}{1-x}-\frac{1}{\ln(2-x)}\right]$  (ind. $(-\infty+\infty)$)

$$\lim_{x\to1^+}\left[\frac{1}{1-x}-\frac{1}{\ln(2-x)}\right]$$

$$=\lim_{x\to1^+}\frac{\ln(2-x)-(1-x)}{(1-x)\ln(2-x)}\quad\left(\text{ind. }\frac{0}{0}\right)$$

$$\overset{RH}{=}\lim_{x\to1^+}\frac{\frac{-1}{2-x}+1}{-\ln(2-x)-\frac{(1-x)}{2-x}}\quad\left(\text{ind. }\frac{0}{0}\right)$$

$$=\lim_{x\to1^+}\frac{(1-x)}{(x-2)\ln(2-x)+(x-1)}$$

$$\overset{RH}{=}\lim_{x\to1^+}\frac{-1}{\ln(2-x)+1+1}=\frac{-1}{2}$$

d) $\lim_{x\to0^+}\left[\frac{1}{\text{Arc tan }x}-\frac{1}{x}\right]$  (ind. $(+\infty-\infty)$)

$$\lim_{x\to0^+}\left[\frac{1}{\text{Arc tan }x}-\frac{1}{x}\right]$$

$$=\lim_{x\to0^+}\frac{x-\text{Arc tan }x}{x\,\text{Arc tan }x}\quad\left(\text{ind. }\frac{0}{0}\right)$$

$$\overset{RH}{=}\lim_{x\to0^+}\frac{1-\frac{1}{1+x^2}}{\text{Arc tan }x+\frac{x}{1+x^2}}$$

$$=\lim_{x\to0^+}\frac{x^2}{(1+x^2)\text{Arc tan }x+x}\quad\left(\text{ind. }\frac{0}{0}\right)$$

$$\overset{RH}{=}\lim_{x\to0^+}\frac{2x}{2x\,\text{Arc tan }x+1+1}=0$$

e) $\lim_{\theta\to0^+}\left[\csc\theta-\frac{\cos\sqrt{\theta}}{\sin\theta}\right]$  (ind. $(+\infty-\infty)$)

$$\lim_{\theta\to0^+}\left[\csc\theta-\frac{\cos\sqrt{\theta}}{\sin\theta}\right]=\lim_{\theta\to0^+}\left[\frac{1}{\sin\theta}-\frac{\cos\sqrt{\theta}}{\sin\theta}\right]$$

$$= \lim_{\theta \to 0^+} \frac{1 - \cos \sqrt{\theta}}{\sin \theta} \quad \left(\text{ind. } \frac{0}{0}\right)$$

$$\overset{RH}{=} \lim_{\theta \to 0^+} \frac{\dfrac{\sin \sqrt{\theta}}{2\sqrt{\theta}}}{\cos \theta}$$

$$= \lim_{\theta \to 0^+} \frac{\sin \sqrt{\theta}}{2\sqrt{\theta} \cos \theta} \quad \left(\text{ind. } \frac{0}{0}\right)$$

$$\overset{RH}{=} \lim_{\theta \to 0^+} \frac{\dfrac{\cos \sqrt{\theta}}{2\sqrt{\theta}}}{\dfrac{\cos \theta}{\sqrt{\theta}} - 2\sqrt{\theta} \sin \theta}$$

$$= \lim_{\theta \to 0^+} \frac{\cos \sqrt{\theta}}{2(\cos \theta - 2\theta \sin \theta)} = \frac{1}{2}$$

f) $\displaystyle\lim_{x \to 0^+} \left[\frac{1}{x} - \frac{1}{1 - \cos x}\right] \quad (\text{ind. } (+\infty - \infty))$

$$\lim_{x \to 0^+} \left[\frac{1}{x} - \frac{1}{1 - \cos x}\right] = \lim_{x \to 0^+} \frac{1 - \cos x - x}{x(1 - \cos x)} \quad \left(\text{ind. } \frac{0}{0}\right)$$

$$\overset{RH}{=} \lim_{x \to 0^+} \frac{\sin x - 1}{(1 - \cos x) + x \sin x} = -\infty$$

**8. a)** $\displaystyle\lim_{x \to 0} (1 + x)^{\frac{1}{x}} \quad (\text{ind. } 1^{\pm\infty})$

Si $A = \displaystyle\lim_{x \to 0} (1 + x)^{\frac{1}{x}}$, alors $\ln A = \displaystyle\lim_{x \to 0} \ln (1 + x)^{\frac{1}{x}}$

$$\ln A = \lim_{x \to 0} \frac{\ln (1 + x)}{x} \quad \left(\text{ind. } \frac{0}{0}\right)$$

$$\overset{RH}{=} \lim_{x \to 0} \frac{\dfrac{1}{1 + x}}{1} = 1$$

d'où $A = e$

```
> f:=x->(1+x)^(1/x);
              f:=x→(1+x)^(1/x)
> plot(f(x),x=-1..1,y=0..4,scaling=constrained);
```

**b)** $\displaystyle\lim_{x \to +\infty} \left(1 + \frac{1}{x}\right)^x \quad (\text{ind. } 1^{+\infty})$

Si $A = \displaystyle\lim_{x \to +\infty} \left(1 + \frac{1}{x}\right)^x$, alors $\ln A = \displaystyle\lim_{x \to +\infty} \ln \left(1 + \frac{1}{x}\right)^x$

$$\ln A = \lim_{x \to +\infty} x \ln \left(1 + \frac{1}{x}\right) \quad (\text{ind. } +\infty \cdot 0)$$

$$= \lim_{x \to +\infty} \frac{\ln \left(1 + \frac{1}{x}\right)}{\frac{1}{x}} \quad \left(\text{ind. } \frac{0}{0}\right)$$

$$\overset{RH}{=} \lim_{x \to +\infty} \frac{\left(\dfrac{1}{1 + \frac{1}{x}}\right)\left(\dfrac{-1}{x^2}\right)}{\left(\dfrac{-1}{x^2}\right)}$$

$$= \lim_{x \to +\infty} \frac{1}{1 + \frac{1}{x}} = 1$$

d'où $A = e$

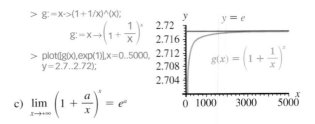

**c)** $\displaystyle\lim_{x \to +\infty} \left(1 + \frac{a}{x}\right)^x = e^a$

**9. a)** $\displaystyle\lim_{x \to 0^+} x^{\sin x} \quad (\text{ind. } 0^0)$

Si $A = \displaystyle\lim_{x \to 0^+} x^{\sin x}$, alors $\ln A = \displaystyle\lim_{x \to 0^+} \ln x^{\sin x}$

$$\ln A = \lim_{x \to 0^+} \sin x \ln x \quad (\text{ind. } 0 \cdot (-\infty))$$

$$= \lim_{x \to 0^+} \frac{\ln x}{\csc x} \quad \left(\text{ind. } \frac{-\infty}{+\infty}\right)$$

$$\overset{RH}{=} \lim_{x \to 0^+} \frac{\dfrac{1}{x}}{-\csc x \cot x}$$

$$= \lim_{x \to 0^+} \frac{-\sin^2 x}{x \cos x} \quad \left(\text{ind. } \frac{0}{0}\right)$$

$$\overset{RH}{=} \lim_{x \to 0^+} \frac{-2 \sin x \cos x}{\cos x - x \sin x} = 0$$

d'où $A = e^0 = 1$

**b)** $\displaystyle\lim_{x \to +\infty} \left(\frac{3}{7e^{2x}}\right)^{\frac{5}{8x}} \quad (\text{ind. } 0^0)$

Si $A = \displaystyle\lim_{x \to +\infty} \left(\frac{3}{7e^{2x}}\right)^{\frac{5}{8x}}$, alors $\ln A = \displaystyle\lim_{x \to +\infty} \ln \left(\frac{3}{7e^{2x}}\right)^{\frac{5}{8x}}$

$$\ln A = \lim_{x \to +\infty} \frac{5}{8x} \ln \left(\frac{3}{7e^{2x}}\right) \quad (\text{ind. } 0 \cdot (-\infty))$$

$$= \lim_{x \to +\infty} \frac{5 (\ln 3 - \ln 7 - 2x)}{8x} \quad \left(\text{ind. } \frac{-\infty}{+\infty}\right)$$

$$\overset{RH}{=} \lim_{x \to +\infty} \frac{-10}{8} = \frac{-5}{4}$$

d'où $A = e^{\frac{-5}{4}}$

**c)** $\displaystyle\lim_{x \to +\infty} \left(1 + \frac{4}{x^2}\right)^{x^2} \quad (\text{ind. } 1^{+\infty})$

Si $A = \displaystyle\lim_{x \to +\infty} \left(1 + \frac{4}{x^2}\right)^{x^2}$, alors $\ln A = \displaystyle\lim_{x \to +\infty} \ln \left(1 + \frac{4}{x^2}\right)^{x^2}$

$$\ln A = \lim_{x \to +\infty} x^2 \ln \left(1 + \frac{4}{x^2}\right) \quad (\text{ind. } 0 \cdot (+\infty))$$

$$= \lim_{x \to +\infty} \frac{\ln \left(1 + \frac{4}{x^2}\right)}{\frac{1}{x^2}} \quad \left(\text{ind. } \frac{0}{0}\right)$$

$$\overset{RH}{=} \lim_{x \to +\infty} \frac{\left(\dfrac{1}{1 + \frac{4}{x^2}}\right)\left(\dfrac{-8}{x^3}\right)}{\left(\dfrac{-2}{x^3}\right)}$$

$$= \lim_{x \to +\infty} \frac{4}{1 + \frac{4}{x^2}} = 4$$

d'où $A = e^4$

d) $\lim\limits_{x\to+\infty}\left(1-\dfrac{5}{x}\right)^{3x}$  (ind. $1^{+\infty}$)

Si $A=\lim\limits_{x\to+\infty}\left(1-\dfrac{5}{x}\right)^{3x}$, alors $\ln A=\lim\limits_{x\to+\infty}\ln\left(1-\dfrac{5}{x}\right)^{3x}$

$\ln A=\lim\limits_{x\to+\infty}3x\ln\left(1-\dfrac{5}{x}\right)$  (ind. $0\cdot(+\infty)$)

$=\lim\limits_{x\to+\infty}\dfrac{3\ln\left(1-\dfrac{5}{x}\right)}{\dfrac{1}{x}}$  $\left(\text{ind. }\dfrac{0}{0}\right)$

$\overset{\text{RH}}{=}\lim\limits_{x\to+\infty}\dfrac{\dfrac{3}{\left(1-\dfrac{5}{x}\right)}\cdot\dfrac{5}{x^2}}{\dfrac{-1}{x^2}}$

$=\lim\limits_{x\to+\infty}\dfrac{-15}{\left(1-\dfrac{5}{x}\right)}=-15$

d'où $A=e^{-15}$

e) $\lim\limits_{x\to0^+}\left(1+\dfrac{5}{x}\right)^{3x}$  (ind. $(+\infty)^0$)

Si $A=\lim\limits_{x\to0^+}\left(1+\dfrac{5}{x}\right)^{3x}$, alors $\ln A=\lim\limits_{x\to0^+}\ln\left(1+\dfrac{5}{x}\right)^{3x}$

$\ln A=\lim\limits_{x\to0^+}3x\ln\left(1+\dfrac{5}{x}\right)$  (ind. $0\cdot(+\infty)$)

$=\lim\limits_{x\to0^+}\dfrac{3\ln\left(1+\dfrac{5}{x}\right)}{\dfrac{1}{x}}$  $\left(\text{ind. }\dfrac{+\infty}{+\infty}\right)$

$\overset{\text{RH}}{=}\lim\limits_{x\to0^+}\dfrac{\dfrac{3}{\left(1+\dfrac{5}{x}\right)}\cdot\dfrac{-5}{x^2}}{\dfrac{-1}{x^2}}$

$=\lim\limits_{x\to0^+}\dfrac{15}{\left(1+\dfrac{5}{x}\right)}=0$

d'où $A=e^0=1$

f) $\lim\limits_{x\to1^-}\left[\ln\left(\dfrac{1}{1-x}\right)\right]^{1-x}$  (ind. $(+\infty)^0$)

Si $A=\lim\limits_{x\to1^-}\left[\ln\left(\dfrac{1}{1-x}\right)\right]^{1-x}$, alors

$\ln A=\lim\limits_{x\to1^-}\ln\left[\ln\left(\dfrac{1}{1-x}\right)\right]^{1-x}$

$=\lim\limits_{x\to1^-}(1-x)\cdot\ln\left[\ln\left(\dfrac{1}{1-x}\right)\right]$  (ind. $0\cdot(+\infty)$)

$=\lim\limits_{x\to1^-}\dfrac{\ln\left[\ln\left(\dfrac{1}{1-x}\right)\right]}{\dfrac{1}{1-x}}$  $\left(\text{ind. }\dfrac{+\infty}{+\infty}\right)$

$\overset{\text{RH}}{=}\lim\limits_{x\to1^-}\dfrac{\dfrac{1}{\ln\left(\dfrac{1}{1-x}\right)}\cdot\left(\dfrac{1}{\dfrac{1}{1-x}}\right)\cdot\dfrac{1}{(1-x)^2}}{\dfrac{1}{(1-x)^2}}$

$=\lim\limits_{x\to1^-}\dfrac{(1-x)}{\ln\left(\dfrac{1}{1-x}\right)}=0$

d'où $A=e^0=1$

g) $\lim\limits_{x\to5^+}(x-5)^{\ln(x-4)}$  (ind. $0^0$)

Si $A=\lim\limits_{x\to5^+}(x-5)^{\ln(x-4)}$, alors $\ln A=\lim\limits_{x\to5^+}\ln(x-5)^{\ln(x-4)}$

$\ln A=\lim\limits_{x\to5^+}\ln(x-4)\cdot\ln(x-5)$  (ind. $0\cdot(-\infty)$)

$=\lim\limits_{x\to5^+}\dfrac{\ln(x-5)}{\dfrac{1}{\ln(x-4)}}$  $\left(\text{ind. }\dfrac{-\infty}{+\infty}\right)$

$\overset{\text{RH}}{=}\lim\limits_{x\to5^+}\dfrac{\dfrac{1}{x-5}}{\dfrac{-1}{(\ln(x-4))^2}\dfrac{1}{(x-4)}}$

$=\lim\limits_{x\to5^+}\dfrac{-(x-4)(\ln(x-4))^2}{(x-5)}$  $\left(\text{ind. }\dfrac{0}{0}\right)$

$\overset{\text{RH}}{=}\lim\limits_{x\to5^+}\dfrac{-(\ln(x-4))^2-2\ln(x-4)}{1}=0$

d'où $A=e^0=1$

**10.** a) Nous avons une indétermination de la forme $\dfrac{+\infty}{+\infty}$.
Par la règle de L'Hospital,

$$\lim\limits_{x\to+\infty}\dfrac{\sqrt{x^2+1}}{x}\overset{\text{RH}}{=}\lim\limits_{x\to+\infty}\dfrac{x}{\sqrt{x^2+1}}\quad\left(\text{ind. }\dfrac{+\infty}{+\infty}\right)$$

$$\overset{\text{RH}}{=}\lim\limits_{x\to+\infty}\dfrac{\sqrt{x^2+1}}{x}$$

nous obtenons l'expression initiale; donc la règle de L'Hospital ne nous permet pas de lever l'indétermination. Par simplification,

$$\lim\limits_{x\to+\infty}\dfrac{\sqrt{x^2+1}}{x}=\lim\limits_{x\to+\infty}\dfrac{x\sqrt{1+\dfrac{1}{x^2}}}{x}$$

$$=\lim\limits_{x\to+\infty}\sqrt{1+\dfrac{1}{x^2}}=1$$

b) Nous avons une indétermination de la forme $\dfrac{0}{0}$.
Par la règle de L'Hospital,

$$\lim\limits_{x\to0}\dfrac{3e^{2x}-3e^{-2x}}{2e^{2x}-2e^{-x}}\overset{\text{RH}}{=}\lim\limits_{x\to0}\dfrac{6e^{2x}+6e^{-2x}}{4e^{2x}+2e^{-x}}=2$$

c) Nous avons une indétermination de la forme $\dfrac{+\infty}{+\infty}$.
Par la règle de L'Hospital,

$$\lim\limits_{x\to+\infty}\dfrac{3e^{2x}-3e^{-2x}}{2e^{2x}-2e^{-x}}\overset{\text{RH}}{=}\lim\limits_{x\to+\infty}\dfrac{6e^{2x}+6e^{-2x}}{4e^{2x}+2e^{-x}}\quad\left(\text{ind. }\dfrac{+\infty}{+\infty}\right)$$

$$\overset{\text{RH}}{=}\lim\limits_{x\to+\infty}\dfrac{12e^{2x}-12e^{-2x}}{8e^{2x}-2e^{-x}}\quad\left(\text{ind. }\dfrac{+\infty}{+\infty}\right)$$

en continuant à appliquer la règle de L'Hospital, nous obtiendrons toujours des indéterminations de la forme $\dfrac{+\infty}{+\infty}$. Par simplification,

$$\lim\limits_{x\to+\infty}\dfrac{3e^{2x}-3e^{-2x}}{2e^{2x}-2e^{-x}}=\lim\limits_{x\to+\infty}\dfrac{e^{2x}(3-3e^{-4x})}{e^{2x}(2-2e^{-3x})}$$

$$=\lim\limits_{x\to+\infty}\dfrac{(3-3e^{-4x})}{(2-2e^{-3x})}=\dfrac{3}{2}$$

d) En utilisant le conjugué, nous obtenons $\dfrac{\sqrt{2}}{2}$

**11.** a) $\dfrac{-1}{4}$     g) $\ln\left(\dfrac{3}{2}\right)$     m) $\dfrac{32}{9}$

    b) $-\infty$     h) $e$     n) $+\infty$

    c) $\dfrac{5}{4}$     i) $0$     o) $e^{18}$

    d) $\dfrac{10}{3}$     j) $\dfrac{15}{2}$     p) $1$

    e) $\dfrac{-4}{7}$     k) $4$     q) $\dfrac{1}{e}$

    f) $0$     l) $e^2$

## Exercices récapitulatifs (page 51)

**1.** a) $\dfrac{dy}{dx} = \dfrac{15x^2y^4 - 8x^3y^{\frac{7}{2}}}{7x^4y^{\frac{5}{2}} - 20x^3y^3} = \dfrac{y(15\sqrt{y} - 8x)}{x(7x - 20\sqrt{y})}$

    c) $\dfrac{-5}{2}$

    d) $y' = \dfrac{3y^2 - e^{-x}}{e^y - 6xy}$

      $y'' = \dfrac{(6yy' + e^{-x})(e^y - 6xy) - (3y^2 - e^{-x})(e^y y' - 6y - 6xy')}{(e^y - 6xy)^2}$

      $y''\big|_{(0,\,0)} = 0$

    e) $-2e - 3e\cos e$

**2.** a) $A(3, -1)$ et $B(3, 9)$ ; $C(-2, 4)$ et $D(8, 4)$

**4.** a) $\dfrac{dy}{dx} = (\sin x^2)^{\cos 3x}\,(-3\sin 3x\ln(\sin x^2) + 2x\cos 3x\cot x^2)$

    b) $\dfrac{dy}{dx} = \dfrac{10^{x^2}\cos 3x}{\sqrt{x}\sin^4 x^5}\left(2x\ln 10 - 3\tan 3x - \dfrac{1}{2x} - 20x^4\cot x^5\right)$

    c) $\dfrac{dy}{dx} = \dfrac{-1}{(1-x)(1+\ln y)}$

**5.** a) $D_1: y = 6(1 + \ln 2)\,x - 6\ln 2$

**8.** Lorsque les hypothèses sont vérifiées (travail laissé à l'élève), nous donnons uniquement la valeur $c$.

    a) $c = \dfrac{2 + \sqrt{19}}{3}$

    b) $g$ est non dérivable en $x = 3$, où $3 \in ]1, 5[$

    c) $c = -1$

    f) $h(1) \neq h(9)$

    h) $g$ est discontinue en $\theta = \dfrac{\pi}{2}$, où $\dfrac{\pi}{2} \in [0, \pi]$

**9.** Lorsque les hypothèses sont vérifiées (travail laissé à l'élève), nous donnons uniquement la valeur $c$.

    a) $c = -1$

    b) $f$ est non dérivable en $x = 1$, où $1 \in ]-2, 2[$

    c) $c = \dfrac{8\sqrt{3}}{9}$

    e) $f$ est discontinue en $x = 0$, où $0 \in [-1, 1]$

**10.** a) corollaire 1 (hypothèses à vérifier) ; $C = 0$

    b) corollaire 2 (hypothèses à vérifier) ; $C = -(\ln 2)^2$

**11.** a) Dans le cas où $x = 0$, $\sin^2 0 = 0 = 2(0)$

      Dans le cas où $x > 0$, appliquons le théorème de Lagrange à $f(x) = \sin^2 x$ sur $[0, x]$, où $x \in ]0, +\infty$

      Le reste de la démonstration est laissée à l'élève.

    d) Appliquons le théorème de Lagrange à $f(x) = (1 + x)^n - 1 - nx$ sur $[0, x]$, où $x \in ]0, +\infty$.

**12.** a) iii) $\dfrac{c_f}{1 - c_f} = \dfrac{3}{2}$ et $\dfrac{c_g}{1 - c_g} = 2$

    b) iii) $\dfrac{7}{12}$

**13.** a) Après avoir vérifié les hypothèses du théorème de Cauchy, nous obtenons $c = \dfrac{3\pi}{8}$

**14.** a) $c_1 = 4$     b) $c_2 = \dfrac{8\sqrt{3}}{9}$     c) $c = \dfrac{16}{3}$

**15.** a) $0$     g) $e^{\frac{-3}{2}}$     m) $-1$

    c) $1$     i) $4\pi$     o) $+\infty$

    e) $e^{\frac{-2}{\pi}}$     k) $\dfrac{1}{2}$     q) $\sqrt{e}$

**16.** a) ii) $0$     iii) $1$

**17.** a) $3$     c) $e^4$     e) $\dfrac{-1}{2}$     g) $0$     i) $-\infty$

**19.** a) Environ $-1422$ maisons / % d'intérêt

    b) Environ $711$ maisons / année

## Problèmes de synthèse (page 53)

**1.** c) $3$

**2.** a) $\dfrac{dy}{dx} = \dfrac{\dfrac{2x}{(x^2 + 1)\ln(x^2 + 1)} - \dfrac{\sin y}{x}}{\cos y\ln x}$

    b) $\dfrac{dy}{dx} = \dfrac{y(3 - x\ln y)}{x(x + 3)}$

    c) $\dfrac{dy}{dx} = x^{\sin x}(\cos x)^x\left(\cos x\ln x + \dfrac{\sin x}{x} + \ln\cos x - x\tan x\right)$

**3.** a) $y = 2x - 2$ ; $y = \dfrac{-1}{2}x + \dfrac{1}{2}$

**4.** a) $A\left(\sqrt{\dfrac{3}{8}}, \sqrt{\dfrac{1}{8}}\right)$, $B\left(\sqrt{\dfrac{3}{8}}, -\sqrt{\dfrac{1}{8}}\right)$, $C\left(-\sqrt{\dfrac{3}{8}}, \sqrt{\dfrac{1}{8}}\right)$

    et $D\left(-\sqrt{\dfrac{3}{8}}, -\sqrt{\dfrac{1}{8}}\right)$

    b) $E(1, 0)$ et $F(-1, 0)$

**5.** b) $y = -x + 3a$

**6.** $R(-256, 0)$

**7.** a) A(3, 4) et B(-1, -4)

**8.** a) $\theta \approx 28{,}07°$

b) A(3,25 ; 2,5) et B(3,25 ; 1,5)

**11.** a) $t \approx 0{,}85$ s ou $t \approx 3{,}15$ s

b) $t = 2$ s, d'où $v_{max} = 12$ m/s

**12.** b) $c = 8$

**13.** $c_1 = -\sqrt{\dfrac{30 - 2\sqrt{105}}{15}}$, $c_2 = -\sqrt{\dfrac{30 + 2\sqrt{105}}{15}}$,

$c_3 = \sqrt{\dfrac{30 - 2\sqrt{105}}{15}}$ et $c_4 = \sqrt{\dfrac{30 + 2\sqrt{105}}{15}}$

**14.** a) $D = 25$ mètres

c) i) -0,072 m/s

**16.** a) $P\left(1, \dfrac{1}{e}\right)$; $A_{max} = \dfrac{2}{e}$ u²

**18.** a) 21    e) 0    i) $\dfrac{405}{2}$

c) $\dfrac{1}{2}$    g) $+\infty$    k) $\dfrac{16}{9}a$

**19.** a) -1

**20.** a) 1

**22.** a) A. V. : $x = 0$ et $x = 1$ ; A. H. : $y = 2$

b) A. V. : aucune ; A. H. : $y = e$

c) A. V. : $x = 0$ ; A. H. : $y = 0$ lorsque $x \to +\infty$ et $y = -1$ lorsque $x \to -\infty$

**23.** a) 400    b) 2400

**24.** a) 76,15 mètres

**26.** b) $k + 2$    c) $k + n$

# CHAPITRE 2

## Exercices préliminaires (page 58)

**1.** a) $A = 6c^2$ ; $V = c^3$

b) $A = 2\pi r^2 + 2\pi rh$ ; $V = \pi r^2 h$

c) $A = 4\pi r^2$ ; $V = \dfrac{4\pi r^3}{3}$

d) $A = \pi r\sqrt{r^2 + h^2} + \pi r^2$ ; $V = \dfrac{\pi r^2 h}{3}$

**2.** a) $\sin(A + B) = \sin A \cos B + \cos A \sin B$

b) $\sin(A - B) = \sin A \cos B - \cos A \sin B$

c) $\cos(A + B) = \cos A \cos B - \sin A \sin B$

d) $\cos(A - B) = \cos A \cos B + \sin A \sin B$

e) $\cos^2 \theta + \sin^2 \theta = 1$

f) $1 + \tan^2 \theta = \sec^2 \theta$

g) $1 + \cot^2 \theta = \csc^2 \theta$

**3.** a) $\sin 2\theta = 2 \sin \theta \cos \theta$    d) $\cos 2\theta = 1 - 2 \sin^2 \theta$

b) $\cos 2\theta = \cos^2 \theta - \sin^2 \theta$    e) $\sin^2 \theta = \dfrac{1 - \cos 2\theta}{2}$

c) $\cos 2\theta = 2 \cos^2 \theta - 1$    f) $\cos^2 \theta = \dfrac{1 + \cos 2\theta}{2}$

**4.** a) $(1 - \cos \theta)(1 + \cos \theta) = 1 - \cos^2 \theta = \sin^2 \theta$

b) $(1 + \sec t)(1 - \sec t) = 1 - \sec^2 t = -\tan^2 t$

**5.** a) $N = e^{5t}$    c) $N = 100e^{-4t}$

b) $N = e^{5t + 3} = e^3 e^{5t}$    d) $N = 100e^{-4t}$

**6.** a) $e^{\frac{\ln\left(\frac{25}{12}\right)x}{2}} = \left(\dfrac{25}{12}\right)^{\frac{x}{2}}$    b) $e^{\frac{-\ln\left(\frac{3}{4}\right)x}{5}} = \left(\dfrac{4}{3}\right)^{\frac{x}{5}}$

**7.** a) $2x - 3 + \dfrac{-9x + 12}{x^2 + 1} = 2x - 3 - \dfrac{9x}{x^2 + 1} + \dfrac{12}{x^2 + 1}$

b) $3x^3 - 9x^2 + 27x - 74 + \dfrac{227}{x + 3}$

**8.** a) $\ln|\sec x| = \ln\left|\dfrac{1}{\cos x}\right| = \ln 1 - \ln|\cos x| = -\ln|\cos x|$

b) $\ln|\csc x - \cot x| = \ln\left|\dfrac{(\csc x - \cot x)(\csc x + \cot x)}{\csc x + \cot x}\right|$

$= \ln\left|\dfrac{\csc^2 x - \cot^2 x}{\csc x + \cot x}\right|$

$= \ln\left|\dfrac{\cot^2 x + 1 - \cot^2 x}{\csc x + \cot x}\right|$

$= \ln\left|\dfrac{1}{\csc x + \cot x}\right|$

$= \ln 1 - \ln|\csc x + \cot x|$

$= -\ln|\csc x + \cot x|$

**9.** a) $[f(x) + g(x)]' = f'(x) + g'(x)$

b) $[k\,f(x)]' = k\,f'(x)$

c) $[f(x)\,g(x)]' = f'(x)\,g(x) + f(x)\,g'(x)$

d) $\left[\dfrac{f(x)}{g(x)}\right]' = \dfrac{f'(x)\,g(x) - f(x)\,g'(x)}{[g(x)]^2}$

e) $[g(f(x))]' = g'(f(x))\,f'(x)$

**10.** a) $\dfrac{dx}{dt} = v$    b) $\dfrac{dv}{dt} = a$

**11.** a) En remplaçant $y$ par 4 et $x$ par 3, nous obtenons

$4 = \left(\dfrac{2}{3}(3)^2 + C\right)^{\frac{1}{3}}$, ainsi $4^3 = (6 + C)$

d'où $C = 58$

b) $C = -6$    c) $C = \dfrac{5}{3}$    d) $C = 6$

## Exercices 2.1 (page 65)

**1.** a)

b)
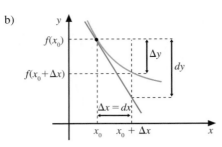

**2.** a) $dy = (4x^3 - 4^x \ln 4)\, dx$

b) $dy = \dfrac{\theta \cos \theta - \sin \theta}{\theta^2}\, d\theta$

c) $dz = \dfrac{3t^2}{1 + (t^3 - 1)^2}\, dt$

d) $dy = \left[ e^u \operatorname{Arc\,sin} u^2 + \dfrac{2ue^u}{\sqrt{1 - u^4}} \right] du$

e) $ds = \dfrac{8}{z \ln z \sqrt{(\ln z)^2 - 1}}\, dz$

f) $dv = \left( \dfrac{3 \ln^2 t}{t} + \dfrac{4t^3}{(t^4 + 1)\ln 10} \right) dt$

**3.** a) $du = 8x^7\, dx$, d'où $\dfrac{1}{8}\, du = x^7\, dx$

b) $du = (12x^2 - 6x)\, dx$, d'où $(6x^2 - 3x)\, dx = \dfrac{1}{2}\, du$

c) $du = \dfrac{-42}{x^7}\, dx$, d'où $\dfrac{21}{x^7}\, dx = \dfrac{-1}{2}\, du$

d) $du = e^{\tan \theta} \sec^2 \theta\, d\theta$, d'où $\sec^2 \theta\, d\theta = \dfrac{1}{e^{\tan \theta}}\, du = \dfrac{1}{u}\, du$

e) $e^{\sin x} \cos x\, dx = e^u\, du$

f) $e^{\sin x} \cos x\, dx = du$

g) $(x^4 + 1)^5 x^3\, dx = \dfrac{u^5}{4}\, du$

h) $\dfrac{e^{2x}}{\sqrt{1 - e^{4x}}}\, dx = \dfrac{1}{2\sqrt{1 - u^2}}\, du$

i) $\sec^2 4\theta \tan 4\theta\, d\theta = \dfrac{u}{4}\, du$

j) $\sec^2 4\theta \tan 4\theta\, d\theta = \dfrac{u}{4}\, du$

k) $\dfrac{4t + 8}{\sqrt{t^2 + 4t + 5}}\, dt = \dfrac{2}{\sqrt{u}}\, du$

l) $\dfrac{4t + 8}{\sqrt{t^2 + 4t + 5}}\, dt = 4\, du$

**4.** a) $\Delta y = f(3{,}41) - f(3)$
$= \sqrt{4{,}41} - \sqrt{4}$
$= 2{,}1 - 2$
$= 0{,}1$
$dy = f'(3)\, dx$
$= \dfrac{1}{2\sqrt{4}}\, (0{,}41)$
$= 0{,}1025$

b) $\Delta y = g(-2{,}5) - g(-2) = 0{,}1$
$dy = g'(-2)\,(-0{,}5) = 0{,}125$ $\left( \text{car } g'(-2) = \dfrac{-1}{4} \right)$

**5.** a) 1) Soit $f(x) = \sqrt[5]{x}$

2) Choisissons $x_0 = 32$ et $dx = -0{,}5$

3) $f'(x) = \dfrac{1}{5\sqrt[5]{x^4}}$, d'où $dy = \dfrac{1}{5\sqrt[5]{(32)^4}}\, (-0{,}5)$
$= -0{,}006\,25$

4) $\sqrt[5]{31{,}5} \approx \sqrt[5]{32} + dy$, d'où $\sqrt[5]{31{,}5} \approx 1{,}993\,75$

b) 1) Soit $f(x) = \ln x$

2) Choisissons $x_0 = 1$ et $dx = 0{,}1$

3) $f'(x) = \dfrac{1}{x}$, d'où $dy = 1(0{,}1) = 0{,}1$

4) $\ln(1{,}1) \approx \ln 1 + dy$, d'où $\ln(1{,}1) \approx 0{,}1$

c) 1) Soit $f(x) = x^8$

2) Choisissons $x_0 = 2$ et $dx = -0{,}02$

3) $f'(x) = 8x^7$, d'où $dy = 8(2)^7(-0{,}02) = -20{,}48$

4) $(1{,}98)^8 \approx 2^8 + dy$, d'où $(1{,}98)^8 \approx 235{,}52$

**6.** Soit $A(r) = \pi r^2$, $r_0 = 14$ et $dr = 0{,}015$
$\Delta A \approx dA$
$\approx A'(r)\, dr$
$\approx 2\pi r\, dr$
En posant $r = 14$ et $dr = 0{,}015$, nous obtenons
$\Delta A \approx 2\pi(14)(0{,}015)$
$\approx 0{,}42\pi$
d'où $\Delta A \approx 1{,}32$ cm².

**7.** Nous avons $V(r) = \dfrac{4\pi r^3}{3}$, $r_0 = 3{,}25$ et $dr = \pm 0{,}025$.

a) $E_a \approx |dV|$
$\approx |4\pi r^2\, dr|$
En remplaçant $r$ par 3,25 et $dr$ par $\pm 0{,}025$, nous obtenons
$E_a \approx |4\pi(3{,}25)^2(\pm 0{,}025)| \approx 1{,}056\pi$
d'où $E_a \approx 3{,}318$ cm³.

b) $E_r = \left| \dfrac{E_a}{V} \right|$
$\approx \dfrac{1{,}056\pi}{45{,}771\pi}$ $\left( \text{car } E_a \approx 1{,}056\pi \text{ et } V = \dfrac{4\pi(3{,}25)^3}{3} \right)$
d'où $E_r \approx 0{,}023$, c'est-à-dire 2,3 %.

c) $E_r = \left| \dfrac{E_a}{V} \right| = \left| \dfrac{4\pi r^2\, dr}{\dfrac{4\pi r^3}{3}} \right| \approx 0{,}01$
$\dfrac{3|dr|}{r} \approx 0{,}01$
$\dfrac{3|dr|}{3{,}25} \approx 0{,}01$ $\quad (\text{car } r = 3{,}25)$
$|dr| \approx 0{,}010\,8\bar{3}$
d'où $dr \approx \pm 0{,}01$ cm.

**8.** Soit $V(x) = x^3$ et $\Delta V = \pm 3$. Sachant que $\Delta V \approx dV$, il faut trouver $dx$.
$dV \approx \pm 3$
$3x^2\, dx \approx \pm 3$ $\quad (\text{car } V'(x) = 3x^2)$
$3(5)^2\, dx \approx \pm 3$ $\quad (\text{car } x = 5, \text{ puisque } V = 125)$
ainsi $dx \approx \pm 0{,}04$
Les arêtes doivent être mesurées avec une marge d'erreur maximale de $\pm 0{,}04$ cm.

## Exercices 2.2 (page 73)

**1.** a) Non, car $F'(x) = e^x - e^{-x} \neq f(x)$

b) Oui, car $F'(\theta) = 10 \sec^2 5\theta \tan 5\theta = f(\theta)$

c) Non, car $F'(t) = \dfrac{2}{\sqrt{1 - 4t^2}} \neq f(t)$

d) Oui, car $F'(x) = 2 \tan x \sec^2 x = f(x)$

**2.** a) $F'(x) = 3x^2$, d'où $\int 3x^2\, dx = x^3 + C$

b) $F'(x) = \dfrac{1}{1 + x^2}$, d'où $\int \dfrac{1}{1 + x^2}\, dx = \text{Arc tan } x + C$

c) $F'(x) = \dfrac{e^{\sqrt{x}}}{2\sqrt{x}}$, d'où $\int \dfrac{e^{\sqrt{x}}}{2\sqrt{x}}\, dx = e^{\sqrt{x}} + C$

d) $F'(x) = \dfrac{2x}{x^2 + 1}$, d'où $\int \dfrac{2x}{x^2 + 1}\, dx = \ln(x^2 + 1) + C$

**3.** a) $\int x^7\, dx = \dfrac{x^8}{8} + C$

b) $\int \dfrac{1}{x^7}\, dx = \int x^{-7}\, dx = \dfrac{x^{-6}}{-6} + C = \dfrac{-1}{6x^6} + C$

c) $\int \sqrt[5]{v}\, dv = \int v^{\frac{1}{5}}\, dv = \dfrac{v^{\frac{6}{5}}}{\frac{6}{5}} + C = \dfrac{5}{6}\sqrt[5]{v^6} + C$

d) $\int \dfrac{1}{\sqrt[5]{u}}\, du = \int u^{\frac{-1}{5}}\, du = \dfrac{u^{\frac{4}{5}}}{\frac{4}{5}} + C = \dfrac{5}{4}\sqrt[5]{u^4} + C$

e) $\int \left( \dfrac{1}{\sqrt{x^3}} - \sqrt[3]{x} \right) dx = \dfrac{-2}{\sqrt{x}} - \dfrac{3\sqrt[3]{x^4}}{4} + C$

f) $\int d\theta = \theta + C$

g) $\int \left( y - \dfrac{1}{y} - 1 \right) dy = \dfrac{y^2}{2} - \ln|y| - y + C$

h) $\int (x^4 + 4^x + 4^4)\, dx = \dfrac{x^5}{5} + \dfrac{4^x}{\ln 4} + 4^4 x + C$

**4.** a) $\dfrac{5x^6}{6} - \dfrac{5^x}{5 \ln 5} + 5 \ln|x| - \dfrac{x^2}{10} + C$

b) $-3 \cos\theta - \dfrac{\tan\theta}{3} + \dfrac{\theta}{3} + C$

c) $\dfrac{x^{e+1}}{e(e+1)} - 2e^x - 5 \text{ Arc sin } x + C$

d) $4 \sec u - 8 \text{ Arc tan } u + 6 \cot u + C$

e) $\dfrac{5 \sin u}{3} + \dfrac{4 \text{ Arc sec } u}{7} + C$

f) $\dfrac{14\sqrt{t}}{5} + 2 \csc t - \dfrac{1}{3t} + C$

**5.** a) $\int (11x - 6 - 4x^2)\, dx = \dfrac{11x^2}{2} - 6x - \dfrac{4x^3}{3} + C$

b) $\int \left( 4 - \dfrac{5}{x} - \dfrac{1}{x^3} \right) dx = 4x - 5 \ln|x| + \dfrac{1}{2x^2} + C$

c) $\int \left( u^2 + 2 + \dfrac{1}{u^2} \right) du = \dfrac{u^3}{3} + 2u - \dfrac{1}{u} + C$

d) $\int \left( 2x - 4 + 5x^{\frac{1}{6}} \right) dx = x^2 - 4x + \dfrac{30\sqrt[6]{x^7}}{7} + C$

e) $\int \left( \dfrac{1}{2} - \dfrac{2}{x} \right) dx = \dfrac{1}{2}x - 2 \ln|x| + C$

f) $\int \left( \dfrac{4}{x} - \dfrac{7}{x\sqrt{x^2 - 1}} \right) dx = 4 \ln|x| - 7 \text{ Arc sec } x + C$

g) $\int \left[ \dfrac{3}{4}\left( \dfrac{1}{1 + x^2} \right) + \dfrac{5}{\sqrt{7}}\left( \dfrac{1}{\sqrt{1 - x^2}} \right) \right] dx = \dfrac{3 \text{ Arc tan } x}{4} + \dfrac{5 \text{ Arc sin } x}{\sqrt{7}} + C$

h) $\int (v + 2)\, dv = \dfrac{v^2}{2} + 2v + C$

i) $\int \left( x^{\frac{3}{2}} - 3x^{\frac{1}{2}} - 4x^{\frac{-1}{2}} \right) dx = \dfrac{2}{5}\sqrt{x^5} - 2\sqrt{x^3} - 8\sqrt{x} + C$

j) $\int (t^2 + 1)\, dt = \dfrac{t^3}{3} + t + C$

k) $\int (x^7 - 3x^5 + 3x^3 - x)\, dx = \dfrac{x^8}{8} - \dfrac{x^6}{2} + \dfrac{3x^4}{4} - \dfrac{x^2}{2} + C$

**6.** a) $\int 1\, d\theta = \theta + C$

b) $\int \sin\varphi\, d\varphi = -\cos\varphi + C$

c) $\int \dfrac{3}{\cos^2 x}\, dx = 3 \int \sec^2 x\, dx = 3 \tan x + C$

d) $\int \sec t \tan t\, dt = \sec t + C$

e) $\int (1 + \csc x \cot x)\, dx = x - \csc x + C$

f) $\int (\csc^2 u - 1)\, du = -\cot u - u + C$

g) $\int \dfrac{2 \sin\theta \cos\theta}{\sin\theta}\, d\theta = 2 \int \cos\theta\, d\theta = 2 \sin\theta + C$

h) $\int \dfrac{\cos^2\theta - \sin^2\theta}{\cos^2\theta}\, d\theta = \int (1 - \tan^2\theta)\, d\theta$
$$= \int (2 - \sec^2\theta)\, d\theta$$
$$= 2\theta - \tan\theta + C$$

i) $\int (\cos^2 x - \sin^2 x - 2 \cos^2 x)\, dx = \int (-\sin^2 x - \cos^2 x)\, dx$
$$= -\int 1\, dx$$
$$= -x + C$$

j) $\int \dfrac{5}{1 + \sin\varphi}\, d\varphi = 5 \int \dfrac{1 - \sin\varphi}{1 - \sin^2\varphi}\, d\varphi$
$$= 5 \int \dfrac{1 - \sin\varphi}{\cos^2\varphi}\, d\varphi$$
$$= 5 \int (\sec^2\varphi - \sec\varphi \tan\varphi)\, d\varphi$$
$$= 5 (\tan\varphi - \sec\varphi) + C$$

## Exercices 2.3 (page 85)

**1.** a) $u = 3 + 2x;\ \dfrac{\sqrt{3 + 2x}}{3} + C$

b) $u = 5 - 8t;\ \dfrac{-3\sqrt[3]{(5 - 8t)^4}}{32} + C$

c) $u = 5 - 3x^2;\ \dfrac{-(5 - 3x^2)^6}{9} + C$

d) $\dfrac{x^5}{5} - 2x^2 + C$

e) $u = 1 - r^2;\ -3\sqrt{1 - r^2} + C$

f) $u = 3t^4 + 12t^2;\ \dfrac{-1}{10(3t^4 + 12t^2)^5} + C$

g) $u = 4x - 3;\ \dfrac{\ln|4x - 3|}{4} + C$

h) $u = 4x - 3;\ \dfrac{-1}{4(4x - 3)} + C$

i) $u = h^3 + 8;\ 4 \ln|h^3 + 8| + C$

j) $\dfrac{h^2}{24} - \dfrac{2}{3h} + C$

k) $v = 4 - \sqrt{u}$; $\dfrac{-(4 - \sqrt{u})^8}{4} + C$

l) $u = \sqrt{x} + 5$; $2 \ln |\sqrt{x} + 5| + C$

m) $u = y^2 + 1$; $\dfrac{3}{2} \ln (y^2 + 1) + 5 \operatorname{Arc\,tan} y + C$

n) $u = 3x - 1$ et $v = 4 - 5x$; $\dfrac{-5}{3} \ln |3x - 1| + \dfrac{7}{5(4 - 5x)} + C$

**2.** a) $u = 3\theta$; $\dfrac{5 \sin 3\theta}{3} + C$

b) $u = -\varphi$; $4 \cos (-\varphi) + C$

c) $u = \dfrac{t}{8}$; $64 \tan \left(\dfrac{t}{8}\right) + C$

d) $u = 1 - 3x^2$; $\dfrac{\cos (1 - 3x^2)}{6} + C$

e) $u = \sin x$; $\dfrac{\sin^2 x}{2} + C$ ou $u = \cos x$; $\dfrac{-\cos^2 x}{2} + C$

f) $u = \tan 4\theta$; $\dfrac{-3}{8 \tan^2 4\theta} + C$

g) $u = \sec t$; $\dfrac{\sec^3 t}{3} + C$

h) $u = 1 - 40x$; $\dfrac{\cot (1 - 40x)}{10} + C$

i) $u = 3 + 5 \cot \varphi$; $\dfrac{-\ln |3 + 5 \cot \varphi|}{5} + C$

j) $u = (3 - \sqrt{x})$; $-2 \tan (3 - \sqrt{x}) + C$

k) $u = \dfrac{1}{t}$; $-\sec \left(\dfrac{1}{t}\right) + C$

l) $u = \dfrac{x}{2}$; $-2 \csc \left(\dfrac{x}{2}\right) + C$

m) $u = \cos 2x$; $\dfrac{-\cos^5 2x}{10} + C$

n) $u = \sin \left(\dfrac{\theta}{5}\right)$; $\dfrac{25 \sin^7 \left(\dfrac{\theta}{5}\right)}{7} + C$

o) $u = \dfrac{t}{2}$ et $v = 2t$; $-2 \cos \left(\dfrac{t}{2}\right) - \dfrac{1}{2} \cot 2t + C$

p) $u = 5 - 4 \sin x$; $\dfrac{-\sqrt{5 - 4 \sin x}}{2} + C$

**3.** a) $u = \sin \theta$; $e^{\sin \theta} + C$

b) $u = e^x$; $-\cos e^x + C$

c) $u = -x$; $-e^{-x} + C$

d) $u = 5e^x + 1$; $\dfrac{(5e^x + 1)^4}{20} + C$

e) $u = 1 - e^{-4x}$; $\dfrac{\ln |1 - e^{-4x}|}{4} + C$

f) $u = \ln t$; $\dfrac{2\sqrt{\ln^3 t}}{9} + C$

g) $u = \ln \sqrt{t}$; $\dfrac{(\ln \sqrt{t})^2}{3} + C$

h) $u = e^x + \sin x$; $\ln |e^x + \sin x| + C$

i) $u = \tan 3\theta$; $\dfrac{10^{\tan 3\theta}}{3 \ln 10} + C$

j) $u = \operatorname{Arc\,sin} x$; $e^{\operatorname{Arc\,sin} x} + C$

k) $u = \cos 8\varphi$; $\dfrac{-3^{\cos 8\varphi}}{8 \ln 3} + C$

l) $u = 1 + e^x$; $\ln (1 + e^x) + C$

m) $v = e^u$; $\operatorname{Arc\,tan} e^u + C$

n) $u = -x$; $-e^{-x} + e^x + C$

o) $u = 5^x$; $\dfrac{\operatorname{Arc\,sin} 5^x}{\ln 5} + C$

p) $u = 3x$ et $v = -2x$; $\dfrac{e^{3x}}{3} - \dfrac{1}{5^{2x} \, 2 \ln 5} + C$

**4.** a) $u = (5\theta + 1)$; $\dfrac{-\ln |\cos (5\theta + 1)|}{5} + C$

b) $u = \dfrac{1 - t}{3}$; $3 \ln \left| \csc \left(\dfrac{1 - t}{3}\right) + \cot \left(\dfrac{1 - t}{3}\right) \right| + C$

c) $u = 3e^x$; $\dfrac{4 \ln |\sec (3e^x) + \tan (3e^x)|}{3} + C$

d) $u = \ln x$; $\ln |\sin (\ln x)| + C$

e) $u = \tan \theta$; $\ln |\sin (\tan \theta)| + C$

f) $u = \tan (\sin \theta)$; $\ln |\tan (\sin \theta)| + C$

**5.** a) $\dfrac{6x^2 - 11x + 5}{3x - 4} = 2x - 1 + \dfrac{1}{3x - 4}$; $u = 3x - 4$;

$x^2 - x + \dfrac{1}{3} \ln |3x - 4| + C$

b) $\dfrac{2x^3 - 3x^2 + x + 1}{x^2 + 1} = 2x - 3 - \dfrac{x}{x^2 + 1} + \dfrac{4}{x^2 + 1}$;

$u = x^2 + 1$;

$x^2 - 3x - \dfrac{\ln (x^2 + 1)}{2} + 4 \operatorname{Arc\,tan} x + C$

c) $u = x^2 + 2x - 1$; $\dfrac{1}{2} \ln |x^2 + 2x - 1| + C$

d) $\dfrac{x^2 + 2x - 1}{x + 1} = x + 1 - \dfrac{2}{x + 1}$; $u = x + 1$;

$\dfrac{x^2}{2} + x - 2 \ln |x + 1| + C$

e) $\dfrac{x + 1}{x^2 - x - 2} = \dfrac{x + 1}{(x - 2)(x + 1)} = \dfrac{1}{x - 2}$; $u = x - 2$;

$\ln |x - 2| + C$

f) $\dfrac{2x - 5}{3 - 4x} = \dfrac{-1}{2} - \dfrac{7}{2(3 - 4x)}$; $u = 3 - 4x$;

$\dfrac{-x}{2} + \dfrac{7 \ln |3 - 4x|}{8} + C$

**6.** a) $u = 2x - 1$, d'où $x = \dfrac{u + 1}{2}$;

$\dfrac{\sqrt{(2x - 1)^5}}{10} + \dfrac{\sqrt{(2x - 1)^3}}{6} + C$

b) $u = x^5 + 1$, $du = 5x^4 \, dx$ et $x^5 = u - 1$;

$\dfrac{1}{5} \left[ \dfrac{(x^5 + 1)^{22}}{22} - \dfrac{(x^5 + 1)^{21}}{21} \right] + C$

c) $u = 1 + \sqrt{x}$; $2 \ln (1 + \sqrt{x}) + C$

d) $u = \sqrt{x}$, $du = \dfrac{1}{2\sqrt{x}} \, dx$ et $x = u^2$;

$2 \operatorname{Arc\,tan} \sqrt{x} + C$

e) $u = 1 + \sqrt{x}$, $du = \dfrac{1}{2\sqrt{x}}\,dx$ et $x = (u-1)^2$;

$$\int \dfrac{x}{1+\sqrt{x}}\,dx = 2\int \dfrac{(u-1)^3}{u}\,du$$

$$= 2\int\left(u^2 - 3u + 3 - \dfrac{1}{u}\right)du$$

$$= 2\left(\dfrac{u^3}{3} - \dfrac{3u^2}{2} + 3u - \ln|u|\right) + C$$

$$= 2\left(\dfrac{(1+\sqrt{x})^3}{3} - \dfrac{3(1+\sqrt{x})^2}{2} + 3(1+\sqrt{x}) - \ln(1+\sqrt{x})\right) + C$$

f) $u = 1 - \cos 2\theta$, $du = 2\sin 2\theta\,d\theta$ et $\cos 2\theta = 1 - u$;

$$\dfrac{1}{2}\int \dfrac{1-u}{u}\,du = \dfrac{1}{2}\int\left(\dfrac{1}{u} - 1\right)du$$

$$= \dfrac{1}{2}\left(\ln|u| - u\right) + C$$

$$= \dfrac{1}{2}\left(\ln|1 - \cos 2\theta| - (1 - \cos 2\theta)\right) + C$$

$$= \dfrac{1}{2}\left(\ln(1 - \cos 2\theta) + \cos 2\theta\right) + C_1$$

**7.** a) $\sin^2\left(\dfrac{\theta}{3}\right) = \dfrac{1 - \cos\left(\dfrac{2\theta}{3}\right)}{2}$; $\dfrac{\theta}{2} - \dfrac{3}{4}\sin\left(\dfrac{2\theta}{3}\right) + C$

b) $\displaystyle\int \dfrac{1}{1+\cos 3\theta}\,d\theta = \int \dfrac{(1-\cos 3\theta)}{(1+\cos 3\theta)(1-\cos 3\theta)}\,d\theta$

$$= \int \dfrac{1 - \cos 3\theta}{\sin^2 3\theta}\,d\theta$$

$$= \int\left(\dfrac{1}{\sin^2 3\theta} - \dfrac{\cos 3\theta}{\sin^2 3\theta}\right)d\theta$$

$$= \int \csc^2 3\theta\,d\theta - \int \csc 3\theta \cot 3\theta\,d\theta$$

$$= \dfrac{-\cot 3\theta}{3} + \dfrac{\csc 3\theta}{3} + C \qquad (u = 3\theta)$$

c) $\displaystyle\int \dfrac{\cos^3 t}{1 - \sin t}\,dt = \int \dfrac{\cos^3 t\,(1 + \sin t)}{(1 - \sin t)(1 + \sin t)}\,dt$

$$= \int \dfrac{\cos^3 t\,(1 + \sin t)}{\cos^2 t}\,dt$$

$$= \int \cos t\,(1 + \sin t)\,dt$$

$$= \int \cos t\,dt + \int \sin t \cos t\,dt$$

$$= \sin t + \dfrac{\sin^2 t}{2} + C \qquad (u = \sin t)$$

d) $\displaystyle\int \dfrac{1}{25t^2 + 100}\,dt = \dfrac{1}{100}\int \dfrac{1}{\dfrac{t^2}{4} + 1}\,dt$

$$= \dfrac{1}{100}\int \dfrac{1}{\left(\dfrac{t}{2}\right)^2 + 1}\,dt$$

$$= \dfrac{1}{50}\text{Arc tan}\left(\dfrac{t}{2}\right) + C \qquad \left(u = \dfrac{t}{2}\right)$$

e) $u = 1 - e^{2x}$; $-\sqrt{1 - e^{2x}} + C$

f) $u = e^x$; Arc sin $(e^x) + C$

g) $\displaystyle\int \dfrac{4}{\sqrt{e^{2x} - 1}}\,dx = 4\int \dfrac{e^x}{e^x\sqrt{(e^x)^2 - 1}}\,dx$

$u = e^x$; $4$ Arc sec $(e^x) + C$

h) $u = 1 + e^x$, d'où $e^x = u - 1$; $\ln(1 + e^x) + \dfrac{1}{1 + e^x} + C$

**8.** a) $\displaystyle\int \dfrac{1}{\sqrt{a^2 - u^2}}\,du = \dfrac{1}{a}\int \dfrac{1}{\sqrt{1 - \left(\dfrac{u}{a}\right)^2}}\,du$

Posons $v = \dfrac{u}{a}$, alors $dv = \dfrac{1}{a}\,du$,

d'où $\dfrac{1}{a}\displaystyle\int \dfrac{1}{\sqrt{1 - \left(\dfrac{u}{a}\right)^2}}\,du = \int \dfrac{1}{\sqrt{1 - v^2}}\,dv$

$$= \text{Arc sin } v + C$$

$$= \text{Arc sin}\left(\dfrac{u}{a}\right) + C$$

b) $v = a^2 - u^2$; $-\sqrt{a^2 - u^2} + C$

c) $\displaystyle\int \dfrac{1}{a^2 + u^2}\,du = \dfrac{1}{a^2}\int \dfrac{1}{1 + \left(\dfrac{u}{a}\right)^2}\,du$

Posons $v = \dfrac{u}{a}$, alors $dv = \dfrac{1}{a}\,du$,

d'où $\dfrac{1}{a^2}\displaystyle\int \dfrac{1}{1 + \left(\dfrac{u}{a}\right)^2}\,du = \dfrac{1}{a}\int \dfrac{1}{1 + v^2}\,dv$

$$= \dfrac{1}{a}\text{Arc tan } v + C$$

$$= \dfrac{1}{a}\text{Arc tan}\left(\dfrac{u}{a}\right) + C$$

d) $v = a^2 + u^2$; $\dfrac{1}{2}\ln(a^2 + u^2) + C$

e) $\displaystyle\int \dfrac{1}{u\sqrt{u^2 - a^2}}\,du = \dfrac{1}{a}\int \dfrac{1}{u\sqrt{\left(\dfrac{u}{a}\right)^2 - 1}}\,du$

Posons $v = \dfrac{u}{a}$, alors $dv = \dfrac{1}{a}\,du$ et $u = av$,

d'où $\dfrac{1}{a}\displaystyle\int \dfrac{1}{u\sqrt{\left(\dfrac{u}{a}\right)^2 - 1}}\,du = \dfrac{1}{a}\int \dfrac{1}{v\sqrt{v^2 - 1}}\,dv$

$$= \dfrac{1}{a}\text{Arc sec } v + C$$

$$= \dfrac{1}{a}\text{Arc sec}\left(\dfrac{u}{a}\right) + C$$

**9.** a) Arc sin $\left(\dfrac{x}{3}\right) + C$  d) $\dfrac{3}{2}\ln(5 + x^2) + C$

b) $\dfrac{\sqrt{7}}{4}$ Arc sec $\left(\dfrac{x}{\sqrt{7}}\right) + C$  e) $\dfrac{5}{21}\sqrt{8 - 3x^2} + C$

c) $\dfrac{1}{6}$ Arc tan $\left(\dfrac{3x}{2}\right) + C$

## Exercices 2.4 (page 97)

**1.** a) $y = e^x + \sin x$, $y' = e^x + \cos x$ et $y'' = e^x - \sin x$

d'où $y'' + y = e^x + \sin x + e^x - \sin x = 2e^x$

b) $y = \sqrt{C + x^2}$ et $y' = \dfrac{x}{\sqrt{C + x^2}}$

d'où $\dfrac{dy}{dx} = \dfrac{x}{\sqrt{C + x^2}} = \dfrac{x}{y}$

c) $y = xe^{-x}$ et $y' = e^{-x} - xe^{-x}$

d'où $xy' = x(e^{-x} - xe^{-x})$
$= xe^{-x}(1 - x)$
$= y(1 - x)$

d) $y = 3e^{2x} \cos 4x - 2e^{2x} \sin 4x$

$y' = 6e^{2x} \cos 4x - 12e^{2x} \sin 4x - 4e^{2x} \sin 4x - 8e^{2x} \cos 4x$
$= -2e^{2x} \cos 4x - 16e^{2x} \sin 4x$

$y'' = -4e^{2x} \cos 4x + 8e^{2x} \sin 4x - 32e^{2x} \sin 4x - 64e^{2x} \cos 4x$
$= -68e^{2x} \cos 4x - 24e^{2x} \sin 4x$

Soit $A = e^{2x} \cos 4x$ et $B = e^{2x} \sin 4x$

$y'' - 4y' + 20y = -68A - 24B - 4(-2A - 16B) + 20(3A - 2B)$
$= -68A - 24B + 8A + 64B + 60A - 40B$
$= 0$

d'où $y'' - 4y' + 20y = 0$

**2.** a) $\int \dfrac{y}{\sqrt{5y^2 + 4}}\, dy = \int x\, dx$

$\dfrac{\sqrt{5y^2 + 4}}{5} = \dfrac{x^2}{2} + C$ (solution implicite)

$y = \pm\sqrt{\dfrac{(5x^2 + C_1)^2 - 16}{20}}$ (solution explicite)

b) $\int \dfrac{e^y}{e^y + 1}\, dy = \dfrac{1}{3} \int \dfrac{1}{x^2}\, dx$

$\ln(e^y + 1) = \dfrac{-1}{3x} + C$ (solution implicite)

$y = \ln\left| C_1\, e^{\frac{-1}{3x}} - 1 \right|$ (solution explicite)

c) $\int \dfrac{5}{y - 8}\, dy = -\int \dfrac{1}{x^3}\, dx$

$5 \ln |y - 8| = \dfrac{1}{2x^2} + C$ (solution implicite)

$y = C_1\, e^{\frac{1}{10x^2}} + 8$ (solution explicite)

d) $7 \int \left( 3y - 2 \sec^2\left(\dfrac{y}{5}\right) \right) dy = \int \left( x - \dfrac{5}{x} \right) dx$

$7\left( \dfrac{3y^2}{2} - 10 \tan\left(\dfrac{y}{5}\right) \right) = \dfrac{x^2}{2} - 5 \ln|x| + C$ (solution implicite)

Aucune solution explicite.

e) $\int \dfrac{1}{y}\, dy = \int \left( 1 - \dfrac{4}{x} \right) dx$

$\ln |y| = x - 4 \ln |x| + C$ (solution implicite)

$y = \dfrac{C_1\, e^x}{x^4}$ (solution explicite)

**3.** a) $y = \dfrac{x^4}{4} - x^2 + 4x + \dfrac{3}{4}$

b) $x = -4{,}9t^2 + 12t + 10$

c) $y = \sqrt[3]{x^3 - 9}$

d) $y = \dfrac{4}{e}\, e^{\frac{-1}{x}}$

e) $y = \dfrac{-4}{4x^2 - 37}$

f) $v = \dfrac{(\sqrt{t^3} + 1)^2}{9}$

g) $Q = 22e^{-5t}$

h) $y = \dfrac{x}{1 - 2x}$

i) $y = \dfrac{-\sqrt[3]{2}}{\sqrt[3]{6 \sin \theta - 19}}$

**4.** a) i) $dy = -2\, dx$

$\int dy = \int (-2)\, dx$

d'où $y = -2x + C$

ii) En remplaçant $x$ par -2 et $y$ par 6,

$6 = -2(-2) + C$, ainsi $C = 2$

d'où $y = -2x + 2$

iii)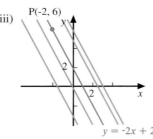

b) i) $8y\, dy = -2x\, dx$

$\int 8y\, dy = \int -2x\, dx$

$4y^2 = -x^2 + C$

d'où $x^2 + 4y^2 = C$

ii) En remplaçant $x$ par $\sqrt{8}$ et $y$ par -1,

$(\sqrt{8})^2 + 4(-1)^2 = C$

$C = 12$

d'où $x^2 + 4y^2 = 12$

iii)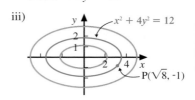

c) i) $\dfrac{1}{y}\, dy = \dfrac{1}{3}\, dx$

$\int \dfrac{1}{y}\, dy = \int \dfrac{1}{3}\, dx$, où $y > 0$

d'où $\ln y = \dfrac{x}{3} + C$ (équation 1)

On peut également isoler $y$.

$y = e^{\frac{x}{3} + C} = e^{\frac{x}{3}}\, e^C = e^{\frac{x}{3}}\, C_1$ (où $C_1 = e^C$)

d'où $y = C_1\, e^{\frac{x}{3}}$ (équation 2)

ii) En remplaçant $x$ par 0 et $y$ par 2.

| Dans l'équation 1 | Dans l'équation 2 |
|---|---|
| $\ln 2 = 0 + C$ | $2 = C_1\, e^0$ |
| $C = \ln 2$ | $C_1 = 2$ |
| ainsi $\ln y = \dfrac{x}{3} + \ln 2$ | d'où $y = 2e^{\frac{x}{3}}$ |
| $\ln y - \ln 2 = \dfrac{x}{3}$ | |
| $\ln\left(\dfrac{y}{2}\right) = \dfrac{x}{3}$ | |
| $\dfrac{y}{2} = e^{\frac{x}{3}}$ | |
| d'où $y = 2e^{\frac{x}{3}}$ | |

iii)

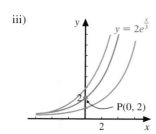

$y = 2e^{\frac{x}{3}}$

P(0, 2)

d) i) $\dfrac{1}{\sqrt{y}}\, dy = 4\, dx$

$\displaystyle\int \dfrac{1}{\sqrt{y}}\, dy = \int 4\, dx$

$2\sqrt{y} = 4x + C$

$\sqrt{y} = 2x + \dfrac{C}{2}$

$\sqrt{y} = 2x + C_1$, où $(2x + C_1) \ge 0$

d'où $y = (2x + C_1)^2$, où $x \ge \dfrac{-C_1}{2}$

ii) En remplaçant $x$ par 3 et $y$ par 4 dans $\sqrt{y} = 2x + C_1$, nous trouvons

$\sqrt{4} = (2(3) + C_1)$, ainsi $C_1 = -4$

donc $\sqrt{y} = 2x - 4$, où $(2x - 4) \ge 0$

d'où $y = (2x - 4)^2$, où $x \ge 2$

iii)

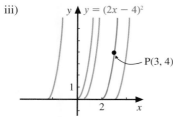

$y = (2x - 4)^2$

P(3, 4)

**5.** a) $f'(x) = 3x + C_1$

Puisque $f'(2) = 5$, nous trouvons $C_1 = -1$

ainsi $f'(x) = 3x - 1$

$f(x) = \dfrac{3x^2}{2} - x + C$

Puisque $f(-2) = 3$, nous trouvons $C = -5$

d'où $f(x) = \dfrac{3x^2}{2} - x - 5$

b) $f'(x) = 2x^2 + 3$    (pente de la tangente donnée par $f'(x)$)

$f(x) = \dfrac{2x^3}{3} + 3x + C$

Puisque $f(3) = -2$, nous trouvons $C = -29$

d'où $f(x) = \dfrac{2x^3}{3} + 3x - 29$

c) $f'(x) = \dfrac{1}{x} + C$

Puisque $f'(1) = 3$, nous trouvons $C_1 = 2$

ainsi $f'(x) = \dfrac{1}{x} + 2$

$f(x) = \ln|x| + 2x + C$

Puisque $f(1) = 6$, nous trouvons $C = 4$

d'où $f(x) = \ln|x| + 2x + 4$

d) $\dfrac{dy}{dx} = y + 5$

$\displaystyle\int \dfrac{1}{y + 5}\, dy = \int dx$

$\ln|y + 5| = x + C$

$y = C_1 e^x - 5$

En remplaçant $x$ par 0 et $y$ par -7,
nous obtenons $-7 = C_1 - 5$, ainsi $C_1 = -2$
d'où $y = -2e^x - 5$

**6.** a) $\dfrac{dy}{dx} = y^2$

$\displaystyle\int \dfrac{1}{y^2}\, dy = \int dx$

$\dfrac{-1}{y} = x + C$

d'où $y = \dfrac{-1}{x + C}$

b) i) $y_1 = \dfrac{-1}{x - 2}$  ii) $y_2 = \dfrac{-1}{x - 1}$  iii) $y_3 = \dfrac{-1}{x + 1}$

c) ```
> with(plots):
> C1:=plot(-1/(x-2),x=-5..5,y=-5..5,
    color=orange,discont=true):
> C2:=plot(-1/(x-1),x=-5..5,
    color=blue,discont=true):
> C3:=plot(-1/(x+1),x=-5..5,
    color=green,discont=true):
> x1:=plot([2,y,y=-80..80],
    linestyle=4,color=black):
> x2:=plot([1,y,y=-80..80],
    linestyle=4,color=black):
> x3:=plot([-1,y,y=-80..80],
    linestyle=4,color=black):
> display(C1,C2,C3,x1,x2,x3);
```

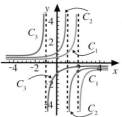

**7.** a) $m_1 = f'(x) = 2x$

ainsi, la pente $m_2$ de la famille de courbes cherchée est donnée par

$m_2 = \dfrac{-1}{2x}$    (car $m_1 \cdot m_2 = -1$)

ainsi $\dfrac{dg}{dx} = \dfrac{-1}{2x}$

$dg = \dfrac{-1}{2x}\, dx$

d'où $g(x) = \dfrac{-1}{2}\ln x + C$    (car $x > 0$)

b) i) $f(1) = 5$, d'où $f_1(x) = x^2 + 4$

$g(1) = 5$, d'où $g_1(x) = \dfrac{-1}{2}\ln x + 5$

ii) $f(2) = 3$, d'où $f_2(x) = x^2 - 1$

$g(2) = 3$, d'où $g_2(x) = \dfrac{-1}{2}\ln x + 3 + \dfrac{1}{2}\ln 2$

c) ```
> with(plots):
> f1:=plot(x^2+4,x=0..4,
    y=-1..9,color=orange):
> f2:=plot(x^2-1,x=0..4,
    y=-1..9,color=magenta):
> g1:=plot((-ln(x)/2)+5,
    x=0..4,y=-1..9,color=blue):
> g2:=plot((-ln(x)/2)+3+ln(2)/2,
    x=0..4,y=-1..9,color=green):
> p:=plot([[1,5],[2,3]],
    symbol=circle,
    style=point,color=black):
> display(f1,f2,g1,g2,p,
    scaling=constrained);
```

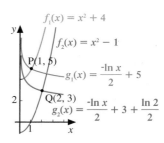

$f_1(x) = x^2 + 4$

$f_2(x) = x^2 - 1$

P(1, 5)

$g_1(x) = \dfrac{-\ln x}{2} + 5$

Q(2, 3)

$g_2(x) = \dfrac{-\ln x}{2} + 3 + \dfrac{\ln 2}{2}$

**8.** a) $m_1 = \dfrac{dy}{dx}$

$= 2kx$

$= 2\left(\dfrac{y}{x^2}\right)x$    $\left(\text{car } k = \dfrac{y}{x^2}\right)$

$$= \frac{2y}{x}$$

$$m = \frac{-x}{2y} \quad (\text{car } mm_1 = -1)$$

$$\frac{dy}{dx} = \frac{-x}{2y}$$

$$2y\,dy = -x\,dx$$

$$2\int y\,dy = -\int x\,dx$$

$$y^2 = \frac{-x^2}{2} + C$$

d'où $\dfrac{x^2}{2} + y^2 = C$

b) i) $-5 = k(3)^2$, d'où courbe de $F_1 : y_1 = \dfrac{-5x^2}{9}$

$\dfrac{9}{2} + (-5)^2 = C$, d'où courbe de $F_2 : \dfrac{x^2}{2} + y_2^2 = \dfrac{59}{2}$

ii) $7 = k(-2)^2$, d'où courbe de $F_1 : y_3 = \dfrac{7x^2}{4}$

$\dfrac{(-2)^2}{2} + 7^2 = C$, d'où courbe de $F_2 : \dfrac{x^2}{2} + y_4^2 = 51$

c) 
```
> with(plots):
> c1:=plot(-5*x^2/9,
  x=-11..11,y=-9..9,
  color=orange):
> c2:=plot(7*x^2/4,
  x=-11..11,y=-9..9,
  color=orange):
> d1:=implicitplot
  (x^2/2+y^2=59/2,
  x=-11..11,
  y=-9..9,color=blue):
> d2:=implicitplot
  (x^2/2+y^2=51,
  x=-11..11,y=-9..9,
  color=blue):
> p=plot([[3,-5],[-2,7]],
  symbol=circle,style=point,
  color=black):
> display(c1,c2,d1,d2,p,
  scaling=constrained);
```

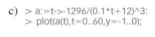

---

## Exercices 2.5 (page 115)

**1.** a) $\dfrac{dv}{dt} = -9,8$

$\int dv = -\int 9,8\,dt$

$v = -9,8t + C$

Puisque $v = 0$ lorsque $t = 0$, nous obtenons $v = -9,8t$

b) $\dfrac{dx}{dt} = -9,8t$

$\int dx = -\int 9,8t\,dt$

$x = -4,9t^2 + C$

Puisque $x = 1225$ lorsque $t = 0$,
nous obtenons $x = -4,9t^2 + 1225$

c) En posant $x = 0$, nous trouvons $t \approx 15,81$ s.

d) En posant $t = 15,81$ dans $v = -9,8t$,
nous obtenons $v \approx -154,94$
d'où, la vitesse de l'objet, à l'instant où il touche le sol,
est d'environ 155 m/s.

**2.** a) $\dfrac{dv}{dt} = -2$

$\int dv = \int (-2)\,dt$

$v = -2t + C$

Puisque $v = 54$ km/h, c'est-à-dire 15m/s, lorsque $t = 0$,
nous obtenons $v = -2t + 15$

b) $\dfrac{dx}{dt} = -2t + 15$

$\int dx = \int (-2t + 15)\,dt$

$x = -t^2 + 15t + C$

Puisque $x = 0$ lorsque $t = 0$, nous obtenons $x = -t^2 + 15t$

c) En posant $v = 0$, nous trouvons $t = 7,5$ s,
ainsi $d = x(7,5) - x(0) = 56,25$ m.

**3.** a) $\dfrac{dv}{dt} = \dfrac{-1296}{(0,1t + 12)^3}$

$\int dv = \int \dfrac{-1296}{(0,1t + 12)^3}\,dt$

$v = \dfrac{6480}{(0,1t + 12)^2} + C$

Puisque $v = 25$ lorsque $t = 0$,

nous obtenons $v = \dfrac{6480}{(0,1t + 12)^2} - 20$

En posant $v = 0$, nous trouvons $t = 60$ s.

b) $\dfrac{dx}{dt} = \dfrac{6480}{(0,1t + 12)^2} - 20$

$\int dx = \int \left( \dfrac{6480}{(0,1t + 12)^2} - 20 \right)\,dt$

$x = \dfrac{-64\,800}{(0,1t + 12)} - 20t + C$

Distance parcourue $= x(60) - x(0) = 600$ m

c)
```
> a:=t->-1296/(0.1*t+12)^3:
> plot(a(t),t=0..60,y=-1..0);
```
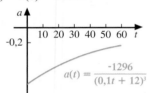

```
> v:=t->(6480/(0.1*t+12)^2)-20:
> plot(v(t),t=0..60,y=0..30,
  color=blue);
```
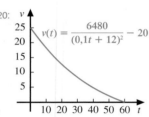

```
> x:=t->(-64800/
  (0.1*t+12))-20*t+5400:
> plot(x(t),t=0..60,
  y=0..700,color=green);
```
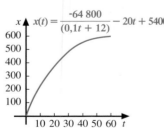

**4.** a) $\dfrac{dv}{dt} = k - 9t^2$

$\int dv = \int (k - 9t^2)\,dt$

$v = kt - 3t^3 + C$

Puisque $v = 0$ lorsque $t = 0$, nous obtenons $0 = 0 + C$,
ainsi $C = 0$ et $v = kt - 3t^3$

Puisque $v = 30$ lorsque $t = 2$, nous obtenons $30 = 2k - 24$,
ainsi $k = 27$ et $v = 27t - 3t^3$

En posant $v = 0$, nous obtenons $27t - 3t^3 = 0$

$$3t(9 - t^2) = 0$$

si $t = 0$, $t = 3$ ou $t = -3$,
d'où $t = 3$ s.

b) $\dfrac{dx}{dt} = 27t - 3t^3$

$\displaystyle\int dx = \int (27t - 3t^3)\, dt$

$x = \dfrac{27t^2}{2} - \dfrac{3t^4}{4} + C$

Puisque $x = 7$ lorsque $t = 0$, nous obtenons $7 = 0 + C$,

ainsi $C = 7$ et $x = \dfrac{27t^2}{2} - \dfrac{3t^4}{4} + 7$

$d_{[0s,\,5s]} = |x(3) - x(0)| + |x(5) - x(3)|$

$\quad\quad = |67{,}75 - 7| + |\text{-}124{,}25 - 67{,}75|$

$\quad\quad = 60{,}75 + 192$

d'où $d = 252{,}75$ m.

**5.** a) $\dfrac{dP}{dt} = 0{,}012\,P$

b) $\displaystyle\int \dfrac{1}{P}\, dP = \int 0{,}012\, dt$

$\ln |P| = 0{,}012t + C$

$\ln P = 0{,}012t + C \quad (\text{car } P > 0)$

En remplaçant $t$ par 0 (en 2000) et $P$ par 60 000,

nous obtenons $\ln P = 0{,}012t + \ln 60\,000$ \quad (1)

d'où $\quad\quad P = 60\,000e^{0,012t}$ \quad (2)

c) En posant $t = 15$ dans (2), $P \approx 71\,833$ habitants.

d) En posant $P = 80\,000$ dans (1), $t \approx 24$ ans;
d'où, durant l'année 2024.

**6.** a) $\dfrac{dN}{dt} = KN$

b) $\displaystyle\int \dfrac{1}{N}\, dN = \int K\, dt$

$\ln N = Kt + C \quad (\text{car } N > 0)$

Puisque $N = 10\,000$ lorsque $t = 0$,

nous obtenons $\ln N = Kt + \ln 10\,000$

Puisque $N = 14\,000$ lorsque $t = 2$,

nous obtenons $\ln N = \dfrac{\ln (1{,}4)}{2}t + \ln 10\,000$ \quad (1)

d'où $\quad\quad N = 10\,000e^{\frac{\ln (1,4)}{2}t}$ \quad (2)

et $\quad\quad N = 10\,000(1{,}4)^{\frac{t}{2}}$ \quad (3)

c) En posant $t = 5$ dans (2), $N \approx 23\,191$ bactéries.

d) En posant $N = 20\,000$ dans (1), $t \approx 4{,}12$ heures.

**7.** a) $\dfrac{dP}{dt} = (4{,}2\ \% - 3{,}5\ \%)P$

b) $\displaystyle\int \dfrac{1}{P}\, dP = \int 0{,}007\, dt$

$\ln P = 0{,}007t + C$

En posant $P = P_0$ lorsque $t = 0$,

nous obtenons $\ln P = 0{,}007t + \ln P_0$ \quad (1)

d'où $\quad\quad P = P_0 e^{0,007t}$ \quad (2)

c) En posant $P = 2P_0$ dans (2), $t \approx 99$ années.

d) En posant $P = 2P_0$ dans $\ln P = 0{,}018t + \ln P_0$,
nous obtenons $t \approx 38{,}5$ années.

e) Le graphique est tracé avec $P_0 = 1$.

```
> with(plots):
> P1:=plot(exp(0.007*t),t=0..120,color=orange):
> P2:=plot(exp(0.018*t),t=0..120,color=blue):
> y:=plot(2,t=0..120,color=green,linestyle=4):
> x1:=fsolve(exp(0.007*t)=2);
        x1:= 99.02102579
> x2:=fsolve(exp(0.018*t)=2);
        x2:= 38.50817670
> x11:=plot([fsolve
```

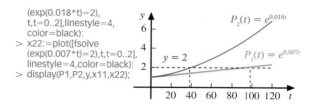

```
    (exp(0.018*t)=2),
    t,t=0..2],linestyle=4,
    color=black):
> x22:=plot([fsolve
    (exp(0.007*t)=2),t,t=0..2],
    linestyle=4,color=black):
> display(P1,P2,y,x11,x22);
```

**8.** Soit $P$, la variable représentant la population en 1)
$Q$, la variable représentant la population en 2) et
$t$, le nombre d'années écoulées depuis 2008.

a) 1) $\dfrac{dP}{dt} = (2{,}8\ \% - 1{,}5\ \%)P - 1000 = 0{,}013P - 1000$

2) $\dfrac{dQ}{dt} = 0{,}013Q + 1000$

b) 1) $\dfrac{dP}{0{,}013P - 1000} = dt$

$\displaystyle\int \dfrac{1}{0{,}013P - 1000}\, dP = \int dt$

$\dfrac{1}{0{,}013} \ln |0{,}013P - 1000| = t + C$

Puisque $P = 25\,000$ lorsque $t = 0$, nous obtenons

$\dfrac{1}{0{,}013} \ln |\text{-}675| = C$

ainsi $\dfrac{1}{0{,}013} \ln |0{,}013P - 1000| = t + \dfrac{1}{0{,}013} \ln 675$

$\ln |0{,}013P - 1000| = 0{,}013t + \ln 675$

Puisque $(0{,}013P - 1000) < 0$, nous obtenons

$\ln (1000 - 0{,}013P) = 0{,}013t + \ln 675$ \quad (1)

d'où $\quad\quad P = \dfrac{1000 - 675e^{0,013t}}{0{,}013}$ \quad (2)

2) $\ln (1000 + 0{,}013Q) = 0{,}013t + \ln 1325$ \quad (3)

d'où $\quad\quad Q = \dfrac{1325e^{0,013t} - 1000}{0{,}013}$ \quad (4)

c) 1) En posant $t = 7$ dans (2), $P \approx 20\,053$ habitants.

2) En posant $t = 7$ dans (4), $Q \approx 34\,710$ habitants.

d) i) En posant $P = 10\,000$ dans (1), $t \approx 19{,}5$ années,
d'où vers le milieu de l'an 2027.

ii) En posant $Q = 45\,000$ dans (3), $t \approx 13{,}78$ années,
d'où vers la fin de l'an 2021.

e) i) En posant $P = 0$ dans (1), $t \approx 30{,}2$ années,
d'où au début de l'an 2038.

ii) En posant $Q = 50\,000$ dans (3), $t \approx 16{,}87$,
d'où vers la fin de l'an 2024.

f)
```
> with(plots):
> P:=t->(1000-675*exp(0.013*t))
  /0.013:
> Q:=t->(1325*exp(0.013*t)
  -1000)/0.013:
> P1:=plot(P(t),t=0..30,
  color=orange):
> Q1:=plot(Q(t),t=0..30,
  color=blue):
> display(P1,Q1);
```

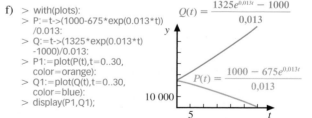

**9.** a) $\dfrac{dQ}{dt} = KQ$

b) $\displaystyle\int \dfrac{1}{Q}\, dQ = \int K\, dt$

$\ln Q = Kt + C \quad (\text{car } Q > 0)$

En posant $Q = Q_0$ lorsque $t = 0$,

nous obtenons $\ln Q = Kt + \ln Q_0$

Puisque $Q = \dfrac{Q_0}{2}$ lorsque $t = 5600$,

nous obtenons $\ln Q = \dfrac{\ln\left(\dfrac{1}{2}\right)}{5600} t + \ln Q_0$    (1)

d'où $\qquad Q = Q_0 e^{\frac{\ln\left(\frac{1}{2}\right)}{5600} t}$    (2)

et $\qquad Q = Q_0 \left(\dfrac{1}{2}\right)^{\frac{t}{5600}}$    (3)

c) En posant $t = 10\,000$ dans (2), $Q \approx 0{,}29 Q_0$

d) En posant $Q = 0{,}10 Q_0$ dans (1),
nous obtenons $t \approx 18\,603$ années.

e)
```
> with(plots):
> Q:=t->(1/2)^(t/5600):
> Q1:=plot(Q(t),t=0..30000,
  color=orange):
> t1:=plot([5600,y,y=0..0.5],
  linestyle=4,color=black):
> t2:=plot([11200,y,y=0..0.25],
  linestyle=4,color=black):
> y1:=plot(0.5,t=0..5600,
  linestyle=4,color=black):
> y2:=plot(0.25,t=0..11200,
  linestyle=4,color=black):
> display(Q1,t1,t2,y1,y2);
```
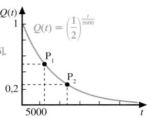

**10.** a) $\qquad \dfrac{dT}{dt} = K(T - 20)$

$\displaystyle\int \dfrac{1}{T - 20}\, dT = \int K\, dt$

$\ln |T - 20| = Kt + C$
En posant $T = 65$ lorsque $t = 0$,
nous obtenons $\ln |T - 20| = Kt + \ln 45$

Puisque $T = 30$ lorsque $t = 10$, nous obtenons

$\ln |T - 20| = \dfrac{\ln\left(\dfrac{2}{9}\right)}{10} t + \ln 45$    (1)

d'où $\qquad T = 20 + 45 e^{\frac{\ln\left(\frac{2}{9}\right) t}{10}}$    (2)

et $\qquad T = 20 + 45 \left(\dfrac{2}{9}\right)^{\frac{t}{10}}$    (3)

b) En posant $T = 45$ dans (1), $t \approx 3{,}9$ minutes.

c) En posant $T = 50$ dans (1), nous trouvons $t_1 \approx 2{,}7$ et
en posant $T = 35$ dans (1), nous trouvons $t_2 \approx 7{,}3$,
d'où $t = t_2 - t_1 \approx 4{,}6$ minutes.

d) En posant $t = 40$ dans (2), $T \approx 20{,}11\ °C$.

e) $T_{min} = \lim\limits_{t \to +\infty} \left[20 + 45 \left(\dfrac{2}{9}\right)^{\frac{t}{10}}\right] = 20\ °C$

f)
```
> with(plots):
> T:=t->20+45*(2/9)^(t/10):
> plot([T(t),20],t=0..40,
  y=0..70,
  color=[orange,blue],
  linestyle=[1,4]);
```
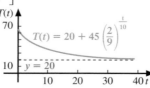

**11.** a) $\dfrac{dQ}{dt} = \dfrac{-50}{1 + t}$

b) $\displaystyle\int dQ = \int \dfrac{-50}{1 + t}\, dt$

$\qquad Q = -50 \ln |1 + t| + C$

$\qquad Q = -50 \ln (1 + t) + C$

Puisque $Q = 100$ lorsque $t = 0$,
nous obtenons $Q = -50 \ln (1 + t) + 100$

c) Lorsque $t = 2$, $Q \approx 45$ ml.

d) Lorsque $t = 4$, $Q \approx 19{,}5$; l'organisme a donc éliminé
$100 - 19{,}5$; donc environ $80{,}5$ ml.

e) En posant $Q = 0$, nous obtenons $t \approx 6{,}39$ heures.

f)
```
> Q:=t->-50*ln(1+t)+100;
  Q:=t → -50 ln (1 + t) + 100
> t0:=fsolve(Q(t)=0);
  t0:= 6.389056099
> plot(Q(t),t=0..t0);
```

*(graphique : $Q(t) = -50 \ln (1 + t) + 100$)*

**12.** a) $\qquad \dfrac{dQ}{dt} = k Q_0^{\frac{1}{4}} (Q_0 - Q)^{\frac{3}{4}}$

$\displaystyle\int (Q_0 - Q)^{-\frac{3}{4}}\, dQ = \int k Q_0^{\frac{1}{4}}\, dt$

$-4(Q_0 - Q)^{\frac{1}{4}} = k Q_0^{\frac{1}{4}} t + C$

En remplaçant $t$ par 0 et $Q$ par $Q_0$, nous obtenons

$-4(Q_0 - Q_0)^{\frac{1}{4}} = 0 + C$, donc $C = 0$

ainsi $\quad -4(Q_0 - Q)^{\frac{1}{4}} = k Q_0^{\frac{1}{4}} t$

c'est-à-dire $(Q_0 - Q)^{\frac{1}{4}} = k_1 Q_0^{\frac{1}{4}} t$, où $k_1 = \dfrac{k}{-4}$

$(Q_0 - Q) = k_2 Q_0 t^4$, où $k_2 = k_1^4$

En remplaçant $t$ par 5 et $Q$ par $\dfrac{2}{3} Q_0$, nous obtenons

$\left(Q_0 - \dfrac{2}{3} Q_0\right) = k_2 Q_0\, 625$

$k_2 = \dfrac{1}{1875}$

ainsi $\quad Q_0 - Q = \dfrac{1}{1875} Q_0\, t^4$

d'où $Q = Q_0 \left(1 - \dfrac{t^4}{1875}\right)$

b) En posant $Q = 0$, nous obtenons $t = 6{,}58...$,
d'où environ 6 heures et 35 minutes.

**13.** a) Soit $Q$ la quantité de la substance $A$ présente à chaque
instant.
Nous ajoutons $\dfrac{200\ \text{litres}}{\text{min}} \times 0{,}015\ \dfrac{\text{kg}}{\text{litres}} = 3\ \text{kg/min}$
et à chaque minute, la quantité de la substance $A$ qui se
vide est $\dfrac{200\ \text{litres}}{\text{min}} \times \dfrac{Q}{4000}\ \dfrac{\text{kg}}{\text{litres}} = \dfrac{Q}{20}\ \text{kg/min}$,

ainsi $\qquad \dfrac{dQ}{dt} = \left(3 - \dfrac{Q}{20}\right)$

b) $\qquad \dfrac{dQ}{dt} = \dfrac{60 - Q}{20}$

$\dfrac{dQ}{60 - Q} = \dfrac{dt}{20}$

$\displaystyle\int \dfrac{1}{60 - Q}\, dQ = \int \dfrac{1}{20}\, dt$

$-\ln |60 - Q| = \dfrac{1}{20} t + C$

En posant $Q = 160$ lorsque $t = 0$,
nous obtenons $\ln |60 - Q| = \dfrac{-1}{20} t + \ln 100$

Puisque $Q > 60$,　(car $4000 \times 0{,}015 = 60$)

nous obtenons　$\ln(Q - 60) = \dfrac{-1}{20} t + \ln 100$　(1)

d'où　$Q = 60 + 100e^{\frac{-t}{20}}$　(2)

c) En posant $Q = 100$ dans (1), $t \approx 18{,}3$ min.

d) En posant $t = 60$ dans (2), $Q \approx 65$ kg.

e) $Q_{\min} = \lim\limits_{t \to +\infty} \left(60 + 100e^{\frac{-t}{20}}\right) = 60$ kg

f)
```
> Q:=t->60+100*
  exp(-t/20);
  Q:= t → 60 + 100e^(-1/20)t
> plot([Q(t),60],t=0..60,
  y=0..180,
  color=[orange,blue],
  linestyle=[1,4]);
```

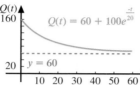

**14.** a) Soit $Q$, la quantité de sel dissous dans l'eau.

$\dfrac{dQ}{dt} = \dfrac{-Q}{1000 + t}$

b) $\displaystyle\int \dfrac{1}{Q}\, dQ = -\int \dfrac{1}{1000 + t}\, dt$

$\ln|Q| = -\ln|1000 + t| + C_1$

$\ln Q = -\ln(1000 + t) + C_1$　(car $Q > 0$ et $(1000 + t) > 0$)

$Q = Ce^{-\ln(1000 + t)}$　($C = e^{C_1}$)

$Q = \dfrac{C}{1000 + t}$

Puisque $Q = 50$ lorsque $t = 0$,

nous obtenons $Q = \dfrac{50\ 000}{1000 + t}$

c) En posant $Q = 20$, $t = 1500$, donc 1500 minutes, c'est-à-dire 25 heures.

d) La quantité de sel est de 20 kg et la quantité du mélange, de 2500 L, d'où la concentration de sel dans le mélange est 0,008 kg/L.

e) Le réservoir est rempli lorsque $t = 4000$ min, d'où $Q = 10$ kg.

**15.** a) Puisque $r = 5$, $V = 25\pi h$, ainsi $h = \dfrac{V}{25\pi}$

$\dfrac{dV}{dt} = kh$

d'où $\dfrac{dV}{dt} = \dfrac{kV}{25\pi}$

b) $\displaystyle\int \dfrac{1}{V}\, dV = \int \dfrac{k}{25\pi}\, dt$

$\ln|V| = \dfrac{k}{25\pi} t + C$

$\ln V = \dfrac{k}{25\pi} t + C$　(car $V > 0$)

Puisque $V = 300\pi$ lorsque $t = 0$,

nous obtenons $\ln V = \dfrac{k}{25\pi} t + \ln 300\pi$

Puisque $V = 0{,}8 \times 300\pi = 240\pi$ lorsque $t = 5$, nous obtenons $k = 5\pi \ln 0{,}8$

Ainsi $\ln V = \dfrac{\ln(0{,}8)}{5} t + \ln 300\pi$　(1)

d'où　$V = 300\pi e^{\frac{\ln(0{,}8)}{5} t}$　(2)

et　$V = 300\pi(0{,}8)^{\frac{t}{5}}$　(3)

c) En posant $t = 8$ dans (2), $V \approx 210\pi$ m³.

d) En posant $V = 0{,}4 \times 300\pi = 120\pi$, $t \approx 20{,}53$ heures.

e) En posant $t = 24$ dans (2), $V \approx 102{,}8\pi$
De $V = \pi r^2 h$, nous trouvons $h \approx 4{,}11$ mètres.

**16.** a) $\dfrac{dV}{dt} = 100t - 2500$

$\displaystyle\int dV = \int (100t - 2500)\, dt$

$V = 50t^2 - 2500t + C$

Puisque $V = 31\ 250$ lorsque $t = 0$,
nous obtenons $V = 50t^2 - 2500t + 31\ 250$
Lorsque $t = 3$, $V = 24\ 200$ \$.

b) En posant $V = 22\ 050$, nous obtenons $t = 4$ ans.

**17.** a) $\dfrac{dA}{dt} = 0{,}0425A$

b) $\displaystyle\int \dfrac{1}{A}\, dA = \int 0{,}0425\, dt$

$\ln A = 0{,}0425t + C$　(car $A > 0$)

Puisque $A = 8243$ lorsque $t = 5$, nous obtenons

$\ln 8243 = 0{,}0425(5) + C$, $C = \ln 8243 - 0{,}2125$

$\ln A = 0{,}0425t + \ln 8243 - 0{,}2125$　(1)

d'où $A = 8243e^{(0{,}0425t - 0{,}2125)}$　(2)

c) En posant $t = 0$ dans (2), $A_0 \approx 6665$ \$.

d) En posant $A = 13\ 000$ dans (1), $t \approx 15{,}72$ années.

**18.** a) $\dfrac{dA}{dt} = jA$

b) $\displaystyle\int \dfrac{1}{A}\, dA = \int j\, dt$

$\ln A = jt + C$　(car $A > 0$)
En posant $A = A_0$ lorsque $t = 0$,
nous obtenons $\ln A = jt + \ln A_0$　(1)
d'où $A = A_0 e^{jt}$　(2)

c) En posant $A = 2A_0$ dans (1),
si $j = 0{,}04$, nous obtenons $t \approx 17{,}3$ années;
si $j = 0{,}08$, nous obtenons $t \approx 8{,}7$ années.

d) En posant $j = 0{,}05$ et $t = 7$ dans (2), $A \approx 1{,}4A_0$;
en posant $j = 0{,}07$ et $t = 5$ dans (2), $A \approx 1{,}4A_0$.

**19.** a) $\dfrac{dR}{dq} = R_m$

$\dfrac{dR}{dq} = 200e^{-0{,}2q}$

$\displaystyle\int dR = 200 \int e^{-0{,}2q}\, dq$

$R = \dfrac{200}{-0{,}2} e^{-0{,}2q} + C$

En remplaçant $q$ par 0 et $R$ par 0, $C = 1000$,
d'où $R = 1000 - 1000e^{-0{,}2q}$

$\dfrac{dC}{dq} = C_m$

$\dfrac{dC}{dq} = 16e^{0{,}08q}$

$\displaystyle\int dC = 16 \int e^{0{,}08q}\, dq$

$C = \dfrac{16}{0{,}08} e^{0{,}08q} + C_1$

En remplaçant $q$ par 0 et $C$ par 75, $C_1 = 75$,
d'où $C = 75 + 200e^{0{,}08q}$
Puisque $P = R - C$, nous obtenons
$P = (1000 - 1000e^{-0{,}2q}) - (75 + 200e^{0{,}08q})$
d'où $P = 925 - 1000e^{-0{,}2q} - 200e^{0{,}08q}$

**b)** $P(1,1) = -95,916\ldots$, d'où une perte d'environ 9592 $.
$P(15) = 211,189\ldots$, d'où un gain d'environ 21 119 $.
$P(21,5) = -205,474\ldots$, d'où une perte d'environ 20 547 $.

**c)**
```
> R:=q->1000-1000*exp(-0.2*q);
        R:= q → 1000 − 1000e^(-0.2q)
> C:=q->75+200*exp(0.08*q);
        C:= q → 75 + 200e^(0.08q)
> P:=q->(1000-1000*exp(-0.2*q))-(75+200*exp(0.08*q));
        P:= q → 925 − 1000e^(-0.2q) − 200e^(0.08q)
> with(plots):
> R1:=plot(R(q),q=0..22,color=orange):
> C1:=plot(C(q),q=0..22,color=blue):
> P1:=plot(P(q),q=0..22,color=magenta):
> display(R1,C1,P1);
```

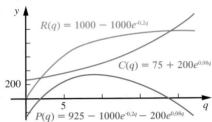

**d)**
```
> q1:=fsolve(P(q)=0,q=0..5);
> q2:=fsolve(P(q)=0,q=15..22);
        q1:= 1.830288191
        q2:= 18.82648690
```
d'où $P > 0$ si $q \in [1,83\ldots ; 18,82\ldots]$

---

# Exercices récapitulatifs (page 120)

**1. a)** $\dfrac{1}{\sqrt{99}} \approx 0,1005$    **b)** $\sqrt{26} + \sqrt[3]{26} \approx 8,063$

**2. a)** $dV = 1,92 \text{ cm}^3$ ; $\Delta V = 1,922\,401 \text{ cm}^3$

**3. a)** $E_a \approx 2,695 \text{ cm}^2$   **b)** $E_r \approx 0,28\%$   **c)** $E_r \approx \dfrac{2\,|dh|}{h}$

**4. a)** $\dfrac{-5}{x} + \dfrac{x^3}{15} - \dfrac{x^6}{2} + C$

**b)** $\dfrac{5\sqrt[5]{x^8}}{8} + 8\sqrt{x} + \dfrac{21}{2\sqrt[3]{x^2}} + C$

**c)** $3 \sin x + \dfrac{\cos x}{5} + C$

**d)** $\dfrac{7x^2}{2} + \dfrac{x^8}{56} - \dfrac{7^x}{\ln 7} + 7 \ln |x| - 7^7 x + C$

**e)** $8 \text{ Arc sin } t - 4 \text{ Arc tan } t + \dfrac{7}{3} \text{ Arc sec } t + C$

**f)** $2 \tan \theta - \dfrac{\sec \theta}{2} + C$

**g)** $\dfrac{x^6}{6} - \dfrac{3x^5}{5} + \dfrac{3x^4}{4} - \dfrac{x^3}{3} + C$

**h)** $x - 3 \ln |x| + C$

**6. a)** $\dfrac{-2}{27} (5 - x^3)^9 + C$

**b)** $\dfrac{\sin^4 2\theta}{8} + C$

**c)** $\dfrac{-3 \cos x^2}{2} + C$

**d)** $2 \ln (u^2 + 1) + C$

**e)** $\dfrac{3}{5} \tan (t^5 + 5t - 3) + C$

**f)** $\dfrac{-e^{\frac{1}{x}}}{3} + C$

**g)** $\ln |\text{Arc tan } x| + C$

**h)** $\dfrac{\ln^2 (5x)}{4} + C$

**7. a)** $-3e^{\frac{-x}{3}} + \dfrac{3^{6x}}{6 \ln 3} + C$

**b)** $-5 \cos \left(\dfrac{\theta}{5}\right) - \dfrac{\sin (4\theta)}{4} + C$

**c)** $\dfrac{-2}{3}\sqrt{(8 - t)^3} + 3\sqrt{9 + t^2} + \dfrac{9}{2(1 + \sqrt{t})^4} + C$

**d)** $2 \tan \sqrt{x} + \dfrac{\cot x^4}{4} + C$

**e)** $\dfrac{-1}{3(3h + 1)} - \dfrac{6 \ln |5h + 6|}{5} + C$

**f)** $2 \ln 10 (\log x)^2 + \dfrac{5}{e^x} + \dfrac{\ln |\ln x|}{3} + C$

**8. a)** $\dfrac{\ln |\sec (3x^2 + 4) + \tan (3x^2 + 4)|}{6} + C$

**b)** $\cot (\cot \theta) + C$

**c)** $\dfrac{-\ln |\cos 3x^2|}{2} + C$

**d)** $\dfrac{\tan (5t + 1)}{5} - t + C$

**e)** $2 \tan 5\theta + \dfrac{6 \sec 5\theta}{5} - 9\theta + C$

**f)** $\sec x - \ln |\sec x + \tan x| + \sin x + C$

**g)** $\dfrac{-1}{2 \sin^2 \varphi} + C_1 \text{ ou } \dfrac{-1}{2 \tan^2 \varphi} + C_2$

**9. a)** $8\sqrt{x} - 8 \ln (1 + \sqrt{x}) + C$

**b)** $\dfrac{(t^2 + 1)^{10}}{20} + C$

**c)** $\dfrac{(x^2 + 1)^{11}}{22} - \dfrac{(x^2 + 1)^{10}}{20} + C$

**d)** $\dfrac{2}{9}\sqrt{(x^3 - 16)^3} + \dfrac{32}{3}\sqrt{x^3 - 16} + C$

**10. a)** $\dfrac{4\sqrt{x^3}}{3} + 14\sqrt{x} - 5 \ln |x| + 2e^{\sqrt{x}} + C$

**b)** $\dfrac{-1}{t + 1} + C$

**c)** $\dfrac{\sin^5 (e^x)}{5} + C$

**d)** $\dfrac{1}{2} \ln (2 + e^{2x}) - e^{-2x} + x + C$

**e)** $\dfrac{3\sqrt[3]{x^5}}{5} - \dfrac{24\sqrt[6]{x^5}}{5} + 4 \ln |x| + C$

**f)** $2u + \ln |3u + 1| + C$

**g)** $\dfrac{-x^3}{3} - \dfrac{x^2}{2} - x - \ln |1 - x| + C$

**h)** $\sqrt{a^2 + b^2}\, t + C$

**i)** $\dfrac{2 \csc^{\frac{3}{2}} (1 - x)}{3} + C$

**j)** $\dfrac{\tan^4 \theta}{4} + \dfrac{\sec^3 \theta}{3} + C$

**k)** $3 \tan x + C$

**l)** $\text{Arc sin} \left(\dfrac{y}{\sqrt{7}}\right) + C$

**m)** $\text{Arc sec } (\ln t) + C$

**11.** a) $2\sqrt{y} = \dfrac{2x^{\frac{3}{2}}}{3} + C$; $y = \left(\dfrac{x^{\frac{3}{2}}}{3} + C_1\right)^2$, où $\left(\dfrac{x^{\frac{3}{2}}}{3} + C_1\right) > 0$

   b) $-e^{-y} = \dfrac{e^{x^2}}{2} + C$; $y = -\ln\left(C_1 - \dfrac{e^{x^2}}{2}\right)$

   c) $4\ln|y| + \sin y = \tan x - \dfrac{3x^4}{4} + C$; aucune

**12.** a) $y = -\sqrt{x^2 - 7}$

   b) $s = 4t$

   c) $x + 8\ln|x - 5| = \ln|y| + \dfrac{e^{y^2 - 1}}{2} + \dfrac{11}{2}$

   d) $y = \ln\left(\dfrac{e^{2x} + e^8}{2}\right)$

**13.** a) $f(x) = e^x + e^{-x} - \cos x + x + 1$
   b) $g(x) = 2x^3 - 4x^2 + 3x + 1$
   d) $h(x) = x^3 - 6x + 5$

**14.** a) $y = ke^{\frac{x^2}{2}}$, où $k \neq 0$
   b) i) $y = \dfrac{1}{e} e^{\frac{x^2}{2}}$        ii) $y = -\sqrt{e}\, e^{\frac{x^2}{2}}$

**16.** a) $\dfrac{y^2}{2} - x^2 = C$

   b) i) courbe de $F_1$ : $y_1 = \dfrac{4}{\sqrt{x}}$

      courbe de $F_2$ : $\dfrac{y_2^2}{2} - x^2 = -14$

   ii) courbe de $F_1$ : $y_3 = \dfrac{-6}{\sqrt{x}}$

      courbe de $F_2$ : $\dfrac{y_4^2}{2} - x^2 = 10{,}4264$

**18.** a) $v = -9{,}8t + 24{,}5$
   b) $h = -4{,}9t^2 + 24{,}5t + 245$

**19.** $\left[8 + 25\ln\left(\dfrac{19}{11}\right)\right]$ mètres $\approx 21{,}66$ mètres

**20.** b) i) 92 m        ii) 112,75 m

**21.** a) $x_1 = 34{,}\overline{6}$ m        b) $v_1 \approx 38{,}45$ m/s

**23.** a) Environ 42 bélougas
   b) Vers la fin de l'année 2015

**24.** Environ 17,33 jours

**26.** a) Environ 259 ans
   b) Environ 0,78 % de la quantité initiale

**28.** a) Environ 77 240 habitants    b) Environ 26,44 années

**29.** a) Environ 303 368 bactéries    b) Environ 63,7 heures

**31.** Entre 15 h 49 et 15 h 50

**33.** a) $j \approx 6{,}58$ %        b) Environ $6{,}4 \times 10^{12}$ $

**34.** a) Environ 2578 $        b) Environ 6 ans

**35.** a) Environ 15 841 $        d) Environ 9608 $
   b) Environ 12 ans        e) Environ 8595 $
   c) 6,57 %

**37.** a) $Q = 100e^{\frac{-t}{30}}$
   b) Environ 13,53 kilogrammes
   c) Environ 3 heures et 48 minutes

## Problèmes de synthèse (page 126)

**1.** a) $\dfrac{-4}{21}\ln(7e^{-3x} + 5) + C$    e) $\ln|\cos x + x\sin x| + C$

   b) $\dfrac{-1}{e^x + 1} + C$        f) $\dfrac{2\operatorname{Arc}\tan\sqrt{u^3}}{3} + C$

   c) $\dfrac{1}{2}\operatorname{Arc}\sec(e^{2t}) + C$    g) $2\ln(1 + \sqrt{v}) + C$

   d) $\dfrac{2\sqrt{(t-1)^5}}{5} + \dfrac{4\sqrt{(t-1)^3}}{3} + 2\sqrt{t-1} + C$

**3.** a) $y = \dfrac{256e}{(\pi^2 + 16)^2}(x^2 + 1)^2\, e^{\operatorname{Arc}\tan x}$

**4.** a) $F_1 = \left\{y_1 \,\middle|\, y_1 = \sqrt[5]{\dfrac{5x^3}{3} + C_1}\right\}$

   b) $F_2 = \left\{y_2 \,\middle|\, y_2 = \dfrac{1}{\sqrt[3]{C_2 - \dfrac{3}{x}}}\right\}$

   c) $y_1 = \sqrt[5]{\dfrac{5x^3}{3} - 13}$ et $y_2 = \dfrac{1}{\sqrt[3]{\dfrac{9}{8} - \dfrac{3}{x}}}$

**6.** a) Environ 31,83 secondes        c) Un temps infini

**7.** Environ 81,5 km/h

**9.** 4 secondes ; 6,25 m/s²

**10.** b) Environ 264,14 K

**11.** Environ 117,73 ml

**12.** a) $A \approx 1338{,}23$ $        e) $A = 1000e^{(0{,}06)5} \approx 1349{,}86$ $

**13.** a) $i = e^j - 1$        b) $i \approx 7{,}52$ %

**15.** $T = A + (T_0 - A)e^{Kt}$

**17.** $T = \dfrac{2\pi}{\sqrt{g}}\sqrt{L}$

**18.** a) $dP = \left[\dfrac{2an^2}{V^3} - \dfrac{nRT}{(V - b)^2}\right]dV$

**20.** a) $V = 6\left(1 - e^{\frac{-t}{150}}\right)$        b) Environ 49,3 minutes

**21.** a) $Q = \dfrac{m}{K}(1 - e^{-Kt})$, où $K > 0$

**23.** a) $x_1 \approx 8{,}7$ km        b) $a_3 \approx -1{,}06$ km/h²
      $x_2 \approx 16{,}9$ km        c) Environ 2 h 33 min

**24.** b) $P(1) \approx -4894$ $ ; $P(10) \approx 30\,886$ $ ; $P(28) \approx -27\,865$ $

**25.** a) $p(q) = \dfrac{400}{\sqrt{q^2 + 16}} + 15$

**26.** Vers 5 h 46

**28.** a) $\dfrac{dC}{dt} = (n_1 - m_1 - pL)C$ ; $\dfrac{dL}{dt} = (hC - m_2)L$

   b) $K = (C^{-m_2}e^{hC})(L^{(m_1 - n_1)}e^{pL})$

   c) $C = \dfrac{m_2}{h}$ et $L = \dfrac{n_1 - m_1}{p}$

# CHAPITRE 3

## Exercices préliminaires (page 132)

**1.** $\lim\limits_{h \to 0} \dfrac{A(x + h) - A(x)}{h} = A'(x)$

**2.** a) 6      b) $\dfrac{3}{8}$

**3.** a) ... il existe au moins un nombre $c \in\ ]a, b[$ tel que $f(c) = K$

    b) ... il existe au moins un nombre $c \in\ ]a, b[$ tel que

$$\frac{f(b) - f(a)}{b - a} = f'(c)$$

    c) ... $f(x) = g(x) + C$, où $C$ est une constante réelle

**4.** Soit $f(x) = ax^2 + bx + c$
Puisque $f(0) = 7$, nous avons $c = 7$
donc    $f(x) = ax^2 + bx + 7$
Puisque    $f(1) = 6$,     nous avons $a + b + 7 = 6$
et puisque $f(\text{-}2) = 21$, nous avons $4a - 2b + 7 = 21$
En résolvant le système $a + b = \text{-}1$
$$\qquad\qquad\qquad\qquad 4a - 2b = 14$$
nous obtenons $a = 2$ et $b = \text{-}3$
d'où $f(x) = 2x^2 - 3x + 7$

**5.** a) $\dfrac{5x^3}{3} - 14\sqrt{x} + \dfrac{\ln |x|}{2} + \dfrac{1}{x} + C$     c) $\dfrac{\sin^4 2\theta}{8} + C$

    b) $3 \operatorname{Arc} \tan t - \dfrac{5 \ln (1 + t^2)}{2} + C$

---

## Exercices 3.1 (page 139)

**1.** a) $\dfrac{3}{10} + \dfrac{4}{17} + \dfrac{5}{26} + \dfrac{6}{37} + \dfrac{7}{50} + \dfrac{8}{65} + \dfrac{9}{82}$

    b) $31 + 107 + 255 + 499$

    c) $2^3 + 2^4 + 2^5 + ... + 2^{56} + 2^{57}$

    d) $\text{-}1 + \dfrac{1}{3} + \dfrac{3}{5} + ... + \dfrac{57}{59} + \dfrac{59}{61}$

    e) $8 - 9 + 10 - 11 + 12$

    f) $\left[\text{-}2 - \dfrac{1}{2}\right] + \left[4 - \dfrac{1}{4}\right] + \left[\text{-}8 - \dfrac{1}{8}\right] + \left[16 - \dfrac{1}{16}\right]$

    g) $\dfrac{1}{9} - \dfrac{1}{3} + 1 - 3 + 9 - 27$

    h) $\dfrac{1}{5} f(1) + \dfrac{1}{5} f\left(\dfrac{6}{5}\right) + \dfrac{1}{5} f\left(\dfrac{7}{5}\right) + \dfrac{1}{5} f\left(\dfrac{8}{5}\right) + \dfrac{1}{5} f\left(\dfrac{9}{5}\right)$

**2.** a) $\sum\limits_{k=1}^{7} k^2$     d) $\sum\limits_{k=2}^{25} k^3$     g) $\sum\limits_{k=0}^{4} 2\left(\dfrac{\text{-}1}{3}\right)^k$

    b) $\sum\limits_{k=0}^{5} 2^k$     e) $\sum\limits_{k=1}^{10} \dfrac{(\text{-}1)^k k^2}{k + 1}$     h) $\sum\limits_{k=0}^{4} \dfrac{(\text{-}1)^{k+1}}{3(2^k)}$

    c) $\sum\limits_{k=1}^{4} 5$     f) $\sum\limits_{k=1}^{8} (\text{-}1)^{k+1}(2k - 1)$    i ) $\sum\limits_{k=1}^{10} \left(\dfrac{1}{10}\right) f\left(\dfrac{k}{10}\right)$

**3.** a) i) $\dfrac{100 \times 101}{2} = 5050$    (formule 1, où $k = 100$)

     ii) $\dfrac{30^2 \times 31^2}{4} = 216\ 225$    (formule 3, où $k = 30$)

     iii) $\dfrac{1}{(45)^3} \sum\limits_{i=1}^{44} i^2 = \dfrac{1}{(45)^3} (29\ 370) = \dfrac{1958}{6075}$
$$\text{(théorème 3.2 et formule 2)}$$

---

    iv) $\underbrace{(3 + 3 + ... + 3)}_{99 \text{ termes}} + \dfrac{1}{10}(1 + 2 + 3 + ... + 99) = 297 + 495 = 792$
$$\text{(théorèmes 3.1 et 3.4, et formule 1)}$$

    v) $3(1 + 3 + 5 + ... + 99) = 3 \sum\limits_{i=1}^{50} (2i - 1)$

$$= 3\left[2 \sum_{i=1}^{50} i - \sum_{i=1}^{50} 1\right] \quad \text{(théorèmes 3.1 et 3.2)}$$

$$= 3\left[2\left(\frac{50(51)}{2}\right) - 50(1)\right] \quad \text{(formule 1 et théorème 3.4)}$$

$$= 3[2550 - 50] = 7500$$

    b) i) $\dfrac{100 \times 101 \times 201}{6} = 338\ 350$    (formule 2, où $k = 100$)

     ii) $6 \times 42 = 252$    (théorème 3.4)

     iii) $\sum\limits_{i=1}^{90} i - \sum\limits_{i=1}^{9} i = 4095 - 45 = 4050$
$$\text{(théorème 3.3 et formule 1)}$$

     iv) $\sum\limits_{i=1}^{20} \dfrac{3i - 5}{2} = \dfrac{3}{2} \sum\limits_{i=1}^{20} i - \sum\limits_{i=1}^{20} \dfrac{5}{2}$    (théorèmes 3.1 et 3.2)

$$= \frac{3}{2}(210) - \frac{5}{2}(20)$$
$$\text{(formule 1 et théorème 3.4)}$$
$$= 265$$

     v) $\sum\limits_{i=1}^{25} (4i^2 - 12i + 9) = 4 \sum\limits_{i=1}^{25} i^2 - 12 \sum\limits_{i=1}^{25} i + \sum\limits_{i=1}^{25} 9$
$$\text{(théorèmes 3.1 et 3.2)}$$

$$= 4(5525) - 12(325) + 9(25)$$
$$\text{(formules 2 et 1, théorème 3.4)}$$
$$= 18\ 425$$

     vi) $\sum\limits_{i=1}^{15} (i^3 - 120i) = \sum\limits_{i=1}^{15} i^3 - 120 \sum\limits_{i=1}^{15} i$
$$\text{(théorèmes 3.1 et 3.2)}$$

$$= 14\ 400 - 120(120) \quad \text{(formules 3 et 1)}$$
$$= 0$$

**4.** a) $\dfrac{(n - 1)n}{2}$    (formule 1, où $k = n - 1$)

    b) $\sum\limits_{i=1}^{n-1} \dfrac{3i^2}{5n} = \dfrac{3}{5n} \sum\limits_{i=1}^{n-1} i^2$    (théorème 3.2)

$$= \frac{3}{5n}\left(\frac{(n - 1)\, n(2n - 1)}{6}\right)$$
$$\text{(formule 2, où } k = n - 1)$$

$$= \frac{(n - 1)(2n - 1)}{10}$$

    c) $\sum\limits_{i=1}^{n} (5i^3 + 6) = 5 \sum\limits_{i=1}^{n} i^3 + \sum\limits_{i=1}^{n} 6$    (théorèmes 3.1 et 3.2)

$$= 5 \frac{n^2(n + 1)^2}{4} + 6n$$
$$\text{(formule 3, où } k = n, \text{ et théorème 3.4)}$$

    d) $\sum\limits_{i=1}^{n-1} (6i^2 - 2i) = 6 \sum\limits_{i=1}^{n-1} i^2 - 2 \sum\limits_{i=1}^{n-1} i$    (théorèmes 3.1 et 3.2)

$$= 6 \frac{(n - 1)\, n(2n - 1)}{6} - \frac{2(n - 1)n}{2}$$
$$\text{(formules 1 et 2)}$$
$$= 2n(n - 1)^2$$

e) $\displaystyle\sum_{i=1}^{n} f\left(\frac{i}{n}\right) = \sum_{i=1}^{n}\left(\frac{i}{n} + 2\right)$  ($f(x) = x + 2$)

$\displaystyle = \frac{1}{n}\sum_{i=1}^{n} i + \sum_{i=1}^{n} 2$  (théorèmes 3.1 et 3.2)

$\displaystyle = \frac{1}{n}\left(\frac{n(n+1)}{2}\right) + 2n$

(formule 1, où $k = n$, et théorème 3.4)

$\displaystyle = \frac{5n+1}{2}$

**5.** a) $N(n) = 2n - 1$

b) En effectuant $\dfrac{200\ \text{cm}}{4\ \text{cm}}$, nous obtenons 50 rangées,

d'où $T = \displaystyle\sum_{n=1}^{50} (2n - 1)$

c) $T = \displaystyle\sum_{n=1}^{50} (2n - 1) = 2\left(\sum_{n=1}^{50} n\right) - \sum_{n=1}^{50} 1$

$\displaystyle = 2\frac{(50)(51)}{2} - 50$

$= 2500$

d'où $T = 2500$ cubes.

**6.** $\displaystyle\sum_{i=1}^{k} i^2 = \sum_{i=1}^{k} (i-1)^2 + k^2$

$\displaystyle = \sum_{i=1}^{k} (i^2 - 2i + 1) + k^2$

$\displaystyle = \sum_{i=1}^{k} i^2 - 2\sum_{i=1}^{k} i + \sum_{i=1}^{k} 1 + k^2$  (théorèmes 3.1 et 3.2)

ainsi $\displaystyle 2\sum_{i=1}^{k} i = \sum_{i=1}^{k} 1 + k^2$

$= k + k^2$  (théorème 3.4)

$= k(k + 1)$

d'où $\displaystyle\sum_{i=1}^{k} i = \frac{k(k+1)}{2}$

## Exercices 3.2 (page 147)

**1.** a) $\Delta x = \dfrac{(1 - 0)}{5} = \dfrac{1}{5}$

$$0 \quad \frac{1}{5} \quad \frac{2}{5} \quad \frac{3}{5} \quad \frac{4}{5} \quad 1$$

b) $\Delta x = \dfrac{(7 - 2)}{51} = \dfrac{5}{51}$

$$2 \quad \left(2 + \frac{5}{51}\right)\left(2 + \frac{10}{51}\right) \quad \dots \quad \left(2 + \frac{250}{51}\right) \quad 7$$

c) $\Delta x = \dfrac{\frac{3}{2} - (-2)}{10} = \dfrac{7}{20}$

$$-2 \quad \frac{-33}{20} \quad \frac{-26}{20} \quad \dots \quad \frac{23}{20} \quad \frac{3}{2}$$

d) $\Delta x = \dfrac{b - a}{35}$

**2.** a)

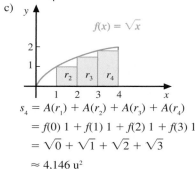

$f(x) = 9 - x^2$

$s_4 = A(r_1) + A(r_2) + A(r_3) + A(r_4)$

$\displaystyle = f\left(\frac{1}{2}\right)\frac{1}{2} + f(1)\frac{1}{2} + f\left(\frac{3}{2}\right)\frac{1}{2} + f(2)\frac{1}{2}$

$\displaystyle = \frac{1}{2}\left[f\left(\frac{1}{2}\right) + f(1) + f\left(\frac{3}{2}\right) + f(2)\right]$

$\displaystyle = \frac{1}{2}\left[\left(9 - \frac{1}{4}\right) + (9 - 1) + \left(9 - \frac{9}{4}\right) + (9 - 4)\right]$

$\displaystyle = \frac{57}{4} = 14{,}25\ \text{u}^2$

b)

$f(x) = 9 - x^2$

$S_4 = A(R_1) + A(R_2) + A(R_3) + A(R_4)$

$\displaystyle = f(0)\frac{1}{2} + f\left(\frac{1}{2}\right)\frac{1}{2} + f(1)\frac{1}{2} + f\left(\frac{3}{2}\right)\frac{1}{2}$

$\displaystyle = \frac{1}{2}\left[9 + \left(9 - \frac{1}{4}\right) + (9 - 1) + \left(9 - \frac{9}{4}\right)\right]$

$\displaystyle = \frac{65}{4} = 16{,}25\ \text{u}^2$

c)

$f(x) = \sqrt{x}$

$s_4 = A(r_1) + A(r_2) + A(r_3) + A(r_4)$

$= f(0)\,1 + f(1)\,1 + f(2)\,1 + f(3)\,1$

$= \sqrt{0} + \sqrt{1} + \sqrt{2} + \sqrt{3}$

$\approx 4{,}146\ \text{u}^2$

d)

$f(x) = \dfrac{1}{x}$

$s_4 = A(r_1) + A(r_2) + A(r_3) + A(r_4)$

$\displaystyle = f\left(\frac{3}{2}\right)\frac{1}{2} + f(2)\frac{1}{2} + f\left(\frac{5}{2}\right)\frac{1}{2} + f(3)\frac{1}{2}$

$\displaystyle = \frac{1}{2}\left[\frac{2}{3} + \frac{1}{2} + \frac{2}{5} + \frac{1}{3}\right] = \frac{57}{60} = 0{,}95\ \text{u}^2$

e)

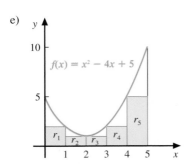

$$s_5 = A(r_1) + A(r_2) + A(r_3) + A(r_4) + A(r_5)$$
$$= f(1)\ 1 + f(2)\ 1 + f(2)\ 1 + f(3)\ 1 + f(4)\ 1$$
$$= 2 + 1 + 1 + 2 + 5$$
$$= 11\ u^2$$

f)

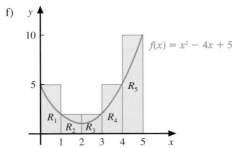

$$S_5 = A(R_1) + A(R_2) + A(R_3) + A(R_4) + A(R_5)$$
$$= f(0)\ 1 + f(1)\ 1 + f(3)\ 1 + f(4)\ 1 + f(5)\ 1$$
$$= 5 + 2 + 2 + 5 + 10$$
$$= 24\ u^2$$

3. a)

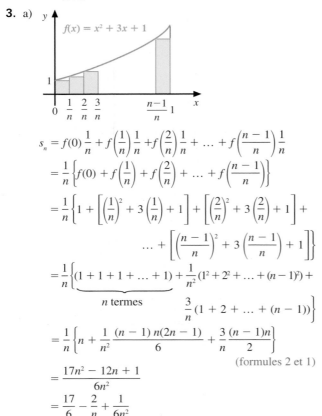

$$s_n = f(0)\frac{1}{n} + f\left(\frac{1}{n}\right)\frac{1}{n} + f\left(\frac{2}{n}\right)\frac{1}{n} + \ldots + f\left(\frac{n-1}{n}\right)\frac{1}{n}$$

$$= \frac{1}{n}\left\{f(0) + f\left(\frac{1}{n}\right) + f\left(\frac{2}{n}\right) + \ldots + f\left(\frac{n-1}{n}\right)\right\}$$

$$= \frac{1}{n}\left\{1 + \left[\left(\frac{1}{n}\right)^2 + 3\left(\frac{1}{n}\right) + 1\right] + \left[\left(\frac{2}{n}\right)^2 + 3\left(\frac{2}{n}\right) + 1\right] + \right.$$
$$\left. \ldots + \left[\left(\frac{n-1}{n}\right)^2 + 3\left(\frac{n-1}{n}\right) + 1\right]\right\}$$

$$= \frac{1}{n}\left\{\underbrace{(1 + 1 + 1 + \ldots + 1)}_{n\ \text{termes}} + \frac{1}{n^2}(1^2 + 2^2 + \ldots + (n-1)^2) + \right.$$
$$\left. \frac{3}{n}(1 + 2 + \ldots + (n-1))\right\}$$

$$= \frac{1}{n}\left\{n + \frac{1}{n^2}\frac{(n-1)\ n(2n-1)}{6} + \frac{3}{n}\frac{(n-1)n}{2}\right\}$$

(formules 2 et 1)

$$= \frac{17n^2 - 12n + 1}{6n^2}$$

$$= \frac{17}{6} - \frac{2}{n} + \frac{1}{6n^2}$$

b)

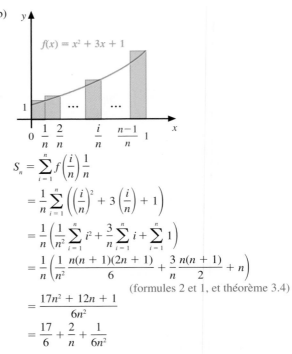

$$S_n = \sum_{i=1}^{n} f\left(\frac{i}{n}\right)\frac{1}{n}$$

$$= \frac{1}{n}\sum_{i=1}^{n}\left(\left(\frac{i}{n}\right)^2 + 3\left(\frac{i}{n}\right) + 1\right)$$

$$= \frac{1}{n}\left(\frac{1}{n^2}\sum_{i=1}^{n} i^2 + \frac{3}{n}\sum_{i=1}^{n} i + \sum_{i=1}^{n} 1\right)$$

$$= \frac{1}{n}\left(\frac{1}{n^2}\frac{n(n+1)(2n+1)}{6} + \frac{3}{n}\frac{n(n+1)}{2} + n\right)$$

(formules 2 et 1, et théorème 3.4)

$$= \frac{17n^2 + 12n + 1}{6n^2}$$

$$= \frac{17}{6} + \frac{2}{n} + \frac{1}{6n^2}$$

c) $e_n \leq S_n - s_n$

$$\leq \left(\frac{17}{6} + \frac{2}{n} + \frac{1}{6n^2}\right) - \left(\frac{17}{6} - \frac{2}{n} + \frac{1}{6n^2}\right)$$

d'où $e_n \leq \dfrac{4}{n}$

$$|E_n| \leq \frac{(b-a)^2 M}{2n}$$

Déterminons $M$ la valeur maximale de $|f'(x)|$ sur $[0, 1]$.
$f(x) = x^2 + 3x + 1$ et $f'(x) = 2x + 3$
Puisque $f'(x)$ est croissante sur $[0, 1]$, $M = |f'(1)| = 5$

Ainsi $|E_n| \leq \dfrac{(1-0)^2 5}{2n}$

d'où $|E_n| \leq \dfrac{5}{2n}$

d) $s = \displaystyle\lim_{n \to +\infty} s_n = \lim_{n \to +\infty}\left(\frac{17}{6} - \frac{2}{n} + \frac{1}{6n^2}\right) = \frac{17}{6}\ u^2$

$S = \displaystyle\lim_{n \to +\infty} S_n = \frac{17}{6}\ u^2$

e) $A_0^1 = \dfrac{17}{6}\ u^2$   (car $s = S$)

4. a) Laissée à l'élève.      b) Laissée à l'élève.

c) $s = \displaystyle\lim_{n \to +\infty} s_n = \frac{7}{3}$ et $S = \lim_{n \to +\infty} S_n = \frac{7}{3}$; puisque $s = S$,
nous avons $A_1^2 = \dfrac{7}{3}\ u^2$.

5. a)
```
> f:=x->sin(x);
          f := sin (x)
> with(student):
> leftbox(f(x),x=0..Pi/2,3);
```

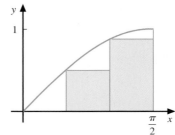

```
> sn:=n->evalf(leftsum(f(x),x=0..Pi/2,n)):
> sn(3);
                .7152492291
> leftbox(f(x),x=0..Pi/2,10);
```

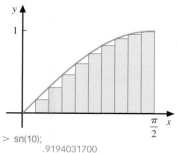

```
> sn(10);
                .9194031700
```

b) ```> sn(100);
                .9921254565```

c) ```> rightbox(f(x),x=0..Pi/2,3);```

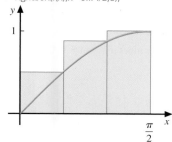

```
> Sn:=n->evalf(rightsum(f(x),x=0..Pi/2,n)):
> Sn(3);
                1.238848005
> rightbox(f(x),x=0..Pi/2,10);
```

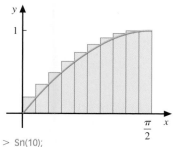

```
> Sn(10);
                1.076482803
```

d) ```> Sn(100);
                1.007833420```

e) ```> s:=limit(sn(n),n=infinity);
                s:= .9999999999
> S:=limit(Sn(n),n=infinity);
                S:= .9999999999```

f) D'où $A_0^{\frac{\pi}{2}} = 1$

## Exercices 3.3 (page 153)

**1.** a) $SR_5 = (-4)2 + (-6)2 + (-5)3 + (-4)1 + (-2)2 = -43$

b) $SR_6 = f(1,5)1 + f(2,5)1 + f(3,5)1 + f(4,5)1 + f(5,5)1 + f(6,5)1$
$= -2,5 - 1,5 - 0,5 + 0,5 + 1,5 + 2,5$
$= 0$

**2.** a) $SR = f(0)\,0,6 + f(0,6)\,0,2 + f(0,8)\,0,4 + f(1,2)\,0,5 + f(1,7)\,0,3 = -0,985$

b) $SR = f(0,6)\,0,6 + f(0,8)\,0,2 + f(1,2)\,0,4 + f(1,7)\,0,5 + f(2)\,0,3 = 1,965$

c) $SR = f(0,3)\,0,6 + f(0,7)\,0,2 + f(1)\,0,4 + f(1,45)\,0,5 + f(1,85)\,0,3 = 0,63$

**3.** a) Soit $P$ une partition quelconque de $[a, b]$.

$$\int_a^b c\,dx = \lim_{(\max \Delta x_i)\to 0} \sum_{i=1}^n c\,\Delta x_i \qquad (f(x) = c)$$

$$= \lim_{(\max \Delta x_i)\to 0} c \sum_{i=1}^n \Delta x_i$$

$$= \lim_{(\max \Delta x_i)\to 0} c(b-a) \qquad \left(\sum_{i=1}^n \Delta x_i = b - a\right)$$

$$= c(b-a)$$

b) i) $\displaystyle\int_{-1}^4 \frac{1}{2}\,dx = \frac{1}{2}(4 - (-1)) = \frac{5}{2}$

ii) $\displaystyle\int_{-10}^{-1} (-3)\,dx = -3(-1 - (-10)) = -27$

**4.** a) $SR_n = \displaystyle\sum_{i=1}^n f(c_i)\,\Delta x_i$, où $c_i = \dfrac{x_{i-1} + x_i}{2}$

$= f(c_1)\,\Delta x_1 + f(c_2)\,\Delta x_2 + \ldots + f(c_n)\,\Delta x_n$

$= \left(\dfrac{x_1 + x_0}{2}\right)(x_1 - x_0) + \left(\dfrac{x_2 + x_1}{2}\right)(x_2 - x_1) + \ldots$

$\qquad\qquad + \left(\dfrac{x_n - x_{n-1}}{2}\right)(x_n - x_{n-1})$

$= \dfrac{1}{2}\left[x_1^2 - x_0^2 + x_2^2 - x_1^2 + \ldots + x_n^2 - x_{n-1}^2\right]$

$= \dfrac{1}{2}\left[x_n^2 - x_0^2\right]$

$= \dfrac{b^2 - a^2}{2} \qquad (x_0 = a \text{ et } x_n = b)$

b) $\displaystyle\int_a^b x\,dx = \lim_{(\max \Delta x_i)\to 0} \frac{b^2 - a^2}{2} = \frac{b^2 - a^2}{2}$

c) i) $\displaystyle\int_2^9 x\,dx = \frac{9^2 - 2^2}{2} = \frac{77}{2}$

ii) $\displaystyle\int_{-4}^1 x\,dx = \frac{1^2 - (-4)^2}{2} = \frac{-15}{2}$

iii) $\displaystyle\int_{-3}^3 x\,dx = \frac{3^2 - (-3)^2}{2} = 0$

d) L'intégrale définie correspond à l'aire comprise entre la courbe $f(x) = x$, l'axe des $x$, la droite $x = a$ et la droite $x = b$.

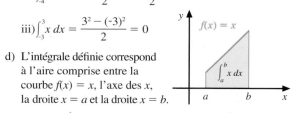

**5.** a) Soit $P = \left\{0, \dfrac{2}{n}, 2\left(\dfrac{2}{n}\right), 3\left(\dfrac{2}{n}\right), \ldots, i\left(\dfrac{2}{n}\right), \ldots, 2\right\}$, $c_i = \dfrac{2i}{n}$

$$\text{et } \Delta x_i = \frac{2}{n}$$

$\displaystyle\int_0^2 (x + 2x^3)\,dx = \lim_{(\max \Delta x_i)\to 0} \sum_{i=1}^n f(c_i)\,\Delta x_i$

$= \displaystyle\lim_{n\to +\infty} \sum_{i=1}^n \left(\frac{2i}{n} + 2\left(\frac{2i}{n}\right)^3\right)\frac{2}{n}$

$= \displaystyle\lim_{n\to +\infty} \frac{2}{n}\left(\frac{2}{n}\sum_{i=1}^n i + \frac{16}{n^3}\sum_{i=1}^n i^3\right)$

$= \displaystyle\lim_{n\to +\infty} \frac{2}{n}\left(\frac{2}{n}\,\frac{n(n+1)}{2} + \frac{16}{n^3}\,\frac{n^2(n+1)^2}{4}\right)$

$= \displaystyle\lim_{n\to +\infty} \left(\frac{2(n+1)}{n} + \frac{8(n+1)^2}{n^2}\right)$

$= \displaystyle\lim_{n\to +\infty} \left(2 + \frac{2}{n} + 8 + \frac{16}{n} + \frac{8}{n^2}\right)$

$= 10$

b) Soit $P = \left\{0, \dfrac{1}{n}, \dfrac{2}{n}, \dfrac{3}{n}, \ldots, \dfrac{i}{n}, \ldots, \dfrac{n-1}{n}, 1\right\}$, $c_i = \dfrac{i}{n}$ et $\Delta x_i = \dfrac{1}{n}$

$$\int_0^1 (x^4 - 1)\, dx = \lim_{(\max \Delta x_i) \to 0} \sum_{i=1}^{n} f(c_i)\, \Delta x_i$$

$$= \lim_{n \to +\infty} \sum_{i=1}^{n} \left(\left(\dfrac{i}{n}\right)^4 - 1\right) \dfrac{1}{n}$$

$$= \lim_{n \to +\infty} \dfrac{1}{n} \left(\dfrac{1}{n^4} \sum_{i=1}^{n} i^4 - \sum_{i=1}^{n} 1\right)$$

$$= \lim_{n \to +\infty} \dfrac{1}{n} \left(\dfrac{1}{n^4} \left(\dfrac{n^5}{5} + \dfrac{n^4}{2} + \dfrac{n^3}{3} - \dfrac{n}{30}\right) - n\right)$$

$$= \lim_{n \to +\infty} \left(\dfrac{1}{5} + \dfrac{1}{2n} + \dfrac{1}{3n^2} - \dfrac{1}{30n^4} - 1\right)$$

$$= \dfrac{-4}{5}$$

**6.** a) $\int_3^9 f(x)\, dx = \int_3^5 f(x)\, dx + \int_5^9 f(x)\, dx = -6 + 8 = 2$

b) $\int_9^3 f(x)\, dx = -\int_3^9 f(x)\, dx = -2$

c) $\int_0^9 f(x)\, dx = \int_0^3 f(x)\, dx + \int_3^5 f(x)\, dx + \int_5^9 f(x)\, dx = 5 + (-6) + 8 = 7$

**7.** a) $\int_2^2 8\, f(x)\, dx = 0$ \qquad (définition 3.7)

b) $\int_5^2 4\, g(x)\, dx = -4 \int_2^5 g(x)\, dx = -4(3) = -12$

c) $\int_2^5 [f(x) + g(x)]\, dx = \int_2^5 f(x)\, dx + \int_2^5 g(x)\, dx = 4 + 3 = 7$

d) $\int_2^5 [5\, g(x) - 2 f(x)]\, dx = 5 \int_2^5 g(x)\, dx - 2 \int_2^5 f(x)\, dx = 5(3) - 2(4) = 7$

## Exercices 3.4 (page 160)

**1.** a) $\left(x - \dfrac{2}{3} x^{\frac{3}{2}}\right)\Big|_1^4 = \left(\dfrac{-4}{3}\right) - \dfrac{1}{3} = \dfrac{-5}{3}$

b) $(-2 \cos \theta)\Big|_{\frac{-\pi}{2}}^{\frac{\pi}{2}} = \left(-2 \cos \dfrac{\pi}{2}\right) - \left(-2 \cos \dfrac{-\pi}{2}\right) = 0 - 0 = 0$

c) $(3 \ln |t|)\Big|_1^e = 3 \ln e - 3 \ln 1 = 3$

d) $\text{Arc tan } x\Big|_{-1}^1 = \text{Arc tan } 1 - \text{Arc tan }(-1) = \dfrac{\pi}{4} - \left(\dfrac{-\pi}{4}\right) = \dfrac{\pi}{2}$

e) $\sec u\Big|_{\frac{-\pi}{3}}^0 = \sec 0 - \sec \left(\dfrac{-\pi}{3}\right) = -1$

f) $\left(2e^x + \dfrac{x}{2}\right)\Big|_{-1}^2 = (2e^2 + 1) - \left(2e^{-1} - \dfrac{1}{2}\right) = 2e^2 - \dfrac{2}{e} + \dfrac{3}{2}$

g) $\left(\dfrac{x^4}{4} + \dfrac{3^x}{\ln 3}\right)\Big|_0^2 = \left(4 + \dfrac{9}{\ln 3}\right) - \dfrac{1}{\ln 3} = 4 + \dfrac{8}{\ln 3}$

h) $\tan \theta\Big|_{\frac{-\pi}{5}}^{\frac{\pi}{5}} = \tan \left(\dfrac{\pi}{5}\right) - \tan \left(\dfrac{-\pi}{5}\right) \approx 1{,}453\ldots$

i) $(-2 \text{ Arc sin } x)\Big|_0^{\frac{1}{2}} = -2 \text{ Arc sin }\left(\dfrac{1}{2}\right) - (-2 \text{ Arc sin } 0) = \dfrac{-\pi}{3}$

j) $\left(\dfrac{-1}{x^2} - 6x^{\frac{2}{3}}\right)\Big|_1^8 = \left(\dfrac{-1}{64} - 24\right) - (-1 - 6) = \dfrac{-1089}{64}$

**2.** a) Première méthode (sans changer les bornes) :

$$u = 3 + 5x; \int \dfrac{1}{3 + 5x}\, dx = \dfrac{1}{5} \ln |3 + 5x| + C;$$

$$\int_2^4 \dfrac{1}{3 + 5x}\, dx = \dfrac{1}{5} \ln (3 + 5x)\Big|_2^4 = \dfrac{1}{5} \ln 23 - \dfrac{1}{5} \ln 13$$

$$= \dfrac{1}{5} \ln \dfrac{23}{13}$$

Deuxième méthode (en changeant les bornes) :

$u = 3 + 5x$ ; si $x = 2$, alors $u = 13$ et si $x = 4$, alors $u = 23$

$$\int_2^4 \dfrac{1}{3 + 5x}\, dx = \int_{13}^{23} \dfrac{1}{5u}\, du = \dfrac{1}{5} \ln |u|\Big|_{13}^{23} = \dfrac{1}{5} \ln \dfrac{23}{13}$$

b) Première méthode (sans changer les bornes) :

$$u = \tan 3\theta; \int \tan^2 3\theta \sec^2 3\theta\, d\theta = \dfrac{\tan^3 3\theta}{9} + C;$$

$$\int_0^{\frac{\pi}{12}} \tan^2 3\theta \sec^2 3\theta\, d\theta = \dfrac{\tan^3 3\theta}{9}\Big|_0^{\frac{\pi}{12}}$$

$$= \dfrac{\tan^3 \left(\dfrac{\pi}{4}\right)}{9} - \dfrac{\tan^3 (0)}{9} = \dfrac{1}{9}$$

Deuxième méthode (en changeant les bornes) :

$u = \tan 3\theta$ ; si $\theta = 0$, alors $u = \tan 0 = 0$ et si $\theta = \dfrac{\pi}{12}$,

alors $u = \tan \left(\dfrac{\pi}{4}\right) = 1$

$$\int_0^{\frac{\pi}{12}} \tan^2 3\theta \sec^2 3\theta\, d\theta = \int_0^1 \dfrac{u^2}{3}\, du = \dfrac{u^3}{9}\Big|_0^1 = \dfrac{1}{9}$$

**3.** a) $\dfrac{-78}{7}$ \qquad h) $u = \sin \varphi; \dfrac{\pi}{2}$

b) $u = x^3 - 1; \dfrac{32}{15}$ \qquad i) $u = 2 + \sin \theta; 0$

c) $u = 2t; 0$ \qquad j) $u = 1 + \sqrt{x}; \dfrac{7}{144}$

d) $24 + \ln 3$ \qquad k) $u = \text{Arc sin } x; \dfrac{\pi^2}{9}$

e) $u = \tan \theta; 1 - \dfrac{\sqrt{3}}{3}$ \qquad l) $u = \tan 3\theta; \dfrac{e-1}{3}$

f) $\ln (1 + \sqrt{2})$ \qquad m) $\ln \sqrt{2}$

g) $u = \ln x; \ln 4$ \qquad n) Division et $u = x^2 + 1; 3 + \dfrac{\pi}{4} + \ln 2$

**4.** a) $\exists\, c \in [2, 8]$ tel que

$$\int_2^8 f(x)\, dx = f(c)\, (8 - 2)$$

$$\int_2^8 x^3\, dx = c^3\, (6)$$

$$\dfrac{x^4}{4}\Big|_2^8 = 6c^3$$

$$1020 = 6c^3$$

d'où $c = \sqrt[3]{170}$

b) $\exists\, c \in [2, 6]$ tel que

$$\int_2^6 \dfrac{1}{x}\, dx = \dfrac{1}{c}\, (6 - 2)$$

$$\ln |x|\Big|_2^6 = \dfrac{4}{c}$$

$$\ln 6 - \ln 2 = \dfrac{4}{c}$$

d'où $c = \dfrac{4}{\ln 3}$

c) $\exists\, c \in [-8, 1]$ tel que

$$\int_{-8}^1 x^{\frac{1}{3}}\, dx = \sqrt[3]{c}\, (1 - (-8))$$

$$\dfrac{3}{4} x^{\frac{4}{3}}\Big|_{-8}^1 = 9\sqrt[3]{c}$$

$$\dfrac{3}{4} - 12 = 9\sqrt[3]{c}$$

$$\dfrac{-45}{36} = \sqrt[3]{c}$$

d'où $c = \dfrac{-125}{64}$

**5.** a) $F'(x) = \sec^3 x$

b) $F'(x) = -\ln x$

c) $\dfrac{d}{dx}\left[\displaystyle\int_1^x \dfrac{d}{dt}\,(te^t)\,dt\right] = \dfrac{d}{dx}\left[\displaystyle\int_1^x (e^t + te^t)\,dt\right] = e^x + xe^x$

**6.** a) $F(x) = \sin x - 1\,;\ F'(x) = \cos x$

b) $F(x) = \dfrac{e^{2x}}{2} - \dfrac{e^2}{2}\,;\ F'(x) = e^{2x}$

c) $F(x) = \ln x\,;\ F'(x) = \dfrac{1}{x}$

d) $F(x) = -x^3 + 2x^2 - 5x + 52\,;\ F'(x) = -3x^2 + 4x - 5$

**7.** a) Puisque $|x - 3| = \begin{cases} x - 3 & \text{si}\quad x \ge 3 \\ 3 - x & \text{si}\quad x < 3 \end{cases}$

$$\int_{-1}^{5} |x - 3|\,dx = \int_{-1}^{3} |x - 3|\,dx + \int_{3}^{5} |x - 3|\,dx$$

$$= \int_{-1}^{3} (3 - x)\,dx + \int_{3}^{5} (x - 3)\,dx$$

$$= \left(3x - \dfrac{x^2}{2}\right)\Big|_{-1}^{3} + \left(\dfrac{x^2}{2} - 3x\right)\Big|_{3}^{5}$$

$$= \left[\dfrac{9}{2} - \left(\dfrac{-7}{2}\right)\right] + \left[\dfrac{-5}{2} - \left(\dfrac{-9}{2}\right)\right] = 10$$

b) Puisque $|1 - x^2| = \begin{cases} 1 - x^2 & \text{si}\quad -1 \le x \le 1 \\ x^2 - 1 & \text{si}\quad x < -1 \text{ ou } x > 1 \end{cases}$

$$\int_{-2}^{3} |1 - x^2|\,dx = \int_{-2}^{-1} (x^2 - 1)\,dx + \int_{-1}^{1} (1 - x^2)\,dx + \int_{1}^{3} (x^2 - 1)\,dx$$

$$= \left(\dfrac{x^3}{3} - x\right)\Big|_{-2}^{-1} + \left(x - \dfrac{x^3}{3}\right)\Big|_{-1}^{1} + \left(\dfrac{x^3}{3} - x\right)\Big|_{1}^{3}$$

$$= \dfrac{4}{3} + \dfrac{4}{3} + \dfrac{20}{3} = \dfrac{28}{3}$$

**8.** Soit $F(x)$ une primitive de $f(x)$.

a) $\displaystyle\int_a^a f(x)\,dx = F(x)\Big|_a^a$   (théorème fondamental du calcul)

$= F(a) - F(a)$

$= 0$

b) $\displaystyle\int_a^b f(x)\,dx = F(x)\Big|_a^b$   (théorème fondamental du calcul)

$= F(b) - F(a)$

$= -(F(a) - F(b))$

$= -\displaystyle\int_b^a f(x)\,dx$   (théorème fondamental du calcul)

c) $\displaystyle\int_a^c f(x)\,dx + \int_c^b f(x)\,dx = [F(c) - F(a)] + [F(b) - F(c)]$

(théorème fondamental du calcul)

$= F(b) - F(a)$

$= \displaystyle\int_a^b f(x)\,dx$

(théorème fondamental du calcul)

d) $k\,F(x)$ est une primitive de $k\,f(x)$, d'où

$\displaystyle\int_a^b k\,f(x)\,dx = (k\,F(x))\Big|_a^b$  (théorème fondamental du calcul)

$= k\,F(b) - k\,F(a)$

$= k\,[F(b) - F(a)]$

$= k\left[F(x)\Big|_a^b\right]$

$= k\displaystyle\int_a^b f(x)\,dx$   (théorème fondamental du calcul)

---

## Exercices 3.5 (page 169)

**1.** a)

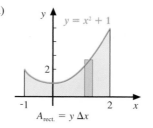

$A_{-1}^2 = \displaystyle\int_{-1}^{2} (x^2 + 1)\,dx$

$= \left(\dfrac{x^3}{3} + x\right)\Big|_{-1}^{2}$

$= 6\ \text{u}^2$

b)

$A_0^1 = \displaystyle\int_0^1 e^x\,dx$

$= e^x\Big|_0^1$

$= (e - 1) \approx 1{,}718\ \text{u}^2$

c)

$A_0^9 = \displaystyle\int_0^9 \sqrt{x}\,dx$

$= \dfrac{2}{3}x^{\frac{3}{2}}\Big|_0^9 = 18\ \text{u}^2$

d)

$A_0^3 = \displaystyle\int_0^3 y^2\,dy$

$= \dfrac{y^3}{3}\Big|_0^3 = 9\ \text{u}^2$

e)

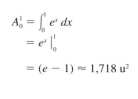

$A_{-1}^2 = \displaystyle\int_{-1}^{2} (9 - y^2)\,dy$

$= \left(9y - \dfrac{y^3}{3}\right)\Big|_{-1}^{2}$

$= 24\ \text{u}^2$

f)

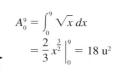

$A_{-1}^1 = \displaystyle\int_{-1}^{1} \dfrac{1}{1 + x^2}\,dx$

$= \text{Arc tan } x\,\Big|_{-1}^{1}$

$= \dfrac{\pi}{2}\ \text{u}^2$

**2.** a) $f(x) = 0$ si $x = 0$ ou $x = 6$

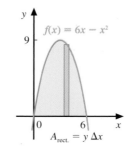

$A_0^6 = \displaystyle\int_0^6 (6x - x^2)\,dx$

$= \left(3x^2 - \dfrac{x^3}{3}\right)\Big|_0^6$

$= 36\ \text{u}^2$

b) $f(x) = 0$ si $x = 0$, 2 ou 4

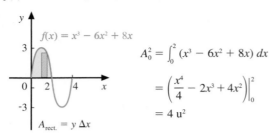

$A_0^2 = \int_0^2 (x^3 - 6x^2 + 8x)\, dx$

$= \left(\dfrac{x^4}{4} - 2x^3 + 4x^2\right)\Big|_0^2$

$= 4\ u^2$

c) $f(x) = 0$ si $x = \dfrac{-\pi}{2}$ ou $x = \dfrac{\pi}{2}$

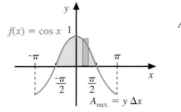

$A_{\frac{-\pi}{2}}^{\frac{\pi}{2}} = \int_{\frac{-\pi}{2}}^{\frac{\pi}{2}} \cos x\, dx$

$= \sin x\ \Big|_{\frac{-\pi}{2}}^{\frac{\pi}{2}}$

$= 2\ u^2$

**3. a)** $x = 0$ si $y = -1$ ou $y = 3$

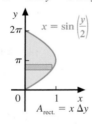

$A_{-1}^3 = \int_{-1}^3 (0 - (y^2 - 2y - 3))\, dy$

$= \left(\dfrac{-y^3}{3} + y^2 + 3y\right)\Big|_{-1}^3$

$= \dfrac{32}{3}\ u^2$

b) $x = 0$ si $y = 0$ ou $y = 2\pi$

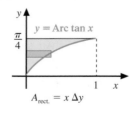

$A_0^{2\pi} = \int_0^{2\pi} \sin\left(\dfrac{y}{2}\right) dy$

$= -2\cos\left(\dfrac{y}{2}\right)\Big|_0^{2\pi}$

$= 4\ u^2$

c) $y = \operatorname{Arc\,tan} x$, ainsi $x = \tan y$

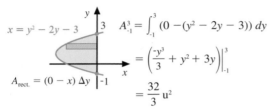

si $x = 0$, $y = 0$ et
si $x = 1$, $y = \dfrac{\pi}{4}$

$A_0^{\frac{\pi}{4}} = \int_0^{\frac{\pi}{4}} \tan y\, dy$

$= -\ln |\cos y|\ \Big|_0^{\frac{\pi}{4}}$

$= \ln \sqrt{2}\ u^2$

**4.** $A = \int_a^c (f(x) - g(x))\, dx + \int_c^d (g(x) - f(x))\, dx +$

$\int_d^e (f(x) - g(x))\, dx + \int_e^b (f(x) - g(x))\, dx$

**5. a)** $f(x) = g(x)$ si $x = -1$ ou $x = 4$

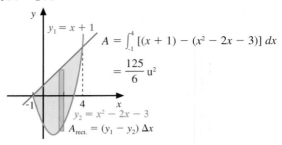

$A = \int_{-1}^4 [(x+1) - (x^2 - 2x - 3)]\, dx$

$= \dfrac{125}{6}\ u^2$

b) $x_1 = x_2$ si $y = 4$ ou $y = -2$

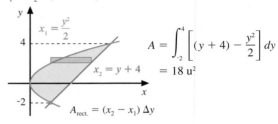

$A = \int_{-2}^4 \left[(y + 4) - \dfrac{y^2}{2}\right] dy$

$= 18\ u^2$

c) $y_1 = y_2$ si $x = -3$ ou $x = 3$

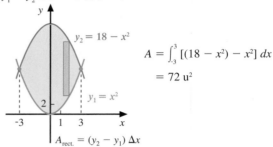

$A = \int_{-3}^3 [(18 - x^2) - x^2]\, dx$

$= 72\ u^2$

d) $x_1 = x_2$ si $y = -1$ ou $y = 1$

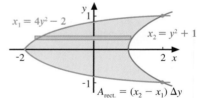

$A = \int_{-1}^1 [(y^2 + 1) - (4y^2 - 2)]\, dy = 4\ u^2$

e) $y_1 = y_2$ si $x = 0$, 2 ou 4

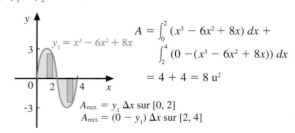

$A = \int_0^2 (x^3 - 6x^2 + 8x)\, dx +$

$\int_2^4 (0 - (x^3 - 6x^2 + 8x))\, dx$

$= 4 + 4 = 8\ u^2$

$A_{\text{rect.}} = y_1\,\Delta x$ sur $[0, 2]$
$A_{\text{rect.}} = (0 - y_1)\,\Delta x$ sur $[2, 4]$

f) $x_1 = x_2$ si $y = -2$, $y = 0$ ou $y = 2$

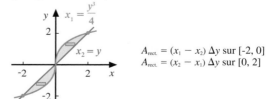

$A_{\text{rect.}} = (x_1 - x_2)\,\Delta y$ sur $[-2, 0]$
$A_{\text{rect.}} = (x_2 - x_1)\,\Delta y$ sur $[0, 2]$

$$A = \int_{-2}^{0}\left(\frac{y^3}{4} - y\right)dy + \int_{0}^{2}\left(y - \frac{y^3}{4}\right)dy = 1 + 1 = 2\ u^2$$

**6.** a) $x_1 = x_2$ si $y = -1$ ou $y = 2$

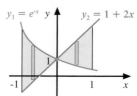

$x_2 = y^2 + y - 2$   $x_1 = 2y$

$A_{rect.} = (x_2 - x_1)\,\Delta y$ sur $[-3, -1]$
$A_{rect.} = (x_1 - x_2)\,\Delta y$ sur $[-1, 2]$
$A_{rect.} = (x_2 - x_1)\,\Delta y$ sur $[2, 3]$

$$A = \int_{-3}^{-1}(y^2 - y - 2)\,dy + \int_{-1}^{2}(y - y^2 + 2)\,dy + \int_{2}^{3}(y^2 - y - 2)\,dy$$

$$= \frac{26}{3} + \frac{9}{2} + \frac{11}{6} = 15\ u^2$$

b) $f(x) = g(x)$ si $x = 0$

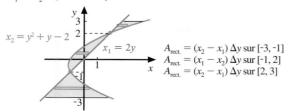

$y_1 = e^{-x}$    $y_2 = 1 + 2x$

$A_{rect.} = (y_1 - y_2)\,\Delta x$ sur $[-1, 0]$
$A_{rect.} = (y_2 - y_1)\,\Delta x$ sur $[0, 1]$

$$A = \int_{-1}^{0}[e^{-x} - (1 + 2x)]\,dx + \int_{0}^{1}[(1 + 2x) - e^{-x}]\,dx$$

$$= (e - 1) + \left(1 + \frac{1}{e}\right) = \left(e + \frac{1}{e}\right)u^2$$

c) $y_1 = y_2$ si $x = 1$, car $1 \in [0, 2]$

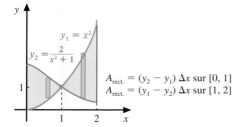

$y_1 = x^2$
$y_2 = \dfrac{2}{x^2 + 1}$

$A_{rect.} = (y_2 - y_1)\,\Delta x$ sur $[0, 1]$
$A_{rect.} = (y_1 - y_2)\,\Delta x$ sur $[1, 2]$

$$A = \int_{0}^{1}\left(\frac{2}{1 + x^2} - x^2\right)dx + \int_{1}^{2}\left(x^2 - \frac{2}{1 + x^2}\right)dx$$

$$= \left(\frac{\pi}{2} - \frac{1}{3}\right) + \left(\frac{7}{3} - 2\,\text{Arc tan } 2 + \frac{\pi}{2}\right)$$

$$= 2 + \pi - 2\,\text{Arc tan } 2 \approx 2{,}93\ u^2$$

d) $y_1 = y_2$ si $x = \dfrac{\pi}{4}$, car $\dfrac{\pi}{4} \in [0, \pi]$

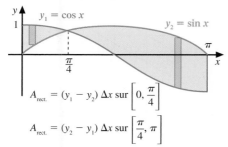

$y_1 = \cos x$     $y_2 = \sin x$

$A_{rect.} = (y_1 - y_2)\,\Delta x$ sur $\left[0, \dfrac{\pi}{4}\right]$

$A_{rect.} = (y_2 - y_1)\,\Delta x$ sur $\left[\dfrac{\pi}{4}, \pi\right]$

$$A = \int_{0}^{\frac{\pi}{4}}(\cos x - \sin x)\,dx + \int_{\frac{\pi}{4}}^{\pi}(\sin x - \cos x)\,dx$$

$$= (\sin x + \cos x)\Big|_{0}^{\frac{\pi}{4}} + (-\cos x - \sin x)\Big|_{\frac{\pi}{4}}^{\pi}$$

$$= \left[\left(\frac{\sqrt{2}}{2} + \frac{\sqrt{2}}{2}\right) - (1)\right] + \left[(1) - \left(\frac{-\sqrt{2}}{2} - \frac{\sqrt{2}}{2}\right)\right]$$

$$= 2\sqrt{2}\ u^2$$

e) $y_1 = y_2$ si $x = 2$

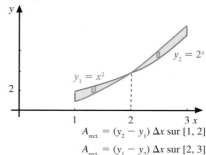

$y_2 = 2^x$

$y_1 = x^2$

$A_{rect.} = (y_2 - y_1)\,\Delta x$ sur $[1, 2]$

$A_{rect.} = (y_1 - y_2)\,\Delta x$ sur $[2, 3]$

$$A = \int_{1}^{2}(2^x - x^2)\,dx + \int_{2}^{3}(x^2 - 2^x)\,dx$$

$$= \left(\frac{2}{\ln 2} - \frac{7}{3}\right) + \left(\frac{19}{3} - \frac{4}{\ln 2}\right) = \left(4 - \frac{2}{\ln 2}\right)u^2$$

**7.** a) $y_1 = y_2$ si $x = 1$

$A_{rect.} = y_1\,\Delta x$ sur $[0, 1]$ et $A_{rect.} = y_2\,\Delta x$ sur $[1, e]$

$$A = \int_{0}^{1}x^2\,dx + \int_{1}^{e}\frac{1}{x}\,dx$$

$$= \frac{x^3}{3}\Big|_{0}^{1} + \ln|x|\Big|_{1}^{e} = \frac{4}{3}\ u^2$$

b) $y_1 = y_2$ si $x = 4$; $y_1 = 0$ si $x = 0$; $y_2 = 0$ si $x = 8$

$A_{rect.} = y_1\,\Delta x$ sur $[0, 4]$ et $A_{rect.} = y_2\,\Delta x$ sur $[4, 8]$

$$A = \int_{0}^{4}\sqrt{x}\,dx + \int_{4}^{8}\sqrt{8 - x}\,dx$$

$$= \frac{2}{3}x^{\frac{3}{2}}\Big|_{0}^{4} + \left(\frac{-2}{3}(8 - x)^{\frac{3}{2}}\Big|_{4}^{8}\right) = \frac{16}{3} + \frac{16}{3} = \frac{32}{3}\ u^2$$

c) $A_{rect.} = (y_2 - y_1)\,\Delta x$

$$A = \int_{0}^{4}(\sqrt{8 - x} - \sqrt{x})\,dx = \frac{32}{3}(\sqrt{2} - 1)\ u^2$$

d) Pour $A_1$, $A_{rect.} = y\,\Delta x$

$$A_1 = \int_{1}^{2}\frac{1}{x^2}\,dx = \frac{-1}{x}\Big|_{1}^{2} = \frac{1}{2}\ u^2$$

Pour $A_2$, $A_{rect.} = x\,\Delta y$

$$A_2 = \int_{1}^{2}\frac{1}{\sqrt{y}}\,dy = 2\sqrt{y}\Big|_{1}^{2} = 2(\sqrt{2} - 1)\ u^2$$

**8.** $A_4 = \int_{0}^{1}x^3\,dx = \frac{x^4}{4}\Big|_{0}^{1} = \frac{1}{4}\ u^2$

$A_3 = $ aire du triangle $- A_4 = \frac{1}{2} - \frac{1}{4} = \frac{1}{4}\ u^2$

$A_2 = \int_{0}^{1}\sqrt[3]{x}\,dx - $ aire du triangle

$$= \frac{3}{4}x^{\frac{4}{3}}\Big|_{0}^{1} - \frac{1}{2} = \frac{3}{4} - \frac{1}{2} = \frac{1}{4}\ u^2$$

$A_1 = $ aire du carré $- (A_2 + A_3 + A_4) = 1 - \frac{3}{4} = \frac{1}{4}\ u^2$

3

**9.** $A_1$ = aire du triangle $= \dfrac{a \cdot a^2}{2} = \dfrac{a^3}{2}$ u$^2$

$A_2$ = aire du triangle inférieur $- \displaystyle\int_0^a x^2\, dx$

$= \dfrac{a^3}{2} - \dfrac{x^3}{3}\Big|_0^a = \dfrac{a^3}{2} - \dfrac{a^3}{3} = \dfrac{a^3}{6}$ u$^2$

d'où $A_1 = 3A_2$, pour tout $a > 0$

**10.** a) $A_1 + A_2 = 3(6-1) = 15$ u$^2$   (aire du rectangle)

$\left(\dfrac{(a)(1) + (a)(6)}{2}\right)(6-1) = \dfrac{15}{2}$   (aire du trapèze inférieur)

$$7a(5) = 15$$

d'où $a = \dfrac{3}{7}$

b) $\displaystyle\int_1^6 ax\, dx = \dfrac{1}{2}\int_1^6 3\, dx$

$\dfrac{ax^2}{2}\Big|_1^6 = \dfrac{1}{2}(3x)\Big|_1^6$

$\dfrac{35a}{2} = \dfrac{15}{2}$

d'où $a = \dfrac{3}{7}$

**11.** $\displaystyle\int_1^4 a\sqrt{x}\, dx = \dfrac{1}{2}\int_1^4 \left(\dfrac{x^2}{2} + 4\right) dx$

$\dfrac{2ax^{\frac{3}{2}}}{3}\Big|_1^4 = \dfrac{1}{2}\left(\dfrac{x^3}{6} + 4x\right)\Big|_1^4$

$\dfrac{14a}{3} = \dfrac{1}{2}\left(\dfrac{45}{2}\right)$

d'où $a = \dfrac{135}{56}$

**12.** $A_1 = \displaystyle\int_1^4 \dfrac{1}{x}\, dx = \ln|x|\Big|_1^4 = \ln 4$

$A_2 = \displaystyle\int_4^9 \dfrac{1}{x}\, dx = \ln|x|\Big|_4^9 = \ln 9 - \ln 4$

a)     $A_3 = 2A_1 + A_2$

$\displaystyle\int_1^a \dfrac{1}{x}\, dx = 2\ln 4 + \ln 9 - \ln 4$

$\ln a = \ln(4 \times 9)$

d'où $a = 36$

b)     $A_3 = A_2$

$\ln a = \ln 9 - \ln 4$

$\ln a = \ln\left(\dfrac{9}{4}\right)$

d'où $a = \dfrac{9}{4}$

c)     $4A_3 = 2A_1 + A_2$

$4\ln a = \ln 36$

$\ln a = \dfrac{1}{4}\ln 36$

$\ln a = \ln 36^{\frac{1}{4}}$

d'où $a = \sqrt[4]{36}$

**13.** a) $\displaystyle\int_1^4 \dfrac{1}{t}\, dt = \ln 4$

ln 4 correspond à l'aire de la région fermée délimitée par $y = \dfrac{1}{t}$, $y = 0$, $t = 1$ et $t = 4$.

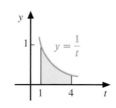

b) $\ln 8 = \displaystyle\int_1^8 \dfrac{1}{t}\, dt$

ln 8 correspond à l'aire de la région fermée délimitée par $y = \dfrac{1}{t}$, $y = 0$, $t = 1$ et $t = 8$.

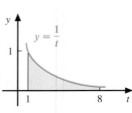

c) $\ln \dfrac{1}{2} = \displaystyle\int_1^{\frac{1}{2}} \dfrac{1}{t}\, dt = -\int_{\frac{1}{2}}^1 \dfrac{1}{t}\, dt$

$\ln \dfrac{1}{2}$ correspond à l'opposé de l'aire de la région fermée délimitée par $y = \dfrac{1}{t}$, $y = 0$, $t = \dfrac{1}{2}$ et $t = 1$.

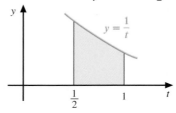

d) $\ln x = \displaystyle\int_1^x \dfrac{1}{t}\, dt$

## Exercices 3.6 (page 184)

**1.** a) $v(t) = \dfrac{10t}{3}$; $d_{[2\,s,\,6\,s]} = \displaystyle\int_2^6 v(t)\, dt$

Méthode 1   $d_{[2\,s,\,6\,s]} = \displaystyle\int_2^6 \dfrac{10t}{3}\, dt = \dfrac{5t^2}{3}\Big|_2^6 = \dfrac{160}{3}$ mètres

Méthode 2   $d_{[2\,s,\,6\,s]}$ = aire du trapèze de sommets $(2, 0)$,

$\left(2, \dfrac{20}{3}\right)$, $(6, 20)$ et $(6, 0)$

$= \dfrac{\left(\dfrac{20}{3} + 20\right)}{2}(4) = \dfrac{160}{3}$

d'où la distance parcourue égale $\dfrac{160}{3}$ mètres.

b) $v(10) - v(0) = \displaystyle\int_0^{10} a(t)\, dt$

$v(10) = \displaystyle\int_0^{10} a(t)\, dt$     (car $v(0) = 0$)

Puisque nous ne connaissons pas $a(t)$, calculons approximativement l'aire de la région ombrée.

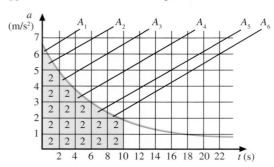

$v(10) \approx 16(2) + A_1 + A_2 + A_3 + A_4 + A_5 + A_6$

$\approx 32 + 0{,}2 + 1{,}4 + 0{,}8 + 0{,}7 + 1{,}2 + 0{,}2$

d'où $v(10) \approx 36{,}5$ m/s

**2.** a) $v(3) - v(0) = \int_0^3 9{,}8 \, dt = 29{,}4 \text{ m/s}$;

$v(5) - v(3) = \int_3^5 9{,}8 \, dt = 19{,}6 \text{ m/s}$.

b) $x(2) - x(0) = \int_0^2 9{,}8t \, dt = 19{,}6 \text{ m}$;

$x(5) - x(2) = \int_2^5 9{,}8t \, dt = 102{,}9 \text{ m}$.

**3.** Avant d'atteindre 72 km/h,

$$\frac{dv}{dt} = a_1$$

$$dv = \frac{5}{8} \, t \, dt \qquad \left( \text{car } a_1 = \frac{5}{8} t \right)$$

$$\int dv = \frac{5}{8} \int t \, dt$$

$$v = \frac{5t^2}{16} + C_1$$

En remplaçant $t$ par 0 et $v$ par 0, nous trouvons $C_1 = 0$

ainsi $v(t) = \dfrac{5t^2}{16}$, où $t \in [0\,\text{s}, t_1\,\text{s}]$

où $t_1$ est le temps nécessaire pour atteindre 72 km/h, c'est-à-dire 20 m/s

$$\frac{5t_1^2}{16} = 20$$

donc $t_1 = 8$ s. (-8 à rejeter)

Après 36 secondes (8 secondes + 28 secondes),

$$\frac{dv}{dt} = a_2$$

$$dv = \frac{-10}{3\sqrt{45 - t}} \, dt \qquad \left( \text{car } a_2 = \frac{-10}{3\sqrt{45 - t}} \right)$$

$$\int dv = \frac{-10}{3} \int (45 - t)^{\frac{-1}{2}} \, dt$$

$$v = \frac{20}{3} (45 - t)^{\frac{1}{2}} + C_2$$

En remplaçant $t$ par 36 et $v$ par 20, nous obtenons

$20 = \dfrac{20}{3} (9)^{\frac{1}{2}} + C_2$, d'où $C_2 = 0$

ainsi $v(t) = \dfrac{20}{3} \sqrt{45 - t}$, où $t \in [36\,\text{s}, t_2\,\text{s}]$

où $t_2$ est tel que $v(t_2) = 0$

$$\frac{20}{3} \sqrt{45 - t_2} = 0$$

donc $t_2 = 45$

ainsi $v(t) = \begin{cases} \dfrac{5t^2}{16} & \text{si} \quad 0 \leq t < 8 \\[2mm] 20 & \text{si} \quad 8 \leq t < 36 \\[2mm] \dfrac{20\sqrt{45 - t}}{3} & \text{si} \quad 36 \leq t \leq 45 \end{cases}$

La distance $D$ parcourue sera donnée par

$D = A_1 + A_2 + A_3$

$$= \int_0^8 \frac{5t^2}{16} \, dt + \int_8^{36} 20 \, dt + \int_{36}^{45} \frac{20\sqrt{45 - t}}{3} \, dt$$

$$= \frac{5t^3}{48} \Big|_0^8 + 20t \Big|_8^{36} - \frac{40}{9} (45 - t)^{\frac{3}{2}} \Big|_{36}^{45}$$

$$= \frac{160}{3} + 560 + 120 = \frac{2200}{3}$$

d'où $D = 733{,}\overline{3}$ m

**4.** $\dfrac{dv}{dt} = a$

$$\int dv = \int \frac{-\pi^2}{3} \cos \left( \pi t + \frac{\pi}{6} \right) dt$$

$$v = \frac{-\pi}{3} \sin \left( \pi t + \frac{\pi}{6} \right) + C$$

En remplaçant $t$ par 0 et $v$ par $\dfrac{-\pi}{6}$, nous trouvons $C = 0$

ainsi $v(t) = \dfrac{-\pi}{3} \sin \left( \pi t + \dfrac{\pi}{6} \right)$

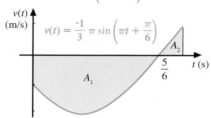

Puisque $v(t) \leq 0$ sur $\left[ 0, \dfrac{5}{6} \right]$ et $v(t) \geq 0$ sur $\left[ \dfrac{5}{6}, 1 \right]$

$D = A_1 + A_2$

$$= \int_0^{\frac{5}{6}} \left[ 0 - \left( \frac{-\pi}{3} \sin \left( \pi t + \frac{\pi}{6} \right) \right) \right] dt + \int_{\frac{5}{6}}^1 \left( \frac{-\pi}{3} \sin \left( \pi t + \frac{\pi}{6} \right) \right) dt$$

$$= \left( \frac{-1}{3} \cos \left( \pi t + \frac{\pi}{6} \right) \right) \Big|_0^{\frac{5}{6}} + \left( \frac{1}{3} \cos \left( \pi t + \frac{\pi}{6} \right) \right) \Big|_{\frac{5}{6}}^1$$

$$= \frac{-1}{3} \cos \pi + \frac{1}{3} \cos \left( \frac{\pi}{6} \right) + \frac{1}{3} \cos \left( \frac{7\pi}{6} \right) - \frac{1}{3} \cos \pi$$

$$= \frac{2}{3}$$

d'où $D = \dfrac{2}{3}$ m

**5.** Puisque $F = ma$ (Loi de Newton), nous avons

$F(x) = 10(0{,}3x + 1)$

Ainsi $W = \int_0^6 F(x) \, dx$

$$= \int_0^6 10(0{,}3x + 1) \, dx$$

$$= 10 \left( \frac{0{,}3x^2}{2} + x \right) \Big|_0^6 = 114$$

d'où $W = 114$ J

**6.** a) $\dfrac{dQ}{dt} = 35 + \dfrac{1}{\sqrt{t}}$

$$dQ = \left( 35 + \frac{1}{\sqrt{t}} \right) dt$$

$$Q(60) - Q(0) = \int_0^{60} \left( 35 + \frac{1}{\sqrt{t}} \right) dt$$

$$= (35t + 2\sqrt{t})\Big|_0^{60} \approx 2115{,}5$$

$$Q(60) \approx 2115{,}5 + Q(0)$$
$$\approx 2115{,}5 + 500 \qquad \text{(car } Q(0) = 500\text{)}$$

d'où $Q(60) \approx 2615{,}5$ litres.

b) Nous cherchons $b$ tel que

$$Q(b) - Q(0) = 5000 - 500$$

$$\int_0^b \left(35 + \frac{1}{\sqrt{t}}\right) dt = 4500$$

$$(35t + 2\sqrt{t})\Big|_0^b = 4500$$

$$35b + 2\sqrt{b} = 4500$$

En posant $x = \sqrt{b}$, où $b > 0$, nous obtenons
$$35x^2 + 2x - 4500 = 0$$
donc $x = 11{,}31\ldots$  ($x = \text{-}11{,}36\ldots$ est à rejeter)

Ainsi $b = (11{,}31\ldots)^2$, d'où environ 128 minutes.

**7.** Calculons d'abord $A$, l'aire de la surface plane.

$$A = \int_1^3 \frac{1}{x^2}\, dx = \frac{\text{-}1}{x}\Big|_1^3 = \frac{2}{3}$$

$$\bar{x} = \frac{1}{A}\int_1^3 xy\, dx$$

$$= \frac{3}{2}\int_1^3 x\left(\frac{1}{x^2}\right) dx$$

$$= \frac{3}{2}\int_1^3 \frac{1}{x}\, dx$$

$$= \frac{3}{2}\left(\ln|x|\,\Big|_1^3\right) = \frac{3\ln 3}{2}$$

$$\bar{y} = \frac{1}{2A}\int_1^3 y^2\, dx$$

$$= \frac{3}{4}\int_1^3 \left(\frac{1}{x^2}\right)^2 dx$$

$$= \frac{3}{4}\int_1^3 \frac{1}{x^4}\, dx$$

$$= \frac{3}{4}\left(\frac{\text{-}1}{3x^3}\,\Big|_1^3\right) = \frac{13}{54}$$

d'où $C\left(\dfrac{3\ln 3}{2}, \dfrac{13}{54}\right)$ est le centre de gravité,

c'est-à-dire $C(1{,}647\ldots\,;\ 0{,}240\ldots)$

**8.** En posant $y_1 = y_2$, nous trouvons $x = 0$ et $x = 1$

Calculons $A$, l'aire de la surface plane.

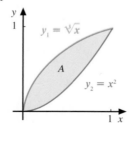

$$A = \int_0^1 (y_1 - y_2)\, dx$$

$$= \int_0^1 (\sqrt[3]{x} - x^2)\, dx$$

$$= \left(\frac{3}{4}x^{\frac{4}{3}} - \frac{x^3}{3}\right)\Big|_0^1 = \frac{5}{12}\,u^2$$

$$\bar{x} = \frac{1}{A}\int_0^1 x\,(y_1 - y_2)\, dx$$

$$= \frac{12}{5}\int_0^1 x\,(\sqrt[3]{x} - x^2)\, dx$$

$$= \frac{12}{5}\int_0^1 (x^{\frac{4}{3}} - x^3)\, dx$$

$$= \frac{12}{5}\left(\frac{3x^{\frac{7}{3}}}{7} - \frac{x^4}{4}\right)\Big|_0^1 = \frac{3}{7}$$

$$\bar{y} = \frac{1}{2A}\int_0^1 (y_1^2 - y_2^2)\, dx$$

$$= \frac{6}{5}\int_0^1 ((\sqrt[3]{x})^2 - (x^2)^2)\, dx$$

$$= \frac{6}{5}\int_0^1 (x^{\frac{2}{3}} - x^4)\, dx$$

$$= \frac{6}{5}\left(\frac{3x^{\frac{5}{3}}}{5} - \frac{x^5}{5}\right)\Big|_0^1 = \frac{12}{25}$$

d'où $C\left(\dfrac{3}{7}, \dfrac{12}{25}\right)$ est le centre de gravité.

**9.** a) 1) $f(x) = k \geq 0$ sur $[0, 50]$

2) En posant $\displaystyle\int_0^{50} k\, dx = 1$

$$kx\,\Big|_0^{50} = 1$$

$$50k - 0 = 1, \text{ donc } k = \frac{1}{50}$$

d'où $f(x) = \dfrac{1}{50}$, $\forall\, x \in [0, 50]$

b) Soit $X$ le temps d'attente en secondes.

$$P(12 \leq X \leq 34) = \int_{12}^{34} \frac{1}{50}\, dx$$

$$= \frac{x}{50}\,\Big|_{12}^{34} = \frac{34}{50} - \frac{12}{50} = 0{,}44$$

d'où $P(12 \leq X \leq 34) = 0{,}44$

c) S'il reste moins de 15 secondes, il doit arriver à l'intersection dans l'intervalle $[35\,\text{s}, 50\,\text{s}]$

$$P(35 \leq X \leq 50) = \int_{35}^{50} \frac{1}{50}\, dx = \frac{x}{50}\,\Big|_{35}^{50} = 0{,}3$$

d) S'il reste plus de 30 secondes, il doit arriver à l'intersection dans l'intervalle $[0\,\text{s}, 20\,\text{s}]$

$$P(0 \leq X \leq 20) = \int_0^{20} \frac{1}{50}\, dx = \frac{x}{50}\,\Big|_0^{20} = 0{,}4$$

e) $\displaystyle P(20 \leq X \leq 20) = \int_{20}^{20} \frac{1}{50}\, dx = 0$

f) $\displaystyle \mu = E(X) = \int_0^{50} x\left(\frac{1}{50}\right) dx = \frac{x^2}{100}\,\Big|_0^{50} = 25$

d'où 25 secondes.

**10.** a) Calculons d'abord $D(84)$

$$D(84) = 300 - 10\sqrt{3(84) + 4} = 140$$

$$SC_{q\,=\,84} = \int_0^{84} (D(q) - 140)\, dq$$

$$= \int_0^{84} (300 - 10\sqrt{3q + 4} - 140)\, dq$$

$$= \left(160q - \frac{20}{9}(3q + 4)^{\frac{3}{2}}\right)\Big|_0^{84} = 4355{,}\overline{5}$$

d'où $SC_{q\,=\,84} \approx 4355{,}55\,\$$

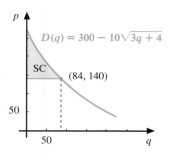

b) Calculons d'abord $O(140)$

$$O(140) = [0,01(140) + 4,6]^3 = 216$$

$$SP_{q=140} = \int_0^{140} (216 - O(q))\, dq$$

$$= \int_0^{140} (216 - (0,01q + 4,6)^3)\, dq$$

$$= \left(216q - \frac{(0,01q + 4,6)^4}{0,04}\right)\Bigg|_0^{140} = 9033,64$$

d'où $SP_{q=140} = 9033,64\$$

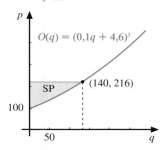

**11.** Déterminons le point d'équilibre $E(q_e, p_e)$.

$$D(q) = O(q)$$
$$-0,01q^2 + 81 = 0,01q^2 + 0,02q + 30$$
$$0,02q^2 + 0,02q - 51 = 0$$

ainsi $q = 50$ $\qquad$ ($q = -51$ à rejeter)

donc $E(50, 56)$ est le point d'équilibre.

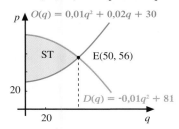

$$ST = \int_0^{50} (D(q) - O(q))\, dq$$

$$= \int_0^{50} [(-0,01q^2 + 81) - (0,01q^2 + 0,02q + 30)]\, dq$$

$$= \int_0^{50} (-0,02q^2 - 0,02q + 51)\, dq$$

$$= \left(\frac{-0,02q^3}{3} - 0,01q^2 + 51q\right)\Bigg|_0^{50} = 1691,\overline{6}$$

d'où $ST \approx 1691,66\$$

**12.** a) À l'aide de Maple

```
> Dem:=q->5400/(q+16);
        Dem:= q → 5400/(q+16)
```

```
> Off:=q->20*(q+1)^(1/2)+35;
        Off:= q → 20√(q + 1) + 35
> fsolve(Dem(q)=Off(q));
        24.00000000
> Dem(24.);Off(24.);
        135.0000000
        135.0000000
```

Calculatrice

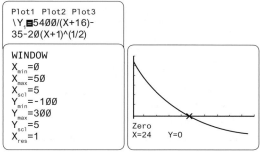

d'où $E(24, 135)$ est le point d'équilibre.

b) $SC_{q=24} = \int_0^{24} \left(\dfrac{5400}{q+16} - 135\right)\, dq \approx 1707,97\$$

c) $SP_{q=24} = \int_0^{24} [135 - (20\sqrt{q+1} + 35)]\, dq \approx 746,67\$$

d) $ST = SC_{q=24} + SP_{q=24} \approx 2454,64\$$

e)

$$ST = SC + SP$$

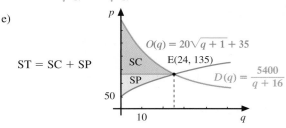

**13.** $L_1$ car cette courbe est la plus près de la ligne de parfaite égalité.

**14.** a) 20 % de la population se partage 10,4 % des revenus totaux.

b) i) 25,6 % des revenus

ii) $(1 - 0,456)$, d'où 64,4 % des revenus

c) $(1 - 0,7)$, d'où 30 % des revenus

**15.** a)
```
> g:=x->x;
        g:= x → x
> L1:=x->0.61*x^2+0.39*x;L2:=x->0.59*x^2+0.41*x;
        L1:= x → 0.61x^2 + 0.39x
        L2:= x → 0.59x^2 + 0.41x
> with(plots):
> c1:=plot(L1(x),x=0..1,color=orange):
> c2:=plot(L2(x),x=0..1,color=blue):
> c:=plot(g(x),x=0..1,color=green):
> display(c,c1,c2,scaling=constrained);
```

Non, car les courbes $L_1$ et $L_2$ sont trop près l'une de l'autre.

b) $G_1 = 2 \int_0^1 [x - (0{,}61x^2 + 0{,}39x)]\, dx = 0{,}20\overline{3}$

$G_2 = 2 \int_0^1 [x - (0{,}59x^2 + 0{,}41x)]\, dx = 0{,}19\overline{6}$

La courbe $L_2$ est la plus égalitaire.

## Exercices 3.7 (page 193)

1. Puisque $n = 6$, $P = \left\{1, \dfrac{3}{2}, 2, \dfrac{5}{2}, 3, \dfrac{7}{2}, 4\right\}$ et $\Delta x = \dfrac{1}{2}$

a) $\displaystyle\int_1^4 (2x^3 + x)\, dx$

$\approx \dfrac{(4-1)}{2(6)}\left[f(1) + 2f\left(\dfrac{3}{2}\right) + 2f(2) + 2f\left(\dfrac{5}{2}\right) + 2f(3) + 2f\left(\dfrac{7}{2}\right) + f(4)\right]$

$\approx \dfrac{1}{4}\left[3 + 2(8{,}25) + 2(18) + 2(33{,}75) + 2(57) + 2(89{,}25) + 132\right]$

$\approx 136{,}875$

Calculons l'erreur maximale possible

$f'(x) = 6x^2 + 1$ et $f''(x) = 12x$

Puisque $(f''(x))' = 12 > 0$, $\forall\, x \in\ ]1, 4[$

alors $f''$ est croissante sur $[1, 4]$,

donc $M = |f''(4)| = 48$

$|E_n| \leq \dfrac{(b-a)^3\, M}{12n^2}$

$|E_6| \leq \dfrac{(4-1)^3\, 48}{12(6)^2} = 3$     (car $n = 6$)

d'où $|E_6| \leq 3$

b) $\displaystyle\int_1^4 (2x^3 + x)\, dx$

$\approx \dfrac{(4-1)}{3(6)}\left[f(1) + 4f\left(\dfrac{3}{2}\right) + 2f(2) + 4f\left(\dfrac{5}{2}\right) + 2f(3) + 4f\left(\dfrac{7}{2}\right) + f(4)\right]$

$\approx \dfrac{1}{6}\left[3 + 4(8{,}25) + 2(18) + 4(33{,}75) + 2(57) + 4(89{,}25) + 132\right]$

$\approx 135$

Calculons l'erreur maximale possible.

$f'''(x) = 12$ et $f^{(4)}(x) = 0$

donc $M = 0$

$|E_n| \leq \dfrac{(b-a)^5\, M}{180n^2} = 0$     (car $M = 0$)

d'où $E_n = 0$ pour tout $n$

Donc, en utilisant la méthode de Simpson, nous obtenons la valeur exacte, car $E_n = 0$.

c) $\displaystyle\int_1^4 (2x^3 + x)\, dx = \left(\dfrac{x^4}{2} + \dfrac{x^2}{2}\right)\Big|_1^4 = 135$

i) Méthode des trapèzes

erreur réelle $= |135 - 136{,}875| = 1{,}875$

ii) Méthode de Simpson

erreur réelle $= |135 - 135| = 0$

2. Puisque $n = 4$, $P = \left\{0, \dfrac{\pi}{4}, \dfrac{\pi}{2}, \dfrac{3\pi}{4}, \pi\right\}$ et $\Delta x = \dfrac{\pi}{4}$

Par la méthode des trapèzes

$\displaystyle\int_0^\pi \sin x\, dx \approx \dfrac{\pi}{8}\left[f(0) + 2f\left(\dfrac{\pi}{4}\right) + 2f\left(\dfrac{\pi}{2}\right) + 2f\left(\dfrac{3\pi}{4}\right) + f(\pi)\right]$

$\approx \dfrac{\pi}{8}\left[\sin 0 + 2\sin\left(\dfrac{\pi}{4}\right) + 2\sin\left(\dfrac{\pi}{2}\right) + 2\sin\left(\dfrac{3\pi}{4}\right) + \sin(\pi)\right]$

$\approx \dfrac{\pi}{8}\left[0 + 2\left(\dfrac{\sqrt{2}}{2}\right) + 2(1) + 2\left(\dfrac{\sqrt{2}}{2}\right) + 0\right]$

$\approx 1{,}896\,1\ldots$

Par la méthode de Simpson

$\displaystyle\int_0^\pi \sin x\, dx \approx \dfrac{\pi}{12}\left[f(0) + 4f\left(\dfrac{\pi}{4}\right) + 2f\left(\dfrac{\pi}{2}\right) + 4f\left(\dfrac{3\pi}{4}\right) + f(\pi)\right]$

$\approx \dfrac{\pi}{12}\left[0 + 4\left(\dfrac{\sqrt{2}}{2}\right) + 2(1) + 4\left(\dfrac{\sqrt{2}}{2}\right) + 0\right]$

$\approx 2{,}004\,5\ldots$

La valeur exacte est $\displaystyle\int_0^\pi \sin x\, dx = (\text{-}\cos x)\Big|_0^\pi = 2$

erreur réelle (trapèzes) $= |2 - 1{,}896\,1\ldots| \approx 0{,}103$

erreur réelle (Simpson) $= |2 - 2{,}004\,5\ldots| \approx 0{,}004$

d'où la meilleure approximation est obtenue avec la méthode de Simpson.

3. a) $P = \left\{0, \dfrac{1}{2}, 1, \dfrac{3}{2}, 2, \dfrac{5}{2}, 3, \dfrac{7}{2}, 4\right\}$

$\displaystyle\int_0^4 \sqrt{x^3 + 1}\, dx \approx \dfrac{(4-0)}{2(8)}\left[f(0) + 2f\left(\dfrac{1}{2}\right) + 2f(1) + 2f\left(\dfrac{3}{2}\right) + \ldots + 2f\left(\dfrac{7}{2}\right) + f(4)\right]$

$\approx \dfrac{1}{4}\left[1 + 2\sqrt{\dfrac{1}{8} + 1} + 2\sqrt{2} + 2\sqrt{\dfrac{27}{8} + 1} + 2(3) + 2\sqrt{\dfrac{125}{8} + 1} + \right.$

$\left. 2\sqrt{28} + 2\sqrt{\dfrac{343}{8} + 1} + \sqrt{65}\right]$

$\approx 14{,}045$

b) $P = \left\{0, \dfrac{1}{5}, \dfrac{2}{5}, \dfrac{3}{5}, \dfrac{4}{5}, 1\right\}$

$\displaystyle\int_0^1 \sin x^2\, dx$

$\approx \dfrac{(1-0)}{2(5)}\left[f(0) + 2f\left(\dfrac{1}{5}\right) + 2f\left(\dfrac{2}{5}\right) + 2f\left(\dfrac{3}{5}\right) + 2f\left(\dfrac{4}{5}\right) + f(1)\right]$

$\approx \dfrac{1}{10}\left[0 + 2\sin\left(\dfrac{1}{25}\right) + 2\sin\left(\dfrac{4}{25}\right) + 2\sin\left(\dfrac{9}{25}\right) + 2\sin\left(\dfrac{16}{25}\right) + \sin(1)\right]$

$\approx 0{,}314$

c) $P = \{\text{-}1, 0, 1, 2, 3, 4, 5\}$

$\displaystyle\int_{\text{-}1}^5 \sqrt{x^4 + 1}\, dx$

$\approx \dfrac{(5 - (\text{-}1))}{3(6)}\left[f(\text{-}1) + 4f(0) + 2f(1) + 4f(2) + 2f(3) + 4f(4) + f(5)\right]$

$\approx \dfrac{1}{3}\left[\sqrt{2} + 4 + 2\sqrt{2} + 4\sqrt{17} + 2\sqrt{82} + 4\sqrt{257} + \sqrt{626}\right]$

$\approx 43{,}997$

d) $P = \left\{\text{-}2, \dfrac{\text{-}3}{2}, \text{-}1, \dfrac{\text{-}1}{2}, 0\right\}$

$\displaystyle\int_{\text{-}2}^0 \dfrac{1}{e^{x^2}}\, dx \approx \dfrac{(0 - (\text{-}2))}{3(4)}\left[f(\text{-}2) + 4f\left(\dfrac{\text{-}3}{2}\right) + 2f(\text{-}1) + 4f\left(\dfrac{\text{-}1}{2}\right) + f(0)\right]$

$\approx \dfrac{1}{6}\left[\dfrac{1}{e^4} + \dfrac{4}{e^{\frac{9}{4}}} + \dfrac{2}{e} + \dfrac{4}{e^{\frac{1}{4}}} + 1\right] \approx 0{,}882$

4. a) $P = \left\{1, \dfrac{3}{2}, 2, \dfrac{5}{2}, 3\right\}$;

$\displaystyle\int_1^3 \ln x^2\, dx \approx \dfrac{(3-1)}{2(4)}\left[f(1) + 2f\left(\dfrac{3}{2}\right) + 2f(2) + 2f\left(\dfrac{5}{2}\right) + f(3)\right]$

$$\approx \frac{1}{4}\left[\ln 1 + 2\ln\left(\frac{9}{4}\right) + 2\ln(4) + 2\ln\left(\frac{25}{4}\right) + \ln 9\right]$$

$$\approx 2{,}564\ 209$$

b) En calculant $f''(x)$, nous obtenons $f''(x) = \dfrac{-2}{x^2}$

Puisque $(f''(x))' = \dfrac{4}{x^3} > 0$, $\forall x \in \,]1, 3[$, alors $f''$ est

croissante sur $[1, 3]$ et $|f''|$ est décroissante sur $[1, 3]$

Donc $M = |f''(1)| = 2$

$$|E_4| \le \frac{(3-1)^3\,2}{12(4)^2}, \text{ d'où } |E_4| \le 0{,}08\overline{3}$$

c) i) Puisque $|E_n| \le \dfrac{(b-a)^3 M}{12n^2}$, il suffit de trouver la
valeur de $n$ telle que

$$\frac{(b-a)^3 M}{12n^2} \le 0{,}01, \text{ c'est-à-dire } \frac{(3-1)^3\,2}{12n^2} \le 0{,}01 \quad (\text{car } M = 2)$$

$$n^2 \ge 133{,}\overline{3}$$

$$n \ge 11{,}5\ldots$$

d'où $n = 12$ suffit.

ii) De façon analogue, nous trouvons que $n = 37$ suffit.

**5.** a) $P = \left\{1, \dfrac{9}{4}, \dfrac{7}{2}, \dfrac{19}{4}, 6\right\}$

$$\int_1^6 \ln x\, dx \approx \frac{(6-1)}{3(4)}\left[f(1) + 4f\left(\frac{9}{4}\right) + 2f\left(\frac{7}{2}\right) + 4f\left(\frac{19}{4}\right) + f(6)\right]$$

$$\approx \frac{5}{12}\left[\ln 1 + 4\ln\left(\frac{9}{4}\right) + 2\ln\left(\frac{7}{2}\right) + 4\ln\left(\frac{19}{4}\right) + \ln 6\right]$$

$$\approx 5{,}738\ 994$$

b) En calculant $f^{(4)}(x)$, nous obtenons $f^{(4)}(x) = \dfrac{-6}{x^4}$

Puisque $(f^{(4)}(x))' = \dfrac{24}{x^5} > 0$, $\forall\, x \in \,]1, 6[$ alors $f^{(4)}$ est

croissante sur $[1, 6]$ et $|f^{(4)}|$ est décroissante sur $[1, 6]$

Donc $M = |f^{(4)}(1)| = 6$

$$|E_n| \le \frac{(b-a)^5 M}{180n^4}$$

$$|E_4| \le \frac{(5)^5\,6}{180\,(4)^4} \qquad (\text{car } n = 4)$$

d'où $|E_4| \le 0{,}406\ 9\ldots$

c) i) Puisque $|E_n| \le \dfrac{(b-a)^5 M}{180n^4}$, il suffit de trouver
la valeur de $n$ telle que

$$\frac{(b-a)^5 M}{180n^4} \le 0{,}1, \text{ c'est-à-dire}$$

$$\frac{5^5\,6}{180n^4} \le 0{,}1 \qquad (\text{car } M = 6)$$

$$n^4 \ge 1041{,}\overline{6}$$

$$n \ge 5{,}6\ldots$$

d'où $n = 6$ suffit.

ii) De façon analogue,

$$\frac{5^5\,6}{180n^4} \le 0{,}01, \text{ c'est-à-dire}$$

$$n^4 \ge 10\ 416{,}\overline{6}$$

$$n \ge 10{,}1\ldots$$

d'où $n = 12$ suffit, puisque $n$ doit être un nombre pair.

**6.** Maple

```
> f:=->sin(3*x-sin(x));
          f:= x → sin (3x − sin (x))
> with(plots):
> y:=plot(f(x),x=0..Pi,color=orange):
> a:=plot(f(x),x=0..Pi,filled=true,color=yellow):
> display(a,y);
```

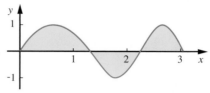

```
> x1:=fsolve(f(x)=0,x=1..1.5);
          x1:= 1.374103644
> x2:=fsolve(f(x)=0,x=2..2.5);
          x2:= 2.335032211
> A1:=Int(f(x),x=0..x1)=int(f(x),x=0..x1);
```

$$A1:= \int_0^{1.374103644} \sin(3x - \sin(x))\, dx = .8781296970$$

```
> A2:=Int(-f(x),x=x1..x2)=int(-f(x),x=x1..x2);
```

$$A2:= \int_{1.374103644}^{2.335032211} -\sin(3x - \sin(x))\, dx = .6083749625$$

```
> A3:=Int(f(x),x=x2..Pi)=int(f(x),x=x2..Pi);
```

$$A3:= \int_{2.335032211}^{\pi} \sin(3x - \sin(x))\, dx = .5118904270$$

```
> A:=evalf(A1+A2+A3);
          A:= 1.998395087
```

Calculatrice

Région                    MATH 9

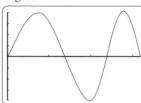

```
fnInt(sin(3X-sin
(X)),X,0,1.37410
36)
          .878129697
fnInt(sin(3X-sin
(X)),X,1.3741036
,2.3350322)
          -.6083749625
fnInt(sin(3X-sin
(X)),X,2.3350322
,π)
          .511890427
```

$A = 1{,}998\,395\,087$

**7.**
```
> f:=x->x^3-x^2-2*x;
          f:= x → x^3 − x^2 − 2x
> g:=x->-1+2*sin(x^2);
          g:= x → -1 + 2 sin(x^2)
> plot([f(x),g(x)],x=-1.2..2,color=[orange,blue]);
```

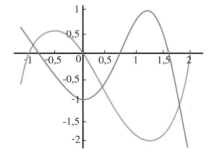

```
> x1:=fsolve(f(x)=g(x),x=-2..0);
          x1:= -0.8591868484
> x2:=fsolve(f(x)=g(x),x=0..2);
          x2:= 1.783162011
> A:=Int(abs(f(x)-g(x)),x=x1..x2)=int(abs(f(x)-g(x)),x=x1..x2);
```

$$A:= \int_{-0.8591868484}^{1.783162011} |x^3 - x^2 - 2x + 1 - 2\sin(x^2)|\, dx = 3.768189360$$

## Exercices récapitulatifs (page 195)

**1.** a) 25 502 500  c) 78 540
  b) 10 050  d) 73 920

**3.** a) 204  b) 17 576 ; 123 201

**4.** a) $s_n = \dfrac{14}{3} - \dfrac{5}{2n} + \dfrac{5}{6n^2}$ ; $S_n = \dfrac{14}{3} + \dfrac{5}{2n} + \dfrac{5}{6n^2}$ ;

  $s = S = \dfrac{14}{3}$ ; $A_0^1 = \dfrac{14}{3}\,u^2$

  c) $s_n = 60 - \dfrac{81}{2n} + \dfrac{9}{2n^2}$ ; $S_n = 60 + \dfrac{81}{2n} + \dfrac{9}{2n^2}$ ;

  $s = S = 60$ ; $A_1^4 = 60\,u^2$

**5.** a) $a = 0, b = 7$  b) $a = 7, b = 4$  c) $a = -2, b = 7$

**6.** a) $\dfrac{-8}{3}$  c) $\dfrac{42}{5}$  e) $\ln\left(\dfrac{2}{5}\right)$

  b) $10 + \ln 2$  d) 0  f) $\dfrac{39}{2}$

**7.** a) $e - \sqrt{e}$  c) $\dfrac{\pi}{12} + \dfrac{1}{4}$  e) 0

  b) $2\ln 2$  d) $\dfrac{-15}{2}$  f) $\dfrac{9}{34}$

**8.** a) $\dfrac{97}{4}\,u^2$  e) $\dfrac{64}{3}\,u^2$  i) $\dfrac{32}{3}\,u^2$

  c) $\dfrac{29}{6}\,u^2$  g) $(4 - 3\ln 3)\,u^2$  k) $\left(\dfrac{\pi}{2} - 1\right)u^2$

**9.** a) $\dfrac{3}{20}\,u^2$  e) $\dfrac{8^5}{15}\,u^2$  i) $(2\pi + 2)\,u^2$

  c) $\dfrac{e+1}{2}\,u^2$  g) $(3 - \sqrt{5})\,u^2$  k) $\dfrac{23}{3}\,u^2$

**10.** a) $k = \dfrac{-3}{35}$  b) $k = \dfrac{9}{49}$  c) $k = e$

**11.** b) $\dfrac{17}{2}\,u^2$

**12.** a) $c = \dfrac{21 - \sqrt{93}}{3} \approx 3,79$  b) $c = \ln\left(\dfrac{e^2 - 1}{2}\right) \approx 1,16$

**14.** a) 15 °C  b) Environ 17,81 °C

**16.** a) $v(t) = t^2 + 5$, exprimée en m/s
  b) 121 ; distance approximative parcourue en mètres sur [0 s, 6 s]
  c) 102 ; distance réelle parcourue en mètres sur [0 s, 6 s]

**18.** b) Environ 1,69 km

**19.** a) Environ 3365 $  c) Environ 8479 $
  b) Environ 15 833 $

**20.** a) $C\left(\dfrac{363}{65}, \dfrac{15}{13}\right)$  c) $C\left(\dfrac{62}{15}, \dfrac{-8}{3}\right)$

  b) $C\left(\dfrac{5}{\ln 6}, \dfrac{5}{2\ln 6}\right)$  d) $C\left(0, \dfrac{4}{\pi}\right)$

**22.** a) $k = \dfrac{3}{205}$

b) i) $P(300 < X < 525) \approx 0,512$
  ii) $P(350 \leq X \leq 700) \approx 0,687$

**24.** a) 12,735 7…  c) 12,334 3…
  b) 11,982 8…  d) 12,566 3…

**26.** c) ST $\approx$ 2808,88 $

**27.** a) $G = 0,2$  b) $G = 0,163\,2\ldots$  c) $G = 0,47$

**28.** a) 0,697 0…  c) $n = 13$ suffit
  b) $|E_n| \leq 0,010\,4\ldots$  d) $\ln 2 = 0,693\,1\ldots$

**30.** a) 2,019 8…  c) 7,471 7…

**32.** a) $A \approx 2,057\,u^2$  b) $A_1 \approx 0,683\,u^2 ; A_2 \approx 0,997\,u^2$

**33.** $A \approx 1,543\,u^2$

## Problèmes de synthèse (page 199)

**1.** a) $a = 0, b = -1$ et $c = 12$

**3.** a) -2  d) $\dfrac{\pi}{4} + \sqrt{2} - 2$

  b) $\dfrac{80}{9} + \ln 9$  e) $\dfrac{886}{15}$

  c) $\dfrac{2}{9}(1 + 7\sqrt{7})$

**4.** a) $\dfrac{49}{3}\,u^2$  e) $\left(\dfrac{\pi}{2} - 1\right)u^2$

  c) $\dfrac{1}{12}\,u^2$  g) $\left(1 - \dfrac{\pi}{6}\right)u^2$

**5.** b) $(e - 2,5)\,u^2$  c) $\dfrac{32}{3}\,u^2$  d) $\left(\dfrac{17}{4} + \ln 18\right)u^2$

**6.** $a = 4,2$

**7.** a) $\dfrac{2099}{32}\,u^2$

**8.** $1,75\,u^2$

**9.** a) $P\left(\sqrt[3]{\dfrac{1}{4}}, \dfrac{1}{4}\right)$  b) $Q\left(\dfrac{1}{2}, \dfrac{1}{8}\right)$

**10.** a) $P\left(\dfrac{1}{2}, \dfrac{1}{4}\right)$

**11.** b) $\dfrac{b^3}{4}\,u^2$  c) $\dfrac{b^2}{4\sqrt{1 + b^2}}$

**14.** 14,7 m/s

**15.** $W = \dfrac{G\,m_1\,m_2(c_2 - c_1)}{(c_1 - a)(c_2 - a)}$, exprimé en joules

**16.** a) $k = \dfrac{2}{\ln 8,5}$  b) i) 0,247 9… ii) 0,428 1…

**17.** a) Environ 273,87 $

**18.** Environ 6033,33 $

**19.** b) $C_1\left(\dfrac{-53}{35}, \dfrac{-1972}{245}\right)$ et $C_2\left(\dfrac{17}{25}, \dfrac{-92}{175}\right)$

**20.** a) $C\left(0, \dfrac{h}{3}\right)$

**21.** c) Environ 9,65 mètres

**22.** a) $G = 0,39$

# CHAPITRE 4

## Exercices préliminaires (page 204)

**1.** a) $\sin \theta = \dfrac{b}{c}$

    b) $\cos \theta = \dfrac{a}{c}$

    c) $\tan \theta = \dfrac{b}{a}$

    d) $\sec \theta = \dfrac{c}{a}$

    e) $\csc \theta = \dfrac{c}{b}$

    f) $\cot \theta = \dfrac{a}{b}$

**2.** a) $\theta = \operatorname{Arc\,sin} x$

    b) $\theta = \operatorname{Arc\,tan}\left(\dfrac{x}{2}\right)$

    c) $\theta = \operatorname{Arc\,sec}\left(\dfrac{4x}{5}\right)$

    d) $\theta = \operatorname{Arc\,tan}\left(\dfrac{5x-2}{3}\right)$

**3.** a) $\sin(A - B) = \sin A \cos B - \cos A \sin B$

    b) $\sin(A + B) = \sin A \cos B + \cos A \sin B$

    c) $\cos(A - B) = \cos A \cos B + \sin A \sin B$

    d) $\cos(A + B) = \cos A \cos B - \sin A \sin B$

    e) $\cos 2A = \cos^2 A - \sin^2 A$

    f) $1 - \sin^2 \theta = \cos^2 \theta$

    g) $1 + \tan^2 \theta = \sec^2 \theta$

    h) $\sec^2 \theta - 1 = \tan^2 \theta$

**4.** a) $\cos^2 \theta = \dfrac{1 + \cos 2\theta}{2}$
    b) $\sin^2 \theta = \dfrac{1 - \cos 2\theta}{2}$

**5.** $\sin 2\theta = 2 \sin \theta \cos \theta$

**6.** a) $k = 3$    b) $k = 13$    c) $k = -5$

**7.** a) $x^2 - 8x + 19 = (x - 4)^2 + 3$

    b) $3x^2 + 12x - 30 = 3(x + 2)^2 - 42$

**8.** a) $x^3 + x^2 - 20x = x(x + 5)(x - 4)$

    b) $x^4 - 9x^2 = x^2(x - 3)(x + 3)$

    c) $x^3 - 8 = (x - 2)(x^2 + 2x + 4)$

    d) $x^5 - 3x^3 - 4x = x(x - 2)(x + 2)(x^2 + 1)$

**9.** a) $2x + 4 + \dfrac{-5}{x^2 + x + 1}$
    b) $x^3 - x + \dfrac{-4x + 2}{(x - 1)^2}$

**10.** a) $\dfrac{(A + B + C)x^2 + (B - C)x - A}{x(x - 1)(x + 1)}$

    b) $\dfrac{(3A + C)x^3 + (3B + D)x^2 + 4Ax + 4B}{x^2(3x^2 + 4)}$

    c) $\dfrac{(A + C)x^3 + (B + D)x^2 + (A + 3C)x + (B + 3D)}{(x^2 + 1)(x^2 + 3)}$

**11.** a) $A = -2$, $B = 0$, $C = 21$ et $D = 15$

    b) $A = 2$, $B = 0$ et $C = \dfrac{-1}{3}$

    c) $A = 2$, $B = -1$ et $C = 0$

**12.** a) $2e^{\frac{x}{2}} + C$

    b) $\dfrac{\sin 2\theta}{2} + C$

    c) $-3 \cos\left(\dfrac{x}{3}\right) + C$

    d) $\ln|\sec \theta + \tan \theta| + C$

    e) $-\ln|\cos u| + C$

    f) $\dfrac{-\ln|\csc 5x + \cot 5x|}{5} + C$

## Exercices 4.1 (page 214)

**1.** a) $u = x$, $dv = e^{3x}\,dx$; $\dfrac{xe^{3x}}{3} - \dfrac{e^{3x}}{9} + C$

    b) $u = \dfrac{t}{3}$, $dv = \sin 2t\,dt$; $\dfrac{-t \cos 2t}{6} + \dfrac{\sin 2t}{12} + C$

    c) $u = \ln 8x$, $dv = dx$; $x \ln 8x - x + C$

    d) $u = 3\theta$, $dv = \cos\left(\dfrac{\theta}{5}\right) d\theta$; $15\theta \sin\left(\dfrac{\theta}{5}\right) + 75 \cos\left(\dfrac{\theta}{5}\right) + C$

    e) $u = \ln x$, $dv = \sqrt{x}\,dx$; $\dfrac{2}{3} x^{\frac{3}{2}} \ln x - \dfrac{4}{9} x^{\frac{3}{2}} + C$

    f) $u = x$, $dv = \sqrt{1 + 4x}\,dx$; $\dfrac{x(1 + 4x)^{\frac{3}{2}}}{6} - \dfrac{(1 + 4x)^{\frac{5}{2}}}{60} + C$

**2.** a) $u = x$, $dv = \sec^2 6x\,dx$; $\dfrac{x \tan 6x}{6} + \dfrac{1}{36} \ln|\cos 6x| + C$

    b) $u = \operatorname{Arc\,sin} 5x$, $dv = dx$; $x \operatorname{Arc\,sin} 5x + \dfrac{\sqrt{1 - 25x^2}}{5} + C$

    c) $u = t$, $dv = \sec t \tan t\,dt$; $t \sec t - \ln|\sec t + \tan t| + C$

    d) $u = \operatorname{Arc\,cos} x^3$, $dv = x^2\,dx$;

    $\dfrac{x^3}{3} \operatorname{Arc\,cos} x^3 - \dfrac{\sqrt{1 - x^6}}{3} + C$

    e) $u = x^2$, $dv = xe^{x^2}\,dx$; $\dfrac{x^2 e^{x^2}}{2} - \dfrac{e^{x^2}}{2} + C$

    f) $u = \operatorname{Arc\,tan} y$, $dv = y^2\,dy$;

    $\dfrac{y^3}{3} \operatorname{Arc\,tan} y - \dfrac{y^2}{6} + \dfrac{1}{6} \ln(y^2 + 1) + C$

**3.** a) $u = x^2$, $dv = \sin x\,dx$; $u = x$, $dv = \cos x\,dx$;

    $-x^2 \cos x + 2x \sin x + 2 \cos x + C$

    b) $u = x^2$, $dv = e^{4x}\,dx$; $u = x$, $dv = e^{4x}\,dx$;

    $\dfrac{x^2 e^{4x}}{4} - \dfrac{xe^{4x}}{8} + \dfrac{e^{4x}}{32} + C$

    c) $u = \ln^2 x$, $dv = x^2\,dx$; $u = \ln x$, $dv = x^2\,dx$;

    $\dfrac{x^3 \ln^2 x}{3} - \dfrac{2x^3 \ln x}{9} + \dfrac{2x^3}{27} + C$

    d) $u = (x^2 - 5x)$, $dv = e^{-3x}\,dx$; $u = (2x - 5)$, $dv = e^{-3x}\,dx$;

    $\dfrac{-(x^2 - 5x)e^{-3x}}{3} - \dfrac{(2x - 5)e^{-3x}}{9} - \dfrac{2e^{-3x}}{27} + C$

**4.** a)

| $u$ | $\oplus$ $(2x^2 - 3x + 4)$ | $\ominus$ $(4x - 3)$ | $\oplus$ $4$ | $0$ |
|---|---|---|---|---|
| $dv$ | $e^{7x}$ | $\dfrac{e^{7x}}{7}$ | $\dfrac{e^{7x}}{49}$ | $\dfrac{e^{7x}}{343}$ |

$$I = \frac{(2x^2 - 3x + 4)e^{7x}}{7} - \frac{(4x - 3)e^{7x}}{49} + \frac{4e^{7x}}{343} + C$$

b)

| $u$ | $\oplus$ $\theta^3$ | $\ominus$ $3\theta^2$ | $\oplus$ $6\theta$ | $\ominus$ $6$ | $0$ |
|---|---|---|---|---|---|
| $dv$ | $\cos\left(\dfrac{2\theta}{5}\right)$ | $\dfrac{5 \sin\left(\frac{2\theta}{5}\right)}{2}$ | $\dfrac{-25 \cos\left(\frac{2\theta}{5}\right)}{4}$ | $\dfrac{-125 \sin\left(\frac{2\theta}{5}\right)}{8}$ | $\dfrac{625 \cos\left(\frac{2\theta}{5}\right)}{16}$ |

$$I = \frac{50\theta^3 \sin\left(\frac{2\theta}{5}\right)}{2} + \frac{75\theta^2 \cos\left(\frac{2\theta}{5}\right)}{4} - \frac{375\theta \sin\left(\frac{2\theta}{5}\right)}{4} - \frac{1875 \cos\left(\frac{2\theta}{5}\right)}{8} + C$$

**5.** a) $u = e^x$, $dv = \sin x\, dx$; $u = e^x$, $dv = \cos x\, dx$;

$\dfrac{e^x \sin x - e^x \cos x}{2} + C = \dfrac{e^x(\sin x - \cos x)}{2} + C$

b) $u = e^{-x}$, $dv = \cos 2x\, dx$; $u = e^{-x}$, $dv = \sin 2x\, dx$;

$\dfrac{e^{-x}(2 \sin 2x - \cos 2x)}{5} + C$

c) $u = \cos\theta$, $dv = \cos\theta\, d\theta$; $\sin^2\theta = 1 - \cos^2\theta$;

$\dfrac{\sin\theta \cos\theta + \theta}{2} + C$

d) $u = \cos(\ln x)$, $dv = dx$; $u = \sin(\ln x)$, $dv = dx$;

$\dfrac{x \cos(\ln x) + x \sin(\ln x)}{2} + C$

e) $u = \sin 3t$, $dv = \cos 4t\, dt$; $u = \cos 3t$, $dv = \sin 4t\, dt$;

$\dfrac{16}{7}\left(\dfrac{\sin 3t \sin 4t}{4} + \dfrac{3 \cos 3t \cos 4t}{16}\right) + C$

f) $u = \csc x$, $dv = \csc^2 x\, dx$; $\cot^2 x = \csc^2 x - 1$;

$\dfrac{-\csc x \cot x + \ln|\csc x - \cot x|}{2} + C$

**6.** a) $x \log x - \dfrac{x}{\ln 10} + C$

b) $\dfrac{x^2 \ln^2 x}{2} - \dfrac{x^2 \ln x}{2} + \dfrac{x^2}{4} + C$

c) $\dfrac{x^3 \ln x}{3} - \dfrac{x^3}{9} + C$

d) $\dfrac{-x^3 \cos 2x}{2} + \dfrac{3x^2 \sin 2x}{4} + \dfrac{3x \cos 2x}{4} - \dfrac{3 \sin 2x}{8} + C$

e) $\dfrac{\cos\theta \sin 4\theta - 4 \sin\theta \cos 4\theta}{15} + C$

f) $2y\sqrt{1+y} - \dfrac{4}{3}(1+y)^{\frac{3}{2}} + C$

**7.** a) Il faut poser $u = (\ln x)^n$ et $dv = dx$;

$\displaystyle\int \ln^3 x\, dx = x(\ln x)^3 - 3x(\ln x)^2 + 6x(\ln x) - 6x + C$

b) Il faut poser $u = \cos^{n-1} x$ et $dv = \cos x\, dx$, et remplacer $\sin^2 x$ par $(1 - \cos^2 x)$ dans la nouvelle intégrale;

$\displaystyle\int \cos^4 x\, dx = \dfrac{\cos^3 x \sin x}{4} + \dfrac{3 \cos x \sin x}{8} + \dfrac{3x}{8} + C$;

$\displaystyle\int \cos^5 3x\, dx = \dfrac{\cos^4 3x \sin 3x}{15} + \dfrac{4 \cos^2 3x \sin 3x}{45} + \dfrac{8 \sin 3x}{45} + C$

c) Il faut poser $u = \sec^{n-2} x$ et $dv = \sec^2 x\, dx$, et remplacer $\tan^2 x$ par $(\sec^2 x - 1)$ dans la nouvelle intégrale;

$\displaystyle\int \sec^4 x\, dx = \dfrac{\sec^2 x \tan x}{3} + \dfrac{2}{3}\tan x + C$;

$\displaystyle\int \sec^5 x\, dx = \dfrac{\sec^3 x \tan x}{4} + \dfrac{3 \sec x \tan x}{8} + \dfrac{3 \ln|\sec x + \tan x|}{8} + C$

d) $\displaystyle\int \tan^n x\, dx = \int \tan^{n-2} x \tan^2 x\, dx$

$\displaystyle = \int \tan^{n-2} x (\sec^2 x - 1)\, dx$

$\displaystyle = \int \tan^{n-2} x \sec^2 x\, dx - \int \tan^{n-2} x\, dx$

$\displaystyle = \dfrac{\tan^{n-1} x}{n-1} - \int \tan^{n-2} x\, dx$

$\displaystyle\int \tan^4 x\, dx = \dfrac{\tan^3 x}{3} - \tan x + x + C$;

$\displaystyle\int \tan^7 2x\, dx = \dfrac{\tan^6 2x}{12} - \dfrac{\tan^4 2x}{8} + \dfrac{\tan^2 2x}{4} - \dfrac{\ln|\sec 2x|}{2} + C$

**8.** a) $\left(\dfrac{xe^{3x}}{3} - \dfrac{e^{3x}}{9}\right)\Big|_{-1}^{0} = \dfrac{4 - e^3}{9e^3}$

b) $\left(\dfrac{x^2 \ln x}{2} - \dfrac{x^2}{4}\right)\Big|_{1}^{e} = \dfrac{e^2}{4} + \dfrac{1}{4}$

c) $\left(\dfrac{\cos^4 x \sin x}{5} + \dfrac{4 \cos^2 x \sin x}{15} + \dfrac{8 \sin x}{15}\right)\Big|_{0}^{\pi} = 0$

d) $\left(x \operatorname{Arc}\sin x + \sqrt{1 - x^2}\right)\Big|_{0}^{0,5} = \dfrac{\pi}{12} + \dfrac{\sqrt{3}}{2} - 1$

**9.** Les représentations graphiques sont laissées à l'élève.

a) $\displaystyle\int xe^x\, dx = xe^x - e^x + C$

$A = \displaystyle\int_{-2}^{0} (-xe^x)\, dx + \int_{0}^{1} xe^x\, dx = \left(2 - \dfrac{3}{e^2}\right) u^2$

b) $\displaystyle\int \operatorname{Arc}\tan x\, dx = x \operatorname{Arc}\tan x - \dfrac{\ln(1 + x^2)}{2} + C$

$A = \displaystyle\int_{-1}^{0} (-\operatorname{Arc}\tan x)\, dx + \int_{0}^{1} \operatorname{Arc}\tan x\, dx$

$= \left(\dfrac{\pi}{2} - \ln 2\right) u^2$

c) $\displaystyle\int x^2 \sin x\, dx = -x^2 \cos x + 2x \sin x + 2 \cos x + C$

$A = \displaystyle\int_{0}^{\pi} x^2 \sin x\, dx + \int_{\pi}^{2\pi} (-x^2 \sin x)\, dx$

$= (6\pi^2 - 8) u^2$

d) $\displaystyle\int \dfrac{\ln x}{\sqrt{x}}\, dx = 2\sqrt{x} \ln x - 4\sqrt{x} + C$

$A = \displaystyle\int_{0,5}^{1} \left(0 - \dfrac{\ln x}{\sqrt{x}}\right) dx + \int_{1}^{2} \dfrac{\ln x}{\sqrt{x}}\, dx$

$= [8 + \sqrt{2}(\ln 2 - 6)] u^2$

**10.** a) $u = $ polynôme et $dv = \sin ax\, dx$

b) $u = \ln x$ et $dv = (\text{polynôme})\, dx$

c) $u = $ polynôme et $dv = e^{ax}\, dx$

d) $u = \operatorname{Arc}\tan x$ et $dv = (\text{polynôme})\, dx$

## Exercices 4.2 (page 223)

**1.** a) $\displaystyle\int \sin^2 x \cos^2 x \cos x\, dx = \int \sin^2 x (1 - \sin^2 x) \cos x\, dx$

$\displaystyle = \int \sin^2 x \cos x\, dx - \int \sin^4 x \cos x\, dx$

$= \dfrac{\sin^3 x}{3} - \dfrac{\sin^5 x}{5} + C$

b) $\displaystyle\int \sin^2 5x \cos^2 5x \sin 5x\, dx = \int (1 - \cos^2 5x) \cos^2 5x \sin 5x\, dx$

$\displaystyle = \int \cos^2 5x \sin 5x\, dx - \int \cos^4 5x \sin 5x\, dx$

$= \dfrac{-\cos^3 5x}{15} + \dfrac{\cos^5 5x}{25} + C$

c) $\displaystyle\int (\sin t \cos t)^2\, dt = \int \left(\dfrac{\sin 2t}{2}\right)^2 dt$

$= \dfrac{1}{4}\displaystyle\int \sin^2 2t\, dt$

$= \dfrac{1}{4}\displaystyle\int \dfrac{1 - \cos 4t}{2}\, dt$

$= \dfrac{t}{8} - \dfrac{\sin 4t}{32} + C$

d) $\displaystyle\int \dfrac{1}{2}(\sin 3\theta + \sin 7\theta)\, d\theta = \dfrac{-\cos 3\theta}{6} - \dfrac{\cos 7\theta}{14} + C$

e) $\displaystyle\int (\cos^2 3x)^2\, dx = \int \left(\dfrac{1 + \cos 6x}{2}\right)^2 dx$

$= \dfrac{1}{4}\displaystyle\int (1 + 2\cos 6x + \cos^2 6x)\, dx$

$$= \frac{1}{4}\int\left(1 + 2\cos 6x + \frac{1+\cos 12x}{2}\right)dx$$
$$= \frac{3x}{8} + \frac{\sin 6x}{12} + \frac{\sin 12x}{96} + C$$

f) 
$$\int \cos^2 x \sqrt{\sin x}\,\cos x\,dx = \int(1-\sin^2 x)\sqrt{\sin x}\,\cos x\,dx$$
$$= \frac{2}{3}\sin^{\frac{3}{2}}x - \frac{2}{7}\sin^{\frac{7}{2}}x + C$$
$$= \frac{2}{3}\sqrt{\sin^3 x} - \frac{2}{7}\sqrt{\sin^7 x} + C$$

g)
$$\int \frac{1}{2}\left(\cos\left(\frac{u}{4}\right) + \cos\left(\frac{3u}{4}\right)\right)du = 2\sin\left(\frac{u}{4}\right) + \frac{2}{3}\sin\left(\frac{3u}{4}\right) + C$$

h)
$$\int(\sin x\cos x)^2 \sin^2 x\,dx = \int\left(\frac{1}{4}\sin^2 2x\right)\sin^2 x\,dx$$
$$= \frac{1}{4}\int \sin^2 2x\left(\frac{1-\cos 2x}{2}\right)dx$$
$$= \frac{1}{8}\left[\int\sin^2 2x\,dx - \int\sin^2 2x\cos 2x\,dx\right]$$
$$= \frac{1}{8}\left[\int\frac{1-\cos 4x}{2}dx - \int\sin^2 2x\cos 2x\,dx\right]$$
$$= \frac{x}{16} - \frac{\sin 4x}{64} - \frac{\sin^3 2x}{48} + C$$

i)
$$\int\sin^5 2\theta\cos^2 2\theta\cos 2\theta\,d\theta$$
$$= \int\sin^5 2\theta(1-\sin^2 2\theta)\cos 2\theta\,d\theta$$
$$= \int\sin^5 2\theta\cos 2\theta\,d\theta - \int\sin^7 2\theta\cos 2\theta\,d\theta$$
$$= \frac{\sin^6 2\theta}{12} - \frac{\sin^8 2\theta}{16} + C$$

**2. a)**
$$\int\tan 2\theta\tan^2 2\theta\,d\theta = \int\tan 2\theta(\sec^2 2\theta - 1)\,d\theta$$
$$= \int\tan 2\theta\sec^2 2\theta\,d\theta - \int\tan 2\theta\,d\theta$$
$$= \frac{\tan^2 2\theta}{4} + \frac{\ln|\cos 2\theta|}{2} + C$$

b)
$$\int\tan^2 x\tan^2 x\,dx = \int\tan^2 x(\sec^2 x - 1)\,dx$$
$$= \int(\tan^2 x\sec^2 x - \tan^2 x)\,dx$$
$$= \int(\tan^2 x\sec^2 x - (\sec^2 x - 1))\,dx$$
$$= \int\tan^2 x\sec^2 x\,dx - \int\sec^2 x\,dx + \int dx$$
$$= \frac{\tan^3 x}{3} - \tan x + x + C$$

c)
$$\int\sec^2 x\tan^2 x\sec^2 x\,dx = \int(\tan^2 x + 1)\tan^2 x\sec^2 x\,dx$$
$$= \int\tan^4 x\sec^2 x\,dx + \int\tan^2 x\sec^2 x\,dx$$
$$= \frac{\tan^5 x}{5} + \frac{\tan^3 x}{3} + C$$

d)
$$\int\tan^2 v\sec v\tan v\,dv = \int(\sec^2 v - 1)\sec v\tan v\,dv$$
$$= \int\sec^2 v\sec v\tan v\,dv - \int\sec v\tan v\,dv$$
$$= \frac{\sec^3 v}{3} - \sec v + C$$

e)
$$\int\sec^3 x(\sec^2 x - 1)\,dx = \int\sec^5 x\,dx - \int\sec^3 x\,dx$$
$$= \frac{\sec^3 x\tan x}{4} - \frac{\sec x\tan x}{8} - \frac{\ln|\sec x + \tan x|}{8} + C$$

f)
$$\int\sec^2 5x\tan^2 5x\sec 5x\tan 5x\,dx = \int\sec^2 5x(\sec^2 5x - 1)\sec 5x\tan 5x\,dx$$
$$= \int\sec^4 5x\sec 5x\tan 5x\,dx - \int\sec^2 5x\sec 5x\tan 5x\,dx$$
$$= \frac{\sec^5 5x}{25} - \frac{\sec^3 5x}{15} + C$$

**3. a)**
$$\int\cot x\cot^2 x\,dx = \int\cot x(\csc^2 x - 1)\,dx$$
$$= \frac{-\cot^2 x}{2} - \ln|\sin x| + C$$

b)
$$\int\cot^2 5x\cot^2 5x\,dx = \int\cot^2 5x(\csc^2 5x - 1)\,dx$$
$$= \int(\cot^2 5x\csc^2 5x - \cot^2 5x)\,dx$$
$$= \int(\cot^2 5x\csc^2 5x - \csc^2 5x + 1)\,dx$$
$$= \frac{-\cot^3 5x}{15} + \frac{\cot 5x}{5} + x + C$$

c)
$$\int\csc^2 t\csc^2 t\,dt = \int(\cot^2 t + 1)\csc^2 t\,dt$$
$$= \frac{-\cot^3 t}{3} - \cot t + C$$

d)
$$\int\cot^2 x\csc^2 x\csc x\cot x\,dx$$
$$= \int(\csc^2 x - 1)\csc^2 x\csc x\cot x\,dx$$
$$= \frac{-\csc^5 x}{5} + \frac{\csc^3 x}{3} + C$$

e)
$$\int\csc^2 x\csc^2 x\cot^3 x\,dx = \int\csc^2 x(1 + \cot^2 x)\cot^3 x\,dx$$
$$= \frac{-\cot^4 x}{4} - \frac{\cot^6 x}{6} + C$$

f)
$$\int(\csc^2 x - 1)\csc x\,dx = \int(\csc^3 x - \csc x)\,dx$$
$$= \frac{-\csc x\cot x}{2} - \frac{\ln|\csc x - \cot x|}{2} + C$$

**4. a)**
$$\int\sec^4 3t\sec 3t\tan 3t\,dt = \frac{\sec^5 3t}{15} + C$$

b)
$$\int\sec^2 2x\sec^2 2x\tan^5 2x\,dx = \int(\tan^2 2x + 1)\tan^5 2x\sec^2 2x\,dx$$
$$= \frac{\tan^8 2x}{16} + \frac{\tan^6 2x}{12} + C$$

c)
$$\frac{1}{2}\int\left[\sin\left(\frac{-x}{6}\right) + \sin\left(\frac{7x}{6}\right)\right]dx = 3\cos\left(\frac{-x}{6}\right) - \frac{3}{7}\cos\left(\frac{7x}{6}\right) + C$$

d)
$$\int\cot^4\theta\csc^2\theta\,d\theta = \frac{-\cot^5\theta}{5} + C$$

e)
$$\int\frac{\cos^2 x}{\sqrt{\sin x}}\cos x\,dx = \int\frac{1-\sin^2 x}{\sqrt{\sin x}}\cos x\,dx$$
$$= 2\sqrt{\sin x} - \frac{2\sqrt{\sin^5 x}}{5} + C$$

f)
$$\int\cot^3 2x\csc^2 2x\csc^2 2x\,dx = \int\cot^3 2x(1 + \cot^2 2x)\csc^2 2x\,dx$$
$$= \frac{-\cot^4 2x}{8} - \frac{\cot^6 2x}{12} + C$$

g)
$$\frac{1}{6}\sec^5 x\tan x + \frac{5}{24}\sec^3 x\tan x + \frac{5}{16}\sec x\tan x +$$
$$\frac{5}{16}\ln|\sec x + \tan x| + C$$

h)
$$\int[2 + (\sin x\cos x)^2]\,dx = \int\left[2 + \frac{1}{4}\sin^2 2x\right]dx$$
$$= \frac{17x}{8} - \frac{\sin 4x}{32} + C$$

i)
$$\int\sin^2\theta\tan^3\theta\,d\theta = \int\frac{\sin^2\theta\sin^3\theta}{\cos^3\theta}d\theta$$
$$= \int\frac{\sin^4\theta}{\cos^3\theta}\sin\theta\,d\theta$$
$$= \int\frac{(1-\cos^2\theta)^2}{\cos^3\theta}\sin\theta\,d\theta$$
$$= \int\frac{\sin\theta}{\cos^3\theta}d\theta - 2\int\frac{\sin\theta}{\cos\theta}d\theta + \int\cos\theta\sin\theta\,d\theta$$
$$= \frac{\sec^2\theta}{2} + 2\ln|\cos\theta| - \frac{\cos^2\theta}{2} + C$$

**5.** a) $\left(\dfrac{\theta}{2} + \dfrac{\sin 2\theta}{4}\right)\Big|_0^{\frac{\pi}{4}} = \dfrac{\pi}{8} + \dfrac{1}{4}$

b) $\left(\dfrac{\sin^3 x}{3} - \dfrac{\sin^5 x}{5}\right)\Big|_{\frac{-\pi}{2}}^{\frac{\pi}{2}} = \dfrac{4}{15}$

c) $\left(\dfrac{\sin^3 u}{3} + \tan u\right)\Big|_0^{\frac{\pi}{4}} = \dfrac{4}{3}$

d) $\left(\dfrac{\cos^5 x}{5} - \dfrac{\cos^3 x}{3}\right)\Big|_\pi^{2\pi} = \dfrac{-4}{15}$

e) $\left(\dfrac{-\cos x}{2} - \dfrac{\cos 7x}{14}\right)\Big|_0^{2\pi} = 0$

f) $\left(\dfrac{-\cot^7 x}{7} - \dfrac{\cot^5 x}{5}\right)\Big|_{\frac{\pi}{4}}^{\frac{\pi}{2}} = \dfrac{12}{35}$

**6.**
```
> with(plots):
> y:=plot([(sin(x))^2,(cos(x))^3],x=0..4,color=[orange,blue]):
> c:=plot([(sin(x))^2,(cos(x))^3],x=Pi/2..Pi,filled=true,color=yellow):
> display(y,c,scaling=constrained);
```

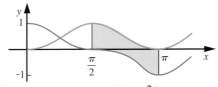

$A = \int_{\frac{\pi}{2}}^{\pi} (\sin^2 x - \cos^3 x)\, dx = \left(\dfrac{\pi}{4} + \dfrac{2}{3}\right) u^2$

## Exercices 4.3 (page 238)

**1.** a) $\cos \theta = \dfrac{\sqrt{25 - x^2}}{5}$;

$\tan \theta = \dfrac{x}{\sqrt{25 - x^2}}$; $\csc \theta = \dfrac{5}{x}$;

$\theta = \text{Arc sin}\left(\dfrac{x}{5}\right)$

b) $\sin 2\theta = 2 \sin \theta \cos \theta$

$= \dfrac{2\sqrt{7}\sqrt{9u^2 - 7}}{9u^2}$;

$\cot \theta = \dfrac{\sqrt{7}}{\sqrt{9u^2 - 7}}$; $\theta = \text{Arc sec}\left(\dfrac{3u}{\sqrt{7}}\right)$

**2.** a) $x = 5 \sin \theta$; $\text{Arc sin}\left(\dfrac{x}{5}\right) + C$

b) $x = \sin \theta$; $\dfrac{1}{2} \ln \left|\dfrac{1 + x}{1 - x}\right| + C$

c) $x = 3 \sin \theta$; $\dfrac{(\sqrt{9 - x^2})^3}{3} - 9\sqrt{9 - x^2} + C$

d) $x = 4 \sin \theta$; $\dfrac{7x}{16\sqrt{16 - x^2}} + C$

e) $x = 6 \sin \theta$; $3 \ln \left|\dfrac{6 - \sqrt{36 - x^2}}{x}\right| + \dfrac{\sqrt{36 - x^2}}{2} + C$

f) $x = 2 \sin \theta$; $\left(2 \text{Arc sin}\left(\dfrac{x}{2}\right) + \dfrac{x\sqrt{4 - x^2}}{2}\right)\Big|_0^2 = \pi$

**3.** a) $x = \tan \theta$; $\ln \left|\dfrac{\sqrt{x^2 + 1} - 1}{x}\right| + C$

b) $x = 6 \tan \theta$; $\dfrac{x}{36\sqrt{36 + x^2}} + C$

c) $x = \dfrac{3}{2} \tan \theta$; $\dfrac{x\sqrt{4x^2 + 9}}{2} + \dfrac{9}{4} \ln |\sqrt{4x^2 + 9} + 2x| + C$

d) $x = 3 \tan \theta$; $\dfrac{1}{81}\left[\ln \left|\dfrac{x}{\sqrt{9 + x^2}}\right| - \dfrac{x^2}{2(9 + x^2)}\right] + C$

e) $x = \dfrac{1}{3} \tan \theta$; $\dfrac{-(9x^2 + 1)^{\frac{3}{2}}}{3x^3} + C$

f) $x = \sqrt{3} \tan \theta$; $\dfrac{-\sqrt{3 + x^2}}{3x}\Big|_1^5 = \dfrac{10 - \sqrt{28}}{15}$

**4.** a) $x = \sec \theta$; $\sqrt{x^2 - 1} - \text{Arc sec } x + C$

b) $x = \dfrac{1}{3} \sec \theta$; $\dfrac{x\sqrt{9x^2 - 1}}{18} + \dfrac{1}{54} \ln |3x + \sqrt{9x^2 - 1}| + C$

c) $x = \dfrac{1}{3} \sec \theta$; $3 \ln |3x + \sqrt{9x^2 - 1}| - \dfrac{\sqrt{9x^2 - 1}}{x} + C$

d) $x = \dfrac{\sqrt{3}}{\sqrt{5}} \sec \theta$; $\dfrac{\sqrt{5x^2 - 3}}{3x} + C$

e) $x = \dfrac{1}{2} \sec \theta$; $\dfrac{2x\sqrt{4x^2 - 1} - \ln |2x + \sqrt{4x^2 - 1}|}{8} + C$

f) $x = 4 \sec \theta$; $\dfrac{-x}{16\sqrt{x^2 - 16}}\Big|_{-6}^{-5} = \dfrac{5}{48} - \dfrac{3\sqrt{5}}{80}$

**5.** a) $(x + 2)^2 - 3$ d) $4\left(x + \dfrac{3}{2}\right)^2 + 2$

b) $\left(x - \dfrac{5}{2}\right)^2 + \dfrac{3}{4}$ e) $\dfrac{57}{4} - \left(x + \dfrac{7}{2}\right)^2$

c) $(x - 4)^2 - 16$ f) $\dfrac{25}{3} - 3\left(x - \dfrac{5}{3}\right)^2$

**6.** a) $(3 - x^2 - 2x) = 4 - (x + 1)^2$; $(x + 1) = 2 \sin \theta$;

$\dfrac{x + 1}{4\sqrt{3 - x^2 - 2x}} + C$

b) $(4x^2 + 12x + 25) = (2x + 3)^2 + 16$; $(2x + 3) = 4 \tan \theta$;

$\dfrac{1}{2} \ln |\sqrt{4x^2 + 12x + 25} + 2x + 3| + C$

c) $(x^2 - 6x) = (x - 3)^2 - 9$; $(x - 3) = 3 \sec \theta$;

$\sqrt{x^2 - 6x} + 3 \ln |x - 3 + \sqrt{x^2 - 6x}| + C$

d) $x^2 + 4x + 13 = (x + 2)^2 + 9$; $(x + 2) = 3 \tan \theta$;

$\left(\ln \left|\dfrac{\sqrt{x^2 + 4x + 13} + (x + 2)}{3}\right|\right)\Big|_{-2}^2 = \ln 3$

**7.** a) $x = \sin^4 \theta$; $4\left[\dfrac{(\sqrt{1 - \sqrt{x}})^3}{3} - \sqrt{1 - \sqrt{x}}\right] + C$

b) $x = 16 \sec^4 \theta$; $\ln \left|\dfrac{\sqrt{\sqrt{x} - 4}}{\sqrt[4]{x}}\right| + C$

c) $x = \tan^2 \theta$; $2 \ln \left|\dfrac{\sqrt{x + 1}}{\sqrt{x}} - \dfrac{1}{\sqrt{x}}\right| + C$

d) $u = \tan\left(\dfrac{x}{2}\right)$; $\sin x = \dfrac{2u}{1 + u^2}$; $dx = \dfrac{2}{1 + u^2} du$;

$(u - 2) = \sqrt{3} \sec \theta$;

$\dfrac{2\sqrt{3}}{3} \ln \left|\dfrac{\tan\left(\dfrac{x}{2}\right) - 2 - \sqrt{3}}{\sqrt{\tan^2\left(\dfrac{x}{2}\right) - 4 \tan\left(\dfrac{x}{2}\right) + 1}}\right| + C$

e) $u = \tan\left(\dfrac{x}{2}\right)$; $\tan x = \dfrac{2u}{1 - u^2}$; $\sin x = \dfrac{2u}{1 + u^2}$; $dx = \dfrac{2}{1 + u^2} du$;

$\dfrac{1}{2} \ln \left(\tan\left(\dfrac{x}{2}\right)\right) - \dfrac{\tan^2\left(\dfrac{x}{2}\right)}{4} + C$

f) $u = \tan\left(\dfrac{x}{2}\right); \sin x = \dfrac{2u}{1 + u^2}; \cos x = \dfrac{1 - u^2}{1 + u^2};$

$dx = \dfrac{2}{1 + u^2}\,du; \left[\ln\left|1 + \tan\left(\dfrac{x}{2}\right)\right|\right]_0^{\frac{\pi}{2}} = \ln 2$

**8.** a) $\dfrac{-\sqrt{4 - 9x^2}}{4x} + C$

b) $\dfrac{-\sqrt{9 + x^2}}{2x^2} + \dfrac{1}{6}\ln\left|\dfrac{\sqrt{9 + x^2} - 3}{x}\right| + C$

c) $18 \operatorname{Arc\,sin}\left(\dfrac{x}{6}\right) - \dfrac{x\sqrt{36 - x^2}}{2} + C$

d) $\dfrac{(2x - 3)\sqrt{4x^2 - 12x + 18}}{4} + \dfrac{9}{4}\ln\left|\dfrac{(2x - 3) + \sqrt{4x^2 - 12x + 18}}{3}\right| + C$

e) $\dfrac{2\sqrt{3}}{3} \operatorname{Arc\,tan}\left(\dfrac{\sqrt{3}\tan\left(\dfrac{x}{2}\right)}{3}\right) + C$

f) $4 \operatorname{Arc\,sin}(x - 1)\Big|_{\frac{1}{2}}^{1} = \dfrac{2\pi}{3}$

g) $\dfrac{1}{2}\ln(x^2 + \sqrt{x^4 + 1})\Big|_{-1}^{1} = 0$

h) $\dfrac{2(1 + 2x^2)\sqrt{x^2 - 1}}{x^3}\Big|_2^4 = \dfrac{33\sqrt{15} - 72\sqrt{3}}{32}$

**9.** a) $A = \displaystyle\int_1^{\sqrt{2}} \dfrac{1}{\sqrt{2x^2 - 1}}\,dx$

Posons $x = \dfrac{1}{\sqrt{2}}\sec\theta$

$A = \left(\dfrac{1}{\sqrt{2}}\ln\left|\sqrt{2}\,x + \sqrt{2x^2 - 1}\right|\right)\Big|_1^{\sqrt{2}}$

$= \dfrac{\sqrt{2}}{2}\ln\left(\dfrac{2 + \sqrt{3}}{1 + \sqrt{2}}\right) u^2$

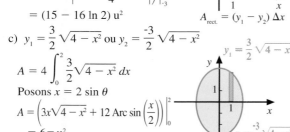

b) $A = \displaystyle\int_{-3}^{3}\left[5 - \sqrt{x^2 + 16}\right]dx$

Posons $x = 4\tan\theta$

$A = \left(5x - \dfrac{x\sqrt{x^2 + 16}}{2} - 8\ln\left|\dfrac{x + \sqrt{x^2 + 16}}{4}\right|\right)\Big|_{-3}^{3}$

$= (15 - 16\ln 2)\,u^2$

c) $y_1 = \dfrac{3}{2}\sqrt{4 - x^2}$ ou $y_2 = \dfrac{-3}{2}\sqrt{4 - x^2}$

$A = 4\displaystyle\int_0^2 \dfrac{3}{2}\sqrt{4 - x^2}\,dx$

Posons $x = 2\sin\theta$

$A = \left(3x\sqrt{4 - x^2} + 12\operatorname{Arc\,sin}\left(\dfrac{x}{2}\right)\right)\Big|_0^2$

$= 6\pi\,u^2$

d) $A = \displaystyle\int_0^1 \sqrt{1 - \sqrt{x}}\,dx$

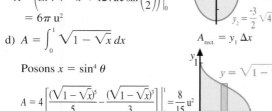

Posons $x = \sin^4\theta$

$A = 4\left[\dfrac{(\sqrt{1 - \sqrt{x}})^5}{5} - \dfrac{(\sqrt{1 - \sqrt{x}})^3}{3}\right]\Big|_0^1 = \dfrac{8}{15}u^2$

**10.** a) i) $\left[\dfrac{\pi r^2}{2} - a\sqrt{r^2 - a^2} - r^2 \operatorname{Arc\,sin}\left(\dfrac{a}{r}\right)\right]u^2$

ii) $\dfrac{(4\pi - 3\sqrt{3})\,r^2}{12}u^2$

b) $A = 12\pi - 18\sqrt{3}$, d'où $A \approx 6{,}52\,u^2$

---

## Exercices 4.4 (page 251)

**1.** a) $\dfrac{\frac{1}{4}}{x - 1} + \dfrac{\frac{-1}{4}}{x + 3}$

c) $\dfrac{-5}{x} + \dfrac{\frac{5}{2}}{x - 1} + \dfrac{\frac{5}{2}}{x + 1}$

b) $5 + \dfrac{-1}{x + 1} + \dfrac{16}{x - 4}$

d) $\dfrac{6}{x} + \dfrac{-6x + 0}{x^2 + 1}$

**2.** a) $\dfrac{A}{x} + \dfrac{B}{x^2} + \dfrac{C}{x^3} + \dfrac{D}{3x + 4}$

b) $x - 1 + \dfrac{2}{x + 1}$

c) $\dfrac{A}{x} + \dfrac{B}{x + 1} + \dfrac{Cx + D}{x^2 - x + 1}$

d) $\dfrac{A}{x - 1} + \dfrac{B}{(x - 1)^2} + \dfrac{C}{x + 1} + \dfrac{D}{(x + 1)^2} + \dfrac{Ex + F}{(x^2 + 1)} + \dfrac{Gx + I}{(x^2 + 1)^2}$

e) $\dfrac{A}{x + 1} + \dfrac{B}{(x + 1)^2} + \dfrac{C}{(x + 1)^3} + \dfrac{Dx + E}{x^2 + x + 1} + \dfrac{Fx + G}{(x^2 + x + 1)^2}$

f) $\dfrac{A}{x} + \dfrac{B}{x^2} + \dfrac{C}{x^3} + \dfrac{D}{(x - 1)} + \dfrac{E}{(x - 1)^2} + \dfrac{F}{(x + 1)} + \dfrac{Gx + H}{x^2 + 1}$

**3.** a) $\displaystyle\int\left[\dfrac{5}{x - 2} + \dfrac{3}{x + 3}\right]dx = 5\ln|x - 2| + 3\ln|x + 3| + C$

b) $\displaystyle\int\left[\dfrac{1}{x - 1} + \dfrac{1}{(x - 1)^2}\right]dx = \ln|x - 1| - \dfrac{1}{x - 1} + C$

c) $\displaystyle\int\left[3 + \dfrac{4}{x - 2} + \dfrac{2}{x + 1}\right]dx = 3x + 4\ln|x - 2| + 2\ln|x + 1| + C$

d) $\displaystyle\int\left[\dfrac{1}{x} + \dfrac{-2}{x + 1} + \dfrac{2}{x - 1}\right]dx = \ln|x| - 2\ln|x + 1| + 2\ln|x - 1| + C$

e) $\displaystyle\int\left[\dfrac{1}{x} + \dfrac{-12}{(2x + 3)^3}\right]dx = \ln|x| + \dfrac{3}{(2x + 3)^2} + C$

f) $\displaystyle\int\left[\dfrac{3}{x - 2} + \dfrac{4}{x + 2} + \dfrac{-1}{x - 1} + \dfrac{2}{x + 1}\right]dx =$

$3\ln|x - 2| + 4\ln|x + 2| - \ln|x - 1| + 2\ln|x + 1| + C$

g) $\displaystyle\int\left[x^2 - x + 1 - \dfrac{4}{x} + \dfrac{4}{x^2} + \dfrac{3}{x + 1}\right]dx =$

$\dfrac{x^3}{3} - \dfrac{x^2}{2} + x - 4\ln|x| - \dfrac{4}{x} + 3\ln|x + 1| + C$

h) $\displaystyle\int_1^2\left[\dfrac{2}{x} + \dfrac{3}{x + 1} - \dfrac{4}{(x + 1)^2}\right]dx =$

$\left(2\ln|x| + 3\ln|x + 1| + \dfrac{4}{x + 1}\right)\Big|_1^2 = 3\ln 3 - \ln 2 - \dfrac{2}{3}$

i) $\displaystyle\int_2^4\left[\dfrac{1}{x^3} + \dfrac{4}{(x + 1)^2}\right]dx = \left(\dfrac{-1}{2x^2} - \dfrac{4}{x + 1}\right)\Big|_2^4 = \dfrac{301}{480}$

**4.** a) $\displaystyle\int\left[\dfrac{3}{x} + \dfrac{4x - 5}{x^2 + 1}\right]dx = 3\ln|x| + 2\ln(x^2 + 1) - 5\operatorname{Arc\,tan}x + C$

b) $\displaystyle\int\left[\dfrac{4}{x^2} + \dfrac{-2x + 1}{x^2 - x + 5}\right]dx = \dfrac{-4}{x} - \ln|x^2 - x + 5| + C$

c) $\displaystyle\int\left[4x^3 + \dfrac{7x}{2x^2 + 5}\right]dx = x^4 + \dfrac{7}{4}\ln|2x^2 + 5| + C$

d) $\displaystyle\int\left[\dfrac{1}{x} + \dfrac{-6x}{(x^2 + 2)^2} + \dfrac{x}{(x^2 + 2)^3}\right]dx =$

$\ln|x| + \dfrac{3}{x^2 + 2} - \dfrac{1}{4(x^2 + 2)^2} + C$

e) $\displaystyle\int\left[\dfrac{1}{x^2}+\dfrac{-6x-9}{(x^2+3x+5)^2}\right]dx=\dfrac{-1}{x}+\dfrac{3}{(x^2+3x+5)}+C$

f) $4\ln|x-1|+\ln(x^2+2x+5)-\dfrac{1}{2}\operatorname{Arc\,tan}\left(\dfrac{x+1}{2}\right)+C$

g) $2\ln|x|+\dfrac{1}{2}\ln(x^2+1)-\operatorname{Arc\,tan}x+\dfrac{3}{2(x^2+1)}+C$

h) $\displaystyle\int_0^1\left[\dfrac{2x}{x^2+3}+\dfrac{5x-1}{x^2+1}\right]dx$

$\qquad =\left(\ln|x^2+3|+\dfrac{5}{2}\ln|x^2+1|-\operatorname{Arc\,tan}x\right)\Big|_0^1$

$\qquad =\ln\left(\dfrac{4}{3}\right)+\dfrac{5}{2}\ln2-\dfrac{\pi}{4}$

i) $\displaystyle\int_{-1}^1\left[2x+\dfrac{1}{x^2+1}+\dfrac{-2x}{(x^2+1)^2}\right]dx=$

$\qquad\qquad\left(x^2+\operatorname{Arc\,tan}x+\dfrac{1}{x^2+1}\right)\Big|_{-1}^1=\dfrac{\pi}{2}$

**5.** a) $\displaystyle\int\left[2+\dfrac{4u-2}{u^2+1}\right]du=2\sqrt{x}+2\ln|x+1|-2\operatorname{Arc\,tan}\sqrt{x}+C$

b) $\displaystyle\int\left[\dfrac{1}{u-1}+\dfrac{-1}{u+1}\right]du=\ln|\sqrt{x+1}-1|-\ln|\sqrt{x+1}+1|+C$

**6.** a) $u=\tan\theta$

$\displaystyle\int\left[\dfrac{\frac{1}{4}}{u-2}+\dfrac{\frac{-1}{4}}{u+2}\right]du=\dfrac{1}{4}\ln|\tan\theta-2|-\dfrac{1}{4}\ln|\tan\theta+2|+C$

b) $u=\sin x$

$\displaystyle\int\left[\dfrac{-1}{u}+\dfrac{-1}{u^2}+\dfrac{1}{u-1}\right]du=-\ln|\sin x|+\csc x+\ln|\sin x-1|+C$

c) $u=\ln x$

$\displaystyle\int\left[\dfrac{3}{u}+\dfrac{4u-5}{u^2+1}\right]du=$

$\qquad 3\ln|\ln x|+2\ln|\ln^2 x+1|-5\operatorname{Arc\,tan}(\ln x)+C$

d) $u=\sin\theta$

$-5\csc\theta-5\operatorname{Arc\,tan}(\sin\theta)+C$

**7.** a) > with(plots):
> g:=plot(x^2/(x^2+1),x=-1..1,color=orange):
> c:=plot(x^2/(x^2+1),x=-1..1,filled=true,color=yellow):
> display(g,c);

$A=\displaystyle\int_{-1}^1\left[1-\dfrac{1}{1+x^2}\right]dx$

$\quad =(x-\operatorname{Arc\,tan}x)\Big|_{-1}^1$

$\quad =\left(2-\dfrac{\pi}{2}\right)u^2$

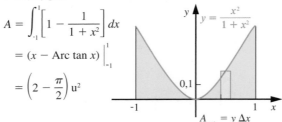

b) > with(plots):
> f:=plot(t/(t^2+t-12),t=-3..2,color=orange):
> c:=plot(t/(t^2+t-12),t=-3..2,filled=true,color=yellow):
> display(f,c);

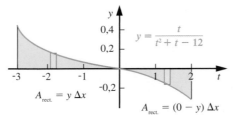

$A=\displaystyle\int_{-3}^0\left[\dfrac{4}{7(t+4)}+\dfrac{3}{7(t-3)}\right]dt-\int_0^2\left[\dfrac{4}{7(t+4)}+\dfrac{3}{7(t-3)}\right]dt$

$\quad =\left(\dfrac{4}{7}\ln|t+4|+\dfrac{3}{7}\ln|t-3|\right)\Big|_{-3}^0-\left(\dfrac{4}{7}\ln|t+4|+\dfrac{3}{7}\ln|t-3|\right)\Big|_0^2$

$\quad =\dfrac{8}{7}\ln4+\dfrac{6}{7}\ln3-\ln6$

$\quad =\left(\dfrac{9\ln2-\ln3}{7}\right)u^2$

c) > with(plots):
> g:=plot((4-x)/(x^2-4),x=3..4,color=orange):
> c:=plot((4-x)/(x^2-4),x=3..4,filled=true,color=yellow):
> display(g,c);

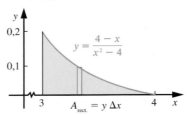

$A=\displaystyle\int_3^4\left[\dfrac{1}{2(x-2)}-\dfrac{3}{2(x+2)}\right]dx$

$\quad =\left(\dfrac{1}{2}\ln|x-2|-\dfrac{3}{2}\ln|x+2|\right)\Big|_3^4$

$\quad =\left(\dfrac{1}{2}\ln2+\dfrac{3}{2}\ln\left(\dfrac{5}{6}\right)\right)u^2$

d) > with(plots):
> f:=plot(1+10*x^4/(x+1)^3,x=0..1,color=orange):
> c:=plot(1+10*x^4/(x+1)^3,x=0..1,filled=true, color=yellow):
> display(f,c);

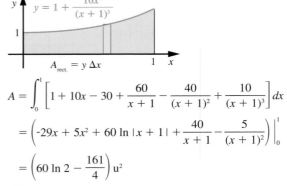

$A=\displaystyle\int_0^1\left[1+10x-30+\dfrac{60}{x+1}-\dfrac{40}{(x+1)^2}+\dfrac{10}{(x+1)^3}\right]dx$

$\quad =\left(-29x+5x^2+60\ln|x+1|+\dfrac{40}{x+1}-\dfrac{5}{(x+1)^2}\right)\Big|_0^1$

$\quad =\left(60\ln2-\dfrac{161}{4}\right)u^2$

**8.** a) $\dfrac{dQ}{dt}=0{,}000\,15\,Q(2400-Q)$

b) $\displaystyle\int\left[\dfrac{\frac{1}{2400}}{Q}+\dfrac{\frac{1}{2400}}{2400-Q}\right]dQ=\int 0{,}000\,15\,dt$

$\qquad\dfrac{1}{2400}\ln\left(\dfrac{Q}{2400-Q}\right)=0{,}000\,15t+C$

En remplaçant $t$ par 0 et $Q$ par 400, nous trouvons

$C=\dfrac{1}{2400}\ln\left(\dfrac{1}{5}\right)$

d'où $Q=\dfrac{2400}{1+5e^{-0,36t}}$

c) Lorsque $t=3$, $Q\approx889$ truites.

d) En posant $Q=1800$, nous trouvons $t\approx7{,}52$ mois.

e)
```
> Q:=t->2400/(1+5*exp(-0.36*t)):
> with(plots):
> c:=plot(Q(t),t=0..20,y=0..2500,color=orange):
> A:=plot(2400,t=0..20,linestyle=4,color=blue):
> display(c,A);
```

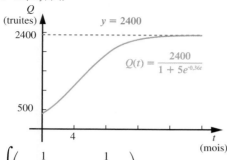

**9.** a) $\displaystyle\int\left(\frac{\frac{1}{2000}}{1500 - Q} + \frac{\frac{1}{2000}}{500 + Q}\right) dQ = \int k\,dt$

$$\frac{1}{2000} \ln\left(\frac{500 + Q}{1500 - Q}\right) = kt + C$$

En remplaçant $t$ par 0 et $Q$ par 500, nous trouvons $C = 0$
En remplaçant $t$ par 10 et $Q$ par 1000, nous trouvons

$$k = \frac{\ln 3}{20\,000}, \text{ d'où } Q \approx \frac{1500(3^{0,1t}) - 500}{1 + 3^{0,1t}}$$

b) Environ 1300 g

c) Environ 26,77 min

d) $\displaystyle\lim_{t\to+\infty} \frac{1500(3^{0,1t}) - 500}{1 + 3^{0,1t}} \quad \left(\text{ind. } \frac{+\infty}{+\infty}\right)$

$\displaystyle\overset{RH}{=} \lim_{t\to+\infty} \frac{150(3^{0,1t}) \ln 3}{(0,1)3^{0,1t} \ln 3} = 1500$

d'où $Q_{max} = 1500$ g.

e)
```
> Q:=t->(1500*3^(t/10)-500)/(1+3^(t/10)):
> with(plots):
> c:=plot(Q(t),t=0..40,y=0..1600,color=orange):
> A:=plot(1500,t=0..40,linestyle=4,color=blue):
> display(c,A);
```

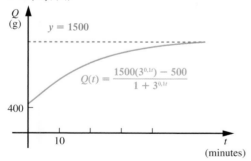

**10.** a) $\displaystyle\frac{dP}{dt} = kP(32\,000 - P)$

b) $\displaystyle k = \frac{\ln 5}{192\,000}, \text{ d'où } P = \frac{32\,000}{1 + 15(0,2)^{\frac{t}{6}}}$

c) Environ 15 794 bactéries

d) Environ 15,28 heures

e) $\displaystyle\lim_{t\to+\infty} \left(\frac{32\,000}{1 + 15(0,2)^{\frac{t}{6}}}\right) = 32\,000,$ d'où 32 000 bactéries.

f)
```
> P:=t->32000/(1+15*(1/5)^(t/6)):
> with(plots):
> c:=plot(P(t),t=0..30,y=0..35000,color=orange):
> A:=plot(32000,t=0..30,linestyle=4,color=blue):
> display(c,p,A);
```

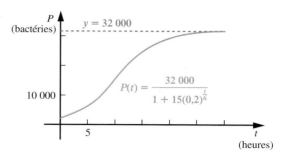

## Exercices récapitulatifs (page 254)

**1.** a) $5(t \sin t + \cos t) + C$

b) $-3x^2 e^{\frac{-x}{3}} - 18xe^{\frac{-x}{3}} - 54e^{\frac{-x}{3}} + C$

c) $\displaystyle\frac{x^2 \text{ Arc sec } x}{2} - \frac{\sqrt{x^2 - 1}}{2} + C$

d) $\displaystyle\frac{e^{-x} \sin x - e^{-x} \cos x}{2} + C$

e) $\displaystyle\frac{-1}{y} (\ln^2 y + 2 \ln y + 2) + C$

f) $\displaystyle\frac{xe^x \sin x + xe^x \cos x - e^x \sin x}{2} + C$

g) 2

**2.** a) $\displaystyle\frac{33x}{2} + 8 \sin x + \frac{\sin 2x}{4} + C$

b) $\ln |\tan \theta| - \csc \theta + C$

c) $x - \tan x + \displaystyle\frac{\tan^3 x}{3} + C$

d) $\displaystyle\frac{1}{8}\left(\frac{5t}{2} - \sin 4t + \frac{3 \sin 8t}{16} + \frac{\sin^3 4t}{12}\right) + C$

e) $\displaystyle\frac{1}{6} \sec^5 x \tan x - \frac{7}{24} \sec^3 x \tan x + \frac{1}{16} \sec x \tan x + \frac{1}{16} \ln |\sec x + \tan x| + C$

f) $\displaystyle\frac{1}{4}\left(x + \frac{\sin 2x}{4} + \frac{\sin 4x}{4} + \frac{\sin 6x}{6} + \frac{\sin 10x}{20}\right) + C$

g) $\displaystyle\frac{8}{15}$

**3.** a) $\displaystyle\frac{\sqrt{u^2 - 16}}{3} - \frac{4}{3} \text{ Arc sec}\left(\frac{u}{4}\right) + C$

b) $\displaystyle\frac{2x^3}{3\sqrt{(1 - 2x^2)^3}} + \frac{x}{\sqrt{1 - 2x^2}} + C$

c) $\displaystyle\frac{2x}{(1 + 4x^2)} + \text{Arc tan } 2x + C$

d) $\displaystyle\frac{(x + 3)\sqrt{x^2 + 6x + 5}}{2} - 2 \ln\left|\frac{(x + 3) + \sqrt{x^2 + 6x + 5}}{2}\right| + C$

e) $2 \ln\left|\displaystyle\frac{2 - \sqrt{4 - y}}{\sqrt{y}}\right| + C$

f) $3 \tan\left(\displaystyle\frac{\theta}{2}\right) + 2 \ln\left(\tan^2\left(\frac{\theta}{2}\right) + 1\right) - 3\theta + C$

g) $2 \text{ Arc sec}\left(\displaystyle\frac{\sqrt[4]{x}}{2}\right) + C$

**4.** a) $4 \ln |t - 2| - \displaystyle\frac{5}{3} \ln |3t + 4| + C$

b) $x^2 + \ln |x| + 2 \ln |x + 2| - \ln |x - 1| + C$

c) $\ln |y - 3| + 2 \ln |y + 3| + \displaystyle\frac{3}{2} \ln (y^2 + 9) + \frac{4}{3} \text{ Arc tan}\left(\frac{y}{3}\right) + C$

d) $\displaystyle\frac{-1}{x} - \frac{1}{x^2} - \frac{7}{2} \ln |2x + 5| + C$

**4**

e) $\frac{3}{2} \ln (x^2 + 4) + \frac{1}{16}$ Arc tan $\left(\frac{x}{2}\right) + \frac{x}{8(x^2 + 4)} + C$

f) $\ln |\cos \theta - 3| - \ln |\cos \theta - 4| + C$

g) $2 \ln 2 + \frac{\pi}{4}$

**6.** a) $\left(\frac{5x^3}{3} + 8x\right) \ln x - \frac{5x^3}{9} - 8x + C$

d) $\sqrt{v^2 - 1}$ Arc sec $v - \ln |v| + C$

g) $e^t \sin t + C$

j) $\frac{3 \ln |x|}{16} - \frac{1}{8x^2} + \frac{13 \ln (x^2 + 4)}{32} + C$

m) $\frac{e^{ax}(a \cos bx + b \sin bx)}{a^2 + b^2} + C$

**7.** a) $\frac{1}{2} \ln \left(\frac{8}{3}\right)$

d) $\ln \left| \frac{\sqrt{1 + \sin^2 \theta} - 1}{\sin \theta} \right| + C$

g) $4 \ln \left| 1 + \tan \left(\frac{x}{2}\right) \right| + \frac{4}{1 + \tan \left(\frac{x}{2}\right)} + C$

j) $-4x^3\sqrt{1 - x^2} - 6x\sqrt{1 - x^2} + 6$ Arc sin $x + C$

m) $\frac{2x\sqrt{ax + b}}{a} - \frac{4\sqrt{(ax + b)^3}}{3a^2} + C$

**8.** a) i) $\int x^n \cos x \, dx = x^n \sin x - n \int x^{n-1} \sin x \, dx$, où $n \in \{1, 2, 3, \dots\}$

iii) $\int \tan^n (ax) \, dx = \frac{1}{a} \frac{\tan^{n-1}(ax)}{(n-1)} - \int \tan^{n-2}(ax) \, dx$, où $n \in \{2, 3, 4, \dots\}$

b) i) $\int x^3 \sin x \, dx = -x^3 \cos x + 3x^2 \sin x + 6x \cos x - 6 \sin x + C$

iii) $\frac{\tan^3 (5x)}{15} - \frac{\tan (5x)}{5} + x + C$

**9.** a) ii) $\int x^2\sqrt{x^2 - a^2} \, dx =$

$\frac{x}{8} (2x^2 - a^2) \sqrt{x^2 - a^2} - \frac{a^4}{8} \ln |x + \sqrt{x^2 - a^2}| + C$

iv) $\int \frac{\sqrt{a^2 - x^2}}{x^2} \, dx = \frac{-\sqrt{a^2 - x^2}}{x} -$ Arc sin $\frac{x}{a} + C$

vi) $\int \frac{\sqrt{x^2 + a^2}}{x} \, dx = \sqrt{x^2 + a^2} - a \ln \left| \frac{a + \sqrt{x^2 + a^2}}{x} \right| + C$

**10.** a) $\left(2e^2 + \frac{6}{e^2}\right)$ u²

c) $(\ln (4 + \sqrt{17}) + \ln (1 + \sqrt{2}))$ u²

e) $\left(\frac{e^\pi + e^{-\pi} + 2}{2}\right)$ u²

g) $\left(\frac{22}{7} - \pi\right)$ u²

**11.** b) Environ 20 124 habitants ; environ 20 893 habitants

**12.** b) $P = \dfrac{75\,000}{1 + 499 \left(\dfrac{49}{499}\right)^{\frac{t}{15}}}$

d) Environ 40 jours

## Problèmes de synthèse (page 257)

**1.** b) $2\sqrt{x}$ Arc tan $\sqrt{x} - \ln |1 + x| + C$

d) $\dfrac{e^x\sqrt{e^{2x} + 1} + \ln |e^x + \sqrt{e^{2x} + 1}|}{2} + C$

f) $\ln \left(\dfrac{\tan^2 \left(\frac{\theta}{2}\right) + 1}{\tan^2 \left(\frac{\theta}{2}\right) + 3}\right) + \dfrac{2}{\sqrt{3}}$ Arc tan $\left(\dfrac{\tan \left(\frac{\theta}{2}\right)}{\sqrt{3}}\right) + C$

h) $\dfrac{-1}{3} \ln |1 - e^x| + \dfrac{1}{3} \ln \sqrt{e^{2x} + e^x + 1} + \dfrac{\sqrt{3}}{3}$ Arc tan $\left(\dfrac{2e^x + 1}{\sqrt{3}}\right) + C$

j) $\dfrac{2\sqrt{u} - 4}{u} +$ Arc sec $\left(\dfrac{\sqrt{u}}{2}\right) + C$

l) $\dfrac{x^2 \ln x}{x^2 + 1} - \dfrac{\ln (x^2 + 1)}{2} + C$

n) $e^{-x} \tan x + e^{-x} + C$

**3.** a) i) $y = x - 1$     ii) $y = \dfrac{1 - x}{2x - 1}$

c) $-\sqrt{25 - x^2} = \ln (\sqrt{y^2 + 16} - y) - 3 - \ln 8$

**4.** b) $\dfrac{16}{35}$

**5.** a) $A \approx 10,24$ u²     c) $A \approx 0,524$ u²

b) $A \approx 0,11$ u²     d) $A \approx 0,167$ u²

**6.** a) $A_1 \approx 4,33$ u² ; $A_2 \approx 2,76$ u²

b) $A = (6\pi + 6\sqrt{3})$ u²

c) $A \approx 24,04$ u²

**7.** b) Environ 667,59 m³

**9.** b) $C\left(\dfrac{1}{e - 1}, \dfrac{e + 1}{4}\right)$

d) $C\left(\dfrac{3 \ln 5 - 4}{2 \ln 3 - \ln 5}, \dfrac{12 - 5 \ln 5}{60(2 \ln 3 - \ln 5)}\right)$

f) $C\left(\dfrac{1}{2}, \dfrac{32}{15\pi}\right)$

**10.** a) $v(t) = t \sin t + \cos t - 1$

b) $d_1 = \left(2 - \dfrac{\pi}{2}\right)$ m $\approx 0,43$ m

c) $d_2 \approx 1,02$ m

**12.** Environ 32 797 $

**13.** a) Environ 22 429 $     b) 42 217 $

**14.** b) $G \approx 0,57$

**16.** b) Environ 21,7 cm     c) Environ 21,6 jours

**18.** b) i) Environ 0,809

**19.** b) Environ 5,64 % ; environ 29 %

c) Environ 75 minutes

# CHAPITRE 5

## Exercices préliminaires (page 262)

**1.** a) $h = \sqrt{c^2 - \dfrac{b^2}{4}}$     b) $A = \dfrac{c^2\sqrt{3}}{4}$

**2.** a) $\dfrac{a}{b} = \dfrac{d}{c}$     b) $\dfrac{b}{c} = \dfrac{a}{d}$

**3.** $d = \sqrt{(x_2 - x_1)^2 + (y_2 - y_1)^2}$

**4.** a) $C = 2\pi r\,;\, A = \pi r^2$

   b) $V = \pi r^2 h\,;\, A = 2\pi rh + 2\pi r^2$

   c) $V = \dfrac{4\pi r^3}{3}\,;\, A = 4\pi r^2$

   d) $V = \dfrac{\pi r^2 h}{3}\,;\, A = \pi r^2 + \pi r\sqrt{r^2 + h^2}$

   e) $A_{\text{lat}} = \pi(r_1 + r_2)l\,;\, A_{\text{tot}} = \pi(r_1 + r_2)l + \pi r_1^2 + \pi r_2^2$

**5.** a) $0$   b) $+\infty$   c) $-\infty$   d) $+\infty$   e) $\dfrac{-\pi}{2}$   f) $\dfrac{\pi}{2}$

**6.** a) $1$   b) $0$    c) $0$   d) $0$

**7.** a) $A = \lim\limits_{(\max \Delta x_i) \to 0} \sum\limits_{i=1}^{n} f(x_i)\,\Delta x_i$   b) $A = \int_a^b f(x)\,dx$

**8.** a) $\dfrac{\sec\theta \tan\theta + \ln|\sec\theta + \tan\theta|}{2} + C$

   b) $\dfrac{\cos\theta \sin\theta + \theta}{2} + C$

## Exercices 5.1 (page 273)

**1.** Les représentations graphiques de c), d), e) et f) sont laissées à l'élève.

a) $V = \pi \displaystyle\int_0^3 (x^2)^2\,dx = \dfrac{243\pi}{5}\ \text{u}^3$

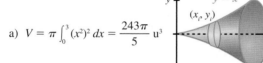

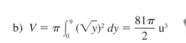

b) $V = \pi \displaystyle\int_0^9 (\sqrt{y})^2\,dy = \dfrac{81\pi}{2}\ \text{u}^3$

c) $V = \pi \displaystyle\int_0^{\sqrt{3}} (\sqrt{3 - x^2})^2\,dx = 2\sqrt{3}\,\pi\ \text{u}^3$

d) $V = \pi \displaystyle\int_0^8 (2 - \sqrt[3]{y})^2\,dy = \dfrac{16\pi}{5}\ \text{u}^3$

e) $V = \pi \displaystyle\int_{-2}^2 [(1 - x^2) - (-3)]^2\,dx = \dfrac{512\pi}{15}\ \text{u}^3$

f) $V = \pi \displaystyle\int_{-3}^3 [(-1) - (y^2 - 10)]^2\,dy = \dfrac{1296\pi}{5}\ \text{u}^3$

**2.** Les représentations graphiques de a), b), d), e) et f) sont laissées à l'élève.

a) $V = 2\pi \displaystyle\int_0^9 y(3 - \sqrt{y})\,dy = \dfrac{243\pi}{5}\ \text{u}^3$

b) $V = 2\pi \displaystyle\int_0^3 x(9 - x^2)\,dx = \dfrac{81\pi}{2}\ \text{u}^3$

c) $V = 2\pi \displaystyle\int_0^2 x(x - 1)^2\,dx = \dfrac{4\pi}{3}\ \text{u}^3$

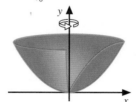

d) $V = 2\pi \displaystyle\int_0^1 x[e^{x^2} - (-2)]\,dx = \pi(e + 1)\ \text{u}^3$

e) $V = 2\pi \displaystyle\int_0^1 x\left(\dfrac{1}{1 + x^2}\right)dx = \pi \ln 2\ \text{u}^3$

f) $V = 2\pi \displaystyle\int_0^1 (1 - x)\left(\dfrac{1}{1 + x^2}\right)dx = \left(\dfrac{\pi^2}{2} - \pi \ln 2\right)\text{u}^3$

**3.** Les représentations graphiques de a), c), d), e) et f) sont laissées à l'élève.

a) $V = \pi \displaystyle\int_0^3 [(-x^2 + 6x)^2 - (x^2)^2]\,dx = 81\pi\ \text{u}^3$

b) $V = 2\pi \displaystyle\int_0^3 x[(-x^2 + 6x) - x^2]\,dx = 27\pi\ \text{u}^3$

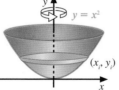

c) $V = 2\pi \displaystyle\int_1^4 (5 - x)\,[4x^2 + 3 - x]\,dx = 342\pi\ \text{u}^3$

d) $V = \pi \displaystyle\int_0^1 [(x + 1)^2 - (x^2 + 1)^2]\,dx = \dfrac{7\pi}{15}\ \text{u}^3$

e) $V = 2\pi \displaystyle\int_0^1 (2 - x)\left[(x^2 + 1) - \dfrac{1}{(x^2 + 1)}\right]dx$

    $= \pi\left(\dfrac{23}{6} - \pi + \ln 2\right)\text{u}^3$

f) $V = \pi \displaystyle\int_0^{\frac{\pi}{4}} [\sec^2 x - \tan^2 x]\,dx = \dfrac{\pi^2}{4}\ \text{u}^3$

**4.**

| | Méthode du disque | Méthode du tube | $V\ (\text{u}^3)$ |
|---|---|---|---|
| a) | $32\pi - \pi \displaystyle\int_0^2 x^4\,dx$ | $2\pi \displaystyle\int_0^4 y\sqrt{y}\,dy$ | $\dfrac{128\pi}{5}$ |
| b) | $\pi \displaystyle\int_0^4 y\,dy$ | $2\pi \displaystyle\int_0^2 x(4 - x^2)\,dx$ | $8\pi$ |
| c) | $\pi \displaystyle\int_0^2 (4 - x^2)^2\,dx$ | $2\pi \displaystyle\int_0^4 (4 - y)\sqrt{y}\,dy$ | $\dfrac{256\pi}{15}$ |
| d) | $\pi \displaystyle\int_0^2 (5 - x^2)^2\,dx - 2\pi$ | $2\pi \displaystyle\int_0^4 (5 - y)\sqrt{y}\,dy$ | $\dfrac{416\pi}{15}$ |
| e) | $16\pi - \pi \displaystyle\int_0^4 (2 - \sqrt{y})^2\,dy$ | $2\pi \displaystyle\int_0^2 (2 - x)\,(4 - x^2)\,dx$ | $\dfrac{40\pi}{3}$ |
| f) | $\pi \displaystyle\int_0^4 (\sqrt{y} + 2)^2\,dy - 16\pi$ | $2\pi \displaystyle\int_0^2 (x + 2)\,(4 - x^2)\,dx$ | $\dfrac{88\pi}{3}$ |
| g) | $72\pi - \pi \displaystyle\int_0^2 (x^2 + 2)^2\,dx$ | $2\pi \displaystyle\int_0^4 (y + 2)\sqrt{y}\,dy$ | $\dfrac{704\pi}{15}$ |
| h) | $144\pi - \pi \displaystyle\int_0^4 (6 - \sqrt{y})^2\,dy$ | $2\pi \displaystyle\int_0^2 (6 - x)\,(4 - x^2)\,dx$ | $56\pi$ |
| i) | $18\pi - \pi \displaystyle\int_1^2 (x^2 - 1)^2\,dx$ | $2\pi \displaystyle\int_1^4 (y - 1)\sqrt{y}\,dy$ | $\dfrac{232\pi}{15}$ |
| j) | $4\pi - \pi \displaystyle\int_0^1 (1 - \sqrt{y})^2\,dy$ | $2\pi \displaystyle\int_0^1 (1 - x)\,(4 - x^2)\,dx$ | $\dfrac{23\pi}{6}$ |

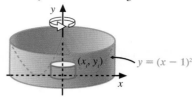

**5.** a) Un cône de rayon 6 et de hauteur 10

b) $V = \pi \int_0^{10} \left(\frac{3x}{5}\right)^2 dx = 120\pi \text{ u}^3$

**6.** a) $V = \pi \int_{-3}^{3} 4\left(1 - \frac{x^2}{9}\right) dx = 16\pi \text{ u}^3$

b) $V = \pi \int_{-2}^{2} 9\left(1 - \frac{y^2}{4}\right) dy = 24\pi \text{ u}^3$

**7.** $V = \pi \int_{-\sqrt{3}}^{\sqrt{3}} [(4 - y^2) - 1] \, dy$

$= 4\sqrt{3}\pi \text{ u}^3$

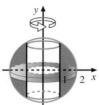

**8.** Sur $[0 ; 0{,}5]$, $V_1 = \pi \int_0^{0,5} (0{,}4x)^2 \, dx = 0{,}00\overline{6}\pi$ ;

sur $[0{,}5 ; 4]$, $V_2 = 0{,}14\pi$ (cylindre) ;

sur $[4, 5]$, $V_3 = \pi \int_4^5 [0{,}20\,(x^2 - 7x + 13)]^2 \, dx = 0{,}148\pi$ ;

sur $[5 ; 5{,}3]$, $V_4 = 0{,}108\pi$ (cylindre) ;

sur $[5 ; 5{,}3]$, $V_5 = \pi \int_5^{5,3} (2(x - 5))^2 \, dx = 0{,}036\pi$ ;

$V = V_1 + V_2 + V_3 + V_4 - V_5 = 0{,}3\overline{6}\pi$

d'où $V \approx 1{,}15 \text{ cm}^3$

---

## Exercices 5.2 (page 277)

**1.** $\Delta V = \frac{\pi}{2} \left(\frac{y}{2}\right)^2 \Delta x$ ;

$V = \frac{\pi}{8} \int_0^4 x^4 \, dx = \frac{128}{5} \pi \text{ u}^3$

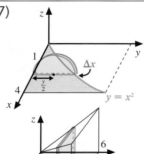

**2.** $\Delta V = x^2 \, \Delta y$ ;

$V = \int_0^6 \left(\frac{y}{2}\right)^2 dy = 18 \text{ u}^3$

**3.** a) $V = \int_0^2 x^4 \, dx = \frac{32}{5} \text{ u}^3$

b) $V = \int_0^4 (2 - \sqrt{y})^2 \, dy = \frac{8}{3} \text{ u}^3$

**4.** a) $V = \frac{\pi}{8} \int_0^6 \left(2 - \frac{x}{3}\right)^2 dx = \pi \text{ u}^3$

b) $V = \int_0^6 \left(2 - \frac{x}{3}\right)^2 dx = 8 \text{ u}^3$

c) $V = \frac{3}{2} \int_0^6 \left(2 - \frac{x}{3}\right)^2 dx = 12 \text{ u}^3$

**5.** a) $V = \frac{\pi}{8} \int_0^3 (9 - y^2) \, dy = \frac{9}{4}\pi \text{ u}^3$

b) $V = \int_0^3 (9 - y^2) \, dy = 18 \text{ u}^3$

**6.** a) $V = 2 \int_{-4}^4 (16 - x^2) \, dx = \frac{512}{3} \text{ u}^3$

b) $V = \int_{-4}^4 (16 - x^2) \, dx = \frac{256}{3} \text{ u}^3$

**7.** a) $\Delta V = (y_2 - y_1)\, 2(y_2 - y_1)\, \Delta x$ ;

$V = 2 \int_0^2 (2x - x^2)^2 \, dx$

$= \frac{32}{15} \text{ u}^3$

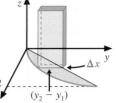

b) $\Delta V = (x_1 - x_2)\, 2(x_1 - x_2)\, \Delta y$ ;

$V = 2 \int_0^4 \left(\sqrt{y} - \frac{y}{2}\right)^2 dy$

$= \frac{16}{15} \text{ u}^3$

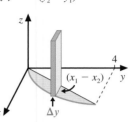

**8.** a) $V = \int_0^h \frac{a^2(h - z)^2}{h^2} \, dz = \frac{a^2 h}{3} \text{ u}^3$   b) $2\,592\,100 \text{ m}^3$

**9.** a) $\frac{9}{2}\pi \text{ u}^3$   b) $9\pi \text{ u}^3$ ; le quart d'une sphère de rayon 3

**10.** a) $27\pi \text{ u}^3$ ; cône de hauteur 9 et dont le rayon de la base est 3

b) $36\pi \text{ u}^3$ ; sphère de rayon 3 et dont le centre est le point $(3, 3, 0)$

**11.** a) $V = \frac{2R^3 \tan \alpha}{3} \text{ u}^3$   b) $\alpha \approx 41{,}6°$

---

## Exercices 5.3 (page 285)

**1.** a) $L = \int_1^2 \sqrt{1 + 9x^4} \, dx$

b) $L = \int_2^9 \sqrt{1 + \dfrac{1}{9(y-1)^{\frac{4}{3}}}} \, dy$

c) $L = \int_0^1 \sqrt{4t^2 + (6t^5 + 12t^3 + 6t)^2} \, dt$

**2.** a) $L = \int_0^{\frac{\pi}{4}} \sqrt{1 + \tan^2 x} \, dx = \int_0^{\frac{\pi}{4}} \sec x \, dx$

$= \ln(\sqrt{2} + 1) \approx 0{,}88 \text{ u}$

b) $L = \int_0^3 \sqrt{1 + 4y} \, dy = \frac{1}{6}[(13)^{\frac{3}{2}} - 1] \approx 7{,}65 \text{ u}$

c) $L = \int_{-2}^4 \sqrt{1 + [x(x^2 + 2)^{\frac{1}{2}}]^2} \, dx = \int_{-2}^4 (x^2 + 1) \, dx = 30 \text{ u}$

d) $L = \int_{\sqrt{3}}^{\sqrt{15}} \sqrt{1 + \frac{1}{x^2}} \, dx = \int_{\sqrt{3}}^{\sqrt{15}} \frac{\sqrt{x^2 + 1}}{x} \, dx \approx 2{,}29 \text{ u}$

e) $L = \int_1^3 \sqrt{1 + \left(y^3 - \frac{1}{4y^3}\right)^2} \, dy = \int_1^3 \left(y^3 + \frac{1}{4y^3}\right) dy = \frac{181}{9} \text{ u}$

**3.**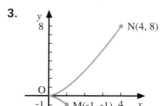

$L = $ longueur de OM $+$ longueur de ON

$= \int_0^1 \sqrt{1 + \frac{9}{4}x} \, dx + \int_0^4 \sqrt{1 + \frac{9}{4}x} \, dx$

$\approx 10{,}51 \text{ u}$

**4.** a)

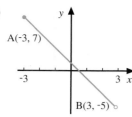

A(-3, 7)

B(3, -5)

c)

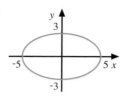

b)

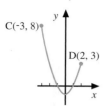

C(-3, 8)

D(2, 3)

d)

**1.** a) $2\pi \int_a^b f(x) \sqrt{1 + (f'(x))^2} \, dx$

b) $2\pi \int_c^d y\sqrt{1 + (g'(y))^2} \, dy$

c) $2\pi \int_a^b x\sqrt{1 + (f'(x))^2} \, dx$

d) $2\pi \int_c^d g(y) \sqrt{1 + (g'(y))^2} \, dy$

e) $2\pi \int_a^b (f(x) - k_1) \sqrt{1 + (f'(x))^2} \, dx$

f) $2\pi \int_a^b (k_2 - x) \sqrt{1 + (f'(x))^2} \, dx$

**2.** a) $S = 2\pi \int_2^5 3x\sqrt{1 + (3)^2} \, dx = 63\sqrt{10}\pi \text{ u}^2$

b) $S = 2\pi \int_2^5 x\sqrt{1 + (3)^2} \, dx = 21\sqrt{10}\pi \text{ u}^2$

c) $S = 2\pi \int_2^5 (21 - 3x) \sqrt{1 + (3)^2} \, dx = 63\sqrt{10}\pi \text{ u}^2$

d) $S = 2\pi \int_2^3 y^3\sqrt{1 + 9y^4} \, dy = \frac{\pi}{27} [(730)^{\frac{3}{2}} - (145)^{\frac{3}{2}}] \text{ u}^2$

e) $S = 2\pi \int_1^3 \left(\frac{2}{3} x^{\frac{3}{2}} - \frac{1}{2} x^{\frac{1}{2}}\right) \sqrt{1 + \left(x^{\frac{1}{2}} - \frac{1}{4x^{\frac{1}{2}}}\right)^2} \, dx$

$= 2\pi \int_1^3 \left(\frac{2}{3} x^{\frac{3}{2}} - \frac{1}{2} x^{\frac{1}{2}}\right) \left(x^{\frac{1}{2}} + \frac{1}{4x^{\frac{1}{2}}}\right) dx = \frac{151\pi}{18} \text{ u}^2$

f) $S = 2\pi \int_0^3 x\sqrt{1 + 4x^2} \, dx = \frac{\pi}{6} [(37)^{\frac{3}{2}} - 1] \text{ u}^2$

**3.** a) i) $2\pi \int_0^{2\pi} (3 + \cos t) \sqrt{(\cos t)^2 + (\text{-}\sin t)^2} \, dt = 12\pi^2 \text{ u}^2$

ii) $2\pi \int_0^{2\pi} (5 + \sin t) \sqrt{(\cos t)^2 + (\text{-}\sin t)^2} \, dt = 20\pi^2 \text{ u}^2$

iii) $2\pi \int_0^{2\pi} [7 - (5 + \sin t)] \sqrt{(\cos t)^2 + (\text{-}\sin t)^2} \, dt = 8\pi^2 \text{ u}^2$

b) $2\pi \int_0^1 3t\sqrt{9 + 16t^2} \, dt = \frac{49\pi}{4} \text{ u}^2$

**5.** a) > plot([3*t+1,1-4*t,t=-2..3],scaling=constrained);

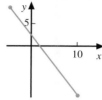

$L = \int_{-2}^3 \sqrt{(3)^2 + (\text{-}4)^2} \, dt$

$= 25 \text{ u}$

b) > plot([(sin(t))^2,(cos(t))^2,t=0..Pi/2],scaling=constrained);

$L = \int_0^{\frac{\pi}{2}} \sqrt{(2 \sin t \cos t)^2 + (\text{-}2 \cos t \sin t)^2} \, dt$

$= 2\sqrt{2} \int_0^{\frac{\pi}{2}} \sin t \cos t \, dt = \sqrt{2} \text{ u}$

c) > plot([3*t,(4/3)*t^(3/2),t=0..4],scaling=constrained);

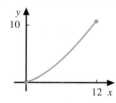

$L = \int_0^4 \sqrt{(3)^2 + (2t^{\frac{1}{2}})^2} \, dt$

$= \int_0^4 \sqrt{9 + 4t} \, dt = \frac{49}{3} \text{ u}$

d) > plot([sin(t)-cos(t),sin(t)+cos(t),t=0..Pi/2],
x=-1..1,y=0..2,scaling=constrained);

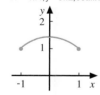

$L = \int_0^{\frac{\pi}{2}} \sqrt{(\cos t + \sin t)^2 + (\cos t - \sin t)^2} \, dt$

$= \sqrt{2} \int_0^{\frac{\pi}{2}} dt = \frac{\pi\sqrt{2}}{2} \text{ u}$

**6.** $L = 4 \int_0^{\frac{\pi}{2}} 3a \cos t \sin t \, dt = 6a \text{ u}$

**7.** Déterminons d'abord la valeur positive de $x$ telle que
$y = \text{-}11$. En résolvant $25 - 0,01x^2 = \text{-}11$, nous trouvons
$x = 60$.
$L = \int_{-50}^{60} \sqrt{1 + 0,0004x^2} \, dx \approx 129,65 \text{ m}$

**4.** a) i)

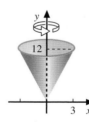

Surface latérale d'un cône de rayon 3 et de hauteur 12

$S = 2\pi \int_0^3 x\sqrt{1 + (4)^2} \, dx$

$= 9\sqrt{17}\pi \text{ u}^2$

12

3  $x$

ii)

12

Surface latérale d'un cône de rayon 12 et de hauteur 3

$S = 2\pi \int_0^3 4x\sqrt{1 + (4)^2} \, dx$

$= 36\sqrt{17}\pi \text{ u}^2$

3  $x$

**5**

b)

$y = \frac{h}{r} x$

$S = 2\pi \int_0^r x \sqrt{1 + \left(\frac{h}{r}\right)^2} \, dx$

$= \frac{2\pi\sqrt{r^2 + h^2}}{r} \cdot \frac{x^2}{2} \Big|_0^r$

$= \pi r\sqrt{r^2 + h^2}$

$h$

$l$

$r$  $x$

d'où $S = \pi r l \text{ u}^2$, où $l = \sqrt{r^2 + h^2}$

**5.** $S = 2\pi \int_1^2 \sqrt{4 - x^2} \sqrt{1 + \left(\dfrac{-x}{\sqrt{4 - x^2}}\right)^2}\, dx$

$\quad = 2\pi \int_1^2 2\, dx$

$\quad = 4\pi \ \mathrm{u}^2$

**6.** $S = 2\left[2\pi \int_0^{\frac{\pi}{2}} a \sin^3 t \sqrt{9a^2 \cos^4 t \sin^2 t + 9a^2 \sin^4 t \cos^2 t}\, dt\right]$

$\quad = 12\pi a^2 \int_0^{\frac{\pi}{2}} \sin^4 t \cos t\, dt$

$\quad = \dfrac{12\pi a^2}{5}\ \mathrm{u}^2$

## Exercices 5.5 (page 298)

**1.** a) $\displaystyle \lim_{s \to 3^+} \int_s^5 \frac{1}{x - 3}\, dx$

b) N'est pas une intégrale impropre.

c) $\displaystyle \lim_{t \to 3^-} \int_0^t \frac{1}{v - 3}\, dv + \lim_{s \to 3^+} \int_s^5 \frac{1}{v - 3}\, dv$

d) $\displaystyle \lim_{s \to \left(\frac{-\pi}{2}\right)^+} \int_s^0 \tan \theta\, d\theta$

e) $\displaystyle \lim_{N \to -\infty} \int_N^2 \frac{1}{\sqrt{x^2 + 1}}\, dx$

f) $\displaystyle \lim_{t \to 0^-} \int_{-1}^t \frac{e^x}{e^x - 1}\, dx + \lim_{s \to 0^+} \int_s^1 \frac{e^x}{e^x - 1}\, dx$

g) N'est pas une intégrale impropre.

h) $\displaystyle \lim_{N \to -\infty} \int_N^{-1} \frac{1}{x}\, dx + \lim_{t \to 0^-} \int_{-1}^t \frac{1}{x}\, dx + \lim_{s \to 0^+} \int_s^1 \frac{1}{x}\, dx + \lim_{M \to +\infty} \int_1^M \frac{1}{x}\, dx$

**2.** a) $\displaystyle \lim_{s \to 0^+} \int_s^1 \frac{1}{x}\, dx = \lim_{s \to 0^+} [\ln 1 - \ln s] = +\infty$

b) $\displaystyle \lim_{t \to 0^-} \int_{\frac{-1}{5}}^t \frac{1}{x^2}\, dx = \lim_{t \to 0^-} \left[\frac{-1}{t} - 5\right] = +\infty$

c) $\displaystyle \lim_{s \to 0^+} \int_s^4 \frac{1}{\sqrt{x}}\, dx = \lim_{s \to 0^+} [2\sqrt{4} - 2\sqrt{s}] = 4$

d) $\displaystyle \lim_{t \to 1^-} \int_0^t \frac{1}{(u - 1)^5}\, du = \lim_{t \to 1^-} \left[\frac{-1}{4(t - 1)^4} + \frac{1}{4}\right] = -\infty$

e) $\displaystyle \lim_{t \to 8^-} \int_0^t \frac{1}{\sqrt[3]{x - 8}}\, dx = \lim_{t \to 8^-} \left[\frac{3(t - 8)^{\frac{2}{3}}}{2} - 6\right] = -6$

f) $\displaystyle \lim_{t \to \left(\frac{\pi}{2}\right)^-} \int_0^t \tan \theta\, d\theta = \lim_{t \to \left(\frac{\pi}{2}\right)^-} [-\ln |\cos t| + \ln 1] = +\infty$

**3.** a) $\displaystyle \lim_{t \to 0^-} \int_{-1}^t \frac{7}{y^2}\, dy + \lim_{s \to 0^+} \int_s^2 \frac{7}{y^2}\, dy = (+\infty) + (+\infty) = +\infty\,;\,\mathrm{D}$

b) $\displaystyle \lim_{s \to -1^+} \int_s^0 \frac{x}{\sqrt{1 - x^2}}\, dx + \lim_{t \to 1^-} \int_0^t \frac{x}{\sqrt{1 - x^2}}\, dx = (-1) + (1) = 0\,;\,\mathrm{C}$

---

c) $\displaystyle \lim_{s \to 0^+} \int_s^1 \frac{2x - 4}{x^2 - 4x}\, dx + \lim_{t \to 4^-} \int_1^t \frac{2x - 4}{x^2 - 4x}\, dx = (+\infty) + (-\infty)\,;\,\mathrm{D}$

d) $\displaystyle \lim_{s \to 3,5^-} \int_2^s \frac{1}{\sqrt[5]{2u - 7}}\, du + \lim_{t \to 3,5^+} \int_t^6 \frac{1}{\sqrt[5]{2u - 7}}\, du = \frac{-5\sqrt[5]{81}}{8} + \frac{5\sqrt[5]{625}}{8}\,;\,\mathrm{C}$

**4.** a) $\displaystyle \lim_{M \to +\infty} \int_1^M \frac{1}{\sqrt{x}}\, dx = \lim_{M \to +\infty} [2\sqrt{M} - 2] = +\infty\,;\,\mathrm{D}$

b) $\displaystyle \lim_{M \to +\infty} \int_1^M \frac{4}{x^3}\, dx = \lim_{M \to +\infty} \left[\frac{-2}{M^2} + 2\right] = 2\,;\,\mathrm{C}$

c) $\displaystyle \lim_{N \to -\infty} \int_N^0 e^{-x}\, dx = \lim_{N \to -\infty} [-1 + e^{-N}] = +\infty\,;\,\mathrm{D}$

d) $\displaystyle \lim_{M \to +\infty} \int_0^M \sin \theta\, d\theta = \lim_{M \to +\infty} [-\cos M + 1]$ n'existe pas ; D

e) $\displaystyle \lim_{M \to +\infty} \int_1^M \frac{1}{1 + u^2}\, du = \lim_{M \to +\infty} \left[\text{Arc} \tan M - \frac{\pi}{4}\right] = \frac{\pi}{4}\,;\,\mathrm{C}$

f) $\displaystyle \lim_{M \to +\infty} \int_0^M 3^x\, dx = \lim_{M \to +\infty} \left[\frac{3^M}{\ln 3} - \frac{1}{\ln 3}\right] = +\infty\,;\,\mathrm{D}$

**5.** a) $\displaystyle \lim_{N \to -\infty} \int_N^0 2e^{-x}\, dx + \lim_{M \to +\infty} \int_0^M 2e^{-x}\, dx = (+\infty) + 2 = +\infty\,;\,\mathrm{D}$

b) $\displaystyle \lim_{N \to -\infty} \int_N^0 xe^{-x^2}\, dx + \lim_{M \to +\infty} \int_0^M xe^{-x^2}\, dx = \left(\frac{-1}{2}\right) + \left(\frac{1}{2}\right) = 0\,;\,\mathrm{C}$

c) $\displaystyle \lim_{N \to -\infty} \int_N^0 x\, dx + \lim_{M \to +\infty} \int_0^M x\, dx = (-\infty) + (+\infty)\,;\,\mathrm{D}$

d) $\displaystyle \lim_{N \to -\infty} \int_N^0 \frac{1}{1 + u^2}\, du + \lim_{M \to +\infty} \int_0^M \frac{1}{1 + u^2}\, du = \frac{\pi}{2} + \frac{\pi}{2} = \pi\,;\,\mathrm{C}$

**6.** a) $\displaystyle \lim_{s \to 0^+} \int_s^1 \frac{1}{x}\, dx + \lim_{M \to +\infty} \int_1^M \frac{1}{x}\, dx = (+\infty) + (+\infty) = +\infty$

b) $\displaystyle \lim_{N \to -\infty} \int_N^{-1} \frac{1}{x^2}\, dx + \lim_{t \to 0^-} \int_{-1}^t \frac{1}{x^2}\, dx = (1) + (+\infty) = +\infty$

c) $\displaystyle \lim_{s \to 1^+} \int_s^2 \frac{1}{x\sqrt{x^2 - 1}}\, dx + \lim_{M \to +\infty} \int_2^M \frac{1}{x\sqrt{x^2 - 1}}\, dx$

$\qquad = \left(\frac{\pi}{3}\right) + \left(\frac{\pi}{2} - \frac{\pi}{3}\right) = \frac{\pi}{2}$

d) $\displaystyle \lim_{s \to 2^+} \int_s^3 \frac{y^2}{\sqrt[4]{y^3 - 8}}\, dy + \lim_{M \to +\infty} \int_3^M \frac{y^2}{\sqrt[4]{y^3 - 8}}\, dy$

$\qquad = \frac{4}{9} \sqrt[4]{19^3} + (+\infty) = +\infty$

**7.** a) $12\,;\,\mathrm{C}$      e) $e^{\frac{\pi}{2}} - e^{\frac{-\pi}{2}}\,;\,\mathrm{C}$

   b) $+\infty\,;\,\mathrm{D}$      f) $(2e - 2)\,;\,\mathrm{C}$

   c) $+\infty\,;\,\mathrm{D}$      g) $(+\infty) + (-\infty)\,;\,\mathrm{D}$

   d) $\dfrac{1}{\ln 3}\,;\,\mathrm{C}$      h) $2\,;\,\mathrm{C}$

**8.** a) Convergente si $p < 1$ ; divergente si $p \geq 1$

   b) Convergente si $p > 1$ ; divergente si $p \leq 1$

   c) Divergente pour tout $p$

**9.** a) L'aire est infinie.      b) $A = 1\ \mathrm{u}^2$

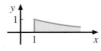

c) $A = \pi$ u$^2$
d) $A = \dfrac{15}{2}$ u$^2$

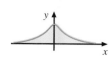

10. a) Puisque $\dfrac{1}{x^4 + 1} < \dfrac{1}{x^4}$, $\forall\, x \in [1, +\infty$ et que $\displaystyle\int_1^{+\infty} \dfrac{1}{x^4}\, dx$ est convergente (voir 8 b), alors $\displaystyle\int_1^{+\infty} \dfrac{1}{x^4 + 1}\, dx$ est convergente.

b) Puisque $\dfrac{1}{\sqrt{\sqrt{x} - 0{,}5}} > \dfrac{1}{\sqrt{x}}$, $\forall\, x \in [1, +\infty$ et que $\displaystyle\int_1^{+\infty} \dfrac{1}{\sqrt{x}}\, dx$ est divergente (voir 8 b), alors $\displaystyle\int_1^{+\infty} \dfrac{1}{\sqrt{\sqrt{x} - 0{,}5}}\, dx$ est divergente.

11. a) $V = \pi \displaystyle\int_1^{+\infty} \left(\dfrac{1}{x^2}\right)^2 dx = \pi \lim_{M \to +\infty} \int_1^M \dfrac{1}{x^4}\, dx = \dfrac{\pi}{3}$ u$^3$

b) $V = 2\pi \displaystyle\int_1^{+\infty} x \left(\dfrac{1}{x^2}\right) dx = 2\pi \lim_{M \to +\infty} \int_1^M \dfrac{1}{x}\, dx = +\infty$

12. a) $A = \displaystyle\int_1^{+\infty} \dfrac{1}{x^3}\, dx = \lim_{M \to +\infty} \int_1^M \dfrac{1}{x^3}\, dx = \dfrac{1}{2}$ u$^2$

b) $V = 2\pi \displaystyle\int_1^{+\infty} x \left(\dfrac{1}{x^3}\right) dx = 2\pi \lim_{M \to +\infty} \int_1^M \dfrac{1}{x^2}\, dx = 2\pi$ u$^3$

13. $Q = 0{,}15 \displaystyle\int_0^{+\infty} 2^{\frac{-t}{37}}\, dt = 0{,}15 \lim_{M \to +\infty} \int_0^M 2^{\frac{-t}{37}}\, dt \approx 8$ m$^3$

## Exercices récapitulatifs (page 301)

1. a) $\dfrac{32\pi}{5}$ u$^3$
c) $\dfrac{224\pi}{15}$ u$^3$
e) $\dfrac{8\pi}{3}$ u$^3$
g) $\dfrac{256\pi}{15}$ u$^3$

2. a) $\pi \left[\dfrac{e^4 + e^{-4}}{2} - 1\right] \approx 82{,}6$ u$^3$

b) $\pi \left(\ln 3 - \dfrac{1}{3}\right) \approx 2{,}4$ u$^3$

c) $\dfrac{\pi^2}{2}$ u$^3$

d) $2\pi^2$ u$^3$

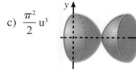

3. a) $\dfrac{4\pi a^2 b}{3}$ u$^3$

4. a) $\dfrac{4\pi}{3} \sqrt{(R^2 - r^2)^3}$ u$^3$

5. b) $\dfrac{112\pi}{3}$ m$^3$; $\dfrac{2873\pi}{3}$ m$^3$
d) $31{,}25\,\%$

6. a) $24\pi$ u$^3$

7. a) $\dfrac{2\sqrt{5} + \ln(2 + \sqrt{5})}{4} \approx 1{,}48$ u; $\sqrt{2} \approx 1{,}41$ u

c) Environ 0,88 u

e) $\dfrac{61}{27}$ u

9. Environ 67 167 $

10. a) i) Environ 261,3 u$^2$
ii) environ 117,3 u$^2$
c) i) Environ 3,3 u$^2$
ii) environ 1,1 u$^2$

11. Environ 1413,72 $

12. a) 21 ; C
b) $+\infty$ ; D
c) $\dfrac{2}{\pi}$ ; C
d) $-\infty + \infty$ ; D

13. b) $+\infty$
d) 4 u$^2$

14. b) i) $\dfrac{\pi}{2}$ u$^3$
ii) $2\pi$ u$^3$
iii) $\dfrac{3\pi}{2}$ u$^3$

16. 25 millions de barils

## Problèmes de synthèse (page 303)

1. a) $\dfrac{-1}{9}$ ; C
d) $\ln 2$ ; C
e) $+\infty$ ; D
h) $\dfrac{\pi}{2}$ ; C

2. a) $(\sqrt{2} - 1)$ u$^2$
b) i) $\dfrac{\pi}{2}$ u$^3$
c) i) $\left(\dfrac{\pi}{4} - \dfrac{1}{2}\right)$ u$^3$

3. c) i) Environ 1,604 u$^3$
ii) Environ 2,565 u$^3$

4. c) $V = \dfrac{\pi h(R^3 - r^3)}{3(R - r)} = \dfrac{\pi h}{3}(R^2 + Rr + r^2)$ u$^3$

5. a) $V = 2\pi^2 a r^2$ u$^3$; $A = 4\pi^2 a r$ u$^2$

6. Environ 30 329 litres

7. $\dfrac{1024}{3}$ u$^3$

9. a) $L_1 = \displaystyle\int_0^1 \sqrt{1 + 9x^4}\, dx \approx 1{,}548$ km; $L \approx 4{,}096$ km

10. $L = 40$ unités

12. a) $\dfrac{\pi^2}{4}$ u$^3$
b) Le volume est infini.

14. a) $\displaystyle\int_0^1 \sqrt{1 + 9x^4}\, dx \approx 1{,}548$ unité

b) $\displaystyle\int_0^2 \sqrt{1 + (3x^2 + 1)^2}\, dx \approx 10{,}34$ unités

c) $\displaystyle\int_{-1}^1 \sqrt{1 + (e^x + xe^x)^2}\, dx \approx 4{,}029$ unités

16. a) i) $108\pi$ u$^3$
b) ii) $72\pi$ u$^3$

17. a) 10 000 $

18. Environ 62 832 litres

19. 10 mètres

20. a) $V = \pi h^2 \left(R - \dfrac{h}{3}\right)$ (exprimé en m$^3$)

c) i) $\dfrac{0{,}05}{19\pi} \approx 0{,}000\,84$ m/s

22. c) $\dfrac{2}{3}$

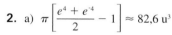

# CHAPITRE 6

## Exercices préliminaires (page 308)

**1.** a) $n! = n(n-1)(n-2)(n-3) \ldots 3 \cdot 2 \cdot 1$    b) $0! = 1$

**2.** a) 6          c) 22 350          e) 1

   b) $3{,}0414 \times 10^{64}$    d) $2{,}5852 \times 10^{22}$    f) $\dfrac{999}{998\,999}$

**3.** a) 13          b) $x = 30$ et $y = 29$ ou $x = 6$ et $y = 4$

**4.** a) $(n-1)!$          c) $\dfrac{3}{(n+1)n}$

   b) $n + 1$          d) $\dfrac{1}{(2k+2)(2k+1)}$

**5.** a) $x \in \,]\text{-}2, 2[$          c) $x \in \,\left]\text{-}4, \dfrac{16}{3}\right[$

   b) $x \in [\text{-}3, 11]$          d) $x \in \,\left]\text{-}\infty, \dfrac{\text{-}1}{5}\right] \cup \left[\dfrac{1}{5}, +\infty\right[$

**6.** a) $n = 5$     b) $n = 14$     c) $n = 6$     d) $n = 3$

**7.** a) …$f$ est croissante sur $[a, b]$.  b) …$f$ est décroissante sur $[a, b]$.

**8.** a) 1          b) 0          c) $e$          d) 1

**9.** a) $\dfrac{n(n+1)}{2}$          b) $\dfrac{n(n+1)(2n+1)}{6}$

## Exercices 6.1 (page 321)

**1.** a) $\{9, 11, 13, 15, 17, \ldots\}$          e) $\{5, 5, 5, 5, 5, \ldots\}$

   b) $\{1, 3, 7, 15, 31, \ldots\}$          f) $\left\{1, \dfrac{\text{-}1}{2}, \dfrac{1}{6}, \dfrac{\text{-}1}{24}, \dfrac{1}{120}, \ldots\right\}$

   c) $\left\{\text{-}1, \dfrac{1}{2}, \dfrac{\text{-}1}{3}, \dfrac{1}{4}, \dfrac{\text{-}1}{5}, \ldots\right\}$          g) $\{0, 0, 0, 0, 0, \ldots\}$

   d) $\left\{\dfrac{4}{27}, \dfrac{5}{81}, \dfrac{2}{81}, \dfrac{7}{729}, \dfrac{8}{2187}, \ldots\right\}$  h) $\left\{\dfrac{3}{2}, 12, 0, \dfrac{\text{-}24}{11}, \dfrac{6}{5}, \ldots\right\}$

**2.** a) $\left\{5, \dfrac{1}{5}, 5, \dfrac{1}{5}, 5, \ldots\right\}$          c) $\{2, 3, 7, 13, 27, \ldots\}$

   b) $\{1, 7, 19, 43, 91, \ldots\}$          d) $\{1, 3, 3, 9, 27, \ldots\}$

**3.** a) $n^2$          d) $(\text{-}1)^{n+1} 4$     g) $\left(\dfrac{\text{-}1}{3}\right)^{n-1}$     j) $\dfrac{1}{n!+1}$

   b) $n^3 - 1$     e) $2n - 1$     h) $\dfrac{3n-1}{n}$     k) $\dfrac{5n-7}{n^2}$

   c) 4          f) $\dfrac{1}{2(n+1)}$     i) $n!$     l) $\dfrac{(\text{-}1)^n 2n}{2n+1}$

**4.** a)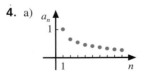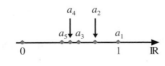

   b)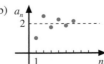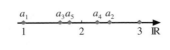

   c)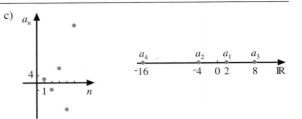

   d)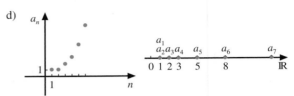

**5.** a) 0 ; C          g) 0 ; C          m) N'existe pas ; D

   b) 5 ; C          h) 0 ; C          n) 1 ; C

   c) $\dfrac{\text{-}3}{5}$ ; C          i) 1 ; C          o) N'existe pas ; D

   d) N'existe pas ; D          j) $+\infty$ ; D          p) $\dfrac{7}{2}$ ; C

   e) $+\infty$ ; D          k) 0 ; C

   f) N'existe pas ; D          l) 1 ; C

**6.** a) i) $\displaystyle\lim_{n \to +\infty} \sin(n\pi) = 0$     ii) $\displaystyle\lim_{x \to +\infty} \sin(\pi x)$ n'existe pas.

   b) Faux ; vrai uniquement si $\displaystyle\lim_{x \to +\infty} f(x)$ existe.

**7.** a)

| Valeurs de $r$ | $\displaystyle\lim_{n \to +\infty} r^n$ |
|:---:|:---:|
| $r \leq \text{-}1$ | N'existe pas |
| $\text{-}1 < r < 1$ | 0 |
| $r = 1$ | 1 |
| $r > 1$ | $+\infty$ |

   b) 0 ; $+\infty$ ; n'existe pas

**8.** a) $a_n = \dfrac{n^3}{3^n}$ ; 0 ; C          d) $a_n = \dfrac{(\text{-}1)^{n+1} n}{n+2}$ ; n'existe pas ; D

   b) $a_n = \dfrac{2^n + 1}{2^n}$ ; 1 ; C     e) $a_n = \left(\dfrac{\text{-}1}{3}\right)^{n-1}$ ; 0 ; C

   c) $a_n = \dfrac{2^n - 1}{n}$ ; $+\infty$ ; D   f) $a_n = (n-1)!$ ; $+\infty$ ; D

**9.** Puisque $\text{-}1 \leq \sin n \leq 1$, alors $\dfrac{\text{-}1}{n} \leq \dfrac{\sin n}{n} \leq \dfrac{1}{n}$

   De plus, $\displaystyle\lim_{n \to +\infty} \dfrac{\text{-}1}{n} = \lim_{n \to +\infty} \dfrac{1}{n} = 0$

   Ainsi $\displaystyle\lim_{n \to +\infty} \dfrac{\sin n}{n} = 0$, par le théorème sandwich.

**10.** a) Bornée ; $b = 1$ et $B = 4$

   b) Bornée inférieurement ; $b = \dfrac{10}{3}$

   c) Non bornée inférieurement et non bornée supérieurement

   d) Bornée supérieurement ; $B = \text{-}2$

   e) Bornée ; $b = 1$ et $B = e$

   f) Bornée ; $b = \text{-}1$ et $B = 1$

**11.** a) Croissante ; monotone

b) Ni croissante ni décroissante

c) Décroissante ; monotone

d) Croissante ; monotone

e) Ni croissante ni décroissante

f) Décroissante ; monotone

**12.** a) F ; $\{(-1)^n\}$    c) F ; $\{n\}$    e) V

b) V    d) V    f) V

**13.** $a_1 = 3,5$

**14.** a) $a_n = 500(3)^n$   b) 10 heures

**15.** a) $a_{n+1} = 3n + 1$ ; $\dfrac{a_{n+1}}{a_n} = \dfrac{3n+1}{3n-2}$

b) $a_{n+1} = \dfrac{3}{(n+1)!}$ ; $\dfrac{a_{n+1}}{a_n} = \dfrac{1}{n+1}$

c) $a_{n+1} = \dfrac{n}{4^{n+1}}$ ; $\dfrac{a_{n+1}}{a_n} = \dfrac{n}{4(n-1)}$

d) $a_{n+1} = \dfrac{(-3)^{n+3}}{(2n+2)!}$ ; $\dfrac{a_{n+1}}{a_n} = \dfrac{-3}{(2n+2)(2n+1)}$

## Exercices 6.2 (page 337)

**1.**

| | $S_n$ | $\lim\limits_{n\to+\infty} S_n$ | C ou D | Somme |
|---|---|---|---|---|
| a) | $\dfrac{n}{10}$ | $+\infty$ | D | $+\infty$ |
| b) | $\dfrac{n}{n+1}$ | 1 | C | 1 |
| c) | $\dfrac{n(n+1)(2n+1)}{6}$ | $+\infty$ | D | $+\infty$ |
| d) | -1 si $n$ impair<br>0 si $n$ pair | $\not\exists$ | D | Non définie |
| e) | $\dfrac{3}{10}\dfrac{\left(1-\left(\frac{1}{10}\right)^n\right)}{\left(1-\frac{1}{10}\right)}$ | $\dfrac{1}{3}$ | C | $\dfrac{1}{3}$ |
| f) | $\dfrac{1}{2}-\dfrac{1}{n+2}$ | $\dfrac{1}{2}$ | C | $\dfrac{1}{2}$ |

**2.** a) $\displaystyle\sum_{n=1}^{+\infty}\dfrac{1}{n^2} + \sum_{n=1}^{+\infty}\dfrac{(-1)^{n+1}}{n} = \left(\dfrac{\pi^2}{6} + \ln 2\right)$ ; C

b) $\dfrac{1}{5}\displaystyle\sum_{n=0}^{+\infty}\dfrac{1}{n!} = \dfrac{e}{5}$ ; C

c) $\displaystyle\sum_{n=1}^{+\infty}\dfrac{1}{n^2} - \left(1 + \dfrac{1}{4} + \dfrac{1}{9}\right) = \dfrac{\pi^2}{6} - \dfrac{49}{36}$ ; C

d) $\displaystyle\sum_{n=1}^{+\infty}\dfrac{1}{n^2} - \sum_{n=1}^{+\infty}\dfrac{1}{n} = \dfrac{\pi^2}{6} - \infty = -\infty$ ; D

e) $5\displaystyle\sum_{n=0}^{+\infty}\dfrac{1}{n!} - \left(5 + 5 + \dfrac{5}{2}\right) = 5e - \dfrac{25}{2}$ ; C

f) $2\displaystyle\sum_{n=1}^{+\infty}\dfrac{(-1)^{n+1}}{n} - 2(1) = 2\ln 2 - 2$ ; C

**3.** $\displaystyle\sum_{n=1}^{+\infty}\dfrac{1}{n} = +\infty$, $\displaystyle\sum_{n=1}^{+\infty}\dfrac{-1}{n} = -\infty$ et $\displaystyle\sum_{n=1}^{+\infty}\left(\dfrac{1}{n} - \dfrac{1}{n}\right) = 0$

**4.** a) $5\displaystyle\sum_{n=1}^{+\infty}\dfrac{1}{n} = 5(+\infty) = +\infty$

b) $\dfrac{1}{100}\displaystyle\sum_{n=1}^{+\infty}\dfrac{1}{n} = \dfrac{1}{100}(+\infty) = +\infty$

c) $\displaystyle\sum_{n=1}^{+\infty}\dfrac{1}{n} - \sum_{n=1}^{99}\dfrac{1}{n} = +\infty - S_{99} = +\infty$

d) $\dfrac{-1}{4}\left[\displaystyle\sum_{n=1}^{+\infty}\dfrac{1}{n} - \sum_{n=1}^{999}\dfrac{1}{n}\right] = \dfrac{-1}{4}\left[+\infty - S_{999}\right] = -\infty$

**5.** a) $-29 - 25 - 21 - 17 - 13 - \dots$

b) $a_{51} = -29 + (51-1)4 = 171$

c) $S_{51} = \dfrac{51}{2}(2(-29) + (50)(4)) = 3621$

d) $\dfrac{n}{2}(2(-29) + (n-1)4) = 51$

$4n^2 - 62n - 102 = 0$

d'où $n = 17$    ($n = -1,5$ à rejeter)

**6.** $a_7 = 7$, ainsi    $a + 6d = 7$

$S_{20} = -70$, ainsi $\dfrac{20}{2}(2a + 19d) = -70$

En résolvant le système précédent, nous obtenons

$a = 25$ et $d = -3$

**7.** a) $2 + \dfrac{2}{3} + \dfrac{2}{9} + \dfrac{2}{27} + \dots + \dfrac{2}{3^{n-1}} + \dots = \displaystyle\sum_{i=1}^{+\infty}\dfrac{2}{3^{i-1}}$

b) $2 - \dfrac{4}{3} + \dfrac{8}{9} - \dfrac{16}{27} + \dots + 2\left(\dfrac{-2}{3}\right)^{n-1} + \dots = \displaystyle\sum_{i=1}^{+\infty}2\left(\dfrac{-2}{3}\right)^{i-1}$

c) $1 - 1 + 1 - 1 + \dots + (-1)^{n+1} + \dots = \displaystyle\sum_{i=1}^{+\infty}(-1)^{i+1}$

d) $4 + \dfrac{12}{5} + \dfrac{36}{25} + \dfrac{108}{125} + \dots + 4\left(\dfrac{3}{5}\right)^{n-1} + \dots = \displaystyle\sum_{i=1}^{+\infty}4\left(\dfrac{3}{5}\right)^{i-1}$

e) $-1 + x - x^2 + x^3 + \dots + (-x)^n + \dots = \displaystyle\sum_{i=1}^{+\infty}(-1)(-x)^{i-1}$

**8.** a) Oui ; $a = 1$, $r = \dfrac{1}{2}$     f) Oui ; $a = x$, $r = -x^2$

b) Non     g) Non

c) Oui ; $a = 1$, $r = -4$     h) Oui ; $a = 9$, $r = \dfrac{1}{10}$

d) Non     i) Oui ; $a = \dfrac{32}{25}$, $r = \dfrac{-2}{5}$

e) Oui ; $a = \dfrac{1}{3}$, $r = \dfrac{-1}{\sqrt{3}}$     j) Non

**9.** En utilisant le tableau suivant :

| $-1 < r < 1$ | Série convergente | $S = \dfrac{a}{1-r}$ |
|---|---|---|
| $r \geq 1$ | Série divergente | $S = +\infty$, si $a > 0$<br>$S = -\infty$, si $a < 0$ |
| $r \leq -1$ | Série divergente | $S$ est non définie |

nous avons

| | $a$ | $r$ | C ou D | $S$ |
|---|---|---|---|---|
| a) | 3 | $\dfrac{1}{2}$ | C | 6 |
| b) | 3 | $\dfrac{3}{5}$ | C | $\dfrac{15}{2}$ |

| | $a$ | $r$ | C ou D | $S$ |
|---|---|---|---|---|
| c) | 1 | $\dfrac{\pi}{3}$ | D | $+\infty$ |
| d) | 1 | -2 | D | Non définie |
| e) | $\dfrac{5}{7}$ | $\dfrac{5}{7}$ | C | $\dfrac{5}{2}$ |
| f) | $\dfrac{7}{5}$ | $\dfrac{7}{5}$ | D | $+\infty$ |
| g) | $\dfrac{-125}{32}$ | $\dfrac{5}{4}$ | D | $-\infty$ |
| h) | $\dfrac{1}{2}$ | $\dfrac{1}{3}$ | C | $\dfrac{3}{4}$ |
| i) | $\dfrac{-8}{27}$ | $\dfrac{-2}{3}$ | C | $\dfrac{-8}{45}$ |
| j) | $\dfrac{3}{16}$ | $\dfrac{-1}{2}$ | C | $\dfrac{1}{8}$ |
| k) | 27 | $\dfrac{3}{4}$ | C | 108 |
| l) | $\dfrac{1}{8}$ | $\dfrac{-5}{2}$ | D | Non définie |

**10.** a) $0,\overline{183} = 0,183\ 183\ 183\ldots$

$$= 0,183 + 0,000\ 183 + 0,000\ 000\ 183 + \ldots$$

$$= \frac{183}{1000} + \frac{183}{(1000)^2} + \frac{183}{(1000)^3} + \ldots$$

$$= \frac{\dfrac{183}{1000}}{1 - \dfrac{1}{1000}} \qquad \left(a = \frac{183}{1000} \text{ et } r = \frac{1}{1000}\right)$$

$$= \frac{61}{333}$$

b) $0,\overline{9} = 0,999\ 9\ldots$

$$= 0,9 + 0,09 + 0,009 + \ldots$$

$$= \frac{9}{10} + \frac{9}{100} + \frac{9}{1000} + \ldots$$

$$= \frac{\dfrac{9}{10}}{1 - \dfrac{1}{10}} \qquad \left(a = \frac{9}{10} \text{ et } r = \frac{1}{10}\right)$$

$$= 1$$

c) $5,4\overline{27} = 5,427\ 272\ 727\ldots$

$$= 5,4 + 0,027 + 0,000\ 27 + 0,000\ 002\ 7\ldots$$

$$= 5,4 + \frac{27}{1000} + \frac{27}{100\ 000} + \frac{27}{10\ 000\ 000} + \ldots$$

$$= \frac{27}{5} + \frac{\dfrac{27}{1000}}{1 - \dfrac{1}{100}} \qquad \left(a = \frac{27}{1000} \text{ et } r = \frac{1}{100}\right)$$

$$= \frac{27}{5} + \frac{3}{110}$$

$$= \frac{597}{110}$$

d) $0,0\overline{60} = \dfrac{2}{33}$

**11.** a) $\displaystyle\sum_{k=1}^{+\infty} \left(\frac{1}{3}\right)^k + \sum_{k=1}^{+\infty} \left(\frac{2}{3}\right)^k = \frac{1}{2} + 2 = \frac{5}{2}$

b) $\displaystyle\sum_{n=2}^{+\infty} \frac{1}{2^n} + \sum_{n=2}^{+\infty} \frac{1}{n} = \frac{1}{2} + \infty = +\infty$

c) $\displaystyle\sum_{k=1}^{+\infty} \frac{1}{5^k} + \sum_{k=1}^{+\infty} \frac{2^k}{5^k} = \frac{1}{4} + \frac{2}{3} = \frac{11}{12}$

**12.** a) C pour $|x| < 1$ et $S = \dfrac{1}{1-x}$

b) C pour $|x| < 1$ et $S = \dfrac{1}{1+x}$

c) C pour $|x| > 1$ et $S = \dfrac{1}{x-1}$

d) C pour $|x| < 1$ et $S = \dfrac{1}{1+x^2}$

**13.** a) i) $S_{25} = \dfrac{2(1 - 2^{25})}{1 - 2} = 67\ 108\ 862$

ii) $S = +\infty$

b) i) $S_{1000} = \dfrac{1(1 - (1,001)^{1000})}{1 - 1,001} \approx 1716,92$

ii) $S = +\infty$

c) i) $S_{11} = \dfrac{\dfrac{16}{9}\left(1 - \left(\dfrac{2}{3}\right)^{11}\right)}{1 - \dfrac{2}{3}} \approx 5,27$

ii) $S = \dfrac{16}{3}$

**14.** a) $h_n = 4\left(\dfrac{2}{3}\right)^n$, en mètres    c) Treizième rebond

b) Environ 0,53 m    d) 20 m

**15.** a) i) Soit $S_n$ la quantité présente de médicament dans l'organisme après $n$ jours.

$S_1 = 20$

$S_2 = 20 + 20(0,75)$ (il reste 0,75 de $S_1$)

$S_3 = 20 + 20(0,75) + 20(0,75)^2$

⋮

$S_{10} = 20 + 20(0,75) + \ldots + 20(0,75)^9$

$$= \frac{20[1 - (0,75)^{10}]}{1 - 0,75}$$

$$\approx 75,49$$

d'où environ 75,49 mg.

ii) La somme d'une série géométrique où $|r| < 1$ est donnée par $\dfrac{a}{1-r}$, où $a = 20$ et $r = 0,75$

ainsi $S = \dfrac{20}{1 - 0,75} = 80$ mg

d'où 80 mg.

b) i) Environ 39,87 mg

ii) 40 mg

**1.**

| | Calculs à effectuer | Conclusion |
|---|---|---|
| Critère du terme général | $\lim\limits_{n\to+\infty} a_n$ | Si $\lim\limits_{n\to+\infty} a_n \neq 0$, alors $\sum\limits_{n=1}^{+\infty} a_n$ diverge. |
| Série géométrique | $\dfrac{a_{n+1}}{a_n} = r$ | Si $|r| < 1$, alors $\sum\limits_{i=1}^{+\infty} ar^{i-1}$ converge et $S = \dfrac{a}{1-r}$. <br><br> Si $|r| \geq 1$, alors $\sum\limits_{i=1}^{+\infty} ar^{i-1}$ diverge. |
| Critère de l'intégrale | $a_k = f(k) > 0$ et $f$ décroissante <br> $\int_1^{+\infty} f(x)\, dx$ | Si $\int_1^{+\infty} f(x)\, dx$ converge, alors $\sum\limits_{k=1}^{+\infty} a_k$ converge. <br><br> Si $\int_1^{+\infty} f(x)\, dx$ diverge, alors $\sum\limits_{k=1}^{+\infty} a_k$ diverge. |
| Série de Riemann | Série de la forme $\sum\limits_{k=1}^{+\infty} \dfrac{1}{k^p}$ | Si $p \leq 1$, alors $\sum\limits_{k=1}^{+\infty} \dfrac{1}{k^p}$ diverge. <br><br> Si $p > 1$, alors $\sum\limits_{k=1}^{+\infty} \dfrac{1}{k^p}$ converge. |
| Critère de comparaison | $0 < a_k \leq b_k$ | Si $\sum\limits_{k=1}^{+\infty} a_k$ diverge, alors $\sum\limits_{k=1}^{+\infty} b_k$ diverge. <br><br> Si $\sum\limits_{k=1}^{+\infty} b_k$ converge, alors $\sum\limits_{k=1}^{+\infty} a_k$ converge. |
| Critère de comparaison à l'aide d'une limite | $L = \lim\limits_{n\to+\infty} \dfrac{a_n}{b_n}$ | Si $L \in \mathbb{R}$ et $L > 0$ et <br> si $\sum\limits_{k=1}^{+\infty} b_k$ converge, alors $\sum\limits_{k=1}^{+\infty} a_k$ converge. <br><br> si $\sum\limits_{k=1}^{+\infty} b_k$ diverge, alors $\sum\limits_{k=1}^{+\infty} a_k$ diverge. |
| Critère des polynômes | $p = $ degré du numérateur <br> $q = $ degré du dénominateur <br> $d = (q - p)$ | Si $d \leq 1$, alors $\sum\limits_{k=1}^{+\infty} a_k$ diverge. <br><br> Si $d > 1$, alors $\sum\limits_{k=1}^{+\infty} a_k$ converge. |
| Critère de d'Alembert | $R = \lim\limits_{n\to+\infty} \dfrac{a_{n+1}}{a_n}$ | Si $R < 1$, alors $\sum\limits_{k=1}^{+\infty} a_k$ converge. <br><br> Si $R > 1$, alors $\sum\limits_{k=1}^{+\infty} a_k$ diverge. <br><br> Si $R = 1$, alors nous ne pouvons rien conclure. |
| Critère de Cauchy | $R = \lim\limits_{n\to+\infty} \sqrt[n]{a_n}$ | Si $R < 1$, alors $\sum\limits_{k=1}^{+\infty} a_k$ converge. <br><br> Si $R > 1$, alors $\sum\limits_{k=1}^{+\infty} a_k$ diverge. <br><br> Si $R = 1$, alors nous ne pouvons rien conclure. |

**2.** a) $\lim\limits_{n\to+\infty} \dfrac{3n+4}{n} = 3$ ; la série diverge.

b) $\lim\limits_{n\to+\infty} \left(1 + \dfrac{1}{n^2}\right) = 1$ ; la série diverge.

c) $\lim\limits_{n\to+\infty} \dfrac{n+1}{n^2} = 0$ ; nous ne pouvons rien conclure.

d) $\lim\limits_{n\to+\infty} \dfrac{1}{n!} = 0$ ; nous ne pouvons rien conclure.

e) $\lim\limits_{n\to+\infty} \dfrac{n}{100n+5} = \dfrac{1}{100}$ ; la série diverge.

f) $\lim\limits_{n\to+\infty} \dfrac{2n+1}{\ln n} = +\infty$ ; la série diverge.

**3.** a) $\int_1^{+\infty} \dfrac{1}{\sqrt{x}}\, dx = +\infty$, donc $\sum\limits_{n=1}^{+\infty} \dfrac{1}{\sqrt{n}}$ diverge.

b) $\int_4^{+\infty} \dfrac{7}{x-3}\, dx = +\infty$, donc $\sum\limits_{k=4}^{+\infty} \dfrac{7}{k-3}$ diverge.

c) $\int_3^{+\infty} \dfrac{1}{(5x+1)^{\frac{3}{2}}}\, dx = \dfrac{1}{10}$, donc $\sum\limits_{n=3}^{+\infty} \dfrac{1}{(5n+1)^{\frac{3}{2}}}$ converge ;

$a_3 \leq \sum\limits_{n=3}^{+\infty} \dfrac{1}{(5n+1)^{\frac{3}{2}}} \leq \left(a_3 + \int_3^{+\infty} \dfrac{1}{(5x+1)^{\frac{3}{2}}}\, dx\right)$

$\dfrac{1}{64} \leq \sum\limits_{n=3}^{+\infty} \dfrac{1}{(5n+1)^{\frac{3}{2}}} \leq \left(\dfrac{1}{64} + \dfrac{1}{10}\right)$

**6**

$$\frac{5}{320} \le \sum_{n=3}^{+\infty} \frac{1}{(5n+1)^{\frac{3}{2}}} \le \frac{37}{320}$$

d'où $b = \dfrac{5}{320}$ et $c = \dfrac{37}{320}$

d) $\int_1^{+\infty} xe^{-x^2}\, dx = \dfrac{1}{2e}$, donc $\sum_{n=1}^{+\infty} \dfrac{n}{e^{n^2}}$ converge ;

$$a_1 \le \sum_{n=1}^{+\infty} \frac{n}{e^{n^2}} \le \left(a_1 + \int_1^{+\infty} xe^{-x^2}\, dx\right)$$

$$\frac{1}{e} \le \sum_{n=1}^{+\infty} \frac{n}{e^{n^2}} \le \left(\frac{1}{e} + \frac{1}{2e}\right)$$

$$\frac{1}{e} \le \sum_{n=1}^{+\infty} \frac{n}{e^{n^2}} \le \frac{3}{2e}$$

d'où $b = \dfrac{1}{e}$ et $c = \dfrac{3}{2e}$

e) $\int_2^{+\infty} \dfrac{x}{x^2-1}\, dx = +\infty$, donc $\sum_{n=2}^{+\infty} \dfrac{n}{n^2-1}$ diverge.

f) $\int_1^{+\infty} \dfrac{1}{1+x^2}\, dx = \dfrac{\pi}{4}$, donc $\sum_{n=1}^{+\infty} \dfrac{1}{1+n^2}$ converge ;

$$a_1 \le \sum_{n=1}^{+\infty} \frac{1}{1+n^2} \le \left(a_1 + \int_1^{+\infty} \frac{1}{1+x^2}\, dx\right)$$

$$\frac{1}{2} \le \sum_{n=1}^{+\infty} \frac{1}{1+n^2} \le \left(\frac{1}{2} + \frac{\pi}{4}\right)$$

d'où $b = \dfrac{1}{2}$ et $c = \dfrac{1}{2} + \dfrac{\pi}{4}$

**4.** a) Série de Riemann, où $p = \dfrac{1}{3}$. Puisque $p \le 1$, alors $\sum_{n=1}^{+\infty} \dfrac{1}{\sqrt[3]{n}}$ diverge.

b) Série de Riemann, où $p = 3$. Puisque $p > 1$, alors $\sum_{n=1}^{+\infty} \dfrac{1}{n^3}$ converge.

**5.** a) ... $\sum_{k=1}^{+\infty} a_k$ converge.

b) ... $\sum_{k=1}^{+\infty} a_k$ peut converger ou peut diverger, ainsi nous ne pouvons rien conclure.

c) ... $\sum_{k=1}^{+\infty} b_k$ peut converger ou peut diverger, ainsi nous ne pouvons rien conclure.

d) ... $\sum_{k=1}^{+\infty} b_k$ diverge.

**6.** a) $d = 2 - 0 = 2 > 1$, d'où la série converge.

b) $d = 6 - 5 = 1 \le 1$, d'où la série diverge.

c) $d = 4 - 4 = 0 \le 1$, d'où la série diverge.

d) $a_n = \dfrac{3n-1}{n^3}$; $d = 3 - 1 = 2 > 1$, d'où la série converge.

**7.** a) $R = \lim_{n\to+\infty} \dfrac{\frac{3^{n+1}}{(n+1)!}}{\frac{3^n}{n!}} = \lim_{n\to+\infty} \dfrac{3}{n+1} = 0$

$R < 1$, d'où la série converge.

b) $R = \lim_{n\to+\infty} \dfrac{\frac{1}{(n+1)^2+1}}{\frac{1}{n^2+1}} = \lim_{n\to+\infty} \dfrac{n^2+1}{(n+1)^2+1}$

$$= \lim_{n\to+\infty} \frac{n^2\left(1+\frac{1}{n^2}\right)}{n^2\left(1+\frac{2}{n}+\frac{2}{n^2}\right)} = 1$$

$R = 1$, d'où nous ne pouvons rien conclure.

D'après le critère des polynômes, la série converge car $d = 2 - 0 = 2 > 1$.

c) $R = \lim_{n\to+\infty} \dfrac{\frac{4^{n+1}}{2(n+1)+3}}{\frac{4^n}{2n+3}} = \lim_{n\to+\infty} \dfrac{4(2n+3)}{2n+5} = 4$

$R > 1$, d'où la série diverge.

d) $R = \lim_{n\to+\infty} \dfrac{\frac{n+1}{e^{n+1}}}{\frac{n}{e^n}} = \lim_{n\to+\infty} \dfrac{n+1}{ne} = \dfrac{1}{e}$

$R < 1$, d'où la série converge.

e) $R = \lim_{n\to+\infty} \dfrac{\frac{(n+1)!}{e^{n+1}}}{\frac{n!}{e^n}} = \lim_{n\to+\infty} \dfrac{n+1}{e} = +\infty$

$R > 1$, d'où la série diverge.

f) $R = \lim_{n\to+\infty} \dfrac{\frac{(n+1)^{n+1}}{(n+1)!}}{\frac{n^n}{n!}}$

$$= \lim_{n\to+\infty} \left(\frac{n+1}{n}\right)^n = \lim_{x\to+\infty} \left(1+\frac{1}{x}\right)^x = e$$

$R > 1$, d'où la série diverge.

**8.** a) $R = \lim_{n\to+\infty} \sqrt[n]{\dfrac{2^n}{n^n}} = \lim_{n\to+\infty} \dfrac{2}{n} = 0$

$R < 1$, d'où la série converge.

b) $R = \lim_{n\to+\infty} \sqrt[n]{\dfrac{e^n}{n^3}} = \lim_{n\to+\infty} \dfrac{e}{\sqrt[n]{n^3}} = e$ $\quad \left(\text{car } \lim_{n\to+\infty} \sqrt[n]{n^3} = 1\right)$

$R > 1$, d'où la série diverge.

c) $R = \lim_{n\to+\infty} \sqrt[n]{\dfrac{1}{n^2}} = \lim_{n\to+\infty} \dfrac{1}{\sqrt[n]{n^2}} = 1$

$R = 1$, d'où nous ne pouvons rien conclure. D'après le critère des polynômes, la série converge car $d = 2 > 1$.

d) $R = \lim_{n\to+\infty} \sqrt[n]{\left(\dfrac{2n^2+5}{3n^2}\right)^n} = \lim_{n\to+\infty} \dfrac{2n^2+5}{3n^2} = \dfrac{2}{3}$

$R < 1$, d'où la série converge.

**9.** a) Puisque $\dfrac{1}{n^2+5} \le \dfrac{1}{n^2}$, pour $n \ge 1$ et

que $\sum_{n=1}^{+\infty} \dfrac{1}{n^2}$ converge   (série de Riemann, où $p = 2 > 1$)

alors $\sum_{n=1}^{+\infty} \dfrac{1}{n^2+5}$ converge.

b) Puisque $\dfrac{5k+4}{5k^2-1} \geq \dfrac{1}{k}$, pour $k \geq 1$ et

que $\displaystyle\sum_{k=1}^{+\infty} \dfrac{1}{k}$ diverge    (série harmonique)

alors $\displaystyle\sum_{k=1}^{+\infty} \dfrac{5k+4}{5k^2-1}$ diverge.

c) Puisque $\dfrac{1}{3^n+n} \leq \dfrac{1}{3^n}$, pour $n \geq 1$ et

que $\displaystyle\sum_{n=1}^{+\infty} \dfrac{1}{3^n}$ converge $\left(\text{série géométrique où } r = \dfrac{1}{3} < 1\right)$

alors $\displaystyle\sum_{n=1}^{+\infty} \dfrac{1}{3^n+n}$ converge.

d) Puisque $\dfrac{2}{2^n-1} \leq \dfrac{2}{2^{n-1}}$, pour $n \geq 1$ et

que $\displaystyle\sum_{n=1}^{+\infty} \dfrac{2}{2^{n-1}}$ converge $\left(\text{série géométrique où } r = \dfrac{1}{2} < 1\right)$

alors $\displaystyle\sum_{n=1}^{+\infty} \dfrac{2}{2^n-1}$ converge.

**10.** a) Soit $b_k = \dfrac{1}{4^k}$

$L = \displaystyle\lim_{k\to+\infty} \dfrac{\dfrac{1}{4^k-3}}{\dfrac{1}{4^k}} = \lim_{k\to+\infty} \dfrac{4^k}{4^k-3} = \lim_{k\to+\infty} \dfrac{4^k}{4^k\left(1-\dfrac{3}{4^k}\right)} = 1$

Puisque $L \in \mathbb{R}$ et $L > 0$ et puisque $\displaystyle\sum_{k=1}^{+\infty} \dfrac{1}{4^k}$ converge

$\left(\text{série géométrique où } r = \dfrac{1}{4} < 1\right)$

alors $\displaystyle\sum_{k=1}^{+\infty} \dfrac{1}{4^k-3}$ converge.

b) Soit $b_n = \dfrac{1}{n}$

$L = \displaystyle\lim_{n\to+\infty} \dfrac{\sin\left(\dfrac{1}{3n}\right)}{\dfrac{1}{n}}$    $\left(\text{ind. } \dfrac{0}{0}\right)$

$= \displaystyle\lim_{x\to+\infty} \dfrac{\sin\left(\dfrac{1}{3x}\right)}{\dfrac{1}{x}}$    (théorème 6.1)

$\overset{\text{RH}}{=} \displaystyle\lim_{x\to+\infty} \dfrac{\cos\left(\dfrac{1}{3x}\right)\left(\dfrac{-1}{3x^2}\right)}{\dfrac{-1}{x^2}} = \lim_{x\to+\infty} \dfrac{\cos\left(\dfrac{1}{3x}\right)}{3} = \dfrac{1}{3}$

Puisque $L \in \mathbb{R}$ et $L > 0$ et puisque $\displaystyle\sum_{n=1}^{+\infty} \dfrac{1}{n}$ diverge

(série harmonique)

alors $\displaystyle\sum_{n=1}^{+\infty} \sin\left(\dfrac{1}{3n}\right)$ diverge.

c) Soit $b_k = \dfrac{1}{k^{\frac{5}{2}}}$

$L = \displaystyle\lim_{k\to+\infty} \dfrac{\dfrac{7}{k\sqrt{k^3+1}}}{\dfrac{1}{k^{\frac{5}{2}}}} = \lim_{k\to+\infty} \dfrac{7k^{\frac{5}{2}}}{k\sqrt{k^3+1}}$

$= \displaystyle\lim_{k\to+\infty} \dfrac{7k^{\frac{5}{2}}}{k^{\frac{5}{2}}\sqrt{1+\dfrac{1}{k^3}}} = 7$

Puisque $L \in \mathbb{R}$ et $L > 0$ et puisque $\displaystyle\sum_{k=8}^{+\infty} \dfrac{1}{k^{\frac{5}{2}}}$ converge

$\left(\text{série -}p\text{, où } p = \dfrac{5}{2} > 1\right)$

alors $\displaystyle\sum_{k=8}^{+\infty} \dfrac{1}{k\sqrt{k^3+1}}$ converge.

d) Soit $b_n = \dfrac{1}{n^{\frac{3}{2}}}$

$L = \displaystyle\lim_{n\to+\infty} \dfrac{\dfrac{\sqrt{n}}{n^2+\cos n}}{\dfrac{1}{n^{\frac{3}{2}}}} = \lim_{n\to+\infty} \dfrac{n^2}{n^2+\cos n}$

$= \displaystyle\lim_{n\to+\infty} \dfrac{1}{1+\dfrac{\cos n}{n^2}} = 1$

Puisque $L \in \mathbb{R}$ et $L > 0$ et puisque $\displaystyle\sum_{n=1}^{+\infty} \dfrac{1}{n^{\frac{3}{2}}}$ converge

$\left(\text{série -}p\text{, où } p = \dfrac{3}{2} > 1\right)$

alors $\displaystyle\sum_{n=1}^{+\infty} \dfrac{\sqrt{n}}{n^2+\cos n}$ converge.

**11.**

| | | | |
|---|---|---|---|
| a) | Polynômes | $d = 2 > 1$ | C |
| b) | D'Alembert | $R = 0 < 1$ | C |
| c) | Cauchy | $R = \dfrac{1}{2} < 1$ | C |
| d) | D'Alembert | $R = 2 > 1$ | D |
| e) | Intégrale | $\displaystyle\int_1^{+\infty} \dfrac{\text{Arc tan } x}{x^2+1}\,dx = \dfrac{3\pi^2}{32}$ | C |
| f) | Comparaison | $\dfrac{1}{7\sqrt{n}-1} > \dfrac{1}{7\sqrt{n}}$, série de Riemann, $p = \dfrac{1}{2} \leq 1$ | D |
| g) | Terme général | $\displaystyle\lim_{n\to+\infty} \dfrac{n}{\ln n} = +\infty \neq 0$ | D |
| h) | Comparaison à l'aide d'une limite | $b_n = \dfrac{1}{\sqrt{n}}$ et $L = 1 > 0$ | D |
| i) | Comparaison | $\dfrac{\sqrt{n}}{n^2+5} < \dfrac{1}{n^{\frac{3}{2}}}$, série de Riemann, où $p = \dfrac{3}{2} > 1$ | C |
| j) | Intégrale | $\displaystyle\int_4^{+\infty} \dfrac{e^{\sqrt{x}}}{\sqrt{x}}\,dx = \dfrac{2}{e^2}$ | C |
| k) | Terme général | $\displaystyle\lim_{n\to+\infty} \dfrac{e^{\sqrt{n}}}{\sqrt{n}} = +\infty \neq 0$ | D |
| l) | Comparaison | $\dfrac{1}{\left(\dfrac{1}{3}\right)^k+5^k} < \dfrac{1}{5^k}$, d'Alembert, $R = \dfrac{1}{5} < 1$ | C |

**6**

**12.** Le choix du critère est laissé à l'élève.

a) C    c) D    e) C    g) C    i) C

b) C    d) D    f) D    h) C    j) C

**13.** a) C    b) C    c) D    d) D    e) D    f) C

## Exercices 6.4 (page 362)

**1.** a) i) $\sum_{k=1}^{+\infty} \left| \frac{(-1)^k}{k^2} \right| = \sum_{k=1}^{+\infty} \frac{1}{k^2}$ est convergente

(série de Riemann, où $p = 2 > 1$)

d'où $\sum_{k=1}^{+\infty} \frac{(-1)^k}{k^2}$ est absolument convergente.

ii) $\sum_{k=1}^{+\infty} \frac{(-1)^k}{k^2}$ est convergente.    (théorème 6.24)

iii) Non

b) i) $\sum_{n=1}^{+\infty} \left| \frac{(-1)^{n+1}(3n^2+4)}{n^2} \right| = \sum_{n=1}^{+\infty} \frac{3n^2+4}{n^2}$ est divergente.

(critère des polynômes $d = 0 \leq 1$)

ii) $\lim_{n \to +\infty} \frac{3n^2+4}{n^2} = 3 \neq 0$, donc la série est divergente.

(théorème 6.14)

iii) Non

c) i) $\sum_{k=1}^{+\infty} \left| \frac{(-1)^k(3+k^2)}{k^3} \right| = \sum_{k=1}^{+\infty} \frac{3+k^2}{k^3}$ est divergente.

(critère des polynômes $d = (3-2) = 1 \leq 1$)

ii) 1) $\lim_{n \to +\infty} \frac{3+n^2}{n^3} = 0$

2) En posant $f(x) = \frac{3+x^2}{x^3}$ sur [1, +∞, nous obtenons

$f'(x) = \frac{-(x^2+9)}{x^4} < 0$ sur ]1, +∞

ainsi, la suite $\left\{ \frac{3+n^2}{n^3} \right\}$ est décroissante.

D'où $\sum_{k=1}^{+\infty} \frac{(-1)^k(3+k^2)}{k^3}$ est convergente.

iii) La série est conditionnellement convergente.

d) i) $\sum_{n=1}^{+\infty} \left| \frac{\cos n\pi}{3n+1} \right| = \sum_{n=1}^{+\infty} \frac{1}{3n+1}$ est divergente.

(critère des polynômes $d = 1 - 0 = 1 \leq 1$)

ii) 1) $\lim_{n \to +\infty} \frac{\cos n\pi}{3n+1} = 0$

$\left( \text{car } \frac{-1}{3n+1} \leq \frac{\cos n\pi}{3n+1} \leq \frac{1}{3n+1} \right)$

2) La suite $\left\{ \frac{|\cos n\pi|}{3n+1} \right\} = \left\{ \frac{1}{4}, \frac{1}{7}, \frac{1}{10}, \ldots, \frac{1}{3n+1}, \ldots \right\}$

est décroissante,

car $\frac{1}{3n+1} > \frac{1}{3(n+1)+1}$ pour tout $n$

$(|\cos n\pi| = 1)$

d'où $\sum_{n=1}^{+\infty} \frac{\cos n\pi}{3n+1}$ est convergente.

iii) La série est conditionnellement convergente.

e) i) $\sum_{n=1}^{+\infty} \left| \frac{(-1)^{n+1}}{\sqrt{n}} \right| = \sum_{n=1}^{+\infty} \frac{1}{\sqrt{n}}$ est divergente.

$\left( \text{série de Riemann, où } p = \frac{1}{2} \leq 1 \right)$

ii) 1) $\lim_{n \to +\infty} \frac{1}{\sqrt{n}} = 0$

2) La suite $\left\{ \frac{1}{\sqrt{n}} \right\}$ est décroissante,

car $\frac{1}{\sqrt{n}} > \frac{1}{\sqrt{n+1}}$, $\forall n \geq 1$

d'où $\sum_{n=1}^{+\infty} \frac{(-1)^{n+1}}{\sqrt{n}}$ est convergente.

iii) La série est conditionnellement convergente.

f) i) $\sum_{k=1}^{+\infty} \left| \frac{(-1)^k k!}{(5)^k} \right| = \sum_{k=1}^{+\infty} \frac{k!}{5^k}$ est divergente.

(critère de d'Alembert, où $R = +\infty > 1$)

ii) $\lim_{k \to +\infty} \frac{k!}{5^k} \neq 0$    (car $k! > 5^k$ si $k > 12$)

d'où $\sum_{k=1}^{+\infty} \frac{(-1)^k k!}{5^k}$ est divergente.

iii) Non

g) i) $\sum_{k=1}^{+\infty} \left| \frac{\sin\left(\frac{k\pi}{4}\right)}{2^k} \right|$ est convergente,    (critère de comparaison)

car $\left| \frac{\sin\left(\frac{k\pi}{4}\right)}{2^k} \right| \leq \frac{1}{2^k}$ et $\sum_{k=1}^{+\infty} \frac{1}{2^k}$ est convergente

$\left( \text{série géométrique où } |r| = \frac{1}{2} < 1 \right)$

d'où $\sum_{k=1}^{+\infty} \frac{\sin\left(\frac{k\pi}{4}\right)}{2^k}$ est absolument convergente.

ii) $\sum_{k=1}^{+\infty} \frac{\sin\left(\frac{k\pi}{4}\right)}{2^k}$ est convergente.    (théorème 6.21)

iii) Non

**2.** a) $\sum_{k=1}^{+\infty} \frac{(-1)^{k+1}}{\sqrt{k}} \approx 1 - \frac{1}{\sqrt{2}} + \frac{1}{\sqrt{3}} - \frac{1}{\sqrt{4}} + \frac{1}{\sqrt{5}}$ et $E \leq \frac{1}{\sqrt{6}}$

d'où $S \approx 0,817$ et $E \leq 0,408\ldots$

b) $\sum_{k=1}^{+\infty} \frac{(-1)^k}{k^3} \approx -1 + \frac{1}{8} - \frac{1}{27} + \frac{1}{64}$ et $E \leq \frac{1}{125}$

d'où $S \approx -0,896$ et $E \leq 0,008$

c) $\sum_{k=1}^{+\infty} \frac{(-1)^{k-1}}{(k-1)!} \approx 1 - 1 + \frac{1}{2!} - \frac{1}{3!} + \frac{1}{4!} - \frac{1}{5!}$ et $E \leq \frac{1}{6!}$

d'où $S \approx 0,3\overline{6}$ et $E \leq 0,001\ 38$

**3.** a) Puisque $E \leq a_{n+1} = \frac{1}{(n+1)!}$, $n = 6$ suffit,

car $\frac{1}{7!} < 0,001$, d'où $S \approx 0,631\ 9\overline{4}$

b) Puisque $E \leq a_{n+1} = \frac{1}{(n+1)^{n+1}}$, $n = 5$ suffit,

car $\frac{1}{6^6} < 0,0001$, d'où $S \approx -0,783\ 45$

c) Puisque $E \leq a_{n+1} = \frac{(0,1)^{2n+1}}{(2n+1)!}$, $n = 2$ suffit,

car $\frac{(0,1)^5}{5!} < 10^{-6}$, d'où $S \approx 0,099\ 8\overline{3}$

**4.** a) $S \approx 1 - \frac{1}{2^2} + \frac{1}{3^2} - \frac{1}{4^2} + \frac{1}{5^2} - \frac{1}{6^2} + \frac{1}{7^2} - \frac{1}{8^2} + \frac{1}{9^2}$ et $E \leq \frac{1}{10^2}$

$S \approx 0,827\ 962$ et $E \leq 0,01$ ;

$\left| \frac{\pi^2}{12} - S \right| \approx 0,005\ 495 \leq 0,01$

b) $\dfrac{1}{(n+1)^2} < 0{,}000\,15$

$(n+1)^2 > 6666{,}\overline{6}$

$n+1 > 81{,}6\ldots$

$n > 80{,}6\ldots$

d'où $n = 81$ suffit.

## Exercices 6.5 (page 371)

**1.** a) $R = \lim\limits_{n \to +\infty} \left| \dfrac{u_{n+1}}{u_n} \right| = \lim\limits_{n \to +\infty} \left| \dfrac{\dfrac{x^{n+1}}{2^{n+1}}}{\dfrac{x^n}{2^n}} \right|$

$= \lim\limits_{n \to +\infty} \left| \dfrac{x^{n+1}}{x^n} \dfrac{2^n}{2^{n+1}} \right|$

$= \lim\limits_{n \to +\infty} \left| \dfrac{x}{2} \right|$

$= \left| \dfrac{x}{2} \right|$

Lorsque $R < 1$, c'est-à-dire $\left| \dfrac{x}{2} \right| < 1$

$|x| < 2 \quad (-2 < x < 2)$

la série converge.

Lorsque $R > 1$, c'est-à-dire $\left| \dfrac{x}{2} \right| > 1 \quad (x < -2 \text{ ou } x > 2)$
la série diverge.

Lorsque $R = 1$, c'est-à-dire $\left| \dfrac{x}{2} \right| = 1$

si $x = 2$, nous obtenons $1 + 1 + 1 + \ldots + 1 + \ldots,$
la série diverge;

si $x = -2$, nous obtenons $-1 + 1 - 1 + \ldots + (-1)^n + \ldots,$
la série diverge.

D'où $I = ]-2, 2[$ et $r = 2$

b) $R = \lim\limits_{n \to +\infty} \left| \dfrac{u_{n+1}}{u_n} \right|$

$= |x| \lim\limits_{n \to +\infty} \dfrac{n^2}{(n+1)^2} = |x|$

Si $|x| < 1 \quad (-1 < x < 1)$, la série converge.

Si $x = 1$, nous obtenons $\sum\limits_{k=1}^{+\infty} \dfrac{(-1)^k}{k^2}$, la série converge.

Si $x = -1$, nous obtenons $\sum\limits_{k=1}^{+\infty} \dfrac{1}{k^2}$, la série converge.

D'où $I = [-1, 1]$ et $r = 1$

c) $R = \lim\limits_{n \to +\infty} \left| \dfrac{u_{n+1}}{u_n} \right|$

$= |x + 5| \lim\limits_{n \to +\infty} (n+1) = +\infty$ si $x \neq -5$

D'où la série converge uniquement pour $x = -5$ et $r = 0$

d) $R = \lim\limits_{n \to +\infty} \left| \dfrac{u_{n+1}}{u_n} \right|$

$= |3x + 4| \lim\limits_{n \to +\infty} \dfrac{1}{(n+1)} = 0$ pour tout $x$

$(-\infty < x < +\infty)$

D'où $I = -\infty, +\infty$ et $r = +\infty$

**2.** a) $R = \lim\limits_{n \to +\infty} \sqrt[n]{|u_n|}$

$= \lim\limits_{n \to +\infty} \sqrt[n]{\left| \dfrac{(x-4)^n}{3^n} \right|}$

$= \lim\limits_{n \to +\infty} \dfrac{|x-4|}{3} = \dfrac{|x-4|}{3}$

Lorsque $R < 1$, c'est-à-dire $\dfrac{|x-4|}{3} < 1$

$|x-4| < 3 \quad (1 < x < 7)$

la série converge.

Lorsque $R > 1$, c'est-à-dire $\dfrac{|x-4|}{3} > 1 \quad (x < 1 \text{ ou } x > 7)$
la série diverge;

Lorsque $R = 1$, c'est-à-dire $\dfrac{|x-4|}{3} = 1$

si $x = 7$, nous obtenons $1 + 1 + 1 + \ldots,$
la série diverge;

si $x = 1$, nous obtenons $1 - 1 + 1 - 1 + \ldots,$
la série diverge.

D'où $I = ]1, 7[$ et $r = \dfrac{7-1}{2} = 3$

b) $R = \lim\limits_{n \to +\infty} \sqrt[n]{|u_n|} = 3|x-5|$

Si $3|x-5| < 1 \qquad \left( \dfrac{14}{3} < x < \dfrac{16}{3} \right)$

la série converge.

Si $x = \dfrac{16}{3}$, nous obtenons $1 + 1 + 1 + \ldots,$
la série diverge.

Si $x = \dfrac{14}{3}$, nous obtenons $-1 + 1 - 1 + 1 \ldots,$
la série diverge.

D'où $I = \left] \dfrac{14}{3}, \dfrac{16}{3} \right[$ et $r = \dfrac{\dfrac{16}{3} - \dfrac{14}{3}}{2} = \dfrac{1}{3}$

c) $R = \lim\limits_{n \to +\infty} \sqrt[n]{|u_n|}$

$= |2x| \lim\limits_{n \to +\infty} \dfrac{1}{n} = 0$ pour tout $x$ $\qquad (-\infty < x < +\infty)$

D'où $I = -\infty, +\infty$ et $r = +\infty$

d) $R = \lim\limits_{n \to +\infty} \sqrt[n]{|u_n|} = |2x - 3| \lim\limits_{n \to +\infty} \dfrac{1}{n^{\frac{3}{n}}} = |2x - 3|$

Si $|2x - 3| < 1 \quad (1 < x < 2)$, la série converge.

Si $x = 1$, nous obtenons $\sum_{k=1}^{+\infty} \dfrac{(-1)^k}{k^3}$, la série converge.

Si $x = 2$, nous obtenons $\sum_{k=1}^{+\infty} \dfrac{1}{k^3}$, la série converge.

D'où $I = [1, 2]$ et $r = \dfrac{2-1}{2} = \dfrac{1}{2}$

**3.** a) $R = \lim\limits_{n\to+\infty} \sqrt[n]{|(nx)^n|} = |x| \lim\limits_{n\to+\infty} n = +\infty$

Donc la série converge uniquement pour $x = 0$.

b) $R = \lim\limits_{n\to+\infty} \left| \dfrac{(n+1)x^{n+1}}{nx^n} \right| = |x| \lim\limits_{n\to+\infty} \dfrac{n+1}{n} = |x|$

Si $|x| < 1$  $(-1 < x < 1)$, la série converge.

Si $x = -1$, nous obtenons $-1 + 2 - 3 + 4 - \ldots$, la série diverge.

Si $x = 1$, nous obtenons $1 + 2 + 3 + 4 + \ldots$, la série diverge.

D'où $I = {]-1, 1[}$

c) $R = \lim\limits_{n\to+\infty} \left| \dfrac{x^{n+1}}{n+1} \cdot \dfrac{n}{x^n} \right| = |x| \lim\limits_{n\to+\infty} \dfrac{n}{n+1} = |x|$

Si $|x| < 1$  $(-1 < x < 1)$, la série converge.

Si $x = -1$, nous obtenons $-1 + \dfrac{1}{2} - \dfrac{1}{3} + \dfrac{1}{4} - \ldots$, la série converge.

Si $x = 1$, nous obtenons $1 + \dfrac{1}{2} + \dfrac{1}{3} + \dfrac{1}{4} + \ldots$, la série diverge.

D'où $I = {[-1, 1[}$

d) $R = \lim\limits_{n\to+\infty} \sqrt[n]{\left| \left(\dfrac{x}{n}\right)^n \right|} = |x| \lim\limits_{n\to+\infty} \dfrac{1}{n} = 0$ pour tout $x$

$(-\infty < x < +\infty)$

D'où $I = {-\infty, +\infty}$

**4.** a) $f(x) = 1 - \dfrac{x^2}{2!} + \dfrac{x^4}{4!} - \dfrac{x^6}{6!} + \ldots + \dfrac{(-1)^n x^{2n}}{(2n)!} + \ldots$

b) Par le critère généralisé de d'Alembert,

$R = |x^2| \lim\limits_{n\to+\infty} \dfrac{1}{(2n+2)(2n+1)} = 0$ pour tout $x$

d'où $r = +\infty$

c) $f'(x) = 0 - \dfrac{2x}{2!} + \dfrac{4x^3}{4!} - \dfrac{6x^5}{6!} + \ldots + \dfrac{(-1)^n 2nx^{2n-1}}{(2n)!} + \ldots$

$= -x + \dfrac{x^3}{3!} - \dfrac{x^5}{5!} + \ldots + \dfrac{(-1)^n x^{2n-1}}{(2n-1)!} + \ldots$

d'où $r = +\infty$    (théorème 6.27)

d) $F(x) = x - \dfrac{x^3}{3 \cdot 2!} + \dfrac{x^5}{5 \cdot 4!} - \dfrac{x^7}{7 \cdot 6!} + \ldots +$

$\dfrac{(-1)^n x^{2n+1}}{(2n+1)(2n)!} + \ldots + C$

Puisque $F(0) = 0$, alors $C = 0$, d'où

$F(x) = x - \dfrac{x^3}{3!} + \dfrac{x^5}{5!} - \dfrac{x^7}{7!} + \ldots + \dfrac{(-1)^n x^{2n+1}}{(2n+1)!} + \ldots$

D'où $r = +\infty$    (théorème 6.28)

e) $0$

**5.** a) La série converge uniquement pour $x = 0$.

b) ${]-1, 1[}, {]-1, 1]}, {[-1, 1[}$ ou ${[-1, 1]}$

c) ${]-r_0, r_0[}, {]-r_0, r_0]}, {[-r_0, r_0[}$ ou ${[-r_0, r_0]}$

d) $-\infty, +\infty$

**6.** a) $R = \lim\limits_{n\to+\infty} \left| \dfrac{x^{n+1}}{x^n} \right| = |x|$

Si $|x| < 1$  $(-1 < x < 1)$, la série converge.

Si $x = -1$, nous obtenons $1 - 1 + 1 - 1 + \ldots$, la série diverge.

Si $x = 1$, nous obtenons $1 + 1 + 1 + \ldots$, la série diverge.

D'où $I = {]-1, 1[}$ et $r = 1$

b) Série géométrique de raison égale à $x$, donc

$f(x) = \dfrac{1}{1-x}$ si $x \in {]-1, 1[}$

d'où $\dfrac{1}{1-x} = 1 + x + x^2 + x^3 + \ldots + x^n + \ldots$

c) En intégrant, nous obtenons

$-\ln(1-x) = x + \dfrac{x^2}{2} + \dfrac{x^3}{3} + \ldots + \dfrac{x^{n+1}}{n+1} + \ldots + C$

En posant $x = 0$, nous trouvons $C = 0$, d'où

$\ln(1-x) = -x - \dfrac{x^2}{2} - \dfrac{x^3}{3} - \dfrac{x^4}{4} - \ldots - \dfrac{x^{n+1}}{n+1} - \ldots$

pour $x \in {]-1, 1[}$

d) $\ln\left(1 - \left(\dfrac{-1}{2}\right)\right) = -\left(\dfrac{-1}{2}\right) - \dfrac{\left(\frac{-1}{2}\right)^2}{2} - \dfrac{\left(\frac{-1}{2}\right)^3}{3} - \dfrac{\left(\frac{-1}{2}\right)^4}{4} - \ldots - \dfrac{\left(\frac{-1}{2}\right)^{n+1}}{n+1} - \ldots$

$= \dfrac{1}{2} - \dfrac{1}{(2)\,2^2} + \dfrac{1}{(3)\,2^3} - \dfrac{1}{(4)\,2^4} + \ldots + \dfrac{(-1)^{n+1}}{(n+1)\,2^{n+1}} + \ldots$

e) $\ln(1{,}5) \approx \dfrac{1}{2} - \dfrac{1}{8} + \dfrac{1}{24} - \dfrac{1}{64}$, où $E \le \dfrac{1}{(5)\,2^5}$

d'où $\ln(1{,}5) \approx 0{,}401\,04$, où $E \le 0{,}006\,25$

f) En calculant la dérivée de $\left(\dfrac{1}{1-x}\right)$ et de la série correspondante, nous obtenons

$\dfrac{1}{(1-x)^2} = 1 + 2x + 3x^2 + 4x^3 + \ldots + nx^{n-1} + \ldots$

pour $x \in {]-1, 1[}$

**7.** a) $g(0) = 0$ et $f(0) = 1$

b) $g'(x) = f(x)$ et $f'(x) = -g(x)$

c) $g''(x) = -g(x)$ et $f''(x) = -f(x)$

d) $g(x) = \sin x$ et $f(x) = \cos x$

**8.** a) En appliquant le critère généralisé de d'Alembert, nous obtenons pour $x \ne -5$

$R = \lim\limits_{n\to+\infty} \left| \dfrac{u_{n+1}}{u_n} \right| = \lim\limits_{n\to+\infty} \left| \dfrac{\frac{(x+5)^{n+1}}{2^{n+1}}}{\frac{(x+5)^n}{2^n}} \right| = \left| \dfrac{x+5}{2} \right|$

Lorsque $R < 1$, c'est-à-dire $\left| \dfrac{x+5}{2} \right| < 1$

donc $-7 < x < -3$, la série converge.

Lorsque $R > 1$, c'est-à-dire $\left| \dfrac{x+5}{2} \right| > 1$

donc $x < -7$ ou $x > -3$, la série diverge.

Lorsque $R = 1$, c'est-à-dire $\left|\dfrac{x+5}{2}\right| = 1$, nous ne pouvons rien conclure.

Nous devons alors étudier séparément le cas où $\left|\dfrac{x+5}{2}\right| = 1$, c'est-à-dire $x = -7$ ou $x = -3$.

Si $x = -7$, $\displaystyle\sum_{k=0}^{+\infty} \dfrac{(x+5)^k}{2^k} = \sum_{k=0}^{+\infty} \dfrac{(-2)^k}{2^k} = 1 - 1 + 1 - 1 + \dots$ est une série divergente.

Si $x = -3$, $\displaystyle\sum_{k=0}^{+\infty} \dfrac{(x+5)^k}{2^k} = \sum_{k=0}^{+\infty} \dfrac{2^k}{2^k} = 1 + 1 + 1 + 1 + \dots$ est une série divergente.

D'où l'intervalle de convergence est $]-7, -3[$ et $r = 2$

b) $]-2, 4[\,; r = 3$

c) $-\infty, +\infty\,; r = +\infty$

d) $[-1, 1[\,; r = 1$

e) $\left]\dfrac{-1}{3}, \dfrac{1}{3}\right[\,; r = \dfrac{1}{3}$

f) $\left[\dfrac{-1}{3}, \dfrac{1}{3}\right[\,; r = \dfrac{1}{3}$

g) $[0, 2]\,; r = 1$

h) $[-1, 1[\,; r = 1$

## Exercices 6.6 (page 387)

**1.** $f(x) = f(2) + f'(2)(x-2) + \dfrac{f''(2)}{2!}(x-2)^2 + \dfrac{f'''(2)}{3!}(x-2)^3 + \dfrac{f^{(4)}(2)}{4!}(x-2)^4$

a) $f(x) = x^4$ $\qquad\qquad f(2) = 16$

$f'(x) = 4x^3$ $\qquad\qquad f'(2) = 32$

$f''(x) = 12x^2$ $\qquad\qquad f''(2) = 48$

$f'''(x) = 24x$ $\qquad\qquad f'''(2) = 48$

$f^{(4)}(x) = 24$ $\qquad\qquad f^{(4)}(2) = 24$

$x^4 = 16 + 32(x-2) + \dfrac{48}{2!}(x-2)^2 + \dfrac{48}{3!}(x-2)^3 + \dfrac{24}{4!}(x-2)^4$

d'où $x^4 = 16 + 32(x-2) + 24(x-2)^2 + 8(x-2)^3 + (x-2)^4$

b) En remplaçant $x$ par 2,1, nous obtenons

$(2,1)^4 = 16 + 32(0,1) + 24(0,1)^2 + 8(0,1)^3 + (0,1)^4$

$\qquad = 16 + 3,2 + 0,24 + 0,008 + 0,0001$

d'où $(2,1)^4 = 19,4481$

**2.** a) $f(x) = f(a) + f'(a)(x-a) + \dfrac{f''(a)}{2!}(x-a)^2 + \dots +$

$\qquad\qquad \dfrac{f^{(n)}(a)}{n!}(x-a)^n + \dfrac{f^{(n+1)}(c)}{(n+1)!}(x-a)^{n+1}$

$f(x) = f(1) + f'(1)(x-1) + \dfrac{f''(1)}{2!}(x-1)^2 +$

$\qquad\qquad \dfrac{f'''(1)}{3!}(x-1)^3 + \dfrac{f^{(4)}(c)}{4!}(x-1)^4$

où $c \in ]x, 1[$ ou $c \in ]1, x[$

$f(x) = \sqrt[3]{x} = x^{\frac{1}{3}}$ $\qquad f(1) = 1$

$f'(x) = \dfrac{1}{3}x^{\frac{-2}{3}}$ $\qquad\qquad f'(1) = \dfrac{1}{3}$

$f''(x) = \dfrac{-2}{9}x^{\frac{-5}{3}}$ $\qquad\qquad f''(1) = \dfrac{-2}{9}$

$f'''(x) = \dfrac{10}{27}x^{\frac{-8}{3}}$ $\qquad\qquad f'''(1) = \dfrac{10}{27}$

$f^{(4)}(x) = \dfrac{-80}{81}x^{\frac{-11}{3}}$ $\qquad\qquad f^{(4)}(c) = \dfrac{-80}{81\sqrt[3]{c^{11}}}$

$\sqrt[3]{x} = 1 + \dfrac{1}{3}(x-1) + \dfrac{\left(\frac{-2}{9}\right)}{2!}(x-1)^2 + \dfrac{\left(\frac{10}{27}\right)}{3!}(x-1)^3 + \dfrac{\left(\frac{-80}{81\sqrt[3]{c^{11}}}\right)}{4!}(x-1)^4$

$\sqrt[3]{x} = 1 + \dfrac{(x-1)}{3} - \dfrac{(x-1)^2}{9} + \dfrac{5}{81}(x-1)^3 - \dfrac{10}{243\sqrt[3]{c^{11}}}(x-1)^4$

b) En remplaçant par 2, nous obtenons

$\sqrt[3]{2} = 1 + \dfrac{1}{3} - \dfrac{1}{9} + \dfrac{5}{81} - \dfrac{10}{243\sqrt[3]{c^{11}}}$ où $c \in ]1, 2[$

$\sqrt[3]{2} = \dfrac{104}{81} - \dfrac{10}{243\sqrt[3]{c^{11}}}$

d'où $\sqrt[3]{2} \approx 1,28$ où $E \le \left|\dfrac{10}{243\sqrt[3]{c^{11}}}\right| < \dfrac{10}{243} < 0,042$

**3.** a) $f(x) = \sin x$ $\qquad\qquad f(0) = 0$

$f'(x) = \cos x$ $\qquad\qquad f'(0) = 1$

$f''(x) = -\sin x$ $\qquad\qquad f''(0) = 0$

$f'''(x) = -\cos x$ $\qquad\qquad f'''(0) = -1$

$f^{(4)}(x) = \sin x$ $\qquad\qquad f^{(4)}(0) = 0$

D'où

$\sin x = 0 + 1x + \dfrac{0}{2!}x^2 - \dfrac{1}{3!}x^3 + \dfrac{0}{4!}x^4 + \dfrac{1}{5!}x^5 + \dots$

$\qquad = x - \dfrac{x^3}{3!} + \dfrac{x^5}{5!} - \dfrac{x^7}{7!} + \dots + \dfrac{(-1)^n x^{2n+1}}{(2n+1)!} + \dots$

Par le critère généralisé de d'Alembert,

$R = \displaystyle\lim_{n \to +\infty} \left|\dfrac{(-1)^{n+1} x^{2n+3}}{(2n+3)!} \cdot \dfrac{(2n+1)!}{(-1)^n x^{2n+1}}\right|$

$\quad = x^2 \displaystyle\lim_{n \to +\infty} \dfrac{1}{(2n+3)(2n+2)} = 0$

donc la série converge pour $x \in \mathbb{R}$

b) $f(x) = \sin \pi x$ $\qquad\qquad f(0) = 0$

$f'(x) = \pi \cos \pi x$ $\qquad\qquad f'(0) = \pi$

$f''(x) = -\pi^2 \sin \pi x$ $\qquad\qquad f''(0) = 0$

$f'''(x) = -\pi^3 \cos \pi x$ $\qquad\qquad f'''(0) = -\pi^3$

$f^{(4)}(x) = \pi^4 \sin \pi x$ $\qquad\qquad f^{(4)}(0) = 0$

D'où

$\sin \pi x = 0 + \pi x + \dfrac{0}{2!}x^2 - \dfrac{\pi^3}{3!}x^3 + \dfrac{0}{4!}x^4 + \dfrac{\pi^5}{5!}x^5 - \dots$

$= \pi x - \dfrac{\pi^3}{3!}x^3 + \dfrac{\pi^5}{5!}x^5 - \dfrac{\pi^7}{7!}x^7 + \dots + \dfrac{(-1)^n \pi^{2n+1} x^{2n+1}}{(2n+1)!} + \dots$

Par le critère généralisé de d'Alembert,

$R = \displaystyle\lim_{n \to +\infty} \left|\dfrac{(-1)^{n+1} \pi^{2n+3} x^{2n+3}}{(2n+3)!} \cdot \dfrac{(2n+1)!}{(-1)^n \pi^{2n+1} x^{2n+1}}\right|$

$\quad = \pi^2 x^2 \displaystyle\lim_{n \to +\infty} \dfrac{1}{(2n+3)(2n+2)} = 0$

donc la série converge pour $x \in \mathbb{R}$

c) $f(x) = \cos 2x$ $\qquad\qquad f(0) = 1$

$f'(x) = -2 \sin 2x$ $\qquad\qquad f'(0) = 0$

$f''(x) = -2^2 \cos 2x$ $\qquad\qquad f''(0) = -2^2$

$f'''(x) = 2^3 \sin 2x$ $\qquad\qquad f'''(0) = 0$

$f^{(4)}(x) = 2^4 \cos 2x$ $\qquad\qquad f^{(4)}(0) = 2^4$

D'où

$\cos 2x = 1 + 0x - \dfrac{2^2}{2!}x^2 + \dfrac{0}{3!}x^3 + \dfrac{2^4}{4!}x^4 + \dots$

$\qquad = 1 - \dfrac{2^2}{2!}x^2 + \dfrac{2^4}{4!}x^4 - \dfrac{2^6}{6!}x^6 + \dots + \dfrac{(-1)^n 2^{2n}}{(2n)!}x^{2n} + \dots$

Par le critère généralisé de d'Alembert,

$$R = \lim_{n \to +\infty} \left| \frac{(-1)^{n+1} 2^{2n+2} x^{2n+2}}{(2n+2)!} \cdot \frac{(2n)!}{(-1)^n 2^{2n} x^{2n}} \right|$$

$$= 4x^2 \lim_{n \to +\infty} \frac{1}{(2n+2)(2n+1)} = 0,$$

donc la série converge pour $x \in \mathbb{R}$

d) $\quad f(x) = e^{3x} \qquad\qquad f(0) = 1$

$\quad f'(x) = 3e^{3x} \qquad\qquad f'(0) = 3$

$\quad f''(x) = 3^2 e^{3x} \qquad\quad f''(0) = 3^2$

$\quad f'''(x) = 3^3 e^{3x} \qquad\quad f'''(0) = 3^3$

$\quad \vdots \qquad\qquad\qquad \vdots$

$\quad f^{(n)}(x) = 3^n e^{3x} \qquad f^{(n)}(0) = 3^n$

D'où

$$e^{3x} = 1 + 3x + \frac{3^2 x^2}{2!} + \frac{3^3 x^3}{3!} + \ldots + \frac{3^n x^n}{n!} + \ldots$$

Par le critère généralisé de d'Alembert,

$$R = \lim_{n \to +\infty} \left| \frac{3^{n+1} x^{n+1}}{(n+1)!} \cdot \frac{n!}{3^n x^n} \right| = |3x| \lim_{n \to +\infty} \frac{1}{n+1} = 0$$

donc la série converge pour $x \in \mathbb{R}$

**4.** a) $\quad f(x) = \sin x \qquad\qquad f(\pi) = 0$

$\quad f'(x) = \cos x \qquad\qquad f'(\pi) = -1$

$\quad f''(x) = -\sin x \qquad\quad f''(\pi) = 0$

$\quad f'''(x) = -\cos x \qquad\quad f'''(\pi) = 1$

$\quad f^{(4)}(x) = \sin x \qquad\quad f^{(4)}(\pi) = 0$

D'où

$$\sin x = 0 - 1(x - \pi) + \frac{0}{2!}(x - \pi)^2 + \frac{1}{3!}(x - \pi)^3 +$$
$$\frac{0}{4!}(x - \pi)^4 + \ldots$$

$$= -(x - \pi) + \frac{(x - \pi)^3}{3!} - \frac{(x - \pi)^5}{5!} +$$
$$\frac{(x - \pi)^7}{7!} - \ldots + (-1)^{n+1}\frac{(x - \pi)^{2n+1}}{(2n+1)!} + \ldots$$

$$R = \lim_{n \to +\infty} \left| \frac{(-1)^{n+2}(x - \pi)^{2n+3}}{(2n+3)!} \cdot \frac{(2n+1)!}{(-1)^{n+1}(x - \pi)^{2n+1}} \right|$$

$$= (x - \pi)^2 \lim_{n \to +\infty} \frac{1}{(2n+3)(2n+2)} = 0$$

donc la série converge pour $x \in \mathbb{R}$ ; $r = +\infty$

b) De façon analogue,

$$\sin x = 1 - \frac{\left(x - \frac{\pi}{2}\right)^2}{2!} + \frac{\left(x - \frac{\pi}{2}\right)^4}{4!} - \frac{\left(x - \frac{\pi}{2}\right)^6}{6!} +$$
$$\ldots + \frac{(-1)^n \left(x - \frac{\pi}{2}\right)^{2n}}{(2n)!} + \ldots$$

pour $x \in \mathbb{R}$ ; $r = +\infty$

c) $\quad f(x) = \dfrac{1}{x} \qquad\qquad f(-1) = -1$

$\quad f'(x) = \dfrac{-1}{x^2} \qquad\qquad f'(-1) = -1$

$\quad f''(x) = \dfrac{2}{x^3} \qquad\qquad f''(-1) = -2$

$\quad f'''(x) = \dfrac{-3!}{x^4} \qquad\qquad f'''(-1) = -3!$

$\quad f^{(4)}(x) = \dfrac{4!}{x^5} \qquad\qquad f^{(4)}(-1) = -4!$

$\quad \vdots \qquad\qquad\qquad \vdots$

$\quad f^{(n)}(x) = \dfrac{(-1)^n n!}{x^{n+1}} \qquad f^{(n)}(-1) = -n!$

$$\frac{1}{x} = -1 - (x+1) - \frac{2}{2!}(x+1)^2 - \frac{3!}{3!}(x+1)^3 - \ldots - \frac{n!}{n!}(x+1)^n - \ldots$$

$$\frac{1}{x} = -1 - (x+1) - (x+1)^2 - (x+1)^3 - \ldots - (x+1)^n - \ldots$$

Par le critère généralisé de Cauchy,

$R = \lim_{n \to +\infty} \sqrt[n]{|-(x+1)^n|} = |x+1|$, la série converge

pour $|x+1| < 1$, c'est-à-dire $-2 < x < 0$.

Pour $x = -2$ et pour $x = 0$, la série diverge ; donc la série converge pour $x \in ]-2, 0[$ ; $r = 1$.

d) $\cos x = -1 + \dfrac{(x - \pi)^2}{2!} - \dfrac{(x - \pi)^4}{4!} + \dfrac{(x - \pi)^6}{6!} - \ldots +$
$$(-1)^{n+1}\frac{(x - \pi)^{2n}}{(2n)!} + \ldots$$

pour $x \in \mathbb{R}$ ; $r = +\infty$

e) $\cos x = \dfrac{1}{2} - \dfrac{\sqrt{3}}{2}\left(x - \dfrac{\pi}{3}\right) - \dfrac{1}{2}\dfrac{\left(x - \dfrac{\pi}{3}\right)^2}{2!} +$
$$\frac{\sqrt{3}}{2}\frac{\left(x - \frac{\pi}{3}\right)^3}{3!} + \frac{1}{2}\frac{\left(x - \frac{\pi}{3}\right)^4}{4!} + \ldots$$

pour $x \in \mathbb{R}$ ; $r = +\infty$

**5.** a) $\ln(1 + x) = x - \dfrac{x^2}{2} + \dfrac{x^3}{3} - \dfrac{x^4}{4} + \ldots + \dfrac{(-1)^{n+1} x^n}{n} + \ldots$ ;

$\quad x \in ]-1, 1]$ ; $r = 1$

b) En remplaçant $x$ par $-x$ dans le développement de

$\quad \ln(1 + x)$, nous obtenons

$\quad \ln(1 - x) = -x - \dfrac{x^2}{2} - \dfrac{x^3}{3} - \dfrac{x^4}{4} - \ldots - \dfrac{x^n}{n} - \ldots$ ;

$\quad x \in [-1, 1[$ ; $r = 1$

c) $\ln\left(\dfrac{1+x}{1-x}\right) = \ln(1 + x) - \ln(1 - x)$

$\quad = 2\left[x + \dfrac{x^3}{3} + \dfrac{x^5}{5} + \dfrac{x^7}{7} + \ldots + \dfrac{x^{2n+1}}{2n+1} + \ldots\right]$ ;

$\quad x \in ]-1, 1[$ ; $r = 1$

**6.** Nous utilisons les développements suivants :

$$e^x = 1 + x + \frac{x^2}{2!} + \frac{x^3}{3!} + \ldots + \frac{x^n}{n!} + \ldots, \forall x \in \mathbb{R}$$

$$\sin x = x - \frac{x^3}{3!} + \frac{x^5}{5!} - \frac{x^7}{7!} + \ldots + \frac{(-1)^n x^{2n+1}}{(2n+1)!} + \ldots, \forall x \in \mathbb{R}$$

$$\cos x = 1 - \frac{x^2}{2!} + \frac{x^4}{4!} - \frac{x^6}{6!} + \ldots + \frac{(-1)^n x^{2n}}{(2n)!} + \ldots, \forall x \in \mathbb{R}$$

a) En remplaçant $x$ par $-x$ dans le développement de $e^x$, nous obtenons

$$e^{-x} = 1 - x + \frac{x^2}{2!} - \frac{x^3}{3!} + \frac{x^4}{4!} + \ldots + \frac{(-1)^n x^n}{n!} + \ldots$$

Par le critère généralisé de d'Alembert,

$$R = \lim_{n \to +\infty} \left| \frac{(-1)^{n+1} x^{n+1}}{(n+1)!} \cdot \frac{n!}{(-1)^n x^n} \right|$$

$$= |x| \lim_{n \to +\infty} \frac{1}{n+1} = 0$$

donc la série converge pour $x \in \mathbb{R}$

b) En remplaçant $x$ par $x^2$ dans le développement de $\cos x$, nous obtenons

$$\cos x^2 = 1 - \frac{x^4}{2!} + \frac{x^8}{4!} - \frac{x^{12}}{6!} + \ldots + \frac{(-1)^n x^{4n}}{(2n)!} + \ldots, \forall x \in \mathbb{R}$$

c) En multipliant par $x$ le développement de $\sin x$, nous obtenons

$$x \sin x = x\left(x - \frac{x^3}{3!} + \frac{x^5}{5!} - \frac{x^7}{7!} + \ldots + \frac{(-1)^n x^{2n+1}}{(2n+1)!} + \ldots\right)$$

$$x \sin x = x^2 - \frac{x^4}{3!} + \frac{x^6}{5!} - \frac{x^8}{7!} + \ldots + \frac{(-1)^n x^{2n+2}}{(2n+1)!} + \ldots,$$

$\forall x \in \mathbb{R}$

d) En remplaçant $x$ par $2x$ dans le développement de $\sin x$, nous obtenons

$$\sin 2x = 2x - \frac{(2x)^3}{3!} + \frac{(2x)^5}{5!} - \frac{(2x)^7}{7!} + \ldots +$$
$$(-1)^n \frac{(2x)^{2n+1}}{(2n+1)!} + \ldots, \forall x \in \mathbb{R}$$

e) $\dfrac{e^x - 1}{x} = 1 + \dfrac{x}{2!} + \dfrac{x^2}{3!} + \dfrac{x^3}{4!} + \ldots + \dfrac{x^n}{(n+1)!} + \ldots$

La série converge $\forall x \in \mathbb{R}$, cependant la fonction $\dfrac{e^x - 1}{x}$ est définie $\forall x \in \mathbb{R} \backslash \{0\}$.

**7.** a) `> (sec(x))=taylor(sec(x),x=0,14);`

$\sec(x) = 1 + \frac{1}{2} x^2 + \frac{5}{24} x^4 + \frac{61}{720} x^6 + \frac{277}{8064} x^8 + \frac{50521}{3628800} x^{10} +$
$$\frac{540553}{95800320} x^{12} + O(x^{14})$$

b) `> exp(x)*cos(x)=taylor(exp(x)*cos(x),x=0,9);`

$e^x \cos(x) = 1 + x - \frac{1}{3} x^3 - \frac{1}{6} x^4 - \frac{1}{30} x^5 + \frac{1}{630} x^7 + \frac{1}{2520} x^8 + O(x^9)$

c) `> (sin(x))^2=taylor((sin(x))^2,x=0,16);`

$\sin(x)^2 = x^2 - \frac{1}{3} x^4 + \frac{2}{45} x^6 - \frac{1}{315} x^8 + \frac{2}{14175} x^{10} - \frac{2}{467775} x^{12} +$
$$\frac{4}{42567525} x^{14} + O(x^{16})$$

**8.** a) Puisque $\sin x = x - \dfrac{x^3}{3!} + \dfrac{x^5}{5!} - \dfrac{x^7}{7!} + \ldots$

alors $\sin(0,2) = 0,2 - \dfrac{(0,2)^3}{3!} + \dfrac{(0,2)^5}{5!} - \dfrac{(0,2)^7}{7!} + \ldots$

Ainsi, $\sin(0,2) \approx 0,2 - \dfrac{(0,2)^3}{3!} + \dfrac{(0,2)^5}{5!}$, avec $E \leq \dfrac{(0,2)^7}{7!}$

d'où $\sin(0,2) \approx 0,198\ 6693$ où $E \leq 2,54 \times 10^{-9}$

b) $x^5 = 1 + 5(x-1) + 10(x-1)^2 + 10(x-1)^3 + 5(x-1)^4 + (x-1)^5$

d'où $(1,02)^5 = 1,104\ 080\ 8032$ ; $E = 0$, la valeur est exacte, car tous les autres termes du développement sont 0.

c) Puisque $e^x = 1 + x + \dfrac{x^2}{2!} + \dfrac{x^3}{3!} + \dfrac{x^4}{4!} + \ldots$, alors

$$\sqrt{e} = e^{\frac{1}{2}} = 1 + \frac{1}{2} + \frac{\left(\frac{1}{2}\right)^2}{2!} + \frac{\left(\frac{1}{2}\right)^3}{3!} + \frac{\left(\frac{1}{2}\right)^4}{4!} + \ldots$$

Ainsi, $\sqrt{e} \approx 1 + \dfrac{1}{2} + \dfrac{\left(\frac{1}{2}\right)^2}{2!} + \dfrac{\left(\frac{1}{2}\right)^3}{3!}$

d'où $\sqrt{e} \approx 1,645\ 8\overline{3}$

**9.** a) $\dfrac{1}{1-x} = 1 + x + x^2 + x^3 + x^4 + x^5 + \ldots + x^n + \ldots$
pour $x \in\ ]-1, 1[$ ; $r = 1$

b) En intégrant les deux membres de l'équation,

$-\ln(1-x) = x + \dfrac{x^2}{2} + \dfrac{x^3}{3} + \ldots + \dfrac{x^{n+1}}{n+1} + \ldots + C$

En posant $x = 0$, nous trouvons $C = 0$, d'où

$\ln(1-x) = -x - \dfrac{x^2}{2} - \dfrac{x^3}{3} - \dfrac{x^4}{4} - \dfrac{x^5}{5} - \ldots - \dfrac{x^n}{n} - \ldots$
pour $x \in\ ]-1, 1[$

c) En remplaçant $x$ par -0,4 dans le développement précédent,

$\ln(1,4) = 0,4 - \dfrac{(0,4)^2}{2} + \dfrac{(0,4)^3}{3} - \dfrac{(0,4)^4}{4} + \dfrac{(0,4)^5}{5} - \ldots$

ainsi, $\ln(1,4) \approx 0,4 - \dfrac{(0,4)^2}{2} + \dfrac{(0,4)^3}{3} - \dfrac{(0,4)^4}{4}$, avec $E \leq \dfrac{(0,4)^5}{5}$

d'où $\ln(1,4) \approx 0,335$ où $E \leq 0,0021$

d) Il suffit d'utiliser sept termes, car $E \leq \dfrac{(0,4)^8}{8} < 0,0001$

**10.** a) $\dfrac{\sin x}{x} = \dfrac{\left[x - \dfrac{x^3}{3!} + \dfrac{x^5}{5!} - \dfrac{x^7}{7!} + \ldots\right]}{x}$, d'où

$\dfrac{\sin x}{x} = 1 - \dfrac{x^2}{3!} + \dfrac{x^4}{5!} - \dfrac{x^6}{7!} + \dfrac{x^8}{9!} - \ldots$

b) $\lim\limits_{x \to 0} \dfrac{\sin x}{x} = \lim\limits_{x \to 0} \left(1 - \dfrac{x^2}{3!} + \dfrac{x^4}{5!} - \dfrac{x^6}{7!} + \dfrac{x^8}{9!} - \ldots\right)$
$= 1$

c) $\displaystyle\int_0^1 \dfrac{\sin x}{x}\, dx = \int_0^1 \left[1 - \dfrac{x^2}{3!} + \dfrac{x^4}{5!} - \dfrac{x^6}{7!} + \dfrac{x^8}{9!} - \ldots\right] dx$

$= \left[x - \dfrac{x^3}{3 \cdot 3!} + \dfrac{x^5}{5 \cdot 5!} - \dfrac{x^7}{7 \cdot 7!} + \ldots\right]\Big|_0^1$

$= 1 - \dfrac{1}{3 \cdot 3!} + \dfrac{1}{5 \cdot 5!} - \dfrac{1}{7 \cdot 7!} + \dfrac{1}{9 \cdot 9!} - \ldots$

D'où

$\displaystyle\int_0^1 \dfrac{\sin x}{x}\, dx \approx 1 - \dfrac{1}{3 \cdot 3!} + \dfrac{1}{5 \cdot 5!}$, avec $E \leq \dfrac{1}{7 \cdot 7!}$

$\approx 0,946\ 11$ avec $E \leq 0,000\ 03$

**11.**

Puisque $\sin x = x - \dfrac{x^3}{3!} + \dfrac{x^5}{5!} - \dfrac{x^7}{7!} + \ldots$, alors

$\sin(x^2) = x^2 - \dfrac{x^6}{3!} + \dfrac{x^{10}}{5!} - \dfrac{x^{14}}{7!} + \ldots$ Ainsi,

$A = \displaystyle\int_0^{\frac{\pi}{4}} \sin(x^2)\, dx = \int_0^{\frac{\pi}{4}} \left[x^2 - \dfrac{x^6}{3!} + \dfrac{x^{10}}{5!} - \dfrac{x^{14}}{7!} + \ldots\right] dx$

$= \left[\dfrac{x^3}{3} - \dfrac{x^7}{7 \cdot 3!} + \dfrac{x^{11}}{11 \cdot 5!} - \dfrac{x^{15}}{15 \cdot 7!} + \ldots\right]\Big|_0^{\frac{\pi}{4}}$

$= \dfrac{\left(\frac{\pi}{4}\right)^3}{3} - \dfrac{\left(\frac{\pi}{4}\right)^7}{7 \cdot 3!} + \dfrac{\left(\frac{\pi}{4}\right)^{11}}{11 \cdot 5!} - \dfrac{\left(\frac{\pi}{4}\right)^{15}}{15 \cdot 7!} + \ldots$

Puisque $\dfrac{\left(\frac{\pi}{4}\right)^{15}}{15 \cdot 7!} < 10^{-5}$, alors

$A = \displaystyle\int_0^{\frac{\pi}{4}} \sin(x^2)\, dx \approx \dfrac{\left(\frac{\pi}{4}\right)^3}{3} - \dfrac{\left(\frac{\pi}{4}\right)^7}{7 \cdot 3!} + \dfrac{\left(\frac{\pi}{4}\right)^{11}}{11 \cdot 5!}$

d'où $A \approx 0,157\ 155$ avec $E < 10^{-5}$

6

# Exercices récapitulatifs (page 391)

**1.**

| | $\{a_n\}$ | $\{a_1, a_2, a_3, a_4, a_5, ...\}$ | Cr; Déc; n Cr et n Déc | BS; BI; B; n B | $\lim\limits_{n \to +\infty} a_n$ | C; D |
|---|---|---|---|---|---|---|
| a) | $\left\{\dfrac{n^2}{n+1}\right\}$ | $\left\{\dfrac{1}{2}, \dfrac{4}{3}, \dfrac{9}{4}, \dfrac{16}{5}, \dfrac{25}{6}, ...\right\}$ | Cr | BI | $+\infty$ | D |
| b) | $\{(-1)^n\}$ | $\{-1, 1, -1, 1, -1, ...\}$ | n Cr et n Déc | B | $\nexists$ | D |
| c) | $\left\{\dfrac{(-1)^n}{n}\right\}$ | $\left\{-1, \dfrac{1}{2}, \dfrac{-1}{3}, \dfrac{1}{4}, \dfrac{-1}{5}, ...\right\}$ | n Cr et n Déc | B | 0 | C |
| d) | $\{(-1)^{n+1}n\}$ | $\{1, -2, 3, -4, 5, ...\}$ | n Cr et n Déc | n B | $\nexists$ | D |

**2.** a) $\left\{1, 1, \dfrac{3}{2}, \dfrac{8}{5}, \dfrac{25}{13}, ...\right\}$

**3.** a) i) $b_{n+1} = \dfrac{1}{2} b_n$     ii) $b_n = \dfrac{-7}{2^{n-1}}$; $a_n = 10 - \dfrac{7}{2^{n-1}}$

c) $a_{2011} = -6$

**4.** a) $a_n = \dfrac{2^n}{n^2}$; $+\infty$   b) $a_n = \dfrac{2n}{3n+1}$; $\dfrac{2}{3}$   c) $a_n = \dfrac{(-1)^n n^2}{2n-3}$; $\nexists$

**5.** a) $S_n = 2n$; D; $+\infty$

c) $S_n = 1 - (n+1)^3$; D; $S = -\infty$

e) $S_n = \begin{cases} n & \text{si } n \text{ est pair} \\ -(n+1) & \text{si } n \text{ est impair}; \end{cases}$

D; $S$ n'est pas définie

**6.** a) $a_{50} = 192$; $S_{50} = 5925$     c) $S = -1480$

b) $a = -240$; $d = 8$

**7.** a) Oui; $a = 1$, $r = \dfrac{2}{7}$; $S = \dfrac{7}{5}$

b) Oui; $a = e$, $r = -e^2$; $S$ n'est pas définie

c) Non; $S = \dfrac{1}{2}\left(\displaystyle\sum_{n=1}^{+\infty} \dfrac{1}{n}\right) = +\infty$     (série harmonique)

d) Oui; $a = \pi$, $r = \dfrac{1}{2}$; $S = 2\pi$

e) Oui; $a = 0$, $r = 0$; $S = 0$

**9.** a) $\dfrac{\sqrt{2}}{\sqrt{2}+1}$   c) $4,869\,5...$; $4,996\,5...$; 5

b) $\dfrac{7}{2}$     d) $-22\,369\,622$; $44\,739\,242$; non définie

**10.** Gilles aura $\dfrac{3}{5}$ litre, et Pierre, $\dfrac{2}{5}$ litre.

**12.** a) $\dfrac{1}{2}$   b) $\dfrac{3}{5}$     c) 0     d) 9

**13.** a) $A = 72$ cm²

**15.** a) D     d) C     g) C     j) D

b) C     e) D     h) D     k) C

**16.** a) D     c) D; $S = +\infty$   e) C     g) D

b) C     d) D     f) C; $S = \dfrac{-40}{13}$   h) C

**17.** a) C; C C  b) C; A C     d) C; A C          e) D

**18.** a) i) $S \approx -0,312\,2...$; $E \le 0,306\,1...$

ii) $S \approx -0,896\,4...$; $E \le 0,008$

**19.** a) $\left]\dfrac{-9}{4}, \dfrac{-7}{4}\right[$; $r = \dfrac{1}{4}$          e) $-\infty, +\infty$; $r = +\infty$

c) $]-1, 1[$; $r = 1$          g) Converge pour $x = 5$; $r = 0$

**20.** a) i) $\dfrac{1}{1+x} = 1 - x + x^2 - x^3 + x^4 - ... + (-1)^n x^n + \dfrac{(-1)^{n+1}}{(1+c)^{n+2}} x^{n+1}$

ii) $\dfrac{1}{1+x} = 1 - x + x^2 - x^3 + x^4 - ... + (-1)^n x^n + ...$;

$x \in ]-1, 1[$; $r = 1$

b) i) $e^x = 1 - x + \dfrac{x^2}{2!} - \dfrac{x^3}{3!} + ... + \dfrac{(-1)^n x^n}{n!} + \dfrac{(-1)^{n+1}e^{-c}}{(n+1)!} x^{n+1}$

ii) $e^x = 1 - x + \dfrac{x^2}{2!} - \dfrac{x^3}{3!} + ... + \dfrac{(-1)^n x^n}{n!} + ...$;

$x \in \mathbb{R}$; $r = +\infty$

c) i) $\sin(-3x) = -3x + \dfrac{(3x)^3}{3!} - \dfrac{(3x)^5}{5!} + ... +$

$\dfrac{(-1)^{n+1}(3x)^{2n+1}}{(2n+1)!} + \dfrac{(-1)^{n+2}\sin(-3c)}{(2n+2)!}(3x)^{2n+2}$

ii) $\sin(-3x) = -3x + \dfrac{(3x)^3}{3!} - \dfrac{(3x)^5}{5!} + ... + \dfrac{(-1)^{n+1}(3x)^{2n+1}}{(2n+1)!} + ...$;

$x \in \mathbb{R}$; $r = +\infty$

**21.** a) $\ln(1-2x) = -2x - \dfrac{(2x)^2}{2} - \dfrac{(2x)^3}{3} - ... - \dfrac{(2x)^n}{n} -$

$\dfrac{1}{(1-2c)^{n+1}} \dfrac{(2x)^{n+1}}{(n+1)}$

b) $\ln(1-2x) = -2x - \dfrac{(2x)^2}{2} - \dfrac{(2x)^3}{3} - \dfrac{(2x)^4}{4} - \dfrac{1}{(1-2c)^5} \dfrac{(2x)^5}{5}$,

où $c \in ]0, x[$ ou $c \in ]x, 0[$;

$\ln(0,5) \approx -0,682$ où $E < 0,2$

**22.** a) $\sin x = \dfrac{1}{2} + \dfrac{\sqrt{3}}{2}\left(x - \dfrac{\pi}{6}\right) - \dfrac{1}{2}\dfrac{\left(x - \dfrac{\pi}{6}\right)^2}{2!} - \dfrac{\sqrt{3}}{2}\dfrac{\left(x - \dfrac{\pi}{6}\right)^3}{3!} +$

$\dfrac{1}{2}\dfrac{\left(x - \dfrac{\pi}{6}\right)^4}{4!} + ...$; $x \in \mathbb{R}$

b) $e^x = e + e(x-1) + e\dfrac{(x-1)^2}{2!} + ... + e\dfrac{(x-1)^n}{n!} + ...$;

$x \in \mathbb{R}$

c) $\dfrac{x-2}{x+2} = \dfrac{(x-2)}{4} - \dfrac{(x-2)^2}{4^2} + \dfrac{(x-2)^3}{4^3} - ... +$

$\dfrac{(-1)^{n+1}(x-2)^n}{4^n} + ...$; $x \in ]-2, 6[$

d) $\sin 2x = 2(x-\pi) - \dfrac{2^3(x-\pi)^3}{3!} + \dfrac{2^5(x-\pi)^5}{5!} - ... +$

$\dfrac{(-1)^n 2^{2n+1}(x-\pi)^{2n+1}}{(2n+1)!} + ...$; $x \in \mathbb{R}$

**24.** a) $\tan x = x + \dfrac{x^3}{3} + \dfrac{2x^5}{15} + ...$

b) $\sin x \cos x = x - \dfrac{2^2 x^3}{3!} + \dfrac{2^4 x^5}{5!} - \dfrac{2^6 x^7}{7!} + ...$

**26.** a) Environ 0,493 97     b) Environ 0,097 514

**27.** 30 000 000 $

**28.** a) $d_A = 1010,\overline{10}$ m; $d_t = 10,\overline{10}$ m   b) $10,\overline{10}$ m   c) $4,\overline{04}$ min

## Problèmes de synthèse (page 395)

**1.** a) $\pi$ ; C     c) 0 ; C     e) $e^3$ ; C
  b) 1 ; C     d) $+\infty$ ; D

**2.** a) $\left\{ 3, \dfrac{3}{2}, \dfrac{-3}{4}, \dfrac{3}{8}, \dfrac{-3}{16}, \dots \right\}$

**3.** a) $a_1 = 1, a_2 = 1, a_3 = 2, a_8 = 21, a_{12} = 144$

**4.** a) $a_1 = 2, a_2 = 3$ et $a_n = 2^{f(n-2)} 3^{f(n-1)}$ pour $n > 2$

**5.** $S = 27$

**6.** a) $S_n = \dfrac{-n^2 (n+1)^2}{4}$ ; D ; $S = -\infty$

  b) $S_n = \begin{cases} n & \text{si } n \text{ est pair} \\ -(n+1) & \text{si } n \text{ est impair} \end{cases}$ ;
  D ; $S$ n'est pas définie

  c) $S_n = 7 + 2\left( 1 - \left( \dfrac{1}{2} \right)^{n-2} \right)$ si $n \geq 3$ ; C ; $S = 9$

**7.** a) $n = 14$ ou $n = 37$   b) $a = -13$ et $d = \dfrac{5}{2}$

**8.** a) $S = \dfrac{10}{81}$

**9.** a) C     d) C     g) C     j) C
  b) D     e) C     h) C     k) D

**10.** a) $[-1, 1]$ ; $r = 1$   b) $\left] \dfrac{b-c}{a}, \dfrac{b+c}{a} \right[$ ; $r = \dfrac{c}{a}$

**11.** a) $r = \dfrac{1}{e}$

**12.** a) $x \in \,]-\infty, -1] \cup \,]1, +\infty$   d) Aucune valeur de $x$
  c) $x \in \mathbb{R} \backslash \{0\}$

**13.** b) $2 \leq \displaystyle\sum_{k=1}^{+\infty} \dfrac{2}{k^5} \leq 2,5$

  $\dfrac{1}{e} \leq \displaystyle\sum_{k=1}^{+\infty} ke^{-k^2} \leq \dfrac{3}{2e}$

**15.** a) $c = 20$     b) $\dfrac{10\,000}{e^2}$

**16.** $R = \sqrt[m]{r}$

**17.** a) $\sqrt{4,3} \approx 2,075$

  b) $\sqrt{x} = 2 + \dfrac{(x-4)}{2^2} - \dfrac{(x-4)^2}{2^5 \cdot 2!} + \dfrac{3(x-4)^3}{2^8 \cdot 3!} - \dfrac{15(x-4)^4}{2^{11} \cdot 4!} + \dots$

  c) $\sqrt{4,3} \approx 2,073\,646\dots$ ; $E \leq 2,5 \times 10^{-6}$

**18.** a) Environ $1,532\,8\dots$ u$^3$ ; $E \leq 0,000\,039\dots$

**19.** 10 100 $

**20.** a) $f(n+1) = f(n)(k+1)$
    $f(1) = 100(k+1)$ ;
    $f(2) = 100(k+1)^2$ ;
    $f(3) = 100(k+1)^3$

  b) $f(n) = 100(k+1)^n$

  c) Pays A : environ 134,01
    Pays B : environ 158,69

  d) Pays A : environ 14,2 ans
    Pays B : environ 9 ans

  e) Pays A : 1 ; 1,029… ; 1,059…
    Pays B : 1 ; 0,972… ; 0,946…

**22.** $a_1 = 48$ et $r = \dfrac{1}{4}$, ou $a_1 = 80$ et $r = \dfrac{-1}{4}$

**24.** a) $\dfrac{6}{11}$     b) $\dfrac{5}{11}$

**25.** a) $A = \dfrac{5}{3}$ m$^2$   c) $A_{10} = 1,666\,632\dots$ m$^2$ ; $L_{10} = 28$ m
  b) $L = +\infty$

**26.** b) $A_1 = 2\pi$ u$^2$         $A_2 = 4\pi$ u$^2$
    $A_3 = 6\pi$ u$^2$         $A_4 = 8\pi$ u$^2$
  c) $A = 650\pi$ u$^2$

**27.** a) $\sinh x = \displaystyle\sum_{n=0}^{+\infty} \dfrac{x^{2n+1}}{(2n+1)!}$, où $x \in \mathbb{R}$ ; et

    $\cosh x = \displaystyle\sum_{n=0}^{+\infty} \dfrac{x^{2n}}{(2n)!}$, où $x \in \mathbb{R}$

**28.** a) $e^{ix} = \cos x + i \sin x$     b) $e^{i\pi} = -1$

**30.** b) $\displaystyle\lim_{n \to +\infty} a_n = 0,577\,2\dots$

**6**

# INDEX

## INDEX des tableaux

## Sources des photos

## INDEX des noms propres

## INDEX des mots

# AIDE-MÉMOIRE

## Définitions

$\mathbb{N} = \{1, 2, 3, 4, \dots\}$

$\mathbb{Z} = \{\dots, -2, -1, 0, 1, 2, 3, \dots\}$

$\mathbb{Q} = \left\{\dfrac{a}{b} \,\middle|\, a, b \in \mathbb{Z}, \text{ et } b \neq 0\right\}$

$\mathbb{R} = $ ensemble des nombres réels

## Décomposition en facteurs

$a^2 + 2ab + b^2 = (a + b)^2$

$a^2 - 2ab + b^2 = (a - b)^2$

$a^2 - b^2 = (a + b)(a - b)$

$a^3 - b^3 = (a - b)(a^2 + ab + b^2)$

$a^3 + b^3 = (a + b)(a^2 - ab + b^2)$

$a^4 - b^4 = (a + b)(a - b)(a^2 + b^2)$

## Zéros de l'équation quadratique

$ax^2 + bx + c = 0$, si

$$x = \frac{-b + \sqrt{b^2 - 4ac}}{2a} \text{ ou } x = \frac{-b - \sqrt{b^2 - 4ac}}{2a}$$

## Développements

$(a + b)^3 = a^3 + 3a^2b + 3ab^2 + b^3$

$(a - b)^3 = a^3 - 3a^2b + 3ab^2 - b^3$

$(a + b)^4 = a^4 + 4a^3b + 6a^2b^2 + 4ab^3 + b^4$

$(a - b)^4 = a^4 - 4a^3b + 6a^2b^2 - 4ab^3 + b^4$

## Abréviations

| | | | |
|---|---|---|---|
| centimètre | cm | mètre | m |
| décimètre | dm | minute | min |
| degré (d'arc) | ° | newton | N |
| heure | h | radian | rad |
| jour | d | seconde | s |
| kilomètre | km | kelvin | K |

## Valeur absolue

$$|a| = \begin{cases} a & \text{si} & a \geq 0 \\ -a & \text{si} & a < 0 \end{cases}$$

$|a| = |-a|$

$|a + b| \leq |a| + |b|$

$|a - b| \geq |a| - |b|$

$|a + b| \leq c \Leftrightarrow -c \leq a + b \leq c$

$\qquad\qquad \Leftrightarrow -c - b \leq a \leq c - b$

$|a + b| \geq c \Leftrightarrow a + b \geq c \text{ ou } a + b \leq -c$

## Factorielle

$n! = n(n - 1)(n - 2)\dots 3 \cdot 2 \cdot 1$, où $n \in \mathbb{N}$

$0! = 1$

**Remarque** Les propriétés suivantes ne s'appliquent que si les expressions sont définies.

## Propriétés des exposants

$a^m a^n = a^{m + n}$

$(a^m)^n = a^{mn}$

$(ab)^m = a^m b^m$

$\left(\dfrac{a}{b}\right)^m = \dfrac{a^m}{b^m}$

$\dfrac{a^m}{a^n} = a^{m - n}$

$a^{-m} = \dfrac{1}{a^m}$

$a^0 = 1$

## Propriétés des radicaux

$a^{\frac{1}{n}} = \sqrt[n]{a}$

$\sqrt[n]{\dfrac{a}{b}} = \dfrac{\sqrt[n]{a}}{\sqrt[n]{b}}$

$a^{\frac{m}{n}} = \sqrt[n]{a^m} = (\sqrt[n]{a})^m$

$\sqrt[n]{a^n} = |a|$, si $n$ est pair

$\sqrt[n]{ab} = \sqrt[n]{a}\,\sqrt[n]{b}$

$\sqrt[n]{a^n} = a$, si $n$ est impair

## Propriétés des logarithmes

$$\log_a (MN) = \log_a M + \log_a N$$

$$\log_a \left(\frac{M}{N}\right) = \log_a M - \log_a N$$

$$\log_a (M^k) = k \log_a M$$

$$\log_a M = \frac{\log_b M}{\log_b a}$$

$$\log a = \log_{10} a$$

$$\ln a = \log_e a$$

$$\log_a 1 = 0$$

$$\log_a a = 1$$

$$\log_a b = c \Leftrightarrow a^c = b$$

$$\ln A = B \Leftrightarrow e^B = A$$

$$e^{\ln A} = A$$

$$\ln e^B = B$$

$$e^{\frac{\ln A}{c} x} = A^{\frac{x}{c}}$$

## Théorème de Pythagore et trigonométrie

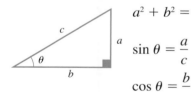

$$a^2 + b^2 = c^2$$

$$\sin \theta = \frac{a}{c}$$

$$\cos \theta = \frac{b}{c}$$

$$\tan \theta = \frac{a}{b}$$

## Identités trigonométriques

$$\sin^2 A + \cos^2 A = 1$$

$$\tan^2 A + 1 = \sec^2 A$$

$$\cot^2 A + 1 = \csc^2 A$$

$$\sin (A + B) = \sin A \cos B + \cos A \sin B$$

$$\sin (A - B) = \sin A \cos B - \cos A \sin B$$

$$\cos (A + B) = \cos A \cos B - \sin A \sin B$$

$$\cos (A - B) = \cos A \cos B + \sin A \sin B$$

$$\sin (2A) = 2 \sin A \cos A$$

$$\cos (2A) = \cos^2 A - \sin^2 A$$

$$\sin (-A) = -\sin A$$

$$\cos (-A) = \cos A$$

$$\sin^2 A = \frac{1 - \cos 2A}{2}$$

$$\cos^2 A = \frac{1 + \cos 2A}{2}$$

$$\sin A \cos B = \frac{1}{2} [\sin (A - B) + \sin (A + B)]$$

$$\sin A \sin B = \frac{1}{2} [\cos (A - B) - \cos (A + B)]$$

$$\cos A \cos B = \frac{1}{2} [\cos (A - B) + \cos (A + B)]$$

## Définitions de la dérivée

$$f'(x) = \lim_{h \to 0} \frac{f(x + h) - f(x)}{h}$$

$$f'(x) = \lim_{\Delta x \to 0} \frac{f(x + \Delta x) - f(x)}{\Delta x}$$

$$f'(x) = \lim_{t \to x} \frac{f(t) - f(x)}{t - x}$$

## Propriétés de la dérivée

| Fonction | Dérivée |
| --- | --- |
| 1. $k f(x)$ | 1. $k f'(x)$ |
| 2. $f(x) \pm g(x)$ | 2. $f'(x) \pm g'(x)$ |
| 3. $f(x) g(x)$ | 3. $f'(x) g(x) + f(x) g'(x)$ |
| 4. $\dfrac{f(x)}{g(x)}$ | 4. $\dfrac{f'(x) g(x) - f(x) g'(x)}{g^2(x)}$ |
| 5. $[f(x)]^r$ | 5. $r[f(x)]^{r-1} f'(x)$ |
| 6. $f(g(x))$ | 6. $f'(g(x)) g'(x)$ |

## Formules de dérivation

| Fonction | Dérivée |
|---|---|
| **1.** $k$, constante | **1.** $0$ |
| **2.** $x$, identité | **2.** $1$ |
| **3.** $x^a$, où $a \in \mathbb{R}$ | **3.** $ax^{a-1}$ |
| **4.** $\sin f(x)$ | **4.** $[\cos f(x)]\, f'(x)$ |
| **5.** $\cos f(x)$ | **5.** $[\text{-}\sin f(x)]\, f'(x)$ |
| **6.** $\tan f(x)$ | **6.** $[\sec^2 f(x)]\, f'(x)$ |
| **7.** $\cot f(x)$ | **7.** $[\text{-}\csc^2 f(x)]\, f'(x)$ |
| **8.** $\sec f(x)$ | **8.** $[\sec f(x) \tan f(x)]\, f'(x)$ |
| **9.** $\csc f(x)$ | **9.** $[\text{-}\csc f(x) \cot f(x)]\, f'(x)$ |
| **10.** $a^{f(x)}$ | **10.** $a^{f(x)} \ln a\, f'(x)$ |
| **11.** $e^{f(x)}$ | **11.** $e^{f(x)} f'(x)$ |
| **12.** $\ln f(x)$ | **12.** $\dfrac{f'(x)}{f(x)}$ |
| **13.** $\log_a f(x)$ | **13.** $\dfrac{f'(x)}{f(x) \ln a}$ |
| **14.** $\text{Arc} \sin f(x)$ | **14.** $\dfrac{f'(x)}{\sqrt{1 - [f(x)]^2}}$ |
| **15.** $\text{Arc} \cos f(x)$ | **15.** $\dfrac{\text{-}f'(x)}{\sqrt{1 - [f(x)]^2}}$ |
| **16.** $\text{Arc} \tan f(x)$ | **16.** $\dfrac{f'(x)}{1 + [f(x)]^2}$ |
| **17.** $\text{Arc} \cot f(x)$ | **17.** $\dfrac{\text{-}f'(x)}{1 + [f(x)]^2}$ |
| **18.** $\text{Arc} \sec f(x)$ | **18.** $\dfrac{f'(x)}{f(x)\sqrt{[f(x)]^2 - 1}}$ |
| **19.** $\text{Arc} \csc f(x)$ | **19.** $\dfrac{\text{-}f'(x)}{f(x)\sqrt{[f(x)]^2 - 1}}$ |

## Formules d'intégration

### Expressions contenant $a^2 - u^2$

**1.** $\displaystyle\int \frac{1}{a^2 - u^2}\, du = \frac{1}{2a} \ln \left| \frac{u + a}{u - a} \right| + C$

**2.** $\displaystyle\int \frac{1}{\sqrt{a^2 - u^2}}\, du = \text{Arc} \sin \frac{u}{a} + C$

**3.** $\displaystyle\int \sqrt{a^2 - u^2}\, du = \frac{u}{2} \sqrt{a^2 - u^2} + \frac{a^2}{2} \text{Arc} \sin \frac{u}{a} + C$

**4.** $\displaystyle\int u^2 \sqrt{a^2 - u^2}\, du = \frac{u}{8} (2u^2 - a^2) \sqrt{a^2 - u^2} + \frac{a^4}{8} \text{Arc} \sin \frac{u}{a} + C$

**5.** $\displaystyle\int \frac{\sqrt{a^2 - u^2}}{u}\, du = \sqrt{a^2 - u^2} - a \ln \left| \frac{a + \sqrt{a^2 - u^2}}{u} \right| + C$

**6.** $\displaystyle\int \frac{\sqrt{a^2 - u^2}}{u^2}\, du = \frac{\text{-}1}{u} \sqrt{a^2 - u^2} - \text{Arc} \sin \frac{u}{a} + C$

**7.** $\displaystyle\int \frac{u^2}{\sqrt{a^2 - u^2}}\, du = \frac{\text{-}u}{2} \sqrt{a^2 - u^2} + \frac{a^2}{2} \text{Arc} \sin \frac{u}{a} + C$

**8.** $\displaystyle\int \frac{1}{u\sqrt{a^2 - u^2}}\, du = \frac{\text{-}1}{a} \ln \left| \frac{a + \sqrt{a^2 - u^2}}{u} \right| + C$

**9.** $\displaystyle\int \frac{1}{u^2\sqrt{a^2 - u^2}}\, du = \frac{\text{-}1}{a^2 u} \sqrt{a^2 - u^2} + C$

**10.** $\displaystyle\int (a^2 - u^2)^{\frac{3}{2}}\, du = \frac{\text{-}u}{8} (2u^2 - 5a^2) \sqrt{a^2 - u^2} + \frac{3a^4}{8} \text{Arc} \sin \frac{u}{a} + C$

**11.** $\displaystyle\int \frac{1}{(a^2 - u^2)^{\frac{3}{2}}}\, du = \frac{u}{a^2\sqrt{a^2 - u^2}} + C$

## Expressions contenant $u^2 + a^2$

**12.** $\displaystyle\int \frac{1}{u^2 + a^2}\, du = \frac{1}{a}\, \text{Arc tan}\, \frac{u}{a} + C$

**13.** $\displaystyle\int \sqrt{u^2 + a^2}\, du = \frac{u}{2} \sqrt{u^2 + a^2} +$
$$\frac{a^2}{2} \ln |u + \sqrt{u^2 + a^2}| + C$$

**14.** $\displaystyle\int u^2\sqrt{u^2 + a^2}\, du = \frac{u}{8} (2u^2 + a^2) \sqrt{u^2 + a^2} -$
$$\frac{a^4}{8} \ln |u + \sqrt{u^2 + a^2}| + C$$

**15.** $\displaystyle\int \frac{\sqrt{u^2 + a^2}}{u}\, du = \sqrt{u^2 + a^2} -$
$$a \ln \left| \frac{a + \sqrt{u^2 + a^2}}{u} \right| + C$$

**16.** $\displaystyle\int \frac{\sqrt{u^2 + a^2}}{u^2}\, du = \frac{-\sqrt{u^2 + a^2}}{u} +$
$$\ln |u + \sqrt{u^2 + a^2}| + C$$

**17.** $\displaystyle\int (u^2 + a^2)^{\frac{3}{2}}\, du = \frac{u}{8} (2u^2 + 5a^2) \sqrt{u^2 + a^2} +$
$$\frac{3a^4}{8} \ln |u + \sqrt{u^2 + a^2}| + C$$

**18.** $\displaystyle\int \frac{1}{\sqrt{u^2 + a^2}}\, du = \ln |u + \sqrt{u^2 + a^2}| + C$

**19.** $\displaystyle\int \frac{u^2}{\sqrt{u^2 + a^2}}\, du = \frac{u}{2} \sqrt{u^2 + a^2} -$
$$\frac{a^2}{2} \ln |u + \sqrt{u^2 + a^2}| + C$$

**20.** $\displaystyle\int \frac{1}{u\sqrt{u^2 + a^2}}\, du = \frac{-1}{a} \ln \left| \frac{a + \sqrt{u^2 + a^2}}{u} \right| + C$

**21.** $\displaystyle\int \frac{1}{u^2\sqrt{u^2 + a^2}}\, du = \frac{-\sqrt{u^2 + a^2}}{a^2 u} + C$

**22.** $\displaystyle\int \frac{1}{(u^2 + a^2)^{\frac{3}{2}}}\, du = \frac{u}{a^2\sqrt{u^2 + a^2}} + C$

## Expressions contenant $u^2 - a^2$

**23.** $\displaystyle\int \frac{1}{u^2 - a^2}\, du = \frac{1}{2a} \ln \left| \frac{u - a}{u + a} \right| + C$

**24.** $\displaystyle\int \frac{1}{u\sqrt{u^2 - a^2}}\, du = \frac{1}{a}\, \text{Arc sec}\, \frac{u}{a} + C$

**25.** $\displaystyle\int \sqrt{u^2 - a^2}\, du = \frac{u}{2} \sqrt{u^2 - a^2} -$
$$\frac{a^2}{2} \ln |u + \sqrt{u^2 - a^2}| + C$$

**26.** $\displaystyle\int u^2\sqrt{u^2 - a^2}\, du = \frac{u}{8} (2u^2 - a^2) \sqrt{u^2 - a^2} -$
$$\frac{a^4}{8} \ln |u + \sqrt{u^2 - a^2}| + C$$

**27.** $\displaystyle\int \frac{\sqrt{u^2 - a^2}}{u}\, du = \sqrt{u^2 - a^2} - a\, \text{Arc sec}\, \frac{u}{a} + C$

**28.** $\displaystyle\int \frac{\sqrt{u^2 - a^2}}{u^2}\, du = \frac{-\sqrt{u^2 - a^2}}{u} +$
$$\ln |u + \sqrt{u^2 - a^2}| + C$$

**29.** $\displaystyle\int (u^2 - a^2)^{\frac{3}{2}}\, du = \frac{u}{8} (2u^2 - 5a^2) \sqrt{u^2 - a^2} +$
$$\frac{3a^4}{8} \ln |u + \sqrt{u^2 - a^2}| + C$$

**30.** $\displaystyle\int \frac{1}{\sqrt{u^2 - a^2}}\, du = \ln |u + \sqrt{u^2 - a^2}| + C$

**31.** $\displaystyle\int \frac{u^2}{\sqrt{u^2 - a^2}}\, du = \frac{u}{2} \sqrt{u^2 - a^2} +$
$$\frac{a^2}{2} \ln |u + \sqrt{u^2 - a^2}| + C$$

**32.** $\displaystyle\int \frac{1}{u^2\sqrt{u^2 - a^2}}\, du = \frac{\sqrt{u^2 - a^2}}{a^2 u} + C$

**33.** $\displaystyle\int \frac{1}{(u^2 - a^2)^{\frac{3}{2}}}\, du = \frac{-u}{a^2\sqrt{u^2 - a^2}} + C$

## Formules d'intégration (*suite*)

### Expressions contenant ln *u*

**34.** $\int \ln u \, du = u \ln u - u + C$

**35.** $\int u \ln u \, du = \dfrac{u^2}{2} \ln u - \dfrac{u^2}{4} + C$

**36.** $\int u^n \ln u \, du = \dfrac{u^{n+1}}{n+1} \left[ \ln u - \dfrac{1}{n+1} \right] + C$

**37.** $\int \ln^2 u \, du = u \ln^2 u - 2u \ln u + 2u + C$

### Expressions contenant $e^{au}$

**38.** $\int u e^{au} \, du = \dfrac{u e^{au}}{a} - \dfrac{e^{au}}{a^2} + C$

**39.** $\int u^2 e^{au} \, du = \dfrac{u^2 e^{au}}{a} - \dfrac{2u e^{au}}{a^2} + \dfrac{2 e^{au}}{a^3} + C$

**40.** $\int \dfrac{1}{r + s e^{au}} \, du = \dfrac{u}{r} - \dfrac{1}{ra} \ln |r + s e^{au}| + C$

**41.** $\int e^{au} \cos bu \, du = \dfrac{e^{au}(a \cos bu + b \sin bu)}{a^2 + b^2} + C$

**42.** $\int e^{au} \sin bu \, du = \dfrac{e^{au}(a \sin bu - b \cos bu)}{a^2 + b^2} + C$

### Expressions contenant des fonctions trigonométriques

**43.** $\int \sin^2 au \, du = \dfrac{u}{2} - \dfrac{\sin 2au}{4a} + C$

**44.** $\int \cos^2 au \, du = \dfrac{u}{2} + \dfrac{\sin 2au}{4a} + C$

**45.** $\int u \sin au \, du = \dfrac{\sin au}{a^2} - \dfrac{u \cos au}{a} + C$

**46.** $\int u \cos au \, du = \dfrac{\cos au}{a^2} + \dfrac{u \sin au}{a} + C$

**47.** $\int u \sin^2 au \, du = \dfrac{u^2}{4} - \dfrac{u \sin 2au}{4a} - \dfrac{\cos 2au}{8a^2} + C$

**48.** $\int u \cos^2 au \, du = \dfrac{u^2}{4} + \dfrac{u \sin 2au}{4a} + \dfrac{\cos 2au}{8a^2} + C$

**49.** $\int \sec^3 au \, du = \dfrac{\sec au \tan au}{2a} + \dfrac{\ln |\sec au + \tan au|}{2a} + C$

### Formules de réduction

**50.** $\int \sin^n u \, du = \dfrac{-\sin^{n-1} u \cos u}{n} + \dfrac{n-1}{n} \int \sin^{n-2} u \, du$

**51.** $\int \cos^n u \, du = \dfrac{\cos^{n-1} u \sin u}{n} + \dfrac{n-1}{n} \int \cos^{n-2} u \, du$

**52.** $\int u^n \sin u \, du = -u^n \cos u + n \int u^{n-1} \cos u \, du$

**53.** $\int u^n \cos u \, du = u^n \sin u - n \int u^{n-1} \sin u \, du$

**54.** $\int \sec^n u \, du = \dfrac{\sec^{n-2} u \tan u}{n-1} + \dfrac{n-2}{n-1} \int \sec^{n-2} u \, du$

**55.** $\int \tan^n u \, du = \dfrac{\tan^{n-1} u}{n-1} - \int \tan^{n-2} u \, du$

**56.** $\int u^n e^{au} \, du = \dfrac{u^n e^{au}}{a} - \dfrac{n}{a} \int u^{n-1} e^{au} \, du$

**57.** $\int u^k (\ln u)^n \, du = \dfrac{u^{k+1} (\ln u)^n}{k+1} - \dfrac{n}{k+1} \int u^k (\ln u)^{n-1} \, du$